Die Grundzüge des Eisenbetonbaues

Von

Dr.-Ing. e. h. M. Foerster

Geh. Hofrat, ord. Professor an der Technischen Hochschule Dresden

Dritte, verbesserte und vermehrte Auflage

Mit 183 Textabbildungen

Berlin

Verlag von Julius Springer

1926

ISBN-13: 978-3-642-89684-2   e-ISBN-13: 978-3-642-91541-3
DOI: 10.1007/978-3-642-91541-3

Vorwort zur ersten Auflage.

Das gewaltige, die Welt in atemloser Spannung erhaltende Ringen hat sein Ende gefunden. Unbesiegt mußten die deutschen Heere den feindlichen Boden räumen, nicht imstande mehr — allein gelassen — der ganzen gegen sie anstürmenden Welt zu trotzen. Schulter an Schulter mit allen deutschen Volksgenossen haben Deutschlands Akademiker, unter ihnen, in diesem Kriege der Technik besonders bewährt, auch die Studierenden der deutschen technischen Hochschulen, den feindlichen Ansturm durch mehr als vier schwere Kriegsjahre gebrochen. Viele haben ihr Leben hingegeben für ihr Vaterland. Ihrer gedenkt die Alma mater mit Wehmut und Dankbarkeit.

Den Zurückkehrenden aber soll der Boden bereitet werden zur Fortsetzung des unterbrochenen Studiums. Diesem Zwecke sollen auch die nachfolgenden Ausführungen dienen, die im wesentlichen den Vortrag: Grundzüge des Eisenbetonbaues wiedergeben, wie er in nunmehr 20jähriger Fortentwicklung an der Technischen Hochschule Dresden für Architekten und Bauingenieure vom Verfasser gehalten worden ist. Dabei hoffe ich, daß das Buch sich auch in der baulichen Praxis einführt und Freunde erwirbt, da es einmal auf das Selbststudium der Fachgenossen ganz besonders Rücksicht nimmt und zum anderen auch die Rechnungswege zeigt, welche sich für eine praktische Anwendung als besonders wertvoll erwiesen haben, und auch all die Hilfsmittel wiedergibt, die zur Abkürzung und Vereinfachung der Rechnung besonders bedeutsam sind. Dabei nimmt das Buch in erster Linie Rücksicht auf die in Deutschland allgemein anerkannten, neuen Bestimmungen für die Ausführung von Bauwerken aus Eisenbeton vom 13. Januar 1916 und gründet sich zudem vornehmlich auf der gewaltigen Summe von wertvollen Erfahrungen und Forschungsergebnissen, die der Deutsche Ausschuß für Eisenbeton in nunmehr 12jähriger verdienstvollster Arbeit der technischen Wissenschaft beschert hat. In diesem Sinne bauen sich namentlich die ersten beiden Kapitel des Buches, die sich vornehmlich mit den Baustoffen des Verbundbaues und seinen Konstruktionselementen befassen, zum überwiegenden Teile auf den Arbeiten des Deutschen Ausschusses für Eisenbeton auf.

Das dritte Kapitel, der Hauptteil der vorliegenden Grundzüge, behandelt die Ermittlung der inneren Spannungen und die Querschnittsbemessung. In beiden Richtungen sind hier scharfe Rechnungswege und, soweit angängig, auch Annäherungsverfahren wiedergegeben; hierbei ist sowohl auf die Vereinfachung der Rechnung durch Tabellen als auch auf die Klarlegung des Rechnungsganges durch vielseitig gewählte Zahlenbeispiele praktischer Art Rücksicht genommen.

Möge das Buch dem Zwecke dienen, für den es der Öffentlichkeit übergeben wird, ein Wegweiser zu sein für die Studierenden im Gebiete des Eisenbetonbaues und auch den Fachgenossen in der Praxis ein wertvoller Ratgeber und Helfer bei ihren Arbeiten zu werden.

Einen besonderen Dank statte ich der Verlagsbuchhandlung Julius Springer in Berlin ab, die es trotz der großen Schwierigkeiten, die sich der Herausgabe des Buches im letzten Kriegsjahre entgegenstellten, vermocht hat, dem Werke eine gediegene Ausstattung zu sichern und allzeit erfolgreichst bemüht gewesen ist, die Herausgabe mit allen zu Gebote stehenden Mitteln zu fördern. Auch meinem Assistenten, Herrn Reg.-Baumeister Dr.-Ing. W. Kunze, spreche ich meinen kollegialen herzlichen Dank aus für die wertvolle Unterstützung, die er mir bei der Lesung der Korrekturen hat zuteil werden lassen.

Dresden, im Dezember 1918.

M. Foerster.

Vorwort zur zweiten Auflage.

In wenig veränderter äußerer Form aber mit zum Teil nicht unwesentlichen Umarbeitungen und erweitert durch eine Zahl notwendig gewordener Ergänzungen erscheint zwei Jahre nach der ersten die zweite Auflage des vorliegenden Lehr- und Studienbuches. Alles was in der vergangenen Zeitspanne an besonders bedeutungsvollen Forschungsarbeiten im Gebiete des Verbundbaus bekannt geworden ist, wurde berücksichtigt, so namentlich die neu erschienenen Arbeiten des Deutschen Ausschusses für Eisenbeton. Zudem wurden aber auch im Hinblicke auf die besonderen Erfordernisse der Benutzung des Buches in der Praxis und die hier sich immer fühlbarer machende Notwendigkeit der Zeitausnutzung und Kraftersparnis eine Anzahl neuer Tabellen, vor allem für die Berechnung bzw. Querschnittsbestimmung der Platten und Plattenbalken aufgenommen. Sie gestatten den erforderlichen Rechennachweis auf ein Mindermaß herabzusetzen und sichern dabei eine recht große Genauigkeit. Durch neu eingefügte Zahlenbeispiele ist die Anwendung dieser Tabellen erläutert. Überhaupt hat gerade bei den Zahlenbeispielen manche Veränderung Platz gegriffen, da es zweckmäßig erschien, das eine oder andere der „Musterbeispiele" (herausgegeben von der Preußischen Bauverwaltung zu den Eisenbetonbestimmungen vom 13. I. 1916) aufzunehmen. Endlich ist ein neuer Abschnitt (23) angefügt in dem die zeichnerische Ermittlung der Nullinie in einem durch ein Moment und eine Normalkraft beanspruchten Querschnitte behandelt wird. — Wenn diese Berechnungsart auch — namentlich gegenüber einer Spannungsermittlung unter Zuhilfenahme der Tabellen — bei einfachen Rechtecks- und Plattenbalkenquerschnitten nicht von besonderen Vorteilen begleitet ist, so wird sie doch in allen den Fällen am Platze sein, in denen es sich um anders geartete Querschnitte, vielackiger, kreis- und ringförmiger Art und ähnliches handelt.

Möge auch die zweite Auflage sich derselben freundlichen Aufnahme wie ihre Vorgängerin erfreuen.

Trotz der auf dem Buchgewerbe lastenden, besonders starken Zeiterschwernisse hat der Verlag Julius Springer, Berlin, es auch diesmal vermocht, dem vorliegenden Buche eine ebenso gediegene, wie gute Ausstattung zu geben. Hierfür werden ihm gleich dem Verfasser auch die Benutzer des Buches besondere Anerkennung und warmen Dank zollen.

Dresden, im November 1920.

Dr.-Ing. M. Foerster.

Vorwort zur dritten Auflage.

Sechs Jahre nach Herausgabe der zweiten Auflage darf die dritte Auflage der vorliegenden Bearbeitung der Grundzüge des Eisenbetonbaus, bestimmt sowohl als Lehrbuch für die Studierenden an den Technischen Hochschulen, wie zum Selbstunterricht und zur Benutzung in der Praxis, erscheinen. Der Zeitpunkt der neuen Auflage ist insofern zeitlich günstig, als bei der Neubearbeitung die neuen, vom Deutschen Ausschuß für Eisenbeton im September 1925 erlassenen Bestimmungen maßgebend sein konnten. Wenn auch die äußere Form und Einteilung des Buches annähernd die gleiche wie früher geblieben ist, und nur wenige Abschnitte — so namentlich die Behandlung der Steineisendecken — hinzugekommen sind, so ist doch der Inhalt im einzelnen den neuen Bestimmungen angepaßt, zum überwiegenden Teil

sind, so ist doch der Inhalt im einzelnen den neuen Bestimmungen angepaßt, zum überwiegenden Teil vollkommen umgestaltet und erweitert. Im gleichen Sinne sind, namentlich in den ersten Abschnitten, die sich mit dem Baustoffe des Eisenbetonbaues befassen, die in den letzten Jahren gerade auf diesem Gebiete gemachten Erfahrungen und Erforschungen berücksichtigt und es ist hier besonders den physikalischen und vor allem den chemischen Einwirkungen Rechnung getragen, die, nach Beobachtungen der Praxis, recht häufig eine ungünstige Beeinflussung des Verbundbaus, vor allem eines seiner Hauptglieder, des Betons, als Folgeerscheinung zeitigten. Daß neben der ausführlichen Neubehandlung dieser Fragen auch besonderer Wert auf die Vermeidung derartiger Schädigungen des Betons und den Schutz ihnen gegenüber gelegt wurde, bedarf kaum der Hervorhebung. In gleicher Weise wurden aber auch in positivem Sinne die bedeutsamen Forschungsarbeiten der letzten Jahre über Beton und Zement, namentlich seine zweckmäßige Kornzusammensetzung, vor allem dann aber auch die Untersuchungen über Zemente mit hoher Anfangsfestigkeit, „hochwertige Zemente", und deren Verhalten in physikalischer und chemischer Richtung, endlich deren Zusammenwirken mit dem hochwertigen Baustoff St. 48 und die durch jeden der beiden Edelbaustoffe einzeln und in ihrer Zusammenarbeit bedingten Gewinne und Vorteile für die Praxis des Verbundbaus eingehend behandelt. Endlich haben auch die neueren theoretischen Untersuchungen über Platten, Plattenbalken, Stützen, über die Berechnung außermittig belasteter Querschnitte u. a., das graphische Verfahren S p a n g e n b e r g zur Bestimmung der Nullinie u. a. m. eine ausführliche Wiedergabe gefunden. So glaubt denn die Neubearbeitung den Anspruch erheben zu dürfen, allen neuzeitlichen Bestimmungen, Erfahrungen und Forschungsarbeiten gerecht geworden zu sein.

Die A u s s t a t t u n g der Neuauflage schließt sich den früheren beiden Auflagen gleichwertig an. Daß dies möglich gewesen ist in einer Zeit wie der jetzigen, mit ihren schweren wirtschaftlichen Bedrängungen und Kämpfen, ist der Verlagsbuchhandlung Julius Springer, Berlin, zu verdanken. Ihr hierfür auch an dieser Stelle seine uneingeschränkte dankbare Anerkennung auszusprechen, ist dem Verfasser eine Ehrenpflicht.

D r e s d e n, im März 1926.

Dr.-Ing. M. Foerster.

Inhaltsverzeichnis.

Erstes Kapitel.

Die geschichtliche Entwicklung und die Baustoffe des Verbundbaus.

Zweites Kapitel.

Die Konstruktionselemente des Verbundbaus.

Drittes Kapitel.

Die Ermittlung der inneren Spannungen.

Erstes Kapitel.

Die geschichtliche Entwicklung und die Baustoffe des Verbundbaus.

1. Grundzüge der geschichtlichen Entwicklung des Verbundbaus.

Der Betonbau und in seiner weiteren Ausgestaltung der Eisenbetonbau konnten sich erst entwickeln, nachdem in ausreichender Menge und zufriedenstellender Art ein künstlich gewonnener Zement vorlag, der, im großen hergestellt, überall uneingeschränkt zur Verfügung stand. Nachdem es im Jahre 1824 dem Engländer Aspdin gelungen war, durch Zusammenschmelzen von kohlensaurem Kalk und Ton solch ein Bindemittel — von ihm „Portland-Zement"[1] genannt — zu erzielen, und weiterhin diese Erfindung industrielle Aufnahme und Ausnutzung fand, standen der Erzielung großer Mengen künstlichen hydraulischen Bindemittels keine besonderen Schwierigkeiten mehr im Wege. Im Jahre 1855 wurde die erste deutsche größere Anlage in der Nähe von Zülchow unweit Stettin, unter Verwendung von Ton von der Odermündung und von Kreide von der pommerschen Küste, in Betrieb genommen; ihr folgten bald andere in Oberkassel bei Bonn, Lüneburg, Oppeln, auf der Insel Wollin, bei Mannheim, bei Berlin, in Amöneburg bei Biebrich, in Ulm usw. Sie alle haben die glänzende Entwicklung der deutschen Portlandzement-Industrie mit ihren Nebenzweigen angebahnt und wirksamst gefördert.

Die ersten Anfänge des Betonbaus führten zur Herstellung von Kunststeinen. Um diese bei größeren Abmessungen in sich zu festigen und zugleich auch während der Herstellung ausreichend zu stützen, wurden — etwa von der Mitte des vergangenen Jahrhunderts an —

---

[1] Der Name ist aus der örtlichen Beziehung hergeleitet, daß Kunststeine, aus dem neuen Bindemittel gewonnen, große Ähnlichkeit erhielten mit einem in England auf der Halbinsel Portland in Dorsetshire gebrochenen Naturgestein. Das Patent von Aspdin ist am 24. Oktober 1824 erteilt und beansprucht Kalkstein mit einer bestimmten Menge Ton zu einer plastischen Masse zu vermengen, die alsdann in einem Kalkofen bis zum Entweichen aller Kohlensäure gebrannt und durch Mahlen in Pulver verwandelt wird. Der von Aspdin hergestellte künstliche Zement war bereits bis zur Sinterung gebrannt, zeigte aber naturgemäß, wie sich das bei der reinen Versuchsforschung nicht anders erwarten ließ, noch sehr wechselnde Eigenschaften.

Drahtgewebe und Eiseneinlagen diesen Kunststeinen und -platten eingefügt; hier finden sich also die ersten, wenn auch noch sehr ursprünglichen Anfänge der Vereinigung von Beton und Eisen, die ersten Anzeichen der späteren „Verbundbauweise". Daß in damaliger Zeit diese Kenntnis der Vereinigung von Beton und Eisen schon ziemlich weit bekannt war, läßt einmal ein Werk des Amerikaners Hyatt erkennen, der über Versuche mit Eisenbetonbalken aus jenen Tagen berichtet, und ist zum andern aus einem Patente ersichtlich, das im Jahre 1855 dem Franzosen Lambot erteilt wurde, und den Ersatz der hölzernen Planken im Schiffsbau durch Eisenbetonplatten in der Art bezweckt, daß sie durch eine auf ein Eisennetz als Seele aufgelegte Mörtelschicht hergestellt wurden. Besonders bemerkenswert ist, daß jene Lambotsche Patentschrift bereits einen Betonträger mit Eiseneinlagen und eine mit vier Rundeisen bewehrte Säule aufweist, auf die sich aber der Patentschutz nicht erstreckt, also Bauelemente bekannt gibt, die bereits damals nicht mehr als patentfähig angesehen worden sein dürften. Daß in jener Zeit die Verstärkung von Beton durch Eisen bereits allgemeiner bekannt war, folgt auch aus Mitteilungen des im Jahre 1861 erschienenen Werkes des Franzosen Fr. Coignet[1]), der jene Bauweise ganz allgemein behandelt und durch Ausführungsbeispiele verschieden gestalteter Art belegt.

Unter diesen Umständen muß es wundernehmen, daß dem Franzosen Monier, seinem Berufe nach Gärtner, im Jahre 1867 (unter dem 16. Juli) ein weiteres Patent auf die Herstellung von mit Eisen bewehrten Betonkübeln — für Zwecke seines Gewerbes — erteilt wurde. Diesem Stammpatente, das bereits die Bauweise verallgemeinert, folgten eine Anzahl Zusatzpatente für Röhren, Behälter, ebene Platten, Brückengewölbe, für Treppen usw. Bei allen hier dargestellten Konstruktionen diente aber das Eisen vorwiegend zur Formgebung, wenn auch naturgemäß der Erfinder mit ihm zugleich eine Verstärkung des Betons bezweckte. Der statische Sinn der Eisenbewehrung war aber Monier noch nicht bekannt, der Zusammenhang zwischen gezogener Betonfaser und Eiseneinlage noch nicht aufgedeckt; vielfach lag, selbst bei gebogenen Bauteilen, das Eisen in der Mitte, nahe oder in der neutralen Faser.

Im Jahre 1876 ließ Monier durch Nichtbezahlung der Gebühren sein Patent verfallen, nahm aber bereits 1877 ein neues auf Herstellung bewehrter Beton-Eisenbahn-Querschwellen, und zu diesem 1878 ein nochmaliges Zusatzpatent, welches weiteren Kreisen erst als „das Patent Monier" bekannt werden sollte und den Ausgangspunkt für eine Verwertung der Monierschen Erfindung außerhalb Frankreichs,

---

[1]) Verlag von E. Lacroix, Paris, 1861; vgl. auch B. u. E. 1903, Heft 4, S. 220, und Handb. des Eisenbetonbaues Kapitel I (W. Ernst & Sohn).

namentlich in Deutschland, Österreich-Ungarn und Belgien, bildete. Dieses „Patent Monier" ist ausgezeichnet durch einen größeren Reichtum der Anwendungsgebiete seiner Bauweise und gibt viele der Formen bekannt, die noch heute — wenn auch verbessert — die Konstruktionselemente des Verbundbaus darstellen. Es wurde noch ergänzt durch zwei weitere Zusatzpatente vom Jahre 1880 und 1881, die sich auf die Anordnung ebener und gewölbter Decken verschiedenster Art beziehen.

Von den Bauten Moniers sind besonders bemerkenswert seine zum Teil bereits erhebliche Abmessungen zeigenden Behälter, kleinere Fußgängerbrücken, feuersichere Decken, ganze Hausbauten im Erdbebengebiet an der Riviera. Wenn schon damals Monier in der Erbauung zylindrischer Behälter recht Bedeutsames leistete, so hatte das zu einem erheblichen Teile darin seinen Grund, daß gerade für diese Bauten das auf Ringspannung belastete Eisen in der mittleren Faser, also an der Stelle liegen muß, an die es eine normale Monierausführung verlegte.

Abgesehen von den Behälterbauten sind die meisten Bauausführungen Moniers — wenn sie auch ein praktisch konstruktives Geschick zeigen — noch wenig wirtschaftlich und nur als unvollkommene Vorläufer späterer Ausführungen zu bewerten. Immerhin gebührt Monier das Verdienst, die Vorbedingungen für die spätere Ausgestaltung des Eisenbetonbaus geschaffen zu haben.

Die Entwicklung des Verbundbaus in Deutschland knüpft sich in erster Linie an die Firmen Freytag & Heidschuch in Neustadt a. d. H. und Martenstein & Josseaux in Offenbach a. M., die im September 1884 das Monier-Patent erwarben, und zwar erstere für Süddeutschland, letztere für Frankfurt a. M. und dessen weitere Umgebung, hierbei sich zugleich das Vorkaufsrecht für Norddeutschland sichernd. Von letzterer Firma erwarb 1886 der zu Erbach geborene Ingenieur G. A. Wayß diese Ausführungsrechte und begründete in Berlin eine Bauunternehmung für Beton- und Eisenbetonbauten. Von dem zutreffenden Gedanken ausgehend, vor einer größeren Allgemeinheit die Überlegenheit der neuen, bewehrten Bauweise gegenüber dem reinen Betonbau zu erweisen, nahm Wayß eine Reihe von praktischen Vergleichsversuchen mit ausgeführten Baukonstruktionen in Angriff. Bei der Vorbereitung hierzu trat er mit dem als Beauftragter des preußischen Ministeriums der öffentlichen Arbeiten den Versuchen zugeordneten Regierungsbaumeister Matthias Koenen — einem Sohn der Rheinlande — in Verbindung, der — selbst ein hervorragender Statiker — mit echtem Ingenieurblick als erster erkannte, daß das Eisen in die an sich mangelhaft widerstandsfähige Zugzone des Betons zu legen und zu deren Verstärkung heranzuziehen sei. Es wird berichtet, daß Monier bei Besichtigung der Wayßschen Versuche diese Lage als unrichtig erklärte und selbst damals noch die Eisen in die Mitte der gebogenen Querschnitte, also nahe der neutralen Zone, eingelegt sehen wollte. Den Anordnungen Koenens, der als erster die statische Aufgabe der Eisenbewehrung erkannte und das Eisen möglichst nahe der stärkst gezogenen Betonfaser anordnete, war ein voller Erfolg beschieden. Die Versuchsergebnisse waren glänzende und erwiesen die wirtschaftlich und technisch gleich bedeutende Überlegenheit der Verbundbauweise gegenüber dem reinen Betonbau. Nachdem im Verlaufe dieser Versuche und in Verbindung mit ihnen Koenen auch die erste theoretische Begründung des Verbundbaus im Zentralblatt der Bauverwaltung vom Jahre 1886 (S. 462) gegeben und diese Theorie gemeinsam mit den Versuchsergebnissen und den aus ihnen zu ziehenden wertvollen Schlußfolgerungen ein Jahr später in der klassisch gewordenen „Monier-Broschüre" veröffentlicht hatte, war der Einführung der neuen Bauweise Tür und Tor geöffnet. Aus der Firma G. A. Wayß & Co. entwickelte sich 1890 die noch heute bestehende A.-G. für Beton- und Monierbau, deren Direktor zunächst bis 1892 Wayß blieb, um alsdann durch Koenen, (bis 1920), ersetzt zu werden. Koenen hatte aber schon seit Jahren die Berechnungen und Konstruktionsunterlagen für die „Monier-Gesellschaft" geschaffen bzw. durchgesehen, und seinem Einflusse ist es zu verdanken, daß namentlich auf dem Gebiete des Brückenbaus schon in der ersten Werdezeit des Verbundbaus hervorragende Vorbilder auf deutschem Boden entstanden. Hier seien namentlich erwähnt eine außerordentlich kühne Bogenbrücke auf dem Gelände der Portlandzementfabrik Stern (1888), von 40 m Weite und 4,0 m Pfeil, und eine ähnliche Bauausführung auf der 1890er Industrieausstellung zu Bremen, 40 m weit gespannt, mit 4,5 m Pfeilhöhe, nur 25 cm Stärke im Scheitel und 55 cm Dicke an den Kämpfern und bei sechsfacher Sicherheit für eine Last von 1000 kg/m² berechnet.

Nach seinem Austritt aus der Berliner Monier-Gesellschaft (1892) wandte sich Wayß zunächst nach Wien, begründete dann aber mit der süddeutschen Vertretung der Monier-Patente in Neustadt a. d. H. die Firma Wayß & Freytag, die seitdem zu den führenden deutschen Gesellschaften im Gebiete des Eisenbetonbaus gehört hat und sich — namentlich unter Leitung ihres früheren Direktors Dr.-Ing. E. h. E. Mörsch, jetzt Hochschulprofessor in Stuttgart — in uneigennützigster Weise um die Erforschung des Eisenbetonbaus bedeutsame Verdienste erworben und durch glanzvolle Bauausführungen auf allen Sondergebieten des Verbundbaus dessen Stellung mit besonderem Erfolge gefestigt hat.

In ähnlicher Weise vollzog sich die Entwicklung des Eisenbetonbaus in Österreich - Ungarn. Hier knüpft sie sich vor allem an die

Namen von Rudolf Schuster, der das Monier-Patent im Jahre 1880 für Österreich erwarb, an G. A. Wayß, der mit Schuster die Firma Wayß & Co. in Wien begründete und bis zu seinem Übertritt nach Neustadt a. d. H. leitete, an Joseph Melan, der durch starre, in wenigen Querschnitten vereinigte Eiseneinlagen dem Verbundbau bedeutsame neue Wege wies, an v. Emperger, der durch Begründung und Herausgabe der Zeitschrift „Beton und Eisen" das erste Organ für Wissenschaft und Praxis des Eisenbetonbaus ins Leben rief, und an andere mehr.

Während in Deutschland und Österreich, daneben auch in Belgien, der Verbundbau dauernd wertvolle Fortschritte verzeichnen konnte, entwickelte er sich in seinem Geburtslande Frankreich bis in die 90 er Jahre des vergangenen Jahrhunderts hinein nur wenig. Jedoch sollte es Frankreich durch die genialen Bauausführungen eines François Hennebique beschieden sein, die Verbundweise grundlegend fortzuentwickeln und ihr hierdurch erst die beherrschende Stellung zu verschaffen, die ihr heute allseitig zuerkannt wird. Das Hauptverdienst Hennebiques ist es, vollkommen monolithische Bauten in Verbundbauweise ausgeführt, die eiserne Säule durch die Eisenbetonsäule ersetzt, sie mit einem zweckmäßig und wirtschaftlich gestalteten Verbundbalken zu einem einheitlichen Baugebilde verschmolzen und neue wertvollste Konstruktionselemente hiermit in den Eisenbetonbau eingeführt zu haben. Wenn auch Träger in Verbundbauweise bereits bekannt, auch in rechteckiger Form für Fensterstürze u. dgl. bereits vorher verwendet waren, so liegt doch das besonders Neue der Hennebiqueschen Ausführungen in der Verwendung eines T-förmigen Querschnittes, d. h. der monolithischen Vereinigung einer starken Obergurtdeckplatte mit der bewehrten, rechteckigen Eisenbetonrippe, der Verschmelzung dieses neuen Konstruktionselementes mit der Säule, und in seiner allgemeinen Nutzanwendung für Hoch- und Ingenieurbauten. Auch lassen die Hennebiqueschen Ausführungen zum ersten Male das Aufbiegen von Eisen aus dem Zuggurte nach oben, ihre Heranziehung im Obergurte zur Aufnahme hier durch negative Biegungsmomente auftretender Zugspannungen, sowie die Anwendung von Bügeln zur statischen Verbindung beider Gurte und Aufnahme von Schubspannungen erkennen. Endlich verdankt der Eisenbetonbau Hennebique wirklich praktische Rammpfähle und Spundbohlen aus Eisenbeton, ihre Einführung in die Praxis, zudem Futter- und Ufermauern, auf Grund seines Rippenbalkens konstruiert, und endlich die Einführung des Eisenbetons in den Monumentalbau. In letzterem Sinne wurden die, namentlich von Hennebique herrührenden, monolithischen Bauten der 1900 er Pariser Weltausstellung richtunggebend und vorbildlich.

Erst von jenen Neuschaffungen Hennebiques an rechnet der glänzende Aufschwung des Verbundbaus in allen Kulturstaaten; erst die Hennebiqueschen Erfindungen und Bauausführungen begründeten die Monolithät der Eisenbetonbauten, erst sie leiteten zu der Neuzeit des Verbundbaus über.

In der weiter sich anschließenden Ausgestaltung eisenbewehrter Bauten waren es neben den französischen und den ihnen verwandten belgischen Ausführungen vor allem deutsche, österreichische und Schweizer Bauten, die sich stetig mehrende Anwendungsgebiete erschlossen und in immer vollkommenerer, wirtschaftlicher und technischer Durchbildung und Ausführung den Eisenbeton auf allen Gebieten baulichen Schaffens heimisch und unentbehrlich machten. An den großen Erfolgen, die gerade hierin in Deutschland errungen wurden, gebührt der wissenschaftlichen Forschung, die hier bald in wahrhaft großzügiger Weise einsetzte, ein besonderes Verdienst. Neben dem Deutschen Beton-Verein, der sich mit hingebungsvollem Verständnisse und unter Aufwendung sehr erheblicher Mittel der Lösung der ihm sich entgegenstellenden vielgestaltigen Aufgaben im Verbundbau widmete, neben den Versuchs- und Materialprüfungsanstalten Deutschlands, neben der großen Zahl einzelner Forscher, war es vor allem der im Jahre 1906 vom preußischen Arbeitsministerium zusammengerufene Deutsche Ausschuß für Eisenbeton, der in wahrhaft vorbildlicher und großzügiger Weise die vielen Fragen des Verbundbaus durch weitschauend angelegte, wissenschaftlich durchgeführte Versuchsreihen zu klären, sich zur Aufgabe stellte. Und diese Aufgabe hat er bisher glänzend gelöst, wenn auch noch so manche Frage der späteren Erörterung und Klärung offen bleiben mußte. Bereits 54 wertvolle Veröffentlichungen sind aus jenem Ausschusse hervorgegangen, die die Art des Zusammenarbeitens von Beton und Eisen im Verbundbau, sowie die Erforschung seines Verhaltens bei verschieden gestalteter Vereinigung von Eisen und Beton, bei verschiedenster Belastung, Zusammensetzung, Einzelausbildung usw. in wissenschaftlicher, einwandfreier Weise ergründet und hierdurch für die Praxis hoch wertvolle Ergebnisse gezeitigt haben[1]). Zudem war aber auch der Deutsche Ausschuß für Eisenbeton dauernd bemüht, durch geeignete Bestimmungen die Ausführung der Verbundbauten zu regeln und diese Bauart vor Rückschlägen zu sichern. Diese Bemühungen fanden — nach verschiedentlichen vorbereitenden und vorübergehenden Leitsätzen — ihre Krönung in den jetzt in Deutschland allgemein eingeführten „Bestimmungen für Ausführung von Bauwerken aus Eisenbeton", aufgestellt vom Deutschen Ausschusse für Eisenbeton im September 1925, und den entsprechenden Bestimmungen für die Ausführung von Betonbauten vom

---

[1]) Eine Zusammenstellung der bisher erschienenen Arbeiten ist im Anhange gegeben.

gleichen Zeitpunkte[1]). An die ersteren, im Anhange in ihren wesentlichsten Punkten abgedruckten Bestimmungen halten sich auch im allgemeinen die weiteren Ausführungen dieses Buches.

2. Der Baustoff des Verbundbaus im allgemeinen.

Beton und Eisen sind je für sich verschieden elastische Stoffe. Zudem führt Beton, unter besonderen Verhältnissen gelagert bzw. zum Abbinden gebracht, verschiedenartige Formänderungen aus. Hieraus ergibt sich, daß bei einer Vereinigung beider Stoffe im Verbundbau Eisenbetonkörper auch besondere Eigenspannungen — Anfangsspannungen —, d. h. Spannungen erhalten werden, die unabhängig von der Belastung sind und vorwiegend durch das feste Haften des Eisens im Beton alsdann ausgelöst werden, wenn die Formänderungen des einen Baustoffes andere als die des zweiten sind, und diese Formänderungen sich gegenseitig beeinflussen.

Da beim Erhärten an der Luft der Beton schwindet[2]), mit Verkleinerung seines Volumens sich also seine Querschnitte in der Längsrichtung zusammenziehen, seine Länge sich somit verkürzt, hiergegen aber die Haftkraft des Eisens und dessen Widerstand ein Hindernis bieten, weil das Eisen als solches ohne seine Verbindung mit Beton keinerlei Formänderung aufweisen würde, so bedingt der Abbindevorgang an der Luft Anfangsspannungen. Da infolge des Widerstandes des Eisens der Beton sich nicht so stark zusammenziehen, nicht in dem Maße schwinden kann, wie er es für sich allein tun würde, so treten in den Betonquerschnitten Zugspannungen, im Eisen, das durch die Formänderungen des Betons in Mitleidenschaft gezogen wird, durch die Verkürzung Druckspannungen auf (Abb. 1). — In entsprechender Weise bilden sich beim Abbinden und Erhärten des Verbundkörpers unter Wasser gemäß der hier eintretenden Dehnung des Betons (Abb. 2) in ihm Druck-, im Eisen Zuganfangsspannungen aus. Aus Versuchen, durchgeführt in der Materialprüfungsanstalt Stuttgart ,und über mehr als 6 Jahre ausgedehnt, geht hervor (nach Otto Graf, Z. d. V. d. I. 1912, S. 2069 ff), daß beim Beton die Verlängerungen bei Wasserlagerung und die Verkürzungen bei Luftlagerung während der ganzen

---

[1]) Durch diese neuen Vorschriften sind die seinerzeit ebenfalls vom Deutschen Ausschuß für Eisenbeton aufgestellten Bestimmungen von 1916 aufgehoben. Den ersteren ist noch ein Abschnitt über die Ausführung und Berechnung ebener (bewehrter) Steindecken angeschlossen.

[2]) Vgl. Heft 23 des Deutschen Ausschusses für Eisenbeton: Untersuchungen über die Längenänderungen der Betonprismen beim Erhärten und infolge von Temperaturwechsel von M. Rudeloff und Dr. Sieglerschmidt; Heft 34: Erfahrungen bei der Herstellung von Eisenbetonsäulen. Längenänderungen der Eiseneinlage im erhärteten Beton von M. Rudeloff, und Heft 42: Schwindung von Zementmörtel an der Luft von M. Gary.

Beobachtungsdauer zugenommen haben. Allerdings entfallen von den insgesamt ermittelten Änderungen auf das erste Jahr bei den Körpern, unter Wasser · (Verlängerung) gelagert, 45 vH, bei Luftabbindung (Verkürzung) 80 vH Auch zeigte sich, daß die Verlängerungen bedeutend kleiner waren als die Verkürzungen. Bei Zementmörteln,· an der Luft gelagert, wurden sehr verschiedene Volumenänderungen, in erster Linie von der Zementart abhängig, ermittelt, ebenso beim Eisenportlandzement gegenüber normalem Portlandzement; auch lieferten — wie dies beim Schwinden (vgl. weiter unten) allgemein beobachtet wurde — Körper mit geringerem Zementgehalt kleine Formänderungen[1]). Bei Verbundprobekörpern, in die ein zentrales Eisen eingebettet war, ergab sich unter Innehaltung einer Elastizitätszahl für das Eisen

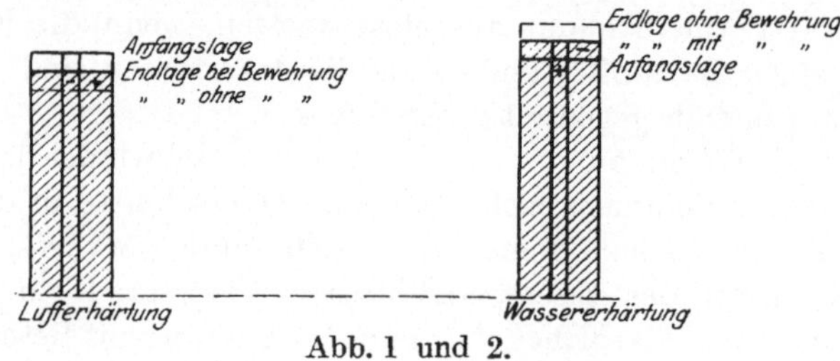

Abb. 1 und 2.

von 2 100 000 kg/cm² die durchschnittliche Dehnung bzw. Spannung, die in der Bewehrungseinlage der 6 Jahre alten Körper wachgerufen wird, bei feuchter Lagerung zu $\dfrac{0{,}080}{1000}$ bzw. $\dfrac{0{,}080}{1000} \cdot 2\,100\,000 = 168\,\text{kg/cm}^2$ Zugbelastung, und bei trockener Erhärtung zu $\dfrac{0{,}225}{1000}$ bzw. $\dfrac{0{,}225}{1000} \cdot 2\,100\,000 = 472\,\text{kg/cm}^2$ Druckbelastung. In Übereinstimmung mit diesen Feststellungen und den weiter unten behandelten Formänderungen aus der ersten Belastung steht die Beobachtung, daß bei trocken gelagerten Verbundbalken Risse im Beton der Zugzone unter erheblich kleineren Lasten auftreten als bei feucht gelagerten Balken[2]).

Neben diesen aus dem verschiedenen Verhalten von Beton und Eisen bei Luft bzw. Wasserlagerung bedingten Anfangsspannungen können

---

[1]) Diese Unterschiede sind z. B. von Bedeutung, wenn fetter Mörtel auf älteren mageren Beton aufgetragen wird, weil der erstere sich mehr zusammenziehen will als der letztere. Über den weiterhin unter Umständen maßgebenden Einfluß des Sandgehaltes auf die Elastizität des Zementmörtels vgl. u. a. C. Bach, Z. d. V. d. I. 1896, S. 1388ff. und Arm. Beton 1911, S. 309ff. (gemeinsam mit O. Graf).

[2]) Vgl. C. Bach und O. Graf, Heft 72—74 der Mitteilungen über Forschungsarbeiten 1909 (Einfluß der Zeitdauer und des Zementes), Heft 95, 1910 (Einfluß des Mischungsverhältnisses), Heft 90 und 91, 1910 (Einfluß der Vorspannungen auf die Widerstandsfähigkeit von Eisenbetonbalken).

solche auch beim Beton allein bei Austrocknen oder Durchfeuchten auftreten, rufen dort beim Wechsel des Feuchtigkeitszustandes im feuchten und trockenen Teil des Betonkörpers Spannungen hervor, die unter Umständen eine Verminderung der Widerstandsfähigkeit, namentlich auch in der Zugzone bedingen können[1]).

Beim gegenseitigen Verhalten von Eisen und Beton im Verbund ist weiterhin zu berücksichtigen, daß der Beton kein rein elastischer Körper wie das Eisen ist. Bereits bei seiner ersten Belastung erhält er, wie beispielsweise das Druckspannungsdiagramm in Abb. 3 erkennen läßt, bleibende Formänderungen, die sich beim Verbundkörper dem Eisen mitteilen und wegen seines Festhaftens im Beton auch ihm Anfangsspannungen zuweisen[2]). Es ergibt sich hieraus (Abb. 4) bei einem ge-

drückten Verbundstabe im Beton eine Zug-, im Eisen eine Druckanfangsspannung, während bei einem auf Zug belasteten Verbundstab das Entgegengesetzte als Wirkung der Belastung eintritt (Abb. 5), d. h. der Beton gedrückt, das Eisen gezogen wird. Will man daher die Anfangsspannungen, die durch die Belastungsart und die Abbindeverhältnisse des

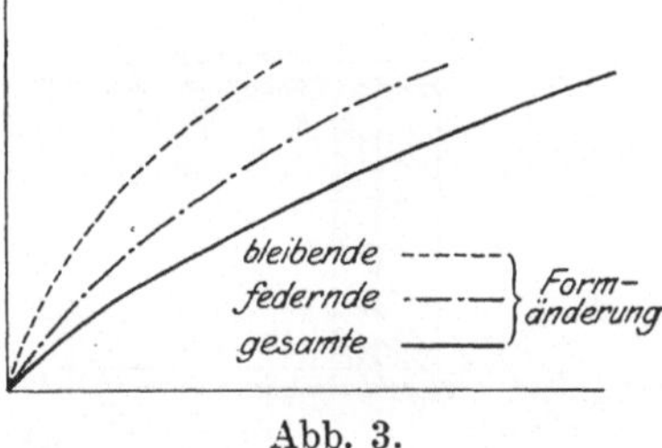

Abb. 3.

Betons entstehen, möglichst gegeneinander ausgleichen, so empfiehlt sich theoretisch für gedrückte Körper ein Feuchthalten während des Ab-

---

[1]) In welcher Art die Bewehrungsgröße eines Verbundstabes einen Einfluß auf die Größe der Anfangsspannungen ausübt, lassen Versuche einer französischen Kommission erkennen (vgl. Bauingenieur, 1922, Heft 10, S. 320). Aus ihnen ergibt sich nachfolgende Zusammenfassung:

Bewehrungs-größe in vH	Wasserlagerung		Luftlagerung	
	Zugspannung im Eisen	Druckspannung im Beton	Druckspannung im Eisen	Zugspannung im Beton
	kg/mm²	kg/cm²	kg/mm²	kg/cm²
0,23	2,2	0,51	3,96	0,90
0,49	2,2	1,07	3,08	1,50
1,00	2,0	2,0	2,64	2,62
1,96	1,76	3,44	2,64	5,17
4,00	2,0	8,00	2,64	10,4

Es zeigt sich hier, daß die Anfangsspannungen im Eisen von etwa 1 vH Bewehrung an ziemlich konstant verbleiben, daß sie aber im Beton etwa im Verhältnis der Zunahme der Bewehrungsgröße steigen. Mit ersteren Ergebnissen stehen allerdings deutsche Versuche im Widerspruch.

[2]) Vgl. u. a.: Bach, Druckversuche mit Eisenbetonkörpern. Mitteilungen über Forschungsarbeiten auf dem Gebiete des Ingenieurwesens Heft 29, S. 11. Berlin 1901.

bindens, bei gezogenen aber eine Erhärtung im Trocknen, eine Forderung, die allerdings in der Praxis nicht stets innegehalten werden kann, aber doch einen wertvollen Fingerzeig für eine Beeinflussung der Anfangsspannungen und für ein Entgegenarbeiten gegen diese auf konstruktivem Wege bietet.

Verhältnismäßig gering sind die Anfangsspannungen, die durch die Wärmeformänderungen des Verbundes hervorgerufen werden, da der Unterschied der Wärmeausdehnungszahlen für beide hier in Frage stehende Baustoffe kein erheblicher ist. Während beim Normalstahl mit einer feststehenden Größe dieses Wertes von 0,000012 bei 1° C Temperaturveränderung gerechnet werden kann, ist die Zahl für Beton nach Versuchen von Rudeloff[1]) und anderen zwar keine

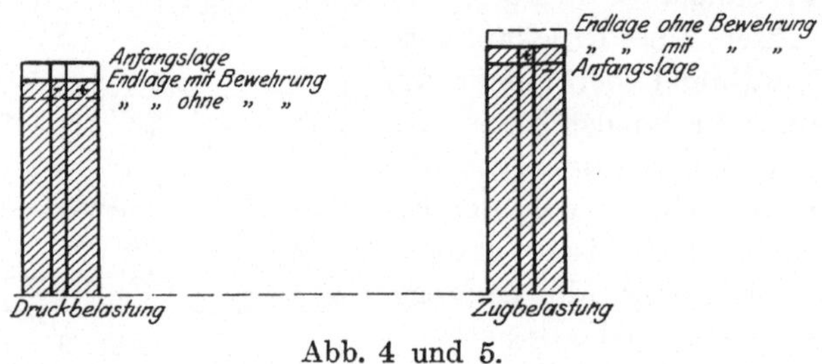

Abb. 4 und 5.

bleibende, kann aber immerhin mit für die Praxis ausreichender Genauigkeit und für die beim Verbundbau üblichen Mischungsverhältnisse im Mittel zu 0,000010 gesetzt werden. Da zudem der Beton ein im allgemeinen wärmeträger Körper ist[2]), so wird jener Unterschied zwischen

---

[1]) Vgl. Heft 23 des Deutschen Ausschusses für Eisenbeton S. 30: Aus den Versuchen ergibt sich ein Kleinstwert von 0,0000082 und ein Höchstwert von 0,0000147.

[2]) Die Wärmeleitung des Betons hängt in erster Linie ab von seiner Dichtigkeit; dichter Beton leitet die Wärme schneller in sich fort als poröser, aber auch verhältnismäßig langsam. Es bedarf mehrerer Stunden, ehe der Beton auf wenige Zentimeter Tiefe eine höhere, der Lufttemperatur entsprechende Wärme annimmt und mit zunehmender Eindringungstiefe nehmen die Temperaturen erheblich ab. — Bei dem Bau des Langwieser Viaduktes fand H. Schürch (vgl. Arm. Bet. 1916, Heft 11/12), daß die Tagesschwankungen der Außenluft nur „gedämpft" und nur bis zu einer geringen Tiefe in den Beton eindringen. Bei einer Tagesschwankung der Lufttemperatur von 10—11° C ergab sich die Schwankung im Beton bei 30 cm Tiefe zu $\frac{1}{2}$°, bei 50 cm zu $\frac{1}{4}$°, bei 70 cm nur noch zu $\frac{1}{10}$ bis $\frac{2}{10}$° C. Bei einer Sommertemperaturabweichung von 17° C waren die entsprechenden Zahlen in der obigen Reihenfolge: 1, $\frac{1}{2}$ und $\frac{1}{4}$° C Schwankung. Nur bei unmittelbarer Bestrahlung waren diese Schwankungen größer und betrugen in 30 cm Tiefe bis zu $2\frac{1}{2}$ und 3° C. Vgl. auch Heft 11 der Veröffentl. des Deutschen Ausschusses für Eisenbeton: Brandproben an Eisenbetonbauten, und seine Fortsetzung in Heft 33 und 41 von M. Gary.

beiden Wärmeausdehnungszahlen für das praktische gegenseitige Verhalten von Beton und Eisen in ihrer Vereinigung im Verbundbau keine bemerkenswerten Folgeerscheinungen, weder nach der Seite der Anfangsspannungen noch nach der schädlicher Formänderungen zeitigen.

Von älteren Laboratoriumsversuchen über das Wärmeleitungsvermögen im Beton seien die von Groot und Woolson erwähnt. Von Groot wurden drei Monate alte Eisenbetonzylinder von 10 cm Wandstärke bei 14 cm innerem Durchmesser benutzt, die im Inneren bis zu 600° C erwärmt wurden. Es zeigte sich, daß diese Erwärmung sich erst in etwa $4^1/_2$ Stunden bis in die Mitte des Betonmantels fortpflanzte. Bei den Woolsonschen Versuchen wurden 28 Tage alte Betonprismen im Gasofen erwärmt; auch hier ergab sich, daß mehrere Stunden notwendig waren, um die umgebende Temperatur von 490° C in das Innere der Prismen gelangen zu lassen. Naturgemäß lassen diese Versuche mit ihren hohen Temperaturen, die den Schwankungen in der Luft nicht entsprechen, nur allgemeine Schlüsse auf die Wärmeträgheit des Betons zu, und dies um so weniger, als bei den hohen Temperaturen wahrscheinlich eine nicht unerhebliche Wärmemenge im Anfang erst dazu dienen mußte, das Wasser im Beton zur Verdampfung zu bringen.

Eine wissenschaftliche Untersuchung, unter Berücksichtigung von Beobachtungen in der Praxis über „Temperaturschwankungen und Temperaturbewegungen", gibt Dr.-Ing. Fr. Vogt für Beton- und Steinbrücken (Berlin 1925, Verlag Wilhelm Ernst & Sohn). Hierin wird u. a. eine mathematische Begründung zwischen äußerem Temperaturverlauf und dem in verschiedenen Tiefen eines homogenen Betonkörpers auf Grund einer Wärmeleitungszahl p aufgestellt; zudem werden für die größten Wärmeschwankungen unter Einrechnung bzw. Außerachtlassung einer Wärme- und Kältewelle Zusammenstellungen für die größt anzunehmenden Wärmeschwankungen ($\triangle T$) als Funktionen der Querschnittsstärken gegeben. Je größer letztere sind, um so geringer sind naturgemäß die $\triangle T$-Werte. Dr. Vogt schlägt vor:

	$\triangle T$			
Querschnittsstärke	mit Berücksichtigung der Wärme- und Kältewelle		ohne Berücksichtigung der Wärme- und Kältewelle	
0,20 m	45°	(46)	$27^1/_2$°	$(28^1/_2)$
0,40 ,,	41°	(42)	25°	$(26^1/_2)$
0,60 ,,	37°	$(38^1/_2)$	$21^1/_2$°	(25)
1,00 ,,	33°	$(35^1/_2)$	20°	$(23^1/_2)$
1,50 ,,	$29^1/_2$°	$(32^1/_2)$	$18^1/_2$°	(22)
2,00 ,,	26°	(30)	17°	(21)
2,50 ,,	$23^1/_2$°	(27)	16°	(20)
3,00 ,,	21°	(26)	15°	(19)

Bei quadratischen Querschnitten erhöhen sich diese Zahlen auf die eingeklammerten Werte.

Dr. Vogt hält demgemäß die in den jetzigen Vorschriften zugrunde gelegten Wärmeschwankungen für zu gering, und zwar um so mehr, als in den vorstehend wiedergegebenen $\triangle T$-Werten der Einfluß einer möglichen Bestrahlung noch nicht enthalten ist, der allerdings in den meisten praktischen Fällen vernachlässigt werden kann, bei besonderen Lagen (hohe Viadukte usw.) aber Berücksichtigung finden muß. In diesem Falle wird eine Erhöhung der Amplitude der Wärmewelle um 2°, der Tagesschwankung um 8° empfohlen. Aus ihr kann die geringe Vorbesserungsgröße für einen bestimmten Querschnitt schätzungsweise festgestellt werden.

Von erheblich höherer Bedeutung für Verbundbauten ist der Einfluß der Wärmeschwankungen auf sie und des Schwindens,
zumal recht häufig beide Wirkungen sich addieren.

Wenn auch nach den neuen Eisenbetonbestimmungen vom September 1925 § 16)[1] für gewöhnliche Hochbauten, d. h. die normalen Verbundbauten mit Eisenbetondecken und -säulen, Wärmeschwankungen für die statischen Ermittelungen außer Berechnung bleiben
können, so erfordert doch das Verhalten auch dieser Bauten im Betriebe
gegenüber den vereinigten Schwind- und Wärmewirkungen, durch Anordnung von in etwa 25—40 m Entfernung angeordneten Trennungsfugen, von Gelenken usw. den schädigenden Einflüssen vorzubeugen.

Hingegen ist bei hohen Fabrikschornsteinen, bei rahmen- und bogen-
förmigen Tragwerken von großer Spannweite, wie überhaupt bei Ingenieurbauten, der Einfluß der Wärme, wenn durch ihn innere Spannungen erzeugt werden, zu berücksichtigen. Unter Zugrundelegung einer
mittleren Ausführungstemperatur (etwa $+10°$ C.) ist hier im allgemeinen mit einem Wärmeunterschiede von $\pm 15—20°$ C zu rechnen[2].
Hierbei kann man davon ausgehen, daß nach Versuchen[3] je nach der
Dicke des Eisenbetonkörpers dieser allmählich etwa die Hälfte bis
80 vH der Lufttemperatur annimmt, vorausgesetzt, daß er nicht un-

---

[1] § 16. Einfluß der Wärmeschwankungen und des Schwindens.

Bei gewöhnlichen Hochbauten können die Wärmeschwankungen und das Schwinden in den statischen Berechnungen unberücksichtigt bleiben.

1. Dem Einfluß der Wärmeschwankungen und des Schwindens ist durch Anordnung von Trennungsfugen Rechnung zu tragen.

Mit Rücksicht auf das Schwinden sind die Bauteile nach dem Einbringen des
Betons möglichst lange feucht zu halten und vor Einwirkung der Sonnenstrahlen
zu schützen.

2. Bei Tragwerken, bei denen die Wärmewirkung beträchtliche Spannungen
hervorruft, insbesondere bei Fabrikschornsteinen, muß der Einfluß der Wärme
berücksichtigt werden. Als Grenzen der durch Änderung der Lufttemperatur bedingten Wärmeschwankung in den Bauteilen sind je nach den klimatischen Verhältnissen in Deutschland $-5°$ bis $-10°$ und $+25°$ bis $+30°$ anzunehmen. In dem
Festigkeitsnachweis ist in der Regel mit einer mittleren Wärme bei der Ausführung
von $+10°$ und demnach mit einem Wärmeunterschied von $15°$ bis $20°$ zu rechnen.

Bei statisch unbestimmten Tragwerken ist dem Einfluß des Schwindens
auf die statisch unbestimmten Größen durch die Annahme eines Wärmeabfalls
von $15°$ Rechnung zu tragen.

Als Wärmeausdehnungszahl für Beton ist $1 : 10^5$ anzunehmen.

3. Bei Bauteilen, deren geringste Abmessung 70 cm und mehr beträgt oder die
durch Überschüttung oder andere Vorkehrungen weniger dem Einfluß der Wärme
ausgesetzt sind, können die oben angegebenen Wärmeunterschiede um $5°$ ermäßigt
werden.

[2] Vgl. die in Anm. 2 auf S. 11 wiedergegebenen $\triangle$ T-Werte von Dr. Vogt.

[3] Vgl. u. a. H. Schürch, Versuche beim Bau des Langwieser Talüber-
ganges und deren Ergebnisse. Arm. Beton 1916; auch als Sonderabdruck erschienen
bei Julius Springer, 1916 und die vorgenannten Untersuchungen von Dr. Vogt.

mittelbar der Sonnenbestrahlung ausgesetzt oder nicht besonders gegen diese geschützt ist. In diesem Falle kann sogar, da der Beton hier als Wärmespeicher wirkt, seine Körperwärme die Außentemperatur übersteigen, — ein Vorgang, auf den bei der Bewehrung von Geländern, Abdeckplatten u. a. m. gebührende Rücksicht zu nehmen ist. Naturgemäß spielt hier neben der Bautemperatur auch das örtliche Klima, größerer oder geringerer Wärmeschutz über dem Bauteile usw. eine Rolle. In dieser Hinsicht legen die neuen Bestimmungen für Deutschland die Grenzen je nach den klimatischen Verhältnissen zwischen $-5°$ und $-10°$ und $+25°$ und $+30°$ C fest. Jedoch können bei Bauteilen, deren Dicke 70 cm überschreitet oder die, wie viele Brückengewölbe, mit höherer Überschüttung versehen sind oder andere Vorkehrungen gegen Wärmebeeinflussung zeigen — wegen der hier sich geltend machenden Wärmeträgheit des Betons —, die oben angegebenen Wärmeunterschiede um $5°$ ermäßigt werden.

Man wird gut tun, unter Würdigung der besonderen, beim einzelnen Entwurfe gegebenen Verhältnisse, die Höhe der Temperaturunterschiede von Fall zu Fall zu beurteilen und sich hierbei nur im allgemeinen an die vorstehenden Angaben zu halten. Eine sehr ausführliche Behandlung läßt Dr.-Ing. W. Lydtin der Wärmespannungsfrage in einer Abhandlung zuteil werden über: Temperaturänderungen in Betonkörpern infolge der Abbindewärme und unter dem Einfluß der Umgebungstemperatur und der Sonnenbestrahlung[1]). Seine wertvollen Untersuchungen faßt Dr. Lydtin dahin zusammen, daß 1. durch Abbindewärme, Umgebungstemperatur und Sonnenbestrahlung unter Umständen sowohl hohe absolute als relative Temperaturspannungen zu erwarten stehen, die das Maß der normal zugelassenen Spannungen wesentlich überschreiten können, daß 2. die Berücksichtigung dieser Temperaturänderungen vielfach ein Aufheben der monolithischen Bauweise durch Anordnung zahlreicher Fugen fordert, bei großen Massen wegen der Abbindewärme, bei kleinen Abmessungen wegen der Außentemperatur. Eine rechnerische Berücksichtigung des ersteren Einflusses (Abbindewärme) läßt sich nur in Annäherung durchführen. Gerade deshalb ist es aber notwendig, bei Bauten mit großen Massen sich über die Temperaturabbindeverhältnisse des verwendeten Mörtels vollkommene Klarheit zu verschaffen, um einmal seinen Einfluß schätzen, zum anderen ihm konstruktiv begegnen zu können. Hinsichtlich der Außentemperatur zeigen auch diese Untersuchungen daß bei Sonnenbestrahlung eine Temperaturschwankung von $\pm 15°$ C als nicht ausreichend anzusehen ist.

Besonders gefährlich wirkt die unmittelbare Sonnenbestrahlung bei allseits freistehenden Verbundmauern. Während hier auf

---

[1]) Siehe: Der Bauingenieur 1924, Heft 23 und 24.

5—10 m Fugen auszusparen sind, genügt bei hinterfüllten Mauern für diese ein Abstand von 10—20 m. Für normale Eisenbahnbeton, bei denen die Möglichkeit einer Längsbewegung gegeben ist, genügen sogar 40 m als Fugenabstand. Hierbei ist vorausgesetzt, daß die Fugenstärke nicht zu gering ist, d. h. 1—2 cm beträgt.

Daß die neuen Bestimmungen die Wärmebeanspruchung der hohen Eisenbetonschornsteine[1]) besonders herausheben, hat darin seinen Grund, daß, wie Dr. Döring aus Versuchen der Praxis[2]) beweist, die im Betonmantel solcher Schornsteine im allgemeinen zugrunde gelegten Temperaturdifferenzen den tatsächlichen Verhältnissen nicht entsprechen und weit unter den wirklich auftretenden Werten liegen. Diese Unterschiede nehmen bei gleichbleibender Wandstärke mit der Entfernung vom Eintritt der Gase in den Schornstein ab, da weiter nach oben neben der wagerechten Wärmeausstrahlung auch in senkrechter Richtung eine Fortpflanzung erfolgt. Hierdurch wird aber eine gleichmäßigere Durch-

---

[1]) Eisenbetonschornsteine können entweder in monolithischer Bauweise aufgeführt werden oder aber aus Betonformsteinen mit Eisenbewehrung. Nach beiden Ausführungsweisen ist in Deutschland schon seit etwa 1910 eine ganze Reihe von Schornsteinen gebaut worden die sich gut bewährt haben. Die Höhen sind sehr verschieden, sie gehen von 20 bis 120 m, liegen aber meistens in der Mitte, etwa bei 40—60 m. Die Schornsteine dienen sowohl zur Abführung der Rauchgase von Dampfkesselanlagen, Hüttenwerken, als auch zur Abführung von säurehaltigen Gasen.

Zur Beurteilung der Frage, von welchen Wärmegraden an eine Ausfütterung der Schornsteine entbehrt werden kann, gehören langjährige Erfahrungen. Zweckmäßig dürfte es sein, Eisenbetonschornsteine, in denen Wärmegrade über 350° vorhanden und scharfe Gase abzuführen sind, bis zur Mündung mit einem Futtermauerwerk zu versehen. Bei Wärmegraden unter 400° werden gewöhnliche Ziegelsteine für genügend gehalten, bei Wärmegraden von 400—600° werden im unteren Teil, bis zu 10—15 m Höhe, einfache feuerfeste Steine, darüber Ziegelsteine empfohlen. Über 600° sollten durchweg feuerfeste Steine verwendet werden, bei Schornsteinen, die scharfe Gase abzuführen haben, säurebeständige Steine, die fast durchweg feuerbeständig sind. Bei gewöhnlichen Dampfkesselschornsteinen, bei denen die Wärmegrade der Gase im allgemeinen nicht über 200° hinausgehen, wird eine Ausfütterung bis zu $^1/_3$—$^2/_3$ der Höhe, je nach den örtlichen Verhältnissen, für ausreichend gehalten.

Bei Braunkohlenfeuerungen wird besonders empfohlen, die Schornsteine bis zur Mündung auszufüttern, weil in solchen Schornsteinen Flugaschenteilchen in glühendem Zustand bis zur Mündung gelangen und sich an allen unebenen Stellen ablagern und lange Zeit nachglühen.

Was die Stärke des Futtermauerwerks anlangt, so werden in der Regel im unteren Teil bis zur Fuchseinmündung 25 cm, darüber 20, 15 und 12 cm innegehalten.

Häufig werden die Schornsteinwände in zwei Teilen mit einer dazwischenliegenden Luftschicht ausgeführt; auch ist das Futter im Inneren von der eigentlichen Schornsteinwand durch eine Luftschicht zu trennen.

[2]) Vgl. u. a. Dr. Döring im Bauingenieur 1924, Heft 17, S. 547: Messungen und Beobachtungen über den Einfluß von Wind und Wärme auf Eisenbetonschornsteine und die ausführliche Behandlung dieser Frage in seiner bei Julius Springer, Berlin 1925 erschienenen Doktorarbeit.

wärmung des Mauerwerks erreicht. Bei sonst gleichen Verhältnissen bedingen dickere Wände naturgemäß größere Unterschiede als dünnere. Nach den Messungen von Döring werden Unterschiede bis zu 90° C vorkommen, die bis auf 45° an den höheren Bauwerksteilen sich vermindern. Unter Berücksichtigung der im Bauwerk durch diese Beanspruchungen und Windlasten auftretenden Zugspannungen ist die senkrechte und wagerechte Bewehrung möglichst an die Außenfläche zu legen.

Eine Herabminderung zu hoher Temperaturunterschiede und -Spannungen ist, bei bestimmt gegebener Wandstärke und Innehaltung eines gewissen Bewehrungsmaßes, nicht durch statische Maßnahmen zu erreichen, weil mit einer Verstärkung der Eiseneinlagen das Trägheitsmoment und damit in gleichem Maße infolge der ungleichmäßigen Erwärmung das Biegungsmoment wächst. Hier helfen nur konstruktive Maßnahmen, wie beispielsweise eine Lüftung der Isolierungsschicht in den einzelnen Schachttrommeln, geringe Wandstärken des Mantels, d. h. Verwendung hochwertiger Zemente u. a. m. In jedem Fall ist die Anordnung eines starken, tunlichst porigen Futters in Verbindung mit einer Luftschicht zwischen Mantel und Futter zur Vermeidung allzu hoher Temperaturunterschiede erforderlich[1]).

Erwähnt sei anschließend, daß man allgemein beobachtet hat, daß der Beton in Schornsteinen bei Wärmegraden bis zu 300° C nicht angegriffen wird, daß aber auch bei höheren Graden Beschädigungen nicht angetroffen wurden, da sich auf dem Beton eine schützende Rußschicht bildet.

Über die Schwellung und Schwindung des Zementmörtels usw. in Wasser und Luft liegen eine größere Anzahl Versuche vor[2]). Wenn auch diese für den Verbundbau hochbedeutsame Frage durch sie noch nicht zu einer vollkommenen Klärung geführt ist und noch weitere Versuche die bisher gefundenen Ergebnisse in Zukunft ergänzen und weiter ausbauen sollen, so kann doch heute schon ausgesprochen werden, daß das Schwindmaß bei

---

[1]) Über die Berechnung eines Verbundschornsteines auf Grund der Döringschen Ermittlungen vgl. die in Anm. 2, S. 14 angegebene Veröffentlichung.

[2]) Vgl. u. a. Arm. Beton 1909: Versuche von Bach und Graf (auch Z. d. V. d. I. 1912), Heft 13 des Deutschen Ausschusses für Eisenbeton: Versuche über den Einfluß von Kälte und Wärme auf die Erhärtungsfähigkeit von Beton von M. Gary, Heft 23 desselben Ausschusses: Untersuchungen über die Längenänderungen von Betonprismen beim Erhärten und infolge von Temperaturwechsel von M. Rudeloff und H. Sieglerschmidt; Heft 35 desselben Ausschusses: Schwellung und Schwindung von Zement und Zementmörteln in Wasser und Luft, von M. Gary, und von demselben Verfasser Heft 42 des Deutschen Ausschusses: Schwinden von Zementmörtel an der Luft, sowie hierüber Arm. Bet. 1919, Heft 2, S. 39 u. Zentralbl. d. Bauverw. 1919, S. 134; P. Rohland, Die Quellung des

Erhärten von Eisenbeton an der Luft — wie schon auf S. 8 erwähnt — wesentlich höher ist als die Ausdehnung unter Wasser, daß auf eine Verkleinerung des Schwindmaßes ein starkes Naßhalten des Betons, besonders in der ersten Zeit seines Erhärtens, einwirkt[1]), daß fetter Beton stärker schwindet als magerer, daß Eiseneinlagen die Schwind- und Dehnungsmaße verringern, daß aber die durch das Schwinden im Beton auftretenden Anfangsspannungen um so größer sind, je höher die Eisenbewehrung ist. Für 6 untersuchte Portlandzemente zeigten die Versuche von Gary (Heft 35 der Veröff. d. Deutschen Ausschusses) bei Wasserlagerung Ausdehnungen von 0,4—1,75 mm, Schwindungen von 1,1—2,6 mm auf 1 m. Aus belgischen Versuchen über das Schwinden von Beton während der Erhärtung geht hervor, daß nach 135 Tagen das mittlere Schwindmaß 0,4 mm auf 1 m betrug. Die gleiche Wirkung wurde durch einen Wärmeabfall von 35° erreicht. Nach 155 Tagen scheint die Schwindung des vorliegenden Betons ihr Ende gefunden zu haben. Auf die einzelnen Beobachtungswochen verteilt, betrug die Schwindung in Beziehung zur Gesamtformänderung nach

Woche	1.	2.	3.	4.	6.	8.	12.
vH	19.	39.	55.	65.	81.	86.	98.

Für den bewehrten Beton ergab sich eine mittlere Schwindzahl von 0,003; sie entsprach einem Wärmeabfall von 25° C. Die Eisenportland- und Hochofenzemente zeigten ein angenähert gleiches Verhalten. Auch ist das Maß der Formänderung verschieden nach der Herstellung des Zementes[2]), nimmt zu mit dem Alter und der Zementmenge des Mörtels bzw. Betons[3]), ist auch zudem eine Funktion der Erhärtungsart.

Zements und Betons. Zentralbl. d. Bauverw. 1912, S. 538; Heft 9 der Arbeiten des Eisenbetonausschusses des österr. Ing. u. Arch. V., bearbeitet von Prof. Ing. Ludwig Kirsch; Ing., Leopold Herzka: Schwindspannungen in Trägern aus Eisenbeton; (Verlag Alfred Kröner, Leipzig 1921); Belgische Versuche über das Schwinden des Betons während der Erhärtung, Bauing. 1922, Heft 10, S. 320; Hummel: Schwindversuche mit Portland- und Tonerdezement. Bauing. 1924, Heft 5, S. 116; M. Koenen: Über Schwindwirkungen in Beton- und Eisenbetonkörpern, Beton und Eisen 1924, Heft 1.

[1]) Vgl. Heft 23 und 35 der Veröffentl. d. Deutschen Ausschusses f. Eisenbeton; namentlich sind in dieser Hinsicht die von Rudeloff wiedergegebenen Versuche für den Masurischen Kanal (Heft 23) wertvoll.

[2]) Vgl. Über Volumenveränderungen, die Festigkeit und die Wasserdichtheit von Beton bei Verwendung von Portlandzement und dem hochwertigen Tonerdezement. Von Dipl.-Ing. Hummel. Bauing. 1924, Heft 5, S. 110.

[3]) Genaueres hierüber vgl. in Mörsch, Der Eisenbetonbau, 6. Auflage 1923, S. 123 ff. Hier sind u. a. die Einzelzahlen von Versuchen der Firma Wayß & Freytag mitgeteilt, die sich sowohl auf Portland- wie Eisenportland- und Hochofenzement erstrecken und Zeiträume von 7 Tagen bis zu 6 Jahren umfassen.

Letztere Beziehungen mögen aus einer Zusammenstellung der Ergebnisse von Versuchen im Berliner Materialprüfungsamt ersehen werden.

Mischung (Verhältnis und Art)	Erhärtungsart	Längenänderung in mm, bezogen auf 1 m Länge nach		
		28 Tagen	3 Monaten	1 Jahre
Versuche von Gary				
1 : 3	Luft	−0,660	−0,740	−0,600
Mörtel	kombiniert	−0,410	−0,540	−0,480
erdfeucht	Wasser	+0,220	+0,410	+0,620
1 : 5	Luft	−0.510	−0,540	−0,390
Mörtel	kombiniert	−0,430	−0,540	−0,430
erdfeucht	Wasser	+0,180	+0,300	+0,420

Versuche von Rudeloff.

		84 Tage	196 Tage		1568 Tage
1 : 3 Beton	Luft	−0,169	−0,274	−0,324	−0,323
		84 Tage	196 Tage	dann Luftlagerung	1568 Tage
erdfeucht	Wasser	+0,174	+0,259	+0,328	+0,046

Über das verschiedene Verhalten der Zemente in bezug auf das Schwinden liegen wertvolle Versuchsergebnisse von Dipl.-Ing. A. Hummel vor. Es zeigt sich, daß innerhalb der Versuche der Zementart der beträchtlichste Einfluß auf die Volumenveränderung zuzuschreiben ist[1]). Wird es möglich, dem Tonerdezement die Eigenschaft hoher Abbindeerwärmung zu nehmen, so wird das Maß seiner Volumenveränderung sehr klein. Da zudem dieses Bindemittel wegen seiner hohen Festigkeit eine beträchtliche Magerung des Ursprungsverhältnisses zuläßt, die wiederum eine Verminderung des Schwindmaßes zur Folge hat, so könnte der hochwertige Zement gerade in dieser Hinsicht für die Zukunft besonders wertvoll werden. Zugleich lassen die Versuche eine größere Abhängigkeit des Portlandzementbetons gegenüber einem Tonerdezementbeton von den Feuchtigkeitsbedingungen der Lagerung erkennen.

Einen weiteren Einfluß auf die Größe des Schwindmaßes übt auch die Art des Sandes, namentlich seine Körnung, aus. Bei den Schwindversuchen des Deutschen Ausschusses für Eisenbeton (Heft 42) waren beispielsweise die Sande: Freienwalder Rohsand, Isar- und Rheinsand, die Mischungen: erstens 1 : 5, zweitens so, daß die vorhandenen Hohlräume gerade noch mit Zement ausgefüllt wurden. Außerdem wurde dem Rheinsand zu weiteren Versuchen soviel feinste Körnung zugesetzt, daß ein möglichst dichtes Gemisch entstand und zweitens wurde ihm das feinste abgesiebt, so daß man einen undichten Sand erhielt; auch in diesen beiden Fällen wurden die Hohlräume mit Zement gerade aus-

---

[1]) Dieser Umstand führt dazu, schon bei der Herstellung der Zemente Wege zu suchen, die zur Verringerung des Schwindmaßes führen.

gefüllt. Es zeigte sich zunächst die bekannte Tatsache, daß fette Mischungen stärker schwinden als magere. Wird die Mischung so mager, daß die Hohlräume des Sandes nicht mehr ausgefüllt werden, so erreicht die Schwindung das Mindestmaß. Die Wirkung der Aufbereitung des Zements ist daran erkennbar, daß die Schwindung um so stärker wird, je mehr Schwachbrand vorhanden ist. Der scharf gebrannte Drehrohrofenzement zeigte das geringste Schwinden. Der Einfluß der Sandart auf das Schwinden war, wie zu erwarten, bei den mageren Mischungen größer als bei den fetten. Der Mörtel aus Freienwalder Sand schwindet am wenigsten, der aus Isar- und Rheinsand bedeutend mehr. Das starke Schwinden bei Verwendung von Isarsand erklärt sich daraus, daß dieser Sand aus porigen Kalksteintrümmern besteht, die beim Anrühren das Wasser einsaugen, wodurch beim Austrocknen ein Schwinden hervorgerufen wird. Bei dem dichtgelagerten Rheinsand dringt ebenfalls viel Wasser in die feinen Zwischenräume, was nachher beim Verdunsten gleichfalls starkes Schwinden veranlaßt. Will man somit ein Schwinden durch die Art der Rohstoffe möglichst vermeiden, so wird man scharfgebrannten Zement und dazu nicht zu dichte und wenig Wasser aufnehmende Sande wählen müssen. Durchaus ähnliche Ergebnisse erzielten die Versuche des Eisenbetonausschusses des österreichischen Ingenieur- und Architektenvereins[1]).

---

[1]) Vgl. hierzu: Mitteilungen über Versuche, ausgeführt vom Eisenbetonausschuß des österreichischen Ingenieur- und Architektenvereins. Heft 9. Versuche über Schwinden von Beton. Bericht erstattet von Ing. Bernh. Kirsch, o. ö. Prof. der Technischen Hochschule Wien. Mit 13 Abb. und 12 Tabellen. Leipzig und Wien 1922. Franz Deuticke.

Die gewonnenen Ergebnisse sind deshalb besonders bemerkenswert, weil bei den Versuchen hochwertiger und normaler Zement miteinander bezüglich des Schwindens ausführlich verglichen werden. Die Versuchsergebnisse werden folgendermaßen zusammengefaßt:

1. Bei Luftablagerung betrug die Schwindung weichen Betons in Prozenten der ursprünglichen Länge bei Verwendung hochwertigen Zementes in fetter Mischung nach vier Wochen 0,160, nach einem Jahr 0,478; in magerer Mischung nach vier Wochen 0,120, nach einem Jahr 0,396; bei Verwendung von Schachtofenzement in fetter Mischung nach vier Wochen 0,164, nach einem Jahr 0,564; in magerer Mischung nach vier Wochen 0,150, nach einem Jahr 0,512.

2. Bei gemischter Lagerung betrug die Schwindung weichen Betons aus hochwertigem Zement in fetter Mischung nach vier Wochen 0,106, nach einem Jahr 0,360; in magerer Mischung nach vier Wochen 0,086, nach einem Jahr 0,342; aus Schachtofenzement in fetter Mischung nach vier Wochen 0,152, nach einem Jahr 0,428; in magerer Mischung nach vier Wochen 0,058, nach einem Jahr 0,382.

Der Einfluß feuchter Lagerung ist somit ein die Schwindung beträchtlich vermindernder, etwa 23 vH.

3. Bei Wasserlagerung war die Schwindung sehr unregelmäßig und von geringer Größe im Vergleich zum Verhalten bei Luft- und gemischter Lagerung.

Bei dem für die Eisenbetonbauten besonders wichtigen Vorgange des Schwindens, dessen Maß bei Bauausführungen bis zu $^1/_2$ mm auf 1 m Baulänge für Zementmörtel 1 : 3 und 1 : 5 gefunden wurde, erhält — wie bereits auf S. 7 erwähnt — der Beton Zug, das Eisen Druck. Während hierdurch in Druckgliedern eine Entlastung des Betons und eine verstärkte — im allgemeinen wünschenswerte — Heranziehung des Eisens eintritt, also eine statisch günstige Einwirkung hervorgerufen wird, wächst in der Zugzone durch die vermehrte Zugbelastung des Betons die Gefahr einer Rissebildung in ihm, während die Eisen hier eine Entlastung erfahren. Nach Saliger[1]) sind die hierdurch hervorgerufenen Spannungen in gebogenen Balken durchaus nicht gering und betragen beispielsweise bei einem Eisenbetonbalken mit rechteckigem Querschnitte, 2% Bewehrung und unter Annahme einer Schwindung von 0,4 mm auf 1 m Länge im Beton an der Zugseite 18 kg/cm², an der Druckseite im Beton 24 kg/cm² und hier im Eisen 380 kg/cm². Hierbei tritt eine Verlängerung des Betons an der Eiseneinlage von 0,21 mm und eine Verkürzung der Eiseneinlage von 0,19 mm auf 1 m ein. Die hier auftretenden theoretischen Spannungen erzeugen dann weiter ein verwickeltes Kräftebild im Verbundstabe, da sie die Gleitspannungen beeinflussen. Da das Eisen nur durch den Schwindungs- bzw. Quellungsvorgang seine Länge ändert, so bringt es Haftspannungen hervor, die durch den ebenfalls seine Form ändernden Beton in der Längsrichtung auf die Eisenoberfläche sich geltend machen[2]). Daß derartige

4. Die Art der Zementaufbereitung hatte einen Einfluß auf die Größe der Schwindung. Der Beton aus Drehofenzement schwand um etwa 20 vH weniger.

5. Die Feinheit der Mahlung hatte keinen auffallenden Einfluß auf die Schwindung.

6. Weicher Beton wies bei Luftlagerung um 27 vH geringere Schwindung auf als fließender.

7. Die Magerung von 470 auf 200 kg/m³ vermindert bei plastischer Verarbeitung und bei hochwertigem Beton die Schwindung um 17 vH, bei Beton aus Schachtofenzement um 9 vH.

8. Zweiseitig bewehrter Beton hat wesentlich geringere Schwindung als unbewehrter. Die Abnahme der Schwindung beträgt durch die bei diesen Versuchen angewendete Bewehrung von 1,38 vH bei Verwendung hochwertigen Zements in fetter Mischung 35 vH, in magerer 22 vH; bei Verwendung von Handelszement dagegen in fetter Mischung 38 vH, in magerer 32 vH.

9. Bei einseitiger Bewehrung krümmen sich die Balken, und zwar um so mehr, je stärker die Bewehrung ist.

[1]) Vgl.: Fugen und Gelenke im Eisenbetonbau von Prof. Dr. Saliger. Zeitschrift f. Betonbau 1917, Heft 2—6; auch als Sonderabdruck erschienen (Compaß-Verlag, Wien.)

[2]) Genaueres über diese Vorgänge siehe in Mörsch, Der Eisenbetonbau, 6. Auflage 1923, S. 123ff. Hier berichtet — S. 130 — der Verfasser auch von einem Versuche aus dem Jahre 1918, bei dem die Zugfestigkeit des Betons überschritten

Spannungsvorgänge die Ergebnisse von Zug- bzw. Biegeversuchen an im Trockenen abgebundenen oder nach der Feuchthaltung bei — u. U. sogar unvollkommen — ausgetrockneten Probekörpern infolge der hier auftretenden Schwinderscheinungen im Beton ungünstig beeinflussen müssen, darf nicht verkannt werden. Deshalb ist bei derartigen Versuchen auch die Forderung zu erheben, daß die Probekörper bis zum Versuche dauernd feucht zu halten sind, um Schwindspannungen zu vermeiden.

Ist der Querschnitt einseitig oder unsymmetrisch bewehrt, so ist, wie u. a. die deutschen und österreichischen Versuche deutlich erkennen lassen, eine weitere Folge dieser Eigenspannungen die Krümmung der Tragteile nach der Seite der Bewehrung[1]). Die Wirkung in dieser Hinsicht ist die gleiche wie die eines Wärmeunterschiedes zwischen den

---

wurde und deshalb Risse auftraten, ohne daß eine äußere Belastung einwirkte. Zu Erscheinungen, wie den hier beobachteten, wird es allerdings im allgemeinen ziemlich hoher, ungewohnt starker Eisenbewehrung bedürfen. Eine Kritik über die Frage der Verminderung der Schwindspannungen durch Eiseneinlagen gibt Reg.-Baumstr. Gaede im Zentralbl. d. Bauv. 1918, Nr. 74. Er schließt seine Betrachtungen mit den folgenden Ausführungen: „Bei reinen Grobmörtelbauten sollte man in erster Linie danach streben, dem Mörtel durch Wahl der Gesamtanordnung, nötigenfalls durch künstliche Trennfugen, Gelenke usw. die Möglichkeit der freien Längenänderung zu verschaffen. Erst wenn dies nicht gelingt, und wenn die etwa entstehenden Risse wesentliche Nachteile zur Folge haben würden — etwa das Zerreißen einer wasserdichten Abdeckung —, würde das Einlegen von Eisen ins Auge zu fassen sein. Man kann hierdurch zwar nicht die Schwindrißgefahr als solche beseitigen, dagegen gelingt es, auf diese Weise das Entstehen weit klaffender Risse zu verhindern. Wenn Eiseneinlagen quer zu den Rißflächen vorhanden sind, können sich die Rißränder — abgesehen von dem bei verhältnismäßig geringer Stärke des Mörtelkörpers unerheblichen Einflusse der Querverbiegung — nur dadurch voneinander entfernen, daß sich der Mörtel beiderseits des Risses auf eine gewisse Länge unter Überwindung des Scherwiderstandes gegen die Eiseneinlage verschiebt. Die Summe der Längenänderungen des Mörtels und des Eisens innerhalb dieses Gebietes stellt die Rißweite dar. Je größer der Scher- und Reibungswiderstand zwischen Mörtel und Eisen ist im Vergleiche zu der verschiebenden Kraft, welche durch die Zugfestigkeit des Mörtels übertragen werden kann, um so kleiner wird die Strecke sein, auf die der Widerstand gegen die Längsverschiebung überwunden wird, um so enger bleibt der einzelne Riß. Weil nun die geringste Gesamtweite der Schwindrisse als Unterschied der sich aus der allgemeinen Anordnung ergebenden Längenänderung und der größten zulässigen Dehnung des Mörtels festliegt, muß bei Begrenzung der Weite der einzelnen Risse ihre Zahl um so größer werden. Dies müßte gegenüber dem Vorteile, nur sehr feine Risse zu erhalten, in Kauf genommen werden. Die Erhöhung des Widerstandes gegen Längsverschiebung kann erreicht werden durch Verteilung des vorgesehenen Eisenquerschnitts auf möglichst viele Einzelquerschnitte, weil hierdurch die haftende Oberfläche vergrößert wird."

[1]) Vgl. hierzu u. a. Der Einfluß des Schwindens auf einseitig bewehrte Eisenbetonbalken. Von Prof. Dr.-Ing. M. Schüle, Zürich. Beton und Eisen 1922, Heft 1, S. 19.

äußeren Fasern, wobei die bewehrte Seite als mit der höheren Temperatur beansprucht zu erachten ist. In dieser Anschauung ist zugleich ein Weg gegeben, die auftretenden Eigenspannungen auch in diesem Falle zu errechnen. Die Frage, inwieweit Schwindspannungen bei der statischen Berechnung zu berücksichtigen sind, ist durch die neuen deutschen Bestimmungen dahingehend beantwortet, daß bei statisch unbestimmten Tragwerken dem Einflusse des Schwindens auf die statisch unbestimmten Größen durch die Annahme eines Wärmeabfalles von 15° C Rechnung zu tragen ist. Mit Recht weist Dr.-Ing. M. Koenen in seinem Aufsatz über Schwindwirkungen in Beton und Eisenbetonkörpern[1]) darauf hin, daß für gedrückte Körper und Querschnitte, bei denen Schwind- und Belastungsspannungen einander entgegenwirken, erstere Spannungen von untergeordneter Bedeutung und vernachlässigbar sein werden. So erfahren beispielsweise die Eisenringe umschnürter Eisenbetonsäulen durch das Schwinden eine verhältnismäßig große Anfangsdruckspannung, die durch die Belastung erst überwunden werden muß, bevor ihr Zugwiderstand einsetzt, und ebenso werden die anfänglichen Schwindzugspannungen des Säulenbetons durch die Belastungsspannungen gemildert oder in Druckspannungen übergeführt.

Anders verhält es sich allerdings bei den zwar nur selten im Verbundbau vorkommenden, auf reine Zugfestigkeit beanspruchten Stäben und in der Zugzone auf Biegung belasteter Balken und Konstruktionsglieder. Hier addiert sich die schädliche Wirkung der Schwindspannungen in ihrem Ziel der Rissebildung mit der statischen Beanspruchung der Fasern, namentlich in Stabmitte. Hier liegt der gefährlichste Querschnitt[2]), und es genügt demgemäß für die Untersuchung der Schwindspannungen, nur jene am Querschnittsrande in Stabmitte heranzuziehen. Daß bei statisch unbestimmten Konstruktionen die Schwindwirkung zu verfolgen und in die Rechnung einzuschätzen ist, wurde oben mehrfach betont. Bei statisch bestimmten Bauwerken ist dies — auch bei Zuggliedern bzw. in der Zugzone — deshalb nicht notwendig, weil hier von vornherein mit dem Auftreten von Rissen, d. h. der Ausschaltung der Zugzone im Beton gerechnet wird.

Wegen der Berechnung der Schwindspannungen selbst sei einmal auf die unten erwähnte Veröffentlichung von Herzka verwiesen;

---

[1]) Beton und Eisen 1924 vom 4. Januar, Heft 1. Hier werden auch Gleichungen entwickelt, um die Schwindspannungen zu verfolgen, und zwar für:

a) Unbelastete Eisenbetonstäbe, und zwar geradlinige und ringförmige.

b) Axial gedrückte Eisenbetonstäbe, geradlinig und ringförmig, bzw. als umschnürte Bauten ausgeführt.

[2]) Vgl. z. B. Herzka: Schwindspannungen in Trägern aus Eisenbeton. S. 35 bis 37.

zum anderen seien die Gleichungen mitgeteilt, die E. Mörsch in seinem Eisenbetonbau (VI. Aufl., Teil I, S. 129) entwickelt:

$$\sigma_e = \frac{\varepsilon_s E_e}{1 + \varphi \cdot n}\;; \qquad \sigma_b = \frac{\varepsilon_s E_e \varphi}{1 + \varphi \cdot n}.$$

In diesen Gleichungen stellt σ_e die Druckspannung im Eisen, σ_b die Zugspannung im schwindenden Beton dar; ε_s ist die spezifische Längenabnahme des unbewehrten Betons durch Schwinden, n der Wert $\dfrac{E_e}{E_b} = \dfrac{\text{Elastizitätszahl des Eisens}}{\text{Elastizitätszahl des Betons}}$ $(= 15 \cdot i\,M)$, φ das Bewehrungsverhältnis $= \dfrac{F_e}{F_b} = \dfrac{\text{Querschnitt des Eisens}}{\text{Querschnitt des Betons}}$. Aus den Gleichungen zeigt sich, daß der Wert σ_e mit stärkerer Bewehrung abnimmt, σ_b aber mit ihr steigt. Liegen Versuchswerte vor, sind z. B. Dehnungen im Beton und die Schwindung gemessen, so ergibt sich mit ihrer Hilfe E_b, hieraus n und dann weiterhin die Schwindspannung σ_e bzw. σ_b.

Versuche zur Verminderung des Schwindmaßes sind seit langer Zeit im Gange. Wenn auch nicht zu verkennen ist, daß zur Herabminderung der Schwindung unter Umständen besondere Zusätze günstig wirken können, die namentlich ein „Quellen" des frischen Betons zur Folge haben[1]), auch die Nachbehandlung des Bauwerks, also recht lang andauernde Feuchthaltung, daneben vielleicht auch die richtige Abwägung des Wassergehaltes[2]) wertvoll sind, so wird doch hier in erster Linie die Zusammensetzung und Herstellungsart der Zemente ausschlaggebend sein. Hierauf weisen bereits die Erfahrungen hin, daß bei mit verschiedenen Zementmarken hergestellten Mörteln das Schwindmaß zum Teil recht verschieden ist. In diesem Zusammenhang sei nochmals auf die tonerdereichen, hochwertigen Zemente als voraussichtlich besonders geeignet verwiesen.

Die konstruktiv zur Anwendung gelangenden Mittel sind — wie bereits betont — Dehnungsfugen oder Gelenke. Für die Dehnungsfugen kommen einfache Betonierungsfugen — offen gelassen oder durch nachgiebige federnde Teile, wie Wellblech usf., geschlossen, doppelte Stützen, beweglich gelagerte Träger, herauskragende Enden, stumpf aneinander stoßend, Auslegersysteme usw. in Frage, während bei der Gelenkanwendung namentlich Pendelsäulen, Kämpfer und Scheitelgelenke die wichtigste Rolle spielen.

---

[1]) Hier kommt z. B. das Patent Gutmann in Frage (D.R.P. 330 784), betr. Zusatz von Rohgips oder Chlorkalzium.

[2]) Auf der Hauptversammlung des Vereins Deutscher Portland-Zement-Fabrikanten i. J. 1918 führte Dr. Goslich die Schwindrisse auf die in neuerer Zeit üblich gewordenen großen Wasserzusätze zurück. Mitt. für Zement u. Beton d. Deutschen Bauztg. 1918, Nr. 9.

Als Schutzmittel gegen Schwindrisse, die namentlich bei Behältern, bei Eisenbeton-Senkkästen usw. nicht ohne Bedenken sind, haben sich bisher bitumenartige Anstriche, z. B. Inertol, sowie überhaupt eine Anzahl der Mittel, welche Beton wasserdicht zu machen befähigt sind[1]), bewährt.

Die Quellwirkungen bedingen in der Regel keine besonderen Vorsichtsmaßregeln, da die durch sie ausgelösten Spannungen geringer sind und i. d. R. im günstigeren Sinne sich äußern.

Gegen Kälte und nicht allzu hohe Wärme ist der erhärtete Eisenbeton unempfindlich[2]), nicht aber der in Abbindung und Erhärtung befindliche. Es ist bekannt, daß stärkerer Frost das im Beton vorhandene Wasser zum Erstarren bringt und hiermit die Erhärtung des Betons zum Stillstand gelangt. Wirkt der Frost kurze Zeit auf erhärtenden Beton ein, so übt er zunächst auf dessen Festigkeit einen schädigenden, zum mindesten seine Erhärtung hemmenden Einfluß aus. Dieser Einfluß ist um so geringer, je älter der Beton vor der Frostwirkung war. Nach Versuchen von Prof. H. Kreüger in Stockholm ist diese schädigende Einwirkung verhältnismäßig gering, wenn der Beton vor Frostbeginn wenigstens während zweier Tage bei Temperaturen von 4—6°C abgebunden hat[3]); ebenso weist Gary nach[4]), daß wenige Stunden Frost bis — 10°C die Beton- und Mörtelerhärtung nicht wesentlich beeinflussen, daß der Beton nach Aufhören der Frostwirkung sich wieder erholt und dann seine Verfestigung in normaler Weise weiter fortsetzt[5]). Das gleiche Ergebnis lieferten Versuche des Eisenbetonausschusses des österreichischen Ing.- und Arch.-Vereins[6]).

Die neuen Eisenbetonbestimmungen vom September 1925 schreiben vor, daß, wenn während des Erhärtens Frost eintritt, die Ausschalungsfristen mindestens um die Dauer der Frostzeit zu verlängern sind, und daß bei Wiederaufnahme der Arbeiten nach dem Frost und vor jeder weiteren Ausschalung der Beton darauf zu untersuchen ist, ob er abgebunden hat und genügend erhärtet, nicht etwa festgefroren ist. Muß bei Frost betoniert werden, so sind Vorsichtsmaßregeln zu treffen, um

---

[1]) Vgl. die späteren Ausführungen über diesen Punkt.

[2]) Vgl. Heft 13 des Deutschen Ausschusses für Eisenbeton: Versuche über den Einfluß von Kälte und Wärme auf die Erhärtungsfähigkeit von Beton. Von M. Gary.

[3]) Vgl. Beton und Eisen 1922, S. 74.

[4]) Heft 5 der Mitteilungen des Berliner Material-Prüfungsamtes 1910.

[5]) Heft 13 der Veröffentlichungen des Deutschen Ausschusses f. Eisenbeton 1911 von Gary.

[6]) Versuche über den Einfluß von Frost auf Beton. Bericht erstattet von Dr.-Ing. Karl Haberkalt und Privatdozent Ing. Karl Nähr. Sonderabdruck aus der Zeitschr. des österr. Ing.- u. Arch.-Vereins, Heft 44/45 vom 9. November 1923. Verlag der österreichischen Staatsdruckerei.

den Beton vor Kälte während des Abbindens zu schützen. Bei leichterem Frost, bis — 3° C, ist darauf zu achten, daß keine gefrorenen Baustoffe verwendet werden. Erforderlichenfalls ist das Wasser anzuwärmen. Der fertige Beton ist dann bis zu genügender Erhärtung frostsicher abzudecken. Bei stärkerem Frost darf nur ausnahmsweise betoniert werden. Hierbei ist in geeigneter Weise durch Anwärmen des Wassers und der Zuschlagstoffe, sowie durch Umschließen und Heizen der Arbeitsstelle dafür zu sorgen, daß der Beton ungestört abbinden und erhärten kann. Dabei darf aber das hierzu notwendige Wasser dem Beton nicht durch allzu große Wärme entzogen werden. An gefrorene Bauteile darf nicht anbetoniert werden; durch Frost beschädigte Bauteile sind zu entfernen.

Ungünstig wirkt auf wassersatten Zementmörtel und Beton ein wiederholtes Gefrieren und Auftauen ein[1]), wie es unter Umständen in der Praxis bei Wasserbauten eintreten und hier zu Bauschäden führen kann. Durch Beobachtungen und Versuche wurde festgestellt, daß wassersatter Mörtel oder Beton durch wiederholtes Gefrieren und Auftauen geringere Widerstandsfähigkeit erlangte, und geringere Festigkeit aufwies als ein Vergleichsmaterial, das nur unter Wasser lagerte. Die schädigende Einwirkung war besonders groß bei Mörtel und Beton, der nach gewöhnlicher Wasserlagerung weniger als etwa 80 kg/cm² Druckfestigkeit erlangt hatte und dann in durchnäßtem Zustande der vorerwähnten Beanspruchung ausgesetzt war. Hier zeigten sich Abbröckelungen und Gefügeveränderungen, die allmählich in verhältnismäßig kurzer Zeit zur Zerstörung des Betons führten. Es ist erklärlich, daß die Wirkung des wiederholten Gefrierens und Auftauens besonders stark war bei den gießfähig verarbeiteten Mörteln gegenüber dem etwas günstigeren Verhalten der weichen und erdfeucht angemachten Proben.

In ähnlicher Weise wie Frost verzögern auch tiefe Temperaturen über dem Nullpunkt recht erheblich den Abbinde- und Erhärtungsvorgang und -fortschritt, und zwar kommen hier Temperaturen von etwa + 5° abwärts in Frage. Der eintretende Rückschlag in bezug auf die Festigkeit ist hierbei um so größer, je geringer der Wassergehalt des Betons ist. Stampfbeton wird hierbei also am stärksten in Mitleidenschaft gezogen.

Wie erheblich der Festigkeitsrückgang durch tiefe Temperaturen über + 0° ist, lassen deutlich die österreichischen Versuche, über die Heft 10 des Wiener Eisenbetonausschusses berichtet[2]), erkennen. Hier waren Vergleichsbalken betoniert, einmal im zeitigen Frühjahr bei einer Morgentemperatur von nur 4—5° C, dann im Hochsommer bei rund

---

[1]) Vgl. die Ausführungen hierzu von Otto Graf in Beton und Eisen 1925, Heft 4, S. 51.

[2]) Vgl. auch Anm. 6 auf S. 23.

15—21° C Wärme. Der Beton der letzteren Probekörper (Balken und Würfel) war ungleich besser als der bei der tiefen Temperatur hergestellten. Die Mörtelfestigkeiten verhielten sich hier wie 204 : 135 kg/cm² [1]). In jedem Falle lassen diese Zahlen, wie auch viele gleichartige Erfahrungen der Praxis, erkennen, daß bei den zwar positiven, aber tiefen Temperaturen auf ein einwandfreies Abbinden des Betons nicht gezählt werden darf, und daß namentlich bei der Ausschalung solcher Bauten, die in der kühlen Jahreszeit hergestellt werden, größte Vorsicht geboten ist.

Inwieweit sich unter Einwirkung dieser tiefen Temperaturen normaler Portlandzement gegenüber dem hochwertigen Zement verhält, hat Prof. Dr.-Ing. A. Geßner, Prag [2]) durch Versuche verfolgt. Auch hier zeigte sich allgemein, daß die Verzögerung in der Erhärtung sich außerordentlich stark geltend macht, und daß diese Einwirkung besonders groß in der ersten Zeit des Abbindens ist. Es erreichte beispielsweise der mit hochwertigem Zement erzeugte Beton im Alter von 5 Tagen nicht einmal die Hälfte, der mit normalem Portlandzement hergestellte nur ein Drittel der Festigkeit bei Lagerung in normaler Temperatur.

Vergleicht man jedoch die absoluten Festigkeiten der in Vergleich gestellten Zemente, so zeigt sich, daß trotz der tiefen Temperatur der hochwertige Zement bereits nach 5 Tagen eine Druckfestigkeit von 92 kg/cm² (gegenüber 26 kg/cm² bei Portlandzement) aufwies, daß also die Verwendung des hochwertigen Materials selbst bei tiefer Temperatur — also in kühlerer Jahreszeit — ein wertvolles Mittel darstellt, bei kurzen Ausschalungsfristen Mißerfolge zu vermeiden.

Die oben erwähnten Erscheinungen weitgehendst zu berücksichtigen ist eine Forderung, der sich der Verbundbau nicht entziehen kann. Diesem tragen auch die neuen Bestimmungen Rechnung. In ihnen ist vorgeschrieben, daß einmal die normal zugelassenen Ausschalungsfristen nur bei niedrigster Temperatur über 5° C gelten und daß zum anderen bei kühler Witterung (zwischen + 5 und 0° C) der Bauleiter mit Rücksicht auf das langsame Erhärten des Betons besonders sorgfältig zu prüfen hat, ob der Beton ausreichend erhärtet ist, und nicht etwa die normalen Ausschalungsfristen entsprechend verlängert werden müssen. Auch kann unter solchen Verhältnissen die Baupolizeibehörde in besonderen Fällen die Entscheidung über die Ausschalungsfristen von dem Ausfall von Festigkeitsuntersuchungen mit Probebalken abhängig machen.

Hilfsmittel, der Frosteinwirkung zu begegnen, sind naturgemäß in einer Beschleunigung des Abbinde- und Erhärtungsvorganges zu suchen.

---

[1]) Der Bericht hebt hierbei allerdings hervor, daß ein Teil dieser starken Abweichung vielleicht auf die durch allmähliche Übung verbesserte Herstellung der später hergestellten Probekörper zu schieben ist.

[2]) Vgl. Beton und Eisen 1925, Heft 10, S. 161: Über die Erhärtung von Beton bei niedrigen Temperaturen über dem Nullpunkt.

Hierzu dienen zunächst die auch in den neuen Vorschriften erwähnte Erwärmung der Baustoffe, weiterhin besondere Zusätze zum Anmachewasser, wie Kochsalzlösung, kalzinierte Soda, Kalzidum u. a. m. Bezüglich des Zusatzes von NaCl werden je nach dem Grad des Frostes verschiedene Mengen empfohlen, so bei — 2° C bis 2,8 vH, bei — 10° C bis 8 vH. Durch diese Zusätze wird die Druck- und Zugfestigkeit des Mörtels u. U. zwar nicht unerheblich vergrößert[1]), aber auch das Entstehen von allerdings unschädlichen Ausblühungen auf der Oberfläche der Verbundflächen herbeigeführt. In Amerika hat man, um auch bei höherem Froste arbeiten zu können, den ganzen Bau außen mit Abfallholz und Strauchwerk dicht umschlossen, im Inneren mit Pappe verkleidet und nach Aufführung eines vorübergehenden Daches im Inneren geheizt[2]).

Unter dem Einflusse der **Wärme** wird der Abbinde- und Erhärtungsvorgang von Beton beschleunigt, falls seine Sicherung gegen Austrocknen erfolgt. Selbst höhere Wärmegrade wirken nicht nachteilig, wenn der Zementmörtel bzw. Beton das zu seiner Abbindung notwendige Wasser erhält. Dies beweist u. a. die erfolgreiche Verwendung eines Betons mit hoher eigner Abbindewärme und die Unschädlichkeit starker Sonnenbestrahlung.

Beton und aus ihm hergestellte Verbundbauten haben sich im allgemeinen als vollkommen feuersicher erwiesen. Das haben nicht nur eine größere Anzahl von Schadenfeuern zu erkennen gegeben, in denen der Verbundbau sich glänzend bewährte und als den anderen Baustoffen in bezug auf seine Beständigkeit in hohen Temperaturen überlegen erzeigte, sondern auch größere wissenschaftliche Versuche bestätigt[3]). In ihnen hat sich gezeigt, daß der Schotterbeton in dieser Hinsicht dem Kiesbeton erheblich überlegen ist, daß eine Überdeckung der Eisen von etwa 1,5—2,0 cm im allgemeinen als Schutz für sie ausreicht, daß die Eisen aber gut und fest im Beton verankert sein müssen und daß die Eisen, auch dort, wo nicht unmittelbar Zugkräfte übertragen werden, beim Übergreifen zur Vermeidung des Auftretens von Spalten bei einem Schadenfeuer, miteinander zu verbinden sind, und daß selbst bei Erhitzung des Betons auf 300—400° C weder die Streck- noch die Bruchgrenze des eingebetteten Eisens eine

---

[1]) Zusatz an NaCl von   0 vH   2 vH   8 vH zum Anmachewasser.
Druckfestigkeit ohne Frost

	0 vH	2 vH	8 vH	
bei $+20°$ C	428	474	473	
bei Frost	355	429	509	$\big\}$ kg/cm²

Lagerung 1 Jahr.

[2]) Beton und Eisen 1925, Heft 1, S. 15.

[3]) Vgl. Heft 11, 26, 33 und 41 des Deutschen Ausschusses für Eisenbeton: Brandproben an Eisenbetonbauten von M. Gary; vgl. auch Arm. Beton 1919, Heft 2, S. 38.

erhebliche Herabminderung erfährt. Freilich darf nicht verkannt werden, daß, wenn eine Verbundkonstruktion durch ein in ihr wütendes Feuer in Mitleidenschaft gezogen wird, unter Umständen der Beton — namentlich bei luftdichtem Außenverputz — infolge des in seinem Innern sich bildenden, hochgespannten Wasserdampfes äußerlich in flachen Schalen abspringen kann und auch beim Auftreffen des Löschwassers naturgemäß Risse und Sprünge erhält[1]). Diese Beschädigungen vermögen aber, wie Schadenfeuer und Versuche übereinstimmend dartun, die Standsicherheit und Tragfähigkeit der Verbundkonstruktion nicht zu erschüttern. Ihr Zusammenhang bleibt durchaus gewahrt. Ein Übergreifen des Feuers oder seine Fortleitung findet nicht statt. Selbst bei Temperaturen von 1100° C schützt eine nur 8 cm starke Betonwand den anschließenden Raum vor Wirkung des Feuers und gestattet unter Umständen sein Betreten während des Brandes. Demgemäß ist Sicherheit dafür gegeben, daß ein gut ausgeführtes Eisenbetongebäude durch ein Schadenfeuer nicht zerstört wird[2]). Immerhin muß aber unter Umständen mit dem Auftreten von Rissen deshalb gerechnet werden, weil von Temperaturen von 600—650° C an die Tragfähigkeit der Eisenbewehrung stark herabgeht und diese dann den umgebenden Beton ungünstig beeinflußt. Es ist demgemäß einmal zweckmäßig, in feuergefährdeten Bauten mit der Spannung der Eisen nicht allzu hoch zu gehen, zum anderen aber darauf zu sehen, daß dem Beton möglichst die Wärme zurückhaltende Stoffe beigemengt werden. In diesem Sinne sind Zuschläge, die Silizium und Flint enthalten — also z. B. Granit, Sandstein, Kies usw. —, zu vermeiden, da ihre Ausdehnung in verschie-

---

[1]) Derartige Erscheinungen, und zwar mit Granitschotterbeton, haben sich auch bei den Versuchen des Deutschen Ausschusses (Heft 33 und 41) gezeigt. An den 8 cm starken Wänden des Obergeschosses des einen Versuchshauses äußerten sich explosionsartige Erscheinungen, durch die einzelne Teile bis 80 m weit fortgeschleudert wurden. Weitere eingehende Untersuchungen haben ergeben, daß diese Erscheinung durch das Zusammentreffen besonderer, ungünstiger Umstände bedingt war und keine Verallgemeinerung zuläßt. Vor allem war die porenlose, zementreiche, dichte Oberfläche in Verbindung mit starkem Wassergehalt des Betons im Innern hier schuld; dadurch war das Austreten von Wasserdampf verhindert, der nunmehr im Innern unter Spannung kam (vgl. u. a. Arm. Beton 1919, Heft 2, S. 39). Die Lichterfelder Beobachtungen finden ihre Bestätigung in ähnlichem Verhalten dünner Betonwände in einem westlichen Hüttenwerke; auch hier lagen glatt abgeputzte Oberflächen vor, die bei starker Erhitzung unausgesetzt Absprengungen veranlaßten. Es muß deshalb, wenn eine starke Erhitzung des Betons zu befürchten steht, bei sehr naß angemachtem Beton oder stark wasserhaltenden Steinen, für eine undichte Oberfläche gesorgt werden (vgl. Der Bauingenieur 1920, Heft 6, S. 186).

[2]) Vgl. u. a. Beton und Eisenbeton im Feuer. Von M. Gary (zusammenfassender Aufsatz, vorwiegend über Erfahrungen in der Praxis). Beton und Eisen 1922, Heft 3, S. 46, und Eisenbetonbauten bei intensiven Bränden. Beton und Eisen 1922, S. 142.

denen Richtungen verschieden groß ist, während Basalt und Dolerit erheblich günstiger wirken.

Aus der Mehrzahl der Berichte, die über das Verhalten von Verbundkonstruktionen im Schadenfeuer gegeben werden, zeigt sich, daß entweder die Eisenbetonkonstruktion gar keinen Schaden genommen hat[1]), oder daß eine Instandsetzung mit vergleichsweise geringen Kosten möglich war. Am häufigsten sind Zerstörungen in größerem oder geringerem Ausmaße bei den Verbundsäulen aufgetreten, die sich aus der Wirkung einer ungleichmäßigen Erhärtung des Betons und einem steilen Wärmeabfall in seinem Inneren erklären[2]), oft auch durch eine Formänderung der gesamten Konstruktion durch die Erhitzung bedingt sind. Daneben sind Rißbildungen in Balken, durch elastische Verschiebungen, zu starke Erhitzung der nahe der Außenfläche liegenden Eisen, Ausdehnungswirkungen usw. bedingt, vielfach beobachtet worden. Eine Zurückdämmung dieser schädlichen Einflüsse wird man ohne Frage durch Vermeidung von Kiesbeton oder aus ähnlichen Zuschlagstoffen hergestelltem Beton erreichen können. Vorteilhaft dürfte ein

---

[1]) In Heft 40 des Deutschen Ausschusses für Eisenbeton wird von einem Versuchsbrande in Wetzlar berichtet, bei dem eine Verbunddecke normaler Bauart auf ihr Verhalten im Schadenfeuer untersucht wurde. Zunächst wurde die Decke mit ihrer doppelten Nutzlast beschwert und alsdann — nach ihrer Durchbiegung — ein Feuer unter ihr angebracht und über 1 Stunde in stärkstem Brande gehalten. Hierbei zeigten sich zwar Risse, die Decke behielt aber ihren vollen Zusammenhang und blieb bis auf nur ganz oberflächliche, mürbe Stellen durchaus unversehrt. Hierauf wurde die Belastung um weitere 50 vH vergrößert und diese Last durch 16 Stunden hindurch auf der Dcke belassen. Nach ihrer hierauf durchgeführten Entlastung federte die Decke wieder in ihre alte Lage zurück; sie hatte weder durch die Brandwirkung noch durch die Überlastung irgend erheblich an ihrer Festigkeit und Tragkraft gelitten.

[2]) Nach amerikanischen und deutschen Beobachtungen sind bei starkem Feuer Temperaturen im Beton zu erwarten, die, wenn sie auch um 50 vH und mehr gegen die Brandtemperatur zurückbleiben, immerhin mehrere Hundert Grad C ausmachen und mit großen Temperaturunterschieden, je nach Dauer der Beanspruchung, der Form des Verbundgliedes, einem allseitigen oder einseitigen Feuerangriff usw. verbunden sind. Hierdurch sind in erster Linie Spannungen, daneben Änderung der Festigkeit, Austreibung des freien Wassers aus dem Beton, unter Umständen auch ein chemischer Zerfall dieser oder jener Zuschläge bedingt. Im besonderen können sich die Spannungen so weit steigern, daß Zerstörungen eintreten (vgl. u. a. Bauingenieur 1923, Heft 2: Wärmedehnungen und Wärmespannungen an nichtmetallischen Bauteilen). Zudem wird das stets im Beton enthaltene freie Wasser bei 100° in Dampfform ausgetrieben, wodurch — wie oben bereits betont —, namentlich bei dichtem Beton, mehr oder weniger starke Sprengwirkungen, sich in einem Abstoßen von Betonschalen zeigend, eintreten können. In gewisser Hinsicht würde endlich die Ausscheidung des chemisch gebundenen Wassers, d. h. die Zerstörung des Betons und Zementmörtels, unter Umständen auch ein Zerfall von Zuschlagstoffen (z. B. Kalkstein) in Frage kommen können. Derartige Zerstörungen sind aber sehr selten und nur auf ganz besonders schwere und langandauernde Brände beschränkt.

Gußbeton sein, da mit größerem Wassergehalt des Betons eine stärkere Porigkeit dieses Hand in Hand geht und hiermit die Sprengwirkungsgefahr des freien Wassers im Beton sich naturgemäß verringert. Die Feuersicherheit durch eine Vergrößerung der Deckschicht über den Eisen zu erhöhen, erscheint deshalb unkonstruktiv, weil einmal nach Beobachtungen die Hitzegrade im Beton in den ersten 5 cm nur wenig abnehmen, sich also eine größere Überdeckung als dies Maß notwendig machen würde, und weil zum anderen Gary auf Grund seiner Versuche zu dem Ergebnis gelangt, daß die Tiefe der Einbettung der Eisen, wenn sie bestimmungsgemäß gewählt wird, bedeutungslos ist. Es liegt dies zum Teil daran, daß der Wärmeausgleich und Übergang zwischen Beton und Eisen sich vergleichsweise schnell vollzieht und bei der fast gleichen Ausdehnungszahl beider Baustoffe Wärmespannungen hier nicht zu erwarten stehen. Daß naturgemäß in der gesamten statischen Anordnung eines Baues unter Umständen die Möglichkeit gegeben ist, durch ausreichende Ausdehnungsfugen, Gelenke usw. größere Verschiebungsmöglichkeiten zu schaffen, die namentlich der starken Ausdehnungsgefahr einzelner Bauteile wirksam begegnen können, möge nicht unerwähnt bleiben. Endlich sei hervorgehoben, daß man in Amerika — ähnlich wie bei den Eisenbauten — vorgeschlagen hat, die Feuersicherheit der Verbundkonstruktionen durch Umhüllungen zu erhöhen, und zwar durch Verwendung poröser Terrakotten[1]).

Bei der Frage der Einwirkung des elektrischen Stromes auf Eisenbetonbauten ist zu unterscheiden zwischen hochgespannten Strömen mit blitzartiger Entladung und der Einwirkung vagabundierender Ströme.

Im allgemeinen ist eine gut durchgeführte Eisenbetonkonstruktion infolge des stark verästelten, unter sich überall in metallischer Verbindung stehenden Eisengerippes an und für sich ein guter Blitzschutz. Der elektrische Starkstrom wird durch Verteilung in die vielen Eisenquerschnitte an Spannung verlieren und infolge der meist vorhandenen Feuchtigkeit der Fundamente, bei Einführung von Bewehrungseisen in sie, und wegen der verhältnismäßig guten Leitungsfähigkeit feuchten Betons mit ausreichender Sicherheit in die Erde abgeleitet werden. Selbst wenn aber der Beton trocken sein sollte, so ist keine Gefahr für das Bauwerk hierdurch bedingt, da — nach Versuchen — eine blitzartige Entladung des elektrischen Stromes im (trockenen) Beton zwischen den Eisenteilen verglaste Blitzröhren erzeugt, ohne weitergreifende Zerstörungen zu bedingen[2]). Wenn möglich, ist aber trotzdem neben

---

[1]) Vgl. Beton und Eisen 1924, Heft 9. Aufsatz von Dr.-Ing. Silomon, Baurat bei der Bremer Feuerwehr: Über die Feuerbeständigkeit von Eisenbetonbauten.

[2]) Vgl. zu diesen Fragen Heft 15 des Deutschen Ausschusses für Eisenbeton: Versuche über den Einfluß der Elektrizität auf Eisenbeton von O. Berndt, K. Wirtz und E. Preuß; sowie die Ausführungen von Dr. Lindeck in der

der Durchführung der Eiseneinlagen durch das ganze Gebäude auf deren Erdung Bedacht zu nehmen.

Bei den **v a g a b u n d i e r e n d e n S t r ö m e n**, welche entweder von außen her durch die Stromanlage elektrischer Bahnen usw. oder durch die im Hause liegenden Leitungen in die Verbundkonstruktion gelangen können, ist die Wirkung von Wechsel- und Gleichstrom zu unterscheiden. Während bei Wechselstrom keine Schädigung des Verbundes, namentlich auch keine Rostbildung an dem Eisen beobachtet worden ist, bildet sich solcher bei Gleichstrom infolge der Zersetzung des Wassers und der Sauerstoffanlagerung an dem als Anode dienenden Eisen. Infolge der hierdurch weiterhin bedingten Volumenvergrößerung auf der Eisenoberfläche findet dann ein Absprengen des Betons von ihr statt. Da sich ein solcher Vorgang also nur bei Gegenwart von Wasser, d. h. bei feuchten oder in Wasser lagernden Verbundteilen vollziehen kann, ist für gut ausgetrocknete, an der Luft stehende Bauten eine Gefährdung — wie die vorbeschriebene — nicht zu befürchten, um so weniger, als der Leitungswiderstand des trockenen Betons sehr groß ist.

In jedem Falle wird aber auf eine gute Isolierung der Starkstromleitung gegenüber dem Eisen des Verbundbaus zu achten sein; namentlich ist eine solche erfordert für die Fahrbahn von Eisenbetonbrücken, die zugleich zum Tragen der Masten für elektrische Energie dienen.

Eine besonders wertvolle Eigenschaft des Verbundbaus ist in der Sicherheit des allseitig von Mörtel umgebenen Eisens gegen **R o s t g e f a h r** zu erkennen. Das hat einerseits die praktische Erfahrung bestätigt, andererseits auch der wissenschaftliche Versuch einwandfrei erkennen lassen[1]). In letzterer Hinsicht sind besonders die vom Deutschen Ausschusse für Eisenbeton an der Dresdener Versuchsanstalt langjährig ausgeführten Versuchsreihen zur Ermittelung des Rostschutzes der Eiseneinlagen im Beton bedeutungsvoll (Heft 31, 53 u. 54). Hier wurden Platten und Balken geprüft, in denen zuvor durch Belastung Längsrisse hervorgerufen worden waren, und zwar wurde ein Teil der Platten dauernd belastet und im Freien den atmosphärischen Einflüssen ausgesetzt gelagert, ein Teil einer dauernd wechselnden Ent- und Belastung unter-

---

Elektrotechn. Zeitschr. 1896 über die Leitungsfähigkeit von trockenem und feuchtem Beton, und ebenda 1914 von Lubowsky über Versuche, den Einfluß hochgespannter Ströme auf Eisenbeton betreffend.

[1]) Vgl. hierzu u. a. als geschichtlich bemerkenswert die Versuche von Wayß und Koenen im Jahre 1886, die Untersuchungen von Bauschinger 1887 (Handbuch f. Eisenbet., 2. Aufl., 1. Bd., S. 42ff.), vor allem aber die Veröffentl. des Deutschen Ausschusses für Eisenbeton Heft 22: Versuche über das Rosten von Eisen in Mörtel und Mauerwerk von M. Gary; und Heft 31: Versuche zur Ermittelung des Rostschutzes der Eiseneinlagen in Beton von H. Scheit, O. Wawrziniok und H. Amos, und deren Fortsetzung in Heft 53 u. 54.

worfen und hierbei weiter der Einwirkung von trockener Luft, Wasser und Rauchgasen ausgesetzt. Wenn sich auch bei diesen Versuchen an den Rißstellen Rost bildete, so war doch eine Schädigung der Eisen durch ihn nur bei porösem Beton festzustellen. Die Versuchsergebnisse zeigen, daß ein dichter Beton das Rosten verhindert und ein Weiterrosten wirksam ausschließt, daß die Oberflächenbeschaffenheit der Eisen von Einfluß auf die Rostung ist, daß in dieser Hinsicht blanke Einlagen in höherem Maße zum Rosten neigen als die mit Walzhaut bedeckten, daß verrostet eingesetzte Stäbe nur alsdann weiter rosten, wenn Luft und Feuchtigkeit Zutritt finden, daß der sie gut umhüllende dichte Beton aber ein Weiterrosten verbietet.

Ein Verrosten tritt allgemein nur dann ein, wenn Luft und Wasser auf das Eisen einwirken; die Rostbildung, welche an der Rißstelle beginnt und sich von hier mehr oder weniger weit, je nach der Dichtigkeit des Betons, in das Innere des Verbundes fortsetzt, tritt um so stärker auf, je häufiger Wasser und Luft mit dem Eisen in Wechselwirkung treten und je ungehinderter dies stattfindet. Hiergegen wird — abgesehen von der richtigen Querschnittswahl und Bewehrung und der hierdurch bedingten Ausschließung statischer Risse — in erster Linie ein vollkommen dichter Beton in ausreichender Überdeckungsstärke sichern[1]).

Viel besprochen in dieser Hinsicht wurden Erscheinungen an Brücken im Gebiete der Eisen- und Zinkhütten des Kattowitzer Bezirks[2]), bei denen eine Anzahl größerer Risse und auf ihnen beruhender Roststellen aufgedeckt wurden. Bei der technisch-statischen Prüfung der Konstruktionen zeigte sich hier zunächst, daß einige größere Risse ohne weiteres auf unrichtige Konstruktion, mangelhafte Ausbildung und unsachgemäßes Verlegen der Eisen zurückzuführen waren, und daß die beobachteten Zerstörungserscheinungen vorwiegend durch die Einwirkung der Dünste und Gase der Zinkhütten begründet wurden. Deren schweflige Säuren wurden durch Luft, Regen und Schnee den Bauwerken zugeführt, drangen in die feineren oder stärkeren Rißstellen ein und hatten, namentlich an den Bügeln, ein Verrosten und weiterhin hierdurch ein Abdrücken des Betons zur Folge.

Es zeigte sich aber, daß von einer gewissen Überdeckungsstärke an überhaupt keine Beeinflussung mehr stattfindet, und daß ein Maß

---

[1]) Vgl. hierzu u. a. die Besprechung der Hefte 53 und 54 des Deutschen Ausschusses für Eisenbeton im Bauingenieur 1925, Heft 5, S. 174: Versuche mit Plattenbalken zur Ermittlung der Einflüsse von wiederholter Belastung, Wirkung von Rauchgasen, und zwar auf lange Dauer bei häufiger Wiederholung (Teil I und II). Bericht erstattet von Regierungsbaurat Dipl.-Ing. A mos.

[2]) Vgl. u. a. Zeitschr. f. Bauwesen 1916 (Bericht von Baurat Perkuhn); Arm. Beton 1917, Mai-Heft, und 1918, Juni-Heft.

von etwa 3,5 cm in solchen besonders gefährdeten Bauten, wie den hier vorliegenden, als durchaus ausreichend zu erachten ist[1]).

Die im Kattowitzer Bezirk gemachten Beobachtungen haben aber veranlaßt, daß alle preußischen Eisenbahndirektionen beauftragt wurden, die wichtigsten Eisenbetonbauwerke ihrer Bezirke auf Riß- und Rostbildung zu untersuchen. Bei diesen Untersuchungen ist nach einem Erlasse des Reichsverkehrsministeriums[2]) festgestellt worden, daß eine große Anzahl von Eisenbetonbauwerken Schwind- und Kraftrisse aufweisen und daß die Eiseneinlagen sowohl an den Rißstellen als auch an rissefreien Stellen bei ungenügender Überdeckung durch den Beton und bei Zutritt von Schlagregen und Rauchgasen gerostet sind. Die Risse treten namentlich an nur schwach mit Beton überdeckten Eiseneinlagen (Längseisen und Bügeln) in der Richtung der Eisen auf, eine Erscheinung, die mit der Schwindung des Betons quer zu den Eiseneinlagen erklärt werden kann. Bei Plattenbalken sind Risse festgestellt worden, die an den Ansatzstellen der Platte an dem Balken schräg nach oben in den Balken eindringen und in der Längsrichtung des Balkens verlaufen. Die Erklärung für diese Risse ist in dem Nachgeben der Unterstützungen der schweren Balken gegenüber den Unterstützungen der leichten Decke zu suchen. Bei vielen gewölbten Brücken mit vollen Stirnmauern sind Risse gefunden worden, die vom Kämpfer ausgehen und entweder in der Höhe der oberen Gewölbeleibung oder in der Nähe der oberen Eiseneinlagen des Gewölbes verlaufen. Diese Risse dürften auf eine ungleiche Formänderung des Gewölbes und der Stirnmauern zurückzuführen sein. Das Gewölbe ist bei seiner geringen Stärke erheblichen elastischen Formänderungen ausgesetzt, denen die steife Stirnmauer nicht folgen kann. Hierdurch entstehen an den genannten Stellen, an denen Teile verschiedener Arbeitsschichten zusammenstoßen und die daher den auftretenden Beanspruchungen nicht gewachsen sind, Risse. An gewölbten Brücken zeigten sich auch vielfach der Stirn gleichlaufende Risse in der unteren Gewölbeleibung. Diese Risse sind durch Querverbiegung des Gewölbes infolge ungleichmäßiger Belastung und durch die vom Erddruck auf die Stirnmauern ausgeübten Zugkräfte zu erklären. Bei sehr schiefen gewölbten Brücken wurden in den spitzen Ecken der Gewölbe nicht unerhebliche Risse gefunden, die offenbar durch hohe Zug- und Scherspannungen verursacht waren. Bei Eisenbetonbauwerken nach der

---

[1]) Beiläufig sei bemerkt, daß in der Nachbarschaft der beschädigten Verbundbauwerke stehende Eisenbauten im Vergleiche mit ersteren erheblich stärkere Schäden aufwiesen, so daß z. B. von eisernen Trägern große, 1 mm starke Rostschalen mühelos abgehoben werden konnten. — Der Beton zeigte keinerlei Zerstörung durch die Einwirkung der Gase; an vielen Stellen war bei ihm noch die Holzmaserung der Schalung zu erkennen.

[2]) Erlaß E. VIII 82 D 24 312 vom 31. Oktober 1922 betr. Riß- und Rostbildung bei Eisenbetonbauwerken.

Bauweise Moeller mit breiten Flacheisen zeigten sich zahlreiche Risse unter den Flacheisen. Teilweise war der Beton sogar von den Flacheisen abgefallen. Bei Bogenträgern mit drei Gelenken, Zugband und angehängter Fahrbahn zeigten sich im Zugband und in der Fahrbahn unter dem Scheitelgelenk viele Risse. Diese Erscheinung ist dadurch zu erklären, daß der Bogen unter dem Scheitelgelenk sich ganz besonders stark durchbiegt und hierdurch zu Rissen im Zugband und in der Fahrbahn Veranlassung gegeben hat. Auch Bauwerke, die zu früh ausgeschalt oder vor der Zeit probeweise belastet waren, zeigten Risse.

Alle festgestellten Mängel sind bei richtiger Entwurfsarbeit und sorgfältiger Ausführung zu vermeiden, sie zeigen aber, daß Eisenbetonbauwerke ganz besonderer Sorgfalt beim Entwurf und bei der Bauausführung bedürfen. Die durch die Untersuchungen gewonnenen Erfahrungen lassen sich in folgende Richtlinien zusammenfassen:

1. An Stellen, die vom Schlagregen getroffen werden oder dem Angriff von Rauchgasen ausgesetzt sind, müssen die äußersten Punkte der Eiseneinlagen, auch der Bügel und Verteilungseisen, mindestens 4 cm, an den anderen Stellen mindestens 2,5 cm vom Beton überdeckt sein.

2. Der Beton muß vollständig dicht sein und darf in den Zonen der Eiseneinlagen keine größeren Bestandteile als von 2,0 cm größter Ausdehnung enthalten.

3. Bauweisen mit sehr breiten Eiseneinlagen sind zu vermeiden.

4. Gewölbe sind mit aufgelösten Bauweisen, die sich auch auf die Stirnen erstrecken, zu überbauen.

5. Schiefe Gewölbe erfordern namentlich in den spitzen Ecken größte Sorgfalt in der Durchbildung und in der Ausführung der Bewehrung.

6. Dreigelenkbögen mit Zugband sind für die Eisenbetonbauweise nicht geeignet.

7. Durch zweckentsprechende Ausbildung der Bauwerke ist dafür zu sorgen, daß Stützensenkungen keine Rißbildung zur Folge haben.

8. Putz ist im allgemeinen zu vermeiden.

9. Auf tadellose Ausführung der Wasserschutzschicht der Fahrbahn ist besonders zu achten.

10. Für entwurfsmäßige Lage der Eiseneinlagen und Erhaltung dieser Lage während des Betonierens ist unbedingt zu sorgen.

11. Es sind kräftige und gut abgestützte Schalungen zu verwenden.

12. Die Bauwerke dürfen nicht zu früh ausgerüstet werden.

13. Bei Probebelastungen ist die Höhe der Belastung dem Alter des Bauwerkes anzupassen. Auf keinen Fall darf die volle rechnungsmäßige Last bald nach dem Ausrüsten aufgebracht werden.

14. Eisenbetonbauwerke dürfen nur dann ausgeführt werden, wenn mit starken Frösten nicht zu rechnen ist.

15. Es ist durch Nachbehandlung mit Wasser dafür zu sorgen, daß Eisenbetonbauwerke nicht zu schnell austrocknen[1]).

Auch aus den voranstehenden Ausführungen ergibt sich, daß ein dichter Beton in ausreichend fetter Mischung (1 : 3 bis 1 : 4), verbunden mit der richtigen Eisenlage, der beste Rostschutz für das Eisen bleibt[2]). Dies bestätigen auch weitere ausgedehnte Untersuchungen, die, ebenfalls eine Folge der Kattowitzer Beobachtungen, vom Deutschen Betonverein und der württembergischen Staatsbahnverwaltung vorgenommen wurden[3]) und lassen weiter die Ergebnisse einer staatlich niederländischen Kommission erkennen, die zur Prüfung der Rostsicherheit der Verbundbauten eingesetzt wurde. Aus den von ihr vorgelegten Berichten ist zu entnehmen, daß die beobachteten Risse entweder auf Konstruktionsfehler oder das Schwinden des Betons, ungenügende Überdeckung der Eisen, eine überstarke Belastung, stellenweise auch durch mangelhaften Beton bedingt waren, also auf Fehler zurückgeführt werden, die bei einer einwandfreien Vorbereitung und Herstellung der Bauwerke sich vermeiden, oder wie Schwindrisse, immerhin erheblich mildern lassen. Bei keinem untersuchten Bauwerke konnte hier eine Rostbildung von der Höhe und Ausdehnung gefunden werden, wie sie im Kattowitzer Bezirk auftraten. Haarrisse zeigten sich vor allem bei den Bügeln. Im allgemeinen wurde die Hauptursache der Mängel, die eine Rostbildung begünstigen, nicht im Vorhandensein von Spalten und Rissen, sondern in unvollkommener Umhüllung des Eisens, im Vorkommen von Kiesnestern (infolge Entmischung der Betonmasse), in mangelhafter Ausführung, zu großer Schütthöhe, in Hohlräumen u. dgl. gefunden[4]).

------

[1]) Vgl. hierzu: Der Bauingenieur 1924, Heft 7 und 8: Riß- und Rostbildungen bei Eisenbetonbauten der Eisenbahn, ihre Ursachen und die Mittel zu ihrer Verhütung. Von Regierungsbaumeister Dr.-Ing. W. Petry, Oberkassel, und Beton und Eisen 1923, Heft 6, S. 81.

[2]) Vgl. u. a. den Bericht von Prof. Klaudy in der Zeitschr. d. österr. Ing.- u. Arch.-V. 1908 über die Untersuchung der 13 Jahre alten, den Rauchgasen der Lokomotiven ausgesetzten Monierbrücken. Auch hier hat sich das Eisen trotz unmittelbarster Einwirkung der schwefligen Gase an all den Stellen unverändert gehalten, an denen der Beton dicht war und gut am Eisen anlag; auch hier hat eine Überdeckungsgröße von 2—3 cm sich als ausreichender Schutz erwiesen.

[3]) Vgl. hierzu: Zentralbl. d. Bauv. 1917, Nr. 38, Beton u. Eisen 1917, Nr. 17/18, 19/20 u. 1918, Nr. 1—6 (Bericht des Reg.-Baumeister Wörnle über seine Untersuchungen an württembergischen Brücken), und Dr.-Ing. Schächterle, Schutz von Eisen-, Beton- und Verbundbauwerken über Eisenbahnbetriebsgleisen, Beton und Eisen 1914, Heft 12, 13 und 14.

[4]) Da diese schlechten Stellen häufig durch die Putzschicht verborgen werden, wird angeregt, von einer solchen entweder ganz abzusehen, oder sie erst nach sorgfältiger Prüfung der Bauwerke aufzubringen. Genaueres siehe in: Der Ingenieur 1924, Nr. 15 vom 12. April (Bericht von J. A. F. Sollevig u. Gelpke) und Bauingenieur 1924 (Bericht von W. Eiselen).

Günstig wirkt als Rostschutz ein Einschlämmen der Eisen mit einer dünnen Zementhaut, die aber, um ein gutes Einbinden in den umgebenden Beton zu sichern, frisch sein, d. h. erst unmittelbar vor dem Betonieren aufgebracht werden soll. Wird, wie das im Verbundbau oft die Regel bildet, der Beton weich verwendet, so scheidet sich beim Stampfen reiner Zement an den Eisen ab, hier die das Rosten in erster Linie hindernde Schicht von Kalkhydrat bildend. Diese Zementhaut von bläulicher Farbe vergrößert zudem selbsttätig das Festhaften des Eisens im Beton.

Über das Verhalten des Eisens in bezug auf das Rosten in einem Hochofenschlacke enthaltenden Beton geben Versuche des Groß-Lichterfelder Prüfungsamtes Aufschluß[1]. Aus ihnen ergibt sich, daß in bezug auf die Rostsicherheit bei Verwendung guter, nicht erweichender oder zerfallender Hochofenschlacke zwischen Beton aus dieser und anderem Beton kein Unterschied besteht. Das gleiche gilt in bezug auf die Rostsicherheit des Eisens bezüglich der Art des verwendeten Zementes. Wie Versuche und Praxis eindeutig lehren, kann bei guter Bauausführung sowohl mit Portland- als Eisenportland- oder Hochofenzement eine vollkommene und dauernde Rostsicherheit des Eisens erreicht werden.

Ob das Eisen durch den ihn umgebenden Beton „entrostet" werden kann, ist eine zur Zeit noch offene Frage, aber immerhin unter normalen Verhältnissen nicht sehr wahrscheinlich. Bei den Dresdener Versuchen (S. 30) ist ein Entrostungsvorgang nicht beobachtet worden[2].

Um einen ausreichenden Rostschutz zu sichern, verlangen — sich auf die Erfahrungen der Praxis und die Versuche stützend — die Vorschriften vom September 1925, daß die Betondeckung der Eisen-

---

[1] Vgl. Heft 4 und 5 der Mitt. dieses Amtes v. J. 1916.

[2] Nach Versuchen von Rohland (Deutsche Bztg. 1911, Zementbeilage, S. 149) soll eine Entrostung nur während des Abbindens und in der ersten Zeit der Erhärtung, und hier auch nur bei engster Berührung zwischen Zementmörtel und Eisen eintreten können.

Bei den obenerwähnten Versuchen über die Rostsicherheit von Beton mit Hochofenschlacke wurden nach Mitteilung des Groß-Lichterfelder Versuchsamtes einige Probekörper der Mischung 1 : 2 : 3 nach Erhärtung unter Meerwasser während einer Zeitdauer von 6 Monaten aufbewahrt; hier zeigte sich, daß in die Probekörper eingesetzte verrostete Eisenstäbe teilweise, in einigen Fällen sogar fast gänzlich entrostet waren, und zwar war die Entrostung im Schlackenbeton in stärkerem Maße eingetreten wie im Kiesbeton; ein verschiedenes Verhalten von Portland- und Eisenportlandzement war nicht zu erkennen. Die hier gemachte Beobachtung wird zudem durch Erfahrungen bestätigt, nach denen beim Bau eingebettetes rostiges Eisen beim Abbruch des Gebäudes sich als rostfrei erzeigte. Es scheint, daß zur Erreichung einer Entrostung des Eisens neben einer besonders sorgfältigen Bauausführung auch eine zementreiche Betonmischung notwendig ist.

einlagen an der Unterseite von Platten mindestens 1, im Freien 1,5 cm, die Überdeckung der Bügel an den Rippen und bei Säulen überall wenigstens 1,5 cm, bei Bauten im Freien 2,0 cm betragen muß. Bei sehr großen Abmessungen (Schleusen, Brückenbauten u. dgl.) und besonders schwierigen Verhältnissen wird jedoch empfohlen, mit der Überdeckung der Eisen über 2 cm hinauszugehen und bei Verbundbauten außergewöhnlicher Art — namentlich bei Verwendung von Formeisen — besondere Maßnahmen zu treffen. Besondere Schutzmaßnahmen in obiger Hinsicht verlangen auch Bauwerke und Bauteile, die der Einwirkung zementschädlicher Wässer, von Säuren, Säuredämpfen, schädigenden Salzlösungen, Ölen, schwefligen Rauchgasen oder hohen Hitzegraden ausgesetzt sind. Werden hier nicht besondere Verkleidungen angeordnet, so wird außer Verwendung dichten Betons und eines sorgfältig ausgeführten Zementputzes, geeigneter Schutzanstriche usw., eine Vergrößerung der Betondeckschicht bis auf 4 cm gefordert.

Vor dem Einbringen ist bestimmungsgemäß das Eisen von Schmutz, Fett und losem Rost zu befreien; auch ist — wie bereits auf S. 35 erwähnt — ein Einschlämmen mit Zementbrei nur unmittelbar vor dem Betonieren gestattet, „da ein angetrockneter Zementanstrich den Verbund zwischen Eisen und Beton stört".

Handelt es sich um Verbundbauten über Eisenbahngleisen, so sind der Sicherheit halber gegen die Rostgefahr durch die schwefligen Gase der Lokomotiven ein Schutzanstrich bzw. Schutztafeln unter der Konstruktion anzubringen. Für ersteren kommen u. a. Fluat, Preolith, Inertol auf dichtem, reinem Zementputz[1]), für letztere Platten aus Blech, Eisenbeton oder Eternit u. dgl. in Frage. Noch besser ist es naturgemäß, beide Vorsichtsmaßregeln miteinander zu verbinden; hierbei empfiehlt sich nach Mörsch[2]) im Hinblicke auf die im Beton auftretenden Haar- und Schwindrisse ein bituminöser, elastischer Anstrich. Erwähnt sei in diesem Zusammenhange endlich, daß die Rostgefahr bei Brücken über Bahngleisen dadurch auch grundsätzlich ausgeschieden werden kann, daß man an Stelle der auf Biegung stark belasteten Balkenbrücken mit ihren Zugzonen nur auf Druck beanspruchte Verbund- bzw. reine Betongewölbe erbaut[3]).

---

[1]) In der Schweizer Bauzeitung 1915, Nr. 11 und 12, ferner 1917, Nr. 6, wird auf den rostschützenden Einfluß der Chromsalze hingewiesen und vorgeschlagen, zur Herbeiführung eines absoluten Rostschutzes im Anmachewasser des Betons eine gewisse Menge Kaliumbichromat aufzulösen.

[2]) Vgl. dessen Eisenbetonbau, 6. Aufl. 1923, S. 47.

[3]) Vgl. zu diesen Fragen: Dr.-Ing. R. Schächterle, Stuttgart. Beton und Eisen 1925, Heft 11. Die Vorschriften für die Ausführung von Bauwerken aus Eisenbeton und die Wirtschaftlichkeit der Verwendung von Eisenbeton für Bahnbauten.

Von anderen auf den Beton und demgemäß die Verbundbauten schädlich einwirkenden Einflüssen sind als besonders wichtig noch zu nennen die **Einwirkung von Seewasser, von Moorwasser und Moorboden** sowie von **Säuren, Salzlösungen und Gasen.**

Im **Seewasser** sind es vorwiegend die chemischen Einflüsse, welche durch Zerstörung des freien Kalkes im Beton eine oft schwere Schädigung des letzteren bewirkt haben, daneben aber auch der mechanische Angriff der Wellen. Im besonderen sind es in chemischer Beziehung das Magnesiumchlorid und Magnesiumsulfat, welche — das erstere durch Lösen des freien Kalkes im Zement, das letztere durch Bildung „treibender" Verbindungen (Kalk-Aluminiumsulfat) — den Beton zerstören. Hierbei besitzt im allgemeinen keiner der vorwiegend benutzten Zemente eine Ausnahmestellung[1]), wenn man auch ihre Zusammensetzung so regeln kann, daß sie eine größere Widerstandsfähigkeit gegen die Wirkungen des Meerwassers erhalten[2]). Im besonderen haben sich größere Schädigungen bei tonerdereichen Zementen gegenüber solchen mit höherem Gehalte an Kieselsäure gezeigt[3]); auch spielt die feinere Mahlung des Zementes im allgemeinen eine günstige Rolle. In gleichem Sinne günstig wirkt — wie eine große Anzahl Versuche von Dr. **Hambloch**[4]), Andernach,

---

[1]) Vgl. u. a. Beton und Eisen 1916, Heft 7 und 8. Im gleichen Sinne spricht sich auch Dr.-Ing. Otto Gassner in seiner Abhandlung: Praktische Sonderfragen bezügl. Betonbauten im Meerwasser (Zementverlag, Charlottenburg) aus: „Unter den Portlandzementen, Hochofen- und Eisenportlandzementen nimmt keiner ohne weiteres eine generelle Vorzugstellung ein, sondern es kommt bei allen drei Zementarten lediglich auf die Auswahl geeigneter Marken an."

[2]) Vgl. hierzu ferner die Untersuchungen von Dr. Passow: Hochofenzement und Portlandzement in Meerwasser und salzhaltigen Wässern, Berlin 1916. Verlag der Tonindustriezeitung. Aus den Versuchen ergibt sich, daß man durch entsprechende Auswahl der Zementklinker und der Hochofenschlacke den Kalk- und Tonerdegehalt des Zementes — sowohl des Eisenportland- als auch des Hochofenzementes — so regeln kann, daß eine vollkommene Widerstandsfähigkeit gegen die schädlichen Einflüsse des Meerwassers erreicht wird. Hierbei spricht in erster Linie mit, daß durch die geeignete Zusammensetzung dafür gesorgt wird, daß der Kalk des Zementes von vornherein durch die Kieselsäure der Schlacke gebunden wird und sich nicht die oben hervorgehobenen, treibenden Verbindungen zu bilden vermögen. Die Hochofenschlacke hat also hier eine ähnliche Wirkung wie der Nettetaltraß.

[3]) Aus Versuchen, die das preußische Ministerium für öffentliche Arbeiten mit Betonblöcken auf der Insel Sylt durch einen Zeitraum von 16 Jahren durchgeführt hat (Deutsche Bztg. 1919, Zementbeilage, S. 85) ergibt sich u. a., daß ein kalk- und kieselsäurereicher Zement mit $\sigma_{d\,28} = 323$ kg/cm² — 1 : 2 gemischt — nach 15 Jahren im Seewasser noch fast unverändert war, während ein tonerdereiches Material mit $\sigma_{d\,28} = 245$ kg/cm² in Mischung 1 : 2 nach 8 Jahren — in Mischung 1 : 4 — noch zeitiger schon stark angegriffen war.

[4]) Genaueres hierüber s. in: M. Foerster, Baumaterialienkunde, 1912 (W. Engelmann), Heft V u. VI, § 98: Hydraulische Zuschläge, und in der dort angegebenen Literatur.

und vom Berliner Materialprüfungsamt[1]) erweisen — ein Zusatz von Nettetaltraß (und zwar bis 50 vH des Zementes), der vermittels seiner freien, aktiven Kieselsäure den freien Kalk im Zement bindet und ihn somit der schädigenden Einwirkung der Salze des Seewassers entzieht; es liegt auf der Hand, daß diese Wirkung im besonderen bei kalkreichen Zementen, also vor allem den normalen Portlandzementen besonders bedeutsam sein wird. Als günstig für das spätere Verhalten im Meerwasser hat sich auch ein — allerdings nicht immer mögliches — Erhärten des Betonkörpers im feuchten Sande bzw. Süßwasser vor Einbringen in das Seewasser gezeigt.

Als ein für Seebauten durchaus geeigneter Zement hat sich der Erzzement (der Portlandzementfabrik Hemmor, Hamburg[2]) erwiesen. In seiner Herstellung den Portlandzementen nahestehend, zeigt er eine Zusammensetzung, bei der die Tonerde möglichst durch Eisen- und Manganoxyd ersetzt ist. Probekörper, mit diesem Zement hergestellt, in Mischung 1 : 5 und im Meerwasser mit dem Dreifachen von dessem normalen Salzgehalte gelagert, zeigten sich nach 1 Jahr noch als vollkommen unversehrt, während entsprechende Körper aus Portlandzement zerstört waren. Den gleichen einwandfreien Erfolg ergaben auch Versuchsausführungen mit Erzzement an der deutschen Nordseeküste; so zeigten beispielsweise Betonblöcke aus 1 RT. Erzzement, 3 RT. Seesand und 5 RT. Rheinkies, die sofort nach Herstellung des frischen Betons mit einer 0,5 cm starken Putzschicht (1 : 3) versehen wurden, nach 20jähriger Lagerung auf dem Leitwerk des Hafens Norddeich, keinerlei Zersetzung[3]).

Vor allem muß aber auch gerade im Seebau der Beton möglichst dicht sein und eine fette Mischung aufweisen. Als Zuschlag hat sich Hochofenschlacke als recht günstig (im Gegensatze zu Kies) erzeigt, da deren hydraulische Eigenschaften zu einer besonders guten Erhärtung führen[4]).

Den mechanischen Angriffen der Wellen — groß namentlich im Ebbe- und Flutgebiet — gegenüber ist die Außenfläche des Betons besonders glatt, dicht und hart auszubilden, also namentlich gut zu verputzen; auch hat sich hier die Vermeidung grobkörniger Zuschläge zum Beton als günstig erwiesen. Nicht empfehlenswert ist im allgemeinen ein Teeranstrich, da dieser den Pflanzenanwuchs verhindert, der nachweislich die Poren im Beton stopft und somit das Eindringen von Seewasser erschwert.

---

[1]) Vgl. Deutsche Bztg. 1910, Zementbeilage, Nr. 14.

[2]) Genaueres vgl. im Abschnitte Beton und Zement.

[3]) Vgl. Mitteil. aus dem Materialprüfungsamt des Kaiser-Wilhelm-Instituts für Metallforschung zu Dahlem-Berlin, 1924, Heft 5 und 6 und Zentralbl. der Bauverw. 1900, 1906 und 1910.

[4]) Vgl. Deutsche Bztg. 1921, Zementbeilage S. 71.

In gewissem Sinne gehört zur Schädigung des Betons im Seewasser auch der erst vor kurzem beobachtete Angriff von Betonbauten durch die Bohrmuschel. Über die bisher gemachten Erfahrungen und Untersuchungen gibt die Anmerkung[1]) Auskunft.

Moor und Moorwasser wirken im allgemeinen auf Beton- und Verbundbauten schädlich ein, da sie Säuren enthalten, die in der Regel eine mehr oder weniger zerstörende Wirkung ausüben. Hierbei handelt es sich nicht nur um Beton im Moorgebiete selbst, sondern auch um Bauwerke, die unmittelbar von Wasser, das aus derartigen Gebieten kommt, umspült werden. Im besonderen ist es auch hier wieder der Kalkgehalt der Zemente, der in erster Linie angegriffen wird, und somit sind es wiederum kalkreiche Zemente, die besonders der Schädigung durch die Mooreinwirkung unterliegen. Das Erdreich in vielen Moorgebieten, dessen Wasser oft stillsteht, sich also auch wenig erneuert, enthält (besonders das Niederungsmoor) Schwefelverbindungen in Form von schwefelsaurem Kalk, Schwefelkies, Eisenvitriol, schwefelsaurer Magnesia, in manchen Lagen sogar reine Schwefelsäure. Hierdurch, also durch die dauernde Berührung des schwefelsäure- oder sulfathaltigen Wassers, wird, von der Betonoberfläche ausgehend, der im Zement vorhandene freie Kalk, zum Teil gelöst, zum Teil in Gips mit seiner treibenden Wirkung umgewandelt. Andererseits finden sich im Moor auch erhebliche Mengen von Kohlensäure, die sich mit dem Kalk des Zementes zu kohlensauren Salzen verbinden, die ihrerseits durch den

---

[1]) Im Jahre 1922 und 1923 sind im Hafen von Los Angelos Bohrmuscheln im Beton vorgefunden worden. Inzwischen haben auch Sadler und Hughes sorgfältige Beobachtungen über das Vorkommen von Bohrmuscheln im Beton angestellt, über deren Ergebnis sie folgendes mitteilen:

Die Bohrmuscheln kommen ausschließlich in solchem Beton vor, zu dem Zuschlagsstoffe verwendet worden sind, die an Ort und Stelle aus der See gewonnen wurden, ganz gleichgültig, welche mineralogische Beschaffenheit und welche Härtegrade diese Zuschlagsstoffe aufwiesen. In keinem Fall waren Angriffe von Bohrmuscheln auf solchem Beton festzustellen, dessen Zuschlagsstoffe nicht von Ort und Stelle herrührten, sondern von der Ferne hergebracht worden waren, obwohl dieser Beton genau in der nächsten Nachbarschaft des ersteren war und also in genau derselben Weise im Tätigkeitsbereich der Bohrmuscheln lag. Eine Untersuchung, ob die Angriffe der Muscheln chemischer oder mechanischer Einwirkung zuzuschreiben sind, ergab, daß die Angriffe der Bohrmuscheln auf Beton auf chemischem Wege vor sich gehen, bedingt durch Absonderungen der Muscheln, unter denen Kohlenlsäure beobachtet wurde. Es geht aus den gemachten Erfahrungen hervor, daß ein Zuschlagsmaterial, das sich an e i n e m Ort als immun gegen die Angriffe der Bohrmuscheln erweist, dies nicht sicher auch an einem andern Ort ist, da die Bohrmuscheln begreiflicherweise an verschiedenen Orten mit verschiedenen Kräften und unter verschiedenen Bedingungen ihre Tätigkeit ausüben. Es ist jedoch nach den Beobachtungen anzunehmen, daß guter Beton aus nicht an Ort und Stelle gewonnenen Zuschlagsstoffen und aus Quarzsand gegen die Angriffe der Bohrmuscheln immun ist. (Nach Engineering News-Record 1924, Vol. 93, Nr. 26, S. 1027.)

Einfluß des kohlensauren Wassers zu sauren kohlensauren Salzen übergehen und sich in der Folgezeit lösen und fortgeschwemmt werden.
Weiter wirkt zerstörend die namentlich in den Hochmooren auftretende
Humussäure, namentlich gefährlich bei Wasserbewegung und bei bereits durch andere Einflüsse — vor allem Kohlensäureeinwirkung —
oberflächlich angegriffenem Beton. Die Stärke des Angriffes auf Beton
ist aber nicht nur von dem Angriffe der vorgenannten Säuren abhängig,
sondern wird zu einem erheblichen Teil auch — nach Versuchen und
Erfahrungen in der Praxis — bedingt durch die Art des Sandes. In
dieser Hinsicht hat sich — wie dies naturgemäß ist — unreiner, vor allem
kalkhaltiger Sand, oder Sand mit Kalksteinbruchteilen als besonders
ungünstig erwiesen, während reiner gemischter Quarzsand zu keinen
Ausständen Veranlassung gibt[1]). Je besser der Sand ist, um so spar-
samer kann ihm das Bindemittel zugefügt werden. Günstig ist im allgemeinen ein geringer Wasserzusatz zum Beton; plastischer Beton ist
demgemäß weniger gut als erdfeuchter. Die Zementart ist ohne erhebliche Bedeutung, wenn man naturgemäß auch hier sich nach der schädlichen Beimengung im Moorwasser richten kann; so wird beispielsweise
ein kohlensäurehaltiges Wasser einen möglichst kalkarmen Zement,
ein sulfathaltiges Wasser einen Zement mit wenig Tonerde und wenig
Kalk verlangen. Wertvoll ist auch hier ein Zusatz von Traß, dessen
Kieselsäurereichtum auch hier den Kalk in der Regel bindet. Wertvoll
ist ferner ein schnell erhärtender, dichter Beton mit glatter Außenfläche.
Als Schutzanstriche, die jedoch bei geeigneter Mischung und namentlich
reinem Quarzsande als Zuschlag in der Regel entbehrt werden können,
haben sich Siderosthen-Lubrose, Nigrit, Betonmurolineum, Inertol,
Asphalt, Teer usw. bewährt, während sich wasserabweisende, seife-
haltige Stoffe als eher schädlich erzeigt haben. Günstig wirkt hier naturgemäß auch ein konstruktiver Abschluß der Betonaußenfläche, sei es durch
eine Verkleidung mit Klinkern, säurefesten Tonplatten u. dgl., oder eine
innere Auskleidung der Spundwände, Fangedämme usw. mit guter,
säurefester Pappe, mit geteerter Leinwand, Umstampfung des Bauwerks
im Moor mit Lehm oder Ton u. dgl. m.[2]).

Je geringer die Stärke des Betons, desto stärker wird naturgemäß
die Zerstörung durch Moorwasser sein. Deshalb ist z. B. bei Verwendung

---

[1]) Nach Untersuchungen des Moorausschusses des Deutschen Ausschusses für
Eisenbeton hat sich bei Bauten im Moorwasser der Sand in der nachfolgenden
Reihenfolge als günstig gezeigt, wobei der an erster Stelle genannte der beste war:
Quarzsand von Freienwalde, Rheinsand, Isarsand, kalkhaltiger Bergsand. Vgl.
Heft 49 der Veröffentlichungen des Deutschen Ausschusses für Eisenbeton; vgl.
hierzu ferner: Zur Frage der Einwirkung von Säuren auf Beton. Von Oberbaurat
Nils- Buer, Hamburg, Bauingenieur 1925, S. 760.

[2]) Von einigen Mitgliedsfirmen des Deutschen Beton-Vereins werden die nachstehenden Vorsichtsmaßregeln bei Betonbauten im Moor empfohlen (vgl. Tech-

von Zementrohren in säurehaltigen Moorwässern die größte Vorsicht geboten, besser, von solchen Rohren hier überhaupt abzuraten.

Von besonders hoher Bedeutung für die Bewährung des Betons bei Eisenbetonbauten ist sein chemisches Verhalten[1]) gegenüber Säuren, Salzen, Gasen, Ölen und Flüssigkeiten bzw. Körpern der verschiedensten Art, die in Eisenbetonbehältern zur Aufspeicherung gelangen oder längere Zeit mit Verbundbauten in Berührung verbleiben. Im besonderen kommen hier in Frage die bereits für das Verhalten des Betons im Moor als sehr schädlich bezeichneten Sulfatverbindungen der verschiedensten Art, weiter Chlor und seine Salze, Gas- und Ammoniakwasser, Öle, Kohlensäure — namentlich in Verbindung mit Gärvorgängen, Sulfitlaugen, Kanalwässer, Kohle, Koks u. a. m.

Je nach Art und Dichte der Säuren und Salze greifen sie den Beton mehr oder weniger an. Während das Verhalten der Salze in dieser Hinsicht recht verschieden ist, sind alle Säuren dem Beton gefährlich, zumal es bisher noch keinen wirklich säurefesten Zement gibt. Für die Stärke der Wirkung ist zudem auch die Temperatur der Flüssigkeiten bzw. Gase nicht ohne Bedeutung, da mit stärkerer Hitze in der Regel ein stärkerer Angriff Hand in Hand geht. Nach Feststellungen von Dr. Zimmermann[2]) wirken die meisten dem Anmachewasser eines Zementes oder diesem zugesetzten chemischen Stoffe erniedrigend auf die Festigkeit ein. Von 528 unter gleichen Bedingungen angestellten Versuchen ergaben nur wenige eine unbedeutende Festigkeitsvergrößerung, viele eine starke Abnahme der Festigkeiten gegenüber mit reinem Wasser angemachten Proben. Vermutlich steigern nur die wenigen Stoffe die Festigkeit eines Mörtelkörpers, die auskristallisieren und in den Hohlräumen einen

---

nische Auskünfte aus dem Gebiete des Beton- und Eisenbetonbaus, herausgegeben vom Deutschen Beton-Verein 1920, S. 77):

1. Bei Gründungen sind Sohle und Wände des Betonfundaments mit einer Holzverschalung zu verkleiden, die mit einer dicht aufgeklebten Asphaltpappe im Inneren versehen wird.

2. Bei Gründung der Betonsohle auf Holzpfählen sind auf einer Sandschicht zwischen den Pfählen Klinkerschichten in Zement-Traßmörtel einzulegen; hierauf kommt der Fundamentbeton aus dem gleichen Mörtel. Durch eine gleichartige Klinkerschicht sind auch die Seitenflächen zu schützen. Empfehlenswert ist es, die Klinkerschicht mit Asphalt auszugießen.

3. Bei Betonkanälen im Moor soll unter dem Kanal eine 10 cm starke Magerbetonschicht mit einer obenliegenden undurchlässigen Isolierschicht aus Asphaltpappe Anwendung finden. Die Asphaltpappe ist zudem seitlich hochzuziehen bis auf etwa 20 cm und oberhalb in einen Schutzanstrich überzuführen.

[1]) Vgl. hierzu: Technische Auskünfte aus dem Gebiete des Beton- und Eisenbetonbaus. Ausgabe B. 1920. Herausgegeben vom Deutschen Beton-Verein. Selbstverlag.

[2]) Über die Einwirkung verschiedener chemischer Stoffe auf Festigkeit und Abbindezeit von Zement und Beton. Zusammenfassende Darstellung von Dr. Lothar Zimmermann, Karlsruhe. Bauingenieur 1924, Heft 3, S. 416.

kompakten, mit dem Zement zusammenwachsenden Kitt abscheiden, ohne hierbei aber eine Volumvergrößerung zu erfahren und durch sie Sprengwirkungen auszulösen. Die schädliche Einwirkung der Säuren auf den Beton kann dadurch bedingt sein, daß diese mit dem Kalk des Betons sich zu löslichen Kalksalzen verbinden oder mit dem Kalk zwar schwer lösbare oder unlösliche Verbindungen eingehen, die dann aber, im Innern auskristallisierend oder chemische Veränderungen bedingend, nicht volumenbeständig sind und Treiberscheinungen hervorrufen. Wenn hierbei manchmal der Angriff nicht so stark eintritt oder nicht in dem Maße fortschreitet, wie man erwarten müßte, so erklärt sich dies unter Umständen dadurch, daß sich aus den unlöslichen Kalksalzen und der Kieselsäure des Zementes ein Überzug über der Betonfläche bildet, der einen gewissen Schutz gegenüber den Säureangriffen bildet. Sehr gefährlich ist die Einwirkung durch Schwefelsäure und deren Verbindungen, selbst in größerer Verdünnung. Hier bildet sich durch chemische Umsetzung ein Calciumsulfoaluminat (aus 3 Teilen Kalziumsulfat und 1 Teil Aluminiumoxyd bestehend) mit einem sehr großen Gehalte an Kristallwasser. Da letzteres eine starke Volumenvergrößerung bedingt, so übt der gesamte chemische Vorgang durch seinen hohen Kristallisationsdruck im Innern des Betons eine sprengende Wirkung (ähnlich wie gefrierendes Wasser) aus[1]). Dieser chemische Vorgang bildet sich nicht aus, wenn — wie beispielsweise im Erzzement — Aluminiumoxyd durch Eisenoxyd ersetzt wird und ist auch weniger bedeutsam bei den aus der Eisenindustrie entstammenden Zementen, bei denen in der Regel der Gehalt an freien Kalken ein geringer ist; die Einwirkung tritt aber ein bei Portlandzement und dem nach Art dieser und auf ihrer Grundlage hergestellten hochwertigen Zemente, aber nicht bei den ganz anders gearteten Schmelzzementen (vgl. den nächsten Abschnitt). Über schwere Schäden der Beton- und Verbundbauten wird im besonderen aus dem westdeutschen Industriegebiete berichtet[2]). Hier waren die Zerstörungen in allen Fällen in der Zufuhr schwefelsaurer Salze in das Innere des Betons zu suchen; sie machen sich im besonderen geltend, wenn ein Bauwerk mit Schlacken überschüttet ist oder von Wasser berührt wird, das aus den Schlackenhalden entstammt, d. h. durch sie hindurchgesickert ist und hierbei schwefelsaure Salze, namentlich Magnesiumsulfat, aufgenommen hat[3]). Wenn auch diese

---

[1]) Diesen Vorgang hat man, wenig zutreffend, als Bildung und Wirkung eines „Zementbazillus" angesprochen.

[2]) Vgl.: Chemische Angriffe auf Beton. Mitteilung der Emschergenossenschaft in Essen. Von Baudirektor Helbing und Oberingenieur v. Bülow. Bauingenieur 1925, Heft 3.

[3]) Die Halden enthalten vielfach schwefelhaltige Stoffe, die durch langsame Oxydation Schwefelsäure bzw. deren Salze bilden.

angreifenden Wässer in der Regel nur $2^1/_2$ vH Salz enthalten, so haben sie doch, namentlich bei Durchquellung der Betonbauten, sehr starke Zerstörungen hervorgerufen. Als Milderungsmittel gegen die Schäden hat sich auch hier der rheinische Traß erwiesen, der unter Umständen auch zu einem sehr wirtschaftlichen Mörtel führen kann[1]), desgleichen die Verwendung von Hochofenzement mit seinem geringen Kalkgehalte Daneben hat man, da weder Traßzementbeton noch Hochofenzementbeton lange der Magnesiumsulfatlösung widerstehen kann, zudem zu

---

[1]) Der Verfasser der in Anm. 2, S. 42 genannten Untersuchungen faßt seine Erfahrungen bezügl. der Zufügung von Traß zum Portlandzement-Mörtel in den nachstehend mitgeteilten Ausführungen und Vorschlägen zusammen:

„In den letzten Jahren sind, wie wir sahen, zahlreiche Versuche angestellt worden, um ein möglichst günstiges Anteilsverhältnis zwischen Zement und Traß bei den verschiedenen Mischungsverhältnissen des Betons zu finden mit dem Ziel, Betonzerstörungen durch sulfathaltige Wässer unmöglich zu machen. Es genügt aber offenbar nicht, um Traß wirklich zweckentsprechend zu verwenden, allein ein günstiges Anteilverhältnis für Traß durch Versuche zu bestimmen und den Traß auf seine Normenmäßigkeit zu untersuchen, man muß den jeweils zur Verwendung bestimmten Traß und zugleich auch den Zement, mit dem er gemischt werden soll, auf ihre besonderen chemischen Zusammensetzungen und Eigenschaften prüfen.

Vorschläge zur Erforschung des Trasses für seine Verwendung im Bauwesen hat nun vor kurzem Dr. H. Bach („Zur Bewertung und Verwendung des Trasses", Mitteilung der Emschergenossenschaft, Essen, Tonindustriezeitung 1924, Nr. 68, 70, 72, 74 und 75), Oberchemiker der Emschergenossenschaft, gemacht. Er kommt zu dem Ergebnis, daß die Normenprüfung für die Bewertung des Trasses nicht ausreicht und schlägt statt dessen eine chemisch-physikalische Prüfung vor.

Wenn künftig der auf der Baustelle angelieferte Traß auf seine wertvollen Bestandteile und bezügl. seiner Eigenschaft als hydraulischer Zuschlag geprüft ist, wird man ihn nicht wie bisher nach Raum- und Gewichtsteilen dem Betongemisch zusetzen, sondern man wird auf Grund der chemischen Untersuchung sagen können, welche Menge des angelieferten Trasses dem Portlandzement zugesetzt werden muß, um den Traß beim Abbinden möglichst vollständig mit dem Bindemittel in Reaktion zu bringen.

Die Mischungsanweisung wird künftig lauten:

„Zu einem Gewichtsteil Zement mit einem Gehalt von x vH Kalkhydrat sind z Gewichtsteile Hydraulefaktoren, von denen wenigstens $^1/_3$ zeolythische Kieselsäure sein muß, zuzusetzen. Da der untersuchte Traß einen Gehalt von y vH Hydraulefaktoren mit t vH zeolythischer Kieselsäure aufweist, so sind zur Herstellung der Grundmischung w-Gewichtsteile Traß nötig."

Die praktische Durchführung dieser Untersuchungen wird gewiß zunächst manche Schwierigkeiten bereiten. Wenn es aber gelingt, schon im Traßbruch die an wirksamen Bestandteilen reichen Lagen festzustellen, so wird man wesentlich geringere Mengen Traß zu befördern brauchen. Man wird dann auf Grund der chemisch-physikalischen Untersuchung einen Portlandzement-Traß-Beton herstellen können, der fester und gegen chemische Angriffe widerstandsfähiger sein wird. Dann würde man dem Ziel, dem bisher in vielen Beziehungen überlegenen Schmelzzementbeton einen vielleicht ähnlich festen und widerstandsfähigen Beton aus hochwertigem Zement und hochwertigem Traß an die Seite zu stellen, mindestens nahekommen."

konstruktiven Hilfsmitteln — Dränage an der Bauwerksaußenseite, Unterwassersetzen des ganzen Bauwerks zur Vermeidung von Durchströmungen durch den Beton u. dgl. — gegriffen. Anstriche oder ähnlicher Flächenschutz waren im vorliegenden Fall deshalb nicht am Platze, weil es sich hier um Bauten im Berggebiete mit seinen Senkungen und damit dem Entstehen von Rissen in dem Bauwerk handelt, die dann trotz der Oberflächensicherung die angreifenden Wässer eindringen lassen. Ob Schmelzzemente und Si-Stoff als Zusatz zum Portlandzement der Zerstörung wehren können, muß der Untersuchung in Zukunft vorbehalten bleiben.

Ähnliche Untersuchungen, wie von der Emschergenossenschaft, wurden von Goebel in Oppau durchgeführt[1]). Auch hier handelt es sich zu einem überwiegenden Teile um den Angriff sulfathaltiger Flüssigkeiten und durch sie im Beton bedingte Kristall- und Treiberscheinungen. Mit Recht wird darauf verwiesen, daß der Zerstörungsprozeß aufgehört haben muß, ehe man mit der Wiederherstellung beginnen und die fortgenommenen angegriffenen Betonteile ersetzen darf. Gut ist vor Inangriffnahme letzterer Arbeit ein tagelanges Durchwässern der stehengebliebenen Teile, um auch die letzten Reste der eingedrungenen Sulfatwässer auszulaugen. Als Zement für die Wiederherstellungsarbeiten ist hier kalkarmer Hochofenzement verwendet. Nach Versuchen scheint auch hier der Schmelzzement eine besondere wertvolle Sicherung zu bieten.

In ähnlichem Sinne gefährdet Schwefelwasserstoff den Beton wegen seiner schließlichen Umsetzung mit dem freien Kalk des Zementes in schwefelsaures Kalzium mit seinen treibenden Eigenschaften. Nach im Rheinland seit Jahren gemachten Erfahrungen schaden trockene Schwefelsäuredämpfe dem Beton- und Eisenbeton nicht, namentlich wenn sie nicht zu konzentriert und heiß sind. Feuchte Dämpfe greifen hingegen Beton an und zerstören ihn mit der Zeit. Immerhin dürfte hier in jedem Falle Vorsicht geraten sein. Das gleiche gilt von Salzsäuredämpfen, um so mehr, als hier die in der Praxis gemachten Erfahrungen sich zum Teil widersprechen.

Zerstörend auf Eisenbeton wirkt die in der Luft, in den Lokomotivgasen usw. enthaltene schweflige Säure, da die in der Atmosphäre vorhandenen oder dem Rauch entstammenden Gase sich an der Oberfläche der Bauwerke unter der Einwirkung von Regen und Schnee oder durch eigene Energie niederschlagen und eine Oxydation in Schwefelsäure erfahren. Diese dringt dann wieder in die feinsten Risse und Poren der Bauwerke ein und kann — wie bereits auf S. 13f. ausgeführt wurde —

---

[1]) Vgl. den Vortrag von Dipl.-Ing. H. Goebel, Oberingenieur der Badischen Anilin- und Sodafabrik, Ludwigshafen a. Rh., gehalten auf der Hauptversammlung des Deutschen Beton-Vereins 1925, abgedruckt im Bauingenieur 1925, Heft 8, S. 294.

unter Umständen auch am Eisen mehr oder weniger gefährliche Zerstörungen hervorrufen, namentlich bei nicht dichtem Beton und zu geringer Überdeckung der Eisen. Verhältnismäßig wenig wird hierbei der Beton, wenn er bereits gut abgebunden hat, angegriffen; selbst bei bereits fortgeschrittenem Angriffe auf das Eisen war an der Außenfläche des Betons noch deutlich die Maserung der früheren Holzschalung erkennbar. In gleichem Sinne lassen Untersuchungen von Prof. Klaudy, Wien[1]), erkennen, daß Eisenbetonbauten mit gutem Rostschutz (von 2 bis 5 cm Stärke) durch 13 Jahre einem starken und dauernden Angriff heißer Lokomotivgase wiederstanden haben. In allen solchen Fällen kommt es also in erster Linie darauf an, daß der Beton rissefrei bleibt. Über den hier zudem üblichen und zweckmäßigen Schutz vgl. S. 36.

Auch anorganische Säuren sind, wie das auf S. 40 bereits von der Humussäure erwähnt wurde, unter Umständen Schädlinge für den Beton, indem sie die wasserunlöslichen Kalktonerdesilikate zerlegen und Kieselsäure in Form von Gallert abscheiden.

Die Einwirkung von **Salzen** auf Beton ist, wie vorerwähnt, recht verschieden; namentlich wenn zu der chemischen Beeinflussung noch plötzlicher Wechsel der Temperatur oder Hitze hinzutreten. Unschädlich sind im allgemeinen die Lösungen der kohlensauren Alkalien, also Kalium-, Natrium- (Soda-) und Ammoniumkarbonate; ebenso sind Salpeter und Kalziumchlorid in der Regel ohne Schädigung auf fetten Beton, während allerdings das letztere Salz bei Mörtel 1 : 6 zu einer Auflösung und Auslaugung des Ätzkalks geführt hat. Sehr schädlich wirkten Lösungen von Eisenchlorid (5%), die die verschiedensten Zementarten selbst in Mischung 1 : 3 schon nach dreimonatiger Lagerung erweichten. Daß in gleichem Sinne Sulfatsalze schädlich sind, wurde oben ausführlich erörtert. Von ähnlichem schädigenden Einflusse ist Magnesiumchlorid. Hier kommt praktisch vorwiegend die Einwirkung der Steinholzfußböden, gebildet vorwiegend aus Magnesiazement mit einem Füllstoff, in Frage. Enthalten diese Estriche fälschlich zuviel Chlormagnesium, so wird bei Reinigungs- und anderen Arbeiten dieses freie Salz ausgelaugt, sickert alsdann unter Umständen durch die Betondecke hindurch und kann weiter zu starker Anrostung der Eiseneinlagen und Zerstörung des Eisenbetons führen. Unter Umständen kann sich hier auch Magnesiumhydrat bilden, das Kohlensäure aus der Luft aufnimmt und zu Sprengwirkungen führt. Diese Einflüsse sind besonders gefährlich und stark, wenn der Beton der Decke nicht dicht ist, also beispielsweise ein Schlacken- oder Bimsbeton vorliegt. Als zweckmäßige Gegenmaßregel ist hier in erster Linie eine quantitativ

---

[1]) Vgl. hierzu: Zeitschr. des österr. Ing.- und Architekten-Vereins 1908, Nr. 30 und 31, vgl. auch vorstehend S. 34.

richtige chemische Zusammensetzung des Magnesiazementes in der Art geboten, daß in ihm das Magnesiumchlorid vollkommen gebunden ist. Als darüber hinausgehende Vorsichtsmaßnahmen werden eine oberflächlich rauhe Abdeckung des Betons mit Asphalt (zum Anbinden des Steinholzes), daneben ein Einarbeiten von Magnesiumoxyd in die oberste Betonschicht empfohlen, damit dieses etwa durchdringendes Magnesiumchlorid zum Sorelschen Zement bindet und somit unschädlich macht.

Erheblich schädigend wirken auch Ammonsalzlösungen (in Stickstoffwerken z. B.) auf Beton ein. Auch hier ist die schwache Stelle der Kalkgehalt, d. h. die Entkalkung der Zemente[1]). Hiergegen haben alle normalen Maßnahmen, wie Traßzusatz, besondere Mischungsverhältnisse, Maßnahmen zur Erzielung eines dichteren Gefüges im Beton und Mörtel nur eine verzögernde, aber niemals eine verhindernde Wirkung. Selbst Schmelzzement scheint, wie Prüfungsergebnisse erkennen lassen, gegen Ammonsalze keinen dauernden Schutz zu gewähren, wenn hier auch schwächere Angriffe beobachtet sind. In dieser Richtung dürfte aber, neben einer Abschließung der Angriffsflächen (soweit dies überhaupt möglich ist), die Lösung der Sicherung gegen Ammonsalze liegen.

Bekannt sind ferner die ungünstigen Einwirkungen von Kalisalzen auf Beton, namentlich im Kalibergbau. Auch hier haben Untersuchungen — vor allem von Dr. A. Guttmann, Düsseldorf — erwiesen, daß keinem der drei normalen Zemente eine absolute Überlegenheit für die Verwendung im Kalibergbau zuzusprechen ist. Welches Bindemittel hier am geeignetsten ist, kann nur aus der Kenntnis der chemischen Zusammensetzung der Schachtlauge und der Zementart, sowie in Berücksichtigung des Umstandes abgeleitet werden, ob Schachtlauge oder Wasser zum Beton Verwendung finden soll. Wird hierzu letzteres benutzt und enthält die Lauge kleinere Mengen von Magnesiumchlorid, so sind die kalkarmen Zemente: Eisenportland- und Hochofenzement am Platze, während für Solen mit größerem Gips- und kleinerem Natriumsulfatgehalte alle Zemente herangezogen werden können mit Ausnahme der tonerde- und gipsreichen, und endlich bei größeren Mengen von Magnesiumsalzen ein Eisenportlandzement mit niedrigem Tonerdegehalt den Vorzug verdient. Wird der Mörtel bzw. Beton mit Lauge angemacht, so eignen sich die gleichen Zementarten wie vorstehend angegeben; nur tritt im letzten Falle noch kalkarmer Portlandzement als wertvoll hinzu. Es liegt auf der Hand, daß namentlich bei größeren Bauausführungen nur die chemische Analyse hier den

---

[1]) Vgl. u. a. Prof. Dr. Mohr von der Badischen Anilin- und Sodafabrik, Ludwigshafen a. Rh.: Über die Einwirkung von Ammonsalzlösungen auf Beton. Vortrag, gehalten auf der 28. Hauptversammlung des Deutschen Beton-Vereins, 1925; vgl. Bauingenieur 1925, Heft 8, S. 284.

rechten Weg weisen kann. In jedem Falle aber ist möglichst fetter Beton erforderlich; gut ist zudem ein Zuschlag von Chlorkalzium zum Anmachewasser.

Bei der Einwirkung der **Öle** auf Beton kommt es in erster Linie darauf an, ob es sich um sogenannte fette Öle pflanzlichen oder tierischen Ursprungs oder um Mineralöle handelt. Erstere Fette zersetzen sich unter dem Einflusse des Sauerstoffes der Luft und bilden hierbei freie Fettsäuren, die dann ihrerseits mit dem Kalk der Zemente „Kalkseifen" entstehen lassen. Diese bewirken weiterhin eine Lockerung des Betongefüges, namentlich alsdann, wenn der Mörtel porös oder mager ist, während bei sehr fettem und dichtem Mörtel diese Einwirkung wenig schädlich ist. |Es liegt auf der Hand, daß auch hier kalkarme Zemente sich besser halten werden und ein Zusatz von Traß den Widerstand der Mörtel wesentlich steigern wird.

In welch durchaus nicht unerheblichem Maße pflanzliche und tierische Öle Beton angreifen, lassen vielgestaltige Erfahrungen aus der Praxis erkennen; so haben Maschinenfundamente durch ständig abtropfendes Öl stark gelitten, auch Betonfußböden unter Transmissionen, Lagern usw.; vor allem aber haben Ölbehälter, manchmal schon nach kurzer Zeit, schwere Schädigungen erfahren, vor allem auch dann, wenn stark erhitztes und dadurch sehr dünnflüssiges und in die Betonporen somit leicht eindringendes Öl im Behälter Aufnahme fand.

Nicht schädlich sind Mineralöle, da sie sich nicht zersetzer, also auch an der Luft vollkommen unverändert bleiben; nur bei manchen Teerölen und Benzol sind nicht immer gute Erfahrungen gemacht worden Sie führen dazu, grundsätzlich auch bei Mineralölen einen Schutz der Behälterwand auszuführen, der schon deshalb notwendig ist, um das allmähliche Eindringen der Mineralöle in die Behälterwandung zu verhindern. Für Dichtungen kommen allgemein in Frage: stets zunächst eine dichte Putzschicht, darüber Anstriche aus Fluat, Auskleidung mit dünnem verzinkten Eisenblech, Imprägnierung durch Wasserglaslösung, dgl. durch Margalit[1]), Traßzusatz zum Zement (hier bis 20 vH) Stahlbeton, Platten der verschiedensten Art aus Ton, Glas, Metall, Zusatz von Chlorkalzium zum Anmachewasser[2]) u. a. m. Schutzanstriche

---

[1]) Margalit ist ein durch Kondensation von Formaldehyd mit Phenol gewonnenes Kunstharz, das wie ein Ölfarbenanstrich auf den Beton aufgebracht wird und schnell erhärtet. Nach Versuchen im Berliner Material-Prüfungsamt hat sich Margalit während mehrerer Monate vollkommen unempfindlich gegen alle Arten Öle erwiesen. Vgl. hierzu: Technische Auskünfte des Deutschen Beton-Vereins, Ausgabe B, 1920, S. 19ff. Ferner: Der Bauingenieur 1925, Heft 5. Hier bespricht Dr. E. Probst die neuen entsprechenden amerikanischen Vorschriften; Deutsche Bauztg. 1920, S. 147 (Versuche des Reichsmarineamtes).

[2]) Durch Chlorkalzium, das Wasser anzieht, wird bewirkt, daß das an und für sich gut abdichtende Wasser in der Betonwand zurückgehalten wird.

aus Asphalt oder Teererzeugnissen sind nicht verwendbar, da sie durch die Öle leicht gelöst werden.

Nicht nachteilig beeinflussen den Zementmörtel und -beton Kanalwässer und Fäkalien. Das zeigt sich aus den reichen und guten Erfahrungen, die mit den Entwässerungsleitungen aus Stampfbeton im städtischen Tiefbau allgemein gemacht worden sind. Hier wurden nur Beschädigungen beobachtet, wo — fälschlicherweise — aus industriellen Betrieben Säuren in die Kanäle geleitet worden sind.

Erniedrigend auf die Festigkeit im Beton wirkt Gerbsäure, und zwar um so mehr, je höher ihre Konzentration war. Gegen Gas- und Ammoniakwasser haben sich Beton- und Verbundbehälter im allgemeinen durchaus bewährt, wenn auch in einzelnen Fällen Angriffe, namentlich bei frischem und ungeschütztem Beton, eingetreten sind. „Gaswasser" entsteht durch Destillation der Kohle und enthält vor allem Ammoniak mit seinen Salzen zum Teil in flüchtigen bzw. durch Wärme leicht zersetzbaren Verbindungen, die frischen Beton in ähnlicher Weise angreifen wie schwefelkieshaltende Moorwässer. In vielen Fällen wird dieser Angriff aber dadurch erheblich gemildert, daß das Gaswasser oft nur geringe Mengen Ammoniak enthält und zudem häufig durch frisches Wasser ersetzt wird. Auch wirken günstig und zwar selbstabdichtend die fast stets im Gaswasser enthaltenen teerigen Bestandteile. Auch hier sind naturgemäß kalkarme Zemente erwünscht und ein Zusatz von Traß wertvoll. Zweckmäßig sind zwei innere Abdeckschichten, von denen die untere in ihrem Mischungsverhältnis nicht sehr erheblich, namentlich in bezug auf Korngröße und Magerung, von dem Kernbeton abweichen soll, während die innere besonders fett (1 : 1 bis 1 : 1,5) gemischt wird. Als Schutzanstrichmittel wird Inertol als besonders bewährt bezeichnet; daneben sind auch Aluminiumauskleidungen, Glasplatten und dgl. mit Erfolg verwendet. Besondere Aufmerksamkeit ist den statischen Verhältnissen der Behälter, namentlich ihrer Gründung, zu widmen.

Erheblich empfindlich sind Gärbottiche aus Beton und Eisenbeton (für Brauereien usw.), da bei ihnen nicht nur die Einwirkung von organischen Säuren, sondern auch von Kohlensäure und deren Bewegung im Behälter schädlich wirken. Hier sind u. a. Isolierschichten zwischen Beton und einer Schutzschicht, beispielsweise aus Aluminiumblech, ferner wasserdichter Putz (mit Aquabar, Antiaqua-Zement u. a. m.), auch ein 2 cm starker Gipsputz mit Teeranstrich und dgl. von Erfolg begleitet worden. Immerhin bedarf aber gerade die Erbauung von Gärbottichen aus Eisenbeton neben großer Erfahrung auf diesem Sondergebiet der sorgsamsten Herstellung. Ähnliches gilt auch von der Errichtung der Grünfuttersilos in Verbundbauweise; hier bildet sich durch den Gärungsvorgang des eingelagerten Grünfutters Milchsäure, die durch

Bildung von Kalziumlaktaten den Zement zerstören kann, also auch hier kalkarme Zemente, Traßzusatz und einen glatten, wasserdichten, möglichst säurebeständigen Putz fordert. Nicht unerhebliche Angriffe erleiden endlich die Beton- und Verbundbehälter bei der **Sulfitsprit-fabrikation**; hier kommen in Frage Rohlaugebehälter, Neutralisations-türme und Gärbottiche[1]). Im allgemeinen ist der chemische Angriff der Lauge nicht besonders groß, da die auftretenden Säuren schwach sind. Gefährlicher sind die Wärmeschwankungen namentlich bei den Rohbe-hältern, die dementsprechend eine Bewehrung der Wandungen nach beiden Richtungen verlangen. Hier ist auch eine besonders dichte Beton-mischung mit nicht zu groben Zuschlägen am Platze, ebenso die Her-stellung des Behälters in einem Guß, um Arbeitsfugen zu vermeiden. Der innere Schutz wird bei Rohlaugebehältern und den Türmen zweck-mäßig durch wasserdichte Zemente, Stahlbeton usw. gebildet, auf dem eine Verkleidung (oft doppelt) aus säurebeständigen Platten, verfugt mit in Glyzerin angemachter Bleiglätte, sich bestens bewährt hat; für die Gärbottiche empfiehlt sich der vorstehend allgemein angegebene Schutz.

Von **festen**, in Beton- und Verbundbehältern oder auf Bühnen und dgl. gelagerten **Stoffen** kommen vor allem **Kohle und Koks** in Frage. Das Verhalten des Betons hierbei ist deshalb von besonderer Bedeutung, weil Kohle und Koks in sehr enge Berührung mit dem Beton kommen; hierbei ist es günstig, daß in der Regel beide Stoffe, gegen atmosphärische Einflüsse geschützt, gelagert werden und somit eine Auslaugung, die weiterhin zu chemischen Angriffen des Betons führen könnte, nicht eintritt, und Kohle in Verbindung mit dem Beton **nicht so lange gestapelt wird, daß unter dem Einflusse des Luftsauer-stoffes ein „Verwittern" der Kohle, d. h. eine Oxydation, also eine langsame Verbrennung stattfindet**[2]). Diesem Pro-zesse sind aber nur frische Braun- und Steinkohlen unterworfen, während Anthrazitkohlen keiner chemischen Zersetzung mehr unterliegen, von ihnen also auch der Beton keine Gefährdung erhalten kann. Gegebenen-falls würde unter Umständen ein höherer Gehalt der Kohle an Schwefel, Schwefelkies usw. seine, mehrfach vorstehend dargelegte, angreifende Wirkung auf den Zementmörtel äußern. Aus den gleichen Überlegungen ist auch bei Löschbühnen aus Beton, auf denen glühender Koks abge-

---

[1]) In den Rohlaugebehältern hat die kochende Lauge 100° C und mehr (bis 130°), in den Neutralisationstürmen von 70—100°, erheblich weniger in den Bot-tichen. In ihnen wirkt natürlich die sich bildende Kohlensäure sowohl chemisch wie mechanisch ein.

[2]) Vgl. u. a. Tonindustrie-Zeitung 1912, Nr. 139, S. 1846 und Die Natur-wissenschaften, Berlin 1920, Heft 21, S. 407, Beton und Eisen 1919, Heft 17/18, S. 196.

löscht wird, für starke Neigung der Bühnenböden und somit schnelle Wasserabfuhr zu sorgen; denn gerade hier könnte die durch den Löschvorgang sich abscheidende Schwefelsäure erhebliche Zerstörungen im Gefolge haben.   Aus einer Rundfrage, die der Deutsche Betonverein im Jahre 1918 wegen des Verhaltens von Beton gegenüber Kohle veranstaltete, ergibt sich einwandfrei, daß Beton seit langen Jahren in großem und steigendem Umfange ohne irgendwelche Mißstände zur Lagerung von Kohle verwendet wird. Irgendwelche Zerstörungserscheinungen der von der Kohle berührten Betonflächen sind nicht beobachtet worden.

Bezüglich der Beimengungen von Kohlenteilchen zum Beton liegen weniger gute Erfahrungen vor; hier haben solche Verunreinigungen des Betons nicht selten zum Auftreten von Rissen durch Treiberscheinungen Veranlassung gegeben. Dies gilt im besonderen von Braunkohlenstückchen, in geringerem Maße von Steinkohlen. Liegen solche Kohlenteilchen nahe der Außenfläche im Inneren, so zersetzen sie sich unter der natürlichen Feuchtigkeit der Atmosphäre zu einem braunen Schlamm, der dann auf die Putzschicht drückend wirkt und somit namentlich Gefährdungen für den Bau bedingt, wenn es auf vollkommene Dichtigkeit der Flächen ankommt.

Von Zementwasser — d. h. einer Auslaugung der löslichen Salze im Beton — werden angegriffen, wie Versuche des Deutschen Ausschusses für Eisenbeton erkennen lassen[1]), Kupfer, Zink und Blei. Aus den Versuchen ergibt sich im besonderen, daß sowohl Zementwasser als auch Wasser, das mit Zementmörtel in Berührung steht, die vorgenannten Metalle ungünstig beeinflußt. Bei Rieselversuchen waren bei Kupfer die Angriffe verhältnismäßig gering, bei abgebundenem Zement nach einem Monat überhaupt nicht mehr feststellbar, bei Zink stark und vor allem sehr stark bei Blei. Im Zementmörtel eingebettet, war das Kupfer nach einem Jahre sowohl bei der Lagerung in Leitungswasser wie in Seewasser und Luft nur in geringem Maße angegriffen, und zwar wesentlich weniger als durch Zementwasser; stark hingegen waren auch hier die Zerstörungen von Blei. Im allgemeinen entsprachen die Ergebnisse dieser Versuche den Erfahrungen der Praxis. Deshalb soll man zur Dichtung von Fugen im Verbundbau Kupfer-, aber kein Zink-, vor allem aber kein Bleiblech, benutzen, um so mehr, als man mit ersterem Metall als Fugendichtung im Betonbau nur beste Erfahrungen gemacht hat. Das gleiche gilt naturgemäß für Gelenkeinlagen und Zwischenbleche zur Druckausgleichung.

---

[1]) Vgl. Heft 8 der Veröffentl. d. Deutschen Ausschusses für Eisenbeton: Versuche über das Verhalten von Kupfer, Zink und Blei gegenüber Zement, Beton usw. von E. Heyn. 1911.

Will man vollkommen von Metall im vorliegenden Falle absehen, so werden zweckmäßig Asphaltpappe, unter Umständen auch Asphaltplatten, Korkstein u. ä. m., Verwendung finden.

3. Der Beton.

Je nach der Menge des Wasserzusatzes unterscheidet man Stampf- oder erdfeuchten Beton, weichen oder plastischen Beton und Gußbeton[1]). Während die erstere Art so trocken ist, daß sie sich in der Hand noch ballen läßt, enthält Weichbeton so viel Wasser, daß die Ränder der durch einen Stampfstoß gebildeten Vertiefung kurze Zeit stehen, dann aber langsam verlaufen, während Gußbeton so wasserhaltig ist, daß er fließt. Stampfbeton ist in der Regel beim Verbundbau nicht verwendbar, da zwischen den Eiseneinlagen eine gute Stampfarbeit nicht durchführbar ist, durch sie die Eisen aus ihrer Lage gedrängt werden und alsdann ein gutes Zusammenwirken zwischen Eisen und Beton nicht erzielbar ist. Im besonderen ist hier kein sattes Einbetten möglich, wie solches erfahrungsgemäß bei Beton mit höherem Wassergehalt zu erwarten steht. Nur alsdann bildet sich, im besonderen um das Eisen herum, eine mit Zement angereicherte Schicht, die sowohl eine gute Rostsicherheit des Eisens bedingt als auch eine sichere Haftung dieses im Beton bewirkt. Viel verwendet im Verbundbau wird weicher Beton, der in jeder Hinsicht zur satten Umschließung der Eiseneinlagen und Ausfüllung der oft engen Zwischenräume zwischen den Eiseneinlagen geeignet ist und weniger große Stampfarbeit als erdfeuchter Beton erfordert. Bei größeren Bauten und zusammenhängenden Bauwerksmassen kommt in der Neuzeit immer mehr der Gußbeton in Anwendung, um so mehr, als sich hierbei oft nicht unerhebliche Betriebsvereinfachungen, eine abgekürzte Bauausführung und Ersparnisse aller Art erreichen lassen und zudem die Versuche und Erfahrungen der Praxis gezeigt haben,

---

[1]) Zudem nennen die neuen Bestimmungen für die Ausführung von Bauwerken aus Beton vom September 1925 als Unterarten — für den Verbundbau nicht von Wichtigkeit: Schüttbeton, Spritz- und Füllbeton. Schüttbeton kommt vorwiegend für Herstellung von Arbeiten unter Wasser in Frage und ist in weichem Zustande einzubringen, während Spritzbeton, für Tragteile einer baupolizeilichen Genehmigung von Fall zu Fall unterliegend, auf einem Auftragen des Betons unter Verwendung von Druckluft vermittels einer Schlauchleitung beruht; hierbei kann der Beton von vornherein fertig gemischt, d. h. feucht sein (System Moser-Kraftbau), oder in trockenem Zustande als Mischung von Sand und Zement durch Druckluft gefördert und erst kurz vor dem Anspritzen, beim Zusammentreffen in der Schlauchdüse, mit Wasser gemischt werden (System Torkret), vgl. S. 95. Füllbeton endlich kommt in erdfeuchtem, weichem oder flüssigem Zustande dort zur Anwendung, wo es sich um die Herstellung wenig beanspruchter, zusammenhängender Massen handelt.

daß Gußbeton gegenüber dem Stampfbeton sich durch eine durchgehends größere Festigkeit im Bau — bedingt durch die hier fehlenden Betonierungsfugen und größere Dichtigkeit auszeichnet[1]).

---

[1]) Über diese Frage, auf die hier nicht genauer eingegangen werden kann, vgl. u. a. die Aufsätze von E. Probst in Arm. Beton 1913, S. 71, von O. Franzius in der Zeitschr. d. Verbandes deutscher Arch. u. Ing.-Vereine 1912, Bd. V, S. 33, in der Zeitschr. d. V. deutscher Ing. 1913, S. 1672, in Beton u. Eisen 1914, S. 49, ferner Heft 29 des Deutschen Ausschusses für Eisenbeton: Zweckmäßige Zusammensetzung des Betongemenges für Eisenbeton; P. Haves: Gußbeton, eine Studie über Gußbeton unter Berücksichtigung des Stampfbetons, Berlin 1916 (Verlag Ernst & Sohn); Dr.-Ing. G. Bethge: Das Wesen des Gußbetons, eine Studie mit Hilfe von Laboratoriumsversuchen, mit 33 Abb. Berlin: Julius Springer 1924 (aus dem Beton- und Eisenbeton-Forschungsinstitut der Technischen Hochschule Karlsruhe); R. Otzen: Stampfbeton oder Gußbeton? Bauingenieur 1923, Heft 16, S. 466; Dr. Enzweiler: Über die neusten Erfahrungen im Gußbetonbau, Bauingenieur 1923, Heft 6, S. 161, ebendort Heft 9, S. 265, Agatz: Das Gußbetonverfahren; E. Probst: Untersuchungen mit Gußbeton, Bauingenieur 1923, Heft 24, S. 640; Regierungsbaurat Geyer, Geestemünde: Erfahrungen mit Gußbeton bei der Doppelschleuse und Obering. Sturm, München: Ermittlung an Gußbetonbaustellen, Bauingenieur 1924, Heft 8, S. 256 und E. Probst: Vorlesungen über Eisenbetonbau, 2. Aufl. I. Bd. Hier sind auch ausführlich die wenig guten Erfahrungen besprochen, welche bei Stampfbeton-Abbrucharbeiten zutage getreten sind und sich in dem Auftreten wagerechter, durchgehender Stampffugen zu erkennen gaben. Auch sei auf die Unsicherheit der Festigkeitsbeurteilung der Stampfbetonbauten auf Grund der sehr starken Abweichung der Versuchsergebnisse mit Stampfbetonwürfeln verwiesen. Die entsprechenden Bestimmungen über Gußbeton in den deutschen Vorschriften für die Ausführung von Bauwerken aus Beton vom September 1925 besagen das Folgende:

Die Betonmasse muß genügend flüssigen Mörtel enthalten, der alle Hohlräume der Zuschläge (Kies, Schotter) ausfüllt. In den Zuschlägen müssen alle Korngrößen entweder gleichmäßig oder in stetiger Abstufung ihrer Menge enthalten sein.

Der Wasserzusatz darf nicht größer sein, als es die Fließbarkeit des Betons erfordert; er ist vor der Bauausführung durch Versuche festzustellen und wird zweckmäßig durch eine Konsistenzprobe (Steifeprobe) nachgeprüft.

Die Gußbetonmasse muß in dicht schließenden Maschinen gemischt werden, die keinen Mörtel auslaufen lassen.

Bei dem Befördern und Einbringen der Betonmasse ist darauf zu achten, daß keine Entmischung eintritt.

Gröbere Zuschlagteile, die sich beim Einbringen der Betonmasse abgesondert haben, sind mit dem Mörtel wieder zu vermengen.

Kann die Betonmasse nicht von selbst überall hinfließen, so ist mit geeigneten Geräten nachzuhelfen, daß sie den Schalungsraum, auch die Ecken und Außenflächen satt ausfüllt. Eine Entmischung durch zu weites Verziehen muß jedoch ausgeschlossen sein.

Kann nicht der ganze Bauteil in einem Guß betoniert werden, so muß er in hohen Schichten hergestellt werden. Zu diesem Zweck sind bei größerer Ausdehnung einzelne Bauabschnitte zu bilden, die ohne Arbeitsunterbrechung hergestellt werden müssen.

Muß die Arbeit so lange unterbrochen werden, daß der eingebrachte Beton vor der Einbringung der nächsten Schicht begonnen hat abzubinden, so ist für

Aus Baustellenversuchen mit Gußbeton und Stampfbeton[1]), in der Art ausgeführt, daß die Probekörper aus Brückenwiderlagern herausgemeißelt wurden, ergab sich, daß sich der Beton bei den Stampfbetonkörpern unschwer in seine einzelnen Schichten zerteilen ließ, während Gußbeton seinen festen Zusammenhang bewahrte. Auch zeigte sich der Stampfbeton erheblich durchlässiger als der Gußbeton, der bis zu 2 Atm. vollkommen dicht befunden wurde.

Nach Versuchen von Dr. Bethge im Karlsruher Institut für Beton- und Eisenbetonforschung (Prof. Dr. Probst) ergab sich, daß:

a) Die Höhe des Wasserzusatzes und die Kornzusammensetzung für die Güte des Gußbetons von ausschlaggebender Bedeutung sind. Unnötig starke Wasserzusätze bedingen eine starke Wertverminderung, namentlich hinsichtlich der Druck- und Biegezugfestigkeit und der Formänderung bei wiederholter Belastung. Zudem bilden sich bei sandhaltigen Mischungen Wasseradern mit ihrer naturgemäß schweren Schädigung des Bauwerks. Ferner nehmen auch die Schwindmaße des Gußbetons mit wachsendem Wasserzusatz zu, wenn durch ihn auch zunächst eine zeitliche Verzögerung des Schwindvorganges eintritt. Es muß deshalb versucht werden, mit dem niedrigsten Wasserzementfaktor noch eine gießbare Mischung zu erzielen, eine Aufgabe, die durch Vorversuche zu lösen ist.

b) Gut ist ferner (wie zu erwarten) eine gute Abstufung sämtlicher Korngrößen, namentlich des Sandzusatzes, während Schwankungen in der Kieszusammensetzung eine nur untergeordnete Bedeutung zu-

---

ausreichend festen Zusammenschluß der Schichten dadurch zu sorgen, daß der in Betracht kommende Betonkörper zweckmäßig gegliedert und die Oberfläche der zuletzt gegossenen Schicht möglichst unregelmäßig und ʻrauh gestaltet wird. Dazu können Bruchsteine, Felsblöcke, Stücke von starken Rundeisen, Schienenstücke oder dgl. bis zur Häfte ihrer Höhe oder Länge als Dübel in die noch nicht erhärtete Schicht eingelassen werden. Auch empfiehlt es sich, durch vorübergehend eingelegte Hölzer Vertiefungen herzustellen. Unter allen Umständen müssen vor dem Weiterbetonieren Schlammschichten beseitigt werden, die sich an der Oberfläche gebildet haben. Die Oberfläche ist vor vollständiger Erhärtung rauh zu kehren oder zu kratzen.

Wird der Beton mit Hilfe von Rinnen oder dgl. eingebracht, so soll die Rinnenneigung im Regelfalle zwischen 1 : 2 und 1 : $2^1/_2$ liegen. Flachere Rinnenneigungen bedingen zu hohen Wasserzusatz, steilere können zu einer Entmischung des Betons führen. Keinesfalls darf die Rinnenneigung flacher sein als 1 : 3.

Fließt der Beton unmittelbar aus einer schrägen Rinne, so darf die Fallhöhe höchstens 2 m betragen. Bei lotrechtem Ausfluß ist die Fallhöhe durch die Entmischungsgefahr begrenzt. Das letzte Rinnenstück ist während des Betonierens ständig zu bewegen, um Kegelbildung und Kiesnester zu vermeiden.

Wird der Gußbeton mit Gefäßen eingebracht, so ist für gleichmäßige Verteilung über die ganze Grundfläche zu sorgen. Die Fallhöhe darf auch in diesem Falle nur so groß sein, daß keine Entmischung eintritt.

[1]) Vgl. Zentralbl. d. Bauv. 1918, Nr. 30, S. 147: Ber. v. Baur. Trier-Mülheim a. d. R.

kommt. Der für die Fließbarkeit des Betons erforderliche Mindestprozentsatz an Sand, ausgedrückt in Gewichtsprozenten des Zuschlagmaterials, beträgt rund 40 vH. Mangel an Sand verursacht Entmischungen des Betons beim Durchfließen der Rinne, während Sandüberschuß höheren Wassergehalt und damit die obenerwähnte Verschlechterung des Betons zur Folge hat. Empfehlenswert sind Konsistenzprüfungen des Betons mit Rinne oder Fließtisch vor Arbeitsbeginn, um jeweils die günstigsten Bedingungen für die Anwendung bzw. Anwendbarkeit des Gußbetons zu erhalten. Dies gilt im besonderen für Bauwerke, die später starken Erschütterungen ausgesetzt sind, bei denen also Risse und eine allzu starke Porigkeit auszuschließen sind[1]).

Die Beurteilung der Güte des Betons beruht auf der Würfelprobe, und zwar sind für den Festigkeitsnachweis des Betons im Verbundbau nach den neuen Bestimmungen vom September 1925 nachzuweisen:

a) Die Würfelfestigkeit erdfeuchten Betons nach 28 Tagen, bezeichnet mit $W_{e_{28}}$ und

b) die Würfelfestigkeit des Betons, in der gleichen Beschaffenheit, wie er im Bauwerk verarbeitet wird, nach 28 Tagen, bezeichnet mit $W_{b_{28}}$.

Es muß betragen:

1. Bei Verwendung von Handelszement $W_{e_{28}} \geqq 200\ \text{kg/cm}^2$; und außerdem $W_{b_{28}} \geqq 100\ \text{kg/cm}^2$,

2. bei Verwendung von hochwertigem Zement $W_{e_{28}} \geqq 275\ \text{kg/cm}^2$, und außerdem $\qquad\qquad\qquad W_{b_{28}} \geqq 130\ \text{kg/cm}^2$.

Ist $W_{e_{28}} \geqq 250\ \text{kg/cm}^2$ und handelt es sich um besondere Fälle, in denen die zulässige Beanspruchung des Betons (σ_{zul}) auf Grund des Festigkeitsnachweises abgestuft wird, so ist für weich oder flüssig angemachten und entsprechend der Verarbeitung im Bauwerk behandelten Beton zu fordern: $W_{b_{28}} \geqq \nu \cdot \sigma_{\text{zul}}$. Hierzu ist bei mittigem Druck im allgemeinen $\nu = 3$, bei Brücken $= 4$ und bei Biegung, je nach der Gefahrenklasse a, b, c oder d[2]) $\nu = 2$, bzw. 2,5 bzw. 3,5 bzw. 5. Wegen der zugehörenden σ_{zul}-Werte ist die Zusammenstellung auf S. 124 maßgebend.

Der Wasserzusatz für die zur Feststellung von $W_{e_{28}}$ bestimmten Probekörper ist bei Verbundbauten so zu bemessen, daß eine erdfeuchte Betonmasse entsteht[3]); hingegen sind die für $W_{b_{28}}$ maßgebenden Würfel

---

[1]) Vgl. die in Anm. 1 auf S. 52 bereits erwähnte Druckschrift. Berlin: Verlag Julius Springer.

[2]) Vgl. S. 124.

[3]) Wie Untersuchungen von M. Gary (vgl. Heft 39 des Deutschen Ausschusses für Eisenbeton, das sich mit der Würfelprobe flüssiger Betongemische für Eisenbetonbauten befaßt) zeigen, sind eiserne Formen für die Herstellung von Probewürfeln aus flüssigem Beton nicht immer geeignet, auf die im Bauwerke zu erwartende

aus Beton gleicher Art, gleicher Aufbereitung und gleichen Feuchtigkeitsgrades festzustellen, wie sie für das Bauwerk Verwendung findet. Hiernach muß der zur Herstellung der Probekörper erforderliche Beton der für den Bau bestimmten Betonmasse an derjenigen Stelle entnommen werden, wo diese Betonmasse in den Bauteil eingebracht wird. Zur Herstellung der Probekörper sind im Verbundbau eiserne Würfelformen von 20 cm Seitenlänge zu verwenden[1]).

Im Hinblicke darauf, daß die Beanspruchung der Eisenbetonbauteile vorwiegend eine solche auf Biegung darstellt, hat v. Emperger im Jahre 1911 zur Bestimmung der Betonfestigkeit Kontrollbalken, d. h. kleine, aus Beton gestampfte, mit starker Eisenbewehrung im Zuggurte versehene Balken, in Vorschlag gebracht. Wenn auch nicht zu verkennen ist, daß diese Balken auf der Baustelle leicht geprüft werden können und einen guten Rückschluß auf die Betonfestigkeit im Verbunde gestatten, so ist doch nicht zu verkennen, daß solche Probebalken weniger handlich als Würfel sind und auch ihre Herstellungskosten sich höher als für diese stellen, zudem aber auch mit der Würfelprobe — namentlich der neuzeitlichen Doppelprobe — durchaus sichere Vergleichswerte gegenüber der im Bauwerk vorhandenen Druckbiegefestigkeit zu erwarten stehen, also auch hier ein einwandfreier Rückschluß sich ziehen läßt[2]).

Versuche mit solchen Probebalken sind auch vom Deutschen Ausschuß für Eisenbeton (Heft 19)[3]) durchgeführt worden, haben jedoch die Frage: „Würfel oder Kontrollbalken-Probe" nicht zur endgültigen Entscheidung gebracht, aber die hoch wertvolle Beziehung geliefert, daß

Festigkeit richtige Rückschlüsse zu gestatten, da sich in ihnen anders geartete Abbindevorgänge vollziehen als in dem mit Holz verkleideten und Fugen für den Abfluß des Wassers besitzenden Schalungsgerüst. Deshalb schlug Gary für den Verbundbau Würfelformen aus absaugenden Gipsplatten vor, die eine ähnlich geartete Erhärtung des Betons verbürgen wie sie im Bauwerke eintritt und deshalb auch die dort zu erwartende Festigkeit richtiger als Eisenformen zu beurteilen gestatten. Der vorerwähnte Übelstand ist bei den neuen Bestimmungen durch Einführung der Würfelproben $W_{e_{28}}$ und $W_{b_{28}}$ und für letztere verlangte, verhältnismäßig geringe Werte beseitigt. Beide Würfelproben sind stets gefordert.

[1]) Bei Beton mit gröberen Zuschlagstoffen im reinen Betonbau kommen Würfel von 30 m Seite in Frage. Genaueres siehe in den Bestimmungen für Druckversuche an Würfeln bei Ausführung von Bauwerken aus Beton und Eisenbeton, aufgestellt vom Deutschen Ausschuß für Eisenbeton vom September 1925.

[2]) Über diese Frage vgl. u. a.: v. Emperger, Kontrollbalken (Verlag Ernst & Sohn, Berlin 1910); Kromus, Die Betonkontrolle, Beton u. Eisen 1912; Arm. Beton 1911, Diskussion über die Kontrollbalken, desgl. Ausführungen von Färber (Heft 6); Heft 5 des Eisenbeton-Ausschusses d. österr. Ing.- u. Arch.-V. von v. Emperger (1917) und Besprechung dieser Veröffentlichung im Arm. Beton, 1918, Juli-Heft.

[3]) Vgl. Heft 19: Prüfung von Balken zu Kontrollversuchen. Von C. Bach und O. Graf. 1912.

bei Beton die auf Grund der Navierschen Theorie errechnete Biegedruckfestigkeit etwa das 1,7- bis 1,8fache der Würfeldruckfestigkeit beträgt[1]).

Als **Zemente** sind für den Eisenbeton in Deutschland sowohl Portland-[2]) als auch Eisenportland- und Hochofenzement zugelassen, und zwar auf Grund besonderer, in ihren Hauptbestimmungen allerdings vollkommen übereinstimmender Normen für jede dieser drei Zementarten[3]).

Nach den Normen soll die Druckfestigkeit aller drei Zementarten, Mischung 1:3, nach 7 Tagen (1 Tag in feuchter Luft, 6 Tage unter Wasser) mindestens 120 kg/cm² erreichen (Vorprobe), nach weiterer Erhärtung von 21 Tagen an der Luft mindestens 250 kg/cm² betragen; für Wasserbauten ist die gleiche Zahl bei Erhärtung von 1 Tag an feuchter Luft und von 27 Tagen unter Wasser mindestens 200 kg/cm². Zur Erleichterung der Kontrolle dient die Zugprobe 1 : 3. Hier soll nach 7 Tagen (1 an der Luft, 6 unter Wasser) mindestens eine Zugfestigkeit von 12 kg/cm²

---

[1]) Von weiteren wertvollen Untersuchungen in derselben Richtung berichtet in Heft 6 der Veröffentlichungen des Eisenbeton-Ausschusses des österreichischen Ingenieur- und Architekten-Vereins v. Emperger. Hier wurde allerdings das Verhältnis der Biegungs- zur Normaldruckfestigkeit bei magerem Beton geringer, zumeist zwischen 1,5 und 1,1 ermittelt, und zwar ergaben Sommerversuche Zahlen zwischen 1,3 und 1,1, Winterversuche zwischen 1,5 und 1,2. Zudem zeigte sich das Anwachsen dieses Wertes mit der geringeren Härte, also größeren Magerkeit des Betons. Hinsichtlich der Gleichförmigkeit der Ergebnisse zeigte sich kein nennenswerter Unterschied zwischen Würfelprobe und Kontrollbalken.

[2]) Nicht günstig sind Portlandzemente mit hohem Magnesiagehalt. Bezeichnend für sie ist die sehr geringe Festigkeit am Anfang und die langsame Zunahme an Festigkeit erst mit dem Alter; so zeigte beispielsweise der Portlandzement-Mörtel 1 : 3 mit 10,33 vH Magnesia, daß am Ende eines Jahres $\sigma_z = 29$, $\sigma_d = 204$ kg/cm². Zudem treiben derartige Zemente bei einem Magnesiagehalt > 8 vH nach Jahren infolge Hydratation der Magnesiumverbindungen durch das eindringende Wasser (vgl. Bauingenieur 1923, Heft 23, S. 627: Eigenschaften von Portlandzement mit hohem Magnesiagehalt).

[3]) Es kommen in Frage die deutschen Normen für Portlandzement vom Dezember 1909 (Runderlaß in Preußen vom 16. III. 1910), für Eisenportlandzement vom Dezember 1909 (Runderlaß vom 13. I. 1916), und für Hochofenzement vom November 1917 (Runderlaß v. 22. XI. 1917). In letzterem ist der Hochofenzement, der den Bedingungen entspricht, als dem Portland- und Eisenportlandzement gleichwertig bezeichnet und auch zur Herstellung von Eisenbetonbauten ausdrücklich zugelassen. Immerhin zeigen aber die angestellten Versuche, daß es zweckmäßig ist, den Hochofenzement möglichst frisch zu verwenden, da er durch längere Lagerung an Güte verlieren kann. Besonders wertvoll scheint Hochofenzement für Bauten an der See und in laugenhaltigen Wässern zu sein (z. B. bei Bauten im Kalibergbau, im Moor usw.) und auch gegen schweflige Säure, also auch gegen Rauchgase, eine erhöhte Widerstandsfähigkeit zu besitzen. Vgl. hierzu u. a. Arm. Beton 1918, Juniheft, Bericht über die Hauptversammlung des Deutschen Betonvereins und die voranstehenden Ausführungen über die Einwirkung chemischer Einflüsse auf Beton auf den S. 37 bis 50.

vorhanden sein. Da bei schnell bindenden Zementen die Festigkeit nach 28 Tagen in der Regel die obigen Zahlen nicht erreicht, ist stets auch die Bindezeit anzugeben.

Wie im Preuß. Min.-Erlaß vom 20. Mai 1924 mitgeteilt wird, hat sich der Hochofenzement (aus Werken, die dem Verein Deutscher Hochofenzementwerke angehören) widerstandsfähiger gegen chemische Einflüsse erwiesen als der Portlandzement; auch bei Bauten an der See und im Moor hat er sich bewährt. Nur sind in besonderen Fällen im Meer die Ausspülungen frischen Betons wegen des längeren Erhärtungsvorganges bei Hochofenzementen stärker als bei Portlandzementbeton. Im allgemeinen verlangt Hochofenzement einen etwas höheren Wasserzusatz als die beiden anderen Zementarten.

Wenn auch zur Zeit noch vorgeschrieben ist, Hochofenzement möglichst frisch zu verbrauchen[1]), so zeigen doch neuere, ausgedehnte Untersuchungen von Dr. Grün[2]), daß zwischen den verschiedenen deutschen Zementarten bezügl. der Empfindlichkeit gegen Lagern kein wesentlicher Unterschied besteht, daß aber überhaupt eine steigende Lagerdauer die Güte des Zementes herabsetzt. Die eintretende Schädigung — gemessen an der Druckfestigkeit der 28-Tage-Körper bei kom-

---

Über Portlandzement vgl. u. a. das vom Verein der deutschen Portland-Zement-Fabrikanten herausgegebene Werk: Der Portlandzement und seine Anwendung im Bauwesen, in dem die chemischen und physikalischen sowie technischen Eigenschaften des Portlandzementes ausführlich behandelt sind. Über Eisenportlandzement und Hochofenzement gibt u. a. Auskunft das im Auftrage des Vereins Deutscher Eisenhüttenleute herausgegebene Buch: Die Verwendung der Hochofenschlacke im Baugewerbe, von Dr. A. Guttmann (Verlag Stahleisen, Düsseldorf 1919). Hierzu vgl. auch: Gary, Mitt. d. K. Material-Prüfungsamtes Berlin-Lichterfelde-West, Jahrgang 1909 und 1912, worin die eingehenden, sich über einen Zeitraum von 7 Jahren erstreckenden Versuche mit Eisenportlandzement behandelt sind, auf deren gute Ergebnisse hin die Gleichstellung dieses Mörtelbildners mit Portlandzement zum Teil zurückzuführen ist. In derselben Veröffentlichung, Heft 5/6 1915, finden sich weitere Versuche über die Erhärtung von Eisenportlandzement an der Luft wiedergegeben, die in obigem Sinne weiter klärend gewirkt haben. Wichtig ist, daß die Hochofenschlacke für die Zementbereitung in den granulierten Zustand übergeht, also durch schnelle Abkühlung glasig erstarrt. Langsam abgekühlte Schlacke erhärtet kristallinisch und besitzt keine hydraulischen Fähigkeiten. Über Hochofenzement vgl. u. a. Dr. H. Passow, Hochofenzement, Verlag der Tonindustrie 1916, und die Ausführungen von Knauff in Stahl und Eisen 1911, Nr. 10 und weiterhin die Arbeiten aus dem Forschungsinstitut der Hüttenzement-Industrie in Düsseldorf, im besonderen die Veröffentlichungen von Dr. Richard Grün.

[1]) Hierfür spricht auch die Erfahrung an manchen Stellen, daß länger gelagerter Hochofenzement etwas längerer Abbinde- und Erhärtungsdauer bedurfte als kurz gelagerter.

[2]) Vgl.: Die Ablagerung von Zement, von Dr. Richard Grün, Düsseldorf. Mitteilungen aus dem Forschungsinstitut der Hütten-Zementindustrie Düsseldorf 1924. Sonderdruck aus der Tonindustrie-Zeitung 1925, Nr. 1 und 34.

binierter Lagerung — ist nach 3 Monaten nicht sehr erheblich (rund 8 vH), etwas stärker nach 6 Monaten (rund 14 vH) nimmt aber nach 12 Monaten einen wesentlichen Betrag an (rund 22 vH). Diese Schädigung macht jedoch — eine sachgemäße Lagerung vorausgesetzt — den Zement durchaus nicht unbrauchbar. Immerhin ist es zweckmäßig, den Zement nicht länger als drei, höchstens sechs Monate lagern zu lassen[1]). In welcher Art eine Abmagerung der Zementmörtel und eine Wasser- bzw. Luftlagerung, sowie endlich eine Mischung nach Gewichts- oder Raumteilen (nach der Norm), auf die Druckfestigkeit einwirkt, mag beispielsweise aus der nachfolgenden Zusammenfassung von Versuchen mit Eisenportlandzementen ersehen werden.

Mischung Rohsand	1 + 2						1 + 5						1 + 7					
	Gewichtsteile			Raumteile			Gewichtsteile			Raumteile			Gewichtsteile			Raumteile		
Eisenportland-zement	σ_d in kg/cm² nach 7 | 28 | 90 | 7 | 28 | 90 Tagen						σ_d in kg/cm² nach 7 | 28 | 90 | 7 | 28 | 90 Tagen						σ_d in kg/cm² nach 7 | 28 | 90 | 7 | 28 | 90 Tagen					
	7	28	90	7	28	90	7	28	90	7	28	90	7	28	90	7	28	90

W a s s e r l a g e r u n g

| Mittel aus 6 Versuchsreihen mit verschiedenen Eisenportlandzementen | 461 | 644 | 759 | 381 | 561 | 686 | 115 | 195 | 268 | 68 | 118 | 164 | 61 | 100 | 145 | 37 | 65 | 90 |

L u f t l a g e r u n g

| Mittel desgl. wie oben | 472 | 609 | 663 | 395 | 533 | 582 | 141 | 227 | 273 | 90 | 158 | 191 | 78 | 139 | 176 | 52 | 95 | 197 |

Neben den vorgenannten drei Normalzementen spielen in der Neuzeit eine besondere Rolle — auch im Verbundbau — die „hochwertigen oder Spezialzemente", besser Zemente mit hoher Anfangsfestigkeit. Es sind das Zemente, die zunächst in Österreich, in der Schweiz, in Belgien und Frankreich hergestellt wurden. Im besonderen waren es die österreichischen Sonderzemente, welche auch in Deutschland den Anstoß gaben, hydraulische Bindemittel mit hoher Anfangsfestigkeit herzustellen[2]).

---

[1]) Hierzu vgl. auch: Beobachtungen über die Lagerbeständigkeit von Zementen von O. Graf in Beton und Eisen 1924, Heft 14, S. 190. Hier betont Graf, daß es notwendig ist, Zemente, die vor ihrer Verwendung längere Zeit gelagert haben, erneut zu prüfen. Dies gilt für alle drei Normalzemente. Bei der Prüfung selbst soll maßgebend sein die Art der späteren Zementverwendung, d. h. bei Wasserbauten Wasserlagerung, bei Hochbauten kombinierte Prüfung. Namentlich werden solche Zemente eine größere Abnahme an Festigkeit zu verzeichnen haben, die in Holzschuppen auf der Baustelle lagern.

[2]) Vgl. Hochwertige Spezialzemente, Vortrag, gehalten auf der 22. Hauptversammlung des Deutschen Betonvereins zu Nürnberg 1919 von Staatsbahnrat Spindel - Innsbruck, abgedruckt u. a. im Bauingenieur 1920, Heft 4, S. 114ff; siehe auch Bauingenieur 1920, Heft 6, S. 477—478 Bericht über die 43. ord. Generalversammlung des Vereins deutscher Zementfabrikanten.

Unter hochwertigem Zement, also Zement mit hoher Anfangsfestigkeit, verstehen die neuen Eisenbetonbestimmungen vom September 1925 einen Normenzement, der über die Anforderungen der deutschen Normen hinaus bei der diesen entsprechenden Prüfung (gemäß Ziffer VII) mindestens die folgenden Festigkeiten hat:

Bei Prüfung nach

3 Tagen (1 Tag in feuchter Luft, 2 Tage unter Wasser)

$$\text{Druckfestigkeit } 250 \text{ kg/cm}^2,$$
$$\text{Zugfestigkeit } 25 \text{ kg/cm}^2;$$

28 Tagen (1 Tag in feuchter Luft, 6 Tage unter Wasser, sodann an der Luft)

$$\text{Druckfestigkeit } 450 \text{ kg/cm}^2,$$
$$\text{Zugfestigkeit } 35 \text{ kg/cm}^2.$$

Der hochwertige Zement muß durch seine Packung deutlich als solcher gekennzeichnet sein.

Die vorstehende Begriffserklärung richtet sich also nur nach den Festigkeitsverhältnissen und geht, solange es noch keine besonderen Bestimmungen und Normen für hochwertige Zemente gibt, nicht auf die Rohstoffe und die Herstellung ein. In dieser Richtung und Hinsicht kann man die hochwertigen Zemente einteilen in:

1. Sonder- oder hochwertige Portlandzemente, denen gleichwertige Naturzemente, gegebenenfalls mit hydraulischen Zuschlägen, nahestehen (z. B. Meteor extra), und

2. Tonerde- oder Schmelzzemente. Zu letzteren gehören im besonderen die Kalk-Tonerdezemente mit etwa 30 vH Tonerde und 70 vH Kalk und die Tonerdezemente mit 55 vH Tonerde und 35 vH Kalk. Für die erste Untergruppe ist bezeichnend der belgische ciment fondu, für die zweite das gleichartig benannte französische Erzeugnis. Nach der Herstellungsart werden zudem hier reine Schmelzzemente und Elektrozemente (im elektrischen Ofen erschmolzen) unterschieden. Die zuerst genannte Klasse hat reinen Portlandzementcharakter; sie umfaßt veredelte Portlandzemente mit der bekannten Zusammensetzung, die durch einen Gehalt von 64—65 vH Kalk und etwa 6 vH Tonerde bei 21 vH Kieselsäure gekennzeichnet ist[1]). Während bei dieser Gruppe

---

[1]) Vgl. zu dieser Einteilung und zu den weiteren Ausführungen u. a.: Dr. Rich. Grün, Hochwertige Zemente. Zement 1924, Heft 4 u. 5 und Tonindustrie-Ztg. 1924, Nr. 24; Dr. Gehler, Hochwertige Zemente, Vortrag gehalten auf der Hauptversammlung des Deutschen Betonvereins 1924, abgedruckt im Bauing. 1924; Dr. Haegermann, Deutsche hochwertige Portlandzemente. Bauing. 1925, Heft 4, S. 110; Beton und Eisen 1924, Heft 10, S. 131: Betr. Hochwertige Zemente in Schweden. Heft 12, S. 165/166: Betr. Hochwertige österreichische Portlandzemente; Heft 21, S. 281—283: K. Bonn, Versuche mit hochwertigen Zementen; Heft 21, S. 288/289: Hochwertige deutsche und ausländische Portlandzemente, nach Mitteilungen von Dr. Karl Biehl in Tonindustrie-Ztg. 1924 betr. Schweizer Holderbank-

die Erzeugung keinerlei Sonderheiten gegenüber dem Normal-Portlandzement aufweist, außer dem verhältnismäßig hohen Kalkgehalt, der feinen Mahlung, der sorgfältigen Aufbereitung und dem schärferen Brande, erfolgt die Herstellung des Tonerdezementes bei höheren Temperaturen, etwa 1400—2000° C im Wassermantelkupolofen mit leicht vorgewärmter Gebläseluft oder im elektrischen Ofen, also nicht im kontinuierlichen Betriebe[1]).

Zur ersten Klasse gehören die österreichischen[2]) und schweizerischen hochwertigen Zemente und viele deutsche Arten, für welche die Bedingungen für Druck- und Zugfestigkeit nach 3 und 28 Tagen vorstehend angegeben sind. Zur Zeit gibt es in Deutschland etwa 15 Werke, welche hochwertigen Portlandzement herstellen. In der nachfolgenden

---

zement und drei deutsche hochwertige Portlandzemente; Heft 23, S. 322: Kleinlogel, Erfahrungen mit hochwertigem Zement für Pfähle. Der Bauingenieur 1924: Heft 5, S. 110—116: A. Hummel, Über Volumenveränderungen, die Festigkeit und die Wasserdichtigkeit von Beton bei Verwendung von Portlandzement und dem hochwertigen Tonerdezement; Heft 7, S. 179—180: L. Zimmermann, Die französischen Zemente mit hohem Tonerdegehalt; Heft 14, S. 438—442: W. Petry, Notwendigkeit und Zweckmäßigkeit der Verwendung hochwertiger Zemente mit besonderer Berücksichtigung des Schmelzzements; Heft 20, S. 679: Erlaß des Reichsverkehrsministers vom 19. August 1924 — W. I. T. 3. 137 — betr. die Verwendung von hochwertigem Zement; Heft 21, S. 717: Betr. Einwirkung des Frostes auf Tonerdezement. Bericht nach Engineering News-Record 1924, Bd. 92, Nr. 23, S. 983. Wochenschrift „Zement" 1924: Heft 12, S. 111: Dr. Hägermann, Hochwertiger Portlandzement; Heft 16—19, S. 160: Gehler, Hochwertige Zemente; Heft 24, S. 274: Dr. Zimmermann, Tonerdereicher Elektrozement; Heft 26, S. 301: Dr. H. Müller, Hochwertiger Zement und Betonfestigkeiten; Heft 28, S. 331: Wernekke, Schmelzzement bei niedrigen Wärmegraden; Heft 30, S. 349: Dr. Strebel, Hochwertiger Zement und Betonfestigkeit; Heft 33, S. 385: Dr. Biehl, Hochwertiger Zement und Betonfestigkeiten; Heft 33/34, S. 386—399: W. Dyckerhoff, Zur Petrographie der tonerdigen Schmelzzemente; Heft 35/47, S. 415/591: Dr. Gaßner, Mitteilungen über die französischen Tonerdezemente; Heft 40, S. 481: Dr. Dahlke, Hochwertiger Zement und Betonfestigkeit; Heft 44, S. 544: Zemente mit hohen Anfangsfestigkeiten; Heft 45, S. 555: Dr. Hägermann: Über den gegenwärtigen Stand der hochwertigen Portlandzemente in Deutschland.

[1]) Hierdurch erklärt sich u. a. auch der hohe Preis des Schmelzzementes, der etwa das 3—4fache normalen Portlandzementes kostet.

[2]) Auf Anregung des Baurats Spindel waren im Jahre 1914 in Österreich einige Werke zur Herstellung hochwertiger Zemente übergegangen; bald darauf schlossen sich diesem Vorgange mehrere Schweizer Fabriken an. Diese Qualitätszemente waren in ihren Herkunftsländern nach den Normen geprüft, und die hierbei gewonnenen Festigkeitszahlen erregten auch in Deutschland berechtigtes Aufsehen. Hierbei ist allerdings zu berücksichtigen, daß die ausländischen Prüfungsverfahren zu Festigkeiten führen, die im Vergleich zu den deutschen Methoden rund 20 bis 25 vH höhere Ergebnisse zeigen müssen. Die ausländischen Festigkeitszahlen dürfen deshalb nicht ohne weiteres mit den in Deutschland ermittelten in Vergleich gestellt werden.

Zusammenstellung werden die Eigenschaften deutscher hochwertiger Zemente nach Untersuchungen von Dr. Hägermann, Karlshorst, zusammengefaßt, und zwar unter Angabe von Grenzzahlen und Mittelwerten.

1. Siebfeinheit, Rückstand auf dem 4900-Maschensiebe: niedrigster Wert 0,9 vH, höchster Wert 10,8 vH, bei der Mehrzahl 3,5 vH.

2. Litergewicht in kg: eingefüllt, niedrigster Wert 0,961, höchster Wert 1,069, eingerüttelt, niedrigster Wert 1,628, höchster Wert 1,765.

3. Abbindeverhältnisse. Die Abbindeverhältnisse waren normal; der Beginn lag bei etwa 2—4 Stunden; die Abbindezeit betrug höchstens 8 Stunden.

4. Raumbeständigkeit. Normen- und beschleunigte Proben wurden bei allen Zementen bestanden.

5. Druckfestigkeit 1:3. Wasserlagerung: Bei 3 Tagen niedrigster Wert 253, höchster Wert 370; bei 7 Tagen niedrigster Wert 337, höchster Wert 438. Mittelwerte: Bei 3 Tagen 299, bei 7 Tagen 408. Bei 28 Tagen niedrigster Wert 443 (507), höchster Wert 615 (636). Mittelwerte: Bei 28 Tagen 511 (581).

6. Zugfestigkeit 1:3. Wasserlagerung: Bei 3 Tagen niedrigster Wert 24,1, höchster Wert 30,8; bei 7 Tagen niedrigster Wert 26,1, höchster Wert 36,7. Mittelwerte: Bei 3 Tagen 29,0, bei 7 Tagen 31,7. Bei 28 Tagen niedrigster Wert 32,5 (36,7), höchster Wert 42,3 (49,1). Mittelwerte: 35,6 (41,8)[1].

Beim Vergleich der Mittelwerte mit den Normenforderungen von 120 kg/cm² nach 7 und 250 bzw. 200 kg/cm² nach 28 Tagen lassen sich folgende Beziehungen aufstellen: Die 3 tägige Festigkeit liegt 20 vH über der Forderung für 28 tägige kombinierte Lagerung und 50 vH über der für 28 tägige Wasserlagerung oder sie beträgt das $2^1/_2$ fache der 7 tägigen Festigkeit. Die 28 tägigen Festigkeiten der hochwertigen Zemente betragen das $2^1/_3$ bis das $2^1/_2$ fache der entsprechenden Normenforderung.

---

[1]) Die ( ) Werte beziehen sich auf kombinierte Lagerung. Es wurden ferner fünf deutsche hochwertige Portlandzemente nach den österreichischen Normen geprüft (Einschlagen der Probekörper mit der Fallramme unter Verwendung von deutschem Normensand), wobei folgende Festigkeiten ermittelt wurden:

Zement : deutscher Normensand = 1 : 3. Wasserlagerung: Bei 7 Tagen niedrigster Wert 425, höchster Wert 537. Bei 28 Tagen niedrigster Wert 606, höchster Wert 741. Mittelwerte: Bei 7 Tagen 500, bei 28 Tagen 667. Kombinierte Lagerung: Bei 28 Tagen niedrigster Wert 685, höchster Wert 780. Mittelwerte: Bei 28 Tagen 727.

Zieht man diese nach österreichischem Verfahren ermittelten Zahlen heran, so beträgt der Mittelwert für 7 Tage (500) mehr als das Vierfache und für die 28 tägigen Festigkeiten etwa das Dreifache der geforderten Normenfestigkeiten.

Es zeigt sich mithin eine große Überlegenheit der deutschen hochwertigen Portlandzemente gegenüber den normalen. Über die Prüfung einiger hierher gehörender deutscher Sonderzemente vgl. die Anmerkung[1]).

---

[1]) Über den hochwertigen Portlandzement Dyckerhoff-Doppelt und die mit ihm erzielten Prüfungsergebnisse berichtet einmal eine Sonderschrift der Portlandzement-Fabrik Dyckerhoff & Söhne G. m. b. H. in Amöneburg bei Biebrich a. Rh., zum anderen Prof. Rüth im Bauing. 1924 und Beton und Eisen 1924. Nach der Prüfung in Darmstadt zeigt dieser Zement:

$$
\begin{array}{lccccl}
\text{nach} & 2 & 7 & \begin{matrix}28\\ \text{kombin.}\end{matrix} & \begin{matrix}28 \;\; \text{Tagen}\\ \text{Luft-Erhärtung}\end{matrix} & \\
\text{i. M.} & 277 & 449 & 640 & 613 & \text{kg/cm}^2 \;\; \text{Druckfestigkeit} \\
\text{,,} & 27{,}0 & 30{,}9 & 52{,}8 & 35{,}7 & \text{,,} \quad\;\; \text{Zugfestigkeit} \\
\text{d. h.} \;\; \dfrac{\text{Zug}}{\text{Druck}} & \dfrac{1}{10{,}3} & \dfrac{1}{14{,}5} & \dfrac{1}{22{,}1} & \dfrac{1}{17{,}2} &
\end{array}
$$

$\left.\begin{array}{l}\\ \\ \\ \end{array}\right\}$ Mittel aus 10 Versuchen

Im Materialprüfungsamt Berlin-Dahlem wurden bei sonst gleichen Verhältnissen gefunden:

$$
\begin{array}{lccc}
 & \text{nach } 2 & 7 & \begin{matrix}28 \;\; \text{Tagen}\\ \text{kombin. Erhärtung}\end{matrix} \\
\sigma_{b_z} = & 25{,}4 & 31{,}4 & 36{,}5 \\
\sigma_{b_d} = & 264 & 455 & 595 \\
\dfrac{\sigma_{b_z}}{\sigma_{b_d}} = & \dfrac{1}{10{,}4} & \dfrac{1}{14{,}2} & \dfrac{1}{16{,}3}
\end{array}
$$

Bei Verwendung von Rheinsand (1 : 3) wurden bei kombinierter Erhärtung in Berlin nach 28 Tagen eine Zugfestigkeit im Mittel von 54,7 und eine Druckfestigkeit von 890 kg/cm², in Darmstadt von 57,8 bzw. 948 kg/cm² gefunden. Bei Wassererhärtung waren die entsprechenden Zahlen: Berlin 44,5 bzw. 820, Darmstadt 38,5 bzw. 852 kg/cm².

Gleich hervorragende Ergebnisse lieferten Untersuchungen mit dem Spezialzement der Wickingschen Portland-Zement-Fabrik, ausgeführt von Prof. Otzen, Hannover, vgl. Bauing. 1925, Heft 3, S. 89 und Heft 19, S. 622. Von den Ergebnissen, auf die hier verwiesen werden muß, sei nur die folgende Zusammenfassung, als in ihren Versuchsergebnissen, namentlich in bezug auf Biege- und Schubfestigkeiten besonders wertvoll, mitgeteilt:

Probekörper	Alter	2 Tage			7 Tage		
	Zement	H. Z.	W. Z.	W. Z.	H. Z.	W. Z.	W. Z.
	Kies	N. K.	N. K.	S. K.	N. K.	N. K.	S. K.
Würfel 20/20	Druckfestigkeit kg/cm² . . .	21,0	53,7	68,3	35,2	123,5	148,5
Platten	Bruchlast kg	80	380	470	250	1440	1060
	Betondruckspannung kg/cm²	18,5	90,0	111,5	59,2	342,0	250,0
Balken ohne Aufbiegungen	Bruchlast kg	300	1300	1980	740	3200	2560
	Betondruckspannung kg/cm²	14,5	62,8	95,6	35,8	154,8	123,8
	Schubspannung kg/cm² . . .	1,37	5,42	9,02	3,38	14,6	11,68
Balken mit Aufbiegungen	Bruchlast kg	470	2600	2700	1160	5900	6100
	Betondruckspannung kg/cm²	22,7	125,7	130,5	56,0	285,0	296,4
	Schubspannung kg/cm² . . .	2,15	11,8	12,3	5,28	26,9	27,8

Hierin bedeutet: H.Z. Handelszement, W.Z. Wickinger Spezialzement, N.K. Normalkies, S.K. Spezialkies.

Beim deutschen Portlandzement macht der Kalkgehalt etwa 56 vH des ganzen Gewichtes aus. Nach den deutschen Zementnormen soll der hydraulische Modul (Gewicht des Kalkes, geteilt durch das Gewicht der Kieselsäure, Tonerde und Eisenoxyd) zwischen 1,7 und 2,2 liegen. Ferner ist angeordnet, daß das Verhältnis zwischen Kieselsäure und Tonerde größer als 2,5 sein soll. Beim Schmelzzement liegen die Verhältnisse ganz anders. Der hydraulische Modul ist nur 0,66, der Kalkanteil ist auf 40 vH verringert, das Verhältnis zwischen Kieselsäure und Tonerde ist nur etwa 0,25. Man hat es also beim Schmelzzement mit einem vollständig neuartigen Stoff zu tun. Dies wird auch durch das chemische und physikalische Verhalten des Schmelzzementes in mehrfacher Hinsicht bestätigt. Während zumeist als chemische Hauptbestandteile beim Portlandzement das Trikalziumsilikat oder auch das Bikalziumsilikat neben dem Trikalziumaluminat angesehen werden, scheint nach A. Troche, Darmstadt[1]), die Erhärtung von Schmelzzement ausschließlich durch Bildung von Aluminiumhydraten bewirkt zu werden, während hier das Trikalziumsilikat durch das unwirksame Bikalziumsilikat ersetzt wird. Die Auffassungen über die chemische Zusammenwirkung gehen bei diesem neuen Stoff noch mehr auseinander wie beim Portlandzement[2]).

Die für die Baupraxis bedeutsamste und auffallendste Erscheinung ist die Widerstandsfähigkeit des Schmelzzementes gegen Säuren, insbesondere gegen schwefelsäurehaltiges Wasser. Bei Kopenhagener Versuchen betrugen bei den vier Wochen in zehnprozentige Schwefelsäure gelegten Würfeln mit Schmelzzement die aufgelösten Bestandteile nur rund 30 vH von denen der Portlandzementwürfel. Da die chemischen Angriffe durch die Bildung von Kalziumsulfo-Aluminaten erklärt werden

---

[1]) Beton und Eisen 1923, S. 271.

[2]) Die theoretische Grundlage für die Tonerdezemente wurde durch deutsche, französische und amerikanische Forschungsarbeiten geschaffen. Als erster ist O. Schott zu nennen, der bereits 1906 in seiner Heidelberger Dissertation über Kalksilikate und Kalkaluminate nachgewiesen hat, daß die verschiedenen Kalkaluminate erhärten. Sodann folgte 1908 Jules Bied, der Erfinder des Schmelzzementes, endlich 1910 der Amerikaner Spakmann, dessen Arbeiten von Killig, Rüdersdorf, 1913 nachgeprüft wurden; hieran schließt sich die Arbeit von K. Endell, „Über tonerdereiche Zemente", vorgetragen auf der Tagung des Vereins Deutscher Portlandzement-Fabriken 1919. In neuester Zeit hat R. Grün (s. Zement, Januar 1924, S. 29 und 39) wenig tonerdereiche belgische Zemente nachgeprüft, selbst im Schachtofen tonerdereiche Zemente mit bis zu 32 vH Tonerdegehalt hergestellt und genau untersucht. Im Bauing. 1924, S. 110 berichtet A. Hummel, Karlsruhe, über seine Dissertation, die sich mit Beton und tonerdereichen Zementen beschäftigt. Weitere neuere Arbeiten sind: Dr. Zimmermann, „Die französischen Zemente mit hohem Tonerdegehalt." Bauing. 1924, Heft 7, S. 120; Hummel: Zum Verhalten der Tonerdezemente gegenüber chemischen Angriffen. Bauing. 1924, Heft 15, S. 482, ergänzt von Prof. Dr. Probst im Bauing. 1925, Heft 5, S. 179.

können, wird hier die Bildung dieses Stoffes wahrscheinlich dadurch verhindert, daß nach der Erhärtung keine Spur von freiem Kalk überhaupt mehr vorhanden ist. Die Versuche in der Nähe des Brauztunnels der Linie Nizza-Coni 1916/17 haben die Widerstandsfähigkeit von Schmelzzement gegen stark schwefelhaltige Wasseradern glänzend erwiesen, ebenso zahlreiche andere Versuche gegenüber Meerwasser.

Weitere bedeutsame Versuche liegen von Dr. A. Hummel und Dr. E. Probst aus dem Institut für Beton und Eisenbeton der Karlsruher Technischen Hochschule vor. Hier wurden Probekörper 1 : 3 in eine bei 16° C gesättigte, d. h. in eine 25 prozentige Magnesiumsulfatlösung getaucht, und zwar Körper je 1 Tag und 14 Tage alt, und weiterhin ein Teil nur zur Hälfte, ein Teil vollkommen eingetaucht. Im Vergleich hiermit gingen Versuche mit Lagerung in reinem Wasser. Nach Ablauf von 3 Jahren ließen[1] sämtliche Tonerdezementkörper keine Spur der Zerstörung erkennen. Die Körper waren auch nach dieser Zeit vollkommen scharfkantig und gleichmäßig hart, im Gegensatz zu den Proben aus normalem Portlandzementmörtel. Hier traten schon nach 10 Monaten die ersten Zerstörungen durch Erweichen und Abbröckeln der Kanten auf, denen bald darauf ein Zerklüften der Körper — wie beim Treiben — folgte. Die Versuche lassen somit eine starke Überlegenheit der Schmelzzemente im Vergleiche zu normalem Portlandzement gegenüber Angriffen von Magnesiumsulfat erkennen. Das gleiche haben auch Versuche ergeben, bei denen Probekörper in verdünnter Schwefelsäure (2 und 10 vH) gelagert wurden; auch hier zeigte sich der Schmelzzement gegenüber normalem Portlandzement (und Tonerdezement) bedeutend überlegen. Über die mit Schmelzzement erreichten Festigkeiten geben die in Anmerkung[2] mitgeteilten Zahlenwerte Aufschluß. Als Eigenart der Schmelzzemente sei endlich betont, daß bei ihrem Abbinden eine auffallend starke Erwärmung eintritt. Nach A. Hummel, Karlsruhe, betrug die Temperaturerhöhung

---

[1] Vgl. Bauing. 1925, S. 179.

[2] Bei Versuchsrammungen in Paris im Jahre 1922 konnten Pfähle aus „Ciment fondu" und aus „Ciment electrique" bereits nach drei und 9 Tagen gerammt werden. Bei den Zug- und Druckversuchen mit „Ciment fondu" ergaben sich Druckfestigkeiten von 434 kg/cm² nach 1 Tag und von 538 kg/cm² nach 3 Tagen gegenüber der Druckfestigkeit des gewöhnlichen Portlandzementes nach 3 Tagen = 121 kg/cm² (Mittel aus den Versuchen der Dänischen Staatlichen Prüfungsanstalt während 17 Jahren). Nach 3 Monaten waren die Zahlen 784 kg/cm² für Schmelzzement und 456 kg/cm² für Portlandzement. Die Zugfestigkeiten waren nach 3 Tagen 33,6 kg/cm² beim Schmelzzement, 15,6 kg/cm² beim Portlandzement, nach 3 Monaten 30,6 kg/cm² beim Schmelzzement, 32,1 kg/cm² beim Portlandzement. Plastischer Mörtel 1 : 1 aus Schmelzzement (mit 16$^1/_4$ vH Wasser) zeigte nach 1 Tag Wasserlagerung 566, nach Luftlagerung 576 kg/cm² Druckfestigkeit, nach 3 Tagen war die Festigkeit bereits 716 bzw. 768 kg/cm². Bei plastischem Beton 1 : 2 : 3 (8 vH Wasserzusatz) war die Druckfestigkeit nach 1 Tag 421, nach 3 Tagen 524 und nach 28 Tagen 701 kg/cm².

bei 1000 g Tonerdezement bis zu 113° C im Alter von 4—8 Stunden. Ferner ergab sich bei einem Zementkuchen von 300 g Tonerdezement, daß der mit der Vicatschen Nadel bestimmte Abbindebeginn mit dem Erwärmungsanfang zusammenfällt, während das Abbindeende vor dem Temperaturgrößtwert liegt. Derartige starke Erwärmung der abbindenden „hochwertigen" Betons und Mörtels sind naturgemäß für die Praxis, namentlich für die Herstellung der Bauwerke im Frost, von Bedeutung. So wurde beispielsweise bei Errichtung eines Silos mit hochwertigem Wickinger Portlandzement beobachtet, daß, während die Außentemperatur bis auf — 7° C fiel, die Temperatur im Betoninnern am sechsten Tage bis auf + 17° C stieg, also gerade die richtige Größe aufwies[1]).

Wie bereits auf S. 15f. hervorgehoben wurde, ist eine recht wichtige aber noch nicht ausreichend geklärte Frage das Schwindproblem. Nach Versuchen in der Dresdener Materialprüfungsanstalt[2]) lassen Mittelwerte der drei Tageproben erkennen, daß im Anfang das Schwinden der hochwertigen Zemente etwa dreimal so groß ist, als das von Normalportlandzement. Im besonderen steigt die Schwindkurve des Schmelzzementes bei Luftlagerung sehr rasch an gegenüber Portlandzement. Nach 90 Tagen ist aber das Schwindmaß für beide nahezu gleich groß. Es zeigt sich, daß die Schwindvorgänge beim Schmelzzement sich namentlich in den ersten beiden Tagen vollziehen, während sie beim normalen Portlandzement in 28 Tagen vor sich gehen. Dieselbe Energie wird also am ersteren Zemente in sehr viel kürzerer Zeit entsprechend seiner schnelleren Abbindung ausgeübt wie bei letzterem. Sehr auffallend ist das von Hummel bei Tonerdezementen gefundene Schwinden auch bei Wasserlagerung, das vielleicht als eine Wirkung der auftretenden, sehr erheblichen Abbindewärme anzusprechen ist.

Je schneller ein Schwinden vor sich geht, um so dichter wird naturgemäß das molekulare Gefüge eines Betons und Mörtels und um so höher auch deren Festigkeit; deshalb muß also auch die Festigkeit bei hochwertigem Zement im jugendlichen Alter höher sein als bei normalem Portlandzement. Gleichartig wie in Zementmörteln und deren Probekörpern hat sich auch der hochwertige Zement im Beton als Festigkeitsmehrer erwiesen. Nach Versuchen von E. Probst im Karlsruher Beton- und Eisenbetonforschungsinstitut ergibt sich[3]), daß, unter sonst gleichen Bedingungen in der Kornzusammensetzung

---

[1]) Vortrag von Reg.-Baurat Dr. Hielmann auf der Hauptversammlung des Deutschen Beton-Vereins 1925. Vgl. Zement 1925.

[2]) Vgl. Prof. Dr. Gehler: Hochwertige Zemente. Vortrag im Verein Deutscher Portlandzement-Fabrikanten 1924, abgedruckt u. a. im Bauing. 1924.

[3]) Vgl. Vergleichsuntersuchungen an Beton und Eisenbeton unter Verwendung von hochwertigem und gewöhnlichem Portlandzement. Von Dr.-Ing. E. Probst. Zement 1925, S. 223.

des Zuschlagmaterials und der gleichen vom Wasserzusatz abhängigen Dichte des Betons bei gleichem Mischungsverhältnisse, man bei hochwertigem Beton innerhalb der ersten sieben Tage einen wesentlich größeren Festigkeitszuwachs als bei Verwendung von gewöhnlichem Portlandzement erhält; daß ferner die Würfelfestigkeit des hochwertigen Betons im Alter von 7 Tagen von 185 kg/cm² und die Biegungsdruckfestigkeit von 261 kg/cm² die entsprechenden Werte bei einfachem Beton von 110,4 und 200 kg/cm² um 60 bis 30 vH übersteigt. Hierbei ergibt sich bei hochwertigem Beton die stärkste Zunahme innerhalb der ersten 7 Tage, während bei gewöhnlichem Beton die größte Festigkeitszunahme zwischen dem 7. und 28. Tage statthat; weiterhin erlangt die Biegungsdruckfestigkeit, die für die Bemessung der in einem Bauteil zulässigen Biegungsspannungen maßgebend ist, bei Beton mit hochwertigem Zement bereits nach 7 Tagen den Wert von 261 kg/cm², der somit nicht wesentlich verschieden ist von den mit normalem Zement nach 21—28 Tagen erreichten Zahlen.

Man ist somit berechtigt, bei Verwendung von hochwertigem Zement sowohl höhere Druckspannungen zuzulassen, als auch nach kürzerer Zeit auszuschalen als bei normalem Zement. Dabei ist zu beachten, daß die Rißsicherheit besonders in den ersten 7 Tagen bei hochwertigem Zement nicht unwesentlich größer ist, wenn man die Zunahme der Biegungszugfestigkeit nach 3 Tagen ins Auge faßt.

Eigentliche Schmelzzemente sind in Deutschland bisher noch selten; ihre Entwicklung dürfte sich hier vorwiegend — abgesehen von einem Anschlusse an die Aluminiumindustrie und eine Mitverwertung des hier eingeführten Bauxit — in erster Linie an das Vorkommen dieses Materials in den Lagerstätten des Vogelberges angliedern[1]). Hier findet sich Bauxit in kleinen Stücken als Gerölle wie in größeren Blöcken als meist helles Tonerdemineral Hydrargillit (Al_2O_3 3 H_2O), entstanden aus Basalt bzw. Basalttuff mit für das Vogelsbergvorkommen bezeichnendem hohen Wassergehalt. Als Beispiel eines deutschen Schmelzzementes sei der Elektro-Alca-Zement erwähnt, hergestellt aus reinem Bauxit[2]). Dieser Zement hat sich — gleich den anderen Tonerdezementen — in hohem Maße als widerstandsfähig erwiesen gegen aggressive Wässer und sich

------

[1]) Vgl. Dr. W. Hoppe, Die Bauxitlagerstätten des Vogelsberges. Beton und Eisen 1925, Heft 1, S. 9.

[2]) Dieser Zement der Elektrozement G. m. b. H. Berlin W 10 hat nach Untersuchungen im Materialprüfungsamt Berlin-Dahlem folgende Festigkeiten gezeigt:

Mischung 1 : 3, Luftlagerung 24 Stunden $\sigma_z = 32,6$; $\sigma_d = 528$ kg/cm².
Nach 48 Stunden Wasserlagerung $\sigma_z = 33,6$; $\sigma_d = 495$ kg/cm².
Nach 3 Tagen Wasserlagerung $\sigma_z = 33,6$; $\sigma_d = 501$ kg/cm².
Nach 7 Tagen Wasserlagerung $\sigma_z = 32,8$; $\sigma_d = 538$ kg/cm².
Nach der normalen Frostprobe wies Alca-Zement (Probereihe I) noch $\sigma_d = 466$ kg/cm², (Probereihe II) $\sigma_d = 521$ kg/cm² auf.

gut bewährt u. a. im Schachtbau, im Gefrierverfahren, im Kalibergbau und an anderen Orten.

In wirtschaftlichem Sinne liegt es auf der Hand, daß im Verbundbau der größeren Festigkeit eines Betons, mit hochwertigen Zementen hergestellt, auch ein hochwertiges Eisen mit ausreichender Dehnungsfähigkeit und höherer Zugfestigkeit sich anpassen muß. Über diesen Punkt geben einmal Untersuchungen von den Professoren Geßner und Nowack von der Deutschen Technischen Hochschule Prag[1]), zum anderen von Prof. Otzen, Hannover[2]) und zum Teil von Prof. Dr. Gehler, Dresden, Auskunft. Bei den ersteren Versuchen wurden die früheren Entschalungsmöglichkeiten bei Balken und Versuchsdecken verschiedener Bewehrung geprüft. Da sich hierbei ergab, daß die Eigenschaften der hochwertigen Zemente bei Verwendung normalen Betoneisens nicht voll ausgenutzt werden konnten, wurden (i. J. 1924) weitere Versuche mit Stahleinlagen angeschlossen. Hier, sowie in Hannover und Dresden, wurde festgestellt, daß bei der annähernden Gleichheit des Elastizitätsmaßes von weichem Flußeisen (Betoneisen) und Stahl, letzterer bei der entsprechend größeren Anspannung, auch größere Dehnungen der Betonfasern verursacht und somit hier mit dem Auftreten von Rissen im Beton zu rechnen ist. Es traten in Prag und Hannover feine Zugrisse bei den zulässigen Spannungen 100/1500 bis 100/2000 bei im allgemeinen 1,2- bis 1,5facher Nutzlast auf. Zerstörungen, die auf Überwindung der Haftfestigkeit schließen ließen, wurden nicht beobachtet. Für die Größe der Durchbiegung ist auch das Alter maßgebend, da in der Altersstufe von 3—7 Tagen eine erhebliche Zunahme der Steifigkeit stattfindet. Für die Größe des Elastizitätsmaßes E_{bd} wurden in Hannover Werte bei $\sigma_{bd} = 0$ bis $\sigma_{bd} = 100\ \text{kg/cm}^2$ von 400000 bis 140000 kg/cm² (kurz vor dem Bruche) errechnet, Werte, die auch mit anderen Probeversuchen sich gut decken.

Die technisch-wirtschaftliche Bedeutung der hochwertigen Zemente in Zukunft einmal für Entwurfs- und Konstruktionsarbeiten, zum anderen für die Bauausführung faßt Prof. Dr. Gehler in seinem mehrfach erwähnten Vortrage vorwiegend auf Grund der Dresdner Versuche etwa folgendermaßen zusammen:

1. In konstruktiver Hinsicht:

a) Die Verwendung von hochwertigem Beton verringert bei reinen Druckgliedern die Baukosten und Abmessungen erheblich, bei Platten

---

[1]) Vgl. hierzu: Geßner-Nowack, Standard-Portlandzement und -Beton von hoher Anfangsfestigkeit, in der „Melan-Festschrift". Verlag Franz Deuticke, Wien 1923; von denselben: Hochwertiger Beton mit Stahleinlagen. Beton und Eisen 1925, Heft 4 vom 20. Februar.

[2]) Vgl. Die Bedeutung der hochwertigen Zemente für die Praxis. II. Teil. Von Robert Otzen, Geh. Reg.-Rat und Prof. in Hannover. Bauing. 1925, Heft 19, S. 622.

dagegen nur die tote Last. Bedeutsam ist vor allem, daß bei Verwendung von hochwertigem Portlandzement dem Mehrpreis der Qualitätsware in den weitaus meisten Fällen Ersparnisse in der Konstruktion gegenüberstehen, so daß im allgemeinen keine Mehrkosten der fertigen Eisenbetontragwerke mit hochwertigem Zement bedingt sein werden.

b) Die Verwendung von hochwertigem Eisen bei Plattenbalken führt zu einer Verminderung des Eisenbedarfs etwa im umgekehrten Verhältnis der Erhöhung der zulässigen Eisenspannungen.

c) Die Verwendung von Qualitätszement und Qualitätseisen erhöht zweifellos die Sicherheit des Bauwerkes, weil hier hochwertigere Baustoffe verwendet und minderwertigere ausgeschlossen werden. Dieser Vorteil ist besonders bedeutsam bei Überlastungen im Bau und im späteren Betriebe, die rechnerisch nicht erfaßt werden können, sowie bei den vielfach in der Wirklichkeit vorliegenden statischen Unklarheiten unserer Bauwerke (z. B. Stützensenkungen, Einspannungswirkungen u. dgl.).

Somit bringt der hochwertige Zement für reine Druckglieder zweifellos erhebliche Kostenersparnisse und bei richtiger Ausnutzung seiner Festigkeitseigenschaften keine nennenswerten Verteuerungen des Bauwerkes selbst bei den auf Biegung beanspruchten Bauteilen mit sich.

2. Um die Bedeutung des hochwertigen Zementes für die Bauausführung zu erkennen, empfiehlt es sich, zunächst eine Zergliederung der Kosten normaler Eisenbetonbauten vorzunehmen. Normal entfallen auf den Zement 18 vH der Kosten und auf den Holzverlust nur 12 vH, wobei zu bedenken ist, daß der Holzverlust eine von der Bauzeit nahezu unabhängige, also gleichbleibende Größe ist.

Falls nun der hochwertige Portlandzement nur das 1,2fache des normalen kostet, beträgt die Verteuerung des gesamten Bauwerkes 18 : 5 = rund 4 vH, dagegen (z. B. für Schmelzzemente) bei dem drei- bzw. vierfachen Preise des normalen Zementes 2 · 18 = 36 vH, bzw. 3 · 18 = 54 vH. Diese Feststellung führt zu dem Ergebnis, daß die Schmelzzemente mit dem drei- bis vierfachen Preise des normalen für gewöhnliche Eisenbetonbauten wegen der Verteuerung um rd. 35—55 vH nicht in Frage zu ziehen sind. Für sie wird in der Regel nur die Anwendungsmöglichkeit für ganz bestimmte Zwecke verbleiben, für die sie sich wegen ihrer Widerstandsfähigkeit gegen Säuren und gegen Meerwasser und wegen ihrer außerordentlichen Anfangsfestigkeit besonders eignen. Sondergebiete, für die diese Zemente Verwendung finden dürften, sind etwa:

a) Betonkunststeine (vor allem im Wettbewerb mit den stets lieferungsbereiten Natursteinen), Zementwaren und Masten bei kurzen Lieferungsfristen.

b) Wasserbauten, Seebauten und Tunnelbauten wegen der schnellen Erhärtung und der hohen Anfangsfestigkeit, besonders wo es gilt, das Mauerwerk gegen die Fluten oder den Wasserandrang schnell zu festigen, ferner zur Abkürzung der Bauzeit bei künstlicher Wasserhaltung im Tiefbau.

c) Bei Betriebsbauten der Straßenbahn in verkehrsreichen Straßen, z. B. für den Betonunterbau; ferner bei Untergrundbahnen und Eisenbahnbauten, die in kurzen Betriebspausen ausgeführt werden müssen.

d) Endlich bei Hochbauten, die aus fabrikmäßig hergestellten Eisenbetonbaugliedern, ähnlich wie Eisenkonstruktionen, zusammengesetzt werden sollen, besonders dann, wenn der Raum für die Herstellung der Bauglieder an Ort und Stelle sehr beschränkt ist, so daß rasches Entschalen und Montieren geboten ist.

Für normale Eisenbetonbauten kann jedoch nur der hochwertige Portlandzement mit dem verhältnismäßig geringen Mehrpreis in Betracht kommen. Er bietet vor allem den großen Vorteil des Gewinns an Bauzeit. Während man für Eisenbetonbauten bisher stets die Schalung für drei Decken beschaffen mußte, kann infolge der Einschränkung der Ausschalungsfrist von 21 auf 5—7 Tage das unterste Geschoß bereits nach dem 13. Tage anstatt nach dem 27. Tage freigemacht und diese Schalung sofort für die dritte Decke wieder verwendet werden.

Die Vorteile des hochwertigen Portlandzementes sind daher:

1. Für den Bauherrn frühere Benutzung des Bauwerks und der Räume. Zeitgewinn:

a) bei Bauten zu ebener Erde u. dgl. (21—7) Tage $= 2$ Wochen (gleich der Hälfte der Bauzeit bei Kleinbauten),

b) bei mehrstöckigen Bauten mit kleiner Grundfläche $\dfrac{n \cdot 2 \text{ Tagen}}{n \cdot 10 \text{ Tagen}}$ $= 20$ vH der Bauzeit, bei großer Grundfläche weniger.

2. Für den Bauausführenden: Beschaffung der Schalung für nur zwei Decken anstatt für drei, also geringen Kapitalaufwand[1]),

3. Allgemein: höhere Sicherheit im fertigen Bauwerk, weniger Bauunfälle unter der Voraussetzung sachgemäßer Ausführung.

Der raschen Erhärtung der mit hochwertigem Zemente hergestellten Verbundbauten tragen auch die neuen Bestimmungen insofern Rechnung, als sie hier seitliche Einschalungen der Balken und die Schalung von

---

[1]) Als Beispiele für die Verwirklichung dieser Vorteile in der Praxis führt Prof. Dr. Gehler am Schlusse seines Vortrages u. a. aus, daß beim Bau der Eska-Werke in Eger bereits am 36. Tage nach dem ersten Spatenstich die vierte Decke geschlossen wurde, daß bei einem Wasserbehälter der Kell & Loeser A. G. bereits nach dem 2. und 3. Tage Wände und Decken ausgeschalt und mindestens 30 vH der Bauzeit erspart wurden.

In gleicher Weise ist die Herstellung eines großen Zementsilos mit Wicking-Zement in einer Bauzeit von nur 30 Tagen bemerkenswert; in dieser Zeit wurden 1200 m³ Beton, 120 t Eisen verarbeitet und 4500 m² Fläche eingeschalt (vgl. Ausführung von Silobauten unter Verwendung von hochwertigem Portlandzement, von Reg.-Baumeister Dr.-Ing. Hielmann in Zement 1925. Vortrag gehalten am 23. Februar 1925 auf der Hauptversammlung des Deutschen Beton-Vereins).

Stützen bereits nach 2, die Schalung der Deckenplatten schon nach 4, die Unterstützungen der Balken und weitgespannten Deckenplatten zeitigstens nach 8 Tagen zu beseitigen gestatten. Für Normalzement sind die entsprechenden Zeitspannen 3, 8 und 21 Tage.

Über die Beziehungen von Normendruckfestigkeit und Betondruckfestigkeit von Zementen, und zwar hochwertigen Zementen, gibt Prof. H. Kreüger, Stockholm, wertvolle Aufschlüsse[1]). Unter Zugrundelegung eines Kiessandverhältnisses von 1 : 1,5 werden Betonmischungen mit Zementen von den Normenfestigkeiten 450 kg/cm² bzw. 250 kg/cm² verglichen; es zeigt sich hierbei, daß der höherwertige Zement um 64 vH teurer sein kann als der minderwertigere, um bei gleichem Preise für 1 m³ Beton gleiche Betonfestigkeit zu erhalten. Ist der hochwertigere Zement nur um 20 vH teurer als der normale, so wäre eine Ersparnis um 15 vH zu erzielen.

Die zur Zeit noch nicht abgeschlossene Erzeugung hochwertiger Portlandzemente macht es durchaus erklärlich, daß nicht alle heute in den Handel kommenden Zemente hoher Anfangsfestigkeit gleichwertig sind und daß unter Umständen auch bei derselben Marke Unstimmigkeiten vorkommen können. Deshalb ist es empfehlenswert, auch von jeder Teillieferung vollständige Normenproben (Abbinden, Raumbeständigkeit, Mahlfeinheit, Festigkeit) vorzunehmen. Hierbei wird zu beachten sein, daß — wie auch die neuen Bestimmungen zum Ausdrucke bringen, daß für hochwertige Zemente der Wasserzusatz zum Normenmörtel nicht nach den Normen für Portlandzement bestimmt werden soll. Hier wird ein Wassergehalt von 8% der Gewichtsteile des Trockengemisches empfohlen.

Normenprüfungen sind ganz besonders dann erforderlich, wenn der hochwertige Zement längere Zeit an einer Baustelle gelagert hat, ehe er verarbeitet wird. Der Einfluß der Lagerungsdauer auf die Eigenschaften der hochwertigen Zemente ist noch nicht allgemein geklärt. Aus Erfahrungen der Praxis geht hervor, daß bei manchen hochwertigen Zementen infolge langer Lagerzeit ein Rückgang der hochwertigen Eigenschaften festzustellen war, auch bei einwandfreier Lagerung.

Außer den Normenproben sind auch, wenigstens bei größeren Bauten, Betonproben mit hochwertigem Zement anzuraten, um die richtige Verarbeitungsweise des Zements festzustellen. Es ist nicht einerlei, ob der Zement bei kühlem und nassem oder bei heißem, sonnigem Wetter verarbeitet wird. Bei diesen Untersuchungen ist auf richtige Auswahl und Kornzusammensetzung der Zuschlagsstoffe und

---

[1]) Siehe Mitteilungen Nr. 1 aus dem Bautechnischen Institut der Technischen Hochschule Stockholm u. Bauing. 1924, Heft 7, S. 209.

auf richtige Bestimmung des Wasserzusatzes besonderer Wert zu legen, da die hochwertigen Zemente hinsichtlich des Wasserzusatzes in den ersten Tagen sehr empfindlich sind. Einen guten Anhaltspunkt für das, was ein hochwertiger Zement leistet, wird die Würfelprobe geben. Bei Betonkörpern, die große Masse haben und stark beansprucht sind, sind außerdem Messungen der Temperatursteigerung bei der Abbindung und Erhärtung des Betons anzuraten[1].

In gewissem Sinne, und zwar soweit die Beständigkeit der Zemente gegen angreifende saure und salzige Wässer in Frage kommt, stehen die **Erzzemente** den hochwertigen Zementen nahe. In ihrer Herstellung im allgemeinen den Portlandzementen folgend, sind sie von diesen wesentlich dadurch unterschieden, daß deren Tonerde durch Eisen- und Manganoxyd ersetzt ist. So zeigt z. B. der in der Portlandzementfabrik Hemmoor bei Hamburg hergestellte Erzzement eine Zusammensetzung aus rund 20 vH Kieselsäure, 3,4—5 vH Tonerde, 8,8 vH und mehr Eisen- und Manganoxyd, 63,5 vH Kalkerde usw. Erzzement ist besonders wertvoll für Bauten an der See und für solche Anwendungen, die Flüssigkeiten mit schwefelsauren Salzen, Grubenwässern u. dgl. ausgesetzt sind[2].

Das **Betongemenge** besteht aus Sand, Kies, Steinguß und -Splitt, zerkleinerter Hochofenschlacke[3] usw., Zement und Wasser. Zement wird nach Gewicht bemessen, die Zuschläge nach Raumteilen zugefügt. Zur Umrechnung von Gewichtsteilen auf Raumteile ist der Zement lose in ein Hektolitergefäß einzufüllen und zu wiegen. Hierbei wird unter „Sand" Gruben-, Fluß-, See-, Bach- oder Quetschsand, Schlackensand, d. i. in Wasser gekörnte Hochofenschlacke geeigneter Zusammensetzung, Bimssand[4] und dgl. bis höchstens 5 mm Korngröße, verstanden. Unter Kies werden verstanden: Natürliche Kiesgraupen, Kiessteine,

---

[1] Es sei auch darauf hingewiesen, daß nach den Eisenbetonbestimmungen vom September 1925 die Baupolizeibehörde bei kühler Witterung und bei Frostwetter in besonderen Fällen die Entscheidung über die Ausschalungsfristen vom Ausfall von Festigkeitsversuchen mit Probebalken abhängig machen kann.

[2] Nach Versuchen mit Probekörpern 1 : 5, eingesetzt in Meerwasser mit dem dreifachen des normalen Salzgehaltes, zeigten sich Erzzementprobekörper nach 1 Jahr noch als vollkommen unversehrt, während Versuchskörper aus Portlandzement zerstört waren. In gleichem Sinne bewährten sich Erzzemente gegenüber Bitter- und Glaubersalzlösungen. Die hier durch Laboratoriumsversuche gefundenen Verhältnisse haben in der Praxis, vor allem bei Meer- und Bergwerksbauten, ihre volle Bestätigung gefunden; vgl. auch S. 38.

[3] Vgl. S. 35 und 74.

[4] Im allgemeinen eignet sich Bimssand und Bimskies — abgesehen von sog. Leichtbeton — nur zur Herstellung leichter, gering beanspruchter Bauteile. Das gleiche gilt von Schlackensand, der beim Granulieren in schaumiger Form ausgefallen ist.

Bimskies usw. von 5 mm aufwärts[1]), unter Kiessand: das natürliche Gemenge von Sand und Kies, unter Steinguß oder -Splitt zerkleinertes Gestein etwa zwischen 5 und 25 mm Korngröße. Diese Zuschläge dürfen keine schädlichen Bestandteile oder Beimengungen enthalten; in Zweifelsfällen sind Versuche notwendig. Für feuerbeständige Bauteile dürfen nur solche Bestandteile verwendet werden, die im Beton dem Feuer widerstehen. Die gröbsten Körner der Zuschläge müssen sich noch zwischen die Eiseneinlagen sowie zwischen Schalung und Eiseneinlagen einbringen lassen, ohne die Eisen zu verschieben. In der Regel sollen zudem die Zuschläge die gleiche Festigkeit besitzen wie der erhärtete Mörtel des Betons; selbstverständlich müssen die Steine wetterfest sein.

Die vorgenannten Zuschlagstoffe zum Zement sollen gut gemischtkörnig sein, damit ein möglichst dichter Beton durch Ausfüllung aller Zwischenräume zwischen den größeren Bestandteilen zu erwarten steht[2]). In dieser Hinsicht ist also diejenige Mischung von Sand und Steinschlag bzw. Kies am zweckmäßigsten, der die geringste Porenmenge entspricht — eine Festlegung, die in praktischen Fällen durch einfachstes Ausproben zu bewirken ist. Hierbei wird zu berücksichtigen sein, daß viele der Naturkieslager, namentlich solche in Flußtälern, von Natur aus so außerordentlich dicht gelagert sind, daß sie den obigen Erfordernissen von vornherein genügen werden. Wegen der größeren Rauhigkeit seiner Außenfläche, meist auch seiner höheren Druckfestigkeit, ist Steinschlag dem Kies, von diesem der Grubenkies dem Flußkies (mit seinen abgerundeten Steinen) in der Regel vorzuziehen[3]). Am Sand und Kies festhaftende Lehm- und Tonteilchen wirken schädlich auf die Betonfestigkeit ein; bei ihrer Beseitigung durch Auswaschen liegt aber die Gefahr vor, daß hierdurch auch feine, für die

---

[1]) Bei der Beurteilung des Betonkieses ist unter Umständen ein Gehalt an humussäurehaltendem Wasser von Bedeutung für die Widerstandsfähigkeit des Betons. Durch eine einfache Untersuchung kann man auf der Baustelle oder in der Kiesgrube das Vorhandensein von freier Humussäure im Kies, die besonders schädlich ist, sicher feststellen. Man behandelt eine kleine Menge Kies, etwa 100 g, mit verdünnter Ammoniaklösung oder mit einer Lösung von Natriumhydroxyd (NaOH), schüttelt die Mischung von Kies und Flüssigkeit gut durch und läßt sie einige Zeit ziehen. Ist die Flüssigkeit nach Ausfiltrierung des Kieses fast farblos, dann kann der Kies als rein und von Humussäure frei angesehen werden; ist sie dagegen braun gefärbt, so enthält der Kies freie Humussäure. Diese Untersuchung ist allerdings nicht zuverlässig, wenn der Kies Kalk enthält, da dieser die Säure neutralisiert.

[2]) Vgl. u. a. Heft 29 des Deutschen Ausschusses für Eisenbeton: Zweckmäßige Zusammensetzung des Betongemenges für Eisenbeton von M. Gary.

[3]) In diesem Zusammenhang sei darauf verwiesen, daß die Flußkiese der Elbe z. B. häufig infolge der Dampfschiffahrt durch Braunkohle verunreinigt sind und Bestandteile dieser wegen der chemischen Beeinflussung des Zementes und des leichten Durchschlagens durch den Putz wenig erwünschte Beimengungen für den Beton abgeben.

Dichtheit des Betons wertvolle Sandteilchen mit fortgespült werden. Fein verteilt und in nicht zu großer Menge auftretend, schaden Tonteilchen in der Regel nichts; sie können sogar unter Umständen die Festigkeit und Dichtigkeit erhöhen. Hierüber wird die Normalwürfelprobe Aufschluß geben können.

Über den Einfluß der Zuschlagstoffe, des Magerungsgrades und des Wasserzusatzes zum Beton liegen ausgedehnte Versuche des Deutschen Ausschusses für Eisenbeton (Heft 17) vor. Hier sind im besonderen bekannte Natursande in verschiedenem Mischungsverhältnis in bezug auf ihre Einwirkung auf die Festigkeit des Betons untersucht worden. Über die Ergebnisse ist in Anmerkung[1] das Wichtigste mitgeteilt.

Nach neueren Untersuchungen von Prof. O. Graf[2] über die zweckmäßige Kornzusammensetzung des Zementmörtels im Beton ergibt sich, daß es sich zur Erlangung hoher Festigkeiten empfiehlt, die Mörtel so zusammenzusetzen, daß von den Zuschlägen 15—30 vH durch das Sieb mit 900 Maschen auf 1 cm², 25—40 vH durch das Sieb mit 1 mm Lochweite, 55—70 vH durch das Sieb mit 3 mm Lochweite fallen. Hierbei gelten die kleineren Werte für rundliche Moränensande, deren Kornbeschaffenheit den einzelnen Stücken eine größere Beweglichkeit im Mörtel gestattet und hierdurch eine gegenseitige Einordnung der Sandkörner begünstigt. Im allgemeinen sind bei splitterigen Sanden mehr feine Teile, bei rundlichen

---

[1] Im Isarkies ist das feinste Material in bezug auf die Druckfestigkeit des Betons nicht günstig. Im Rheinkies wirkt hingegen eine „Entfeinung" auf Stampfbeton ungünstig, auf weichen Beton aber günstig ein. Durch teilweisen Ersatz des naturreinen Isar- und Rheinkieses durch Granitsteinschotter gleicher Körnung kann fetter Beton erheblich verbessert werden; fehlen hierbei aber dem Kies die feinsten Teile, so wirkt der Schotter, die Festigkeit vermindernd, ein. Bei magerem Beton stellt sich eine ähnliche Wirkung, jedoch erst bei höherem Alter, ein. Unter gewissen Voraussetzungen erzielt Schotterbeton oder Kies-Schotterbeton günstigere, schnellere und länger fortschreitende Erhärtung als reiner Kiesbeton. Die Wirkung tritt im erdfeucht gestampften Beton schärfer zutage als im weich eingefüllten, in fetter Mischung deutlicher als in magerer. Mörtel, denen die feinsten Teile des Sandes fehlen, verarbeitet man im Beton besser weich als erdfeucht. Im allgemeinen sind die Festigkeiten der Mörtel nicht entscheidend für die Festigkeit der aus gleichen Mörteln erzeugten Betonmischungen. Die Eigenschaften verschiedener Sande äußern sich verschieden, je nach der Art der Aufbereitung des Betons. Durch Zuschlag mancher Schlackensande kann Beton, namentlich in seiner Endfestigkeit, beträchtlich verbessert werden.

Für die Einwirkung verschiedener Sande auf die Eigenschaften daraus hergestellten Betons können nur Versuche sicheren Aufschluß geben.

[2] Vgl.: Zur Bestimmung der zweckmäßigen Zusammensetzung des Betons. Von Otto Graf. Beton und Eisen 1923, Heft 4, S. 49 und: Weitere Untersuchungen über die zweckmäßige Kornzusammensetzung des Zementmörtels im Beton, von Otto Graf. Bauing. 1924, Heft 22, S. 736; sowie von demselben: Der Aufbau des Mörtels im Beton. Berlin: Julius Springer 1923.

ein geringeres Maß dieser notwendig. Ferner übt die Kornzusammensetzung naturgemäß auch einen großen Einfluß auf die Druckfestigkeit des Betons in der Art aus, daß in der Regel mit größerem Anteile an Feinsand die Festigkeit abnimmt[1]). Zu im allgemeinen ähnlichen Ergebnissen kommt auch Dipl.-Ing. Fr. Maier[2]). Nach seinen Untersuchungen zeigt sich bei der Verwendung von feinem Sande bei einem Verhältnis von 1 : 1,75 von Sand zu Kies die Höchstdruckfestigkeit, bei grobem Sande von 1 : 1,5, wobei auch hier immer die größte Zementdichtheit mit der größten Festigkeit zusammenfällt. Nach weiteren Versuchen im Beton- und Eisenbetoninstitut in Karlsruhe ergibt sich, daß lediglich durch Veränderung des Verhältnisses zwischen Feinteilen und Grobteilen im Kiessand bei Gleichheit aller sonstigen Verhältnisse die Betonkonsistenz in der Weise zu beeinflussen ist, daß durch Erhöhung des Sandgehaltes die Betonverarbeitbarkeit verringert wird. Dieser Einfluß ist so groß, daß sich sogar ganz extreme Betonkonsistenzen auf diesem Wege (erdfeucht und plastisch) erzielen lassen. Ferner ergab sich die wichtige Feststellung, daß es durchaus möglich ist, durch entsprechende Wahl der Kornzusammensetzung mit einem plastischen Beton höhere Festigkeiten zu erreichen als mit einem erdfeuchten, unter sonst gleichartigen Bedingungen. Wie bereits bei Gußbeton betont (S. 53), ist allerdings mit zunehmendem Sandgehalt auch der Wasserzusatz erheblich zu erhöhen, wenn gleiche Konsistenzen erreicht werden sollen. Hiermit ist unter Umständen ein vermehrter Festigkeitsrückgang verbunden. Ist bei einem Bauwerk für die Methode der Betoneinbringung eine bestimmte Konsistenz — z. B. die plastische — gefordert, so kann diese nicht allein durch Erhöhung des Wasserzusatzes gegenüber dem bei erdfeuchten Beton erzielt werden, sondern auch (ohne Erhöhung des Wasserzusatzes) durch Verminderung des Sandgehaltes innerhalb gewisser Grenzen. Das Problem für die Betonbereitung läuft demgemäß schließlich darauf hinaus, eine gewisse gewünschte Betonkonsistenz durch Anwendung einer solchen Kornzusammensetzung des Zuschlages zu erreichen, die ein Mindestmaß von Wasser beansprucht. Alsdann erhält man auch für die jeweilige Konsistenz die größte Festigkeit[3]).

Soll Hochofenschlacke als Zuschlag benutzt werden, so ist ihre Eignung hierfür besonders zu prüfen. Wenn auch auf Grund von Er-

---

[1]) Vgl. hierzu auch die Anmerkung 1 auf S. 73.

[2]) Fr. Maier, Karlsruhe, Die Entstehung des Porenvolumens im Beton und seine Beziehung zur Dichtigkeit und Festigkeit. Bauing. 1922, Heft 18, S. 558.

[3]) Weiteres über diese Frage vgl. Bauing. 1924, Heft 24, S. 817: Über den Einfluß des Sandgehaltes und des Wassergehaltes auf die Konsistenz und Festigkeit von Beton. Ergebnisse aus dem Laboratorium usw. in Karlsruhe. Mitgeteilt von Dr.-Ing. A. Hummel. Diesen Mitteilungen sind auch die obigen Angaben entnommen. — Siehe auch: Beton und Eisen 1925, Heft 4: Prof. E. Suenson, Kopenhagen, Betondruckfestigkeit als Funktion des Mischungsverhältnisses.

fahrungen und eingehenden Versuchen[1]) anzunehmen ist, daß Schlacken des Hochofenbetriebes ein in der Regel geeigneter Baustoff für den Verbundbau sind, so fallen auch Schlacken an, die nicht beständig sind und sich nicht zum Betonbau eignen. Da bisher die Versuche kein leicht erkennbares Merkmal zur Unterscheidung geeigneter und unbrauchbarer Schlacken geliefert haben, wird die Verantwortlichkeit für die Güte und Beständigkeit der Hochofenschlacken dem diese liefernden, sachverständigen Werke vertragsgemäß zu überlassen sein, zumal diesem die Möglichkeit gegeben ist, gemäß seinen Erfahrungen geeignete Schlacke von ungeeigneter zu trennen. Zudem wird zu empfehlen sein, nur in Halden abgelagerte Schlacke zu verwenden, da bei ihr ein etwa vorhandener Gehalt an schädlichem Schwefel im Laufe der Zeit durch die Einflüsse der Witterung unschädlich gemacht sein dürfte[2]). Verwendet sollte zweckmäßig nur „Laufschlacke" werden, da die „Abstichschlacke" infolge schwankender chemischer Zusammensetzung und wegen der Möglichkeit mechanischer Beimengungen nicht in demselben Maße zuverlässig ist; auch sollte die Abgabe des Materials im allgemeinen nicht vor 6 Monaten nach seinem Anfall erfolgen, um es auf dem Werke bis dahin beobachten bzw. untersuchen zu können. Nach Versuchen von Dr. Hartmann dürften bestimmte Grenzen im Gehalt an Kalk und Gips eine zum Verfall neigende Schlacke bezeichnen.

Bei sehr leichten und wenig belasteten Verbundbauteilen kann als Zuschlagstoff auch Bimssandkies verwendet werden[3]). Hier kann

---

[1]) Vgl. u. a. Arm. Beton 1917, Maiheft: Bericht über die Hauptversammlung des Deutschen Beton-Vereins, sowie die Ausführungen von H. Burchartz in Stahl und Eisen 1917, Heft 23 über die günstigen Ergebnisse von Versuchen mit Hochofenschlacke im Betonbau, und Dr. A. Guttmann: Die Verwendung der Hochofenschlacke im Baugewerbe (Düsseldorf 1919); Kleinlogel: Ein Beitrag zur Eignung der Hochofenschlacke, W. Ernst & Sohn 1918 und Stahl und Eisen 1919, Heft 7, sowie Zement 1920, Nr. 9: Über den Zerfall von Hochofenstückschlacken. Neue Untersuchungen über den Zerfall der Hochofenschlacke vgl. u. a. Bauingenieur 1920, Heft 5, S. 156. Hier werden umfangreiche, sehr bedeutsame Ergebnisse, namentlich in chemischer Beziehung, liefernde Versuche besprochen, die an der Technischen Hochschule Berlin zur Ausführung gelangt sind. Für die Lieferung der Hochofenschlacke für Betonbereitung sind Richtlinien aufgestellt (Preußischer Ministerialerlaß vom 23. April 1917, vgl. Stahl und Eisen 1923, Nr. 23, S. 545), hervorgegangen aus der Beratung aller zuständigen Stellen. Diese Richtlinien bezwecken die bei dem Verbrauchen von Hochofenschlacke noch bestehenden Unklarheiten zu beseitigen und diesen Baustoff in nur einwandfreier Beschaffenheit auf den Markt zu bringen und dadurch seinen Absatz zu fördern.

[2]) Unter Hochofenschlacken sind nur solche, die bei der Herstellung des Roheisens gewonnen werden, zu verstehen. Also weder für Thomas- bzw. Bessemerschlacke bzw. Kupferschlacke, noch für Kesselschlacke, Lokomotivlösche usw. gelten die obigen Darlegungen. Vor letzteren Stoffen ist dringend zu warnen, da sie in der Regel schweflige Säure, die zum Rosten des Eisens führen muß, enthalten.

[3]) Vgl. hierzu Bericht über die XV. Hauptversammlung des deutschen Beton-Vereins 1912, S. 74—83.

nach 4 Wochen Erhärtung immerhin schon mit einer Festigkeit bei einer Mischung von 1:4 und 1:5 von 115—140 kg/cm² [1]) und einem — oft viel zu niedrig eingeschätzten — Raumgewichte von rund 1,7 gerechnet werden. Die Versuche haben zugleich gezeigt, daß wegen der in der Regel vorliegenden Porosität des Bimsbetons eine dauernde Rostsicherheit der Eisen nur durch ein sehr sorgfältiges Einschlämmen dieser mit Zementmilch und dichten Putz oder eine dichte Betonaußenfläche, naturgemäß auch durch geeignete Körnung der Zuschläge erreichbar ist.

Bimskiesbeton hat in neuerer Zeit eine größere Anwendung in Form fertiger Platten zur Bildung von Dachhäuten gefunden; hier kommen im besonderen die Kassettenplatten, Stegplatten und Stegkassettenplatten von Rémy-Neuwied u. a. in Frage. Bei ihnen wird ein dichter Bimsbeton von rund 200 kg/cm² Druckfestigkeit benutzt[2]).

Die Verwendung des Eisenbetons im Schiffbau und für Eisenbetonschwimmkörper aller Art hat s. Z. die Forderung auf Herstellung eines **Leichtbetons** hochwertiger Art erhoben, der neben möglichst geringem Gewichte genügende Festigkeit für die verschiedenartigsten Beanspruchungen (Schub, Zug, Druck usw.), große Elastizität, Stoßfestigkeit, Wasserdichtigkeit, unter Umständen auch Luftdichtigkeit besitzt. Nach Versuchen der A.-G. Dyckerhoff & Widmann[3]), Zentrale Biebrich, wird die Erzielung leichten Gewichtes durch Beimischung von Bimskies oder Leichtschlacke, die Wasserdichtigkeit bei geringer Stärke von 4—6 cm durch fette Mörtelmischung, den Zusatz von Steinmehl geringen Gewichtes, bzw. von Nettetal-Traß, sowie durch Oberflächenbehandlung, die Erzielung ausreichender Festigkeit durch ein entsprechendes Verhältnis des Bindemittels zu den Mörtelzuschlägen und dieser zum Füllstoff, sowie Auswahl der richtigen Korngröße für letztere zu erreichen sein.

Über einige bei den Versuchen erzielte Ergebnisse mit dem unter diesen Gesichtspunkten zusammengestellten Leichtbeton sowie über die Grenzen der Mischungsverhältnisse geben die nachfolgenden Zusammenstellungen Auskunft:

---

[1]) Vgl. hierzu auch die Versuche der A.-G. Wayß & Freytag, über die Mörsch in seinem Eisenbetonbau 5. Aufl., S. 56 berichtet; hier hat die Mischung 1 Zement : 2 Quarzsand : 2 Bimskies Druckfestigkeiten von 127—133 kg/cm² ergeben.

[2]) Genaueres vgl. u. a. im Taschenbuch für Bauingenieure 4. Aufl., Kapitel: Konstruktionselemente des Eisenhochbaus sowie in des Verfassers Repetitorium für den Hochbau Teil III: Eisenkonstruktionen, Abschnitt: Eindeckungen (Verlag für beide Berlin: Julius Springer) und Eisenkonstruktionen des Ingenieurhochbaus. 5. Aufl. Leipzig: Wilh. Engelmann 1924. Kapitel: Eindeckungen.

[3]) Vgl. Der Bauingenieur 1920, Heft 16/17, von Luft und Rüth: Eisenbetonschwimmkörper und ihre Verwendung. Vortrag auf der 23. Hauptversammlung des Deutschen Beton-Vereins im Mai 1920.

A. Einige Versuchsergebnisse der Leichtbetonproben[1]).

Nr.	Z	Tr.	Muschel-kalk 0—3	Rhein-sand 0—5	Rhein-kies 5—10	Bims-sand 0—5	Bims-kies 5—10	Binde-mittel	Festig-keits-Material	Leicht-Material	Raum-Gew.	Druck	Zug	Bemerkungen:
												— Festigkeit		
1	1	0,5	—	0,67	0,33	1	—	1,2	1,3	1,0	1,95	33	305	Unnötig hohe Festigkeiten, zu schwer und zu teuer.
					zusammen 2,0									
2	1	0,5	—	0,5	0,25	1,25	—	1,2	1,05	1,25	1,85	30	290	Die Kiesteile 5—10 mm setzen sich leicht ab.
					zusammen 2,0									
3	1	0,5	—	—	—	2,0	—	1,2	0,3	2,0	1,55	20	180	Wegen Fehlens der Festigkeits-materialien trotz fetter Mischung geringe Festigkeit.
					zusammen 2,0									
4	1	0,5	—	1	0,5	1,5	—	1,2	1,8	1,5	1,95	28	210	Gute Festigkeit, jedoch zu schwer, Kies 5—10 mm setzt leicht ab.
					zusammen 3,0									
5	1	0,5	—	1	0,5	0,5	1,0	1,2	1,8	1,5	1,95	26	220	Grober Bims 5—10 mm schwimmt auf.
					zusammen 3,0									
6	1	0,5	0,5	0,5	—	2,0	—	1,2	1,3	2,0	1,60	24	190	In Festigkeit besser wie Mischung 3 (1 : 0,5 : 2) infolge Festigkeits-materialien bei nahezu gleichem Raumgewicht.
					zusammen 3,0									
7	1	0,25	—	1	—	2,0	—	1,1	1,15	2,0	1,65	23	175	Raumgewicht größer u. Festig-keit geringer wie Mischung 6.
					zusammen 3,0									

B. Grenzen der Mischungsverhältnisse[1]).

Je nach Zweck und Anforderungen an Festigkeit, Leichtigkeit und Wasserdichtigkeit.

Bindemittel und Festigkeitsmaterial	Zement : 1 Traß : 0,3—0,6 Steinmehl 0—3 : 0,2—0,6 Rheinsand 0—5 : 0,5—1,0—1,25	Mischungsverhältnisse in Raumteilen
Leichtmaterial	Bimssand 0—5 : 1,25—1,5—2,0	

[1]) Siehe Fußnote S. 78.

Für das Steinmehl hat sich bei den Versuchen eine Korngröße bis zu 3,0 mm, für Sand und Bims eine solche bis zu 5 mm als zweckmäßig erwiesen. Für die Festigkeiten der verschiedenen Mischungsverhältnisse ist naturgemäß einerseits das Verhältnis der Bindemittel zu den Zuschlägen, andererseits das Verhältnis der Festigkeitszuschläge zu den Leichtbeimengungen von bestimmendem Einfluß.

Bei Biegeproben zeigte sich, daß (wie zu erwarten stand) ohne Bewehrung eine nur geringe Tragfähigkeit zu erreichen ist, daß in den Bruchflächen eine gleichmäßige Verteilung der verschiedenen Stoffe vorhanden war, daß bis zum Eintritte der ersten Risse ein vollkommen elastisches Verhalten sich kundtat, im Bruchzustand sich die Biegedruckfestigkeit, rechnerisch nach N a v i e r ermittelt, auch hier zu dem 1,7fachen der Würfelfestigkeit ergab. Schubversuche, sowohl für ruhende wie stoßende Belastung durchgeführt, lieferten das Ergebnis, daß der erste Schubriß im wesentlichen unabhängig von der Anordnung der Eisenbewehrung auftrat, jedoch mit dem Unterschiede, daß bei einer richtigen Schubbewehrung durch Bügel und Aufbiegungen die Risse zunächst nur sehr fein und erst nach der Bruchlast stärker waren, während ohne Schubeisen sofort und plötzlich starke Rißbildung eintrat[2]).

---

[1]) Die vorstehende Zusammenstellung gibt unter A einige bezeichnende Versuchsergebnisse der Leichtbetonproben.

Es sind zunächst 3 Mischungsverhältnisse 1 Z. : 0,5 Tr. : 2,0 Zuschlägen 3 weiteren Mischungsverhältnissen von 1 Z. : 0,5 Tr. : 3,0 Zuschlägen gegenübergestellt, wobei der Einfluß der Verschiedenartigkeit der Zuschläge gezeigt wird. Bindemittel und Zuschlagsmaterialien sind für jede Mischung in Bindemittel, Festigkeits- und Leichtmaterial zusammengezogen, wobei der Traß zu $^3/_5$ als Bindemittel und zu $^2/_5$ als Festigkeitsmaterial gerechnet worden ist. Die Zusammenstellung gibt die Raumgewichte sowie die Zug- und Druckfestigkeiten der einzelnen Mischungen nach 4 Wochen an und enthält Bemerkungen über die Ergebnisse. Die Mischung 7 der Zusammenstellung zeigt noch den Einfluß einer Traßverminderung und Ersetzung von Muschelkalk durch Rheinsand. Die Mischungsverhältnisse der Zusammenstellung A geben nur einen geringen Bruchteil der nach dem Programm durchgeführten Hauptversuchsreihen.

Unter B der Zusammenstellung sind Grenzen brauchbarer Mischungsverhältnisse angegeben, die je nach dem Zweck des Betons und der Anforderung an Festigkeit, Leichtigkeit und Wasserdichtigkeit nach dem Gesamtergebnis der Versuche in Frage kommen. Es können hiernach besonders leichte Mischungen mit Raumgewicht von etwa 1,5 bei vierwöchigen Festigkeiten von 15—20 kg/cm² Zug und 160 bis 180 kg/cm² Druck sowie weniger leichte Mischungen mit einem Raumgewicht bis zu etwa 1,8 bei vierwöchigen Festigkeiten von 25—30 kg/cm² Zug und 210—240 kg/²cm Druck erzielt werden. Als Festigkeiten nach 6 Wochen können als Durchschnitt der Versuche für Zug um 10%, für Druck um 15% höhere Werte angenommen werden.

Innerhalb dieser Grenzen der Mischungsverhältnisse wurden auch sämtliche seitherigen Ausführungen der Firma Dyckerhoff & Widmann auf dem Gebiete des Leichtbetons gewählt.

[2]) Mit dieser Erscheinung ging die weitere, an sich selbstverständliche parallel, daß bei richtiger Schubbewehrung die Bruchlast erheblich höher lag als ohne diese.

Bezüglich des elastischen Verhaltens zeigte sich, daß der Leichtbeton in höherem Grade elastisch war als der Kiesbeton, Verhältnisse, die besonders wichtig sind für die Verteilung der Druck- und Zugspannungen auf Beton und Eisen bei der Verbundkonstruktion, da sich hierbei einmal eine bessere Ausnutzung der Eisen, zum anderen eine geringere Zugbelastung des Betons vor Eintritt von Rissen ergibt. Durch Stoßversuche wurde die hohe Widerstandsfähigkeit und Zähigkeit des Leichtbetons gegenüber auf ihn herabfallenden Gewichten erwiesen. Hierzu wirkte in nicht geringem Maße die bei allen Bruchversuchen gleichmäßig beobachtete große Haftfestigkeit des Eisens im Leichtbeton mit. Die Eisen waren noch in unmittelbarer Nähe der Zerstörungsstellen fest von dem Beton umschlossen und der Verbund nicht zerstört. Ein sicherer Rostschutz für die Eisen war überall vorhanden. Der Nachweis der Wasserdichtheit[1]), wichtig namentlich für die Verwendung des Leichtbetons für Schwimmkörper aller Art, wurde bis zu 1 kg/cm² Wasserdruck bei allen ausgewählten Mischungsverhältnissen erbracht. Die Platten blieben — selbst nach mehrtägiger Prüfung, zum Teil sogar unter Steigerung des Druckes bis auf 2,5 kg/cm² — an ihrer Unterseite vollkommen trocken.

Die Versuche lassen erkennen, daß auch der Leichtbeton ein wertvolles Konstruktionsmaterial nicht nur für Schwimmkörper, sondern unter Umständen auch für andere Eisenbetonbauten ist[2]).

Das zum Beton verwendete **Wasser** darf keine Bestandteile enthalten, die die Erhärtung des Betons beeinträchtigen. Im Zweifelsfalle ist seine Brauchbarkeit vorher durch Versuche festzustellen[3]). Über die

---

[1]) Hier fordert der Germanische Lloyd in seinen Vorschriften für Eisenbetonschiffe, daß Platten von 5 cm Stärke unter einem Wasserdruck von 1 kg/cm² d. h. bei 10 m Wasserhöhe, während 24 Stunden kein Wasser in Form von Tropfen durchlassen.

[2]) Über die praktische, bereits vielseitige Anwendung von mit Hilfe von Schlacken hergestelltem Leichtbeton in Frankreich gibt die nachfolgende Mitteilung einen Anhalt: Aus französischen Versuchen (Rabut, Mesnager) geht hervor, daß bei gleichem Zementzusatz Schlackenbeton etwas widerstandsfähiger ist als Kiesbeton, daß Schlackenbeton 30—40% weniger wiegt, daß das Verhältnis der Festigkeit zum Gewicht ein Größtwert ist für einen vier- bis fünfmal kleineren Raumteil an Sand als an Schlacke, daß endlich eine chemische Einwirkung durch der Schlacke anhaftenden Schwefel im allgemeinen nicht zu befürchten steht. Aus solchem Leicht-Schlackenbeton sind bereits in Frankreich Brückenbauten, Verbundpfähle usw. bei bedeutender Gewichtsersparnis mit bestem Erfolge hergestellt worden. Vgl. Der Leichtbeton und die Höchstleistungen bei der Errichtung großer Bauten von P. Knauff im „Bauingenieur" 1920; betr. Leichtbeton im Schiffbau siehe Born: Bau von Schiffen aus Eisenbeton, 1918; Petry: Zur Frage des Eisenbetonschiffbaus, Heft 13 der Zementverarbeitung, 1920; Teubert: Der Eisenbetonschiffbau, 1920 u. a. m.

[3]) Muß in besonderen Notfällen Seewasser zur Betonherstellung verwendet werden, so ist die Einwirkung der, namentlich für das Eisen schädlichen, schwefel-

Größe der Wassermenge sind die weiter unten folgenden Angaben, namentlich im Abschnitte über die Mörteldichte und Betonausbeute zu vergleichen.

Das Mischungsverhältnis von Zement zu Sand und Steinmaterial für Eisenbetonbauten beträgt in der Regel 1 : 4 bis 1 : 5; die Mischung 1 : 3 findet nur selten und nur bei dünnen und stark belasteten Bauteilen, bei denen zudem die Schwindgefahr unerheblich ist, Anwendung. Die neuen deutschen Bestimmungen vom September 1925 fordern, daß das Betongemenge so viel Zement und Zuschläge enthalten soll, daß ein **dichter** Beton entsteht, der die rostsichere Umhüllung der Eiseneinlagen gewährleistet. Es müssen deshalb im allgemeinen mindestens 300 kg Zement in 1 m³ fertig verarbeiteten Betons vorhanden sein.

---

sauren Magnesia durch Kalkmilchzusatz zu neutralisieren (nach A. Burkhardt in Beton und Eisen 1910, Heft 2).

Über die Eignung von unreinem Wasser für Betonmischungen, namentlich für deren Festigkeit, hat die Materialprüfungsanstalt des Lewis-Instituts in Chicago gegen 6000 Festigkeitsproben mit Portlandzementbeton im Alter von 3 Tagen bis 2¹/₃ Jahren durchgeführt. 68 Sorten Wasser sind benutzt worden, darunter See-, Laugen-, Sumpf-, Bergwerks- und Mineralwasser, Wasser mit städtischen und gewerblichen Abgängen, Kochsalzlösungen, zu Vergleichen auch frisches und destilliertes Wasser. Die bekanntlich sehr schädlichen zuckerhaltigen Wässer sind dabei nicht herangezogen worden. Entgegen der allgemeinen Anschauung haben die meisten Wässer sich als brauchbar erwiesen, vermutlich, weil die Menge der schädlichen Verunreinigungen immer nur gering war. Unter 85 vH wurde die Festigkeit nach 28 Tagen nur herabgedrückt durch saure Wässer, durch Wässer aus Gerbereien, Abwässer von Farbenfabriken, kohlensäurehaltige Mineralwässer und Wässer mit mehr als 5 vH Kochsalz. Geruch oder Farbe des Wassers sind keine Merkmale der Untauglichkeit; es gaben z. B. stark riechende Wässer mit Schlachthofabgängen, Brauerei- und Seifenfabrikabwässer, Pumpwässer aus Kohlen- und Gipsgruben keine Einbuße an Festigkeit, Sumpfwässer, Wässer mit bis zu 1 vH Schwefelgehalt, Gas- und Getreidewaschwässer nur unerheblich geringere Festigkeiten gegen frisches oder destilliertes Wasser.

Kochsalzzusätze zum Beton beim Arbeiten bei Frost sind zu verwerfen, denn 5 vH Kochsalz erniedrigt den Gefrierpunkt des Wassers nur um 3° C, die Festigkeit des Betons aber um 30 vH.

Die Betonmischungen mit allen Arten unreinen Wassers zeigten eine Erhöhung der Festigkeit mit zunehmendem Zementanteil. Bei Mischungen 1 : 5 und 1 : 4 stieg die Festigkeit nach 28 Tagen um je 1 vH mit je 3 vH Zementzugabe. Keine der Mischungen mit unreinem Wasser bestand die Normen-Kochprobe schlecht. Die Normalsand-Mörtelproben 1 : 3 mit unreinen Wässern zeigten von 3 Tagen bis zu 2¹/₃ Jahren Zug- und Druckfestigkeiten ähnlich denen der entsprechenden Betonproben. Auch die Abbindezeit wurde durch die Verunreinigungen des Wassers nicht beeinflußt.

Dagegen verringerte ein größerer Wasserzusatz sowohl bei reinem wie bei unreinem Wasser deutlich die Festigkeit des Betons. 1 vH mehr Wasser kommt 1 vH weniger Zement gleich. Schon eine verhältnismäßig geringe Erhöhung der Wassermenge gibt eine größere Abnahme der Festigkeit als durch das schmutzigste der gewöhnlich benutzten Anmachwässer. Es bestätigt sich also auch hier wieder die so oft betonte Wichtigkeit der richtigen Menge des Anmachwassers.

Bei Brücken und anderen Bauwerken, die wegen besonders ungünstigen Verhältnissen einen erhöhten Rostschutz verlangen, kann zudem eine erhöhte Zementmenge gefordert, bei Eisenbetonkörpern größerer Abmessungen, deren Beanspruchung wesentlich hinter den zulässigen Werten zurückbleibt, eine entsprechend geringere Menge zugelassen werden, wenn für den Rostschutz der Eisen Sorge getragen wird[1]). **Weiter darf bei Hochbauten, die dem Einflusse von Feuchtigkeit nicht ausgesetzt sind, die Mindestmenge an Zement auf 270 kg für 1 m³ fertig verarbeiteten Betons herabgesetzt werden,** wenn die Zusammensetzung der Zuschlagstoffe[2]) derart ist, daß ein genügend dichter Beton[3]) gewährleistet wird. Hierbei kann im allgemeinen damit gerechnet werden, daß das Verhältnis von Zement zu Sand nicht magerer als 1 : 3 sein soll, das von Sand und Steinen 1 : 1,5 bis 1 : 2 ist, daß das Raumgewicht dieser Zuschlagstoffe im Mittel 1500—1700 kg/m³ beträgt, der Zement zu rund 1300 kg/m³ gerechnet werden kann[4]) und das **Raumgewicht des Eisenbetons** sich auf 2,3 stellt.

Zur Umrechnung des Gewichtes von Zement auf Raumteile ist — vgl. S. 71 — ersteres nach losem Einfüllen in ein Hektolitergefäß zu bestimmen. Einem Mischungsverhältnis von 1 Zement zu 4 Kiessand entspricht somit auf 4 m³ von letzterem im Mittel ein Gewicht von 1300 kg Zement[5]). **Der Wasserzusatz** wird meist in Gewichtsteilen des luft-

---

[1]) Wie aus Untersuchungen des Deutschen Ausschusses für Eisenbeton (Heft 22: Rosten von Eisen in Mauerwerk und Mörtel. Von M. Gary, Verlag Wilhelm Ernst & Sohn) hervorgeht, sind mit Mennige gestrichene und in nicht dichtem Beton eingebettete Eisenstäbe noch nach 5 Jahren vollkommen rostfrei und ohne Angriff gewesen. Nach ihnen haben sich die mit Teeranstrich versehenen Eisen tadellos gehalten und nur an der Luft sind nach 2 Jahren vereinzelte kleine Rostflecke aufgetreten, die sich nach 5 Jahren nur wenig vergrößert haben, ein Beweis dafür, daß Mennige- und Teeranstriche, selbst in sehr mageren und durchlässigen Zementmörteln, das Eisen auf lange Jahre vor dem Rosten zu schützen vermögen. Eine Verzinkung des Eisens konnte — bei allerdings sehr nahe an der Oberfläche liegenden Eisen — deren Verrosten nicht hindern. Im Notfall hat man demgemäß auch in einer unmittelbaren Schutzschicht auf dem Eisen die Möglichkeit, einen längere Zeit dauernden Rostschutz zu erreichen.

[2]) Dem besseren Gemenge der Zuschläge soll somit eine geringere Zementmenge entsprechen, eine Bestimmung, die einmal aus wirtschaftlichen Überlegungen durchaus berechtigt ist und zum anderen günstig auf die Güte der Zuschlagstoffe und deren Zusammensetzung einwirken wird.

[3]) Vgl. O. Graf: Der Aufbau des Mörtels im Beton. Berlin: Julius Springer 1923, S. 25—27.

[4]) Früher nahm man hierfür 1400 kg an. Nach neuen Versuchen ist die Zahl 1300 kg/m³ der häufiger vorkommende Mittelwert. Nach Heft 29 des Deutschen Ausschusses für Eisenbeton, S. 16, ergab sich bei 21 Einfüllproben als Kleinstwert rund 1200, als Größtwert 1386, als Mittel 1270 kg/m³.

[5]) In seinen Erläuterungen mit Beispielen zu den Eisenbetonbestimmungen 1916, 2. Aufl. (1918) empfiehlt W. Gehler auf S. 20 im Hinblick darauf, daß

trockenen Gemenges von Zement, Sand und Stein angegeben und beträgt bei weichem Beton rund $7^1/_2-10$, bei flüssigem $10-13^1/_2$ vH[1]).

Nach Mörsch entspricht unter Berücksichtigung des durch die Einstampfung entsprechenden Raumverlustes:

ein Zementgehalt von 450 kg auf 1 m³ fertigen Beton dem Mischungsverhältnis 1 : 3,

„   „   „ 355 „ auf 1 m³ fertigen Beton dem Mischungsverhältnis 1 : 4,

„   „   „ 295 „ auf 1 m³ fertigen Beton dem Mischungsverhältnis 1 : 5.

Hierbei ist allerdings das Gewicht von 1 m³ Zement zu 1400 kg gerechnet; tritt hierfür die Zahl 1300 kg ein, so werden die obigen Verbrauchsgrößen an Zement: rund 420, 320 und 275 kg/m³ Beton. Werden Sand und Kies gemischt verwendet, so ist noch mit einem Raumverlust durch Einstampfen von 15—20% zu rechnen[2]).

Von großer Bedeutung für den Verbundbau ist der in allererster Linie durch einen dichten Mörtel zu erreichende Rostschutz des Eisens und weiterhin die Frage der für bestimmte Mischungsverhältnisse notwendigen Menge an Zement, Zuschlägen und Wasser, sowie die Ausbeute des Mörtels bzw. Betons hierbei. Ein dichter Beton verlangt zunächst einen Mörtel, der so beschaffen ist, daß die Hohlräume zwischen den Sandkörnern durch den Zement nicht nur vollkommen ausgefüllt sind, sondern daß auch ein Überschuß von Zement vorhanden ist, der die einzelnen Sandkörner umhüllt und aneinander bindet. Das Verhältnis der Kittmenge zum Hohlraum gibt einen Maßstab für die Dichte — d — des Mörtels bzw. Betons. Es sollte bei dichten, hoch beanspruchten dünnen Ver-

---

je kleiner das Raumgewicht für die Umrechnung gewählt wird, um so weniger Zementgehalt in Wirklichkeit bei Abwiegung der Zementmenge ein nach Raumteilen angegebenes Mischungsverhältnis in sich schließt, als Raumgewicht im allgemeinen 1400 kg/m³ anzunehmen, falls nicht ein geringeres Raumgewicht durch Bestimmung des Hektolitergewichtes nachgewiesen wird. Vgl. hierzu auch Dr. Preuß: Prüfung und Verwendung des Zementes nach Gewichts- und Raumteilen. Arm. Bet. 1912, Heft 12. Hierin tritt der Verfasser mit Recht dafür ein, bei der Berechnung des, einem bestimmten Mischungsverhältnis anzupassenden, Zementbedarfs nicht von allgemein angegebenen Zahlen (z. B. 1400 kg/m³) auszugehen, sondern für das Raumgewicht eine „sachgemäße" Zahl zugrunde zu legen.

[1]) Bei dem Wassergehalt des Betons ist naturgemäß auch der etwaige Wassergehalt des Sandes in Rechnung zu stellen, der gegenüber einem trockenen Gemisch die Fettigkeit des Betons vergrößert; so wird beispielsweise nach amerikanischen Feststellungen eine trockene Mischung 1 : 2 : 4 durch einen 5 vH Feuchtigkeit enthaltenden Sand zur Mischung von 1 : 1,4 : 3,6.

[2]) Vgl. Mörsch: Der Eisenbetonbau, 5. Aufl. 1920, S. 34. 6. Aufl. 1925 I, S. 35.

bundbauteilen $d \geqq 1{,}25$, bei größeren Betonstampfkörpern $d \geqq 1{,}1$ sein[1]).
Ist v_s das Verhältnis der Hohlräume im Sand zum Gesamtraum s des
Sandes, so ist d des Zementmörtels durch die Beziehung $d = \dfrac{z}{v_s \cdot s}$
gegeben; hierin bedeutet z den Rauminhalt des mit Wasser angemachten
Zementbreies. Hat das Zementmehl eine Porenmenge $= v_z$ und werden
zu 1 Raumteil Zement w Raumteile Wasser genommen, so ist:
$z = 1 - v_z + w$ Raumteile dichter Zementbrei.

Nimmt man für Zement ein spezifisches Gewicht von 3,13 und ein
Raumgewicht $= 1{,}4$ an, so ist: $\quad 1 - v_z = \dfrac{1{,}4}{3{,}13} = 0{,}45$ und somit
$z = 0{,}45 + w$ Raumteile Zementbrei.

Hieraus folgt weiter s, d. h. die für einen dichten Zementmörtel
zulässige Sandmenge

$$s = \frac{z}{d\,v_s} = \frac{0{,}45 + w}{d \cdot v_s} .$$

Ferner ergeben sich aus 1 Raumteil Zementmehl, w Raumteilen Wasser
und s Raumteilen Sand $z + (1 - v_s)\,s = 0{,}45 + w + (1 - v_s)\,s = m$ Raumteile dichten Mörtels. Für die Raumeinheit Mörtel sind notwendig:
$\dfrac{1}{m}$ Raumteile Zementmehl, $\dfrac{w}{m}$ Raumteile Wasser und $\dfrac{s}{m}$ Raumteile Sand.

Versteht man unter der Ausbeute „a" das Verhältnis der erzielten
Mörtelmenge zur Summe der aufgewendeten Zement- und Sandgemenge,
also: $a = \dfrac{m}{1 + s}$, und setzt man $d = 1{,}15$ und $w = $ einem Erfahrungs-
werte $= 0{,}40 + 0{,}08\,s$[2]), dann ergibt sich

$$s = \frac{0{,}85}{1{,}15\,v_s - 0{,}08} .$$

Setzt man hierin die bei Natursand in der Regel vorkommenden Werte
zwischen $v_s = 0{,}45$ und 0,20 ein, so erhält man die zu einer Zementmehl-
einheit für dichte Mörtel ($d = 1{,}15$) zugehörenden Werte s, weiterhin
w, m und alsdann auch die Anteile an Zement, Wasser und Sand für
1 m³ fertigen Mörtels und die Ausbeute.

---

[1]) Vgl. u. a. Dr. Saliger: Eisenbetonbau, 5. Aufl. Leipzig, Kröner 1921, S. 20ff.
und Dr. Nitzsche, Materialbedarf und Dichtigkeit von Betonmischungen. Leipzig, W. Engelmann, 1907.

[2]) Die Wassermenge $w = 0{,}40 + 0{,}08\,s$ entspricht bei einem trockenen Zement-
Sand-Kies-Gemenge von

1 : 3	21,3 Raumprozenten	= 10,8 Gewichtsprozenten	
1 : 4	18,0 ,,	= 9,2 ,,	
1 : 5	16,0 ,,	= 9,0 ,,	

Beispiel 1: Es sei $v_s = 0{,}40$; dann ist

$$s = \frac{0{,}85}{1{,}15 \cdot 0{,}40 - 0{,}08} = \frac{0{,}85}{0{,}34} = 2{,}23 \text{ Raumteile Sand},$$

$$w = 0{,}40 + 0{,}08\, s = 0{,}40 + 0{,}18 = 0{,}58 \text{ Raumteile Wasser},$$

$$m = z + (1 - v_s)\, s; \quad z = 0{,}45 + w = 0{,}45 + 0{,}58 = 1{,}03;$$

$$m = 1{,}03 + (1 - 0{,}4)\, 2{,}23 = 1{,}03 + 1{,}34 = 2{,}37 \text{ Raumteile Mörtel}.$$

An einzelnen Raumteilen ergeben sich für 1 m³ fertigen Mörtels:

$$\text{Zementmehl} = \frac{1}{m} = \frac{1}{2{,}37} = 0{,}423, \quad \text{d. s.} \quad 0{,}423 \cdot 1400 = 592 \text{ kg},$$

$$\text{Wasser} = \frac{w}{m} = \frac{0{,}58}{2{,}37} = 0{,}245 \text{ m}^3,$$

$$\text{Sand} = \frac{s}{m} = \frac{2{,}23}{2{,}37} = 0{,}945 \text{ m}^3.$$

$$\text{Endlich wird } a = \frac{m}{1 + s} = \frac{2{,}37}{1 + 2{,}23} = 0{,}73 \text{ m}^3.$$

Der vorliegende Sand mit einem Porenvolumen von 0,40 liefert mithin nur alsdann dichte Mörtel, wenn die Mischung von Zement zu Sand nicht magerer ist als 1 : 2,23.

Ein dichter Beton — mit einer Mörtelmasse $= m$ — entsteht in gleicher Art, wenn die zwischen seinen gröberen Zuschlagstoffen (Kies und Klarschlag) liegenden Hohlräume (v_o) mit Zementmörtel ausgefüllt sind. Hier gilt entsprechend wie beim Mörtel[1]):

$$d = \frac{m}{v_o \cdot k},$$

worin k den Rauminhalt der gröberen Zuschlagstoffe, m die Masse des dichten Mörtels, d die Dichte darstellt. Hieraus folgt:

$$k = \frac{m}{v_o \cdot d}.$$

Aus einer Mörtelmasse $= m$ und k Raumteilen Kies oder dgl. entstehen an Raumteilen fertigen Betons $= b$:

$$b = m + (1 - v_o)\, k.$$

Setzt man (wie voranstehend) Mörtel aus 1 Raumteil Zement und w Raumteilen Wasser und s Raumteilen Sand zusammen, so kommen bei Beton noch k Raumteile Kies oder dgl. hinzu, d. h.:

$$b = 1 + w + s + k.$$

---

[1]) Bearbeitet nach Saliger, Der Eisenbetonbau, 5. Aufl. 1925, S. 22 f.

Demgemäß sind für 1 Raumteil fertigen Betons

$$1 = \frac{1}{b} + \frac{w}{b} + \frac{s}{b} + \frac{k}{b}$$

notwendig;

$$\text{Raumteil Zement} = \frac{1}{b}; \qquad \text{Raumteil Wasser} = \frac{w}{b};$$

$$\text{Raumteil Sand} = \frac{s}{b}; \qquad \text{Raumteil Kies} = \frac{k}{b}.$$

Die Ausbeute wird:

$$a = \frac{\text{Mischmenge}}{\text{Zement} + \text{Sand} + \text{Kies}} = \frac{b}{1 + s + k}.$$

Für d kann auch hier (nach Saliger) der Mindestwert zu 1,15, für w eine Erfahrungsgröße von $w = 0,40 + 0,08\,s + 0,04\,k$ gesetzt werden.

Beispiel 2: Es sei bei Sand $v_s = 0,4$; bei Kies $v_o = 0,50$. Alsdann ergeben sich für 1 Raumteil Zement bei dichtem Mörtel $s = 2,23$ Raumteile (wie vorher) an Sand (vgl. S. 84), ebenso: $m = 2,37$ Raumteile Mörtel nach Beispiel 1, S. 84:

$$k \text{ an Kies} = \frac{m}{d\,v_o} = \frac{2,37}{1,15 \cdot 0,5} = 4,13 \text{ Raumteile.}$$

$$w = 0,4 + 0,08\,s + 0,04\,k = 0,4 + 0,08 \cdot 2,23 + 0,04 \cdot 4,13$$
$$= 0,4 + 0,18 + 0,16 = 0,74 \text{ Raumteile;}$$

Beton $= b = m + (1 - v_o)\,k = 2,37 + 0,5 \cdot 4,13 = 2,37 + 2,07 = 4,44.$

1 m³ fertiger Beton erfordert an:

$$\text{Zement:} \; \frac{1}{b} = \frac{1}{4,44} = 0,215 \text{ m}^3, \text{ d. i. } 302 \text{ kg,}$$

$$\text{Sand:} \; \frac{s}{b} = \frac{2,23}{4,44} = 0,504 \text{ m}^3,$$

$$\text{Kies:} \; \frac{k}{b} = \frac{4,13}{4,44} = 0,910 \text{ m}^3,$$

$$\text{Wasser:} \; \frac{w}{b} = \frac{0,74}{4,44} = 0,167 \text{ m}^3.$$

Endlich wird die Ausbeute:

$$a = \frac{4,44}{1 + 2,23 + 4,13} = 0,61.$$

Faßt man Sand und Kies bzw. Schotter bei der voranstehenden Rechnung zusammen, dann ergibt sich aus s Teilen Sand, die in die Poren des Schotters hineingehen, ein Gemenge von $s + (1 - v_o)\,k$. Da jedoch in praktischen Fällen nicht der gesamte Sand in den Poren gröberer Zuschläge Platz findet, so wird zweckmäßig eine Auflockerungszahl von 1,1 bis 1,2 eingeführt, d. h. der Raum von Sand und Kies oder Schotter nach der Beziehung bestimmt:

$$g \text{ Raumteil Gemenge} = 1,1 \text{ bis } 1,2 \cdot (s + (1 - v_o)\,k).$$

Prof.Dr.Saliger empfiehlt als Lockerungszahl 1,15. Aus dem Begriff der Ausbeute = dem Verhältnis der erzielten Mörtel- oder Betonmenge (b) zur Summe der aufgewendeten Zement- und Zuschlagmenge $a = \dfrac{b}{1+s}$ ergibt sich $b = a(1+s)$ Raumteile Beton.

Hierin kann a, bei getrenntem Sand und Kies zu 0,60—0,65, bei dichter Mischung zu 0,80—0,85 gerechnet werden. Hat der Zement ein Raumgewicht $= \gamma$ (in der Regel 1,4), so sind für 1 m³ Beton erforderlich:

$$Z_{\mathrm{vol}} = \frac{1}{b} = \frac{1}{a(1+s)}\,\mathrm{m^3},. \quad \text{oder} \quad Z_{\mathrm{Gewicht}} = \frac{\gamma}{a(1+s)}\,t = \text{Zement,}$$

$$S = \frac{s}{b} = \frac{s}{a(1+s)}\,\mathrm{m^3}\ \text{Sandkies,}$$

$$W = \frac{0{,}40 + 0{,}08\,s}{a(1+s)}\,\mathrm{m^3}\ \text{Wasser.}$$

Beispiel 3: Liegt eine Betonmischung von 1 Zement : 4 festgelagertem Kiessand vor und rechnet man mit einem Mittelwerte $a = 0{,}825$, so wird

$$Z = \frac{1}{0{,}825(1+4)} = \frac{1}{4{,}125} = 0{,}242\ \mathrm{m^3},$$

d. i. $0{,}242 \cdot 1400 =$ rund 340 kg Zement,

$$S = \frac{4}{4{,}125} = 0{,}970 = 970\,\mathrm{l}\ \text{Sandkies,}$$

$$W = \frac{0{,}4 + 0{,}08 \cdot 4}{4{,}125} = \frac{0{,}72}{4{,}125} = 174\,\mathrm{l}\ \text{Wasser.}$$

Zur Probe sei die Ausbeute nachgerechnet, wobei die Undichtigkeit im Zementmehl zu 0,55, im Sandkies zu 0,45 angenommen wird:
$a = 0{,}242 \cdot 0{,}45 + 0{,}970 \cdot 0{,}55 + 0{,}174 = 0{,}109 + 0{,}534 + 0{,}174 = 0{,}817 \simeq 0{,}825$.

Wird lockeres Kiesgemisch angenommen, z. B. $a = 0{,}60$, so gestaltet die voranstehende Rechnung sich folgendermaßen:

$$Z = \frac{1400}{0{,}6 \cdot 5}\,\mathrm{kg} = \frac{1400}{3{,}0} = 466\ \mathrm{kg},$$

$$S = \frac{4}{3}\,\mathrm{m^3} = 1333\,\mathrm{l},$$

$$W = \frac{0{,}72}{3}\,\mathrm{m^3} = 240\,\mathrm{l}.$$

Wird, wie oben angegeben, mit einem Auflockerungskoeffizienten von Sandkies von 1,15 gerechnet, so wird:

$$Z = \frac{1400}{0{,}825 \cdot \left(1 + \dfrac{4}{1{,}15}\right)} \simeq \frac{1400}{0{,}825 \cdot (1 + 3{,}48)} = \frac{1400}{3{,}71} \simeq 378\ \mathrm{kg}\ \text{Zement,}$$

$$S = \frac{4{,}00}{3{,}71} \simeq 1080\,\mathrm{l}\ \text{Sandkies,}$$

$$W = \frac{0{,}72}{3{,}71} \simeq 185\,\mathrm{l}\ \text{Wasser.}$$

Im letzteren Fall wird die Ausbeute, wenn man mit einem Hohlraume beim Kiessand von $1{,}15 \cdot 0{,}45 = 0{,}517$, d. h. mit einem Vollvolumen von $(1 - 0{,}517)\,s = 0{,}483\,s$ rechnet:

$$a = 0{,}378 \cdot 0{,}45 + 1{,}080 \cdot 0{,}483 + 0{,}185 = 0{,}170 + 0{,}512 + 0{,}185 = 0{,}867.$$

Will man mit dem **tatsächlichen Gewichte des Zementes** rechnen — was durchaus zweckmäßig ist, um dem nicht selten recht verschiedenen Raumgewichte des Zementes einen geringeren Einfluß zuzuweisen —, so möge eine Gewichtsmenge g in t mit einem Rauminhalt $= v$ an Zement auf $1\,\mathrm{m}^3$ Sandkiesgemenge kommen; alsdann ist

$$v = \frac{g}{\gamma}\,\mathrm{m}^3 \text{ auf } 1\,\mathrm{m}^3 \text{ Sandkies}$$

und bei einer Raummischung $1 : s$

$$s = \frac{1}{v} = \frac{\gamma}{g}\,.$$

Unter Einführung dieser Werte gehen die voranstehenden Beziehungen über in:

$$Z_g = \frac{\gamma}{a(1+s)} = \frac{\gamma}{a\left(1 + \dfrac{\gamma}{g}\right)} = \frac{g}{a\left(1 + \dfrac{g}{\gamma}\right)}\,,$$

$$S = \frac{s}{a(1+s)} = \frac{1}{a\left(1 + \dfrac{g}{\gamma}\right)}\,.$$

Hieraus folgt unmittelbar:

$$Z_g = g \cdot S\,.$$

Für den Mittelwert $\gamma = 1{,}4$ bei Zement zeigen sich die Gleichungen in vereinfachter Form:

$$S \cong \frac{1}{a(1 + 0{,}7\,g)}\,\mathrm{m}^3 \text{ Sandkies;} \qquad Z_g = g \cdot S \text{ t Zement.}$$

Hat man **Sandkies mit bekanntem Hohlraum**, so wird bei einer Raummischung von $1 : s$

$$b = 0{,}45 \cdot 1 + (1 - v_s)\,s + 0{,}4 + 0{,}08\,s$$
$$= 0{,}85 + (1{,}08 - v_s)\,s \text{ Raumteile Beton.}$$

$$Z_v = \frac{1}{b} = \frac{1}{0{,}85 + (1{,}08 - v_s)\,s}\,\mathrm{m}^3 \text{ Zement.}^{1)}$$

$$S = \frac{s}{b} = \frac{s}{0{,}85 + (1{,}08 - v_s)\,s} = s \cdot Z_v\,\mathrm{m}^3 \text{ Sandkies.}$$

$$a = \frac{1}{Z_v + S} = \frac{1}{(1 + s)\,Z_v}\,.$$

$^{1)}$ Der Index v bedeutet „Volumen.“

88   Die geschichtliche Entwicklung und die Baustoffe des Verbundbaus.

Liegt Sand mit Hohlraum $= v_s$ und Kies mit Hohlraum $= v_k$ vor, so wird in gleichem Sinne bei einer Raummischung von $1 : s : k$:

$$b = 0,45 \cdot 1 + (1 - v_s)\, s + (1 - v_k)\, k + 0,4 + 0,08\, s + 0,04\, k$$

$$= 0,85 + (1,08 - v_s)\, s + (1,04 - v_k)\, k \ \text{Raumteile Beton.}$$

Hierin ist $0,85 + (1,08 - v_s)\, s = m = $ der Mörtelmenge.

Für $1\,\text{m}^3$ Beton sind erforderlich:

$$Z_v = \frac{1}{b} = \frac{1}{0,85 + (1,08 - v_s)\, s + (1,04 - v_k)\, k}\ \text{m}^3\ \text{Zement.}$$

$$S = s\, Z_v\ \text{m}^3\ \text{Sandkies,}$$

$$K = K\, Z_v\ \text{m}^3\ \text{Grobkies oder Schotter.}$$

$$a = \frac{1}{Z_v + S + K} = \frac{1}{(1 + s + k)\, Z_v}\,.$$

Beispiel 4.   Raummischung $1 : 2 : 3$; $v_s = 0,35$; $v_k = 0,43$.   Hieraus folgt:

$$Z_v = \frac{1}{0,85 + (1,08 - 0,35) \cdot 2 + (1,04 - 0,43) \cdot 3}$$

$$= 0,242\,\text{m}^3;\quad Z_g = 0,242 \cdot 1400 = 340\,\text{kg.}$$

$$S = 2 \cdot 0,242 = 0,48\,\text{m}^3\ \text{Sand.}$$

$$K = 3 \cdot 0,242 = 0,76\,\text{m}^3\ \text{Kies.}$$

$$a = \frac{1}{(1 + 2 + 3) \cdot 0,242} = 0,69\ \text{Ausbeute.}$$

Beispiel 5.   Ein Beton soll aus $400\,\text{kg}$ Zement auf $1\,\text{m}^3$ Beton bestehen. Sand : Schotter gemengt $1 : 2$ bei $v_s = 0,35$; $v_k = 0,43$. Gesucht wird die Raummischung, Ausbeute, und zudem wird der Nachweis eines dichten Mörtels verlangt.

Hier ist $b = 1\,\text{m}^3$. Unbekannt sind zunächst s und k. Zu ihrer Bestimmung dienen die Gleichungen:

(1) $\qquad b = 1,0 = 0,45 \cdot \dfrac{0,4}{1,400} + (1 - 0,35)\, s + (1 - 0,43)\, k$

$\qquad\qquad + 0,4 + 0,08\, s + 0,04\, k.$

(2) $\qquad s = \dfrac{k}{2}\,.$

Demgemäß wird:

(3) $\qquad 1,0 = 0,45 \cdot 0,285 + 0,65\, s + 0,08\, s + 0,57\, k + 0,04\, k + 0,4\ ;$

(4) $\qquad 1,0 = 0,128 + 0,4 + 0,73\, \dfrac{k}{2} + 0,61\, k;$

(5) $\qquad k = \dfrac{0,472}{0,975} = 0,484\ \text{m}^3.$

(6) $\qquad S = 0,242\ \text{m}^3.$

Das entspricht einer Raummischung von

$$1 : s : k = \frac{400}{1400} : 0,242 : 0,484 = 0,285 : 0,242 : 0,484 = 1 : 0,85 : 1,7 .$$

Die Mörteldichte d_m ist:

$$d_m = \frac{z}{v_s \cdot s} = \frac{0,45 + 0,4 + 0,08\,s + 0,04\,k}{0,35 \cdot 0,85}$$

$$= \frac{0,85 + 0,08 \cdot 0,85 + 0,04 \cdot 1,7}{0,35 \cdot 0,85} = \frac{0,986}{0,30} = \text{rund } 3,3 ,$$

d. h. der Mörtel ist sehr dicht.

Die Betondichte beträgt:

$$d_b = \frac{m}{v_k \cdot k} = \frac{z + (1 - v_s)\,s}{0,43 \cdot 1,7} = \frac{0,45 + w + (1 - v_s)\,s}{0,73}$$

$$= \frac{0,45 + 0,4 + 0,08 \cdot 0,85 + (1 - 0,35)\,0,85}{0,73} = \frac{1,48}{0,73} = \text{rund } 2,0 .$$

Liegt eine Raummischung von 1 Zement : g Zuschlagstoffen aus Sand und Schotter, und ein Verhältnis der letzteren $= 1 : k$ vor, so ist der Gang der Rechnung entsprechend den voranstehenden Ermittlungen der folgende. Die Hohlräume seien im Sand v_s, im Schotter v_k, im Gemenge von beiden v'_k. Aus 1 Raumteil Sand und Raumteil Schotter ergibt sich ein Gemenge $= k_1 = 1 + (1 - v_k) \cdot k$. Da hierbei nur beim Schotter die Hohlräume abgezogen sind, so enthält dieses Gemenge k_1 ebensoviel Poren wie die zu ihm verwandten Sandteile, also $= v_s$. Ist v'_k der Hohlraum eines Raumteiles Gemenge, so wird mithin:

$$v'_k\,[1 + (1 - v_k)\,k] = v_s ; \quad v'_k = \frac{v_s}{1 + (1 - v_k)\,k} .$$

Die gesamte Betonmasse ist demgemäß angelehnt an die früheren Ausführungen:

$$b = 0,45 + (1 - v'_k)\,g + 0,4 + 0,08\,g = 0,85 + (1,08 - v'_k)\,g .$$

Hieraus ergibt sich für 1 m³ Beton an:

$$\text{Zement} : Z_v = \frac{1}{b} = \frac{1}{0,85 + (1,08 - v'_k)\,g} \text{ m}^3 ,$$

$$S_g = \text{Gemenge} = g \cdot Z_v \text{ m}^3 .$$

Das Gemisch besteht aus 1 Raumteil Sand und k Raumteilen Schotter $= k'$ Gemenge $= 1 + (1 - v_k)\,k$. Hieraus folgt bei S_g Raumteil Gemenge

$$\left.\begin{aligned} S &= \text{Sand} = \frac{S_g}{k'} = \frac{g \cdot Z_v}{k'} \text{ m}^3 \\[2mm] K &= \text{Schotter} = k\,S \text{ m}^3 \end{aligned}\right\} \text{ für 1 m}^3 \text{ Beton.}$$

Beispiel. Zu 400 kg Zement soll ein Gemenge von 1 m³ gefügt werden, bestehend aus 1 Raumteil Sand und 2 Raumteilen Schotter. $v_s = 0,35$; $v_k = 0,43$.

Gesucht wird das Mischungsverhältnis für 1 m³ Beton. Es ergibt sich aus den obigen Gleichungen:

$$k' = 1 + (1 - 0,43) \cdot 2 = 2,14.$$

$$v'_k = \frac{0,35}{2,14} = 0,163 \,.$$

Weiterhin ist das Verhältnis $1 : g$ im vorliegenden Fall zu bestimmen. Da 400 kg Zement auf 1 m³ Gemenge kommen, ist das Verhältnis beider Teile in Rauminhalten:

$$\frac{400}{1400} : 1 = 0,285 : 1 = 1 : 3,5, \text{ d. h. } g = 3,5.$$

Hieraus folgt nunmehr:

$$Z_v = \frac{1}{0,85 + (1,08 - 0,163) \cdot 3,5} = \frac{1}{3,71} \cong 0,270 \, \text{m}^3$$

d. h. es sind rund 370 kg Zement für 1 m³ Beton notwendig.

Weiterhin ergibt sich:

$$S_g = g \cdot Z_v = 3,5 \cdot 0,270 = 0,945 \, \text{m}^3;$$

$$\left. \begin{array}{l} S = \dfrac{g \cdot Z_v}{k'} = \dfrac{0,945}{2,14} = 0,440 \text{ Sand} \\[2ex] K = 2 \cdot S = 2 \cdot 0,440 = 0,880 \text{ Schotter} \end{array} \right\} \text{ für 1 m}^3 \text{ Beton.}$$

Demgemäß ist das Mischungsverhältnis:

$$0,27 : 0,44 : 0,88 = 1 : 1,62 : 3,24.$$

Bei Berechnung des Stoffbedarfs für 1 m³ Beton kommen nach Mitteilung des Deutschen Betonvereins (Rundschreiben Nr. 29 vom Jahre 1921) neben rein theoretischen Erörterungen, wie vorstehend angegeben, auch noch eine Reihe praktischer Erwägungen in Frage, die das rein theoretisch ermittelte Ergebnis in der Art verbessern, daß der wirkliche Stoffbedarf sich als höher herausstellt. Im besonderen spielt die Art der Anlieferung von Sand und Kies (Fuhrwerk, Schiff, Bahntransport), unmittelbare Gewinnung an Ort und Stelle usw. eine nicht unbedeutende Rolle. Bedeutet Z die Zementmenge, M die Menge an Zuschlagsmaterial, γ das Gewicht des Zementmehles für 1 m³, K einen vom Material abhängigen Beiwert, so werden als Erfahrungsformeln zur Stoffberechnung mitgeteilt: Bei einem Mischungsverhältnis des Mörtels von $1 : n$

$$\text{Zementbedarf} = \frac{K}{Z + n + M} \cdot \gamma \text{ in kg,}$$

$$\text{und Zuschlagsmaterialien} = \frac{K}{Z + n + M} \cdot n \text{ in m}^3.$$

K schwankt zwischen 1,4 und 1,6. Der niedrige Wert ist dann zu verwenden, wenn das Material schon fertig gemischt ist, wenn es sich also um Kiessand handelt, der schon die richtige Zusammensetzung hat;

der obere Grenzwert trifft beim Gegenteil zu, wenn aus Sand und Kies bzw. Schotter das Zuschlagsmaterial erst zusammengemengt wird.

Beispiel: Mischungsverhältnis

$$1 : 4 : 6; \quad \text{also:} \quad n = 4{,}0; \quad Z = 1{,}00; \quad M = 6{,}00; \quad \gamma = 1400 \text{ kg.}$$

$$\text{Zement} = \frac{1{,}6}{1 + 4 + 6} \cdot 1400 = \frac{1{,}6}{11} \, 1400 = 205 \text{ kg,}$$

$$\text{Sand} = \frac{1{,}6}{11} \cdot 4 \qquad\qquad = 0{,}58 \text{ m}^3,$$

$$\text{Steinschlag} = \frac{1{,}6}{11} \cdot 6 \qquad\qquad = 0{,}87 \text{ m}^3.$$

Ein anderer, praktisch erprobter Weg zur Ermittlung der einzelnen Stoffmengen beruht darauf, daß für 1 m³ fertig gestampften Betons, bestehend aus Zement und Kiessand, 1,30 bis 1,35 m³ Zement und Kiessand zusammen erforderlich sind. Hieraus folgt für eine Mischung von Zement : n Teilen Kiessand:

$$\text{Zement} = \frac{1{,}35}{1 + n} \, \text{m}^3,$$

$$\text{Kiessand} = \frac{1{,}35}{1 + n} \cdot n \, \text{m}^3.$$

Beispiel: $n = 4$ liefert:

$$\text{Zement} = \frac{1{,}35}{5} = 0{,}27 \text{ m}^3 = 378 \text{ kg,}$$

$$\text{Kiessand} = \frac{1{,}35}{5} \cdot 4 = 1{,}08 \text{ m}^3.$$

Besteht der Beton aus Zement, Sand und staubfreiem Zuschlag, so wird nach Erfahrungssätzen angenommen bei einem Mischungsverhältnis von $1 : n : m$:

$$\text{Zement} = \frac{1}{\dfrac{1 + n}{1{,}35} + \dfrac{m}{1{,}667}} \, \text{m}^3,$$

$$\text{Sand} = \frac{1}{\dfrac{1 + n}{1{,}35} + \dfrac{m}{1{,}667}} \cdot n \, \text{m}^3,$$

$$\text{Steinschlag} = \frac{1}{\dfrac{1 + n}{1{,}35} + \dfrac{m}{1{,}667}} \cdot m \, \text{m}^3.$$

Hierfür können die vereinfachten Werte mit praktisch ausreichender Genauigkeit treten:

$$\text{Zement} = \frac{1,53}{1 + n + m}\,\text{m}^3,$$

$$\text{Sand} = \frac{1,53}{1 + n + m} \cdot n\,\text{m}^3,$$

$$\text{Steinschlag} = \frac{1,53}{1 + n + m} \cdot m\,\text{m}^3.$$

Beispiel: Für einen Beton für $1 : 2 : 3$ folgt aus den letzten Gleichungen:

$$\text{Zement} = \frac{1,53}{1 + 2 + 3} = \frac{1,53}{6} = 0,255\,\text{m}^3 = 357\,\text{kg},$$

$$\text{Sand} = 0,255 \cdot 2 = 0,510\,\text{m}^3,$$

$$\text{Steinschlag} = 0,255 \cdot 3 = 0,765\,\text{m}^3.$$

Endlich seien die bekannten Unnaschen Zahlen angeführt, mit deren Hilfe es auf sehr einfachem Wege möglich ist, die Ausbeuten von Mörtel und Beton zu ermitteln. Rechnet man die Porenmenge eines Sandes zu $40\,\text{vH} = v_s$ [also sein Volumen zu $60\,\text{vH}$[1])], ebenso beim Zementmehl zu $52\,\text{vH}$ (also sein Volumen zu $48\,\text{vH}$), so ergibt sich bei einem Mischungsverhältnis von $1 : n$ bei einer Zementraummmenge $= Z$ und bei Anwesenheit von w Teilen Wasser, die Mörtelmenge zu:

$$M = 0,48 \cdot Z + 0,60 \cdot nZ + w.$$

Beispielsweise liefert ein Mörtel aus $1\,\text{m}^3$ Zement und $3\,\text{m}^3$ Sand und $640\,\text{l}$ Wasser eine Mörtelmenge von $0,48 \cdot 1 + 0,60 \cdot 3,0 \cdot 1,0 + 0,64 = 2,92\,\text{m}^3$ Mörtel.

Erfordert wird hierbei für 1 cbm Mörtel an Raumteilen Zement, Sand und Wasser:

$$\frac{0,48}{2,92} + \frac{1,80}{2,92} + \frac{0,64}{2,92} = 0,164 + 0,630 + 0,213 = \text{rund } 1,0\,\text{m}^3.$$

Dies bedeutet unter Berücksichtigung des vorstehend angegebenen Porenraumes eine Zementmehlmenge von:

$$Z = \frac{0,164}{0,48} = 0,330\,\text{m}^3, \quad \text{d. i. } 462\,\text{kg}, \quad \text{an Sand von}$$

$$S = \frac{0,630}{0,60} = 1055\,\text{l} \quad \text{und an Wasser von } 213\,\text{l}.$$

---

[1]) Über das spez. Gewicht, Undichtigkeitsgrad und Raumgewichte von Zuschlagsstoffen geben die Tabellen auf S. 93 Auskunft.

1) Raumgewichte verschiedener Zuschlagsstoffe.

Sand		Kies (Kiessand)		Schotter	
Schlackensand . . .	0,686	Kies	1,400	Koks	0,730
Bimssand	0,737	Kies	1,420	Ziegelsteinschlag	0,990
Berliner Mauersand	1,300	Luckenw. Grubenkies	1,490	Ziegelsteinschlag	1,030
Schlackensand . .	1,310	Spreehagener Flußk.	1,470	Betonschlacke .	1,290
Grand	1,320	Oderkies	1,500	Feine Schlacke.	1,390
Mauersand . . .	1,340	Elbkies	1,550	Grobe Schlacke	1,540
Mauersand	1,350	Neißekies	1,590	Granitschotter	1,250
Rheinsand (7 mm) .	1,340	Storkower Flußkies	1,540	Granitschotter	1,410
Rheinsand entfeint .	1,480	Kies	1,640	Basaltschotter .	1,350
Isarsand (7 mm) . .	1,440	Kies	1,660	Kiesel	1,530
Isarsand gewaschen	1,490	Rheinkies (7—25m)	1,490	Rheinkiesel . .	1,450
Isarsand entfeint. .	1,570	Isarkies (7—25 mm)	1,570	Isarkiesel . . .	1,490
Normalsand	1,460				

2) Spezifisches Gewicht (s) und Undichtigkeitsgrad (u) und Raumgewicht (r) von Zuschlagsstoffen.

Sand			Kies (Kiessand)	Raumgewicht				Schotter		
Art	s	u	Art	r_l[2])	r_r[3])	s	u	Art	s	u
Normensand . .	2,660	0,360	Oderkies	1,760	1,990	2,620	0,240	Isarkies		
Freienwalder			Elbkies	1,720	1,950	2,630	0,260	(7 bis 25 mm	2,660	0,300
Rohsand . . .	2,660	0,290	Trebbiner Kies .	1,850	2,140	2,630	0,190	(25 ,, 40 ,,	2,660	0,340
Mauersand . . .	2,580	0,270	Cunitzer ,,	1,750	2,000	2,630	0,240	Rheinkies		
Isarsand (7 mm)	2,620	0,180	Tasdorfer ,,	1,810	2,050	2,630	0,314	(7 bis 25 mm	2,590	0,350
,, gewaschen	2,610	0,200	,, ,,	1,480	1,720	2,645	0,350	(25 ,, 40 ,,	2,590	0,380
,, entfeint[1])	2,620	0,240	Granitkies . . .	1,570	2,060	2,590	0,210	Granitschotter		
Rheinsand (7mm)	2,630	0,280	Basaltkies	1,520	2,090	2,800	0,250	(15 bis 35 mm	2,630	0,410
,, entfeint[1])	2,630	0,300						Granit	2,60—2,70	
Quarzmehl . . .	2,660	0,420						Porphyr	2,60—2,70	
Schlackensand .	2,890	0,330						Melaphyr	2,60—2,80	0,400 bis 0,500
	2,970	0,360						Basalt	2,90—3,10	
Bimssand	2,460	0,760						Kalkstein	2,70—2,80	
								Grauwacke . . .	2,70—2,80	
								Ziegel	2,40—2,70	

Die Wasserdurchlässigkeit von Mörtel und Beton ist nach Versuchen von O. Graf[4]) zunächst abhängig von der Art der Lagerung; günstig im Sinne größerer Dichtheit ist eine feuchte Lagerung, im Gegensatz zur Erhärtung an der Luft. Mit steigendem Alter nimmt die Durchlässigkeit bei im Wasser gelagerten Platten ab, selbst bei mageren Zementmörteln. Von großer Bedeutung ist auch die Herkunft des Zementes und die Art, wie dieser sich beim Anmachen verhält. Zemente, die im weich angemachten Beton klebrigen Mörtel liefern, sind im allgemeinen unter sonst gleichen Verhältnissen in bezug auf Wasserdicht-

---

[1]) Das Feinste wurde durch Absieben auf dem 20-Maschen-Siebe entfernt.
[2]) Eingefüllt. [3]) Eingerüttelt.
[4]) S. Untersuchungen und Erfahrungen über die Wasserdurchlässigkeit von Mörtel und Beton. Bauing. 1923, Heft 8, S. 221.

heit geeigneter als solche, die lose fallende Mörtel ergeben, oder die nach dem Verarbeiten Wasser in so erheblichem Maße abstoßen, daß „Steigkanäle" des Wassers bis zur oberen Fläche des Betons entstehen. Ferner nimmt die Wasserdurchlässigkeit des Betons mit steigender Menge des Anmachewassers zu; immerhin lehrt aber die Erfahrung, daß bei Anwendung von weich angemachtem Beton und sorgfältiger Arbeit sich durchaus wasserdichter Beton erreichen läßt.

Bezüglich des verschiedenen Verhaltens von Zementen in bezug auf die Wasserdurchlässigkeit, namentlich von Portlandzement gegenüber Tonerdezement, lassen Versuche in Karlsruhe[1]) die große Überlegenheit des letzteren Bindemittels erkennen. Hier ergaben sich beispielsweise die in den Tonerdezementbeton hineingepreßten Wassermengen um rund 82 vH kleiner als unter gleichen Drücken und Versuchsverhältnissen beim Portlandzement. Ob allerdings die erheblich größere Dichtheit des Tonerdezements in der Praxis wird voll ausgenutzt werden können, hängt davon ab, wie weit bei Tonerdezement die ausgeprägten Arbeitsfugen überwunden werden können.

Wertvoll ist auch die Kenntnis der Überflutungs- und Durchströmungsvorgänge durch Wasser bei frischem Zementmörtel auf die Widerstandsfähigkeit dieser — also in Verfolgung von Vorgängen, wie sie sich beispielsweise bei Wasserbauten abspielen. Hierbei kann es sein, daß der Mörtel bald nach seiner Herstellung unter Wasser liegt, das langsam seitlich zufließt, oder daß aus der Fläche, auf die der Mörtel aufgebracht ist, Wasser entströmt, das den frischen Mörtel mehr oder weniger rasch und stark durchfließt. Versuche in dieser Richtung von O. Graf[2]) lassen erkennen, daß die Widerstandsfähigkeit eines frischen, fetten Mörtels 1 : 2 verhältnismäßig viel weniger von dem über- bzw. durchströmenden Wasser beeinträchtigt wurde als Zementmörtel 1 : 4, und daß es für das Verhalten in dieser Hinsicht günstig ist, wenn der Mörtel lediglich unter Wasser erhärtet. Diese Ergebnisse schließen sich den Erfahrungen der Praxis an, nach denen bei Wasserandrang für die Dichtung von Behältern u. dgl. steife und fette Mörtel zweckmäßig sind.

Die Abdichtung des Betons gegen Wasser ist somit zunächst eine Materialfrage nach der Seite des Mischungsverhältnisses des Betons und auch der Zementart. Da fetter Beton in der Regel erheblich dichter wird als magerer, so bedingt allerdings diese Art der Dichtung größere Kosten. Deshalb ist es vielfach üblich, einen wasserdichten Putz aufzubringen, oder durch besondere Beimengungen den Beton dicht bzw. wasserabweisend zu machen, oder ihm endlich durch Anstriche diese Fähigkeit zu geben. Naturgemäß ist die Schutzschicht so

---

[1]) Vgl. Bauing. 1924, Heft 5, S. 110.
[2]) Vgl. Beton und Eisen 1925, Heft 4, S. 53.

anzuordnen, daß sie durch den Wasser- oder Flüssigkeitsdruck nicht abgedrückt werden kann. Wird ein Dichtungsputz aufgebracht, so ist die Wandfläche zunächst zu reinigen und dann auf ihr in der Regel zunächst ein Unterputz (1,5—2 cm stark, 1 : 3), weiterhin der Oberputz (5 mm stark 1 : 1 bis 1 : 1,5) aufzubringen; zweckmäßig wird letzterer mit einer trocken aufgebrachten Schicht reinen Zementes nachträglich geglättet. In neuerer Zeit wird dieser Putz auch mittels des Betonspritzverfahrens mit Vorteil aufgebracht. Es beruht dies darauf, daß durch einen unter erheblichem Druck stehenden Luftstrom Beton, bzw. Zementmörtel an den abzudichtenden Flächen angespritzt wird. Hierbei kann der Mörtel fertig gemischt, also feucht, oder zunächst trocken sein. Während im ersteren Falle (System Moser-Kraftbau) der Luftstrom auf ein unveränderliches Mörtelgemisch mit gleichbleibendem Wassergehalt einwirkt, wird im zweiten Falle das Wasser aus der Misch- und Spritzdüse dem trockenen Mörtel unter Druck zugeleitet (System Torkret). Beide Verfahren haben ihre Vorteile, das Verfahren Moser in der Einfachheit der Maschinen und deren unter Umständen kleinen Formaten, in geringerem Gewichte, also der leichtest möglichen Umstellung, in dem geringeren Zementverlust beim Abprall an die Spritzfläche, in der sofortigen Wiederverwendung des Abfalles, in der guten Kontrolle des Mörtels auf Zusammensetzung, namentlich Wassergehalt und hierdurch in seiner gleichbleibenden Dichte, endlich in der Vermeidung besonderer Wasserdruckleitungen, während beim Torkretverfahren die beliebig lange Schlauchleitung, verhältnismäßig geringere Abnutzung dieser im Innern und die Verwendung größerer Maschinen mit unter Umständen besonders wirtschaftlicher Arbeit als günstig zu bewerten sind.

Durch besondere Maßnahmen kann der Beton — wie kurz vorerwähnt — abgedichtet werden, wenn man entweder besondere Dichtungszemente verwendet oder dem Mörtelwasser beim Anmachen des Zementmörtels besondere Dichtungszusätze gibt, endlich auf den an und für sich normalen oder durch Sonderzemente bzw. Sonderaufbringungsarten hergestellten Putz Schutzanstriche folgen läßt. Als besondere Zemente für die Abdichtung kommen in Frage: Liebold-Zement, Antiaqua-Zement, Siccofix-Zement, Certus-Zement usw.[1]),

---

[1]) Liebold-Zement ist ein Zement mit stearinartigen Beimengungen, die naturgemäß wasserabweisend und -zurückhaltend wirken; ähnlich besteht Antiaqua-Zement (der Rekord-Zementindustrie G. m. b. H., Berlin W 40) aus normalem Portlandzement — Klinkern, denen beim Vermahlen ein chemisch aufbereitetes, bituminöses Gestein zugesetzt wird, das hierbei den Zement vollkommen durchsetzt und dichtet. Nach Versuchen sind Putzschichten mit Antiaqua-Zement von 2—2,5 cm Stärke in Mischung 1 : 2 und 1 : 3 bei 1,5 Atm. Druck vollkommen dicht befunden worden. Verarbeitung und Verbrauchsmenge sind die gleichen wie beim Portlandzement. In der Regel wird die Putzschicht 1 : 2 bis 1 : 3 auf

während als abdichtender **Mörtelzusatz** u. a. Ceresit, Awa-Patent-Mörtelzusatz, Heimalol, Mörtelzusatz Biber, Preolith-Mörtelzusatz-Antaquid u. a. m. zu nennen sind[1]). Einen Übergang zu den eigentlichen Anstrichen bilden Materialien, die entweder als metallische Pulver auf die feuchte Putzschicht aufgetragen oder als besondere zementartige Haut mit metallischem Einschlag auf sie aufgebracht werden, ohne unmittelbar Zemente zu sein. Zu der ersten Gruppe gehört beispielweise Eironit, zur zweiten der Kleinlogelsche Stahlbeton. Während Eironit (D.-E.-Ges., Berkum) ein metallisches Pulver ist, das, mit Wasser angenäßt und auf den Putz gestrichen, mit diesem eine voll-

---

einen Spritzbewurf 1 : 1 aufgebracht. Hervorhebenswert ist auch die gute Widerstandfähigkeit des Zementes gegenüber Säuren, Laugen und Salzwasser. Als ebenso säurefest wird Certus-Zement bezeichnet (Zementwerk Certus, Hamburg), von dem je nach dem besonderen Verwendungszwecke und seinem Angriff durch diese oder jene Säure Sonderarten geliefert werden; für besondere Zwecke werden auch Schnellbinder hergestellt. Certus-Zement wird mit Natronwasserglas gemischt und geknetet, bis ein vollständig gleichmäßiger Kitt entsteht, der bestens auf dem Beton haftet und bald steinhart wird. Nach gutem Austrocknen ist der Behälter usw. mit rd. 10—15 prozentiger Salzsäure zu füllen oder der Putz mit dieser zu tränken, um eine vollkommene Unangreifbarkeit zu sichern. Über Siccofix-Zement (namentlich im Bergbau bewährter Thuringiazement) vgl. Tonindustrie-Ztg. 1923, S. 91.

[1]) Ceresit ist ein in Form einer milchartigen Flüssigkeit dem Mörtel zugesetztes Dichtungsmittel (Wunnersche Bitumenmasse, Unna i. W.), das vollkommen abdichtet und bestens bewährt ist. Je nach dem Wasserdruck reicht eine Schutzschicht von 2—3 cm aus. In der Regel werden dem Putzmörtel 1 : 2 eine Ceresitmilch 1 : 10 Wasser zugesetzt. Für je 1 cm Putzschicht und 1 m² Putzfläche werden etwa $^1/_4$ kg Ceresit erfordert. Gegen den Angriff schwacher aggressiver Wässer widersteht Ceresit, nicht aber gegen stärkere Säuren und Basen. Awa-Patent-Zusatz (A. W. Andernach, Beuel a. Rh.), hergestellt aus Fettseifen und kalziumhaltigen Produkten, wird in wässeriger Lösung 1 : 10 und 1 : 20 (je nach dem Wasserdruck) dem trockenen Sand-Zement-Gemenge zugesetzt. Im allgemeinen beträgt also der Awa-Zusatz 1—2 vH des Mörtels oder bei 240 l Wasser auf 1 m³ Mörtel 12—20 kg; Heimalol (H.-G. m. b. H., Datteln i. W.), eine breiige Masse wird mit dem Anmachewasser des Mörtels usw. vermischt, und dieser wird alsdann normal verarbeitet. Benötigt wird bei 1 cm Putzstärke für 1 m² Fläche $^1/_3$ kg Heimalol, bei 2 cm $^1/_2$, bei 4 cm 1 kg. Nach Versuchen des Dahlemer Prüfungsamtes sind 12,5 cm starke, mit Heimalol (1 vH auf 12 l Wasser) gedichtete Platten noch bei 18 Atm. Wasserdruck absolut dicht geblieben. Heimalol hat sich im besonderen bei Schwimmbecken, Badeanstalten usw. bestens bewährt. Der Mörtelzusatz Biber (Biberwerk G. m. b. H., Düsseldorf) gehört zu den bituminösen Mörtelzusätzen und wird dem nassen Mörtel hinzugefügt; 1 m² Putzfläche erfordert rund $^1/_6$ kg Biber. Ähnlich ist Preolith-Zusatz (A. Prée G. m. b. H., Dresden-N.). Für 1 cbm Mörtel werden höchstens 20—25 kg Preolith-Zusatz gebraucht, um vollkommene Wasserdichtheit zu erreichen. Nach Versuchen des Berliner Prüfungsamtes haben Probeplatten bei 4 Atm. Druck noch vollkommene Dichtheit gezeigt. Durch einen Preolith-Zusatz werden weder die Festigkeiten vom Beton noch das Haften des Eisens in ihm irgendwie ungünstig beeinflußt. Gleichartig wirkt auch Antaquid (Chemische Fabrik G. m. b. H., Berlin W 8), von dem für 1 m³ Beton 1 : 5 nur 4 kg gebraucht werden; dieses Mittel wird im Anmachewasser des Mörtels oder Betons gelöst.

kommen wasserdichte, gegen schwache Säuren, Laugen usw. widerstandsfähige Masse in chemischer Bindung bildet, ist Stahlbeton (D.R.P.) ein
durch besondere Verfahren mit Stahlspänen angereicherter Zementputz,
der ebenso widerstandsfähig gegen mechanische Beeinflussung (z. B.
bei Silorutschflächen, für stark begangene oder befahrene Fußböden
und Decken) als säurebeständig und vor allem hoch wasserdicht (bis 25
Atm.) ist[1]). Ähnlich günstig wirkt auch ein Karborundzusatz, namentlich gegen Abnutzung.   Von eigentlichen D i c h t u n g s a n s t r i c h e n
seien u. a. als besonders bewährt Inertol, Siderosthen-Lubrose, Beerosolit,
Beton-Murolineum, Margalit, Nigrit, Preolith, die Keimschen Mineralfarben, Hauenschildsche (Keßlersche) Fluate, Teer, Goudron, Asphalt-
anstriche usw.[2]) genannt.

---

[1]) Stahlbeton A. G., Berlin-Charlottenburg 4.

[2]) Dr. Roths I n e r t o l (Paul Lechner, Stuttgart) hat sich als Schutzanstrich
für Betonflächen glänzend, und zwar sowohl zur Wasserabdichtung wie zum Schutze
gegen viele aggressive Wässer, bewährt. 100 m² Putzfläche erfordern 30 kg Inertol.
Gleich wertvoll ist S i d e r o s t h e n - L u b r o s e (Johann Jeserich A. G. Berlin-Charlottenburg u. Hamburg); es bildet auf dem Beton eine gummiartige, elastische Farbhaut
von großer Haltbarkeit und großem Widerstande gegen chemische und Witterungseinflüsse aller Art. 1 kg reicht für 4—5 m² Fläche aus; normal — namentlich für
Behälter — ist die Farbe schwarz, kann aber auch in anderen Tönungen geliefert
werden; B e e r o s o l i t (C. F. Beer, Köln a. Rh.) ist ein kalkreicher Isolieranstrich,
vorwiegend aus natürlichem Bitumen bestehend. Der Anstrich ist wasserdicht
(bis 4 Atm. erprobt), säurebeständig, aber nicht widerstandsfähig gegen organische
Lösungsmittel, Mineralöl, Alkohol, Benzol usw. Notwendig ist ein zweifacher Anstrich, für je 1 m² ¹/₂ kg erfordernd.   Beton-M u r o l i n e u m (Drosse & Tischer,
Berlin SW 11) wirkt als Anstrich chemisch bindend auf den Beton ein und hat
keinen bituminösen Charakter. Es ist durch Versuche und in der Praxis als gut
widerstehend befunden worden gegen schwächere Säuren, Ammoniakwasser und
gegen Moorwasser, ist zudem mechanisch sehr widerstandsfähig und bis 10 Atm. un-
durchlässig. Recht gut bewährt ist auch M a r g a l i t (M.-Ges. Oberkassel, Siegkreis),
ein Lack (1 m² Putzfläche erfordert ¹/₂ kg), der gebrauchsfähig, mehrmals kalt
aufgestrichen wird, hierbei einen glatten und vollkommen trockenen Betonunter-
grund verlangend; N i g r i t (Rosenzweig- u. Baumann, Kassel), gehört zu den teer-
artigen Anstrichen und verbindet sich gut mit der Zementfläche. Für 1 m² Fläche
werden 0,25—0,30 kg erfordert. Nigrit ist bei vielen Behälterbauten, bei Tal-
sperren usw. bestens bewährt. Gleichartig ist P r e o l i t h, ein teerfreier, fast nur
aus Bitumen (nach Trocknung 99 vH) bestehend (A. Prée G. m. b. H., Dresden-N.)
und bis zu 12 Atm. als wasserdicht — in der Dresdner Materialprüfungsanstalt —
erprobt. Gut eingeführt sind die K e i m schen Mineralfarben (Industriewerke
Lohwald bei Augsburg), da sie mit dem Putz eine chemische Bindung eingehen,
luftbeständig und unempfindlich gegen Wasser, Gase, Dämpfe, leichte Säuren
und die im Zementputz enthaltenen Alkalien sind, zudem auch hohe Temperaturen vertragen. Gegen starke Säuren sind sie jedoch nicht sicher. Die Farben,
in den verschiedensten Tönen erhältlich, werden als trockenes Pulver geliefert und
mit Fixativ angerührt, und zweimal aufgetragen; 100 m² Fläche verlangen 16 kg
Farbe und 24 kg Bindemittel. F l u a t e (Hans Hauenschild, Hamburg), früher
Keßlersche Fl. genannt, sind Lösungen von Metallen in Kieselflußsäure und binden die lösbaren Bestandteile des Zementes zu unlösbaren Verbindungen, hierbei

Eine vollkommene Wasserdichtheit kann weiter durch Zufügung von Schweröl, in Mengen von 10 vH (bis 15 vH) des Zementgewichts, erreicht werden. Hierbei entsteht eine, dem Asphalt ebenbürtige Masse, die, in der gleichen Weise wie dieser, in Amerika für Straßenzwecke bereits ausgedehnte Verwendung findet. In ähnlicher Art ist hier auch ein wasserdichter Putz in Mischung 1 : 3 mit 10 vH Ölzusatz für Behälterbauten u. dgl. mit Erfolg verwendet worden. Als Öle kommen hierbei nur schwere Kohlenwasserstoffe der Petroleumdestillation zur Benutzung. Allerdings geht mit dem Ölzusatz eine erhebliche Verminderung der Zugfestigkeit, vor allem aber der Druckfestigkeit, Hand in Hand; ebenso vermindert sich die Haftfestigkeit des Eisens und verzögert sich die Abbindezeit. Deshalb kann eine Öldichtung wie die oben erwähnte nur in besonderen Fällen Anwendung finden; für die meisten Verwendungsgebiete des Verbundbaues ist sie nicht ausnutzbar, bleibt aber bedeutsam für den Straßenbau.

Auch Kaliseife (Schmierseife) hat als Zusatz zur Anmacheflüssigkeit (und zwar 8 kg auf 100 l Wasser) durch Bildung von Kaliseifen dichten Putz und Beton ergeben[1]). Daß eine Wasserdichtheit und eine Schutzschicht des Betons gegenüber angreifenden Wässern durch eine Verkleidung mit geeigneten Platten erreicht werden kann, wurde schon auf S. 47 hervorgehoben. Hier kommen in Frage: Glasplatten, mit Wasserglaskitt zu dichten, namentlich für Öl-, Wein-, Säureusw. Behälter; Naturschiefer verschiedenster Art und Herkunft (sehr gut hat sich hier der Theumäer Fruchtschiefer bewährt), Schamottesteine, hartgebrannte Steinzeug- und Porzellanplatten, die mit Porzellankitt, Antiaqua-Zement und ähnlichen Bindemitteln versetzt und verkittet werden. — Endlich kann die Dichtheit des Zementmörtels bzw. Betons auch durch eine unmittelbare Ausfüllung der Poren durch feinverteiltes Steinmehl, durch Traß, Si-Stoff und ähnliche Zusätze erreicht werden. Nach Versuchen von O. Graf macht ein Zusatz von feinverteiltem Steinmehl zum Zementmörtel den Beton durch Ausfüllung der feinsten Hohlräume um so dichter und fester, je größer die Mehlfeinheit von Zement und Steinmehl ist. Daß Traß[2]) — abgesehen von der

---

zugleich die Fläche erheblich härtend. Ein zweimaliger Anstrich verlangt für 1 m² Fläche etwa 400 g Fluatlösung. Die Fluatierung schützt gegen Wasserangriff, gegen Ammoniakwasser, gegen schädliche Öle, gegen kohlensäurehaltige Wasser. Im besonderen bewährt haben sich Magnesium-, Aluminium- und Zinkfluat.

[1]) Vgl. z. B. Arm. Beton 1921, S. 14.

[2]) Die weiter unten behandelten Versuche sind mit rheinischem Traß aus dem Nettetal, also aus der Gegend von Plaidt, Kruft, Andernach usw., ausgeführt. In neuerer Zeit findet auch Verwendung der geologisch und chemisch andersgeartete Ettringer Traß und ein bayrisches Material, der „Kesseltal-Traß". Über diesen vgl. Bauing. 1925. Referat über den Vortrag von Dr.-Ing. Schnell. Dieses Material wird im Ries bei Nördlingen im Kesseltal gewonnen, und zwar in besonders guter Art im Ballstädter Bruch.

chemischen Bindung des freien Kalkes im Zement — in gleichem Sinne dichtend wirkt, wurde schon mehrfach bei dem Abschnitte über chemische Angriffe auf Beton herausgehoben. Hier ist ein Mischungsverhältnis von etwa 0,3—0,5 R.-T. Traß zu 1 R.-T. Portlandzement zu empfehlen; alsdann wird zwar ein Beton geschaffen, der langsamer abbindet als der reine Zementbeton, der demgemäß auch weniger zeitig ausgeschalt werden darf als dieser, der aber dichter und zugfester ausfällt. Wenn also auch in der ersten Zeit dieser Zement-Traß-Beton bei wenig Wassergehalt im allgemeinen — aber durchaus nicht stets — etwas weniger druckfest wird als der Beton ohne Traßzusatz, so hat das um so weniger Bedeutung, als in der ersten Zeit des Bauwerks die Druckfestigkeit des Materials keine volle Ausnutzung zu finden pflegt; dafür aber tritt der Vorteil ein, daß die Zugfestigkeit des Betons meist erheblich steigt, also das Auftreten schädlicher Risse erschwert, auch die Schwindgefahr etwas verringert wird.

Vor allem hat sich aber ein Traßzusatz bei Gußbeton von günstiger Wirkung sowohl auf dessen Druck- wie Zugfestigkeit erzeigt[1] — eine Feststellung, die gerade für den Eisenbetonbau als besonders bedeutsam einzuschätzen ist[2].

---

[1] Genaueres über diese Frage s. in: Foerster, Baumaterialienkunde Heft V bis VI, Kap. XXIX, S. 98: Hydraulische Zuschläge und in der dort angegebenen Literatur sowie in Arm. Beton 1917, Heft 7: Die teilweise Ersetzung von Zement durch Traß von M. Foerster; ferner in Beton u. Eisen 1914, Heft XIII u. XIV über Versuche mit Traßmörteln von Martin und in Arm. Beton 1918, Heft 5, Bericht über die Hauptversammlung des Deutschen Beton-Vereins 1918. Hier ist auch besonders auf die Notwendigkeit einer weiteren Klärung der Wirkung von Traßzusätzen zum Beton beim Eisenbetonbau hingewiesen.

[2] Über die Einwirkung von Traß auf Portlandzementmörtel und Beton vgl. ferner: Versuche zur Ermittelung der Widerstandsfähigkeit von Betonkörpern mit und ohne Traß, Heft 43 der Veröffentl. des Deutschen Ausschusses für Eisenbeton. Dieses Heft (bearbeitet von O. Graf) behandelt die Ergebnisse von Untersuchungen, die für Behörden und Firmen mit Nettetal-Traß in der Stuttgarter Versuchsanstalt in den Jahren 1909—1918 ausgeführt worden sind. Für das Gebiet, welches durch die Versuche gedeckt ist, faßt der Verfasser die Ergebnisse der Versuche folgendermaßen zusammen:

„Die Druck- und Zugfestigkeit des Betons, die Widerstandsfähigkeit von Eisenbetonbalken gegen Rißbildung, die Dehnungsfähigkeit des Betons im gebogenen Balken sind bei Verwendung von Beton mit Traßzusatz größer als bei Beton ohne Traßzusatz, falls es sich um feucht gelagerten Beton handelt. Die Druckelastizität des Betons mit Traßzusatz ergab sich größer als diejenige ohne Traßzusatz.

Die Zunahme der Widerstandsfähigkeit des Betons durch Traßzusatz ist jedoch auch nicht annähernd so groß, als wenn unter sonst gleichen Verhältnissen statt Traß eine ebenso große Menge Zement beigemengt würde. Übersteigt der Traßzusatz einen gewissen Betrag, so vermindert sich die Widerstandsfähigkeit.

Eine ähnlich günstige, zum Teil gesteigerte Einwirkung auf das Verhalten von Zementmörtel und Beton gegenüber chemischen

Eine Erklärung hierfür ergibt sich aus folgendem: Traß erhärtet nicht selbständig; vielmehr verbinden sich gewisse Bestandteile des Trasses mit gewissen Bestandteilen des Zements. Die bisher meist übliche Annahme setzt namentlich voraus, daß die lösliche Kieselsäure des Trasses mit den bei der Erhärtung des Zements entstehenden Kalkhydraten bindet. Die Menge dieses Kalkes hängt natürlich ab von der Zusammensetzung des Zements und den Erhärtungsbedingungen. Es ergibt sich aus dieser Annahme, daß Traß nur wirksam werden kann, soweit der Zement die erforderliche Ergänzung bietet, was sich überdies erst mit fortschreitender Erhärtung langsam vollzieht. Infolgedessen wird der Traß nur in begrenzter Menge zuzusetzen sein, und der Traß wird mit steigendem Alter des Betons an Bedeutung gewinnen. Ein Zuviel an Traß verdünnt gewissermaßen den Mörtel und vermindert dadurch die Festigkeit.

Bei trocken gelagertem Beton tritt der Einfluß des Trasses auf die Festigkeitseigenschaften des Betons oder Mörtels zurück, kehrt sich zum Teil um. Weiter fand sich, daß trocken gelagerter Zementmörtel mit Traßzusatz mehr schwindet als ohne Traß. Im allgemeinen dürfte es sich bei Verwendung von Traß zu Zementbeton, der dem Austrocknen ausgesetzt wird, empfehlen, jeweils Vorversuche mit den vorgesehenen Baustoffen anzustellen."

Vgl. hierzu auch die Besprechung des Heftes 43 im Bauing. Heft 19. Vor allem wird Portlandzement, und zwar zweckmäßig solcher mit einem möglichst hohen Kalkgehalt Verwendung finden, da hier die „aktive Kieselsäure" des Trasses eine gute Abbindung mit dem freien Kalk zu finden vermag (vgl. u. a. neben den grundlegenden Arbeiten von Dr.-Ing. e. h. A. Hambloch-Andernach die Ausführungen von Prof. Dr. Brauns im Bauingenieur 1920, Heft 12 und 13). Im besonderen wird hier die Theorie der Erhärtung von Traß und seine Einwirkung auf andere Bindemittel wissenschaftlich erörtert und der Begriff Traß, d. h. Traß aus dem Nettetal in der Eifel, gegenüber anderen Tuffgesteinen abgegrenzt. Ferner sind eine größere Anzahl Aufsätze in der Tonindustrie-Zeitung 1919 und 1920 hier erwähnenswert, die sich mit dem teilweisen Ersatz von Portlandzement durch Traß für die verschiedensten Verwendungsgebiete befassen. Über neuere Versuche aus den Jahren 1918 und 1920 berichtet Dr. Calame (im Anschlusse an Mitteilungen über denselben Gegenstand an der gleichen Stelle 1918, Nr. 142) in der Dt. Bauzg. Mitt. f. Zement u. Beton 1920 v. 13. III., S. 7. Hier sind auch Versuche mit Eisenportlandzement, Kalk und Traß, naturgemäß — wie zu erwarten stand — mit wenig günstigem Erfolge erwähnt. Daß u. U. bei Portlandzement-Traß-Mörtel auch die Druckfestigkeit des Mörtels steigt, lassen z. T. die nachfolgenden von Dr. Calame mitgeteilten Versuchsergebnisse erkennen.

1. Mörtel-Mischung 1:3.

Bindemittelmischung	Druckfestigkeit in kg/cm² nach				Lagerung der Proben
	7 Tagen	28 Tagen	3 Mon.	1 Jahr	
Portlandzement	79,2	121,0	196	253	Süßwasser
	71,2	218	185	2)2	Luft
Portlandzement — Traß	140	178,5	269,5	334	Süßwasser
	128,8	257	287	311	Luft

Einflüssen übt Si-Stoff aus[1]). Si-Stoff entsteht als Rückstand, wenn Bauxit mit Schwefelsäure aufgeschlossen wird und ist als ein sehr fein gemahlenes Handelserzeugnis erhältlich. Gegenüber Frost beschleunigt Si-Stoff die Erhärtung, vergrößert auch, in richtiger Menge zugesetzt, bei Wasser- und Luftlagerung die Druckfestigkeit des Zementmörtels. Nach Versuchen von Prof. H. Kayser-Darmstadt zeigt sich im besonderen, daß die Zugfestigkeit und Druckfestigkeit der Zementkörper durch einen 20 vH-Zusatz erheblich vergrößert wird, daß aber ein 40 vH-Zusatz von Si-Stoff die Festigkeit mindert. Die günstigste Wirkung macht sich erst nach 7—10 tägiger Erhärtung bemerkbar, von da an stark zunehmend. Am merklichsten ist der Einfluß nach 2—3 Wochen Erhärtung; später ist die Festigkeitszunahme prozentual etwas geringer, aber immerhin von beträchtlichem Einfluß (30—40 vH). Es lassen sich somit durch Si-Stoff in richtigen Mengen die Festigkeiten von Portlandzement-Mörtel und -Beton steigern. Ebenso vergrößert dieser Zusatz (von 20 vH) die Wasserdichtheit des Zementmörtels bereits nach 7 Tagen in ganz erheblichem Maße und macht diesen wasserdicht. Endlich zeigen die Versuche, daß der Si-Stoff-Zusatz eine stark schützende Wirkung des Zementmörtels gegen die Angriffe verdünnter Schwefelsäure (3 vH) darstellt.

Bei der Auswahl der Si-Stoffe, die im Handel erhältlich sind, ist — wie Prof. H. Kayser hervorhebt — eine gewisse Vorsicht geboten, da nicht alle Si-Stoffe sich gleich gut als Zusatz eignen. Es kommt sehr auf die chemische und physikalische Eignung des Si-Stoffes an, aber auch auf die Eigenschaften des verwendeten Portlandzementes, der im allgemeinen um so günstiger beeinflußt wird, je kalkreicher er ist. Dr.-Ing. Nitzsche in Frankfurt a. M. hat Si-Stoffe geprüft, die trotz ihrer günstigen chemischen Zusammensetzung sich als Mörtelzusatz ungeeignet erwiesen haben, insofern, als die Bindemittel sehr porös aus-

2. Mörtel-Mischung 1:4.

Bindemittelmischung	Druckfestigkeit in kg/cm² nach				Lagerung der Proben
	7 Tagen	28 Tagen	3 Mon.	1 Jahr	
Portlandzement	67	116,5	191	265	Süßwasser
	66,5	191	199	236	Luft
Portlandzement — Traß	76,5	94	147	213	Süßwasser
	86,3	166	197	228	Luft

Endlich sei auch hier der Aufsatz von Baudirektor Helbing und Obering. v. Bülow, Chemische Angriffe auf Beton, Bauing. 1925, S. 76, erwähnt, in dem der großen Bedeutung eines Traßzusatzes zum Zementbeton im Sinne seiner größeren Widerstandskraft gegen Säuren usw. Rechnung getragen wird. Vgl. auch S. 42—43.

[1]) Vgl. Si-Stoff als Zement- und Kalkzusatz zur Erhöhung der Festigkeit, Wasserdichtheit und Säurebeständigkeit. Von Prof. H. Kayser, Darmstadt. Verlag Tonind.-Zg., Berlin NW 21. Vgl. weiter: Dt. Bauzg., Zementbeilage 1918, S. 15, Tonind.-Zg. 1924, S. 1227; Bauing. 1923, Heft 13, S. 39 (von H. Kayser).

fielen und starke Schwindungen beim Erhärten und Trocknen eintraten, wodurch erhebliche Festigkeitsminderungen bedingt waren. Bei der Verwendung von Si-Stoff ist deswegen sorgfältig darauf Bedacht zu nehmen, daß er in jeder Hinsicht geeignet ist, daß die Menge des Zusatzes einen gewissen Vomhundertsatz nicht überschreitet und daß er den besonderen Eigenschaften der übrigen Rohmaterialien sich anpaßt.

Die Herstellung des Betons kann — nach den neuen Vorschriften — von Hand aus, muß aber bei größeren Bauausführungen durch geeignete Mischmaschinen erfolgen. Das Mischungsverhältnis muß an der Mischstelle mit deutlich lesbarer Schrift angeschlagen sein und sich beim Arbeitsvorgang leicht feststellen lassen.

Bei der Handmischung sind auf einer gut gelagerten, dicht schließenden Pritsche oder auf ebener, schwer absaugender und fester Unterlage zunächst Sand, Kiessand oder Grus mit dem Zement trocken zu mischen, bis ein gleichmäßig gefärbtes Gemenge erzielt ist. Alsdann ist das Wasser allmählich zuzusetzen, und hierauf sind die gröberen Bestandteile — vorher genäßt und, falls notwendig, gewaschen — hinzuzufügen.

Bei der Maschinenmischung wird das gesamte Gemenge zunächst trocken und hierauf, unter allmählichem Wasserzusatz, so lange weiter gemischt, bis eine innig gemengte gleichmäßige Betonmasse entstanden und die Steine allseitig mit gleichfarbigem Mörtel umgeben sind.

Alsbald nach dem Mischen ist die Betonmasse ohne Unterbrechung zu verarbeiten. Nur in Ausnahmefällen darf der Beton unverarbeitet liegenbleiben, und zwar bei trockener, warmer Witterung nicht über eine, bei nassem, kühlem Wetter nicht über zwei Stunden. Solche Masse ist vor Witterungseinflüssen — wie Sonne, Wind, starkem Regen — zu schützen und unmittelbar vor der Verwendung nochmals umzuschaufeln. In allen Fällen muß die Betonmasse vor Beginn des Abbindens verarbeitet sein.

Beim Einbringen ist auf die Erhaltung bzw. Wiederherstellung der Gleichmäßigkeit der Mischung zu achten. Gröbere Zuschlagstoffe, die sich abgesondert haben, sind mit dem Mörtel wieder zu vermengen. Die Anwendung von Spritzbeton zu Eisenbetontragteilen hängt von besonderer baupolizeilicher Erlaubnis ab.

Die Massen sind frisch auf frisch zu betonieren, damit sie unter sich ausreichend fest binden. Bei Plattenbalken sind Steg und Platte in einem Arbeitsgange herzustellen, soweit es die Abmessungen der Bauteile zulassen. Betonierungsabschnitte sind an die wenigst beanspruchten Stellen zu legen.

Zur guten und dichten Umhüllung der Eisen ist weicher oder flüssiger Beton der geeignetere. Wird ausnahmsweise für Bauteile mit geringer Bewehrung erdfeuchter Beton verwendet, so ist in Schichten von höchstens 15 cm Stärke zu stampfen; dabei darf der erdfeuchte

Beton nicht zu trocken angemacht werden. Die Betonmasse ist mit passend geformten Geräten zu verdichten und so durchzuarbeiten, daß Luftblasen entweichen und der Beton die für ihn bestimmten Räume vollkommen ausfüllt.

Vor dem Fortsetzen des Betonierens ist die Oberfläche abgebundener Schichten aufzurauhen, von losen Bestandteilen zu reinigen und anzunässen. Alsdann ist ein dem Mörtel der Betonmasse entsprechender Zementbrei aufzubringen; auf ihn hat, ehe er abgebunden, die neue Betonschicht zu folgen.

Bei stärkerem Frost als —3° C an der Arbeitsstelle darf nur ausnahmsweise betoniert werden, wenn in geeigneter Weise dafür gesorgt ist, daß der Frost keinen Schaden bringt. Die Baustoffe dürfen weder gefroren sein, noch darf an gefrorene Bauteile anbetoniert werden. Beton, der im Abbinden ist, ist besonders sorgfältig vor Kältewirkung zu schützen. Durch Frost beschädigte Bauteile sind zu entfernen. Wird für eine Wärmezufuhr durch Anwärmen des Wassers und der Zuschlagstoffe sowie durch Umschließen und Heizen der Arbeitsstätte gesorgt, so ist darauf zu achten, daß nicht durch übermäßig starke Erhitzung dem Beton das zu seinem Abbinden notwendige Wasser entzogen wird[1]).

Durch Versuche im Laboratorium des Vereins der Deutschen Portland-Zementfabrikanten ist gefunden, daß die Verwendung einer Chlormagnesiumlösung 1 : 4 als Anmachewasser zur Folge hat, daß bis bei 7° C Kälte hergestellte Betonkörper gut abbinden und nach 7 Tagen 185 kg/cm², nach 28 Tagen 292 kg/cm² Druckfestigkeit aufwiesen. Die im warmen abgebundenen Körper normaler Art zeigten Festigkeiten von 205 bzw. 344 kg/cm². Chlormagnesium ermöglicht also, daß man bei Frost betonieren kann, ohne an Festigkeit des Betons mehr als $^1/_6$ zu verlieren. Allerdings muß hier unter Umständen mit späteren „Ausblühungen" des Betons gerechnet werden.

Das elastische Verhalten des Betons ist ein erheblich anderes wie das des Konstruktionseisens. Abgesehen davon, daß der Beton bei Druck- und Zugbelastung ein verschiedenes Verhalten zeigt und demgemäß die Elastizitätszahlen für beide Beanspruchungsarten verschieden sind, stellen sie überhaupt keine konstanten Größen dar, sondern sind mehr oder weniger von einer ganzen Zahl verschiedener Einwirkungen abhängig. Hier sprechen vorwiegend mit: die Spannungsgröße, das Mischungsverhältnis, die Bindemittel, die Zuschlagstoffe, der Wasserzusatz, die Art der Verdichtung und das Alter. Demgemäß kann man die Elastizitätszahl für Beton auch nur innerhalb bestimmter Grenzen und gewisser Mischungsverhältnisse und Rohstoffe als eine bestimmte Zahl angeben.

---

[1]) Vgl. hierzu auch die Ausführungen auf S. 26 und 112.

Auf Grund zahlreicher Versuche läßt sich die Beziehung zwischen Längenänderung und Spannung für Beton durch die Gleichung:

$$\lambda = \frac{\sigma^m}{E_b} \text{ [1)}} \tag{1}$$

ausdrücken, wenn σ die Spannung, λ die zugehörende Längenänderung, E_b die Elastizitätszahl des Betons und m eine vom Material abhängige Größe darstellt, die aus Versuchen von Bach zu 1,11—1,16 (durch Schüle - Breslau) ermittelt worden ist. In der Regel wird mit Recht für Berechnungen der Praxis $m = 1$ gesetzt, also das Spannungsgesetz des Betons in der angenäherten Normalform:

$$\lambda = \frac{\sigma}{E_b} \tag{1 a}$$

benutzt.

In welchem Maße d i e G r ö ß e d e r S p a n n u n g auf die Elastizitätszahl des Betons bei Druckbelastung „E_{bd}" einwirkt, lassen die nachfolgenden wenigen Zahlen (Versuche von Bach mit einem 77 Tage alten Beton 1 : 2,5 : 5) erkennen:

$\sigma =$	0—8	8—16	16—24	24—32	32—40 kg/cm²
$E_{bd} =$	300 000	256 000	226 000	212 000	194 000 „

Die Elastizitätszahl nimmt also sehr erheblich mit zunehmender Belastung und hiermit vergrößerter Spannung ab.

Das gleiche lassen Versuche von E. Probst erkennen (Erhärtungszeit 62 Tage, 300 kg Zement auf 1 m³ fertigen Betons, 10 vH Wassergehalt).

$\sigma =$	13,7	20,3	27,1	33,9	40,6	47,6	54,0	60,8	67,5	kg/cm²
$E_{bd} =$	315 000	254 000	204 000	189 000	185 800	185 500	147 000	139 000	139 000	„

Daß in diesen Verhältnissen auch eine Eisenbewehrung keinen grundlegenden Unterschied bedingt, ergeben Versuche von Bach mit unbewehrten Betonprismen und solchen mit Eiseneinlage, die bei Spannungen von 16 bis 115 kg/cm² ohne Eisen und verschiedener Bewehrung die Größe der Elastizitätszahl des Betons bei Druckbelastung zu 280 000—174 000 bzw. zu 393 000—194 800 kg/cm² ergaben.

Den E i n f l u ß d e r S p a n n u n g , d e r M i s c h u n g , d e s W a s s e r z u s a t z e s u n d d e s A l t e r s spiegeln die folgenden Zahlen wieder (Versuche von E. Mörsch):

---

[1]) Dies Gesetz ist vielfach unter dem Namen des Bach - Schüleschen Potenzgesetzes bekannt, für Stampfbeton zwar ermittelt, aber auch für weichen Beton gültig. Es scheint sogar, daß, je plastischer die Mischung ist, desto gleichmäßiger und elastischer das Material arbeitet — wiederum ein Hinweis auf die Nützlichkeit der Verwendung von Gußbeton.

σ_{b_d} in kg/cm²	Mischung 1:3			Mischung 1:4	
	E_{b_d} in kg/cm² bei einem Wasserzusatz von				
	8 vH nach 3 Monaten	14 vH nach 3 Monaten	nach 2 Jahren	8 vH nach 3 Monaten	14 vH nach 3 Monaten
3,0	300 000	272 000	—	273 000	250 000
6,1	290 000	265 000	305 000	265 000	226 000
12,2	284 000	254 000	290 000	250 000	215 000
24,5	266 000	235 000	283 000	235 000	198 000
36,8	257 000	222 000	278 000	225 000	185 000
61,3	240 000	209 000	268 000	211 000	170 000

Es zeigt sich, daß der Wert E_{b_d} stark fällt mit Zunahme der Spannung, mit vermehrtem Wassergehalt und höherem Sandzusatz, daß er steigt — und zwar recht erheblich — mit zunehmendem Alter der Probekörper.

Die Einwirkung der Zuschlagstoffe läßt die folgende Zusammenstellung beispielsweise erkennen (Versuche von Bach)[1]):

$$E_{b_d}$$

Zementmörtel rein	250 000 kg/cm²
1 Zement : 1,5 Sand	350 000 ,,
1 ,, : 3 ,,	315 000 ,,
1 ,, : 4,5 ,,	230 000 ,,

Beton 1 Zement : 2,5 Sand : 5 Kies	298 000 kg/cm²
1 ,, : 5 ,, : 6 ,,	280 000 ,,
1 ,, : 5 ,, : 10 ,,	217 000 ,,

Es ergibt sich, daß E_{b_d} für reinen Zementmörtel kleiner ist als wie für fette Mörtelmischungen. Das bestätigen auch weitere Arbeiten von Bach, die nachweisen, daß der Größtwert von E_{b_d} in den Mischungen 1 : 1,5 und 1 : 2 auftritt[2]).

Bei Beton, von Hand gemischt, sind die Zahlen E_{b_d} niedriger als bei Maschinenmischung. Nach Versuchen von Bach mit einem Stampfbeton 1 : 2,5 : 5, 100—129 Tage alt, zeigte sich bei Druckspannungen zwischen 8 bis 40 kg/cm² die Größe E_{b_d}, bei Handbeton zwischen 337 200 und 283 000 kg/cm², bei Maschinenbeton zwischen 368 000 und 310 000 kg/cm²; der letztere Beton hatte also eine höhere Elastizitätszahl. Weiter beeinflußt auch die Lagerungsart die Größe des Wertes E_{b_d}, und zwar in dem Sinne, daß bei unter Wasser gelagertem Beton die entsprechenden Werte nicht unerheblich größer sind als bei Luftlagerung[3]).

---

[1]) Vgl. Forsch.-Arb. des V. d. I. Heft 95, 1910.

[2]) Vgl. Bach u. Graf: Versuche über die Elastizität des Zementmörtels usw. Arm. Beton 1911, Heft 9.

[3]) Vgl. die Ausführungen von Bach im Arm. Beton 1910.

Endlich lassen auch **wiederholte Entlastungen** die Elastizitätszahl höher werden als stufenweise Belastung ohne Entlastung[1]).

Ähnliche Verhältnisse wie bei E_{bd} liegen im allgemeinen vor bei der **Elastizitätszahl des Betons auf Zug:** $E_{bз}$.

Die Einwirkung der **Spannung und des Wassergehaltes** läßt die nachfolgende Zusammenstellung erkennen. In ihr handelt es sich um Ergebnisse von Versuchen von E. Probst mit einem Beton $1:2:4$ und bei Wasserzusätzen von 10,1, 9,1 und 7,9 vH. Als Probekörper für die Messungen wurden Betonzylinder benutzt[2]).

$\sigma_{bз}$ in kg/cm²	Wassergehalt 10,1 vH $E_{bз}$ in kg/cm²	Wassergehalt 9,1 vH $E_{bз}$ in kg/cm²	Wassergehalt 7,9 vH $E_{bз}$ in kg/cm²
0,0	272 000	312 000	375 000
0,5	263 000	312 000	326 000
1,0	254 000	312 000	319 000
2,0	254 000	306 000	319 000
4,0	246 000	300 000	319 000
5,0	242 000	300 000	319 000
6,0	238 000	300 000	319 000
7,0	234 000	300 000	313 000
8,0	—	294 000	—

Die Zahlen lassen erkennen, daß auch hier mit wachsendem Wassergehalt und Zunahme der Spannung die Elastizitätszahl abnimmt; zugleich gibt sich zu erkennen, daß die Mörtel ein um so gleichmäßigeres Verhalten zeigen, je geringer der Wassergehalt ist[3]).

Dasselbe zeigen Versuche von E. Mörsch, die sich denen auf S. 105 für die Druckelastizität anschließen und zugleich auch über die Vergrößerung von $E_{bз}$ mit dem **Alter** der Proben Aufschluß geben.

$\sigma_{bз}$ in kg/cm²	Mischung 1:3			Mischung 1:4	
	$E_{bз}$ in kg/cm² bei einem Wassergehalt von				
	8 vH nach 3 Monaten	14 vH nach 3 Monaten	nach 2 Jahren	8 vH nach 3 Monaten	14 vH nach 3 Monaten
1,6	267 000	230 000	390 000	266 000	250 000
4,6	230 000	200 000	311 000	224 000	200 000
6,2	221 000	194 000	310 000	200 000	194 000
9,2	196 000	—	303 000	—	—
13,8	—	—	298 000	—	—
	Zugfestigkeit 12,6 kg/cm²	Zugfestigkeit 10,5 kg/cm²	Zugfestigkeit 15,8 kg/cm²	Zugfestigkeit 9,2 kg/cm²	Zugfestigkeit 8,8 kg/cm²

[1]) Siehe Heft 17 der Veröffentlichungen des Deutschen Ausschusses für Eisenbeton.

[2]) Vgl. E. Probst: Vorlesungen über Eisenbetonbau Bd. I, S. 50. Berlin: Julius Springer 1917. 2. Aufl. 1924.

[3]) Verwiesen sei in diesem Zusammenhang auch auf die Versuche von Bach mit Betonmischungen $1:2:3$ im Alter von 46 Tagen. Hier zeigten sich bei Betonzugspannungen von 2,5—12,3 kg/cm², bei 10 vH Wasser Werte von $E_{bз}$ von 400 000 bis 337 000, bei 12,1 vH Wasser solche von 400 000—330 000 kg/cm².

Es ergibt sich auch hier eine Abnahme von E_{b_3} — wie bei E_{b_d} — bei magerer Mischung und eine, allerdings sehr beträchtliche, Zunahme dieses Wertes im Laufe der Zeit.

Vergleicht man die Zusammenstellung mit der entsprechenden für E_{b_d}, so zeigt sich, daß die letztere Zahl vergleichsweise größer als E_{b_3} für die erste Zeit der Erhärtung ist, daß sich aber die Unterschiede im Laufe der Zeit immer mehr ausgleichen dürften. Für die statischen Berechnungen spielt im allgemeinen E_{b_3} eine weniger wichtige Rolle wie E_{b_d}, da — wie später noch ausführlich behandelt wird — die Zugfestigkeit des Betons bei Verbundbauten in der Regel statisch nicht berücksichtigt wird.

Für Rechnungen der Praxis sind, soweit im besonderen das für sie grundlegende Verhältnis der Elastizitätszahlen von Eisen und Beton — $n = \dfrac{E_e}{E_b}$ — in Frage kommt, nach den Bestimmungen feste Größen in die Rechnung für diese Formänderungsgröße einzuführen.

Für das Eisen, in der Regel Handelseisen (Flußstahl 37), ist ein $E_e = 2\,100\,000$ kg/cm² zugrunde zu legen, während für $E_b = E_{b_d}$, je nachdem es sich um Untersuchungen unter Zugrundelegung von Formänderungen bei Berechnung statisch unbestimmter Systeme oder um die Ermittlung von Spannungen in einem — angenommenen — Bruchzustande oder um die Bemessung der Bauteile handelt, verschiedene Werte einzuführen sind.

Bei der Berechnung der unbekannten Größen statisch unbestimmter Tragwerke, bei denen der Zustand der zulässigen Belastung wie bei allen Formänderungsuntersuchungen zugrunde gelegt wird, ist mit einem für Druck und Zug im Beton gleich großen Elastizitätsmaß zu rechnen und dessen Wert E_b zu 210 000 kg/cm² (entsprechend einem Winkel des Verlaufs der E_b-Kurve von rund 64° 30') also $n = 10$ zu nehmen, während für sonstige Baulichkeiten bei Spannungsermittlungen oder Querschnittsbestimmungen mit $n = 15$ zu rechnen ist[1]); hier beträgt also der Wert von E_b nur 140 000 kg/cm², entsprechend dem Überanstrengungszustande, der wegen Vernachlässigung der Betonzugspannungen, d. h. der Annahme in der Zugbetonzone bereits eingetretener, feiner Risse und hierdurch bedingter statischer Ausschaltung dieser Betonzone anzunehmen ist. Demgemäß wird, abgesehen von Formänderungsrechnungen:

$$n = \frac{E_e}{E_b} = \frac{2\,100\,000}{140\,000} = 15 \tag{2}$$

---

[1]) Die neuen Bestimmungen vom September 1925 bestimmen hierzu: „Für die Bemessung der Bauteile ist das Verhältnis der Elastizitätsmaße von Eisen und Beton zu $n = 15$ anzunehmen."

für die üblichen statischen Berechnungen zugrunde zu legen sein. Sinngemäß könnte man aber bei Berechnungen normaler Art, in denen man die Zugzone des Betons noch berücksichtigt, um die in ihr auftretenden Zugspannungen rechnerisch zu verfolgen, mit einem Werte $n = 10$ arbeiten, da ja die Rechnung das Auftreten von Zugrissen als, wenigstens zunächst, nicht vorhanden voraussetzt.

Für Berechnung von Einbiegungen von Tragwerken empfiehlt es sich — eine ungerissene Betonzugzone vorausgesetzt —, mit einem Mittelwerte von $E_b = 250\,000$ kg/cm², d. h. $n =$ rund 8,4 zu rechnen, da eine solche Formänderungszahl sich für den Beton aus zahlreichen Versuchsbalken und deren Durchbiegung ergeben hat. Handelt es sich um die Nachrechnung von zum Bruche gelangten Baukonstruktionen, also um Spannungen während des Bruchstadiums, so wird man andererseits mit einem sehr geringen Werte von E_{bd} zu rechnen und demgemäß für die Größe n Zahlen von 20—25 zweckmäßig einzuführen haben.

Die normale **Druckfestigkeit** des Betons — die „Würfeldruckfestigkeit" — ist, gleich der entsprechenden Elastizitätszahl, keine konstante Größe, selbst nicht für dieselben Mischungsverhältnisse und Baustoffe, da die Verarbeitung und Erhärtung des Betons in der Regel besondere Verhältnisse für die Festigkeitseigenschaften zeitigt. Im allgemeinen ist die Druckfestigkeit abhängig von dem Raumgewicht, der Abmessung der Probekörper, d. h. der Größe der Würfel, der Höhe des Wasserzusatzes und der Menge der Zuschlagstoffe, dem Alter und endlich den Temperatur-, Herstellungs- und Abbindeverhältnissen.

Da in der Regel größere Würfel bei ihrer Herstellung weniger dicht wie kleinere zu werden pflegen, so ist der Einfluß der Würfelgröße meist zusammenfallend mit der Einwirkung des Raumgewichtes auf die Normaldruckfestigkeit. Aus Versuchen von Burchartz[1]) ergibt sich beispielsweise die nachfolgende Zusammenstellung:

Würfelgröße (Kantenlänge)	Ermitteltes Raumgewicht	Gefundene Druckfestigkeit
7,1 cm	2,40	475 kg/cm²
10 „	2,41	460 „
20 „	2,40	422 „
25 „	2,37	373 „
30 „	2,37	375 „

Man erkennt, daß die Druckfestigkeit, wie zu erwarten war, steigt mit höherem Raumgewicht, also auch mittelbar mit der geringeren Abmessung der Würfel.

---

[1]) Vgl. Arm. Beton 1912.

Besonders wertvoll für die Normaldruckfestigkeit ist der Einfluß des Wassergehaltes des Betons und der durch eine Erhöhung dieses bedingte Rückgang an Festigkeit, daneben aber auch das Verhältnis der späteren Festigkeitszunahme im Vergleich zum Wassergehalt des Betons.

Zur Darlegung der sich hier abspielenden Vorgänge seien zunächst Versuche des Lichterfelder Material-Prüfungsamtes aus dem Jahre 1903 herangezogen. Hier wurden Würfel von 30 cm Seitenlänge in Mischung 1 : 5 und mit Wassergehalt von 5,7, 8,5 und 11,0 vH untersucht.

Alter der Würfel	Druckfestigkeit bei einem Wassergehalt von:		
	5,7 vH	8,5 vH	11,0 vH
7 Tage . . .	91	63	60
28 Tage . .	134	90	90
3 Monate . .	163	117	132
6 Monate . .	185	121	169

(Werte in kg/cm²)

Aus diesen Zahlen zeigt sich, daß die Anfangsfestigkeit bei geringstem Wassergehalte am größten ist, daß einem höheren Wasserzusatze eine sehr starke Festigkeitsverminderung entspricht, daß aber die spätere Erhärtung verhältnismäßig um so schneller vor sich geht, je mehr Wasser der Beton enthält.

Nach Untersuchungen von Brabandt[1]) mit Mörtel und Beton ergibt sich, daß ein Wasserzusatz von etwa 15—17% der Raumteile Zement und Sand die größte Festigkeit liefert, und daß ein höherer Wasserzusatz diese herabsetzt. Da naturgemäß auch die Temperatur während des Erhärtungsvorgangs in dem Sinne eine Rolle spielt, daß, je höher sie liegt, um so mehr Wasser erforderlich wird, so ergibt sich, daß auch diesen Einflüssen ein nasser Beton besonders gut Rechnung zu tragen vermag.

Wenn auch Mörtel und Beton nicht miteinander vollkommen gleichartig sind, so rechtfertigt doch immerhin die Art der Abbindung und Erhärtung des einen Rückschlüsse auf die entsprechenden Vorgänge beim anderen. Deshalb werden auch die Ergebnisse der Versuche in Lichterfelde, über die Burchartz in den Mitteilungen des Prüfungsamtes (1917, Heft 2/3) berichtet, und die sich auf die Erhärtung von Zementmörtel 1 : 3 beziehen, auf den Beton, namentlich den bei Verbundbauten, sinngemäße Anwendung finden können. Hier zeigte sich, daß bei Wasserlagerung eine lebhafte Festigkeitsvermehrung bis zu 6 Monaten eintritt, daß alsdann nur eine schwache Vergrößerung bis zu 1 Jahr und Stillstand bis zu 2 Jahren zu erwarten ist, daß aber von da an die Festigkeit bis zu 5 Jahren steigt, um weiterhin nicht fortzuschreiten. Bei Luftlagerung hingegen nimmt die Druckfestigkeit bis zu 28 Tagen normal, und zwar höher als bei der Wasserlagerung zu,

---

[1]) Vgl. Zentralbl. Bauverw. 1907.

steigt bis zu 6 Monaten gering, bis zu 2 Jahren wenig, dann aber dauernd und lebhaft bis zu 10 Jahren und mehr. Während die Luftproben bis zu 28 Tagen höhere, bis zu 2 Jahren aber geringere Druckfestigkeiten aufweisen wie die Wasserproben, übertreffen sie von dieser Zeit an wieder letztere.

Bei der Wasserlagerung betragen, von der 7-Tage-Festigkeit ausgehend, die Zunahmen bis zu 1 Jahr im Mittel 115, bis zu 10 Jahren im Mittel 152, an der Luft bis zu 5 Jahren rund 125, bis zu 10 Jahren 156 vH der vorgenannten Ausgangsgröße.

Wenn auch — nach den vorerwähnten Versuchen von Burchartz — bei den Druckproben ein höherer Wasserzusatz die Festigkeitsentwicklung zunächst bis zu etwa 5 Jahren günstig beeinflußt, so hört dieser Einfluß später auf. Bei keiner Probe hat sich gezeigt, daß die Festigkeit der mit mehr Wasser angemachten Mischung die der mit normalem Wasserzusatz hergestellten im Laufe der Zeit erreicht oder überschreitet. Es steht dies Ergebnis daher mit der vielfach vertretenen Ansicht in Widerspruch, daß die Festigkeitsschwächung durch höheren Wasserzusatz sich im Laufe der Zeit vollkommen ausgleiche.

Nach Versuchen von Bach aus dem Jahre 1909[1]) mit einem Beton 1 : 2 : 3 und 9 vH Wassergehalt ergibt sich die Druckfestigkeit nach

$$
\begin{array}{rcl}
28 \text{ Tagen zu} & 191 & \text{kg/cm}^2 \\
45 \quad,, \quad,, & 209 & ,, \\
180 \quad,, \quad,, & 297 & ,, \\
365 \quad,, \quad,, & 329 & ,,
\end{array}
$$

d. i. eine Zunahme der Anfangsfestigkeit nach 28 Tagen um 9 bzw. 55 bzw. 72 vH.

Über das Verhältnis der Erhärtung von Mörtel im Vergleiche zu dem mit ihm hergestellten Beton im Laufe längerer Zeit gibt die nachfolgende Zusammenstellung Auskunft[2]).

	Mischung 1:2,5:5 Druckfestigkeit in kg/cm² nach				Mischung 1:4:8 Druckfestigkeit in kg/cm² nach			
	28 Tagen	100 Tagen	2 Jahren	6 Jahren	28 Tagen	100 Tagen	2 Jahren	6 Jahren
Mörtel .	337	433	568	604	223	256	318	428
Beton .	317	348	484	569	251	268	387	474

Neben der sehr beträchtlichen Nacherhärtung zeigt die Zusammenstellung zugleich den auf die Druckfestigkeit vermindernd einwirkenden Einfluß des höheren Gehaltes an Zuschlagstoffen. Das gleiche lassen die beiden nachfolgenden Zusammenfassungen beispielsweise erkennen[3]):

---

[1]) Vgl. Heft 72—74 der Forsch.-Arb. des V. d. I.

[2]) Versuche von Bach. Dritter Teil der Mitteilungen über Druckelastizität und Druckfestigkeit von Betonkörpern. Stuttgart: A. Kröner.

[3]) Versuche des Lichterfelder Amtes, vgl. dessen Mitteilungen 1903 (H. Burchartz).

Mörtel-mischung	Alter				
	28 Tage	3 Monate	1 Jahr	2 Jahre	3 Jahre
1 : 3	219,0	264,0	293	—	308 kg/cm²
1 : 4	163,8	215,8	283	316	320 „
1 : 5	101,4	140,4	180	194	205 „

Alter: 28 Tage.

	1 : 1			1 : 2	
Mörtelmischung					
Zusatz von Steinschlag	2	3	4	4	5 Teile
Druckfestigkeit in kg/cm² . . .	374	358	304	287	259

Bei den Betonen mit Mörtel 1 : 1 war der Wassergehalt 12—13 vH, bei den mit 1 : 2 gemischten nur 9,1 vH.

Die Zusammenstellung zeigt deutlich, wie erheblich der vermindernde Einfluß größerer Mengen von Zuschlagstoffen — Sand und Steine — zu bewerten ist.

Bei der Temperatureinwirkung ist die Festigkeit des Betons bei Kälte und unter hoher Sonnenwärme zu verfolgen.

Die Veränderung der Druckfestigkeit des Betons durch Frosteinwirkung behandeln Versuche aus dem Lichterfelder Prüfungsamt, veröffentlicht von Burchartz[1]), deren teilweise Ergebnisse die nachfolgende Zusammenstellung veranschaulicht:

	Druckfestigkeit in kg/cm² nach							
	7 Tagen	28 Tagen	7 Tagen	28 Tagen	7 Tagen	28 Tagen	7 Tagen	28 Tagen
Beton 1 : 5 { weich . . .	153	238	157	264	157	257	72	144
Beton 1 : 5 { erdfeucht ·	254	360	214	318	204	281	24	36
	ohne Gefrieren, frisch verarbeitet		Nach 3 Std. Gefrieren, und Auftauen		Nach 24 Std. Gefrieren, und Auftauen		Nach 3 Tagen Gefrieren, und Auftauen	

Es ergibt sich, daß bei bereits abgebundenem Beton ein Frost, der nur kurze Zeit anhält, keinen sehr nachhaltigen Festigkeitsrückgang bedingt, daß aber bereits die Zeit von 24 Stunden ausreicht, um dies bei erdfeuchtem Beton zu bewirken, während bei weichem Material keine Schädigung entsteht. Ganz besonders auffallend ist dieser Unterschied aber nach dreitägiger Frostdauer. Hier ist die Druckfestigkeit bei erdfeuchtem Beton auf rund $\frac{1}{10}$, bei weichem auf nur rund 50 bzw. 60 vH herabgegangen, wiederum ein bedeutsamer Vorzug des weichen Betons. Diese Erscheinung bestätigen auch Versuche des Deutschen Ausschusses für Eisenbeton (von M. Gary)[2]), die zwei Mischungen, 1 : 4

---

[1]) Vgl. Mitt. Materialpr.-Amt 1910. Verwendet für die Versuche wurden zwei Zemente, mit langer Abbindezeit in Mischung 1 : 5 und mit 9,0 bzw. 6,5 vH Wasser.

[2]) Vgl. Heft 13: Versuche über den Einfluß von Kälte und Wärme auf die Erhärtungsfähigkeit von Beton. Von M. Gary. 1912.

und 1 : 8, mit ebenfalls zwei verschiedenen Wasserzusätzen — erdfeucht und weich — in den Kreis der Untersuchungen ziehen und ergeben, daß durch kühle Witterung (0 bis +5° C) der Erhärtungsvorgang nur beim erdfeuchten, nicht beim weichen Beton eine stärkere Verzögerung erleidet, und daß eine Temperatur bis —10° selbst nach vierwöchigem Andauern den Weichbeton nicht schädigt, aber die Druckfestigkeit des erdfeuchten Grobmörtels erheblich herabsetzt. Aus Versuchen endlich von H. Germer[1]) zeigt sich, daß die Frosteinwirkung auf die Verminderung der Druckfestigkeit um so größer ist, je frischer der Beton ist und daß abwechselndes Frieren und Auftauen hierauf keinen so schädigenden Einfluß ausübt, wie eine länger andauernde Kältezeit.

Aus den vorerwähnten Garyschen Versuchen ergibt sich zugleich auch die Einwirkung der Wärme auf Beton. Hier zeigt sich, daß eine Wärme von +25 bis +30° C, während des Abbindens auftretend, die Druckfestigkeit des Betons ungünstig beeinflussen kann, falls dieser nicht, wie das in der Praxis selbstverständliche Regel ist, gegen Austrocknen geschützt wird.

Endlich ist der Einfluß der Herstellung und Verarbeitung bzw. einer Zwischenlagerung und eines Transportes des Betons auf seine Druckfestigkeit zu besprechen.

In ersterer Hinsicht lassen Versuche von E. Dyckerhoff[2]) deutlich erkennen, daß bei erdfeuchtem Beton durch die Stampfarbeit die Druckfestigkeit erheblich vergrößert wird, daß eine solche beim weichen Beton aber von nur geringem Einflusse ist. Daß endlich der mit Maschinen gemischte Beton druckfester ist als der von Hand gemengte, verlangt eine besondere Hervorhebung.

Durch einen Transport des Betons wird — vorausgesetzt, daß kein Entmischen eintritt — die Druckfestigkeit nicht unerheblich erhöht, wie Versuche in den Prüfungsanstalten zu Stuttgart, Lichterfelde und in Wien[3]) erkennen lassen. Es ist das eine Folge des Durchrüttelns der Masse während des Transportes. Auf diesem Vorgange beruht auch der „Transportbeton“ des Regierungsbaumeisters Magens-Hamburg, der den Beton an zentraler Stelle herstellt, ihn von hier aus der Verwendungsstelle zuleitet und ihn hierbei durch besondere Zu-

---

[1]) Vgl. hierzu: Einfluß niederer und hoher Temperaturen auf die Festigkeit von Beton. Von H. Germer. Verlag Tonind.-Zg.

[2]) Vgl. die Betonbeilage der Dt. Bauzg. 1906, Nr. 11, S. 43.

[3]) Vgl. hierzu die Ausführungen in Heft 10 der Veröffentlichungen des Eisenbetonausschusses des österreichischen Ing.- und Architektenvereins. Hier wurde der Beton vom Herstellungsorte auf Wagen nach der Kühlhalle auf einem mehrere Kilometer langen Wege transportiert. Es ergab sich hierdurch eine Festigkeitszunahme gegenüber von auf der Baustelle gelagerten Vergleichskörpern, vgl. Bauing. 1924, Heft 7, S. 214. Vgl. zu dieser Frage auch Beton und Eisen 1910 u. 1911 (v. Bach).

sätze vor frühzeitigem Abbinden, bei warmem Wetter auch vor dem Austrocknen bewahrt.

Die nach Navier ermittelte Druckfestigkeit des Betons bei Biegung ist durch die großen Versuchsreihen des Deutschen Ausschusses, im besonderen durch die Arbeiten von Bach, als relativ erheblich höher liegend ermittelt worden als die Würfeldruckfestigkeit des entsprechenden Betons. Es hat das seinen Grund darin, daß die Ermittlung der Biegungsdruckfestigkeit unter der Annahme erfolgt, daß die Querschnitte auch nach der Biegung eben bleiben, also auch der Verlauf der Spannungen über den ganzen Querschnitt hin ein geradliniger und die Elastizitätszahl konstant ist. Diese Annahmen treffen alle mehr oder weniger nur in beschränktem Maße zu und verschieben das Spannungsbild. Hierzu kommt bei vergleichsweiser Heranziehung der Ergebnisse der Würfelprobe noch, daß jeder ungleichmäßige Kraftangriff, jede ungleichmäßige, hierdurch bedingte Zusammendrückung des Würfels in ihm die Bildung sekundärer Schubspannungen begünstigt, die schneller als bei genau zentrischer Belastung zum Bruche führen, während bei der Biegungsbelastung eine gleichmäßige Krafteintragung in die Querschnitte in weit höherem Maße gesichert ist.

Die rechnerisch ermittelten, vergrößerten Druckbiegungsspannungen haben also naturgemäß nur relativen Wert, da beim Bruche bei Biegung tatsächlich in den äußersten Fasern keine höhere Festigkeit vorhanden sein kann als wie bei der Normalbeanspruchung. Dieser relativen Festigkeitsvergrößerung wird aber dadurch Rechnung getragen, daß die für Biegungsdruck im Beton zugelassenen, rechnerisch zu ermittelnden Spannungen eine Erhöhung gegenüber den erlaubten Normaldruckspannungen erfahren.

Aus vielen Versuchen, namentlich denen von Bach[1]), ergibt sich — wie schon auf S. 56 hervorgehoben —, daß die Biegungsdruckfestigkeit rund das 1,7 fache der Würfeldruckfestigkeit des Betons beträgt, daß ferner weder das Mischungsverhältnis noch ein verschieden großer, in normalen Grenzen sich haltender Wasserzusatz, noch die Lagerungsart in der Erhärtungszeit einen irgend erheblichen Einfluß auf diese Zahl auszuüben vermögen[2]).

---

[1]) Vgl. u. a. Heft 19 der Veröffentlichungen des Deutschen Ausschusses für Eisenbeton: Prüfung von Balken zu Kontrollversuchen von Bach u. Graf, 1912.

[2]) Daß österreichische Versuche mit Kontrollbalken zu anderen Zahlen gelangt sind, wurde schon im Anschlusse an die Kontrollbalkenfrage (Veröffentlichung von Heft 6 des Eisenbetonausschusses des österr. Ing.- u. Arch.-Vereins) auf S. 56 hervorgehoben. Hier wird das Verhältnis der geprüften Kontrollbalken bezügl. der Würfel zur Biegefestigkeit = 1 : 1,5 bis 1,1 angegeben, und zwar ergaben sich Unterschiede, je nachdem die Balken im Sommer oder Winter hergestellt waren.

Die normale **Zugfestigkeit** des Betons spielt gegenüber der Druckfestigkeit, da in der Regel die statische Mitarbeit des Betons in der Biegezugzone keine Berücksichtigung findet, eine nur untergeordnete Rolle. Im allgemeinen gelten auch für sie die gleichen Beziehungen wie bei der Druckfestigkeit; auch auf sie wirken dieselben Faktoren wie dort vermehrend bzw. vermindernd ein; das gilt im besonderen vom Alter bzw. einem erhöhten Wasserzusatz und der vermehrten Menge an Zuschlagsstoffen.

Über die absoluten Größen und ihre Beeinflussung geben die nachstehenden Zusammenstellungen Aufschluß:

Ein Zementmörtel 1 : 3 liefert nach Versuchen der Firma Wayß & Freytag nach dreimonatiger Erhärtung eine Normalzugfestigkeit von im Mittel 12,6, nach 2 Jahren von 15,5, in Mischung 1 : 4 nach 3 Monaten von 9,2 kg/cm². Der erste Mörtel, 3 Monate alt, ergab bei 8 bzw. 14 vH Wassergehalt eine Zugfestigkeit von 12,0 bzw. 10,5, eine entsprechende Mischung 1 : 4 lieferte 9,2 bzw. 8,8 kg/cm². Für einen Beton 1 : 2 : 3 und die untere bzw. obere Grenze, die für Eisenbetonbauten als Wassergehalt in Frage kommt, fand Bach[1]):

	Zugfestigkeit nach			
Wassergehalt	28 Tagen	45 Tagen	6 Monaten	1 Jahr
σ_{b3} α (= 7,8 vH)	12,4	13,7	19,5	23,7 kg/cm²
β (= 9,0 vH)	12,0	11,8	15,3	23,1 kg/cm²

Den Einfluß der Zuschlagsstoffe läßt die folgende Zusammenstellung erkennen; sie gibt zugleich über das Verhältnis von Normal-Zug- und -Druckfestigkeit Auskunft:

	Druckfestigkeit kg/cm²		Zugfestigkeit kg/cm²		Verhältnis der Druck- zur Zugfestigkeit	
	Wassergehalt					
	7,8%	9%	7,8%	9%	7,8%	9%
Mörtel 1 : 2	280	—	20,4	—	13,7	—
Beton 1 : 2 : 3 Kies	224	201	19	17,0	11,8	11,8
Beton 1 : 2 : 3 Basaltschotter . . .	233	197	21,8	20,5	10,7	9,6

Es zeigt sich, wie auch weitere Versuchsreihen bekunden, daß die Normalzugfestigkeit etwa $^{1}/_{10}$ der Normaldruckfestigkeit ist. Diese Zahl ist aber immerhin mit Vorsicht zu benutzen, da sie naturgemäß von den jeweilig verwendeten Baustoffen usw. abhängig ist und demgemäß

---

[1]) Vgl. Mitteilungen über Forschungsarbeiten Heft 95, von Bach u. Graf. Bei diesen Versuchen handelte es sich um einen sehr guten Beton, wie sich daraus ergibt, daß bei den beiden Wasserzusätzen die Würfeldruckfestigkeit zu 215 bzw. 191 kg/cm² nach 28 Tagen, zu 253 bzw. 209 kg/cm² nach 45 Tagen gefunden worden ist.

eine allgemeine Gesetzmäßigkeit kaum vorliegen dürfte[1]). Rechnet
man damit, daß nach vierwöchiger Erhärtung der für den Verbundbau
in Frage kommende Beton eine Normalzugfestigkeit von etwa 12 kg/cm²
besitzt, so wird bei einer etwa 5—6fachen Sicherheit seine zulässige
Beanspruchung nur wenig über 2 kg/cm² betragen, d. h. die Aufnahme
von Normalzugkräften durch den Beton keine große sein können.

Unter Zugrundelegung eines Grenzwertes von $E_{b_\delta} = 140\,000$ kg/cm²
errechnet sich bei einer Zugfestigkeit von 12 kg/cm² eine alsdann auftretende Dehnung in der Betonfaser zu:

$$\lambda_\delta = \frac{\sigma_\delta}{E_{b_\delta}} = \frac{12}{140\,000} = 0{,}000\,086 \, ,$$

d. h. also von 0,086 mm auf 1 m. Ähnliche Zahlen ergeben sich auch aus den
Bachschen Versuchen, welche zudem erkennen lassen, daß an bewehrten
und nichtbewehrten Zugprismen und gebogenen Balken vor Eintritt des
ersten Risses — beim Auftreten der sogenannten Wasserflecke[2]), welche
die Lockerung des Betongefüges bereits anzeigen — Dehnungen sich ausbilden von 0,08—0,10 mm auf 1 m, und daß bei Eintritt der ersten Risse
diese Zahlen sich auf den Höchstwert von 0,12—0,14 mm auf 1 m
erhöhen. Dabei hat sich aber kein Unterschied zwischen bewehrtem
und unbewehrtem Beton gezeigt. Dies ist auch deshalb zu erwarten,
weil die Vereinigung zwischen Beton und Eisen im Verbunde eine rein
mechanische ist und somit aus ihr nicht ein anderes elastisches Verhalten des Betons und keine größere Dehnungsfähigkeit gefolgert werden
kann. Ein Größenunterschied besteht nur zwischen einem an der Luft
gelagerten und einem unter Wasser abgebundenen oder dauernd feucht
gehaltenen Beton, da ersterer kleinere, letzterer größere Dehnungswerte,
und zwar gleichmäßig bei Nichtbewehrung und bei Eiseneinlagen,
aufweist[3]); auch zeigten sich die oben erwähnten Wasserflecken, die
Vorgänger der Rißbildung, nur bei feucht aufbewahrten Balken.

Wie aus den Ergebnissen der Biegungsversuche mit Eisenbetonbalken des Deutschen Ausschusses (vgl. z. B. Heft 38, 45—47, sowie

---

[1]) Vgl. auch Heft 17 der Veröffentl. des Deutschen Ausschusses für Eisenbeton: Versuche mit Stampfbeton von M. Rudeloff und M. Gary. 1912. Hier
sei namentlich auf die dort u. a. behandelte Zugfestigkeit magerer Betonmischungen
hingewiesen.

[2]) Wasserflecke, die zuerst 1904 von Turneaure (vgl. Engineering News
1904) beobachtet wurden, sind durch eine, der Rißbildung vorausgehende, diese
also noch nicht in sich schließende Lockerung des Gefüges zu erklären, derzufolge
das Wasser aus dem Innern an die bereits abgetrocknete Außenfläche heraustritt.
Da in der Regel die ersten Risse bei Laststeigerung mit den Wasserflecken zusammenfallen, haben diese eine besondere praktische Bedeutung für das
Auffinden der ersten Risse erlangt.

[3]) Diese Erscheinung dürfte bei trocken gelagerten Probekörpern z. T. auf
den Schwindvorgang zurückzuführen sein.

Heft 90 und 91 der Mitteilungen über Forschungsarbeiten) sich zeigt, beginnt die Rißbildung des Betons besonders an den Kanten, also an den Stellen der Unterfläche, die von den Eiseneinlagen am weitesten entfernt sind; auf die Größe der hierbei auftretenden Dehnung hat die größere oder geringere Entfernung der Eisen von der Balkenkante einen Einfluß, nicht aber der Prozentgehalt der Balkenbewehrung.

Wenn größere Dehnungen beobachtet worden sind, wie das seinerzeit die Versuche von Considère zu ergeben schienen[1]), so liegt das entweder daran, daß die ersten sehr feinen Trennungen des Betongefüges nicht Beachtung gefunden haben, oder daß die unter Wasser abgebundenen Probekörper unter Anfangsspannungen — Druckspannungen im Beton — standen, welche erst durch eine Beseitigung der Zusammendrückungen der Betonfasern ausgelöst werden mußten, ehe der Beton spannungsfrei war und nunmehr wirkliche Dehnungsbewegung auszuführen vermochte.

Stellt man die Forderung, daß ein auf Zug normal belastetes Verbundglied keinerlei Risse erhalten soll, so kann man höchstens im Beton Dehnungen von 0,1 mm auf 1 m zulassen. Da hierbei die Eisendehnung gleich der Betondehnung sein muß, so ergibt sich alsdann eine Eisenbeanspruchung von nur: $\sigma_e = \lambda_e E_e = 0{,}0001 \cdot 2\,100\,000$ kg/cm² $= 210$ kg/cm², also ein außerordentlich geringer Wert. Das würde aber eine wirtschaftlich wenig günstige, sehr schlechte Ausnutzung des Eisens zur Folge haben. Deshalb wird man auch nach Möglichkeit normal beanspruchte Zugglieder aus Eisenbeton vermeiden und sie lieber ganz in Eisen ausbilden oder damit rechnen müssen, daß der Beton feine Risse erhält, statisch unwirksam wird und somit das Eisen die gesamte Zugkraft aufnimmt. Hierin liegt der Hauptgrund, weshalb man bei Berechnung der Verbundbauten in der Regel in der gezogenen Zone die Zugwirkung des Betons vernachlässigt, also dem Eisen alle Zugkräfte zuweist — eine Annahme, von der bereits im Jahre 1886 Mathias Könen bei seiner ersten Theorie des Eisenbetonbaues als grundlegend ausging — vgl. S. 4.

---

[1]) Zu dieser Frage, die seinerzeit wegen der Considèreschen Behauptungen, daß der bewehrte Beton gegenüber dem unbewehrten eine um ein Vielfaches (10—20faches) erhöhte Dehnungsfähigkeit durch den Verbund erhalten habe, viel Aufsehen in Fachkreisen erregte, vgl. u. a.: Comptes rendus des séances de l'académie des sciences Bd. 127, 1898 und Génie civil 1899, Nr. 1—17, sowie die weiteren Veröffentlichungen einer französischen Reg.-Kommission, über die in Beton u. Eisen 1903, V, S. 291, 1905 III, S. 58 u. V, S. 124 berichtet wird. Als die Behauptungen zurückweisende Arbeiten kommen in Frage: Bach, Mitteilgn. über Forschungsarbeiten, Heft 45—47; Forschungsarbeiten auf dem Gebiete des Eisenbetonbaues 1904, Heft 1 von Kleinlogel; Mitteilgn. aus dem Material-Prüfungsamte Groß-Lichterfelde 1904 von M. Rudeloff; Foerster, Das Material und die statische Berechnung der Eisenbetonbauten. Leipzig 1907 (W. Engelmann). S. 15ff.

Die nach **Navier** und bei konstantem E_{b_z} berechnete **Biegungs-zugfestigkeit ist** — entsprechend den Verhältnissen zwischen Normal-druck- und Biegungsdruckfestigkeit — ebenfalls erheblich größer als die Normalzugfestigkeit[1]). Das beweisen u. a. Versuche der Österreicher **Spitzer** und **Hanisch**, von **Mörsch** und endlich Folgerungen aus den Arbeiten des Deutschen Ausschusses für Eisenbeton. **Hanisch** und **Spitzer** fanden aus Versuchen mit Verbundplatten von 7,5—11,5 cm Stärke, die bis zum Bruche auf Biegung belastet wurden, und bei Normal-zugversuchen, die sie an Probekörpern vornahmen, die mit größter Vor-sicht nahe den Auflagern den gebrochenen Platten entnommen waren, das Folgende:

Probe	I	II	III	IV	V	VI
Normale Zugfestigkeit	29	24	27	23	20	29 kg/cm²
Berechnete Biegezugfestigkeit . .	54,6	43,2	46,1	49,1	46,2	49,1 „

Es zeigt sich, daß bei dem hier verwendeten Beton ($1 : 3^1/_2$), der 258 Tage alt war, die Biegezugfestigkeit rund das 1,9fache der Normal-zugfestigkeit beträgt. Ähnliche Ergebnisse lieferten die Versuche von **Mörsch**.

Mischung:	1 : 3		1 : 4	
Wasserzusatz	8	14	8	14 vH
Normalzugfestigkeit	12,6	10,5	9,2	8,8 kg/cm²
Berechnete Biegungszugfestig-keit	21,4	23,2	16,1	16,7 „

Auch hier ergibt sich ein Verhältnis von rund **1 : 2,0 bis 1,8**. Dem-gemäß kann man auch annehmen, daß die nach **Navier** errechnete Biegezugfestigkeit sich auf etwa 24—22 kg/cm² unter den vorerwähnten Annahmen stellen wird, d. h. vor Überschreitung dieser rechnerischen Grenze in gebogenen Verbundteilen an der Zugseite und in der äußersten Faser auch keine Risse zu erwarten stehen. Daß diese Größe auch der

---

[1]) In seinem Eisenbetonbau, 5. Aufl. S. 70 ff., 6. Aufl. S. 73 erbringt **Mörsch** auf Grund von Biegeversuchen mit Eisenbetonbalken den Beweis dafür, daß beim Bruch infolge Biegung keine wesentlich andere Zugfestigkeit vorhanden ist, als beim unmittelbaren Zugversuche, wenn man die erstere Zahl aus den tatsächlichen Spannungsdia-grammen herleitet. Die nach der gewöhnlichen Formel — also nach der Navierschen Biegungstheorie — berechnete Biegefestigkeit ergibt sich nur deshalb viel größer, weil dabei Proportionalität zwi-schen Spannungen und Dehnungen vorausgesetzt ist — vgl. hierzu auch die Spannungsdiagramme am Anfange von Abschn. 11, deren erstes der Navierschen Biegungslehre entspricht, während im Bruchstadium ein sehr viel steilerer Verlauf der Spannungskurve, etwa nach der zweiten Abb., eintritt.

Wirklichkeit bei gebogenen Verbundbalken entspricht, beweisen u. a. endlich auch die in Heft 38 des Deutschen Ausschusses für Eisenbeton aus den dort behandelten Versuchen gezogenen Schlußfolgerungen[1]). Hier ergibt sich (bei $n = 15$) für die verschieden gestalteten und bewehrten Balken mit rechteckigem und Rippenquerschnitt die errechnete Beton-Zugbiegungsspannung, und zwar kurz ehe die ersten Risse eintraten, zu:

Balken Nr.	1	2	3	4	5	6	7	8	9	10	11	12	13
σ_{b_δ} in kg/cm²	25,8	28,8	27,3	30,8	28,9	28,7	27,2	26,4	26,9	27,0	27,2	25,2	26,9

Der Mittelwert aller dieser Zahlen liegt bei rund 27,4 kg/cm², d. h. auch hier zeigt sich, daß vor einer Grenze von **24 kg/cm²** der Biegungszugbelastung mit dem Auftreten von Rissen in der Betonzugzone bei Biegung im allgemeinen nicht gerechnet zu werden braucht. Diese Zahl hat eine große Bedeutung für alle die Ermittlungen, bei denen wegen Gefährdung des Eisens bei etwaigen Rissen der Nachweis verlangt wird, daß eine solche Gefahr aus der Biegungsbelastung nicht vorliegt. Also bei den Berechnungen, die den Beton in der Zugzone ausnahmsweise als statisch wirksam in Rechnung stellen, ist (nach Navier) die Zahl **24 kg/cm² als Biegezugfestigkeit des Betons**, wie er bei Verbundbauten üblich ist, zugrunde zu legen. Erst nach ihrer Überschreitung ist in der Regel die Gefahr der Rissebildung gegeben.

Nach Versuchen des Deutschen Ausschusses für Eisenbeton ergibt sich, daß der Wert σ_{b_δ} sowohl für Rechteck- wie für Plattenbalken einen brauchbaren Maßstab für das Auftreten von Rissen im Beton darstellt. Infolge der Bewehrung der Balken durch Eisen liegt der Wert, bei dem die ersten Risse auftreten, etwas höher als bei gleichartigen unbewehrten Balken. Rechteckbalken zeigen nach den Versuchen eine 1,25- bis 1,50 fache Rissesicherheit, je nachdem mit zulässigen Spannungen von 1200/40 bzw. 1200/35 gerechnet wird; bei Plattenbalken ist die Sicherheit kleiner; läßt man hier für das Eisen eine Spannung von 750 kg/cm² und für σ_{b_δ} an der Unterfläche der Rippe 24 kg/cm² zu, so ist die Sicherheit nur etwa 1,1, um bei höheren σ_e-Werten unter 1 zu fallen, so daß hier mit einem Auftreten von Rissen gerechnet werden kann. Da die Versuchsbalken, von denen diese Zahlen abgeleitet sind, dauernd feucht gehalten waren, so gelten die Ergebnisse auch nur für diesen Fall; zudem

---

[1]) Vgl. Heft 38, das sich mit Versuchen mit Verbundbalken zur Ermittlung der Beziehungen zwischen Formänderungswinkel und Biegungsmoment befaßt und sich auf Versuche von C. Bach und O. Graf aufbaut, die 1912—1914 in Stuttgart zur Ausführung gelangt sind. Vgl. hierzu auch die Nebenergebnisse der Versuche in Heft 44, besprochen u. a. im Bauingenieur 1920 Heft 19 (von M. Foerster).

hatte bei den Versuchen der Beton eine Würfeldruckfestigkeit W_{e28} von im Mittel rund 230 kg/cm². Kann im Einzelfalle mit dieser Zahl nicht gerechnet werden, wird auch σ_{b_3} kleiner sein als 24 kg/cm² und somit das Auftreten der Risse eher zu erwarten, d. h. die Sicherheit hiergegen geringer einzuschätzen sein. — Hinzu kommt beim Bauwerk noch das Schwinden des Betons als weitere, die Rißbildung bedingende Ursache.

Die Schubfestigkeit des Betons spielt namentlich bei Balken mit Rippenquerschnitt eine sehr bedeutsame Rolle.

Um die Schubfestigkeit, zunächst des Betons, zu bestimmen, wurden von Mörsch mit einfachen kurzen Balken aus Beton, dann weiterhin mit entsprechenden eisenbewehrten, Versuche zur Ausführung gebracht (s. Abb. 6, a—c). Bei diesen Versuchen war es aber nicht möglich, Normalspannungen infolge der Verbiegung der Balken ganz auszuschalten, so daß die Versuche über die tatsächliche Schubfestigkeit kein vollkommen sicheres Ergebnis zu liefern vermögen. Bei einer Mischung von 1 : 4 ergab sich eine Betonschubspannung bei unbewehrten Betonbalken von im Mittel 37,1 kg/cm², bei den bewehrten beiden Probekörpern von im Mittel 36,2 bzw. 34,0 kg/cm². Es zeigt sich also das wertvolle,

Abb. 6 a—c.

auch später stets bestätigte Gesetz, daß die Eisenbewehrung die Schubfestigkeit des Betons nicht erhöht, daß zunächst der Beton auf Schub zerstört wird und daß alsdann erst das Eisen gegenüber der Schubbelastung zur Wirkung gelangt. Weitere Versuche von Mörsch erstrecken sich auf in der Längsachse geschlitzte

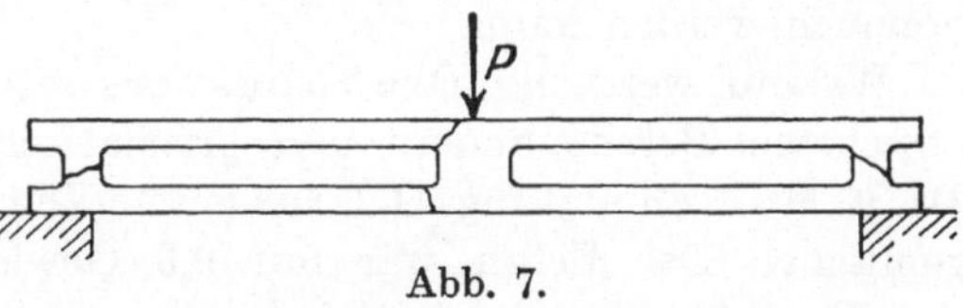

Abb. 7.

Betonbalken, bei denen also bei Biegungsbelastung nahe der Neutralachse ein Abschieben des oberen gegenüber dem unteren Balkenteil eintreten mußte, wobei die Biegungsspannungen ausgeschaltet wurden (Abb. 7). Hier ergab sich:

Mischung	1:3		1:4	
Wassergehalt	8%	14%	8%	14%
Schubfestigkeit in kg/cm² i. M.	30	30	31	28

Dem erheblich höheren Wassergehalt und ebenso der schwächeren Betonmischung entspricht also kein solch starker Festigkeitsrückgang wie bei der Druck- und Zugfestigkeit.

Um die Normalspannungen vollkommen auszuschalten, wurden zunächst von Föppl, dann weiter in besonders umfassender Weise von Bach (an der Stuttgarter Versuchsanstalt) Drehversuche mit unbewehrten und bewehrten Körpern durchgeführt. Aus den Versuchen von Föppl[1]), denen zylindrische Verbundwellen zugrunde lagen, wurde eine Schubfestigkeit von 20,1 kg/cm² nach 112 Tagen, von 29,8 kg/cm² nach 210 Tagen abgeleitet. Die Elastizitätszahl auf Schub wurde hier bestimmt zu 113 000 bzw. 138 000 kg/cm², je nachdem der Mörtel feucht oder trocken war.

Die Bachschen Untersuchungen erstrecken sich auf den quadratischen, rechteckigen, kreisrunden und ringförmigen Querschnitt reiner Beton- und Verbundwellen. Die Betonmischung betrug 1 : 2 : 3, der Wassergehalt 9 vH, das Alter der Körper 45 Tage. Das Endergebnis der Versuche ist[2]):

	Quadratischer Querschnitt	Rechteckiger Querschnitt	Kreisförmiger Querschnitt	Ringförmiger Querschnitt
Schubfestigkeit in kg/cm²	30,4	32,5	25,6	17,1
Schubelastizitätszahl in kg/cm²	130 000	132 000— 142 000	137 000— 141 000	131 000— 128 000

Sieht man von dem ringförmigen Querschnitte ab, so ergibt sich aus der Mehrheit der vorerwähnten Versuchsergebnisse, daß die Schubfestigkeit des Betons für den Verbundbau zu etwa 25—30 kg/cm² angenommen werden kann.

Weitere wertvolle Drehungsversuche mit bewehrten und unbewehrten Betonzylindern und prismatischen Körpern führten Prof. Dr. E. Mörsch und Ing. O. Graf aus[3]). Die Probekörper waren 1 : 2 : 3 gemischt. Der Beton war mit 9,3 Gewichtsprozenten Wasser hergestellt. Als Torsionsfestigkeiten[4]) wurde bei unbewehrten Hohlzylindern im Mittel 13,8 kg/cm², bei Vollzylindern 18,6 kg/cm², beim

---

[1]) Vgl. Föppl, Verdrehungsversuche an Beton- und Eisenbetonwellen. Mitt. aus dem mech.-techn. Laboratorium der Techn. Hochschule München, 32. Heft (Verlag Th. Ackermann, München). Genaueres über die Föpplschen Versuche s. u. a. in E. Probst, Vorlesungen über Eisenbeton Bd. I. (Berlin: Julius Springer) I. bzw. II. Auflage.

[2]) Genaues s. in Heft 16 der Veröffentl. des Deutschen Ausschusses für Eisenbeton: Versuche über die Widerstandsfähigkeit von Beton und Eisenbeton gegen Verdrehung; von C. Bach u. O. Graf. 1912.

[3]) Siehe Versuchsbericht von Ing. Graf und Prof. Dr.-Ing Mörsch, als besonderes Heft der Mitteilungen über Forschungsarbeiten erschienen; vgl. auch das Werk von E. Mörsch: Der Eisenbetonbau. 5. Aufl., I. Bd., 2. Hälfte, S. 249 ff.

[4]) Die Festigkeiten der zylindrischen Körper aus Beton sind nach der Gleichung:

$$k_d = \frac{M_m \cdot r}{I_p}$$ berechnet, in der M_m das Bruchmoment, I_p das polare Trägheits-

Rechtecksquerschnitt 32,5 kg/cm² gefunden; auch hier zeigte sich — übereinstimmend mit anderen Versuchen — die Drehungsfestigkeit erheblich höher als die Zugfestigkeit. Der Bruchriß entstand durch die schiefen Hauptzugsspannungen, die jeweils gleich der Schub- oder Drehungsfestigkeit sind, nach Untersuchungen von Mörsch hier aber eine Verstärkung erfahren durch die am Umfang der Drehungskörper auftretenden zusätzlichen Druckspannungen[1]). Wegen der Ergebnisse mit den bewehrten Probekörpern und der einschlägigen Rechnungen vgl. die oben angegebene Quelle und die Mitteilungen in Anm.[2]). Im allgemeinen hat die Drehungsfestigkeit für Eisenbetonbauten deshalb eine untergeordnete Bedeutung, weil es in der Regel möglich ist, durch geeignete konstruktive Mittel eine Drehungsbeanspruchung im Bauwerke auszuschalten. —

moment und r den Zylinderhalbmesser darstellt. Für den quadratischen Querschnitt diente die Gleichung:

$$k_d = 4{,}8\ \frac{M_d}{a^3}\ , \quad \text{für den rechteckigen}$$

$$k_d = \psi\ \frac{M_d}{b^2\,d}\ ; \qquad \psi = 3 + \frac{2{,}6}{0{,}45 + \dfrac{d}{b}} = \text{der Dehnungs-}$$

spannung in der Mitte des rechteckigen Querschnittes $b \cdot d$ mit der längeren Seite $= d$; beim Quadratquerschnitt wird $b = d = a$; M_d ist auch hier das Bruchmoment.

[1]) Die Verfasser der vorgenannten Arbeit fassen ihre Versuchsergebnisse dahin zusammen, daß es beim Beton keine eigentliche Drehungsfestigkeit gibt, daß vielmehr Rißbildung und Bruch erfolgt, wenn die Zugfestigkeit in der Richtung der Hauptzugsspannungen überwunden wird. Der Drehungswiderstand wird gleichzeitig durch die zusätzlichen Druckspannungen erhöht, die am Umfang und den daran anschließenden Partien der zylindrischen Probekörper in axialer und tangentialer Richtung auftreten und dadurch entstehen, daß die auf Schub beanspruchten Körperelemente ihre Abmessungen etwas vergrößern. Dies ist wiederum verursacht durch die Verschiedenheit der Elastizitätszahlen für Zug und Druck.

[2]) Längseisen allein wirken nur unbedeutend auf Torsion mit; die bei starker Bewehrung beobachtete günstige Wirkung ist wohl mehr der Vermehrung der zusätzlichen Druckspannungen in der Längsrichtung zuzuschreiben, weil die Längseisen die Verlängerung hindern. Ringe allein sind wertlos.

Längseisen und Ringe zusammen erhöhen den Widerstand gegen Drehung, aber nicht indem sie unmittelbar Schubspannungen aufnehmen, sondern weil sich nach Auftreten der schrägen Zugrisse ein neues Gleichgewichtssystem zwischen den Druckstreifen und der Bewehrung bilden kann. Diese Bewehrungsart bleibt aber in ihrer Wirkung weit hinter den Spiralen zurück, die imstande sind, ohne weiteres die vor den Rissen im Beton wirksam gewesenen Zugkräfte zu übernehmen.

Die Torsionsversuche haben damit zu einem Ergebnis geführt, das auch in ähnlicher Weise bei den Versuchen über die Schubwirkung an Plattenbalken erhalten wurde. Auch hier zeigte sich, daß die senkrechten Bügel keine wagerechten Schubkräfte übertragen können, sondern daß sie nach Eintritt der schrägen Schubrisse auf Zug wirken und so einen neuen·Zustand des Gleich-

Aus allen vorerwähnten Versuchen ergibt sich übereinstimmend, daß die Schub- bzw. die Drehungsspannung stets größer ist als die Zugspannung, d. h. daß die Schub- und Drehungsfestigkeit des Betons höher ist als seine normale Zugfestigkeit.

Die **zulässigen Spannungen für Beton** sind — wie bereits auf S. 54 hervorgehoben wurde — durch die neuen Bestimmungen unter der Voraussetzung festgelegt, daß Würfelfestigkeiten in bestimmter Höhe gewahrt sind, und zwar einmal für Normal- bzw. hochwertige Zemente und zum anderen für erdfeucht hergestellte und zugleich auch für, dem Bauwerksbeton genau entsprechende, Würfel. Verlangt wird (s. S. 54):

a) Für normalen Handelszement $W_{e28} \geqq 200$ kg/cm² und außerdem $W_{b28} \geqq 100$ kg/cm²;

b) Für hochwertigen Zement $W_{e28} \geqq 275$ kg/cm² und außerdem $W_{b28} \geqq 130$ kg/cm².

In besonderen Fällen, in denen die zulässige Beanspruchung des Betons auf Grund des Festigkeitsnachweises abgestuft wird, wird ferner gefordert für weich oder flüssig angemachten und entsprechend der Verarbeitung im Bauwerk behandelten Beton: $W_{b28} \geqq \nu \cdot \sigma_{zul}$, wobei der Beiwert ν den nachfolgenden Zusammenstellungen unter I, 3 und III, 3 zu entnehmen ist und außerdem $W_{e28} \geqq 250$ kg/cm² vorausgesetzt wird.

A. Für mittigen Druck sind die folgenden Spannungen im Beton zugelassen:

Tabelle I.

Nr.	Zementart	σ_{zul} in kg/cm² bei Stützen ohne Knickgefahr	
		im allgemeinen	bei Brücken
1	Handelszement; $W_{e28} \geqq 200$ kg/cm² und $W_{b28} \geqq 100$ kg/cm²	35	30
2	Hochwertiger Zement: $W_{e28} \geqq 275$ kg/cm² und $W_{b28} \geqq 130$ kg/cm²	45	40
3	In besonderen Fällen bei Nachweis der Würfelfestigkeit: $W_{b28} \geqq \nu\, \sigma_{zul}$ und $W_{e28} \geqq 250$ kg/cm²	$\sigma_{zul} = \dfrac{W_{b28}}{3}$ jedoch nicht mehr als 60	$\sigma_{zul} = \dfrac{W_{b28}}{4}$ jedoch nicht mehr als 50

gewichts ermöglichen. Die Schrägeisen sind den Bügeln überlegen, weil sie unmittelbar die schiefen Zugspannungen des Betons aufnehmen können.

Vgl. auch: Torsionsbewehrung von Dr.-Ing E. Rausch, Zentralbl. d. Bauv. 1921 Nr. 85, S. 528—538.

Eine Vergrößerung dieser Werte ist bei Betongelenken, bei mittigem Kraftangriffe und Teil- auch Streifen-Belastung gestattet, wenn die Länge des Gelenkquaders in Richtung der Kraft > als dessen Stärke d ist. Alsdann kann die hier zulässige Spannung $\sigma_{I\,zul}$ nach der Gleichung berechnet werden:

$$\sigma_{I\,zul} = \sigma_{zul} \cdot \sqrt[3]{\frac{F}{F_1}},$$

worin F die ganze Druckfläche, F_1 der allein (mittig) beanspruchte Teil der Druckfläche und σ_{zul} der aus Tabelle I zu entnehmende Wert ist[1]).

B. Auf Knicken sind — wie im Kapitel Stützen eingehend behandelt wird — solche Verbundsäulen zu berechnen, bei denen bei quadratischem und rechteckigem Querschnitte und einfacher, Längs- und Bügelbewehrung die Säulen- (Systems-) Länge > als das 15fache der kleinsten Querschnittsabmessung wird, bzw. bei umschnürter Bauart das 13fache des Stützendurchmessers überschritt.

Stützen mit Knickgefahr sind mit vorstehenden Beanspruchungen für die ω-fache Stützenbelastung zu bemessen, wobei die Knickzahl ω abhängig ist vom Schlankheitsgrad (Stützenlänge l geteilt durch die kleinste Stützendicke s) gemäß nachstehender Tabelle II.

Tabelle II.

$\dfrac{l}{s}$	Knickzahl $\omega = \dfrac{\sigma_{b\,zul}}{\sigma_{k\,zul}}$	$\dfrac{\Delta\,\omega}{\Delta\,\dfrac{l}{s}}$
1. für quadratische und rechteckige Stützen mit einfacher Bügelbewehrung		
15	1,00	
20	1,25	0,05
25	1,75	0,10
2. für umschnürte Stützen		
13	1,0	
20	1,7	0,1
25	2,7	0,2

Zwischenwerte sind geradlinig einzuschalten[2]).

C. Bei einer Beanspruchung auf reine Biegung und Biegung mit Längskraft sind die in Tabelle III angegebenen Spannungswerte zugelassen. Sie gelten in:

Spalte a: für mindestens 20 cm hohe volle Rechteckquerschnitte, für Balken und Plattenbalken zur Aufnahme von Stützmomenten,

---

[1]) Ist z. B. $F_1 = \tfrac{1}{8}F$, so wird $\sigma_{I\,zul} = \sigma_{zul}\sqrt[3]{8} = 2\,\sigma_{zul}$.

[2]) Hierbei wird man zweckmäßig von den obigen Werten $\dfrac{\Delta\,\omega}{\Delta\,\dfrac{l}{s}}$ Gebrauch machen; für $\dfrac{l}{s} = 23$ ergibt sich beispielsweise: $\omega = 1,25 + 3 \cdot 0,10 = 1,55$ bzw. $\omega = 1,7 + 3 \cdot 0,2 = 2,3$.

für Pilzdecken, für Rahmen, Bögen und Stützen als Teile rahmenartiger Tragwerke, wenn diese ausführlich nach der Rahmentheorie berechnet werden, und zwar bei gewöhnlichen Hochbauten unter Annahme ungünstigster Laststellung, bei anderen Bauten außerdem unter Berücksichtigung der Wärmewirkung, des Schwindens sowie der Reibungs- und Bremskräfte;

Spalte b: für Platten von mindestens 10 cm Stärke in Hochbauten einschließlich Fabriken ohne wesentliche Erschütterungen, für Balken, Plattenbalken, außermittig belastete Stützen und andere Tragwerke, soweit sie nicht unter a fallen, für Stützenquerschnitte von Balken und Plattenbalken der Spalte c;

Spalte c: für Platten von weniger als 10 cm Stärke, für Bauteile, die unmittelbaren starken Erschütterungen ausgesetzt sind, in Hochbauten, für Platten und Träger der Fahrbahntafel in Straßenbrücken und Durchfahrten bei weniger als 50 cm Überschüttungshöhe;

Spalte d: für Balkenbrücken unter Eisenbahngleisen. Werden die Brems- und Anfahrkräfte und der Einfluß der Wärmeschwankungen

Tabelle III.

		Zulässige Beanspruchungen in kg/cm²			
		a	b	c	d
1	Handelszement: $W_{e28} \geqq 200$ kg/cm² und außerdem $W_{b28} \geqq 100$ kg/cm²	50	40	35	—
2	Hochwertiger Zement: $W_{e28} \geqq 275$ kg/cm² und außerdem $W_{b28} \geqq 130$ kg/cm²	60	50	40	—
3	In besonderen Fällen bei Nachweis der Würfelfestigkeit $W_{b28} \geqq \nu \cdot \sigma_{zul}$ und außerdem $W_{e28} \geqq 250$ kg/cm²	$\sigma_{zul} = \dfrac{W_{b28}}{2}$ jedoch nicht mehr als 70	$\sigma_{zul} = \dfrac{W_{b28}}{2,5}$ 60	$\sigma_{zul} = \dfrac{W_{b28}}{3,5}$ 45	$\sigma_{zul} = \dfrac{W_{b28}}{5}$ 40
4	Eisen (Handelseisen)	1200	1200	1000	800
5	Stahl St 48 nur in Verbindung mit Beton nach 2 oder 3[1])	1500	1500	1250	1000

In der Tabelle erstrecken sich über die Spalten a–d die Überschrift "Beton auf Druck" (Zeilen 1–3) bzw. "Eisen (Stahl) auf Zug" (Zeilen 4–5).

[1]) Da die eingeleiteten Versuche mit hochwertigem Zement in Verbindung mit Stahl noch nicht abgeschlossen sind, bleibt die Anwendung der in Ziffer 5 genannten Spannungen in Hochbauten zunächst nur auf Platten beschränkt.

und des Schwindens berücksichtigt, so dürfen die in Spalte d genannten zulässigen Spannungen um 30 vH erhöht werden. Dabei dürfen aber die ohne diese Kräfte errechneten Spannungen die dort genannten Werte nicht überschreiten.

In den Spalten c und d ist ein Stoßzuschlag bis 50 vH berücksichtigt. Ist ein höherer Stoßzuschlag geboten, so sind die stoßenden Lasten entsprechend zu erhöhen.

D. Die Schubspannung des Betons darf bei Handelszement 4 kg/cm², bei hochwertigem Zement 5,5 kg/cm² nicht überschreiten.

E. Die zulässige Drehungsspannung des Betons ist für rechteckige Querschnitte gleich der Schubspannung.

F. Die zulässige Haftspannung, soweit sie in der statischen Berechnung überhaupt nachzuweisen ist[1]) (Gleitwiderstand), beträgt 5 kg/cm².

G. Bei außermittigem Druck dürfen Querschnitte — wie weiter unten ausführlich dargelegt wird — allerdings unter Inrechnungstellung des wirklichen Verbundquerschnittes (F_i) und dessen Widerstandsmoment (W_i) wie homogene Querschnitte behandelt, die zulässige Spannung also nach der Gleichung:

$$\sigma = -\frac{P}{F_i} \pm \frac{M}{W_i}$$ beurteilt

werden, wenn einmal die sich hierbei ergebende Druckspannung die in Tabelle I gegebenen Werte nicht überschreitet und zum anderen die Randzugspannung im Beton $= \sigma_{b_3}$ nicht größer als $^1/_5$ der erlaubten Druckspannung ist. Geht die Zugspannung über dies Maß hinaus, so muß die Zugzone bei der Spannungsberechnung außer Ansatz bleiben. Hierbei sind die Eiseneinlagen aber in jedem Falle so zu berechnen, daß sie ohne Mitwirkung des Betons alle Zugspannungen aufnehmen können.

4. Das Eisen.

Für die Bewehrung der Verbundbauten wird in der Regel Handelseisen (praktisch gleichbedeutend mit Flußstahl St. 37) verwendet, welches den Mindestforderungen genügt, die in den Normalbedingungen für die Lieferung von Eisenbauwerken, Normblatt 1000 des Normenausschusses der deutschen Eisenindustrie enthalten sind[2]).

Das Eisen darf zum Zwecke der Prüfung weder abgedreht noch ausgeschmiedet oder ausgewalzt werden; es ist also stets in der Dicke zu prüfen, wie es angeliefert wird.

---

[1]) Vgl. die betr. Ausführungen im Abschnitte Eisen.

[2]) Normalbedingungen für die Lieferung von Eisenbauwerken (Reichsnorm, Bauwesen 1000) vom Jahre 1923.

Anzahl und Durchführung der Proben richten sich ebenfalls nach den genannten Vorschriften.

Die Kaltfaltprobe soll in der Regel auf jeder Baustelle durchgeführt werden; dabei muß der lichte Durchmesser der Schleife an der Biegestelle gleich dem doppelten Durchmesser des zu prüfenden Rundeisens sein (bei Flacheisen gleich der doppelten Dicke). Auf der Zugseite dürfen dabei keine Risse entstehen. Diese Bestimmung trägt dem Umstande Rechnung, daß im Verbundbau nicht allzu enge Halbmesser für die Abbiegungen in Frage kommen[1]). Die Probestücke sind bei Zimmerwärme zu biegen. Diese Probe ist von ganz besonderer Bedeutung für den Verbundbau. Abgesehen davon, daß sie leicht ausführbar ist, sichert sie auch, daß kein sprödes Eisen zur Verwendung gelangt, ein Umstand, der bei dem vielfachen Biegen der Eisen im Bauwerk besondere Bedeutung und Aufmerksamkeit verdient. Bei Durchführung der Probe gilt das Eisen als gebrochen, also die Probe als nicht erfüllt, wenn auf der Außenzugseite Risse auftreten; hingegen geben kleinere Quetschfalten in der Innendruckseite keine Veranlassung zu Beanstandungen. Die Probe ist in der Regel auf jeder Baustelle durchzuführen; ein Unterlassen derselben und ein durch den Bruch spröden Eisens bedingter Unfall ist also in solchem Falle als ein Verstoß gegen die anerkannten Regeln der Baukunst zu beurteilen.

Für Bauteile, die besonders ungünstigen, rechnerisch nicht faßbaren Beanspruchungen ausgesetzt sind, kann die Baupolizeibehörde bei Prüfung der Bauvorlagen ausnahmsweise die Prüfung auf Zug verlangen, wobei der Mindestwert der obengenannten Vorschriften, 3700 kg/cm² Bruchspannung, eingehalten werden muß.

Nach den Bestimmungen selbst ist für Bauwerkseisen (in der Längsrichtung) bei Stärke der Stäbe von 7—28 mm eine Zugfestigkeit von 37—45 kg/mm² und eine Dehnung von mehr als 20 vH, bei Stärken von 4—7 mm eine Zugfestigkeit von 37—46 kg/mm² und eine Dehnung von mindestens 18 vH gefordert.

Über die Auswahl und die Anzahl der Proben wird bestimmt, daß bei einer schmelzungsweisen[2]), vorher vereinbarten Prüfung aus jedem Satze drei Stück, höchstens aber von je 20 oder angefangenen 20 Stück ein Stück entnommen und geprüft werden darf. Wird nicht schmelzungsweise geprüft, so können von je 100 Stück 5, höchstens jedoch von 2000 kg (oder angefangenen 2000 kg) der Abnahmemenge ein Stück zur Prüfung entnommen werden. Zur Entnahme der Probestücke sind möglichst Abfallenden zu nehmen. Entsprechen alle Proben den ge-

---

[1]) Bei der Din. 1000 sind für die Kaltfaltproben engere Biegeschleifen vorgeschrieben.

[2]) Hierbei müssen die zur Abnahme vorgelegten Stücke die Schmelzungsnummer tragen.

stellten Anforderungen, so gelten die zugehörenden Stücke als abgenommen. Entspricht aber mehr als die Hälfte der Proben den Anforderungen nicht, so kann die Teillieferung verworfen werden; anderenfalls sind für jede Fehlprobe zwei neue aus der Menge des Abnahmematerials auszuwählen. Entspricht eine dieser wiederum den Anforderungen nicht, so können sämtliche zugehörenden Stücke verworfen werden.

Nach Versuchen von Bach[1]) mit deutschem Handelseisen hat sich gezeigt, daß dieses in Stärken von 7—25 mm Durchmesser Zugfestigkeiten zwischen 4535 bis 3750 kg/cm² und eine Streckgrenze zwischen rund 3400 und 2400 kg/cm² besitzt, also die Forderungen erfüllt, die an Bauwerksflußstahl gestellt sind. Das gleiche bestätigen auch umfangreiche Versuche des Deutschen Betonvereins, die in den Jahren 1912—1913 im Großlichterfelder Material-Prüfungsamt zur Ausführung gelangten und mit Handelseisen aus Westfalen, Hannover, Lothringen und Schlesien angestellt wurden. Hier zeigten Rundeisen von 7—30 mm Durchmesser im Mittel Festigkeiten von 4220 bis 3880 kg/cm², Streckgrenzen zwischen 2990 und 2420 kg/cm², Bruchdehnungen von 26,7—29,9 vH; auch ergab sich nur einmal bei einem 25er Eisen eine Zugfestigkeit unter 3400 kg/cm², und zwar von 3240 kg/cm². Somit erbringen die vorerwähnten Versuche den Beweis, daß das deutsche Handelsrundeisen für den Verbundbau ohne Bedenken als Konstruktionseisen Verwendung finden kann, der Verbundbau also nicht veranlaßt oder genötigt ist, Qualitätsflußstahl von den Werken unmittelbar zu beziehen.

Besondere Wichtigkeit für die Eisenbetonbauten haben beim Eisen die Streck- und die Quetschgrenze, da bei Überschreitung dieser das Eisen an Querschnittsstärke einbüßt und somit aus dem umgebenden Beton herausgerissen wird bzw. durch Querschnittsverstärkung den umgebenden Beton abdrückt und zum Abspringen bringt. In beiden Fällen hat also die Überschreitung dieser Grenzen eine Zerstörung des Verbundes zur Folge. Auf die genügende Sicherheit jenen Grenzen gegenüber ist somit besonders zu achten. Sie liegen, wie die vorgenannten Versuche zum Teil erkennen lassen, auf im Mittel 2700 kg/cm²; oft werden auch die Grenzen als bei rund 65 vH der Festigkeitszahl liegend angegeben. Für den Eisenbetonbau ist es im allgemeinen nicht empfehlenswert, Eisen mit besonders hoher Streckgrenze anzufordern bzw. zu verwenden. Abgesehen davon, daß die zulässige Beanspruchung des Eisens stets noch weit unter jener Grenze beim normalen Handelseisen verbleibt, also ein besonderes Qualitätseisen nicht als wirtschaft-

---

[1]) Siehe Bach, Mitteilungen über Forschungsarbeiten, Heft 45—47. Berlin 1904; vgl. auch Mörsch, Der Eisenbetonbau, 5. Aufl. 1920, S. 183 ff. Hier sind die Einzelergebnisse übersichtlich zusammengestellt, siehe auch 6. Aufl. I. 1923, S. 20.

lich bezeichnet werden kann, zeigt auch Eisen mit sehr hoher Streckgrenze eine nicht so hohe Dehnung wie ein solches mit niedriger stehender. Das muß aber als Nachteil im Hinblicke auf die kalte Bearbeitung des Eisens im Verbundbau angesprochen werden.

Neben Handelseisen (gleich St. 37) kommt in neuerer Zeit auch ein hochwertiger Kohlenstoff-Stahl (St. 48) als Bewehrungseisen für den Verbundbau in Frage, namentlich in Verbindung mit „hochwertigen" oder besonders druckfesten Zementen. Dieser Baustahl 48 soll Zugfestigkeiten aufweisen zwischen 4800 und 5800 kg/cm² und eine Bruchdehnung von mindestens 18 vH besitzen. Um einer Verwechselung mit gewöhnlichem Flußstahl (St. 37) vorzubeugen, soll St. 48 durch eine eingewalzte durchlaufende Marke kenntlich gemacht werden[1]).

Die Elastizitätszahl des Stahls ist auf Zug und Druck gleich groß und im Mittel zu 2 100 000 kg/cm² in Rechnung zu stellen.

Verwendet werden, abgesehen von ganz besonderen Fällen, für die Hauptbewehrung der Verbundbauten in Deutschland fast ausschließlich Rundeisen. Sie haben sich als Einlagen durchaus bewährt und allen an sie gestellten Anforderungen bestens genügt und sind dabei wegen ihres verhältnismäßig geringen Einheitspreises, gegenüber Sondereisen, und ihrer nicht schwierigen Bearbeitungsmöglichkeit in kaltem Zustande auch vom wirtschaftlichen Standpunkte zu empfehlen. Wenn auch nicht zu leugnen ist, daß manche im Auslande, namentlich in Amerika, bevorzugten Eisen mit Verstärkungen, Einschnitten, Knotenbildung usw., wegen ihrer größeren Haftfestigkeit ein festeres Einbinden in den umgebenden Beton sichern, also auf eine größere „Verbundwirkung" hinarbeiten, so ist doch andererseits nicht zu verkennen, daß gegenüber dem bestens bewährten Rundeisen ihr Preis höher steht, und daß zum anderen, wie Versuche des Deutschen Ausschusses für Eisenbeton[2]) in der Stuttgarter Material-Prüfungsanstalt einwandfrei nachgewiesen haben, die Knoten der Eisen in den schmalen Rippen der Plattenbalken, in den Platten usw. eine sprengende Wirkung auf den Beton bei den kleinsten Bewegungen ausüben, so daß ein vorzeitiges Aufhören der Haftung eintreten kann. Man sollte solche Eisen also

---

[1]) Zur Frage des hochwertigen Baustahls St. 48 vgl. u. a. Prof. Dr. Gehler, Dresden, Einige Leitsätze über das Wesen und die Bedeutung des hochwertigen Baustahls. Bauing. 1924, Heft 19; Prof. Dr.-Ing. H. Kulka, Hannover, Einiges über die Verwendung des hochwertigen Baustahls. Bauing. 1924, Heft 21, S. 714; Dr.-Ing. Fr. Voß, Kiel, Zur Verwendung hochwertigen Baustahls im Bauwesen. Bauing. 1924, Heft 21, S. 715. Dr. Kommerell: Ein Jahr hochw. Baustahl 48. Bauing. 1925, S. 811. Wegen der Einführung dieses Stahles im Verbundbau und die hiermit zusammenhängenden wirtschaftlichen Fragen ist das Erforderliche unter Anführung der entsprechenden Arbeiten bereits auf S. 67 u. ff. mitgeteilt worden.

[2]) Vgl. u. a. Mörsch: Der Eisenbetonbau, seine Theorie und Anwendung. 6. Aufl. I. 1923, S. 22.

höchstens in stärkeren Betonbauten verwenden, in denen sie unwandelbar verankert werden; aber auch hier sind ihnen durch richtige
Umbiegung in dem Beton festgelegte Rundeisen — namentlich bezüglich
der einwandfreien Übertragung der Kräfte — nicht unterlegen. Das
haben auch die vorstehend erwähnten Stuttgarter Versuche klar gezeigt,
indem sie beweisen, daß die Belastungen, unter denen die ersten Risse

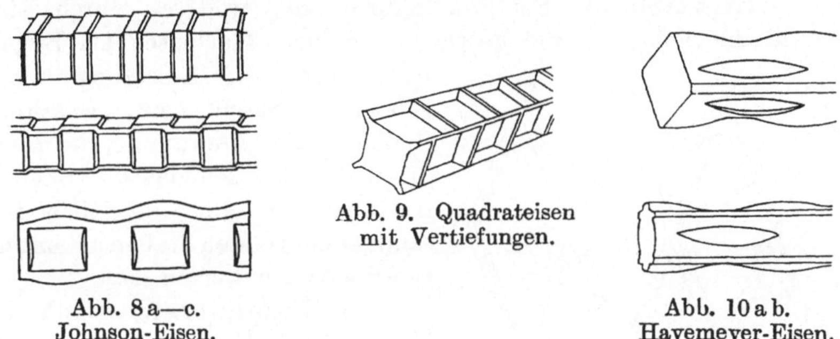

Abb. 9. Quadrateisen
mit Vertiefungen.

Abb. 8 a—c.
Johnson-Eisen.

Abb. 10 a b.
Havemeyer-Eisen.

auftreten, für alle geprüften Sondereisen mit Verstärkungen usw. und
für die Rundeisen ziemlich gleich sind[1]). Einige Vertreter der amerikanischen Knoteneisen lassen die Abb. 8—11 erkennen. Da die Mehrzahl
dieser Eisen einem mehrfachen Walzprozesse unterliegen, so ist zu
erwarten, daß hierdurch ihre Festigkeitsverhältnisse eine nicht unerhebliche Verbesserung erfahren.

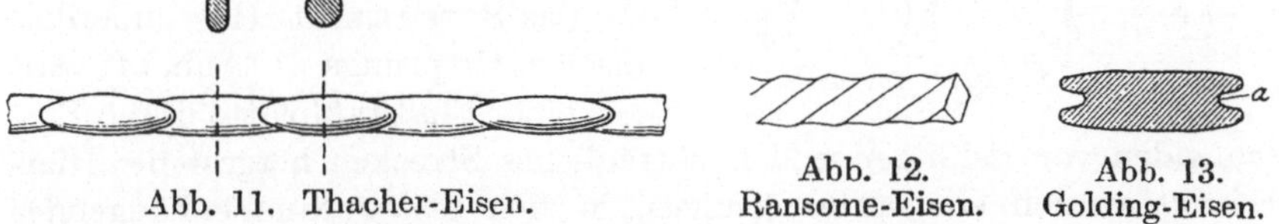

Abb. 11. Thacher-Eisen.

Abb. 12.
Ransome-Eisen.

Abb. 13.
Golding-Eisen.

Abb. 12 stellt die durch Drehung aus Quadrateisen gewonnenen
Ransome-Eisen dar, welche die vorgeschilderten Nachteile bei dünn-
stegigen oder dünnplattigen Verbundbauteilen nicht besitzen und
durch sehr gute Haftung sich vorteilhaft auszeichnen, auch in ihrem
Preise nicht erheblich höher als einfache Quadrateisen stehen. Zudem
wird auch die Festigkeit durch ein Verdrehen in der Regel günstig beeinflußt[2]), allerdings aber auch eine starke Querschnittsveränderung,
oft auch — namentlich bei kaltem Drehen — ein erheblicher Rück-

---

[1]) Vgl. die Hefte 72—74 über Forschungsarbeiten des Vereins deutscher
Ingenieure, gleich Heft 1—3 der Veröffentl. des Deutschen Ausschusses für Eisenbeton, Bericht von Bach und Graf, und die Untersuchungen von Bach über
die Thacher-Eisen (Berlin: Julius Springer 1907).

[2]) Vgl. u. a.: E. Probst, Vorlesungen über Eisenbeton, Bd. I, Zweite Aufl.
(Berlin: Julius Springer 1923), und Stahl u. Eisen 1914.

gang der Dehnung bedingt, so daß auch diese Eisen den Rundeisen gegenüber im allgemeinen nicht als überlegen bezeichnet werden können. Werden die Ransome-Eisen, wie dies häufig geschieht, mit eisernen Höckern versehen, so treten bei ihnen dieselben Vor- und Nachteile hinzu, die den Knoteneisen überhaupt eigen sind. Ein weiteres eigenartiges, amerikanisches Profileisen für den Verbundbau — das Golding-Eisen — zeigt Abb. 13. Bei ihm können ohne weiteres, durch Einfügen in die Nut „a" und Festklemmen hier, Flacheisen als Bügelbewehrung, zur Ersetzung hochgebogener Eisen usw., Anschluß finden — eine Anordnung, die allerdings den bei Rundeisen üblichen Ausführungen mit einheitlich zusammenhängenden Stäben als untergeordnet zu bewerten ist.

Von besonderen, auch in Deutschland — mehr oder weniger häufig — verwendeten Bewehrungseisen seien u. a. genannt: das Streckmetall, die Kahneisen, die nietlosen Träger, sowie die verschieden gestalteten Sonderprofile zum Anschlusse von besonderen Eisenteilen an Verbundbalken.

Das Streckmetall — amerikanischen Ursprungs — (Abb. 14) wird aus einer Flußstahlplatte durch Einschneiden von Schlitzen und nachträgliches Strecken hergestellt. Hierbei bildet sich ein rautenförmiges, in sich fest zusammenhängendes Gitterwerk, dessen Stege beim Strecken zum Teil aufgebogen werden und somit ein sehr gutes Haften im Beton bedingen. Da die Biegefestigkeit in der Längsrichtung der Maschen größer als in der Quere ist, so sind die Streckmetallplatten stets — wenn sie auf Biegung beansprucht sind — mit der Längsausdehnung der Maschen in die Haupttragrichtung zu legen. Da aber in dieser Richtung die Streckmetallplatten nur Größtabmessungen von 2,40 bzw. 4,80 m aufweisen[1]), so sind ihre Spannweiten auch an diese Maße gebunden. Wenn auch das Streckmetall wegen des zusammenhängenden Netzes, das es für den Aufbau der Verbundkonstruktionen wertvoll erscheinen läßt, in manchen Fällen vorteilhaft sein dürfte, so hat es sich doch für tragende Bauteile nicht allgemein eingeführt, da nicht ver-

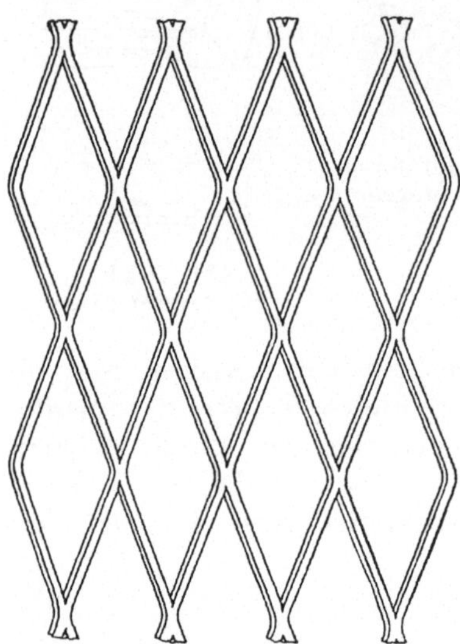

Abb. 14.   Streckmetall.

---

[1]) Vgl. die Tabelle. Die Mindestlänge beträgt 1,0 m. Die Normalbreiten (Tragrichtung) betragen: 1,0, 1,1, 1,2, 2,2, 2,4, 2,5, 3,0, 3,5, 4,0 und 4,8 m.

kannt werden darf, daß durch den Vorgang des Streckens, Biegens und Stanzens eine nicht unbeträchtliche, wenig günstige Beanspruchung des Eisens eintritt und gerade Flußmetall beim Einstanzen der Schlitze leicht Haarrisse erhalten kann[1]).

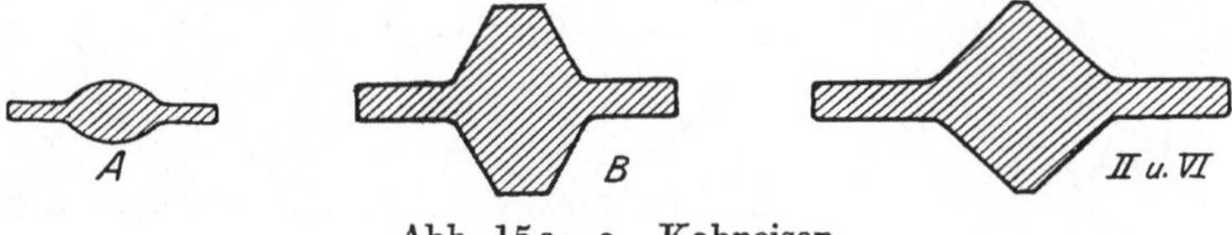

Abb. 15a—c. Kahneisen.

Die leichteren Sorten finden nur als Putzträger, die starken ausschließlich zu bewehrten Platten Verwendung.

Über die im Eisenbetonbau verwendeten Streckmetallprofile gibt die nachfolgende Zusammenstellung Auskunft.

Streckmetall der Gewerkschaft Schüchtermann & Kremer, Dortmund. (1914.)[2])

Nr.	Maschenweite in Richtung der Tafellänge mm	Steg- Breite mm	Stärke mm	Gewicht- (ohne Gewähr) kg/m²	Querschnitt f. e. Meterstreifen cm²	Größte Länge m	Größte Breite m
14	150	4,5	3	1,45	1,80	25	2,4
12	150	6	3	2,04	2,40	18	2,4
13	150	6	4,5	3,12	3,60	20	2,4
15	75	3	3	2,17	2,35	18	4,8
16	75	3	2	1,25	1,60	15	4,8
9	75	4,5	3	3,15	3,60	12	4,8
8	75	6	3	4,34	4,80	9	4,8
11	75	4,5	4,5	5,00	5,40	13	4,8
10	75	6	4,5	6,25	7,20	9,5	4,8
17	75	8	5	9,00	10,60	7	4,8

Kahneisen (Abb. 15a—d und 16a, b) werden in vier Profilformen und, wie die nachfolgende Tabelle erkennen läßt, in acht Profilen verwendet. Sie werden (u. a. von Krupp, von der Königin-Marien-Hütte) aus Flußstahl gewalzt und besitzen, wie Versuche ergeben haben,

---

[1]) Hierdurch erklärt sich auch, daß bei amerikanischen Versuchen das Streckmetall gegenüber einer Rundeisenbewehrung von gleichem Stoffaufwande weniger günstige Festigkeitsverhältnisse aufwies, sich auch erhebliche Abweichungen in bezug auf seine Festigkeit zeigten, auch mit Streckmetall bewehrte Platten ohne vorherige stärkere Rißbildung plötzlich zum Bruche gelangten.

[2]) Diese Tabelle enthält die Streckmetalle, soweit sie im Verbundbau Anwendung finden; daneben kommen für untergeordnete Zwecke unter Umständen hier noch die „Putzbleche" zur Verwendung mit Maschenweiten von 11, 6 und 20 mm, größten Breiten von 2,4 m, größten Längen von 1,0 m und Gewichten von 1,3, 2,25, 0,9 kg/m². Dieses Putzblech wird für Zementputz in rohem Zustande, für Gips- und Kalkverputz gemennigt geliefert.

Zugfestigkeiten von mehr als 5000 kg/cm². Ihre Sonderart besteht darin, daß die an dem mittleren Profilteil angeschlossenen, durch Walzung mit ihm fest verbundenen Flügelteile, wie Abb. 16a, b zeigen, aufgeschnitten und in Form von Bügeln nach aufwärts abgebogen werden können. Hierdurch ist eine namentlich für die Montage wertvolle, feste

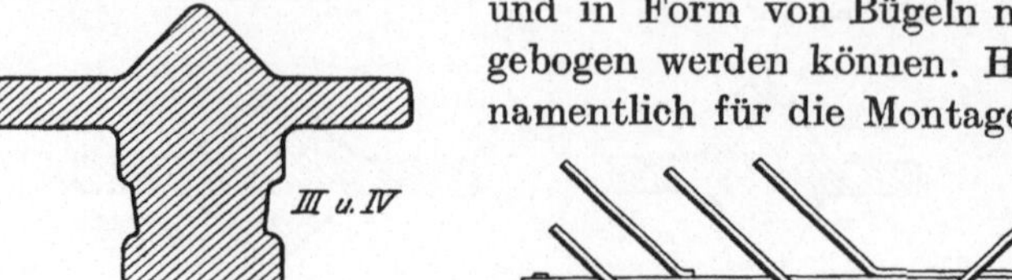

Abb. 15 d.   — Kahneisen —   Abb. 16 a.

Verbindung der Bügel bzw. der unter 45° nach oben gerichteten Aufbiegungen mit dem Tragprofile auf besonders einfachem Wege erreicht. Die Wirkung der Aufbiegungen kann noch dadurch verstärkt werden, daß sie im oberen Teile zur Vergrößerung der Ankerwirkung und zum besseren Einbinden in den Druckgurt umgebogen oder klauenartig gespalten werden. Eine gute Wirkung der Eisen hat aber zur Voraussetzung, daß sie auch wirklich tief in den Beton der Druckzone eingreifen, in sie die Kräfte übertragen und eine einwandfreie Verbindung zwischen Zug- und Druckgurt bewirken. Um diesen Anforderungen zu genügen, werden die stärkeren Profile mit sechs Flügellängen hergestellt, und zwar von 15, 30, 45, 60, 75 und 90 cm Ausdehnung, während für die kleinen, vorwiegend für Platten geeigneten Eisen nur Flügellängen von 10 und 20 cm üblich sind.

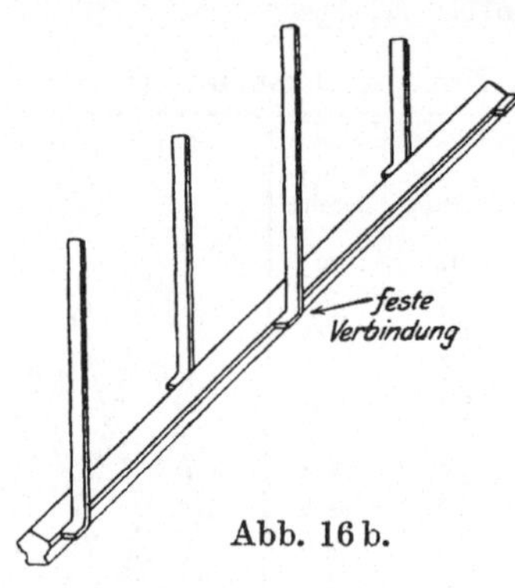

Abb. 16 b.

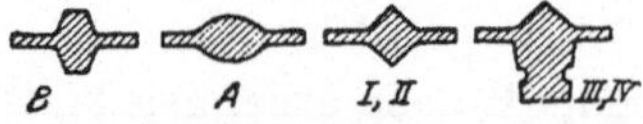

Kahn-Eisen der Deutschen Kahneisen-Gesellschaft Jordahl & Co., Berlin W 35.
D und C haben Trapezquerschnitt.

Profil	Voller Querschnitt cm²	Gewicht für 1 lfd. m kg	Querschnitt ohne Bügel cm²	Querschnitt eines Bügels cm²
D	2,20	1,70	1,64	0,28
C	1,80	1,40	1,58	0,21
B	0,70	0,56	—	—
A	0,85	0,65	—	—
I	2,55	2,00	1,59	0,48
II	5,10	4,00	3,34	0,88
III	9,50	7,4	7,70	0,90
IV	12,75	10,0	10,28	1,23

Die Kahneisenbewehrung kommt vollkommen verlegungsfertig auf die Baustelle; sie wird vom Walzwerke bereits so geliefert, daß die Länge der Stäbe und die Anzahl, Länge und Lage der Aufbiegungen genau der Verwendungsweise entsprechen.

Dort, wo negative Momente auftreten, die Zugzone also bei Balken in den Obergurt zu liegen kommt, werden die Kahneisen umgekehrt, d. h. mit nach unten gerichteten Bügeln eingebettet.

Wie vergleichende Versuche zwischen mit Rundeisen und Kahneisen gleich stark bewehrten einfachen Verbundbalken, ausgeführt an der Dresdener Materialprüfungsanstalt, ergeben haben, sind für die erste Rißbildung keine sehr erheblichen Unterschiede zu gewärtigen, während die Bruchlast im allgemeinen bei Verwendung von Kahneisen zunimmt. Besonders günstig stellten sich aber die Verhältnisse bezüglich der Aufnahme der schiefen Hauptzugspannungen durch die Aufbiegungen der Kahneisen. Obwohl diese nur $2/3$ gegenüber den abgebogenen Rundeisen-Querschnittsflächen betrugen, konnte doch bei der Kahneisenbewehrung eine Zunahme der Schubkräfte im Beton um rund 30 vH festgestellt werden. Gleich günstige Ergebnisse lieferten Versuche der Lichterfelder Prüfungsanstalt, die im besonderen erkennen ließen, daß, wenn bei entsprechender Bewehrung ein Bruch des Balkens durch Zerreißen der Zugbewehrung zu erwarten steht, die Zerstörung hierbei ganz allmählich vor sich geht, weil das Kahneisen selbst erst nach großer Dehnung zum Bruche gelangt[1]).

Nicht verkannt werden darf aber — trotz der günstigen Ergebnisse der Versuche —, daß, abgesehen von den oft nicht weit genug in die Druckzone hinaufreichenden, abgebogenen Flügeln, Erschwernisse für die praktische Verwendung darin gegeben sind, daß die ziemlich breiten Eisen, zumal sie sich kaum in zwei Reihen übereinander anordnen lassen, auch breite Balkenquerschnitte bedingen, und daß zudem bei durchgehenden Balken der statisch und konstruktiv gleich wichtige Zusammenhang zwischen der Hauptbewehrung im Unter- und Obergurte hier vollkommen entfällt. Auch kann bei der Bauausführung unter Umständen gerade dadurch, daß die Kahneisenbewehrung fertig in den Bau geliefert wird, eine Verzögerung bedingt sein. Endlich kann das satte Einbringen des Betons in Balkenmitte unter den breiten, hier noch nicht durch Abbiegung der Flügel geschwächten Eisen auf Schwierigkeiten stoßen.

Nietlose Gitterträger — wie sie Abb. 17 in der Urform darstellt — werden aus Blechen oder flachgestalteten Walzprofilen durch Einschneiden und Auseinanderbiegen der einzelnen Teile gewonnen. Es

---

[1]) Bei den vorerwähnten Dresdener Versuchen wurde die Zugfestigkeit der Kahneisen im Mittel zu 5550 kg/cm², die Streckgrenze zu 3570 kg/cm², die Dehnung zu 24,5 vH im Mittel gefunden.

entstehen hierbei gitterartige, räumliche Trägergebilde mit einem in der Regel stärkeren Untergurte, einem schwächeren Obergurte und einfachen, aber unter Umständen auch doppelten Schrägstreben. Auch können die Untergurtteile, neben der aus den Flacheisen gewonnenen Rechtecksform, beliebige andere Querschnitte erhalten, Linsen-, Ellipsen-, Kreisform usw., um möglichst viel Material im Zuggurte zu vereinigen. Die „nietlosen" Gitterträger leiden, wenn sie auch zugleich als Montageträger benutzt werden können und somit durch die Ersparung einer besonderen Einschalung vorteilhaft sind, an dem schweren Nachteile, daß sie sich einer durch statische Rücksichten bedingten,

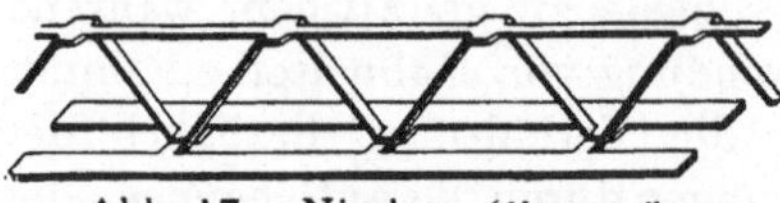

Abb. 17.   Nietlose Gitterträger.

guten und wirtschaftlichen Materialausnutzung nicht einzufügen vermögen, da der Untergurt in der Regel nahe den Auflagern unnützes Material aufweist, die Schrägstäbe entweder nahe der Trägermitte zu große Querschnitte besitzen oder am Trägerende nicht ausreichend sind, um die schiefen Hauptzugspannungen einwandfrei aufzunehmen. Namentlich sind die Träger aber wenig geeignet für den Übergang von einer im Untergurt liegenden Zugzone in eine solche im Obergurte, wie das bei durchgehenden und eingespannten Trägern erfordert wird und bei Verwendung von Rundeisen ohne Schwierigkeiten sich in einfachster Art ausführen läßt. Hierbei tritt bei Verwendung der nietlosen Gitterträger noch die weitere Schwierigkeit auf, daß derselbe Träger, der für die Momente in Trägermitte ausreicht, sich nicht dem höheren Stützen- bzw. Einspannungsmoment ohne weiteres anzupassen vermag. Endlich sind die Schwierigkeiten zur Zeit noch nicht überwunden, welche sich der Herstellung h o h e r nietloser Träger, also zur Bewehrung hoher Verbundbalken, entgegenstellen.

Als Sonderprofile sind endlich noch zu nennen: ⊥-Buckeleisen (Abb. 18, unten) mit wechselnden runden Ausbeulungen im Steg auf je alle 100 mm, vorkommend in den in Anm.[1]) mitgeteilten Abmessungen, ferner die zum späteren beliebigen Anschlusse von Lagern usw. an fertige Verbundbalken, wertvollen, in den Abb. 19a b, 20a b, 21a b wiedergegebenen Bauer-, Jordahl- und Manz-Eisen. Über ihre Querschnittsgrößen,

---

[1])   ⊥-Buckeleisen.

Profil Nr.	A	C	B	F	G	Z	Gewicht kg/m
4543	80	70	7	10	4	12	8,18
4542	80	70	4,5	7	3,5	12	6,02
4541	100	80	8,25	10	4	13	10,50
4540	120	100	9	10	5	18	12,97

Abb. 18.

Gewichte, Trägheits- und Widerstandsmomente gibt die nachfolgende Zusammenstellung Aufschluß.

	Deutsch. Kalın-Ges.-Ankerschienen, System Jordahl	D. K.-G.-Ankerschienen-System Dr. Bauer	„L-Schienen", System Baurat Manz	
			L. 6	L. 8
Gesamtquerschnitt . . . cm²	6,75	9,2	6,46	10,42
Querschnitt . . . . . . „	6,50	8,8	nach Abzug der Löcher f. die Verankerungsbügel	
Gewicht für 1 lfd. m . kg	5,45	7,75	5,07	8,19
Trägheitsmoment J_x . . cm⁴	14,6	36,6	25,14	75,08
Trägheitsmoment J_y . . „	—	—	9,96	18,35
Widerstandsmoment W_x cm³	4,51	9,9	6,75	16,04
Widerstandsmoment W_y „	—	—	3,93	7,18

Die (patentgeschützten) Profile sind wegen ihrer festen Einbettung in Beton als Bewehrungseisen mit in Rechnung zu stellen, und zwar dürfen nach den neuen Bestimmungen vom September 1925 bei „Berechnung der Biegungsspannungen einbetonierte Schienen zur Befestigung der Transmissionen bis zu 50 vH ihres Gesamtquerschnittes in Rechnung gestellt werden"[1].

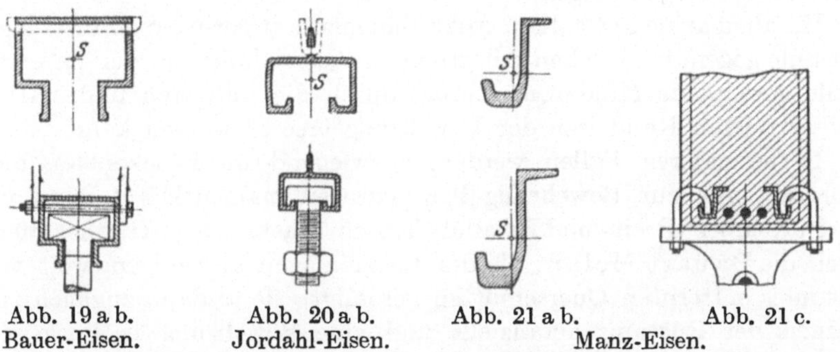

Abb. 19 a b.
Bauer-Eisen.

Abb. 20 a b.
Jordahl-Eisen.

Abb. 21 a b.
Manz-Eisen.

Abb. 21 c.

Während die Bauer- und Jordahl-Eisen für die nachträgliche Einführung der Befestigungsbolzen an beliebiger Stelle offene Rinnen bilden und durch besondere Bügeleisen — bei Bauer an den Seiten, bei Jordahl an dem zentralen oberen Stege — im Beton besonders gut verankert werden, verlangt das vollkommen eingebettete Manz-Eisen ein Abstemmen des Betons an der Befestigungsstelle und das Anschließen des Lagers usw. vermittels seitlicher Hakenschrauben. Es liegt auf der Hand, daß die unten offenen Ankerschienen einem Schadenfeuer unter Umständen schutzlos ausgesetzt sind. Die hierdurch etwa

---

[1] Wegen Anrechnung dieser Ankerschienen als Bewehrungseisen vgl. u. a. Beton und Eisen 1924, Heft 13, S. 176: Ankerschienen als Bewehrungseisen. Von Obering. Hugo Bodemann und über das gleiche Thema ebendort, Heft 16 die Ausführungen von Ing. Schweppe.

bedingte Gefahr ist naturgemäß ohne Bedeutung, wenn neben den Ankereisen noch andere Bewehrungs-, d. h. Rundeisen in ausreichender Menge
vorhanden sind, die zum mindesten für sich allein als genügende Bewehrung wirken. Ein weiterer Nachteil der Ankerschienen liegt unter
Umständen darin, daß sie bei etwaiger Schräglage — also nicht genau
wagerechter Einbetonierung — durch den Schraubenbolzen einseitig
stärker beansprucht werden. Dieser Umstand kann sich weiter ungünstig auswirken, wenn die Eisen nicht vollkommen fest mit ihren Ver-
ankerungsbügeln verbunden sind bzw. bleiben. Eine gute Sicherung
in dieser Hinsicht bietet u. a. die patentierte „Depag-Ankerschiene"[1]),
bei deren Profilen die Bandeisenbügel durch Erweiterungen des Profil-
rückens hindurchgeführt werden. Da hier die Bügel auf größere

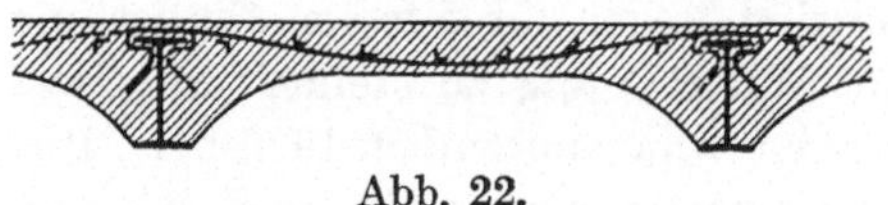

Abb. 22.

Breite eingespannt sind, so
ist eine Schrägstellung des Pro-
fils in irgend erheblichem Ausmaße nicht mehr möglich. Zudem dienen Vorsprünge im
Schienenrücken zu einem erheblichen Teil zur Aufnahme der wagerechten Schubspannungen.

Im allgemeinen gewähren Ankerschienen mit geringen Abmessungen
Vorteile gegenüber solchen mit größerem Querschnitt, da der im ersten
Falle gewonnene Minderquerschnitt durch die billigeren und statisch
vollwertigeren Rundeisen der Bewehrung ersetzt werden kann.

In besonderen Fällen werden, vorwiegend im Brückenbau, auch
Normalprofile zur Bewehrung herangezogen, namentlich I-Eisen und
deren Abarten (Breit- und Parallel-Flansch-Träger usw.). Hierher gehört
auch die Bauart Melan, die die Eiseneinlagen in wenigen, weit voneinander entfernten Querschnitten vereinigt, sie alsdann zugleich zum
Tragen der Rüstung heranzieht und eine Bewehrung in Form von
I-Eisen, Blech- und Gitterträgern mit nicht selten bedeutenden Abmessungen vorsieht.

Verhältnismäßig selten werden Flacheisen liegend, noch seltener
stehend zu Eiseneinlagen herangezogen. In liegendem Zustande sind
sie u. a. für Bimsbetondecken, namentlich zur Bildung von Dachhäuten (Abb. 22), sowie in entsprechender Form als Bewehrung
der Möller-Träger und -Brücken angewendet worden. In beiden
Fällen wird dem Gleiten des Flacheisens im Beton durch Aufnieten
von kleinen Winkeleisenstücken noch besonders gewehrt. Immerhin ist
aber die Anwendung von Flacheisen für Bewehrungszwecke selten und
von untergeordneter Bedeutung, vor allem aber auch deshalb nicht einwandfrei, weil die nicht unbedeutende Formänderung der breiteren

---

[1]) Deutsche Patent-Ankerschienen G. m. b. H., Düsseldorf.

Eisen — wie die Erfahrungen gezeigt haben, vgl. S. 33 — ein Abstoßen der deckenden Mörtelschicht unter Umständen zur Folge hatten.

Wie vorerwähnt, wird die Bewehrung der Verbundbauten in Deutschland fast ausschließlich durch **Rundeisen** bewirkt, die in dem Zustande, in dem sie im Handel zu haben sind, also mit Walzhaut, zur Verwendung gelangen.

Nach den neuen Bestimmungen vom September 1925 ist das Eisen vor der Verwendung von Schmutz, Fett und losem Rost zu befreien und in der durch die statische Berechnung bedingten Form und Lage einzubauen, wobei auf eine gute Verknüpfung der durchlaufenden Zug- oder Druckeisen mit Verteilungseisen und Bügeln zu achten ist. In Plattenbalken sind hierbei stets Bügel anzuordnen, um den Zusammenhang zwischen Platte und Rippe zu gewährleisten.

Während des Betonierens sind die Eisen in der richtigen Lage festzuhalten und mit der Betonmasse dicht zu umkleiden. Daß ein Einschlämmen mit Zementbrei nur unmittelbar vor dem Betonieren erlaubt ist, wurde schon auf S. 35 hervorgehoben.

Die Zugeiseneinlagen sind an ihren Enden mit runden oder spitzwinkeligen Haken zu versehen, deren lichter Durch-

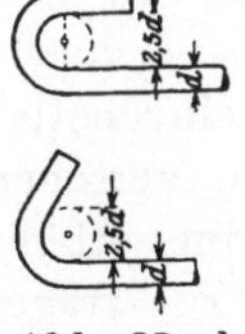
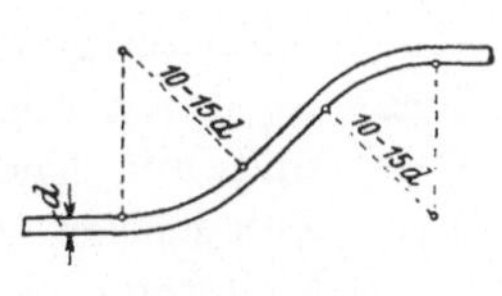
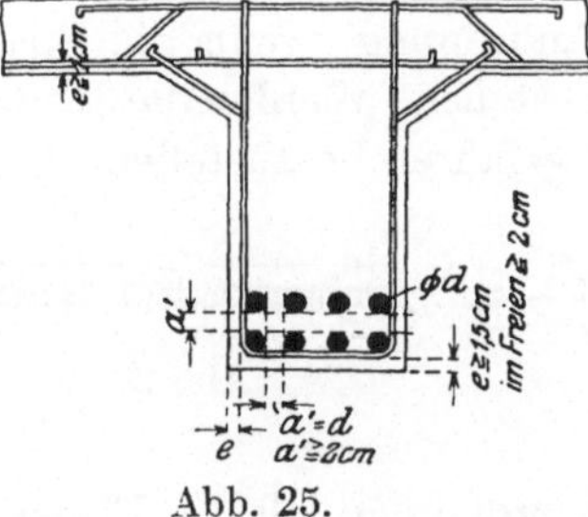

Abb. 23 a b. Abb. 24. Abb. 25.

messer (Abb. 23a b) mindestens gleich dem 2,5fachen des Eisendurchmessers zu wählen ist. Ferner soll der Krümmungshalbmesser der abgebogenen Eisen mindestens das 10—15fache der Rundeisenstärke betragen (Abb. 24).

In Balken ist der lichte Abstand der Eisen voneinander in jeder Richtung in der Regel mindestens gleich dem Eisendurchmesser, aber nicht kleiner als 2 cm auszuführen (Abb. 25). Lassen sich geringere Abstände nicht vermeiden, so muß durch einen feinen und fetten Mörtel für eine dichte Umhüllung der einzelnen Eisen Sorge getragen werden.

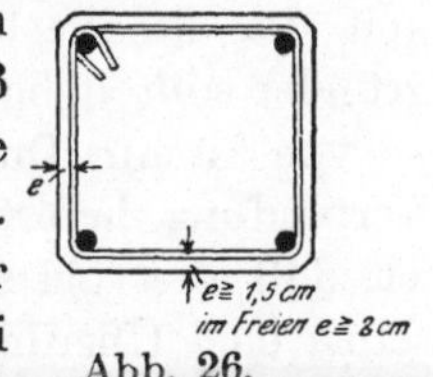

Die Betonüberdeckung der Eiseneinlagen an der Unterseite von Platten soll mindestens 1 cm stark, bei Bauten im Freien $\geqq$ 1,5 cm sein; die Überdeckung der

Abb. 26.

Bügel an den Rippen und bei den Säulen muß überall wenigstens 1,5 cm, bei Bauten im Freien 2 cm betragen (Abb. 26). Bei sehr großen

Abmessungen (Schleusen, Brücken und dgl.) und besonders schwierigen
Verhältnissen empfiehlt es sich, mit der Überdeckung der Eiseneinlagen
über 2 cm hinauszugehen. Bei Eisenbetonbauten außergewöhnlicher
Art, namentlich bei Verwendung von Formeisen, sind besondere Maßnahmen zu treffen, s. weiter unten. Daß das Überdeckungsmaß unter
Umständen bei besonders ungünstig gearteten örtlichen Verhältnissen,
sowie beim Einwirken zementschädlicher Wässer, von Säuren, Säuredämpfen, schädigenden Salzlösungen, Ölen, schwefligen Rauchgasen
und dgl. oder bei hohen Hitzegraden (Schornsteinen), eine nicht unerhebliche Verstärkung, unter Umständen bis zu 4,0 cm (ohne Putz) verlangen kann, wurde schon auf S. 36 hervorgehoben und begründet.

Bezüglich der Stoßausbildung der Zugeisen schreiben die
neuen Bestimmungen vor, daß sie — wenn möglich — überhaupt nicht
zu stoßen sind, daß aber jedenfalls in einem Querschnitt von Balken
und Zuggliedern nur ein Stoß liegen darf. Die Ausbildung der Stöße
kann auf dreierlei Wegen erfolgen, einmal vermittels von Spannschlössern,
dann durch Schweißen und endlich durch einfaches Überdecken und
Bündeln. Statisch und konstruktiv einwandfrei ist die erstgenannte
Anordnung, wenn die Spannschlösser aus Muffen mit Gegengewinden
bestehen. Werden die Stöße geschweißt, so sind sie nach einem bewährten
Verfahren herzustellen, das einen vollen Ersatz des geschlossenen Quer-

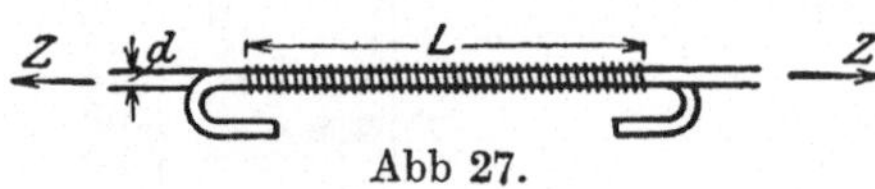

Abb 27.

schnittes gewährleistet; hierbei
ist durch allseitig eingebettete
und mit Endhaken versehene
Zulageeisen für eine erhöhte
Sicherheit Sorge zu tragen.
Werden endlich die Eiseneinlagen durch Überdecken gestoßen, so sind
(Abb. 27) die Enden übereinander zu legen und mit Rundhaken zu versehen; hierbei muß die Überdeckungslänge mindestens das 40fache
des Eisendurchmessers betragen. Eine solche Stoßausbildung ist
jedoch bei den Trageisen in Zuggliedern und bei den über
20 mm starken Zugeisen in Balken nicht zulässig.

Bei Versuchen des Deutschen Ausschusses für Eisenbeton[1]), die,
an der Dresdener Versuchsanstalt durchgeführt, die Widerstandsfähigkeit der Stoßverbindungen im Vergleiche zu ungestoßenen Eisen ergründen sollten, hat sich gezeigt, daß bei Verwendung schwacher Eisen
— von 10 mm Durchmesser — bereits eine Stoßdeckung von $8\,d$ eine
Verbindung liefert, die der durchgehenden Eiseneinlage gleichwertig
ist, daß aber bei stärkerem Eisen — von 20—30 mm Durchmesser —
selbst eine Überdeckungslänge von $40\,d$ bei Berücksichtigung der

---

[1]) Vgl. Heft 37: Versuche mit Eisenbetonbalken zur Ermittelung der Widerstandsfähigkeit von Stoßverbindungen der Eiseneinlagen. Von H. Scheit,
O. Wawrziniok und H. Amos. 1917.

Bruchlast noch keine Verbindung sichert, die einem durchgehenden Eisen vollkommen gleichwertig ist[1]).

Will man im vorliegenden Falle die theoretische Mindestlänge der Stoßausbildung berechnen, so muß diese so lang sein, daß allein durch die Haftung die Kraft im Eisen aufgenommen wird. Da die Haftkraft bei einer Länge $= l_{min}$, einem Durchmesser des Rundeisens $= d$ und einer Haftspannung τ_1 von 5 kg/cm² $l_{min} = \cdot d\,\pi \cdot \tau_1$, und die Kraft im Eisen $= F_e \cdot \sigma_e = Z = \dfrac{d^2\,\pi}{4} \cdot 1200$ ist, so wird:

$$l_{min} \geqq \frac{d^2\,\pi \cdot 1200}{4\,d\,\pi\,5},$$

$$l_{min} \geqq 60\,d.$$

Hierbei ist mit gleichmäßiger Eintragung und Verteilung der Kraft innerhalb der Stoßstelle gerechnet, d. h. mit Verhältnissen, auf die man nicht immer rechnen darf.

Falls sich ein Stoß der Eisen vermeiden läßt, ist dies naturgemäß empfehlenswert, wie dies auch in den neuen Bestimmungen

---

[1]) Aus den vorgenannten Versuchen ergibt sich für die Probebalken mit 20 mm Eisen ohne Stoß eine erste Rißlast von im Mittel 2080 kg und bei einer Stoßüberdeckung von:

$8\,d = 16$ cm	$12\,d = 24$ cm	$30\,d = 60$ cm	$40\,d = 80$ cm

eine Rißlast von:

2000	1970	2230	2500 kg

Bei 30-mm-Eisen sind die entsprechenden Zahlen die folgenden:

Rißlast bei ungestoßenem Eisen im Mittel 1170 kg.

Stoßlänge ..	$8\,d = 24$ cm	$12\,d = 36$ cm	$30\,d = 90$ cm	$40\,d = 120$ cm
Rißlast	2330	1430	1500	2863 kg

Eine ausführliche Behandlung der „Stoßfrage der Eiseneinlagen im Eisenbeton" gibt Dipl.-Ing. H. Wolf in seiner Doktordissertation, Braunschweig 1917, Druck von Fr. Vieweg u. Sohn. Er kommt hierbei aus Vergleichsuntersuchungen und Rechnungen allerdings zu dem Schlusse, daß Stöße durch Übergreifen der Eiseneinlagen bei genügender Überdeckungslänge eine sichere Verbindung in sich schließen. Die Länge berechnet er, wie oben, aus der Beziehung: $l = \dfrac{P}{\pi\,d\,\tau_1}$, worin P die im Eisen wirkende Längskraft, d sein Durchmesser, τ_1 die erlaubte Haftspannung darstellen. Wird $P = \sigma_e F_e$; $F_e = \dfrac{\pi\,d^2}{4}$, $\sigma_e = 1000$ kg/cm², $\tau_1 = 4{,}5$ kg/cm² gesetzt, so wird:

$$l = 55\,d.$$

Dieser theoretische Wert ist erheblich größer als der aus Versuchen (vgl. Heft 37 der Veröffentl. des Deutschen Ausschusses) gefundene. Dies erklärt sich daraus, daß bei der praktischen Ausführung, die den Versuchen des Deutschen Ausschusses auch zugrunde lag, die beiden sich überdeckenden Stoßenden vermittelst Bindedraht fest verbunden und zudem durch Hakenbildung gut im Beton verankert waren, so daß einmal die Haftfestigkeit erhöht wurde, zum andern ein hoher Widerstand gegen Herausreißen gegeben war.

deutlich zum Ausdruck kommt. Hierbei ist zu beachten, daß Eisen bis über 22,0 m Länge auf besondere Bestellung von den Hüttenwerken geliefert werden können, also erheblich über die Normallänge der Rundeisen von 15 m hinaus. Selbstverständlich sind Stoßstellen in **die** Querschnitte zu legen, in denen eine nur geringe oder keine Belastung der Eisen zu erwarten steht. Hierzu eignen sich im besonderen Querschnitte in der Nähe der Nullpunkte der Momentenlinien. Auch kann — beim Übergreifen der Stoßeisen — die Stoßausbildung oft sehr zweckmäßig mit den Aufbiegungen der Eisen zusammenfallen, und zwar auf deren ganzer Länge und unter Anbiegung kräftiger Halbkreishaken beiderseits an die Eisenenden.

Über die Gewichte, Umfänge und Querschnitte der Rundeisen von 1—50 mm Durchmesser, sowie über die Werte: $n\dfrac{d^2\pi}{4}=15\dfrac{d^2\pi}{4}$ geben die beiden nachfolgenden Zusammenstellungen Aufschluß; sie sind für die Durchführungen der Berechnung von Verbundbauten von ebenso allgemeiner wie grundlegender Bedeutung.

Die **zulässige Beanspruchung** des Eisens im Verbundbau ist bereits auf S. 124 und in der Tabelle III behandelt[1]). Aus ihr ergibt sich, daß bei normalem Handelseisen (i. d. R. gleichwertig mit St. 37) je nach der Gefährdung des Bauwerks durch die äußeren Kräfte die erlaubte Zug- (und Druck-) spannung zwischen 1200 bis 800 kg/cm² zu wählen ist, und daß sie in normalen Fällen im Hochbau in der Regel zu ersterem Werte zugelassen wird. Für St. 48 — also den hochwertigen Baustahl — schwanken die entsprechenden Werte zwischen 1500 und 1000 kg/cm². Es sei hervorgehoben, daß diese Höchstwerte nur für die Zugbelastung der Eisen in Frage kommen, da Eisen in der Druckzone ausschließlich nur geringe Spannungen, die in mittelbarer Verbindung mit den zulässigen Betondruckspannungen stehen, erleiden können.

5. Das Haften des Eisens im Beton.

Das statisch einheitliche Zusammenwirken von Beton und Eisen im Verbunde wird in erster Linie durch das Festhaften des Eisens in dem umgebenden Beton oder durch den Widerstand bedingt, den der Beton einem Gleiten des Eisens in ihm entgegensetzt. Diese Erscheinung wird mit Haftfestigkeit oder — nach Bach — mit Gleit-

---

[1]) Vgl. hierzu u. a.: Die Zugbeanspruchung des Eisens im Eisenbetonbau bei auf Biegung beanspruchten Bauteilen. Von Dr.-Ing. W. Petry, Bonn 1913, Univ.-Druckerei, und: Streckgrenzen von Beton-Rundeisen. Stahl und Eisen 1913, Nr. 22 und Erwiderung des Deutschen Betonvereins (Dr. Petry) hierauf in der Deutschen Bauztg., Betonmitteilungen 1913, Nr. 11 (hier sind sehr bedeutsame Zusammenstellungen über die Festigkeit und Streckgrenze von Handelseisen mitgeteilt).

a) Tabelle für Rundeisen (Handelseisen-Flußstahl St. 37).

Gewicht f.1 lfd.m	Um-fang	Fläche	Fläche von 2 Stück	3 Stck.	4 Stck.	5 Stck.	6 Stck.	7 Stck.	8 Stck.	9 Stck.	10 Stck.
kg	cm²	cm²	cm²	cm²	cm²	cm²	cm²	cm²	cm²	cm²	cm²
0,006	0,31	0,0079	0,016	0,024	0,031	0,039	0,047	0,055	0,063	0,071	0,079
0,025	0,63	0,031	0,063	0,094	0,128	0,157	0,188	0,222	0,25	0,28	0,31
0,055	0,94	0,07	0,14	0,21	0,28	0,35	0,42	0,49	0,56	0,63	0,71
0,098	1,26	0,13	0,25	0,38	0,50	0,63	0,76	0,88	1,00	1,13	1,26
0,154	1,57	0,20	0,39	0,59	0,78	0,98	1,18	1,37	1,57	1,77	1,96
0,222	1,89	0,28	0,56	0,85	1,13	1,41	1,70	1,98	2,26	2,54	2,83
0,302	2,20	0,38	0,77	1,15	1,54	1,92	2,31	2,69	3,08	3,46	3,85
0,395	2,51	0,50	1,00	1,51	2,01	2,51	3,01	3,52	4,02	4,52	5,03
0,499	2,83	0,64	1,27	1,91	2,54	3,18	3,82	4,45	5,09	5,73	6,36
0,617	3,14	0,79	1,57	2,36	3,14	3,93	4,71	5,50	6,28	7,07	7,85
0,746	3,46	0,95	1,90	2,85	3,80	4,75	5,70	6,65	7,60	8,55	9,50
0,888	3,77	1,13	2,26	3,39	4,52	5,65	6,79	7,91	9,05	10,18	11,31
1,042	4,08	1,33	2,65	3,98	5,31	6,64	7,96	9,29	10,62	11.95	13,27
1,208	4,40	1,54	3,08	4,62	6,16	7,70	9,24	10,77	12,32	13,86	15,39
1,387	4,71	1,77	3,53	5,30	7,07	8,84	10,60	12,37	14,14	15,91	17,67
1,578	5,03	2,01	4,02	6,03	8,04	10,05	12,06	14,07	16,08	18,09	20,11
1,782	5,34	2,27	4,54	6,81	9,08	11,35	13,62	15,89	18,16	20,43	22,70
1,998	5,65	2,54	5,09	7,63	10,18	12,72	15,26	17,81	20,36	22,90	25,45
2,226	5,97	2,84	5,67	8,51	11,34	14,18	17,02	19,85	22,68	25,52	28,35
2,466	6,28	3,14	6,28	9,42	12,57	15,71	18,84	21,99	25,14	28,28	31,42
2,719	6,60	3,46	6,93	10,39	13,85	17,32	20,78	24,24	27,71	31,17	34,64
2,984	6,91	3,80	7,60	11,40	15,21	19,01	22,81	26,61	30,41	34,21	38,01
3,261	7,23	4,15	8,31	12,46	16,62	20,77	24,93	29,08	33,24	37,40	41,55
3,551	7,54	4,52	9,05	13,57	18,10	22,62	27,14	31,67	36,19	40,71	45,24
3,853	7,85	4,91	9,82	14,73	19,63	24,54	29,45	34,36	39,27	44,18	49,09
4,168	8,17	5,31	10,62	15,93	21,24	26,55	31,86	37,17	42,47	47,78	53,09
4,495	8,48	5,73	11,45	17,18	22,90	28,63	34,35	40,08	45,80	51,53	57,26
4,834	8,80	6,16	12,31	18,47	24,63	30,79	36,94	43,10	49,26	55,42	61,58
5,185	9,11	6,60	13,21	19,81	26,42	33,02	39,62	46,23	52,84	59,44	66,05
5,549	9,42	7,07	14,14	21,21	28,27	35,34	42,41	49,48	56,55	63,62	70,68
5,925	9,74	7,55	15,09	22,64	30,19	37,74	45,29	52,83	60,38	67,93	75,48
6,313	10,05	8,04	16,08	24.13	32,17	40,21	48,26	56,30	64,34	72.38	80,42
6,714	10,37	8,55	17,11	25,66	34,21	42,76	51,32	59,87	68,42	76,97	85,53
7,127	10,68	9,08	18,16	27,24	36,32	45,40	54,48	63,56	72,63	81,71	90,79
7,553	11,00	9,62	19,24	28,86	38,48	48,11	57,73	67,34	76,97	86,59	96,21
7,990	11,31	10,18	20,36	30,54	40,72	50,90	61,07	71,26	81,43	91,61	101,79
8,440	11,62	10,75	21,50	32,26	43,01	53,76	64,51	75,27	86,02	96,77	107,52
8,903	11,94	11,34	22,68	34,02	45,36	56,70	68,04	79,38	90,73	102,07	113,41
9,378	12,25	11,94	23,89	35,84	47,78	59,73	71,68	83,62	95,57	107,51	119,46
9,865	12,57	12,56	25,13	37,70	50,26	62,83	75,40	87,96	100,53	113,09	125,66
10,364	12,88	13.20	26,41	39,61	52,81	66,01	79,22	92,42	105,63	118,82	132,03
10,876	13,20	13,85	27,71	41,56	55,42	69,27	83,12	96,98	110,83	124.68	138,54
11,400	13,51	14,52	29,04	43,56	58,09	72,61	87,13	101,65	116,18	130,70	145,22
11,936	13,82	15,20	30,41	45,61	60,82	76,03	91,23	106,43	121,64	136,84	152,05
12,485	14,14	15,90	31,81	47,71	63,62	79,52	95,42	111,33	127,23	143,13	149,04

Durch-messer mm	Gewicht f. 1 lfd. m kg	Um-fang cm²	Fläche cm²	Fläche von 2 Stück cm²	3 Stck. cm²	4 Stck. cm²	5 Stck. cm²	6 Stck. cm²	7 Stck. cm²	8 Stck. cm²	9 Stck. cm²	10 Stck. cm²
46	13,046	14,45	16,62	33,24	49,86	66,48	83,10	99,71	116.34	132,95	149,57	166,19
47	13,619	14,77	17,35	34,70	52,05	69,40	86,75	104,09	121,45	138,79	156,14	173,49
48	14,205	15,08	18,09	36,19	54,29	72,38	90,48	108,58	126,67	144,77	162,86	180,96
49	14,803	15,40	18,86	37,71	56,57	75,43	94,28	113,14	132,00	150,86	169,72	188,57
50	15,413	15,71	19,63	39,27	58,90	78,54	98,17	117,81	137,44	157,08	176,71	196,35

b) Tabelle für die Werte: $n\,r^2\,\pi = 15 \cdot r^2\,\pi$.

$d = 2r$ mm	$n \cdot 1\ r^2\,\pi$ cm³	$n \cdot 2\ r^2\,\pi$ cm²	$n \cdot 3\ r^2\,\pi$ cm²	$n \cdot 4\ r^2\,\pi$ cm³	$n \cdot 5\ r^2\,\pi$ cm²	$n \cdot 6\ r^2\,\pi$ cm²	$n \cdot 7\ r^2\,\pi$ cm²
1	0,118	0,235	0,353	0,471	0,590	0,706	0,942
2	0,471	0,942	1,413	1,884	2,355	2,826	3,768
3	1,06	2,12	3,18	4,24	5,30	6,36	8,48
4	1,88	3,76	5,64	7,52	9,40	11,28	15,04
5	2,95	5,90	8,85	11,80	14,75	17,70	23,60
6	4,25	8,50	12,75	17,00	21,25	25,50	34,00
7	5,70	11,40	17,10	22,80	28,50	34,20	45,60
8	7,50	15,00	22,50	30,00	37,50	45,00	60,00
9	9,54	19,08	28,62	38,16	47,70	57,24	76,32
10	11,85	23,70	35,55	47,40	59,25	71,10	94,80
11	14,25	28,50	42,75	57,00	71,25	85,50	114,00
12	17,00	34,00	51,00	68,00	85,00	102,00	136,00
13	19,95	39,90	59,85	79,80	99,75	119,70	159,60
14	23,10	46,20	69,30	92,40	115,50	138,60	184,80
15	26,50	53,00	79,50	106,00	132,50	159,00	212,00
16	30,16	60,32	90,48	120,64	150,80	180,96	241,28
17	34,05	68,10	102,15	136,20	170,25	204,30	272,40
18	38,10	76,20	114,30	152,40	190,50	228,60	304,80
19	42,52	85,04	127,56	170,08	212,60	255,12	340,16
20	47,10	94,20	141,30	188,40	235,50	282,60	376,80
22	57,02	114,04	171,06	228,08	285,10	342,12	456,16
24	67,85	135,70	203,55	271,40	339,25	407,10	542,80
25	73,65	147,30	220,95	294,60	368,25	441,90	589,20
26	79,65	159,30	238,95	318,60	398,25	477,90	639,20
28	92,36	184,72	277,08	369,44	461,80	554,16	738,88
30	106,00	212,00	318,00	424,00	530,00	636,00	848,00
32	120,64	241,28	361,92	482,56	603,20	723,84	965,12
34	136,18	272,36	408,54	544,72	680,90	817,08	1089,4
35	144,31	288,62	432,93	577,24	721,55	865,86	1154,5
36	152,67	305,34	458,01	610,68	763,35	916,02	1221,4
38	170,10	340,20	510,30	680,40	850,50	1020,6	1360,8
40	188,50	377,00	565,50	754,00	942,50	1131,0	1508,0
42	207,75	415,50	623,25	831,00	1038,7	1246,5	1662,0
43	228,10	456,20	684,30	912,40	1140,5	1368,6	1824,8
45	238,50	477,00	715,50	944,00	1192,5	1431,0	1888,0
46	249,30	498,60	747,90	997,2	1246,5	1495,8	1994,4
48	271,35	542,70	814,05	1085,4	1356,7	1628,1	2170,8
50	294,52	589,04	883,56	1178,1	1472,6	1767,1	2356,2

widerstand bezeichnet. Sie kommt vorwiegend durch die mechanische Verbindung beider Baustoffe zustande, wobei einerseits Zusammenziehungen des Betons, die ein Anpressen dieses an das Eisen zur Folge haben, andererseits Klebewirkungen eine besonders bedeutsame Rolle spielen. Letztere werden von Rohland[1]) auf kolloidchemische Wirkungen zurückgeführt, da der Zement beim Anrühren mit Wasser Stoffe in kolloidem Zustande abspaltet, die sich um das Eisen herumballen, es fest umschließen und an ihm haften. Daß tatsächlich bei der Haftung solche Klebewirkungen sehr erheblich in Frage kommen, haben Versuche von Müller und Bach erwiesen, bei denen eine Eisenplatte, zwischen zwei Betonflächen eingefügt, durch Kräfte, senkrecht zu ihrer Fläche angreifend, gelöst werden sollte[2]). Hier hat sich gezeigt, daß die Haftfestigkeit bei rostigem Blech gegenüber glattem sehr erheblich höher liegt, daß also, da voraussichtlich die Rauheit der Fläche diese Wirkung auslöst, der mechanische Zusammenhang zwischen Beton und Eisen durch ein Festkleben bedingt, zum mindesten sehr erheblich beeinflußt wird. Ob in gleich bedeutsamer Weise auch das Zusammenziehen des Betons bei der Erhärtung an der Ausbildung des Gleitwiderstandes beteiligt ist, erscheint zweifelhaft, da alsdann Körper, die an der Luft abgebunden haben und hierbei schwinden, gegenüber solchen, die unter Wasser erhärten und sich während dieses Vorganges ausdehnen, in bezug auf das Festhaften der Eisen im Vorteil sein müßten. Wie die umfassenden Versuche — namentlich von Probst, Bach, Preuß u. a. m. — zeigen, auch die vorgenannten Versuche erwiesen haben[3]), tritt aber, wie weiter unten besonders hervorgehoben wird, gerade das Gegenteil ein. Immerhin wirkt aber auch eine Einklemmung des Eisens durch den Beton, d. h. die einen derartigen Zustand bedingende Umschnürung des Betons, günstig auf die Haftfestigkeit ein. Das erweisen u. a. Versuche von Mörsch und die einer französischen Regierungskommission[4]), aus denen zu folgern ist, daß einmal durch eine um das Eisen in ziemlichem

---

[1]) Vgl. Rohland: Der Eisenbeton, kolloidchemische und physikalische Untersuchungen. Leipzig 1912. Vgl. weiter: Tonind. 1920 Nr. 110 Auszug aus einem Vortrag über die Frage: Wodurch haftet Beton am Eisen, in der Sitzung der französ. Ak. d. Wiss. nach Génie civil v. 26. 7. 1919.

[2]) Vgl. Dr. R. Müller, Neue Versuche mit Eisenbetonbalken, 1908 (namentlich die Versuche über reine Haftfestigkeit, S. 76ff.), und Mitteil. über einige Nebenuntersuchungen auf dem Gebiete des Betons und Eisenbetons von C. Bach und O. Graf (Stuttgart). Arm. Beton 1910, Heft VII, S. 276.

[3]) Bei den Bachschen Untersuchungen (Arm. Beton 1910) ergab sich z. B., daß die Haftfestigkeit (Klebefestigkeit) bei feuchter Lagerung 19,2, bei Lagerung an der Luft aber nur 7,7 kg/cm² betrug.

[4]) Siehe Mörsch, Der Eisenbeton, 4. Aufl., Stuttgart 1912, S. 66ff. 6. Aufl. 1923, S. 98; und: Commission du ciment armé. Expériences, rapports etc. relatives à l'emploi du béton armé. Paris 1907.

Abstande von ihm herumgelegte Spirale, namentlich 'bei Lagerung in Wasser, die Haftfestigkeit stark vergrößert wird (Mörsch), und zum anderen die gleiche Wirkung bei Balken eintritt, wenn deren Bügel — wie das in der Praxis allerdings selten üblich ist — den Beton umschließen, also nicht unmittelbar an den Eisen anliegen.

In der großen Summe der Versuche zur Bestimmung des Verhaltens des Eisens im Beton im Hinblicke auf sein Haften und dessen absolute Größe sind Versuchsreihen zu trennen, bei denen unmittelbar die auf die Lösung des Verbundes binarbeitende Kraft — sei es eine Druck- oder Zugkraft — in der Achse des Eisens wirkt und solche, bei denen durch Einwirkung einer Verbiegung eines Balkens ein Lockern der Eisen herbeigeführt werden soll[1]).

Aus den Versuchen, die die Haftfestigkeitsverhältnisse durch Herausziehen oder Herausdrücken des Eisens aus dem umgebenden Beton zu klären hatten, ergibt sich, daß die Haftfestigkeit abhängig ist von der Oberfläche des Eisens, daß Stäbe mit Walzhaut einen erheblich höheren Gleitwiderstand im Beton finden als sauber abgedrehte Eisen, bei denen die Haftung sich um rund 50 vH vermindert, daß ferner die Haftfestigkeit abhängig ist vom Wassergehalte des Betons und mit dessen Steigen abnimmt, daß ebenso die Lagerung des Probekörpers unter Wasser gegenüber einem Erhärten an der Luft zu höheren Gleitwiderständen führt, daß ein verschiedener Sandzusatz zum Beton in den üblichen Grenzen einen nur unerheblichen Einfluß auf die Haftung ausübt, daß aber die größere Stärke des Eisens den Gleitwiderstand günstig beeinflußt. So zeigte sich beispielsweise in letzterer Hinsicht, daß dem Durchmesser von Rundeisen: 10, 20 und 40 mm Haftfestigkeiten von: 14,1, 18,5 und 27,1 kg/cm² entsprachen. Deshalb kann der Verwendung vieler dünner Eisen zur Bewehrung, obwohl bei ihnen durch Vergrößerung der Haftfläche eine Vermehrung des Gleitwiderstandes bedingt ist und zudem auch eine gleichmäßigere Krafteintragung in den Beton zu erwarten steht, gegenüber der Verwendung weniger stärkerer Eisen im Hinblicke auf die Verbundwirkung nicht ohne weiteres ein Vorzug zuerkannt werden. Ferner zeigte sich, daß die Haftfestigkeit durchaus nicht gleichmäßig über die Stablänge verteilt ist und daß sie — wahrscheinlich eine Folge der Elastizität des Eisens — abnimmt mit der größeren Länge der in Beton gebetteten

---

[1]) Vgl. hierzu u. a.: Heft 22 der Forschungsarbeiten des Vereins deutscher Ing., von Bach, 1905; Heft 1—4 der Veröffentl. des Deutschen Ausschusses für Eisenbeton: Versuche, namentlich zur Bestimmung des Gleitwiderstandes, = Heft 72 bis 74 u. 95 der Mitteil. über Forschungsarbeiten, herausgeg. v. Verein deutscher Ing., 1909 u. 1910; sowie Heft 7 der vorgen. Veröffentl.: Versuche mit Eisenbetonbalken zur Bestimmung des Gleitwiderstandes von H. Scheit u. O. Wawrziniok, 1911; Heft 9: Versuche mit Eisenbetonbalken zur Bestimmung des Einflusses der Hakenform der Eiseneinlagen von C. Bach und O. Graf, 1911.

Stäbe[1]), und daß ferner der Widerstand beim Herausdrücken eines Stabes erheblich höher ist als beim Herausziehen. Das lassen die nachfolgenden Versuchsergebnisse deutlich erkennen:

Stablänge	100 mm	150 mm	200 mm	300 mm
Haftfestigkeit beim Herausziehen	25,1	30,6	15,6	15,3
Haftfestigkeit beim Herausdrücken	27,4	32,9	22,3	21,2
Vergrößerung	9 vH	7,5 vH	44 vH	39 vH

Die Erscheinung, daß die Haftfestigkeit beim Herausdrücken des Stabes zum Teil erheblich höher ist als beim Herausziehen, hat ihren selbstverständlichen Grund darin, daß bei ersterem Vorgange durch das Zusammendrücken des Eisens dessen Querschnitte eine Verbreiterung erfahren und somit der Widerstand in den Berührungsflächen zunimmt, während bei einer Zugbelastung des Eisens das Entgegengesetzte: Verringerung der Querschnittsgrößen und der Pressung am Umfange der Eisen, eintritt. Deshalb wird auch im allgemeinen in gedrückten Konstruktionsteilen, bzw. in der Druckzone allgemein, die Haftfestigkcit höhere Werte zu erlangen vermögen als in der auf Zug beanspruchten Bewehrung.

Die absolute Größe der Haftfestigkeit, verschieden zudem nach der Art des Eisens, kann selbstverständlich, wie aus der vielgestaltigen Beeinflussung dieser Größe durch alle die vorerwähnten Umstände sich zur Genüge erklärt, kein konstanter Wert sein. Über die hier obwaltenden Verhältnisse gibt die nachstehende Zusammenstellung als Beispiel Auskunft:

1. Rundeisen Durchm. 10 mm . . . . . $= 0{,}78$ cm² $\tau_1 = 14{,}1$ kg/cm²
2.   „   „   20 „ . . . . . $= 3{,}14$ „ „ $= 18{,}5$ „
3.   „   „   40 „ . . . . . $= 7{,}07$ „ „ $= 27{,}7$ „
4. Quadrateisen (hochkant) 20×20 mm. $= 4{,}00$ „ „ $= 26{,}2$ „
5. Flacheisen (hochkant) 4×40 mm . . $= 1{,}6$ „ „ $= 22{,}2$ „
6.   „   „ 10×40 „ . $= 4{,}00$ „ „ $= 19{,}6$ „

---

[1]) Aus den Versuchen von Bach (vgl. auch Zeitschr. des Vereins deutscher Ing. 1911, S. 859) leitet Feret in derselben Zeitschrift (1911, S. 1270) die Beziehung für die am Stabe von der Länge $= x$ wirkende Kraft $= P_x$ ab: $P_x = 455 \cdot x^{\frac{3}{4}}$. Nimmt, wie Hager in seinem Werke: Vorlesungen über Theorie des Eisenbetons (1916, S. 49) ausführt, diese Kraft um die Größe dP_x zu und entspricht dieser Zunahme eine Veränderung der Stablänge x um dx, so wird bei einer Haftspannung $= \tau_x$ und einem Durchmesser des Eisens $= d$:

$$dP_x = \tau_x \cdot d \cdot \pi \cdot dx$$

$$\frac{dP_x}{dx} = \frac{3}{4} 455 \cdot \frac{1}{\sqrt[4]{x}} = \tau_x d\pi$$

$$\tau_x = \frac{3}{4} \cdot \frac{455}{d\pi} \frac{1}{\sqrt[4]{x}} \, .$$

Es ergibt sich, daß der absolute Wert der Haftung bei Rundeisen mit dessen Querschnittsgröße allmählich steigt und daß die rechteckig gestalteten Querschnitte den Rundeisen gegenüber vergleichsweise größere Haftung aufweisen, daß aber eine Gesetzmäßigkeit betr. die zu erwartende Größe des Gleitwiderstandes aus den Zahlen nicht abgeleitet werden kann.

Im allgemeinen ähnliche Ergebnisse zeitigte die zweite Art von Versuchen, bei denen in der Regel Rechtecksbalken mit in ihrer Zugzone eingebetteten Eisen auf Biegung belastet und bis zur Lösung der Eisen aus dem Beton beansprucht wurden. Verwendung fanden u. a. bei den Bachschen Versuchen Rundeisen mit Walzhaut von 18 bis 32 mm Durchmesser. Das Ergebnis der Versuche ist das folgende:

Rundeisen, Durchm. 18 mm, Haftfestigkeit zwischen 19,9 u. 22,3 kg/cm²
  „   „   22 „   „   „   17,0 „ 21,7   „
  „   „   25 „   „   „   21,0 „ 22,7   „
  „   „   32 „   „   „   17,0 „ 22,1   „

Es ergibt sich also ein Mittelwert von etwa 21 kg/cm². Zudem zeigen diese Versuche mit besonderer Deutlichkeit, daß die Haftfestigkeit der Eisen bei den unter Wasser gelagerten Balken erheblich höher ist als bei den an der Luft erhärteten, daß der Gleitwiderstand mit dem Alter des Verbundkörpers zunimmt, sehr stark vergrößert wird durch gute Umbiegung der Eisen und ihre hierdurch bewirkte Verankerung im Beton, daß endlich nicht nur die im Untergurte liegenden, gerade durchgeführten Eisen, sondern auch die schräg abgebogenen sich an der Übertragung der Zugkräfte beteiligen und demgemäß bei etwaiger Berechnung der Haftspannungen auch mit in Berücksichtigung gezogen werden müssen.

Es kann zum mindesten fraglich sein, ob alsdann, wenn die Eisen in der Zugzone durch Anbringung fester Endhaken im Beton unwandelbar festgelegt und verankert sind, überhaupt noch von einer Haftung oder einem Gleitwiderstande gesprochen werden darf, da einem Lösen des Eisens vom Beton jetzt ganz andere Kräfte — Ankerkräfte — widerstreben, als sie bei Eintritt der Gleitbewegungen bei gerade verlaufenden Eisen auftreten. Jedenfalls wird in solchen Fällen die Verteilung der Haftspannungen über die Länge des Eisens noch erheblich unsicherer als ohne Verankerung und dementsprechend ein Rechnungsergebnis ziemlich wertlos, und das um so mehr, wenn, wie bei normalen Balkenausbildungen, sowohl gerade als abgebogene Eisen für die Eintragung der Zugkräfte in den Beton in Frage kommen. Diesen, namentlich von E. Probst zuerst vertretenen Gesichtspunkten tragen auch die Bestimmungen bereits früher und jetzt Rechnung, indem sie besagen, daß die Haftspannungen nicht berechnet zu werden brauchen, wenn die Enden der Eisen mit runden oder spitzwinkeligen Haken (vgl.

S. 137) versehen und dabei die Eisen nicht stärker als 25 mm sind. Letztere Angabe hat in den Versuchen von Bach und Graf ihren Grund[1]), bei denen bei Eisen bis zu 25 mm Durchmesser, die mit runden oder spitzen Verankerungshaken versehen waren, eine Bruchlast erreicht wurde, die sich nach der Streckgrenze des Eisens einstellte, ohne daß vorher der Verbund zwischen Eisen und Beton eine Lockerung erfuhr. Innerhalb dieser Grenze lösen sich also die Eisen, ohne daß zunächst die Haftung hierbei überwunden wird, aus dem Verbunde. Bei einem höheren Durchmesser als 25 mm wird jedoch die Haftung eher überwunden als die Streckung der Eisen eintritt. Für ihre Verbundwirkung bleibt somit die Haftung maßgebend.

Die obige Bestimmung darf aber, wie W. Gehler[2]) mit Recht hervorhebt, nicht dazu führen, stärkere Durchmesser zu vermeiden, die bei Eintragung großer Kräfte in den Beton unter Umständen geboten sind, zumal, wie Saliger[3]) und Hager[4]) nachweisen, der Durchmesser der Bewehrungseisen im Balken zweckmäßig eine Funktion der statischen Verhältnisse des Balkens, vor allem aber seiner Stützweite ist und mit ihr wächst.

Die Bestimmung, in der Regel Haftspannungen nicht mehr zu berechnen, wird auch durch das gute Verhalten der Eisenbetonbauten in der Praxis gestützt, vorausgesetzt, daß sie einwandfrei entworfen und ausgeführt sind, da wohl noch niemals bei richtig konstruierten Verbundbauten ein Unfall durch Überwindung der Haftfestigkeit der Eisen eingetreten ist.

Die Berechnung der Haftspannungen — τ_1 — für einen in seiner Achse durch eine Kraft P belasteten Eisenstab (vom Durchmesser $= d$ und der Länge $= l$) kann unter Annahme gleichmäßiger Spannungsverteilung durch die Beziehung: $\tau_1 \cdot d \cdot \pi \cdot l = P; \tau_1 = \dfrac{P}{d \cdot \pi \cdot l}$ gegeben werden.

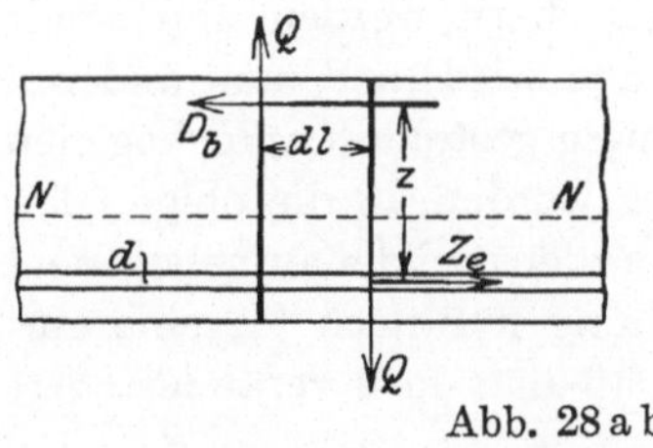
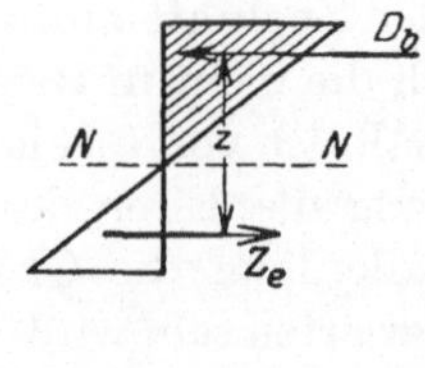

Abb. 28 a b.

Bei einer Biegungsbeanspruchung (Abb. 28 a b) stellt sich die angenäherte Rechnung, unter der in der Regel nicht zutreffenden Annahme, daß

<hr>

[1]) Vgl. Heft 9 der Veröffentl. des Deutschen Ausschusses für Eisenbeton: Versuche mit Eisenbetonbalken zur Bestimmung des Einflusses der Hakenform der Eiseneinlagen von C. Bach und O. Graf. 1911.

[2]) Vgl. W. Gehler, Erläuterungen mit Beispielen zu den Eisenbetonbestimmungen 1916. 2. Aufl. 1918. S. 61.

[3]) Vgl. Saliger, Schubwiderstand und Verbund der Eisenbetonbalken. Berlin 1913. S. 62.

[4]) Vgl. Hager, Vorlesungen über Eisenbetonbau. 1916. S. 144—145.

nur gerade Eisen die Zugkräfte aufnehmen, und ferner, daß der Beton in der Zugzone statisch nicht wirksam ist, folgendermaßen: Bezeichnet man mit Z_e die Zugkraft im Eisen, mit M das an der betrachteten Stelle wirkende Biegungsmoment, mit Q die dort auftretende Querkraft, mit dl die Entfernung zweier nahe benachbarter Balkenquerschnitte, mit U den Umfang des oder der Eisen, mit τ_1 die Haftspannung und mit z den Hebelarm der inneren Kräfte (der Betondruckkraft D_b und der Eisenzugkraft Z_e), so ergibt sich, allerdings unter der nicht ganz zutreffenden Annahme, daß die Querkraft Q in den beiden betrachteten Querschnitten keine Veränderung erleidet, aus der Überlegung, daß im Gleichgewichtszustande die beiden Kräftepaare $Z_e \cdot z$ und $Q \cdot dl$ sich das Gleichgewicht halten müssen:

a) $$Z_e \cdot z = Q \cdot dl\,; \qquad Z_e = \frac{Q \cdot dl}{z}\ \text{[1]}\,,$$

b) $$\tau_1 \cdot U \cdot dl = Z_e = \frac{Q\,dl}{z}\,,$$

c) $$\tau_1 = \frac{Q}{z \cdot U}\ \text{[1]}\,. \tag{4}$$

Man erkennt, daß nach dieser Beziehung die Haftspannung ihren Höchstwert bei größtem Q und kleinstem U, d. h. am Auflager erhalten würde, da dort die Querkraft am größten und in der Regel die Eisen — wegen Abbiegung eines Teils von ihnen nach oben — am geringsten sind. Tatsächlich wird hier aber ein erheblich kleinerer Wert von τ_1 auftreten, da einmal nahe dem Auflager keine Biegerisse den Betonzusammenhang in der Zugzone lockern werden und somit der Beton einen Teil der Zugkraft aufnehmen wird, und zum anderen in demselben Sinne auch die nicht in Rechnung gestellten aufgebogenen Eisen mitwirken. Deshalb ist vorgeschlagen worden, in die obige Gleichung unter U den Umfang aller Eisen, der geraden und der aufgebogenen, einzuführen, wodurch allerdings die Gleichung nur noch als eine empirische Beziehung zu bewerten sein wird. Daß aber diese veränderte Art

---

[1] **Hager** leitet dieselbe Gleichung in seinen Vorlesungen über Eisenbeton auf S. 143 folgendermaßen ab: Ist dZ_e die Differenz der Zugkräfte auf die Einheitsstrecke dl in den beiden sie begrenzenden Querschnitten, so folgt:

a) $$\tau_1 \cdot U \cdot dl = dZ_e\,; \quad \tau_1 = \frac{dZ_e}{U \cdot dl}\,,$$

b) $$M = Z_e \cdot z\,; \quad Z_e = \frac{M}{z}\,; \quad \frac{dZ_e}{dl} = \frac{dM}{dl}\frac{1}{z} = \frac{Q}{z}\,,$$

da das Moment, nach der Länge differenziert, die Querkraft liefert. Durch Vereinigung der Gleichungen a und b entsteht:

c) $$\tau_1 = \frac{Q}{z \cdot U}\,.$$

der Berechnung zu durchaus wahrscheinlichen Werten führt, haben die in Anm.[1]) erwähnten Bachschen Versuche und ihre Auswertung erwiesen.

Bezeichnet man an der Stelle der Querkraft Q den Umfang der nach oben abgebogenen, hierselbst im Obergurt liegenden — also bereits wagerecht geführten — Eisen mit U_1, so würde die vorentwickelte Gleichung in die Form übergehen:

$$\text{d)} \qquad \tau_1 = \frac{Q}{z\,(U + U_1)}\,. \qquad (5)$$

Ist $U = U_1$, so wird für diesen besonderen Fall:

$$\text{e)} \qquad \tau_1 = \frac{Q}{2\,z\,U} = \frac{Q}{2} \cdot \frac{1}{z \cdot U}\,.$$

Hierin stellt z, wie weiterhin stets, den Hebelarm der inneren Kräfte dar. Diese Gleichung ist auch in den neuen Bestimmungen vom September 1925 für den Fall zur Berechnung der Haftspannungen zugelassen, daß soviel Eisen abgebogen werden, daß sie zusammen mit den Bügeln imstande sind, die gesamten schrägen Hauptspannungen aufzunehmen. Alsdann ist nach den Bestimmungen nur die halbe Querkraft in Rechnung zu stellen, woraus sich unmittelbar die obige Gleichung ergibt[2]).

[1]) Vgl. u. a.: Engesser, Haftspannungen in Eisenbetonbalken (Arm. Beton 1910, Heft 2, S. 73; und Heft 12 des Deutschen Ausschusses für Eisenbeton: Versuche mit Eisenbetonbalken zur Ermittelung der Widerstandsfähigkeit verschiedener Bewehrung gegen Schubkräfte von C. Bach u. O. Graf, 1911, S. 106.

[2]) Eine ähnliche Gleichung kann man auch unter der Annahme ableiten, daß die Eisenbewehrung des Balkens (Abb. 29 und 30) mit gedachten Druckdiagonalen

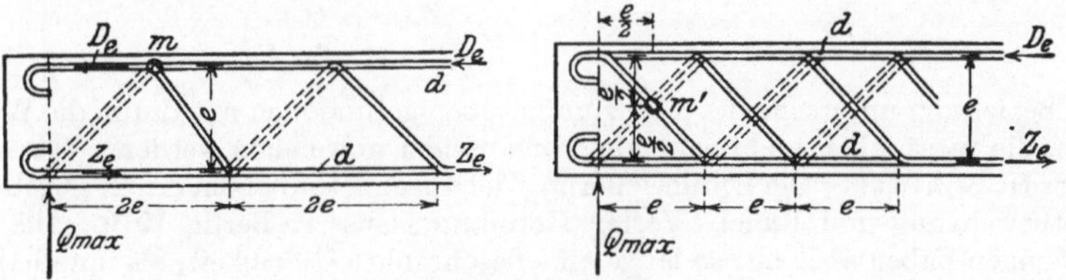

Abb. 29 und 30.

im Beton einen Parallelträger mit einfachen bzw. doppelten, unter 45° geführten, Schrägstäben bildet.

Bezieht man bei weitem Abstande der einzelnen Abbiegungen (Abb. 29) eine Momentengleichung auf Punkt m, so wird: $Q_{max} \cdot e = Z_e \cdot e$; $Z_e = Q_{max}$. Nimmt man an, daß für das einzelne, hier $2\,e$ lange Feld sich die Kraft Z_e gleichmäßig durch die Haftwirkung auf den Beton verteilt, so ergibt sich:

$$Z_e = \tau_1 \cdot U \cdot 2\,e\,. \qquad \tau_1 = \frac{Z_e}{2\,e\,U} = \frac{Q_{max}}{2\,e\,U}\,. \qquad (5)$$

Forts. S. 150.

Die zulässige Haftspannung (τ_1) ist (vgl. S. 125) nach den neuen Vorschriften vom September 1925 auf 5,0 kg/cm² festgesetzt. Die zu ihrer Berechnung dienenden Gleichungen sind vorstehend entwickelt und wiedergegeben. Es sei nochmals hervorgehoben, s. S. 147, daß Haftspannungen nur berechnet zu werden brauchen, wenn der Rundeisendurchmesser ≥ 25 mm beträgt.

Zweites Kapitel.

Die Konstruktionselemente des Verbundbaus.

6. Die allgemeine Anordnung eines Verbundbaus und die Aufgaben der Eiseneinlagen.

Ein neuzeitlicher Eisenbetonbau zeichnet sich (Abb. 31a b c) durch seine Monolithät, d. h. durch die Gleichartigkeit aller seiner einzelnen steinernen Konstruktionsteile und deren einheitliche Zusammenfassung zu einem, überall mit den gleichen Stoffen und Mitteln und nach denselben Konstruktionsgesichtspunkten errichteten Massivbau aus. Hierbei sind

---

Ebenso liefert — Abb. 30 — bei naher Lage der Abbiegungen in der Entfernung $= e$ voneinander, eine Momentgleichung in bezug auf m':

$$Q_{max} \cdot \frac{e}{2} = Z_e \frac{e}{2} + D_e \frac{e}{2} \; .$$

Unter der Voraussetzung $Z_e = D_e$ ergibt sich:

$$Z_e = \frac{Q_{max}}{2}$$

und ferner, da hier die Feldlänge $= e$ ist:

$$Z_e = \tau_1 \cdot U \cdot e; \qquad \tau_1 = \frac{Z_e}{U \cdot e} = \frac{Q_{max}}{2 \, e \, U} \; .$$

Diese Beziehung unterscheidet sich von der oben gefundenen nur durch die Werte e bzw. z, die tatsächlich nicht sehr viel voneinander abweichen werden. Vgl. hierzu weiter: H. Schlüter, Die Schubsicherung der Eisenbetonbalken durch abgebogene Hauptbewehrung und Bügel. Verlag Hermann Meusser, Berlin 1919. Alle diese Gleichungen haben aber nur so lange eine beschränkte Gültigkeit, als innerhalb der betrachteten Strecke keine Risse im Betonzuggurte auftreten.

In den schweizerischen Vorschriften für arm. Beton vom 26. November 1915 ist der Nachweis, daß Haftspannungen gewisse Grenzen nicht überschreiten, überhaupt nicht gefordert, sondern nur verlangt, daß die Endhaken halbkreisförmig gebogen werden, und zwar müssen sie bei warmer Biegung nach einem Durchmesser $\geq 3\,d$, bei kalter Biegung $\geq 5\,d$ gebogen werden. Nach den österreichischen Vorschriften vom 22. Dezember 1920 ist ein Nachweis der Haftspannungen unter der Voraussetzung gefordert, daß sich eine mittlere Haftspannung gleichmäßig über die vorhandene Haftlänge verteilt, mit dem Zusatze, daß der geraden Beitragsstrecke bei Rundhaken noch der 12fache, bei rechtwinkligen und Spitzhaken der 4fache Eisendurchmesser zuzuschlagen ist.

als einzelne Konstruktionselemente zu trennen: die Platte, der Balken, die Stütze; unter Umständen tritt zu ihnen, namentlich bei Ausführungen des Ingenieurbaus, noch das Gewölbe hinzu.

Die einfache Platte hat in der Regel rechteckigen Querschnitt und dient in erster Linie dazu, die Lasten aufzunehmen und sie auf die die Platte stützenden, mit ihr einheitlich verbundenen Balken — in manchen Fällen auch unmittelbar auf Stützen, Unterzüge und Mauern — zu übertragen. Werden die Platten unter Vermeidung von Unterzügen unmittelbar von in der Regel an ihren Köpfen verstärkten Säulen getragen, so entstehen die sogenannten Pilzdecken — vgl. Abb. 31 b und c —.

Balken können rechteckigen Querschnitt nach Art der Holzbalken aufweisen, oder Plattenbalken sein. Alsdann bildet die Platte den Gurt des Balkens, in der Regel seinen Druckgurt, so daß der Balken selbst in Form eines „T" erscheint. Eine Sonderform dieser Plattenbalken stellen die Rippenbalken zur Bildung von „Rippendecken" dar, dadurch bezeichnet, daß es sich hierbei um eine aufgelöste Konstruktion handelt mit höchstens 70 cm lichtem Rippenabstand und zum Zweck der Schaffung einer ebenen Unteransicht zwischen die Rippen eingefügte statisch unwirksame Hohlstein- oder andere Füllkörper.

Da die Platte in der

Abb. 31a.

Regel über mehrere Rippen bzw. Balken hinweggeht, ihnen gegenüber also wie ein durchgehender Tragteil wirkt, ist es zweckmäßig, zudem auch vom architektonischen Standpunkte erwünscht, sie am Anschlusse an die Balken zu verstärken und sie in diese mit Verstärkungsschrägen — Vouten — einlaufen zu lassen. Hierdurch wird zugleich den statischen Rücksichten Rechnung getragen, daß das Biegungsmoment bei durchgehenden Trägern an der Stütze größer als in Feldmitte ist und somit,

da hier der Druckgurt der Platte sich wegen des negativen Momentes
nach unten verlegt, eine Vergrößerung der Plattenhöhe und der Druckzone sehr willkommen ist. Namentlich im Brückenbau, bei eingespannten Balken, Rahmen und Gewölben, kann es sehr zweckmäßig
sein, je nach den Vorzeichen des Biegungsmomentes mit der Platte
von dem einen Gurt nach dem anderen zu gehen, sie also z. B. bei einem
eingespannten Balken nahe seiner Mitte nach oben, in der Nähe des
Auflagers nach unten zu legen. Hierdurch erreicht man, daß die breite
Betonplatte, die an und für sich nur für den Druckgurt sich eignet,
soweit erreichbar, als solcher ausgenutzt werden kann. Der Übergang

Abb. 31 b.

zwischen der einen und der anderen Lage ist alsdann dort zu bewirken,
wo die Momente gering sind bzw. die Momentenfläche einen Nullpunkt hat. Bei Hochbauten, namentlich bei Deckenkonstruktionen
mit Nebenträgern und Hauptunterzügen, wird sich eine derartige Anordnung, da hier die Platte zu beiden gehört, zudem in der Regel den
Fußboden bildet, nicht ausführen lassen; sie begegnet hier erheblichen
Ausführungsschwierigkeiten und wirtschaftlichen Bedenken.

In vielen Fällen lagert der Balken unmittelbar auf der Stütze auf,
sehr oft aber überträgt er die Last der Platte und seine eigene Belastung erst auf Hauptunterzüge, die dann ihrerseits erst mit den
Stützen verbunden werden (Abb. 31a). In solchem Falle stoßen die
Nebenbalken stumpf gegen die Unterzüge; hier sind sie mit ihnen ohne

Bildung einer Fuge zu einem einheitlichen Verbundkörper am Verbindungspunkte zusammengefaßt und aus denselben Gründen wie bei der Platte mit Schrägen an der Unterseite besonders fest in den Hauptbalken eingebunden, also mehr oder weniger fest in ihn eingespannt. Gleiche Anschlußformen zeigt auch die Verbindung von Säule und Hauptunterzug. Auch hier wird stets auf einen Übergang durch Schrägen, also ein unwandelbares, monolithisches Einbinden der Hauptbalken in die Stütze ganz besonderes Gewicht gelegt, so daß von einem eigent-

Abb. 31c.

lichen Auflagern des Balkens auf der Säule kaum mehr gesprochen werden kann; vielmehr liegt auch hier ein vollkommenes Zusammenwachsen beider Konstruktionsglieder vor. Dies gibt sich u. a. auch darin zu erkennen, daß die Stützenbewehrung bis zur Deckenunterfläche in vollem Querschnitte durchgeführt wird und die Balkeneisen sie durchdringen. Die monolithische Wirkung zeigt sich hier besonders alsdann, wenn zur Herstellung des Verbundbaus Gußbeton verwendet wird und das Gießen der Säule, Unterzüge und Platten ohne Aufenthalt in einem Zuge vor sich geht. Wird hingegen — ausnahmsweise und im allgemeinen nicht zum Vorteile des Baus — Stampfbeton verwendet und auf die Säulen der Träger aufgestampft, so kann noch eher von einer Lagerung des letzteren auf der Säule gesprochen werden, wenn auch hier ein Aneinanderwachsen beider Bauteile zu erwarten steht. Die feste monolithische Verbindung von Balken und Säule zieht noch die weitere statische Folge nach sich, daß nur in seltenen Fällen eine genau zentrische Belastung der Säule eintritt. Theoretisch müßte zudem durch den unwandelbaren Anschluß von Stütze und Balken erstere unter der Belastung dieser verbogen werden; dies tritt aber nur bei sehr dünnen, elastisch wirkenden Säulen ein, während bei Normalbauten die mittleren Stützen in der Regel so steif und unelastisch sind, daß mit einer irgend erheblichen Verbiegung hier meist nicht gerechnet zu werden braucht, eine solche also nur für die Randstützen zu berücksichtigen ist. Dem tragen auch die neuen Bestimmungen Rechnung.

Bei einem Trägersystem von Haupt- und Nebenträgern mit zwischen ihnen gespannten Platten, haben die letzteren mehrfache Aufgaben. Einmal müssen sie die Lasten auf die Nebenträger, unter Umständen zum Teil auch auf die Hauptunterzüge unmittelbar — hierbei auf Biegung belastet — übertragen, und zum anderen bilden sie bei Neben- und Hauptträgern deren Gurt, bei positiven Momenten deren Druckgurt. In welchem Umfange hierbei die Platte im letzteren Sinne bei den Plattenbalken mitwirkt, wird bei deren Behandlung ausführlich dargelegt werden. Hier sei nur hervorgehoben, daß dieses sehr verschiedene Heranziehen der Tragplatten (Deckenplatten), namentlich in Verbindung mit ihrem festen Anschlusse an alle Balken, so wertvoll die hierdurch gewonnene Steifigkeit auch für den Gesamtbau ist, in statischer Hinsicht die Erschwerung zur Folge hat, daß sich eigentlich vielfach statisch unbestimmte Konstruktionen bilden, bei denen neben vollkommener oder mehr oder weniger vollkommener Einspannung zwischen Platten und Nebenträgern, zwischen diesen beiden und den Hauptunterzügen, auch Rahmenwirkungen — zwischen letzteren und den Stützen — sich ausbilden. Deshalb wird die statische Berechnung der Verbundbauten, zumal der Grad dieser Wirkungen sich nur schwer richtig einschätzen läßt, auch nur als eine angenäherte anzusehen sein, bei der es vor allem darauf ankommen wird, unter möglichster Wahrung der Wirtschaftlichkeit des Baus diesem, gegenüber den angreifenden Kräften, eine ausreichende Sicherheit zu bieten. Diesen Verhältnissen tragen auch die neuen Bestimmungen vom September 1925 Rechnung. Sie gründen sich hierbei darauf, daß die meisten der hier zu lösenden und theoretisch schwer zu klärenden Fragen durch umfassende Versuche auf dem Gebiete des Verbundbaus ihre eindeutige Beantwortung gefunden haben. Im besonderen sind es hier wieder die systematisch aufgebauten Forschungsarbeiten des Deutschen Ausschusses für Eisenbeton, welche über das statische Verhalten der einzelnen Konstruktionselemente, je für sich und zum einheitlichen Baugliede vereint, Klarheit geschaffen und Fragen der einwandfreien Lösung zugeführt haben, deren Beantwortung auf rein theoretischem Wege nicht erreichbar war.

Die Eiseneinlagen der Konstruktionselemente (vgl. als Beispiel Abb. 32)[1]) verfolgen in erster Linie, dem Sinne des Verbundbaus angepaßt und der mangelnden Zugfestigkeit des Betons Rechnung tragend, die Aufgabe, Zugkräfte aufzunehmen. Sie liegen deshalb in erster Linie in der Zugzone, und zwar unter Wahrung der erforderlichen Rostschutzüberdeckungsgröße, dabei aber möglichst nahe der Außenseite, also der meist beanspruchten Zugfaser, um auch hier möglichst gut ausgenutzt zu werden. Da in der Regel damit gerechnet wird, daß der Beton sich nicht an der Übertragung der Zugkräfte beteiligt, also als statisch unwirksam angesehen wird, so sind die Eisen in der Zugzone bestimmt, die gesamten Zugkräfte zu übernehmen. Da aber tatsächlich bei der

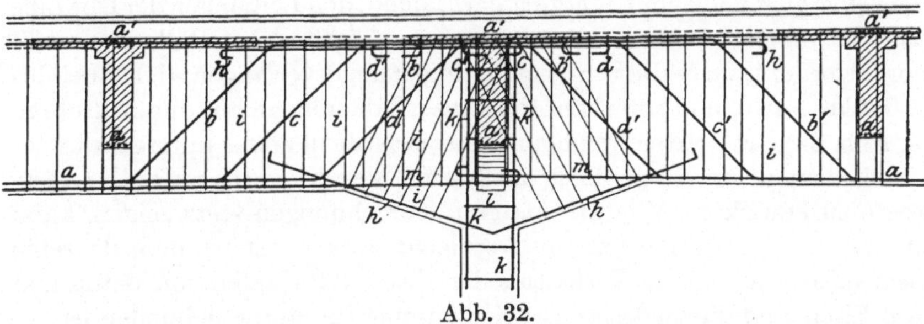

Abb. 32.

Mehrheit guter Ausführungen der Beton die vorausgesetzten Risse im Betriebe nicht erhält, also an der Aufnahme der Zugspannungen teilnimmt, so wird hierdurch eine Entlastung der Eisen bedingt sein, diese werden also in der Regel erheblich geringer beansprucht sein als die Rechnung voraussetzt. Zugeisen in Abb. 32 sind u. a. die Eisen a, der mittlere Teil von a', die oberen Teile von b, c, d, d', c', b' usw.

Sehr häufig wird es notwendig, die Eisen aus der Zugzone in die über oder unter ihr liegende Druckzone bzw. in eine andere Zugzone (bei + und − Momenten) abzubiegen. Das geschieht in der Regel unter einem Winkel zur Wagerechten von 45°, entsprechend der Richtung der aus den Schubkräften sich ergebenden, schiefen Hauptzugspannungen, zu deren Aufnahme, wie an anderer Stelle erläutert wird, die Aufbiegungen herangezogen werden (b, c, d, d', c', b'). Dieser ihrer zweiten Aufgabe: eine Schubsicherung abzugeben, werden die Eiseneinlagen gerecht in der Form dieser Abbiegungen, daneben in Form von Bügeln (i), welche die Zug- bzw. Druckeisen umschließen (d), und, von einem Gebiet in das andere gehend, diese somit

---

[1]) Die weiter im Text folgenden Buchstabenbezeichnungen beziehen sich auf die einzelnen Eisen der Abb. 32.

in statischen Zusammenhang bringen; ihre Richtung ist in der Regel senkrecht zu den Gurten gerichtet. Während bei Platten die Schubspannungen meist nur eine solche Größe erlangen, daß bereits der Beton sie einwandfrei aufnimmt, wird eine Eisenbewehrung bei Balken gegenüber den wagerecht verlaufenden Schubkräften und den schiefen, aus der Wirkung der Schubkräfte sich ergebenden Hauptzugkräften in der Regel in hohem Maße notwendig.

Während die Stelle der Abbiegung und die Größe der aufzunehmenden Kräfte, demgemäß auch die erforderlichen Querschnitte der Eisen, aus der in späteren Abschnitten gegebenen besonderen Berechnung zu entnehmen sind, also statischen Überlegungen folgen, sind die Bügel oft rein konstruktive Glieder, zumal ihnen in dieser Hinsicht — wie vorerwähnt — die wichtige Aufgabe zufällt, eine feste Verbindung zwischen dem Obergurt und dem Untergurt der Balken, den Leibungen der Gewölbe usw. zu bilden. Deshalb sind Bügel — wenigstens bei Balken — auch dort erfordert, wo es die Schubspannungen nicht verlangen, d. h. auch bis in Balkenmitte, und somit auf die ganze Balkenlänge hin durchzuführen (s. Abb. 32). In dritter, wenn auch statisch oft in etwas untergeordneter Linie, dienen die Eisen dazu, auch eine Verstärkung der Druckzone zu bewirken. Wie die späteren Berechnungen stets zeigen, kann hierbei das Eisen allerdings nur schlecht ausgenutzt werden, da seine Beanspruchung an das Verhältnis der Elastizitätszahlen von Beton und von Eisen und die zulässige Druckspannung für Beton gebunden ist. — Wenn man trotzdem bei stärkeren, schwer belasteten Platten und Balken sowie Gewölben Eisen in den Druckzonen verwendet, so kann das einmal durch statische Verhältnisse geboten sein, wenn die Betondruckzone für sich allein nicht ausreicht, um die auf sie entfallenden Biegungsmomente zu übernehmen, ihre Verstärkung in Beton aber nicht angängig ist, und zum anderen durch konstruktive Überlegungen verlangt werden, um die Möglichkeit guter Verankerung zwischen Druckund Zuggurt vermittels der vorerwähnten Bügel zu gewähren, um etwaigen zusätzlichen Biegungsbelastungen — namentlich bei Gurtstäben von Fachwerksbauten — Rechnung zu tragen, um Temperatur- und Schwindbewegungen entgegenzutreten (Abb. 32, *m*), eine vollkommen feuersichere Bauart zu erzielen, plötzlichen gefahrbringenden Formänderungen vorzubeugen usf. Wie schon auf S. 140 hervorgehoben wurde, hat diese verhältnismäßig geringe Beanspruchung der Druckeisen im Verbundbau zur Folge, daß sich für sie eine Festlegung zulässiger Spannungen erübrigt.

Im besonderen wird bei geringer Konstruktionshöhe von Platten und Balken oder sehr starker Belastung eine Druckbewehrung nicht zu umgehen sein, während sie bei Säulen, auch zentrisch belasteten, die Regel bildet (*k*). Hier trägt sie, abgesehen davon, daß die feste

Verbindung von Trägern und Stützen — wie vorerwähnt — unter Umständen zur Verbiegung dieser führt, dem Anschlusse von Querverbänden, der Verzögerung und langsamen Ausbildung des Bruchstadiums und der Möglichkeit eines organischen Anschlusses anderer Verbundbauteile, namentlich auch der Bügel und Umschnürungen, Rechnung.

Endlich finden neben der rein statischen Bewehrung noch rein konstruktiv wirkende Eisen Anwendung. Hier kommen zunächst solche in Frage, die einem gleichmäßigen Verteilen der Kräfte auf eine Anzahl der Einlagestäbe dienen, in der Regel senkrecht zu ihnen und nach dem Innern des Bauteils zu liegen. Sie werden zugleich für Montagezwecke herangezogen, um die Haupteiseneinlagen, die mit ihnen durch Draht gebündelt werden, in bestimmtem Abstande während der Betonierungsarbeiten zu halten. Daß solche Quereisen bei gebogenen Platten und konzentrierter Belastung für den Eintritt der ersten Risse, namentlich in Plattenmitte, unter Umständen nicht günstig sind, lehren allerdings die in Heft 44 des Deutschen Ausschusses für Eisenbeton vorgeführten Versuchsergebnisse[1]), vgl. Abschnitt 8; immerhin überwiegen aber die konstruktiven Vorzüge dieser Eisen den vorerwähnten Nachteil sehr erheblich. Ähnlichen untergeordneten Zwecken dienen lang durchgehende Temperatureisen in Decken-, Fahrbahnplatten und ähnlichen ausgedehnten Bauteilen (Abb. 32, m), die einem Entstehen von Rissen unter hohen Temperaturen zu wehren haben, ferner Eisen, die zum sicheren Anschlusse und zu organischer Einfügung der Schrägen, namentlich an Stützen, angewendet werden (h) oder sonstwie zur Ausbildung besonderer architektonischer Formen und deren Eingliederung in den Verbundbau notwendig sind.

Nahe der Außenfläche liegende Abstandseisen zu verwenden, welche die vorgeschriebene Entfernung der Bewehrung von den Betonaußenflächen und -kanten sichern, empfiehlt sich nicht, da gerade solche Eisen einem Verrosten besonders stark ausgesetzt sind, alsdann zum mindesten Rostflecke erzeugen, wenn nicht sogar die Weiterbildung von Rost im Bauwerk fördern oder — zur Vermeidung dieser Nachteile — eine besonders große Stärke der Überdeckungsschicht der Hauptbewehrung zur Folge haben. Will man solche Abstandshalter für das Eisengerippe gegenüber der Schalform anordnen, so empfiehlt es sich, sie aus kleinen Betonleisten zu bilden, die sich organisch in den späteren Beton einfügen. Meist wird es jedoch genügen, den Abstand der Eisen von der Schalung durch untergelegte Mörtel- oder Holzklötzchen, Schotterstücke oder dgl. einzuhalten. In jedem Falle müssen die Eisen so sicher gelagert sein, daß sie beim Betonieren nicht durchhängen. Längs-,

---

[1]) Vgl. hierzu Heft 44; sowie dessen ausführliche Besprechung im Bauingenieur 1920, Heft 19.

Quereisen und Bügel werden mit Bindedraht verbunden, um ein Verschieben bei Einbringen des Betons und dessen Festigung zu verhindern. Hierbei wird man sich zweckmäßig kleiner Werkzeuge — Drahtbinder — bedienen.

Kreuzen sich Eisen bei dem Aufeinandertreffen der einzelnen Bauglieder, so ist einmal für einen ausreichenden Zwischenraum bei der Übereinanderführung, und zum anderen darauf zu achten, daß das Eisen des Hauptbauteils möglichst wenig aus seiner normalen Lage verschoben wird.

Allgemein ist zu empfehlen (s. auch Abb. 31a u. b), die Kanten aller Säulen, unter Umständen auch die der Balken usw., abzufasen, um einmal die Ausbildung guter Außenflächen zu ermöglichen und zum anderen um scharfe Kanten, die besonders leicht einer Beschädigung ausgesetzt sind, zu vermeiden; zudem gestattet die Anordnung der die Abfasung bedingenden Leisten innerhalb der Schalung gegebenenfalls deren besonders genaue Ausrichtung und Herstellung.

7. Die Verbundsäule[1]).

Eines der wichtigsten Konstruktionselemente des Verbundbaus stellt die Verbundstütze dar. Nach der Bewehrung sind zu trennen Säulen, welche vorwiegend eine Verstärkung durch Längsstäbe, daneben durch diese verbindende senkrecht zur Achse verlaufende, in größeren Entfernungen angeordnete Bügel erfahren (Abb. 33a und b) und solche, bei denen an einzelnen Längsstäben angeschlossen — und zwar meist auf der Grundlage eines mehrseitigen, meist achtseitigen, unter Umständen auch kreisförmigen Querschnittes — ein innerer Säulenkern durch eine Spirale umschlossen wird — umschnürte Säulen (Abb. 34).

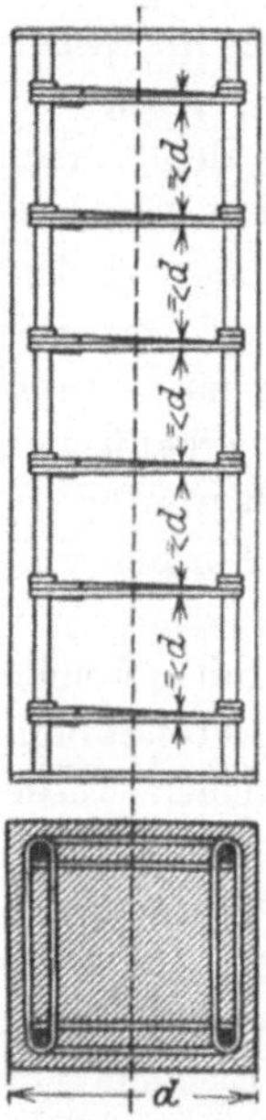

Je nach der Belastung und Knickgefahr wechseln Seitenabmessung bzw. Durchmesser der Verbundsäulen zwischen 20 und 100 cm; für die Längseisen werden in der Regel Rundeisen von 12—40 mm, für die Bügel oder Spiralen solche von 6—10 mm verwendet.

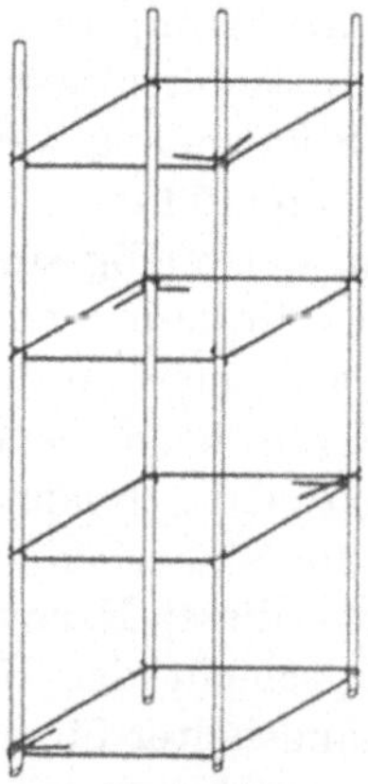

Abb. 33a.   Abb. 33b.

---

[1]) Als Verbundsäulen sind selbstverständlich solche Stützen nicht anzusehen, die als eigentliches Tragwerk eine irgendwie geartete Eisenkonstruktion in sich tragen und nur eine Ummantelung dieser mit Beton zum Rost- bzw. Feuerschutz besitzen.

Nach den Bestimmungen ist, wie für alle Verbundbauten, auch für Säulen die Würfelprobe maßgebend, und zwar entsprechend den auf S. 122 erwähnten Anforderungen. Wie Bach nachgewiesen[1]), nimmt aber die Druckfestigkeit eines prismatischen — also säulenartigen — Körpers mit dessen Höhe im Verhältnis zum Würfel nicht unerheblich ab. Setzt man die Druckfestigkeit des Würfels $= 1$, so ergeben sich bei Prismen von m-facher Höhe, sonst aber derselben Querschnittsabmessung, Zusammensetzung, Herstellung und Behandlung wie beim Würfel, die nachfolgenden Festigkeitszahlen:

$$m = 1 \quad = 2 \quad = 4 \quad = 8 \quad = 12$$
$$\text{Druckfestigkeit} = 1 \ 0{,}95 \ 0{,}87 \ 0{,}86 \ 0{,}84$$

Man erkennt, daß die Abnahme der Festigkeit bei größerer Prismenhöhe keine erhebliche mehr ist und daß man damit rechnen kann, daß — vorausgesetzt, daß bei der Druckbelastung der Stütze eine Knickgefahr ausgeschlossen ist — der Säulenbeton rund $^4/_5$ der Festigkeit des Würfels aufweisen wird. Demgemäß wird auch ein Beton von der Mindestwürfeldruckfestigkeit $W_{e28} \geqq 200$ bzw. $W_{b28} \geqq 100 \ \text{kg/cm}^2$ nach 28 Tagen in der Stütze eine Druckfestigkeit von rund 160 bzw. 80 kg/cm² besitzen; da die Normalbeanspruchung des Betons in Säulen nur zu 35 kg/cm² zugelassen ist, wird also alsdann bereits eine etwas mehr als vier- bzw. zweifache Sicherheit vorhanden sein.

Weniger günstig ist bei Säulen die Ausnutzung des Eisens, da, wie in Abschnitt 20 noch näher nachgewiesen wird, das Eisen in der Regel nur mit dem n fachen der Betonspannung, also auch nur mit

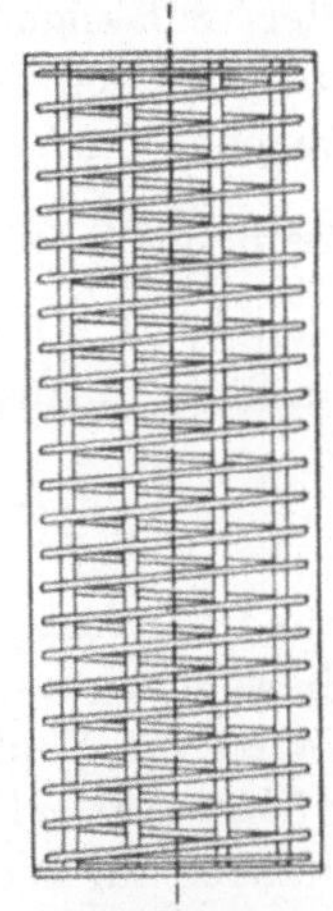

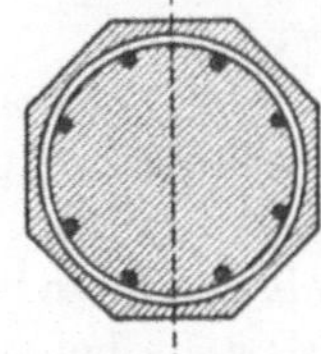

Abb. 34.

$15 \cdot 35 = 520 \ \text{kg/cm}^2$, bei hochwertigem Zement mit $15 \cdot 45 = 675$ und in besonderen Fällen bei nachgewiesener hoher Würfelfestigkeit (vgl. S. 122, Tabelle I) höchstens mit $15 \cdot 60 = 900 \ \text{kg/cm}^2$ belastet werden darf. Da die Versuche des Deutschen Ausschusses für Eisenbeton ergeben haben, daß bei stärkerer Bewehrung das Eisen nicht mehr im Verhältnis seiner Vergrößerung die Bruchfestigkeit der Säule

---

[1]) Vgl. u. a. Deutsche Bauzeitung, 1914, Beton-Beilage Nr. 5: Vortrag von Bach in der 17. Hauptversammlung des Deutschen Betonvereins über die Ergebnisse zur Ermittlung der Druckfestigkeit. Nach Ansicht von Bach bedingt nicht der Baustoff an sich diese Herabsetzung der Festigkeit bei hohem Prisma, sondern es ist das eine Folge des Einflusses der Druckübertragungsflächen, der um so weniger sich geltend macht, je stärker die Länge zunimmt; zudem dürfte aber auch mit höherem Prisma der Einfluß der Nebenspannungen, namentlich nach der Seite der Biegung und des Abschiebens hin, wachsen.

günstig beeinflußt, andererseits aber eine zu geringe Bewehrung im Hinblick auf ein alsdann bedingtes plötzliches Auftreten der Brucherscheinungen und eine mangelhafte Sicherung gegenüber Biegung auch zu vermeiden ist, sind für die Größe der Längsbewehrung der Säulen mit Längsstäben und Bügeln — auf Grund der Versuche — Größt- und Kleinstwerte vorgeschrieben. In den neuen Bestimmungen vom September 1925 ist in diesem Sinne festgelegt, daß bei voller Ausnutzung der zulässigen Betondruckspannung (σ_b) der Querschnitt der Längsbewehrung (F_e) höchstens 3 vH des Betonquerschnitts ausmachen darf und die Mindestlängsbewehrung bei einem Verhältnis von Säulenhöhe zur kleinsten Dicke $\dfrac{l}{s} \gtrless 10$ den Wert 0,8 vH, bei $\dfrac{l}{s} = 5$ den Wert 0,5 vH nicht unterschreiten darf. Zwischenwerte sind geradlinig einzuschalten. Hieraus folgt bei einem Verhältnis:

$$\frac{l}{s} = 10 \qquad = 9 \qquad = 8 \qquad = 7 \qquad = 6 \qquad = 5$$

eine Mindestbewehrung von 0,8   0,74   0,68   0,62   0,56   0,5 vH.
Wird die Säule mit einem größeren Betonquerschnitt ausgeführt als statisch erforderlich, so braucht das Bewehrungsverhältnis nur nach dem statisch notwendigen Betonquerschnitte bemessen zu werden.

In welcher Weise sich im Säulenquerschnitte die Spannungen zwischen Beton und Eisen verteilen, ist eine zur Zeit noch ungelöste Frage. Aus den Messungen der Formänderung leitet Rudeloff[1]) ab, daß diese Spannungsverteilung sich sowohl mit wachsender Belastung als auch bei wiederholtem Lastwechsel stetig ändert und daß die Spannungsverteilung in den einzelnen Querschnitten je nach der Höhenlage in der Säule verschieden ist. Wenn Rudeloff bei seinen Versuchen ferner gefunden hat, daß bei bewehrten Säulen die Betonfestigkeit gegenüber gleichartigen unbewehrten abnimmt, so ist das nur ein Zeichen dafür, daß bei der Herstellung der bewehrten Säulen nicht unbeachtliche Schwierigkeiten vorliegen, hier namentlich unter den Bügeln beim Einbringen des Betons leicht Hohlräume entstehen können, welche dann die Druckfestigkeit des Betons herabsetzen. Das lehrt, ganz besonders große Vorsicht bei der Herstellung der Verbundsäulen walten zu lassen. Von welchem bestimmenden Einflusse eine gute Stampfarbeit für die Säulen ist, zeigen weiter Versuche von

---

[1]) Vgl. Heft 28 u. 34 der Veröffentl. des Deutschen Ausschusses für Eisenbeton: Untersuchung von Eisenbetonsäulen mit verschiedenartiger Querbewehrung (1914), und: Erfahrungen bei der Herstellung von Eisenbetonsäulen, Längenänderungen der Eiseneinlagen im erhärtenden Beton, 1915, von M. Rudeloff.

Rudeloff[1]), die nachweisen, daß ihr gegenüber sogar die Einwirkung verschiedenartiger Querbewehrungen in den Hintergrund tritt.

Bei der ersten Hauptbewehrungsart der Verbundsäulen: Längseisen und in größeren Abständen aufeinander folgende Querbügel, haben beide Bewehrungen statische Bedeutung und unterstützen sich in ihrer Wirkung gegenseitig. Hierbei ist es allerdings unbedingt notwendig, daß die Querbügel unwandelbar und spannungsfest an die Längseisen anschließen. Alsdann werden bei einer zentrischen Belastung der Stütze die Längseisen und der Beton die Druckkräfte aufnehmen, während die Bügel vornehmlich eine Querdehnung der Querschnitte verhindern und damit mittelbar die Längsverdrückung der Stütze beschränken und ihre Tragfähigkeit somit vergrößern. Dieser durch die Eiseneinlagen bewirkte vermehrte Widerstand der Säule macht sich — wie es durchaus zu erwarten steht und in Versuchsergebnissen sich widerspiegelt — im Vergleiche zu unbewehrten Säulen besonders bemerkbar bei weniger gutem Beton; hier bewirkt also die Bewehrung eine besonders erhebliche Zunahme der Tragkraft. Über die Größe der zu erwartenden Querdehnung des Betons und den Widerstand, den ihr gegenüber die Bügel zu leisten haben, liegen zwar eine größere Anzahl Versuche, aber mit immerhin weit abweichenden Ergebnissen vor, so daß allgemeingültige Festsetzungen nicht angängig sind[2]). Da zudem die Druckverteilung im Säulenquerschnitt zwischen Eisen und Beton nicht feststeht, ist auch die Kraft nicht zu bestimmen, die auf eine Dehnung der Bügel hinwirkt, mithin deren Spannung auch nicht bestimmbar. Praktisch hat dies deshalb keine Bedeutung, weil einmal die Bügel konstruktiv aus verhältnismäßig kleinen Rundeisen hergestellt werden, ihr Eisenverbrauch also auch kein großer ist, und zum anderen die bisher ohne statischen Nachweis ausgeführten Bügelabmessungen sich durchaus bewährt haben.

Der wertvolle Einfluß der Längs- und Bügelbewehrung gibt sich auch bei der Brucherscheinung zu erkennen. Während unbewehrte Betonsäulen in der Regel ohne vorhergehende Anzeichen plötzlich zum

---

[1]) Vgl. Heft 5 der Veröffentl. d. Deutschen Ausschusses für Eisenbeton, Vers. mit Eisenbeton-Säulen Reihe I u. II von M. Rudeloff 1910.

[2]) Aus den Versuchen zeigt sich, daß die Querdehnung des Betons ähnlichen Verhältnissen unterworfen ist wie die Längsdehnung. So findet Bach (Heft 16 der Veröffentl. des Deutschen Ausschusses, S. 26 u. 54), daß die Poissonsche Zahl (m) mit der Spannung von 3,4—7,0 steigt, während Rudeloff (Heft 5 der vorgen. Veröffentl. S. 46) m zu 3,4—7,0 bzw. (S. 96) zu 1,5—3,1 bestimmt. Da die Spannungen höher ausfallen, wenn diese Größe klein genommen wird, empfiehlt Hager in seinen Vorlesungen über Eisenbetonbau (1916) für m den Wert 2,0 zu wählen. Nach neueren Versuchen von Prof. Dr. Gehler im Dresdner Versuchsamt ist der Wert von m genau bestimmt und für Druckbeanspruchung zu 5,3—6, für Zugbelastung zu 5,0—9,0 gefunden worden.

Bruche gelangen, treten bei den bewehrten Säulen zunächst Risse ein,
denen erst später die Brucherscheinung folgt. Diese ist als Einwirkung
der zentralen Druckkräfte, und bei Ausschließung einer Knickerschei-
nung, dadurch gekennzeichnet, daß sich innerhalb des Säulenschafts die
vom Würfel her bekannten Druckpyramiden ausbilden, und zwar folgend
den unter einem Winkel von etwa 60°, jedenfalls größer als 45°, zur
Wagerechten geneigten Rißbildungen[1]), also unter Entstehung von
dieser Neigung entsprechenden Bruchflächen. Nach Versuchen von Saliger
und anderen ist der Abstand zwischen dem Auftreten der Riß- und der
Bruchlast um so größer, je kräftiger die Querbewehrung ist[2]). Hierbei
wird zugleich nachgewiesen, daß für die Ermittlung der Spannungen in
den Verbundsäulenquerschnitten bei größerer Bügelentfernung der Wert

von $n = \dfrac{E_e}{E_b} = 15$ zutreffend ist.

Die Längseisen sind in der Regel Rundeisen[3]) von etwa 12—40 mm
Durchmesser; sie liegen stets, wenigstens unter normalen Verhältnissen, symmetrisch zu den Achsen des selbst symmetrischen Querschnittes. Wenn möglich sollte man nur Eisen nahe den Ecken verwenden, um sie — wie Abb. 33 b auf S. 158 erkennen läßt — ausschließlich
mit Umschließungsbügeln festzuhalten und somit ein bei Anwendung
von Eisen auch in den Mitten der Querschnittsseiten nicht zu umgehendes
Durchbrechen des Betonquerschnittes durch mittlere Bügel zu vermeiden. Durch Verstärkung des Querschnittes der Längseisen läßt
sich zwar die Tragfähigkeit einer Säule erhöhen; wie aber E. Probst
und C. Bach einwandfrei nachweisen, steht diese Vermehrung — wie
bereits auf S. 159 betont wurde — durchaus nicht im Verhältnis zur Zunahme des Eisenquerschnittes, so daß eine stärkere Bewehrung durch
Längseisen im allgemeinen als unwirtschaftlich bezeichnet werden
muß[4]). Die Längseisen sind so selten als angängig zu stoßen. Ist ein
Stoß bei über mehrere Stockwerke sich erstreckenden Eisen nicht zu

---

[1]) Vgl. hierzu u. a. die Veröffentlichungen des Deutschen Ausschusses für
Eisenbeton: Heft 5, 21, 28, 34, sowie die Zusammenfassung aller dieser Versuche
im Handbuche für den Eisenbetonbau, 1912, 2. Aufl., I. Bd., II. Kap., von
v. Thullie.

[2]) Vgl. Zeitschr. f. Betonbau, Wien 1915, Heft 4, S. 43.

[3]) Daß Rundeisen anderen Eisen überlegen sind, weist u. a. Probst in Arm.
Beton, 1909, nach.

[4]) Vgl. namentlich die Frankfurter Versuche von E. Probst: Armierter Beton
1909, und die von Bach, veröffentlicht in den Mitteil. über Forschungsarbeiten
des Vereins deutscher Ing., Heft 29, Abhandlung 1, sowie die Betonbeilage der
Deutschen Bauzeitung 1905, Nr. 17, S. 68. Hier wurden u. a. drei Säulenarten
untersucht, die, sonst unter sich gleich, mit je vier Rundeisen von 15, 20 und
30 mm bewehrt waren und Druckfestigkeiten von 168, 170 und 190 kg/cm² aufwiesen, die also in gar keinem Verhältnisse zu dem vermehrten Eisenaufwand
(1,14 : 2,04 : 4,60 vH) stehen.

vermeiden, so wird er (Abb. 35a) in die Nähe eines Fußendes der durchgehenden Säule gelegt und unter Verwendung einer namentlich für die Montage wertvollen Bündelung durch Übereinandergreifen der Eisen

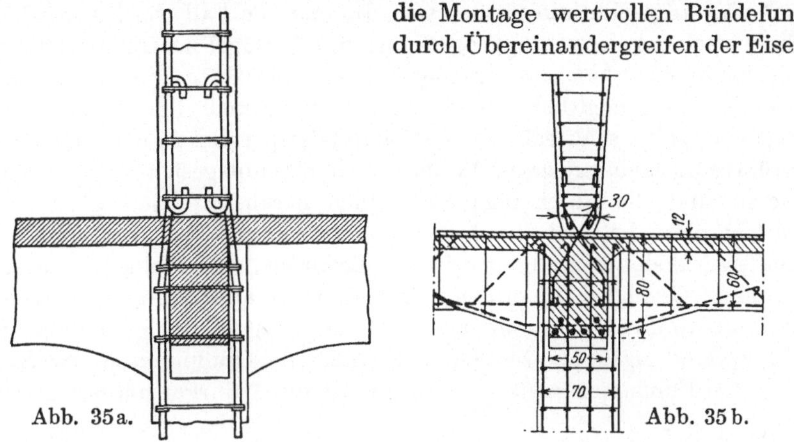

Abb. 35a.   Abb. 35b.

auf 60—80 cm Länge gebildet. Da nicht selten die obere Säule kleinere Querschnittsabmessungen als die untere erhält, ist ein Kröpfen der Eisen an der Stoßstelle oft nicht zu umgehen. Soll die obere Säule ge-

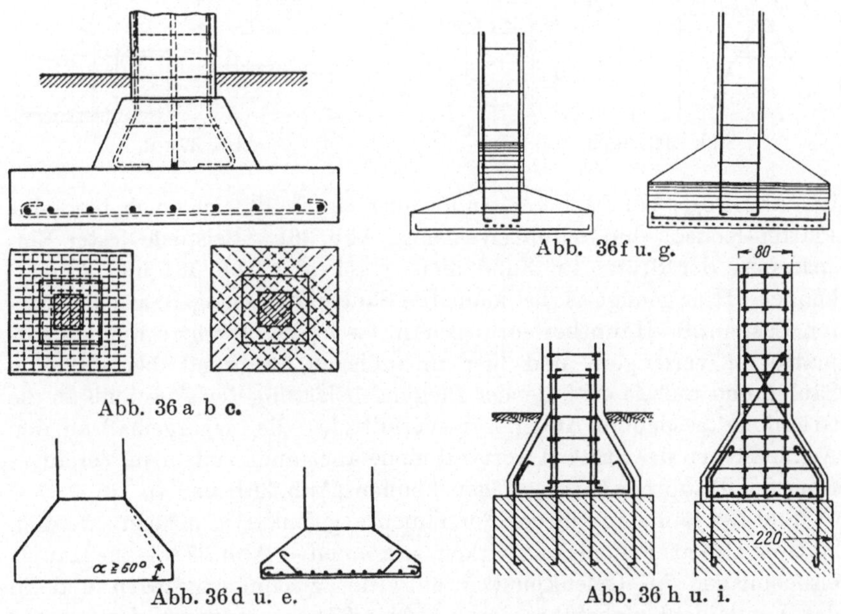

Abb. 36f u. g.

Abb. 36a b c.

Abb. 36d u. e.   Abb. 36h u. i.

lenkartig aufgesetzt werden, so findet die Anschlußverbindung zweckmäßig in der durch Abb. 35b gegebenen Art statt. Bei der Fußausbildung der Säule (Abb. 36a—i und 37a—d) ist zu unterscheiden, ob die

Säule auf eine Fundamentplatte breitflächig aufgesetzt, mit ihr in statische Verbindung (Einspannung) gebracht werden oder endlich gelenkartig angeschlossen werden soll. Im ersteren Fall werden meist die Eisen nach innen zu umgebogen und durch Bügel zusammengehalten. Die Säule wird hier zweckmäßig auf eine bewehrte Fundamentplatte gestellt, die namentlich bei unsicherem Baugrunde durch eine in der Regel doppelte, senkrecht zu den Seiten oder parallel zu den Diagonalen geführte Eiseneinlage gegen Verbiegung und Schub gesichert wird. Demgemäß sind die unter dem Säulenfuße heraustretenden Plattenteile als Konsolen, belastet durch den von unten aus wirkenden, durch die zulässige Bodenpressung gegebenen Erddruck, auf Abbiegen nachzurechnen. Genügt bei normalen Gründungsverhältnissen ein einfaches Stampfbetonfundament unter der Stütze, so ist darauf zu achten, daß die Verbindungslinie zwischen den äußersten Fußpunkten der Säule und der Fundament-Außen- und Unterkante, stärker als 60° geneigt

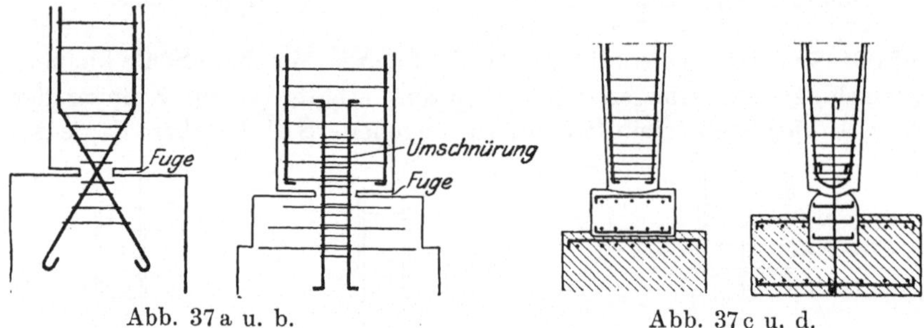

Abb. 37 a u. b. Abb. 37 c u. d.

ist, Abb. 36 d; bei flacherer Anordnung empfiehlt sich auch hier eine Platten-Konsol- und Schubbewehrung, Abb. 36 e. Beispiele fester Einspannung der Stütze im Fundament lassen die Abb. 36 f und 36 g erkennen. Hier genügt es, bei kleineren Säulenabmessungen, also geringeren Lasten, die Hauptbewehrungseisen bis in die bewehrte Fundamentplatte zu verlängern und hier umzubiegen, während bei größeren Säulen und auf sie entfallender Biegungsbelastung den Anschluß an die Gründung besondere Ankereisen vermitteln, die naturgemäß an den Außenflächen der Stützen wertvoll sind, aber auch zudem in Verlängerung der Hauptbewehrung liegen können (Abb. 36 h und i).

Soll die Säule auf ihrem Fundamente gelenkartig gelagert werden, statisch also als Pendelsäule wirken, so können — Abb. 37 a — die Haupteiseneinlagen im Gelenkpunkte entweder zusammengezogen und in das Fundament eingeführt oder — Abb. 37 b — oberhalb des Gelenkpunktes abgeschlossen und alsdann durch eine dünne, biegsame, umschnürte Bewehrung in Säulenachse ersetzt werden. In beiden Fällen findet eine Unterschneidung der Gelenkfuge statt, um eine Säuleneinspannung im Fundamente auszuschließen. Endlich kommen auch hier reine Pendelgelenke unter Verwendung besonderer Verbund-Lagerquader vor — Abb. 37c und d. Hier ist besonders auf eine gute Querbewehrung, auf Zug belastet, zu achten, um den auf den Quader wirkenden, ihn seitlich auseinanderquetschenden Kräften zu wehren. Kennt man die größte Druckspannung an der Berührungsstelle und ist der Lagerquader angenähert als Würfel ausgebildet, so kann man damit rechnen, daß durch seine Zusammendrückung in seinem Innern (wagerechte) Zugspannungen ausgelöst werden, die einen Größtwert in der mittleren Quaderhöhe erlangen und rund 30 vH der größten Pressungen im Gelenk ausmachen. Hiernach ist die Größe der Gesamtzugkraft und die Stärke der Querbewehrung angenähert abzuschätzen.

Die Bügel werden fast stets aus Rundeisen von 6—10 mm Stärke gebildet. Daß Rundeisen hierfür am geeignetsten sind, ist durch Versuche von E. Probst[1] nachgewiesen. Eine Verstärkung der Bügel hat, wie Bach zeigt (Forschungsheft des Vereins deutscher Ing. Nr. 29), eine Erhöhung der Säulentragfähigkeit zur Folge, und zwar ergibt sich, daß der Einfluß von 1 kg Eisen in den Bügeln auf die Erhöhung der Widerstandsfähigkeit der Säule etwa doppelt so groß ist als derjenige von 1 kg in den Längsstangen. Andererseits wird man aber auch die Bügel nicht zu stark nehmen können, weil hiermit die Gefahr der Bildung von Hohlräumen im Beton unter den Bügeln wächst. Sehr günstig beeinflußt, wie aus der alsdann noch mehr verringerten Querdehnung des Betons und des mittelbar verstärkten Widerstandes dieses in der Säulenachse zu erwarten steht, die Tragfähigkeit der Säule eine Verminderung des Abstandes der Bügel. Als zweckmäßiger Bügelabstand wird in der Regel die kleinste Seite des Querschnittes, bei quadratischen Säulen die Quadratseite, innegehalten. Zudem verringert ein engerer Bügelabstand die Gefahr des Ausknickens der Längseisen, die, eine feste Bündelung von Längs- und Querbewehrung vorausgesetzt, zwischen den Bügeln freiliegen und hier der Gefahr des seitlichen Ausweichens ausgesetzt sind. In diesem doppelten Sinne fordern auch die Bestimmungen vom September 1925, daß die Längseisen durch Bügel zu verbinden sind, deren Abstand, von Mitte zu Mitte gemessen, nicht größer als die kleinste Säulendicke sein und nicht über die 12fache Stärke der Längsstäbe hinausgehen darf. Aus den 1905er Versuchen von Bach ergab sich z. B., daß einer Bügelentfernung von 25 bzw. 12,5 bzw. 6,25 cm bei sonst gleichen Versuchskörpern Druckfestigkeiten von 168 bzw. 177 bzw. 205 kg/cm² entsprechen.

---

[1] Vgl. Arm. Beton 1909.

Die Bügel selbst können die in den Abb. 38a—d dargestellten Formen und Lagen zum Querschnitte erhalten. Am besten von ihnen allen sind, wie Erfahrungen der Praxis und Versuche ergeben haben, die in Abb. 38 a dargestellten sogenannten Umschließungs-

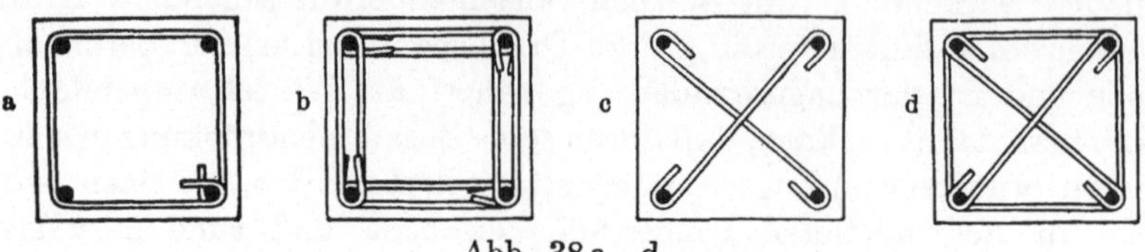

Abb. 38 a—d.

bügel, welche alle Eisen umfassen, und bei einem dieser mittels Anbiegung eines Hakens ihren Anfang und ihr Ende finden. Werden diese Bügel gut mit den Längseisen gebündelt und scharf angezogen, so erfüllen sie — auf Ringspannung bei Beanspruchung der Säule belastet — in bester Weise ihren statischen Zweck. Es empfiehlt sich, die Befestigungsstelle bald an das eine, bald an das andere Eisen zu legen, mit ihr also in der Höhe der Eiseneinlagen zu wechseln — Abb. 33 b. Weniger gut, weil einmal mehr Eisen verlangend, und zum anderen wegen der gegenseitigen Bindung von immer nur zwei Eisen, sind die vier Umfangsbügel in Abb. 38 b; auch wächst hier die Gefahr der Bildung von Hohlräumen unter den Bügeln beim Einbringen des Betons. Zu vermeiden sind die in Abb 38 c und d wiedergegebenen Diagonalbügel, die eine unwillkommene Unterbrechung des Betonquerschnittes also dessen Schwächung, zur Folge haben und somit, wie namentlich Rudeloff nachweist, das Auftreten von Rissen weit unterhalb der Bruchlast im Gegensatze zu einfachen Umschließungsbügeln bedingen, bei denen Riß- und Bruchlast nahe aneinander zu liegen pflegen.

In Abb. 38 e u. f sind zwei Beispiele dargestellt, bei denen wegen der größeren Anzahl der Bewehrungs-Längseisen noch mittlere Querbügel — namentlich im Hinblicke auf die Knicksicherheit der mittleren Eisen — notwendig sind; auch hier sind wegen Verringerung der Querschnittsschwächung nur einfache Bügel zu verwenden.

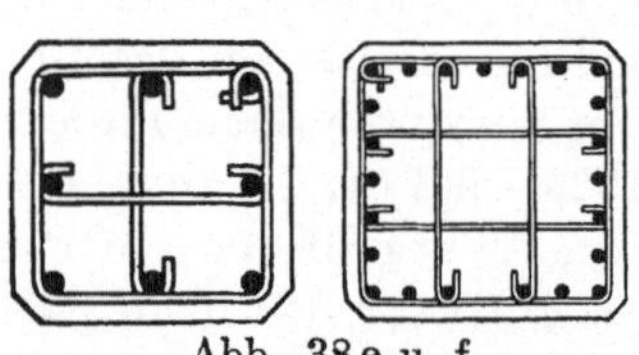

Abb. 38 e u. f.

Säulen, deren Höhe (Stockwerkshöhe) mehr als das 20 fache der kleinsten Querschnittsdicke oder deren Querschnitt weniger als 25/25 beträgt, sind nach den neuen Bestimmungen nur ausnahmsweise (z. B. bei Fenstersäulen) zulässig.

In erheblich höherem Maße wie die Bewehrung durch Längsstäbe und einzelne, in weiteren Abständen liegende Bügel, vermag (Abb. 34) eine Spiralbewehrung oder eine Ringbewehrung mit enger Einteilung[1]), wie sie M. Koenen bereits im Jahre 1892[2]) vorgeschlagen hat, die Tragfähigkeit einer Verbundsäule zu erhöhen. Die Umschnürung selbst, eine Erfindung des Franzosen Considère[3]) und in Deutschland früher patentgeschützt[4]), beruht in erster Linie auf der Verwendung einer engen, auf besonderen Wickelmaschinen hergestellten Drahtspirale, welche sich an Längsstäbe anschließt, von ihnen gehalten wird und einen inneren Säulenbetonkern eng umschließt. Nach den Bestimmungen vom September 1925 werden verstanden unter „verschnürten Säulen solche mit Querbewehrung nach der Schraubenlinie (Spiralbewehrung) und gleichwertigen Wickelungen[5]) oder mit Ringbewehrung versehene Säulen mit kreisförmigem Kernquerschnitt, bei denen das Verhältnis der Ganghöhe der Schraubenlinie oder des Abstandes der Ringe zum Durchmesser des Kernquerschnittes kleiner als $^1/_5$ ist". Die Wirkung der Spirale ist somit als gleichwertig anerkannt mit der sehr eng aneinanderliegender, kreisförmiger Bügel. Je enger die Umschnürung ist, um so weniger kann der von ihr umschlossene Beton eine Querdehnung ausführen, und desto mehr steigt die Verkürzung der Säule in der Längsrichtung und damit ihre Tragfähigkeit. Im allgemeinen liegen also gleichartige Formänderungen und durch sie bedingte Wirkungen vor wie bei den Säulen mit vorwiegender Längsbewehrung, nur in ungleich verstärktem Maße. Während bei reinen Betonstützen höchstens eine Zusammendrückung von 1,5 mm auf 1 m beobachtet worden ist, lassen — nach Versuchen von Mörsch und Bach — gut umschnürte Säulen eine Zusammenpressung bis zu 4 mm auf 1 m zu. Hierbei bleibt, trotz der hohen Pressung, der Beton innerhalb der Umschnürung dauernd eine einheitliche druckfeste Masse. So ergaben Versuche von Mörsch mit 90 cm hohen umschnürten Versuchskörpern, die bis um 2,5 cm zusammengedrückt wurden, und bei denen nach einjährigem Lagern die Spirale abgewickelt wurde, nicht nur die volle frühere, sondern sogar eine durch das Alter noch erhöhte Druckfestigkeit[6]).

Diese günstige Wirkung wird sowohl durch die Spirale als auch durch die Längseisen, also durch eine gemeinsame, sich ergänzende Tätigkeit beider bedingt, da, wie Bach nachweist, eine kräftige Spiralbewehrung auch starke Längsstäbe erfordert, wenn die Gesamttragfähigkeit der Säule groß sein soll. Deshalb ist auch eine Bewehrung

---

[1]) Vgl. Heft 5 der Veröffentl. des Deutschen Ausschusses für Eisenbeton: Versuche mit Eisenbetonsäulen I—II von M. Rudeloff, 1910.

[2]) Schweizer Patent Nr. 4881.

[3]) Vgl. Génie civil 1902.

[4]) Die früher durch Patent geschützte Bauart ist jetzt frei.

[5]) Die Gleichwertigkeit ist bei den Sonderkonstruktionen nachzuweisen.

[6]) Vgl. Mörsch. 5. u. 6. Aufl.

ausschließlich durch eine Spirale nicht angängig, ganz abgesehen davon, daß die Längsstäbe außerordentlich wichtig sind, wenn, wegen des monolithischen Anschlusses des Gebälkes an die Säule, diese zusätzlich auf Biegung belastet wird. Im allgemeinen wird aber eine derartige Beanspruchung für die umschnürte Säule nicht am Platze sein, da ihr gegenüber die Spirale in nur untergeordneter Weise zur Geltung kommt. Deshalb werden umschnürte Säulen allgemein dort Verwendung finden, wo eine zentrale Belastung oder keine sehr starke Abweichung von ihr die Regel bilden. Nach Mörsch soll die Summe der Längs- und Spiralbewehrung nicht unter 1,5 und nicht über 8 vH des umschnürten inneren Betonkerns betragen und die Querschnittsfläche der Längsstäbe sich zu der einer gedachten, mit der Spirale inhaltsgleichen Längsbewehrung verhalten wie 1 : 1 bis 1 : 3[1]). Ähnliche Ergebnisse zeitigten auch Versuche von Kleinlogel, auf die in der Anmerkung eingegangen ist[2]).

Besonders wertvoll ist die Einwirkung der Spirale, wenn sie eng aufeinanderfolgende Windungen erhält. Bereits Considère wies in dieser Hinsicht nach, daß bei Steigungen der Spirale von im Mittel $^1/_6$—$^1/_8$ die Spirale eine um das 2,4fache gegenüber den Längseisen gesteigerte Wirkung besitzt, eine Feststellung, die durch umfangreiche Versuche in der Stuttgarter Versuchsanstalt als durchaus zutreffend bestätigt wurde. Weitere ausgedehnte Versuche, auf deren Ergebnisse in Abschnitt 19 besonders eingegangen wird, die Mörsch für die Firma Wayß & Freytag zu Neustadt a. d. H. in Stuttgart ausführte, lassen die Steigerung in dieser Hinsicht sogar als eine dreifache erkennen.

Bei der starken Wirkung der Spirale und der hierdurch bedingten Verfestigung des Betonkerns ist es durchaus erklärlich, daß bei Bruchversuchen mit umschnürten Säulen Risse zunächst im Betonmantel auftreten und von ihm Stücke zum Abspringen gebracht werden. Das Abspringen der Betonschale findet nach Mörsch bei Zusammen-

---

[1]) Vgl. hierzu auch die Ausführung bei der Berechnung der umschnürten Säulen, namentlich dort die Angaben von Dr. Troche. (Bauingenieur 1926. Heft 1.)

[2]) Vgl. Kleinlogel, Eisenbeton und umschnürter Beton, Leipzig 1910, und dessen Versuche mit umschnürten Säulen im Auftrage der Firma Odorico-Dresden (in deren Selbstverlag erschienen). Auch Kleinlogel empfiehlt ein Verhältnis der Längs- und Spiralbewehrung $= 1 : 2$ bis $1 : 3$, und für erstere $0,0154 F_k$, für letztere $0,0354 F_k$, wobei F_k wiederum den inneren umschnürten Betonquerschnittsteil darstellt. Auch empfiehlt er für schwächere Säulen in Achtecksform bis 30 cm Durchmesser ein Verhältnis von $F_b : F_k = 1,4 : 1$, für stärkere von $1,3 : 1$. Hieraus leitet Hager (Vorlesungen über Eisenbetonbau S. 32) unter der Voraussetzung, daß das Eisen in der Spirale doppelt so tragfähig ist als wie in den Längsstäben, die Beziehung für einen ideellen Säulenquerschnitt F_i ab: $F_i = 1,3 F_k + 15 \cdot 0,0154 F_k + 2 \cdot 15 \cdot 0,0354 F_k = 2,6 F_k$, bzw. bei $F_b = 1,4 F_k : F_i = 2,7 F_k$. Hieraus folgt dann die Belastung $P = \sigma_b \cdot 2,6 F_k$ bzw. $= \sigma_b 2,7 F_k$.

drückungen des Betons statt, die bei einem nicht bewehrten Betonprisma den Bruch herbeiführen, während die Rißbelastung der umschnürten Säule — nach annähernd zu gleichen Ergebnissen führenden Versuchen von Kleinlogel, Mörsch und einer französischen Regierungskommission — um 30—38 vH höher liegt als die Rißlast eines unbewehrten gleichartigen Betonkörpers. Mit Recht führt das Verhalten des äußeren Betonmantels bei Bruchversuchen dazu, den Beton außerhalb der Spirale bei der Berechnung der auftretenden Spannungen außer acht zu lassen. Bis zum Eintritt der Risse in der äußeren Schale sind die Beanspruchungen der Spirale und der Längseisen noch gering, erst nach der Rißbildung tritt die Wirkung der Umschnürung ein, und zwar auch hier, wie bei den vorwiegend längsbewehrten Körpern, in erheblich höherem Maße bei magerer als bei fetter Mischung. Ersterer muß also auch eine besonders starke Spiralbewehrung entsprechen. Eigentliche schräge Flächen, wie bei den längsbewehrten Stützen, bilden sich im Bruchstadium des Kernes nicht. Hier zerreißt in der Regel nach Überwindung ihrer Streckgrenze die Spirale, während — wie vorerwähnt — der eigentliche Kernbeton noch unberührt bleibt.

Die nach den Mörschschen Versuchen und denen Kleinlogels zweckmäßigen Steigungsverhältnisse der 5—10 mm starken Spiralen liegen zwischen $^1/_5$—$^1/_8$ des Spiraldurchmessers. Auch soll der Abstand der einzelnen Spiralwindungen oder der diese ersetzenden, einzelnen kreisförmigen, auf Ringspannung belasteten Ringe nicht über 8 cm hinausgehen, ein Maß, das auch in den neuen Bestimmungen festgelegt ist. Für umschnürte Säulen wird in der Regel ein Querschnitt gewählt, der sich der Spirale im Grundriß gut anpaßt. Im besonderen ist das Achteck beliebt, nach dessen Ecken alsdann sich auch (Abb. 39) die Lage der Längseisen richtet. Eine Spiralbewehrung auf

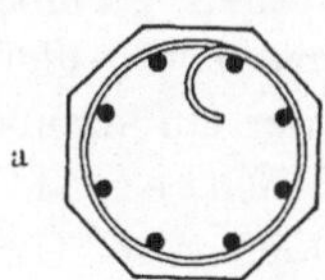
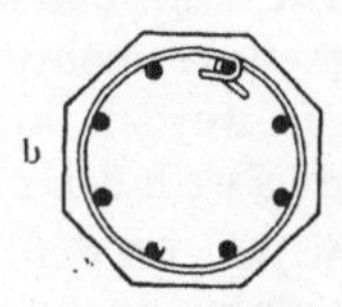
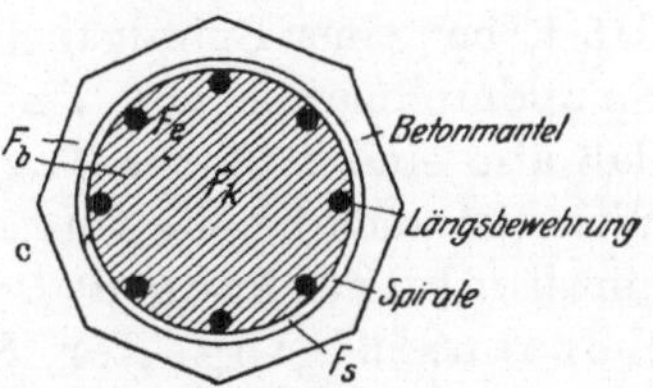

Abb. 39 a—c.

rechteckiger Querschnitts- und Kerngrundlage kann wegen mangelnder Ringspannung nicht als Umschnürung betrachtet werden. Derartige Säulen sind statisch wie Stützen mit vorwiegender Längsbewehrung zu behandeln. Wenn irgend möglich, wird die Spirale innerhalb einer Säule nicht gestoßen, sonst der Stoß durch Schweißung gebildet. Einzelne Ringe zur Ersetzung der durchgehenden Spirale sind entweder zusammenzuschweißen oder mit Haken an den Längseisen anzuschließen — Abb. 39 b —. In letzterem Falle sind die Anschlußstellen der Haken, einer Spirallinie folgend — also allmählich im Grundrisse wandernd —, an den einzelnen Eisen anzuordnen.

Bezüglich der Bewehrungsverhältnisse umschnürter Säulen fordern — auf Grund der vorerwähnten Versuche — die neuen Bestimmungen, daß die Längsbewehrung (F_e) mindestens $1/3$ der Querbewehrung (F_s) sein muß; F_e darf außerdem — ähnlich wie bei den Säulen mit Längseisen — nicht weniger als 0,8 vH und nicht mehr als 3 vH des gesamten Betonquerschnittes (F_b) ausmachen.

Fuß- und Stoßausbildung der Längseisen ist der bei den Stützen mit Längsbewehrung durchaus entsprechend.

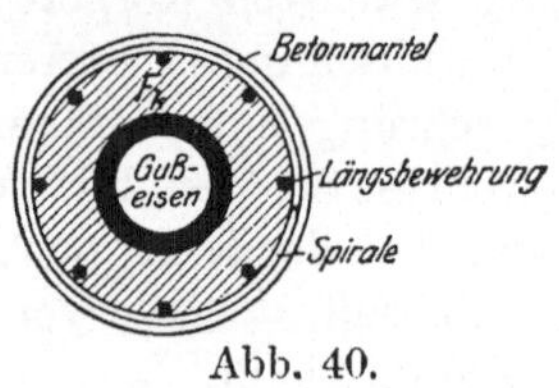

Abb. 40.

Eine besondere Art von umschnürten Stützen stellen die von v. Emperger-Wien erfundenen und durch Patent geschützten[1]) umschnürten Gußeisensäulen dar (Abb. 40). In ihrem Innern befindet sich eine hohle — oder auch volle — gußeiserne Säule irgendwelcher Querschnittsform, die durch einen umschnürten Mantel umgeben wird. Hierdurch ist wiederum bedingt, daß der Gußeisenkern nicht nach außen auszuweichen vermag, größere Stauchungen erleiden kann und somit erheblich tragfähiger wird, als wenn die Gußeisensäule ohne Umschnürung belastet wird.

Das zeigen auch die von v. Emperger durchgeführten vergleichenden Versuche[2]). Sie lassen z. B. erkennen, daß eine gußeiserne Stütze, die an und für sich nur 137 t zu tragen vermag, durch eine Umschnürung mit einer Spirale von 10 mm Durchmesser, 4 cm Ganghöhe und durch 8 Längseisen von je 8 mm Durchmesser gehalten, eine Last von 315 t, bei einer Spiralganghöhe von nur 2 cm und bei verringertem Spiraldurchmesser von 7 mm sogar von 342 t zu tragen vermochte, daß also eine $2^1/_2$fache Tragfähigkeitsvermehrung eintrat. In gleicher Weise ist auch bereits vorgeschlagen worden, anstatt der Gußeisensäule ein hochdruckfestes, wenn auch sprödes Material zur Kernausfüllung der Säule zu verwenden, hier also Granit, Klinker usw. einzubauen. Da naturgemäß durch die feste, unwandelbare Umschnürung auch die Druckfestigkeit dieser Stoffe stark heraufgesetzt wird, dürfte es sich auf diese Weise erreichen lassen, hochdruck-

---

[1]) Das D. R. P. (Nr. 291068) bezieht sich nicht allgemein auf den Schutz umschnürten Gußeisens, sondern nur auf die besondere Form der Spiralbewehrung, die zum mindesten ebenso weit von der Außenfläche absteht wie die Entfernung ihrer Windungen beträgt.

[2]) Siehe u. a. Beton u. Eisen 1912 (namentlich in Heft IV die Untersuchungen von Domke) und 1913.

feste, dabei wirtschaftlich zweckmäßige Säulen mit verhältnismäßig geringen Stärken zu gewinnen[1]). Wenn auch durch die feste Umschnürung das Gußeisen seine Sprödigkeit verliert, so bleibt doch auch in der hier vorliegenden Bewehrungsform bei Biegung der Stütze eine Unsicherheit über das alsdann eintretende Verhalten des Gußeisens bestehen. Hinzu tritt die — namentlich bei durchgehenden Stützen — konstruktive Erschwerung des organischen, monolithischen Anschlusses der Träger an die Säulen und die Schwierigkeit eines sicheren, statisch einwandfreien Durchführens der Bewehrungseisen der Balken durch die Stütze hindurch.

Die neuen Bestimmungen für Eisenbeton finden für umschnürtes Gußeisen keine Anwendung. In Preußen ist durch Ministerialerlaß bestimmt, daß, ehe der mit diesen Konstruktionsgliedern zu errichtende Bau genehmigt wird, Druckversuche mit Körpern auszuführen sind, die tunlichst den für den bestimmten Fall vorgesehenen Querschnitt haben. Auch ist besonders darauf zu achten, daß das Gußeisen die angegebene hohe Druckfestigkeit und gleichmäßige Beschaffenheit besitzt.

Eine untergeordnete Bedeutung für die Verbundsäule besitzt die Frage ihrer Knicksicherheit, weil die Stützen in der Regel ein solches Schlankheitsverhältnis erhalten, daß eine Untersuchung auf Knickung sich erübrigt, auch meist so hohe Trägheitsmomente besitzen, daß eine Gefahr des Zerknickens nicht vorliegt. Nach den neuen Bestimmungen ist ein solcher Nachweis nur alsdann erforderlich, wenn bei einer mittig belasteten Stütze mit Längsbewehrung die Höhe mehr als das 15fache der kleinsten Querschnittsabmessung, bei umschnürtem Kernquerschnitt mehr als das 13fache der kleinsten Stützendicke beträgt. Knickversuche mit Eisenbetonsäulen — wenigstens solchen von richtiger Baugröße — liegen zur Zeit nur in geringer Zahl vor[2]).

Aus den Bachschen Versuchen, die mit einem Schlankheitsgrad von $\dfrac{h}{l} = \dfrac{1}{28}$ ausgeführt wurden, hat sich gezeigt, daß weder die Größe der Eiseneinlagen noch der Wassergehalt des Betons einen bestimmenden

---

[1]) Vgl. u. a. hierzu: Umschnürte Betonsäulen mit Steinkernen. Deutsche Bztg. Mitt. 1920 Nr. 14.

[2]) Vgl. die Untersuchungen von v. Thullie, allerdings mit Modellsäulen, die zwar gerade im Verbundbau als wenig zuverlässig und maßgebend anzusprechen sind, im Forscherheft für Eisenbetonbau (Verlag Ernst & Sohn), Nr. 10, 1907; ferner C. Bach: Knickversuche mit Eisenbetonsäulen, in der Zeitschr. des Vereins deutscher Ing. 1913, S. 1969, und Spitzer, Heft 3 der Mitteilungen des Eisenbetonausschusses des österreich. Ing.- u. Architekten-Vereins, Wien 1912 (Verlag W. Deuticke).

Einfluß auf die Bruchlast ausüben und daß die Rißbildung bei der Belastung einsetzt, bei der eine nicht bewehrte Säule brechen würde. Kurz vor Eintritt der Risse wurden hier bei den verschiedenen Versuchsreihen Werte der Elastizitätszahl des Betons von 199 300 bzw. 131 400 kg/cm² gefunden. Ein Nachrechnen der Versuchsergebnisse zeigt, daß die Eulersche Gleichung für die Beurteilung der Knickung von Verbundsäulen einen nur sehr fraglichen Wert besitzt. Diesem Umstand tragen auch die neuen Bestimmungen Rechnung, die für die Art der Knickberechnung das w-Verfahren fordern — vgl. den Abschnitt 20 über die Stützenberechnung.

Die beim Bruch auf Knicken eintretenden Erscheinungen sind von denen bei Überwindung der Druckfestigkeit innerhalb der Säule insofern verschieden, als sich hier nicht die schrägen Pyramidenflächen ausbilden (S. 162), sondern ein deutliches Einknicken der Säule, verbunden mit dem Auftreten von Zugrissen auf der einen, von Ausknickungen der Eisen und dem Abplatzen von flachen Betonschalen und Kanten auf der anderen Seite zu beobachten ist.

Über die statische Berechnung der Säulen bei zentraler Belastung und Knicken vgl. Abschnitt 20, 21 u. 22, über die Beanspruchung ihrer Querschnitte zugleich durch ein Moment und eine Normalkraft Abschnitt 23.

8. Die Verbundplatte.

In den nachfolgenden Betrachtungen wird die Platte vorwiegend in engerem Sinne, d. h. als ein wirklich plattenförmiger Körper, bei dem die Stärkenabmessung gegenüber der Breite und Länge nicht bedeutend ist, behandelt. Der einfache rechteckige Balkenquerschnitt, einfach oder doppelt bewehrt, ist somit nur insoweit als Plattenquerschnitt in den Bereich der Betrachtungen gezogen, als es nicht zu umgehen war; seine Behandlung wird vorwiegend gemeinsam mit dem Rippenbalken, zu dem er als Balkenelement gehört, in nachstehendem Abschnitte ausführlich gegeben werden.

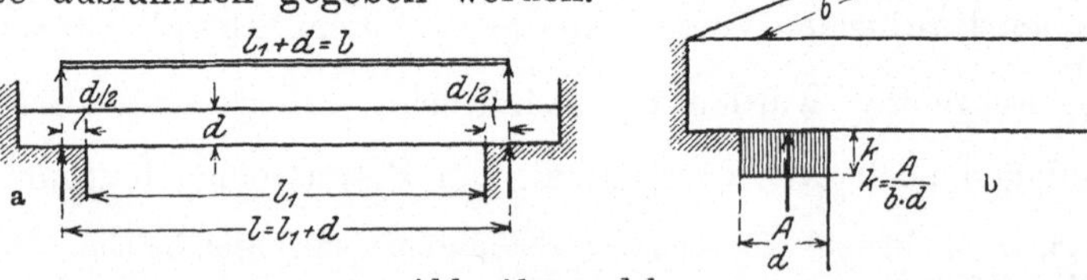

Abb. 41 a und b.

Die einfache Platte erscheint im Verbundbau als selbständiger Konstruktionsteil — statisch als Träger auf zwei bzw. mehr Stützen oder allseitig gelagert —, oder in inniger monolithischer Verbindung mit dem Rechtecksquerschnitt in Form des Plattenbalkens, alsdann in der Regel als durchgehender Träger.

Für die einfache Platte als Träger auf zwei Stützen ist in den neuen Bestimmungen festgesetzt, daß ihre Stützweite bei beiderseits freier Auflagerung oder Einspannung gleich der Lichtweite, zuzüglich ihrer Stärke, anzunehmen ist, Abb. 41a und b, während bei kontinuierlicher Durchführung die Stützweite = der Entfernung der Auflagermitten oder der Achsen der stützenden Unterzüge gerechnet wird. In ersterem Falle wird mithin für die Ermittelung der Auflagerpressungen eine Länge von d einzuführen sein (Abb. 41b)[1]), woraus die gleichmäßig verteilte Lagerpressung sich zu $k = \dfrac{A}{b \cdot d}$ ergibt. Ist die Länge eines Auflagers geringer als die Plattenstärke in Feldmitte, so ist seine Sicherheit besonders nachzuweisen.

Als geringste Plattenstärke ist allgemein, also sowohl für selbständige Platten als auch für den plattenförmigen Teil der Plattenbalken, das Maß von 8 cm vorgeschrieben. Dieser Bestimmung liegt die Beobachtung der Praxis und von Versuchen zugrunde, daß bei dünnen Platten ein Festhalten der Eisen in ihrer richtigen Lage während der Ausführung sehr erschwert ist. Ausgenommen von dieser Forderung sind Dachplatten und untergehängte Decken, die nur zum Abschlusse dienen oder nur aus Betriebsgründen begangen werden, sowie

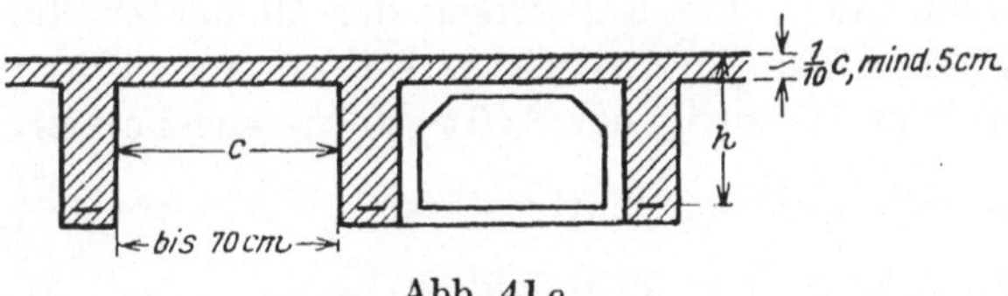

Abb. 41 c.

fabrikmäßig hergestellte, fertig verlegte Verbundplatten. Eine weitere Ausnahme ist für Rippendecken mit einem Rippenabstande von höchstens 0,7 m zugelassen; hier sollen die Druckplatten mindestens 5 cm stark sein, und im allgemeinen eine Stärke $\geqq {}^{1}/_{10}$ des lichten Rippenabstandes aufweisen, wenn zur Lastverteilung Querrippen von der Bewehrung und Stärke der Tragrippen eingefügt werden, und zwar bei Spannweiten der Decken von 4—6 m ein e solche, bei größerer Tragweite mindestens zwei. Jedoch ist auch hier für stärkere Einzellasten ein besonderer

----

[1]) Wollte man in Abb. 41b unter Innehaltung des Abstandes von A von der Lagervorderkante $= \dfrac{d}{2}$ für die Übertragung des Auflagerdruckes die Fläche rechnen, welche bei Ausschaltung von Zugspannungen sich ergibt, so wäre eine Länge von $3 \cdot \dfrac{d}{2}$ einzuführen und hieraus die vordere Kantenpressung zu:

$$k_1 = 2 \cdot \frac{A}{1{,}5\,d\,b} = 1{,}33\,\frac{A}{d\,b} > k \text{ in Fig. 41b},$$

abzuleiten, während die hintere Druckspannung $= 0$ wird. Die oben angenommene, gleichmäßige Druckverteilung ist also die günstigere für die Beanspruchung des Pfeilermauerwerks.

Festigkeitsnachweis erfordert. Für die Druckplatten dieser Rippendecken wird eine Bewehrung von mindestens drei Rundeisen von 7 mm
Stärke auf 1 m Tiefe gefordert; zudem müssen hier in den Rippen Bügel
liegen, wenn der lichte Rippenabstand größer wird als 40 cm. Die Mindesthöhe der Rippendecken ist die gleiche wie bei vollen Eisenbetonplatten. Die hier zur Ausbildung einer ebenen Unterfläche zwischen
den Rippen eingefügten Hohlsteine oder Füllkörper dürfen zur Spannungsübertragung nicht mit herangezogen werden. Auf Anfordern ist die
Tragfähigkeit der Platte zwischen den Rippen nachzuweisen. Durchlaufende Hohlsteindecken müssen im Bereiche der negativen Momente,
soweit diese von den Rippen nicht mehr aufgenommen werden können,
aus vollem Beton hergestellt werden.

Im Hinblicke auf die Vermeidung allzu starker Durchbiegungen ist ferner bestimmt, daß die wirksame Plattenhöhe,
die Nutzhöhe, d. h. der Abstand der äußeren Betonkante der Druckzone vom Schwerpunkte der Zugeiseneinlagen, mindestens $^1/_{27}$ der Stützweite betragen soll. Bei durchlaufenden Platten ist hierbei als Stützweite die größte Entfernung der Momenten-Nullpunkte innezuhalten.
Falls diese Nullpunktsentfernung nicht nachgewiesen wird,
so kann sie zu $^4/_5$ der Stützweite angenommen werden. Alsdann ist

also die wirksame Plattenstärke in Feldmitte $\geqq \dfrac{^4/_5\,l}{27} \geqq 0{,}0296\,l$ im Mittel

in Anfangs- und Mittelfeldern.

Da im allgemeinen bei selbständigen massiven Verbundplatten und
ebenso bei Hohlsteindeckenplatten die vorerwähnte wirksame Höhe
zu rund $^9/_{10}$ der tatsächlichen Plattenstärke d angenommen werden
kann, so ergibt sich — bei Freilage bzw. Einspannung —, auf letzteres
Maß bezogen, ein tatsächliches Verhältnis, das nicht unterschritten
werden darf, zwischen Plattenstärke und Stützweite von $d : l = 1 : 27 \cdot 0{,}9$

$$= 1 : 24 \text{ bzw. } d = \frac{10}{9} \cdot 0{,}0296\,l = \text{rd. } 0{,}033\,l.$$

Hieraus ergeben sich für freiaufliegende bzw. durchgehende oder
eingespannte Verbundplatten bei einer Stärke zwischen 8—15 cm
die nachfolgend aufgeführten, höchstens zulässigen Deckenspann-
weiten — Zahlen, die für den Entwurf der Gesamtkonstruktion eine
besondere Bedeutung haben:

Deckenstärke . . $d =$	8	9	10	11	12	13	14	15 cm
Stützweite bei frei auf-liegender Platte $l =$	1,92	2,16	2,40	2,64	2,88	3,12	3,36	3,60 m
Stützweite bei durch-gehender oder einge-spannter Platte $l =$	2,40	2,70	3,00	3,30	3,60	3,90	4,20	4,50 m

Die **Bewehrung der Platten** richtet sich naturgemäß nach der Größe der Momente und ihrem Vorzeichen. Auf zwei Stützen frei aufliegende Platten werden zwar in der Regel nur im Untergurte eine Zugbewehrung erfordern; meist aber wird diese zu einem erheblichen Teile auch nach dem Druckgurte abgebogen und in ihm durch U- oder Spitzhaken fest verankert. Ein Teil der Zugeinlagen ist aber stets im Untergurte bis über das Auflager durchzuführen. Als durchaus fehlerhaft ist es anzusehen, Zugeinlagen im Untergurte, auch wenn scheinbar der Verlauf der Momentenkurve das gestattet, aufhören zu lassen, und sie hier durch Haken abzuschließen (Abb. 42 a). Tritt bei solcher falschen Eisenlage ein Riß in der Platte außerhalb des Eisenendes ein, so kann dieses keine Kraft mehr nach dem Auflager übertragen; die zwischen dem Risse und letzterem verbliebenen Eisen müßten alsdann die Gesamt-Gurtzugkraft aufnehmen, wären überlastet und die Folge könnte eine weitere Rißbildung und eine Zerstörung der Platte sein. In welcher Weise die teilweise Abbiegung der Eisen nach dem Druckgurte erfolgt, lassen Abb. 42b und c erkennen. Im allgemeinen wird man mit der Führung dieser Abbiegungen bei Platten, da sie in der Regel keine erhebliche Schubbeanspruchung erleiden, ziemlich freie Hand haben. Naturgemäß ist aber darauf zu achten, daß nur so viel Eisen nach oben abgebogen werden können, als der Verlauf der Momente gestattet,

und daß eine Anzahl Eisen bis zum Auflager durchzuführen ist. In Abb. 42b und c sind zwei Möglichkeiten grundsätzlich dargestellt, bei denen einmal zwei Drittel der für das Größtmoment notwendigen Eisen nach oben abgebogen werden, zum anderen nur die Hälfte der Eisen nach dem Druckgurte geführt ist. Die

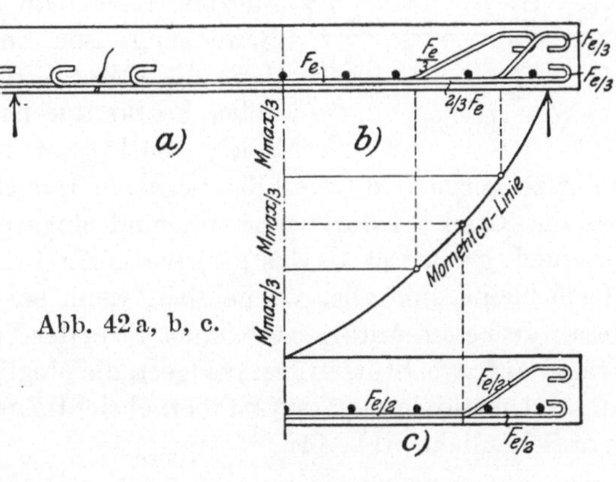

Abb. 42 a, b, c.

Querschnittsgröße der abzubiegenden Eisen schlägt Mörsch[1]) vor, so zu bemessen, daß, falls Risse in der Abbiegungsstelle auftreten, die abgebogenen Eisen allein die Last des alsdann als eingehängter Träger wirkenden Mittelteiles nach den Trägerteilen über dem Auflager übertragen können, eine Anordnung, die namentlich alsdann wertvoll ist, wenn die

---

[1]) Vgl. Mörsch, Eisenbetonbau, 4. Aufl., 1912, S. 8; 5. Aufl., 1920, S. 7; 6. Aufl., 1923, S. 7.

Platte zusätzlichen Zugwirkungen durch Schwindung und Wärme-
änderung ausgesetzt ist, und bei kontinuierlicher Durchführung die
oben durchgehende Eiseneinlage gering ist. Wenn auch diese Forderung
nicht immer ohne besondere Verstärkung der Bewehrung möglich sein
wird, weist sie doch darauf hin, daß es durchaus notwendig ist, die untere
und obere Bewehrung, soweit möglich, im festen Zusammenhange auszuführen. In der Richtung der abgebogenen Eisen ist man, vorausgesetzt,
daß keine stärkeren Schubspannungen auftreten und alsdann ein Abbiegen unter 45° zur Plattenachse notwendig wird, im allgemeinen nicht
beschränkt; nicht unzweckmäßig ist es bei, schwächeren, bis 10 cm starken
Platten, die Abbiegungen etwa in einer Neigung von 1 : 3, bei stärkeren
Platten 1 : 2 bis 1 : 1 geneigt zu führen. Hin und wieder finden sich
auch verschiedene Abbiegungswinkel bei derselben Platte, und zwar
flachere in der Mitte, größere nahe den Stützen (Abb. 42b). In der
Regel wird jedoch — wenn möglich — eine Neigung der Abbiegungen
von 45° zu erstreben sein, namentlich nahe dem Auflager, wie sie vorwiegend bei durchgehenden Platten, um möglichst bald in die obere
Zugzone zu gelangen, üblich ist. Liegt die Einspannung einer besonders

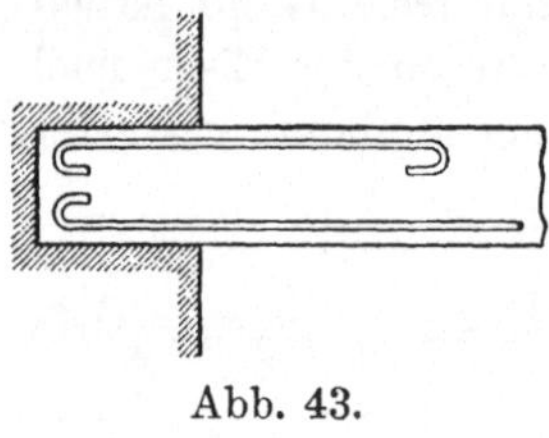

Abb. 43.

dünnen Platte vor, bei der eine Durchbrechung
des Betons durch Aufbiegungen nicht erwünscht sein sollte, so können in der oberen
Zugzone nahe dem Auflager auch besondere
Bewehrungseisen Anwendung finden und alsdann die Untergurteisen bis zum Auflager in
voller Stärke durchgeführt werden (Abb. 43).
Solche Zulageeisen sind im allgemeinen
nicht zu vermeiden, wenn das negative Moment über der Stütze — wie
das die Regel bei durchgehenden und eingespannten Platten bildet —
erheblich größer ist als das positive in Feldmitte, die Plattenhöhe aber
gleich bleibt, sind aber vermeidbar, wenn bei Einspannung des Trägers
dessen Höhe am Auflager größer ist als in der Trägermitte, oder bei einem
Träger auf zwei Stützen frei gelagert, die Möglichkeit einer Einspannung
(unter Umständen später) zu berücksichtigen ist. Den letzteren Fall
veranschaulicht Abb. 44a.

Hier ist zunächst das dem einfachen Balken entsprechende Größtmoment in
Trägermitte $= \dfrac{p\,l^2}{8}$ in 2 gleiche Teile, der untere hiervon nochmals in 3 solche
geteilt, und in dem oberen Abschnitte der Wert $\dfrac{M}{6}$ abgesetzt. Hieraus sind
die Punkte 2, 3, 4 und 5 gewonnen, in denen eine Abbiegung der Zugbewehrung
F_e um je $\dfrac{F_e}{6}$ nach oben unter Umständen stattfinden kann. Hier verbleibt also
beispielsweise die Eisenmenge von $\dfrac{F_e}{3}$ im Untergurte. In ähnlicher Weise ist, da
der positive Teil der Momentenfläche bei Annahme einer vollkommenen Einspannung im vorliegenden Falle im Hinblick auf die größeren positiven Momente bei

Freilage unberücksichtigt bleiben kann, die größte (negative) Momentenordinate $\frac{p\,l^2}{12} = {}^2/_3$ von $\frac{p\,l^2}{8}$ entsprechend der Größe der einzelnen Abbiegungen von $\frac{F_e}{6}$ in 4 gleiche Teile geteilt, deren jeder somit einer Momentengröße von $\frac{{}^2/_3\,M_{max}}{4}$ d. h. $\frac{M_{max}}{6}$ entspricht. Hieraus bestimmen sich die Punkte 6, 7, 8 und 9, die angeben, an welcher Stelle im Obergurte Zugeisen von den Größen je $\frac{F_e}{6}$ erfordert werden. Damit sind ${}^4/_6\,F_e = {}^2/_3\,F_e$ in den Obergurt gelangt, so daß dem größten negativen Momente $= {}^2/_3\,M_{max}$ vollkommen Rechnung getragen ist, besondere Zulageeisen also nicht erforderlich werden. In ähnlicher Weise zeigt Abb. 44 b — in ebenso schematischer Art wie Abb. 44 a — die Aufbiegungen und die hier nicht zu umgehenden Zulageeisen unter der Annahme einer allein vorliegenden vollkommenen Einspannung der Platte. Hier ist beispielsweise das Eisen F_e im Untergurte nur in 2 Teile geteilt, von denen der eine aufgebogen, der andere im Untergurte bis zum Auflager belassen ist. Da (bei gleichmäßig verteilter Vollast) das Einspannungsmoment doppelt so groß als das Mittelmoment ist, wird auch hier, bei sonst gleichen Plattenquerschnittsverhältnissen, die obere Bewehrung den doppelten Wert erlangen müssen $= 2\,F_e$; deshalb sind auch hier Zulageeisen in Summe von $1,5\,F_e$ notwendig, deren allmähliche Einführung in den Träger die Punkte c und d bestimmen.

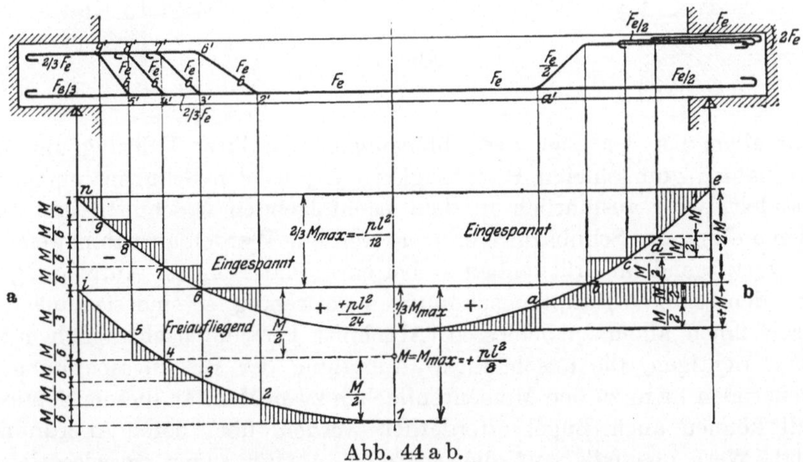

Abb. 44 a b.

Die in Abb. 44 a b dargestellte Eisenverteilung ist naturgemäß eine rein theoretische. Wird die eingespannte Platte durch eine gleichförmige, gleichmäßig verteilte Last beansprucht, so wird — entsprechend dem Verlaufe der Momentenlinie — eine Zugbewehrung im Untergurt auf rund 0,58 l, im Obergurt, nahe dem Auflager, auf je rund 0,21 l notwendig. Hierbei ist aber für die praktische Ausgestaltung der Bewehrung daran zu denken, daß einmal eine vollkommene Einspannung nur selten eintritt, daß zum anderen Einzellasten oder Teilbelastung die Momentenfläche und somit das Spannungsbild stark verschieben, und endlich Wärme und Schwindspannungen Zugwirkungen im Ober- und

Untergurte auszulösen vermögen. Aus allen diesen Gründen wird es sich empfehlen, fest eingespannte Platten durchgehend im Ober- und Untergurte zu bewehren und zudem, wenn erreichbar, den vergleichsweise höheren Momenten über dem Auflager durch Vergrößerung der Trägerhöhe, am besten durch Anordnung einer allmählich verlaufenden Voute — Abb. 45 — Rechnung zu tragen.

Durch die abgetreppte, an die Momentenkurven sich anschließende Umhüllung dieser ist in Abb. 44a und b gezeigt, wie die von den Eisen tatsächlich übertragenen Momente im vorliegenden Falle stets größer sein sollen als die geforderten, so daß eine Überlastung der Eisen durch Biegekräfte nirgends zu befürchten steht.

Daß bei einer derartigen Eisenverteilung bei den Verbundbalken noch andere Verhältnisse zu berücksichtigen sind, daß es sich hier

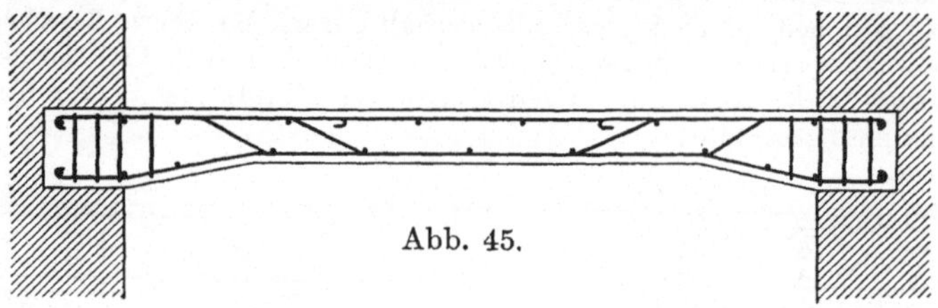

Abb. 45.

vor allem bei der Lage der Abbiegungen und ihrer Führung um die Aufnahme von schiefen Hauptzugkräften (aus den Schubspannungen) handelt, wird ausführlich in dem nachfolgenden Abschnitte und bei Behandlung der Schubkräfte erörtert werden. Werden ausnahmsweise[1]) — vorwiegend im Brückenbau — bei einer Platte einmal Aufbiegungen aus den schiefen Hauptzugspannungen notwendig, so sind sie zunächst nach ihnen allein zu bemessen (Abschnitt 12) und nachträglich nach ihrer richtigen, die unschädliche Aufnahme der Biegungsspannungen sichernden Lage zu den Momentenflächen zu prüfen. In diesem Sonderfall können auch Bügel erforderlich werden, über deren Anordnung und Wert ebenfalls auf die späteren Ausführungen verwiesen sei.

Die Tragstäbe der Platten erhalten je nach deren Belastung Stärken zwischen 8 und 20 mm. Ihre Abstände richten sich nach den statischen Verhältnissen, sollen aber so gewählt werden, daß überall eine möglichst gleiche Krafteintragung in die Eisen stattfindet. Aus diesem Grunde ist auch der Anordnung einer größeren Anzahl kleinerer Eisen gegenüber wenigen starken der Vorzug zu geben. Aus demselben Grunde verlangen auch die neuen Bestimmungen, daß in der Gegend der größten Momente, in Decken-, Dach- und Fahrbahnplatten — in Frage kommen

---

[1]) In Platten erübrigt sich diese Berechnung. Nur bei großen Verkehrslasten ist die Nachprüfung der Schubspannung empfehlenswert.

hier die größten Feld- und Stützenmomente — der Abstand der Eisen 15 cm nicht überschreiten darf.

Die gleichmäßige Anspannung der Trageisen, also die gleichmäßige Kraftübertragung auf sie, wird gefördert durch über ersteren und zu ihrer Richtung senkrecht liegende, durch Drahtbündelung angeschlossene Verteilungseisen, wie sie z. B. in den Abb. 42b, c und 45 in ihren Querschnitten dargestellt sind. Diese Eisen zeigen in der Regel Durchmesser von 5—10 mm und werden in Entfernungen von 10—30 cm verlegt. Neben der gleichmäßigen Verteilung der Last auf die Tragstäbe sind sie zugleich als willkommene Montageeisen für die Festlegung der Haupteinlage zu bewerten. Nach den neuen Bestimmungen sind an Verteilungseisen bei Platten auf 1 m Tiefe mindestens drei Rundeisen von 7 mm Stärke oder eine größere Anzahl dünnerer Eisen mit gleichem Gesamteisenquerschnitte vorzusehen.

Zudem wirken diese zu den Trageisen senkrecht liegenden Verteilungsstäbe auch alsdann besonders günstig, wenn sich in Richtung der Hauptbewehrung die Platte infolge ihrer Lagerbedingungen oder einer Beanspruchung durch Temperatur oder Schwindungsvorgänge zusammenzieht; alsdann treten mit der Verkürzung der Stützlänge in der Querrichtung der Platte Zugspannungen auf, zu deren Aufnahme die Quereisen dienen. Da hierdurch einem Entstehen etwaiger Risse parallel zu den Haupteisen vorgebeugt wird, sind die Quereisen sowohl bei Verwendung im Hochbau als auch vor allem im Brückenbau als unbedingt erforderlich zu bezeichnen.

Nach Versuchen des deutschen Ausschusses[1]) hat sich allerdings bei konzentrierter Belastung von zweiseitig freigelagerten Platten ergeben, daß das Auftreten der ersten Risse bei einer Überbelastung der Platten gerade an den Stellen zu erwarten steht, an denen Quereisen liegen, und daß sich Risse vergleichsweise erst bei höherer Belastung bei den Platten ausbilden, die im mittleren Teil keine Quereisen aufweisen. Der Grund für diese Erscheinung dürfte wohl darin zu suchen sein, daß an den Stellen, an denen Quereisen liegen, der Beton in seinem Gesamtzusammenhange eine Unterbrechung findet, und hier seine, wenn auch nicht bedeutende, so doch — namentlich bei Biegungsbelastung — immerhin mitsprechende Zugfestigkeit nicht gut ausgenutzt werden kann. Da die ungünstige Wirkung der Quereisen aber erst bei der Rißbildung, also dem Vorläufer des Bruchstadiums, sich gezeigt hat, so erleiden — diesen Nachteilen gegenüber — die oben hervorgehobenen, bedeutsamen Vorzüge der Quereisen keine Abschwächung; es rechtfertigt sich also durchaus deren Beibehaltung im Bau.

---

[1]) Vgl. Heft 44. Versuche mit zweiseitig aufliegenden Eisenbetonplatten bei konzentrierter Belastung — Teil I, ausgeführt in der Material-Prüfungsanstalt Stuttgart von C. Bach und O. Graf. 1920.

Es tritt hier die gleiche Erscheinung ein, welche eine Bügelbewehrung rechteckiger Balken zur Folge hat. Auch hier findet durch die Bügel unmittelbar eine kleine Schwächung des Querschnittes insofern statt, als die ersten Risse auf der Zugseite — namentlich bei geringer Überdeckung mit Beton — in der Regel mit der Lage der Bügel zusammenfallen und sich hier früher ausbilden als bei Fehlen von Bügeln. Alles das besagt nur, daß in gewissem, wenn auch praktisch bedeutungslosem Maße die Eisenanordnung quer zu den Hauptbewehrungseisen eine gewisse Unterbrechung in der Gleichartigkeit des Verbundquerschnittes bedeutet.

Wählt man eine Größe der Hauptbewehrung von rund 0,75 vH des Betonquerschnittes, so ist rechnerisch eine gute Ausnutzung der Eisen zu erwarten. Hierbei darf man freilich nicht verkennen, daß dieser rechnerischen Größe — wie auch viele Versuchsbeobachtungen gezeigt haben — die tatsächliche Spannung so lange nicht entspricht, sondern sich erheblich niedriger stellt, als der Beton im Zuggurte rissefrei ist und selbst an der Übertragung der Zugkräfte einen tätigen Anteil nimmt. Steigt die Hauptbewehrung über $^3/_4$ vH, so wird die Grenze der zulässigen Beanspruchung — also auch die der Belastung — durch die entsprechenden Zahlen der erlaubten Betondruckspannung bedingt. Bei geschickter Wahl der Hauptabmessungsteile der Platte wird es aber immerhin möglich sein, unter Innehaltung der zulässigen Höchstwerte für Beton- und Eisenspannung sich auch einem wirtschaftlich guten Querschnitte zu nähern. Das Weitere hierüber ist in Abschnitt 11 gegeben.

Bei durchlaufenden Platten sind abgebogene, oft auch Zusatzeisen zur Aufnahme der negativen Momente im Obergurte über der Stütze erforderlich; von hier aus sollen diese Eisen genügend weit in die Nachbarfelder eingreifen. Wird hierbei der Verlauf der Momente nicht genau nachgewiesen, so kann bei annähernd gleicher Feldweite — nach den neuen Bestimmungen — das Eingreifsmaß auf rund $^1/_5$ der Stützweiten bemessen werden.

Bei über Verbundrippen durchlaufenden Platten, die zum Teil alsdann deren Obergurt bilden, sind die Platten rein theoretisch als durchgehende Träger auf elastisch senkbaren und drehbaren Stützen anzusehen. Tatsächlich wird aber der große Drehungswiderstand der Rippen und deren hohe Steifigkeit, namentlich auch in wagerechtem Sinne, eine irgend erhebliche Verbiegung der Rippen durch Belastung der Platten verhindern, so daß das statische Verhalten der einzelnen Platten ein durchaus ähnliches sein wird, wie das normal gestützter, d. h. frei drehbar gelagerter durchgehender Platten. Hierbei wird allerdings zu berücksichtigen sein, daß sich durch die Steifigkeit der Gesamtkonstruktion und der Stützen die Lasteinwirkung in einem Felde auf das Nachbarfeld in erheblich geringerem Ausmaße erstrecken wird, als bei rein elastisch gestützten, durchgehenden Platten. Demgemäß setzen zwar die neuen Bestimmungen vom September 1925 fest, daß die Momente durchlaufender Platten im allgemeinen für die ungünstigste Laststellung nach den Regeln für frei drehbar gelagerte durchlaufende Träger zu bestimmen sind, geben aber zugleich eine Anzahl von Vereinfachungen der Berechnung — namentlich für den Hochbau — an, die der Eigenart des monolithischen Zusammenwirkens von Platte und Rippe im Verbundbau Rechnung tragen.

Hier wird im besonderen bestimmt:

a) **Für negative Feldmomente.** „Bei durchlaufenden Platten zwischen Eisenbetonträgern brauchen wegen des Verdrehungswiderstandes der Träger die negativen Feldmomente aus veränderlicher Belastung nur mit der Hälfte ihres Wertes berücksichtigt zu werden." Dementsprechend ist

$$M_{min} = + \frac{1}{24} l^2 \left(g - \frac{1}{2} p \right) \text{ zu rechnen. Abb. 46a.}$$

b) **Für den Mindestwert für positive Feldmomente.** „Ergibt sich auf Grund der für durchlaufende Tragwerke geltenden Beziehungen

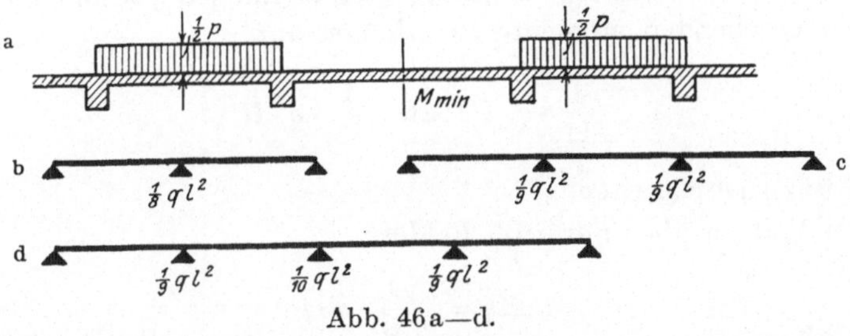

Abb. 46a—d.

für das größte positive Feldmoment ein kleinerer Wert, als bei voller beiderseitiger Einspannung eintreten würde, so ist der Querschnittsberechnung der für beiderseitige volle Einspannung geltende Wert des Feldmomentes zugrunde zu legen." Demgemäß soll

$$+ M_{min} \gtrsim \frac{(g + p) l^2}{24} \text{ sein.}$$

c) **Für die Berücksichtigung der Einspannung.** „Bei Berechnung des Momentes in den Feldmitten darf eine Einspannung an Endauflagern nur so weit berücksichtigt werden, als sie durch bauliche Maßnahmen gesichert und rechnerisch nachweisbar ist.

Wenn freie Auflagerung im Mauerwerk angenommen wird, muß gleichwohl durch obere Eiseneinlagen und einen ausreichenden Betonquerschnitt an der Unterseite einer doch vorhandenen, unbeabsichtigten

Einspannung Rechnung getragen werden; dies ist namentlich bei Rippendecken mit oder ohne Ausfüllung der Zwischenräume zu beachten."

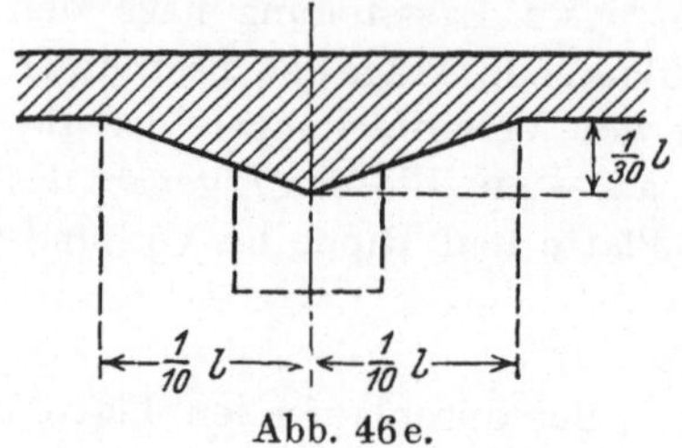
Abb. 46e.

d) In dem Sonderfall gleicher oder höchstens 20 vH ungleicher Feldweiten l dürfen in Hochbauten bei gleichmäßig verteilter Belastung q die Momente durchlaufender Platten wie folgt berechnet werden:

Positive Feldmomente.

Bei Decken mit Auflagerverstärkungen, deren Breite mindestens $^1/_{10}\, l$ und deren Höhe mindestens $^1/_{30}\, l$ (vgl. Abb. 46e) beträgt,

in den Endfeldern

$$\max M = \frac{1}{12} \cdot q \cdot l^2 \, ,$$

in den Innenfeldern

$$\max M = \frac{1}{18} \cdot q \cdot l^2 .$$

Sind keine oder kleinere Auflagerverstärkungen vorhanden, so sind die entsprechenden Momente zu erhöhen auf

$$\frac{1}{11} \cdot q \cdot l^2 \ \text{bzw.} \ \frac{1}{15} \cdot q \cdot l^2 .$$

Stützenmomente.

Bei Platten über nur zwei Feldern

$$M_s = -\frac{1}{8} \cdot q \cdot l^2 ,$$

bei Platten mit drei oder mehr Feldern an der Innenstütze des Randfeldes

$$M_s = -\frac{1}{9} \cdot q \cdot l^2 ,$$

an den übrigen Innenstützen

$$M_s = -\frac{1}{10} \cdot q \cdot l^2 . \quad \text{Siehe Abb. 46b, c u. d.}$$

Für negative Feldmomente ist bereits oben das $M_{\min}$ angegeben:

$$M_{\min} = \frac{l^2}{24} \cdot \left(g - \frac{p}{2}\right) .$$

Bei der Ermittlung der Lasten, die von durchlaufenden Platten auf sie stützende Balken oder Mauern übertragen werden, können die

Kontinuitätswirkungen vernachlässigt werden. Das Belastungsfeld eines Deckenbalkens kann also bei gleichmäßig verteilter Belastung beiderseits bis zur Mitte der anstoßenden Deckenfelder gerechnet werden.

Bei wesentlich verschiedenen Feldweiten sind die Feldmomente bei ungünstigster Laststellung unter Annahme eines durchgehenden Trägers nachzuweisen; aufwärts biegende Momente in den Feldmitten sind besonders deshalb zu berücksichtigen, weil sie hier eine obere Eisenbewehrung fordern.

Für derartige Berechnungen empfehlen sich die Zusammenstellungen über kontinuierliche Träger im Anhange; hier sind die Tabellen von Winkler, Dr. Lewe und Pedersen aufgenommen.

Es liegt auf der Hand, daß sich die Bewehrung der durchgehenden Platten dem Verlaufe der Momente anpassen muß. Hierbei ergeben sich von selbst die Stellen, an denen eine Abbiegung vom Untergurte nach dem Obergurte zu erfolgen hat. Da in den meisten Fällen die durchgehenden Platten mittels Vouten an ihre Unterzüge anschließen, hier also größere statische Höhe erhalten und somit das Moment der inneren Kräfte sich hier auch vergrößert, wird man oft ohne besondere Zulageeisen über den Stützen auszukommen vermögen. Vouten werden alsdann — namentlich wirtschaftlich — notwendig, wenn die Platte in der Mitte so dünn ist, daß hier die erlaubte Druckspannung im Beton ausgenützt wird. Eine über das theoretische Erfordernis hinausgehende Bewehrung der Platte an den Vouten ist deshalb notwendig, weil — nach der Theorie des durchgehenden Trägers mit veränderlichem Querschnitte — dessen Verstärkung über den Stützen zwar eine Verminderung der Normalmomente in Trägermitte, aber zugleich auch deren Erhöhung über den Lagerpunkten zur Folge hat. Gut ist es, falls abgebogene Eisen über den Stützen, also hier in der Zugzone, theoretisch enden, sie senkrecht nach unten ab-

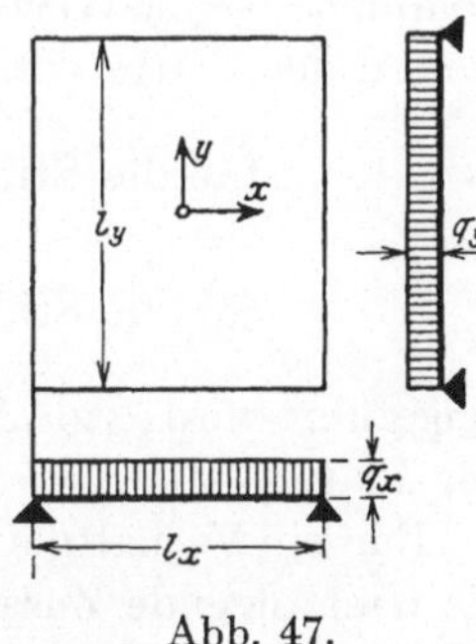

Abb. 47.

zubiegen und im Druckgurte der Voute noch besonders zu verankern. Allerdings wird man diese konstruktive Verstärkung, die zudem gegenüber Verdrehungen der Unterzüge recht wirksam ist, nur ausführen können bei höherer Voute.

Ruht eine Platte auf allen vier Seiten auf (Abb. 47), so ist nach den Bestimmungen vom September 1925 die Nutzhöhe zum mindesten bei beiderseits freier Auflagerung zu $^1/_{30}$ der kürzeren Spannweite, bei durchlaufenden oder eingespannten Platten zu $^1/_{30}$ der größten Entfernung der Momentennullpunkte, wenigstens aber zu $^1/_{40}$ der Stützweite zu wählen. Für letztere gelten nach jeder Richtung die für einfache Platten auf S. 173 gegebenen Beziehungen. Je nach dem Verhältnisse der Länge zur Breite der Platte, wird sich hier die auf ihr ruhende Last nach beiden Richtungen mehr oder weniger gleichmäßig verteilen, vorausgesetzt, daß die Verbundplatte nach beiden Richtungen Haupttrageisen aufweist. Wie Versuche des Deutschen Ausschusses[1]) ergeben haben, hebt sich, wenn auch im Verhältnis zur Durchbiegung in der Mitte unerheblich, die Platte bei Belastung an ihren Ecken ein wenig ab. Sowohl bei gleichmäßiger Vollbelastung als auch bei Beanspruchung durch eine Einzellast in Plattenmitte, verlaufen die Linien gleicher Einsenkung ziemlich regelmäßig zu den Symmetrieachsen der Platte. Neben den Diagonalrichtungen sind die **Ecken die gefährlichen Stellen**, an denen zuerst und weiterhin erhebliche Risse auftreten. Auch folgt aus den Versuchen, daß es nicht angebracht ist, die auf vier Seiten gestützten Platten mit einem allzu engen Netz von Eisenstäben zu bewehren, da sich der Beton bei einem Netz engmaschiger Bewehrungsstäbe weniger widerstandsfähig erzeigte als bei einer nur nach einer Richtung durchgeführten Bewehrung. Diese Versuche lassen auch erkennen, daß für eine angenäherte (in der Praxis durchaus zu empfehlende) Berechnung der auf vier Seiten aufruhenden Platte den genauen Ermittlungen[2]) eine — auch in die neuen Bestimmungen übernommene — Lastverteilung am nächsten kommt, bei der für die Stützweiten der Platte von der Länge x bzw. y als Belastung

$$\text{für die Stützweite } x: \quad q_x = q \cdot \frac{l_y^4}{l_x^4 + l_y^4} = \beta \cdot q ,$$

$$\text{für die Stützweite } y: \quad q_y = q \cdot \frac{l_x^4}{l_x^4 + l_y^4} = \alpha \cdot q$$

eingeführt wird; vgl. Abb. 47. Hierin bedeutet q die Einheitsbelastung der Platte.

Für ein Verhältnis $x : y = 1{,}00$ bis $1{,}50$, abgestuft um je $0{,}05$, liefert die nachfolgende Zusammenstellung die Werte α bzw. β.

$x : y$	1,00	1,05	1,10	1,15	1,20	1,25	1,30	1,35	1,40	1,45	1,50
α	0,500	0,549	0,594	0,636	0,675	0,709	0,741	0,769	0,794	0,816	0,834
β	0,500	0,451	0,406	0,364	0,325	0,291	0,259	0,231	0,206	0,184	0,166

[1]) Heft 30: Versuche mit allseitig aufliegenden quadratischen und rechteckigen Eisenbetonplatten, ausgeführt in Stuttgart von C. Bach und O. Graf, 1915.

[2]) Vgl. u. a.: Hager, Berechnung ebener, rechteckiger Platten mittels trigonometrischer Reihen (München 1911, Verlag R. Oldenbourg), und Deutsche Bauzeitung 1912, Zement-Beilage Nr. 1, sowie Theorie des Eisenbetons (München 1916, ders. Verlag), S. 237—257, und Mörsch, Deutsche Bauzeitung 1916, Nr. 3. In der Schweiz wird mit $p_a = \dfrac{b^2}{a^2 + b^2}$ usw. gerechnet.

Bei dieser, einer gleichmäßig verteilten Belastung entsprechenden Lastverteilung wird somit die Platte durch eine Anzahl von Quer- und Längsstreifen ersetzt gedacht.

Für eine quadratische Platte werden, da $x = y$ ist, beide Größen q_x und q_y gleich: $q_x = q_y = \dfrac{q}{2}$, d. h. nach beiden Richtungen verteilt sich die Last — wie selbstverständlich — gleichmäßig. Liegt eine rechteckige Platte vor, bei der $x = \frac{3}{2} y$ wird, so ergibt sich (vgl. oben): $q_y = 0{,}834\,q$, $q_x = 0{,}166\,q$, für $x = 2\,y$ wird $q_y = 0{,}94\,q$, $q_x = 0{,}06\,q$, d. h. in der kürzeren Tragrichtung y wird in ersterem Falle bereits ein sehr erheblicher Teil, bei $x = 2\,y$ sogar fast die ganze Summe der Last nach der kürzeren Stützrichtung übertragen. Es hat demgemäß keinen praktischen oder wirtschaftlichen Wert, rechteckige Platten, bei denen eine Abmessung mehr als das $1^1/_2$ fache der anderen beträgt, nach beiden Hauptrichtungen zu bewehren und sie als Platten, auf allen Seiten gelagert, aufzufassen. In solchem Falle ist es allein richtig — und diesen Standpunkt vertreten auch die Bestimmungen —, die Platten nur in der kurzen Richtung durch Trageisen zu bewehren, und in der anderen — längeren — nur Verteilungseisen bzw. in Verbindung mit den in der längeren Richtung die Platte begrenzenden Unterzügen Einbindeeisen dieser (vgl. S. 212) anzuordnen.

Für die ringsum frei aufliegende Platte sind, unter der Voraussetzung, daß die Plattenecken gegen Abheben gesichert sind, nach den Bestimmungen vom September 1925 und auf Grund der Untersuchungen von Dr. Marcus[1]) zu rechnen:

Die Feldmomente $\quad M_x = q_x \dfrac{l_x^2}{8}\, v_a\,; \qquad M_y = q_y \dfrac{l_y^2}{8}\, v_a\,.$

Hierin ist $\qquad v_a = 1 - \dfrac{5}{6} \cdot \dfrac{l_x^2 \cdot l_y^2}{l_x^4 + l_y^4}\,.$

Ist die Platte ringsum eingespannt, so bleiben zwar die Lastanteile die gleichen, wie vorstehend angegeben; die Feldmomente erhalten jedoch die folgenden Werte:

$$M_x = + q_x \frac{l_x^2}{24}\, v_b\,; \qquad M_y = + q_y \frac{l_y^2}{24}\, v_b\,,$$

wobei

$$v_b = 1 - \frac{5}{18} \cdot \frac{l_x^2 \cdot l_y^2}{l_x^4 + l_y^4}\,.$$

---

[1]) Vgl. Dr.-Ing. Marcus, Die vereinfachte Berechnung biegsamer Platten. (Berlin: Julius Springer 1925.) Der Wert v berücksichtigt die Wirkung der Drillungsmomente. Für v dürfen nur alsdann Werte < 1 eingeführt werden, wenn für die Aufnahme der Drillungsmomente durch Bewehrungseisen Sorge getragen ist.

ist. Für die Einspannungsmomente gilt hier:

$$M_x = -q\,\frac{l_x^2}{12}\cdot\frac{l_y^4}{l_x^4 + l_y^4}\,, \qquad M_y = -q\,\frac{l_y^2}{12}\cdot\frac{l_x^4}{l_x^4 + l_y^4}\,.$$

Sind die Ecken der Platten gegen Abheben nicht gesichert, so ist in den Gleichungen für die Feldmomente $v = 1$ zu setzen.

Über den weiteren Ausbau dieser Gleichungen vgl. Abschnitt 13.

Bei Bemessung der vierseitig aufgelagerten Platten wird, falls nicht die Plattenstärke von vornherein gegeben ist, der Rechnungsgang der sein, daß man für die kürzere Stützweite, also für die größere Belastung, die Plattenstärke nebst ihrer Tragbewehrung zuerst ermittelt, für die andere Richtung dann diese so gewonnene Plattenstärke zugrunde legt[1]) und nach ihr die für die größere Stützlänge erforderlichen Eisen bestimmt (vgl. Abschnitt 13). Während bei quadratischen Platten der Gewinn ein nicht unerheblicher ist, wird bei einem Verhältnis von $x : y = 3 : 2$ nach Hager[2]) unter normalen Verhältnissen durch die Doppelbewehrung eine Verminderung der Plattenstärke und des Eigengewichtes von etwa nur 10 vH gewonnen. Die errechnete Eisenmenge braucht nur im inneren Drittelstreifen jeder Stützweite eingehalten zu werden. Von da an darf die normale Eisenentfernung allmählich abnehmen, bis sie an den Plattenauflagern deren doppelte Größe — bzw. den erlaubten größten Abstand — erreicht. Abgebogene Eisen finden — falls gefordert — nur in der Haupttragrichtung Anwendung.

Nicht allein aus architektonischen Gründen, sondern auch aus statischen Gesichtspunkten werden die Platten — namentlich bei vollkommen monolithischer Bauart — an ihre Träger, Mauern usw. mit Schrägen angeschlossen (Abb. 48a). Für die Aufnahme des Stützenmomentes ist es zweckmäßig, hierbei eine Neigung von höchstens $1 : 3$ in Rechnung zu stellen, bei steileren Schrägen also das in Abb. 48a eingezeichnete Maß h zugrunde zu legen[3]). Außerhalb des Auflagers ist jedoch die tatsächlich vorhandene Höhe für die Spannungs-

---

[1]) Hierbei ist zu beachten, daß die Plattenstärke für das größere Moment wegen der Überkreuzung der Eiseneinlagen (wenigstens um eine Eisenstärke) die für das kleinere Moment übertreffen muß.

[2]) Vgl. Hager, Theorie des Eisenbetons, 1916, S. 253.

[3]) Die Verstärkung der Deckenplatten durch Kehlen oder Schrägen ist hier also nur so weit in Rechnung gestellt worden, als die Neigung nicht steiler als $1 : 3$ ist. Es sei daran erinnert (S. 182), daß die angenäherten positiven Feldmomente beim durchgehenden Balken $= \frac{1}{12}\,q\,l^2$ bzw. $\frac{1}{18}\,q\,l^2$ an Auflagerverstärkungen gebunden sind, deren Breite mindenstens $\frac{1}{10}\,l$ und deren Höhe mindestens $\frac{1}{30}\,l$ beträgt. (§ 17, 3d der Bestimmungen vom September 1925.)

ermittlung maßgebend, also mit der durch die Schräge bedingten Verstärkung der Druckzone in den Anschlußquerschnitten zu rechnen. Falls bei Platten Eisen aufgebogen werden und besondere Eisen in die Schräge zu deren Sicherung verlegt werden, so ist der Anfangspunkt der Schräge

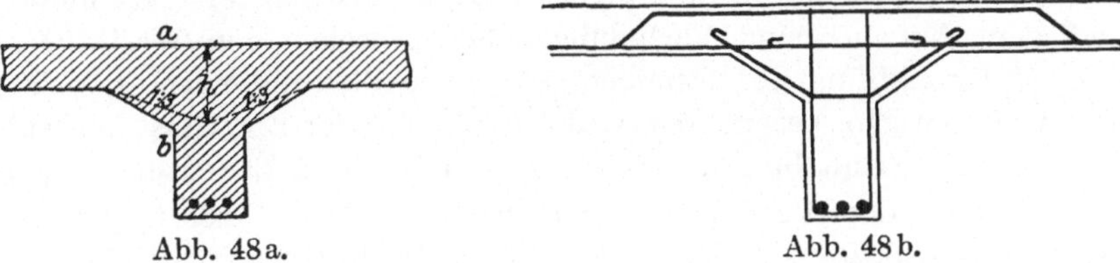

Abb. 48a.   Abb. 48b.

in der Plattenunterkante zur Vermeidung verwickelter Eisenanordnung nicht allzu nahe an den Abbiegungspunkt zu legen (Abb. 48b).

Haben Platten mit oder ohne verteilende Deckschicht von der Stützweite $= l$ Einzellasten, wie Raddrücke, Drücke von Maschinenfundamenten usw., aufzunehmen, so ist, nach den Versuchen des Deutschen Ausschusses für Eisenbeton, für die **Druckverteilung** der Einzellast in der Richtung senkrecht zu den Trageisen bei Laststellung in Plattenmitte und unter Annahme eines Verteilungswinkels von 45°

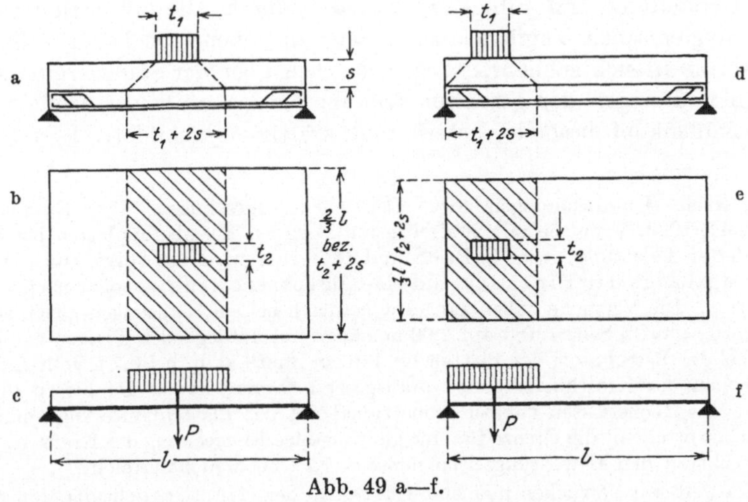

Abb. 49 a—f.

eine Verteilungslänge von $^2/_3\,l$, bzw. von $(t_2 + 2\,s)$ (falls dieser Wert größer), zu rechnen, während die Verteilungsbreite in der Richtung der Zugeisen $(t_1 + 2\,s)$ ist — vgl. Abb. 49a und b. Die Platte ist alsdann durch eine auf die Länge $= ^2/_3\,l$ bzw. $(t_2 + 2\,s)$ sich erstreckende gleichmäßig verteilte Last von der Breite $= t_1 + 2\,s$ beansprucht (Abb. 49c). Steht — (Abb. 49d—e) — die Last am Auflager, so beträgt die zulässige Länge der Lastverteilung $^1/_3\ l$ bzw. $(t_2 + 2\ s)$, wobei der größere Wert zu wählen, während für die Breite in Richtung der Bewehrungseisen der vorstehend angegebene Wert $= t_1 + 2\ s$ ebenfalls gilt; hier verteilt sich demgemäß die Einzellast gleichmäßig auf eine Fläche von $(t_2 + 2\ s) \cdot (t_1 + 2\ s)$ bzw. $^1/_3\ l \cdot (t_1 + 2\ s)$. Für Stellungen der Last zwischen der Plattenmitte und dem Auflager sind Verteilungstiefen zwischen den Werten $^2/_3\ l$ bzw. $^1/_3\ l$ geradlinig abzustimmen oder gleichbleibend nach $(t_2 + 2\ s)$ beizubehalten. Im besonderen wird die Stellung der Einzellast am Auflager für die Ermittlung der Schubspannungen von Bedeutung sein[1]).

Eine besondere Verwendung der Platte in Form einer trägerlosen Deckenkonstruktion — Pilzdecke — lassen Abb. 31 b u. c, S. 152 u. 153, erkennen. Hier wird die Decke ausschließlich durch eine monolithische Platte gebildet, die sich mit ihren Ecken auf oben verstärkte Säulen stützt und in Verbindung mit dem hierdurch breit, „pilzartig", ausgebildeten Kopfe eine Bewehrung parallel zu den Grundrißseiten des in der Regel quadratischen Deckenfeldes, daneben aber auch in dessen Diagonalrichtung erhält. Die Anordnung zeichnet sich bei erheblicher freier Spannweite durch geringe Konstruktionshöhe, vollkommen ebene Unterfläche, also auch den Fortfall aller Schrägen, durch sehr geringe Schal- und Putzarbeit, überhaupt durch Einfachheit der Herstellung und Billigkeit, daneben durch alle die ästhetischen und hygienischen Vorzüge aus, welche die ebene Deckenunterfläche als solche in sich schließt. Wegen der sich über der Säule kreuzenden Eisen und wegen der gesamten Lastüberleitung an dieser Stelle wird der Säulenkopf besonders steif und kräftig ausgebildet. Hier kann

---

[1]) Nach Untersuchungen des Deutschen Ausschusses für Eisenbeton (Heft 44, 1920, Versuche mit zweiseitig aufliegenden Eisenbetonplatten bei konzentrierter Belastung, von C. Bach und O. Graf) wird die vorgenannte Verteilungslänge der Einzellast auf eine Ausdehnung von $^2/_3\ l$ sogar noch überschritten. Die Versuche haben zunächst bei nach beiden Richtungen gleich stark bewehrten, auf 2 Seiten und auf 2,00 m Länge frei aufliegenden Platten ergeben, daß bei der Berechnung der Platten bis 140 cm Breite, d. h. bei 0,7 l, volle Anteilnahme an der Kraftübertragung vorausgesetzt werden kann. Da bis zu dieser Breite die Höchstlasten nahezu proportional mit der Plattenbreite zugenommen haben, so erscheint die Grenze für eine gleichmäßige Erstreckung der Kraftwirkung senkrecht zu den Bewehrungseisen mit $b = 0,7\ l$ noch nicht erreicht.

Bei weiteren Versuchen mit zum Teil nur in der Haupttragrichtung, zum Teil aber auch nach beiden Richtungen bewehrten Platten von 300 bzw. 40 cm Breite, ergab sich das Bruchmoment der 300 cm-Platte = dem 7,3- bzw. 5,0fachen des Bruchmomentes der 40 cm breiten Platte; dem entspricht also eine voll wirksame Plattenbreite von $7,3 \times 40 = 292$ cm bzw. $5,0 \times 40 = 200$ cm, d. i. bei der Stützweite der Platten von auch hier 2,00 m, 1,46 l bzw. 1,0 l.

Hierin gibt sich zu erkennen, daß die oben erwähnten Bestimmungen die Widerstandsfähigkeit breiter Platten für Einzelbelastung unterschätzen, also mit erheblicher Sicherheit rechnen.

somit auch mit einer allseitig festen Einspannung der Platte gerechnet werden, Abb. 50.

Die neuen Bestimmungen vom September 1925 bezeichnen Pilzdecken als kreuzweise bewehrte Eisenbetonplatten, die ohne Vermittlung von

Abb. 50.

Balken unmittelbar auf Eisenbetonsäulen ruhen und mit diesen biegefest verbunden sind[1]).

Um diese biegefeste Verbindung von Platte und Säule zu sichern, soll, Abb. 51 a, b, c, die Achsenlänge des Säulenquerschnittes (s) nicht kleiner sein als $^1/_{20}$ der in gleicher Richtung gemessenen Stützweite l,

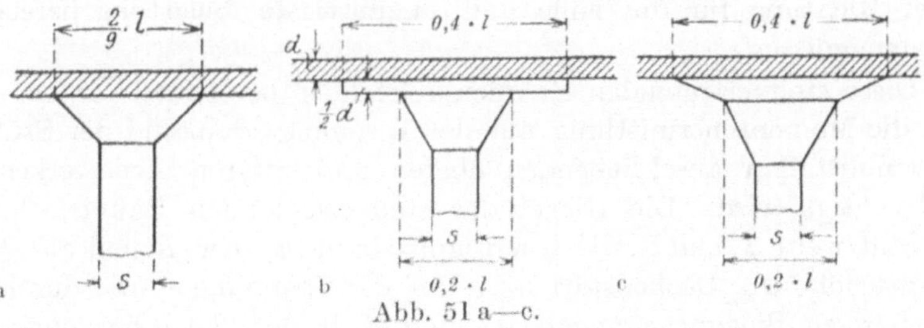

Abb. 51 a—c.

mindestens aber 30 cm betragen und zudem nicht kleiner sein als $^1/_{15}$ der Stockwerks- (System-) höhe. Pilzdecken ohne Verstärkung (Abb. 51a) sind im allgemeinen für Deckenbauten nicht zu empfehlen,

---

[1]) Die weiteren Ausführungen sind diesen Bestimmungen unmittelbar entnommen.

eignen sich aber unter Umständen in umgekehrter Form für durchgehende Fundamente; hier soll der Durchmesser des dem Säulenkopfe einbeschriebenen Kreises, an der Unterfläche der Decke gemessen, mindestens $^2/_9\,l$ betragen (Abb. 51a). Für Decken mit Verstärkung, die durch eine Platte oder einen konischen bzw. Pyramidenansatz gebildet werden kann, gelten die in Abb. 51b und c eingeschriebenen Maße.

Die Plattendicke (d) darf bei Deckenbauten nicht kleiner als 15 cm und $\geqq {}^1/_{32}\,l_x$ bzw. $^1/_{32}\,l_y$ sein, und kann für Dächer bis auf $^1/_{40}\,l_x$ bzw. $^1/_{40}\,l_y$ herabgehen; naturgemäß ist hier der größere Wert von l_x bzw. l_y maßgebend.

Die genauen Werte für die Biegungsmomente und Querkräfte sind sowohl für die Decken wie für die Säulen nach den Regeln der Plattentheorie (z. B. mittels Reihenentwicklung oder Anwendung der Gewebetheorie) zu ermitteln, wobei die Drillungsmomente zu berücksichtigen sind. Hierbei darf als statisch wirksamer Querschnitt des Säulenkopfes nur der Teil des Kegels in Rechnung gestellt werden, der innerhalb eines Winkels von 90°, d. h. also innerhalb von Kegelerzeugenden liegt, die höchstens unter 45° zur Senkrechten verlaufen[1]). Für den wirksamen Querschnitt eines Eisenstabes mit dem Querschnitt F_e, dessen Achse mit der Normalen einer beliebigen Schnittebene den Winkel α einschließt, darf der Wert $F_e \cdot \cos \alpha$ eingeführt werden.

Wird keine genaue Untersuchung der trägerlosen Decken auf Grund der Plattentheorie durchgeführt, so können die Decken durch zwei sich kreuzende Scharen von Längs- und Querbalken ersetzt gedacht werden, die als durchlaufende Träger mit elastisch eingespannten Stützen oder Stockwerksrahmen ebenso zu behandeln sind, als ob sie in der querlaufenden Stützenflucht auf einer stetigen Unterlage aufruhten und die im Gegensatze zu den ringsum auflagernden Platten in jeder Richtung für die volle und ungünstigste Belastung berechnet werden müssen.

Diese stellvertretenden Rahmen dürfen so berechnet werden, daß für die Momentenermittlung nur der Biegungswiderstand der Stützen des unmittelbar anschließenden oberen und unteren Stockwerkes berücksichtigt wird. Die Riegel der stellvertretenden Rahmen haben die Stützweite l_x und l_y, die Querschnittsbreite l_y bzw. l_x und als Querschnittshöhe die Deckenstärke d. Um die Spannungen, die durch die zugehörigen Biegungsmomente M_x und M_y in der Platte hervorgerufen

---

[1]) „Die Teile des Säulenkopfes, die unterhalb einer Neigung von 45° gegen die Wagerechte liegen, dürfen zur Spannungsübertragung also nicht herangezogen werden und gelten beim Spannungsnachweis als nicht vorhanden." (§ 17, 9 der Bestimmungen vom September 1925.)

werden, zu bestimmen, wird (Abb. 52) jedes Deckenfeld in einen inneren Teil $A\,B\,D\,C$ von der Breite $\dfrac{l}{2}$ und zwei äußere Teile $A\,B\,F\,E$ und $C\,D\,H\,G$ von der Breite $\dfrac{l}{4}$ zerlegt. Der innere Teil wird als Feldstreifen, die äußeren Teile werden als Gurtstreifen bezeichnet.

Von den für einen Riegel des stellvertretenden Rahmens ermittelten positiven (oder negativen) Feldmomenten haben der Feldstreifen 45, und die beiden Gurtstreifen zusammen 55 vH aufzunehmen, während von den negativen Biegungsmomenten in den Säulenfluchten 25 vH dem Feldstreifen und 75 vH den beiden Gurtstreifen zuzuweisen sind.

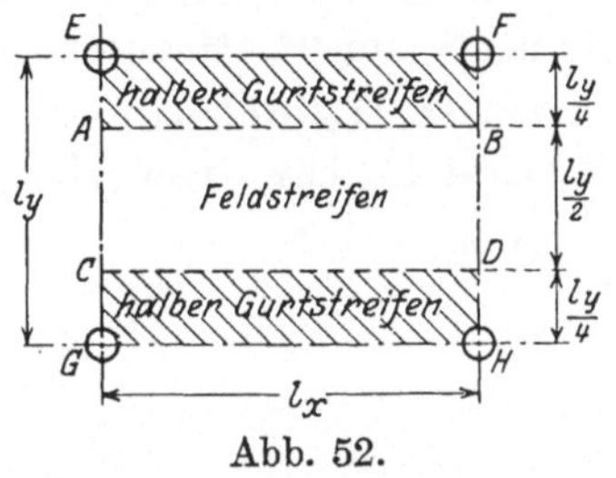

Abb. 52.

Wird sowohl von der genaueren Berechnung, als auch der angenäherten auf Grund stellvertretender Rahmen abgesehen, so können,

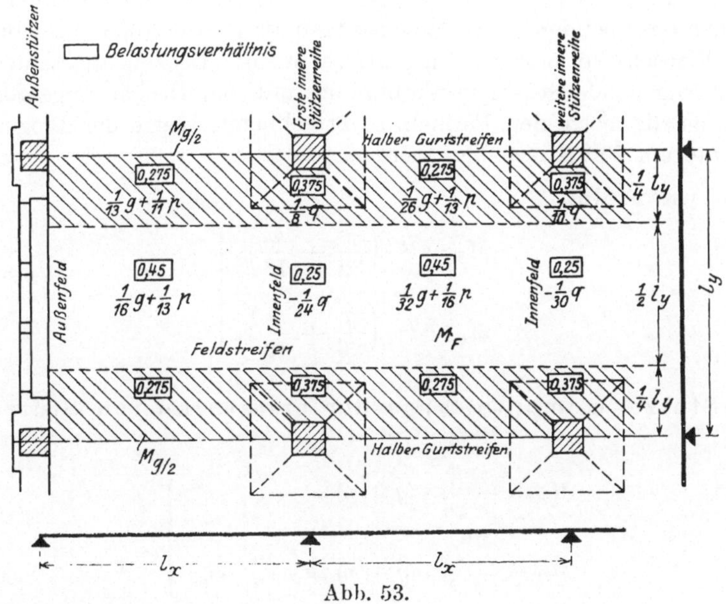

Abb. 53.

wenn die Stützenabstände in allen Feldern einer Reihe gleich sind oder sich höchstens um 20 vH voneinander unterscheiden[1]), bei Decken mit unterer Verstärkung (Abb. 51c)

---

[1]) Hierbei muß der kleinste Abstand noch mindestens 0,8 des größten betragen.

oder mit Auflagerplatten (Abb. 51 b) zur Errechnung der Momente M_F der Feldstreifen und der Momente M_G der beiden Gurtstreifen zusammen die nachstehenden Formeln unmittelbar benutzt werden, die für die Querschnittsbreite 1 gelten (siehe Abb. 53). Bei Decken ohne Auflagerplatten oder ohne untere Verstärkung (Abb. 51 a) sind die nach den Formeln unter a u. b errechneten Werte der positiven Momente um 25 vH zu erhöhen.

In den Gleichungen unter a bis e ist zur Bestimmung von M_x und M_y für l jeweils l_x bzw. l_y zu setzen.

a) Außenfeld.

$$\left.\begin{aligned} M_F &= l^2 \cdot \left(\frac{g}{16} + \frac{p}{13}\right) \\ M_G &= l^2 \cdot \left(\frac{g}{13} + \frac{p}{11}\right). \end{aligned}\right\}$$

Diese Formeln gelten für Decken, die auf den Außenwänden frei aufruhen oder bei denen die Außenstützen als Pendelsäulen ausgebildet sind. Werden die letzteren biegungsfest an die Decken angeschlossen und durchgehende Stürze in Verbindung mit den Decken angeordnet, so dürfen die nach den Formeln a) errechneten Werte der Biegungsmomente um 20 vH ermäßigt werden.

b) Innenfeld.

$$\left.\begin{aligned} M_F &= l^2 \cdot \left(\frac{g}{32} + \frac{p}{16}\right) \\ M_G &= l^2 \cdot \left(\frac{g}{26} + \frac{p}{13}\right). \end{aligned}\right\}$$

c) Stützenmomente längs der ersten inneren Stützenreihe.

$$\left.\begin{aligned} M_F &= -\frac{l^2}{24} \cdot (g + p) = -\frac{l^2}{24} \cdot q \\ M_G &= -\frac{l^2}{8} \cdot (g + p) = -\frac{l^2}{8} \cdot q. \end{aligned}\right\}$$

d) Stützenmomente in den übrigen Stützenreihen.

$$\left.\begin{aligned} M_F &= -\frac{l^2}{30} \cdot (g + p) = -\frac{l^2}{30} \cdot q \\ M_G &= -\frac{l^2}{10} \cdot (g + p) = -\frac{l^2}{10} \cdot q. \end{aligned}\right\}$$

e) Die am oberen Ende der unteren und am unteren Ende der oberen Säulen aufzunehmenden Biegungsmomente (Abb. 54) sind nach den Formeln

$$M_u = \mp P \cdot \frac{l}{12} \cdot \frac{c_u}{c_o + 1 + c_u} \left.\right\}$$

$$M_o = \pm P \cdot \frac{l}{12} \cdot \frac{c_o}{c_o + 1 + c_u} \left.\right\}$$

zu ermitteln. Hierbei ist P die gesamte Verkehrslast eines Feldes mit den Seitenlängen l_x und l_y,

$$c_o = \frac{l}{h_o} \cdot \frac{J_o}{J_d} \; ; \quad c_u = \frac{l}{h_u} \cdot \frac{J_u}{J_d} ,$$

J_d das Trägheitsmoment der Decke, bezogen auf die Feldbreite,

J_u das Trägheitsmoment der unteren Säule,

J_o das Trägheitsmoment der oberen Säule,

h_o die Systemshöhe der oberen Säule (Stockwerkshöhe),

h_u die Systemshöhe der unteren Säule (Stockwerkshöhe).

Die vorstehenden Formeln gelten auch für Außensäulen, die mit der Decke biegungsfest verbunden sind, wenn P durch $(G + P)$ ersetzt wird, wobei G die gesamte ständige Last eines Feldes mit den Seitenlängen l_x und l_y ist."

f) In den Randfeldern darf für den zur Auflagermitte parallel laufenden Feldstreifen der Wert $\frac{3}{4} M_F$ und für den unmittelbar am Rand angrenzenden Gurtstreifen der Wert $\frac{1}{2} M_G$ der Querschnittsbemessung zugrunde gelegt werden; hierbei bedeuten M_F und M_G die für normale Innenfelder gültigen Biegungsmomente der Feld- bzw. Gurtstreifen.

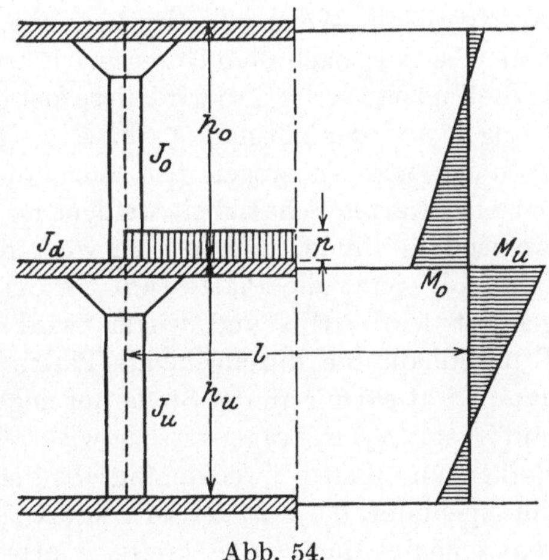

Abb. 54.

Bei Durchführung der Berechnung der Pilzdecken wird von Fall zu Fall zu entscheiden sein, ob man sie wirtschaftlicher nach den vorstehend gegebenen Annäherungsgleichungen oder als Stockwerksrahmen berechnet.

9. Der Verbundbalken mit rechteckigem Querschnitt und der Plattenbalken.

Die am meisten gebräuchliche Querschnittsform der Verbundbalken ist in Form eines ⊤, der „Plattenbalken"[1]), bei dem die Platte den vorwiegenden Teil des Druckgurtes bildet und die Hauptzugeiseneinlage nahe dem unteren Rande der Rippe liegt. Daneben findet sich die einfache Rechtecksform, welche im Zusammenhange mit dem Plattenbalken überall alsdann auftritt, wenn die Platte im Obergurte verbleibt, das Biegungsmoment aber negativ wird. Da alsdann die Platte in dem Zuggurt zu liegen kommt, der Beton bei normaler

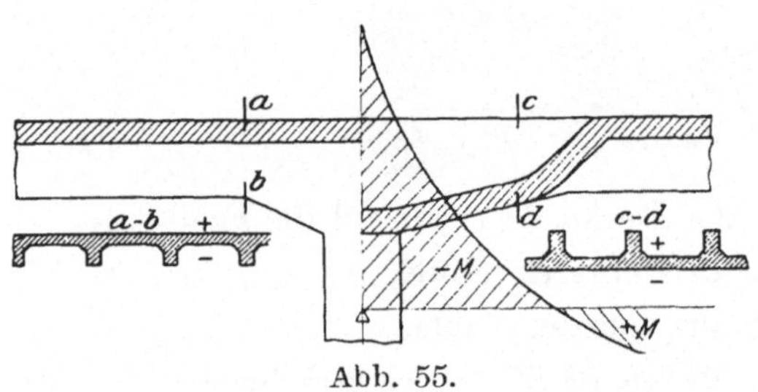

Abb. 55.

Rechnungsart in der Zugzone aber als statisch nicht wirksam angenommen wird, geht hier der Plattenbalken für die statische Betrachtung in den einfachen Rechtecksquerschnitt über. Dies tritt also vorwiegend bei durchgehendem Träger über und

in der Nähe der Zwischenstützen und bei eingespannten Balken an ihren Auflagern ein. Wenn man aber hier, wie Abb. 55 erkennen läßt, die Platte vom Obergurt nach dem Untergurt führt, sie also auch an letzterer Stelle in die Zugzone verlegt, so wird diese fast überall zu statischer Arbeit herangezogen und der normale ⊤- bzw. ⊥-Querschnitt gewahrt, — eine Anordnung, wie sie wegen der Ausbildung der Deckenoberflächen und der erschwerten Schalarbeit weniger im Hochbau, mehr im Brückenbau Anwendung findet und hier zu wirtschaftlich besonders guten Bauten führt, da jetzt die Platte fast an allen Stellen als Druckgurt ausgenutzt wird. Hin und wieder wird im Hochbau, noch seltener im Brückenbau, die durchgehende Platte unter die Rippen gelegt. Alsdann wirkt sie nur an der Stelle der negativen Momente als Druckplatte und ist statisch in Trägermitte unwirksam. Bei dieser Anordnung werden Balken und Platte zweckmäßig ebenflächig, also ohne Voutenführung durchgebildet, da jetzt der Druckgurt zur Aufnahme der größeren Stützenmomente durch die breite Platte eine organische Verstärkung erhält. In besonderen Fällen, namentlich als Randträger, wird auch die ⌐-Form des Plattenbalkens benutzt.

Mit der einfachen Platte kann der durch seine Einschalungskosten teurere Balken im wirtschaftlichen Sinne erst von etwa 3—4 m an in Wett-

---

[1]) Die sonst oft auch für die Plattenbalken übliche Bezeichnung „Rippenbalken" ist in der vorliegenden Bearbeitung ausschließlich für den Balken der Rippendecke (vgl. S. 173 und Abschnitt 15) beibehalten.

bewerb treten. Als Stützweite des Balkens ist bei beiderseits frei
aufliegenden Balken die Entfernung der Auflagermitten, bei
außergewöhnlich großer Auflagerlänge (Abb. 56) die um 5 vH vergrößerte Lichtweite, bei durch-
laufenden Balken die Entfernung
zwischen den Mitten der Stützen
bzw. Unterzüge zu wählen. Ist
die Länge eines Auflagers hier
ausnahmsweise geringer als 5 vH
der Lichtweite, so ist die Sicherheit des Auflagers nachzuweisen.

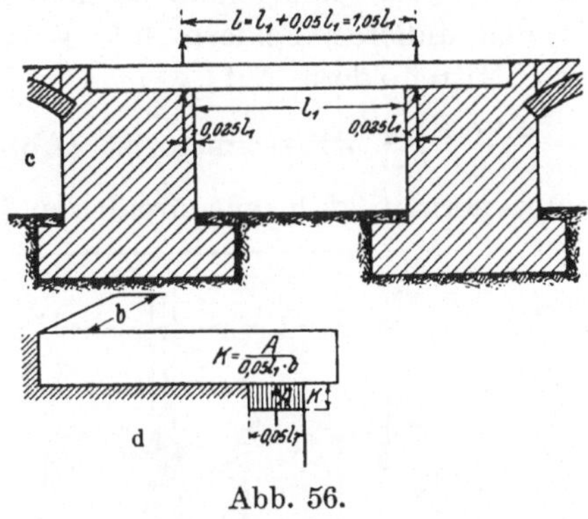

Die Momente durchlaufender
Balken sind im allgemeinen für
ungünstigste Laststellung nach
den Regeln für frei drehbar gelagerte durchlaufende Träger zu
ermitteln.

Abb. 56.

Sind durchlaufende Plattenbalken im Hochbau mit Unterzügen
oder Säulen fest verbunden, so wird auch hier dem Verdrehungswider-
stande der Unterzüge und dem
Biegewiderstande der Säulen in
der Art Rechnung getragen, daß
die negativen Feldmomente aus
veränderlicher Last (Abb. 57) nur
mit $^2/_3$ ihres Wertes berücksichtigt

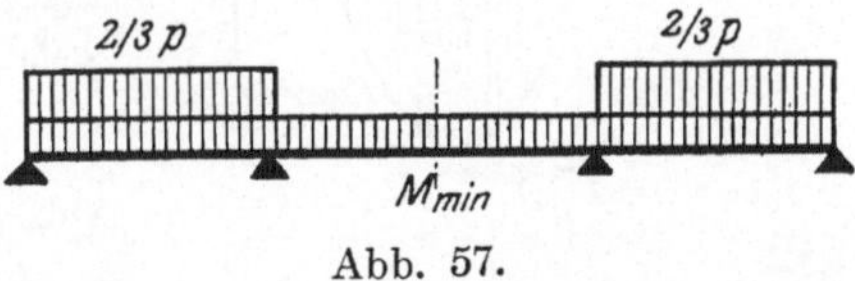

Abb. 57.

werden, der sich aus der Belastung der Nachbarfelder ergibt. Sind die
einzelnen Felder gleich oder höchstens um 20 vH verschieden, so kann
demgemäß $M_{\min} = \tfrac{1}{24}\, l^2\, (g - \tfrac{2}{3}\, p)$ gerechnet werden. Ergibt die normale Berechnung (auf Grund der Theorie des kontinuierlichen Trägers)
für das größte positive Feldmoment einen kleineren Wert als bei voller
Einspannung, d. h. $\lessgtr \dfrac{q\, l^2}{24}$, so ist letzterer Wert der Querschnittsbemessung zugrunde zu legen.

Ist bei Hochbauten die Breite der Stütze gleich oder größer als
der fünfte Teil der Stockwerkshöhe, so sind die auf den Säulen liegenden
Balken nicht mehr als durchgehend, sondern als an der Stütze voll
eingespannt, zu berechnen, vorausgesetzt jedoch, daß der Balken entweder mit der Stütze durchaus biegefest verbunden ist oder daß die
vollkommene Einspannung durch eine entsprechende Auflast über den
Stützen nachgewiesen wird. Hierbei ist als Stützweite wiederum die um
5 vH vergrößerte Lichtweite in Rechnung zu stellen. Ist der Balken
hierbei auf seiner ersten Stütze beweglich gelagert oder diese als Pendel-
stütze ausgebildet, so würde für die Außenöffnung des durchgehenden

Balkens die Stützungsart des auf der einen Seite frei aufliegenden, auf der anderen Seite vollkommen eingespannten Balkens, für die Mittelöffnung die des beiderseits fest eingespannten Trägers maßgebend sein. Demgemäß stellen sich die positiven Mittelmomente in den äußeren Feldern auf $+ \frac{9}{128} (g + p) l^2 = 0{,}070 (g + p) l^2$, in den Mittelfeldern auf $\frac{1}{24} (g + p) l^2$, während an den Stützen mit $-\left(\frac{g + p}{8}\right) l^2$ zu rechnen ist (Abb. 58). Gegenüber dem Momente eines normal, d. h. auf drehbaren Lagern gestützten, durchgehenden

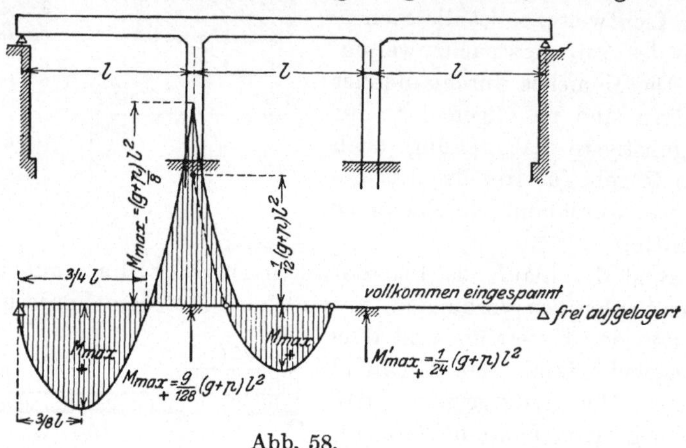

Abb. 58.

Balkens bedingt diese Momentenbemessung eine Erhöhung der negativen Stützmomente, eine Herabminderung der positiven Momente in den Seiten-, zum Teil auch in den Mittelöffnungen[1]), während die Auf-

---

[1]) Bei einem Balken auf 4 Stützpunkten stellen sich z. B. die Momente folgendermaßen:

$M_{\max} +$	in Öffnung I	II	III
	$= 0{,}08\, g l^2 + 0{,}10\, p l^2$	$0{,}025\, g l^2 + 0{,}075\, p l^2$	$0{,}08\, g l^2 + 0{,}10\, p l^2$

$M_{\max} -$	über Stütze 1	2⌢3	4
	0	$-(0{,}01\, g l^2 + 0{,}0117\, p l^2)$	0

Auflagerkraft bei Stütze 1		2⌢3	4
	$0{,}4\, g l + 0{,}45\, p l$	$1{,}1\, g l + 1{,}2\, p l$	$0{,}4\, g l + 0{,}45\, p l$

Bei der nach den Bestimmungen anzunehmenden Trägerlagerung ergibt sich aber:

$M_{\max} +$	Öffnung I	II	III
	$+ 0{,}07 (g + p) l^2$	$+ \frac{1}{24} (g + p) l^2$	$+ 0{,}07 (g + p) l^2$

$M_{\max} -$	über Stütze 1	2⌢3	4
	0	$- \frac{1}{8} (g + p) l^2$	0

Auflagerkraft bei Stütze 1		2⌢3	4
	$0{,}375 (g + p) l$	$1{,}25 (g + p) l$	$0{,}375 (g + p) l$

lagerkräfte verhältnismäßig nicht stark verändert werden. Diese Berechnungsart setzt aber ausdrücklich voraus, daß die Pfeilerstärke größer als ein Fünftel der Stockwerkshöhe ist und daß nur ständige Last bei gleichen oder annähernd gleichen Stützweiten vorkommt, denn nur alsdann darf in den Mittelfeldern mit einem positiven Größtmoment von $\dfrac{q\,l^2}{24}$ gerechnet werden. Naturgemäß ist auch $M_{\min}$ in Öffnungsmitte zu berücksichtigen, namentlich wenn es hier eine Bewehrung im Obergurt verlangt. Wird die Rechnung für die ungünstigste Laststellung durchgeführt, so können hierbei im Hochbau die in Anmerkung[1]) angegebenen Leweschen Tabellen vorteilhaft benutzt oder die Tabellen für Einflußlinien von Griot verwendet werden.

Nur ausnahmsweise sind auf Verlangen der Baupolizeibehörde Verbundsäulen in fester Verbindung mit Balken auf Biegung zu untersuchen. Dies gilt im besonderen für Brücken- und Ingenieurbauten. Bei den üblichen Hochbauten brauchen mit den Balken biegefest verbundene Innensäulen im allgemeinen — vgl. weiter unten[2]) — nur auf mittigen Druck, also nicht auf Rahmenwirkung berechnet zu werden. Anders steht es allerdings mit den Randsäulen solcher Tragwerke. Wird hierbei die Rahmenwirkung nicht genau verfolgt, so sind die Biegungsmomente (vgl. Abb. 54, S. 193) am Kopfe und am Fuße mit Hilfe der Gleichungen zu bestimmen:

Hierin ist (Abb. 54)

$$M_u = -\frac{q\,l^2}{12}\;\frac{c_u}{c_o + 1 + c_u} \left.\right\} \qquad c_o = \frac{1}{h_o}\frac{J_o}{J_b}$$

$$M_o = +\frac{q\,l^2}{12}\;\frac{c_o}{c_o + 1 + c_u} \qquad c_u = \frac{1}{h_u}\frac{J_u}{J_b}$$

Das Trägheitsmoment J_b der Balken oder Rippenbalken ist hierbei im Mittelwerte zu: $\dfrac{1}{3}\dfrac{b\,d_o^3}{12}$ einzuschätzen, wenn bei letzterem b der Mittelwert der „wirksamen" Deckplattenbreite $(6\,d + b_o + 2\,b_1$, vgl. S. 200 und d_o die Gesamthöhe des Balkens bzw. der Rippe mit Platte ist.

Werden die Balken als frei drehbar gelagerte, durchlaufende Träger berechnet, die Momente in den Randsäulen jedoch nach den voran-

---

[1]) Vgl. hierzu die Hilfstabelle des Anhanges, namentlich auch die von Dr. Lewe, sowie die interpolierbaren Tabellen zum Auftragen der Einflußlinien durchgehender Träger von Griot. Zürich 1914.

[2]) Bei Hochbauten dürfen die Stützkräfte zur Bemessung der Säulenquerschnitte und Fundamente unter Annahme allseitig statisch bestimmter Lagerung berechnet werden. (§ 17, 13 der Bestimmungen vom Sept. 1925.)

stehenden Gleichungen bestimmt, so dürfen die positiven Momente der Endfelder um den Wert:

$$\frac{1}{2}\,(M_o - M_u) = q\,\frac{l^2}{24}\,\frac{c_o + c_u}{c_o + 1 + c_u}$$

vermindert werden.

Ist die Stütze — bei Vorhandensein des oben zugrunde gelegten Verhältnisses von Stützbreite : Stockwerkshöhe — nicht biegesicher mit dem Pfeiler verbunden, aber stark belastet, so ist unter Umständen der Nachweis der tatsächlich vorhandenen festen Einspannung zu erbringen[1]), eine Forderung, die, wie beispielsweise die in der nachfolgenden Anmerkung gegebene Rechnung erkennen läßt, in der Regel

—————————

[1]) Zu diesem Zwecke ist der Träger der Seitenöffnung wiederum als ein Balken frei aufgelagert bzw. fest (an der Mittelstütze) eingespannt zu berechnen, und zwar

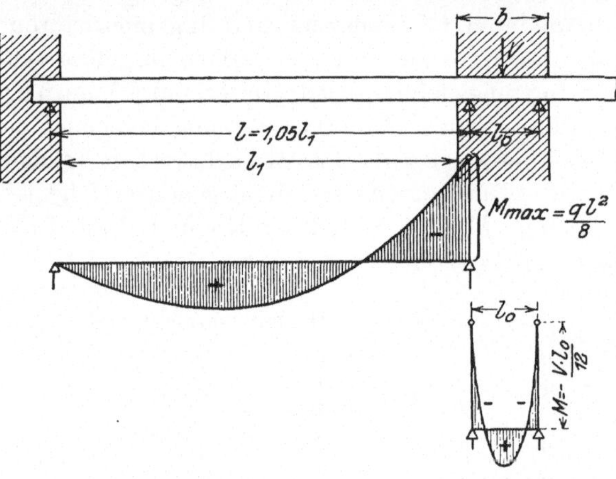

unter Zugrundelegung einer Stützweite von $l = 1{,}05\,l_1$. Hieraus folgt dann einerseits das Einspannungsmoment der Mittelstütze $= -\,^1/_8\,q\,l^2$, die Auflagerlänge an dieser Stelle $= 0{,}025\,l_1$, und hieraus die Stützweite l_0 (vgl. die nebenstehende Abb.) eines gedachten kurzen, beiderseits eingespannten Balkens über dem Mittelpfeiler. Beträgt dessen gleichmäßig angenommene Belastung, also die Auflast auf den Träger über der Mittelstütze, V, so entspricht ihr ein Einspannungsmoment $= -\dfrac{V \cdot l_0}{12}$, und somit folgt V aus der Beziehung, daß die beiden Momente wegen des Durchgehens des Trägers identisch sein müssen:

$$\frac{V\,l_0}{12} = \frac{1}{8}\,q\,l^2\,; \qquad V = \frac{12}{8}\,\frac{q\,l^2}{l_0} = \frac{3}{2}\,\frac{q\,l^2}{l_0}$$

Gehler gibt in seinen Erläuterungen mit Beispielen zu den Eisenbetonbestimmungen vom Jahre 1916, 2. Aufl., S. 46, hierzu das folgende Zahlenbeispiel: $l_1 = 5{,}00$ m, $l = 5{,}25$ m. Stützenbreite $= 77$ cm (3 Stein starke Mauer); Auflagerlänge $= 12{,}5$ cm; $\quad l_0 = 77 - 25 = 52$ cm ; $\quad q\,l = 4\,t$; $\quad V = \dfrac{3}{2}\,\dfrac{4 \cdot 5{,}25}{0{,}52} = 60{,}6\,t$.

Die geringe Belastung von $q = $ rd. $0{,}8\,t$ bedingt also somit bereits die sehr bedeutende Auflast über dem Träger an seinem Mittellager von $60{,}6\,t$, um hier eine volle Einspannung zu gewährleisten. Solche Last wird in praktischen Fällen kaum je vorhanden sein, ganz abgesehen davon, daß auch der Druck, den alsdann der Balken auf das Mauerwerk ausüben würde, ein sehr hoher wird. Rechnet man z. B. im vorliegenden Falle sehr günstig mit einer gleichmäßigen Belastung der Mauer durch die ganze Balkenauflagerlänge von 77 cm und einer Balkenbreite nicht erfüllbar ist, zum mindesten erheblichen Schwierigkeiten begegnet. In den seltensten Fällen der Praxis werden ausreichende Auflasten vorhanden sein, die eine derartige Einspannung sichern; alsdann wird von der Vergünstigung voller Einspannung kein Gebrauch gemacht werden können und eine Bewehrung des durchgehenden Trägers unter Annahme frei drehbarer Lager durchzuführen sein.

Die zur Ermittlung der Schub- und Haftkräfte durchgehender Träger maßgebenden Querkräfte dürfen bei Hochbauten mit überwiegend ruhenden Lasten für Vollbelastung aller Felder bestimmt werden. Ebenso genügt die Annahme der Vollbelastung zur Bestimmung der Querkräfte für Balken mit beiderseits freier Auflagerung.

Rollende Lasten sind hingegen in der jeweils ungünstigsten Stellung einzuführen. Ergeben sich bei Durchfahrten, Hofunterkellerungen usw. hierbei Größtwerte der Querkräfte, wenn man die Verkehrslasten streckenweise annimmt, so sind diese in dieser Form in Rechnung zu stellen.

Bei Ermittlung der Auflagerdrücke durchgehender Plattenbalken dürfen die Kontinuitätswirkungen vernachlässigt werden. Demgemäß sind also die Stützkräfte unter Annahme überall frei aufliegender d. h. über allen Stützen gestoßener Balken zu bestimmen. Dies gilt auch für die Stützkräfte von Säulen. Auch hier sind nur mittige Stützkräfte zur Berechnung der Säulenquerschnitte und der Fundamente einzuführen, wobei auch wechselweise Feldbelastungen nicht in Rechnung gestellt zu werden brauchen.

Da in sehr vielen Fällen die Plattenbalken in Form statisch äußerlich unbestimmter Tragsysteme Anordnung finden, ist konstruktiv ganz besonders auf eine gleichartige Unterstützung ihrer Lagerpunkte zu sehen, damit, falls Senkungen der Stützpunkte eintreten, diese gleichmäßig verlaufen. Hierauf ist besonders zu achten, wenn

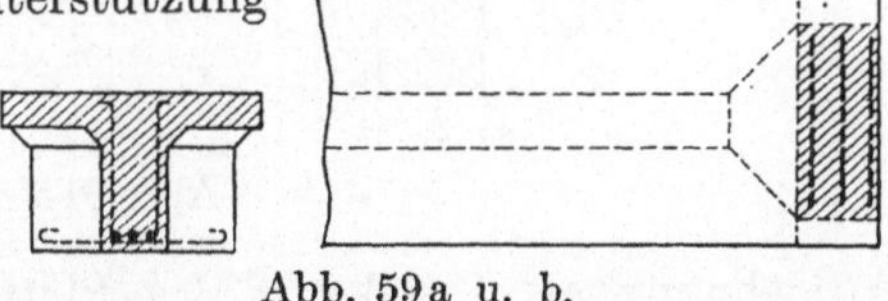

Abb. 59a u. b.

durchgehende Träger einerseits auf Verbundzwischenstützen, andererseits auf Mauern aufruhen, die alsdann in ihrem Baustoff und ihrer Herstellung an besondere Bedingungen gebunden sind und eine besonders gute Ausführung verlangen. Unter Umständen ist auch durch Einschaltung eiserner Lagerplatten unter dem Träger oder durch Schaffung breiterer Auflagerflächen im Anschlusse an die Rippe (Abb. 59 a, b) für eine Verminderung der Pressung im Balkenlager Sorge zu tragen.

---

von 35 cm, so würde sich — ohne das Eigengewicht des Balkens — eine Pressung an seiner Unterfläche und auf das Mauerwerk der Zwischenstütze ergeben von:

$$k = \frac{60{,}6 + q\,l}{77 \cdot 35} = \frac{60\,600 + 4000}{2695} = \text{rd. } 24 \text{ kg/cm}^2.$$

In bezug auf die Normal- bzw. Mindestabmessungen der Plattenbalken schreiben die neuen Bestimmungen vom September 1925 eine Mindeststärke der Druckplatte von 8 cm vor. Die Deckenplattenverstärkung (Abb. 60) darf mit keiner flacheren Neigung als 1 : 3 in Rechnung gestellt werden.

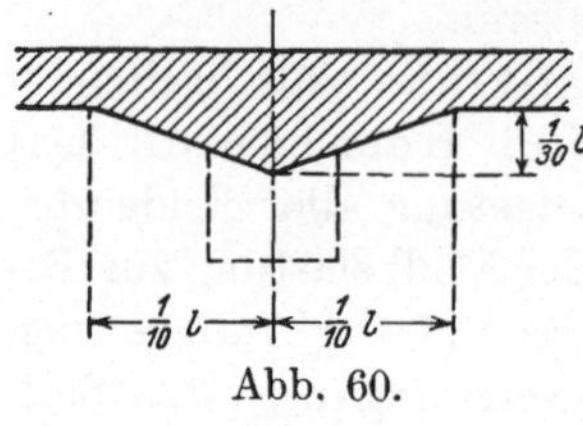
Abb. 60.

Für die nutzbare Breite der Druckplatte der Plattenbalken ($= b$) ist bei einem symmetrischen zweiseitigen Balken vorgeschrieben (Abb. 61 a): $b \leq 12\,d + b_0 + 2\,b_1$, wobei die Neigung der Schräge nicht flacher als 1 : 3 und ihre Projektion ($= b_1$) nicht größer als $.3\,d$ sein darf; d. h. $b \leq b_0 + 18\,d$; $b \leq$ Abstand der Feldmitten (Rippenentfernung); $b \leq$ halbe Balkenstützweite. Der kleinste der sich hierbei ergebenden Werte ist der Rechnung zugrunde zu legen.

In gleicher Art ist bei dem einseitigen (Rand-) Plattenbalken (Abb. 61 b):

$$b \leq 4{,}5\,d + b_1 + b_0 + e \text{ bzw. wenn } e = 0 \text{ ist};$$

$$b \leq 4{,}5\,d + b_1 + b_0 \leq 7{,}5\,d + b_0 .$$

$$b \leq \text{halbe, lichte Rippenentfernung};$$

$$b \leq \text{Viertel der Balkenstützweite}.$$

Daß keine beliebige Breite der Platte angenommen werden darf, also nicht damit gerechnet werden kann, daß die Platte in beliebiger

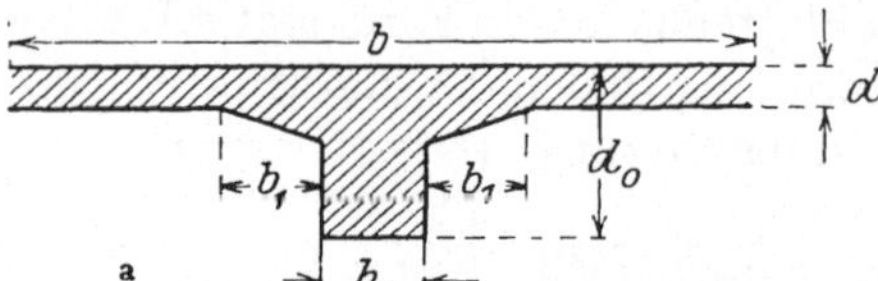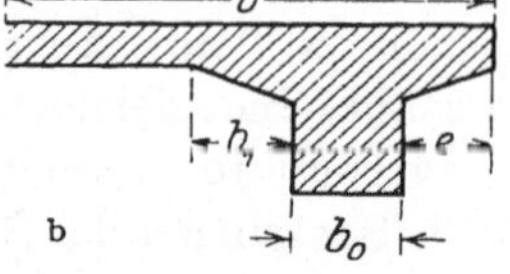
Abb. 61 a u. b.

Ausdehnung als Druckgurt des Plattenbalkens gleichmäßig arbeitet, lassen ausgedehnte Versuche von Bach in Stuttgart erkennen[1]). Aus Messungen, die hier bei gebogenem Balken über den Verlauf der Formänderungen an der Oberfläche der Platten ausgeführt sind, geht hervor, daß bei deren größerer Breitenausdehnung die Ränder weniger Spannung erhalten als die Plattenmitte, die Platte also nicht mehr gleichmäßig zu statischer Arbeit herangezogen wird (Abb. 62 a), und daß ferner die Schubbelastungen zwischen Platte und Steg nicht unbeachtet bleiben dürfen, da sie (Abb. 62 a) unter Umständen eine Trennung von Platte und Rippe zur Folge haben können, also hier

---

[1]) Vgl. u. a. Mitteil. über Forschungsarbeiten, herausgeg. vom Verein deutscher Ing., Heft 90—91, 122/123, von C. Bach.

eine Eisenbewehrung erfordern. Als solche hat sich die Einschaltung senkrechter, bis tief in die Platte hineinreichender Bügel im Steg wirksam gezeigt (Abb. 62b). Da sich aus den Bachschen Versuchen ergibt, daß die Schubspannung in der Platte am Rippenanschlusse mit wachsender Plattenbreite zunimmt (während die Randspannung zugleich abnimmt), so wird eine Eisenbewehrung gegen Schub namentlich bei breiteren Platten besonders notwendig. Zugleich ist die mitwirkende Plattenbreite bei größerer Ausdehnung auch durch die Schubspan

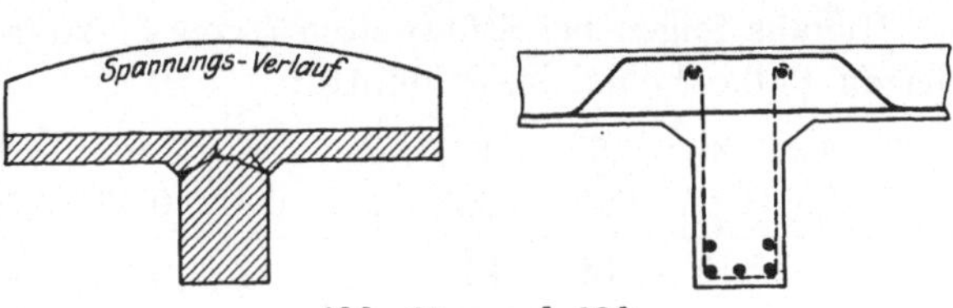

Abb. 62a und 62b.

nungen im Beton begrenzt, welche in den senkrechten Anschlußflächen zwischen Platte und Rippen auftreten, da die Platte als Gurt oder Teil dieser durch die Normalkräfte um so mehr belastet wird, je breiter und stärker sie ist. Daß gerade auch gegenüber der Einwirkung der Schubkräfte ein kräftiger Anschluß der Platte an die Rippe durch Schrägen und eine Konsolbewehrung der Platte am Anschlusse besonders wertvoll sind, ist selbstverständlich. In letzterer Hinsicht ist — falls nicht die Berechnung der Platte als durchgehender Träger eine andere höhere Bewehrung an der Rippe verlangt — zu empfehlen, etwa die Hälfte der im Plattengurt liegenden Eisen nach oben abzubiegen, ein Untergurteisen zum mindesten aber vollkommen durchgehen zu lassen (Abb. 62b).

Der Anschluß der Balken durch Schrägen oder Vouten an die Stützen hat infolge der größeren hierdurch bedingten Trägerhöhe — gleich wie bei den Platten — unter Umständen den Vorteil der Verringerung der Druck-, daneben aber auch der Schubspannungen zur Folge; letzteres rührt neben der Vergrößerung des Hebelarmes der inneren Kräfte daher, daß durch die Voute die Druckkraft am Auflager selbst eine schräge Lage erhält, und hierdurch bereits einem Teile der Querkraft das Gleichgewicht gehalten wird. Andererseits darf man aber auch nicht verkennen, daß das Stützenmoment erheblich groß ist, und während der Hebelarm der inneren Kräfte in Feldmitte $= z =$ rund $0{,}92\,(d_o - a)$ ist, er an den Stützpunkten nur $z =$ rund $0{,}87\,(d_0 - a)$ wird. Durch diesen Umstand wird ein Teil der günstigen Wirkung der Voute aufgehoben.

Für die wirksame Balkenhöhe, seine Nutzhöhe, d. h. den Abstand der äußersten Betondruckfaser von dem Schwerpunkte der gezogenen Eiseneinlagen, ist im Hinblicke auf die Verminderung der Durchbiegung und eine günstige Lage der Eisen im Querschnitte des

Balkens, d. h., um im besonderen eine Häufung der Bewehrungseisen zu verhindern, $^1/_{20}$ der Stützweite als Mindestmaß vorgeschrieben. Geht man davon aus, daß die wirksame Höhe in Balkenmitte rund 0,95 der tatsächlichen Höhe (d_0) beträgt, so entspricht dem Höhenverhältnis $^1/_{20}$ ein Maß:

$$d_0 : l = 1 : (20 \cdot 0,95) = 1 : 19.$$

Hieraus folgen bei Stützweiten l von 4—20 m die geringsten erforderten Balkenhöhen in Feldmitte:

$l =$	4	5	6	7	8	9	10	11	12	m
$d_0 =$	0,21	0,26	0,32	0,37	0,42	0,47	0,53	0,58	0,63	m

$l =$	13	14	15	16	17	18	19	20	m
$d_0 =$	0,68	0,74	0,79	0,84	0,90	0,95	1,00	1,11	m

Bei positivem Biegungsmoment ist die **Rippe in ihrem unteren Teil der Zuggurt**; hier müssen also die **Zugbewehrungseisen** liegen. Im Hinblicke darauf, daß die Rippenbreite (b_0) oft beschränkt ist, wird man hier oft genötigt sein, die Eisen in zwei Schichten übereinander anzuordnen. **Mehr als zwei Schichten lassen die Bestimmungen, abgesehen von besonderen Einzelfällen, nicht zu.** Aber auch schon die Anwendung der Eisen in zwei Reihen übereinander ist, wenn sie sich oft auch nicht vermeiden läßt, immerhin keine einwandfreie Lösung; sie hat als Begleiterscheinung eine Verminderung des Hebelarmes der inneren Kräfte, die Unsicherheit einer vollkommenen Umhüllung der Eiseneinlagen mit Beton, zum mindesten dessen verringerte Festigkeit nahe dem Eisen zur Folge. Deshalb verlangen auch die neuen Vorschriften, daß der geringste lichte Eisenabstand hier in jeder Richtung gleich dem Eisendurchmesser und nicht kleiner als 2,0 cm sein darf. Lassen sich geringere Abstände nicht vermeiden, so muß durch einen feinen und fetten Mörtel für eine vollkommen dichte Umhüllung der einzelnen Eisen besonders gesorgt sein. Mit Recht weist Dr. Kunze[1]) darauf hin, daß, wenn es sich um Eisen in einer gezogenen Platte des Plattenbalkens über der Stütze handelt — also neben der Rippe auch die Platte als Zugglied zur Verfügung steht —, in diese gerade verlaufende Eisen seitlich eingefügt werden können. Ist hierbei die Plattenstärke so gering, daß ordnungsmäßige Halbkreishaken nicht in senkrechter Ebene angebogen werden können, so kann man diese ohne Bedenken in die wagerechte Ebene legen; namentlich werden für solche seitlich in die Platte zu legende Eisen durch höhere Stützenmomente bedingte Zulageeisen in Frage gezogen werden können. Ähnlich liegen die Verhältnisse, wenn, wie z. B. bei Trogbrücken, die Platte im Untergurt des Trägers anschließt; auch hier kann man die Be-

---

[1]) Bauing. 1925, Heft 24, S. 728.

wehrung durch Herausrücken eines Teils der Eisen verbessern und unter Umständen eine zweite Eisenschicht vollkommen vermeiden.

Mit Rücksicht auf die Querkräfte sind — auch bei freier Auflagerung der Balken — einige abgebogene Eisen bis über das Auflager hinwegzuführen. Auch sind sowohl in Rechtecks- wie Plattenbalken stets Bügel anzuordnen, um den Zusammenhang zwischen Druck- und Zuggurt überall zu sichern. Eine Normalanordnung der hierdurch bedingten Eisenbewehrung in einem Verbundträger läßt Abb. 63a für einen weniger

Abb. 63a.

weit gespannten, Abb. 63b für einen längeren Balken erkennen. Die Bewehrung besteht aus den Zugeisen im Untergurte, die zum Teil nach oben abgebogen sind, und aus senkrecht verlaufenden Bügeln. Die Größe der Zugeisenbewehrung schwankt bei ausreichender Konstruktionshöhe, normaler Anordnung und wirtschaftlicher Ausgestal-

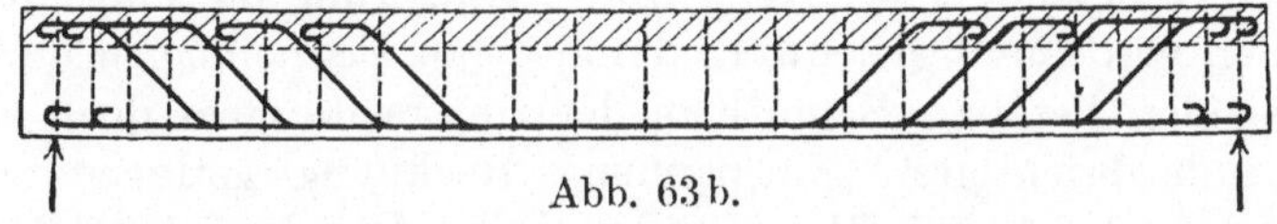

Abb. 63b.

tung des Querschnittes nicht in allzu weiten Grenzen und beträgt etwa 1,0—1,3 vH. Allerdings kann bei einer derartigen Bewehrungsgröße und bei reiner Biegung die Druckfestigkeit des Betons und die Zugfestigkeit des Eisens zugleich nicht ausgenutzt werden, da die Sicherheit des Balkens hier nur abhängig wird von der Streckgrenze des Eisens. Während bei einem einfachen Rechtecksquerschnitt, auch bei wirtschaftlich guten Verhältnissen dieses, oft zugleich mit der zugelassenen höchsten Betondruckspannung die erlaubte Zugspannung im Eisen Hand in Hand geht, ist das beim Plattenbalken nicht zu erreichen; hier entspricht unter Innehaltung der vorgenannten Bewehrungszahl einer wirtschaftlichen Querschnittsform in der Regel eine im Druckgurt auftretende Betonspannung von etwa 25—30 kg/cm², die also kleiner ist als der zulässige Höchstwert. Nur dort, wo man genötigt ist eine Mindesthöhe des Plattenbalkens auszuführen, also meist eine ziemlich hohe Zugbewehrung erhält, wird der zulässige Spannungsgrenzwert für den gedrückten Beton erreicht werden.

Da das Eisen im Preise sehr erheblich höher steht als der Beton, wird naturgemäß die wirtschaftliche Ausnutzung vorwiegend nach der Seite der Bewehrung zu suchen sein. Nach Versuchen geht bei einer

Bewehrung von 1,4—1,5 vH die Eisenspannung beim Bruche des Trägers zwar nahe an die Streckgrenze heran, erreicht sie aber nicht mehr, so daß der Bruch in der Druckzone erfolgt, also eine vollkommen wirtschaftliche Eisenausnutzung nicht mehr vorliegt.

Da bei einem auf reine Biegung belasteten Balken die Risse zuerst an den Stellen eintreten[1]), an denen die Eisen am weitesten voneinander entfernt liegen, ist auf deren gleichmäßige, und unter Wahrung der notwendigen Abstände (s. S. 137) enge Lage zu achten. Aus demselben Grunde ist im Hinblicke auf eine gleichmäßige Eintragung der Kräfte in den Verbund, der Anordnung mehrerer schwächerer, näher aneinander liegender Eisen vor wenigen starken und dementsprechend mit weiten Abständen verlegten Eisen der Vorzug einzuräumen[2]).

Daß alle Eisen mit Walzhaut einzubringen und im Beton durch Anbiegung von Haken fest zu verankern sind, wurde bereits in Abschnitt 4 erwähnt[3]).

Eine Druckbewehrung ist bei frei aufliegenden Balken von T-Form nur bei starker Belastung und beschränkter Konstruktionshöhe erforderlich, wird aber bei Balken aller Art, namentlich nahe am Auflager, durch die Anordnung der notwendigen Aufbiegungen tatsächlich stets vorhanden sein. Wenn freie Auflagerung im Mauerwerk angenommen wird, muß gleichwohl durch obere Eiseneinlagen und einen ausreichenden Betonquerschnitt an der Unterseite einer doch vorhandenen, unbeabsichtigten Einspannung Rechnung getragen werden; dies ist namentlich bei Rippendecken mit oder ohne Ausfüllung der Zwischenräume zu beachten. Daß eine obere Bewehrung bei negativem Stützen- oder Einspannungsmoment unentbehrlich ist, bedarf kaum der Hervorhebung. Sie kann hier als Längsbewehrung normaler Bauart oder als Umschnürung auftreten. Eine obere durchgehende Bewehrung ist zudem für weiter gespannte Balken rein konstruktiv als Temperatureisen, sowie zum oberen Anschlusse der in den Rippen liegenden Bügel sehr erwünscht, auch wenn sie für diese Zwecke nur aus verhältnismäßig schwachem Eisen hergestellt wird.

---

[1]) Vgl. u. a.: Mitteil. über Forschungsarbeiten, herausgeg. vom Verein deutscher Ing., Heft 39, 72, 74 u. 95 aus den Jahren 1909 u. 1910.

[2]) Hierher gehört auch sinngemäß die für Platten bereits auf S. 179 erwähnte Bestimmung, daß bei vollen Deckenplatten in der Gegend der größten Momente der Eisenabstand 15 cm nicht überschreiten darf.

[3]) Aus den Versuchen von Bach ergibt sich, daß, gegenüber einfacher gradliniger Einführung der Eisen, einfach senkrecht aufgebogene Haken die Tragfähigkeit des Balkens um 69 vH, schief gebogene bzw. U-Haken sogar um 80 bzw. 96 vH zu erhöhen vermögen, und daß die Walzhaut gegenüber glatt bearbeiteter Bewehrung eine Steigerung der Höchstlast um 25—45 vH zur Folge hat; zudem gibt sich eine günstige Wirkung der Walzhaut auch darin zu erkennen, daß die Risse sich hier erheblich langsamer öffnen als bei glatten Eisen.

Handelt es sich um statisch geforderte **Einlagen in der Druck-zone**, so sind sie wegen der **Knickgefahr** einmal durch stärkere Querschnitte zu bilden und zum anderen durch Bügel und deren guten Anschluß in kleine Knicklängen zu teilen. Im besonderen sei in dieser Hinsicht hervorgehoben, daß, wie **Schüle** und **Bach** nachweisen[1]), keine erhebliche Tragfähigkeitsvermehrung durch eine Obergurtbewehrung eintritt, wenn nicht die eingefügte Druckeiseneinlage gut gegen Knicken gesichert und ausreichend mit Bügeln bewehrt wird, bzw. daß sie durch stärkere Eisen günstig beeinflußt werden kann. Je stärker die Druckbewehrung bei den Versuchen war, um so feiner waren die Risse in der Zugzone, je später erschöpfte sich der Widerstand in der Druckzone[2]).

Wird die Verstärkung der **Druckzone** durch eine **Umschnürung** bewirkt, so ist hier auch zu beachten, daß der Beton innerhalb seiner Umschnürung eine andere Zusammenpressung erfährt wie außerhalb, daß deshalb die Umschnürung zur Erzielung eines gleichförmigen Widerstandes in der Druckzone über sie mindestens bis zur Null-

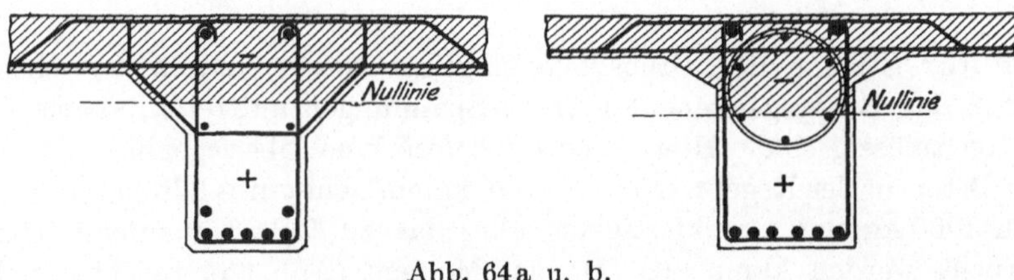

Abb. 64a u. b.

linie, besser noch über sie hinaus, ausgedehnt werden sollte (Abb. 64a und b). Hier wird im besonderen eine Umschnürungsbewehrung sich empfehlen, welche — wie Abb. 64a zu erkennen gibt — auch dem Übergange zwischen Platte und Rippe Rechnung trägt und möglichst tief in den Steg einbindet. Liegt die Druckzone bei negativem Moment im Untergurt, so wird sinngemäß eine Anordnung, wie sie Abb. 65 darstellt, Platz greifen.

---

[1]) Vgl. **Bach**, Mitteil. über Forscherarbeiten, herausgeg. vom Verein deutscher Ing., Heft 90/91 (Vergleichende Versuche über den Einfluß einer Druckbewehrung auf die Tragfähigkeit rechteckiger Eisenbetonbalken) u. Heft 122/123.

[2]) Den gleichen Erfolg hat die **Ersetzung des normalen Handelseisens durch Stahl** gezeitigt. Während bei den Bachschen Versuchen bei Flußmetall die Eisen zwischen den Bügeln zum Knicken gelangten, zeigte sich bei Stahl die Zerstörungserscheinung erst in dem Auftreten von Absprengungen des Betons durch die Haken der Eisenenden, während zugleich die Stahleinlage eine Verminderung der Verkürzungen in der Druckzone, damit eine Vermehrung der Tragfähigkeit und eine Hinausschiebung des Bruchstadiums zur Folge hatte. Hierbei erlitt der Beton so große Verkürzungen, daß das mitwirkende Eisen seine Stauchgrenze erreichte.

Gleich günstig wegen Verstärkung der Beton- und damit der Druckfestigkeit innerhalb des Druckgurtes wirkt auf die Tragfähigkeit des Balkens eine **fette Betonmischung** ein. Nach Versuchen von Bach vergrößerte sich die Bruchlast bei einer Betonmischung von 1 : 2 : 3 gegenüber einer Zusammensetzung von 1 : 3 : 4 um 55 vH[1]). Eine Verbesserung des Betondruckmaterials hat also denselben Erfolg wie eine Bewehrung durch Druckeisen. Das lassen auch weitere Versuche erkennen, die **Kreüger** mit Plattenbalken ausführte[2]), in denen der mittlere Teil des Druckgurtes (Abb. 66 bis 68) durch Klinker gebildet war, die

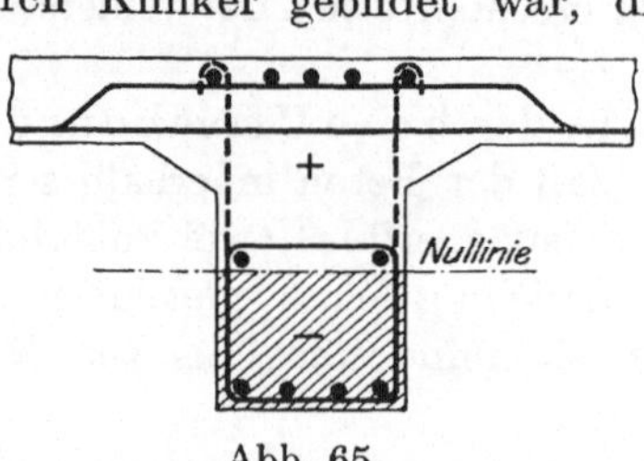

Abb. 65.

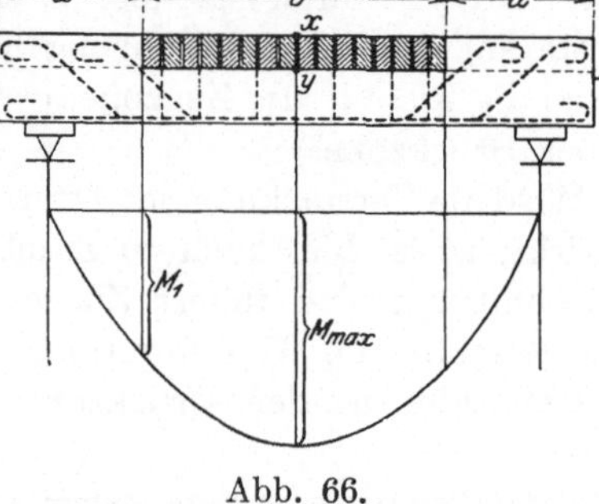

Abb. 66.

auf der Strecke der Druckzone eingelegt waren, innerhalb welcher durch das Biegungsmoment größere Spannungen auftreten, als sie für Beton zulässig sind. Hierbei tritt insofern eine Überlegenheit ein, als der Beton in der Regel nur mit 35—40 kg/cm², ein gutes Klinkermaterial von 1000 kg/cm² Druckfestigkeit aber bis zu 120—150 kg/cm² beansprucht werden kann. Ist M_1 das Moment (Abb. 66), welchem z. B. ein $\sigma_{bd} = 40$ kg/cm² entspricht, so ist mithin auf der mittleren Strecke $= b$ das härtere Material anzuordnen. Hierbei könnte theoretisch die Höhe der Klinkerschicht so bemessen werden, daß beim Punkte y ihre Spannung gleich der im Beton zulässigen wird; in jedem Falle aber darf die Spannung bei y — abhängig vorwiegend von der Belastung und der im Handel üblichen Steinabmessung — die zulässige Betonspannung nicht überschreiten. In Vergleich wurden auch Balken (Abb. 67 b) mit eng umschnürtem Obergurt gezogen, bei denen sich zeigte, daß selbst die stärkste Spiralbewehrung dem Balken nicht dieselbe Biegefestigkeit verleiht, wie die Einfügung der Klinker[3]). Da diese nur in der

---

[1]) Vgl. Forscherheft 122/123 von Bach.

[2]) Vgl. Arm. Beton 1918, Heft 5: Eisenziegelbeton von Prof. H. Kreüger.

[3]) In Abb. 67a—b sind zwei Versuchsbalken wiedergegeben. Der Klinkerbalken war für Druckspannung des Steins von 120 kg/cm² bemessen. Die Momente, berechnet aus den Bruchlasten, stellen sich bei a auf 1 110 000 bzw. bei b auf 725 000 kg · cm; der Klinkerbalken ist somit bei weitem dem mit Umschnürung bewehrten Träger überlegen. Schubrisse traten bei keinem der Versuche auf; überall zeigte sich der Bruch durch senkrechte Zugrisse in der Mitte der Balkenunterkanten.

mittleren Zone verwendet werden, gestatten sie eine sonst durchaus
normale Ausbildung des Balkens, namentlich also auch das Aufbiegen

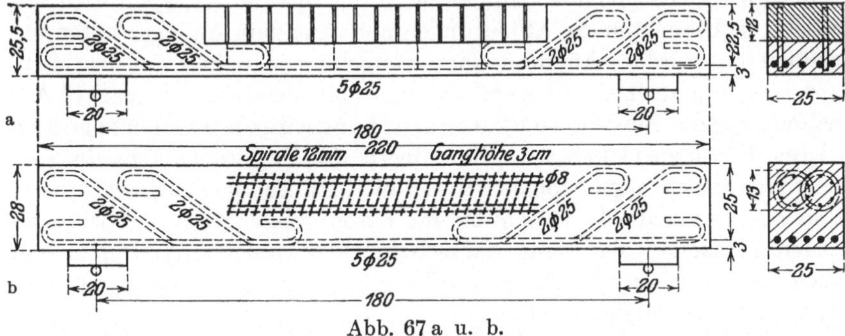

Abb. 67 a u. b.

von Eisen, die Anordnung von Bügeln usw. (Abb. 68 a—c). Die Be-
schränkung der Konstruktionshöhe kann bei dieser Bauart so weit
getrieben werden, daß die Balkenhöhe geringer wird als die eines
gleich tragfähigen I-Eisens normaler Art.

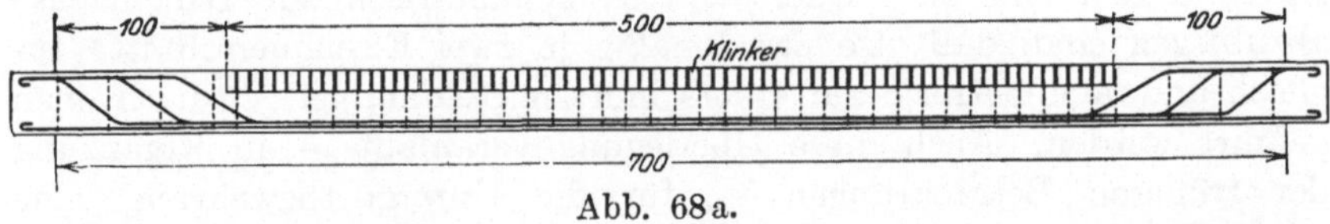

Abb. 68 a.

Die Klinkereinfügung kann naturgemäß auch für andere Bauteile
als Träger auf zwei Stützen Anwendung finden; im besonderen dürfte
es oft bei durchgehenden Trägern, Rahmenkonstruktionen, Gewölben
und dergleichen erwünscht sein, durch Anordnung
von hochdruckfesten Klinkern die Konstruktionshöhe zu verringern oder große Kräfte aufnehmen
zu können. Zudem können naturgemäß außer
Klinkern auch andere geeignete, hochdruckfeste
Baustoffe, Natursteine, unter Umständen auch Gußeisen, für den vorliegenden Zweck benutzt werden.

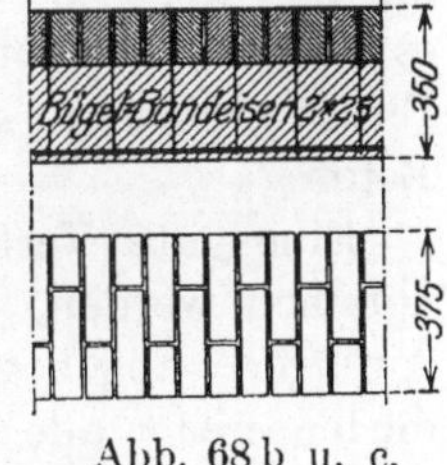

Abb. 68 b u. c.

Das Aufbiegen der Eisen unter einem
Winkel von 45° zur Wagerechten, dient, wie in
Abschnitt 17 ausführlich nachgewiesen wird, der Aufnahme der aus
den Schubspannungen abgeleiteten schiefen Hauptzugkräfte, die sich
bemühen, im Stege der Rippe vom Auflager nach der Balkenmitte zu
verlaufende, nach letzterer zu steigende, in hohem Grade gefahr-
bringende Zugrisse hervorzurufen. In der Regel gibt man bei wichtigeren Bauausführungen allen Aufbiegungen dieselbe Neigung, führt
sie also der Einfachheit der Montage halber und auch, um möglichst

schnell mit einem unten abgebogenen Eisen in die obere Zone zu gelangen, alle parallel und unter 45° zur Wagerechten geneigt aus. Wollte man sich genauer dem Verlaufe der Spannungstrajektorien anpassen, so brauchten die Abbiegungen nur nahe dem Auflager unter 45° geführt zu werden, könnten aber weiterhin, je näher sie der Mitte kommen, um so flacher liegen. Die von manchen Seiten gemachte Annahme, daß die **Anordnung der Aufbiegungen das Entstehen eines Fachwerkträgers** im Innern des Verbundbalkens in sich schließe, dessen Zugdiagonalen durch die Aufbiegungen, dessen Druckfüllstäbe durch die Zwischenteile im Beton gebildet würden, ist nach neuen Versuchen als wenig wahrscheinlich erwiesen worden[1]), zudem auch in bezug auf die Form des Trägerwerkes an immerhin ziemlich willkürliche Annahmen gebunden.

Bei der Abbiegung der Eisen hat man sich zunächst darüber Sicherheit zu verschaffen, ob auch der Verlauf der Biegungsmomente eine entsprechende Abschwächung der Eisenzugeinlage zuläßt, das abzubiegende Eisen also wirklich bei Übertragung der Biegungsspannungen entbehrt werden kann. Ferner ist zu beachten, daß wenn irgend angängig, die Eisen in den einzelnen Querschnitten symmetrisch zur Balkenachse abzubiegen sind, daß also zweckmäßig je zwei Eisenquerschnitte zugleich und symmetrisch zur Querschnittsmittellinie gelegen nach oben geführt werden. Auch diese Überlegung veranlaßt — in Ergänzung der früheren Betrachtungen —, für die Untergurtbewehrung eine größere Anzahl schwächerer Eisen an Stelle weniger starker zu verwenden, um möglichst immer zwei Eisen in jedem Querschnitte für die Abbiegung zur Verfügung zu haben. Wie Versuche gezeigt, bilden sich, je besser die Verteilung der aufgebogenen Eisen ist, um so gleichmäßiger auch die schiefen Risse in größerer Nähe des Auflagers aus; es sichert demgemäß die Symmetrie zweckmäßiger Verteilung der Eisenbewehrung auch eine gleichmäßige Krafteintragung in den Beton.

Eine gute Verteilung der schiefen Zugkräfte kann alsdann angenommen werden, wenn in jedem senkrechten Schnitte, unweit vom Auflager, abgebogene Eisen getroffen werden. Selbstverständlich dürfen nicht alle Eisen hochgebogen werden, mindestens zwei von ihnen sollen geradlinig bis zum Balkenende durchlaufen. Wichtig ist — wie namentlich **Saliger** und **Bach** nachweisen — eine gute

---

[1]) Vgl. hierzu u. a.: **Saliger**, Schubwiderstand und Verbund der Eisenbetonbalken auf Grund von Versuch und Erfahrung. Berlin: Julius Springer 1912. Heft 12 der Veröffentl. des Deutschen Ausschusses für Eisenbeton: Versuche mit Eisenbetonbalken zur Ermittelung der Widerstandsfähigkeit verschiedener Bewehrung gegen Schubkräfte, von C. **Bach** und O. **Graf**. II. Teil, 1911, und III. Teil, Heft 20, 1912; H. **Schlüter**, Die Schubsicherung der Eisenbetonbalken durch abgeb. Hauptarmierung und Bügel, Berlin 1917. Verlag H. Meusser.

Verankerung der aufgebogenen Eisen durch kräftige Haken. Diese sollen sich aber nicht unmittelbar an die Enden der oberen Abbiegungen anschließen, sondern hier soll zunächst erst ein gerades Stück folgen, das etwa bis zur oberen Biegestelle des nach dem Auflager zu folgenden nächsten Eisens reichen soll (Abb. 63b, S. 203). Die Durchführung sämtlicher abgebogener Eisen bis zum Auflager ist nicht erforderlich. Wie die Versuche des Deutschen Ausschusses für Eisenbeton nachweisen, genügt es vielmehr, wenn die beiden letzten Abbiegungen, oder, wenn nur zwei

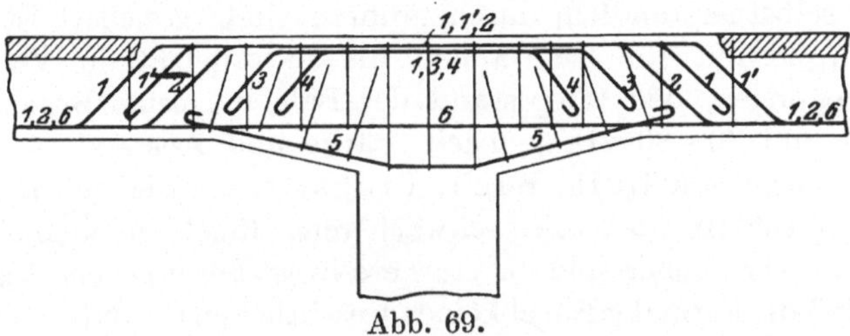

Abb. 69.

Scharen von abgebogenen Eisen gefordert sind, diese alle (Abb. 63a), eine Durchführung bis zum Auflager erfahren. Enden bei durchgehenden Trägern in der Zugzone oberhalb der Stütze abgebogene Eisen, so ist es notwendig (Abb. 69), sie im Hinblicke auf die Schubspannungen und zum Zwecke der Verankerung in dem hier unten liegenden Druckgurt, noch bis in diesen hinein abzubiegen.

Liegen im Notfalle die Zugeisen in mehreren — zwei — Schichten übereinander, so sind zunächst die Eisen der oberen Schicht, alsdann erst solche aus der unteren abzubiegen.

Neben den aufgebogenen Eisen sind auch die Bügel befähigt, Schubspannungen aufzunehmen; daneben wirken sie aber vorwiegend konstruktiv zur gegenseitigen Verankerung der beiden Balkengurte. Es wird weiterhin betont werden, daß sie vorwiegend für letzteren Zweck herangezogen werden sollten, die Aufnahme der Schubspannungen also — wenn erreichbar — den Aufbiegungen allein zu überlassen ist. Am Auflager haben die Bügel noch den weiteren Zweck, den Gleitwiderstand der Eisen zu vergrößern und somit ein Zersprengen des Betonsteges zu verhindern,

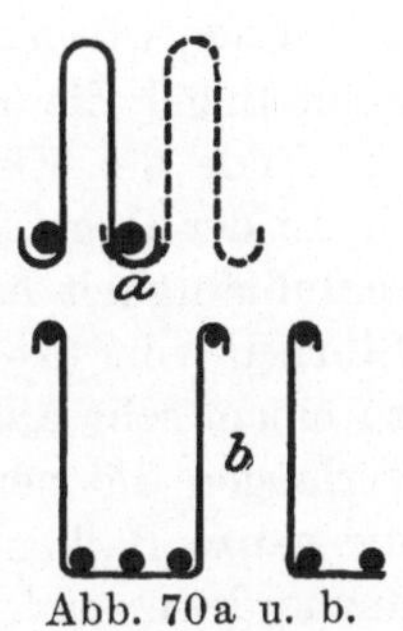

Abb. 70a u. b.

während sie — wie vorerwähnt — im Obergurt günstig gegen ein Ausknicken der Druckeisen wirken können.

Von Bügelformen (Abb. 70a b) sind zu nennen: die unter Umständen allerdings die Betoneinbringung etwas erschwerende, aber andererseits die Eisen gut festhaltende A- (a) und die meist verwendete einfachere Umschließungsform (b), letztere mit nach innen oder außen gerichteten Enden (vgl. auch Abb. 63a, S. 203). Im allgemeinen kann die Form als beste angesprochen werden, die eine möglichst geringe Querschnittsschwächung zur Folge hat, eine gute Verankerung bildet und eine einfache Drahtbindung mit den Hauptbewehrungseisen zuläßt. Hierbei ist davon ausgegangen, daß eine gute Bügelwirkung — nach den Versuchen von Bach[1] — nur zu erwarten steht, wenn eine gute mechanische Verbindung zwischen den Bügeln und dem Beton und ein gutes Anliegen an den Eisen, unter denen sie selbstverständlich durchzuführen sind, gesichert ist[2]. Daß die Bügel, sowohl für sich allein, als naturgemäß in Verbindung mit Aufbiegungen, den Widerstand des Balkens, seine Bruchlast, erheblich — um 20—80 vH je nach Stärke und Abstand — erhöhen, lehren Versuche von Luft, Bach, Probst u. a. Sie geben zugleich darüber Aufschluß, daß die schwächeren Bügel in kleineren Abständen wirtschaftlicher sind als stärkere in größerer gegenseitiger Entfernung, daß die Form der Bügel keinen wesentlichen Einfluß auf ihre Einwirkung hat, daß die Bruchlast bei gleicher Bügelentfernung mit deren Durchmessern, bei gleichem Bügelquerschnitt mit Abnahme ihres Abstandes zunimmt, daß die Verwendung von Flach- oder Rundeisen für die Bügel ziemlich gleichwertig ist, daß ein Anschluß an leichte Montageeisen im Obergurte (Durchmesser 10—15 mm), die aber ausreichende Überdeckung durch Beton erhalten müssen, um der Knickgefahr zu begegnen, sehr wertvoll ist und daß die Bügel bei Rippenbalken so hoch als möglich in die Platte einzuführen sind. Daß die Bügel weiter als wertvolle Schubbewehrung für den Anschluß von Platte und Rippe wirksam sind, indem sie die Schubfuge zwischen Platte und Rippe bewehren, wurde bereits auf S. 201 hervorgehoben. Zugleich vermindern auch Bügel die mehrfach erwähnte, sprengende Wirkung der Haken am Ende der Eisen.

In der Regel werden, ihrer leichten Handhabung, Biegung und Anschlußfähigkeit halber, Rundeisenbügel bevorzugt, und zwar mit Stärken von 6—12 mm. Da die Bügel nicht nur statische, sondern zu einem sehr erheblichen Teil auch konstruktive Zwecke verfolgen, so verlangen die neuen Bestimmungen mit Recht, daß sie sich über die ganze Balkenlänge zu erstrecken haben, also auch in Balkenmitte anzuordnen sind, auch wenn hier die auftretenden Schubspannungen keine besondere Eisenbewehrung verlangen[3]. Der Abstand der Bügel

---

[1] Heft 10 der Veröffentl. des Deutschen Ausschusses für Eisenbeton.

[2] Aus Versuchen von Bach gibt sich zu erkennen, daß unter Umständen auch die ersten Zugrisse an den Bügelstellen auftreten, ein guter Anschluß der Bügel an die Haupteisen also von besonderem Werte ist.

[3] „In Plattenbalken sind stets Bügel anzuordnen, um den Zusammenhang zwischen Platte und Balken zu gewährleisten."

wird dort, wo die Schubspannung im Beton $\leqq 4$ kg/cm² bzw. $\leqq 5,5$ kg/cm²
bei hochwertigem Zement ist, etwa zu b_0 d. h. der Rippenbreite, sonst zu
etwa $^3/_4 \, b_0$ gewählt. Handelt es sich um den Anschluß von Bügeln an
Druckeisen mit dem Durchmesser $= d$, so ist wegen der Knickgefahr der
Bügelabstand $\leqq 12 \, d$ zu bemessen bzw. in dieser Richtung nachzuprüfen. Eine Bewehrung der Balken allein mit Bügeln, also
ohne schiefe Aufbiegungen, ist unrichtig, da hierbei dem
Auftreten schiefer Zugrisse nicht gewehrt wird und kein
richtiger Verbund zustande kommt.

In bezug auf die Aufnahme der Schubspannungen durch
die besondere Bewehrung schreiben die neuen Bestimmungen
vom September 1925 vor:

a) In Balken sind die Schubspannungen τ_0 nachzuweisen.

b) Geht der ohne Rücksicht auf abgebogene Eisen oder Bügel errechnete Wert der Schubspannung über 14 kg/cm² hinaus, so sind die
Abmessungen der Rippen zu vergrößern, bis dieser Wert erreicht oder
unterschritten wird[1]). In Balken oder Balkenfeldern, in denen die
größte Schubspannung τ_0 bei Handelszementen nicht über 4 kg/cm², bei
hochwertigem Zement nicht über 5,5 kg/cm² hinausgeht, wird kein
rechnerischer Nachweis der Schubsicherung gefordert. Ist die größte
Schubspannung größer als 4 bzw. 5,5 kg/cm², so sind alle Schubspannungen auf der betreffenden Feldseite ganz durch abgebogene Eisen oder
Bügel oder beides zusammen aufzunehmen (Schubsicherung). Bei Ermittlung der schiefen Hauptzugspannungen ist die Grundlinie des Schubdiagramms in die halbe Höhe zwischen Unterkante und Oberkante des
Balkens zu legen.

Diese Bestimmungen lassen mithin frei, ob die Schubspannungen
durch beide besonderen Bewehrungseisen (Bügel und Aufbiegungen)
oder nur durch eines dieser Mittel übertragen werden sollen. Da
— wie vorerwähnt — den Bügeln noch eine ganze Menge anderer
Funktionen zufallen, wird es angebracht sein, auf ihre Mitwirkung
zum mindesten so lange zu verzichten, als genügend Eisen vorhanden
sind bzw. abgebogen werden können, um die schiefen Zugspannungen
einwandfrei zu übertragen. Nur dort, wo die zur Verfügung stehenden
Haupteinlagen nicht vollkommen ausreichen, wird man demgemäß,
um nicht besondere schiefe Eisen einlegen zu müssen, erst die Hilfe der
Bügel bei der Bewehrung heranziehen. Die Haupteisen der Schubsicherung sind die aufgebogenen Eisen, um so mehr, als auch
durch Versuche erwiesen ist, daß die Wirkung der Bügel gegenüber den
Schubkräften erst bei Ausbildung der schiefen Risse einsetzt (Versuche

---

[1]) Hierbei wird in erster Linie eine Vergrößerung der Rippenstärke in Frage
kommen.

14*

von Luft)[1]), die ihrerseits, nach Versuchen von Saliger, bei einer schiefen Zugspannung von 12,8—18,1 kg/cm², also im Mittel bei der „normalen" Betonzugfestigkeit von rund 15 kg/cm² zu erwarten steht. Es werden demgemäß die Bügel innerhalb der zulässigen Spannungsgrenzen erst alsdann für die Übertragung der Schubbelastung in Frage kommen, wenn die Aufbiegungen zur Aufnahme der schiefen Hauptzugspannungen nicht mehr ausreichen, also Schrägeisen nicht oder in nicht ausreichender Stärke vorhanden sind. Erfüllen letztere aber ihre Aufgabe einwandfrei, so wird auf die Mitwirkung der Bügel bei der Schubübertragung verzichtet, die Schubwirkung also allein von den Aufbiegungen aufgenommen werden können.

Liegt eine Decke, Fahrbahn, Dachhaut und dgl. mit Neben- und Hauptträgern vor, bei der also die Platte auf vier Seiten

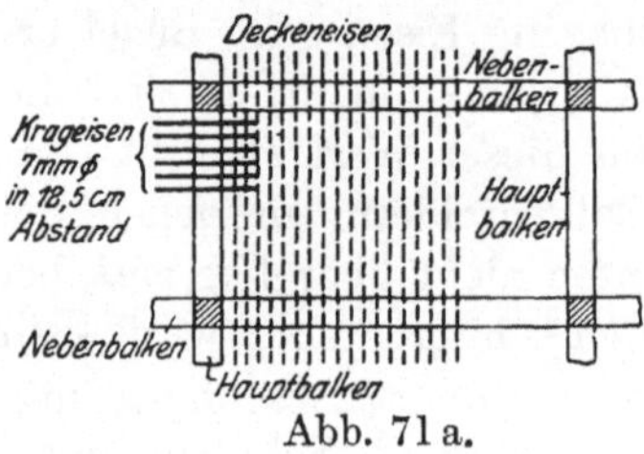

Abb. 71 a.

gestützt ist, und statisch mit ihren jeweilig in Frage kommenden Teilen sowohl Druckgurt der Neben- als auch der Hauptträger ist, und liegen hierbei Deckeneisen nur gleichlaufend mit den Hauptbalken, so sind rechtwinklig zu ihnen besondere Eiseneinlagen (Konsol-, Überlags- oder Krageisen genannt) anzuordnen, die die Mitwirkung der anschließenden Deckenplatten für die Hauptträger auf die statische Plattenbreite sichern, und zwar wenigstens acht Eisen von 7 mm Durchmesser auf 1 m Balkenlänge, also in je 12,5 cm Entfernung (Abb. 71 a). Einer besonderen Berechnung dieser Eisen bedarf es nicht, sie sind ausschließlich konstruktiv zu behandeln, aber naturgemäß wegen der Aufnahme des Einspannungsmomentes am Anschlusse von Platte und Hauptträger-Rippe und wegen der Einwirkung der hier auftretenden Schubspannungen von besonderer Bedeutung.

Für die Bemessung der Rippen nach Höhe und Breite sprechen in der Regel konstruktive, meist durch die vorliegende Örtlichkeit gegebene Bedingungen, sowie statische und wirtschaftliche Rücksichten mit. In erster Linie wird nicht selten die Konstruktionshöhe beschränkt, also die Aufgabe zu lösen sein, mit einem Mindesthöhenaufwand auszukommen, oder auch die Beziehung: $h = \frac{1}{19} l$ ausschlaggebend werden, während in anderer Beziehung die Rücksicht auf Schubspannungen, die im Beton des Balkenquerschnittes keinesfalls höher als auf 14 kg/cm² steigen dürfen und sonst eine Querschnittsänderung fordern, auf gute Unterbringung der Eisen, auf deren bequeme Montage und

---

[1]) Vgl. Vortrag auf der 11. Hauptversammlung des Deutschen Beton-Vereins und den Vereins-Bericht hierüber Jg. 1908.

Kontrolle vor Einbringen des Betons usw. ein entscheidendes Wort mitsprechen. Für die Rippenbreite sollte man bei schwerer belasteten Balken mit stärkerer Bewehrung das Maß $b_0 = 35$ cm nicht unterschreiten, da sonst Montageschwierigkeiten auftreten können[1]).

Dadurch, daß die Platte fest mit den Rippen verbunden ist und zwischen ihnen einmal auf Biegung beansprucht wird, zum anderen Druckgurt ist, treten naturgemäß in der Platte, namentlich nahe den Rippen und über ihnen, nicht unerhebliche Nebenspannungen auf, die aber im Hinblicke auf die durch die allseitige Eisenbewehrung und Einheitlichkeit des Betonbaus gesicherte Übertragung aller Arten von Kräften und Spannungen und die Bewährung der Verbundbauweise, gerade auch in dieser Hinsicht, in der Praxis eine besondere Berücksichtigung und rechnerische Verfolgung nicht erfahren, und zwar um so weniger, als in den zulässigen Spannungen erhebliche Sicherheiten liegen und der Beton in der Zugzone statisch nicht berücksichtigt wird. Hierzu kommt, daß im allgemeinen die aus der Messung der Formänderung bei Versuchen abgeleiteten Spannungen sich in der Regel kleiner herausstellen als die auf rein theoretischem Wege abgeleiteten, daß also tatsächlich meistens eine noch größere Sicherheit, als angenommen, vorhanden ist, welche gestattet, Nebenspannungen in den Kauf zu nehmen. Über die Art des Verlaufes letzterer, beispielsweise auf der Plattenoberseite, gibt Abb. 71b ein Beispiel; hier sind die Hauptspannungen

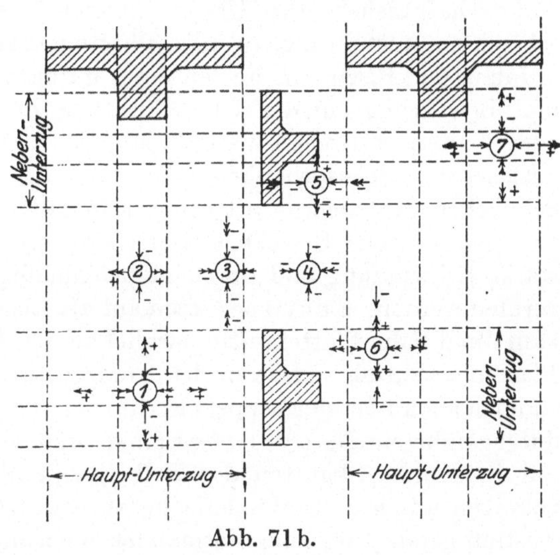

Abb. 71 b.

---

[1]) Eine Schätzung dieser Abmessung gewährt zudem die Formel: $b_0 = 15 + 0.4\,F_e$ bzw. aus der Schubbelastung: $b_0 = \dfrac{Q}{\tau_0\left(h - \dfrac{d}{2}\right)}$, worin F_e die Summe des Eisens im Untergurt, τ_0 die ohne Querschnittsänderung noch gerade zulässige Schubspannung im Querschnitt (14 kg/cm²), h die nutzbare Querschnittshöhe, d die Plattenstärke, Q die Querkraft bedeuten; weniger zuverlässig ist die Beziehung $b_0 = \dfrac{d_o}{2}$, unter d_o die gesamte Balkenhöhe verstanden.

durch einen Pfeil, die Nebenspannungen durch zwei Pfeile hervorgehoben[1].

Das Entstehen von Rissen bei Balken und aus ihnen zusammengefügten Konstruktionen kann einmal durch sehr verschiedene Gründe bedingt sein, zum anderen den Balken sehr verschiedenartig in Mitleidenschaft ziehen. Ihre Ursache können Risse haben entweder in einer schlechten Ausführung, in mangelhaftem Baustoff, in fehlerhafter Anordnung der Eisen, im Fehlen eines guten Verbundes zwischen Beton und Bewehrung, in der Überschreitung der Streckgrenze des Eisens oder in rein statischen Verhältnissen bzw. Fehlern. Je nach den sie auslösenden Beanspruchungen können die Risse Zug-, Druck- oder Schubrisse sein, auch — allerdings sehr selten — durch eine Lösung des Verbundes infolge Streckens oder Gleitens der Eisen, endlich durch zu starke Schwindung und durch ungleichmäßige Krafteinleitung hervorgerufen werden. Zugrisse treten auf als Biegungsrisse in Plattenunterkante und nahe Plattenmitte parallel zu den Balken, also senkrecht zur Plattenbewehrung, sowie in der Untergurtzone der Balken, unter Umständen auch über der Rippe, also im Zug- (Ober-) gurte der durchgehend durchgeführten Platte. Druckrisse sind verhältnismäßig selten und nur in den Druckgurten der Balken und im unteren Anschlusse der Schrägen an ihrer Einbindefläche zu erwarten; sie sind fast stets als Ausfluß gefahrdrohender Formänderungen und unzulässig hoher Spannungen einzuschätzen. Schubrisse zeigen sich bei schlechter Bewehrung zwischen Rippe und Platte und mangelhaftem Anschlusse dieser nahe den Rippenaußenflächen, und zwar in wagerechter Richtung zwischen Platte und Rippe, in senkrechter am Plattenanschlusse, ferner in den Rippenaußenflächen, unter 45° gerichtet, als schiefe Zugrisse. Letztere sind besonders stark in der Nähe der Nullinie, nehmen hier auch bei zunehmender Belastung verhältnismäßig stark zu, und verschmälern sich erheblich nach den Gurten hin. Gleitrisse sind im allgemeinen als einzelne kürzere oder längere, der Balkenachse parallellaufende Risse in der Unterfläche und den Seitenflächen der Balken zu erkennen, während Risse aus einer ungleichmäßigen

---

[1] In der oben genannten Abbildung sind die auftretenden Hauptspannungen und Nebenspannungen an im ganzen 7 Punkten dargestellt. In Punkt 1, über dem Kreuzungspunkte des Haupt- und Nebenträgers, treten in den beiden Rippen Druckspannungen auf, von denen die im Hauptunterzug als Hauptspannung aufgefaßt ist. Zudem sind aber auch hier die Platten nach beiden Richtungen hin eingespannt, erfahren also hier zusätzliche Zugspannungen in beiden Richtungen. Punkt 2 über der Mitte des Hauptträgers erleidet Hauptdruck und — aus der Platte — Zugspannungen, Punkt 3 am Rande der Platte wird ähnlich beansprucht, Punkt 4 in der Mitte der Platte und außerhalb der Gurte gelegen, wird von beiden Richtungen aus gedrückt, Punkt 5 ist ähnlich wie Punkt 3 belastet, Punkt 6, beiden Gurten angehörend, in beiden Richtungen gedrückt und gezogen; das gleiche gilt endlich von Punkt 7.

Eisenlage — namentlich in den Platten und bei Fehlen von Verteilungseisen — sich als Risse parallel zu den Haupteisen der Platten äußern; hierher gehören auch die Bügelrisse, die sich bei mangelhaftem Anliegen der Bügel an der Bewehrung, durch Trennung dieser beiden Eisen usw. kennzeichnen. Schwindrisse endlich sind ihrer Art und ihrem Verlaufe nach Zugrisse und oft von großer Ausdehnung; alsdann deuten sie oft auf den Mangel an Trennungsfugen hin und sind nur durch Anordnung solcher in entsprechenden Abständen zu beheben.

Sehr häufig geht der Ausbildung von Rissen das Entstehen von **Wasserflecken** als Vorbote voraus. Diese Erscheinung scheint sich nur bei feucht gelagerten Balken einzustellen, wenigstens haben die Versuche des österreichischen Eisenbetonausschusses[1]) mit trocken gelagerten Balken derartige Flecke nicht festgestellt[2]). Die Wasserflecke sind nur als Anzeichen demnächst beginnender Rißbildung, also nicht als deren Anfangszustand, anzusprechen. Das ergibt sich u. a. aus Versuchen von Probst und Bach, die zeigen, daß die Dehnung des Betons beim Auftreten der Wasserflecke eine erheblich geringere ist als später bei der ersten feinen Rißbildung (z. B. 0,08 mm gegenüber 0,125 mm).

Versuche mit bewehrten Balken im Vergleich zu unbewehrten lassen deutlich erkennen, daß — wie selbstverständlich — die Risse in letzteren erheblich früher auftreten als bei Verbundbalken. Wie Probst[3]) nachweist, besteht aber hier nur scheinbar eine größere Dehnungsfähigkeit der Verbundbalken, da durch das Eisen nur die jeweilig schwächste Stelle entlastet und nur die Dehnungsverteilung über den ganzen Eisenbetonkörper geändert wird. Das bedingt weiterhin im Vergleiche zu einem unbewehrten Balken größere Sicherheit gegenüber dem Auftreten der Risse. Die Rißbelastung kann zudem erhöht werden, wenn der Beton während der Erhärtung sehr naß gehalten wird und wenn die Bewehrungseisen so verteilt werden, daß alle Eisen gleichmäßig zur Wirkung gelangen. Je besser diese Verteilung ist, um so mehr Wasserflecke bilden sich aus, um so günstiger wird auch die Rißbildung beeinflußt.

Für die Rißbildung und ihren Beginn sind auch die durch die Art der Lagerung bedingten Eigenspannungen, daneben die Dauer

---

[1]) Vgl. Heft 2, 1912, S. 44 der Veröffentl. des Eisenbetonausschusses des österreich. Ing.- u. Arch.-Vereins.

[2]) Über Wasserflecke usw. vgl. u. a.: Probst, Dinglers polytechn. Journal 1907, Heft 22, sowie die Ausführungen von Probst in seinem Werk: Vorlesungen über Eisenbetonbau Bd. 1 (Berlin: Jul. Springer 1917), S. 154 ff. (2. Aufl. 1923.) Bach, Mitteil. über Forschungsarbeiten, herausgeg. vom Verein deutscher Ing. Heft 39, 1907 und Heft 45—47, 1907; sowie die Balkenversuche des Deutschen Ausschusses für Eisenbeton, Heft 10, 12, 19, 20 u. 24, vgl. auch die Ausführungen auf S. 115.

[3]) Vgl. Dinglers polytechn. Journal 1907, Heft 22 und E. Probst: Vorlesungen über Eisenbeton Bd. I, S. 155. (2. Aufl. 1923.)

der Lagerung von entscheidender Bedeutung. So ergeben sich beispielsweise bei Luftlagerung des Verbundbalkens, wegen der hierbei im Beton sich bereits ausbildenden Zugeigenspannungen, die Risse frühzeitiger als bei Wasserlagerung, und zudem um so eher, je höher der Wasserzusatz zum Beton gewesen ist. Das erklärt sich daraus, daß der hohe Wassergehalt ein stärkeres Schwinden bei der Erhärtung und Trocknung des Eisenbetons zur Folge hat, und durch den Schwindvorgang weitere Zugeigenspannungen im Beton des Verbundes bedingt werden. Ferner wirkt allgemein auf eine Herausschiebung der ersten Risse das Alter der Balken und das fettere Mischungsverhältnis des Betons[1]) ein.

Nimmt die Rißbildung in der Zugzone sehr stark zu, so ist anzunehmen, daß entweder ein Gleiten der Eisen im Beton eingetreten ist oder die Streckgrenze der Eisen überschritten wurde.

Die Brucherscheinungen bei auf Biegung belasteten Balken können sehr verschieden sein, je nach der Art und Stärke ihrer Bewehrung. Bei Balken mit der meist üblichen Zugbewehrung von 0,8—1,3 vH, wird in der Regel der Bruchzustand durch Überschreiten der Streckgrenze der Zugeisen eingeleitet, da nach Eintritt der ersten Risse die Beanspruchung der Eisen schnell und stark zunimmt. Der sich in der Zugzone bildende Riß reißt unter Verschiebung der Nullinie nach oben bis zur Druckzone bzw. bis in diese hinein durch. Diese — nunmehr verringert — vermag den auf sie ausgeübten Druck nicht mehr auszuhalten und gelangt ihrerseits unter Bildung muschelförmiger Ausbrüche durch Zerdrücken selbst zum Bruche. Nur bei sehr geringer Balkenhöhe kann von vornherein ein Durchreißen durch die ganze Druckzone, eine vollkommene Trennung der Querschnitte und eine starke Durchbiegung eintreten.

Verhältnismäßig selten ist die Überwindung der Druckfestigkeit — also die Zerstörung des Druckgurtes — die erste Ursache zum Bruche; alsdann muß mit hoher Eisenbewehrung ($>$ 1,4 vH) ein verhältnismäßig wenig widerstandsfähiger Beton sich vereinigen. Hier gehen die Risse nicht bis zum Zuggurte durch. Zwischen den schalenförmig abplatzenden Teilen des Druckgurtes und der Zugzone verbleibt noch unversehrter Beton.

Bei Ausbildung des Bruches infolge Gleitens der Eisen entsteht — wegen Aufhebung der gesamten Verbundwirkung — eine sehr viel stärkere und schneller sich ausbildende, plötzlich eintretende

---

[1]) Beispielsweise zeigten sich in bezug auf die Einwirkung des Alters bei Verbundbalken von einem Erhärtungsalter von 28 Tagen, 45 Tagen und 6 Monaten die ersten Rißlasten bei einer Belastung von $P = 5{,}4$, $5{,}7$ und $7{,}2\ t$, während — Beispiel für den Einfluß der Betonmischung — bei Mischungen von 1 Zement : 3 Sand : 4 Kies bzw. 1 : 2 : 3 und 1 : 1,5 : 2 Rißlasten sich ausbildeten von: 4,5, 5,7 und 7,8 t.

Brucherscheinung. Hier reißt der Beton vom Zuggurte bis zur Balkenoberkante durch Bildung von in der Regel wenig weit verzweigten Rissen vollkommen durch; ein Ausplatzen schalenförmiger Bruchstücke in der Druckzone findet nicht statt, sondern vielmehr ein Zusammenknicken des ganzen Balkens an der Rißstelle. Bei geringer Betonüberdeckung der Eisen zeigen sich zudem nicht selten Längsrisse an der Unterkante oder an den Seitenflächen der Rippen.

Wird der Bruch durch Überwindung der Schubfestigkeit herbeigeführt, so bilden sich die schon mehrfach erwähnten, unter einem Winkel von 45° geneigten, schiefen Zugrisse nahe dem Auflager aus, und zwar meist in Verbindung mit Gleitrissen, da eine gefährliche Schubspannung auch hohe Haftspannungen im Gefolge hat. Bemerkenswert ist, daß die stärksten schiefen Schubrisse nicht unmittelbar am Auflager, wie aus der Größe der Querkraft zu erwarten stände, sondern etwa in Entfernung von einem Fünftel der Stützweite

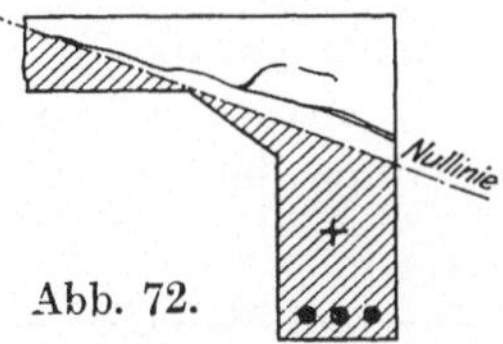

Abb. 72.

auftreten. Daß endlich eine mangelnde Schubbewehrung zwischen Rippe und Platte durch Abschieben der Platte über der Rippe zu einem Bruche führen kann, wurde schon auf S. 200 hervorgehoben.

Liegt ein einseitiger Plattenbalken (nach Art eines ˥) vor, der für sich frei und unabhängig seine Form ändern kann, also nicht der Randbalken einer zusammenhängenden Verbunddecke ist, so tritt bei reiner Biegungsbelastung des unsymmetrischen Querschnittes[1] (Abb. 72), wie Versuche von Bach erkennen lassen[2], ein schiefer Bruch nach der Nullinie, also nach der Seite ein, an der die Druckzone fehlt.

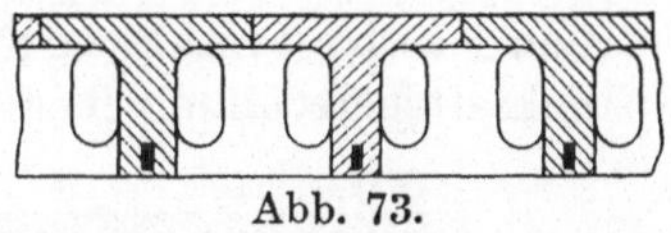
Abb. 73.

In welcher Weise man, um allen diesen schädlichen Wirkungen entgegenzutreten und sowohl gegenüber den verbiegenden Kräften wie gegenüber der Schubwirkung stets ausreichende Sicherheit zu haben, die Eisenbewehrung den Momenten und der Querkraftwirkung anpassen muß, wird in den nachfolgenden Abschnitten und den in ihnen behandelten Zahlenbeispielen ausführlich dargelegt werden.

Als Konstruktionselement, wenn auch nicht selten wenig gut ausgenutzt, findet der Plattenbalken bei sehr vielen einfachen Deckenbauten Anwendung, sei es als fertig in den Bau gebrachter Teil (Abb. 73 und 74), sei es als ⊤-förmige Rippe, die zwischen verschieden gestaltete

---

[1] Hierbei bildet also der ˥-Balken einen Träger, bei dem die Schnittlinie der Biegungsebene nicht Symmetrielinie ist.

[2] Vgl. Mitteil. über Forscherarbeiten, herausgeg. vom Verein deutscher Ing. Heft 122/123.

Hohlkörper, die meist nur als Füllstoff dienen, einbetoniert wird und mit ihnen gemeinsam die bereits auf S. 115 erwähnte **Rippenbalken-**

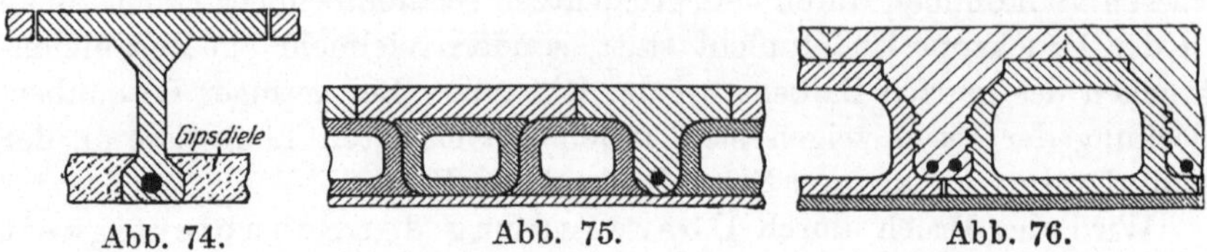

Abb. 74.   Abb. 75.   Abb. 76.

decke (Abb. 75—77) bildet. In der Regel sind hier beide Balkengurte — einer einfachen Schalung und Ausführung Rechnung tragend — einander parallel[1]).

Besondere Formen einfacher, rechteckiger Balken hat die Anwendung der Verbundbauweise im Brückenbau bedingt. Hier gilt es, in weit höherem Maße wie im Hochbau, in wirtschaftlichem Sinne den Biegungsmomenten sich anzupassen und demgemäß die Höhe der Träger diesen entsprechend zu wählen. Alsdann entstehen Balken mit nach ihrer Mitte zunehmender Höhenentwicklung, entweder mit wagerechtem Ober- und nach unten durchhängendem Untergurte oder Träger der umgekehrten Anordnung, beispielsweise Fischbauch- (Möller-) träger bzw. Halbparallelträger (Abb. 78 u. 79),

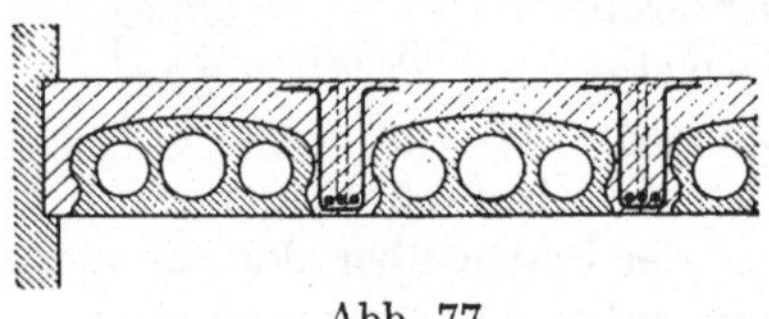

Abb. 77.

Von Fachwerksträgern in Verbundkonstruktion, deren Spannkraftsberechnung genau wie bei den Eisenbauten zu erfolgen hat,

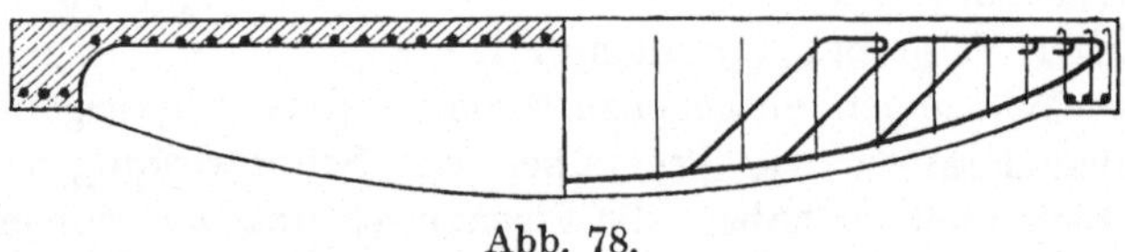

Abb. 78.

sind neben reinen Dreiecksystemen — namentlich Parallel- (Visintini-) Trägern (Abb. 80a) — reine Ständerfachwerke — Vierendeel-Träger (Abb. 80b) hervorhebenswert. Bei ihrer konstruktiven Durchbildung

---

[1]) Abb. 73 stellt die bekannte Form der Zementdielen mit Eiseneinlagen dar, die, wie die Schraffur der Abb. erkennen läßt, auf dem Grundzuge des Plattenbalkens bezügl. ihrer Tragfähigkeit beruhen; Fig. 74 zeigt eine **T**-förmige Decke, bei der der untere wagerechte Abschluß durch eine eingeschobene, nicht tragfähige Gipsplatte od. dgl. bewirkt werden kann, während in den Abb. 75, 76 und 77 Rippenbalkendecken mit verschiedensten Füllkörpern wiedergegeben sind, bei denen die tragenden Plattenbalken zwischen die Füllkörper einbetoniert werden.

ist darauf zu achten, daß auch die nur auf Druck belasteten Fachwerkstäbe eine Bewehrung erhalten, einmal, um ein einheitliches, in sich ge-

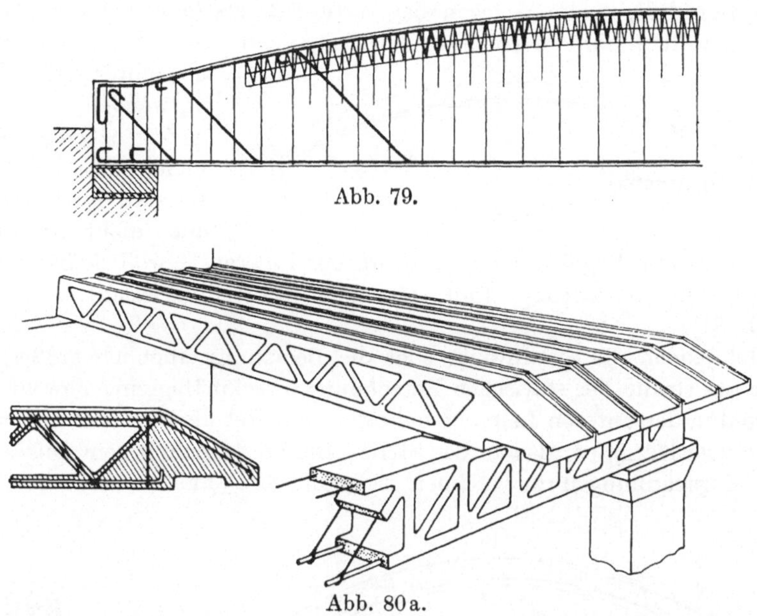

Abb. 79.

Abb. 80a.

schlossenes Bewehrungsnetz über die ganzen Träger zu erstrecken und der Unsicherheit nur aus Beton gebildeter Stäbe vorzubeugen, und zum anderen, um unter Umständen namentlich die gedrückten Obergurte zu befähigen, durch zwischen ihren

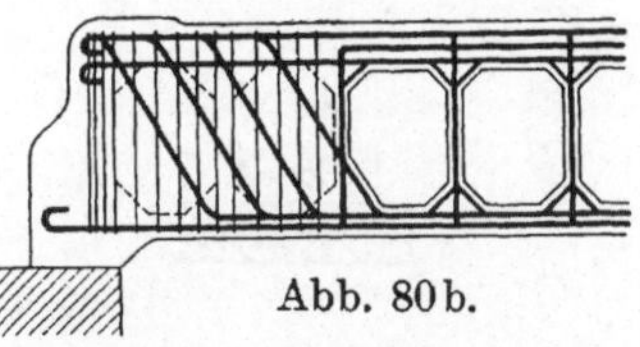

Abb. 80b.

Knotenpunkten einwirkende Lasten hervorgerufene zusätzliche Biegungsbelastungen einwandfrei zu übertragen. Alsdann liegt die Bewehrung zweckmäßig nahe der Unterkante der Obergurtstäbe.

10. Das Verbund-Tonnengewölbe.

Abgesehen von der Anwendung großer Gewölbe im Brückenbau spielt das Tonnen-Verbundgewölbe mit rechteckigem Querschnitte als Konstruktionselement — namentlich im Hochbau — eine im Vergleiche zur Platte und zum Balken untergeordnete Rolle. Das hat seinen Grund darin, daß für die meisten Hochbauwerke, namentlich im Industriebau, der ebenen Decke, wegen ihrer geringen Konstruktionshöhe, der Fernhaltung schief wirkender Auflagerkräfte und ihrer besseren Ausnutzungs-

fähigkeit, mit Recht der Vorzug gebührt, daß ferner auch die Schalungs-
und Herstellungskosten sich niedriger stellen, die Bauzeit abgekürzt
wird, also auch wirtschaftliche Gesichtspunkte die ebene Abschlußkon-
struktion der gewölbten gegenüber vorteilhaft erscheinen lassen. Wird
das Gewölbe, ohne besondere Belastung, nur als Verkleidung oder
gewölbter Abschluß
verwendet bzw. bei
geringer Spannweite
nicht stark belastet,
so wird es — wenn
auch nicht einwand-

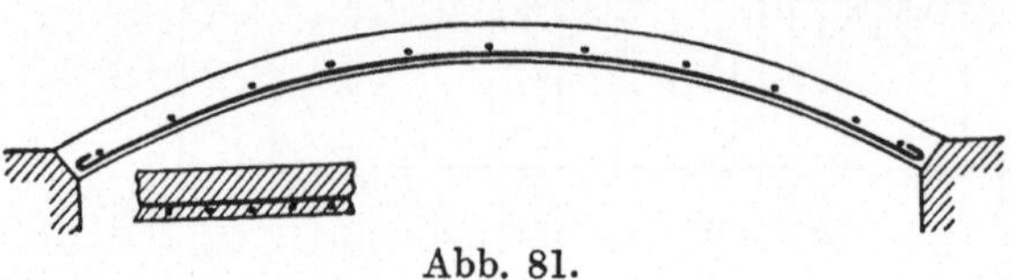

Abb. 81.

frei — in der Regel mit einer nur an der inneren Gewölbeleibung angeordneten Bewehrung (mit einzelnen Verteilungseisen) versehen
(Abb. 81).

Ist jedoch die Spannweite oder die Belastung erheblich größer, so
tritt auf Grund der statischen Berechnung zweckmäßig eine Bewehrung
sowohl in der unteren Leibung, nahe dem Scheitel, als auch in der oberen,
nahe dem Kämpfer, also an den Stellen ein, an denen mit dem Auftreten
von Zugspannungen zu rechnen ist (Abb. 82). Falls es bei dem je

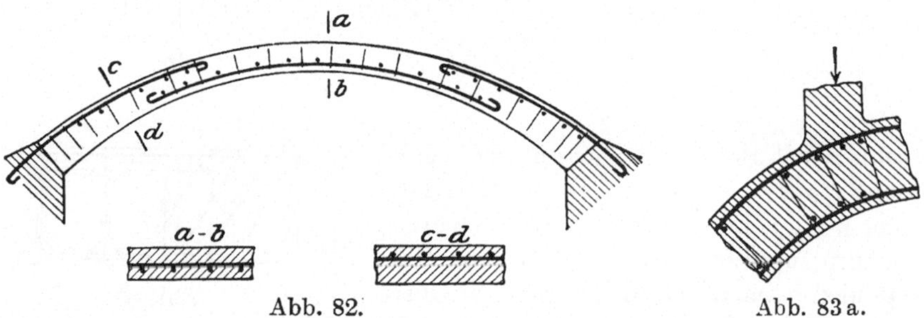

Abb. 82.   Abb. 83 a.

vorliegenden Falle als erwünscht oder erforderlich erachtet wird, auch
die Druckzone zu bewehren, gehen die Eiseneinlagen an beiden Gewölbeleibungen meist vollkommen durch (Abb. 83 a). Sie sind bei einem eingespannten Bogen fest im Kämpfer verankert, bei einem Dreigelenkgewölbe nahe den Gelenken im Beton mittels Umbiegung festgelegt. Bei
durchgehender Bewehrung in beiden Gewölbeleibungen werden besonders kräftige Eisen an den aus Abb. 82 ersichtlichen Bewehrungs-
stellen eingefügt, oft auch die Zugeinlage in der inneren Gewölbeleibung
durch Abbiegen unmittelbar in die obere geführt. Der Stoß der Eisen,
mit ausreichender Überdeckung und kräftiger Hakenausbildung zu
bewirken, ist in den einzelnen Querschnitten zu versetzen und, wenn
möglich, nicht nahe der $\frac{l}{5}$ Fuge beim eingespannten, der $\frac{l}{4}$ Fuge beim

Dreigelenkgewölbe zu legen, da gerade hier die höchsten Beanspruchungen, entsprechend der stärksten Stützlinienabweichung, auftreten. Neben den Hauptbewehrungseisen sind in allen diesen Fällen — und zwar nach dem Gewölbeinnern zu — Verteilungseisen in etwa 25 bis 40 cm gegenseitigem Abstande, aus dünnen Rundeisen gebildet, zu verwenden; dort, wo Einzellasten auf das Gewölbe übergeführt werden (Abb. 83a), sind diese Verteilungseisen enger und in dem Bereich der Bewehrung unmittelbar unter der Einzellast anzuordnen. Zudem sind auch bei Gewölben, gleichwie bei den Balken, Bügel notwendig, welche entweder ein einfaches Eisen umfassen und in dem gegenüberliegenden Beton

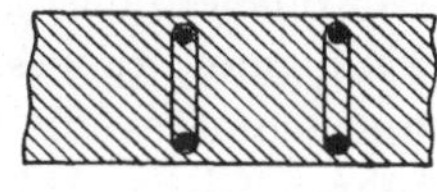

Abb. 83 b.

verankert sind, oder beide Eiseneinlagen (Abb. 83b) schleifenartig umgreifen. Durch die Eiseneinlage ist es selbstverständlich möglich, die Stärke der Gewölbe gegenüber dem reinen Betonbau sehr erheblich zu verringern, da jetzt die in den Querschnitten auftretenden Zugspannungen durch Eisen aufgenommen werden, die Querschnitte also geringere Höhe erhalten können, und nicht mehr die Forderung zu stellen ist, daß die Stützlinien im mittleren Gewölbedrittel zu verbleiben haben.

Neben einer gleichmäßigen Bewehrung mit Rundeisen kommt bei Gewölben mit rechteckigem Querschnitte auch eine Vereinigung der Eisen

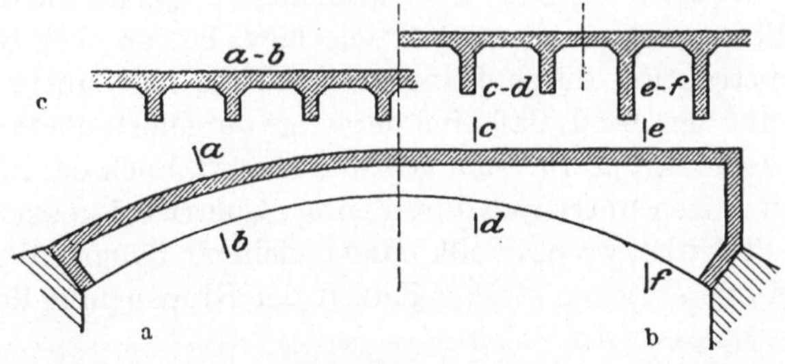

Abb. 84 a—d.

in einzelnen, weiter voneinander entfernten Querschnitten und in Form weniger starker Profile in ⊥- oder I-Form bzw. beim Brückenbau in Form eines genieteten Blech- bzw. Gitterbogens vor (Bauart Melan). Hier liegen in der Regel die einzelnen Bewehrungseisen, je nach der Größe des Gewölbes und ihrer Stärke, in Abständen von 0,5—1,25 m und dienen, da sie für sich selbst tragfähig sind, meist dazu, die Schalung für den zwischen die Eisen einzubringenden Beton ganz oder teilweise zu tragen.

Auch die Form des Plattenbalkens hat im Gewölbebau Eingang gefunden; hier kann entweder (Abb. 84a) die Platte der oberen Gewölbeleibung folgen, also selbst nach einer Kurve verlaufen, oder bei allerdings nach dem Kämpfer alsdann sehr stark zunehmender Rippenhöhe wagerecht geführt sein (Abb. 84b)[1]. Will man beim eingespannten Gewölbe — also namentlich im Brückenbau — dem Umstande Rechnung tragen, daß die Biegungsmomente nahe dem Scheitel positiv, nahe dem Kämpfer negativ sind, Druckspannungen also einmal in der oberen Gewölbeleibung, zum anderen an der Gewölbeunterkante auftreten, so kann man, zu besserer wirtschaftlicher Ausnutzung des Plattenbalkenquerschnittes, die Platte vom Scheitel oben nach den Kämpfern unten führen (siehe Abb. 85).

Sowohl bei den Anordnungen der Abb. 84 als auch 85 sind naturgemäß die Bewehrungen der Rippen entsprechend den Ergebnissen der statischen Berechnung, ebenso die der als eingespannt zu betrachten-

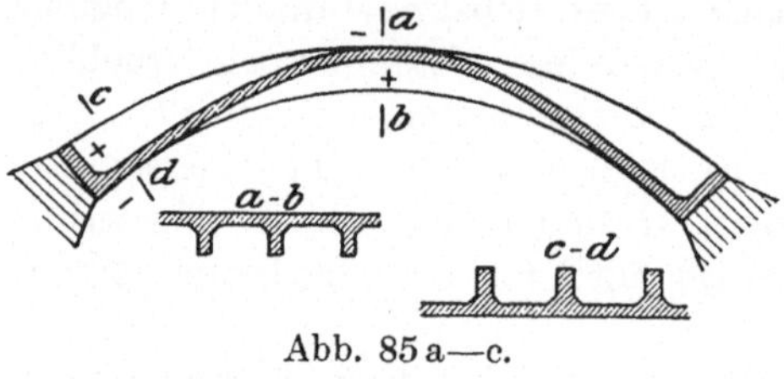

Abb. 85 a—c.

den Platte zu wählen. Glaubt man auf die für die Querversteifung des Gesamtgewölbes und eine gleichmäßige Belastung der einzelnen Rippen sehr wertvolle durchgehende Platte verzichten zu können, so entstehen Gewölbebauten, eisernen Bogenbrücken nachgebildet, welche nur noch durch einzelne Verbundrippen rechteckigen oder T-förmigen Querschnittes gebildet sind, auf die mittels einzelner Stützen, bzw. bei an den Bogen angehängter Konstruktion durch Hängestangen, die Last übertragen wird.

Es liegt auf der Hand, daß eine derartige aufgelöste Bauart, wenn bei ihr jede einzelne Rippe für sich gegründet wird, auch dann, wenn man die einzelnen Bögen unter sich durch einige Querriegel konstruktiv faßt, nur dort am Platze ist, wo ein vollkommen sicherer Baugrund zu erwarten steht und ein verschieden starkes Setzen der Rippen und ihrer Fundamente ausgeschlossen ist.

Endlich sei erwähnt, daß neue große Betongewölbe, deren Querschnitt so bestimmt ist, daß sie keinerlei Zugspannung erhalten, trotz dessen an der inneren und äußeren Leibung mit einer vollkommen durchgehenden Bewehrung versehen worden sind, um etwaige durch eine nicht vorhergesehene Störung des normalen Zustandes im Gewölbe auftretende Zugspannungen einwandfrei aufnehmen zu können.

Wegen weiterer Einzelheiten der Ausbildung und Zusammenfassung der Verbundgewölbe im Brückenbau muß auf die dieses Gebiet behandelnden Sonderwerke verwiesen werden.

---

[1] Hierbei kann es fraglich sein, ob das Gewölbe nicht unter Umständen besser als ein eingespannter Balken anzusprechen ist.

Drittes Kapitel.
Die Ermittlung der inneren Spannungen.
Einheitliche Bezeichnungen im Eisenbetonbau.
(Vgl. Abb. 86a—c.)

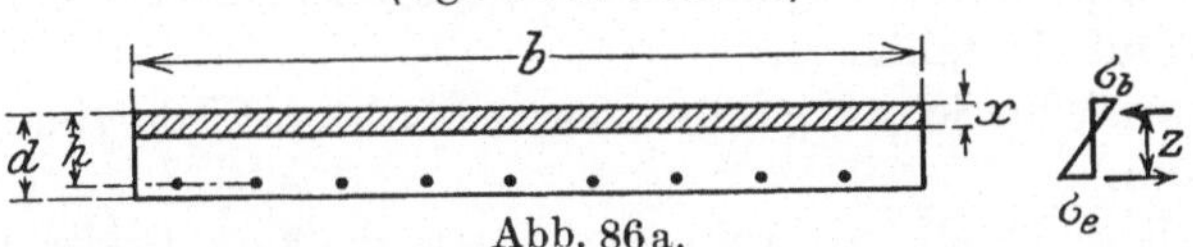

Abb. 86a.

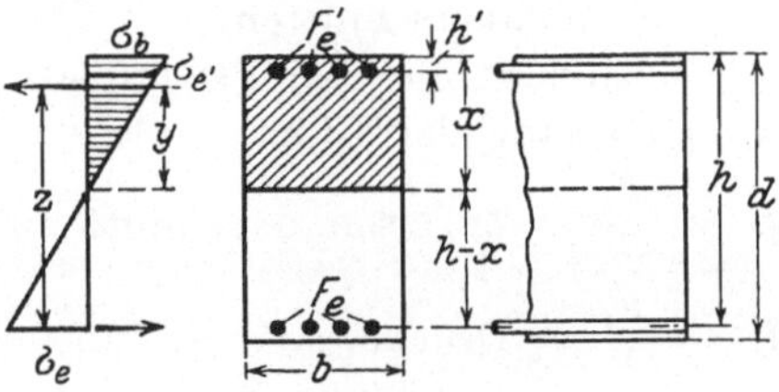

x = Abstand der Nullinie vom gedrückten Rand.

y = Abstand des Druckmittelpunktes von der Nullinie.[1])

z = Abstand des Druckmittelpunktes vom Zugmittelpunkt.

F_b = Betonquerschnitt ohne Abzug der Eiseneinlagen, geometrischer Querschnitt.

F_e = Gesamtquerschnitt der Eisen eines Druckgliedes, insbesondere der Längseisen mittig belasteter Säulen.

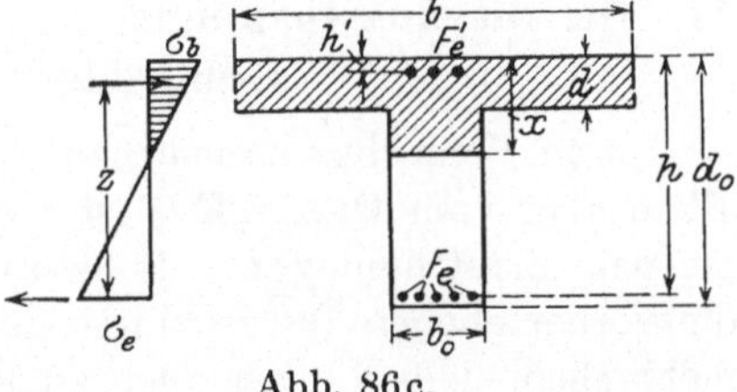

Abb. 86b.

Abb. 86c.

F_k = Querschnitt des umschnürten Betonkerns bei umschnürten Säulen.

F_s = Querschnitt der in Längseisen umgewandelten Umschnürung.

E_b = Elastizitätsmaß des Betons.

E_e = Elastizitätsmaß des Eisens.

$n = \dfrac{E_e}{E_b}$ = Verhältnis der beiden Elastizitätsmaße.

F_e = Querschnitt der Zugeisen bei Biegung.

F_e' = Querschnitt der Druckeisen bei Biegung.

σ_b = Druckspannung des Betons bei Biegung und in Säulen.

σ_e = Zugspannung des Eisens bei Biegung ⎫ Zustand II b (Ausschluß

σ_e' = Druckspannung des Eisens bei Biegung ⎭ der Betonzugspannungen).

σ_{bz} = Zugspannung des Betons ⎫

σ_{bd} = Druckspannung des Betons ⎪ im Zustand I (Mitwirkung der

σ_{ez} = Zugspannung des Eisens ⎪ Betonzugspannung).

σ_{ed} = Druckspannung des Eisens. ⎭

---

[1]) In den nachfolgenden Berechnungen nicht verwendet; hier sind mit y' und y die Abstände der Nullinie von den Eiseneinlagen bezeichnet.

τ_0 = Schubspannung des Betons im Zustand II b.

τ_1 = Haftspannung des Betons am Eisen.

d = Gesamthöhe bei Rechteckbalken und Platten.

d_o = Gesamthöhe bei Plattenbalken.

h = Abstand des Schwerpunktes der gezogenen Eisen von gedrücktem Rand, Nutzhöhe.

h' = Abstand des Schwerpunktes der gedrückten Eisen vom gedrückten Rand.

b = nutzbare Druckgurtbreite bei Plattenbalken, Breite von Rechteckquerschnitten.

b_o = Rippenbreite bei Plattenbalken.

u = Umfang der Eisen.

$$f_e = \frac{F_e}{b} = \text{Zugeisenquerschnitt auf die Breiteneinheit.}$$

$$f_e' = \frac{F_e'}{b} = \text{Druckeisenquerschnitt auf die Breiteneinheit.}$$

11. Die Biegungsspannungen in dem auf reine Biegung belasteten rechteckigen Querschnitte.

Durch Versuche, namentlich von Schüle, Probst, Müller, vor allem aber vom D. A. f. E.[1]) ist zwar der Beweis erbracht, daß — wie bei dem nicht homogenen Baustoffe „Eisenbeton“ zu erwarten steht — die vorher ebenen Querschnitte der Verbundbalken bei Biegung nicht mehr eben bleiben, aber auch zugleich gezeigt, daß innerhalb der bei Eisenbetonbauten vorkommenden Spannungsgrenzen die Abweichung keine sehr erhebliche ist, so daß für praktische Fälle damit gerechnet werden kann, daß die Querschnitte auch bei der Biegung eben verbleiben.

Mit dem Ebenbleiben der Querschnitte bleiben zugleich die Längenänderungen der einzelnen Balkenfasern proportional ihrem Abstande zur Nullinie, und bei konstanter Elastizitätszahl verlaufen alsdann die Spannungen nach einer geraden Linie, welche den Querschnitt in der Nullinie schneidet. Da aber, wie bereits in Abschnitt 3 ausführlich

---

[1]) Vgl. Schüle, Mitteilungen aus der Material-Prüfungsanstalt Zürich 1906, Heft 10 und 1907, Heft 12. E. Probst, Mitteilungen aus dem Material-Prüfungsamt Groß-Lichterfelde W. Ergänzungsheft I, 1907 (Dr.-Diss.). Probst, Vorlesungen über Eisenbeton 1. Aufl., Bd. I, S. 253 ff. (2. Aufl. 1923.) (Versuche in Dresden ausgeführt.) R. Müller, Neue Versuche mit Eisenbetonbalken über die Lage und das Wandern der Nullinie und die Verbiegung. Herausgeg. von R. Wolle, Leipzig. (Verlag Ernst & Sohn, Berlin.) Vgl. weiter: Mitteilungen über Forschungsarbeiten Heft 45—47 und die Ausführungen bei Mörsch, 6. Aufl. Bd. I, S. 255 ff.

behandelt wurde, bei Beton das Dehnungsmaß eine, u. a. namentlich von der Spannung, dem Alter usw. abhängige Größe, auch für Druck- und Zugbelastung verschieden hoch ist, so werden mithin im Beton- und Verbundquerschnitte die Spannungen im allgemeinen nicht nach einer, zum mindesten nicht nach einer einzigen Geraden verlaufen. Da der Spannungsverlauf aber von einer größeren Anzahl von Einflüssen bedingt ist, sich auch vom Beginn der Biegung an mit deren vergrößerter Wirkung stets ändert, auch von dem jeweilig vorliegenden Baustoff, seinem Alter usw. abhängt, so läßt sich keine allgemein gültige Kurvenform für das Spannungsdiagramm von vornherein als wahrscheinlich festlegen. Bei der Spannungsverteilung werden gewöhnlich, je nach dem Eintreten der durch die Stärke der Biegung bedingten Formänderungen, drei Stadien unterschieden. Bei geringer Belastung und Spannungshöhe wird man mit ausschließlich elastischen Formänderungen und einem konstanten E_b sowohl in der Druck- wie in der Zugzone rechnen, also einen geradlinigen Verlauf der Spannungen voraussetzen können — Zustand I. Mit sich vergrößerndem Biegungsmomente werden die Elastizitätszahlen für E_{b_d} und E_{b_3} verschieden werden, an Stelle der geraden Linie treten Kurven, die in der Zugzone steiler verlaufen als in der Druckzone, und solange noch keine Überanstrengung des Betons auf Zug eingetreten ist, also noch keinerlei Risse sich ausgebildet haben, einen ununterbrochenen Verlauf über die ganze Querschnittshöhe erkennen lassen — Zustand IIa. Bei nur wenig weiter zunehmender Belastung beginnt die Rißbildung im Zuggurt. Die Betonzugzone wird zunächst nur zu einem kleinen Teil, weiterhin in verstärktem Maße von der Zugübertragung ausgeschaltet, und das Eisen übernimmt immer mehr und mehr die Gesamtzugkraft — Zustand IIb. Da in der Regel bei der statischen Berechnung die Zugwirkung des Betons außer acht gelassen, also angenommen wird, daß das Eisen allein die gesamten Zugspannungen

im Querschnitte aufnimmt, so ist der Zustand IIb (oft auch nur mit „II" bezeichnet) für die theoretische Behandlung des Verbundes der wichtigste. Mit der Zunahme des Biegungsmomentes und dem durch sie veränderten Spannungsverlaufe schiebt sich (vgl. Abb. 87) die Nullinie im Querschnitte nach oben. Daß dies tatsächlich eintritt, beweisen u. a. einmal die Ermitt-

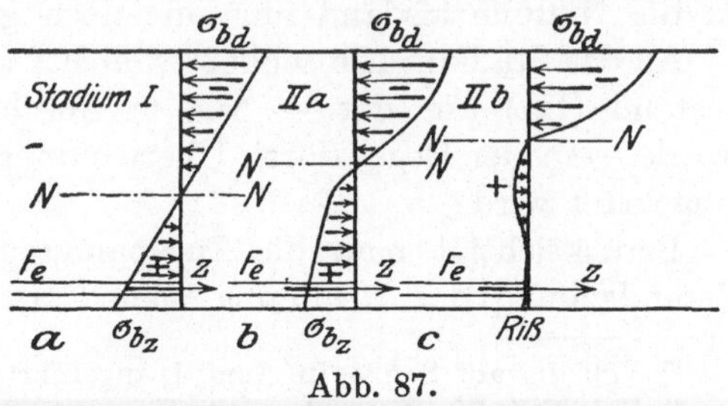

Abb. 87.

lungen von Dr. R. Müller[1]), zum anderen die Untersuchungen von Bach in Heft 38 der Veröffentlichungen des Deutschen Ausschusses[2]). Diese Versuche lassen zunächst erkennen, daß die Nullinie, ermittelt aus den bei der Biegung gemessenen Formänderungen des Balkens, mit zunehmendem Momente steigt und zeigen zudem, daß bis etwa zum Eintritte der ersten Risse — wie das auch zu erwarten steht — die Nullinie unter Einrechnung der alsdann noch wirksamen Zugzone des Betons der aus den beobachteten Formänderungen ermittelten Neutralachse naheliegt, daß sie aber nach Eintritt der Risse in bessere Übereinstimmung

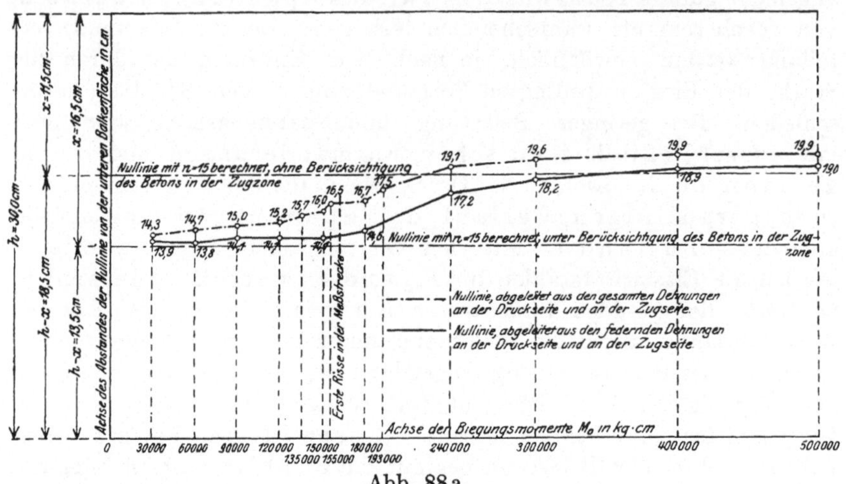

Abb. 88 a.

mit der Nullinie, die ohne Berücksichtigung des Betons in der Zugzone gefunden wurde, kommt. Als Beispiel für den Verlauf der Nullinie seien zwei Diagramme (Abb. 88 a und b) aus den vorgenannten Bachschen Ermittlungen wiedergegeben. Aus ihnen zeigt sich zugleich, wie gleichmäßig die Balken bald nach Eintritt der ersten Risse arbeiten, da die Nullinie alsdann nur eine noch geringe Verschiebung erfährt.

An das Stadium IIb schließt sich bei weiterer Belastung der Bruchzustand (III) an, der — wie in Abschnitt 9 ausführlich dargelegt wurde — in der Regel durch Überwindung der Streckgrenze des Eisens eingeleitet wird.

Berücksichtigt man die Zugspannungen im Beton, so kann zur Vereinfachung der Rechnung nach Vorschlag von Neumann-Brünn

---

[1]) Vgl. die auf S. 224 in Anm. 1 angeführte Arbeit von Dr. R. Müller.

[2]) Vgl. Heft 38, Versuche mit Eisenbetonbalken zur Ermittlung der Beziehungen zwischen Formänderungswinkel und Biegungsmoment, I. Teil. Stuttgarter Versuche 1912—1914. Von C. Bach und O. Graf. Berlin 1917. Vgl. auch Arm. Beton 1918, Heft 7.

mit konstantem und gleichem E_b, also einem Spannungsverlauf nach Abb. 87 a gerechnet werden; nimmt man aber beide Dehnungszahlen verschieden, jede für sich aber als konstant an — Vorschlag von Melan —, setzt also: $E_{b_3} = \mu\, E_{b_d} =$ Festwert, so ergibt sich, je nach der Größe von μ, eine Spannungsverteilung mit Hilfe zweier verschieden geneigter Geraden nach Abb. 89. Bei letzterer Rechnungsart wird häufig der Wert $\mu = 0{,}4$ festgesetzt. Da tatsächlich für die Beanspruchungsgrenzen, innerhalb deren man noch mit Sicherheit ein Eintreten von Rissen nicht zu befürchten braucht, E_{b_3} und E_{b_d} als angenähert gleich angenommen werden können, namentlich für die im Verbundbau üblichen Mischungen (vgl. Abschnitt 3), so wird für solche Rechnungen der Spannungsverteilung nach Abb. 87 a der Vorzug einzuräumen sein. Hierbei ist auch zu berücksichtigen, daß im Laufe der Zeit E_{b_3} erheblicher steigt als E_{b_d}.

Rechnet man mit dem Stadium IIb, also mit bereits außer Wirkung getretener Betonzugzone, so wird bei konstantem E_{b_d} die Spannungsverteilung, wie das schon M. Koenen im Jahre 1886 in seiner grundlegenden, ersten theoretischen Behandlung des Verbundbaus getan hat[1]), einer geraden Linie folgen — Abb. 90. Unter Annahme dieser

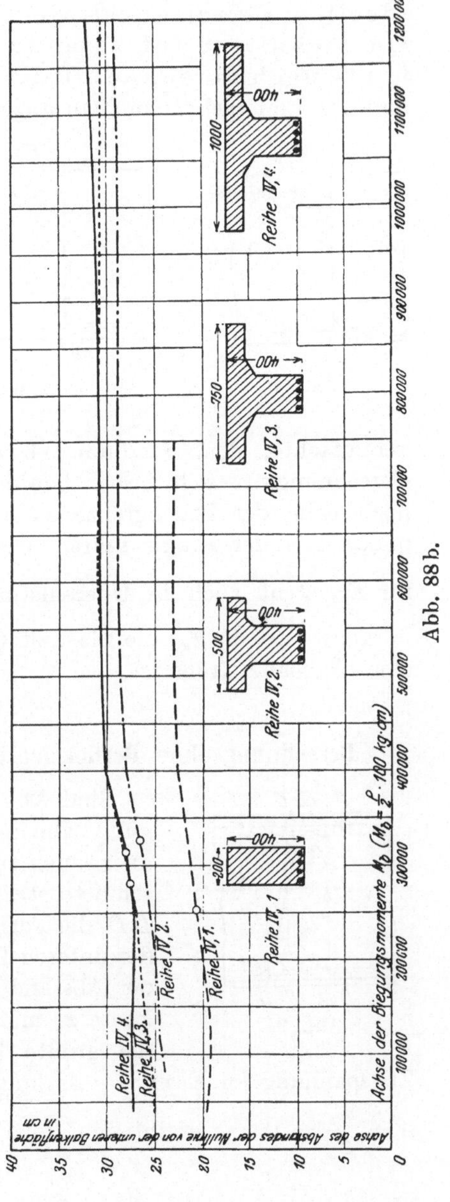

Abb. 88 b.

<hr>

[1]) Vgl. Abschnitt 1 S. 4, und Zentralbl. d. Bauverw. 1886, sowie die Monier-Broschüre: Das System Monier, Eisengerippe mit Zementumhüllung; herausgeg. von G. A. Wayß, Berlin 1887.

ideellen Verteilungslinie werden die in den gebogenen
Querschnitten auftretenden Spannungen mit Recht auch
heute noch berechnet. Dabei darf man allerdings nicht übersehen,
daß das Endergebnis nur ein angenähertes ist, daß es aber auch tatsächlich, wenn man zu
praktisch verwendbaren
Rechnungsmethoden ge-
langen will, nicht mög-
lich ist, alle die ver-
schiedenartigen Einflüsse
zu berücksichtigen, die
tatsächlich auf die Span-
nungsverteilung einwir-
ken, und daß die

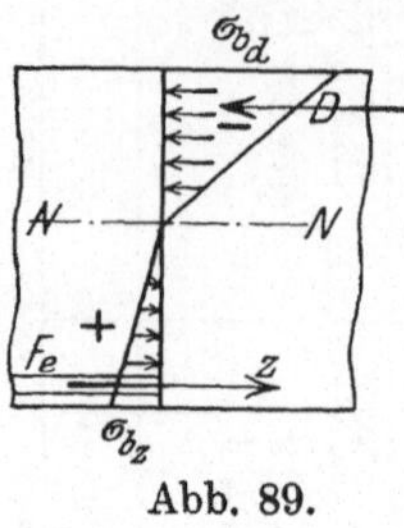

Abb. 89.

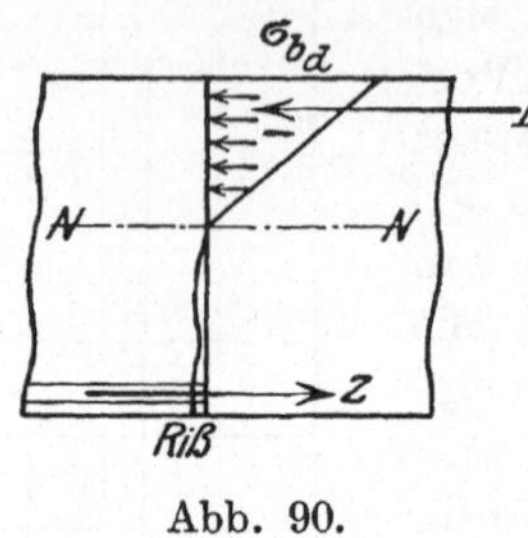

Abb. 90.

vereinfachte, dem Stadium IIb und E_{b_d} = Festwert entsprechende
Berechnungsart sich bisher bewährt hat, wie Versuche zeigen, auch
noch nahe der Bruchgrenze zu durchaus übereinstimmenden Ergebnissen mit der Praxis führt. Die Annahme einer konstanten Größe
für E_{b_d} steht auch in Übereinstimmung mit der Annahme $n = \dfrac{E_e}{E_{b_d}}$
= Konstante, da E_e, die Elastizitätszahl des Flußstahles, ja tatsächlich
eine bleibende Größe ist.

Berechnung ohne Berücksichtigung der Betonzugspannungen.

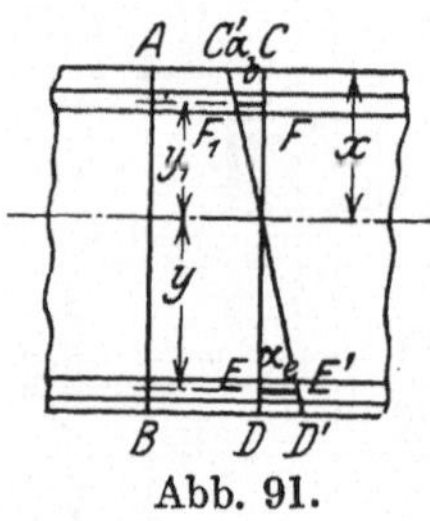

Abb. 91.

Sind Abb. 91 AB und CD zwei vor der Biegung nahe aneinander gelegene, nach der Biegung
aber zueinander geneigt liegende ebene Querschnitte, stellt CC' die Zusammendrückung $= \alpha_b$,
DD' die Formänderung an der Zugseite, EE' die
der unteren Eisenbewehrung dar $= \alpha_e$, ist ferner
der Abstand der Nullinie von der oberen Druckkante x, und von der Schwerachse des Eisens y,
die größte Druckspannung im Beton σ_b, die

Zugspannung im Eisen — als konstant anzunehmen — $= \sigma_e$, weiter
$n = \dfrac{E_e}{E_b} = 15$, so ergibt sich zunächst nach dem Hookschen Gesetze:

$$\alpha_b = \frac{\sigma_b}{E_b} \; ; \qquad \alpha_e = \frac{\sigma_e}{E_e}$$

und aus der Abb. 91

$$\alpha_b : \alpha_e = x : y \; ;$$

hieraus folgt

$$\frac{\alpha_b}{\alpha_e} = \frac{x}{y} = \frac{\sigma_b}{\sigma_e} \cdot \frac{E_e}{E_b} = n \cdot \frac{\sigma_b}{\sigma_e} \tag{6}$$

und somit

$$\sigma_b = \frac{\sigma_e}{n}\,\frac{x}{y} = \frac{1}{15}\,\sigma_e\,\frac{x}{y}\,, \qquad\qquad (7\,a)$$

$$\sigma_e = n\,\sigma_b\,\frac{y}{x} = 15\cdot\sigma_b\,\frac{y}{x}\,, \qquad\qquad (7\,b)$$

das **Hauptgesetz** der auf reine Biegung beanspruchten Verbundquerschnitte. Ist auch in der Druckzone eine obere Bewehrung vorhanden, so wird in gleicher Weise für die hier auftretende Spannung σ_e'

$$\sigma_e' = n\,\sigma_b\,\frac{y'}{x}\,, \qquad\qquad (7\,c)$$

wenn y' den Abstand dieser Bewehrung von der Nullinie darstellt.

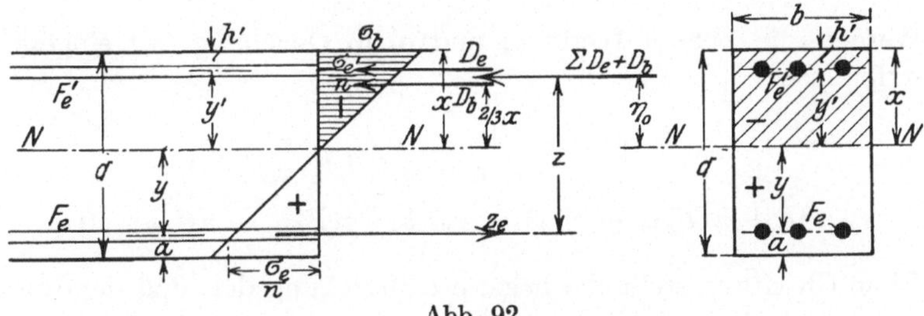

Abb. 92.

Die Biegungsspannung im doppelt und einfach bewehrten Rechtecksquerschnitte.

Die Ermittlung der Spannungen bei doppelter Bewehrung.

Der Querschnitt sei durch ein $+M$ beansprucht, seine Unterseite also gezogen, die Oberseite gedrückt. Die Querschnittsabmessungen und alle wichtigen Bezeichnungen sind aus der Abb. 92 zu entnehmen.

Handelt es sich um eine Prüfung der gewählten Abmessungen, d. h. um Bestimmung der unter der Wirkung des Momentes in dem in allen seinen Teilen gegebenen Querschnitte auftretenden Spannungen, so werden als Unbekannte der Bestimmung harren: die Spannungsgrößen σ_b, $\sigma_e'\,\sigma_e$ und die Größe x zur Bestimmung der Nullinie. Zur Auffindung dieser vier Unbekannten stehen die nachfolgenden vier Beziehungen zur Verfügung:

Aus der Forderung, daß im Gleichgewichtszustande die Summe der inneren Kräfte $= 0$ sein muß, folgt:

a) $\qquad \sum (D_b + D_e) = Z_e = \sigma_b\,\frac{x\,b}{2} + F_e'\,\sigma_e' = F_e\,\sigma_e\,,\quad$ oder

a') $\qquad\qquad \sigma_b\,\frac{x\,b}{2} + F_e'\,\sigma_e' - F_e\,\sigma_e = 0\,.$

Ferner ergibt sich aus der Gleichheit der Momente der inneren und äußeren Kräfte, und zwar in bezug auf die Nullinie als Achse:

b) $\qquad M = D_b \cdot \dfrac{2}{3}\, x + D_e' \cdot y' + Z_e\, y = \sigma_b\, \dfrac{x\, b}{2} \cdot \dfrac{2}{3}\, x + F_e'\, \sigma_e'\, y' + F_e\, \sigma_e\, y \;.$

Endlich liefert das vorstehend entwickelte Hauptgesetz die beiden letzten Beziehungsgleichungen:

c) $\qquad\qquad\qquad\qquad \sigma_e = \sigma_b \cdot n\, \dfrac{y}{x}$

und

d) $\qquad\qquad\qquad\qquad \sigma_e' = \sigma_b\, n \cdot \dfrac{y'}{x} \;.$

Werden die beiden Werte σ_e und σ_e' in Gleichung (a') eingesetzt, so ergibt sich:

e) $\qquad\quad \dfrac{1}{2}\, \sigma_b\, x\, b + F_e'\, \sigma_b\, n\, \dfrac{y'}{x} - F_e\, \sigma_b\, n\, \dfrac{y}{x} = 0 \,,$

f) $\qquad \tfrac{1}{2} x^2 b + n(F_e'\, y' - F_e\, y) = \tfrac{1}{2} x^2 b + n F_e'\, y' - n F_e\, y = 0 \;.$

Diese Gleichung stellt die bekannte Beziehung dar, daß die Summe der statischen Momente der einzelnen wirksamen Flächenteile in bezug auf die Nullinie selbst $= 0$ ist. Der erste Summand ist das statische Moment der gedrückten Betonquerschnittsfläche, der zweite des mit n erweiterten oberen Eisenquerschnittes, also gewissermaßen eines elastisch gleichwertigen, in Beton umgerechneten Querschnittes, und das dritte Glied endlich das Moment der gezogenen Bewehrung bei der gleichen Umwandlung von F_e. Glcichung (f) hätte also auch ohne weitere Rechnung angeschrieben werden können.

Setzt man in (f) für y' und y ihre Werte nach Abbildung 92 ein, also

$$y' = x - h'; \qquad y = h - x$$

(worin h die nutzbare Querschnittshöhe $= d - h'$ ist),

so geht (f) über in:

g) $\qquad\quad \tfrac{1}{2} x^2 b + n F_e'(x - h') - n F_e(h - x) = 0 \;.$

Löst man hieraus x aus, so wird:

$$x = -\frac{n(F_e' + F_e)}{b} + \sqrt{\frac{n^2 (F_e' + F_e)^2}{b^2} + \frac{2\, n}{b} \left[F_e'\, h' + F_e\, h\right]}\,, \qquad (8)$$

eine Gleichung, die die Unbekannte x, mit ihr also die Lage der Nulllinie, liefert.

Setzt man in gleicher Weise die Werte σ_e' und σ_e aus Gleichung (c) und (d) in Gleichung (b) ein, so wird:

$$M = \frac{1}{3} x^2 b \, \sigma_b + F_e' \, \sigma_b \, n \frac{y'^2}{x} + F_e \, \sigma_b \, n \frac{y^2}{x} =$$

$$\frac{\sigma_b}{x}\left(\frac{1}{3} x^3 b + n F_e' y'^2 + n F_e y^2\right) = \frac{\sigma_b}{x} J_{nn} \,. \tag{9}$$

Der Klammerausdruck enthält das Trägheitsmoment des wirksamen Verbundquerschnittes, das Verbundträgheitsmoment, in bezug auf die Nullinie, wobei wiederum die Eisenquerschnitte durch gleich elastische Betonquerschnitte $(n \cdot F_e'$ bzw. $n \cdot F_e)$ ersetzt sind[1]). Hieraus folgt die bekannte Biegungsbeziehung:

$$\sigma_b = \frac{M \cdot x}{J_{nn}} \,. \tag{10}$$

Verbindet man die Beziehung, die sich aus der Gleichheit der statischen Momente der Druck- und Zugflächen, bezogen auf die Nullinie, ergibt:

$$\frac{b \, x^2}{2} + n F_e' (x - h') = n F_e (h - x)$$

mit dem Ausdrucke für das Trägheitsmoment:

$$J_{nn} = \frac{b \, x^3}{3} + n F_e' (x - h')^2 + n F_e (h - x)^2 \,,$$

so ergibt sich eine, für die Zahlenrechnung oft nicht unzweckmäßige Form für J_{nn}.

$$J_{nn} = \frac{b \, x^3}{3} + n F_e' (x - h')^2 + \left[\frac{b \, x^2}{2} + n F_e' (x - h')\right] \cdot (h - x) \,,$$

$$J_{nn} = \frac{b \, x^2}{2}\left(h - \frac{x}{3}\right) + n F_e' (x - h')(h - h') \,. \tag{9'}$$

Ist σ_b gefunden, so sind, da auch alle x- und y-Werte bekannt sind, die Eisenspannungen σ_e' und σ_e aus den beiden Grundgleichungen (c) und (d) abzuleiten:

$$\sigma_e' = \sigma_b \cdot n \frac{y'}{x} = n \cdot \frac{M \, y'}{J_{nn}} \,, \tag{11}$$

$$\sigma_e = \sigma_b \, n \frac{y}{x} = n \frac{M \, y}{J_{nn}} \,. \tag{12}$$

---

[1]) Hierbei sind allerdings die Trägheitsmomente der Eiseneinlagen auf ihre eigene Schwerachse nicht berücksichtigt, da sie vernachlässigbar klein sind in bezug auf den Wert: $n F_e' y'^2$ bzw. $n F_e y^2$.

Bezieht man die Momentengleichung auf die Angriffslinie von Z_e, so erhält man (Abb. 92):

$$M = D_b\left(h - \frac{x}{3}\right) + D_e(h - h') = \sigma_b\,\frac{x\,b}{2}\left(h - \frac{x}{3}\right)$$

$$+ F'_e\,\sigma'_e(h - h') = \sigma_b\,\frac{x\,b}{2}\left(h - \frac{x}{3}\right) + n\,F'_e \cdot \sigma_b\,\frac{x - h'}{x}(h - h').$$

Hieraus folgt ein anderer Ausdruck für σ_b als voranstehend, der — unter Umständen empfehlenswert — die Berechnung von J_{nn} erübrigt, aber alsdann nicht zu benutzen ist, wenn man im Hinblicke auf andere Ermittlungen J_{nn} sowieso bilden muß.

$$\sigma_b = \frac{2\,M \cdot x}{b\,x^2\left(h - \dfrac{x}{3}\right) + 2\,n\,F'_e(x - h')\,(h - h')} \,. \qquad (13)^1)$$

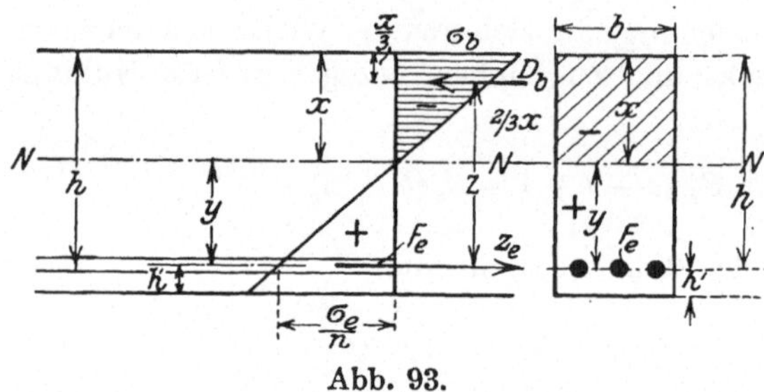

Abb. 93.

Bei den voranstehenden Entwicklungen ist die im allgemeinen geringe Querschnittsverminderung der Betondruckzone durch das hier liegende Eisen nicht in Rechnung gestellt. Will man das tun, so ist daran zu denken, daß an Stelle der Druckeiseneinlage nun nicht mehr der n fache Querschnitt, wenn man das Eisen in Beton umwertet, sondern der $(n-1)$ fache zu setzen ist, also an allen Stellen der vorstehenden Berechnungen, wo es sich um $n \cdot F'_e$ handelt, an seiner Stelle der Wert $(n-1)\,F'_e = 14\,F'_e$ einzuführen wäre. Eine solche genauere Rechnung wird sich jedoch nur bei hohen Bewehrungszahlen empfehlen.

Die Ermittlung der Spannungen bei einfacher Bewehrung.

Ist die Eiseneinlage (Abb. 93) eine einfache, also nur die Zugzone bewehrt, so ergeben sich die entsprechenden Beziehungen aus den voranstehenden Gleichungen, wenn in ihnen der Wert $F'_e = 0$ gesetzt wird.

---

^{1}) Mittelbar stellt dieses Ergebnis eine Kontrolle für die Richtigkeit von Gl. (9′) S. 231 dar. Da der Nennerausdruck : 2 im vorliegenden Fall = dem besonderen Ausdrucke von J_{nn} in (9′) ist, also auch hier eigentlich die Beziehung:

$$\sigma_b = \frac{M \cdot x}{J_{nn}} \text{ vorliegt.}$$

Durch Einsetzen des Wertes J_{nn} aus Gl. (9′) hätte sich demgemäß die obige Beziehung auch unmittelbar entwickeln lassen.

Es ergibt sich [1]):

(g*)
$$\tfrac{1}{2}\,x^2 b - nF_e\,y = 0\,.$$

$$\left.\begin{aligned}
x &= -\frac{nF_e}{b} + \sqrt{\frac{n^2 F_e^2}{b^2} + \frac{2n}{b}\,F_e\cdot h}\\[2mm]
&= \frac{nF_e}{b}\left(-1 + \sqrt{1 + \frac{2b\cdot h}{nF_e}}\right)\\[2mm]
&= \frac{nF_e}{b}\left(\sqrt{1 + \frac{2b\cdot h}{nF_e}} - 1\right).
\end{aligned}\right\} \tag{8*}$$

$$J_{nn} = (\tfrac{1}{3}\,x^3 b + nF_e\,y^2)\,. \tag{9*}$$

Mit diesem Werte wird:

$$\sigma_b = \frac{M\cdot x}{J_{nn}}\,; \qquad \sigma_e = \frac{nM y}{J_{nn}}\,. \qquad (10^*)\ \text{u.}\ (12^*)$$

Führt man den Hebelarm „z" der inneren Kräfte $=\left(h - \dfrac{x}{3}\right)$ (Abb. 93) ein, so liefert die Beziehung, daß das Moment der äußeren Kräfte $=$ dem der inneren sein muß, die Gleichung:

$$M = D_b\cdot z = Z_e\cdot z = \sigma_b\,\frac{x\,b}{2}\left(h - \frac{x}{3}\right) = \sigma_e F_e\left(h - \frac{x}{3}\right).$$

Hieraus folgt:

$$\sigma_b = \frac{2M}{b\cdot x\left(h - \dfrac{x}{3}\right)} \tag{14}$$

$$\sigma_e = \frac{M}{F_e\left(h - \dfrac{x}{3}\right)}\,. \tag{15}$$

Verbindet man Gleichung (g*) mit (9*) und setzt man für y den Wert $(h - x)$, so kann man für das Trägheitsmoment J_{nn} den folgenden weiteren Ausdruck gewinnen:

$$J_{nn} = \frac{b\,x^3}{3} + nF_e y^2 = \frac{b\,x^3}{3} + \frac{b\,x^2}{2}(h - x) = \frac{b\,x^2}{2}\left(h - \frac{x}{3}\right) = \frac{b\,x^2}{2}\,z, \quad (9^{*\prime})\ [2])$$

worin also „z" der Hebelarm der inneren Kräfte $=\left(h - \dfrac{x}{3}\right)$ ist.

Ferner ist, da nach Gl. (g*): $\tfrac{1}{2}\,x^2 b = nF_e\,y$ ist:

$$J_{nn} = \frac{b\,x^3}{3} + nF_e y^2 = \frac{2}{3}\,nF_e y x + nF_e y^2$$

$$= nF_e(h - x)\left(\frac{2}{3}\,x + h - x\right) = nF_e(h - x)\,z = nF_e y z\,. \tag{9''}$$

---

[1]) Die Gleichungsnummern entsprechen den für doppelte Bewehrung gefundenen; sie sind ihnen gegenüber nur durch einen * unterschieden

[2]) Diese Gleichung ergibt sich auch unmittelbar aus der Gleichung (9') S. 231, wenn man hier den Wert $F_e' = 0$ setzt, da alsdann das zweite Gleichungsglied fortfällt.

Setzt man diese J_{nn}-Werte in die obigen Gleichungen für σ_b und σ_e ein, so wird:

$$\sigma_b = \frac{M \cdot x}{J_{nn}} = \frac{2\,M}{b\,x\,z} \qquad\qquad (14')$$

$$\sigma_e = \frac{n\,M\,y}{J_{nn}} = \frac{M}{F_e \cdot z} \qquad\qquad (15')$$

$$\sigma_b = \frac{2\,M}{b\,x\,z} = \frac{2\,\sigma_e\,F_e\,z}{b\,x\,z} = \sigma_e\frac{2\,F_e}{b\,x} = \sigma_e\frac{x}{n\,(h-x)} = \frac{\sigma_e\,x}{n\,y}\ {}^1) \quad (14'')$$

Will man entsprechende Gleichungen für den doppelt bewehrten Querschnitt aufstellen, so muß z als Abstand zwischen den Kräften D_b und D_e einerseits, Z_e andererseits gesucht werden. Wird der Abstand $\Sigma(D_b + D_e)$ von der Nullinie mit η_0 bezeichnet, so ergibt sich z aus Abb. 92 zu:

$$z = y + \eta_0 = h - x + \eta_0 , \qquad\qquad (16)\ {}^2)$$

d. h. sobald η_0 bekannt ist, ist auch (nach Bestimmung von x) z gefunden. Für η_0 gilt die Beziehung:

$$\eta_0\,\Sigma\,(D_b + D_e) = D_b\,\tfrac{2}{3}\,x + D_e\cdot(x - h') .$$

Hieraus folgt, da $D_b = \dfrac{x\,\sigma_b}{2}\cdot b$ und $D_e = F'_e\,\sigma'_e$ ist:

$$\eta_0 = \frac{\sigma_b\,\dfrac{x\,b}{2}\cdot\dfrac{2}{3}\,x + F'_e\,\sigma'_e\,(x - h')}{\sigma_b\,\dfrac{x\cdot b}{2} + F'_e\,\sigma'_e} .$$

Setzt man hierin $\sigma'_e = n\,\sigma_b\,\dfrac{x - h'}{x}$ ein, so folgt:

$$\eta_0 = \frac{\sigma_b\,\dfrac{b\,x^2}{3} + n\,\sigma_b\,\dfrac{x - h'}{x}\,F'_e\,(x - h')}{\sigma_b\,\dfrac{x\,b}{2} + n\,\sigma_b\,\dfrac{x - h'}{x}\,F'_e}$$

und nach Kürzung durch σ_b:

$$\eta_0 = \frac{\dfrac{b\,x^3}{3} + n\,F'_e\,(x - h')^2}{\dfrac{b\,x^2}{2} + n\,F'_e\,(x - h')} , \qquad\qquad (17)$$

${}^1)$ Es ist nach Gl. (g*): $F_e = \dfrac{b\,x^2}{2\,n\,(h-x)}$. Setzt man diesen Wert oben ein, ergibt sich Gl. (14'').

Die Gleichungen (14') und (15') sind identisch mit den Gleichungen (14) und (15), in denen nur der Wert von $z = \left(h - \dfrac{x}{3}\right)$ enthalten ist. In Gleichung (14'') erscheint zum Schlusse das allgemein bekannte Spannungsgesetz zwischen σ_b und σ_e, vgl. S. 229.

${}^2)$ Hier ist h wiederum die nutzbare Höhe des Querschnitts, vgl. Abb. 86 b S. 223.

woraus dann der vorgenannte z-Wert folgt; mit seiner Hilfe kann für den **doppelt bewehrten Querschnitt** mithin die Gleichung aufgestellt werden:

$$F_e \cdot \sigma_e (h - x + \eta_0) = M \, ;$$

$$\sigma_e = \frac{M}{F_e (h - x + \eta_0)} \, . \tag{18}$$

Besteht die Eiseneinlage nicht aus Rundeisen, deren eigenes Trägheitsmoment bei Berechnung des Verbundträgheitsmomentes vernachlässigt werden kann, so ist (Abb. 94) die Größe J_{nn} nach der Gleichung:

$$J_{nn} = \frac{b\,x^3}{3} + n F'_e (h - x)^2 + n J_s \tag{19}$$

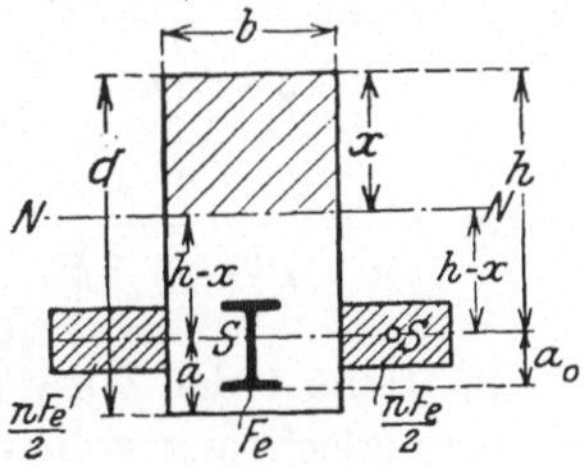

zu bestimmen, wo J_s das Trägheitsmoment des Bewehrungseisens auf seine zur Nullinie parallele eigene Schwerachse darstellt. Daß hierbei auch der Wert J_s mit n zu erweitern ist, folgt daraus, daß die Eiseneinlage durch einen n-mal so großen Betonquerschnitt ersetzt werden kann und für ihn das Trägheitsmoment auch n-mal so groß wird[1]).

Abb. 94.

Zur **Vereinfachung der Rechnung** für den meist, wenigstens bei Platten, vorkommenden einfach bewehrten Rechtecksquerschnitt, und zwar im Hinblicke auf die Ermittlung der Werte x, σ_b und σ_e bei gegebenem Querschnitte und bekanntem Angriffsmoment M, also zum Zwecke einer Nachprüfung der auftretenden Spannungen, sei zunächst das Verhältnis zwischen dem nutzbaren Betonquerschnitte $b \cdot h$ und der Eiseneinlage $F_e = m$ gesetzt: $m = \dfrac{b \cdot h}{F_e}$, $F_e = \dfrac{b \cdot h}{m}$. Hierin wird m zweckmäßig in Teilen vH ausgedrückt. Üblich sind Werte bei Platten zwischen 1 und 0,5 vH.

Fügt man diesen Wert m in die für x gefundene Gleichung (8) ein, so ergibt sich:

$$x = \frac{n F_e}{b}\left[\sqrt{1 + \frac{2\,b\,h}{n F_e}} - 1\right] = \frac{n\,h}{m}\left[\sqrt{1 + \frac{2\,m}{n}} - 1\right] = k\,h \, , \tag{20}$$

worin k eine Konstante $= \dfrac{n}{m}\left[\sqrt{1 + \dfrac{2\,m}{n}} - 1\right]$, also eine Zahl dar-

---

[1]) Wäre z. B. die Eiseneinlage ein Quadratstab von 1 cm Seitenlänge, so würde seine Ersetzung durch ein Rechteck von 15 cm Seite und 1 cm Höhe zu erfolgen haben, das mit dem Eisenquadrat die gleiche Achse erhält. Die Trägheitsmomente wären alsdann: $\dfrac{a^4}{12} = \dfrac{1^4}{12} = \dfrac{1}{12}$ und $\dfrac{15 \cdot 1^3}{12} = \dfrac{15 \cdot 1}{12}$,

ständen also auch im Verhältnisse von $1 : 15$, was zu beweisen war.

stellt, die nur abhängig ist von dem jeweiligen Prozentgehalt des Querschnitts an Eisen und der Zahl $n = \dfrac{E_e}{E_b} = 15$. Für bestimmt angenommene m-Werte kann somit der Abstand der Nullinie von der oberen Druckkante leicht ausgerechnet und tabellarisch zusammengestellt werden (vgl. in der nachfolgenden Zusammenstellung I [S. 237] die dritte Reihe).

Für σ_b war gefunden (Gl. 14):

$$\sigma_b = \frac{2\,M}{b \cdot x\left(h - \dfrac{x}{3}\right)} = \frac{2\,M}{b\,k\,h\left(h - \dfrac{k\,h}{3}\right)} = k' \frac{M}{b\,h^2}\,, \qquad (21)$$

worin $k' = \dfrac{2}{k\left(1 - \dfrac{k}{3}\right)}$ ist.

In Reihe 4 der Zusammenstellung I sind die entsprechenden Werte k' rechnerisch angegeben. Endlich ergibt sich für σ_e:

$$\sigma_e = n\,\sigma_b\,\frac{y}{x} = n\,\sigma_b\,\frac{h - x}{x} = n\,\sigma_b\,\frac{h - k\,h}{k\,h} = n\,\sigma_b\,\frac{1 - k}{k} = k''\,\sigma_b\,, \qquad (22)$$

worin $k'' = \dfrac{n\,(1 - k)}{k}$ ist.

Geht man von der Beziehung (Gl. 15) für σ_e aus:

$$\sigma_e = \frac{M}{F_e\left(h - \dfrac{x}{3}\right)}$$

und setzt hierin den für F_e festgelegten Wert: $= \dfrac{b\,h}{m}$ und für x die Größe $k\,h$ ein, so ergibt sich für σ_e eine zweite Form:

$$\sigma_e = \frac{M}{\dfrac{b\,h}{m}\left(h - \dfrac{h\,k}{3}\right)} = \frac{M}{b\,h^2 \cdot \dfrac{1 - \dfrac{k}{3}}{m}} = k''' \frac{M}{b\,h^2}\,, \qquad (23)$$

worin $k''' = \dfrac{m}{1 - \dfrac{k}{3}}$ ist.

Die beiden Zahlenwerte k'' und k''' liefert in Zusammenstellung I die letzte Reihe. Da man zur Ermittlung von σ_b bereits die Größe $\dfrac{M}{b\,h^2}$ berechnen muß, so wird es ohne erhebliche Bedeutung sein, ob man die eine oder andere Form für die Ermittelung von σ_e benutzt. Die Zusammenstellung ist — wie auch die beispielsweise Anwendung in Abschnitt 14 erkennen läßt — in hohem Grade geeignet, die Rechenarbeit zu vereinfachen.

Zusammenstellung I

der bei der Berechnung von **einfach bewehrten Platten und Balken rechteckigen Querschnittes** bei $n = 15$ sich bei **gegebenem Prozentgehalt an Eisen** unter Einführung des Hilfswertes $m = \dfrac{b\,h}{F_e}$ ergebenden Werte x, σ_b und σ_e [1]).

F_e in %	$m = \dfrac{b\,h}{F_e}$	$x = k\,h$	$\sigma_b = k'\,\dfrac{M}{b\,h^2}$	$\sigma_e = k'''\,\dfrac{M}{b\,h^2} = k''\,\sigma_b$
1,00	100	$0,418 \cdot h$	$5,561 \cdot \dfrac{M}{b \cdot h^2}$	$116,2 \cdot \dfrac{M}{b \cdot h^2} = 20,894 \cdot \sigma_b$
0,95	105	$0,410 \cdot$,,	$5,645 \cdot$,,	$121,6 \cdot$,, $= 21,548 \cdot$,,
0,91	110	$0,403 \cdot$,,	$5,728 \cdot$,,	$127,1 \cdot$,, $= 22,186 \cdot$,,
0,87	115	$0,397 \cdot$,,	$5,810 \cdot$,,	$132,5 \cdot$,, $= 22,810 \cdot$,,
0,83	120	$0,390 \cdot$,,	$5,890 \cdot$,,	$138,0 \cdot$,, $= 23,423 \cdot$,,
0,80	125	$0,384 \cdot$,,	$5,968 \cdot$,,	$143,4 \cdot$,, $= 24,024 \cdot$,,
0,77	130	$0,379 \cdot$,,	$6,045 \cdot$,,	$148,8 \cdot$,, $= 24,612 \cdot$,,
0,74	135	$0,373 \cdot$,,	$6,120 \cdot$,,	$154,2 \cdot$,, $= 25,191 \cdot$,,
0,71	140	$0,368 \cdot$,,	$6,195 \cdot$,,	$159,6 \cdot$,, $= 25,760 \cdot$,,
0,69	145	$0,363 \cdot$,,	$6,268 \cdot$,,	$165,0 \cdot$,, $= 26,320 \cdot$,,
0,67	150	$0,358 \cdot$,,	$6,340 \cdot$,,	$170,3 \cdot$,, $= 26,870 \cdot$,,
0,645	155	$0,354 \cdot$,,	$6,411 \cdot$,,	$175,7 \cdot$,, $= 27,411 \cdot$,,
0,63	160	$0,349 \cdot$,,	$6,480 \cdot$,,	$181,1 \cdot$,, $= 27,943 \cdot$,,
0,61	165	$0,345 \cdot$,,	$6,549 \cdot$,,	$186,4 \cdot$,, $= 28,468 \cdot$,,
0,59	170	$0,341 \cdot$,,	$6,617 \cdot$,,	$191,8 \cdot$,, $= 28,987 \cdot$,,
0,57	175	$0,337 \cdot$,,	$6,684 \cdot$,,	$197,2 \cdot$,, $= 29,496 \cdot$,,
0,56	180	$0,333 \cdot$,,	$6,750 \cdot$,,	$202,5 \cdot$,, $= 30,000 \cdot$,,
0,54	185	$0,330 \cdot$,,	$6,816 \cdot$,,	$207,9 \cdot$,, $= 30,497 \cdot$,,
0,52	190	$0,326 \cdot$,,	$6,878 \cdot$,,	$213,1 \cdot$,, $= 30,987 \cdot$,,
0,51	195	$0,323 \cdot$,,	$6,943 \cdot$,,	$218,5 \cdot$,, $= 31,471 \cdot$,,
0,50	200	$0,319 \cdot$,,	$7,008 \cdot$,,	$223,9 \cdot$,, $= 31,949 \cdot$,,
0,48	205	$0,316 \cdot$,,	$7,068 \cdot$,,	$229,2 \cdot$,, $= 32,422 \cdot$,,
0,476	210	$0,313 \cdot$,,	$7,130 \cdot$,,	$234,5 \cdot$,, $= 32,889 \cdot$,,
0,465	215	$0,310 \cdot$,,	$7,190 \cdot$,,	$239,8 \cdot$,, $= 33,350 \cdot$,,
0,455	220	$0,307 \cdot$,,	$7,250 \cdot$,,	$245,1 \cdot$,, $= 33,807 \cdot$,,
0,445	225	$0,305 \cdot$,,	$7,309 \cdot$,,	$250,4 \cdot$,, $= 34,259 \cdot$,,
0,435	230	$0,302 \cdot$,,	$7,368 \cdot$,,	$255,7 \cdot$,, $= 34,706 \cdot$,,
0,425	235	$0,299 \cdot$,,	$7,427 \cdot$,,	$261,0 \cdot$,, $= 35,146 \cdot$,,
0,416	240	$0,297 \cdot$,,	$7,484 \cdot$,,	$266,3 \cdot$,, $= 35,584 \cdot$,,
0,410	245	$0,294 \cdot$,,	$7,542 \cdot$,,	$271,6 \cdot$,, $= 36,017 \cdot$,,
0,400	250	$0,292 \cdot$,,	$7,598 \cdot$,,	$276,9 \cdot$,, $= 36,445 \cdot$,,
0,393	255	$0,289 \cdot$,,	$7,654 \cdot$,,	$282,2 \cdot$,, $= 36,871 \cdot$,,
0,386	260	$0,287 \cdot$,,	$7,709 \cdot$,,	$287,5 \cdot$,, $= 37,292 \cdot$,,
0,378	265	$0,285 \cdot$,,	$7,764 \cdot$,,	$292,8 \cdot$,, $= 37,708 \cdot$,,
0,371	270	$0,282 \cdot$,,	$7,819 \cdot$,,	$298,1 \cdot$,, $= 38,121 \cdot$,,
0,364	275	$0,280 \cdot$,,	$7,873 \cdot$,,	$303,3 \cdot$,, $= 38,529 \cdot$,,

[1]) Für $n = 10$ und bestimmte Prozentgehalte des Eisens im Vergleiche zu dem nutzbaren Betonquerschnitte $(b\,h) = \varphi$ sind in der nachstehenden Zusammenstellung die Werte x angegeben:

φ %	$x =$	φ %	$x =$	φ %	$x =$	φ %	$x =$
1,00	$0,358\,h$	0,80	$0,328\,h$	0,60	$0,292\,h$	0,40	$0,246\,h$
0,95	$0,351\,h$	0,75	$0,321\,h$	0,55	$0,287\,h$		
0,90	$0,344\,h$	0,70	$0,311\,h$	0,50	$0,270\,h$		
0,85	$0,336\,h$	0,65	$0,302\,h$	0,45	$0,258\,h$		

Die Querschnittsbemessung einfach und doppelt bewehrter Rechtecksquerschnitte.

In der Mehrzahl der Fälle wird es sich nicht um eine (baupolizei-liche) Nachprüfung der im gegebenen Querschnitte bei bestimmter Belastung auftretenden Spannungen, sondern um eine Bestimmung der Hauptquerschnittsabmessungen h und F_e bzw. beim doppelt bewehrten Rechtecksquerschnitte zudem um F_e' handeln, bei ihm auch unter Umständen um die Entscheidung, ob eine einfache Bewehrung ausreicht oder eine Doppelarmierung am Platze ist. Hierbei wird davon auszugehen sein, daß die Spannungen bekannt und zur guten wirtschaftlichen Querschnittsausnutzung möglichst ihre zugelassenen Größtwerte zugrunde zu legen sind. Die Breite b wird im allgemeinen angenommen werden können, namentlich bei Platten = der Einheit 100 cm oder 1 cm, bei Rechtecks-Balkenquerschnitten aber in der Regel durch die örtlichen Verhältnisse in engen Grenzen liegen bzw. fest bestimmt sein.

Aus der Hauptgleichung:

$$\sigma_e = n\,\sigma_b\,\frac{y}{x} = n\,\sigma_b\,\frac{h-x}{x}$$

folgt:

$$x = \frac{n\,\sigma_b\,h - n\,\sigma_b\,x}{\sigma_e}\;;\qquad x + \frac{n\,\sigma_b\,x}{\sigma_e} = \frac{n\,\sigma_b\,h}{\sigma_e}\;;$$

$$x = \frac{n\,\sigma_b}{\sigma_e + n\,\sigma_b}\,h = s\,h = k_1\,h^1). \tag{24}$$

Hierin ist der Festwert $s = k_1$ ein Ausdruck, der nur abhängig ist von der Größe $n = \dfrac{E_e}{E_b} = 15$ (bzw. in besonderen Fällen $= 10$) und den zulässigen Spannungen σ_b bzw. σ_e. Ist z. B. $\sigma_b = 40$, $\sigma_e = 1200$ kg/cm², so wird

$$s = k_1 = \frac{15 \cdot 40}{1200 + 15 \cdot 40} = \frac{600}{1800} = 0{,}333\,.$$ Führt man somit die Grenzwerte der erlaubten Spannungen ein, so ist die Lage der neutralen Achse, ähnlich wie in Zusammenstellung I, eine einfache Funktion von h, nur daß jetzt die Spannungswerte, vorher der Prozentgehalt an Eisen, bestimmend sind. Für Werte von $n = 15$ bzw. $n = 10$ und Spannungen $\sigma_e = 1200, 1000, 900$ und 750, sowie $\sigma_b = 60$ bis 20 stellen die nachfolgenden Zusammenstellungen II und III in ihren dritten bzw. letzten

---

^{1}) Dieselbe Beziehung läßt sich auch ohne weiteres aus der Gleichung:

$$\frac{x}{h-x} = \frac{n\,\sigma_b}{\sigma_e}$$

unter Anwendung der bekannten mathematischen Regel herleiten:

$$\frac{a}{b} = \frac{c}{d}\;;\quad \frac{a}{b+a} = \frac{c}{d+c}\;;\quad \frac{x}{h-x+x} = \frac{n\,\sigma_b}{\sigma_e + n\,\sigma_b}\;;\quad x = \frac{n\,\sigma_b}{\sigma_e + n\,\sigma_b}\cdot h = s\,h = k_1\,h,$$

wie zu beweisen.

Reihen die Werte k_1 dar. Vergleicht man die Tabellenwerte mit denen der Zusammenstellung I, so kann man hieraus entnehmen bzw. besonders berechnen, welches Bewehrungsverhältnis der Innehaltung bestimmter zulässiger Spannungen entspricht. So ergibt sich z. B. bei $n = 15$ für:

σ_b	σ_e	das Prozentverhältnis der Bewehrung =	bei der Konstanten:
50 kg/cm²	1200 kg/cm²	0,80	$k_1 = s = 0{,}385$
50 ,,	1000 ,,	1,10	$k_1 = s = 0{,}429$
45 ,,	1200 ,,	0,68	$k_1 = s = 0{,}360$
45 ,,	1000 ,,	0,91	$k_1 = s = 0{,}403$
40 ,,	1200 ,,	0,56	$k_1 = s = 0{,}333$
40 ,,	1000 ,,	0,75	$k_1 = s = 0{,}375$
35 ,,	1200 ,,	0,44	$k_1 = s = 0{,}304$
35 ,,	1000 ,,	0,60	$k_1 = s = 0{,}344$
30 ,,	1200 ,,	0,333	$k_1 = s = 0{,}273$
30 ,,	1000 ,,	0,47	$k_1 = s = 0{,}310$

Nach Auffindung von x ist auch z, der Hebelarm der inneren Kräfte, bekannt:

$$z = h - \frac{x}{3} = h - k_1 \frac{h}{3} = \left(1 - \frac{k_1}{3}\right) h = k_2 h, \qquad (24\,\text{a})$$

worin also $k_2 = 1 - \dfrac{k_1}{3}$, also z. B. für

$$\sigma_b = 40 \quad \text{und} \quad \sigma_e = 1200 \text{ kg/cm}^2 = 1 - \frac{0{,}333}{3} = 0{,}889$$

ist.

Um das bisher noch nicht bekannte h zu finden, geht man von Gleichung (14) aus:

$$\sigma_b = \frac{2\,M}{b\,x\left(h - \dfrac{x}{3}\right)} = \frac{2\,M}{b\,s\,h\left(h - \dfrac{s\,h}{3}\right)} = \frac{2\,M}{b\,h^2\,s\left(1 - \dfrac{s}{3}\right)}\,.$$

Hieraus folgt:

$$h = \sqrt{\frac{M}{b}} \cdot \sqrt{\frac{2}{\left(1 - \dfrac{s}{3}\right) s \cdot \sigma_b}} = r\sqrt{\frac{M}{b}} = k_3 \sqrt{\frac{M}{b}}\,, \qquad (25)$$

worin $r = k_3$ den Zahlenwert unter der zweiten Wurzel, also einen Wert, der sich wiederum nur aus den zulässigen Spannungen und n zusammensetzt, darstellt. In den Zusammenstellungen II und III sind die Werte für r in der vierten bzw. zweiten Spalte enthalten.

Aus der Beziehung, daß das Moment der inneren Kräfte = dem der äußeren Kräfte sein muß, folgt:

$$Z_e\,z = F_e\,\sigma_e\,k_2\,h = M$$

Demgemäß ist:

$$F_c = \frac{M}{h\,\sigma_e\,k_2} \quad \text{und da} \quad h = k_3\sqrt{\frac{M}{b}}\,; \quad \text{oder} \quad M = \frac{h^2 \cdot b}{k_3^2} \text{ ist,}$$

$$F_e = \frac{h^2 \cdot b}{k_3^2\,h\,\sigma_e\,k_2} = \frac{h\,b}{k_4} = w\,h\,b = 100\,w\,h \quad \text{für eine Plattenbreite} = 100 \text{ cm} \quad (26^{\mathrm{a}})$$

Hierin ist: $\qquad\qquad\qquad\qquad k_4 = \sigma_e\,k_2\,k_3^2\,.$

Ferner gilt für F_e (Gl. 15):

$$F_e = \frac{M}{\sigma_e\left(h - \dfrac{x}{3}\right)} = \frac{M}{\sigma_e\,h\left(1 - \dfrac{s}{3}\right)} = \frac{M}{\sigma_e\,r\sqrt{\dfrac{M}{b}}\left(1 - \dfrac{s}{3}\right)}$$

$$= \sqrt{M \cdot b} \cdot \frac{1}{\sigma_e\,r\left(1 - \dfrac{s}{3}\right)} = t \cdot \sqrt{M \cdot b} = k_5'\sqrt{M \cdot b}\,. \qquad (26^{\mathrm{b}})$$

Hierin ist $t = k_5'$ wiederum, da sein Wert sich ausschließlich aus r und s, also aus Spannungswerten und n zusammensetzt, eine bekannte Größe, wenn man die zulässigen Spannungszahlen einsetzt. In den Tabellen II und III enthalten die Reihen 5 bzw. 3 die Werte für t.

Der **Hebelarm der inneren Kräfte** bei einfacher Bewehrung $z = \left(h - \dfrac{x}{3}\right)$ liegt für die in der Regel zugelassenen Spannungen zwischen den mittleren Werten von $\dfrac{7}{8}h$ bis $\dfrac{8}{9}h$. Für überschlägliche Berechnungen von F_e kann dieser Annäherungswert sehr gut benutzt werden:

$$F_e = \frac{M}{\sigma_e\,\dfrac{7}{8}\,h} \quad \text{bzw.:} \qquad\qquad\qquad (26^{\mathrm{c}})$$

$$F_e = \frac{M}{\sigma_e\,\dfrac{8}{9}\,h}\,. \qquad\qquad\qquad (26^{\mathrm{d}})$$

Nach Mörsch (6. Aufl., S. 287) ist diese Rechnungsart ausreichend, wenn $h > r\sqrt{\dfrac{M}{b}}$ gewählt ist, d. h. wenn die Plattenstärke über jenem Werte liegt, bei dem die zulässige Grenze von σ_b erreicht wird, also die Betonspannung kleiner als erlaubt bleibt.

Setzt man in die obige Gleichung $F_e = \dfrac{M}{h\,\sigma_e\,k_2}$ für h den Wert $k_3\sqrt{\dfrac{M}{b}}$ ein, so wird

$$F_e\,\sigma_e\,k_2\,k_3\sqrt{\frac{M}{b}} = M\,.$$

$$F_e = \frac{M}{\sqrt{\dfrac{M}{b}\, \sigma_e\, k_2\, k_3}} = \frac{\sqrt{M \cdot b}}{\sigma_e\, k_2\, k_3} = \sqrt{\frac{M \cdot b}{k_5}}, \qquad (26e)$$

worin also $k_5 = (\sigma_e\, k_2\, k_3)^2$ ist. Endlich ergibt eine Zusammenfassung der oben gefundenen Beziehungen für F_e:

$$F_e = \frac{b\,h}{k_4} = \sqrt{\frac{M \cdot b}{k_5}} \quad \text{eine Gleichung für } M.$$

$$M = \frac{b\,h^2 \cdot k_5}{k_4^2} = \frac{b\,h^2}{\dfrac{k_4^2}{k_5}} = \frac{b\,h^2}{k_6} = \frac{b \cdot h^2}{k_3^{\,2}}\; {}^1)\,. \qquad (27)$$

Die nachfolgenden Zusammenstellungen enthalten einen Teil bzw. alle der voranstehend errechneten Festwerte. Tabelle II — aufgeführt in den Musterbeispielen zu den Bestimmungen für Ausführung von Bauten aus Eisenbeton vom 13. I. 1916[2]) — enthält für $n = 15$ und eine größere Anzahl von Spannungsverhältnissen die Festwerte $s = k_1$, $r = k_3$, $t = k_5'$ und $w = \dfrac{1}{k_4}$. Tabelle III enthält für einige häufiger vorkommende Spannungsverhältnisse die Werte $s = k_1$, $r = k_3$ und $t = k_5'$ für $n = 10$. Tabelle IVa—d endlich gibt für die Spannungen $\sigma_e = 750$, 900, 1000 und 1200 kg/cm², und für $\sigma_b = 10$—60 kg/cm² die Zahlwerte k_1, k_2, k_3, k_4, k_5, k_6; sie eignet sich besonders für alle entsprechenden Aufgaben der Praxis. Bei Benutzung der Tabellen ist genau auf die Einheiten zu achten. Während die Zusammenstellungen II und III alle Einheiten in cm bzw. kg oder deren Vereinigung voraussetzen, sind (vgl. auch den Tabellenkopf) bei Zusammenstellung IVa—d die Momente in t · cm —, die Längen und F_e in cm bzw. cm² —, die Spannungen in t/cm² Einheiten zugrunde gelegt.

Gleich wie Tabellen II und III eignen sich auch die Tabellen IVa—d zunächst zur Ermittelung der Größen x, h und F_e, also zur Auffindung der wichtigsten Querschnittsabmessungen. Daneben aber sind sie in nicht minder einfacher und zeitsparender Weise für Nachprüfung eines vollkommen gegebenen Querschnittes zu verwenden, also zu baupolizeilicher Prüfung zu benutzen. Näheres hierüber lassen die Zahlenbeispiele am Ende dieses Abschnittes erkennen.

Handelt es sich um die **Querschnittsermittlung** bei **rechteckigem Querschnitte** und **doppelter Bewehrung**, so ist für den Fall, daß zunächst die äußeren Abmessungen des **Beton**querschnittes bekannt (oder angenommen), also nur die Größen F_e' und F_e zu finden sind, die

---

[1]) Es ist: $\quad k_6 = \dfrac{k_4^{\,2}}{k_5} = \dfrac{(k_3^{\,2}\, \sigma_e\, k_2)^2}{(\sigma_e\, k_2\, k_3)^2} = k_3^{\,2}$.

[2]) Vgl. Zentralbl. d. Bauw. 1919, Nr. 48.

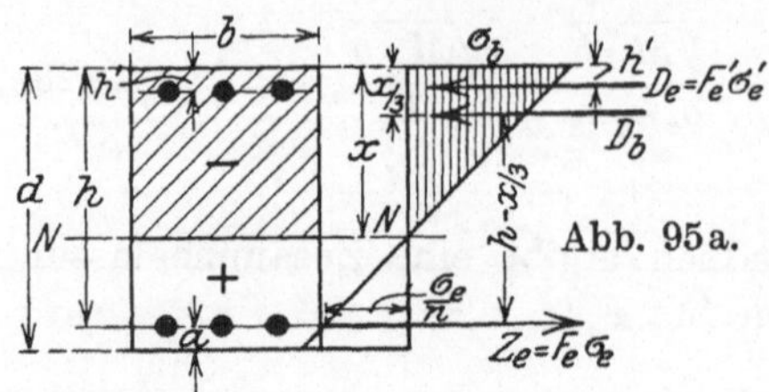

Rechnung folgendermaßen durchzuführen. Auch hier gilt die Beziehung zur Bestimmung von x:

$$x = \frac{n\,\sigma_b}{n\,\sigma_b + \sigma_e} \cdot h,$$

da bei ihrer Herleitung nur von dem allgemeinen, für eine einfache und doppelte Bewehrung gleich gültigen Hauptgesetz (S. 229, namentlich auch Anm. 1 S. 238) ausgegangen ist.

Zusammenstellung II

zur Bestimmung der Nullinie (x), zur Berechnung der nutzbaren Plattenhöhe (h) und der Eiseneinlage F_e aus gegebenem Moment und den zulässigen Spannungen für $n = 15$;

$$x = k_1 h; \qquad h = k_3 \sqrt{\frac{M}{b}}; \qquad F_e = k_5' \sqrt{M \cdot b} = \frac{1}{k_4}\,h\,b = w \cdot 100\,h.$$

Werte in kg/cm² von		Zugehörige Werte von			
σ_e	σ_b	$s = k_1$ für x	$r = k_3$ für h	$t = k_5'$ für F_e	$w = \dfrac{1}{k_4}$ für F_e (für $b = 100$ cm)
1200	60	$0{,}429 \cdot h$	$0{,}302 \cdot \sqrt{\dfrac{M}{b}}$	$0{,}00323 \cdot \sqrt{M \cdot b} =$	$1{,}071 \cdot h$
1200	58	$0{,}420 \cdot {,,}$	$0{,}309 \cdot {,,}$	$0{,}00314 \cdot {,,} =$	$1{,}016 \cdot {,,}$
1200	56	$0{,}412 \cdot {,,}$	$0{,}317 \cdot {,,}$	$0{,}00305 \cdot {,,} =$	$0{,}961 \cdot {,,}$
1200	54	$0{,}403 \cdot {,,}$	$0{,}326\ {,,}$	$0{,}00295 \cdot {,,} =$	$0{,}907 \cdot {,,}$
1200	52	$0{,}394 \cdot {,,}$	$0{,}335\ {,,}$	$0{,}00286 \cdot {,,} =$	$0{,}854 \cdot {,,}$
1200	50	$0{,}385 \cdot {,,}$	$0{,}345\ {,,}$	$0{,}00277 \cdot {,,} =$	$0{,}801 \cdot {,,}$
1200	48	$0{,}375 \cdot {,,}$	$0{,}356\ {,,}$	$0{,}00267 \cdot {,,} =$	$0{,}750 \cdot {,,}$
1200	46	$0{,}365 \cdot {,,}$	$0{,}368 \cdot {,,}$	$0{,}00258 \cdot {,,} =$	$0{,}700 \cdot {,,}$
1200	44	$0{,}355 \cdot {,,}$	$0{,}381 \cdot {,,}$	$0{,}00248 \cdot {,,} =$	$0{,}651 \cdot {,,}$
1200	42	$0{,}344 \cdot {,,}$	$0{,}395 \cdot {,,}$	$0{,}00238 \cdot {,,} =$	$0{,}602 \cdot {,,}$
1200	40	$0{,}333 \cdot {,,}$	$0{,}411 \cdot {,,}$	$0{,}00228 \cdot {,,} =$	$0{,}556 \cdot {,,}$
1200	38	$0{,}322 \cdot {,,}$	$0{,}428 \cdot {,,}$	$0{,}00218 \cdot {,,} =$	$0{,}510 \cdot {,,}$
1200	36	$0{,}310 \cdot {,,}$	$0{,}447 \cdot {,,}$	$0{,}00208 \cdot {,,} =$	$0{,}466 \cdot {,,}$
1200	34	$0{,}298 \cdot {,,}$	$0{,}468 \cdot {,,}$	$0{,}00198 \cdot {,,} =$	$0{,}423 \cdot {,,}$
1200	32	$0{,}286 \cdot {,,}$	$0{,}492 \cdot {,,}$	$0{,}00187 \cdot {,,} =$	$0{,}381 \cdot {,,}$
1200	30	$0{,}273 \cdot {,,}$	$0{,}519 \cdot {,,}$	$0{,}00177 \cdot {,,} =$	$0{,}341 \cdot {,,}$
1200	28	$0{,}259 \cdot {,,}$	$0{,}549 \cdot {,,}$	$0{,}00166 \cdot {,,} =$	$0{,}302 \cdot {,,}$
1200	26	$0{,}245 \cdot {,,}$	$0{,}584 \cdot {,,}$	$0{,}00155 \cdot {,,} =$	$0{,}266 \cdot {,,}$
1200	24	$0{,}231 \cdot {,,}$	$0{,}625 \cdot {,,}$	$0{,}00144 \cdot {,,} =$	$0{,}231 \cdot {,,}$
1200	22	$0{,}216 \cdot {,,}$	$0{,}674 \cdot {,,}$	$0{,}00133 \cdot {,,} =$	$0{,}198 \cdot {,,}$
1200	20	$0{,}200 \cdot {,,}$	$0{,}732 \cdot {,,}$	$0{,}00122 \cdot {,,} =$	$0{,}167 \cdot {,,}$
1000	50	$0{,}429 \cdot {,,}$	$0{,}330 \cdot {,,}$	$0{,}00354 \cdot {,,} =$	$1{,}071 \cdot {,,}$
1000	48	$0{,}419 \cdot {,,}$	$0{,}340 \cdot {,,}$	$0{,}00342 \cdot {,,} =$	$1{,}005 \cdot {,,}$
1000	46	$0{,}408 \cdot {,,}$	$0{,}351 \cdot {,,}$	$0{,}00330 \cdot {,,} =$	$0{,}939 \cdot {,,}$
1000	44	$0{,}398 \cdot {,,}$	$0{,}363 \cdot {,,}$	$0{,}00318 \cdot {,,} =$	$0{,}875 \cdot {,,}$
1000	42	$0{,}387 \cdot {,,}$	$0{,}376 \cdot {,,}$	$0{,}00305 \cdot {,,} =$	$0{,}812 \cdot {,,}$
1000	40	$0{,}375 \cdot {,,}$	$0{,}390 \cdot {,,}$	$0{,}00293 \cdot {,,} =$	$0{,}750 \cdot {,,}$
1000	38	$0{,}363 \cdot {,,}$	$0{,}406 \cdot {,,}$	$0{,}00280 \cdot {,,} =$	$0{,}690 \cdot {,,}$

Werte in kg/cm² von		Zugehörige Werte von			
σ_e	σ_b	$s = k_1$ für x	$r = k_3$ für h	$t = k_5'$ für F_e	$w = \dfrac{1}{k_4}$ für F_e (für $b = 100$ cm)
1000	36	$0{,}351 \cdot h$	$0{,}424 \cdot \sqrt{\dfrac{M}{b}}$	$0{,}00267 \cdot \sqrt{M \cdot b} =$	$0{,}631 \cdot h$
1000	35	$0{,}344 \cdot$,,	$0{,}433 \cdot$,,	$0{,}00261 \cdot$,, $=$	$0{,}602 \cdot$,,
1000	34	$0{,}338 \cdot$,,	$0{,}443 \cdot$,,	$0{,}00254 \cdot$,, $=$	$0{,}574 \cdot$,,
1000	32	$0{,}324 \cdot$,,	$0{,}465 \cdot$,,	$0{,}00241 \cdot$,, $=$	$0{,}519 \cdot$,,
1000	30	$0{,}310 \cdot$,,	$0{,}489 \cdot$,,	$0{,}00228 \cdot$,, $=$	$0{,}466 \cdot$,,
1000	28	$0{,}296 \cdot$,,	$0{,}518 \cdot$,,	$0{,}00214 \cdot$,, $=$	$0{,}414 \cdot$,,
1000	26	$0{,}281 \cdot$,,	$0{,}550 \cdot$,,	$0{,}00201 \cdot$,, $=$	$0{,}365 \cdot$,,
1000	24	$0{,}265 \cdot$,,	$0{,}588 \cdot$,,	$0{,}00187 \cdot$,, $=$	$0{,}318 \cdot$,,
1000	22	$0{,}248 \cdot$,,	$0{,}632 \cdot$,,	$0{,}00172 \cdot$,, $=$	$0{,}273 \cdot$,,
1000	20	$0{,}231 \cdot$,,	$0{,}685 \cdot$,,	$0{,}00158 \cdot$,, $=$	$0{,}231 \cdot$,,
900	35	$0{,}368 \cdot$,,	$0{,}420 \cdot$,,	$0{,}00301 \cdot$,, $=$	$0{,}716 \cdot$,,
900	34	$0{,}362 \cdot$,,	$0{,}430 \cdot$,,	$0{,}00294 \cdot$,, $=$	$0{,}683 \cdot$,,
900	32	$0{,}348 \cdot$,,	$0{,}451 \cdot$,,	$0{,}00279 \cdot$,, $=$	$0{,}618 \cdot$,,
900	30	$0{,}333 \cdot$,,	$0{,}474 \cdot$,,	$0{,}00264 \cdot$,, $=$	$0{,}556 \cdot$,,
900	28	$0{,}318 \cdot$,,	$0{,}501 \cdot$,,	$0{,}00248 \cdot$,, $=$	$0{,}495 \cdot$,,
900	26	$0{,}302 \cdot$,,	$0{,}532 \cdot$,,	$0{,}00232 \cdot$,, $=$	$0{,}437 \cdot$,,
900	24	$0{,}286 \cdot$,,	$0{,}568 \cdot$,,	$0{,}00216 \cdot$,, $=$	$0{,}381 \cdot$,,
900	22	$0{,}268 \cdot$,,	$0{,}610 \cdot$,,	$0{,}00200 \cdot$,, $=$	$0{,}328 \cdot$,,
900	20	$0{,}250 \cdot$,,	$0{,}661 \cdot$,,	$0{,}00183 \cdot$,, $=$	$0{,}278 \cdot$,,
750	30	$0{,}375 \cdot$,,	$0{,}451 \cdot$,,	$0{,}00338 \cdot$,, $=$	$0{,}750 \cdot$,,
750	28	$0{,}359 \cdot$,,	$0{,}476 \cdot$,,	$0{,}00319 \cdot$,, $=$	$0{,}670 \cdot$,,
750	26	$0{,}342 \cdot$,,	$0{,}504 \cdot$,,	$0{,}00299 \cdot$,, $=$	$0{,}593 \cdot$,,
750	24	$0{,}324 \cdot$,,	$0{,}537 \cdot$,,	$0{,}00279 \cdot$,, $=$	$0{,}519 \cdot$,,
750	22	$0{,}306 \cdot$,,	$0{,}576 \cdot$,,	$0{,}00258 \cdot$,, $=$	$0{,}448 \cdot$,,
750	20	$0{,}286 \cdot$,,	$0{,}622 \cdot$,,	$0{,}00237 \cdot$,, $=$	$0{,}381 \cdot$,,

Zusammenstellung III

zur Berechnung der nutzbaren Plattenhöhe h und der Eiseneinlage F_e aus gegebenem Moment und zulässiger Spannung für $n = 10$;

$$h = r \sqrt{\dfrac{M}{b}} \; ; \quad F_e = t \sqrt{M \cdot b} \; ; \quad x = s\,(h - a) \; .$$

	$\sigma_e = 1200$				$\sigma_e = 1000$		
σ_b	$r = k_3$	$t = k_5'$	$s = k_1$	σ_b	$r = k_3$	$t = k_5'$	$s = k_1$
45	0,422	0,002158	0,272	45	0,396	0,002765	0,311
40	0,468	0,001950	0,250	40	0,438	0,002503	0,286
35	0,523	0,001722	0,226	35	0,490	0,002223	0,266
30	0,595	0,001487	0,200	30	0,559	0,001935	0,231
25	0,702	0,001260	0,172	25	0,655	0,001638	0,200
20	0,854	0,001016	0,143	20	0,798	0,001330	0,167

	$\sigma_e = 900$				$\sigma_e = 800$		
σ_b	$r = k_3$	$t = k_5'$	$s = k_1$	σ_b	$r = k_3$	$t = k_5'$	$s = k_1$
45	0,387	0,003225	0,333	45	0,381	0,003858	0,360
40	0,426	0,002912	0,308	40	0,401	0,003342	0,333
35	0,475	0,002586	0,280	35	0,457	0,003042	0,304
30	0,540	0,002250	0,250	30	0,517	0,002644	0,272
25	0,630	0,001902	0,217	25	0,605	0,002251	0,238
20	0,765	0,001545	0,182	20	0,730	0,001825	0,200

Zusammenstellung IVa—IVd

für einfach bewehrte Rechtecksquerschnitte (ohne Berücksichtigung der Zugspannungen im Beton)[1].
Tabelle IVa u. IVb.

Spannungen in t/cm², Momente in t · cm, Längen in cm, Bewehrung in cm²[2]).

	IVa						IVb					
	$\sigma_e = 0{,}750$ t/cm².						$\sigma_e = 0{,}900$ t/cm².					
σ_b	$x = k_1 \cdot h$	$c = k_2 \cdot h$	$h = k_3 \cdot \sqrt{\dfrac{M}{b}}$	$F_e = \dfrac{b \cdot h}{k_4}$	$F_e = \sqrt{\dfrac{M \cdot b}{k_5}}$	$M = \dfrac{b \cdot h^2}{k_6}$	$x = k_1 \cdot h$	$z = k_2 \cdot h$	$h = k_3 \cdot \sqrt{\dfrac{M}{b}}$	$F_e = \dfrac{b \cdot h}{k_4}$	$F_e = \sqrt{\dfrac{M \cdot b}{k_5}}$	$M = \dfrac{b \cdot h^2}{k_6}$
1	2	3	4	5	6	7	2	3	4	5	6	7
0,010	0,167	0,944	35,6	900	638	1271	0,143	0,952	38,3	1260	1080	1470
0,012	0,194	0,935	30,3	646	453	920	0,167	0,944	32,5	900	765	1059
0,014	0,219	0,927	26,5	490	340	704	0,189	0,937	28,4	629	573	806
0,015	0,231	0,923	25,0	433	300	626	0,200	0,933	26,7	600	504	714
0,016	0,242	0,919	23,7	387	267	561	0,211	0,930	25,3	534	447	639
0,018	0,265	0,912	21,5	315	215	460	0,231	0,923	22,8	433	358	522
0,020	0,286	0,905	19,67	263	178	387	0,250	0,917	20,9	360	297	436
0,022	0,306	0,898	18,20	223	150	331	0,268	0,911	19,29	305	250	372
0,024	0,324	0,892	16,97	193	129	288	0,286	0,905	17,96	263	214	322
0,025	0,333	0,889	16,43	180	120	270	0,294	0,902	17,37	245	199	302
0,026	0,342	0,886	15,93	169	112	254	0,302	0,899	16,82	229	185	283
0,028	0,359	0,880	15,03	149	98,5	226	0,318	0,894	15,85	202	163	251
0,030	0,375	0,875	14,25	133	87,5	203	0,333	0,889	15,00	180	144	225
0,032	0,390	0,870	13,57	120	78,4	184	0,348	0,884	14,26	162	129	203
0,034	0,405	0,865	12,96	109	70,7	168	0,362	0,879	13,60	146	116	185
0,035	0,412	0,863	12,68	104	67,3	161	0,368	0,877	13,30	140	110	177
0,036	0,419	0,860	12,42	99,5	64,2	154	0,375	0,875	13,01	133	105	169
0,038	0,432	0,856	11,93	91,4	58,7	142	0,388	0,871	12,49	122	95,7	156
0,040	0,444	0,852	11,49	84,3	53,9	132	0,400	0,867	12,01	113	87,8	144
0,042	0,457	0,848	11,09	78,2	49,7	123	0,412	0,863	11,58	104	80,8	134
0,044	0,468	0,844	10,73	72,8	46,1	115	0,423	0,859	11,18	96,7	74,8	125
0,045	0,474	0,842	10,56	70,3	44,4	111	0,429	0,857	11,00	93,3	72,0	121
0,046	0,479	0,840	10,39	68,1	42,9	108	0,434	0,855	10,82	90,2	69,4	117
0,048	0,490	0,837	10,08	63,8	40,0	102	0,444	0,852	10,49	84,4	64,7	110
0,050	0,500	0,833	9,80	60,0	37,5	96,0	0,455	0,848	10,18	79,2	60,5	104
0,060	0,545	0,818	8,64	45,8	28,1	74,7	0,500	0,833	8,95	60.0	45.0	80,0
σ_b	k_1	k_2	k_3	k_4	k_5	k_6	k_1	k_2	k_3	k_4	k_5	k_6

[1] Berechnet von B. Loeser, Dresden. — [2] Vgl. S. 241 und 246.

Tabelle IVc u. IVd[1]

	IVc $\sigma_e = 1{,}000$ t/cm².						IVd $\sigma_e = 1{,}200$ t/cm².					
σ_b	$x = k_1 \cdot h$	$z = k_2 \cdot h$	$h = k_3 \cdot \sqrt{\dfrac{M}{b}}$	$F_e = \dfrac{b \cdot h}{k_4}$	$F_e = \sqrt{\dfrac{M \cdot b}{k_5}}$	$M = \dfrac{b \cdot h^2}{k_6}$	$x = k_1 \cdot h$	$z = k_2 \cdot h$	$h = k_3 \cdot \sqrt{\dfrac{M}{b}}$	$F_e = \dfrac{b \cdot h}{k_4}$	$F_e = \sqrt{\dfrac{M \cdot b}{k_5}}$	$M = \dfrac{b \cdot h^2}{k_6}$
1	2	3	4	5	6	7	2	3	4	5	6	7
0,010	0,130	0,957	40,0	1533	1467	1603	0,111	0,963	43,2	2160	2496	1869
0,012	0,153	0,949	33,9	1092	1037	1151	0,130	0,957	36,6	1533	1760	1336
0,014	0,174	0,942	29,6	823	776	874	0,149	0,950	31,8	1151	1312	1009
0,015	0,184	0,939	27,8	726	681	773	0,158	0,947	29,9	1013	1152	974
0,016	0,194	0,936	26,3	646	604	691	0,167	0,944	28,2	900	1020	891
0,018	0,213	0,929	23,8	523	486	565	0,184	0,939	25,4	726	818	645
0,020	0,231	0,923	21,7	433	400	470	0,200	0,933	23,2	600	672	536
0,022	0,248	0,917	19,99	366	336	400	0,216	0,928	21,3	506	563	446
0,024	0,265	0,912	18,58	315	287	345	0,231	0,923	19,78	433	480	391
0,025	0,273	0,909	17,96	293	267	323	0,238	0,921	19,11	403	445	365
0,026	0,281	0,907	17,39	274	249	302	0,245	0,918	18,48	376	415	342
0,028	0,296	0,901	16,37	241	218	268	0,259	0,914	17,37	331	362	302
0,030	0,310	0,897	15,48	215	193	240	0,273	0,909	16,40	293	320	269
0,032	0,324	0,892	14,70	193	172	216	0,286	0,905	15,55	263	285	242
0,034	0,338	0,887	14,01	174	155	196	0,298	0,901	14,80	237	256	219
0,035	0,344	0,885	13,69	166	147	187	0,304	0,899	14,46	225	243	209
0,036	0,351	0,883	13,40	158	140	180	0,310	0,897	14,13	215	231	200
0,038	0,363	0,879	12,84	145	127	165	0,322	0,893	13,53	196	210	183
0,040	0,375	0,875	12,34	133	117	152	0,333	0,889	12,99	180	192	169
0,042	0,387	0,871	11,89	123	107	141	0,344	0,885	12,50	166	176	156
0,044	0,399	0,867	11,48	114	99,2	132	0,355	0,882	12,05	154	163	145
0,045	0,403	0,866	11,28	110	95,5	127	0,360	0,880	11,84	148	156	140
0,046	0,408	0,864	11,10	106	92,0	123	0,365	0,878	11,65	143	151	136
0,048	0,419	0,861	10,75	99,5	85,6	116	0,375	0,875	11,27	133	140	127
0,050	0,429	0,857	10,43	93,3	78,3	109	0,385	0,872	10,92	125	131	119
0,060	0,474	0,842	9,14	70,4	59,2	83,6	0,429	0.857	9,53	93,3	96	90
σ_b	k_1	k_2	k_3	k_4	k_5	k_6	k_1	k_2	k_3	k_4	k_5	k_6

[1] Anm. vgl. S. 244.

Anmerkung zu Tabelle IV.

Die Tabelle ist, wie aus ihrem Kopfe hervorgeht, aufgestellt für Spannungsverhältnisse in der Einheit von t/cm^2 und für Momente in $t \cdot cm$; b und h sowie F_e ergeben sich aber in cm-Einheit, bzw. sind in dieser einzuführen. Hierdurch ist erreicht, daß die Reihen 4—7 der Tabellen große Zahlen enthalten und die für die Rechnung lästigen Dezimalen entfallen.

Als Beispiel der Festwertberechnung seien die Zahlen für eine Spannung im Beton $= \sigma_b = 40\,kg/cm^2 = 0,04\,t/cm^2$ und für eine solche in Eisen $= 1000\,kg/cm^2 = 1\,t/cm^2$ nachstehend berechnet. Es ergibt sich:

$$s = k_1 = \frac{n\,\sigma_b}{\sigma_b + n\,\sigma_b} = \frac{15 \cdot 0,04}{1 + 15 \cdot 0,04} = \frac{0,60}{1,60} = \frac{3}{8} = 0,375 \,.$$

$$k_2 = 1 - \frac{k_1}{3} = 1 - \frac{0,375}{3} = 0,875 \,.$$

$$k_3 = \sqrt{\frac{2}{\left(1 - \dfrac{k_1}{3}\right) k_1 \cdot \sigma_b}} = \sqrt{\frac{2}{\left(1 - \dfrac{0,375}{3}\right) 0,375 \cdot 0,040}}$$

$$= \sqrt{\frac{2}{(1 - 0,125)\,0,375 \cdot 40}} \cdot \sqrt{1000} = 0,390 \cdot 31,72 = 12,34 \,.$$

$$k_4 = \sigma_e\,k_2\,k_3^2 = 1 \cdot 0,875 \cdot 12,34^2 = 0,875 \cdot 152,28 = 133 \,.$$

$$k_5 = (\sigma_e\,k_2\,k_3)^2 = (1 \cdot 0,875 \cdot 12,34)^2 = (10,8)^2 = 116,6 = \text{rd. } 117 \,.$$

$$k_6 = \frac{k_4^2}{k_5} = \frac{133^2}{117} = \frac{17\,689}{117} = 152 \,.$$

Stellt man eine Momentengleichung in bezug auf den Angriffspunkt der Mittelkraft des Betondruckes auf, so wird (Abb. 95a S. 242):

a)
$$M = D_e\left(\frac{x}{3} - h'\right) + Z_e\left(h - \frac{x}{3}\right)$$

$$= F_e'\,\sigma_e'\left(\frac{x}{3} - h'\right) + F_e\,\sigma_e\left(h - \frac{x}{3}\right) \,.$$

Ferner ist:

$$D_b + D_e = Z_e \,;$$

b)
$$\sigma_b \cdot \frac{x}{2} \cdot b + F_e'\,\sigma_e' = F_e \cdot \sigma_e \,.$$

Setzt man diesen Wert von $F_e \cdot \sigma_e$ in der obigen Gleichung ein, so wird:

$$M = F_e' \cdot \sigma_e'\left(\frac{x}{3} - h'\right) + \left(x\,\frac{\sigma_b\,b}{2} + F_e'\,\sigma_e'\right) \cdot \left(h - \frac{x}{3}\right),$$

$$M - \sigma_b\,\frac{x\,b}{2}\left(h - \frac{x}{3}\right) = F_e'\,\sigma_e'\left(h - \frac{x}{3}\right) + F_e'\,\sigma_e'\left(\frac{x}{3} - h'\right)$$

$$= F_e'\,\sigma_e'\left(\frac{x}{3} - h' + h - \frac{x}{3}\right) = F_e'\,\sigma_e'\,(h - h') \,.$$

Hieraus ergibt sich der gesuchte Wert für F_e':

$$F_e' = \frac{M - b\left(\dfrac{3h - x}{6}\right) x \cdot \sigma_b}{\sigma_e'\,(h - h')} \; . \tag{28a}$$

Hiermit ist auch aus Gl. b) F_e bekannt:

$$F_e = \frac{\dfrac{x\,b\,\sigma_b}{2} + F_e'\,\sigma_e'}{\sigma_e} = \frac{\dfrac{x\,b\,\sigma_b}{2\,\sigma_e'} + F_e'}{\dfrac{\sigma_e}{\sigma_e'}} \; {}^1) . \tag{28b}$$

Die auf S. 240 erwähnte Beziehung: $F_e = \dfrac{M}{\sigma_e \dfrac{7}{8} h}$ (26c) kann man
auch angenähert zur Bestimmung der Zugeiseneinlage bei doppelter Plattenbewehrung benutzen. Bei den praktischen Ausführungen liegt die Druckkraft im Eisen $= D_e$ immer näher als D_b (die Druckkraft im Beton) am gedrückten Plattenrande. Die Mittelkraft von D_e und D_b liegt zwischen beiden, also wird auch der Hebelarm der inneren Kräfte hier etwas größer sein als bei vergleichsweiser einfacher Bewehrung, d. h. $> \tfrac{7}{8} h$ bei der hier üblichen angenäherten Berechnung. Es bedeutet somit die Einführung des letzteren Wertes eine größere Sicherheit, einen etwas vergrößerten Wert von F_e gegenüber dem tatsächlichen Hebelarm der inneren Kräfte.

Nach Auffindung von F_e findet man F_e' aus der Beziehung:

$$F_e'\,\sigma_e' + D_b = F_e'\,\sigma_e' + x\,\frac{b}{2}\,\sigma_b = F_e\,\sigma_e ,$$

$$F_e' = \frac{1}{\sigma_e'}\left(F_e\,\sigma_e - \frac{b}{2}\,x\,\sigma_b\right);$$

hierin ist wiederum:

$$x = \frac{n\,\sigma_b}{\sigma_e + n\,\sigma_b} = s \cdot h \qquad \text{und} \qquad \sigma_e' = n\,\sigma_b\,\frac{x - h'}{x} \; .$$

Da F_e sich bei dieser Annäherungsrechnung etwas zu hoch ergibt, wird auch F_e' ein wenig zu hoch. Die hierin liegende Sicherheit ist aber deshalb durchaus angebracht, weil die Betondruckzone durch F_e' eine Schwächung erfährt.

Inwieweit die Genauigkeit geht, läßt das entsprechende Zahlenbeispiel 8b in Abschnitt 14 erkennen.

${}^1)$ Zur Entwicklung dieser Berechnung vgl. Arm. Beton 1918, Heft 7, von Dr. L. Wierzbicki, Wien.

Für Bemessungsfragen des einfach bewehrten Rechtecksquerschnittes und weiterhin des doppelt bewehrten, sowie auch für die Entscheidung der Frage, ob eine Bewehrung auch in der Druckzone notwendig ist, werden die Tabellen Va—c auf S. 252—256 in sehr vielen Fällen zweckmäßige Anwendung finden können. Sie setzen voraus, daß das Moment in t · cm, die Längen in cm, die Spannungen in t/cm², die Bewehrungen in cm² eingeführt sind. M_1 ist das Moment, welches der Querschnitt $h \cdot 100$, d. h. also auf 100 cm Breite $= b_1$, bei einer einfachen Bewehrung $= f_{e1}$, aufnimmt.

Die Herleitung der Tabellen beruht auf den folgenden Gleichungen und Überlegungen:

Für den einfach bewehrten Querschnitt ist für $n = 15$ (Gl. 24):

a) $\quad x = \dfrac{15\,\sigma_b}{15\,\sigma_b + \sigma_e}\, h\,;$

b) $\quad z$, der Hebelarm der inneren Kräfte $= h - \dfrac{x}{3} = \dfrac{10\,\sigma_b + \sigma_e}{15\,\sigma_b + \sigma_e}\, h\,;$ (29)

c) $\quad D_b = \tfrac{1}{2}\, b_1\, x\, \sigma_b = 50\, x\, \sigma_b = 50 \cdot \dfrac{15\,\sigma_b}{15\,\sigma_b + \sigma_e} \cdot \sigma_b\, h\,;$

$\qquad Z_e = f_{e1} \cdot \sigma_e\,;\quad D_b = Z_e$, also auch $f_{e1}\,\sigma_e = 50\, x\, \sigma_b\,;$

d) $\quad f_{e1} = \dfrac{50\, x\, \sigma_b}{\sigma_c} = 50 \cdot \dfrac{15\,\sigma_b}{15\,\sigma_b + \sigma_e}\, \dfrac{\sigma_b}{\sigma_e}\, h\,;$ (30)

Ferner ist

e) $\quad M_1 = D_b \cdot z = 50\, x\, \sigma_b\, z = 50 \cdot \dfrac{15\,\sigma_b}{15\,\sigma_b + \sigma_e}\, h \cdot \dfrac{10\,\sigma_b + \sigma_e}{15\,\sigma_b + \sigma_e}\, h\, \sigma_b$

$\qquad = \dfrac{750\,\sigma_b^2\,(10\,\sigma_b + \sigma_e)}{(15\,\sigma_b + \sigma_e)^2}\, h^2\,.$ (31)

Wie in Abschn. 12 späterhin nachgewiesen wird, ist für den Rechtecksquerschnitt die Schubspannung im Beton $= \tau_0 = \dfrac{Q}{b \cdot z}$, bzw. für den 100 cm breiten Querschnitt $\tau_0 = \dfrac{Q}{100\, z}$.

Für die Grenze der Schubspannung $\tau_0 = 4$ kg/cm² $= 0{,}004$ t/cm², von der an eine Aufnahme aller Schubspannungen durch Eisen erfolgen muß und die Grenze $\tau_0 = 14\,\text{kg/cm}^2 = 0,014\ \text{t/cm}^2$, bei der der gewählte Querschnitt als unzureichend abzuändern ist, ergeben sich Q-Werte:

$$\text{f)}\quad Q_4 = 100\,z \cdot 0,004 = 0,4\,h\,\frac{10\,\sigma_b + \sigma_c}{15\,\sigma_b + \sigma_e}\,;\tag{32a}$$

$$\text{g)}\quad Q_{14} = 1,4\,h\,\frac{10\,\sigma_b + \sigma_e}{15\,\sigma_b + \sigma_e}.\tag{32b}$$

Es sind somit alle vorentwickelten Gleichungen a—g als Funktion der nutzbaren Querschnittshöhen h und der zulässigen Spannungen dargestellt, also bei Festlegung von σ_b und σ_e als einfache Größen von h darstellbar.

Nimmt man für die Spannungen die Verhältnisse von

$$\begin{aligned}
\sigma_b &= 0,035\ \text{t/cm}^2 & \sigma_e &= 1,000\ \text{t/cm}^2,\\
\sigma_b &= 0,040\ \text{,,} & \sigma_e &= 1,200\ \text{,,}\\
\sigma_b &= 0,050\ \text{,,} & \sigma_e &= 1,200\ \text{,,}
\end{aligned}$$

so ergeben sich, auf h bezogen, die vorgenannten Werte allgemein in der nachfolgenden Zusammenstellung:

Gleichung	Spannungen		$\sigma_b = 0,035$ $\sigma_e = 1,000$	$\sigma_b = 0,040$ $\sigma_e = 1,200$	$\sigma_b = 0,050$ $\sigma_e = 1,200$
a	Höhe der Druckzone der inneren Kräfte	$x =$	$\dfrac{21}{61}\,h$	$\dfrac{1}{3}\,h$	$\dfrac{5}{13}\,h$
b	Hebelarm	$z =$	$\dfrac{54}{61}\,h$	$\dfrac{8}{9}\,h$	$\dfrac{34}{39}\cdot h$
c	Druckkraft	$D_b =$	$\dfrac{147}{244}\cdot h$	$\dfrac{2}{3}\,h$	$\dfrac{25}{26}\,h$
d	Bewehrung	$f_{e1} =$	$\dfrac{147}{244}\cdot h$	$\dfrac{h}{1,8}$	$\dfrac{25}{31,2}\cdot h$
e	Moment	$M_1 =$	$\dfrac{3969}{7442}\,h^2$	$\dfrac{16}{27}\,h^2$	$\dfrac{425}{507}\,h^2$
f	Querkraft bei $\tau_0 = 0,004$ t/cm²	$Q_4 =$	$\dfrac{21,6}{61}\cdot h$	$\dfrac{3,2}{9}\cdot h$	$\dfrac{13,6}{39}\cdot h$
g	Querkraft $\tau_0 = 0,014$ t/cm²	$Q_{14} =$	$\dfrac{75,6}{61}\cdot h$	$\dfrac{11,2}{9}\cdot h$	$\dfrac{47,6}{39}\cdot h$

Für nutzbare Höhen $h = 5$—100 cm sind in den nachfolgenden Tabellen Va—c die Werte für die oben angegebenen Spannungsverhältnisse berechnet.

Für die Verwendung bei einfach bewehrtem Querschnitt gestatten die Tabellen die Lösung folgender Aufgaben:

1. **Gegeben** M **und** b; **gesucht** h **und** F_e. Man berechnet aus M und b den Wert $M_1 = \dfrac{100\,M}{b}$, sucht zu diesem Werte M_1 in Spalte 4 die zugehörige Nutzhöhe h aus Spalte 1 und aus Spalte 5 f_{e1}, und findet demgemäß:

$$F_e = \frac{b\,f_{e1}}{100}.$$

2. **Gegeben** M **und** h; **gesucht** b **und** F_e. Mit Hilfe von h wird M_1 gefunden in Spalte 4. Hieraus folgt: $b = \dfrac{100\,M}{M_1}$ und

$$F_e = \frac{b\,f_{e1}}{100} = f_{e1} \cdot \frac{M}{M_1},$$ wobei Spalte 5 den Wert f_{e1} liefert.

3. **Gegeben** h **und** b; **gesucht** F_e **und** M. Hier findet man:
$$F_e = \frac{f_{e1} \cdot b}{100}; \quad M = \frac{M_1\,b}{100},$$ wobei f_{e1} und M_1 für die gegebene Höhe h aus Spalte 4 und 5 entnommen werden.

4. Die Tabelle gestattet sofort, über die Ungeeignetheit des gewählten Querschnittes Aufschluß zu erlangen. Auf 100 cm Breite wird

$$Q_1 = \frac{100\,Q}{b}. \tag{33}$$

Ist $Q_1 > Q_{14}$, so versagt der gewählte Querschnitt.

Für eine doppelte Bewehrung des Querschnittes gewährt die Tabelle zunächst die wichtige Entscheidung, ob eine Bewehrung im Obergurte auch tatsächlich notwendig ist; weiterhin gibt sie Anhalte zur unmittelbaren Auffindung der Bewehrungsgrößen bei gegebenen Werten h und h'.

Eine doppelte Bewehrung eines Rechteckquerschnittes — bei Benutzung der Tabelle — ist alsdann notwendig, wenn $\dfrac{M\,100}{b} > M_1$ ist, worin M_1 das Moment in Spalte 4 der Tabellen darstellt — also das Moment des einfach bewehrten Balkens bei Innehaltung der zulässigen Werte σ_b und σ_e bezeichnet[1] —; denn alsdann reicht der einfach bewehrte Querschnitt nicht mehr aus, um das Moment M aufzunehmen. Bezeichnet man den eine Druckbewehrung bedingenden Momentenanteil

---

[1]) Der zu M_1 gehörende Wert der Zugbewehrung (F_{e1}) ist ebenfalls den Tabellen nach Wahl von σ_b und σ_e zu entnehmen; vgl. auch die nachfolgende Rechnung auf S. 251 ohne unmittelbare Verwendung der Tabelle.

mit M_2, die zugehörende Zugkraft im Eisen mit $Z_2 = F_{e_2}\,\sigma_e$, so ergibt sich aus der Beziehung (Abb. 95b):

$$M_2 = Z_2\,(h - h') = F_{e_2}\,\sigma_e\,(h - h')\,,$$

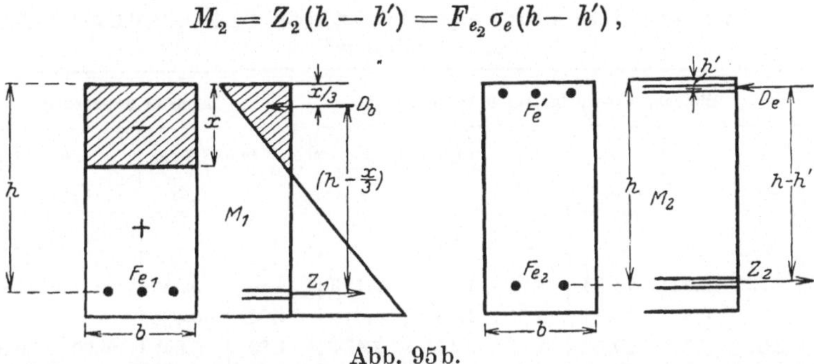

Abb. 95b.

die Größe der durch M_2 bedingten Verstärkung der Eiseneinlage in der Zugzone

$$F_{e_2} = \frac{M_2}{\sigma_e\,(h - h')} = \frac{M - \dfrac{M_1 b}{100}}{k} = \frac{M - 0{,}01\,M_1 b}{k}\,, \tag{34}$$

worin $k = \sigma_e\,(h - h')$ ist. **Hierbei ist also vorausgesetzt, daß die Größen h und h' gegeben sind.** Die Druckbewehrung F_e' ist aus der Bedingung abzuleiten, daß die Nullinie gegenüber der durch

$$x = \frac{15\,\sigma_b}{15\,\sigma_b + \sigma_e}\,h$$

festgelegten Lage eine Veränderung nicht erfährt und für sie ein statisches Moment $= 0$ entsteht.

$$F_e' \cdot (x - h') = F_{e_2}\,(h - x)$$

$$F_e' = F_{e_2}\frac{h - x}{x - h'} = \frac{M - 0{,}01\,M_1 b}{\sigma_e\,(h - h')} \cdot \frac{h - x}{x - h'}\,.$$

Hieraus folgt:

$$F_e' = \frac{M - 0{,}01\,M_1 b}{k_1} = \frac{M_2}{k_1}\,, \tag{35}$$

worin bei bekannten Werten h, a und h', gegebenen Spannungswerten und somit auch leicht zu findendem x

$$k_1 = \frac{\sigma_e\,(h - h')\,(x - h')}{h - x}\ \text{ist.}$$

Zusammenstellungen Va—Vc
zur Querschnittsbestimmung und Nachrechnung für den einfach und doppelt bewehrten Rechtecksquerschnitt.

Tabelle Va für Rechtecksquerschnitte bei $\sigma_b = 0,035\ \text{t/cm}^2$ und $\sigma_e = 1,000\ \text{t/cm}^2$.

h	Einfache Bewehrung für $b_1 = 100$ cm						Doppelte Bewehrung			
	x	z	M_1	f_{e1}	Q_4	Q_{14}	$a = h' = 1,5$ cm		$a = h' = 2,0$ cm	
cm							k	k_1	k	k_1
	cm	cm	t · cm	cm²	t	t				
1	2	3	4	5	6	7	8	9	10	11
5,0	1,72	4,43	13,33	3,01	1,770	6,197	3,50	0,236	—	—
5,5	1,89	4,87	16,13	3,31	1,947	6,816	4,00	0,436	—	—
6,0	2,06	5,31	19,20	3,61	2,124	7,434	4,50	0,647	4,00	0,067
6,5	2,24	5,75	22,53	3,92	2,302	8,056	5,00	0,865	4,50	0,251
7,0	2,41	6,20	26,13	4,22	2,479	8,675	5,50	1,09	5,00	0,446
7,5	2,58	6,64	30,00	4,52	2,656	9,295	6,00	1,32	5,50	0,651
8,0	2,75	7,08	34,13	4,82	2,833	9,915	6,50	1,55	6,00	0,862
8,5	2,93	7,52	38,54	5,12	3,010	10,53	7,00	1,79	6,50	1,08
9,0	3,10	7,97	43,20	5,42	3,187	11,15	7,50	2,03	7,00	1,30
9,5	3,27	8,41	48,13	5,72	3,364	11,77	8,00	2,27	7,50	1,53
10,0	3,44	8,85	53,33	6,02	3,541	12,32	8,50	2,52	8,00	1,76
10,5	3,61	9,30	58,80	6,33	3,718	13,01	9,00	2,76	8,50	1,99
11,0	3,79	9,74	64,53	6,63	3,895	13,63	9,50	3,01	9,00	2,23
11,5	3,96	10,2	70,53	6,93	4,072	14,25	10,0	3,26	9,50	2,47
12,0	4,13	10,6	76,80	7,23	4,249	14,87	10,5	3,51	10,0	2,71
12,5	4,30	11,1	83,33	7,53	4,426	15,49	11,0	3,76	10,5	2,95
13,0	4,48	11,5	90,13	7,83	4,603	16,11	11,5	4,01	11,0	3,19
13,5	4,65	12,0	97,20	8,13	4,780	16,73	12,0	4,27	11,5	3,44
14,0	4,82	12,4	104,5	8,43	4,957	17,35	12,5	4,52	12,0	3,69
14,5	4,99	12,8	112,1	8,74	5,134	17,97	13,0	4,77	12,5	3,93
							$a = h' = 2,0$ cm		$a = h' = 3,0$ cm	
15	5,16	13,3	120,0	9,04	5,311	18,52	13,0	4,18	12,0	2,64
16	5,51	14,2	136,5	9,64	5,666	19,83	14,0	4,68	13,0	3,11
17	5,85	15,0	154,1	10,2	6,020	21,07	15,0	5,18	14,0	3,58
18	6,20	15,9	172,8	10,8	6,373	22,31	16,0	5,69	15,0	4,06
19	6,54	16,8	192,5	11,4	6,728	23,55	17,0	6,20	16,0	4,55
20	6,88	17,7	213,3	12,0	7,082	24,79	18,0	6,70	17,0	5,05
21	7,23	18,6	235,2	12,7	7,436	26,03	19,0	7,22	18,0	5,53
22	7,57	19,5	258,1	13,3	7,790	27,27	20,0	7,73	19,0	6,02
23	7,92	20,4	282,1	13,9	8,144	28,50	21,0	8,24	20,0	6,52
24	8,26	21,2	307,2	14,5	8,498	29,74	22,0	8,75	21,0	7,02

	Einfache Bewehrung für $b_1 = 100$ cm						Doppelte Bewehrung			
h	x	z	M_1	f_{e1}	Q_4	Q_{14}	$a = h' = 2{,}0$ cm		$a = h' = 3{,}0$ cm	
cm	cm	cm	t · cm	cm²	t	t	k	k_1	k	k_1
1	2	3	4	5	6	7	8	9	10	11
25	8,61	22,1	333,3	15,1	8,852	30,98	23,0	9,27	22,0	7,52
26	8,95	23,0	360,5	15,7	9,207	32,22	24,0	9,78	23,0	8,03
27	9,30	23,9	388,8	16,3	9,561	33,46	25,0	10,3	24,0	8,53
28	9,64	24,8	418,1	16,9	9,915	34,70	26,0	10,8	25,0	9,04
29	9,98	25,7	448,5	17,5	10,27	35,94	27,0	11,3	26,0	9,55
30	10,3	26,6	480,0	18,1	10,62	37,18	28,0	11,9	27,0	10,1
32	11,0	28,3	546,1	19,3	11,33	39,65	30,0	12,9	29,0	11,1
34	11,7	30,1	616,5	20,5	12,04	42,14	32,0	13,9	31,0	12,1
36	12,4	31,9	691,2	21,7	12,75	44,62	34,0	15,0	33,0	13,1
38	13,1	33,6	770,1	22,9	13,46	47,09	36,0	16,0	35,0	14,2

							$a = h' = 3{,}0$ cm		$a = h' = 4{,}0$ cm	
h	x	z	M_1	f_{e1}	Q_4	Q_{14}	k	k_1	k	k_1
40	13,8	35,4	853,3	24,1	14,16	49,57	37,0	15,2	36,0	13,4
42	14,5	37,2	940,8	25,3	14,87	52,05	39,0	16,2	38,0	14,4
44	15,1	39,0	1033	26,5	15,58	54,53	41,0	17,3	40,0	15,5
46	15,8	40,7	1129	27,7	16,29	57,01	43,0	18,3	42,0	16,5
48	16,5	42,5	1229	28,9	17,00	59,49	45,0	19,3	44,0	17,5
50	17,2	44,3	1333	30,1	17,70	61,97	47,0	20,4	46,0	18,5
52	17,9	46,0	1442	31,3	18,41	64,45	49,0	21,4	48,0	19,6
54	18,6	47,8	1555	32,5	19,12	66,92	51,0	22,5	50,0	20,6
56	19,3	49,6	1673	33,7	19,83	69,40	53,0	23,5	52,0	21,6
58	20,0	51,3	1794	34,9	20,54	71,88	55,0	24,5	54,0	22,7
60	20,6	53,1	1920	36,1	21,25	74,36	57,0	25,6	56,0	23,7
62	21,3	54,9	2050	37,4	21,95	76,84	59,0	26,6	58,0	24,7
64	22,0	56,7	2184	38,6	22,66	79,32	61,0	27,7	60,0	25,8
66	22,7	58,4	2323	39,8	23,37	81,80	63,0	28,7	62,0	26,8
68	23,4	60,2	2466	41,0	24,08	84,28	65,0	29,7	64,0	27,9
70	24,1	62,0	2613	42,2	24,79	86,75	67,0	30,8	66,0	28,9
72	24,8	63,7	2765	43,4	25,50	89,23	69,0	31,8	68,0	29,9
74	25,5	65,5	2920	44,6	26,20	91,71	71,0	32,9	70,0	31,0
76	26,2	67,3	3080	45,8	26,91	94,19	73,0	33,9	72,0	32,0
78	26,9	69,0	3245	47,0	27,62	96,67	75,0	35,0	74,0	33,1
80	27,5	70,8	3413	48,2	28,33	99,15	77,0	36,0	76,0	34,1
82	28,2	72,6	3586	49,4	29,04	101,6	79,0	37,1	78,0	35,1
84	28,9	74,4	3763	50,6	29,74	104,1	81,0	38,1	80,0	36,2
86	29,6	76,1	3944	51,8	30,45	106,6	83,0	39,2	82,0	37,2
88	30,3	77,9	4130	53,0	31,16	109,1	85,0	40,2	84,0	38,3
90	31,0	79,7	4320	54,2	31,87	111,5	87,0	41,3	86,0	39,3
92	31,7	81,4	4514	55,4	32,58	114,0	89,0	42,3	88,0	40,4
94	32,4	83,2	4712	56,6	33,29	116,5	91,0	43,3	90,0	41,4
96	33,0	85,0	4915	57,8	33,99	119,0	93,0	44,4	92,0	42,5
98	33,7	86,8	5122	59,0	34,70	121,5	95,0	45,4	94,0	43,5
100	34,4	88,5	5333	60,2	35,41	123,2	97,0	46,5	96,0	44,5

Tabelle Vb für Rechtecksquerschnitte bei $\sigma_b = 0{,}040$ t/cm² und $\sigma_e = 1{,}200$ t/cm².

	Einfache Bewehrung für $b_1 = 100$ cm						Doppelte Bewehrung			
							$a = h' = 1{,}5$ cm		$a = h' = 2{,}0$ cm	
h	x	z	M_1	f_{e1}	Q_4	Q_{14}				
cm	cm	cm	t · cm	cm²	t	t	k	k_1	k	k_1
1	2	3	4	5	6	7	8	9	10	11
5,0	1,67	4,44	14,82	2,78	1,778	6,222	4,20	0,210	—	—
5,5	1,83	4,89	17,93	3,06	1,956	6,844	4,80	0,436	—	—
6,0	2,00	5,33	21,33	3,33	2,133	7,467	5,40	0,675	—	—
6,5	2,17	5,78	25,04	3,61	2,311	8,089	6,00	0,923	5,40	0,208
7,0	2,33	6,22	29,04	3,89	2,489	8,711	6,60	1,18	6,00	0,429
7,5	2,50	6,67	33,33	4,17	2,667	9,333	7,20	1,44	6,60	0,660
8,0	2,67	7,11	37,93	4,44	2,844	9,956	7,80	1,71	7,20	0,900
8,5	2,83	7,56	42,81	4,72	3,022	10,58	8,40	1,98	7,80	1,15
9,0	3,00	8,00	48,00	5,00	3,200	11,20	9,00	2,25	8,40	1,40
9,5	3,17	8,44	53,48	5,28	3,378	11,82	9,60	2,53	9,00	1,66
10,0	3,33	8,89	59,26	5,56	3,556	12,44	10,2	2,81	9,60	1,92
10,5	3,50	9,33	65,33	5,83	3,733	13,07	10,8	3,09	10,2	2,18
11,0	3,67	9,78	71,70	6,11	3,911	13,69	11,4	3,37	10,8	2,45
11,5	3,83	10,2	78,37	6,39	4,089	14,31	12,0	3,65	11,4	2,73
12,0	4,00	10,7	85,53	6,67	4,267	14,93	12,6	3,94	12,0	3,00
12,5	4,17	11,1	92,59	6,94	4,444	15,56	13,2	4,22	12,6	3,28
13,0	4,33	11,6	100,2	7,22	4,622	16,18	13,8	4,51	13,2	3,55
13,5	4,50	12,0	108,0	7,50	4,800	16,80	14,4	4,80	13,8	3,83
14,0	4,67	12,4	116,2	7,78	4,978	17,42	15,0	5,09	14,4	4,11
14,5	4,83	12,9	124,6	8,06	5,156	18,04	15,6	5,38	15,0	4,40
							$a = h' = 2{,}0$ cm		$a = h' = 3{,}0$ cm	
15	5,00	13,3	133,3	8,33	5,333	18,66	15,6	4,68	14,4	2,88
16	5,33	14,2	151,7	8,89	5,689	19,91	16,8	5,25	15,6	3,41
17	5,67	15,1	171,3	9,44	6,044	21,16	18,0	5,82	16,8	3,95
18	6,00	16,0	192,0	10,0	6,400	22,40	19,2	6,40	18,0	4,50
19	6,33	16,9	213,9	10,6	6,756	23,64	20,4	6,98	19,2	5,05
20	6,67	17,8	237,0	11,1	7,111	24,88	21,6	7,56	20,4	5,61
21	7,00	18,7	261,3	11,7	7,467	26,13	22,8	8,14	21,6	6,17
22	7,33	19,6	286,8	12,2	7,822	27,38	24,0	8,73	22,8	6,74
23	7,67	20,4	313,5	12,8	8,178	28,62	25,2	9,31	24,0	7,30
24	8,00	21,3	341,3	13,3	8,533	29,87	26,4	9,90	25,2	7,88

	Einfache Bewehrung für $b_1 = 100$ cm						Doppelte Bewehrung			
h	x	z	M_1	f_{e1}	Q_4	Q_{14}	$a = h' = 2,0$ cm		$a = h' = 3,0$ cm	
cm	cm	cm	t · cm	cm²	t	t	k	k_1	k	k_1
1	2	3	4	5	6	7	8	9	10	11
25	8,33	22,2	370,4	13,9	8,889	31,11	27,6	10,5	26,4	8,45
26	8,67	23,1	400,6	14,4	9,244	32,35	28,8	11,1	27,6	9,02
27	9,00	24,0	432,0	15,0	9,600	33,60	30,0	11,7	28,8	9,23
28	9,33	24,9	464,6	15,6	9,956	34,84	31,2	12,3	30,0	10,2
29	9,67	25,8	498,4	16,1	10,31	36,09	32,4	12,8	31,2	10,8
30	10,0	26,7	533,3	16,7	10,67	37,33	33,6	13,4	32,4	11,3
32	10,7	28,4	606,8	17,8	11,38	39,82	36,0	14,6	34,8	12,5
34	11,3	30,2	685,0	18,9	12,09	42,31	38,4	15,8	37,2	13,7
36	12,0	32,0	768,0	20,0	12,80	44,80	40,8	17,0	39,6	14,9
38	12,7	33,8	855,7	21,1	13,51	47,29	43,2	18,2	42,0	16,0
							$a = h' = 3,0$ cm		$a = h' = 4,0$ cm	
40	13,3	35,6	948,2	22,2	14,22	49,78	44,4	17,2	43,2	15,1
42	14,0	37,3	1045	23,3	14,93	52,27	46,8	18,4	45,6	16,3
44	14,7	39,1	1147	24,4	15,64	54,76	49,2	19,6	48,0	17,5
46	15,3	40,9	1254	25,6	16,36	57,24	51,6	20,8	50,4	18,6
48	16,0	42,7	1365	26,7	17,07	59,73	54,0	21,9	52,8	19,8
50	16,7	44,4	1482	27,8	17,78	62,22	56,4	23,1	55,2	21,0
52	17,3	46,2	1602	28,9	18,49	64,71	58,8	24,3	57,6	22,2
54	18,0	48,0	1728	30,0	19,20	67,20	61,2	25,5	60,0	23,3
56	18,7	49,8	1858	31,1	19,91	69,69	63,6	26,7	62,4	24,5
58	19,3	51,6	1994	32,2	20,62	72,18	66,0	27,9	64,8	25,7
60	20,0	53,3	2133	33,3	21,33	74,67	68,4	29,1	67,2	26,9
62	20,7	55,1	2278	34,4	22,04	77,16	70,8	30,3	69,6	28,1
64	21,3	56,9	2427	35,6	22,76	79,64	73,2	31,5	72,0	29,3
66	22,0	58,7	2581	36,7	23,47	82,13	75,6	32,7	74,4	30,4
68	22,7	60,4	2740	37,8	24,18	84,62	78,0	33,8	76,8	31,6
70	23,3	62,2	2904	38,9	24,89	87,11	80,4	35,0	79,2	32,8
72	24,0	64,0	3072	40,0	25,60	89,60	82,8	36,2	81,6	34,0
74	24,7	65,8	3245	41,1	26,31	92,09	85,2	37,4	84,0	35,2
76	25,3	67,6	3423	42,2	27,02	94,58	87,6	38,6	86,4	36,4
78	26,0	69,3	3605	43,3	27,73	97,06	90,0	39,8	88,8	37,6
80	26,7	71,1	3793	44,4	28,44	99,56	92,4	41,0	91,2	38,8
82	27,3	72,9	4020	45,6	29,16	102,0	94,8	42,2	93,6	39,9
84	28,0	74,7	4181	46,7	29,87	104,5	97,2	43,4	96,0	41,1
86	28,7	76,4	4442	47,8	30,58	107,0	99,6	44,6	98,4	42,3
88	29,3	78,2	4589	48,9	31,29	109,5	102	45,8	101	43,5
90	30,0	80,0	4800	50,0	32,00	112,0	104	47,0	103	44,7
92	30,7	81,8	5016	51,1	32,71	114,5	107	48,2	106	45,9
94	31,3	83,6	5236	52,2	33,42	117,0	109	49,4	108	47,1
96	32,0	85,3	5461	53,3	34,13	119,5	112	50,6	110	48,3
98	32,7	87,1	5691	54,4	34,84	122,0	114	51,8	113	49,5
100	33,3	88,9	5926	55,6	35,56	124,4	116	53,0	115	50,7

Tabelle Vc für Rechtecksquerschnitte bei $\sigma_b = 0,050$ t/cm² und $\sigma_e = 1,200$ t/cm².

| h | x | z | M_1 | f_{e1} | Q_4 | Q_{14} | Einfache Bewehrung für $b_1 = 100$ cm | | Doppelte Bewehrung | |
| | | | | | | | $a = h' = 1,5$ cm | | $a = h' = 2,0$ cm | |
cm	cm	cm	t · cm	cm²	t	t	k	k_1	k	k_1
1	2	3	4	5	6	7	8	9	10	11
5,0	1,92	4,36	20,96	4,01	1,744	6,102	4,20	0,58	—	—
5,5	2,12	4,79	25,36	4,41	1,918	6,713	4,80	0,87	4,20	0,143
6,0	2,31	5,23	30,18	4,81	2,092	7,323	5,40	1,18	4,80	0,400
6,5	2,50	5,67	35,42	5,21	2,267	7,933	6,00	1,50	5,40	0,675
7,0	2,69	6,10	41,08	5,61	2,441	8,544	6,60	1,83	6,00	0,964
7,5	2,88	6,54	47,15	6,01	2,615	9,154	7,20	2,16	6,60	1,26
8,0	3,08	6,97	53,65	6,41	2,790	9,764	7,80	2,50	7,20	1,58
8,5	3,27	7,41	60,56	6,81	2,964	10,37	8,40	2,84	7,80	1,89
9,0	3,46	7,85	67,90	7,21	3,138	10,98	9,00	3,19	8,40	2,21
9,5	3,65	8,28	75,53	7,61	3,313	11,59	9,60	3,54	9,00	2,55
10,0	3,85	8,72	83,83	8,01	3,487	12,20	10,2	3,89	9,60	2,88
10,5	4,04	9,15	92,42	8,41	3,661	12,82	10,8	4,24	10,2	3,22
11,0	4,23	9,59	101,4	8,81	3,836	13,42	11,4	4,60	10,8	3,56
11,5	4,42	10,0	110,9	9,21	4,010	14,04	12,0	4,96	11,4	3,90
12,0	4,62	10,5	120,7	9,62	4,185	14,65	12,6	5,32	12,0	4,25
12,5	4,81	10,9	131,0	10,0	4,359	15,26	13,2	5,68	12,6	4,60
13,0	5,00	11,3	141,7	10,4	4,533	15,87	13,8	6,03	13,2	4,95
13,5	5,19	11,8	152,8	10,8	4,708	16,48	14,4	6,40	13,8	5,30
14,0	5,38	12,2	164,3	11,2	4,882	17,09	15,0	6,76	14,4	5,66
14,5	5,58	12,6	176,2	11,6	5,056	17,70	15,6	7,12	15,0	6,01

							$a = h' = 2,0$ cm		$a = h' = 3,0$ cm	
15	5,77	13,1	188,6	12,0	5,231	18,31	15,6	6,37	14,4	4,32
16	6,15	14,0	214,6	12,8	5,579	19,53	16,8	7,09	15,6	5,00
17	6,54	14,8	242,3	13,6	5,928	20,75	18,0	7,81	16,8	5,68
18	6,92	15,7	271,6	14,4	6,277	21,97	19,2	8,53	18,0	6,38
19	7,31	16,6	302,6	15,2	6,626	23,19	20,4	9,26	19,2	7,07
20	7,69	17,4	335,3	16,0	6,974	24,41	21,6	9,99	20,4	7,78
21	8,08	18,3	369,7	16,8	7,323	25,63	22,8	10,7	21,6	8,49
22	8,46	19,2	405,7	17,6	7,672	28,85	24,0	11,5	22,8	9,20
23	8,85	20,1	443,4	18,4	8,021	29,07	25,2	12,2	24,0	9,91
24	9,23	20,9	482,8	19,2	8,369	29,29	26,4	12,9	25,2	10,60

	Einfache Bewehrung für $b_1 = 100$ cm						Doppelte Bewehrung			
h	x	z	M_1	f_{e1}	Q_4	Q_{14}	$a = h' = 2,0$ cm		$a = h' = 3,0$ cm	
cm	cm	cm	t · cm	cm²	t	t	k	k_1	k	k_1
1	2	3	4	5	6	7	8	9	10	11
25	9,62	21,8	523,9	20,0	8,718	30,51	27,6	13,7	26,4	11,4
26	10,0	22,7	566,7	20,8	9,067	31,73	28,8	14,4	27,6	12,1
27	10,4	23,5	611,1	21,6	9,415	32,95	30,0	15,1	28,8	12,8
28	10,8	24,4	657,2	22,4	9,764	34,17	31,2	15,9	30,0	13,5
29	11,2	25,3	705,0	23,2	10,11	35,39	32,4	16,6	31,2	14,3
30	11,5	26,2	754,4	24,0	10,46	36,62	33,6	17,4	32,4	15,0
32	12,3	27,9	858,4	25,6	11,16	39,06	36,0	18,8	34,8	16,5
34	13,1	29,6	969,0	27,2	11,86	41,50	38,4	20,3	37,2	17,9
36	13,9	31,4	1086	28,9	12,55	43,94	40,8	21,8	39,6	19,4
38	14,6	33,1	1210	30,5	13,25	46,38	43,2	23,3	42,0	20,9

							$a = h' = 3,0$ cm		$a = h' = 4,0$ cm	
h	x	z	M_1	f_{e1}	Q_4	Q_{14}	k	k_1	k	k_1
40	15,4	34,9	1341	32,1	13,95	48,82	44,4	22,3	43,2	20,0
42	16,2	36,6	1479	33,7	14,65	51,26	46,8	23,8	45,6	21,4
44	16,9	38,4	1623	35,3	15,34	53,70	49,2	25,3	48,0	22,9
46	17,7	40,1	1774	36,9	16,04	56,14	51,6	26,8	50,4	24,4
48	18,5	41,9	1931	38,5	16,74	58,58	54,0	28,3	52,8	25,9
50	19,2	43,6	2096	40,1	17,44	61,02	56,4	29,8	55,2	27,3
52	20,0	45,3	2267	41,7	18,13	63,47	58,8	31,2	57,6	28,8
54	20,8	47,1	2444	43,3	18,83	65,91	61,2	32,7	60,0	30,3
56	21,5	48,8	2629	44,9	19,53	68,35	63,6	34,2	62,4	31,8
58	22,3	50,6	2820	46,5	20,23	70,79	66,0	35,7	64,8	33,2
60	23,1	52,3	3018	48,1	20,92	73,23	68,4	37,2	67,2	34,7
62	23,9	54,1	3222	49,7	21,62	75,67	70,8	38,7	69,6	36,2
64	24,6	55,8	3434	51,3	22,32	78,11	73,2	40,2	72,0	37,7
66	25,4	57,5	3652	52,9	23,02	80,55	75,6	41,7	74,4	39,2
68	26,2	59,3	3876	54,5	23,71	82,99	78,0	43,2	76,8	40,7
70	26,9	61,0	4108	56,1	24,41	85,44	80,4	44,6	79,2	42,2
72	27,7	62,8	4346	57,7	25,11	87,88	82,8	46,1	81,6	43,6
74	28,5	64,5	4590	59,3	25,80	90,32	85,2	47,6	84,0	45,1
76	29,2	66,3	4842	60,9	26,50	92,76	87,6	49,1	86,4	46,6
78	30,0	68,0	5100	62,5	27,20	95,20	90,0	50,6	88,8	48,1
80	30,8	69,7	5365	64,1	27,90	97,64	92,4	52,1	91,2	49,6
82	31,5	71,5	5687	65,7	28,60	100,1	94,8	53,6	93,6	51,1
84	32,3	73,2	5915	67,3	29,29	102,5	97,2	55,1	96,0	52,6
86	33,1	75,0	6200	68,9	29,99	104,9	99,6	56,6	98,4	54,6
88	33,9	76,7	6492	70,5	30,69	107,4	102	58,1	101	55,1
90	34,6	78,5	6790	72,1	31,38	109,8	104	59,6	103	57,9
92	35,4	80,2	7095	73,7	32,08	112,3	107	61,1	106	58,5
94	36,2	82,0	7407	75,3	32,78	114,7	109	62,6	108	60,0
96	36,9	83,7	7725	76,9	33,48	117,2	112	64,1	110	61,5
98	37,7	85,4	8051	78,5	34,17	119,6	114	65,6	113	63,0
100	38,5	87,2	8383	80,1	34,87	122,1	116	67,1	115	64,5

In den Zusammenstellungen Va—c auf S. 252—257 sind die vorstehend benutzten Größen k und k_1 für die angenommenen Spannungsverhältnisse und für die angegebenen h-Werte ausgerechnet[1]); hierbei ist weiter angenommen, daß der Wert h' bei niedriger Querschnittshöhe 1,5 und 2,0 cm beträgt, bei größerem h-Werte aber bis zu 4,0 cm steigt; hierüber geben die Tabellen selbst Auskunft.

Zahlenbeispiele zur Anwendung der Tabelle siehe in Abschnitt 14.

Will man **unabhängig von den Tabellen rechnen**, so kann man zunächst das Teilmoment M_1 (vgl. Abb. 95b, linke Seite) in der folgenden Art bestimmen:

$$M_1 = D_b\left(h - \frac{x}{3}\right) = \frac{1}{2}\,\sigma_b\,b\cdot x\left(h - \frac{x}{3}\right).$$

Hierbei ist also wiederum vorausgesetzt:

$$M_1 + M_2 = M\;;\qquad M_1 < M.$$

Ist $M_1 > M$, so ist naturgemäß eine Druckbewehrung nicht erforderlich. Die zu M_1 gehörende Zugeiseneinlage Z_1 folgt aus:

$$Z_1 \cdot \left(h - \frac{x}{3}\right) = M_1 = F_{e_1}\,\sigma_e\left(h - \frac{x}{3}\right)\;;\qquad F_{e_1} = \frac{M_1}{\sigma_e\left(h - \dfrac{x}{3}\right)}$$

wobei x wiederum $= s\,h$ ist.

Naturgemäß kann man auch M_1 aus der Beziehung für den einfach bewehrten Querschnitt finden:

$$h = r\sqrt{\frac{M_1}{b}}\;;\qquad M_1 = \frac{h^2}{r^2}\,b \text{ bzw. } F_{e_1} \text{ aus:}$$

$$F_{e_1} = t\sqrt{M_1\cdot b} = \frac{t}{r}\,b\cdot h.$$

Ähnlich leitet sich $M_2 = M - M_1$ ab: (vgl. Abb. 95b, rechte Seite)

$$D_e = Z_2 = \frac{M_2}{h - h'}\;;\qquad F_{e_2} = \frac{Z_2}{\sigma_e} = \frac{M_2}{\sigma_e\,(h - h')}\;;$$

$$D_e = F'_e\,\sigma'_e\;;\qquad \sigma'_e = n\,\sigma_b\,\frac{x - h'}{x}\;;\qquad F'_e = \frac{D_e}{\sigma'_e} = \frac{M_2}{(h - h')}\cdot\frac{x}{n\,\sigma_b\,(x - h')}.$$

Endlich wird die Gesamtzugbewehrung:

$$F_e = F_{e_1} + F_{e_2}.$$

---

[1]) Die Tabellen sind berechnet von B. Löser, Dresden.

Handelt es sich nicht nur um die Bestimmung der **Eisenbewehrung, sondern auch der nutzbaren Höhe** h, so kann die Querschnittsbemessung auf folgendem Wege erfolgen, der ebenfalls durch Anwendung von Tabellen besonders für praktische Fälle gut gangbar ist.

Geht man wiederum (Abb. 96) von der Gleichheit der Momente der inneren und äußeren Kräfte aus und bezieht die ersteren auf den Angriffspunkt einmal der Zugkraft Z_e,

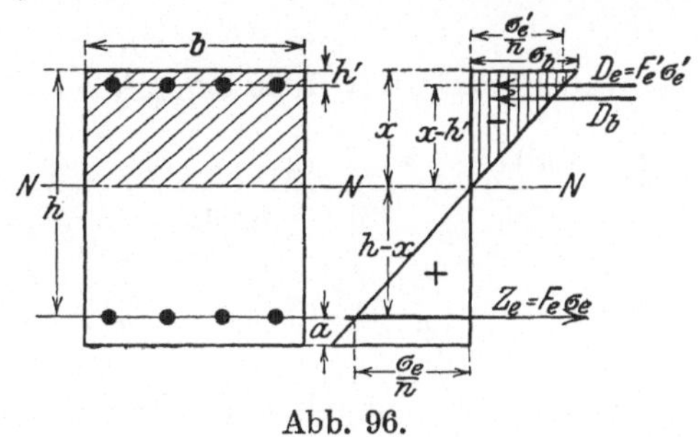

Abb. 96.

zum anderen auf den der Druckkraft im Beton, so erhält man zunächst[1]):

a)
$$M = \sigma_b \frac{b\,x}{2}\left(h - \frac{x}{3}\right) + F_e'\,\sigma_e'\,(h - h')\;.$$

Hieraus folgt nach Einsetzung von $\sigma_e' = n\,\sigma_b\,\dfrac{x - h'}{x}$ und weiterer Berücksichtigung, daß an Stelle des Eisens kein Beton sich befindet, um den Eisenquerschnitt also der Beton geschwächt ist[2]):

b)
$$M = \sigma_b \frac{b\,x}{2}\left(h - \frac{x}{3}\right) + (n - 1)\,F_e'\,\sigma_b\,\frac{x - h'}{x}\,(h - h')$$
$$= \sigma_b\left[\frac{b\,x}{2}\left(h - \frac{x}{3}\right) + (n - 1)\,F_e'\,\frac{x - h'}{x}\,(h - h')\right].$$

In bezug auf den Angriffspunkt der Betondruckkraft wird weiter:

c)
$$M = F_e \cdot \sigma_e\left(h - \frac{x}{3}\right) + F_e'\,\sigma_e'\left(\frac{x}{3} - h'\right)\;.$$

Wird hierin $\sigma_e' = \sigma_e\,\dfrac{x - h'}{h - x}$ eingesetzt, so geht Gl. (c) in die Form über:

d)
$$M = \sigma_e\left[F_e\left(h - \frac{x}{3}\right) + F_e'\,\frac{x - h'}{h - x}\left(\frac{x}{3} - h'\right)\right]\;.$$

---

[1]) Vgl. Arm. Beton 1917, Heft 7, S. 159: Querschnittsbemessung doppelt bewehrter Eisenbetonplatten und Balken. Von Dipl.-Ing. Bundschuh-Essen a. d. R.

[2]) Es empfiehlt sich, die Querschnittsverminderung durch die Druckeisen alsdann stets zu berücksichtigen, wenn eine starke Druckbewehrung zu erwarten steht. Bei der praktischen Ausführung ergeben sich in solchem Falle durch die enge Aufeinanderfolge der Druckeisen im Querschnitte schon solche konstruktiven Mängel, daß man für eine möglichst große Sicherheit bei der Berechnung Sorge tragen, jedenfalls die Unsicherheit aber nicht vermehren soll.

Setzt man in der Gleichung:

$$\sigma_e' = \frac{n(x-h')}{x}\,\sigma_b = \frac{x-h'}{h-x}\,\sigma_e$$

$\sigma_b = 40\ \text{kg/cm}^2$, $\sigma_e = 1000\ \text{kg/cm}^2$, $n = 15$ ein, so ergibt sich aus:

$$\frac{(x-h')(h-x)}{x} = \frac{(x-h')\,\sigma_e}{n\cdot\sigma_b}\,; \qquad \frac{h-x}{x} = \frac{1000}{15\cdot 40} = \frac{1000}{600} = \frac{5}{3}\,.$$

$$\frac{h}{x} - 1 = \frac{5}{3}\,; \qquad \frac{h}{x} = \frac{8}{3}\,; \qquad x = \frac{3}{8}\,h\,,$$

ein Wert, der auch mit den wirklichen Ergebnissen durchaus übereinstimmt. Der Wert von h' schwankt sehr erheblich und liegt etwa zwischen $\frac{h}{5}$ und $\frac{h}{25}$. Sein Einfluß wird in den weiter unten gegebenen Tabellen berücksichtigt werden. Nimmt man beispielsweise $h' = \frac{h}{5}$ an, so ergibt sich bei Einsetzung von: $n = 15$, $\sigma_b = 40$, $\sigma_e = 1000$, $x = \frac{3}{8}\,h$ und $h' = \frac{h}{5}$ aus den beiden vorentwickelten Gleichungen (b und d):

b') $\qquad M = 40\left[\dfrac{b\cdot\frac{3}{8}h}{2}\left(h - \dfrac{h}{8}\right) + 14\,F_e'\dfrac{\frac{3}{8}h - \frac{1}{5}h}{\frac{3}{8}h}\cdot\left(h - \dfrac{h}{5}\right)\right],$

d') $\qquad M = 1000\left[F_e\left(h - \dfrac{h}{8}\right) + F_e'\dfrac{\frac{3}{8}h - \frac{1}{5}h}{h - \frac{3}{8}h}\left(\dfrac{h}{8} - \dfrac{h}{5}\right)\right],$

oder:

b'') $\qquad\qquad\qquad M = 6{,}57\,b\,h^2 + 209\,F_e'\,h\,.$

d'') $\qquad\qquad\qquad M = 875\,F_e\,h - 21\,F_e'\,h\,.$

Zur Bestimmung der drei Unbekannten h, F_e und F_e' stehen mithin nur zwei Gleichungen zur Verfügung, die aber doch eine Ermittlung von F_e und h gestatten, da F_e' als Funktion von F_e in der Form: $F_e' = \lambda\,F_e$ dargestellt werden kann. Hierin ist (vgl. die weiter folgenden Tabellen) $\lambda = 0{,}1$, $0{,}2$, $0{,}3$ usw. einzuführen. Nimmt man beispielsweise $\lambda = 0{,}1$ an, so ergibt sich:

$$M = 6{,}57\,b\,h^2 + 20{,}9\,F_e\,h\,.$$

$$M = 875\,F_e\,h - 2{,}1\,F_e\,h = 872{,}9\,F_e\,h\,.$$

In dieser Form gestatten die Gleichungen eine Auflösung nach h:

$$h^2 = \frac{40{,}6}{273}\frac{M}{b}\,; \qquad h = 0{,}385\,\sqrt{\frac{M}{b}}\,.$$

Durch Einsetzen dieses Wertes wird ferner:

$$M = 872{,}9\, F_e \cdot 0{,}385 \sqrt{\frac{M}{b}}\,,$$

$$F_e = \frac{1}{872{,}9 \cdot 0{,}385}\, \frac{M}{\sqrt{\dfrac{M}{b}}} = 0{,}00299 \sqrt{M \cdot b}$$

und bei $\lambda = 0{,}1$:

$$F'_e = 0{,}1\, F_e = 0{,}000\,299 \sqrt{M \cdot b}\,.$$

Es ist mithin für bestimmte Werte von σ_e, σ_b, λ und h':

$$h = \alpha \sqrt{\frac{M}{b}}\,; \qquad F_e = \beta \sqrt{M \cdot b}\,; \qquad F'_e = \gamma \sqrt{M \cdot b}\,. \qquad (36\,\mathrm{a, b, c})$$

In der nachfolgenden Zusammenstellung VI hat Dipl.-Ing. Bundschuh für die Spannungen: $\sigma_e = 1000$ $\sigma_b = 40\ \mathrm{kg/cm^2}$, für Werte von $\lambda = 0{,}1,\ 0{,}2$ usw., endlich für verschiedene Verhältnisse von $\dfrac{h'}{h} = \dfrac{1}{5}$ bis $\dfrac{1}{26}$ die Zahlenwerte α, β und γ ausgerechnet und zusammengestellt. Die Tabelle ist so eingerichtet, daß α — wie auch in den nachfolgenden Zusammenstellungen — in runden Zahlen erscheint. Zur Vereinfachung sind auch die Werte $(\beta + \gamma)$, bestimmend für die Gesamteisenmenge des Querschnittes, angegeben, da gerade diese Größen für Vergleichsrechnungen und Kostenermittlungen von besonderer Bedeutung sind. Auch für den häufiger vorkommenden Fall, daß die Gesamteisenmenge gegeben und ihre Verteilung vorzunehmen ist, erweist sich diese Summe als notwendig. Endlich enthält die letzte Reihe der Tabelle für bestimmte α-Werte und Verhältnisse $h' = \dfrac{h}{\delta}$ die Werte $\beta = \gamma$ für den in der Praxis häufiger vorkommenden Fall (z. B. bei Silowänden) gleichstarker Bewehrung in der Druck- und Zugzone. Bei den Werten β und γ und $\beta + \gamma$ sind der Raumersparnis halber die Stellen $0{,}00$ bzw. $0{,}000$ fortgelassen; die in der Tabelle enthaltene Zahl 328 bedeutet also $0{,}00328$, die Zahl 30 $0{,}00030$ usw. In gleicher Art sind auch die Tabellen VII—IX aufgestellt und berechnet, und zwar sind zugrunde gelegt, wie an den Köpfen der einzelnen Tabellen besonders vermerkt, vor allem verschiedene Spannungswerte. Für Tabelle VII ist: $\sigma_e = 1200$, $\sigma_b = 40\ \mathrm{kg/cm^2}$. Unter dieser Annahme wird: $x = \dfrac{h}{3}$.

Da die Tabelle nur bei bedeutender Balkenhöhe wirtschaftlichen Vorteil bietet, sind hier die Verhältnisse auch nur diesen größeren Höhen angepaßt und demgemäß $\dfrac{h'}{h} = \dfrac{1}{12}$ bis $\dfrac{1}{26}$ zugrunde gelegt. Ein Vergleich mit den Zahlenwerten $(\beta + \gamma)$ der Tabelle VI läßt erkennen, ob eine

Zusammenstellung VI[1]).

Zusammenstellung VI[1]).

Zur Bemessung der Zahlenwerte α, β, γ, und $(\beta+\gamma)$ in den Gleichungen: $h = \alpha \sqrt{\dfrac{M}{b}}$; $F_e = \beta \sqrt{M \cdot b}$ $F'_e = \gamma \sqrt{M \cdot b}$ für doppelt bewehrte rechteckige Querschnitte und: $\sigma_b = 40$ kg/cm²: $\sigma_e = 1000$ kg/cm²; $x = \tfrac{3}{8} h.$

α	$h'=\frac{h}{5}$ β	γ	$\beta+\gamma$	$h'=\frac{h}{6}$ β	γ	$\beta+\gamma$	$h'=\frac{h}{7}$ β	γ	$\beta+\gamma$	$h'=\frac{h}{8}$ β	γ	$\beta+\gamma$	$h'=\frac{h}{10}$ β	γ	$\beta+\gamma$	$h'=\frac{h}{12}$ β	γ	$\beta+\gamma$	$h'=\frac{h}{15}$ β	γ	$\beta+\gamma$	$h'=\frac{h}{18}$ β	γ	$\beta+\gamma$	$h'=\frac{h}{22}$ β	γ	$\beta+\gamma$	$h'=\frac{h}{26}$ β	γ	$\beta+\gamma$	α	$h'=\frac{h}{\delta}$ $\beta=\gamma$	δ
0,385	298	30	328	297	27	324	296	24	320	296	22	318	296	20	316	296	18	314	296	16	312	296	14	310	295	13	308	295	12	307	0,385		
0,38	302	60	362	301	54	355	301	48	349	301	42	343	300	38	338	300	35	335	300	33	333	300	30	330	299	29	328	299	27	326	0,38		
0,37	312	128	440	310	106	416	309	94	403	309	84	393	308	73	381	307	68	375	306	64	370	306	61	367	305	58	363	305	55	360	0,37		
0,36	322	196	518	319	160	479	317	140	457	317	126	443	316	111	427	315	103	418	314	96	410	313	91	404	312	87	399	311	84	395	0,36		
0,35	333	264	597	329	214	543	327	187	514	326	168	494	325	150	475	323	139	462	322	130	452	321	123	444	320	117	437	318	115	433	0,35		
0,34	344	334	678	339	271	610	337	237	574	336	219	555	333	190	523	332	176	508	330	166	496	329	157	486	328	150	478	326	146	472	0,34		
0,33	356	406	762	351	331	682	348	288	636	347	267	614	344	234	578	342	216	558	340	204	544	338	190	528	337	184	521	335	178	513	0,33	345	5,0
0,32	370	485	855	363	395	758	360	342	702	358	315	673	354	279	633	352	252	604	350	242	592	348	227	575	346	217	563	344	211	555	0,32	353	5,6
0,31	384	568	952	376	463	839	372	398	770	370	367	737	365	325	680	363	298	661	360	281	641	358	265	623	356	253	609	354	245	599	0,31	361	6,5
0,30	398	653	1051	390	533	923	385	457	842	382	420	802	377	373	750	374	341	715	371	320	691	369	303	672	367	290	657	365	281	646	0,30	369	7,8
0,29	413	741	1154	404	602	1006	399	519	918	396	475	871	390	421	811	386	386	772	383	360	743	380	342	722	378	328	706	376	318	694	0,29	378	9,6
0,28	430	835	1265	419	675	1094	414	583	997	410	533	943	404	473	877	399	434	833	395	403	798	392	384	776	390	367	757	388	357	745	0,28	386	12,0
0,27	448	930	1378	436	755	1191	430	648	1078	425	594	1019	418	527	935	413	483	896	409	448	857	406	428	834	404	408	812	402	398	800	0,27	394	16,6
0,26	467	1030	1497	454	842	1296	446	717	1163	440	657	1097	432	583	1015	427	535	962	423	495	918	420	474	894	418	452	870	416	441	857	0,26	402	24,4
0,25	487	1138	1625	473	930	1403	465	793	1258	458	724	1182	449	642	1091	444	589	1033	439	547	986	435	522	957	433	498	931	431	487	918	0,25	410	33,0
0,24	508	1253	1761	494	1017	1511	484	872	1356	477	795	1272	468	704	1172	461	645	1106	456	602	1058	452	575	1027	450	548	998	448	536	984	0,24		
0,23	532	1370	1902	516	1111	1627	506	955	1461	498	867	1365	487	772	1259	481	706	1187	476	662	1138	472	632	1104	469	602	1071	466	587	1053	0,23		
0,22	557	1495	2052	540	1210	1750	529	1045	1574	522	943	1465	511	848	1359	504	774	1278	497	727	1224	493	694	1187	489	660	1149	486	641	1127	0,22		
0,21	583	1627	2210	565	1314	1879	554	1140	1694	547	1023	1570	535	925	1460	528	847	1375	521	797	1318	515	758	1273	511	721	1232	507	699	1206	0,21		
0,20	610	1760	2370	592	1425	2017	581	1243	1824	573	1107	1680	560	1005	1565	552	925	1477	545	867	1412	539	825	1364	534	785	1319	530	763	1293	0,20		

Anm. Der Einfachheit und Raumersparnis wegen wurden die Werte für β, γ und $\beta+\gamma$ nicht 0,002 98 . . . . . 0,000 30 . . . . 0,003 28, sondern 298 . . . . 30 . . . . . 328 usw. geschrieben.

[1]) Aufgestellt von Dipl.-Ing. Bundschuh, Arm. Beton 1917, S. 161.

Zusammenstellung VII[1]).

Zur Bemessung der Zahlenwerte α, β, γ und $(\beta + \gamma)$ in den Gleichungen:

$$h = \alpha \sqrt{\frac{M}{b}} \; ; \qquad F_e = \beta \sqrt{M \cdot b} \; ; \qquad F'_e = \gamma \sqrt{M \cdot b}$$

für **doppelt bewehrte rechteckige Querschnitte** und

$$\sigma_b = 40 \text{ kg/cm}^2; \qquad \sigma_e = 1200 \text{ kg/cm}^2; \qquad x = \frac{h}{3} \; .$$

α	$h' = \dfrac{h}{12}$			$h' = \dfrac{h}{15}$			$h' = \dfrac{h}{18}$			$h' = \dfrac{h}{22}$			$h' = \dfrac{h}{26}$			α
	β	γ	$\beta + \gamma$	β	γ	$\beta + \gamma$	β	γ	$\beta + \gamma$	β	γ	$\beta + \gamma$	β	γ	$\beta + \gamma$	
0,405	235	22	257	234	22	256	234	21	255	234	21	255	234	20	254	0,045
0,40	237	33	270	237	31	268	237	31	268	237	28	265	237	28	265	0,40
0,39	243	66	309	243	61	304	243	58	301	243	56	299	242	56	298	0,39
0,38	249	97	346	249	92	341	249	87	336	249	84	333	248	84	332	0,38
0,37	256	131	387	255	123	378	255	116	371	255	112	367	254	110	364	0,37
0,36	263	166	429	262	155	417	261	146	407	261	141	402	260	139	399	0,36
0,35	270	202	472	269	188	457	268	177	445	267	171	438	266	168	434	0,35
0,34	277	238	515	276	222	498	275	209	484	273	202	475	272	199	471	0,34
0,33	285	276	561	283	258	541	282	243	525	280	233	513	279	229	508	0,33
0,32	293	316	609	292	295	587	290	278	568	288	265	553	287	261	548	0,32
0,31	303	357	660	301	333	634	299	314	613	297	300	597	295	295	590	0,31
0,30	313	401	714	311	375	686	309	351	660	306	335	641	304	328	632	0,30
0,29	323	446	769	321	418	739	318	390	709	315	375	690	313	363	676	0,29
0,28	334	493	827	332	462	794	329	430	759	326	418	744	324	402	726	0,28
0,27	345	541	886	343	507	850	340	472	812	337	453	790	335	442	777	0,27
0,26	358	594	952	355	553	908	352	516	868	349	499	848	347	482	829	0,26
0,25	373	648	1021	369	604	973	366	563	929	363	549	912	360	526	886	0,25
0,24	388	706	1094	383	658	1041	380	614	994	377	592	969	374	572	946	0,24
0,23	404	768	1173	399	718	1117	396	668	1064	392	646	1038	389	622	1011	0,23
0,22	422	834	1257	416	777	1193	413	727	1140	408	702	1110	405	672	1077	0,22
0,21	442	902	1344	435	843	1278	431	790	1222	426	762	1188	422	725	1147	0,21
0,20	464	975	1439	457	912	1369	453	857	1310	447	826	1273	443	788	1231	0,20

Spannung $\sigma_e = 1200$ oder 1000 zu dem wirtschaftlich besseren Querschnitte führt. **Tabelle VIII** ist aufgestellt für Werte: $\sigma_e = 900$, $\sigma_b = 35$ kg/cm², und dem hieraus sich ergebenden Werte: $x = \frac{7}{19} h$, während endlich **Tabelle IX** für $\sigma_e = 1000$, und $\sigma_b = 35$ kg/cm² und $x = \frac{21}{61} h$ berechnet ist. Auch hier ist durch Vergleich der Tabellenzahlen für die entsprechenden Verhältnisse die Entscheidung ermöglicht, ob durch Innehaltung der Spannungen $\sigma_e = 1000$, $\sigma_b = 35$ gegenüber (Tabelle VIII) $\sigma_e = 900$, $\sigma_b = 35$ eine wirtschaftlichere Querschnittswahl gesichert wird.

Auf die zur Lösung praktischer Fragen namentlich alsdann sehr bequeme Benutzung der Tabellen, wenn die Größe h von vornherein eingeschätzt werden kann oder nach der Stützweite angenommen wird (vgl. S. 174), wird bei den nachfolgenden Zahlenbeispielen (Abschnitt 14) eingegangen werden.

---

[1]) Aufgestellt von Dipl.-Ing. Bundschuh, Arm. Beton 1917, S. 162.

Zusammenstellung VIII[1].

Zur Bemessung der Zahlenwerte α, β, γ, und $(\beta + \gamma)$ in den Gleichungen: $h = \alpha \sqrt{\dfrac{M}{b}}$; $F_e = \beta \sqrt{M \cdot b}$; $F'_e = \gamma \sqrt{M \cdot b}$ für doppelt bewehrte rechteckige Querschnitte und: $\sigma_b = 35 \ \text{kg/cm}^2$; $\sigma_e = 900 \ \text{kg/cm}^2$; $x = \tfrac{7}{10} h,$

α	$h' = \frac{h}{5}$			$h' = \frac{h}{6}$			$h' = \frac{h}{7}$			$h' = \frac{h}{8}$			$h' = \frac{h}{10}$			$h' = \frac{h}{12}$			$h' = \frac{h}{15}$			$h' = \frac{h}{18}$			$h' = \frac{h}{22}$			$h' = \frac{h}{26}$			α	$h = \frac{h}{\delta}$	
	β	γ	$\beta+\gamma$	β	γ	$\beta+\gamma$	β	γ	$\beta+\gamma$	β	γ	$\beta+\gamma$	β	γ	$\beta+\gamma$	β	γ	$\beta+\gamma$	β	γ	$\beta+\gamma$	β	γ	$\beta+\gamma$	β	γ	$\beta+\gamma$	β	γ	$\beta+\gamma$		$\beta=\gamma$	δ
0,415	307	31	338	306	28	334	305	25	330	305	23	328	305	21	326	305	20	325	304	18	322	304	17	321	304	16	320	303	15	318	0,415		
0,41	311	59	370	310	53	363	309	43	352	309	42	351	309	37	346	309	36	345	308	31	339	308	30	338	308	29	337	307	28	335	0,41		
0,40	319	112	431	318	105	423	317	91	408	317	87	404	316	76	392	315	71	386	314	63	377	314	60	374	314	57	371	313	56	369	0,40		
0,39	327	168	495	326	160	486	326	140	466	325	132	457	324	116	439	323	106	429	322	96	418	321	90	411	321	87	408	320	86	406	0,39		
0,38	338	227	565	336	215	551	335	191	526	334	177	511	332	159	491	331	142	473	330	129	459	329	122	451	328	119	447	327	114	441	0,38		
0,37	348	289	637	346	271	617	344	242	586	343	222	565	341	196	537	339	177	516	338	163	504	337	153	490	336	151	487	335	144	479	0,37	359	4,8
0,36	360	354	714	357	329	686	354	295	649	352	268	620	350	236	580	348	213	561	346	198	544	345	187	532	344	183	527	343	175	518	0,36	367	6,2
0,35	372	421	793	368	389	757	365	349	714	363	319	682	360	278	638	357	260	607	355	235	590	354	221	575	353	215	568	352	207	559	0,35	375	7,3
0,34	384	491	875	380	452	832	376	404	780	374	371	745	370	319	689	367	290	657	364	273	637	363	257	620	362	250	612	361	243	604	0,34	382	9,1
0,33	397	561	958	392	518	910	388	459	847	385	415	800	380	371	751	377	332	709	374	311	685	372	294	666	371	286	657	370	277	647	0,33	390	11,1
0,32	410	633	1043	405	587	992	400	516	916	397	470	867	392	408	800	388	377	765	385	351	736	383	333	716	382	324	706	380	312	692	0,32	398	14,6
0,31	424	708	1132	419	657	1076	413	574	987	410	528	938	404	458	862	400	423	823	396	392	788	394	374	768	393	362	755	391	349	740	0,31	405	21
0,30	442	787	1229	434	729	1163	427	635	1062	423	588	1011	417	510	927	413	471	884	409	438	847	406	417	828	405	401	806	403	387	790	0,30	413	33
0,29	458	870	1328	449	803	1252	442	702	1144	437	650	1087	431	567	998	428	521	949	423	485	908	419	461	880	418	443	861	416	428	844	0,29		
0,28	476	956	1432	466	883	1349	459	774	1243	453	714	1167	446	623	1069	441	574	1015	436	532	968	433	506	939	431	488	919	429	472	901	0,28		
0,27	495	1047	1542	484	968	1452	476	837	1313	470	779	1249	462	682	1144	457	630	1087	452	582	1034	448	556	1004	446	536	982	443	518	961	0,27		
0,26	516	1145	1661	504	1059	1563	495	936	1431	489	849	1338	480	748	1228	474	688	1162	468	636	1104	464	607	1071	462	586	1048	459	565	1024	0,26		
0,25	539	1250	1789	525	1155	1680	515	1017	1532	508	923	1431	498	812	1310	492	749	1241	486	693	1179	482	660	1142	480	638	1118	477	615	1092	0,25		
0,24	563	1360	1923	547	1255	1802	537	1106	1643	528	1001	1529	518	885	1403	512	813	1325	505	752	1257	501	726	1227	498	692	1190	495	668	1163	0,24		
0,23	589	1475	2064	572	1365	1937	560	1198	1758	551	1083	1634	540	955	1495	532	877	1409	525	815	1340	521	777	1298	518	749	1267	515	724	1239	0,23		
0,22	616	1595	2211	598	1480	2078	585	1294	1879	576	1170	1746	563	1037	1600	556	950	1506	547	880	1427	543	842	1385	540	811	1351	537	783	1320	0,22		
0,21	645	1720	2365	625	1598	2223	611	1397	2008	601	1264	1865	588	1124	1712	574	1025	1599	571	948	1519	566	911	1477	563	877	1440	560	845	1405	0,21		
0,20	676	1855	2531	655	1722	2377	640	1505	2145	630	1367	1997	615	1213	1828	606	1110	1716	598	1023	1621	593	984	1577	588	948	1536	584	910	1494	0,20		

Anm. Der Einfachheit und Raumersparnis wegen wurden die Werte für β, γ und $\beta + \gamma$ nicht 0 00307 . . . . . 0 00031 . . . . . 0 00338, sondern 307 . . . . . 31 . . . . 338 usw. geschrieben.

[1] Aufgestellt von Dipl.-Ing. Bundschuh, Arm. Beton 1917, S. 163.

Zusammenstellung IX[1]).

Zur Bemessung der Zahlenwerte α, β, γ, $(\beta + \gamma)$ in den Gleichungen:

$$h = \alpha \sqrt{\frac{M}{b}} \; ; \quad F_e = \beta \sqrt{M \cdot b} \; ; \quad F'_e = \gamma \sqrt{M \cdot b}$$

für doppelt bewehrte rechteckige Querschnitte und

$$\sigma_e = 35 \text{ kg/cm}^2; \quad \sigma_b = 1000 \text{ kg/cm}^2; \quad x = \tfrac{21}{61} h$$

α	$h' = \frac{h}{10}$			$h' = \frac{h}{12}$			$h' = \frac{h}{15}$			$h' = \frac{h}{18}$			$h' = \frac{h}{22}$			$h' = \frac{h}{26}$			α
	β	γ	$\beta + \gamma$	β	γ	$\beta + \gamma$	β	γ	$\beta + \gamma$	β	γ	$\beta + \gamma$	β	γ	$\beta + \gamma$	β	γ	$\beta + \gamma$	
0,425	265	29	294	264	26	290	264	23	287	263	21	284	262	18	280	262	16	278	0,425
0,42	269	46	315	268	40	306	268	38	306	268	37	305	267	37	304	267	35	302	0,42
0,41	275	80	355	274	73	347	274	68	342	274	66	340	273	63	336	273	60	333	0,41
0,40	281	115	396	280	107	387	280	98	378	280	94	374	279	89	368	279	87	366	0,40
0,39	288	153	441	287	141	428	286	129	415	286	123	409	285	117	402	285	114	399	0,39
0,38	295	192	487	294	177	471	293	161	454	293	152	445	291	146	437	291	143	434	0,38
0,37	303	233	536	302	214	516	301	196	497	300	183	483	299	176	475	299	173	472	0,37
0,36	311	275	586	310	251	561	309	232	541	308	216	524	307	209	516	307	204	511	0,36
0,35	319	312	631	318	289	607	317	269	586	316	251	567	315	243	558	315	236	551	0,35
0,34	328	363	691	327	330	657	326	307	633	325	288	613	323	277	600	323	268	591	0,34
0,33	338	409	747	337	372	709	335	345	680	334	327	661	332	312	644	331	302	633	0,33
0,32	348	456	804	347	415	762	344	385	729	344	367	711	342	349	691	340	337	677	0,32
0,31	358	505	863	357	458	815	355	427	782	354	407	761	352	387	739	350	375	725	0,31
0,30	369	557	926	368	505	873	366	472	838	365	448	813	363	428	791	360	414	774	0,30
0,29	381	611	992	380	554	934	378	518	896	376	493	869	374	470	844	371	455	826	0,29
0,28	395	667	1062	394	607	1001	391	567	958	389	540	929	386	513	899	383	497	880	0,28
0,27	409	725	1134	408	662	1070	406	617	1023	403	589	992	400	560	960	397	543	940	0,27
0,26	425	786	1211	424	720	1144	421	671	1092	418	640	1058	415	609	1024	411	590	1001	0,26
0,25	442	851	1293	441	784	1225	437	728	1165	433	693	1126	430	660	1090	426	639	1065	0,25
0,24	461	922	1383	460	852	1312	454	790	1244	450	750	1200	447	714	1161	443	691	1134	0,24
0,23	481	1000	1481	479	923	1402	473	854	1327	468	810	1278	465	773	1238	461	747	1208	0,23
0,22	504	1084	1588	500	997	1497	494	923	1417	488	875	1363	485	838	1323	481	808	1289	0,22
0,21	529	1176	1705	524	1070	1594	517	990	1507	511	945	1456	507	907	1414	504	875	1379	0,21
0,20	557	1275	1832	550	1160	1710	542	1072	1614	536	1018	1554	532	980	1512	529	946	1475	0,20

Berechnung unter Berücksichtigung der Zugspannungen im Beton.

Die Zugspannungen im Beton müssen in manchen Fällen geschätzt werden, wenn es sich um den Nachweis handelt, daß keine Risse in der Zugzone auftreten. Eine solche Untersuchung ist namentlich dort bedingt, wo das Eisen nach Öffnung feiner Risse durch die Ungunst örtlicher Verhältnisse — durch Rauchgase u. dgl. — eine erhebliche Schädigung erleiden könnte, bzw. an Stellen, vorwiegend im Monumentalbau, bedingt, an denen vollkommen rissefreie Decken zwecks Anbringung von Gemälden usw. verlangt werden. Bei den hier anzustellenden Untersuchungen wird es sich also vorwiegend um die Kontrollrechnung handeln, ob

---

[1]) Aufgestellt von Dipl.-Ing. Bundschuh, Arm. Beton 1917, S. 164.

bei statischer Mitwirkung der Zugzone eine Rißgefahr vorliegt. Eine solche Ermittlung wird sich also in der Regel an eine normale Berechnung anschließen, da bei ihr mit der Wirkung des Betons in der Zugzone zunächst nicht gerechnet wird. Querschnittsbestimmungen werden hierbei also in der Regel nicht in Frage kommen, abgesehen von Ausnahmefällen, vorwiegend im Brückenbau, auf die am Schlusse dieser Betrachtungen eingegangen werden soll. Bei der somit meist vorliegenden

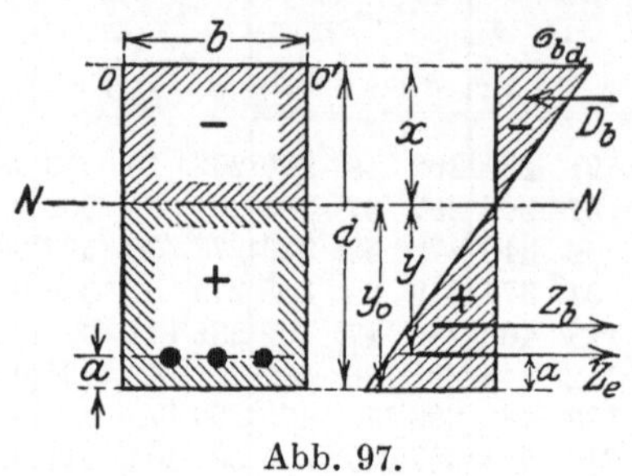

Abb. 97.

Prüfung im „baupolizeilichen" Sinne wird der Querschnitt als homogen behandelt und das Eisen durch eine elastisch gleichwertige Betonfläche ersetzt.

Liegt (Abb. 97) zunächst ein **einfach bewehrter Verbundquerschnitt** vor, so ist zuerst die Lage der Nullinie aus der Beziehung der statischen Momente auf die Querschnittsoberkante zu ermitteln. Bezeichnet man mit F_i den ideellen Querschnitt, gebildet aus der Betonfläche und der $n$fachen Eisenfläche, so wird:

1. $$x \cdot F_i = x \cdot (b\,d + n\,F_e) = b\,d\,\frac{d}{2} + n\,F_e\,(d - a)$$

2. $$x = \frac{\dfrac{b\,d^2}{2} + n\,F_e\,(d - a)}{b\,d + n\,F_e} = \frac{b\,d^2 + 2\,n\,F_e\,(d - a)}{2\,b\,d + 2\,n\,F_e}\,. \tag{37}$$

Ferner liefert die Gleichheit der statischen Momente der Druck- und Zugflächen die Beziehung:

3. $$\frac{b\,x^2}{2} = \frac{b}{2}\,(d - x)^2 + n\,F_e\,(d - a - x).$$

Hieraus folgt:

4. $$b\,d\left(x - \frac{d}{2}\right) = n\,F_e\,(d - a - x).$$

Ferner ergibt sich J_{nn}, da jetzt sowohl ein oberer wie ein unterer Betonquerschnittsteil in Rechnung zu stellen sind:

5. $$J_{nn} = \frac{b\,x^3}{3} + \frac{b\,(d - x)^3}{3} + n\,F_e\,(d - x - a)^2\ ^1). \tag{38}$$

---

^{1}) Man kann J_{nn} auch ermitteln, wenn man zunächst J_{00} auf die Querschnittsoberkante bezieht:

$$J_{00} = \frac{b\,d^3}{3} + n\,F_e\,(d - a)^2$$

und dann J_{nn} aus der Beziehung ableitet:

$$J_{nn} = J_{00} - F_i\,x^2\,.$$

Hieraus folgt nach Auflösung des Ausdruckes $(d-x)^3$ und Einsetzung des Wertes für $n\,F_e\,(d-a-x)$ aus Gleichung 4:

6.
$$J_{nn} = b\,d\left(\frac{d^2}{3} - d\,x + x^2\right) + b\,d\left(x - \frac{d}{2}\right)(d - x - a)$$

$$= \frac{b\,d}{2}\left[x\,(d - 2\,a) - \frac{d}{3}(d - 3\,a)\right]. \tag{38*}$$

Nunmehr ergeben sich die Spannungen bei gegebenem M:

7.
$$\sigma_{bd} = -\frac{M\cdot x}{J_{nn}}$$

8.
$$\sigma_{bz} = +\frac{M\cdot y_0}{J_{nn}}$$

9.
$$\sigma_e = \sigma_{ez} = +n\frac{M\cdot y}{J_{nn}}.$$

Ist (Abb. 98) der Querschnitt doppelt bewehrt, so gestaltet sich die Rechnung durchaus entsprechend; hier tritt nur F'_e hinzu. Es ergibt sich:

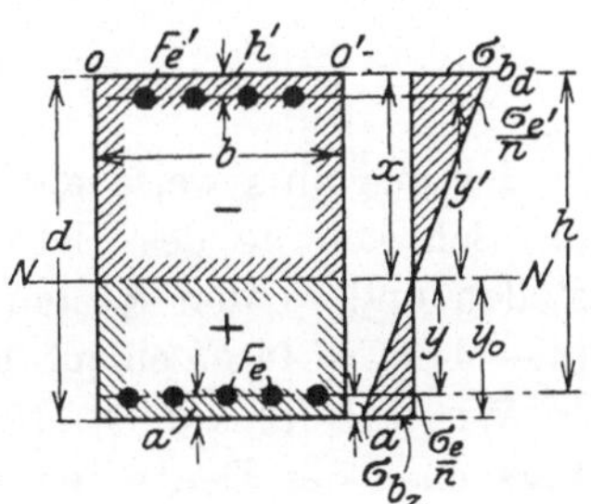

Abb. 98.

1.
$$x\,F_i = x\,(b\,d + n\,F'_e + n\,F_e) = \frac{b\,d^2}{2} + n\,F'_e\,h' + n\,F_e\,(d-a).$$

2.
$$x = \frac{\dfrac{b\,d^2}{2} + n\,[F'_e\,h' + F_e\,(d-a)]}{b\,d + n\,(F'_e + F_e)}$$

$$= \frac{b\,d^2 + 2\,n\,[F'_e\,h' + F_e\,(d-a)]}{2\,b\,d + 2\,n\,(F'_e + F_e)}. \tag{37a}$$

Ferner wird

3. $J_{nn} = \dfrac{b\,x^3}{3} + \dfrac{b}{3}(d-x)^3 + n\,F'_e\,(x-h')^2 + n\,F_e\,(d-x-a)^2$ (38a)[1])

und hiermit, wie vorstehend:

4.
$$\sigma_{bd} = -\frac{M\cdot x}{J_{nn}}$$

5.
$$\sigma_{bz} = +\frac{M\cdot y_0}{J_{nn}}$$

6.
$$\sigma'_e = \sigma_{ed} = -n\frac{M\cdot y'}{J_{nn}} = n\frac{M\cdot(x-h')}{J_{nn}}$$

7.
$$\sigma_e = \sigma_{ez} = +n\frac{M\cdot y}{J_{nn}} = n\frac{M\cdot(d-x-a)}{J_{nn}}.$$

---

[1]) Dieser J_{nn}-Wert läßt sich auch, entsprechend der oben unter 6. gezeigten Rechnung, in der Form darstellen:

$$J_{nn} = \frac{b\,d}{2}\left[x\,(d-2\,a) - \frac{d}{3}(d-3\,a)\right] + n\,F'_e\,(x-h')\,(d-a-h').$$

Naturgemäß kann man auch, wenn eine der Spannungen — σ_{bd} z. B. — auf dem allgemeinen Wege gefunden ist, die anderen Werte nach dem Hauptgesetze ermitteln:

$$\sigma_e' = \sigma_{ed} = n \frac{x - h'}{x} \sigma_{bd}$$

$$\sigma_e = \sigma_{ez} = n \frac{d - x - a}{x} \sigma_{bd}$$

$$\sigma_{bz} = \frac{d - x}{x} \sigma_{bd}\,.$$

Ist ausnahmsweise die Druckzone besonders stark bewehrt, so ist die Schwächung des Betons durch das Druckeisen in Rechnung zu stellen und in den letzten Gleichungen an Stelle von $n\,F_e'$ der Wert $(n - 1)\,F_e' = 14\,F_e'$ einzuführen.

Wie bereits auf S. 118 ausführlich erwähnt wurde, ist nach den Versuchen des Deutschen Ausschusses für Eisenbeton für die übliche, normale Berechnungsart nach Navier, d. h. also eine Spannungsverteilung gemäß Abb. 87a, die Grenze der Betonzugspannung, von der an sich feine Risse bei Biegungsbelastung auszubilden pflegen, etwa **24 kg/cm²**. Wird dieser Wert von den rechnerisch gefundenen Spannungen σ_{bz} nicht erreicht, so ist somit auch in der Regel eine Rißgefahr nicht zu befürchten. Überschreitet aber σ_{bz} erheblich die Größe von = 24 kg/cm², so ist — falls Risse Gefahr für den Bestand der Eiseneinlagen nach sich ziehen können — der Querschnitt zu ändern. Es ist hierbei aber zu beachten, daß die Innehaltung eines Wertes $\sigma_{bz} \leq 24$ kg/cm² allein nicht eine vollkommene Sicherheit gegenüber dem Auftreten von Zugrissen im Beton in sich schließt, da in gleichem Sinne auch noch andere Wirkungen tätig sind, namentlich das Schwinden des Betons, Temperatureinflüsse usw. Daher haben die neuen Bestimmungen auch den obigen Grenzwert als Sicherheit fallen lassen.

Auf Anregung des Deutschen Ausschusses für Eisenbeton ist seinerzeit von Mörsch ein Verfahren abgeleitet worden, nach dem bei Zugrundelegung des Zustandes „II b", also unter der Annahme, daß die Zugzone bereits gerissen ist und der Zugbeton keine statische Arbeit mehr verrichtet, gleichzeitig eine obere Grenze von σ_{bz} eingehalten wird, **eine besondere Kontrollrechnung also erspart werden kann. Dies wird bei Platten, also Rechtecksquerschnitten, durch geeignete Wahl des Verhältnisses der Spannung** σ_e **zur Betonspannung** σ_b **zu erreichen sein.**

Mit ausreichender Genauigkeit kann man bei Platten mit $d - a = 0.9\,d$ rechnen. Für den Spannungszustand „I" (Abb. 99) ergibt sich die Lage der Nulllinie $N_1 N_1$, aus der Bedingung (Gleichsetzung der statischen Momente bezogen auf die Mittellinie der Platte $m\,m$ in Abb. 99):

$$\left(x_1 - \frac{d}{2}\right)(b\,d + n\,F_e) = 0{,}4\,d \cdot n\,F_e\,.$$

Setzt man $F_e = \varphi \cdot b\,d$, bezeichnet man also das Bewehrungsverhältnis mit φ, so wird:

$$\left(x_1 - \frac{d}{2}\right)(b\,d + n\,\varphi\,b\,d) = n\,0{,}4\,d\,\varphi\,b\,d$$

und für $n = 15$:

$$x_1 = d\left(0{,}5 + \frac{6\,\varphi}{1 + 15\,\varphi}\right). \tag{39}$$

Liegt das Stadium „II b" (Abb. 101) vor, so ist für x die Beziehung (auf S. 233) ermittelt (Gl. 8*):

$$x = \frac{n\,F_e}{b}\left(-1 + \sqrt{1 + \frac{2\,b\,(d-a)}{n\,F_e}}\right)$$

$$= n\,\varphi\,d\left(-1 + \sqrt{1 + \frac{1{,}8}{n\,\varphi}}\right).$$

Da ferner die Momente der inneren Kräfte sowohl im Zustand I als II b dem Momente der äußeren Kräfte M das Gleichgewicht halten müssen, so ergeben

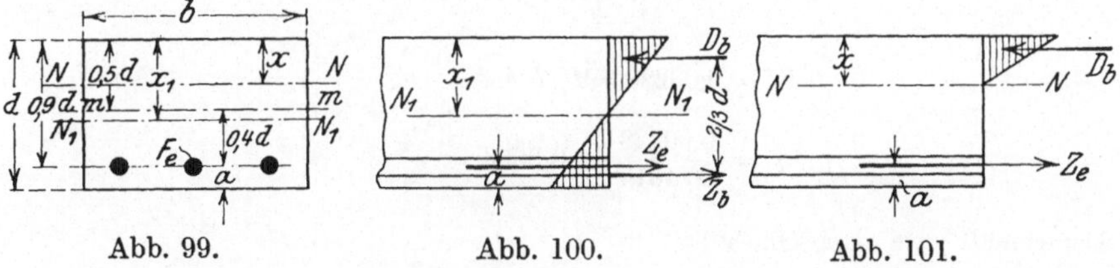

Abb. 99.   Abb. 100.   Abb. 101.

sich die Beziehungen (Momentengleichung in bezug auf den Angriffspunkt von D_b) für Zustand „I":

$$M = n\,F_e\,\sigma_e\left(0{,}9\,d - \frac{x_1}{3}\right) + \sigma_{b_z}\,b\,\frac{(d-x_1)}{2}\,\frac{2}{3}\,d$$

und nach Einsetzung von:

$$\sigma_e = \sigma_{b_z}\,\frac{0{,}9\,d - x_1}{d - x_1}$$

$$M = n\,F_e\,\sigma_{b_z}\,\frac{0{,}9\,d - x_1}{d - x_1}\left(0{,}9\,d - \frac{x_1}{3}\right) + \sigma_{b_z}\,\frac{b\,(d-x_1)}{2}\,\frac{2}{3}\,d\,,$$

und bei Berücksichtigung von Stadium IIb entsprechend:

$$M = F_e\,\sigma_e\left(0{,}9\,d - \frac{x}{3}\right).$$

Aus der Gleichsetzung beider Beziehungen folgt:

$$\sigma_{b_z} = \frac{F_e \cdot \sigma_e\left(0{,}9\,d - \frac{x}{3}\right)}{n\,F_e\,\frac{0{,}9\,d - x_1}{d - x_1}\left(0{,}9\,d - \frac{x_1}{3}\right) + \frac{b\,d}{3}\,(d - x_1)}$$

oder nach Einführung von $F_e = \varphi \, b \, d$ und $n = 15$:

$$\sigma_{bz} = \frac{\varphi\left(0{,}9\,d - \dfrac{x}{3}\right) \cdot \sigma_e}{15\,\varphi\,\dfrac{0{,}9\,d - x_1}{d - x_1}\left(0{,}9\,d - \dfrac{x_1}{3}\right) + \dfrac{1}{3}(d - x_1)}\,. \tag{40}$$

Mit Hilfe der Zusammenstellung II auf S. 242 kann man für Zustand II b zu gegebenen Spannungen σ_e und σ_b die Werte x, $d - a = h$ und F_e, und aus ihnen alsdann d und φ berechnen. Alsdann ergeben die vorstehenden Gleichungen (39) bzw. (40) die Werte x_1 bzw. σ_{bz}. In der nachfolgenden Zusammenstellung X sind für eine Anzahl Spannungswerte von σ_e (1200, 1000, 900 und 750 kg/cm²) und σ_b (40, 35 und 30 kg/cm²) die betreffenden Rechnungsergebnisse, die aus Zusammenstellung II leicht abzuleiten sind, mitgeteilt[1]).

---

[1]) Die Rechnung sei für die ersten Zahlenwerte der Zusammenstellung X, d. h. für $\sigma_e = 1200$ und $\sigma_b = 40$ kg/cm² nachfolgend wiedergegeben: Nach Zusammenstellung II ist für diese Werte: $h = 0{,}411 \sqrt{\dfrac{M}{b}}$; $F_e = 0{,}00228 \sqrt{M \cdot b}$; $x = 0{,}333\,h$. Da $\varphi = \dfrac{F_e}{b\,h}$ ist, so ergibt sich dieser Wert aus den Beziehungen:

$$b\,h = 0{,}411 \sqrt{\frac{M}{b}}\,b = 0{,}411 \sqrt{M \cdot b}\,.$$

$$F_e = 0{,}00228 \sqrt{M \cdot b}$$

$$\varphi = \frac{0{,}00228}{0{,}401} = 0{,}0056\,.$$

Demgemäß wird nach Gl. (39)

$$x_1 = d\left(0{,}5 + \frac{6\,\varphi}{1 + 15\,\varphi}\right) = d\left(0{,}5 + \frac{6 \cdot 0{,}0056}{1 + 15 \cdot 0{,}0056}\right) = 0{,}531\,d$$

und nunmehr

$$\sigma_{bz} = \frac{\varphi\left(0{,}9\,d - \dfrac{x}{3}\right)\sigma_e}{15\,\varphi\,\dfrac{0{,}9\,d - x_1}{d - x_1}\left(0{,}9\,d - \dfrac{x_1}{3}\right) + \dfrac{1}{3}(d - x_1)}$$

(nach Kürzung mit d)

$$\sigma_{bz} = \frac{0{,}0056\left(0{,}9 - \dfrac{0{,}333 \cdot 0{,}9}{3}\right) \cdot 1200}{15 \cdot 0{,}0056 \cdot \dfrac{0{,}9 - 0{,}531}{1 - 0{,}531}\left(0{,}9 - \dfrac{0{,}531}{3}\right) + \dfrac{1}{3}(1 - 0{,}531)}$$

$$\sigma_{bz} = \frac{0{,}00448}{0{,}207} \cdot 1200 = 25{,}8 \ \text{kg/cm}^2\,.$$

Bemerkenswert bei der Rechnung ist die gute Verwendbarkeit der Zusammenstellung II zur Ermittlung von φ.

Zusammenstellung X.

Die Werte σ_{b_z} bei rechteckigem Querschnitte und zulässigen Spannungen σ_b bzw. σ_e.

σ_e kg/cm²	σ_b kg/cm²	$h =$	$F_e =$	$x =$	$\varphi =$	$x_1 =$	σ_{b_z} kg/cm²
1200	40	$0{,}411\,\sqrt{\dfrac{M}{b}}$	$0{,}00228\,\sqrt{M\cdot b}$	$0{,}333\ h$	$0{,}0056$	$0{,}531\ d$	25,8
1200	35	$0{,}458$,,	$0{,}00203$,,	$0{,}304\ h$	$0{,}0044$	$0{,}522\ d$	21,6
1000	40	$0{,}390$,,	$0{,}00293$,,	$0{,}375\ h$	$0{,}00675$	$0{,}537\ d$	25,1
1000	35	$0{,}433$,,	$0{,}00261$,,	$0{,}344\ h$	$0{,}00542$	$0{,}530\ d$	21,2
900	35	$0{,}420$,,	$0{,}00301$,,	$0{,}368\ h$	$0{,}00645$	$0{,}535\ d$	21,9
900	30	$0{,}474$,,	$0{,}00264$,,	$0{,}333\ h$	$0{,}00500$	$0{,}528\ d$	17,7
750	35	$0{,}401$,,	$0{,}00385$,,	$0{,}412\ h$	$0{,}00864$	$0{,}546\ d$	22,5
750	30	$0{,}451$,,	$0{,}00338$,,	$0{,}375\ h$	$0{,}00675$	$0{,}537\ d$	18,8

Aus der Zusammenstellung ergibt sich die wichtige Folgerung, daß nur bei den Spannungsverhältnissen $\sigma_b = 40$ und $\sigma_e = 1200$ bis 1000 überhaupt eine Überschreitung der σ_{b_z}-Grenze $= 24{,}0$ kg/cm² zu erwarten steht, daß also eine Nachrechnung bei Platten und Rechtecksquerschnitten sich bis auf die Fälle, welche innerhalb der obigen Grenzen liegen, erübrigt. Im besonderen zeigen auch die letzten Reihen der Zusammenstellung, daß bei Eisenbahnbrücken in Verbundbau, bei denen höchstens Spannungen von 800 kg/cm² im Eisen und von 40 kg/cm² im Beton zugelassen sind, eine Kontrollrechnung rechteckiger Querschnitte wegen der auftretenden Zugspannungen im Beton entfallen kann, da auch hier Werte < 24 kg/cm² an der Zugunterkante des Betons sich erwarten lassen.

Die zeichnerische Bestimmung der Nullinie und die auf ihr beruhende Spannungsermittlung für einen Querschnitt, der symmetrisch zur Kraftebene, sonst aber beliebig gestaltet und bewehrt ist.

Bei der zeichnerischen Bestimmung der Nullinie für diese Querschnittsform geht man von Stadium IIb aus, rechnet also nicht mit

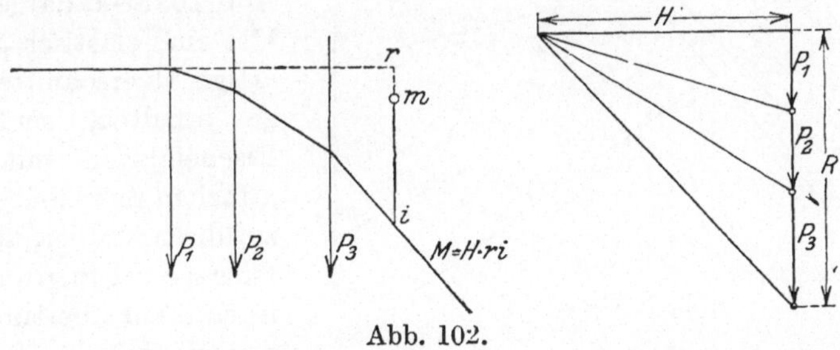

Abb. 102.

Zugkräften im Beton und benutzt die in Abb. 102 dargestellte bekannte zeichnerische Ermittlung des Momentes gegebener (hier paralleler) Kräfte unter Verwendung von Kraft- und Seileck. Es sei daran erinnert, daß das Moment der hier dargestellten Kräfte P_1, P_2, P_3 in bezug auf Punkt $m = H \cdot ri$ ist, wobei ri, parallel zur Mittelkraft der Kräfte

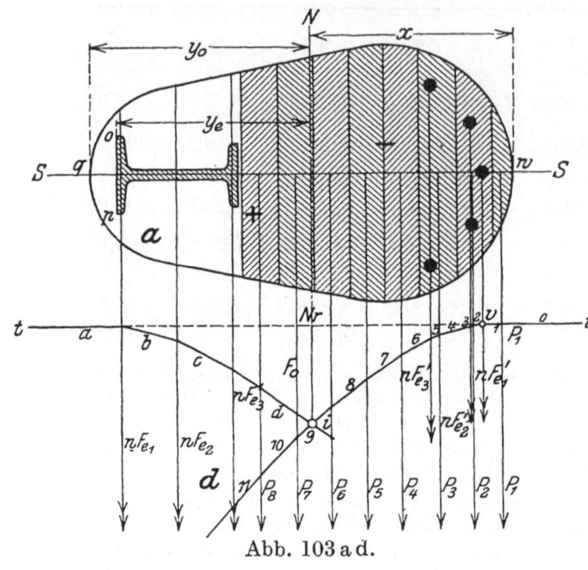

Abb. 103 a d.

(hier also parallel zur P-Richtung) von den für die Kräfte maßgebenden äußersten Seileckstrahlen abgeschnitten wird, und H die Polweite des Kraftecks darstellt. Da bei einem Querschnitte, wie dem hier vorliegenden, die Nullinie Schwerlinie ist und in bezug auf sie die statischen Momente der gedrückten und gezogenen Flächenteile einander gleich sein müssen, also bei Verwendung von Kraftecken mit denselben Polweiten auch die gleiche Seileckordinate (wie $r i$ in Abb. 102) besitzen müssen, so liegt in der Bestimmung dieser, beiden Seilecken gleichen Linie auch ein Weg zur Auffindung eines Punktes der Nullinie und damit ihrer selbst. Die auf diese Überlegung aufgebaute Lösung ist in Abb. 103 a—d dargestellt. Um eine elastisch gleichartige Querschnittsfläche zu erhalten, sind alle Eiseneinlagen mit dem n-fachen ihrer Fläche einzuführen, also der „ideelle" Querschnitt zugrunde zu legen. Zur Bestimmung der gemeinsamen Seileck-

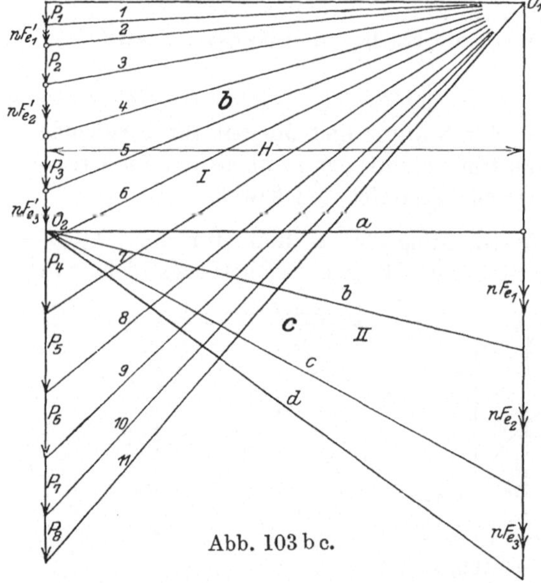

Abb. 103 b c.

ordinate wird der Querschnitt in Abb. 103 a senkrecht zu der mit dem Schnitte der Kraftebene zusammenfallenden Schwerachse SS in einzelne Streifen zerteilt, die als Kräfte aufgefaßt, im bestimmten Kräftemaßstab und in Verbindung mit den $n F_e''$-Werten in der Reihe, wie sie von rechts nach links aufeinanderfolgen, zur Aufzeichnung des Kraftecks I in Abb. 103 b benutzt werden. Mit der gleichen Polweite H wird dann ein zweites Krafteck II für die Eisenbewehrung der Zugzone ($n F_{e1}$, $n F_{e2}$, $n F_{e3}$ in Abb. 103 a) konstruiert (Abb. 103 c). Beide Kraftecke sind der Einfachheit der Zeichnung halber so gezeichnet, daß ihr erster Strahl je wagerecht verläuft. Von derselben Wagerechten $t\,u$ aus werden alsdann für beide Kraftecke, für I von rechts nach links, für II in umgekehrter Richtung die zugehörenden Seilpolygone gezeichnet (Abb. 103 d), die sich im Punkte i schneiden und damit die Strecke $r\,i$ als gemeinsame Ordinate ergeben. Da nunmehr nach jeder Seite das Moment $= r\,i \cdot H$ ist, so ist auch die Nullinie NN in Abb. 103 a durch $r\,i \perp t\,u$ und $\perp SS$ bestimmt. Das Verfahren gilt, einen zur Kraftebene symmetrisch gestalteten Querschnitt vorausgesetzt, allgemein[1]). Liegt in der Druckzone keine Bewehrung vor, so entfallen die Kräfte $n F_{e1}'$, $n F_{e2}'$ usw.; alsdann verbleiben hier nur die aus den Betonflächenstreifen abgeleiteten Kräfte P_1, P_2, P_3 usw. Ist die Bewehrung in der Druckzone eine besonders starke, so daß die durch die Eisen bedingte Betonschwächung zweckmäßig in Rechnung gestellt wird, so sind die hier gelegenen Eisenquerschnitte nicht mit dem n-, sondern mit dem $(n-1)$-fachen ihrer Fläche in die Rechnung einzuführen. Soll die Zugwirkung des Betons endlich mit in Rechnung gestellt werden, so sind auch auf der linken Querschnittsseite neben den F_e-Werten Streifen des Betons zu berücksichtigen, sonst aber die Ermittlungen genau so durchzuführen, wie vorstehend geschehen.

Nach den Grundsätzen der graphischen Statik gibt die von den Seilecken und der Geraden $t\,u$ begrenzte Fläche F_0 (Fläche $a\,i\,v$) die Möglichkeit, auch unmittelbar das Trägheitsmoment des Querschnittes anzuschreiben: $J_{nn} = F_0 \cdot 2\,H$. Alsdann sind auch die auftretenden Spannungen — nach Entnahme der Abstände x, y_e und y_0 aus der Abb. 103 a — gegeben:

$$\text{bei } w: \quad \sigma_{b_d} = - \frac{M \cdot x}{J_{nn}}; \qquad \text{bei } q: \quad \sigma_{b_z} = + \frac{M \cdot y_0}{J_{nn}};$$

$$\text{in der Kante } o\,p: \quad \sigma_e = + \frac{n\,M \cdot y_e}{J_{nn}}\,{}^2).$$

---

[1]) Vgl. auch die Ausführungen im Abschnitt 24. Hier wird auf das „Spangenbergsche Verfahren" eingegangen, entwickelt für die graphische Bestimmung der Nullinie für exzentrisch belastete, zur Kraftebene symmetrisch geformte und bewehrte Querschnitte. In der hier herangezogenen Veröffentlichung im Bauingenieur 1925, S. 366 wird gezeigt, daß aus dem allgemeinen Verfahren für eine Querschnittsbeanspruchung durch ein Moment und eine Normalkraft auch ein solches für reine Biegung, dem vorstehenden im Grundzuge entsprechend, abgeleitet werden kann.

[2]) Bei Ausführung der Rechnung ist auf die Einheiten besonders zu achten: Da J_{nn} vom 4. Grade ist, ist auch H zweiten Grades und z. B. in Quadratzentimetern

12. Die Schubspannungen in dem auf reine Biegung belasteten rechteckigen Querschnitte.

Der doppelt bewehrte Querschnitt.

Wie bereits in Abschnitt 3, 6, 8 und 9 hervorgehoben wurde, sind bei Verbundbauten die wagerechten und senkrechten Schubspannungen und die durch sie mittelbar bedingten schiefen Hauptzugspannungen von besonderer Bedeutung. Deshalb sind sie auch rechnerisch zu verfolgen, im besonderen bei höheren Querschnitten. Bei einfachen Platten und normaler Belastung sind die Schubspannungen in der Regel gering und ohne besondere Bedeutung für die Bewehrung. Hier reicht der Betonquerschnitt meist allein zu ihrer Übertragung aus, da hier ihr zulässiger Wert $\tau_0 \leqq 4\,\mathrm{kg/cm^2}$ in der Regel nicht überschritten wird.

Die wagerechten Schubspannungen entstehen aus der Differenz der Normal- (Biege-) Spannungen in zwei benachbarten Querschnitten. Hieraus folgt die Schubkraft im Beton der Druckzone in einer wagerechten Querschnittsfaser im Abstande von v von der Nullinie, und für zwei um $d\,l$ entfernte, nahe liegende Querschnitte (Abb. 105):

$$T = \tau_0\, b\; dl = \int\limits_v^x b\; dv\; d\sigma\,,$$

wenn τ_0 die Einheitsschubspannung im Beton, $d\,\sigma$ die Differenz der Normalspannungen innerhalb der Strecke $d\,l$ in dem kleinen Querschnittsteilchen $b\,d\,v$ darstellt. Summiert man alle diese zwischen den Grenzen x und v, so erhält man die bis zur betrachteten Faser von oben aus auftretenden Normaldifferenzkräfte, die innerhalb der Fasern eine Abscherwirkung bedingen.

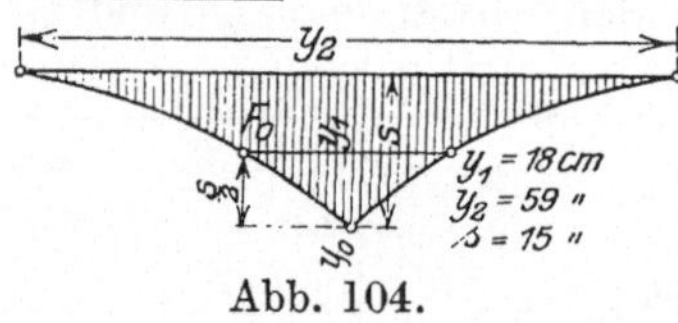

Abb. 104.

zu messen, d. h. in dem Maßstabe einzuführen, der bei Aufzeichnung der Kräfte P und F_e bzw. F_e' benutzt worden ist. Ist z. B. der Kräftemaßstab: 1 mm = 20 cm² und H zu 50 mm gemessen, so stellt H den Wert von $20 \cdot 50 = 1000\,\mathrm{cm^2}$ dar. Für beispielsweise $F_0 = 330\,\mathrm{cm^2}$ wird somit $J_{nn} = 2 \cdot 330 \cdot 1000 = 660\,000\ \mathrm{cm^4}$.

Die Größe F_0 wird, namentlich wenn man das gebrochene Seileck durch eine Kurve ausgleicht, zweckmäßig nach der Simpsonschen Regel (Abb. 104) ermittelt werden können:

$$F_0 = \frac{s}{6}\,(y_0 + 4\,y_1 + y_2)\,.$$

In dem dargestellten Beispiele wird:

$$F_0 = \frac{15}{6}\,(0 + 4 \cdot 18 + 59) = 330\ \mathrm{cm^2}\,.$$

Da $\sigma_b = \dfrac{M \cdot x}{J_{nn}}$ ist, so wird: $\dfrac{d\sigma_b}{dl} = \dfrac{dM}{dl} \dfrac{x}{J_{nn}}$; und da $\dfrac{dM}{dl} = Q =$ der Querkraft in dem betrachteten Querschnitte ist, in dem M wirkt, folgt:

$$d\sigma_b = \frac{Q \cdot x}{J_{nn}}\, dl \,.$$

Ferner ergibt sich aus Abb. 105: $\dfrac{\sigma_b}{\sigma} = \dfrac{x}{v}$ und somit:

$$\frac{d\sigma_b}{d\sigma} = \frac{x}{v} \,; \qquad d\sigma = \frac{v}{x}\, d\sigma_b = \frac{v}{x}\, \frac{Q x}{J_{nn}}\, dl = \frac{v Q\, dl}{J_{nn}} \,.$$

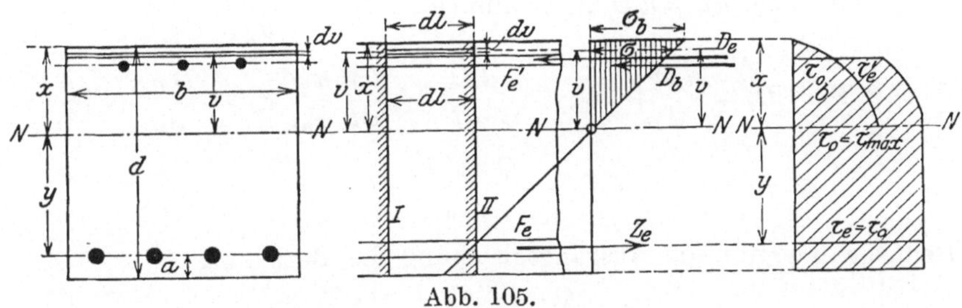

Abb. 105.

Führt man diesen Wert in die Ausgangsgleichung ein, so wird:

$$\tau_{0_b}\, b\, dl = \int_v^x b\, dv\, \frac{v Q\, dl}{J_{nn}} \,,$$

$$\tau_{0_b} \cdot b = \frac{Q\, b}{J_{nn}} \int_v^x v\, dv = \frac{Q\, b}{2 J_{nn}}\, (x^2 - v^2) \,.$$

In dieser Gleichung stellt: $\dfrac{x^2 - v^2}{2} \cdot b$ das statische Moment des auf Abscherung belasteten oberen Betonquerschnittsteils dar, bezogen auf die Nullinie $= S_{nn}$. Mithin ergibt sich auch hier die bekannte Form der Schubkraftsgleichung:

$$\tau_{0_b} \cdot b = \frac{Q \cdot S_{nn}}{J_{nn}} \,. \tag{41}$$

Aus der Beziehung:

$$\tau_{0_b} \cdot b = \frac{b \cdot Q}{2 J_{nn}}\, (x^2 - v^2)$$

folgt, daß für $x = v$, also den oberen Querschnittsrand, die Schubspannung $= 0$ ist, daß sie ihren Größtwert für $v = 0$, also in der Nullinie erreicht, und im allgemeinen einer Parabel folgt.

18*

$$\tau_{0_{b\max}} \cdot b = \frac{Q}{J_{nn}} \frac{1}{2} x^2 b \;.$$

$$\tau_{0_{b\max}} = \frac{Q\,x^2}{2\,J_{nn}} \;.$$

Da die **Druckeisenbewehrung** auch Normalspannungen aufnimmt, wird an ihrer Stelle eine Verstärkung der Schubspannung eintreten. Bezeichnet man die Schubspannung in dem F'_e-Eisen mit τ'_e und denkt sich diese gleichmäßig über die Querschnittsbreite b verteilt, bezeichnet man ferner die Differenz der Normalkräfte im Druckeisen in zwei naheliegenden Querschnitten mit $d\,D_e$, so folgt:

$$b\,\tau'_e\,dl = d\,D_e \;; \qquad \text{nun ist} \qquad \sigma'_e = \frac{n\,M\,y'}{J_{nn}} \;;$$

$$\sigma'_e\,F'_e = D_e = \frac{n\,M\,y'}{J_{nn}}\,F'_e\;; \qquad \frac{d\,D_e}{dl} = \frac{dM}{dl}\frac{n\,y'}{J_{nn}}\,F'_e = \frac{Q\,n\,y'}{J_{nn}}\,F'_e\;;$$

$$d\,D_e = \frac{Q\,n\,y'\,F'_e}{J_{nn}}\,dl \;;$$

Demgemäß ergibt die Ausgangsgleichung die Beziehung:

$$b\,\tau'_e = \frac{Q \cdot n\,y'\,F'_e}{J_{nn}} = \frac{Q \cdot S'_{nn}}{J_{nn}} \;.$$

Denn der Ausdruck $n\,y'\,F'_e$ ist wiederum das statische Moment der in Beton umgewandelten Eisenfläche, bezogen auf die Nullinie. Hieraus folgt weiter:

$$\sum \tau = \tau_0 = \tau_{b\max} + \tau'_e = \frac{Q}{J_{nn}\cdot b}\left(\frac{1}{2}\,x^2 b + n\,y'\,F'_e\right) = \frac{Q}{J_{nn}\cdot b}\sum S_{nn} \quad (41\,\text{a})$$

Von der Nullinie an bleibt $\sum \tau$ konstant.

Für die Schubspannung **in der gezogenen Eiseneinlage** läßt sich, unter Berücksichtigung, daß der Beton innerhalb der Zugzone als statisch unwirksam betrachtet wird, entsprechend der vorstehend gegebenen Entwicklung, ganz gleichartig ableiten:

$$\tau_e = \frac{Q \cdot n\,y\,F_e}{J_{nn}\cdot b} \;. \qquad\qquad (41\,\text{b})$$

Dieser Wert ist $= \sum \tau = \tau_0$; denn die Gleichung:

$$\tau_e = \frac{Q}{J_{nn}\,b}\,n\,y\,F_e = \tau_0 = \frac{Q}{J_{nn}\,b}\left(\frac{1}{2}\,x^2 b + n\,y'\,F'_e\right)$$

ist erfüllt, da die Beziehung: $n\,y\,F_e = \frac{1}{2}\,x^2 b + n\,y'\,F'_e$ aus der Gleichheit der statischen Momente der gedrückten und gezogenen Querschnittsteile in bezug auf die Nullinie sich als richtig erweist. Da sich beide Werte τ_e und $\sum \tau$ aber nur in diesen Gliedern unterscheiden, sind sie auch unter sich gleich.

Führt man den Hebelarm der inneren Kräfte ein: z (nach Seite 234) $= h - x + \eta_0$), so kann man auch der Gleichung für $\tau_0 = \tau_e$ eine andere und einfachere Form geben:

$$\tau_0 = \frac{Q \cdot n\,y\,F_e}{J_{nn}\,b} = \frac{Q \cdot n\,y\,F_e\,\sigma_e\,z}{J_{nn}\,b \cdot \sigma_e \cdot z} = \frac{Q \cdot n\,y\,(Z_e \cdot z)}{J_{nn}\,b \cdot \sigma_e \cdot z} = \frac{Q\,n\,y\,M}{J_{nn}\,b\,\sigma_e\,z} .$$

Da $\sigma_e = \dfrac{n\,M}{J_{nn}} \cdot y$ ist, so wird:

$$\tau_0 = \frac{Q}{b \cdot z} = \frac{Q}{b\,(h - x + \eta_0)}\ {}^1) . \tag{42}$$

Aus diesen Gleichungen lassen sich ohne weiteres die entsprechenden Beziehungen für den

einfach bewehrten Rechtecksquerschnitt

ableiten.

Hier ist nur F_e' bzw. $\tau_e' = 0$ zu setzen:

$$\tau_{b\,\max} = \tau_0 = \frac{Q\,x^2}{2\,J_{nn}} = \frac{Q}{b \cdot z}\ , \tag{43a}$$

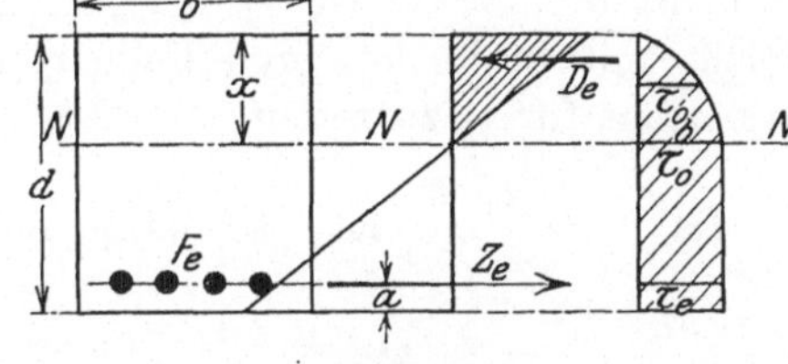

Abb. 106.

$$\tau_e = \tau_0 = \frac{Q \cdot n\,y\,F_c}{J_{nn} \cdot b} = \frac{Q}{b \cdot z} = \frac{Q}{b\left(h - \dfrac{x}{3}\right)}\ {}^2) . \tag{43b}$$

Die dem Schubspannungsverlauf bei einfacher Bewehrung entsprechende Spannungskurve läßt Abb. 106 erkennen.

---

[1]) Vgl. S. 234.

[2]) Diese Gleichung kann man auch unmittelbar herleiten:

$$\tau_0 = \frac{Q\,x^2}{2\,J_{nn}}\ ; \qquad M = D_b \cdot z = \sigma_b\,\frac{x}{2}\,b \cdot z\ ;$$

$$\sigma_b = \frac{M \cdot x}{J_{nn}}\ ; \qquad J_{nn} = \frac{M \cdot x}{\sigma_b} = \frac{\sigma_b\,\dfrac{x}{2}\,b \cdot z \cdot x}{\sigma_b} = \frac{x^2 \cdot b \cdot z}{2}\ ;$$

$$\tau_0 = \frac{Q\,x^2}{2\,x^2\,\dfrac{b}{2} \cdot z} = \frac{Q}{b \cdot z}\ ;$$

ebenso ist für die Zugeinlage F_e:

$$b\,\tau_e\,dl = dZ_e\ ; \qquad Z_e = \frac{M}{z}\ ; \qquad \frac{dZ_e}{dl} = \frac{dM}{dl}\,\frac{1}{z} = \frac{Q}{z}\ ;$$

$$b\,\tau_e\,dl = \frac{Q\,dl}{z}\ . \qquad \tau_e = \frac{Q}{b \cdot z}$$

was zu beweisen war.

Das Verhältnis von Haft- und Schubspannung.

Auf S. 148, Gl. (4), wurde für die Haftspannung die Bedingung nachgewiesen:

$$\tau_1 = \frac{Q}{U \cdot z} \, .$$

Da $\tau_0 = \dfrac{Q}{b \cdot z}$ ist, so steht mithin die Haftspannung zur Schubspannung

im Verhältnisse von $b : U$.

$$\tau_1 : \tau_0 = b : U \; ; \qquad \tau_1 = \frac{\tau_0 \, b}{U} \, , \tag{44}$$

d. h. ist $b > U$, so ist $\tau_1 > \tau_0$, und ist $U > b$, so ist $\tau_0 > \tau_1$. Erreicht mithin im letzteren Falle τ_0 eine geringe Größe, so wird das erst recht für τ_1 zutreffen.

Da $\tau_1 = \dfrac{\tau_0 \cdot b}{U}$ ist, so kann man auch, wenn man den Wert

$$\tau_0 = \frac{Q}{J_{nn} b} \, n \, y \, F_e \quad \text{bzw.:} \quad \frac{Q}{J_{nn} b} \left(\frac{1}{2} \, x^2 \, b + n \, y' \, F_e' \right)$$

einführt, τ_1 in der Form:

$$\tau_1 = \frac{Q}{J_{nn} U} \, n \, y \, F_e \, , \quad \text{bzw.} \quad = \frac{Q}{J_{nn} U} \left(\frac{1}{2} \, x^2 \, b + n \, y' \, F_e' \right) \tag{45}$$

ausdrücken.

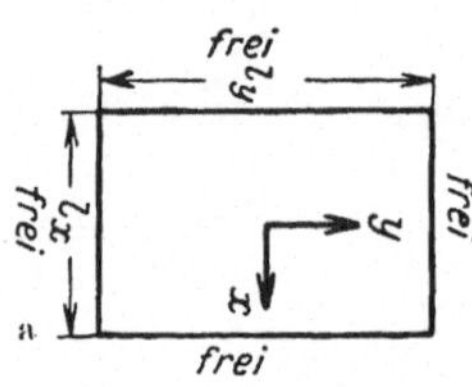

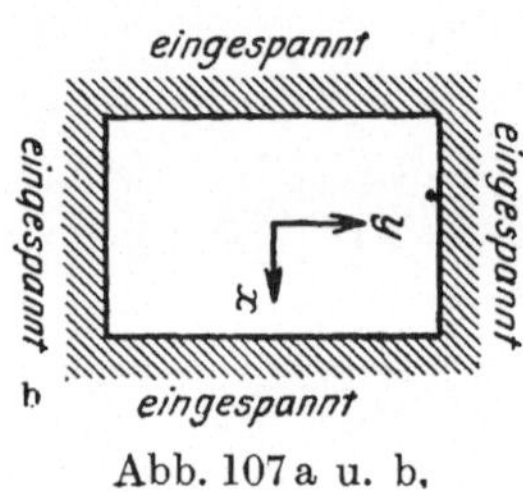

Abb. 107 a u. b.

13. Die Berechnung rechteckiger, vierseitig aufgelagerter, kreuzweise bewehrter Platten und der Pilzdecken.

Wie bereits auf S. 185 hervorgehoben ist, sind Rechtecksplatten mit kreuzweiser Bewehrung, die ringsum frei aufliegen oder eingespannt sind, oder sich über mehrere Felder erstrecken, angenähert durch zwei Scharen von Längs- und Querstreifen zu ersetzen, die je nach den vorliegenden Auflagerbedingungen als einfache oder eingespannte oder durchlaufende Träger zu berechnen sind.

Unter der Voraussetzung, daß die Plattenecken gegen Abheben gesichert sind, können, wenn die Platten nicht mehr als doppelt so lang wie breit sind, für den Spannungsnachweis die von Marcus[1]) angegebenen Gleichungen benutzt werden. Es bedeuten in Abb. 107a u. b:

M_x das Biegungsmoment der Streifen in der x-Richtung,

l_x die Stützweite   „   „   „ „   „

q_x den Lastanteil   „   „   „ „   „

Ebenso M_y, l_y, q_y die entsprechenden Werte in der y-Richtung.

a) Unter Voraussetzung einer ringsum frei aufliegenden Platte und gleichförmig verteilter Belastung sind alsdann:

1. Die Lastanteile:

$$q_x = q \cdot \frac{l_y^4}{l_x^4 + l_y^4}, \qquad q_y = q \cdot \frac{l_x^4}{l_x^4 + l_y^4}.$$

2. Die Feldmomente:

$$M_{x\max} = q_x \frac{l_x^2}{8} \cdot \nu_a, \qquad M_{y\max} = q_y \frac{l_y^2}{8} \nu_a.$$

Hierbei ist:

$$\nu_a = 1 - \frac{5}{6} \cdot \frac{l_x^2 \cdot l_y^2}{l_x^4 + l_y^4}.$$

Setzt man diesen Wert in die Momentengleichungen ein, so ergibt sich im vorliegenden Falle für $M_{x\max}$[2]) und $M_{y\max}$:

$$M_{x\max} = q_x \frac{l_x^2}{8} \nu_a = q\, l_x^2 \frac{1}{8} \cdot \frac{l_y^4}{l_x^4 + l_y^4}\left(1 - \frac{5}{6} \cdot \frac{l_x^2 \cdot l_y^2}{l_x^4 + l_y^4}\right) = q\, l_x^2 \cdot C_1,$$

$$M_{y\max} = q_y \frac{l_y^2}{8} \nu_a = q\, l_y^2 \frac{1}{8} \cdot \frac{l_x^4}{l_x^4 + l_y^4}\left(1 - \frac{5}{6} \cdot \frac{l_x^2 \cdot l_y^2}{l_x^4 + l_y^4}\right) = q\, l_y^2 \cdot C_2.$$

Hierin ist also konstant für ein bestimmtes Seitenverhältnis:

$$C_1 = \frac{1}{8} \frac{l_y^4}{l_x^4 + l_y^4}\left(1 - \frac{5}{6} \cdot \frac{l_x^2 \cdot l_y^2}{l_x^4 + l_y^4}\right),$$

$$C_2 = \frac{1}{8} \frac{l_x^4}{l_x^4 + l_y^4}\left(1 - \frac{5}{6} \cdot \frac{l_x^2 \cdot l_y^2}{l_x^4 + l_y^4}\right).$$

---

[1]) Vgl. Dr.-Ing. Marcus, Die vereinfachte Berechnung biegsamer Platten. Berlin: Verlag Julius Springer 1925.

[2]) Vgl. O. Luetkens, Auswertung der Marcusschen Formeln zur Berechnung vierseitig gelagerter Platten. Bauingenieur 1925 vom 28. August, Heft 21, S. 659ff. Dieser Veröffentlichung sind die nachfolgenden Zusammenstellungen unmittelbar entnommen.

Ist die Platte quadratisch, d. h. $l_x = l_y$, so wird:

$$M_{x\max} = M_{y\max} = 0{,}03646\, q\, l_x^2 = 0{,}03646\, q\, l_y^2 ,$$

für $l_y : l_x = 2 : 1$ wird:

$$M_{x\max} = 0{,}9457\, l_x^2; \qquad M_{y\max} = 0{,}00591\, q\, l_y^2 .$$

Für weitere verschiedene Verhältnisse der Seiten: $\varrho = \dfrac{l_y}{l_x}$ bzw. $\varrho' = \dfrac{l_x}{l_y}$ enthält (nach Luetkens) die nachfolgende Zusammenstellung die Werte C_1 und C_2.

Wegen der über die Plattenquerschnitte zweckmäßig anzunehmenden Spannungsverteilung vgl. das Beispiel auf S. 305 und die zu ihm gegebenen Erläuterungen.

b) Für die ringsum eingespannte Platte bleiben die Werte der Lastanteile $q_x = q_y$ dieselben; hier tritt jedoch an Stelle von ν_a ein Wert $\nu_b = 1 - \dfrac{5}{18}\dfrac{l_x^2 \cdot l_y^2}{l_x^4 + l_y^4}$, während die Momente naturgemäß der Einspannung Rechnung tragen:

Feldmomente:

$$M_{x\max} = +\, q_x \frac{l_x^2}{24}\, \nu_b ,$$

$$M_{y\max} = +\, q_y \frac{l_y^2}{24}\, \nu_b .$$

Einspannungsmomente:

$$M_{x\min} = -\frac{q\, l_x^2}{12} \cdot \frac{l_y^4}{l_x^4 + l_y^4} ,$$

$$M_{y\min} = -\frac{q\, l_y^2}{12} \cdot \frac{l_x^4}{l_x^4 + l_y^4} = \text{rd.} - q\,\frac{l_x^2}{24} .$$

Fügt man in den Beziehungen für die Feldmomente die Werte für q_x bzw. q_y und für ν_b ein, so ergeben sich hier die Formen:

Tabelle A.

$\varrho = \dfrac{l_y}{l_x}$	C_1	C_2
0,50	0,00591	0,0946
0,55	0,00806	0,0881
0,60	0,0105	0,0813
0,65	0,0133	0,0744
0,70	0,0162	0,0676
0,75	0,0194	0,0604
0,80	0,0226	0,0551
0,85	0,0259	0,0496
0,90	0,0293	0,0447
0,95	0,0329	0,0403
1,00	0,0365	0,0365
0,95	0,0403	0,0329
0,90	0,0447	0,0293
0,85	0,0496	0,0259
0,80	0,0551	0,0226
0,75	0,0604	0,0194
0,70	0,0676	0,0162
0,65	0,0744	0,0133
0,60	0,0813	0,0105
0,55	0,0881	0,00806
0,50	0,0946	0,00591
$\varrho' = \dfrac{l_x}{l_y}$		

$$M_{x\max} = q\, l_x^2\, C_3; \qquad C_3 = \frac{1}{24}\frac{l_y^4}{l_x^4 + l_y^4} \cdot \left(1 - \frac{5}{18}\frac{l_x^2 \cdot l_y^2}{l_x^4 + l_y^4}\right),$$

$$M_{y\max} = q\, l_y^2\, C_4; \qquad C_4 = \frac{1}{24}\frac{l_x^4}{l_x^4 + l_y^4} \cdot \left(1 - \frac{5}{18}\frac{l_x^2 \cdot l_y^2}{l_x^4 + l_y^4}\right).$$

Wird $l_y : l_x = 1 : 1$, so zeigt sich:

$$M_{x\max} = M_{y\max} = \frac{31}{36} \frac{q\,l_x^2}{48} = 0{,}0179\,q\,l_x^2\,,$$

während für $l_y : l_x = 2 : 1$

$$M_{x\max} = 0{,}0367\,q\,l_x^2\,; \qquad M_{y\max} = 0{,}00229\,q\,l_y^2$$

wird. Für verschiedene weitere Verhältnisse von $\dfrac{l_y}{l_x}$ bzw. $\dfrac{l_x}{l_y}$ läßt Zusammenstellung B die Konstanten C_3 und C_4 erkennen.

Die obigen Größen der **Einspannungsmomente** $M_{x\min}$ und $M_{y\min}$, die auf der Grundlage von $-\dfrac{q_x\,l_x^2}{12}$ und $-\dfrac{q_y\,l_y^2}{12}$ sich aufbauen, sind in dieser Form in den neuen Bestimmungen vom September 1925 gegeben. Nach Marcus (S. 22 der in Anm. auf S. 279 erwähnten Veröffentlichung) sind die genaueren Werte:

$$M_{x\min} = -\frac{q_x\,l_x^2}{12\,\nu_b}\cdot\frac{l_y^4}{l_x^4 + l_y^4}\,; \qquad M_{y\min} = -\frac{q_y\,l_y^2}{12\,\nu_b}\cdot\frac{l_x^4}{l_x^4 + l_y^4}\,.$$

Hieraus lassen sich ebenfalls Formeln ableiten mit Konstanten:

$$M_{x\min} = -q\,l_x^2\,C_5\,; \qquad C_5 = \frac{1}{12}\,\frac{l_y^4}{l_x^4 + l_y^4}\cdot\frac{1}{1 - \dfrac{5}{18}\dfrac{l_x^2\cdot l_y^2}{l_x^4 + l_y^4}}\,,$$

$$M_{y\min} = -q\,l_y^2\,C_6\,; \qquad C_6 = \frac{1}{12}\,\frac{l_x^4}{l_x^4 + l_y^4}\cdot\frac{1}{1 - \dfrac{5}{18}\dfrac{l_x^2\cdot l_y^2}{l_x^4 + l_y^4}}\,.$$

Die Konstanten C_5 und C_6 sind in der nachfolgenden Zusammenstellung B enthalten. Marcus weist jedoch darauf hin, daß es sich zur Vereinfachung der Berechnung durchaus empfiehlt, auch bei der eingespannten Platte auf eine genaue Berücksichtigung der Veränderlichkeit der Biegungsmomente zu verzichten und als Mittelwerte für den Bereich der größten Randspannungen die Momente:

$$M_{x\mathrm{Rand}} = -q\,\frac{l_x^2}{12}\cdot\frac{l_y^4}{l_x^4 + l_y^4}\,,$$

also wie in die neuen Bestimmungen übernommen, und ebenso

$$M_{y\mathrm{Rand}} = -q\,\frac{l_x^2}{24}$$

der Querschnittsbemessung zugrunde zu legen[1]). Letzteres ist darin begründet, daß die genaue Untersuchung zeigt, daß die Einspannungs

---

[1]) Vgl. die weiteren Textausführungen auf S. 308 ff.

momente ebenso wie die Auflagerkräfte der kurzen Ränder nur von der kurzen Spannrichtung abhängig sind und bei wachsender Länglichkeit des Feldes unverändert bleiben. Deshalb kann für ausreichend angenäherte Rechnung hier auch der betreffende Grenzwert für die quadratische Platte $\left(-q\dfrac{l_x^2}{24}\right)$ beibehalten werden.

Tabelle B.

$\varrho = \dfrac{l_y}{l_x}$	C_3	C_4	C_5	C_6
0,50	0,00229	0,0367	0,00624	0,0839
0,55	0,00322	0,0352	0,00757	0,0827
0,60	0,00436	0,0336	0,0105	0,0809
0,65	0,00568	0,0318	0,0140	0,0785
0,70	0,00718	0,0299	0,0181	0,0755
0,75	0,00883	0,0279	0,0227	0,0718
0,80	0,0106	0,0258	0,0277	0,0677
0,85	0,0124	0,0238	0,0329	0,0631
0,90	0,0143	0,0217	0,0382	0,0582
0,95	0,0161	0,0198	0,0434	0,0533
1,00	0,0179	0,0179	0,0484	0,0484
0,95	0,0198	0,0161	0,0533	0,0434
0,90	0,0217	0,0143	0,0582	0,0382
0,85	0,0238	0,0124	0,0631	0,0329
0,80	0,0258	0,0106	0,0677	0,0277
0,75	0,0279	0,00883	0,0718	0,0227
0,70	0,0299	0,00718	0,0755	0,0181
0,65	0,0318	0,00568	0,0785	0,0140
0,60	0,0336	0,00436	0,0809	0,0105
0,55	0,0352	0,00322	0,0827	0,00757
0,50	0,0367	0,00229	0,0839	0,00624
$\varrho' = \dfrac{l_x}{l_y}$				

Über die auch hier (nach Marcus) zweckmäßig anzunehmende Verteilung der Momente über die Hauptquerschnitte zum Zwecke der Querschnittsbestimmung gibt das Beispiel auf S. 308 Auskunft.

In H. Marcus „Die vereinfachte Berechnung biegsamer Platten"[1]) werden ferner die Stützungsfälle behandelt:

a) Platten, an den Seiten frei aufliegend und an einem Rande fest eingespannt;

b) Platten, an zwei gegenüberliegenden Seiten frei aufliegend, an den beiden anderen eingespannt;

c) Platten, an zwei benachbarten Seiten frei aufliegend und an den beiden anderen fest eingespannt;

d) Platten, an drei Seiten eingespannt und an einem Rande frei aufliegend, und endlich

---

[1]) Berlin: Verlag Julius Springer 1925.

e) **durchlaufende Platten.** Hier wird der Einfluß einer gleichmäßigen Belastung aller Felder und einer wechselnden Belastung untersucht und der Rechnungsgang an einem ausführlichen Zahlenbeispiel klargelegt. Weiter werden hier die Auflagerkräfte und Randdrillungsmomente behandelt und endlich verfolgt:

f) **der Einfluß von Einzellasten auf die ringsum freiliegende Platte, die ringsum eingespannte Platte und die durchgehende Platte.**

Während wegen der Behandlung dieser Sonderfragen auf die angegebene Quelle verwiesen werden muß, seien in der Anm.[1]) nur noch die von Luetkens für die vorgenannten Fälle a, b, c und d berechneten Konstanten in Verbindung mit den Gleichungen zur Berechnung der Mittel- und Einspannungsmomente kurz mitgeteilt.

---

[1]) Vgl., wie bereits auf S. 279 erwähnt: Auswertung der Marcusschen Formeln zur Berechnung vierseitig gelagerter Platten. Bauingenieur 1925, Heft 21, Teil III, IV, V und VI, S. 660 u. 661.

III. Platte an drei Rändern frei, an einem eingespannt.

$$\text{Feldmomente:} \quad M_{x\max} = q\,l_x^2 \cdot C_7; \quad M_{y\max} = q\,l_y^2 \cdot C_8.$$

$$\text{Einspannungsmoment:} \quad M_{x_r} = -\,q\,l_x^2 \cdot C_9.$$

IV. Platte an zwei gegenüberliegenden Seiten frei aufliegend, an den beiden anderen eingespannt.

$$\text{Feldmomente:} \quad M_{x\max} = q\,l_x^2 \cdot C_{10}; \quad M_{y\max} = q\,l_y^2 \cdot C_{11}.$$

$$\text{Einspannungsmoment:} \quad M_{x_r} = -\,q\,l_x^2 \cdot C_{12}.$$

V. Platte an zwei benachbarten Seiten frei anliegend, an den beiden anderen eingespannt.

$$\text{Feldmomente:} \quad M_{x\max} = q\,l_x^2 \cdot C_{13}; \quad M_{y\max} = q\,l_y^2 \cdot C_{14}.$$

$$\text{Einspannungsmomente:} \quad M_{x_r} = -\,q\,l_x^2 \cdot C_{15}; \quad M_{y_r} = -\,q\,l_y^2 \cdot C_{16}.$$

VI. Platte an drei Seiten eingespannt und an einem Rande (parallel zu l_x) frei aufliegend.

$$\text{Feldmomente:} \quad M_{x\max} = q\,l_x^2 \cdot C_{17}; \quad M_{y\max} = q\,l_y^2 \cdot C_{18}.$$

$$\text{Einspannungsmomente:} \quad M_{x_r} = -\,q\,l_x^2 \cdot C_{19}; \quad M_{y_r} = -\,q\,l_y^2 \cdot C_{20}.$$

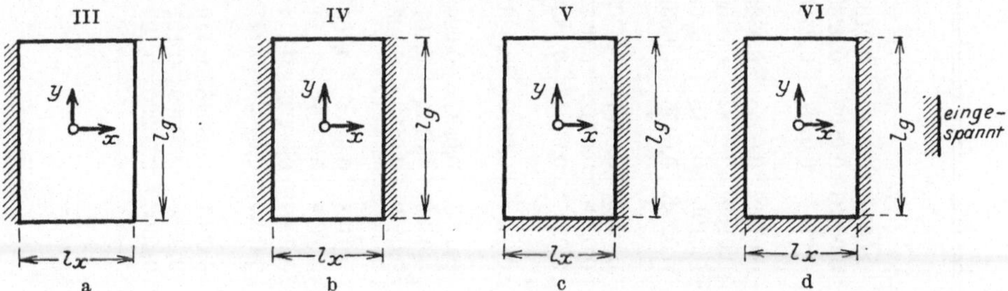

(Lagerungsfall I vollkommen frei gelagert, II allseitig eingespannt, vorstehend im Text ausführlich behandelt).   (Fortsetzung der Fußnote S. 285.)

$\varrho = \dfrac{l_y}{l_x}$	C_7	C_8	C_9	C_{10}	C_{11}	C_{12}	C_{13}	C_{14}	C_{15}	C_{16}	C_{17}	C_{18}	C_{19}	C_{20}
0,50	0,00709	0,0886	0,0169	0,00730	0,0801	0,0298	0,00368	0,0589	0,00735	0,118	0,00406	0,0560	0,00926	0,111
0,55	0,00931	0,0809	0,0233	0,00931	0,0709	0,0392	0,00513	0,0560	0,0105	0,113	0,00553	0,0523	0,0129	0,106
0,60	0,0117	0,0727	0,0306	0,0114	0,0620	0,0492	0,00686	0,0529	0,0143	0,111	0,00721	0,0483	0,0172	0,0993
0,65	0,0142	0,0654	0,0386	0,0136	0,0538	0,0590	0,00886	0,0496	0,0189	0,106	0,00907	0,0443	0,0219	0,0921
0,70	0,0169	0,0582	0,0469	0,0157	0,0463	0,0682	0,0111	0,0462	0,0242	0,101	0,0110	0,0401	0,0270	0,0844
0,75	0,0196	0,0515	0,0552	0,0179	0,0396	0,0766	0,0135	0,0427	0,0300	0,0950	0,0131	0,0361	0,0323	0,0766
0,80	0,0224	0,0455	0,0632	0,0198	0,0338	0,0840	0,0161	0,0393	0,0363	0,0887	0,0151	0,0323	0,0375	0,0687
0,85	0,0252	0,0401	0,0708	0,0218	0,0289	0,0904	0,0187	0,0359	0,0429	0,0821	0,0171	0,0287	0,0426	0,0612
0,90	0,0280	0,0352	0,0777	0,0235	0,0246	0,0958	0,0215	0,0327	0,0495	0,0755	0,0182	0,0263	0,0457	0,0565
0,95	0,0307	0,03097	0,0838	0,0252	0,0210	0,100	0,0242	0,0297	0,0561	0,0689	0,0209	0,0224	0,0516	0,0475
1,00	0,0334	0,0272	0,0893	0,0267	0,0179	0,104	0,0269	0,0269	0,0625	0,0625	0,0226	0,0198	0,0556	0,0417
0,95	0,0361	0,0237	0,0943	0,0281	0,0152	0,107	0,0297	0,0242	0,0689	0,0561	0,0243	0,0173	0,0592	0,0362
0,90	0,0393	0,0191	0,101	0,0295	0,0128	0,111	0,0327	0,0215	0,0755	0,0495	0,0261	0,0149	0,0627	0,0309
0,85	0,0419	0,0173	0,103	0,0309	0,0105	0,113	0,0359	0,0187	0,0821	0,0429	0,0278	0,0126	0,0661	0,0259
0,80	0,0448	0,0144	0,107	0,0322	0,00853	0,116	0,0393	0,01608	0,0887	0,0363	0,0295	0,0105	0,0692	0,0212
0,75	0,0478	0,0117	0,111	0,0334	0,00678	0,118	0,0427	0,0135	0,0950	0,0300	0,0311	0,00851	0,0720	0,0171
0,70	0,0507	0,00932	0,114	0,0346	0,00528	0,119	0,0462	0,0111	0,101	0,0242	0,0327	0,00676	0,0744	0,0134
0,65	0,0535	0,00724	0,117	0,0357	0,00402	0,121	0,0496	0,00886	0,106	0,0189	0,0341	0,00524	0,0765	0,0102
0,60	0,0561	0,00546	0,119	0,0367	0,00297	0,122	0,0529	0,00686	0,111	0,0143	0,0355	0,00394	0,0783	0,00761
0,55	0,0586	0,00399	0,121	0,0375	0,00214	0,123	0,0560	0,00513	0,113	0,0105	0,0366	0,00287	0,0797	0,00547
0,50	0,0608	0,00280	0,122	0,0383	0,00148	0,123	0,0589	0,00368	0,118	0,00735	0,0377	0,00201	0,0808	0,00379

$$\varrho' = \frac{l_x}{l_y}$$

Über weitere Untersuchungen vierseitig aufgelagerter Platten und die Behandlung einiger anderer Sonderfragen der Plattentheorie gibt die nachstehende Anm.[1]) Auskunft.

Über die allgemeine Anordnung der **Pilzdecken** und die nach den neuen Bestimmungen zugelassene angenäherte Berechnung ist bereits auf den Seiten 188—193 das Wichtigste mitgeteilt. Hier wurde schon hervorgehoben, daß, wenn keine genaue Untersuchung nach der Plattentheorie durchgeführt wird, auch die trägerlosen Decken durch zwei sich

---

Die nebenstehende Zusammenstellung enthält die für eine Anzahl Verhältnisse von $\dfrac{l_y}{l_x}$ bzw. $\dfrac{l_x}{l_y}$ von Luetkens berechneten Konstanten C_7 bis C_{20}. Mit ihrer Hilfe ist bei gleichförmiger Last die Ermittlung der Momente für die vorerwähnten besonderen Stützungsfälle ohne weiteres gegeben.

Wegen der Konstanten bei durchgehenden vierseitig gelagerten Platten sei auf die vorgenannte Arbeit von Luetkens verwiesen. Bauingenieur 1925, Heft 21, S. 662 u. 663.

[1]) Berechnung der Bruchspannungen in kreuzweise bewehrten Eisenbetonplatten. Von Nielsen - Kopenhagen. Bauingenieur 1921, Heft 15, S. 412. — Über die Biegung der allseitig unterstützten rechteckigen Platte unter Wirkung einer Einzellast. Von S. Timoschenko. Bauingenieur 1922, Heft 2, S. 51. — Prof. Dr. M. T. Huber: Über die Biegung einer rechteckigen Platte von ungleicher Biegungsfestigkeit in der Längs- und Querrichtung bei einspannungsfreier Stützung des Randes unter besonderer Berücksichtigung der kreuzweise bewehrten Betonplatte. Bauingenieur 1924, Heft 9, S. 259 u. Heft 10, S. 305. — Platten rechteckiger Grundrißteilung auf elastisch nachgiebiger Unterlage. Die umgekehrte Pilzdecke als Fundament. Von Dipl.-Ing. Dr. Lewe. Bauingenieur 1923, Heft 15, S. 453. — Zur Theorie der kreuzweise bewehrten Eisenbetonplatten. Von Prof. Dr. Huber. Bauingenieur 1923, Heft 12, S. 354 u. Heft 13, S. 392. — Die vereinfachte Berechnung biegsamer Platten. Von Dr.-Ing. H. Marcus. Bauingenieur 1924, Heft 20, S. 660 u. Heft 21, S. 702. — Die gleichförmig belastete, in gleichen Abständen unterstützte Gerade der allseitig unendlichen Platte und deren Anwendung in der strengen Theorie der trägerlosen (Pilz-) Decken. Von Dr.-Ing. Karl Frey - Hannover. Bauingenieur 1925. — Zum Stand der Berechnung kreuzweise bewehrter Platten. Von Priv.-Doz. Dr.-Ing. Leitz. Bauingenieur 1925. — Über die genaue Biegungsgleichung einer orthotropen Platte in ihrer Anwendung auf kreuzweise bewehrte Betonplatten. Von Prof. M. T. Huber - Lemberg. Bauingenieur 1925. — Streifenbelastung zweiseitig gelagerter Platten. Von Karl Hager. Bauingenieur 1923, Heft 7, S. 209. — Versuche mit zweiseitig aufliegenden Platten bei konzentrischer Belastung. Heft 52 des D. A. f. E., besprochen im Bauingenieur 1924, Heft 4, S. 77. — Die Spannungen in rechteckigen Eisenbetonquerschnitten infolge einer schräg zu den Rechtecksseiten liegenden Biegeachse. Von Martin Preuß. Bauingenieur 1924, Heft 14, S. 427. — Die Beanspruchung von Betonfundamenten. Von Prof. Dr. Gehler. Vortrag, geh. auf der Hauptversamml. des D. Bet.-V. 1922. Bauingenieur 1922, Heft 14/15. — Tafel zur Bemessung und Spannungsberechnung von Rechteck- und Plattenbalkenquerschnitten aus Eisenbeton. Von K. Lenk und O. Häberle. Bauingenieur 1924, Heft 24, S. 815. — Eine Rechentafel für den Eisenbetonbau. Von Dipl.-Ing. Fr. Reinhold. Bauingenieur 1923, Heft 4, S. 125.

kreuzende Scharen von Längs- und Querbalken ersetzt werden können, die als durchlaufende Balken auf elastisch eingespannten Stützen oder als Stockwerksrahmen ebenso zu behandeln sind, als ob sie in der querlaufenden Stützenflucht auf einer stetigen Unterlage aufruhen und die, im Gegensatz zu den ringsum aufgelagerten Platten, in jeder Richtung für die volle und ungünstigste Belastung untersucht werden müssen.

Die stellvertretenden Rahmen dürfen so berechnet werden, daß für die Momentenermittlung nur der Biegungswiederstand der Stützen des unmittelbar anschließenden oberen und unteren Stockwerkes berücksichtigt wird.

Wenn von einer genauen Berechnung nach der Plattentheorie oder von der oben genannten Näherungsberechnung mit stellvertretenden Rahmen abgesehen wird, so können, unter der Voraussetzung, daß die Stützenabstände in allen Feldern einer Reihe gleich oder höchstens um 20% verschieden sind, für die Biegungsmomente der Platten und Stützen die in den neuen Vorschriften gegebenen Annäherungsgleichungen benutzt werden. Über den Gang einer derartigen Rechnung gibt das Zahlenbeispiel auf den Seiten 311—315 Auskunft[1]).

Über die Berechnung der stellvertretenden Stockwerksrahmen sind die in Anm.[2]) gegebenen Veröffentlichungen heranzuziehen, während

---

[1]) Über die amerikanischen Bestimmungen zur Berechnung der Pilzdecken vgl. u. a. im Betonkalender (Wilh. Ernst & Sohn) den entsprechenden Abschnitt.

[2]) Vgl. u. a.: Dr. Marcus, Studien über mehrfach gestützte Rahmen- und Bogenträger. Verlag Julius Springer 1911. — A. Bendixen, Die Methode der α-Gleichungen zur Berechnung von Rahmenkonstruktionen. Verlag Julius Springer 1914. — E. Pichl, Untersuchung mehrständiger Stockwerksrahmen für Winddruck. Bauingenieur 1922, S. 375. — Fr. Engester, Zur Berechnung der Stockwerksrahmen. Eisenbau 1920. — Bechyné, Beitrag zur Berechnung biegungsfester Stockwerksrahmen. Beton u. Eisen 1919, S. 138. — S. Müller, Zur Berechnung mehrfach statisch unbestimmter Tragwerke. Zentralbl. d. Bauverw. 1907, S. 23. — J. Pirlet, Die Berechnung statisch unbestimmter Systeme. Der Eisenbau 1910, S. 331. — Dr.-Ing. Kammer, Statisch unbestimmte Hauptsysteme. Arm. Beton 1914, Heft 4 u. 5. — Dr. Gehler, Der Rahmen. 3. Aufl. Verlag Wilh. Ernst & Sohn 1925 (Abschnitt VI, S. 169—190). — Dr. F. Worch. Studien zur Berechnung und Konstruktion mehrstieliger Stockwerksrahmen. (Ermittlung auf Grund des sog. „Stufenverfahrens", bei dem auf unmittelbarem Wege ganz allgemein die Berechnung der hochgradig statisch unbestimmten Systeme — ruhende Belastung, Einflußlinien usw. — durchgeführt werden kann.) Bauingenieur 1925, Heft 22, 23, 24, S. 679, 706, 733. — Diem, Die Berechnung der Grundstabwerke mit unverschieblichen Eckpunkten. Beton u. Eisen 1924. — B. Loeser, Berechnung von Stockwerksrahmen für senkrechte Lasten. Bauingenieur 1925, Heft 19 u. 20, S. 615 u. 644. In dieser Veröffentlichung wird im Hinblick auf die „neuen Bestimmungen" gezeigt, daß die Berechnung für senkrechte Lasten auf verhältnismäßig leichte Art möglich ist. Der Veröffentlichung ist auch ein Zahlenbeispiel beigefügt, auf das als Vorbild für derartige Rechnungen besonders verwiesen sei.

für die Behandlung der trägerlosen Decken nach der Plattentheorie auf das unten genannte Werk von Dr. H. Marcus[1]) und die weiterhin mitgeteilte ebenfalls grundlegende Arbeit von Dr.-Ing. Dr. Lewe[2]) verwiesen werden muß.

Erinnert sei — im Anschlusse an die Ausführungen auf S. 193 — endlich noch daran, daß die neuen Eisenbetonbestimmungen einfache Gebrauchsformeln für die Berechnung der Randsäulen gewöhnlicher Stockwerksrahmen vorsehen, während bei den üblichen Hochbauten die Innensäulen, biegefest mit Eisenbetonbalken verbunden, im allgemeinen nur auf zentrischen Druck, also nicht auf Rahmenwirkung, berechnet zu werden brauchen.

14. Zahlenbeispiele zur Spannungsberechnung und Querschnittsbestimmung in einfach und doppelt bewehrten, auf Biegung beanspruchten Rechtecksquerschnitten.

1. Bei einer 2,0 m weit freiliegenden Wohnhausdecke von 10 cm Stärke, bewehrt auf 1 m Breite mit 10 Rundeisen von 8 mm Durchmesser ($= 5,02$ cm²/m), deren Mitten einen Abstand von 1,5 cm von der Plattenunterkante haben, sollen zum Zwecke der (baupolizeilichen) Nachprüfung die auftretenden größten Spannungen im Beton und im Eisen ermittelt werden.

Belastung: Eigengewicht der Decke . . . 340 kg/m²

Nutzlast . . . . 250 „

Zusammen . . . . 590 kg/m²

Biegungsmoment in Plattenmitte:

$$M = \frac{590 \cdot 2{,}1^2 \cdot 100}{8} = 32\,500 \text{ kg} \cdot \text{cm}$$

(Stützweite = Lichtweite + Plattenstärke gesetzt.)

$$x = \frac{15 \cdot 5{,}02}{100}\left(\sqrt{1 + \frac{2 \cdot 100 \cdot 8{,}5}{15 \cdot 5{,}02}} - 1\right) = 2{,}9 \text{ cm} \tag{8*}$$

$$\sigma_b = \frac{2 \cdot 32\,500}{100 \cdot 2{,}9\,(8{,}5 - 0{,}97)} = 29{,}8 \text{ kg/cm}^2 \tag{14}$$

$$\sigma_e = \frac{32\,500}{5{,}02\,(8{,}5 - 0{,}97)} = 860 \text{ kg/cm}^2. \tag{15}$$

[1]) Die Theorie elastischer Gewebe und ihre Anwendung auf die Berechnung biegsamer Platten. Von Dr. H. Marcus. Verlag Julius Springer 1924.

[2]) Die strenge Lösung des Pilzdeckenproblems. Tabellen der Durchbiegungen, Momente und Querkräfte von Platten. Von Dr.-Ing. Dr. Lewe. Berlin 1922. Selbstverlag des Verfassers. Sonderabdruck aus Bauingenieur 1920, Heft 22. Kapitel I: Die Lösung des Pilzdeckenproblems durch Fouriersche Reihen. Kapitel II: Tabellen. Kapitel III: Strenge Lösung der elastischen Probleme endlich ausgedehnter Pilzdecken und anderer Platten mittels Fourierscher Reihen. Kapitel IV: Streifenlast und Stützenkopfeinspannungen. Kapitel V: Anwendungen und weitere Tabellen.

Benutzt man die Zusammenstellung I (S. 237), so findet man, da $F_e = 5{,}02$ cm², und somit:

$$m = \frac{100 \cdot 8{,}5}{5{,}02} = \text{rd. } 170$$

und

$$k' = 6{,}617, \; k'' = 28{,}987$$

ist, dementsprechend:

$$\sigma_b = \frac{6{,}617 \cdot 32\,500}{100 \cdot 8{,}5^2} = 29{,}8 \text{ kg/cm}^2 \,,$$

$$\sigma_e = 28{,}987 \cdot 29{,}8 = 863 \text{ kg/cm}^2.$$

Es ergeben sich also auch hier die oben gefundenen Werte.

Zur Berechnung der Schubspannungen am Auflager wird ermittelt die Querkraft an dieser Stelle:

$$Q = \frac{590 \cdot 2{,}10}{2} = 620 \text{ kg}$$

$$\tau_e = \frac{Q}{b\left(h - \dfrac{x}{3}\right)} = \frac{620}{100\left(8{,}5 - \dfrac{2{,}9}{3}\right)} = 0{,}83 \text{ kg/cm}^2. \tag{43}$$

Der sehr geringe Wert zeigt, daß man bei Platten die Schubspannungen gewöhnlich nicht zu untersuchen braucht.

Die Haftspannungen brauchen, wenn die Eiseneinlagen nicht stärker als 25 mm und mit ordnungsmäßigen Endhaken versehen sind, nicht nachgerechnet zu werden, obwohl hier $U = 10 \cdot 2\,r\,\pi = 10 \cdot 2 \cdot 0{,}4 \cdot \pi = 10 \cdot 2{,}513$ cm $= 25{,}13$ cm, also $< b < 100$ cm ist, und somit $\tau_1 > \tau_0$ werden wird [1]).

2. Für ein Fabrikgebäude mit stoßenden Lasten ist eine Deckenplatte von 2,0 m Spannweite zu entwerfen. Die Nutzlast beträgt 1500 kg/m². In diesem Falle ist nach den neuen Bestimmungen (Spalte c, Taf. IV, S. 29 dieser Bestmg.) die größte zulässige Betondruckspannung 35 kg/cm², die Eisenzugspannung 1000 kg/cm². Die Dicke der Platte werde zur Ermittlung des Eigengewichtes usw. zunächst zu 16 cm angenommen; demnach ist die rechnungsmäßige Stützweite $= 2{,}00 + 0{,}16 = 2{,}16$ m. Einschließlich des Fußbodenbelages sei das Eigengewicht 500 kg/m².

$$\text{Mittenmoment: } M = \frac{500 + 1500}{8} \cdot 2{,}16^2 \cdot 100 = 116\,600 \text{ kg} \cdot \text{cm}$$

---

[1]) Es ergibt sich:

$$\tau_1 = \frac{\tau_0\,b}{U} = \frac{\tau_0\,100}{25{,}13} = \text{rd. } 3{,}3 \text{ kg/cm}^2. \tag{44}$$

Mit $\sigma_b = 35$ kg/cm² und $\sigma_e = 1000$ kg/cm² wird nach Seite 238:

$$x = \frac{15 \cdot 35}{1000 + 15 \cdot 35}\, h = 0,344\, h = s \cdot h \tag{24}$$

ferner:

$$h = \sqrt{\frac{2}{\left(1 - \dfrac{s}{3}\right) s \cdot \sigma_b}} \cdot \sqrt{\frac{M}{b}} \tag{25}$$

$$= \sqrt{\frac{2}{\left(1 - \dfrac{0,344}{3}\right) \cdot 0,344 \cdot 35}} \cdot \sqrt{\frac{116\,600}{100}} = 0,434 \cdot 341 = 14,8 \text{ cm.}$$

Ferner ergibt sich aus der Beziehung der statischen Momente auf die Nullinie:

$$b\,\frac{x^2}{2} = n\,F_e \cdot (h - x),$$

$$F_e = \frac{b \cdot x^2}{2 \cdot n\,(h - x)} = \frac{100 \cdot 0,344^2 \cdot 14,8^2}{2 \cdot 15\,(14,8 - 0,344 \cdot 14,8)} = 8,9 \text{ cm}^2.$$

$$x = 0,344 \cdot 14,8 = 5,09 \text{ cm (Abb. 108a, S. 290).}$$

Es werden 10 Rundeisen vom Durchmesser 11 mm mit 9,5 cm² Gesamtquerschnitt verwendet.

Die Überdeckungsstärke der Eisen soll bei Platten in Innenräumen mindestens 1 cm betragen. Die gesamte Plattenstärke wird deshalb auf $14,8 + 0,60 + 1,0 = $ rund 16,5 cm gebracht.

Aus der Zusammenstellung II (S. 242) hätte man ohne besondere Rechnung für $\sigma_e = 1000$ kg/cm² und $\sigma_b = 35$ kg/cm² unmittelbar gefunden:

$$h = r \sqrt{\frac{M}{b}} = 0,433\,\sqrt{1166} = 14,8 \text{ cm}, \tag{25}$$

$$F_e = t \sqrt{M \cdot b} = 0,00261\,\sqrt{11\,660\,000} = 8,9 \text{ cm}^2. \tag{26}$$

3. Auf eine Eisenbetonplatte wirke auf eine Tiefe von 1,00 m ein Moment von $+52\,900$ kg·cm. Der durch dieses Moment beanspruchte Querschnitt ist unter der Annahme von $\sigma_e = 1000$ kg/cm² und $\sigma_b = 40$ kg/cm² zu bestimmen. $n = 15$.

Zusammenstellung II (S. 242) liefert für $\sigma_e = 1000$ und $\sigma_b = 40$ ohne weiteres:

$$h = 0,390 \sqrt{\frac{M}{b}} = 0,390 \cdot \sqrt{\frac{52\,900}{100}} = 0,390 \cdot 23,0 = \text{rd. } 9,0 \text{ cm},$$

$$F_e = 0,00293\sqrt{M \cdot b} = 0,00293\,\sqrt{5\,290\,000} = 0,00293 \cdot 2300 = 6,74 \text{ cm}^2,$$

$$(x = 0,375 \cdot h = 0,375 \cdot 9,0 = 3,37 \text{ cm}).$$

4. Die unter 2 berechnete Decke ist darauf zu untersuchen, welche Spannungen unter der Voraussetzung entstehen, daß der Beton auch in der Zugzone Spannungen aufnehmen soll (vgl. Abb. 108a).

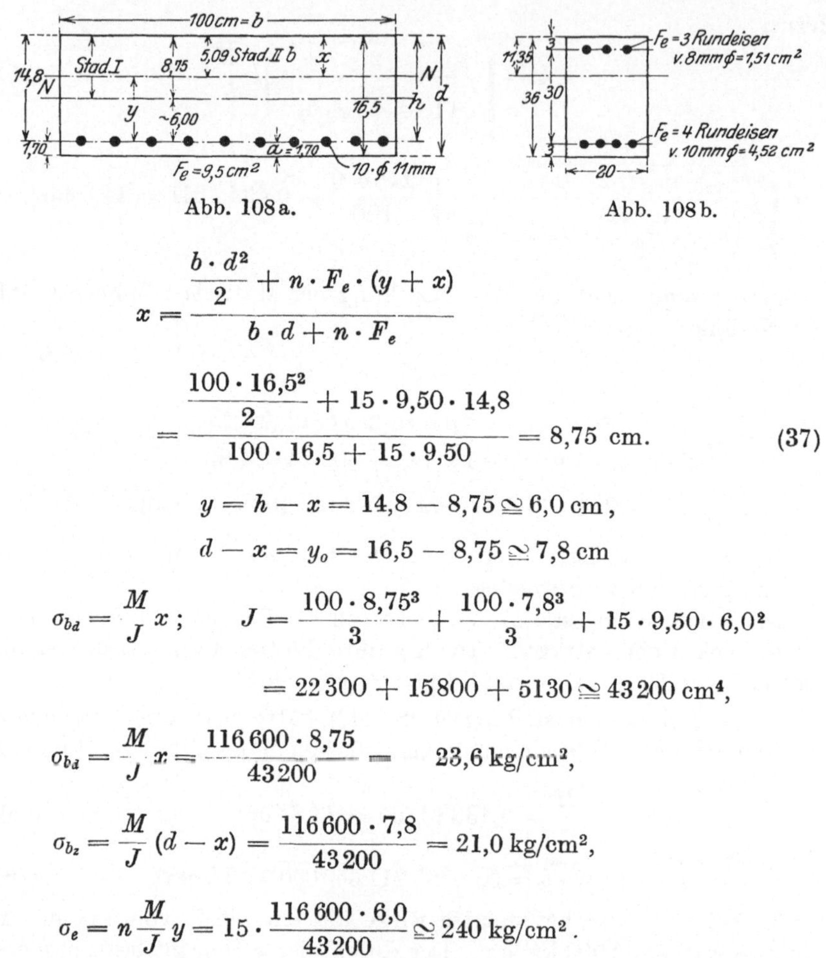

Abb. 108a. Abb. 108b.

$$x = \frac{\dfrac{b \cdot d^2}{2} + n \cdot F_e \cdot (y + x)}{b \cdot d + n \cdot F_e}$$

$$= \frac{\dfrac{100 \cdot 16{,}5^2}{2} + 15 \cdot 9{,}50 \cdot 14{,}8}{100 \cdot 16{,}5 + 15 \cdot 9{,}50} = 8{,}75 \text{ cm.} \qquad (37)$$

$$y = h - x = 14{,}8 - 8{,}75 \cong 6{,}0 \text{ cm},$$

$$d - x = y_o = 16{,}5 - 8{,}75 \cong 7{,}8 \text{ cm}$$

$$\sigma_{bd} = \frac{M}{J}\, x; \qquad J = \frac{100 \cdot 8{,}75^3}{3} + \frac{100 \cdot 7{,}8^3}{3} + 15 \cdot 9{,}50 \cdot 6{,}0^2$$

$$= 22\,300 + 15\,800 + 5130 \cong 43\,200 \text{ cm}^4,$$

$$\sigma_{bd} = \frac{M}{J}\, x = \frac{116\,600 \cdot 8{,}75}{43\,200} = 23{,}6 \text{ kg/cm}^2,$$

$$\sigma_{bz} = \frac{M}{J}\,(d - x) = \frac{116\,600 \cdot 7{,}8}{43\,200} = 21{,}0 \text{ kg/cm}^2,$$

$$\sigma_e = n\,\frac{M}{J}\, y = 15 \cdot \frac{116\,600 \cdot 6{,}0}{43\,200} \cong 240 \text{ kg/cm}^2.$$

Die berechneten Betonzugspannungen halten sich unter dem zulässigen Höchstwerte.

5. Ein Eisenbetonbalken habe den in Abb. 108b angegebenen Querschnitt und eine Stützweite von 4,00 m. Ihn beanspruche infolge einer gleichmäßigen Belastung von 600 kg/m² ein Angriffsmoment von $\frac{q\,l^2}{8} = \frac{600 \cdot 4 \cdot 400}{8} = 120\,000$ kg·cm. Wie groß sind die Spannungen, wenn man die Betonzugzone als statisch unwirksam betrachtet und

die Schwächung des Betons durch die Druckbewehrung in Rücksicht stellt, bei F'_e also mit $(n-1)$ rechnet?

$$x = -\frac{(n-1)\,F'_e + n \cdot F_e}{b}$$

$$+ \sqrt{\left(\frac{(n-1)\cdot F'_e + n \cdot F_e}{b}\right)^2 + \frac{2}{b}\left[(n-1)\cdot F'_e \cdot h' + n \cdot F_e \cdot h\right]}$$

$$= -\frac{14 \cdot 1{,}51 + 15 \cdot 4{,}52}{20} \tag{8}$$

$$+ \sqrt{\left(\frac{14 \cdot 1{,}51 + 15 \cdot 4{,}52}{20}\right)^2 + \frac{2}{20}\left(14 \cdot 1{,}51 \cdot 3 + 15 \cdot 4{,}52 \cdot 33\right)}$$

$$= 11{,}35 \text{ cm.}$$

Demgemäß wird, wenn man auch weiterhin die Schwächung des Betons in der Druckzone durch die Druckeiseneinlage in Rechnung stellt:

$$\sigma_b = \frac{M}{\dfrac{b \cdot x}{2}\left(h - \dfrac{x}{3}\right) + (n-1)\cdot F'_e \cdot \dfrac{x - h'}{x}\,(h - h')} \;^{1)}$$

$$= \frac{120\,000}{\dfrac{20 \cdot 11{,}35}{2}\cdot(33 - 3{,}78) + 14 \cdot 1{,}51 \cdot \dfrac{8{,}35}{11{,}35}\cdot 30}$$

$$= 31{,}7 \text{ kg/cm}^2.$$

$$\sigma'_e = -n \cdot \frac{x - h'}{x}\cdot \sigma_b = -15 \cdot \frac{8{,}35}{11{,}35}\cdot 31{,}7 = -350 \text{ kg/cm}^2.$$

(Man erkennt die stets nur unvollkommene Ausnutzung der Druckeiseneinlagen, die den 15 fachen Betrag der Randspannungen des Betons nicht erreichen kann.)

$$\sigma_e = \sigma'_e \frac{h - x}{x - h'} = 350 \cdot \frac{21{,}65}{8{,}35} = 908 \text{ kg/cm}^2$$

oder nach

$$\sigma_e = n \cdot \sigma_b \cdot \frac{h - x}{x} = 15 \cdot 31{,}7 \cdot \frac{21{,}65}{11{,}35} = 907 \text{ kg/cm}^2.$$

---

[1]) Es ist:

$$M = \sigma_b \frac{b\,x}{2}\left(h - \frac{x}{3}\right) + \sigma'_e\,F'_e\,(h - h')\,,$$

wenn man die Momentengleichung auf den Angriffspunkt von Z_e — also die Achse der Zugeiseneinlage bezieht. Setzt man hierin $\sigma'_e = n\dfrac{x - h'}{x}\cdot \sigma_b$ ein, so ergibt sich die obige Beziehung.

Zur Ermittlung der **Schubspannung** wird zunächst der Wert η_0, der den Abstand des Schwerpunktes der inneren Druckkräfte von der Nullinie angibt, bestimmt.

$$\eta_0 = \frac{b\,\dfrac{x^3}{3} + (n-1)\cdot F'_e\cdot (x-h')^2}{\dfrac{b\cdot x^2}{2} + (n-1)\cdot F'_e\cdot (x-h')} = \frac{\dfrac{20\cdot 11{,}35^3}{3} + 14\cdot 1{,}51\cdot 8{,}35^2}{\dfrac{20\cdot 11{,}35^2}{2} + 14\cdot 1{,}51\cdot 8{,}35} \quad (17)$$

$$= 7{,}67 \text{ cm.}$$

Infolge der gleichmäßig verteilten Belastung von 600 kg/m wird die Querkraft am Auflager $Q = 2{,}00\cdot 600 = 1200$ kg, und somit:

$$\tau_0 = \frac{Q}{b\,z} = \frac{Q}{b\cdot (h-x+\eta_0)} = \frac{1200}{20\,(21{,}65 + 7{,}67)} = 2{,}05 \text{ kg/cm}^2$$

wobei $z = (h - x + \eta_0)$ der Hebelarm der inneren Kräfte ist; hätte man hier annähernd (vgl. S. 240) mit $z \approx \frac{7}{8} h$ gerechnet, so hätte sich $z = \frac{7}{8}\cdot 33 = $ rd. 29 cm gegenüber dem vorstehend gefundenen genauen Werte von $(21{,}65 + 7{,}67) = 29{,}32$ cm ergeben.

Da die Schubspannungen 4,0 kg/cm² erreichen dürfen, sind zu ihrer Aufnahme im vorliegenden Falle besondere Vorkehrungen nicht zu treffen. Die Haftspannungen sind hier, da die Durchmesser der Eisen unter 25 mm liegen, nicht nachzuprüfen.

Die nachfolgenden Beispiele 5a—c, 6a—b, 7, 8a—b und 9a—b mögen die Anwendung der Tabellen IV und V klarlegen:

I. Zu Tabelle IV.

Beispiel 5a: Es sei: $M = 950$ t · cm, $b = 30$ cm. Als Spannungen sind zugelassen: $\sigma_b = 40$ kg/cm², $\sigma_e = 1000$ kg/cm². Nach Tafel IVc wird: Nutzhöhe $h = 12{,}34\sqrt{\dfrac{M}{b}} = 12{,}34\sqrt{\dfrac{950}{30}} = 69{,}5$ cm; $F_e = \dfrac{69{,}5\cdot 30}{133} = 15{,}66$ cm². Gewählt werden: 5 Rundeisen von 20 mm Durchmesser ($F_e = 15{,}71$ cm²), die mit je 4 cm lichtem Abstande bei $b = 30$ cm verlegt werden können. Gewählt wird $h = 69{,}5 + 2{,}5 = 72$ cm.

5b. Ist $\sigma_e = 1200$ kg/cm² zugelassen, so folgt aus Tabelle IVd:

$$h = 12{,}99\sqrt{\frac{950}{30}} \cong 73 \text{ cm}; \qquad F_e = \frac{73\cdot 30}{180} = 12{,}2 \text{ cm}^2\,.$$

Hier sind alsdann nur vier 20 mm - Eisen ($F_e = 12{,}57$) notwendig. Die Querschnittshöhe wird zu 75,5 bis 76 cm zu wählen sein.

Beispiel 5c: Will man nur F_e berechnen, ohne erst (bei Vergleichsrechnung) h zu finden, so würde hierzu die Beziehung: $F_e = \sqrt{\dfrac{M\,b}{k_5}}$ am schnellsten zum Ziele führen (für $\sigma_e = 1000$ kg/cm²):

$$F_e = \sqrt{\frac{950 \cdot 30}{117}} = \sqrt{243} = 15{,}58 = 15{,}6 \text{ cm}^2 \text{ wie vorstehend.}$$

Die Tabellen sind, wie bereits auf S. 241 herausgehoben wurde, zudem auch sehr geeignet, eine Nachprüfung eines gegebenen Querschnittes bei bekannten Momenten und zugelassenen Spannungen zu bewirken — also im baupolizeilichen Sinne zu prüfen.

Beispiel 6: Es sei für $M = 120\,000$ kg · cm = 120 t · cm sowie für $\sigma_b = 40$, $\sigma_e = 1000$ kg/cm² ein Querschnitt in Vorschlag gebracht von: $b = 100$ cm; $h = 16$, $d = 18{,}5$ cm; $F_e = 9{,}08$ cm², d. h. bewehrt mit vier 17 mm-Rundeisen. Will man die Richtigkeit der Rechnung mit Hilfe der Tabelle prüfen, so kann man z. B. a) entweder die auftretende Betonspannung σ_b oder auch b) das Moment aus der Tabelle ableiten, welches der Querschnitt einwandfrei überträgt. Es ergibt sich hiernach:

a) mit Hilfe von Reihe 5 der Tabelle IVc

$$k_4 = \frac{b\,h}{F_e} = \frac{100 \cdot 16}{9{,}08} = 176 \,.$$

Aus der Tabelle folgt aus diesem k_4-Werte unmittelbar, daß die auftretende Betondruckspannung zwischen 34 und 33 kg/cm² liegt, also die erlaubte Grenze 40 kg/cm² nicht erreicht ist. Hierin liegt zugleich, da die Tabelle für $\sigma_e = 1000$ kg/cm² aufgestellt ist, auch der Beweis, daß die Eisenspannung diesen Wert nicht übersteigen kann. (Das gleiche Ergebnis hätte sich auch — allerdings nicht so einfach und schnell — aus Tabelle I auf S. 237 ableiten lassen; hier ist $m = \dfrac{b\,h}{F_e}$ $= \dfrac{100 \cdot 16}{9{,}08} = $ rd. 176. Demgemäß liefert die Tabelle — nach Zwischenrechnung — $\sigma_b = 6{,}70\,\dfrac{M}{b\,h^2} = 6{,}70 \cdot \dfrac{120\,000}{100 \cdot 16^2} = $ rd. $32 < 40$ kg/cm²; weiter wird alsdann $\sigma_e \cong 29{,}7 \cdot 32 = $ rd. 950 kg/cm².)

b) Nach Reihe 7 der Tabelle IVc folgt:

$$M = \frac{b\,h}{k_6} \text{ für die hier zugelassenen } \sigma_b\text{- und } \sigma_e\text{-Werte wird } k_6 = 152$$

und demgemäß kann der Querschnitt ein Moment übertragen von:

$$M = \frac{100 \cdot 16^2}{152} = \text{rd. } 168 \text{ t · cm} > 120 \text{ t · cm.}$$

7. Es sei gefunden für $M = 1000\ \text{t} \cdot \text{cm}$: $h = 80$ cm, $b = 30$ cm, $F_e = 10,18$ cm² (4 Rundeisen von 18 mm Durchmesser). Die zulässigen Spannungen betragen höchstens $\sigma_b = 40$, $\sigma_e = 1200$ kg/cm². Im Hinblicke auf Tabelle IV d, Spalte 5 folgt:

$$k_4 = \frac{b\,h}{F_e} = \frac{30 \cdot 80}{10,18} = 226;$$

man erkennt auch hier aus diesem k_4-Werte in Verbindung mit der Tabelle, daß eine Betonspannung von nicht ganz 35 kg/cm² auftritt.

Der Querschnitt trägt ein $M = \dfrac{b\,h^2}{k_6} = \dfrac{30 \cdot 80^2}{169} = $ rd. $1135\ \text{t} \cdot \text{cm}$,

also $> 1000\ \text{t} \cdot \text{cm}$.

II. Zu Tabelle V.

8a. Gegeben sei $h = 65$ cm, $a = 3$ cm, $h = 62$ cm, $b = 36$ cm, $M = 980\ \text{t} \cdot \text{cm}$. Als Spannungen sind zugelassen $\sigma_e = 1,20$ t/cm², $\sigma_b = 0,040$ t/cm².

Es ist zunächst zu untersuchen, ob eine doppelte Bewehrung notwendig ist, und alsdann die Innehaltung der zulässigen Spannungen nachzuweisen. Aus Tabelle V b folgt unmittelbar für $h = 62$ cm: $M_1 = 2278\ \text{t} \cdot \text{cm}$, $f_{e_1} = 34,4$ cm², $k = 70,8$ (für $a = 3$ cm), $k_1 = 30,3$. Hieraus ergibt sich:

$$M_2 = M - 0,01\ b\ M_1 = 980 - 0,01 \cdot 36 \cdot 2278 = 159,9\ \text{t} \cdot \text{cm}$$

Dementsprechend ist eine obere Druckbewehrung und die Verstärkung der Zugbewehrung notwendig:

$$F'_e = \frac{M_2}{k_1} = \frac{159,9}{30,3} = 5,27\ \text{cm}^2 . \tag{35}$$

$$F_{e_2} = \frac{M_2}{k} = \frac{159,9}{70,8} = 2,26\ \text{cm}^2 .$$

Hierzu tritt noch

$$F_{e_1} = \frac{b \cdot f_{e_1}}{100} = \frac{36 \cdot 34,4}{100} = 12,4\ \text{cm}^2 ,$$

so daß die Gesamtbewehrung in der Zugzone wird:

$$\sum F_e = 2,26 + 12,40 = 14,64\ \text{cm}^2 .$$

Gewählt werden im Obergurte 3 Eisen von je 15 mm Durchmesser ($F'_e = 5,30$ cm²), im Untergurte 5 20-mm-Eisen ($F_e = 15,71$ cm²) oder 3 25-mm-Eisen ($F_e = 14,75$ cm²).

8b. (Weiteres Beispiel mit Nachweis der erforderlichen Doppelbewehrung und Teilung des Momentes M in M_1 und M_2.) Es sei: $M = +7,8\ \text{t} \cdot \text{m}$, $b = 20$ cm, $h = 57$ cm, $\sigma_e = 1200$ kg/cm², $\sigma_b = 50$ kg/cm², $h' = 3,5$ cm.

Für den einfach bewehrten Querschnitt würde nach Tabelle II auf S. 242 sein: $h = 0{,}345 \sqrt{\dfrac{780\,000}{200}} = 68$ cm. Demgemäß ist, weil hier nur $h = 57$ cm ist, eine **Druckbewehrung** notwendig.

$$M_1 = \frac{h^2}{r^2} b = \frac{57^2}{0{,}345^2} \cdot 20 = 545\,920 \text{ kg} \cdot \text{cm},$$

$$F_{e_1} = t \sqrt{M_1 \cdot b} = 0{,}00277 \sqrt{545\,920 \cdot 20} = 9{,}14 \text{ cm}^2,$$

$$M_2 = M - M_1 = 780\,000 - 545\,920 = 234\,080 \text{ kg} \cdot \text{cm},$$

$$Z_2 = D_e = \frac{M_2}{h - h'} = \frac{234\,080}{57 - 3{,}5} = 4375 \text{ kg},$$

$$F_{e_2} = \frac{4375}{1200} = 3{,}65 \text{ cm}^2,$$

$$x = s\,h = 0{,}385 \cdot 57 = 21{,}95 \text{ cm};$$

$$\sigma_e' = n\,\sigma_b \frac{x - h'}{x} = 15 \cdot 50 \cdot \frac{21{,}95 - 3{,}5}{21{,}95} = 630 \text{ kg/cm}^2,$$

$$F_e' = \frac{D_e}{\sigma_c'} = \frac{4375}{630} = \mathbf{6{,}94 \text{ cm}^2},$$

$$F_e = F_{e_1} + F_{e_2} = 9{,}14 + 3{,}65 = \mathbf{12{,}79 \text{ cm}^2}.$$

Gewählt werden in der Druckzone 4 Eisen von 15 mm $\varnothing$ ($F_e' = 7{,}07$ cm²) und in der Zugzone 5 Eisen von 18 mm $\varnothing$ ($F_e = 12{,}72$ cm²).

Rechnet man mit dem Annäherungswert $z = \tfrac{7}{8} h$, und zwar sowohl bei Ermittlung der Bewehrung für M_1 als auch für M_2, so erhält man:

$$F_e = \frac{M_1 + M_2}{\sigma_e \cdot \tfrac{7}{8} h} = \frac{780\,000}{1200 \cdot \tfrac{7}{8} \cdot 57} = 13{,}0 \text{ cm}^2,$$

$$x = 0{,}385\,h = 0{,}385 \cdot 57 = 21{,}95 \text{ cm},$$

$$\sigma_e' = n \cdot \sigma_b \frac{x - h'}{x} = 15 \cdot 50 \cdot \frac{21{,}95 - 3{,}5}{21{,}95} = 630 \text{ kg/cm}^2,$$

$$F_e' = \frac{1}{\sigma_e'} \left(F_e\,\sigma_e - \frac{x\,b}{2}\,\sigma_b \right) = \frac{1}{630} \left(13{,}0 \cdot 1200 - \frac{21{,}95 \cdot 20}{2} \cdot 50 \right) = 7{,}3 \text{ cm}^2.$$

Man erkennt, daß die Ergebnisse der sehr viel einfacheren Annäherungsrechnung nicht sehr erheblich von den genauen Ermittlungen abweichen (13,0 gegen 12,79 und 7,3 gegen 6,94 cm²), die angenäherte Lösung also oft am Platze sein wird.

9a.) Gegeben sei bei einem durchlaufenden Balken über der Stütze ein konstanter Querschnitt von $d = 46$ cm; $b = 20$ cm; $M = 510$ t · cm; $a = 4$ cm, also $h = 42$ cm. Die zulässigen Spannungen sind:

$\sigma_b = 40$, $\sigma_e = 1200$ kg/cm². Aus der Tabelle Vb folgt für $h = 42$ cm ein $M_1 = 1045$ t · cm, und zwar für $b = 100$ cm. Da hier $b = 0{,}20$ m ist, so ist nur mit einem Fünftel von M_1 zu rechnen:

$$M_1 = \frac{1045}{5} = 209 \text{ t} \cdot \text{cm}.$$

$$M_2 = M - M_1 = 510 - 209 = 301 \text{ t} \cdot \text{cm}.$$

Ferner ist nach der Tabelle:

$k = 45{,}6$; $k_1 = 16{,}3$ (für $a = 4$ cm), $f_{e_1} = 23{,}3$ cm² für $b = 1{,}0$ m.

Demgemäß wird:

$$F'_e = \frac{301}{k_1} = \frac{301}{16{,}3} = 18{,}5 \text{ cm}^2.$$

$$\sum F_e = f_{e_2} + F_e = \frac{301}{45{,}6} + \frac{20 \cdot f_{e_1}}{100} = 6{,}6 + \frac{20 \cdot 23{,}3}{100} = 6{,}6 + 4{,}7 = 11{,}3 \text{ cm}^2.$$

9 b. Würde man in letzterem Falle $\sigma_b = 50$ kg/cm² erlauben und für $\sigma_e = 1200$ kg/cm² bestehen lassen, so ergibt Tabelle Vc:

$M_1 = \dfrac{1479}{5}$ (unter Berücksichtigung von $b = 20$ cm) $= $ rd. 296 t · cm;

$M_2 = 510 - 296 = 214$ t · cm; $f_{e_1} = 33{,}7$; $k = 45{,}6$; $k_1 = 21{,}4$.

Daraus folgt weiter:

$$F'_e = \frac{M_2}{k_1} = \frac{214}{21{,}4} = 10 \text{ cm}^2.$$

$$\sum F_e = f_{e_2} + F_e = \frac{M_2}{k} + \frac{20 \cdot f_{e_1}}{100} = \frac{214}{45{,}6} + \frac{20 \cdot 33{,}7}{100} = 4{,}7 + 6{,}72 = 11{,}42 \text{ cm}^2.$$

Es ergibt sich, wie zu erwarten stand, daß nun in der Druckzone durch den erhöhten σ_e-Wert eine Ersparnis eingetreten ist.

Die vorstehenden, vielgestaltigen Rechnungen lassen erkennen, wie außerordentlich einfach und bequem sich die Rechnung nach den Tabellen IV und V gestaltet und wie diese zu allen möglichen Ermittlungen benutzbar sind.

Die nächsten Zahlenbeispiele 10a—c sollen die Benutzung der Tabellen VI—IX von Bundschuh (vgl. S. 262—265) erläutern.

10 a. Für die zulässigen Spannungen $\sigma_b = 40$ kg/cm², $\sigma_e = 1000$ kg/cm², $b = 40$ cm, $M = 2400000$ kg · cm kommen Querschnitte von $h \cong 70$ cm in Frage.

$$h = 70 = \alpha \sqrt{\frac{2400000}{40}} = \alpha \cdot 244{,}95 ; \qquad \alpha = 0{,}28 .$$

Wählt man $h' = 4{,}7$ cm, so wird $h \cong 75$ cm, und somit $h' \cong \dfrac{h}{15}$. Hieraus folgt weiter mit Hilfe der Tabelle VI: $\beta = 0,00395$; $\gamma = 0,00403$; $\beta + \gamma = 0,00798$ und somit:

$$F_e = 0,00395 \sqrt{2400000 \cdot 40} \cong 38,6 \text{ cm}^2,$$

$$F'_e = 0,00403 \sqrt{2400000 \cdot 40} \cong 39,5 \text{ cm}^2.$$

Gewählt werden für die Zugeiseneinlage 8 Rundeisen, Durchmesser 25 mm, mit $F_e = 39,3$ cm², und für die Druckzone 8 Rundeisen, Durchmesser 26 mm ($F'_e = 42,5$ cm²).

10b. Es sei gegeben $M = 8\ 000\ 000$ kg·cm; $b = 32$; $h \cong 130$ cm angenommen, $= \alpha \sqrt{\dfrac{8000000}{32}}$; $\alpha = 0,26$; gewählt $h' = 6$ cm; $h' = \dfrac{h}{22}$.

Für $\sigma_e = 1200$, $\sigma_b = 40$ ergibt sich aus Tabelle VII:

$$F_e = 0,00349 \sqrt{8000000 \cdot 32} = 56 \text{ cm}^2$$

$$F'_e = 0,00499 \sqrt{8000000 \cdot 32} = 80 \text{ cm}^2.$$

Gewählt werden (in je 2 Reihen) für die Zugbewehrung 8 Rundeisen, Durchmesser 30 mm ($F_e = 56,55$ cm²), und für den Druckgurt 8 Rundeisen, Durchmesser 36 mm ($F'_e = 81,43$ cm²).

Rechnet man die im Querschnitte bei Innehaltung der oben gefundenen theoretischen Eisenbewehrung auftretenden Spannungen nach, so ergibt sich:

$$x = 43,5 \text{ cm},$$

$$\sigma_b = 39,8 \text{ kg/cm}^2,$$

$$\sigma_e = 1170 \text{ kg/cm}^2.$$

Die Werte stimmen also durchaus genügend mit den zugrunde gelegten zulässigen Spannungen überein.

10c. Es sei gegeben: $M = 3\ 200\ 000$ kg·cm; $b = 40$ cm; $F_e + F'_e = 18$ Rundeisen, Durchmesser 25 mm $= 88,36$ cm². Aus der Beziehung: $F_e + F'_e = (\beta + \gamma) \cdot \sqrt{M \cdot b}$ folgt:

$$\beta + \gamma = \frac{88,36}{\sqrt{3200000 \cdot 40}} = 0,00780.$$

Sucht man zu diesem Wert in Tabelle VI einen zugehörenden α-Wert, so findet man als passendsten: $\alpha = 0,28$. Hieraus folgt:

$$h = 0,28 \sqrt{\frac{3200000}{40}} = 80 \text{ cm}.$$

Wählt man $h' = \dfrac{h}{15} \cong 5,3$ cm, also $d = 85,3$ cm, so teilt sich $F_e + F'_e$

nach den Größen β und γ der Tabelle VI im Verhältnis von 395 : 403, d. h. es teilen sich beide Bewehrungen fast genau in die Eisensumme; jede ist durch 9 Rundeisen, Durchmesser 25 mm ($= 44,18\,\mathrm{cm^2}$ genau) zu bilden.

Eine Nachrechnung des Querschnitts liefert Spannungen, die auch hier sich den zugelassenen sehr nahe zeigen ($\sigma_b \cong 39,2$; $\sigma_e = 990\,\mathrm{kg/cm^2}$).

11[1]). Eine befahrbare, frei aufliegende Hofkellerdecke von 3 m Stützweite ist zu berechnen.

Die Stärke werde vorläufig zu 20 cm angenommen; dann findet sich das Eigengewicht wie folgt:

$$
\begin{array}{lr}
\text{Eisenbeton } 0,20 \cdot 2400 \ldots\ldots & 480 \text{ kg/m}^2 \\
\text{10 cm Schlackenbeton} \ldots\ldots & 100 \text{ ,,} \\
\text{2 cm Asphaltdecke} \ldots\ldots & 28 \text{ ,,} \\
\hline
\text{zusammen rd.} & 610 \text{ kg/m}^2 \\
\text{Nutzlast} \ldots\ldots\ldots & 800 \text{ ,,} \\
\hline
\text{im Ganzen} & 1410 \text{ kg/m}^2 .
\end{array}
$$

Das Moment in der Mitte für 1 m Plattenbreite wird

$$\frac{1410 \cdot 3,0^2}{8} = 1586 \text{ kg} \cdot \text{m} .$$

Statt der gleichmäßig verteilten Nutzlast kommt auch ein Lastwagen mit 2500 kg Raddruck in Betracht; Spurweite 1,40 m; Achsabstand 3 m.

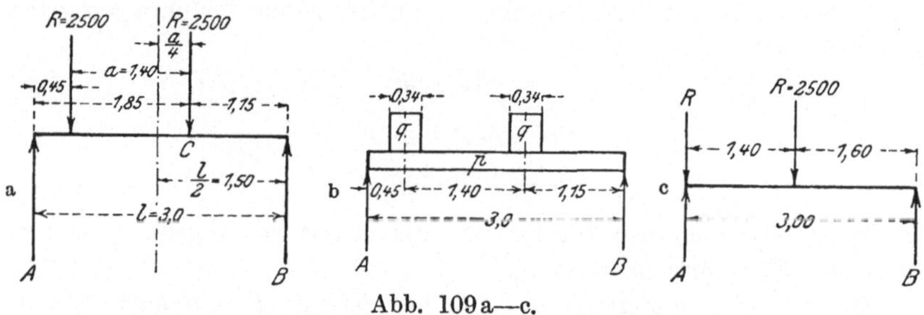

Abb. 109a—c.

Die Raddrücke, zunächst in einem Punkt wirkend gedacht, ergeben das größte Moment in der obenstehend angegebenen Lage bei C (Abb. 109a): Es ist

$$B \cdot 3,0 = R\,(0,45 + 1,85), \quad \text{daraus folgt } B = 0,767\,R .$$

Nach den Bestimmungen vom September 1925 verteilt sich der Raddruck auf eine Breite von $b_1 = {}^2/_3\,l = {}^2/_3 \cdot 3,0 = 2,0$ m senkrecht zu den Zugeisen gemessen; auf 1 m Plattenbreite kommt somit ein Druck von $\frac{2500}{2,0} = 1250$ kg. In der Richtung der Zugeisen kommt dieser Rad-

---

[1]) Entnommen den Musterbeispielen für Ausführung der Bauten aus Eisenbeton vom 13. Januar 1916. Vgl. Zentralbl. d. Bauw. 1919, Nr. 48, S. 265.

druck auf eine Länge von $t + 2\,s$ zur Geltung. Nimmt man t (Radbreite) zu 10 cm an, so wird $t + 2\,s = 0,10 + 2 \cdot 0,12 = 0,34$ m[1]).

Die Belastung der Platte von 1 m Breite zeigt Abb. 109b.

In ihr ist $p = 610$ kg/m (Eigengewicht) und $q = \dfrac{1250}{0,34} = 3676$ kg/m (Nutzlast). Das größte Moment wird

$$M = B \cdot 1,15 - \left(p \cdot \frac{1,15^2}{2} + q \cdot \frac{0,17^2}{2} \right) ;$$

darin ist

$$B = \frac{1250\,(0,45 + 1,85)}{3,00} + \frac{610 \cdot 3,0}{2} = 1250 \cdot 0,767 + 610 \cdot \frac{3,0}{2} = 1874 \text{ kg};$$

also wird: $M = 2155 - 456 = 1699$ kg $\cdot$ m > 1586 kg $\cdot$ m .

Bei Belastung durch Raddrücke ergibt sich somit in vorliegendem Falle das größere Moment gegenüber der Nutzlast.

Als Spannungen mögen zugelassen sein:

$$\sigma_b = 35 \text{ kg/cm}^2 \text{ und } \sigma_e = 900 \text{ kg/cm}^2.$$

Nach Tabelle II, S. 242 wird:

$$h = 0,420 \sqrt{\frac{169\,900}{100}} = 17,3 \text{ cm},$$

$$F_e = 0,00301 \sqrt{169\,900 \cdot 100} = 12,39 \text{ cm}^2 .$$

Gewählt wird eine

$$\text{Eiseneinlage: } 8 \cdot \varnothing\, 14 \text{ mm} = 12,32 \text{ cm}^2$$

$a = 1,7$ cm; $d = 17,3 + 1,7 = 19,0 = $ rd. 20 cm und alsdann: $h = 18,3$ cm.

Die alsdann auftretenden Spannungen finden sich aus Zusammenstellung I:

$$m = \frac{100\,(20 - 1,7)}{12,32} = \text{rd. } 150 ,$$

$$x = 0,358 \cdot 18,3 = 6,6 \text{ cm} ,$$

$$\sigma_b = 6,340 \cdot \frac{169\,900}{100 \cdot 18,3^2} = 32,2 \text{ kg/cm}^2,$$

$$\sigma_e = 170,3 \cdot \frac{169\,900}{100 \cdot 18,3^2} = 864 \text{ kg/cm}^2.$$

Demgemäß wird:

$$z = h - \frac{x}{3} = 18,3 - 2,2 = 16,1 \text{ cm} ,$$

$$U = 8 \cdot 4,4 = 35,2 \text{ cm}.$$

---

[1]) 12 cm besteht aus der Abdeckung von Schlackenbeton von 10 cm Dicke und der 2 cm starken Asphaltschicht. Vgl. S. 298.

Für die Berechnung der Schubspannungen ist der Auflagerdruck zu ermitteln.

Bei gleichmäßig verteilter Vollast findet man für 1 m Plattenbreite:

$$\frac{1410 \cdot 3,0}{2} = 2115 \text{ kg}.$$

Ein wesentlich größerer Wert ergibt sich unter dem Raddruck. Das eine Rad stehe an der Kante, das andere annähernd in der Mitte. Nach den Bestimmungen verteilt sich der Druck an der Kante auf $t_2 + 2s$ oder $^1/_3\, l$; $t_2 + 2s$ ist $= 34$; $^1/_3\, l = 1{,}00$ m, also der größere und hier bestimmende Wert; für die Mitte gilt $^2/_3 \cdot 300 = 200$ cm; für 100 cm Breite umgerechnet findet sich somit der Auflagerdruck zu:

$$2500 \left(1{,}00 + \frac{1{,}6 \cdot 100}{3{,}0 \cdot 200}\right) = 3165 \text{ kg}$$

Eigengewicht $\qquad\qquad\qquad 610 \cdot \dfrac{3{,}0}{2} = \quad 915 \text{ ,,}$

$$\overline{\qquad\qquad 4080 \text{ kg} .}$$

Nach Gl. (43b, 44) wird

$$\tau_0 = \frac{Q}{b \cdot z} = \frac{4080}{100 \cdot 16{,}1} = 2{,}54 \text{ kg/cm}^2,$$

$$\tau_1 = \frac{100 \cdot 2{,}54}{35{,}2} = \text{rd. } 9 \quad \text{,,}$$

Nach den Bestimmungen ist die gewählte Anordnung trotz des hohen Wertes von τ_1 zulässig, wenn die Eisen mit runden oder spitzwinkligen Haken versehen werden. Da der Durchmesser kleiner ist als 25 mm, hätte sich in diesem Falle die Berechnung der Haftspannungen überhaupt erübrigt.

12[1]). Eine Wohnhausdecke mit einem Eigengewicht von 340 kg/m² und einer Nutzlast von 250 kg/m², zusammen 590 kg/m², sei als durchgehende Platte über vier Feldern ausgebildet; die Entfernung der Rippen von Mitte zu Mitte beträgt $l = 2{,}8$ m.

Nach den Bestimmungen vom September 1925 kann unter der Voraussetzung, daß die Deckenplatten mit ausreichenden[2]) Auflagerverstärkungen an die Unterzüge anschließen, das größte Feldmoment im Endfeld zu $\dfrac{q\,l^2}{12}$, im Mittelfeld zu $\dfrac{q\,l^2}{18}$ angenommen werden, während

---

[1]) Vgl. Anm. [1]) auf S. 298.
[2]) Vgl. Abb. 110 auf S. 301 und die zugehörenden Ausführungen.

die Einspannungsmomente an den Innenstützen der Randfelder zu $M_1 = -\dfrac{1}{9}\,q\,l^2$, an der mittelsten Innenstütze zu $-\dfrac{1}{10}\,q\,l^2$ zu rechnen

sind. Als negatives Feldmoment ist $M_{\min} = \dfrac{l^2}{24}\left(g - \dfrac{p}{2}\right)$ zugrunde zu legen. Da hier $g = 340\ \text{kg/m}^2$, $p = 250\ \text{kg/m}^2$ ist, so bleibt $M_{\min}$ positiv, es ist also ein Aufbiegen der Platten in der Mitte bei Belastung der Seitenöffnungen nicht zu befürchten.

α) Im Randfelde.

Das Feldmoment wird für 1 m Plattenbreite

$$M = \frac{590 \cdot 2{,}8^2}{12} = 384\ \text{kg} \cdot \text{m} = 38\,400\ \text{kg} \cdot \text{cm};$$

nach Zusammenstellung II wird für $\sigma_e = 1200\ \text{kg/cm}^2$ und $\sigma_b = 40\ \text{kg/cm}^2$

$$h = 0{,}411\ \sqrt{\frac{38\,400}{100}} = 8{,}06\ \text{cm}$$

$$F_e = 0{,}556 \cdot 8{,}06 = 4{,}48\ \text{cm}^2;$$

gewählt werden auf 1 m 12,5 ⌀ 7 mm mit $F_e = 4{,}81\ \text{cm}^2$, dabei wird der Abstand der Eisen 8 cm (also < 15 cm).

$$d = 8{,}06 + \frac{0{,}7}{2} + 1{,}6 = \text{rd. } 10\ \text{cm}$$

$$h = 10{,}0 - 1{,}6 = 8{,}4\ \text{cm}.$$

An der ersten Innenstütze ergibt sich das Einspannungsmoment für 1 m Plattenbreite zu:

$$M_1 = -\frac{590 \cdot 2{,}8^2}{9} = -515\ \text{kg} \cdot \text{m} = -51\,500\ \text{kg} \cdot \text{cm}\,.$$

Die Schräge habe die Neigung 1 : 3 und sei nach Abb. 110 ausgebildet; der Plattenquerschnitt am Beginn der Schräge bei Punkt a ist stärker beansprucht als der Querschnitt über der Stützenmitte.

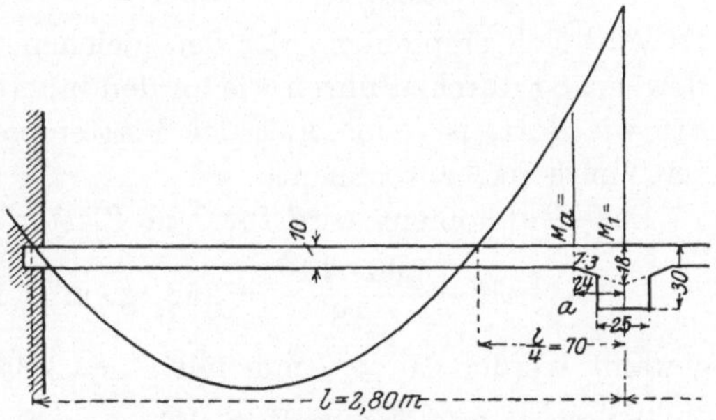

Bei einseitig eingespannten Balken liegt der Momentennullpunkt um $\dfrac{l}{4}$ von der Einspannungsstelle entfernt;

Abb. 110.

daraus berechnet sich unter der angenäherten Annahme eines geradlinigen Verlaufes der Momentenlinien das Moment bei a, d. h. dem Anfangspunkte der Schräge, genügend genau zu

$$M_a = 515 \cdot \frac{0,70 - 0,24}{0,70} = 338 \, \text{kg} \cdot \text{m} = -33\,800 \, \text{kg} \cdot \text{cm},$$

gewählt 11 $\varnothing$ 7 mm mit $F_e = 4,23$ cm².

(Davon, daß der 10 cm hohe Betonquerschnitt mit $h = 8,4$ cm ausreichen wird, kann man sich am einfachsten nach Tabelle Vb überzeugen. Für $\sigma_b = 40$ kg/cm², $\sigma_e = 1200$ kg/cm² trägt bei $F_e = 4,72$ cm², also etwa den hier vorliegendem Eisen der Querschnitt ein $M = 42,81$ t $\cdot$ cm, während hier nur ein solches von 33,8 t $\cdot$ cm verlangt ist.) Die genauere Nachrechnung des Querschnittes folgt für die angenommene Eiseneinlage aus den Gleichungen (8*, 14, 15):

$$x = \frac{15 \cdot 4,23}{100} \left(\sqrt{1 + \frac{200 \cdot 8,4}{15 \cdot 4,23}} - 1 \right) = \text{rd. } 2,7 \, \text{cm}.$$

$$h - \frac{x}{3} = 8,4 - 0,9 = 7,5 \, \text{cm} = z.$$

$$\sigma_e = \frac{33\,800}{4,23 \cdot 7,5} = 1162 \, \text{kg/cm}².$$

$$\sigma_b = \frac{2 \cdot 33\,800}{100 \cdot 2,7 \cdot 7,5} = 33,2 \, \text{kg/cm}².$$

Die Entfernung des Momentennullpunktes vom Auflager beträgt rd. $2,80 - 0,70 = 2,10$ m. Nach den Bestimmungen muß hier h mindestens gleich $\frac{210}{27} = 7,8$ cm sein; diese Bedingung ist ebenfalls erfüllt.

β) Im Mittelfelde.

Das Einspannungsmoment ist an der mittleren Innenstütze: $-\dfrac{q\,l^2}{10}$

$$= -\frac{590 \cdot 2,8^2}{10} = \text{rd. } -460 \, \text{kg} \cdot \text{m} = -46\,000 \, \text{kg} \cdot \text{cm}.$$

Es wird sich empfehlen, hier den gleichen Querschnitt und die gleiche Bewehrung durchzuführen wie an den inneren Randstützen. In gleicher Art wie dort, ist auch hier der Plattenquerschnitt am Anfangspunkt der Voute nachzurechnen.

Das Feldmoment wird für 1 m Plattenbreite

$$M = \frac{590 \cdot 2,8^2}{18} = 256 \, \text{kg} \cdot \text{m} = 25\,600 \, \text{kg} \cdot \text{cm};$$

gewählt werden 10 $\varnothing$ 7 mm mit $F_e = 3,85$ cm²[1]).

---

[1]) Rechnet man Tabelle II, S. 242, so wird:

$$h = 0,411 \sqrt{\frac{25\,600}{100}} = 6,60 \, \text{cm}; \text{ vorhanden } 8,4 \, \text{cm}.$$

$$F_e = 0,556 \cdot h = 0,556 \cdot 6,60 = \text{rd. } 3,7 \, \text{cm}².$$

9 $\varnothing$ 7 mm reichen nicht ganz aus, da sie nur ein F_e von 3,46 cm² bedingen.

Auch hier läßt Tabelle V b unmittelbar erkennen, daß die Spannungen $\sigma_b = 40$ bzw. $\sigma_e = 1200$ kg/cm² bei weitem nicht erreicht werden; für $h = 8,4$ ist $M = 42,81 > 25,6$ t · cm. Dasselbe Ergebnis liefert die Nachrechnung:

$$x = \frac{15 \cdot 3,85}{100}\left(\sqrt{1 + \frac{200 \cdot 8,4}{15 \cdot 3,85}} - 1\right) = \text{rd. } 2,6 \text{ cm},$$

$$h - \frac{x}{3} = 8,4 - 0,9 = 7,5 \text{ cm} = z,$$

$$\sigma_e = \frac{25\,600}{3,85 \cdot 7,5} = 885 \text{ kg/cm}^2,$$

$$\sigma_b = \frac{2 \cdot 25\,600}{100 \cdot 2,6 \cdot 7,5} = 26,4 \text{ kg/cm}^2.$$

Außer den bisher erwähnten Eisen sind noch weitere 4 durchgehende 7 mm-Eisen im Obergurt zu verlegen, einmal als Temperaturbewehrung, zum anderen zur Aufnahme von unvorhergesehen auftretenden, aufwärts biegenden Momenten in den Feldern.

13 [1]). Ein in einem Wohnhause angebrachter doppelt bewehrter Rechtecksbalken, gemäß Abb. 111, auf 2 Stützen, sei bei 4,0 m Stützweite mit 750 kg/m belastet: dann wird

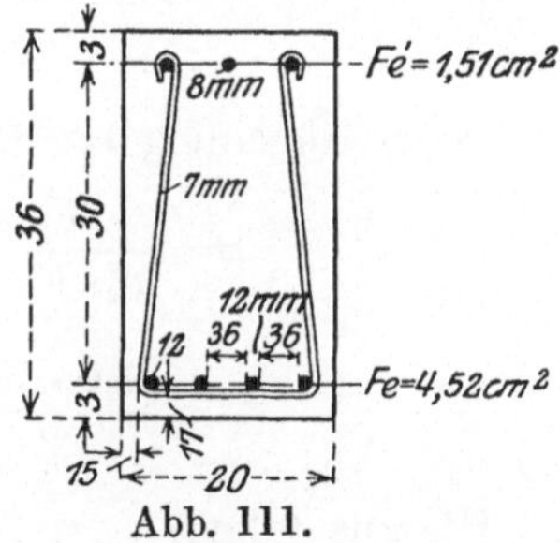

Abb. 111.

$$M = \frac{750 \cdot 4,0^2}{8} = 1500 \text{ kg} \cdot \text{m} = 150\,000 \text{ kg} \cdot \text{cm}$$

Der Auflagerdruck ist $= \dfrac{750 \cdot 4,0}{2} = 1500$ kg.

Da der Balken nicht im Freien liegt, reicht eine Überdeckung der Bügel von 1,5 cm aus. Der Vorschrift, daß der Abstand der Eisen mindestens 2 cm betragen soll, ist ebenfalls genügt.

Es wird nach Gleichung 8 u. ff. (S. 230)

$$x = -\frac{15}{20}(1,51 + 4,52) + \sqrt{\left(\frac{15 \cdot 6,03}{20}\right)^2 + \frac{2 \cdot 15}{20}(4,52 \cdot 33 + 1,51 \cdot 3)}$$
$$= 11,3 \text{ cm},$$

$$h - x = 33,0 - 11,3 = 21,7 \text{ cm} = y.$$

$$h - \frac{x}{3} = 33,0 - 3,8 = 29,2 \text{ cm}.$$

$$x - h' = 8,3 \text{ cm}$$

---

[1]) Vgl. Anm. [1]) auf S. 298.

$$J_{nn} = \frac{b\,x^2}{2}\left(h - \frac{x}{3}\right) + n\,F_e'\,(x - h')\,(h - h') = \frac{20 \cdot 11{,}3^2}{2} \cdot 29{,}2$$

$$+\; 15 \cdot 1{,}51 \cdot 8{,}3 \cdot 30 = 42\,900 \text{ cm}^4, \qquad (\text{Gl. } 9',\ \text{S.}\,231)$$

$$\sigma_b = \frac{150\,000}{42\,900} \cdot 11{,}3 = 39{,}5 \text{ kg/cm}^2,$$

$$\sigma_e = \frac{150\,000}{42\,900} \cdot 15 \cdot 21{,}7 = 1138 \text{ kg/cm}^2,$$

$$\sigma_e' = \frac{150\,000}{42\,900} \cdot 15 \cdot 8{,}3 = 435 \text{ kg/cm}^2 \,.$$

Schub- und Haftspannung (oben und unten). Der Umfang der unteren Eiseneinlagen ist $U = 4 \cdot 3{,}8 = 15{,}2$ cm und derjenige der oberen $U_1 = 3 \cdot 2{,}5 = 7{,}5$ cm.

Im Untergurte:

Nach Gleichung 18, S. 235 ist:

$$z = \frac{M}{\sigma_e \cdot F_e} = \frac{150\,000}{1138 \cdot 4{,}52} = 29{,}2 \text{ cm} = h - \frac{x}{3}$$

$$Q = \frac{4{,}0 \cdot 750}{2} = 1500 \text{ kg.}$$

Hieraus folgt:

$$\tau_0 = \frac{1500}{20 \cdot 29{,}2} = 2{,}57 \text{ kg/cm}^2$$

$$\tau_1 = \frac{20 \cdot 2{,}57}{15{,}2} = 3{,}38 \qquad ,,$$

Im Obergurte:

Das statische Moment des über den oberen Eisen liegenden Teils (einschl. der Eisen) bezogen auf die Nullinie ist:

$$S' = 20 \cdot \frac{11{,}3^2 - 8{,}3^2}{2} + 15 \cdot 1{,}51 \cdot 8{,}3 = 776 \text{ cm}^3,$$

$$\tau_0 = \frac{Q \cdot S'}{b \cdot J_{nn}} = \frac{1500 \cdot 776}{20 \cdot 42\,900} = 1{,}36 \text{ kg/cm}^2,$$

$$\tau_1 = \frac{b \cdot \tau_0}{U_1} = \frac{20 \cdot 1{,}36}{7{,}5} = 3{,}63 \text{ kg/cm}^2 \,.$$

Berechnet man die Spannungen, die sich in demselben Balken — aber ohne die oberen Eiseneinlagen — ergeben würden, so findet sich nach Tabelle I:

$$m = \frac{20 \cdot 33}{4,52} = \text{rd. } 145$$

$$x = 0,363 \cdot 33 = 12\ \text{cm}$$

$$\sigma_b = 6,268 \cdot \frac{150\,000}{20 \cdot 33^2} = 43,1\ \text{kg/cm}^2$$

$$\sigma_e = 26,310 \cdot 43,1 = 1134\ \text{kg/cm}^2\,.$$

σ_b überschreitet jetzt das im allgemeinen zulässige Maß, σ_e wird etwas kleiner als vorher. Hierin gibt sich also die Notwendigkeit einer oberen Bewehrung zu erkennen.

Zahlenbeispiele zu kreuzweise bewehrten Platten rechteckiger Gestaltung[1]).

a) Eine frei aufliegende Platte — Abb. 111a — von $l_x = 4,0$ m; $l_y = 5,0$ m, also einem Verhältnisse von $\dfrac{l_x}{l_y} = \dfrac{4}{5} = 0,80$, sei an allen 4 Seiten frei aufgelagert. Ihre Belastung sei $= 1$ t/m². Nach der Tabelle A (S. 280) wird:

$$M_{x\max} = q\, l_x^2 \cdot C_1 = q \cdot l_x^2 \cdot 0,0551 = 1 \cdot 4^2 \cdot 0,0551 = 0,884\ \text{t} \cdot \text{m}$$
$$\text{für 1 m Breite.}$$

$$M_{y\max} = q\, l_y^2 \cdot C_2 = q\, l_y^2 \cdot 0,0226 = 1 \cdot 5^2 \cdot 0,0226 = 0,565\ \text{t} \cdot \text{m}$$
$$\text{für 1 m Breite.}$$

Will man nicht nach der Tabelle rechnen, so ist:

$$p_x = 1 \cdot \frac{5^4}{4^4 + 5^4} = 0,71\ \text{t/m}^2; \qquad p_y = 1 \cdot \frac{4^4}{4^4 + 5^4} = 0,29\ \text{t/m}^2\,,$$

$$v_a = 1 - \frac{5}{6} \frac{4^2 \cdot 5^2}{4^4 + 5^4} = 0,622; \quad M_{x\max} = 0,71 \cdot \frac{4^2}{8} \cdot 0,622 = 0,884\ \frac{\text{t} \cdot \text{m}}{\text{m}}\,,$$

$$M_{y\max} = 0,29 \cdot \frac{5^2}{8} \cdot 0,622 \cdot = 0,564\ \frac{\text{t} \cdot \text{m}}{\text{m}}\,.$$

Da eine möglichst einfache Darstellung des Spannungsverlaufes für die Querschnittsbemessung erwünscht ist, so empfiehlt es sich (nach Marcus), auf eine genauere Berücksichtigung aller Einzelheiten des Spannungsbildes zu verzichten und die in den Näherungsformeln an-

---

1) Vgl. hierzu: Dr. H. Marcus, Die vereinfachte Berechnung biegsamer Platten. Berlin: Julius Springer 1925; im besonderen die Abschnitte II, § 3 u. § 4.

gegebenen Hauptwerte der Biegungsmomente nicht allein für die nächste Umgebung des Plattenmittelpunktes, sondern auch für einen größeren Bereich als Durchschnittswerte der Querschnittsbemessung zugrunde zu legen. Als Umgrenzung dieses Bereiches empfiehlt Mar-cus (Abb. 111a) ein Rechteck mit den Abmessungen $b_x = \frac{1}{2} l_x$, $b_y = l_y - \frac{1}{2} l_x$. Außerhalb dieses Gebietes reichen die Größen $M_x = \frac{1}{2} M_{x\,\mathrm{max}}$; $M_y = \frac{1}{2} M_{y\,\mathrm{max}}$ als Durchschnittswerte für die Querschnittsbestimmung vollständig aus. Demgemäß wird in obigem Beispiel: $b_x = \frac{1}{2} \cdot 4,0 = 2,0$ m; $b_y = 5 - \frac{1}{2} \cdot 4,0 = 3,0$ m. Hiernach ergibt sich der in Abb. 111a dargestellte Momentenverlauf in der Platte.

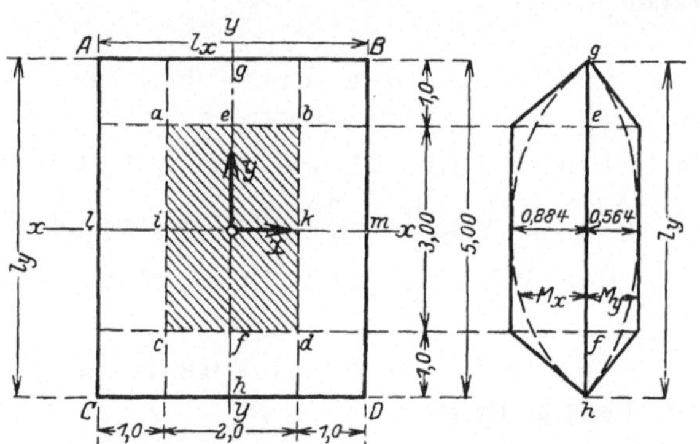

Abb. 111a.

Hierbei sind im Sinne der obigen Ausführungen die beiden parabolischen Spannungskurven der beiden Hauptquerschnitte durch eine geradlinige Umgrenzung ersetzt worden. Demgemäß ist die Platte in der x-Richtung auf 3,0 m Ausdehnung nach dem Werte $M_{x\,\mathrm{max}} = 0,884\,\mathrm{t\cdot m}$ für 1 m Breite zu bewehren, nach den Rändern zu (auf 1 m) in dieser Richtung nach $M = 0,442\,\mathrm{t\cdot m}$ für 1 m zu bemessen, während in der y-Richtung auf 2 m Ausdehnung das Moment $M_{y\,\mathrm{max}} = 0,564\,\mathrm{t\cdot m}$ für je 1 m Breite am Rande (auch hier auf je 1,0 m) das Moment $M_{y\,\mathrm{max}} = 0,284\,\mathrm{t\cdot m}$ maßgebend ist. Die Querschnittsbemessung selbst hat in normaler Weise zu erfolgen. Mit Hilfe der Tabelle II auf S. 242 ergibt sich für $\sigma_e = 1200\,\mathrm{kg/cm^2}$ und $\sigma_b = 40\,\mathrm{kg/cm^2}$:

1. in der x-Richtung in der Plattenmitte:

$$h = r \sqrt{\frac{M}{b}} = 0,411 \sqrt{\frac{88\,400}{100}} = 12,2\,\mathrm{cm},$$

$$F_e = t \sqrt{M \cdot b} = 0,00\,228 \sqrt{88\,400 \cdot 100} = 6,36\,\mathrm{cm^2}$$

und am Plattenrandende:

$$F_e = 0,00\,228 \sqrt{44\,200 \cdot 100} = 4,8\,\mathrm{cm^2}.$$

2. in der y-Richtung:

$$h = r \sqrt{\frac{56\,400}{100}} = 0{,}411 \sqrt{\frac{564}{1}} = 9{,}76\,\text{cm}\,,$$

$$F_e = 0{,}00\,228\,\sqrt{56\,400 \cdot 100} = 5{,}42\,\text{cm}^2 \quad \text{in der Mitte}$$

und $\qquad F_e = 0{,}00\,228\,\sqrt{28\,400 \cdot 100} = 3{,}84\,\text{cm}^2 \quad$ am Rande.

Demgemäß kann beispielsweise die Platte ausgebildet werden mit $d = 14$ cm; Bewehrung in der x-Richtung in Plattenmitte (also auf die mittleren 3,0 m) mit 7 Rundeisen 11 mm $\varnothing$, am Rande 5 derartige Eisen auf 1 m Breite, und in der y-Richtung, in Plattenmitte (also auf die mittleren 2 m) mit 7 Rundeisen 10 mm, am Rande mit 5 dieser. Alsdann ergibt sich für die y-Richtung (also die 10 mm $\varnothing$-Eisen) eine nutzbare Plattenhöhe von: $14{,}0 - 1{,}8 - 1{,}1 - 0{,}5 = 14{,}0 - 3{,}4 = 10{,}6$ cm $>$ als der oben ermittelte h-Wert von 9,76 cm. Würde die oben behandelte Platte nur nach ihrer kürzeren Richtung (4,0 m) gestützt und hier frei gelagert sein, so würde sich ein $M_{\max} = p\,\dfrac{l_x^2}{8} = 1{,}0 \cdot \dfrac{4^2}{8}$ = 2,0 t · m ergeben. Unter Innehaltung der oben benutzten zulässigen Spannungen würde sich ein $h = $ rd. 20 cm, und für die Flächeneinheit (1 m Breite) eine Bewehrung von rd. 10,12 cm² ergeben. Hingegen beträgt die Eiseneinlage auf die Flächeneinheit der Platte bei kreuzförmiger Bewehrung bezogen:

$$f_e = \frac{l_x F_{e_x} + l_y F_{e_y}}{l_x \cdot l_y} = \frac{4{,}0\,(3 \cdot 6{,}36 + 2 \cdot 4{,}8) + 5{,}0\,(2 \cdot 5{,}42 + 2 \cdot 3{,}84)}{4 \cdot 5} = \text{rd.}\,10\,\text{cm}^2.$$

Wie aus der Anm. [1]) hervorgeht, hätte bei genauer Innehaltung der

---

[1]) Errechnet man unter Zugrundelegung von $d = 14$ die Hebelarme der inneren Kräfte (z) unter der Annahme $z = $ rd. $^8/_9\,h$, so ergibt sich für die x-Richtung:

$$z_x = \text{rd.}\ ^8/_9\,(14{,}0 - 1{,}5) = 11{,}1\ \text{cm}$$

und für die y-Richtung:

$$z_y = \text{rd.}\ ^8/_9\,(14{,}0 - 1{,}5 - 1{,}0) = 10{,}2\ \text{cm}\,.$$

Hieraus folgen alsdann die notwendigen Eisenquerschnitte in der x-Richtung auf 3 m Breite in der Mitte:

$$F_{e_x} = \frac{3 \cdot 88\,400}{1200 \cdot 11{,}1} = \text{rd.}\ 19{,}86\ \text{cm}^2$$

und je am Rande:

$$F_{e_x} = \frac{44\,200}{1200 \cdot 11{,}1} = 3{,}32\ \text{cm}^2\,,$$

in der y-Richtung auf 2 m Breite in der Mitte:

$$F_{e_y} = \frac{2 \cdot 56\,400}{1200 \cdot 10{,}2} = 9{,}2\ \text{cm}^2$$

und endlich je am Rande:

$$F_{e_y} = \frac{28\,200}{1200 \cdot 10{,}2} = 2{,}3\ \text{cm}^2\,.$$

Forts. S. 308.

aus der Größe von $d = 14,0$ cm sich ergebenden inneren Hebelarme eine Herabminderung dieses Wertes noch eintreten können. Man erkennt demgemäß, daß eine kreuzförmige Bewehrung der Platte sowohl deren Höhe als auch deren Eisenbewehrung vermindert, also wirtschaftlich günstig ist.

b) Die im voranstehenden Beispiel behandelte Platte sei unter Annahme allseitiger Einspannung (nach Marcus „Einklemmung") und wiederum unter einer Last von $q = 1$ t/m² berechnet.

$$l_x = 4,0 \text{ m}; \quad l_y = 5,0 \text{ m}.$$

Rechnet man zunächst ohne Heranziehung der Tabelle B auf S. 282, so ergibt sich:

$$\left.\begin{aligned} p_x &= 1,0 \cdot \frac{5^4}{4^4 + 5^4} = 0,71 \text{ t/m}^2 \\ p_y &= 1,0 \cdot \frac{4^4}{4^4 + 5^4} = 0,29 \text{ t/m}^2 \end{aligned}\right\} \text{ wie vorher.}$$

$$v_b = 1 - \frac{5}{18} \frac{4^2 \cdot 5^2}{4^4 + 5^4} = 0,874.$$

Feldmomente:

$$M_{x_{\max}} = 0,71 \cdot \frac{4^2}{24} \cdot 0,874 = 0,414 \text{ t} \cdot \text{m} \quad \text{auf 1 m Breite,}$$

$$M_{y_{\max}} = 0,29 \cdot \frac{5^2}{24} \cdot 0,874 = 0,264 \text{ t} \cdot \text{m} \quad \text{auf 1 m Breite.}$$

Randmomente:

$$M_{x_r} = -0,71 \frac{4^2}{12} = -0,946 \text{ t} \cdot \text{m} \quad \text{auf 1 m Breite,}$$

$$M_{y_r} = -1,0 \frac{4^2}{24} = -0,667 \text{ t} \cdot \text{m} \quad \text{für 1 m Breite.}$$

Mit Hilfe der auf S. 282 in Tabelle B gegebenen Konstanten hätte sich ergeben für $\dfrac{l_x}{l_y} = \dfrac{4}{5} = 0,80$:

$$M_{x_{\max}} = + q\, l_x^2 C_3 = +1,0 \cdot 4^2 \cdot 0,0258 = +0,413 \text{ t} \cdot \text{m} \quad \text{auf 1 m Breite,}$$
$$M_{y_{\max}} = + q\, l_y^2 C_4 = +1,0 \cdot 5^2 \cdot 0,0106 = +0,265 \text{ t} \cdot \text{m} \quad \text{auf 1 m Breite,}$$
$$M_{x_r} = - q\, l_x^2 C_5 = -1,0 \cdot 4^2 \cdot 0,0677 = -1,0832 \text{ t} \cdot \text{m} \quad \text{auf 1 m Breite,}$$
$$M_{y_r} = - q\, l_y^2 C_6 = -1,0 \cdot 5^2 \cdot 0,0277 = -0,693 \text{ t} \cdot \text{m} \quad \text{auf 1 m Breite.}$$

Bei Zugrundelegung dieser Werte folgt die Eisenbewehrung, auf die Flächeneinheit der Platte bezogen, zu:

$$\frac{4(19,86 + 2 \cdot 3,32) + 5(9,2 + 2 \cdot 2,3)}{4 \cdot 5} = 8,75 \text{ cm}^2.$$

Hierbei ist allerdings mit dem Werte $z = {}^8/_9\, h$ gerechnet, also dem günstigsten Werte (vgl. S. 240).

Es zeigt sich, daß die Feldmomente genau stimmen, die Randmomente bei der genaueren Rechnung aber etwas größere Werte erhalten. Für die weitere Rechnung werden — nach einer Berechnung von Marcus — die erstgefundenen Momente beibehalten.

Auch hier können für die Umgrenzung des mittleren Plattenteiles, auf dem die Größtfeldmomente für die Querschnittsermittlung als konstant angenommen werden, die Maße: Breite $b_x = \frac{1}{2} l_x$ senkrecht zur x-Achse und Breite $b_y = l_y - \frac{1}{2} l_x$ senkrecht zur y-Achse angenommen werden. Demgemäß ist auch hier, wie bei Beispiel 1, $b_x = 2{,}0$ m; $b_y = 3{,}0$ m (vgl. Abb. 111b).

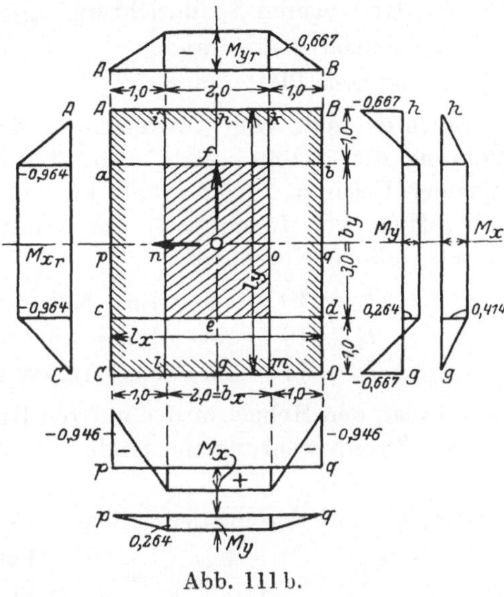

Abb. 111 b.

Die zugehörenden Gesamtwerte der Biegungsmomente sind:

1. für die Schnittfläche $g\,h$, also in der Mittelachse y (Abb. 111b):

$$M_{x\text{max}}\left(b_y + 2\,\frac{1}{2}\,\frac{l_y}{5}\right) = M_{x\text{max}}(3{,}0 + 1) = +0{,}414 \cdot 4 = +1{,}656\,\text{t} \cdot \text{m}\,.$$

2. für die Randfläche $A\,C$ oder $B\,D$ — also parallel zur y-Achse:

$$M_{x_r}\left(b_y + 2\,\frac{1}{2}\,\frac{l_y}{5}\right) = -0{,}946 \cdot 4 = -3{,}784\,\text{t} \cdot \text{m}\,.$$

3. für die Schnittachse $p\,q$, d. h. in der x-Achse:

$$M_{y\,\text{max}}\left(b_x + 2\,\frac{1}{2}\,\frac{l_x}{4}\right) = M_{y\,\text{max}}(2{,}0 + 1{,}0) = +0264 \cdot 3 = +0{,}792\,\text{t} \cdot \text{m}\,.$$

4. für die Randfläche $A\,B$ oder $C\,D$, also parallel zur x-Achse:

$$M_{y_r}\left(b_x + 2\,\frac{1}{2}\,\frac{l_x}{4}\right) = -0{,}667 \cdot 3 = -2{,}0\,\text{t} \cdot \text{m}\,.$$

Die nutzbaren Höhen der einzelnen Plattenquerschnitte bestimmen sich unter Innehaltung von $\sigma_e = 1200$, $\sigma_b = 40\,\text{kg/cm}^2$ aus der Beziehung:

$$h = 0{,}411\sqrt{\frac{M}{b}} = 0{,}411\sqrt{\frac{M}{100}}\,.$$

Demgemäß wird im Plattenmittelpunkt:

in der kürzeren Spannrichtung $h_x = 0{,}411\,\sqrt{414} = 8{,}35$ cm

in der längeren Spannrichtung $h_y = 0{,}411\,\sqrt{264} = 6{,}68$,,

am langen Plattenrande $\quad h'_x = 0{,}411\,\sqrt{946} = 12{,}6$,,

am kurzen Plattenrande $\quad h'_y = 0{,}411\,\sqrt{667} = 10{,}6$,,

Erachtet man eine Überdeckung der untersten Eiseneinlage in Richtung der x-Achse von 1,5 cm für ausreichend, nimmt die hier liegenden Eisen zu 1,0 cm Stärke an und wählt eine Stärke der Platte in der Mitte von 10 cm $(=d)$, am Rande von 14 cm, so ergeben sich als tatsächliche Nutzhöhen:

$$h_x = 10 - 1{,}5 = 8{,}5 > 8{,}35\,,$$
$$h'_y = 10 - 1{,}5 - 1{,}0 = 7{,}5 > 6{,}68\,,$$
$$h'_x = 14 - 1{,}5 = h_y = 12{,}5 \cong 12{,}6 > 10{,}6 \text{ cm}\,.$$

Nimmt man den Hebelarm der inneren Kräfte $= z$ an zu rd. $8/9\,h$, so sind als Eisenbewehrung notwendig im Querschnitte, und zwar auf je 1 m Breite:

a) in $g\,h$ auf der mittleren Strecke $(e\,f = 3{,}0$ m$)$:

$$F_{e_x} = \frac{M_x}{1200 \cdot \frac{8}{9} \cdot h_x} = \frac{9}{8} \cdot \frac{41\,400}{1200 \cdot 8{,}5} = 4{,}57 \text{ cm}^2$$

und ebenso b) am längeren Rand auf der Strecke $a\,c$ oder $b\,d$:

$$F_{e_x} = \frac{9}{8} \cdot \frac{94\,600}{1200 \cdot 12{,}5} = 7{,}1 \text{ cm}^2,$$

c) im Querschnitt $p\,q$ auf der mittleren Strecke $(n\,o = 2{,}0$ m$)$:

$$F_{e_y} = \frac{9}{8} \cdot \frac{26\,400}{1200 \cdot 7{,}5} = 3{,}3 \text{ cm}^2,$$

d) am kürzeren Rande auf der Strecke $i\,k$ oder $l\,m$:

$$F_{e_y} = \frac{9}{8} \cdot \frac{66\,700}{1200 \cdot 12{,}5} = 5{,}0 \text{ cm}^2\,.$$

Der Gesamteisenquerschnitt muß sein:

a) in der Schnittfläche $g\,h$:

$$\sum F_{e_x} = 4{,}57\,(3{,}0 + \tfrac{1}{2} \cdot 2 \cdot 1) = 18{,}28 \text{ cm}^{2}\,{}^{1}),$$

b) in der Schnittfläche AC oder BD:

$$\sum F_{e_x} = 7{,}1\,(3{,}0 + \tfrac{1}{2} \cdot 2 \cdot 1) = 28{,}4 \text{ cm}^2,$$

c) in der Schnittfläche $p\,q$:

$$\sum F_{e_y} = 3{,}3\,(2{,}0 + \tfrac{1}{2} \cdot 2 \cdot 1) = 9{,}9 \text{ cm}^2,$$

---

[1]) Bei der Ermittlung der Gesamtbewehrungen ist auch hier, wie im Beispiel a), damit gerechnet, daß in der Randzone je nur das halbe Moment wie im mittleren Teile in Rechnung gestellt zu werden braucht.

d) in der Schnittfläche AB oder CD:

$$\sum F_{e_y} = 5{,}0\,(2{,}0 + \tfrac{1}{2} \cdot 2 \cdot 1) = 15{,}0 \ \text{cm}^2\,.$$

Hierbei ist die durch die Einspannung bedingte obere Bewehrung nur für den Außenring erforderlich.

Beispiel zur Berechnung einer Pilzdecke nach den in den Bestimmungen vom September 1925 gegebenen Annäherungsgleichungen[1]).

Über einen Raum von 16 Feldern — Abb. 112a, b — sei eine Pilzdecke gespannt. Die Kopfform ist aus Abb. 51b auf S. 189 zu ersehen, d. h. es schließt an den Säulenkopf zunächst eine Übergangsplatte rechteckiger Form an. Die Stützweiten der Felder sind:

$$l_x = 4{,}80,\ 5{,}50,\ 5{,}50,\ 4{,}80\ \text{m};\quad l_y = 4{,}5,\ 4{,}5,\ 4{,}5,\ 4{,}5\ \text{m}\,.$$

Das Eigengewicht der Decke beträgt unter Annahme einer Stärke von rd. 20 cm: $g = 0{,}20 \cdot 2400 = 0{,}480$ t/m²; hierzu kommt für Putz und Deckenbelag noch ein Gewicht von rd. 100 kg $= 0{,}100$ t/m², d. h. $g = 0{,}580$ t/m². Als bewegliche Belastung sei $p = 0{,}8$ t/m² eingeführt, somit $q = 1{,}380$ t/m². Die Auflagerung der Decke an allen Umfassungsmauern sei eine frei bewegliche; hier werden überall Pendelstützen ohne Pilzköpfe vorgesehen. Die Geschoßhöhen seien: $h_o = 3{,}60$ m, $h_u = 4{,}00$ m.

a) Zunächst wird die Decke nach den Stützweiten l_x untersucht; für diese werden die Momente auf 1 m Tiefe (in Richtung l_y) aufgestellt. Die Bewehrung, um die es sich hier handelt, liegt also parallel zu l_x.

Für den **Randschnitt 1** — Gurtstreifen B, also an der ersten Pilzsäule (Abb. 112a) von links ergibt sich:

$$M_{1 \cdot B} = l_x^2 \left(\frac{g}{13} + \frac{p}{11} \right) = 4{,}80^2 \left(\frac{0{,}580}{13} + \frac{0{,}800}{11} \right) = \text{rd.}\ 2{,}710\ \text{t} \cdot \text{m}\,,$$

für den Feldstreifen C (Abb. 112a):

$$M_{1C} = l_x^2 \left(\frac{g}{16} + \frac{p}{13} \right) = 4{,}80^2 \left(\frac{0{,}580}{16} + \frac{0{,}800}{13} \right) = \text{rd.}\ 2{,}265\ \text{t} \cdot \text{m}$$

und für den Feldstreifen A (also im beiderseitigen Randfelde):

$$M_{1A} = {}^3\!/_4\, M_{1 \cdot C}{}^2) = 0{,}75 \cdot 2{,}265 = \text{rd.}\ 1{,}700\ \text{t} \cdot \text{m}\,.$$

---

[1]) Vgl. auch die Ausführungen auf den Seiten 188 bis 193 und die hier bereits mitgeteilten Gleichungen.

[2]) In den Randfeldstreifen darf für den zur Auflagerlinie parallel laufenden Feldstreifen der Wert ${}^3\!/_4\, M_F$ und für den unmittelbar am Rande angrenzenden Gurtstreifen der Wert $\tfrac{1}{2}\, M_G$ der Querschnittsbemessung zugrunde gelegt werden, wobei M_F und M_G die für normale Innenfelder gültigen Biegungsmomente der Feld- bzw. Gurtstreifen bedeuten.

In gleicher Weise wird für den Innenschnitt 2 (Abb. 112a), also in einem Mittelfelde für:

Gurtstreifen B:

$$M_{2_B} = l_x^2 \left(\frac{g}{26} + \frac{p}{13} \right) = 5{,}50^2 \left(\frac{0{,}580}{26} + \frac{0{,}800}{13} \right) = \text{rd. } 2{,}537\, t \cdot m\,,$$

Feldstreifen C:

$$M_{2_C} = l_x^2 \left(\frac{g}{32} + \frac{p}{16} \right) = 5{,}50^2 \left(\frac{0{,}580}{32} + \frac{0{,}800}{16} \right) = \text{rd. } 2{,}055\, t \cdot m\,,$$

Feldstreifen A:

$$M_{2_A} = \frac{3}{4}\, M_{2_C} = 0{,}75 \cdot 2{,}055 = \text{rd. } 1{,}543\, t \cdot m\,.$$

Für die Stützen in Schnitt 3, also die erste Reihe von Pilzstützen von links aus gerechnet, folgt bei einer mittleren Stützweite

$$= \tfrac{1}{2}\,(4{,}80 + 5{,}50) = 5{,}15\ \text{m} = l_x\ \text{(Abb. 112a)}:$$

für Gurtstreifen B:

$$M_{3_B} = -\frac{l_x^2}{8}\,(g + p) = -\frac{1}{8}\,5{,}15^2 \cdot 1{,}380 = \text{rd. } -4{,}590\, t \cdot m\,,$$

Feldstreifen C:

$$M_{3_C} = -\frac{l_x^2}{24}\,(g + p) = -\frac{1}{24}\,5{,}15^2 \cdot 1{,}380 = \text{rd. } -1{,}530\, t \cdot m\,,$$

Feldstreifen A:

$$M_{3_A} = \frac{3}{4}\, M_{3_C} = -0{,}75 \cdot 1{,}530 = \text{rd. } -1{,}148\, t \cdot m\,.$$

Desgl. in Schnitt 4, also für die zweite Stützenreihe, d. h. die mittelsten Stützen der Decke bei $l_x = 5{,}50$ m (hier nach jeder Seite!):

Gurtstreifen B:

$$M_{4_B} = -\frac{l_x^2}{10}\,(g + p) = -\frac{1}{10}\,5{,}50^2 \cdot 1{,}380 = \text{rd. } -4{,}170\, t \cdot m\,,$$

Feldstreifen C:

$$M_{4_C} = -\frac{l_x^2}{30}\,(g + p) = -\frac{1}{30}\,5{,}50^2 \cdot 1{,}380 = \text{rd. } -1{,}390\, t \cdot m\,,$$

Feldstreifen A:

$$M_{4_A} = \frac{3}{4}\, M_{4_C} = -0{,}75 \cdot 1{,}390 = \text{rd. } -1{,}040\, t \cdot m\,.$$

Die somit für die l_x-Richtung ermittelten Momente für Gurt- und Feldstreifen und die Stützen sind in Abb. 112a an der zugehörenden

Stelle eingeschrieben. Zu ermitteln sind weiterhin noch die aus der Rahmenwirkung am Fuß der oberen und am Kopf der unteren Säule sich ergebenden Momente M_o und M_u[1]).

Die obere Säule habe einen Betonquerschnitt $40 \cdot 40 \text{ cm} = 4 \cdot 4 \text{ dm}^2$ und somit ein $J_o = \frac{1}{12} 4^3 \cdot 4 = 21{,}36 \text{ dm}^4$; h_o ist $= 3{,}60$ m. Für die untere Säule gilt in gleichem Sinne: Abmessung: $50 \cdot 50 = 5 \cdot 5 \text{ dm}^2$; $J_u = \frac{1}{12} \cdot 5^3 \cdot 5 = 52{,}10 \text{ dm}^4$; $h_u = 4{,}00$ m.

Endlich hat die Decke in der x-Richtung einen Querschnitt:

$450 \cdot 20$ cm;

$$J_d = \tfrac{1}{12} \cdot 45 \cdot 2^3 = 30 \text{ dm}^4 .$$

Wie bereits auf S. 193 hervorgehoben, sind die am oberen Ende der unteren und am unteren Ende

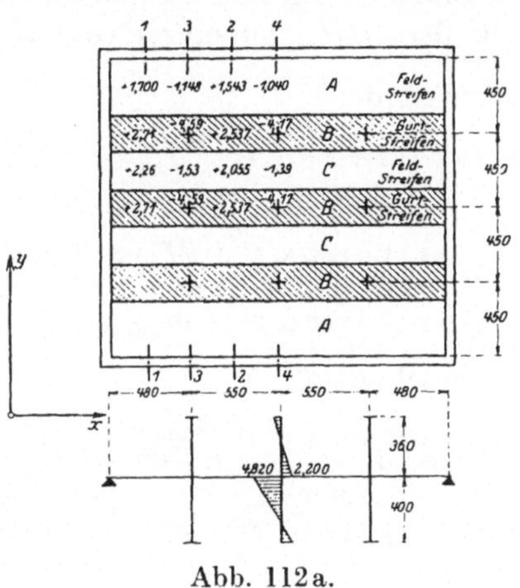

Abb. 112a.

der oberen Säule auftretenden Biegungsmomente M_u und M_o nach den Beziehungen zu schätzen:

$$M_u = \mp P \frac{l}{12} \frac{c_u}{c_o + 1 + c_u},$$

$$M_o = \pm P \frac{l}{12} \frac{c_o}{c_o + 1 + c_u}.$$

Hierbei ist P die gesamte Verkehrslast eines Feldes mit den Seitenlängen l_x und l_y, und $c_o = \dfrac{l}{h_o} \cdot \dfrac{J_o}{J_d}$; $c_u = \dfrac{l}{h_u} \cdot \dfrac{J_u}{J_d}$; im vorliegenden Falle ergibt sich (vgl. auch Abb. 112a):

$$P = 4{,}50 \cdot 5{,}50, \ 0{,}80 = 19{,}800 \text{ t} ,$$

$$c_o = \frac{5{,}50 \cdot 21{,}36}{3{,}6 \cdot 30{,}00} = 1{,}087; \quad c_u = \frac{5{,}50 \cdot 52{,}00}{4{,}00 \cdot 30{,}00} = 2{,}380 ,$$

M_o das Moment am Fuße der oberen Säule:

$$M_o = 19{,}800 \frac{1{,}087}{1{,}087 + 1{,}0 + 2{,}38} = \text{rd. } 2{,}200 \text{ t} \cdot \text{m} ,$$

M_u das Moment am Kopf der unteren Säule:

$$M_u = 19{,}800 \cdot \frac{2{,}38}{1{,}087 + 1{,}0 + 2{,}38} = \text{rd. } 4{,}82 \text{ t} \cdot \text{m} .$$

---

[1]) Vgl. hierzu S. 193.

b) Untersuchung der Decke mit l_y als Stützweite. Die Momente beziehen sich auch hier auf 1 m Deckentiefe (in der Richtung l_x). Die in Frage kommende Bewehrung liegt parallel zur y-Achse. Abb. 112b. Die Berechnung im einzelnen ist der unter a) vollkommen entsprechend.

Randschnitt 1′

$$\text{Gurtstreifen } B': \quad M'_{1B} = 4{,}50^2 \left(\frac{0{,}580}{13} + \frac{0{,}800}{11}\right) = \text{rd. } 2{,}366 \text{ t} \cdot \text{m},$$

$$\text{Feldstreifen } C': \quad M'_{1C} = 4{,}50^2 \left(\frac{0{,}580}{16} + \frac{0{,}800}{13}\right) = \text{rd. } 1{,}980 \text{ t} \cdot \text{m},$$

$$\text{Feldstreifen } A': \quad M'_{1A} = \tfrac{3}{4} M'_{1C} = 0{,}75 \cdot 1{,}980 = \text{rd. } 1{,}485 \text{ t} \cdot \text{m};$$

Innenschnitt 2′

$$\text{Gurtstreifen } B': \quad M'_{2B} = 4{,}50^2 \left(\frac{0{,}580}{26} + \frac{0{,}800}{13}\right) = \text{rd. } 1{,}700 \text{ t} \cdot \text{m},$$

$$\text{Feldstreifen } C': \quad M'_{2C} = 4{,}50^2 \left(\frac{0{,}580}{32} + \frac{0{,}800}{16}\right) = \text{rd. } 1{,}380 \text{ t} \cdot \text{m},$$

$$\text{Feldstreifen } A': \quad M'_{2A} = \tfrac{3}{4} M'_{2C} = 0{,}75 \cdot 1{,}380 = \text{rd. } 1{,}070 \text{ t} \cdot \text{m};$$

Stützenschnitt 3′

$$\text{Gurtstreifen } B': \quad M'_{3B} = -\tfrac{1}{8} \, 4{,}50^2 \cdot 1{,}380 = \text{rd. } - 3{,}680 \text{ t} \cdot \text{m},$$

$$\text{Feldstreifen } C': \quad M'_{3C} = -\tfrac{1}{24} \, 4{,}50^2 \cdot 1{,}380 = \text{rd. } - 1{,}227 \text{ t} \cdot \text{m},$$

$$\text{Feldstreifen } A': \quad M'_{3A} = \tfrac{3}{4} M'_{3C} = - 0{,}75 \cdot 1{,}227 = \text{rd. } - 0{,}920 \text{ t} \cdot \text{m};$$

Stützenschnitt 4′

$$\text{Gurtstreifen } B': \quad M'_{4B} = -\tfrac{1}{10} \, 4{,}50^2 \cdot 1{,}380 = \text{rd. } - 2{,}800 \text{ t} \cdot \text{m},$$

$$\text{Feldstreifen } C': \quad M'_{4C} = -\tfrac{1}{30} \, 4{,}50^2 \cdot 1{,}380 = \text{rd. } - 0{,}933 \text{ t} \cdot \text{m},$$

$$\text{Feldstreifen } A': \quad M'_{4A} = \tfrac{3}{4} M'_{4C} = - 0{,}75 \cdot 0{,}933 = \text{rd. } - 0{,}700 \text{ t} \cdot \text{m}.$$

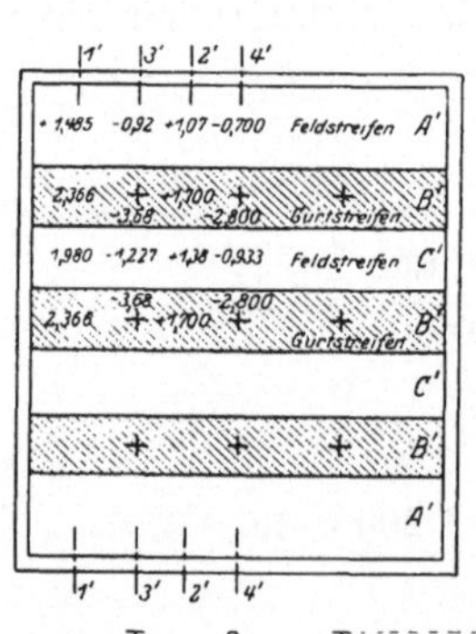

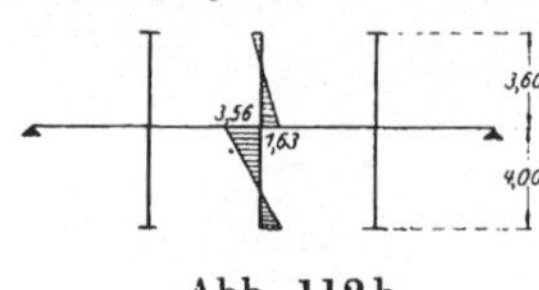

Abb. 112b.

Säulenmomente in der y-Richtung.

Berechnet waren vorstehend die Werte:

$$J_o = 21{,}36 \text{ dm}^4; \quad J_u = 52{,}10 \text{ dm}^4; \quad P = 19{,}8 \text{ t};$$

ferner ist hier $J_d = \dfrac{1}{12} \, 55 \cdot 2{,}0^3 = 36{,}7 \text{ dm}^4;$

und somit:

$$c_o = \frac{4{,}50 \cdot 21{,}36}{3{,}60 \cdot 36{,}7} = 0{,}75;$$

$$c_u = \frac{4{,}50 \cdot 52{,}10}{4{,}00 \cdot 36{,}7} = 1{,}59.$$

Am Fuße der oberen Säule wird:

$$M_o = \frac{1}{12} \, 19{,}80 \cdot 4{,}50 \cdot \frac{0{,}73}{0{,}73 + 1{,}0 + 1{,}59}$$

$$= \text{rd. } 7{,}63 \text{ t} \cdot \text{m}$$

und am Kopf der unteren Säule:

$$M_u = \frac{1}{12}\, 19{,}80 \cdot 4{,}50 \cdot \frac{1{,}59}{0{,}73 + 1{,}0 + 1{,}59} = 3{,}56\, \text{t} \cdot \text{m}\,.$$

Für die Plattenstärke entscheidend ist, wie ein Vergleich der gewonnenen Ergebnisse zeigt, das Moment:

$$M_{1B} = +\,2{,}71\, \text{t} \cdot \text{m}\,.$$

Läßt man als Spannungen zu: $\sigma_b = 50$, $\sigma_e = 1200\ \text{kg/cm}^2$, so ergibt sich für dies Moment eine nutzbare Plattenhöhe:

$$h = r \sqrt{\frac{M}{b}} = 0{,}345 \sqrt{\frac{271\,000}{100}} = 0{,}345 \sqrt{2710} = \text{rd.}\ 0{,}345 \cdot 52$$

$= 17{,}94\ \text{cm} = \text{rd.}\ 18\ \text{cm}$, also — wie von vornherein richtig eingeschätzt — $d = 20\ \text{cm}$.

Die Bewehrungen sind in normaler Art aus den berechneten Momenten abzuleiten.

15. Die Bauart und Berechnung von Steineisendecken.

Unter Steineisendecken, für die in Verbindung mit den neuen Eisenbetonbestimmungen vom September 1925 Festsetzungen erlassen worden sind, sind mit Eisen bewehrte Steindecken mit oder ohne Betondruckschicht verstanden, bei denen die Steine (Voll- oder Hohlsteine) zur Aufnahme von Druckspannungen herangezogen werden und die Betonschicht 5 cm Stärke nicht erreicht. — Die sog. Eisenbetonrippendecken, über die bereits auf S. 173 das Wesentlichste erörtert wurde, zählen nicht zu der hier zu behandelnden Bauart; sie sind als Verbunddecken anzusprechen, und für sie gelten somit die neuen Eisenbetonbestimmungen.

Als Belastungsannahmen sind die der preußischen Hochbaubestimmungen vom 24. XII. 1919 (Zentralbl. d. Bauw. 1920, S. 45) zu empfehlen, um so mehr, als sie in den meisten Staaten des Reiches amtlich eingeführt sind. Die Deckenstärke soll mindestens 10 cm, bei Dachhautausbildungen wenigstens 6 cm betragen. Als größte Höhe der Deckensteine sind 20 cm vorgeschrieben. Werden Anfänger- oder Trägerummantelungssteine verwendet, so müssen die Eisen durch Hochbiegen bis an den Trägersteg herangeführt werden. Betonschichten sind nur alsdann als statisch wirksam in Rechnung zu stellen, wenn ihre Stärke $\delta \geqq 3$ cm ist. Von $\delta \geqq 5$ cm an gelten die Decken als Verbundbauten. Bei Steindecken sind die Stirnflächen der Steine zu vermauern, so daß die Stoßfugen Druckkräfte übertragen können. Die Stützweite ist an das 27fache der Nutzhöhe als Größtmaß und an das absolute Maß $= 6{,}50$ m gebunden; nur für Dachhautausbildung in Deckenform sind bei Nachweis ausreichender Tragfähigkeit durch Versuche geringere

Nutzhöhen statthaft als $\frac{1}{27}\,l$. Die Eiseneinlagen sind derart anzuordnen, daß in jeder Fuge ein Eisen, aber auch nicht mehr als 1 Eisen,
liegt[1]), bei einer Überdeckung von $\geqq 1$ cm bei Rundeisen, $\geqq 0{,}5$ cm
bei Flacheisen. Die allseitige Umhüllung des Eisens im Mörtel soll
$\geqq 0{,}5$ cm sein bei einer Fugenstärke $\geqq 2$ cm. Zum Schutze gegen Abnutzung sind die Steineisendecken mit einer besonderen Schutzschicht
zu versehen von 1 bis 2 cm Stärke.

Beiderseits auf Mauerwerk aufliegende Decken sind als frei aufgelagert nach $M = q\,\dfrac{l^2}{8}$ zu berechnen; nur bei Nachweis einer Einspannung und gleichzeitiger Herstellung von Mauerwerk und Decken darf
mit $\dfrac{q\,l^2}{10}$ gerechnet werden. Alsdann sind die Eisen abwechselnd geradlinig durchzuführen und nach oben abzubiegen. Bei Flacheisenbeweh-
rung sind besondere obere Eisen in diesem Sinne anzuordnen. Trotz
Annahme freier Auflagerung ist durch die Konstruktion, d. h. die Lage
der Eisen, auf eine etwa unbeabsichtigte Einspannung der Konstruktion
Rücksicht zu nehmen. Decken, die beiderseits auf den unteren Flanschen
eiserner Träger aufruhen und an den Steg dicht anschließen, oder auf
gestelzten Auflagern hier aufliegen und eine Verspannung durch Beton
zwischen Decke und Trägeroberflansch besitzen, können als halbeingespannt $\left(M = \dfrac{q\,l^2}{10}\right)$ berechnet werden[2]).

Ansteigende Steineisendecken (Treppenläufe) gelten im allgemeinen
nicht als halbeingespannt, sind also nach $M = \dfrac{q\,l^2}{8}$ zu schätzen; nur
bei besonderen, eine Einspannung sichernden Konstruktionen (z. B. Um-
biegen der Eisen um die Trägerflanschen usw.) kann mit $\dfrac{q\,l^2}{10}$ gerechnet
werden. Hierbei ist für die Länge l und die Einheitslast die Grundriß-
projektion des Treppenlaufes einzuführen.

Durchlaufende Steineisendecken gleicher oder höchstens um 20 vH
voneinander abweichender Stützweite dürfen für eine gleichmäßig verteilte Belastung in den Außenfeldern nach $M = \dfrac{q\,l^2}{11}$, in den Innenfeldern nach $M = \dfrac{q\,l^2}{15}$ berechnet werden. Bei Verstärkung nach Abb. 113a
und b können hierfür sogar die Werte $M = \dfrac{q\,l^2}{12}$ bzw. $= \dfrac{q\,l^2}{18}$ zugrunde

---

[1]) Bei Decken Kleinescher Bauart, kleiner Spannweite und geringerer Nutzlast, kann ausnahmsweise das Eisen mehrerer Fugen, jedoch höchstens von drei
hintereinander führenden, in einer Fuge vereinigt werden.

[2]) Hierbei sollen die gestelzten Auflager aus Beton 1 : 4 bestehen und mit
einer Neigung nicht steiler als 1 : 3 an die Decken anzuschließen.

gelegt werden. Für die negativen Momente über den Stützen gelten dieselben Annäherungswerte wie im Verbundbau, d. h bei nur 2 Öffnungen über der Mittelstütze: $M_s = -\dfrac{q\,l^2}{8}$, bei 3 und mehr Feldern an der Innenstütze des Randfeldes $M_s = -\tfrac{1}{9}\,q\,l^2$, an den weiteren Innenstützen $M = -\tfrac{1}{10}\,q\,l^2$. Im Bereiche der negativen Momente also $\tfrac{1}{6}\,l$ zu beiden Seiten der Innenstützen ist voller Beton zu verwenden; auf dieselbe Breite müssen die aufgebogenen Deckeneisen in das Nachbarfeld eingreifen, können aber bei I-Unterzügen um deren oberen Flansch gehakt werden, wenn zudem — soweit der volle Beton reicht — obere Zusatzeisen über den Träger gelegt werden. Hier soll

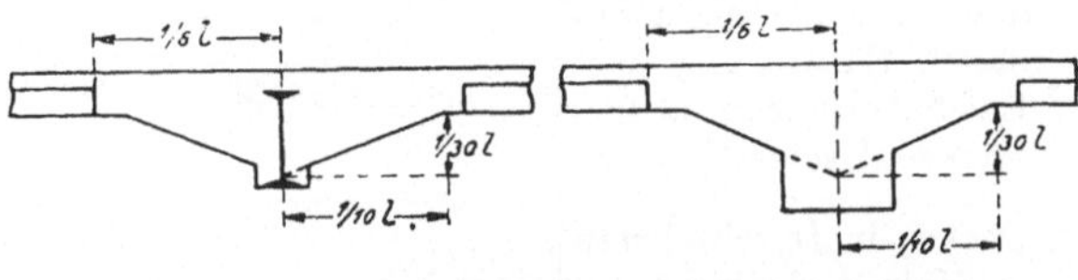

Abb. 113a u. b.

die Betonüberdeckung mindestens 4 cm Stärke aufweisen. Werden Steineisendecken zwischen volle Verbundbalken gespannt, so können sie als Druckgurt dieser letzteren nur insoweit in Rechnung gestellt werden, als der volle Beton der Deckenfelder reicht.

Für $\dfrac{E_{d\,\text{Stein}}}{E_e} = n$ ist auch hier 15 zu wählen. Als Druckquerschnitt gilt der volle Beton- und Steinquerschnitt ohne Abzug etwaiger Hohlräume in den Steinen. Die Steindruckfestigkeit — „S“ — ist aus 10 Bruchversuchen[1] als die Bruchspannung, bezogen auf den Steinquerschnitt, bei Abzug etwaiger Hohlräume abzuleiten.

Unter der Voraussetzung, daß zur Herstellung der Steineisendecken Zementmörtel 1:4 mit höchstens 7% Weißkalkzusatz benutzt und die Betondruckschicht stärker als 3 cm, in Mischung 1:4, ist, sind die nachstehend zusammengestellten Biegungsspannungen (s. S. 318) zugelassen.

Als Schubspannung für die Deckensteine ist $\tau_0 \gtrless 2\ \text{kg/cm}^2$ festgesetzt. Bei größerer Schubspannung sind Vollsteine oder Vollbeton zu wählen und die Schubspannungen im Bereiche der höheren Werte vollständig durch Eisen aufzunehmen. Für die Berechnung von τ_0 ist maßgebend: $\tau_0 = \dfrac{Q}{b_0\,z}$; hier stellt b_0 die auf 1 m Deckenbreite nach Abzug der Hohlräume noch vorhandene gesamte Stein- und Fugenbreite und z den bekannten Hebelarm der inneren Kräfte dar. Für τ_1 gilt bei Rundeisen 4,5 kg/cm², bei Band- (Flach-) Eisen 3 kg/cm². Bei Überschreitung dieser Grenzen sind Rundeisen mit Endhaken notwendig.

----

[1] Beim Druckversuch ist naturgemäß der Stein so zu drücken, wie er später in der fertigen Steineisendecke belastet wird.

Art des Bauwerks oder des Bauteils	Biegedruckspannung σ_b bzw. σ_b in kg/cm²		Eisenzugspannung σ_e in kg/cm²
	bei Steindecken ohne statisch wirksame Betonschicht	bei Steindecken mit Betondruckschicht von mindestens 3 cm, aber weniger als 5 cm Stärke	
a) Decken in Hochbauten mit vorwiegend ruhenden Lasten	$^1/_7$ der nachgewiesenen Steindruckfestigkeit S, höchstens 36	36	1200
b) Decken in Fabriken u. dgl., die der unmittelbaren Einwirkung von Erschütterungen ausgesetzt sind, sowie Treppen	$^1/_8\ S$, höchstens 30	30	1000
c) Decken in Durchfahrten u. Hofunterkellerungen, sowie sonstige Decken, die sehr stark erschüttert werden (z. B. durch schwere Maschinen)	$^1/_9\ S$, höchstens 27	27	900

Zahlenbeispiel. Berechnung von Decken nach Bauart Kleine.

a) **Bestimmung der auftretenden Spannungen.** Spannweite $l = 1,60$ m; $q = g + p = 600$ kg/m²; $d = 12$ cm; $h' = 2$ cm. $F_e = 7$ Bandeisen 30/1,4 auf 1 m Breite, d. h. $F_e = 7\,(0,14 \cdot 3,0) = 2,94$ cm² auf 1 m. Demgemäß wird:

$$M = \frac{p\,l^2}{8} = \frac{600 \cdot 1,6^2}{8} = 192 \text{ kg} \cdot \text{m} = 19\,200 \text{ kg} \cdot \text{cm};$$

$n\,F_e = 15 \cdot 2,94 = 44,1$, und für $b = 100$, $h = 12 - 2 = 10$ cm:

$$x = \frac{n\,F_e}{b}\left(\sqrt{1 + \frac{2\,b \cdot h}{n\,F_e}} - 1\right) = \frac{44,1}{100}\left(\sqrt{1 + \frac{2 \cdot 100 \cdot 10}{44,1}} - 1\right) = \text{rd.}\,2,55\,\text{cm}.$$

$$\sigma_d = \frac{2\,M}{b \cdot x\left(h - \dfrac{x}{3}\right)} = \frac{2 \cdot 19\,200}{100 \cdot 2,55\,(10 - 0,85)} = 12 \text{ kg/cm}^2.$$

$$\sigma_e = \frac{M}{F_e\left(h - \dfrac{x}{3}\right)} = \frac{19\,200}{2,94 \cdot 9,15} \backsim 710 \text{ kg/cm}^2.$$

Die größte Querkraft wird: $Q_{\max} = \dfrac{1,6 \cdot 600}{2} = \dfrac{960}{2} = 480$ kg; hieraus folgt:

$$\tau_{0\max} = \frac{Q_{\max}}{b \cdot z} = \frac{480}{100 \cdot 9,15} = \backsim 0,5 \text{ kg/cm}^2.$$

Ferner ist auf 1 m Breite der Umfang der Eisen $U = 7 \cdot (3,0 + 0,14) \cdot 2$
$= \text{rd.}\ 44,0\ \text{cm}$.

$$\tau_1 = \frac{b\,\tau_0}{U} = \frac{100 \cdot 0,5}{44,0} = \sim 1,1\ \text{kg/cm}^2.$$

b) **Querschnittsbemessung:** Es sei $l = 2,00$ m; $q = 700$ kg/m^2.
Gesucht wird bei $\sigma_d = 20$ kg/cm^2, $\sigma_e = 1000$ kg/cm^2 die Stärke der
Decken und die Größe der Eiseneinlagen auf 1 m Breite. n sei nach
den Bestimmungen $= 15$. Die Decke kann als halbeingespannt berechnet
werden:

$$M = \frac{q\,l^2}{10} = \frac{700 \cdot 2^2}{10} = 280\ \text{kg} \cdot \text{m} = 28\,000\ \text{kg} \cdot \text{cm}.$$

Nach Tabelle II, S. 242, ist: $\quad h = r\sqrt{\dfrac{M}{b}}$;

hierbei ist für die obigen Spannungswerte $r = 0,685$, $s = 0,231$,
$w = 0,231$.

$$h = 0,685\sqrt{\frac{28\,000}{100}} = 11,4\ \text{cm};$$

gewählt wird 12 cm.

$$x = 0,231 \cdot 11,4 = 2,63\ \text{cm}.$$
$$F_e = 0,231\,h = 0,231 \cdot 11,4 = 2,63\ \text{cm}^2.$$

Bei der Verwendung von Normalsteinen sind auf $b = 100$ cm
13 Fugen vorhanden; legt man in jede dritte Fuge ein Bandeisen, so
werden rd. 4 Eisen notwendig. Hieraus ergibt sich die Stärke des einzelnen Bandeisens zu: $f_e = \dfrac{2,63}{4} \approx 0,65$ cm^2, d. h. bei 20 mm Höhe
zu rd. $3^1/_4$ mm, oder besser $3^1/_2$ mm Stärke. Wollte man in jede zweite
Fuge eine Eiseneinlage fügen, so würde: $f_e = \dfrac{2,63}{6} = \text{rd.}\ 0,44$ cm^2
und bei einer Höhe von wiederum 20 mm die Bandeisenstärke demgemäß
$= \text{rd.}\ 2,2$ mm. Wird jede Fuge bewehrt, so reichen Eisen von 1 mm
Stärke aus:

$$F_e = 13 \cdot (2,0 \cdot 0,1) = 2,6\ \text{cm}^2 \approx = 2,63\ \text{cm}^2.$$

Ferner wird für

$$\tau_0 = \frac{Q_{max}}{b\,z}; \quad Q_{max} = 700\ \text{kg}; \quad z = h - \frac{x}{3} = 11,4 - \frac{2,63}{3} = \text{rd.}\ 10,5\ \text{cm};$$

$$\tau_0 = \frac{700}{100 \cdot 10,5} = 0,57\ \text{kg/cm}^2.$$

Endlich ist U bei Einlage von Eisen in jede Fuge: $U = 13 \cdot 2 \cdot 2,0 \cdot 0,1$
$= 52,6$ cm.

$$\tau_1 = \frac{100 \cdot \tau_0}{U} = \frac{100 \cdot 0,57}{52,6} = \text{rd.}\ 1\ \text{kg/cm}^2,$$

also sehr gering.

16. Die Biegungsspannungen in auf reine Biegung belasteten Plattenbalken-Querschnitten.

Der doppelt bewehrte Plattenbalken, ohne Berücksichtigung der Zugzone im Beton.

Die Lage der Nullinie kann (Abb. 114) hier eine solche sein, daß sie entweder die Platte schneidet (I I), sie an ihrer Unterkante berührt (II II) oder unterhalb von ihr die Rippe trifft (III III). Diese letztere Lage wird im allgemeinen die normale sein, zumal mit ihr ein stärker ausgedehnter Betondruckgurt und mit ihm die Heranziehung eines größeren Betonteiles zu statischer Mitwirkung verbunden ist. Liegt Fall I bzw. II vor, so gelten für die Berechnung der Spannungen und die

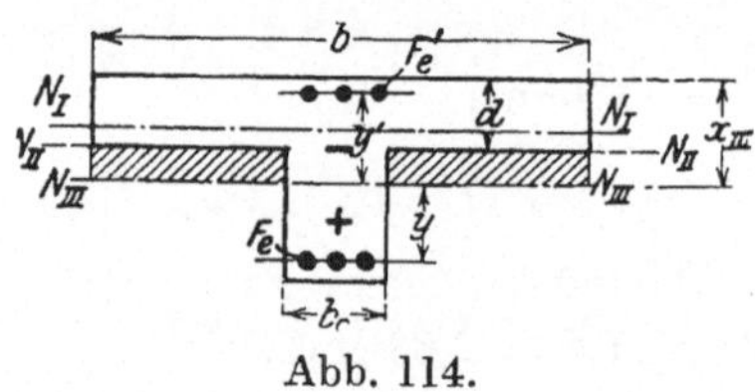

Abb. 114.

Bestimmung der Lage der Nullinie die in Abschnitt 11 gegebenen Gleichungen unverändert, solange auf eine Mitwirkung des Betons in der Zugzone verzichtet, also das Stadium II b als vorliegend angenommen wird. Alsdann liegt entweder ein Teil der Deckenplatte mit der Rippe oder die Rippe — auf ihrer ganzen Höhe unterhalb der Platte — in der Zugzone, und solch ein Querschnitt ist demgemäß wie ein einfacher Rechteckquerschnitt mit einer Breite $= b$, einer Höhe $= h$ und den Eiseneinlagen F_e' und F_e zu behandeln. Liegt jedoch Fall III vor, so fehlen in der Druckzone im Vergleiche zu einer einfachen Rechtecksplatte $(b \cdot h)$ die in Abb. 114 durch Schraffur herausgehobenen beiden

Rechtecke mit einer Breite von $2 \cdot \left(\dfrac{b}{2} - \dfrac{b_0}{2} \right) = b - b_0$ und einer Höhe

von $(x - d)$. Diesen fehlenden Querschnittsteilen entsprechend, sind demgemäß die für die einfachen Rechtecksquerschnitte gefundenen Beziehungen zu verbessern, um sie unmittelbar auch auf die vorliegende Querschnittsform (bei Lage III der Nullinie) anwenden zu können.

Für den doppelt bewehrten Rechtecksquerschnitt war aus der Gleichheit der statischen Momente in bezug auf NN gefunden (S. 230):

$$\tfrac{1}{2} x^2 b + n \left(F_e' y' - F_e y \right) = 0 .$$

Durch den Abzug der beiden vorerwähnten Rechtecksflächen geht diese Gleichung in die Form über:

$$\tfrac{1}{2} x^2 b - \tfrac{1}{2} (x - d)^2 (b - b_0) + n \left(F_e' y' - F_e y \right) = 0 .$$

Setzt man hierin $y' = x - h'$; $y = h - x$ (Abb. 115), so erhält man eine Bedingungsgleichung für die Unbekannte x, die nach Auflösung das Ergebnis liefert:

$$x = -\frac{1}{b_0}\{d(b - b_0) + n(F'_e + F_e)\}$$

$$+\sqrt{\frac{1}{b_0^2}\{d(b - b_0) + n(F'_e + F_e)\}^2 + \frac{2}{b_0}\{\tfrac{1}{2}d^2(b - b_0) + n(F'_e h' + F_e h)\}^1)}. \qquad (46)$$

Die Gleichung für das auf NN bezogene Trägheitsmoment des einfachen Rechtecksquerschnitts bei doppelter Bewehrung lautete:

$$J_{nn} = \tfrac{1}{3} x^3 b + n(F'_e y'^2 + F_e y^2),$$

und nimmt bei Lage III der Nullinie die Form an:

$$J_{nn_{III}} = \tfrac{1}{3} x^3 b - \tfrac{1}{3}(x - d)^3 (b - b_0) + n(F'_e y'^2 + F_e y^2). \qquad (47)$$

Demgemäß werden die Spannungen σ_b, σ'_e und σ_e:

$$\sigma_b = -\frac{M x}{J_{nn_{III}}};$$

$$\sigma'_e = -\frac{n M y'}{J_{nn_{III}}} = -n \sigma_b \frac{x - h'}{x}.$$

$$\sigma_e = +\frac{n M y}{J_{nn_{III}}} = n \sigma_b \frac{h - x}{x}.$$

Will man auch hier die Schwächung des Betons in der Druckzone durch die Druckbewehrung in Rechnung stellen, so ist in den vorstehenden Gleichungen bei F'_e der Wert $(n - 1) = 14$ an Stelle von $n = 15$ zu setzen, sonst aber die Form der Gleichungen vollkommen beizubehalten.

Zur Vereinfachung der Rechnung wird in der Regel bei Lage III der Nullinie (Abb. 115) auf die Anteilnahme des Betonteiles zwischen Plattenunterkante und Nullinie bei der Übertragung der Druckkräfte verzichtet, also die Mitwirkung des, der schraffierten Dreiecksfläche rst im Druckdiagramm entsprechenden Querschnittsteils nicht in Rechnung gestellt, somit nur mit dem verbleibenden Drucktrapez gerechnet; hierbei ist allerdings zu beachten, daß die Rechnung

---

¹) Es sei darauf verwiesen, daß, wenn in dieser Gleichung $b_0 = b$ gesetzt, der Rippenbalken also in einen einfachen Rechtecksquerschnitt übergeführt wird, sich die Gleichung für x bei doppelter Bewehrung und Rechtecksquerschnitt aus der obigen Beziehung ergibt:

$$x = -\frac{1}{b} n(F'_e + F_e) + \sqrt{\frac{n^2(F'_e + F_e)^2}{b^2} + \frac{2n}{b}[F'_e h' + F_e h]}.$$

Zur Auffindung der Nullinie vgl. u. a.: Eine einfache Beziehung zum Aufsuchen der Nullachsenlagen im Rippenbalken von Ing. L. Herzka, Staatsbahnrat. Österr. Wochenbl. f. d. öffentl. Baudienst 1919, Heft 15.

alsdann wirtschaftlicher um so ungünstiger wird, je höher der Steg im Verhältnis zur Plattenstärke wird. Die Ermittlung der Spannungen stellt sich bei dieser Vereinfachung der Rechnung folgendermaßen (vgl. Abb. 115):

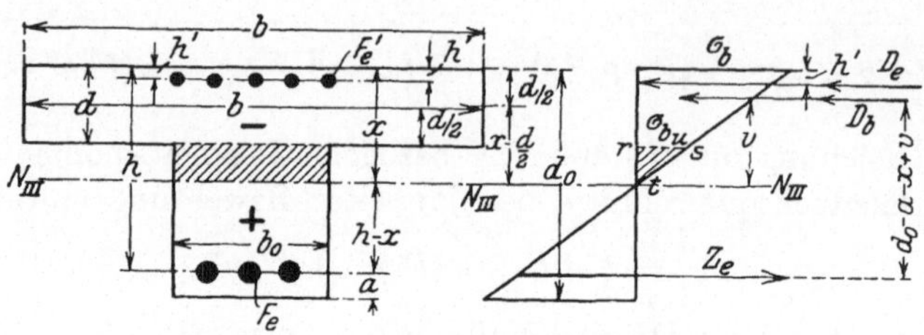

Abb. 115.

$$\sigma_{bu} = \sigma_b \frac{x - d}{x} \; ; \qquad \sigma_e' = n\,\sigma_b \frac{x - h'}{x} \; ;$$

$$\sigma_e = n\,\sigma_b \frac{y}{x} = n\,\sigma_b \frac{h - x}{x}$$

$$D_b + D_e = \Sigma D = \frac{\sigma_b + \sigma_{bu}}{2}\, d \cdot b + \sigma_e'\, F_e' = Z_e = \sigma_e\, F_e \,.$$

Setzt man hierin die Werte von σ_u, σ_e', σ_e ein, so ergibt sich:

$$\frac{\sigma_b + \sigma_b \dfrac{(x - d)}{x}}{2}\, d \cdot b + n\,\sigma_b \frac{x - h'}{x}\, F_e' - n\,\sigma_b \frac{h - x}{x}\, F_e = 0 \,.$$

Durch Erweiterung mit x und Kürzung durch σ_b folgt weiter:

$$x\,(d \cdot b + n\,F_e' + n\,F_e) = \frac{d^2\,b}{2} + n\,h'\,F_e' + n\,h\,F_e$$

$$x = \frac{\dfrac{d^2 \cdot b}{2} + n\,h'\,F_e' + n\,h\,F_e}{d \cdot b + n\,F_e' + n\,F_e}$$

$$x = \frac{\dfrac{d^2 \cdot b}{2} + n\,[F_e'\,h' + F_e\,h]}{d \cdot b + n\,(F_e' + F_e)} \,, \tag{48}$$

eine Beziehung, die auch aus der Aufstellung der statischen Momente des gesamten ideellen Querschnitts F_i in bezug auf die Balkenoberkante $(x \cdot F_i)$ und ihrer Einzelteile hätte angeschrieben werden können.

Bei Vernachlässigung des Beitrages durch den gedrückten Rippenteil wird

$$J_{nn_{\mathrm{III}}} = \tfrac{1}{3}\, x^3\, b - \tfrac{1}{3}\, (x - d)^3\, b + n\, (F'_e\, y'^2 + F_e\, y^2)\,^1) \,, \qquad (49)$$

da jetzt ein Rechteck von der Breite $= b$ — also nicht mehr von $(b - b_0)$ — abzuziehen ist.

Führt man den Abstand der Betondruckkraft von der Plattenoberkante — d. h. den Schwerpunktsabstand des Trapezes von seiner längeren Seite — $= x - v$ in die Rechnung ein:

$$x - v = \frac{d}{3}\, \frac{3\,x - 2\,d}{2\,x - d}\,,$$

so läßt sich der vorstehend entwickelte Ausdruck für $J_{nn_{\mathrm{III}}}$ in die nachfolgende Form bringen:

Es ist:

$$v = x - \frac{d}{6}\, \frac{3\,x - 2\,d}{x - \dfrac{d}{2}}$$

$$v\left(x - \frac{d}{2}\right) = x^2 - x\,d + \frac{d^2}{3} = \left[\frac{x^3}{3} - \frac{(x - d)^3}{3}\right] : d \,.$$

$$J_{nn_{\mathrm{III}}} = b\left[\frac{x^3}{3} - \frac{(x - d)^3}{3}\right] + n\,[F'_e\, y'^2 + F_e\, y^2]$$

$$J_{nn_{\mathrm{III}}} = b \cdot v \cdot d\left(x - \frac{d}{2}\right) + n\,(F'_e\, y'^2 + F_e\, y^2)\,. \qquad (49\,\mathrm{a}$$

Über die Bestimmung des Wertes v, der also den Abstand von D_b von der Nullinie darstellt, vgl. S. 331. Für die rechnerische Ermittlung ist die Form (49a) wegen Mangels der Größen dritten Grades wertvoll.

Für die Ermittlung der Spannungen gelten auch hier die bekannten Beziehungen.

Will man (Abb. 116) auf einem Annäherungswege, unter Berücksichtigung der Betondruckzone auch im Stege, die Größe x finden, so kann man diese zunächst abschätzen (x) und unter dieser Annahme die Nullinienlage wiederum aus den statischen Momenten ableiten:

$$x \cdot F_i = x\,[(F_1 + F_2) + n\,(F'_e + F_e)]$$
$$= F_1\, v_1 + F_2\, v_2 + n\, F'_e\,(x - h') + n\, F_e\,(h - x)\,.$$

$^1)$ An Stelle der ersten beiden Summanden kann man naturgemäß auch schreiben: $\dfrac{1}{12}\, b\, d^3 + b\, d \cdot \left(x - \dfrac{d}{2}\right)^2$.

Dies Verfahren ist, falls keine gute Annäherung zwischen dem berechneten und dem geschätzten x-Wert stattfindet, so lange zu wiederholen, bis eine ausreichende Übereinstimmung erreicht ist. Das Verfahren läuft also auf ein Ausprobieren hinaus[1]).

Sind die einzelnen Eisen sowohl im Druck- wie im Zuggurte sehr stark, also z. B. durch besondere Walzprofile gebildet, so wird deren eigenes Trägheitsmoment bei Bildung des Verbund-Trägheitsmomentes nicht außer acht gelassen werden dürfen und dieses somit (Abb. 117) in der Form zu bilden sein:

$$J_{nn_{\mathrm{III}}} = \tfrac{1}{3} x^3 b - \tfrac{1}{3} (x - d)^3 (b - b_0) + n J_0' + n F_e' y'^2 + n J_0 + n F_e y^2 , \quad (50)$$

wenn J_0' und J_0 die Trägheitsmomente der Eiseneinlagen auf ihre eigene Schwerachse be-

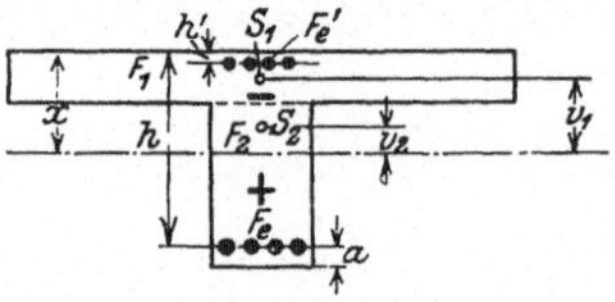

Abb. 116.

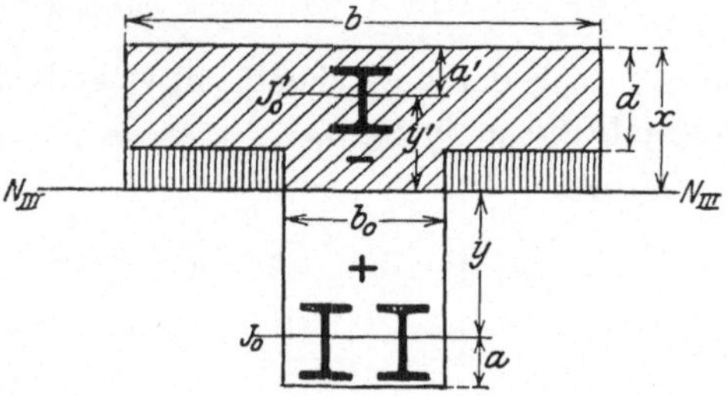

Abb. 117.

zogen darstellen. Alsdann ist unter Umrechnung des Eisens in einen gleich elastisch arbeitenden Betonquerschnitt die Beziehung gewahrt, daß das Trägheitsmoment eines Querschnittes in bezug auf eine zu seiner eigenen Schwerachse parallele Achse = der Summe aus dem Trägheitsmomente auf erstere und dem Produkte aus der Querschnittsfläche mit dem Quadrat des Abstandes der Achsen ist.

Handelt es sich bei dem in seinen äußeren Querschnittsabmessungen gegebenen, doppelt bewehrten Plattenbalken um die angenäherte Ermittlung des zu seiner Bewehrung erforderlichen Eisens, dabei auch um die Frage, ob eine obere Bewehrung überhaupt notwendig ist, so kann man im allgemeinen so vorgehen, wie es auf den Seiten 250 u. ff. für den doppelt bewehrten Rechtecksquerschnitt gezeigt wurde, d. h. nach Auffindung von x (aus den gegebenen zulässigen Spannungen) das Moment berechnen, das der Beton im Druckgurte aufnimmt, daraus ableiten, ob eine Druckeiseneinlage notwendig ist, sie gegebenenfalls aus der Spannung im Beton an der Bewehrungsstelle, dem Restmoment und dem zugehörenden Hebelarm der inneren Kräfte bestimmen und endlich in bekannter

---

[1]) Naturgemäß kann man bei dieser Probierart auch die Momente auf die obere Querschnittskante als Achse beziehen.

Art die Zugeinlage ermitteln. Der Weg ist durch die nachfolgenden Beziehungen gegeben:

Da die Spannungen in ihren zulässigen Werten bekannt sind, wird:

$$x = s \cdot h = k_1 h .$$

Ferner wird, unter Benutzung des für den einfach bewehrten Plattenbalken nachfolgend auf S. 331 bestimmten Wertes v (Abb. 115), also des Abstandes der Kraft D_b von NN, unter ausschließlicher Berücksichtigung der Trapezfläche als Druckfläche das Moment der Druckkraft D_b, bezogen auf den Angriffspunkt von Z_e, aufgestellt:

$$M_1 = b \frac{\sigma_b + \sigma_{b_u}}{2} \cdot d\,(h - x + v) .$$

Wird hierin $\sigma_{b_u} = \sigma_b \dfrac{x - d}{x}$ gesetzt, so wird:

$$M_1 = \frac{b\,d\,\sigma_b}{2} \left(2 - \frac{d}{x}\right) (h - x + v) .$$

Ist das gegebene Moment $= M$ und $M_1 < M$, so ist eine obere Eiseneinlage erforderlich, welche das Restmoment $Mr = M - M_1$ aufnimmt.

An der Stelle der oberen Eiseneinlage (Abstand $= h'$) ist eine Betonspannung vorhanden: $\sigma_{b_1} = \sigma_b \dfrac{x - h'}{x}$ und somit hier eine Eisenspannung zu erwarten: $\sigma_e' = n\,\sigma_{b_1}$.

Da der Hebelarm der inneren Kräfte, bezogen auf Z_e, $h - h'$ (oder $d_0 - a - h'$) ist, so wird:

$$M_r = F_e'\,\sigma_e'\,(h - h')$$

$$F_e' = \frac{M_r}{\sigma_e'\,(h - h')} .$$

Zu dem Biegungsmoment M_1 gehört eine untere Zugbewehrung $= F_{e_1}$, die sich aus der Gleichung:

$$F_{e_1}\,\sigma_e = \frac{M_1}{h - x + v}$$

ergibt, während Mr eine solche $= F_{e_2}$ entspricht, abzuleiten aus der Beziehung:

$$F_{e_2}\,\sigma_e = \frac{M_r}{(h - h')} .$$

Die gesamte Zugbewehrung wird demgemäß:

$$F_e = F_{e_1} + F_{e_2} = \frac{1}{\sigma_e} \left(\frac{M_1}{h - x + v} + \frac{M_r}{h - h'} \right) .$$

Will man in dieser Gleichung die Berechnung des Wertes v vermeiden, so kann man auch für $\dfrac{M_1}{h-x+v}$ den Wert: $\dfrac{b\,d\,\sigma_b}{2}\left(2-\dfrac{d}{x}\right)$ aus der voranstehenden Gleichung (S. 325) für M_1 einführen:

$$F_e = \frac{b\,d\,\sigma_b}{2\,\sigma_e}\left(2-\frac{d}{x}\right) + \frac{M_r}{\sigma_e\,(h-h')} \ . \tag{51}$$

Auch wird man in sehr vielen Fällen mit der Annäherung rechnen können, daß die Druckkraft D_b in der halben Plattenhöhe, also um das Maß $d/2$ vom oberen Plattenrande entfernt, angreift. Alsdann ergibt sich bei einfacher Bewehrung der Hebelarm z der inneren Kräfte zu $h-\dfrac{d}{2}$ oder zu $d_0-a-\dfrac{d}{2}$, wenn d_0 die gesamte Plattenbalkenhöhe des Betonquerschnittes darstellt. Alsdann wird der obige Wert $F_{e_1}\,\sigma_e$:

$$F_{e_1}\,\sigma_e = \frac{M_1}{h-\dfrac{d}{2}} \ .$$

In gleicher Weise kann man auch zur **Bestimmung der Bewehrung das Dimensionierungsverfahren auf S. 241 bzw. 246 auf den Plattenbalken anwenden (Abb. 115).** Aus der Gleichsetzung der inneren Kräfte folgt:

1) $$b\,\frac{\sigma_b+\sigma_{b_u}}{2}\,d + F'_e\sigma'_e = F_e\,\sigma_e \ .$$

Ferner ergibt die Momentengleichung in bezug auf den Angriffspunkt von D_b, also den Schwerpunkt des auch hier nur als wirksam angenommenen Drucktrapezes:

2) $$M = + F'_e\,\sigma'_e\,(x-h'-v) + F_e\,\sigma_e\,(h-x+v) \ .$$

Hieraus folgt:

2') $$F_e\,\sigma_e = \frac{M - F'_e\,\sigma'_e\,(x-h'-v)}{h-x+v} \ .$$

Setzt man die Werte von $F_e\,\sigma_e$ aus Gleichung (1) und (2') einander gleich, so ergibt sich eine Bestimmungsgleichung für F'_e:

$$\frac{M - F'_e\,\sigma'_e\,(x-h'-v)}{h-x+v} = b\,\frac{\sigma_b+\sigma_{b_u}}{2}\,d + F'_e\,\sigma'_e \ .$$

3) $$F'_e\,\sigma'_e + \frac{F'_e\,\sigma'_e\,(x-h'-v)}{h-x+v} = \frac{M}{h-x+v} - b\,\frac{\sigma_b+\sigma_{b_u}}{2}\,d$$

4)
$$\frac{F'_e \, \sigma'_e \, (h - h')}{h - x + v} = \frac{M}{h - x + v} - b \, \frac{\sigma_b + \sigma_b \dfrac{x - d}{x}}{2} \cdot d$$

$$= \frac{M}{h - x + v} - b \, d \, \sigma_b \left(1 - \frac{d}{2\,x}\right).$$

Setzt man für σ'_e seinen Wert: $n \, \sigma_b \dfrac{x - h'}{x}$ ein, so wird:

$$F'_e \, n \, \sigma_b \, \frac{x - h'}{x} \, \frac{(h - h')}{h - x + v} = \frac{M}{h - x + v} - b \, d \, \sigma_b \left(1 - \frac{d}{2\,x}\right)$$

$$F'_e = \frac{M \cdot x - b \, d \, \sigma_b \left(1 - \dfrac{d}{2\,x}\right) x \, (h - x + v)}{n \, \sigma_b \, (x - h') \, (h - h')} \, . \qquad (52\,\text{a})$$

Aus F'_e ergibt sich alsdann (nach 1):

$$F_e = \frac{F'_e \, \sigma'_e + b \left(\dfrac{\sigma_b + \sigma_{b_u}}{2}\right) d}{\sigma_e}$$

$$= \frac{F'_e \, n \, \sigma_b \, \dfrac{x - h'}{x} + b \, \dfrac{\sigma_b + \sigma_b \dfrac{x - d}{x}}{2} \, d}{\sigma_e}$$

$$= \frac{\sigma_b}{\sigma_e} \left[n \, F'_e \, \frac{x - h'}{x} + b \, d \left(1 - \frac{d}{2\,x}\right) \right]. \qquad (52\,\text{b})\,[1]$$

Ein entsprechendes Zahlenbeispiel ist in Abschnitt 19 gegeben.

Der doppelt bewehrte Plattenbalken mit Berücksichtigung der Zugspannungen im Beton.

Werden die Zugspannungen im Beton berücksichtigt, so wird (Abb. 118), ähnlich wie beim Rechtecksquerschnitt ausgeführt wurde, F_i (der ideelle Querschnitt) $= b_0 \, h + (b - b_0) \, d + n \, (F'_e + F_e)$, und das

---

[1] Bei Benutzung dieser Gleichungen ist es ohne Bedeutung, ob die Druckkraft im Eisen ober- oder unterhalb der Druckkraft im Beton liegt. Ersteres ist die Regel und auch im vorliegenden Falle der Rechnung zugrunde gelegt. Tritt der andere Fall ein, so ist zwar das Moment von D'_e mit anderen Vorzeichen als das von Z_e einzuführen; dafür ändert sich aber auch der Hebelarm von D'_e gegenüber D_b, der bei oberhalb von D_b liegendem Druckeisen den Wert $(x - v - h')$, bei unterhalb liegenden: $(-x + v + h') = -(x - v - h')$ erhält. Es findet also eine gegenseitige Aufhebung der beiden sich ändernden Vorzeichen statt. — Vgl. hierzu das Beispiel in Abschnitt 19.

statische Moment der einzelnen Querschnittsteile, bezogen auf die obere
Plattenbegrenzung $o\,o$:

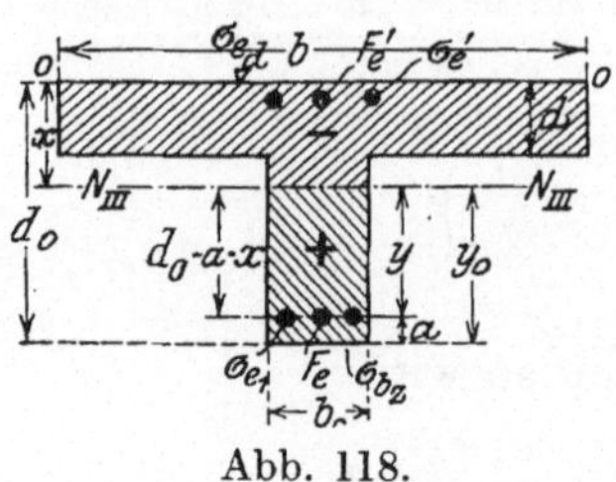

Abb. 118.

$$S_{oo} = b_0\,d_0\,\frac{d_0}{2} + (b - b_0)\,d\,\frac{d}{2} + n\,F'_e\,h'\,{}^{1)}$$

$$+ n\,F_e\,(d_0 - a)$$

und aus der Beziehung $S_{oo} = x\,F_i$:

$$x = \frac{\dfrac{b_0\,d_0^2}{2} + (b - b_0)\,\dfrac{d^2}{2} + n\,F'_e\,h' + n\,F_e\,(d_0 - a)}{b_0\,d_0 + (b - b_0)\,d + n\,(F'_e + F_e)}$$

$$= \frac{b_0\,d_0^2 + (b - b_0)\,d^2 + 2\,n\,[F'_e\,h' + F_e\,(d_0 - a)]}{2\,b_0\,d_0 + 2\,(b - b_0)\,d + 2\,n\,(F'_e + F_e)}\,. \tag{53}$$

Ferner wird in diesem Falle:

$$J_{nn_{\mathrm{III}}} = \frac{b_0\,x^3}{3} + \frac{b_0\,(d_0 - x)^3}{3} + \frac{(b - b_0)\,x^3}{3} - (b - b_0)\,\frac{(x - d)^3}{3}$$

$$+ n\,F'_e\,y'^2 + n\,F_e\,y^2 = \frac{b_0}{3}\,[x^3 + (d_0 - x)^3] + \frac{b - b_0}{3}\,[x^3 - (x - d)^3]$$

$$+ n\,[F'_e\,(x - h')^2 + F_e\,(d_0 - a - x)^2]\,{}^{2)}\,. \tag{54}$$

In bekannter Weise ergeben sich dann die Spannungen:

$$\sigma_{b_d} = -\,\frac{M \cdot x}{J_{nn_{\mathrm{III}}}}$$

$$\sigma_{b_z} = +\,\frac{M \cdot y_0}{J_{nn_{\mathrm{III}}}} = +\,\sigma_{b_d}\,\frac{y_0}{x} = +\,\sigma_{b_d}\,\frac{d_0 - x}{x}$$

$$\sigma'_e = -\,n\,\frac{M\,y'}{J_{nn_{\mathrm{III}}}} = -\,n\,\sigma_{b_d}\,\frac{y'}{x} = -\,n\,\sigma_{b_d}\,\frac{x - h'}{x}$$

$$\sigma_e = +\,n\,\frac{M\,y}{J_{nn_{\mathrm{III}}}} = +\,n\,\sigma_{b_d}\,\frac{y}{x} = +\,n\,\sigma_{b_d}\,\frac{d_0 - x - a}{x}\,.$$

Der einfach bewehrte Plattenbalkenquerschnitt ohne Berücksichtigung der Zugzone im Beton.

Die hier zu entwickelnden Beziehungen lassen sich entweder aus
den vorausgehenden, für den doppelt bewehrten Plattenbalken gefundenen Gleichungen durch Setzung der oberen Druckeinlage $= 0$

---

[1]) Wie stets, ist auch hier h' der Abstand der Druckeisen von der oberen
Plattenkante.

[2]) Führt man auch in dieser Gleichung, wie auf S. 323 geschehen, den Abstand
$(x - v)$ der Druckkraft D_b von der Plattenoberkante ein, so läßt sich, gleich wie
dort, $J_{nn_{\mathrm{III}}}$, in der folgenden, für die Rechnung u. U. bequemeren Form darstellen:

$$J_{nn_{\mathrm{III}}} = b \cdot d \cdot v\left(x - \frac{d}{2}\right) + \frac{b_0}{3}\,[(x - d)^3 + (d_0 - x)^3] + n\,[F_e\,(d_0 - a - x)^2$$

$$+ F'_e\,(x - h')^2]\,.$$

ableiten oder unter Einführung der notwendigen Verbesserungen unmittelbar aus den entsprechenden Formeln des einfach bewehrten Plattenquerschnitts gewinnen. Dem letzteren Rechnungsgange sei hier gefolgt.

Bei einfach bewehrtem Rechtecksquerschnitte lautet die Gleichung der statischen Momente:

$$\tfrac{1}{2}\,x^2 b - n F_e y = 0\,,$$

Hat die Nullinie (Abb. 119a) die Lage I bzw. II (die Platte also schneidend oder sie berührend), so gelten die Gleichungen für den einfach bewehrten Rechtecksquerschnitt ohne weiteres. Liegt Lage III vor, so ist das beiderseitige (schraffierte) Rechteck sinngemäß in Abzug zu bringen:

$$\tfrac{1}{2}\,x^2 b - \tfrac{1}{2}\,(x - d)^2 (b - b_0) - n F_e y = 0\,.$$

Hieraus folgt, nach Einführung von $y = (h - x)$:

$$x = -\frac{1}{b_0}\left\{ d\,(b - b_0) + n F_e \right\}$$

$$+ \sqrt{\frac{1}{b_0{}^2}\left\{ d\,(b - b_0) + n F_e \right\}^2 + \frac{2}{b_0}\left\{ \frac{1}{2}\,d^2\,(b - b_0) + n F_e\,(h - a) \right\}}\,. \quad (55)^1)$$

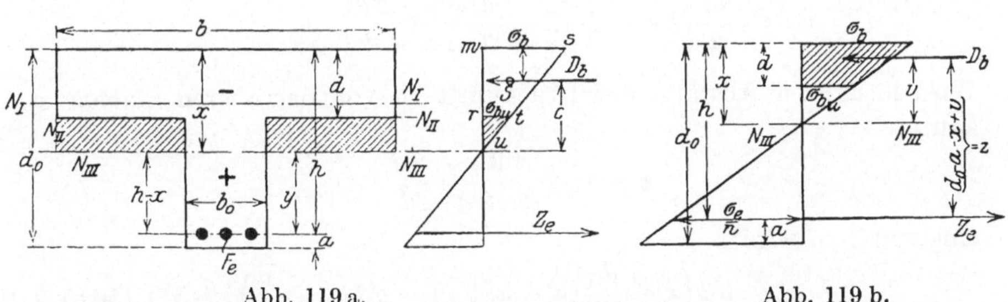

Abb. 119a. Abb. 119b.

In gleicher Weise ist das Trägheitsmoment $J_{nn} = \tfrac{1}{3}\,x^3 b + n F_e y^2$ zu verbessern in:

$$J_{nn_{\mathrm{III}}} = \tfrac{1}{3}\,x^3 b - \tfrac{1}{3}\,(x - d)^3 (b - b_0) + n F_e y^2 \quad (56)$$

und mit seiner Hilfe an die Ableitung der Spannungen in bekannter Weise zu gehen:

$$\sigma_b = \frac{M x}{J_{nn_{\mathrm{III}}}}\,; \qquad \sigma_e = n\,\frac{M\,(h - x)}{J_{nn_{\mathrm{III}}}}\,.$$

Wird auch hier zur Vereinfachung der Rechnung der Beitrag der Druckzone im Beton unterhalb der Platte nicht

---

$^1)$ Dieselbe Gleichung folgt naturgemäß, wenn man auf S. 321 in Gleichung 46 $F'_e = 0$ setzt,

berücksichtigt, also auf die statische Wirkung des Dreiecks oberhalb NN (in Abb. 119b) verzichtet, so lassen sich einfache Formeln für $J_{nn_{III}}$ und σ_e auffinden.

Aus der Gleichsetzung der statischen Momente in bezug auf die Nullinie: $b\,d\left(x - \dfrac{d}{2}\right) = n\,F_e\,y = n\,F_e\,(h - x)$ folgt:

$$x = \frac{h\,n\,F_e + \dfrac{b\,d^2}{2}}{n\,F_e + b\,d}. \tag{55a)\,^1}$$

Ferner ergibt sich das Trägheitsmoment $J_{nn_{III}}$ jetzt zu:

$$J_{nn_{III}} = \frac{b}{3}\left[x^3 - (x - d)^3\right] + n\,F_e\,y^2. \tag{56a}$$

Unter Vereinfachung des ersten Gliedes und Ersetzung von $n\,F_e\,y$ durch $b\,d\left(x - \dfrac{d}{2}\right)$ folgt hieraus:

$$J_{nn_{III}} = b\,d\left(x^2 - x\,d + \frac{d^2}{3}\right) + b\,d\left(x - \frac{d}{2}\right)(h - x)$$

$$= \frac{b\,d}{2}\,(2\,x - d)\left(h - \frac{d}{3}\,\frac{3\,x - 2\,d}{2\,x - d}\right).$$

Wird hierin der Abstand der Druckkraft D_b von der oberen Plattenkante:

$$x - v = \frac{d}{3}\,\frac{3\,x - 2\,d}{2\,x - d}$$

eingesetzt, so wird:

$$J_{nn_{III}} = b\,d\left(x - \frac{d}{2}\right)(h - x + v) = b\,d\left(x - \frac{d}{2}\right)z, \tag{56b}$$

worin z, wie stets, den Hebelarm der inneren Kräfte $= (h - x + v)$ darstellt: Endlich ist auch

$$J_{nn_{III}} = n\,F_e\,(h - x)\,z. \tag{56c}$$

Zur Ermittlung der „v-Werte“ bestimmt man zunächst wieder die Lage des Schwerpunktes des in Abb. 119b schraffierten Trapezes von oben aus:

$$x - v = \frac{d}{3}\,\frac{\sigma_b + 2\,\sigma_{b_u}}{\sigma_b + \sigma_{b_u}};$$

---

^{1}) Diese Gleichung ergibt sich auch in gleicher Form, wenn man das statische Moment auf die Plattenoberkante bezieht:

$$x\,F_i = x(b\,d + n\,F_e) = b\,d \cdot \frac{d}{2} + n\,F_e \cdot h.$$

nach Einführung des Wertes von $\sigma_{b_u} = \sigma_b \dfrac{x - d}{x}$ ergibt sich:

$$v = x - \frac{d}{2} + \frac{d^2}{6\,(2\,x - d)} \ . \tag{57}$$

Daraus leitet sich alsdann der vorstehend bereits oft benutzte Hebelarm der inneren Kräfte „z" ab: $z = h - x + v$. Mit ihm liefert die Momentengleichung, bezogen auf die Angriffslinie der Druckkraft im Beton, die Beziehung:

$$\sigma_e F_e z = M\ ; \qquad \sigma_e = \frac{M}{F_e\,(h - x + v)}\ , \tag{57b}$$

woraus dann weiter $\sigma_b = \sigma_e \dfrac{1}{n} \dfrac{x}{y}$ folgt.

Der Wert v kann auch, wie vorstehend auf S. 323 u. ff. dargelegt, zur angenäherten Querschnittsbestimmung (Auffindung der Eiseneinlagen) bei doppelt bewehrten Plattenbalken sowie zur Bildung der Trägheitsmomente für diese mit Erfolg benutzt werden.

Die Entscheidung darüber, ob bei einfacher Bewehrung die Nullinie nur die Platte des Plattenbalkens schneidet oder unter ihr zu liegen kommt, also den Steg trifft, kann man leicht folgendermaßen treffen[1]).

Für den ersten Fall, also den einfachen Rechtecksquerschnitt, gilt:

$$x = s\,h = s\,r \sqrt{\frac{M}{b}} \,{}^2).$$

Berechnet man hiernach x und vergleicht den erhaltenen Wert mit der Stärke der Platte, so ist die gesuchte Entscheidung durch die Beziehung:

$$d \lessgtr x \lessgtr r\,s \sqrt{\frac{M}{b}} \tag{58}$$

gegeben. Hieraus folgt:

$$M \lessgtr \frac{1}{(r\,s)^2}\, b\,d^2\ . \tag{58a}$$

---

[1]) Vgl. L. Baron, Bauingenieur 1923, Heft 7, S. 214. Die Lage der Nullinie bei einfach bewehrten Plattenbalken.

[2]) Für $\sigma_b/\sigma_e =$

wird	$10/1200$	$20/1200$	$25/1200$	$30/1200$	$35/1200$
$s =$	0,111	0,200	0,238	0,273	0,304
$r =$	1,330	0,732	0,604	0,519	0,457
$r \cdot s =$	0,147	0,146	0,144	0,141	0,139

d. h. $r \cdot s$ ist ziemlich konstant. Rechnet man mit dem Mittelwert 0,144, so wird

$$M \gtrless \frac{1}{0,144^2}\, b\,d^2 \gtrless \text{rd. } 48,3\, b\,d^2\ ,$$

also ähnlich wie weiterhin gefunden.

Wird hierin $\dfrac{1}{(r\,s)^2} = \alpha$ gesetzt, so nimmt die Beziehung die Form an:

$M \lesseqgtr \alpha\,b\,d^2$.

Unter Einfügung der Werte für s und r (S. 242) ergibt sich

$$\alpha = \frac{1}{3}\left(\frac{\sigma_e}{10} + \sigma_b\right)\ \mathrm{kg/cm^2}.$$

Für die meist innegehaltenen Werte $\sigma_e = 1200$, $\sigma_b = 30\ \mathrm{kg/cm^2}$ wird $\alpha = \frac{1}{3}(120 + 30) = $ rd. 50 kg/cm². Demgemäß wird hier das Kriterium:

Die Nullinie liegt im $\dfrac{\text{Steg}}{\text{Plattenquerschnitt}}$, wenn $M \gtrless 50 \cdot b\,d^2$ ist.

Hierin sind M in mkg, b in m, d in cm einzusetzen. Ist $b = 16\,d$, so ergibt sich der sehr einfache Wert $M \gtrless (2\,d)^3$, M in mkg, d in cm.

Für $\sigma_e = 1000\ \mathrm{kg/cm^2}$, $\sigma_b = 25\ \mathrm{kg/cm^2}$ wird: $\alpha = \frac{1}{3}(125) = $ rd. 42. Die praktische Genauigkeit der Gleichungen ist eine vollkommen ausreichende.

Querschnittsbemessung.

Sehr häufig und mit durchaus genügender Genauigkeit wird für z der angenäherte Wert:

$$z \gtrsim \left(h - \frac{d}{2}\right)\ \text{oder} \sim (h - 0{,}4\,d)$$

eingeführt, d. h. angenommen, daß die Druckkraft im Beton innerhalb der Platte in deren Mitte oder in $\frac{1}{10}$ der Plattenhöhe angreift.

Handelt es sich um die **Bestimmung der Hauptabmessungen des einfach bewehrten Plattenbalkens** bei gegebenen zulässigen Höchstspannungen, so wurde schon auf S. 203 darauf hingewiesen, daß bei Plattenbalken die gleichzeitige Innehaltung der erlaubten Höchstspannungen σ_b und σ_e in der Regel nicht zu dem wirtschaftlichsten Querschnitte führt, da die durch die Innehaltung dieser Spannungen bedingte verhältnismäßig geringe Trägerhöhe in der Regel eine starke Bewehrung der Zugzone bedingt. Bei **sehr beschränkter Konstruktionshöhe** wird man jedoch ein **Mindestmaß dieser** unter Innehaltung der zulässigen Spannungsgrenzwerte finden können. Ebenso wird es in vielen Fällen zweckmäßig und erwünscht sein, diejenige Mindestbalkenhöhe zu kennen, von deren Verminderung ab eine Überschreitung der zulässigen Spannungen zu befürchten steht. Der Gang einer derartigen Rechnung ist (nach Stock) der folgende[1]):

Angenommen sei Fall III, die Nullinie liege also unterhalb der Platte und schneide die Rippe. Aus dem in Abb. 119b dargestellten

---

[1]) Vgl. Stock: Bestimmung der Mindesthöhe von einfach armierten Plattenbalken. Arm. Beton 1910, Augustheft (Nr. 8), S. 316—320.

Spannungsdiagramm ergibt sich, wenn M das Moment der äußeren Kräfte darstellt:

1)
$$M = D_b\,(h - x + v)\,,$$

ferner ist:

2)
$$D_b = \frac{\sigma_b + \sigma_{b_u}}{2}\,b \cdot d = b \cdot d \cdot \sigma_b\left(1 - \frac{d}{2\,x}\right) = Z_e = \sigma_e F_e\,,$$

wenn man für σ_{b_u} seinen Wert: $\sigma_b\dfrac{x - d}{x}$

einsetzt. Die Größe D_b greift von oben aus in dem Abstande: $x - v$ an:

3)
$$x - v = -(-x + v) = \frac{d}{2} - \frac{d^2}{6\,(2\,x - d)}\,.$$

Nach Einführung dieses Wertes und des für D_b in Gleichung 1) folgt nach Vereinfachung:

4)
$$M = b\,d\,\sigma_b\left[h - \frac{d}{2} - \frac{d\,h}{2\,x} + \frac{4\,d^2}{12\,x}\right]\,.$$

Setzt man in Gleichung 4) den bekannten Wert $x = s \cdot h$ ein und entwickelt aus ihr h als Unbekannte, so ergibt sich:

$$h = \frac{M}{2\,\sigma_b\,b \cdot d} + d\,\frac{1 + \dfrac{1}{s}}{4}$$

$$+ \sqrt{\left[\frac{M}{2\,\sigma_b\,b \cdot d} + d\,\frac{1 + \dfrac{1}{s}}{4}\right]^2 - \frac{d^2}{3\,s}}\,. \tag{59}$$

Wird in dieser Schlußgleichung zur Vereinfachung gesetzt:

$$z = \frac{M}{2\,\sigma_b\,b\,d} + d\,\frac{1 + \dfrac{1}{s}}{4}$$

$$m = \frac{1 + \dfrac{1}{s}}{4} \quad \text{und} \quad w = \frac{1}{3\,s}\,,$$

so wird:

$$z = \frac{M}{2\,\sigma_b\,b\,d} + m\,d \tag{59 a}$$

und somit die nutzbare Höhe

$$h = z + \sqrt{z^2 - w\,d^2}\,. \tag{59 b}$$

Für grobe Annäherung kann man, da der Ausdruck $-w\,d^2$ den Wurzelwert nicht sehr erheblich beeinflußt, das letzte Glied fortlassen, also alsdann nur mit der Beziehung: $h = z + \sqrt{z^2} = 2\,z$ rechnen.

Bezeichnet man den Abstand der Nullinie von Oberkante Platten-
balken, der bei voller Ausnutzung von σ_b und σ_e, also bei der Mindesthöhe eintreten soll, mit x_0, so ist: $x_0 = s\,h$.

Für den Fall, daß die neutrale Achse innerhalb der Platte
liegt, gilt die bekannte, alsdann gültige Beziehung für den Rechtecksquerschnitt:

$$h = r\,\sqrt{\frac{M}{b}}\,.$$

Demgemäß wird:

$$x_0 = s\,r\,\sqrt{\frac{M}{b}}\,. \tag{60}$$

Hierbei sind s und r nur Werte (vgl. S. 238 u. ff.), welche abhängig sind
von den zulässigen Spannungen, hier also den Höchstwerten. Die Größe
$s \cdot r = k_0$ gesetzt, gibt:

$$x_0 = k_0\,\sqrt{\frac{M}{b}}\,. \tag{60 a}$$

Diese Gleichung, welche zur Bestimmung der Lage der neutralen
Achse dient, liefert alsdann, wenn $x_0 > d$ sich aus ihr ergibt, also die
Nullinie unterhalb der Platte die Rippe schneidet, einen etwas zu
kleinen Wert, läßt aber mit Sicherheit erkennen, und dazu dient
die Gleichung, daß es sich tatsächlich, wie bei der Berechnung
vorausgesetzt wird, um Fall III der Nullinienlage handelt. Vgl. hierzu
auch die Ausführungen auf S. 331, wo ebenfalls, von der obigen Beziehung
ausgehend, eine sehr einfache Bestimmung für die Grenzlagen der Nulllinie gegeben ist und die weiterhin folgende Querschnittsbemessung
nach Birkenstock.

Die nachfolgende Zusammenstellung liefert, für praktische Zwecke
sehr gut verwendbar, die Werte m, w und k_0, für die meist vorkommenden Spannungsverhältnisse und für die Werte $n = 15$ bzw. $n = 10$.

Zusammenstellung XI.

Stocksche Tabelle für die Zahlenwerte m, w und k_o:

1. $n = 15$; $\sigma_e = 1200 \text{ kg/cm}^2$ [1]).   2. $n = 15$; $\sigma_e = 1000 \text{ kg/cm}^2$.

σ_b kg/cm²	m	w	k_0	σ_b kg/cm²	m	w	k_0
50	0,900	0,867	0,133	50	0,833	0,778	0,141
45	0,944	0,926	0,135	45	0,870	0,827	0,144
40	1,000	1,000	0,137	40	0,917	0,889	0,146
35	1,071	1,095	0,139	35	0,976	0,968	0,149
30	1,167	1,222	0,141	30	1,056	1,074	0,152
25	1,300	1,400	0,144	25	1,167	1,222	0,155

[1]) Die Tabelle 1 gilt auch für $n = 10$ und $\sigma_e = 800 \text{ kg/cm}^2$.

3. $n = 10;\ \sigma_e = 1200\ \text{kg/cm}^2$.					4. $n = 10;\ \sigma_e = 1000\ \text{kg/cm}^2$.			
σ_b kg/cm²	m	w	k_0		σ_b kg/cm²	m	w	k_0
50	1,100	1,133	0,114		50	1,000	1,000	0,122
45	1,167	1,222	0,115		45	1,056	1,074	0,124
40	1,250	1,333	0,117		40	1,125	1,167	0,126
35	1,355	1,473	0,118		35	1,214	1,286	0,127
30	1,500	1,667	0,120		30	1,333	1,444	0,129
25	1,700	1,933	0,121		25	1,500	1,667	0,131

Die in Abschnitt 19 gegebenen Zahlenbeispiele erläutern die Benutzung der Stockschen Gleichungen und Tabellen. In den meisten Fällen wird man zwar aus wirtschaftlichen Gründen die Konstruktionsgröße höher wählen, als sie sich aus den Stockschen Gleichungen ergibt. Sie dienen alsdann, wie vorerwähnt, in erster Linie zum Nachweis dafür, daß bei einer angenommenen Konstruktionshöhe die zulässigen Betondruckspannungen nicht überschritten werden.

Bei der Anfertigung statischer Berechnungen, namentlich im Hochbau, werden diese Gleichungen deshalb also gute Dienste leisten, weil nach Ermittlung der Mindesthöhe eine größere Höhe sofort in sich schließt, daß die zulässigen Betondruckspannungen nicht erreicht werden und alsdann nur noch die Zugbewehrung zu bemessen ist. Hierfür dienen aber ganz einfache Beziehungen, wie z. B.:

$$F_e = \frac{M}{\sigma_e\,(h - x + v)} \backsim \frac{M}{\sigma_e\left(h - \dfrac{d}{2}\right)}$$

Will man für den Fall der Mindesthöhe die Eisenbewehrung in der Zugzone finden, so dient hierzu am besten (nach Auffindung von x) die vorentwickelte Beziehung:

$$D_b = b\,d\,\sigma_b\left(1 - \frac{d}{2\,x}\right) = F_e \cdot \sigma_e$$

$$F_e = \frac{\sigma_b\,b}{\sigma_e}\,d\left(1 - \frac{d}{2\,x}\right). \tag{60 b}$$

Wie bereits auf S. 203 und auch vorstehend erwähnt wurde, ist eine für die Querschnittsbemessung des Plattenbalkens besonders bedeutsame Frage die nach seiner **wirtschaftlichen Höhe**, es sei denn, daß durch die Gesamtanordnung des Baus schon eine größte verfügbare oder eine bestimmte Höhe gegeben ist.

Diese **wirtschaftliche Höhe** kann u. a. durch einfache Vergleichsrechnungen an der Hand derselben Beziehungen gefunden werden, wie sie für die einfache bewehrte Rechtecksplatte auf den S. 239 u. ff. aufgestellt wurden. Dr. Birkenstock bringt den Beweis, daß bei der **Querschnittsbemessung einfach bewehrter Plattenbalken**

und bei Vernachlässigung der Betondruckzone im Stege
unterhalb der Platte im allgemeinen bei Einfügung von Korrekturen der gleiche Weg
gegangen werden kann wie
beim einfach bewehrten
Rechtecksquerschnitt[1]).

Unter Voraussetzung
gleich hoher, gleich stark
bewehrter und, soweit die
Platten in Frage kom-
men, auch gleich breiter
Platten und Plattenbal-
kenquerschnitte — letz-
tere mit einer Platten-

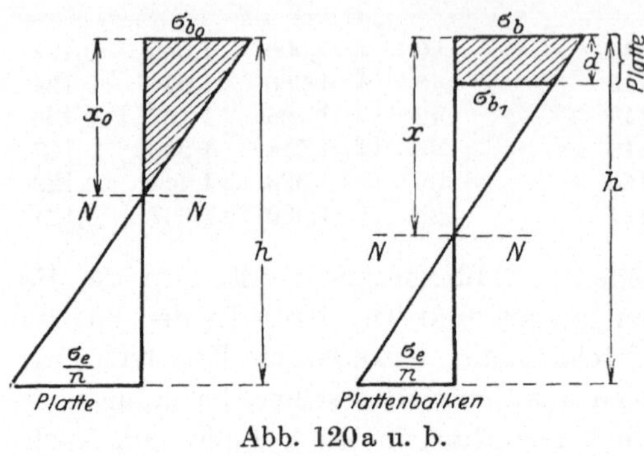

Abb. 120a u. b.

stärke $= d$ — ergibt sich im Hinblicke auf die Abb. 120a und b und
bei Bezeichnung der auf die Platte vergleichsweise bezogenen Größen
mit einem Indes „0“ aus der annähernden Gleichheit der Druckkräfte in beiden Querschnitten:

$$\tfrac{1}{2}\,\sigma_{b_0}x_0 = \tfrac{1}{2}\,(\sigma_b + \sigma_b')\,d; \qquad \sigma_{b_0}x_0 = (\sigma_b + \sigma_b')\,d .$$

Setzt man

$$(1) \qquad\qquad x_0 = m\,d$$

und führt für σ_b' seinen Wert: $\sigma_b\,\dfrac{x-d}{x}$ ein, so wird:

$$\sigma_{b_0}\,m\,d = \left((\sigma_b + \sigma_b\,\frac{x-d}{x}\right)d; \qquad m\,\sigma_{b_0} = \sigma_b\left(2 - \frac{d}{x}\right).$$

Da

$$(2) \qquad\qquad x > x_0 > m \cdot d$$

ist, so ist auch: $m\,\sigma_{b_0} > \sigma_b\left(2 - \dfrac{1}{m}\right)$ oder:

$$(3) \qquad\qquad \sigma_{b_0} > \frac{2\,m - 1}{m^2} \cdot \sigma_b .$$

---

[1]) Vgl. Dr. Birkenstock, Verfahren zur genäherten Berechnung einfach
bewehrter Plattenbalken. Bauingenieur 1921, Heft 8, S. 216. Eine ähnliche
Untersuchung liefert Hartschen im Bauingenieur 1920, Heft 7/8, hierbei allerdings die Stegdruckkraft in Rechnung stellend. Weitere bemerkenswerte Arbeiten
sind: L. Herzka, Eine einfache Beziehung zum Aufsuchen der Nullachsen von
Rippenbalken. Österr. Wochenschr. f. d. öffentl. Baudienst, Jahrg. 1919, Heft 15;
Wilhelm Schneider, Dimensionierung von Plattenbalken, wenn die Nullinie
in den Steg fällt. Arm. Beton 1913, Heft 9, und Otto Stein, Ein Einheitsverfahren (auch Eisenbetonquerschnitte mit Betonzugflächen). Bauingenieur 1924,
Heft 9, S. 284.

Da die Eisenspannung σ_e des Plattenbalkens um etwas kleiner ausfällt (praktisch können sie sogar gleich gesetzt werden) als die der gleich hohen Platte, so ist auch die resultierende Druckkraft der Betonspannungen noch etwas kleiner als bei der vollen Platte. Die Nichtbeachtung dieses Umstandes bei Herleitung der Gleichung (3) trägt zur Verstärkung der Ungleichheit nur ein Geringes bei

Setzt man $x = x_0$, beseitigt also die Ungleichheit, so wird

$$(4) \qquad \sigma_{b_0} = \alpha\, \sigma_b; \qquad \alpha = \frac{2\,m - 1}{m^2}\,.$$

Tatsächlich wird der wahre Wert von σ_b in Wirklichkeit etwas kleiner, als er errechnet wird. Der Unterschied ist jedoch selbst bei großer Differenz $x - x_0$ gering[1]).

Es gehört mithin zu einem bestimmten Verhältnisse $m = \dfrac{x_0}{d}$ das Spannungsverhältnis

$$\alpha = \frac{\sigma_{b_0}}{\sigma_b} = \frac{2\,m - 1}{m^2}\,.$$

Für fortschreitende Werte von m, beginnend mit $m = 1$ (also Nullinie in Unterkante Platte) ist die nachfolgende Tabelle (von Birkenstock) berechnet:

$\dfrac{x_0}{d}$	$\dfrac{\sigma_{b_0}}{\sigma_b}$	$\dfrac{x_0}{d}$	$\dfrac{\sigma_{b_0}}{\sigma_b}$	$\dfrac{x_0}{d}$	$\dfrac{\sigma_{b_0}}{\sigma_b}$	$\dfrac{x_0}{d}$	$\dfrac{\sigma_{b_0}}{\sigma_b}$	$\dfrac{x_0}{d}$	$\dfrac{\sigma_{b_0}}{\sigma_b}$
1,0	1,000	2,0	0,750	3,0	0,556	4,0	0,437	5,0	0,360
1,1	0,993	2,1	0,726	3,1	0,541	4,1	0,428	5,1	0,354
1,2	0,970	2,2	0,703	3,2	0,527	4,2	0,419	5,2	0,348
1,3	0,947	2,3	0,681	3,3	0,514	4,3	0,411	5,3	0,342
1,4	0,919	2,4	0,660	3,4	0,502	4,4	0,403	5,4	0,336
1,5	0,889	2,5	0,640	3,5	0,489	4,5	0,395	5,5	0,331
1,6	0,860	2,6	0,622	3,6	0,478	4,6	0,387	5,6	0,326
1,7	0,831	2,7	0,604	3,7	0,466	4,7	0,380	5,7	0,320
1,8	0,804	2,8	0,587	3,8	0,456	4,8	0,373	5,8	0,316
1,9	0,776	2,9	0,571	3,9	0,446	4,9	0,366	5,9	0,311

[1]) Aus der Abb. 120a b folgt:

$$x^2 : (x - d)^2 = \tfrac{1}{2}\,\sigma_b\, x : \tfrac{1}{2}\,\sigma_{b_1}\,(x - d)\,.$$

Hieraus folgt:
$$\frac{x^2}{x^2 - (x - d)^2} = \frac{\tfrac{1}{2}\,\sigma_b \cdot x}{\tfrac{1}{2}\,\sigma_b\, x - \tfrac{1}{2}\,\sigma_{b_1}\,(x - d)} = \frac{\tfrac{1}{2}\,\sigma_b\, x}{F}\,,$$

worin F den Inhalt des Spannungsdiagramms bedeutet. Daraus folgt:

$$\sigma_b = 2\,F\,\frac{x}{x^2 - (x - d)^2} = \frac{2\,F}{d\left(2 - \dfrac{d}{x}\right)}\,.$$

Ändert sich nun x, jedoch so, daß die resultierende Kraft der Betondruckspannungen konstant bleibt, so ändert sich auch σ_b. Durch Differentiation ($F = $ Konstante) ergibt sich:

$$\delta \cdot \sigma_b = \frac{2\,F}{d}\,\delta\left(\frac{1}{2 - \dfrac{d}{x}}\right) = -\frac{2\,F}{4\,x^2 - 4\,x\,d + d\,x}\,\delta\,x$$

(Fortsetzung S. 338.)

Ist x_0 bekannt, so gestattet die Tabelle für $\dfrac{x_0}{d}$ die zugehörenden Werte $\sigma_{b_0} = \alpha\,\sigma_b$ zu bestimmen. Soll z. B. für $\dfrac{x_0}{d} = 3{,}4$ die Spannung im Plattenbalken $\sigma_b = 30$ kg/cm² sein, so ist: $\sigma_{b_0} = \alpha\,\sigma_b = 0{,}502 \cdot 30 = $ rd. 15 kg/cm². Soll weiter $\sigma_e \leqq 1200$ kg/cm² sein, so ermittelt man für $\sigma_{b_0} = 15$, $\sigma_e = 1200$ in der bekannten Weise (S. 239) die nutzbare Höhe:

$$h = r\,\sqrt{\dfrac{M}{b}}$$

wie bei der vollen Platte; man ersieht alsdann, daß σ_b des Plattenbalkens bei „h" den zugelassenen Wert $= 30$ kg/cm² nicht überschreitet. Es ist somit die Berechnung eines Plattenbalkens auf die einfach bewehrte Platte zurückgeführt.

Für F_e gilt:

$$F_e = t\,\sqrt{M \cdot b}$$

oder

$$F_e \cong \dfrac{M}{\sigma_e\left(h - \dfrac{d}{2}\right)}.$$

Bei Benutzung der Tabelle ist die Kenntnis von x_0 vorausgesetzt:

$$x_0 = s\,h; \qquad h = r\,\sqrt{\dfrac{M}{b}}; \qquad x_0 = s \cdot r\,\sqrt{\dfrac{M}{b}}.$$

Der Wert $s \cdot r$ ist ziemlich konstant und kann für die verschiedenen üblichen Eisenspannungen und die üblichen, die Wirtschaftlichkeit sichernden σ_b-Werte von rd. 25 bis 30 kg/cm² in Mittel gesetzt werden zu:

$$
\begin{aligned}
\text{Für} \qquad \sigma_e &= 1200 \text{ kg/cm}^2 \quad (s\cdot r=)\ 0{,}144, \quad x_0 = 0{,}144\,\sqrt{\dfrac{M}{b}}, \\[4pt]
\sigma_e &= 1000 \quad\text{,,}\qquad 0{,}155, \quad x_0 = 0{,}155\,\sqrt{\dfrac{M}{b}}, \\[4pt]
\sigma_e &= \ \ 900 \quad\text{,,}\qquad 0{,}161, \quad x_0 = 0{,}161\,\sqrt{\dfrac{M}{b}}, \\[4pt]
\sigma_e &= \ \ 750 \quad\text{,,}\qquad 0{,}173, \quad x_0 = 0{,}173\,\sqrt{\dfrac{M}{b}}.
\end{aligned}
$$

Liegt aus konstruktiven Gründen „h" fest, so daß neben der Ermittlung von F_e nur noch σ_b zu prüfen ist, so läßt sich das obige Ver-

---

oder bei kleinen endlichen Werten:

$$\varDelta\,\sigma_b = -\dfrac{2\,F}{4\,x^2 - 4\,x\,d + d^2}\,\varDelta\,x.$$

Wie praktische Beispiele zeigen, haben selbst sehr hohe Werte von $\varDelta\,x$ nur eine geringfügige Erhöhung der Betonspannung im Gefolge.

fahren ebenfalls mit Vorteil verwenden. Häufig muß man hier mit kleinen σ_{b_0}-Werten arbeiten und die hierzu gehörenden r-Größen kennen. Für Spannungen von 20 bis 5 kg/cm² und $\sigma_e = 1000$ bzw. 1200 kg/cm² zeigt sie die folgende Tabelle, die als Ergänzungstabelle zu der auf S. 242 gegebenen anzusehen ist.

Ergänzte Dimensionierungstabelle (zur Tabelle II S. 242).

$\sigma_{e_0} = 1000$ kg/cm²				$\sigma_{e_0} = 1200$ kg/cm²			
σ_{b_0} kg/cm²	r	σ_{b_0} kg/cm²	r	σ_{b_0} kg/cm²	r	σ_{b_0} kg/cm²	r
20	0,686	11	1,16	20	0,732	11	1,25
19	0,716	10,5	1,21	19	0,765	10,5	1,31
18	0,753	10	1,26	18	0,804	10	1,37
17	0,789	9,5	1,33	17	0,846	9,5	1,44
16	0,835	9	1,39	16	0,892	9	1,51
15	0,881	8,5	1,47	15	0,944	8,5	1,60
14,5	0,906	8	1,56	14,5	0,976	8	1,69
14	0,934	7,5	1,65	14	1,01	7,5	1,79
13,5	0,964	7	1,76	13,5	1,04	7	1,91
13	1,00	6,5	1,89	13	1,07	6,5	2,06
12,5	1,03	6	2,03	12,5	1,12	6	2,21
12	1,07	5,5	2,21	12	1,16	5,5	2,41
11,5	1,11	5	2,42	11,5	1,20	5	2,64

Über die Anwendung des Rechenverfahrens geben die Zahlenbeispiele in Abschnitt 19 Auskunft. Sie lassen erkennen, wie durch Änderung des Spannungsverhältnisses σ_b/σ_e sich schnell und sicher Vergleichswerte in wirtschaftlichem Sinne gewinnen lassen.

Bei der Ermittlung der Plattenbalkenhöhe h ist zu berücksichtigen, daß es in der Nähe der nutzbaren, wirtschaftlich zweckmäßigen Höhe ein mehrere Zentimeter langes „h-Intervall" gibt, innerhalb dessen der Plattenbalken praktisch gleich wirtschaftlich ist. Dasselbe gilt auch für einen „σ_b-Intervall", wenn man den Plattenbalken so bemißt, daß einmal $\sigma_{e\,zul}$, zum anderen ein von den Preisverhältnissen und der Plattenbreite abhängiger σ_b-Erfahrungswert gewahrt bleibt; letzterer beträge 15 bis 35 kg/cm². Hierbei kann eine recht gute Anpassung der Trägerhöhe an besondere Verhältnisse und zugleich eine tunlichste Ausnutzung des Eisenquerschnittes erreicht werden. Gegeben sind alsdann: M, b, d, σ_e und σ_b und gesucht wird h, F_e und z, vgl. die Abb. 121. Aus letzterer folgt [nach Baron[1]]:

$$1. \qquad \varDelta\,\sigma_b = \sigma_b - \sigma_m = \frac{\sigma_b \cdot d}{2\,x} = \frac{\sigma_b\,d}{2\,s\,h}, \quad \text{da } x = s\,h \text{ ist (S. 238).}$$

---

[1] Vgl. L. Baron, Dimensionierung einfach bewehrter Plattenbalken. Bauingenieur 1922, Heft 9, S. 273ff. Dieser Abhandlung sind auch die nachfolgend mitgeteilten Tabellen entnommen.

22*

2. σ_m, d. h. die Druckspannung in der Mittellinie der Platte:

$$\sigma_m = \sigma_b - \varDelta\,\sigma_b = \sigma_b\left(1 - \frac{d}{2\,s\,h}\right).$$

3.
$$\frac{\sigma_m}{\sigma_b} = 1 - \frac{d}{2\,s\cdot h}\,.$$

Wird nur der Beton in der Druckplatte als Druckzone berücksichtigt, so ist ferner:

4.
$$z = \frac{M}{d\cdot b\,\sigma_m} = \frac{M}{d\,b\,\sigma_b\left(1 - \dfrac{d}{2\,s\,h}\right)}\,.$$

5. $\quad h = z + x - c = z + \alpha\,d\,,\quad$ worin $\quad \alpha = \dfrac{2}{3}\left(1 - \dfrac{\sigma_b}{4\,\sigma_m}\right)\,$ ist, wie dies aus der Trapezform des Spannungsdiagramms für die Platte leicht nachzuweisen ist. Für diese Zahl α werden späterhin Tabellen aufgestellt.

Zur Bestimmung von z dient die vorstehend ermittelte Beziehung

$$z = \frac{M}{d\,b\,\sigma_b\left(1 - \dfrac{d}{2\,s\,h}\right)}\,;$$

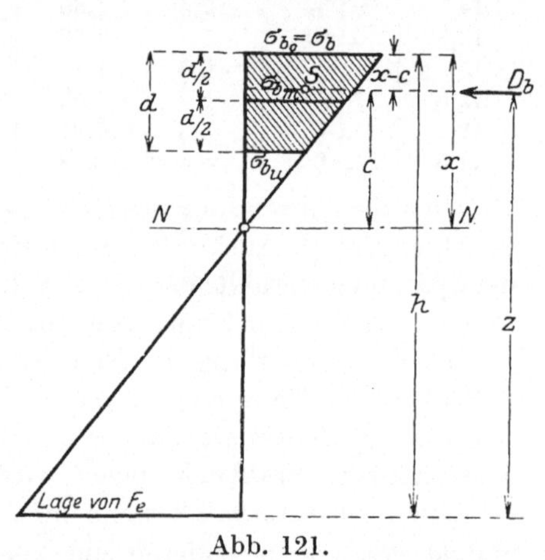

Abb. 121.

$$z\left(1 - \frac{d}{2\,s\,h}\right) = \frac{M}{d\,b\,\sigma_b}\,,$$

$$\frac{z}{h}\left(h - \frac{d}{2\,s}\right) = \frac{M}{d\,b\,\sigma_b}\,,$$

6. $\quad z = \dfrac{M}{d\,b\,\sigma_b} + \dfrac{z}{h}\,\dfrac{d}{2\,s}\,.$

Setzt man hierin angenähert $\dfrac{z}{h} \backsim 0{,}9$ und führt man für $\dfrac{0{,}9}{2\,s}$ die Größe γ ein, so ergibt sich ein recht brauchbarer Näherungswert für z:

7.
$$z = \frac{M}{d\,b\,\sigma_b} + \gamma\,d\,,$$

hierin ist γ, abhängig von der Größe n und den zugelassenen Spannungen, aus der nachfolgenden Tabelle zu entnehmen.

Ist z bekannt, so ist auch die Bewehrungsgröße gefunden:

8.
$$F_e = \frac{M}{z\cdot\sigma_e}\,.$$

Aus dem tatsächlichen gewählten F_e-Werte errechnet man alsdann auch das diesem entsprechende wirkliche Maß $z = \dfrac{M}{F_e \cdot \sigma_e}$.

Die Größe von h folgt nunmehr mittelbar aus:

$$1 - \frac{\sigma_m}{\sigma_b} = \frac{d}{2\,s\,h} = \frac{\gamma\,d}{0,9\,h} \cong \frac{\gamma\,d}{0,9\left(z + \dfrac{d}{2}\right)} \; ;$$

indem man aus letzterer Form den entsprechenden Zahlenwert ableitet und damit die Größe

$$1 - \frac{\sigma_m}{\sigma_b}$$

findet; diese liefert alsdann aus Tabelle B den Wert α und mit seiner Hilfe wird:

$$h = z + \alpha\,d$$

gefunden.

Die Werte α der Tabelle B weichen nicht allzu stark voneinander ab, so daß man einen Mittelwert $\alpha = 0{,}42$ einführen kann.

Aus: $h = z + \alpha\,d$ folgt nach Einsetzung des z-Wertes:

$$h = \frac{M}{d\,b\,\sigma_b} + \gamma\,d + \alpha\,d = \frac{M}{d\,b\,\sigma_b} + \beta\,d,$$

worin $\beta = (\gamma + \alpha)$ ist. Die β-Werte enthält, ebenso wie die Größen s und γ die nachfolgende Tabelle A. Im allgemeinen liefert diese unmittelbare Bestimmung der z-Größe etwas größere Werte als die Berechnung mit Hilfe von α. Dem theoretisch genauen Wert von h kommt man äußerst nahe, wenn man ein „z_1" zuerst nach der Beziehung $z_1 = \dfrac{M}{d\,b\,\sigma_0} + \gamma\,d$

Tabelle A.

$n = 15$	$\sigma_e = 1200$ kg/cm²			$\sigma_e = 1000$ kg/cm²		
σ_b	s	γ	β	s	γ	β
40	0,333	1,35	1,87	0,375	1,20	1,62
35	0,304	1,48	1,90	0,344	1,31	1,73
32	0,286	1,57	1,99	0,324	1,39	1,81
30	0,273	1,65	2,07	0,310	1,45	1,87
28	0,259	1,74	2,16	0,296	1,52	1,94
26	0,245	1,84	2,26	0,281	1,60	2,02
25	0,238	1,89	2,31	0,273	1,65	2,07
24	0,231	1,95	2,37	0,265	1,70	2,12
22	0,216	2,08	2,50	0,248	1,82	2,24
20	0,200	2,25	2,67	0,231	1,95	2,37
18	0,184	2,45	2,87	0,212	2,12	2,54
16	0,167	2,70	3,12	0,194	2,32	2,74
15	0,158	2,85	3,27	0,184	2,44	2,86

berechnet, α bestimmt und dann z_1 so verbessert, daß man an Stelle von γ den Wert $\dfrac{\gamma}{0,9}\,\dfrac{z}{h}$ setzt, worin $\dfrac{z}{h} = \dfrac{z_1}{z_1 + \alpha d}$ ist. Die Notwendigkeit, durch Wiederholung dieses Verfahrens die Genauigkeit noch zu erhöhen, wird kaum vorliegen.

Tabelle B.

$1 - \dfrac{\sigma_m}{\sigma_b}$	α	$1 - \dfrac{\sigma_m}{\sigma_b}$	α
0,0	0,5	0,30	0,429
0,05	0,491	0,33	0,418
0,1	0,481	0,36	0,407
0,15	0,471	0,38	0,398
0,20	0,459	0,40	0,389
0,23	0,450	0,42	0,380
0,25	0,445	0,44	0,369
0,28	0,435	0,46	0,358
		0,48	0,346
		0,50	0,333

Die beiden vorstehend behandelten praktischen Bemessungsverfahren vernachlässigen die Druckzone im Betonsteg unterhalb der Nullinie. Diese Vernachlässigung ist jedoch bei höheren Balken mit dünnem Stege — also z. B. bei Unterzügen — nicht zulässig, weil hier die Berücksichtigung des Stegbetons eine wesentliche Verschiebung des Angriffspunktes des Betondruckmittelpunktes gegenüber der Nulllinie bewirkt. Der sich hier ergebende η-Wert (Abb. 122) folgt aus der nachfolgenden Rechnung[1]).

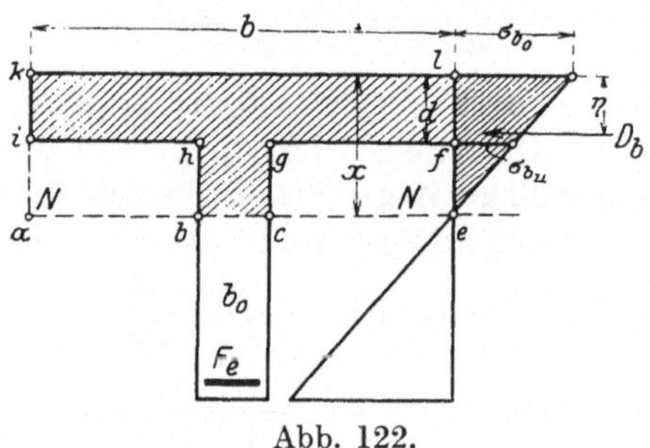

Abb. 122.

Die Betondruckspannung an der Plattenunterkante wird:

$$\sigma_{b_n} = \sigma_{b_0}\,\frac{x - d}{x}.$$

Bezieht man das Moment der Betondruckkraft auf die Plattenoberkante, so ergibt sich hierfür (vgl. Abb. 122)

$$\frac{b\,\sigma_b\,x^2}{6} - \frac{(b - b_0)\,\sigma_{b_0}\,(x - d)^2}{2\,x}\left(d + \frac{x - d}{3}\right).$$

---

[1]) Vgl. Bauingenieur 1922, Heft 22, S. 631. Vereinfachte Berechnung der Plattenbalken, von Dr.-Ing. R. Lamberg.

(Hier ist also zunächst die Druckkraft der Fläche $k\,l\,e\,a$ in Rechnung gestellt; von ihr sind die gedachten Betonspannkräfte in den Flächen $a\,b\,h\,i$ und $c\,e\,f\,g$ alsdann abgezogen.)

Die Summe der Betondruckspannungen ist:

$$\frac{b\,\sigma_{x_0}\,x}{2} - \frac{(b - b_0)\,\sigma_{b_0}\,(x - d)^2}{2\,x}$$

und demgemäß der Abstand der Druckkraft im Beton vom oberen Druckrande:

$$\eta = \frac{\frac{1}{3}\,[b\,x^3 - (b - b_0)\,(x - d^2)\,(2\,d + x)]}{b\,x^2 - (b - b_0)\,(x - d)^2}.$$

Führt man zur Vereinfachung der Rechnung für den Ausdruck $\dfrac{b - b_0}{b}$ den Wert k ein, so wird:

$$\eta = \frac{x}{3} - \frac{2\,d}{3\left(\dfrac{x^2}{k\,(x - d)^2} - 1\right)}$$

und setzt man ferner für den Wert d eine Größe $= m\,x$ in diese Gleichung ein, so ergibt sich:

$$\eta = \frac{x}{3} - \frac{2\,m\,x}{3\left(\dfrac{x^2}{k\,(x - m\,x)^2} - 1\right)} = \frac{x}{3} - \frac{2\,m\,x}{3\left(\dfrac{1}{k\,(1 - m)^2} - 1\right)}$$

$$= x\left(\frac{1}{3} - \frac{2\,m}{3\left(\dfrac{1}{k\,(1 - m)^2} - 1\right)}\right) = \mu \cdot x.$$

Für bestimmte k- und m-Werte sind die μ-Werte aus der nachfolgenden Zusammenstellung zu entnehmen:

$k =$	1,0	0,9	0,8	0,7	0,6	0,5
$m = 1,0$	0,3333	0,3333	0,3333	0,3333	0,3333	0,3333
0,9	0,3273	0,3279	0,3285	0,3291	0,3297	0,3303
0,8	0,3111	0,3134	0,3157	0,3180	0,3202	0,3225
0,7	0,2872	0,2922	0,2971	0,3020	0,3067	0,3113
0,6	0,2571	0,2660	0,2746	0,2829	0,2909	0,2956
0,5	0,2222	0,2366	0,2500	0,2626	0,2745	0,2857
0,4	0,1830	0,2060	0,2255	0,2435	0,2595	0,2750

Die Ausführung der Rechnung und die Benutzung der oben stehenden Tabelle läßt das Zahlenbeispiel in Abschnitt 19 erkennen.

Eine den gleichen Zweck verfolgende Berechnung, und zwar ebenfalls unter Berücksichtigung der Betondruckkraft im Steg (für einfache und doppelte Bewehrung) gibt G. Hartschen im Bauing. 1920, H. 7/8, S. 235. Hierbei wird unter Innehaltung der Spannungen, die naturgemäß in mittleren Grenzen sich halten, gegenüber der Höhe eines einfach bewehrten Rechteckquerschnittes $h_0 = r \sqrt{\dfrac{M}{b}}$ ein den notwendigen Zuwachs darstellender Hilfswert k ermittelt: $h = h_0 (1 + k)$. Für die Spannungsverhältnisse $\sigma_b/\sigma_e = 26/1200$ und $30/1200$ für Größen von $\dfrac{h}{b}$ von 0,38 bis 0,80, $b = 16\,d$ und b_0-Werte $= 2\,d$, $2,5\,d$ und $3\,d$ wird der Wert von k in der nachfolgenden Tabelle dargestellt:

Zudem enthalten diese Tabellen (für die vorgenannten Verhältnisse) einen Wert z/h, mit dessen Hilfe der Hebelarm der inneren Kräfte leicht gefunden werden kann:

$$b = 16\,d.$$

$\dfrac{h_0}{b}$	$b_0 = 2\,d$		$b_0 = 2,5\,d$		$b_0 = 3\,d$		$b_0 = 2\,d$		$b_0 = 2,5\,d$		$b_0 = 3\,d$		$\dfrac{h_0}{b}$
	k	$z:h$	k	$z:h$	k	$z:h$	k	$z:h$	k	$z:h$	k	$z:h$	
0,38	0,054	0,932	0,052	0,931	0,050	0,931	0,086	0,930	0,083	0,929	0,081	0,928	0,38
0,40	0,072	0,935	0,068	0,934	0,065	0,934	0,108	0,933	0,103	0,932	0,098	0,931	0,40
0,42	0,090	0,937	0,085	0,936	0,080	0,936	0,130	0,936	0,123	0,934	0,115	0,933	0,42
0,44	0,108	0,939	0,101	0,938	0,095	0,938	0,151	0,938	0,142	0,936	0,132	0,935	0,44
0,46	0,126	0,941	0,118	0,940	0,110	0,940	0,172	0,940	0,161	0,938	0,149	0,937	0,46
0,48	0,144	0,943	0,134	0,942	0,125	0,942	0,193	0,942	0,180	0,940	0,166	0,939	0,48
0,50	0,161	0,945	0,150	0,944	0,140	0,943	0,214	0,944	0,198	0,942	0,183	0,940	0,50
0,52	0,179	0,947	0,167	0,946	0,155	0,944	0,234	0,946	0,216	0,943	0,200	0,941	0,52
0,54	0,197	0,949	0,183	0,947	0,170	0,945	0,254	0,947	0,234	0,944	0,216	0,942	0,54
0,56	0,215	0,950	0,200	0,948	0,185	0,946	0,274	0,948	0,252	0,945	0,232	0,943	0,56
0,58	0,233	0,951	0,216	0,949	0,200	0,947	0,294	0,949	0,270	0,946	0,248	0,944	0,58
0,60	0,250	0,952	0,232	0,950	0,215	0,948	0,314	0,950	0,287	0,947	0,264	0,945	0,60
0,62	0,268	0,953	0,249	0,951	0,230	0,949	0,334	0,951	0,304	0,948	0,280	0,946	0,62
0,64	0,286	0,954	0,265	0,952	0,245	0,950	0,353	0,952	0,321	0,949	0,295	0,946	0,64
0,66	0,304	0,955	0,282	0,953	0,260	0,951	0,371	0,953	0,338	0,950	0,310	0,947	0,66
0,68	0,322	0,956	0,298	0,954	0,275	0,952	0,389	0,954	0,354	0,950	0,325	0,947	0,68
0,70	0,339	0,957	0,314	0,955	0,290	0,953	0,407	0,954	0,370	0,951	0,340	0,948	0,70
0,72	0,357	0,958	0,331	0,955	0,305	0,953	0,424	0,955	0,386	0,951	0,354	0,948	0,72
0,74	0,375	0,958	0,347	0,956	0,320	0,954	0,441	0,955	0,401	0,951	0,368	0,948	0,74
0,76	0,393	0,959	0,364	0,956	0,335	0,954	0,458	0,956	0,416	0,952	0,382	0,949	0,76
0,78	0,411	0,959	0,380	0,957	0,350	0,955	0,475	0,956	0,431	0,952	0,396	0,949	0,78
0,80	0,428	0,959	0,396	0,957	0,365	0,955	0,492	0,956	0,446	0,952	0,410	0,949	0,80

For the two upper spanning groups: $\sigma_b/\sigma_e = 26/1200$ (with $s = 0,245$, $r = 0,5844$) covers the first three b_0 column-pairs, and $\sigma_b/\sigma_e = 30/1200$ (with $s = 0,273$, $r = 0,5185$) covers the last three.

Der Gang der Berechnung an der Hand dieser Tabelle ist der folgende: Man berechnet zunächst wie beim einfach bewehrten Querschnitt $h_0 = r \sqrt{\dfrac{M}{b}}$, bildet dann den Wert $\dfrac{h_0}{b}$, sucht mit seiner Hilfe in der

Tabelle k auf und findet: $h = h_0 (1 + k)$. Aus der weiteren Tabellenbeziehung $\dfrac{z}{h}$ wird alsdann z abgeleitet, und mit seiner Hilfe wird: $F_e = \dfrac{M}{\sigma_e z}$ die Zugbewehrung, zum gegebenen Momente gehörend, bestimmt. Zur Kontrolle untersucht man, ob die Druckzone im Beton das Moment M auch tatsächlich aufnehmen kann. Vergrößert sich, unter Innehaltung der gefundenen, bzw. zugrunde gelegten Querschnittswerte, das Moment, so ist eine obere Eiseneinlage und eine entsprechende Verstärkung der Zugbewehrung nicht zu umgehen. Über den Gang der einfachen Rechnungen auch im letzteren Falle gibt das Zahlenbeispiel in Abschnitt 19 ausführlich Auskunft.

Die Berechnung einfach und doppelt bewehrter Plattenbalken vermittels Tabellen[1]).

Für den rechteckigen, einseitig bewehrten Querschnitt wurden auf S. 241 die Beziehungen:

$$F_e = \frac{b\,h}{k_4}\ ;\ M = \frac{b\,h^2}{k_6}$$

entwickelt; die bez. Festwerte k_4 und k_6, nur abhängig von den zulässigen Spannungen σ_e und σ_b und der Größe $n = 15$, sind in den Tabellen IV a—d, S. 244—245, enthalten.

Für den einseitig bewehrten Plattenbalken, dessen Plattenstärke kleiner als x ist, dessen Nullinie also den Steg schneidet, gelten entsprechende Beziehungen:

$$F_e = \alpha\,\frac{b\,h}{k_4}$$

$$M = \beta\,\frac{b\,h^2}{k_6}\,.$$

Die hierin vorkommenden Festwerte α und β sind einmal abhängig von dem Verhältnis (φ) der Plattenstärke d zur nutzbaren Querschnittshöhe h: $\varphi = \dfrac{d}{h}$, zum anderen von der bekannten, mehrfach im Abschnitt 11 erwähnten Größe $s = k_1$ in $x = k_1\,h$.

Es ist nach Loeser:

$$\alpha = \frac{\varphi\,(2\,k_1 - \varphi)}{k_1^2}$$

$$\beta = \alpha + \frac{2\,\varphi\,(k_1 - \varphi)^2}{k_1^2\,(3 - k_1)}\,.$$

---

[1]) Vgl. Taschenbuch für Bauingenieure, IV. Aufl. Jul. Springer, 1921, S. 978 und 979 in dem Abschnitt: Anwendungen des Eisenbetons im Hochbau von Prof. B. Loeser, Dresden.

Zusammenstellung XIII zur Berechnung von Plattenbalken für die angegebenen Verhältnisse φ und σ_b/σ_e.

$\varphi = d:h$	I 35:900 $k_4=140,0$ $k_6=176,8$ $x=0,368\cdot h$			II 35:1000 $k_4=166,0$ $k_6=187,5$ $x=0,344\cdot h$			III 40:1000 $k_4=133,3$ $k_6=152,4$ $x=0,375\cdot h$			IV 35:1200 $k_4=225,3$ $k_6=209,0$ $x=0,304\cdot h$			V 40:1200 $k_4=180,0$ $k_6=168,7$ $x=0,333\cdot h$			VI 50:1200 $k_4=124,8$ $k_6=119,1$ $x=0,385\cdot h$			$\varphi = d:h$
	α	β	k_7	α	β	k_7	α	β	k_7	α	β	k_7	α	β	k_7	x	β	k_7	
1	2	3	4	5	6	7	8	9	10	11	12	13	14	15	16	17	18	19	20
0,08	0,387	0,424	0,962	0,411	0,446	0,962	0,381	0,419	0,962	0,457	0,489	0,962	0,422	0,457	0,962	0,373	0,411	0,961	0,08
0,09	0,429	0,468	0,957	0,454	0,492	0,958	0,422	0,462	0,956	0,504	0,537	0,958	0,467	0,503	0,957	0,413	0,454	0,957	0,09
0,10	0,469	0,509	0,952	0,496	0,534	0,953	0,462	0,503	0,952	0,549	0,583	0,953	0,510	0,547	0,953	0,452	0,494	0,952	0,10
0,11	0,508	0,549	0,948	0,537	0,575	0,949	0,501	0,542	0,948	0,592	0,626	0,949	0,551	0,588	0,949	0,490	0,533	0,948	0,11
0,12	0,545	0,587	0,944	0,576	0,614	0,944	0,538	0,580	0,944	0,633	0,666	0,945	0,590	0,627	0,944	0,527	0,570	0,944	0,12
0,13	0,581	0,623	0,940	0,613	0,651	0,940	0,573	0,615	0,939	0,672	0,703	0,941	0,628	0,664	0,940	0,562	0,605	0,939	0,13
0,14	0,615	0,656	0,935	0,648	0,685	0,936	0,607	0,649	0,935	0,708	0,739	0,937	0,664	0,699	0,936	0,595	0,639	0,935	0,14
0,15	0,648	0,689	0,931	0,682	0,718	0,932	0,640	0,681	0,931	0,743	0,771	0,933	0,697	0,732	0,932	0,628	0,671	0,931	0,15
0,16	0,680	0,719	0,926	0,713	0,748	0,928	0,671	0,711	0,926	0,775	0,802	0,930	0,730	0,762	0,928	0,659	0,700	0,926	0,16
0,17	0,710	0,748	0,923	0,744	0,776	0,924	0,701	0,740	0,923	0,805	0,830	0,926	0,760	0,791	0,925	0,689	0,729	0,923	0,17
0,18	0,738	0,774	0,919	0,772	0,803	0,921	0,730	0,767	0,919	0,833	0,855	0,923	0,788	0,817	0,921	0,717	0,756	0,919	0,18
0,19	0,765	0,799	0,915	0,799	0,828	0,917	0,757	0,792	0,915	0,859	0,879	0,919	0,815	0,841	0,917	0,744	0,781	0,915	0,19
0,20	0,791	0,823	0,911	0,824	0,851	0,914	0,782	0,816	0,911	0,882	0,900	0,916	0,840	0,864	0,914	0,770	0,805	0,911	0,20
0,21	0,815	0,845	0,908	0,848	0,872	0,910	0,806	0,838	0,908	0,904	0,919	0,913	0,863	0,885	0,911	0,794	0,827	0,908	0,21
0,22	0,838	0,865	0,905	0,870	0,891	0,907	0,830	0,858	0,905	0,923	0,936	0,911	0,884	0,904	0,908	0,817	0,848	0,905	0,22
0,23	0,859	0,884	0,902	0,890	0,909	0,904	0,850	0,877	0,901	0,941	0,951	0,908	0,904	0,921	0,905	0,838	0,866	0,901	0,23
0,24	0,878	0,901	0,899	0,908	0,925	0,901	0,870	0,894	0,898	0,955	0,963	0,906	0,922	0,936	0,902	0,859	0,885	0,898	0,24
0,25	0,897	0,916	0,896	0,925	0,939	0,899	0,889	0,910	0,895	0,968	0,974	0,904	0,937	0,949	0,900	0,877	0,901	0,895	0,25
0,26	0,913	0,930	0,894	0,940	0,952	0,896	0,906	0,925	0,892	0,978	0,983	0,902	0,952	0,961	0,898	0,895	0,916	0,892	0,26
0,27	0,929	0,943	0,891	0,953	0,963	0,894	0,922	0,938	0,889	0,987	0,990	0,900	0,964	0,971	0,896	0,911	0,930	0,889	0,27
0,28	0,943	0,955	0,888	0,965	0,973	0,892	0,936	0,950	0,887	0,993	0,995	0,899	0,974	0,980	0,894	0,926	0,942	0,886	0,28
0,29	0,954	0,964	0,886	0,975	0,980	0,890	0,949	0,960	0,885	0,998	0,998	0,899	0,983	0,987	0,892	0,939	0,953	0,884	0,29
0,30	0,965	0,973	0,884	0,983	0,987	0,888	0,960	0,969	0,883	1,000	1,000	0,899	0,990	0,992	0,891	0,952	0,963	0,882	0,30
0,31	0,975	0,981	0,883	0,990	0,992	0,887	0,970	0,977	0,881				0,995	0,996	0,890	0,962	0,971	0,879	0,31
0,32	0,983	0,987	0,881	0,995	0,996	0,886	0,978	0,984	0,880				0,998	0,999	0,889	0,972	0,979	0,877	0,32
0,33	0,989	0,992	0,879	0,998	0,999	0,886	0,985	0,989	0,878				1,000	1,000	0,889	0,980	0,985	0,876	0,33
0,34	0,994	0,995	0,878	1,000	1,000	0,885	0,991	0,994	0,877							0,986	0,990	0,875	0,34
0,35	0,997	0,998	0,877				0,995	0,997	0,876							0,992	0,994	0,874	0,35
0,36	0,999	0,999	0,877				0,998	0,999	0,875							0,996	0,997	0,873	0,36
0,37							1,000	1,000	0,875							0,999	0,999	0,872	0,37
0,38																1,000	1,000	0,872	0,38

Diese Zahlenwerte enthält die nebenstehende Zusammenstellung XIII zusammen mit einem Werte k_7, der zur Ermittlung des Hebelarmes der inneren Kräfte führt: $z = k_7 \cdot h$, und für die Ermittlung der auftretenden Zug-Eisenspannung besonders wertvoll ist.

Die Tabelle ist aufgestellt für eine größere Anzahl φ-Werte von 0,08 an bis 0,37 bzw. 0,38 und für die Spannungsverhältnisse $\sigma_b : \sigma_e = 35 : 900$, $35 : 1000$, $40 : 1000$, $35 : 1200$, $40 : 1200$ und endlich $50 : 1200$. Die diesen Spannungsverhältnissen entsprechenden k_1-, k_4- und k_6-Werte sind je am Kopfe der Tabellen angegeben. Naturgemäß sind die Tabellen nur so weit geführt, bis der Festwert $\alpha = 1,00$ ist oder diesen Wert erreicht, d. h. bis also der einfach bewehrte Plattenbalken in den einfach bewehrten Rechtecksquerschnitt übergeht.

Die Tabelle gestattet, und zwar für einfache bzw. doppelte Bewehrung und bei Vernachlässigung der Betonzone im Steg bzw. (unter Einführung einer weiteren Größe) bei ihrer Berücksichtigung, die Lösung der folgenden Aufgaben:

A. Bei einseitiger Bewehrung des Plattenbalkens.

a) Ist die Plattenstärke d — wie in den meisten praktischen Fällen — gegeben, ferner die Nutzhöhe h und die Rippenbreite b_0 gewählt, also die Größe $\varphi = \dfrac{d}{h}$ bekannt, so kann die Größe der Bewehrung F_e und die erforderliche Plattenbreite unmittelbar aus den Tabellen bestimmt werden, und zwar a) wenn die Spannungen im Steg keine Berücksichtigung finden sollen:

$$1) \qquad b = \frac{k_6}{\beta}\frac{M}{h^2} ; \qquad\qquad 2)\ F_e = \alpha \cdot \frac{b\,h}{k_4} .$$

Sollen aber a') die Stegspannungen auch in Rechnung gestellt werden, also eine genauere Ermittlung stattfinden, wie sich das besonders bei höheren Plattenbalken durchaus empfiehlt, so dienen dem obigen Zwecke die Gleichungen:

$$1') \qquad b = \frac{k_6\,M}{\beta\,h^2} - \frac{1-\beta}{\beta}\,b_0$$

$$2') \qquad F_e = \frac{h}{k_4} \cdot [b_0 + \alpha\,(b - b_0)]$$

Nach Ausführung der Rechnung ist nachzuprüfen, ob auch der errechnete Wert b nicht eine nach den Bestimmungen vom September 1925 unerlaubte Größe erhält, also sich innerhalb der auf S. 200 angegebenen Grenzen hält.

b) Sind die Werte bekannt bzw. zunächst eingeschätzt: d = Plattenstärke, b = Plattenbreite, b_0 = Stegbreite und $\varphi = \dfrac{d}{h}$, so liefert Zusammenstellung XIII die Größen F_e und h.

α) Unter Vernachlässigung der Spannungen im Steg:

$$3)\quad h = \sqrt{\frac{k_6\,M}{b\,\beta}}\;; \qquad\qquad 4)\; F_e = \alpha\,\frac{b\,h}{k_4}.$$

β) Mit Berücksichtigung der Stegspannungen:

$$3')\quad h = \sqrt{\frac{k_6\,M}{b_0 + \beta\,(b - b_0)}} \qquad 4')\; F_e = \frac{h}{k_4}\,[b_0 + \alpha\,(b - b_0)].$$

Hier bleibt nachzuprüfen, ob nach Ermittlung von h das zunächst angenommene Verhältnis von $\varphi = \dfrac{d}{h}$ ausreichend genau innegehalten wird; sonst ist die Rechnung bis zu genügender Übereinstimmung zu wiederholen.

B. Bei doppelter Bewehrung des Plattenbalkens.

Hier wird es sich in der Regel bei gegebenen Werten; M, d, b, b_0 und h um eine Bestimmung der Bewehrung F_e und F'_e handeln, wobei es sich empfiehlt, der Eisenersparnis halber, stets die Spannungen im Steg zu berücksichtigen.

Nach Loeser ist:

$$\text{Druckbewehrung: } F'_e = \frac{k_6\,M - h^2\,[b_0 + \beta\,(b - b_0)]}{k_6\,k_1}$$

$$\text{Zugbewehrung: } F_e = \frac{h}{k_4}\cdot[b_0 + \alpha\,(b - b_0)] + F'_e\frac{k_1}{k}.$$

Hierbei sind die Zahlenwerte k_4, k_6 der Zusammenstellung IV bzw. dem Kopfe von XIII, die von der nutzbaren Höhe h und dem Abstande der Eisen von der Außenfläche h' bzw. a abhängigen Werte k bzw. k_1 der Zusammenstellung V für doppelt bewehrte, einfache Rechtecksquerschnitte zu entnehmen.

Bei allen Ermittlungen, also sowohl bei Berücksichtigung der Stegspannungen und deren Vernachlässigung, als auch bei einfach und doppelt bewehrten Plattenbalken gilt ganz allgemein:

$$z = \frac{M}{F_e\,\sigma_e}.$$

Wird die Stegdruckspannung vernachlässigt, so ist $z = k_7\,h$ — vgl. Zusammenstellung XIII. Für angenäherte Rechnung kann man auch mit dem Werte: $z = h - 0{,}4\,d$ bzw. mit $(h - 0{,}5\,d)$ rechnen.

Zur **Berechnung der Plattenbalken in rein wirtschaftlichem Sinne**[1]
wird von der Gleichung ausgegangen:

$$M = F_e \cdot \sigma_e \cdot z,$$

worin (Abb. 123) z den Abstand zwischen den Zugeisen und dem
Angriffspunkte der Betondruckkraft darstellt. Mit für die vorliegende
Schätzung ausreichender Genauigkeit
kann für z der Wert:

$$z = h - \frac{d}{2}$$

eingeführt werden, d. h. auch hier wird
die Betondruckfläche im Stege der Rippe
nicht in Rechnung gestellt, und der Angriff der Betondruckkraft in halber Höhe
der Platte vorausgesetzt. Die Wahl der

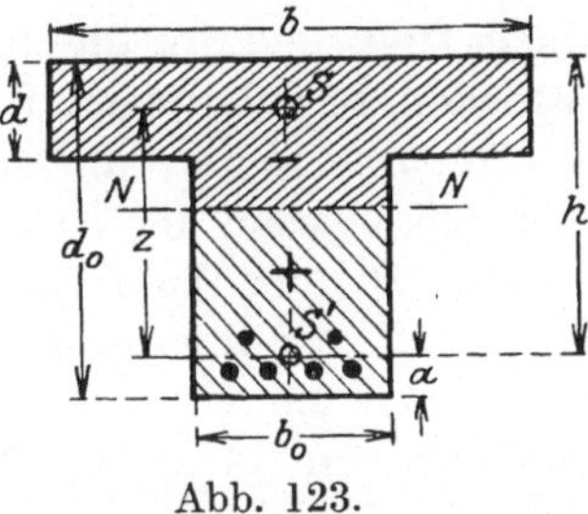
Abb. 123.

Balkenhöhe wird so zu treffen sein, daß die Kostensumme für 1 lfd. m
Steg ein Minimum wird. Bezeichnet man mit $\Re$ diese Kosten, ferner
mit $\mathfrak{B}$ die Kosten für 1 m³ Beton, mit $\mathfrak{S}$ die für 1 m² Trägerschalung
(unter Umständen unter Zuschlag des Putzes), mit $\mathfrak{E}$ die Kosten von
1 m³ Eisen und mit r den sogenannten Massenkoeffizient, der nach
M. Mayer im allgemeinen für frei aufliegende Träger zu 1,0 für durchgehende zu 1,4 anzunehmen ist, so ergibt sich:

$$\Re = b_0 \, (d_0 - d) \, \mathfrak{B} + [b_0 + 2 \, (d_0 - d)] \, \mathfrak{S} + F_e \cdot r \, \mathfrak{E}$$

$$\cong b_0 \, z \, \mathfrak{B} + (b_0 + 2 \, z) \, \mathfrak{S} + \frac{r \cdot M}{\sigma_e \cdot z} \, \mathfrak{E} \; {}^{2}).$$

---

[1]) Vgl. hierzu die Abhandlung von B. Barck- München im Arm. Beton 1917,
Nr. 9, S. 201, in der zudem die bekannteren wirtschaftlichen Dimensionierungsverfahren der Plattenbalken kritisch gegeneinander und gegen das von Barck
vorgeschlagene Verfahren abgewogen werden, und zwar werden zum Vergleiche
benutzt die Rechnungsart von Ed. Proksch (Beton u. Eisen 1911, S. 200) und
die von A. M. Mayer (Die Wirtschaftlichkeit als Konstruktionsprinzip im Eisenbeton, S. 56—63; Verlag Jul. Springer 1915). Durch eingehende Untersuchungen
weist Barck nach, daß bei Trägerhöhen bis zu 70 cm das Mayersche Verfahren zwar die geringsten Kosten liefert, bei größeren Höhen aber seine Anwendbarkeit verliert und daß das Verfahren von Procksch, da es die Wahl der Stegbreite der persönlichen Schätzung des Konstrukteurs überläßt, eine erhebliche
Unbestimmtheit in sich schließt, zumal eine nicht günstige Wahl von b_0 den
Plattenbalken wirtschaftlich sehr ungünstig zu beeinflussen vermag. Hiergegen
bietet das Barcksche Verfahren innerhalb des ganzen Spielraums von Höhen
zwischen 25 und 125 cm brauchbare Ergebnisse, die, wenn sie auch in manchen
Fällen nicht die rechnerisch billigste Konstruktion ergeben, sich aber durch erhebliche Herabminderung der Trägerhöhe gegenüber den Feststellungen nach Mayer
vorteilhaft auszeichnen.

[2]) Hierbei ist also $a = \dfrac{d}{2}$ angenommen:

$$z = d_0 - \frac{d}{2} - a = d_0 - \frac{d}{2} - \frac{d}{2} = d_0 - d.$$

Hierin sind alle Abmessungen in m-Einheiten einzuführen; alsdann entstehen die Kosten für 1 lfd. m Rippe.

Die Gleichung lehrt, daß die Annahme der Breite b_0 von großem Einflusse auf die Gesamtkosten und somit auch auf die Bestimmung der wirtschaftlichen Höhe sein muß.

Die geringsten Abmessungen, die in der Praxis für Plattenbalken üblich sind, und auf die demgemäß als Mindestabmessungen die nachfolgenden Berechnungen Rücksicht nehmen sollen, sind etwa $d_0 = 25$, $z = 20$, $b_0 = 16$ cm, die größte Höhe etwa $d_0 = 125$ cm[1]); für b_0 ist auch hier, wegen der Kostenersparnis, ein möglichst geringer Wert zu wählen. Bei der Wahl von b_0 wird einmal zu berücksichtigen sein, daß die Eisen in höchstens 2 Lagen übereinander im Steg gut Platz finden, auch die Schubspannungen hier nach den Bestimmungen den Wert von 14 kg/cm² (vgl. S. 211) nicht übersteigen dürfen; zum anderen wird daran zu denken sein, daß innerhalb der Schalung die zusammengesetzte Gesamtbewehrung vor der Einbringung des Betons noch eine Nacharbeitungsmöglichkeit bieten sollte. In dieser Hinsicht ist für b_0 der Wert 35 cm als zutreffend und bei höheren Trägern als Mindestmaß anzusehen.

Differenziert man die vorstehend entwickelte Gleichung nach der Veränderlichen z und setzt man zur Ermittlung des Minimums die erste Abgeleitete $= 0$, so ergibt sich:

$$\frac{d\,\Re}{d\,z} = b_0\,\mathfrak{B} + 2\,\mathfrak{S} - \frac{M \cdot r \cdot \mathfrak{E}}{\sigma_e \cdot z^2} = 0\,.$$

Hieraus folgt:

$$z = \sqrt{\frac{M}{\sigma_e}}\,\sqrt{\frac{r\,\mathfrak{E}}{b_0\,\mathfrak{B} + 2\,\mathfrak{S}}}\,,$$

$$z = \sqrt{M_{\mathrm{red}}}\,\sqrt{\frac{r\,\mathfrak{E}}{b_0\,\mathfrak{B} + 2\,\mathfrak{S}}}\,, \tag{61}$$

wobei M_{red} ein durch die Spannung σ_e reduziertes Moment darstellt.

Für die Bemessung von b_0 ist der Einfluß zu verfolgen, den eine höhere Balkenhöhe auf b_0 ausübt und die hierdurch mittelbar bedingte Rücksicht auf die konstruktive Ausgestaltung und Ausführung. Während in ersterer Hinsicht einem höheren Balken vom statischen und

---

[1]) Hierbei darf nicht übersehen werden, daß die Annahme $z = d_0 - a - \dfrac{d}{2}$, namentlich bei dünner Platte, wenig zutrifft, da jetzt ein erheblicher Teil des Steges als Betondruckfläche herangezogen wird. Da es sich aber im vorliegenden Falle nur um Schätzungen dreht und eine genaue Behandlung der vorliegenden Frage überhaupt wohl kaum möglich ist, kann die oben erwähnte Ungenauigkeit in Kauf genommen werden.

rein wirtschaftlichen Standpunkte aus bei konstantem Moment, allein schon um für die Schubspannungen die Fläche $b_0 \cdot z$ zu wahren, eine kleinere Breite entspricht, verlangen konstruktive Überlegungen bei größerer Höhe auch eine größere Breite. Da beide Interessen einander widersprechen, ist (von Barck a. o. O.) vorgeschlagen, die Stegbreite unabhängig von der Trägerhöhe anzunehmen und sie nur als Funktion des angreifenden Momentes darzustellen.

$$b_0 = C_1 - C_2\, r\, M_{red} + C_3 \sqrt{r\, M_{red}}$$
$$b_0 = 6 - \tfrac{1}{300}\, r\, M_{red} + 0,7 \sqrt{r\, M_{red}} \;^1). \tag{62}$$

Nach Bestimmung von b_0 ist aus Gleichung (61) die wirtschaftliche Höhe z abzuleiten.

Ist beispielsweise[2]) der Betonpreis 24,0 M für 1 m³, der Eisenpreis 1800 M. für 1 m³, der Preis der Schalung 2,50 M. für 1 m², alles bezogen auf das fertige Bauwerk, dieses ein kontinuierlicher Träger, also $r = 1,4$ und das Moment 30 t · m = 3 000 000 kg · cm, $\sigma_e = 1200$ kg/cm², so wird:

$$M_{red} = \frac{3\,000\,000}{1200} = 2500 \text{ cm}^3 \doteq 0,002\,500 \text{ m}^3 \;^3),$$

$$b_0 = 6 - \frac{1}{300} \cdot 1,4 \cdot 2500 + 0,7 \sqrt{1,4 \cdot 2500} = \mathbf{35,7} \text{ cm} = 0,357 \text{ m},$$

$$z = \sqrt{0,002\,500}\, \sqrt{\frac{1,4 \cdot 1800}{0,357 \cdot 24 + 2 \cdot 2,50}} = 0,683 \text{ m oder} = 68,3 \text{ cm},$$

$$F_e = \frac{M}{\sigma_e z} = \frac{M_{red}}{z} = \frac{2500}{68,3} = \mathbf{36,6} \text{ cm}^2 = 0,00366 \text{ m}^2,$$

also bei 1 m Rippenlänge $= 0,00366$ m³ [4]).

---

[1]) **Barck** weist in der auf S. 349 genannten Veröffentlichung darauf hin, daß b_0 eigentlich auch abhängig von den Preisen sein sollte, da z. B. mit einem Steigen des Eisenpreises die Trägerhöhe wächst und infolgedessen auch eine größere Breite notwendig wird. Hierdurch würde aber die Formel für die Verwendung zu beschwerlich. **Barck** gibt auch noch eine einfachere Formel für b_0:

$$b_0 = 10 \sqrt{r} + 0,45 \sqrt{M_{red}}. \tag{62a}$$

[2]) Wegen der zur Zeit stetig wechselnden Einheitspreise sind noch die früheren, vorkriegszeitlichen Preise oben eingesetzt.

[3]) Es ist notwendig, M_{red} in m-Einheit einzuführen, wenn die Preise von Beton und Eisen in m³-Einheit gegeben sind. Alsdann ergibt sich naturgemäß in Gleichung (61) der Wert z zunächst auch in m-Einheit.

[4]) $F_e = 36,6$ cm²; mithin auf 1 lfd. m Träger $36,6 \cdot 100 = 3660$ cm³ $= 0,003\,660$ m³. Dieser Wert ergibt sich auch unmittelbar bei Innehaltung der m-Einheit:
$$F_e = \frac{0,002\,500}{0,683} = 0,00366 \text{ m}^3.$$ Rechnet man das Raumgewicht des Eisens zu rd. 7,8 t, so wiegt 1 m³ Eisen 7,8 t, und somit beträgt unter Annahme der obigen Zahl der Preis von 1 t Eisen $\dfrac{1800}{7,8} = $ rd. 230 M.

Die Kosten ergeben sich zu:

Beton: $0{,}683 \cdot 0{,}357 \cdot 1{,}00 \cdot 24{,}0$ . . . . . $= 5{,}85$ M
Eisen: $0{,}00366 \cdot 1{,}4 \cdot 1800$ . . . . $= 9{,}22$ M
Schalung: $(2 \cdot 0{,}638 + 0{,}357) \cdot 2{,}5$ . . . $= 4{,}31$ M.
$\mathfrak{K} = \mathbf{19{,}38}$ M. lfd. m.

Nach der umstehenden Annäherungsgleichung [Anm. [1]) S. 351]:

$$b_0 = 10 \sqrt{r} + 0{,}45 \sqrt{M_{\text{red}}}$$

hätte man erhalten: $b_0 = 10 \sqrt{1{,}4} + 0{,}45 \sqrt{2500} = 34{,}3 \,\text{cm}, z = 69{,}0 \,\text{cm}$, $F_e = 36{,}3 \,\text{cm}^2$, $\mathfrak{K} = 19{,}12$ M. lfd. m.

Wäre der Träger bei denselben Preisverhältnissen frei aufliegend gewesen $(r = \mathbf{1{,}0})$, so hätte sich ergeben:

$$b_0 = \mathbf{32{,}7}; \; z = \mathbf{59{,}2}; \; F_e = \mathbf{42{,}2}; \; \mathfrak{K} = \mathbf{16{,}03} \text{ M. lfd. m.}$$

Bei einem Preisverhältnis:

$$\mathfrak{B} : \mathfrak{S} : \mathfrak{E} = 24 : 2{,}50 : 2700,$$

also bei einem Steigen des **Eisenpreises um die Hälfte** gegenüber der früheren Annahme, zeigt sich:

$$b_0 = \mathbf{32{,}7}; \; z = \mathbf{72{,}5}; \; F_e = \mathbf{34{,}5}; \; \mathfrak{K} = \mathbf{19{,}34} \text{ M. lfd. m,}$$

d. h. das Steigen des Eisenpreises gegenüber dem von Beton und Schalung äußert sich in einem Steigen der wirtschaftlichen Trägerhöhe.

Läßt man den Betonpreis um die Hälfte zunehmen:

$$\mathfrak{B} : \mathfrak{S} : \mathfrak{E} = 36 : 2{,}50 : 1800,$$

so wird:

$$b_0 = 32{,}7; \; z = 51{,}8; \; F_e = 48{,}3; \; K = 18{,}21 \text{ M. lfd. m,}$$

und endlich bei einer Erhöhung der Schalungskosten um 50 vH, ergibt sich:

$$b_0 = 32{,}7; \; z = 54{,}2; \; F_e = 46{,}2; \; \mathfrak{K} = 17{,}85 \text{ M. lfd. m,}$$

d. h. sowohl ein Steigen des Betonpreises, als auch ein Hochgehen des Schalungspreises bewirkt sofort ein Sinken der wirtschaftlichen Höhe, aber naturgemäß ein Steigen der Eisenbewehrung.

In der Praxis wird es sich empfehlen, in Fällen größerer Wichtigkeit, also z. B. bei ausgedehnten, stark belasteten Deckenbauten, nach den voranstehenden Barckschen Gleichungen die wirtschaftlichen Trägerabmessungen zu bestimmen und von diesen ausgehend zu versuchen, im Anschlusse an die gegebene Örtlichkeit, die Gesamtkosten noch weiter herabzudrücken.

Einen anderen Weg bei Behandlung derselben Frage geht S. Ka-
sarnowsky (Zürich)[1].

Bei dem einfachen Rechtecksquerschnitt ist:

$$F_e = \frac{M}{\sigma_e\left(h - \dfrac{x}{3}\right)},$$

bei Plattenbalken angenähert:

$$F_e = \frac{M}{\sigma_e\left(h - \dfrac{d}{2}\right)}.$$

Bei konstantem M ist hierin F_e eine $F(h)$. Ist wieder $\mathfrak{B}$ der Preis
der Volumeneinheit des Betons, $\mathfrak{E}$ der des Eisens, so kostet ein Balkenelement von der Länge dx:

$$d\,\mathfrak{K} = (\mathfrak{B} \cdot b \cdot h + \mathfrak{E} \cdot F_e)\,dx,$$

und der ganze Balken auf die Länge $= l$:

$$\mathfrak{K} = \int_0^l (\mathfrak{B} \cdot b\,h + \mathfrak{E} \cdot F_e)\,dx = \mathfrak{B}\int_0^l (b\,h + \lambda F_e) \cdot dx,$$

worin $\lambda = \dfrac{\mathfrak{E}}{\mathfrak{B}}$ das Preisverhältnis der beiden Baustoffe bedeutet.
Da $\mathfrak{B}$ konstant ist, muß das $\displaystyle\int_0^l (b\,h + \lambda F_e) \cdot dx$ ein Minimum werden,
damit $\mathfrak{K}$ ein solches ist. Hieraus folgt:

$$d\int_0^l (b\,h + \lambda F_e) \cdot dx = 0.$$

Da nun in sehr vielen Fällen $(b\,h + \lambda F_e)$ über den ganzen Balken
konstant ist, so wird:

$$\int_0^l (b\,h + \lambda F_e)\,dx = (b\,h + \lambda F_e)\,l$$

d. h. $d\,(b \cdot h + \lambda F_e) = 0$, wenn $\mathfrak{K}$ ein Minimum werden soll.

Ist der Querschnitt rechteckig, so ist:

$$F_e = \frac{M}{\sigma_e\left(h - \dfrac{x}{3}\right)} = \frac{M}{\sigma_e h - \sigma_e \dfrac{x}{3}} = \frac{M}{\sigma_e h - \sigma_e \dfrac{s\,h}{3}}$$

$$= \frac{M}{\sigma_e h\left(1 - \dfrac{s}{3}\right)} = \frac{M}{\sigma_e h} \cdot c,$$

worin c, da es nur vom Bewehrungsverhältnis abhängig ist und in
normalen Fällen zwischen 1,2 und 1,3 schwankt, als konstant angesehen
werden kann.

---

[1] Vgl. Arm. Bet. 1912, Heft XI, S. 429 über wirtschaftliches Dimensionieren
der Eisenbetonbalken.

Hieraus folgt in Verbindung mit der obigen Hauptgleichung:

$$d\left(b\,h + \frac{\lambda\,M}{h\,\sigma_e}\,c\right) = 0\,.$$

Die erste Abgeleitete $= 0$ gesetzt, liefert hieraus:

$$h = \sqrt{\frac{\lambda\,M\cdot c}{\sigma_e\cdot b}}\,. \tag{63}$$

Liegt ein **Plattenbalkenquerschnitt** vor, so wird in ähnlicher Weise angenähert:

$$F_e = \frac{M}{\sigma_e\left(h - \dfrac{d}{2}\right)}\,; \qquad d\left(b\,h + \frac{\lambda\,M}{\sigma_e\left(h - \dfrac{d}{2}\right)}\right) = 0\,;$$

$$b - \frac{\lambda\,M}{\sigma_e\left(h - \dfrac{d}{2}\right)^2} = 0\,; \qquad \left(h - \frac{d}{2}\right) = \sqrt{\frac{\lambda\,M}{\sigma_e\cdot b}} = \text{rd.}\,z\,. \tag{64}$$

In allen diesen Gleichungen ist h die nutzbare Querschnittshöhe, d. h. beim Rechtecksquerschnitt $= d - a$, und beim einfach bewehrten, hier nur behandelten Plattenbalken $= d_0 - a$, unter a den Abstand der Zugeisen von der Balkenunterkante verstanden.

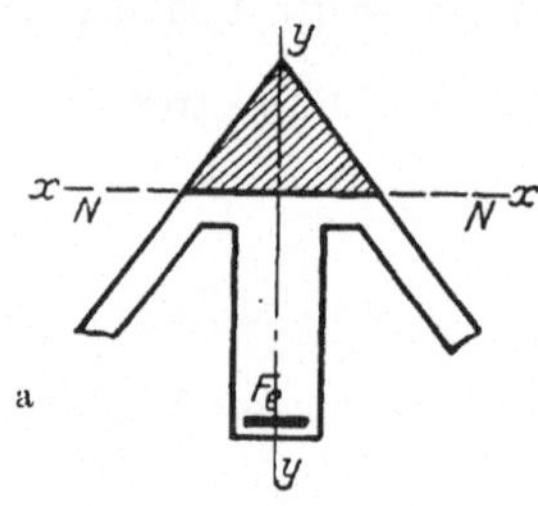

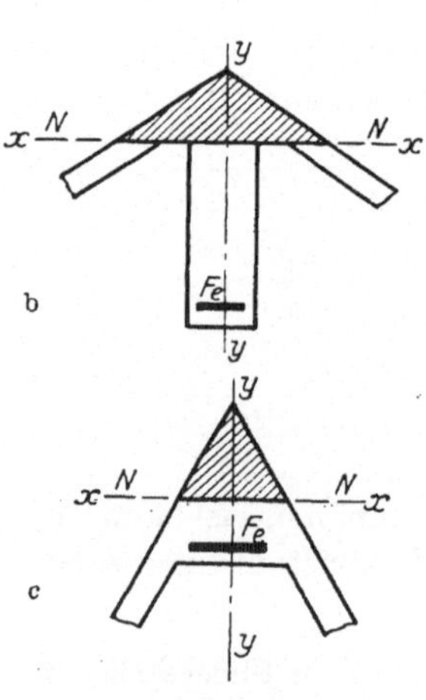

Abb. 124 a, b, c.

Besondere Querschnitte von zum Schnitte mit der Kraftebene symmetrischen Plattenbalken kommen in **Dreiecksform** des Obergurtes — Abb. 124 a, b, c — namentlich bei Firstpfetten, Gratbalken u. dgl. vor. Entweder liegen hier die Zugeisen in einem besonderen Stege oder an der Dreiecksbasis. Für derartige Querschnitte wird sich in erster Linie die graphische Behandlung zur Ermittlung der Nullinie und der Spannungen empfehlen, wie sie allgemein für zur Kraftebene symmetrische Verbundquerschnitte, auf reine Biegung belastet, auf S. 271—272 bereits erläutert wurde. Eine rechnerische Behandlung dieser Querschnitte gibt G. Hartschen im Bauingenieur 1922, Heft 5, S. 145. Auf sie sei an dieser Stelle mit dem Bemerken verwiesen, daß eine Bemessungstafel die ziemlich umfassende Rechenarbeit erleichtert.

Der einfach bewehrte Plattenbalken mit Berücksichtigung der Zugzone im Beton.

Die entsprechenden Berechnungen sind denen auf S. 328 für die doppeltbewehrten Plattenbalken vollkommen entsprechend. Es ergibt sich (Abb. 125):

$$F_i = b_0 d_0 + (b - b_0) d + n F_e$$

$$x = \frac{\dfrac{b_0 d_0^2}{2} + (b - b_0) \dfrac{d^2}{2} + n F_e (d_0 - a)}{F_i}$$

$$= \frac{b_0 d_0^2 + (b - b_0) d^2 + 2 n F_e (d_0 - a)}{2 b_0 d_0 + 2 (b - b_0) d + 2 n F_e} \tag{65}$$

$$J_{nn_{III}} = \frac{b_0}{3} x^3 + \frac{b_0 (d_0 - x)^3}{3} + (b - b_0) \frac{x^3}{3} - \frac{(b - b_0)(x - d)^3}{3}$$

$$+ n F_e (d_0 - a - x)^2 = \frac{b_0}{3} [x^3 + (d_0 - x)^3]$$

$$+ \frac{b - b_0}{3} [x^3 - (x - d)^3] + n F_e (d_0 - a - x)^{2\,1)}. \tag{66}$$

Die Spannungen folgen nach Auffindung von x und $J_{nn_{III}}$ aus den bekannten Gleichungen:

$$\sigma_{bd} = - \frac{M \cdot x}{J_{nn_{III}}}$$

$$\sigma_e = + n \frac{M \cdot y}{J_{nn_{III}}} = n \sigma_{bd} \frac{y}{x}$$

$$\sigma_{bz} = + \frac{M \cdot y_0}{J_{nn_{III}}} = \sigma_{bd} \frac{y_0}{x}.$$

Der Wert σ_{bz} hängt bei Plattenbalken sehr stark von den Abmessungsverhältnissen und der Bewehrungsgröße ab. Um die Ermittlung der Abmessungen zu ersparen, welche einer bestimmten zugelassenen Zugspannung im Beton entsprechen, ist von Mörsch

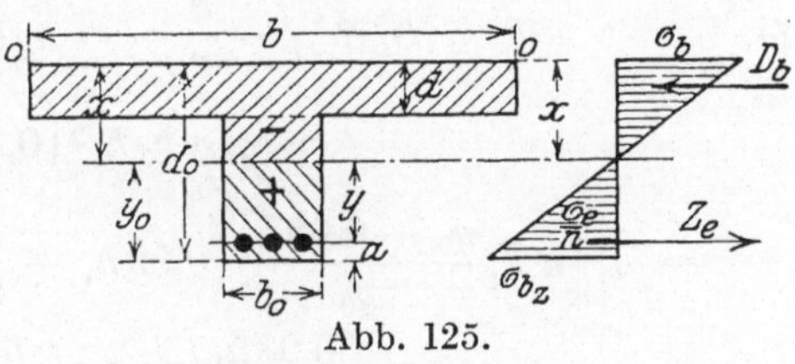

Abb. 125.

---

1) Man kann auch zunächst J_{00} auf die obere Plattenbegrenzung bilden:
$$J_{00} = \frac{(b - b_0) d^3}{3} + \frac{b_0 d_0^3}{3} + n F_e (d_0 - a)^2$$
und hieraus $J_{nn_{III}}$ finden nach der Beziehung: $J_{nn_{III}} = J_{00} - F_i x^2$.

Verbindet man $J_{nn_{III}}$ gleich wie auf S. 323 mit der Beziehung:
$$x - v = \frac{d}{3} \; \frac{3x - 2d}{2x - d},$$
so kann man $J_{nn_{III}}$ die für die Rechnung nicht unzweckmäßige Form geben:

$$J_{nn_{III}} = b d v \left(x - \frac{d}{2} \right) + \frac{b_0}{3} \cdot [(x - d)^3 + (d_0 - x)^3] + n F_e (d_0 - a - x)^2.$$

23*

und Hager[1]) ein Verfahren ermittelt, welches die erforderlichen Unterlagen unter Verwendung tabellarischer Zusammenstellung bzw. graphischer Auftragungen unmittelbar liefert.

Hierbei werden die Plattenbreite b und die Plattendicke d als Vielfaches der Rippenbreite b_0 bzw. der Rippenhöhe h_1, unterhalb der Platte (Abb. 126) dargestellt und der Abstand $a = 0,08\,h_1$ angenommen:

$$b = \alpha\,b_0; \quad d = \beta\,h_1; \quad h_1 - a = 0,92\,h_1; \quad F_e = \varphi\,b_0\,h_1.$$

Für den Zustand IIb folgt aus Abb. 126 angenähert:

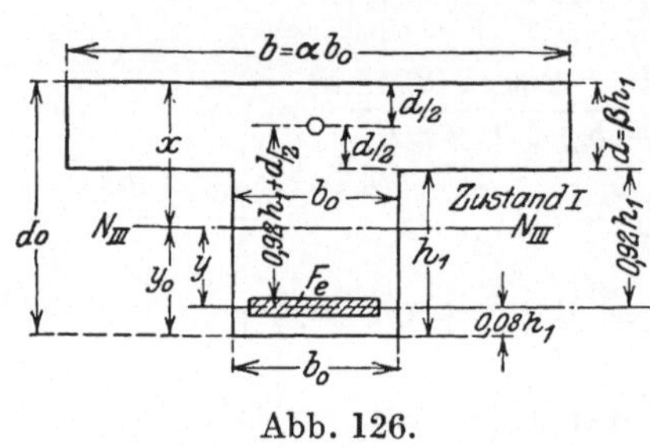

Abb. 126.

$$1)\quad M = F_e \cdot \sigma_e\left(0,92\,h_1 + \frac{d}{2}\right),$$

wobei also angenommen ist, daß die Druckkraft im Beton in Entfernung von $\dfrac{d}{2}$ von der Plattenoberkante angreift. Unter derselben Voraussetzung ergibt sich für Zustand I, also bei statisch wirksamer Zugzone im Beton:

$$M = F_e\,\sigma_e\left(0,92\,h_1 + \frac{d}{2}\right) + \sigma_{bz}\frac{b_0\,y_0}{2}\left(h_1 + \frac{d}{2} - \frac{y_0}{3}\right)$$

und nach Einsetzung von:

$$\sigma_e = n\,\sigma_{bz} \cdot \frac{y_0 - 0,08\,h_1}{y_0}$$

$$2)\quad M = n\,F_e\,\sigma_{bz}\frac{y_0 - 0,08\,h_1}{y_0}\left(0,92\,h_1 + \frac{d}{2}\right) + \sigma_{bz}\frac{b_0\,y_0}{2}\left(h_1 + \frac{d}{2} - \frac{y_0}{3}\right).$$

Setzt man beide M-Werte einander gleich und setzt für F_e, b und d die obigen Werte ein, so wird:

$$3)\quad F_e\,\sigma_e\left(0,92\,h_1 + \frac{d}{2}\right) = \sigma_e\,\varphi\,b_0\,h_1\left(0,92\,h_1 + \frac{\beta\,h_1}{2}\right)$$

$$= \sigma_e\,\varphi\,b_0\,h_1{}^2\left(0,92 + \frac{\beta}{2}\right)$$

$$= \sigma_{bz}\left[n\,F_e\frac{y_0 - 0,08\,h_1}{y_0}\left(0,92\,h_1 + \frac{d}{2}\right) + \frac{b_0\,y_0}{2}\left(h_1 + \frac{d}{2} - \frac{y_0}{3}\right)\right]$$

$$= \sigma_{bz}\left[n\,\varphi \cdot b_0\,h_1^2\frac{y_0 - 0,08\,h_1}{y_0}\left(0,92 + \frac{\beta}{2}\right) + \frac{b_0\,h_1{}^2\,y_0}{2\,h_1}\left(1 + \frac{d}{2\,h_1} - \frac{y_0}{3\,h_1}\right)\right].$$

Kürzt man die ganze Gleichung durch $b_0\,h_1^2$, so ergibt sich:

$$(4)\quad \sigma_e\,\varphi\left(0,92 + \frac{\beta}{2}\right)$$

$$= \sigma_{bz}\left[n\,\varphi\frac{y_0 - 0,08\,h_1}{y_0}\left(0,92 + \frac{\beta}{2}\right) + \frac{y_0}{2\,h_1}\left(1 + \frac{\beta}{2} - \frac{y_0}{3\,h_1}\right)\right].$$

---

[1]) Vgl. Zentralbl. d. Bauverw. 1914, Nr. 25, S. 204, und 1905, S. 391.

$$\sigma_{b_z} = \frac{\varphi\left(0{,}92 + \dfrac{\beta}{2}\right)\sigma_e}{\varphi \cdot n \dfrac{y_0 - 0{,}08\,h_1}{y_0}\left(0{,}92 + \dfrac{\beta}{2}\right) + \dfrac{y_0}{2\,h_1}\left(1 + \dfrac{\beta}{2} - \dfrac{y_0}{3\,h_1}\right)} \, . \tag{67}$$

y_0 folgt aus der Gleichung der statischen Momente in bezug auf die Querschnittsunterkante:

$$y_0 = \frac{\dfrac{b_0\,h_1^2}{2} + b\,d\left(h_1 + \dfrac{d}{2}\right) + n\,F_e\,0{,}08\,h_1}{b_0\,h_1 + b\,d + n\,F_e}$$

$$y_0 = h_1\,\frac{\dfrac{b_0\,h_1}{2} + b\,\beta\left(h_1 + \dfrac{\beta\,h_1}{2}\right) + 0{,}08\,n\,\varphi\,b_0\,h_1}{b_0\,h_1 + b\,h_1\,\beta + n\,\varphi\,b_0\,h_1}$$

und nach Kürzung durch $b_0\,h_1$:

$$y_0 = h_1\,\frac{\dfrac{1}{2} + \dfrac{b}{b_0}\,\beta\left(1 + \dfrac{\beta}{2}\right) + 0{,}08\,n\,\varphi}{1 + \dfrac{b}{b_0}\,\beta + n\,\varphi}$$

$$y_0 = h_1\,\frac{0{,}08\,n\,\varphi + 0{,}50 + \alpha\,\beta\left(1 + \dfrac{\beta}{2}\right)}{n\,\varphi + 1{,}00 + \alpha\,\beta} \, . \tag{68}$$

Zu bestimmten Werten α, β und φ kann man nunmehr die Größen σ_{b_z} und y_0 berechnen. Will man, was beim Entwerfen wertvoll ist, auch die zu den Verhältniszahlen α, β, φ gehörenden, bei Stadium IIb auftretenden σ_{b_d}- $= \sigma_b$-Werte ermitteln, so dienen hierzu die bekannten Beziehungen:

$$x = \frac{n\,(d_0 - a)\,F_e + \dfrac{b\,d^2}{2}}{n\,F_e + b\,d} \quad ; \qquad \sigma_b = \frac{\sigma_e}{n} \cdot \frac{x}{d_0 - a - x}$$

$$= \frac{\sigma_e}{n} \cdot \frac{2\,n\,(d_0 - a)\,F_e + b\,d^2}{2\,(n\,F_e + b\,d)\,(d_0 - a - x)} = \frac{\sigma_e}{n} \cdot \frac{2\,n\,(d_0 - a)\,F_e + b\,d^2}{2\,[n\,F_e\,(d_0 - a - x) + b\,d\,(d_0 - a - x)]}$$

$$= \frac{\sigma_e}{n} \cdot \frac{2\,n\,(d_0 - a)\,F_e + b\,d^2}{2\left[b\,d\left(x - \dfrac{d}{2}\right) + b\,d\,(d_0 - a - x)\right]} = \frac{\sigma_e}{n} \cdot \frac{2\,n\,(d_0 - a)\,F_e + b\,d^2}{b\,d\,(2\,d_0 - 2\,a - d)} \; ^{1)}.$$

Setzt man hierin $F_e = \varphi\,b_0\,h_1$; $b = \alpha\,b_0$; $d = \beta\,h_1$; $d_0 = h_1 + d$; so wird:

$$\sigma_b = \frac{\sigma_e}{n}\,\frac{2\,n\,(0{,}92\,h_1 + \beta\,h_1)\,\varphi\,b_0\,h_1 + \alpha\,b_0\,\beta^2 h_1^2}{\alpha\,b_0\,\beta\,h_1\,(2\,(h_1 + \beta\,h_1) - 2 \cdot 0{,}08\,h_1 - \beta\,h_1)} \, ,$$

$^{1)}$ Hierbei ist benutzt, daß $n\,F_e\,(d_0 - a - x) = n\,F_e\,y$ das statische Moment der gezogenen Eiseneinlage $=$ dem statischen Moment des gedrückten Betonquerschnittsteils sein muß $= b\,d\left(x - \dfrac{d}{2}\right)$.

kürzt man mit $b_0\, h_1^2$, so wird:

$$\sigma_b = \frac{\sigma_e}{n}\,\frac{2\,n\,\varphi\,(0,92 + \beta) + \alpha\,\beta^2}{\alpha\,\beta\,(1,84 + \beta)}\,. \qquad (69)$$

Diese Gleichung ermöglicht es, für die α-, β- und φ-Größen die Verhältnisse von $\dfrac{\sigma_b}{\sigma_e}$ zu berechnen. In den nachfolgenden Hager-Mörschschen Tabellen sind für die Verhältniszahlen $\alpha = 5$, 4, 3 und 2, für $\varphi = 0,01$—0,03 und für $\beta = 0,1$—0,5 die Verhältnisse $\sigma_{b_z} : \sigma_e$ und $\sigma_b : \sigma_e$ angegeben. Für die Spannungswerte $\sigma_e = 750\ \text{kg/cm}^2$ und $\sigma_{b_z} = 24\ \text{kg/cm}^2$, die bei Berücksichtigung des Betons in der Zugzone im Brückenbau nicht gern überschritten werden, sind die Werte in der graphischen Tafel (Abb. 127) zusammengestellt.

Zusammenstellung XII für die Spannungsverhältnisse $\dfrac{\sigma_{bz}}{\sigma_e}$ und $\dfrac{\sigma_b}{\sigma_e}$ für die Verhältniszahlen α, β und φ (Tabellen von Hager und Mörsch.)

A	$\alpha = 5$					B	$\alpha = 4$			
φ	$\beta = 0,1$	$\beta = 0,2$	$\beta = 0,3$	$\beta = 0,4$	$\beta = 0,5$	$\beta = 0,1$	$\beta = 0,2$	$\beta = 0,3$	$\beta = 0,4$	$\beta = 0,5$
	$\sigma_{bz}:\sigma_e =$					$\sigma_{bz}:\sigma_e =$				
0,010	0,0248	0,0224	0,0209	0,0198	0,0189	0,0254	0,0230	0,0214	0,0202	0,0193
0,015	0,0326	0,0297	0,0278	0,0264	0,0253	0,0334	0,0304	0,0284	0,0270	0,0256
0,020	0,0388	0,0354	0,0333	0,0317	0,0305	0,0397	0,0362	0,0341	0,0324	0,0311
0,025	0,0437	0,0400	0,0377	0,0361	0,0347	0,0447	0,0410	0,0386	0,0368	0,0356
0,030	0,0478	0,0439	0,0415	0,0397	0,0383	0,0488	0,0450	0,0424	0,0405	0,0392
	$\sigma_b:\sigma_e =$					$\sigma_b:\sigma_c =$				
0,010	0,0245	0,0175	0,0170	0,0178	0,0191	0,0297	0,0203	0,0188	0,0193	0,0203
0,015	0,0350	0,0230	0,0208	0,0207	0,0215	0,0429	0,0271	0,0236	0,0230	0,0233
0,020	0,0455	0,0285	0,0246	0,0237	0,0240	0,0560	0,0340	0,0283	0,0266	0,0264
0,025	0,0560	0,0340	0,0284	0,0266	0,0264	0,0692	0,0409	0,0331	0,0303	0,0294
0,030	0,0665	0,0395	0,0322	0,0296	0,0288	0,0883	0,0477	0,0379	0,0340	0,0325

C	$\alpha = 3$					D	$\alpha = 2$			
φ	$\beta = 0,1$	$\beta = 0,2$	$\beta = 0,3$	$\beta = 0,4$	$\beta = 0,5$	$\beta = 0,1$	$\beta = 0,2$	$\beta = 0,3$	$\beta = 0,4$	$\beta = 0,5$
	$\sigma_{bz}:\sigma_e =$					$\sigma_{bz}:\sigma_e =$				
0,010	0,0262	0,0238	0,0222	0,0209	0,0199	0,0272	0,0250	0,0234	0,0220	0,0209
0,015	0,0344	0,0314	0,0294	0,0279	0,0266	0,0354	0,0329	0,0309	0,0293	0,0279
0,020	0,0407	0,0374	0,0352	0,0334	0,0320	0,0421	0,0391	0,0369	0,0350	0,0335
0,025	0,0459	0,0423	0,0396	0,0380	0,0364	0,0474	0,0441	0,0417	0,0398	0,0382
0,030	0,0501	0,0463	0.0437	0,0417	0,0401	0,0517	0,0484	0,0457	0,0437	0,0420
	$\sigma_b:\sigma_e =$					$\sigma_b:\sigma_c =$				
0,010	0,0385	0,0248	0,0220	0,0217	0,0223	0,0560	0,0340	0,0284	0,0266	0,0264
0,015	0,0560	0,0340	0,0284	0,0266	0,0264	0,0823	0,0477	0,0379	0,0340	0,0325
0,020	0,0735	0,0431	0,0347	0,0316	0,0304	0,1086	0,0614	0,0474	0,0414	0,0385
0,025	0,0911	0,0523	0,0410	0,0365	0,0345	0,1349	0,0752	0,0569	0,0487	0,0446
0,030	0,1086	0,0614	0,0474	0,0414	0,0385	0,1612	0,0889	0,0664	0,0561	0,0507

$\beta = \frac{d}{h_1}$
$\frac{\sigma}{\alpha} = \frac{\sigma_c}{d \cdot b} \cdot \beta$
$b = \alpha b_1$
$d = \beta \cdot h_1$
$\beta = 0,5$
$\beta = 0,4$
$\beta = 0,3$
$\beta = 0,2$
$\beta = 0,1$
$\alpha/\beta = 0,0042$
$\alpha/\beta = 0,0040$
$\alpha/\beta = 0,0036$
$\alpha/\beta = 0,0034$
$\alpha/\beta = 0,0032$
$\alpha/\beta = 0,0030$
4,82
3,82
$\alpha = 1$

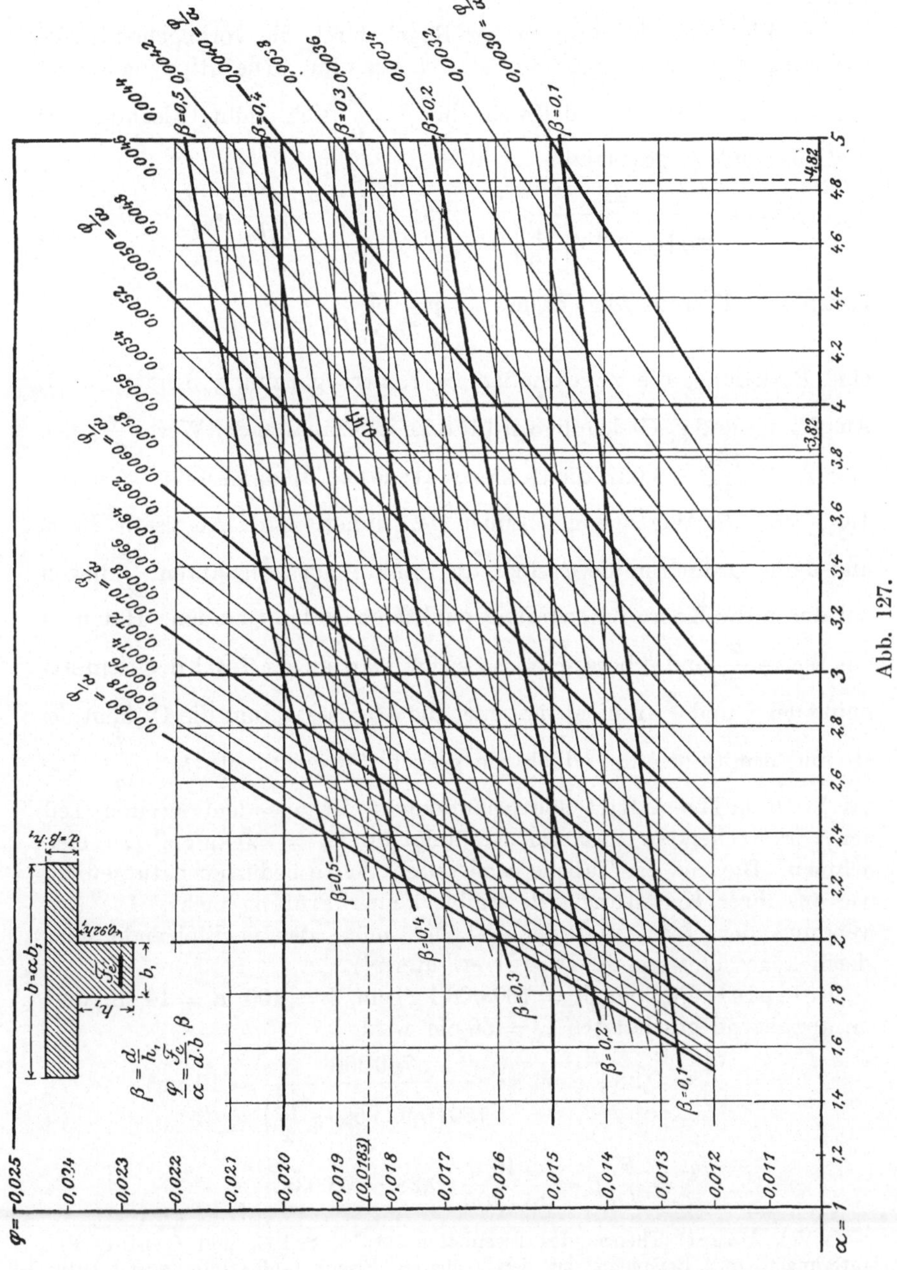

Abb. 127.

Bei Durchführung der Rechnung selbst wird folgender Weg empfohlen:

Die Plattenstärke d ist in der Regel durch die vorangehende Berechnung der Platte gegeben, also d bekannt. Die Rippenhöhe ist zunächst zu schätzen, so daß weiterhin $\beta = \dfrac{d}{h_1}$ sich ergibt. Alsdann wird die Eiseneinlage geschätzt:

$$F_e = \frac{M}{750\left(0{,}92\,h_1 + \dfrac{d}{2}\right)} \qquad \text{und} \qquad \varphi = \frac{F_e}{b_0\,h_1} = \frac{F_e}{d\,b}\,\alpha \cdot \beta \qquad (70\,\text{a})$$

bestimmt. Hieraus folgt dann:

$$\frac{\varphi}{\alpha} = \frac{F_e}{d\,b}\,\beta\,, \qquad\qquad (70\,\text{b})$$

eine Beziehung, die zweckmäßig als Kontrollgleichung benutzt wird. Aus der σ_{b_z}- und y_0-Gleichung wird für die innezuhaltenden Werte $\dfrac{\sigma_{b_z}}{\sigma_e}$, also hier z. B. $\dfrac{24}{750} = 0{,}032$ die Größe φ als $F(\alpha,\,\beta)$ dargestellt. Auf der Tafel sind für Werte von β Linien gezeichnet, deren Abszissen die α und deren Ordinaten die φ sind, die Punkte mit konstanten $\dfrac{\varphi}{\alpha}$ liegen auf durch die Koordinatenanfangspunkte gehenden Geraden. Hat man die Werte $\dfrac{\varphi}{\alpha}$ und β berechnet, so sucht man in der Tafel den Schnittpunkt der β- und $\dfrac{\varphi}{\alpha}$-Linien, liest hier die Abszisse α und die Ordinate φ ab und ermittelt nun endlich die gesuchte Rippenbreite $b_0 = \dfrac{b}{\alpha}$. Die bei Stadium II b auftretende Spannung σ_b ist aus dem zweiten Teil der voranstehenden Zusammenstellung für $\sigma_e = 750\ \text{kg/cm}^2$ zu entnehmen. Die mit der Tabelle ermittelten Werte bedürfen naturgemäß, wie aus ihrer Herleitung sich ergibt, keiner Prüfung mehr. Die Anwendung der Tafel und der Tabellen möge das nachfolgende, hier gleich angeschlossene Beispiel erläutern[1]).

Beispiel: Für ein $M = 760\,000\ \text{kg}\cdot\text{cm}$, $b = 100$, $d = 14\ \text{cm}$ und ein annähernd geschätztes $h_1 = 50\ \text{cm}$ wird:

$$\beta = \frac{14}{50} = 0{,}28\,;\qquad F_e = \frac{760\,000}{750\left(0{,}92 \cdot 50 + \dfrac{14}{2}\right)} = 19\ \text{cm}^2$$

$$\frac{\varphi}{\alpha} = \frac{F_e}{d\,b}\,\beta = \frac{19}{14 \cdot 100} \cdot 0{,}28 = 0{,}0038\,.$$

---

[1]) Vgl. Hager, Theorie des Eisenbetons, 1916, S. 105, und Gehler, Erläuterungen mit Beispielen zu den früheren Eisenbetonbestimmungen, 1916, 2. Aufl., 1917, S. 64.

Für die Schnittpunkte der beiden Linien $\left(\dfrac{\varphi}{\alpha}\ \text{und}\ \beta\right)$ auf der Tafel (Abb. 127) findet man: $\alpha = 4{,}82$, $\varphi = 0{,}0183$. (Der Punkt und die Koordinaten sind in der Tafel angegeben.)

Demgemäß ist:

$$b_0 = \frac{b}{\alpha} = \frac{100}{4{,}82} = 20{,}7\ \text{cm}. \quad \text{Ferner wird:} \quad \varphi = \frac{19}{20{,}7 \cdot 50} = 0{,}0183 \,,$$

als Kontrolle berechnet, und das gleiche Ergebnis wie die Tafel zeigend.

Nach der Zusammenstellung XII „Abteilung A" ergibt sich für $\alpha = 4{,}82$, $\beta = 0{,}28$, $\varphi = 0{,}0183$ ein angenäherter Wert (für $\alpha = 5{,}0$, $\beta = 0{,}30$, $\varphi = 0{,}02$) von $\sigma_b : \sigma_e = 0{,}0246$, so daß angenähert: $\sigma_b = 750 \cdot 0{,}0246 = 18{,}4\ \text{kg/cm}^2$ wird.

Ist $M = 600\,000\ \text{kg} \cdot \text{cm}$, $b = 100\ \text{cm}$, $d = 12\ \text{cm}$, $h_1 = 40\ \text{cm}$, so wird:

$$\beta = \frac{d}{h_1} = \frac{12}{40} = 0{,}30$$

$$F_e = \frac{600\,000}{750 \left(0{,}92\, h_1 + \dfrac{d}{2}\right)} = \frac{600\,000}{750 \cdot (0{,}92 \cdot 40 + 6)} = 18{,}7\ \text{cm}^2.$$

$$\frac{\varphi}{\alpha} = \frac{F_e}{d \cdot b}\, \beta = \frac{18{,}7}{12 \cdot 100}\, 0{,}30 = 0{,}0047.$$

Aus der Tafel folgt: $\alpha = 3{,}82$; $\varphi = 0{,}018$ und somit

$$b_0 = \frac{100}{\alpha} = \frac{100}{3{,}82} \cong 26\ \text{cm}.$$

Der Prüfung dient:

$$\varphi = \frac{F_e}{b_0\, h_1} = \frac{18{,}7}{26 \cdot 40} = 0{,}018 \,.$$

Die Tabelle (Abschnitt B) liefert angenähert für $\alpha = 4{,}00$, $\varphi = 0{,}020$ und $\beta = 0{,}30$, $\sigma_b : \sigma_e = 0{,}0283$, d. h. $\sigma_b = 750 \cdot 0{,}0283 = 21{,}23\ \text{kg/cm}^2$.

17. Die Schubspannungen in den auf Biegung belasteten Plattenbalken, die schiefen Hauptzugspannungen, die Berechnung der aufgebogenen Eisen und der Bügel.

Die Schubspannungen.

Für den einfach und doppelt bewehrten Rechtecksquerschnitt war früher (S. 276—277) gefunden worden:

$$\tau_0 = \tau_{\max} = \frac{Q \cdot S_{nn}}{J_{nn}\, b} = \frac{Q}{b \cdot z} \,,$$

worin die einzelnen Bezeichnungen die bekannte Bedeutung haben und z den Hebelarm der inneren Kräfte darstellt, d. h. bei einfach bewehrtem Querschnitt $= \left(h - \dfrac{x}{3}\right)$, beim doppelt bewehrten $= (h - x + \eta_0)$ ist.

Da die Querschnittsbreite b im Nenner steht, so wird τ_0 um so kleiner, je größer b ist. Einem kleinen Wert von b entspricht umgekehrt ein großer τ_0-Wert. Deshalb ist von vornherein zu erkennen, daß bei den Plattenbalken die größere Schubspannung in der Rippe gegenüber der Platte eintreten wird, und daß demgemäß in den vorstehenden Gleichungen bei ihrer Anwendung auf Plattenbalken b durch b_0 zu ersetzen ist. In gleicher Weise ist bei Lage III der Nullinie, also normalen Verhältnissen, J_{nn} durch das auf S. 321—323 bzw. 328 u. ff. entwickelte $J_{nn_{\mathrm{III}}}$ und z bei einfach bewehrten Rippenbalken durch $(h - x + v)$[1], bei doppelter Bewehrung durch den Annäherungswert $\left(h - \dfrac{d}{2}\right)$[2] oder $(h - 0{,}4\,d)$ zu ersetzen. Will man im letzteren Falle genauer rechnen, so ist die Gleichungsform, das statische Moment enthaltend, zu bevorzugen. Es dienen also zur Ermittlung der Schubspannungen die Gleichungen:

bei einfach bewehrtem Plattenbalkenquerschnitt:

$$\tau_0 = \frac{Q \cdot S_{nn}}{J_{nn_{\mathrm{III}}}\, b_0} = \frac{Q}{b_0\,(h - x + v)} = \frac{Q}{b_0\, z}\, ; \qquad (71\,\mathrm{a})$$

bei doppelt bewehrtem Plattenbalkenquerschnitt:

$$\tau_0 = \frac{Q \cdot S_{nn}}{J_{nn_{\mathrm{III}}}\, b_0} \cong \frac{Q}{b_0 \left(h - \dfrac{d}{2}\right)}\, . \qquad (71\,\mathrm{b})$$

Hierbei wird S_{nn} zweckmäßig in der Form: $S_{nn} = n\,F_e\,(h - x)$ gebildet werden.

Bereits auf S. 125 bzw. 211 wurde erwähnt, daß der Beton nur mit $4\ \mathrm{kg/cm^2}$ auf Schub belastet werden dürfe, daß falls die Schubspannung $4\ \mathrm{kg/cm^2}$ überschreitet, alle Schubspannungen im Träger durch Eisen aufzunehmen sind, und daß, wenn die Schubspannung den Wert $14\ \mathrm{kg/cm^2}$ übertrifft (= der Normalzugfestigkeit des Betons), der Querschnitt des Balkens zu ändern ist, also b_0 bzw. d_o oder beide anders zu wählen sind.

---

[1]) Vgl. S. 330.

[2]) Hier ist also wieder vorausgesetzt, daß die Mittelkraft der Druckkräfte in halber Plattenhöhe angreift. Oft wird hier auch der Wert $\dfrac{d}{2}$ durch $0{,}4\,d$, oder auch durch $\tfrac{3}{8}\,d$ ersetzt, vgl. oben.

Die Querkraft, von der an $\tau_0 \geqq 4\,\mathrm{kg/cm^2}$ ist, bei deren Erreichen also alle auftretenden Schubspannungen durch Eiseneinlagen aufzunehmen sind, findet sich bei einer geradlinig begrenzten Querkraftsfläche (also z. B. des einfachen, gleichmäßig belasteten Balkens) aus der Beziehung (Abb. 128):

$$\tau_0 = 4{,}0 = \frac{Q_1}{b_0\,z}\,;\quad Q_1 = 4{,}0\,b_0\,z \qquad\qquad (72\,\mathrm{a})$$

und bei gleichmäßig verteilter Last aus der Gleichung:

$$\lambda = \frac{Q_{\max} - Q_1}{p} = \frac{l}{2}\,\frac{Q_{\max} - Q_1}{Q_{\max}}\,{}^1). \qquad\qquad (72\,\mathrm{b})$$

Weiter ergibt sich die Gesamtquerkraftsfläche auf der Strecke λ zu:

$$\sum Q = \frac{Q_{\max} + Q_1}{2} \cdot \lambda$$

oder, wenn man nach der Beziehung (71a) Q durch τ_0 ausdrückt:

$$\sum Q = \sum \tau_0\,b_0\,z\,;$$

$$Q_{\max} = \tau_{0\max}\,b_0 \cdot z\,;\quad Q_1 = 4\,b_0\,z\,;$$

$$\sum \tau_0\,b_0\,z = \frac{(\tau_{0\max} + 4)\,b_0\,z}{2}\,\lambda\,.$$

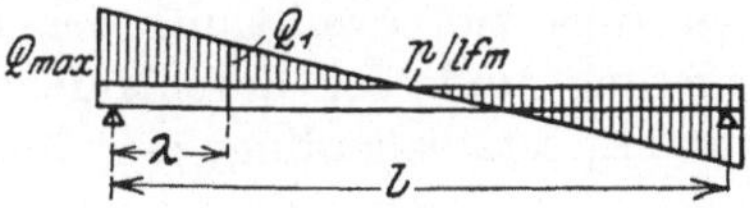

Abb. 128.

Da $\sum \tau_0\,b_0$, gebildet für die Strecke λ, die gesamte auf ihr auftretende Schubkraft $= T_\lambda$ darstellt, folgt weiter:

$$T_\lambda = \frac{b_0\,\lambda}{2}\,(\tau_{0\max} + 4).$$

Hierin kann auch für $\tau_{0\max}$ der Wert τ_{0A} gesetzt werden, wenn τ_{0A} die Schubspannung am Auflagerpunkt bezeichnet, an dem Q und τ_0 ihre Höchstwerte besitzen.

Da nach den neuen Bestimmungen bei Überschreiten der Grenze $\tau_0 = 4\,\mathrm{kg/cm^2}$ alle Schubspannungen aufzunehmen sind, berechnet sich

---

${}^1)$ Dies folgt aus der bekannten Beziehung beim Träger auf 2 Stützen und dessen gleichförmiger Vollbelastung durch p/m:

$$Q_{\max} = \frac{p\,l}{2}\,;\qquad\qquad p = \frac{2\,Q_{\max}}{l}\,.$$

Vgl. hierzu auch die Zusammenstellungen Va—b auf S. 252—257, die für den einfach bewehrten Querschnitt die Werte Q_4 und Q_{14} enthalten, also die Querkräfte als Funktionen des Querschnittes angeben, bei denen Eiseneinlagen für die Schubspannungen notwendig sind bzw. der Querschnitt zu ändern ist. Früher war in den Bestimmungen vom 13. I. 1916 vorgesehen, daß die Schubspannungen im Beton nur von der Grenze $\tau_0 \geqq 4\,\mathrm{kg/cm^2}$, dann aber in ihrer Gesamtheit durch Eisen aufgenommen werden mußten. Die Vorschriften vom September 1925 verlangen im Gegensatze hierzu, daß, sobald τ_0 den Wert von $4{,}0\,\mathrm{kg/cm^2}$ (bzw. 5,5 bei hochwertigem Zement) überschreitet, alle Schubspannungen auf der betreffenden Feldseite ganz durch abgebogene Eisen oder Bügel oder beides zugleich aufzunehmen sind (vgl. die Ausführungen auf S. 211). Nach diesen Bestimmungen hat der oben berechnete Wert Q_1 zur Zeit weniger praktische Bedeutung.

die Schubfläche auf jeder Seite des Trägers von seiner Mitte an, also für je eine Länge $= \dfrac{l}{2}$, hier zu:

$$\sum Q = \frac{Q_{max} \cdot l}{4} = \tau_{0_{max}} \frac{b_0 z \cdot l}{4} = \sum \tau_0 b_0 z. \qquad (72\,c)$$

Hieraus folgt, wie auch aus dem Diagramm abzulesen, die gesamte Schubkraft auf der halben Trägerlänge:

$$T_{\frac{l}{2}} = \frac{\tau_{0_{max}} b_0 l}{4}. \qquad (72\,d)$$

Nach den Bestimmungen ist die Grundlinie des Schubdiagramms in die halbe Höhe zwischen Unterkante und Oberkante des Balkens zu legen. Es sei daran erinnert (S. 182), daß bei Hochbauten eine Vollbelastung zur Ermittlung der Querkräfte bei beiderseits freier Auflagerung und bei durchlaufenden Trägern zugrunde zu legen ist, vorausgesetzt allerdings eine überwiegend ruhende Belastung.

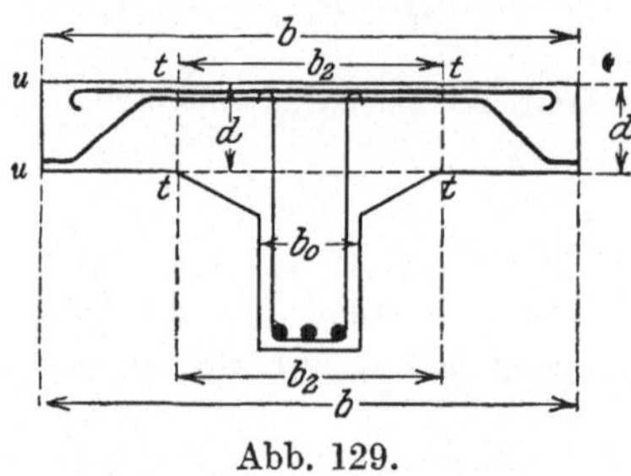

Abb. 129.

Handelt es sich (Abb. 129) um die Schubspannung τ_p in der Platte am Übergang in die Schräge, also in den Fugen $t\,t$ im gegenseitigen Abstande $= b_2$, so kann man — der Sicherheit der Rechnung halber — annehmen, daß die gesamte Druckkraft D durch die Platte $b \cdot d$ aufgenommen wird, in deren Schwerpunkt angreift und sich gleichmäßig über die Platte verteilt. Hieraus ergeben sich alsdann Teilkräfte D_1, die auf die Plattenteile außerhalb $t\,t$, also auf die Druckfläche je $= tt\,uu$ entfallen:

$$2 D_1 = \frac{D\,(b - b_2)}{b}; \qquad D_1 = \frac{D}{2} \cdot \frac{b - b_2}{b}.$$

Da

$$D = \frac{M}{z} \cong \frac{M}{h - \dfrac{d}{2}}$$

ist, so ergibt sich:

$$D_1 = \frac{M\,(b - b_2)}{2\left(h - \dfrac{d}{2}\right) b} \, {}^{1}).$$

Wie auf S. 274 erwähnt, müssen die Schubspannungen den Differenzen der Normalspannungen, und ebenso die Schubkräfte den Unterschieden der Normalkräfte innerhalb zweier, nahe hintereinander folgender Quer-

---

[1]) In diesen Gleichungen ist h wiederum die nutzbare Höhe des Plattenbalkens.

schnitte das Gleichgewicht halten. Beträgt die Entfernung der Querschnitte $d\,x$, so wird mithin:

$$\frac{d\,D_1}{d\,x} = \frac{d\,M\,(b-b_2)}{d\,x\,2\left(h-\dfrac{d}{2}\right)b} = \frac{Q\,(b-b_2)}{2\left(h-\dfrac{d}{2}\right)b}\,.$$

Da ferner in der Schubfuge $t\,t$ — Abb. 129 — auf eine Länge $d\,x$ eine Schubkraft von $\tau_p \cdot d \cdot d\,x$ aufgenommen wird, so folgt, wenn D_1 die im Beton der Platte außerhalb der Schnitte $t\,t$ vorhandene Druckkraft darstellt:

$$d\,D_1 = \tau_p \cdot d \cdot d\,x$$

$$\frac{d\,D_1}{d\,x} = \tau_p\,d = \frac{Q\,(b-b_2)}{2\left(h-\dfrac{d}{2}\right)b}\;;\qquad \tau_p = \frac{1}{2\,d}\,\frac{Q\,(b-b_2)}{\left(h-\dfrac{d}{2}\right)b}\,. \tag{73}$$

Da ferner

$$\tau_0 = \frac{Q}{z\cdot b_0} \cong \frac{Q}{\left(h-\dfrac{d}{2}\right)\cdot b_0}$$

ist, so kann τ_p auch in der Form dargestellt werden:

$$\tau_p = \frac{\tau_0\,b_0}{2\,d}\,\frac{b-b_2}{b}\,. \tag{73a}$$

Diese Beziehung kann auch dazu benutzt werden, um bei gegebenem Werte τ_p den Beginn der Schrägen durch Ermittlung des Wertes b_2 zu bestimmen:

$$b_2 = \frac{b}{\tau_0\,b_0}\,(\tau_0\,b_0 - \tau_p\,2\,d)\,. \tag{73b}$$

Nach Versuchen von Bach kann hierin bei ausreichender Querbewehrung der Platte der Wert τ_p zu etwa 8—9 kg/cm² gesetzt werden [1]).

Wie schon auf S. 208 u. ff. hervorgehoben wurde, dienen zur Aufnahme der Schubspannungen Bügel und schiefe Aufbiegungen der Eisen. An obiger Stelle wurde bereits betont, daß, solange Eisen, den auftretenden Biegungsbeanspruchungen entsprechend, schief abgebogen werden können, sie allein zur Aufnahme der durch die Schubspannungen hervorgerufenen schiefen Hauptzugspannungen heranzuziehen sind; erst, wenn sie

---

[1]) Vgl. hierzu: Bach, Mitteil. über Forschungsarbeiten, Heft 90/91 u. Heft 122/123 (1910 u. 1912); und Mörsch, Der Eisenbetonbau, 4. Aufl., 1912, S. 315: „Soweit die vorliegenden Versuche den Schluß zulassen, würde man mit einer zulässigen Schubspannung von 9 kg/cm² rechnen können, wobei noch in Betracht käme, daß hier ein Beton von geringer Festigkeit vorhanden war."

nicht mehr ausreichen, ist auf die Mithilfe der Bügel zurückzugreifen. Falls angängig, sind also die Bügel zur Aufnahme der Schubkräfte nicht in Rechnung zu stellen, sondern vorwiegend als konstruktive Verstärkung des Verbundes zur Verankerung von Obergurt und Untergurt des Balkens zu bewerten.

Die Bestimmungen vom September 1925 lassen hierin freie Hand, indem sie bestimmen, daß zur Aufnahme der Schubkräfte und der von ihnen bedingten schiefen Hauptzugspannungen entweder Aufbiegungen oder Bügel oder beide Bewehrungen verwendet werden müssen.

Nehmen Bügel Schubkräfte auf, so ist ihr Anteil hieran (Abb. 130) nach der Beziehung zu schätzen:

$$F_b \cdot \tau_e = 2 f_b \tau_e = e \, b_0 \tau_0 \; ; \qquad \tau_0 = \frac{2 f_b \, 1000}{e \, b_0} . \tag{74}$$

Hieraus folgt weiter:

$$\tau_e = \frac{e \, b_0 \tau_0}{2 f_b} \; ; \qquad f_b = \frac{b_0 \tau_0 \, e}{2 \tau_e} = \frac{b_0 \tau_0 \, e}{2000} \; ; \tag{74a}$$

$$e = \frac{2 f_b \tau_e}{\tau_0 \, b_0} = \frac{2 f_b \, 1000}{\tau_0 \cdot b_0} = \frac{2000 f_b z}{Q_1} {}^1) . \tag{74b}$$

Die Gleichungen lassen erkennen, daß man, je nach Bedürfnis, die Größe der Schubspannung oder den Bügelquerschnitt oder die Entfernung der Bügel (e) bestimmen kann. Q_1 stellt die zur Schubspannung τ_0 in dem jeweils betrachteten Querschnitte zugehörende Querkraft dar. Als Einheiten sind Kilogramm und Zentimeter einzuführen.

Da man (vgl. S. 210—211) nahe dem Auflager die Bügel in kürzere gegenseitige Entfernung legt, kann man u. U. mit ihrer Hilfe hier auch —

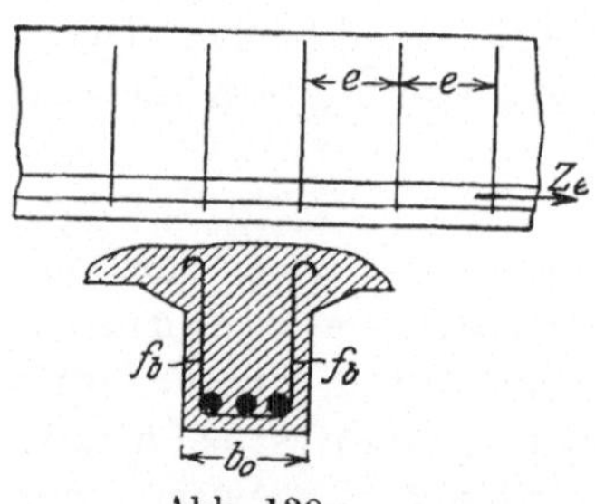

Abb. 130.

was wegen der vergrößerten Querkraft erwünscht sein kann — größere Schubkräfte aufnehmen.

Ferner folgt aus der allgemeinen Beziehung:

$$\tau_0 = \frac{Q}{b_0 \cdot z}$$

die Schubkraft Q_1, welche die Bügel bei einer Spannung von τ_0 zu übernehmen vermögen:

$$Q_1 = \tau_0 \, b_0 \, z = \tau_0 \, b_0 \, (h - x + v)$$

oder angenähert (namentlich bei doppelter Bewehrung bzw. für den Sonderwert $\tau_0 = 4$ kg/cm²):

$$Q_1 = \tau_0 \, b_0 \left(h - \frac{d}{2} \right) ; \qquad Q_4 = 4 \, b_0 \left(h - \frac{d}{2} \right) . \tag{75}$$

$^1)$ $e = \dfrac{2 f_b \, 1000}{\tau_0 \, b_0}$; $\qquad \tau_0 = \dfrac{Q_1}{z \cdot b_0}$; $\qquad e = \dfrac{2 f_b \, 1000 \, z \, b_0}{Q_1 \, b_0} = \dfrac{2000 f_b \cdot z}{Q_1}$.

Die schiefen Hauptzugspannungen.

Für die Hauptspannung, sich zusammensetzend aus der Normal- und Schubspannung, gilt die Beziehung:

$$\sigma_{\mathrm{ma}} = \frac{\sigma}{2} \pm \sqrt{\frac{\sigma^2}{4} + \tau^2} \, .$$

Ihre Richtung zur Balkenachse wird bestimmt durch:

$$\mathrm{tg}\, 2\,\alpha = -\frac{2\,\tau}{\sigma} \, .$$

Da in der Nullinie die Normalspannungen $= 0$ sind, gilt hier für sie:

$$\sigma_{\mathrm{ma}} = \pm\,\tau \qquad \text{und} \qquad \mathrm{tg}\, 2\,\alpha = -\frac{2\,\tau}{0} = \infty \, .$$

$$2\,\alpha = 90° \, ; \quad \alpha = 45° \, ,$$

d. h. die Hauptspannungslinien schneiden die Nullinie unter 45° und treten nach e i n e r Richtung als unter 45° geneigt wirkende Haupt z u g - spannungen, nach der anderen Richtung als Haupt d r u c k spannungen auf. Während die Hauptdruckspannungen von dem an und für sich druckfesten Beton einwandfrei aufgenommen werden können, sind wegen mangelnder Zugsicherheit des Betons die schiefen Hauptzugspannungen durch Eisen, und zwar durch Aufbiegung der Zugeisen nach dem Druck- gurt und unter 45° zur Balken- achse gerichtet, aufzunehmen. Geschieht dies nicht in aus- reichender Weise, so bilden sich die mehrfach erwähnten schiefen Zugrisse (Abb. 131a und b).

Denkt man sich den Gleich- gewichtszustand eines klei- nen Würfels (aus homogenem Stoffe) in der Nullinie (Abb. 132), so wirken an ihm sowohl senk-

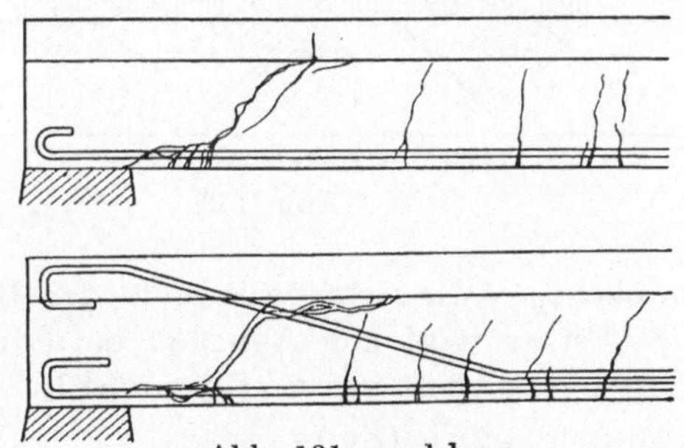

Abb. 131 a und b.

rechte wie wagerechte Schubspannungen τ_v bzw. τ_h, die unter sich, da die Kräftepaare im Gleichgewicht sein müssen, selbst absolut gleich sind. $\tau_h = \tau_v = \tau$. Hat der Würfel eine Seitenlänge von $d\,x$, so ist die Spannkraft in seiner Seitenfläche $T_h = \tau_h \,(d\,x)^2$ bzw. $T_v = \tau_v \,(d\,x)^2$. Denkt man sich beide Kräfte T_h und $T_v = T$ zu einer Mittelkraft Z_τ vereinigt, so wird:

$$Z_\tau^2 = T_v^2 + T_h^2 \, ; \qquad Z_\tau = T \sqrt{2} = \tau\,d\,x^2 \sqrt{2} \, .$$

Da Z_τ auf die Diagonalebene des Würfels einwirkt, die zugehörige Zugfläche also mithin eine Größe von $dx\,\sqrt{2}\cdot dx = dx^2\,\sqrt{2}$ hat, — Abb. 138a — so ist die spezifische Spannung infolge von Z_τ:

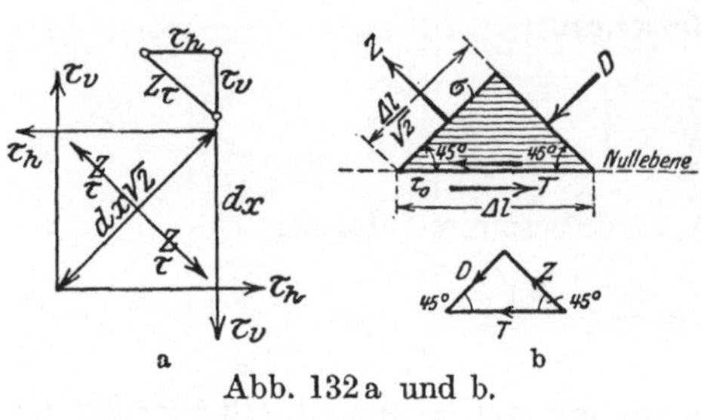

Abb. 132a und b.

$$z_\tau = \frac{Z_\tau}{dx^2\sqrt{2}} = \frac{\tau\,dx^2\sqrt{2}}{dx^2\,\sqrt{2}} = \tau \,,$$

d. h. auch bei dieser Betrachtung ergibt sich, daß die schiefe Hauptzugspannung = der Schubspannung wird:

$$z_\tau = \tau \,. \qquad (76)\,[1]$$

Ist (Abb. 133) auf einer Strecke von der Länge $\lambda \cdot e$, innerhalb deren eine Aufbiegung der Eisen bewirkt werden soll, der Verlauf der Querkraft gegeben, und sind für die, diese Strecke begrenzenden Querkräfte die Schubspannungen $\tau_1, \tau_2, \tau_3, \tau_4$ usw. berechnet, so muß die beispielsweise zum mittleren Teile gehörende Abbiegung unter $45°$, die durch Schraffur herausgehobene schiefe Zugspannungsfläche aufnehmen, die so bemessen ist, daß sie — entsprechend der Beziehung $z_\tau = \tau$ — dieselben Schubspannungen am Anfang und Ende aufweist,

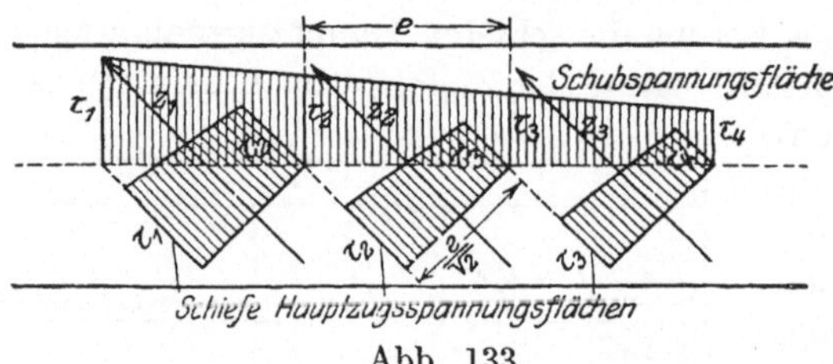

Abb. 133.

die sich aus der darüber gezeichneten, zugehörenden Schubfläche ergeben. Hieraus folgt für die in Frage stehende Teilfläche:

$$Z_2 = \frac{\tau_2 + \tau_3}{2}\,\frac{e}{\sqrt{2}}\cdot b_0 \,,$$

wobei b_0 — wie stets — die Breite der Rippe des Plattenbalkens darstellt.

Ferner folgt aus Abb. 133 der Satz: Die Fläche der schiefen Hauptspannungen (F_z) verhält sich zur Fläche der Schubspannungen $(F\tau_0) = 1 : \sqrt{2}$.

$$F_z : F\tau_0 = \frac{\tau_2 + \tau_3}{2}\,\frac{e}{\sqrt{2}} : \frac{\tau_2 + \tau_3}{2}\cdot e = \frac{1}{\sqrt{2}} : 1 = 1 : \sqrt{2}, \text{ d. h. } F_z = \frac{F\tau_0}{\sqrt{2}} \quad (77)$$

---

[1] Dasselbe Ergebnis liefert auch die Betrachtung eines kleinen, gleichschenklig rechtwinkligen Prismas — Abb. 132b mit der Tiefe $= b$.

$$D^2 + Z^2 = T^{\prime 2}\,; \quad \left(\sigma_z\,\frac{b\,\triangle l}{\sqrt{2}}\right)^2 + \left(\sigma_d\,\frac{b\,\triangle l}{\sqrt{2}}\right)^2 = (\tau_0\,b\,\triangle l)^2$$

$$\sigma_z = \sigma_d = \pm\,\tau_0 \,.$$

Ist mithin die F_{τ_0}-Fläche gegeben, so ist auch die F_z-Fläche bekannt; da beide Flächen im Verhältnisse von $\sqrt{2}:1$ stehen, also eine Umrechnung, namentlich auf graphischem Wege, durchaus einfach ist. — Stellt in Abb. 134 a b c

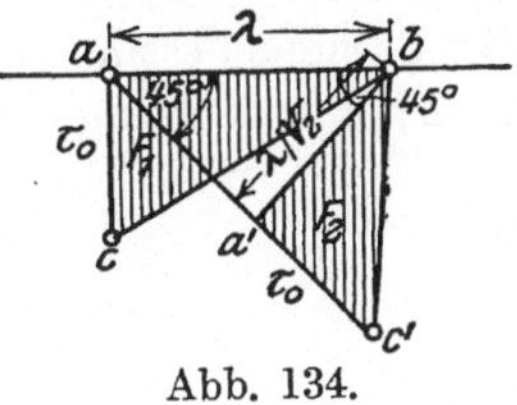

Abb. 134.

eine F_{τ_0}-Fläche dar, so ist die $\dfrac{F_{\tau_0}}{\sqrt{2}}$-Fläche der schiefen Hauptzugspannungen durch Ziehung zweier unter 45° zur Wagerechten verlaufender Graden $a\,a'$ und $b\,a'$ und Auftragung des Wertes $\tau_0 = a'\,c'$, endlich durch Ziehen der Verbindungslinie $b\,c'$ gegeben [1]); denn alsdann ist:

$$F_{\tau_0} = F_1 = \tau_0 \frac{\lambda}{2} \quad \text{und} \quad F_z = F_2 = \frac{\tau_0\,\lambda}{2\cdot\sqrt{2}},$$

und somit ist $F_1:F_2 = \sqrt{2}:1$, und demgemäß F_2 die der Schubspannungsfläche F_1 entsprechende Fläche der schiefen Hauptzugspannungen. Beträgt die Breite des Balkens (der Rippe) b (b_0), so wird mithin die gesamte schiefe Zugkraft:

$$Z_\tau = \frac{\lambda}{\sqrt{2}}\,\frac{\tau_0}{2}\cdot b \quad \text{bzw.} \quad = \frac{\lambda}{\sqrt{2}}\,\frac{\tau_0}{2}\,b_0\,. \tag{78}$$

Auf dieser Darstellung und den vorangegangenen Überlegungen fußend, ist der Gang bei Ermittlung der Aufbiegungen (vgl. Abb. 135) der folgende:

Nach Aufzeichnung der Schubfläche (ABS für gleichmäßige Belastung) und nach dem Nachweise $\tau_0 > 4$ kg/cm² werden, entsprechend den Bestimmungen von der Mittellinie des Balkens (genauer von dessen ungefährer Schwerachse), die Geraden AD bzw. SD unter 45° zu AS gezogen. Von D aus wird alsdann der Wert $\tau_{0\text{max}}$ — also die Schubspannung über dem Auflagerpunkte auf DA abgetragen $= DC$ und C mit S verbunden. AS ist hier Mittellinie des Balkens in seiner senkrechten Längsprojektion. Alsdann stellt die Fläche CDS die Fläche der schiefen Hauptzugspannungen dar. Ist die Stegbreite $= b_0$, so wird hier die gesamte schiefe Hauptzugkraft:

$$Z_\tau = \frac{\tau_{0\text{max}}\,DS}{2}\cdot b_0 = \frac{\tau_{0\text{max}}}{2}\,\frac{l}{2\sqrt{2}}\cdot b_0 = \frac{\tau_{0\text{max}}\,l\,b_0}{4\sqrt{2}} = \frac{\tau_{0\text{max}}\,l\,b_0}{4\cdot 1,414} = \frac{\tau_{0\text{max}}\,l\,b_0}{5,656}\,.$$

Sollen und können alle schiefen Hauptzugspannungen durch Aufbiegungen aufgenommen werden, so teilt man, je nach der Anzahl

---

[1]) Selbstverständlich kann man auch, wie das in der Praxis üblich ist, die F_z-Fläche von der Linie $a'\,b$ aus nach oben zu auftragen.

der zur Verfügung stehenden Untergurteisen, also der Zahl der Eisen, die man ohne Schwächung der Trägerquerschnitte wegen der sich nach dem Auflager zu verringernden Momente abbiegen darf, die Fläche CDS in eine Anzahl inhaltsgleicher Teile, deren Schwerpunkte alsdann die zweckmäßige Lage der Abbiegungen im Aufrisse des Balkens bestimmen (Abb. 135a). Naturgemäß hat man sich hierbei durch Nachrechnung der

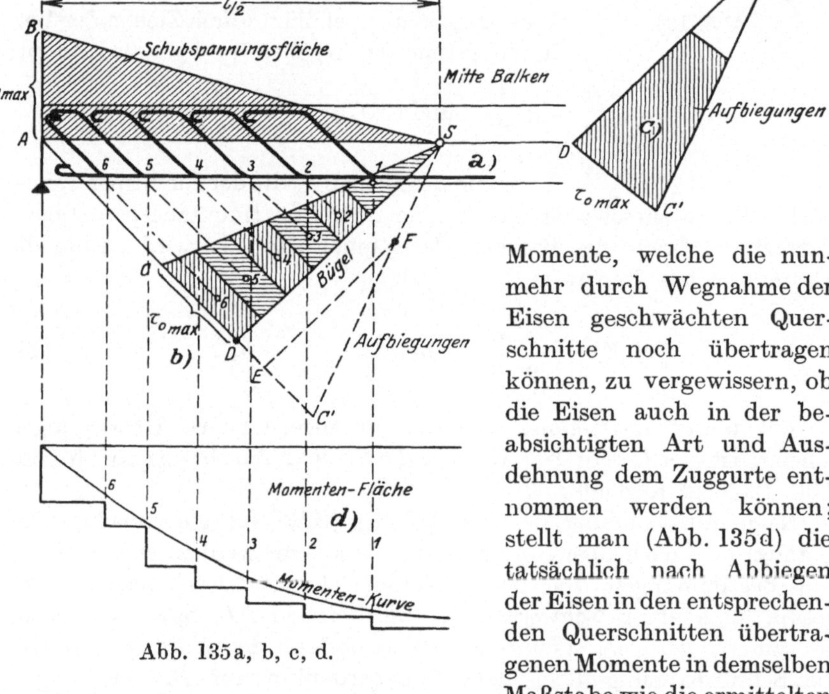

Abb. 135a, b, c, d.

Momente, welche die nunmehr durch Wegnahme der Eisen geschwächten Querschnitte noch übertragen können, zu vergewissern, ob die Eisen auch in der beabsichtigten Art und Ausdehnung dem Zuggurte entnommen werden können; stellt man (Abb. 135d) die tatsächlich nach Abbiegen der Eisen in den entsprechenden Querschnitten übertragenen Momente in demselben Maßstabe wie die ermittelten Momente dar, so muß die (abgetreppte) Linie der ersteren Momente die Momentenkurve allseitig zum mindesten umhüllen.

Bei der Abbiegung der Eisen ist zu beachten, daß sie in den einzelnen Querschnitten stets so abzubiegen sind, daß gegenüber der Schnittlinie mit der Kraftebene stets Symmetrie des Querschnitts gewahrt wird. Selbstverständlich wird man bei 2 Lagen der Eisen übereinander zunächst die oberen Eisen abbiegen und weiterhin die Schwächung der Querschnitte in einem möglichst gesetzmäßigen, allmählichen Übergange vollziehen. Die beiden letzten Abbiegungen sind stets bis über das Auflager durchzuführen, alle vorhergehenden aber bis zum Beginne einer neuen Abbiegung im Obergurt beizubehalten. Alle Abbiegungen sind an ihren Enden durch Haken fest im Beton zu verankern (Abb. 135a). Wenn möglich, sollen die wagerechten Abstände der einzelnen Abbiegungsstellen eine gegenseitige Entfernung von $\geqq z$ erhalten, da alsdann in jedem senkrechten Querschnitte nur ein abgebogenes Eisen bzw. eine nebeneinander in derselben schiefen Ebene liegende Schar von Eisen sich befindet. Alsdann wird die Kraftübertragung möglichst einwandfrei.

Stehen nicht genügend Eisen zur Verfügung, können also nicht ausreichende Eisenquerschnitte von der Zugeinlage nach dem Druckgurt abgebogen werden, oder will man in wirtschaftlichem Sinne die Bügel zur Übertragung der Schubkräfte heranziehen, die bestimmungsgemäß — auch in Balkenmitte — als Verbindungen zwischen Zug- und Druckgurt gefordert werden, so wird ein Teil der Z_r-Fläche durch Aufbiegungen, der Rest durch Bügel aufzunehmen sein. Je nach den jeweils vorliegenden Verhältnissen, wird man hierbei die Z_r-Fläche in der Art unterteilen können, daß z. B. der Trapezstreifen $DEFS$ (Abb. 135a) für Bügel, das Dreieck $EC'F$ für Aufbiegungen verbleibt, oder auch — weniger wirtschaftlich — Bügel nur im mittleren Balkenteile in Rechnung gestellt werden und alsdann unter Umständen die Z_r-Fläche in der Art, wie es in Abb. 135c dargestellt ist, gebildet wird.

Wählt man den Bügelabstand auf der ganzen Trägerlänge gleich und nimmt man — wie üblich — auch die Bügel überall gleich stark, so ist nach der vorstehend entwickelten Gleichung (74) die von ihnen aufgenommene Spannung $= \tau_0$:

$$\tau_0 = \frac{F_b\,\sigma_e}{e\,b_0} = \frac{2\,f_b\,\sigma_e}{e\,b_0},$$

und damit der Wert bestimmt, den man von der Z_r-Fläche in Abzug zu bringen hat. Läßt man — wiederum bei gleichbleibendem Bügelquerschnitt — die Bügelabstände wechseln, also nach dem Auflager zu abnehmen, so entsteht eine mehr oder weniger trapezähnliche Fläche, die das Diagramm der von den Bügeln aufgenommenen Schubkräfte darstellt; alsdann erhält auch die den Abbiegungen zugewiesene Fläche eine weniger oder in höherem Maße unregelmäßige Form, die aber angenähert, und für praktische Fälle vollkommen ausreichend, in ein inhaltsgleiches Dreieck umgewandelt werden kann. Ist die Z_r-Fläche, wie z. B. bei Einzellasten und dem Verlaufe der Querkraft nach einzelnen Trapezflächen, unregelmäßig und selbst aus einzelnen Trapezen gebildet, so ist es oft beschwerlich, die Z_r-Fläche in eine Anzahl gleicher Teile zu teilen. Es empfiehlt sich alsdann, eine Summenkurve dieser Fläche zu bilden, d. h. eine Kurve zu konstruieren, deren Ordinate η

eines bestimmten Punktes die Fläche der Hauptzugkraft vom Beginne bis zu diesem Punkte darstellt.

Für ein Trapez (Abb. 136a b) wird diese Summenkurve folgendermaßen bestimmt. Ist die Trapezfläche $n\,o\,q\,s = F$, so ist die Fläche des Trapezes vom Koordinatenanfangspunkt bis zur Abszisse x: $m\,n\,o\,p = \Delta F$; sie besteht aus dem Parallelogramm $n\,o\,p\,t = \Delta F_1$ und dem Dreieck $m\,n\,t = \Delta F_2$. Demgemäß wird:

$$\Delta F = \Delta F_1 + \Delta F_2 = a\,x + \frac{c}{2\,b}\,x^2 = a\,x + \beta\,x^2 = \eta_1 + \eta_2 = \eta\,,$$

wobei $\beta = \dfrac{c}{2\,b}$ ist. Der erste Summand stellt eine Geradengleichung, der zweite eine quadratische Parabel dar. Die Summenkurve dieser Trapezfläche ist somit gegeben durch eine Gerade und eine sie berührende Parabelkurve. Man konstruiert demgemäß die Gerade:

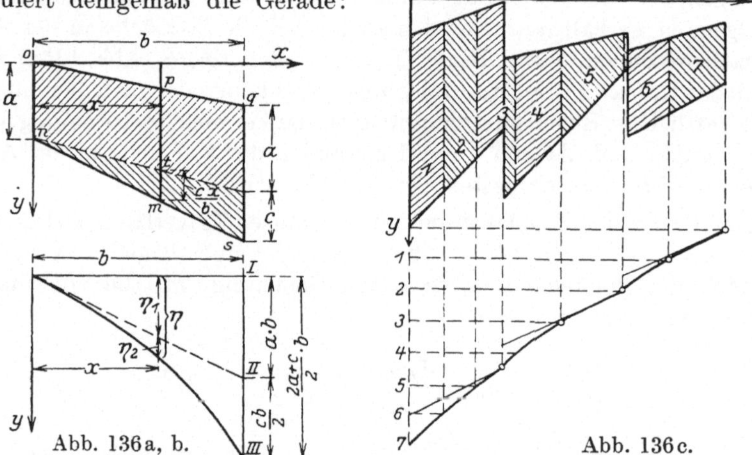

Abb. 136a, b.   Abb. 136c.

$\eta_1 = a\,x$ und setzt an deren Ordinaten die Werte: $\eta_2 = \beta\,x^2$ an. Teilt man nun die Ordinate der Summenkurve $\eta = \mathrm{I} \cdot \mathrm{III}$ in die verlangte Anzahl gleicher Teile und zieht durch die so erlangten Punkte Parallelen zu der x-Achse, so ergeben die Schnittpunkte dieser Parallelen mit der Kurve die gesuchten Teilpunkte. Man braucht letztere nur nach oben zu loten, um die gesuchte Teillinien der Trapezfläche zu erhalten. Das Verfahren ändert sich nicht, wenn einzelne verschiedene Trapeze in der Z_r-Fläche sich aneinanderreihen (Abb. 136c). Zur Konstruktion der Kurve genügen einige Punkte, einmal die Knickpunkte der einzelnen Trapezflächen und die Ordinaten für 1 oder 2 Zwischenpunkte. Die Genauigkeit der graphischen Lösung ist eine recht gute[1]).

---

[1]) Vgl. Bauingenieur 1925, Heft 23, S. 401—402: Brebera und Klement, Ermittlung der Eisenaufbiegungen.

Will man bei Ermittlung von Z_τ nicht die Fläche mit b_0 multiplizieren, sondern gleich eine richtige Z_τ-Fläche entwerfen, so hat man nur die Werte τ_0 von vornherein mit b_0 zu erweitern, und demgemäß bei den Bügeln auch mit der Gleichungsform: $\tau_0 \cdot b_0 = \dfrac{F_b \sigma_e}{e}$ zu rechnen, also $\tau_0\, b_0$ zur Ermittlung der Fläche der Bügelkräfte aufzutragen.

Wegen der Teilung von Dreiecksflächen in inhaltsgleiche Streifen sei auf die bekannten Methoden, namentlich die Konstruktion vermittels des Halbkreises[1]) verwiesen.

Vorstehend wurde bereits die Notwendigkeit erwähnt, sich zu vergewissern, ob auch die in den einzelnen Querschnitten rechnungsgemäß zu übertragenden Momente eine Abbiegung der Eisen zulassen. Hierbei kann

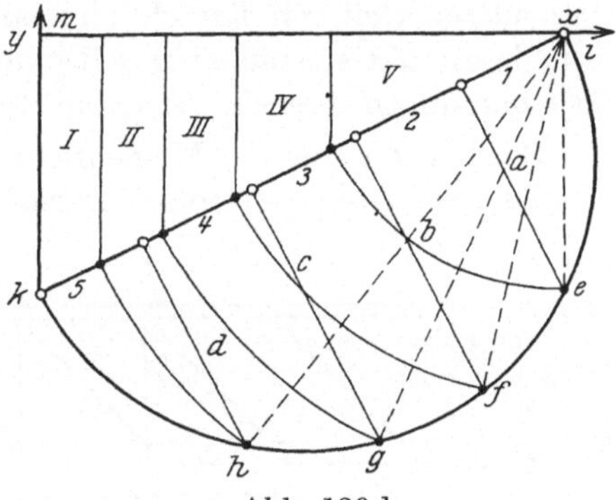

Abb. 136 d.

man, von dem geschwächten Querschnitte ausgehend, das Moment entwickeln, das dieser unter Innehaltung der erlaubten Spannungen noch zu tragen vermag und dieses alsdann in Vergleich zu den erforderten Momenten setzen[2]), oder man kann in ähnlicher Weise auch (Abb. 137) die Momente berechnen, welche der Balkenquerschnitt bei einer Bewehrung mit z. B. 2, 4, 8, 10 und 12 Eisen zu übertragen vermag und sie (im Maßstabe der Momentenfläche aufgetragen) zur Ermittlung der

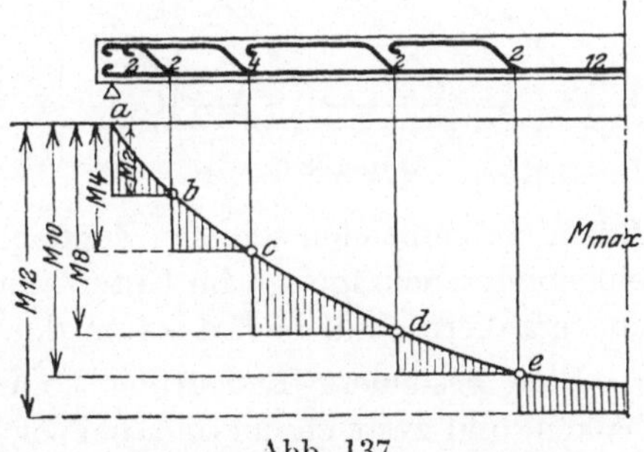

Abb. 137.

<hr>

[1]) Soll $i\,k\,m$ (Abb. 136 d) in 5 inhaltsgleiche Streifen nach der Richtung y geteilt werden, so teilt man $i\,k$ in 5 gleiche Abschnitte (1, 2, 3, 4 und 5), schlägt über $i\,k$ einen Halbkreis, errichtet in den Teilpunkten Lote (a, b, c, d) und schlägt weitere Kreisbögen mit den Halbmessern $i\,e$, $i\,f$, $i\,g$ und $i\,h$, deren Schnittpunkte auf $i\,k$ die Grenzen der flächengleichen Streifen angeben.

[2]) Unter der Annahme, daß r gleich starke Eisen in Trägermitte erfordert, und von ihnen nacheinander viermal je zwei, zusammen also acht abgebogen werden, berechne man für Querschnitt I (in Trägermitte) das Moment für r Eisen (M_r), für Querschnitt II für $r-2$ Eisen (M_{r-2}), für III für $r-4$ (M_{r-4}), für IV für $r-6$ (M_{r-6}) und endlich für V für $r-8$ Eisen (M_{r-8}). Umhüllt dann die Kurve dieser M_r-Momente die Momentenkurve der wirklich geforderten Momente, so wird durch die Aufbiegung an keiner Stelle eine unzulässige Biegungsspannung eintreten.

Punkte benutzen, von denen aus eine Querschnittsschwächung durch Abbiegung der Eisen erlaubt ist. Alsdann ist die theoretische schiefe Zugkraft, welche die aufgebogenen Eisen innerhalb der Strecke vom Auflager bis Punkt e übertragen, durch die aus dem Spannungsdiagramm entwickelte Kraft Z_τ nachzuprüfen.

Ist der so konstruktiv erreichte Z-Wert $> Z_\tau$, so bedarf es keiner besonderen weiteren Berechnung; alsdann wirken auch die Bügel nur rein konstruktiv, sind aber selbstverständlich notwendig — nach den Bestimmungen auch in Trägermitte.

Reichen die aus der Momentenlinie als zum Abbiegen erlaubt nachgewiesenen Eisen — trotz Heranziehung von Bügeln — nicht aus, um die schiefen Hauptzugspannungen vollkommen aufzunehmen, so müssen besondere Schrägeisen hinzugefügt werden. Es ist erwünscht, auch hier darauf zu achten, daß alle Eisen, also sowohl die aufgebogenen als auch die besonders hinzugefügten, gleiche Spannung erhalten; ihnen sind also je gleiche Teile der nach Abzug der Spannungsfläche für die Bügel verbleibenden schiefen Zugfläche zuzuweisen.

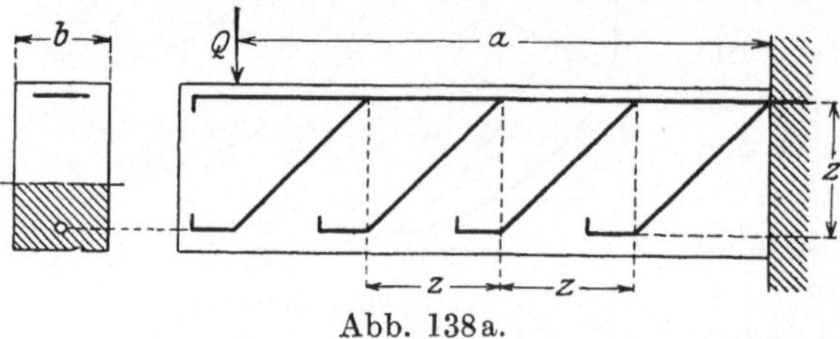

Abb. 138a.

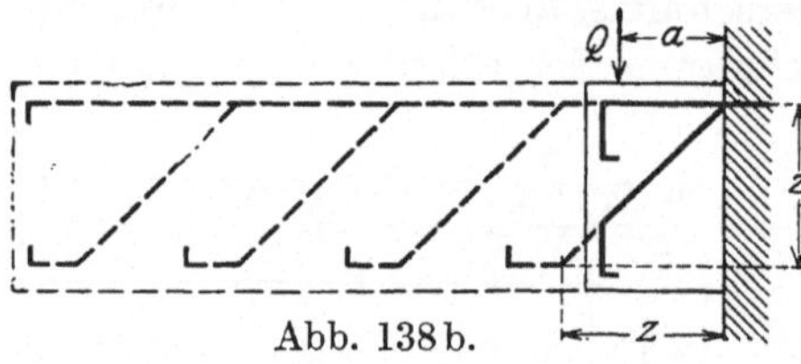

Abb. 138b.

Daß die besonders eingefügten Schrägeisen im Unter- und Obergurte fest durch Umbiegung zu verankern sind, bedarf kaum der Hervorhebung.

Eine besondere Bedeutung kommt den Aufbiegungen bei Kragbalken, und zwar namentlich bei solchen von geringer Stützweite, zu[1]). Greift beispielsweise an einem Eisenbeton-Kragbalken und zwar nahe seinem Ende eine Einzellast Q an, so ist auf der Strecke a (Abb. 138a) die Querkraft konstant $= Q$. Hier wird

$$Z_\tau = \frac{\tau_0\, a \cdot b}{\sqrt{2}} = \frac{Q}{b\,z}\,\frac{a\,b}{\sqrt{2}} = \frac{a}{z}\,\frac{Q}{\sqrt{2}}\,; \qquad (79)$$

b ist, wie stets, die Querschnittsbreite, z der Hebelarm der inneren Kräfte. Folgen die Abbiegungen im Abstand $= z$, dann ist ihre

---

[1]) Vgl. Berechnung von Abbiegungen gegen Abscheren, von Dr.-Ing. E. Rausch. Bauingenieur 1922, Heft 7, S. 211.

Anzahl $= \dfrac{a}{z}$ und der auf je eine Abbiegung entfallende Kraftanteil:

$$Z_\tau' = \frac{1}{a/_z} \cdot \frac{a}{z} \frac{Q}{\sqrt{2}} = \frac{Q}{\sqrt{2}}.$$

In Abb. 138a ist gezeigt, wie die Eisen liegen müssen, damit von jedem in z entfernten Querschnitte ein der Kraft $\dfrac{Q}{\sqrt{2}}$ entsprechend abgebogener Stab getroffen wird. Die Querkraft bleibt konstant bei beliebiger Stellung der Last. Dies würde bedeuten, daß auch bei einem zu Q gehörenden Hebelarm $a \gtrless z$ (Abb. 138b) eine für die schräge Zugkraft $\dfrac{Q}{\sqrt{2}}$ nach ihr zu bemessende Abbiegung vorhanden sein müßte. Da tatsächlich aber $\dfrac{a}{z} < 1$ ist, so ergibt sich für die Zugkraft ein zu kleiner Wert. Demgemäß gilt die oben aufgestellte Beziehung nur so lange, als $a \geqq z$ ist. Der Fall $a = z$ bildet somit die Grenze zwischen zwei verschiedenen Berechnungsweisen für die Abbiegungen. Im Falle $a < z$ ist die Schubsicherung auch im senkrechten Sinne nachzurechnen.

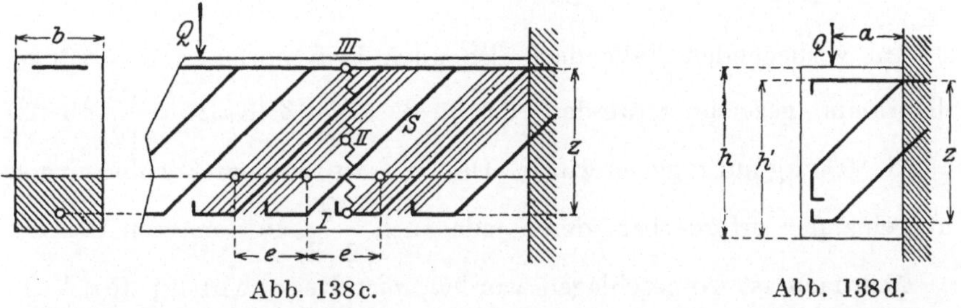

Abb. 138c. Abb. 138d.

Legt man die Eisen in geringere Entfernung als z, z. B. $= e$ in Abb. 138c, so ist zu übersehen, daß in einem Schnitte *I II III* sich 2 Stäbe an der Aufnahme der schiefen Hauptzugkraft beteiligen. Da wegen der Neigung der Stäbe unter 45° der lotrechte, also in der Querschnittsrichtung liegende Abstand der Stäbe ebenfalls $= e$ ist, so werden von einem senkrechten Schnitte $\dfrac{e}{z}$ Stäbe getroffen, und diese Stäbe nehmen gemeinsam eine Zugkraft auf von:

$$Z_\tau = \frac{z}{e} \frac{e}{z} \cdot \frac{Q}{\sqrt{2}} = \frac{Q}{\sqrt{2}}.$$

Nach der normalen Berechnungsweise wäre für eine Kraglänge $= e$ (Abb. 138c und d) nur ein Stab — wie vorher für die Strecke z — notwendig.

Dieser Stab nimmt aber nur die Hauptzugspannungen der Strecke $I\,II$ auf. Es müssen daher noch so viel Stäbe hinzugefügt werden, daß die vom Querschnitte getroffene Stabanzahl wie vor $=\dfrac{z}{e}$ ist und die aufgenommene Zugkraft $\dfrac{Q}{\sqrt{2}}$ beträgt.

Zahlenbeispiel: Für den Kragträger in Abb. 138 d sei: $Q = 10\,000$ kg; $a = 35$ cm; $b = 20$ cm. Gesamthöhe $= 100$ cm, nutzbare Höhe $= 95$ cm. Demgemäß ist $z = $ rd. $^7/_8\ 95 = 83$ cm. Die Schubspannung τ_0 wird:

$$\tau_0 = \frac{10\,000}{20 \cdot 83} = 6{,}0 \ \text{kg/cm}^2.$$

Es ist somit eine Schubsicherung erfordert. a ist $< z$;

$$Z_\tau = \frac{Q}{\sqrt{2}} = \frac{10\,000}{1{,}414} \cong 7100 \ \text{kg}\ .$$

Nach der Normalformel würde sein (falsch!):

$$Z_\tau = \frac{a}{z}\,\frac{Q}{\sqrt{2}} = \frac{35}{83}\,7100 = 3100 \ \text{kg} < 7100 \ \text{kg}\ .$$

Im vorliegenden Falle darf also auch kein normales Spannungsdiagramm gezeichnet werden, da dieses eine Z_τ-Kraft $= \dfrac{35}{\sqrt{2}} \cdot 6 \cdot 20$ $=$ rd. 3000 kg nur ergeben würde. Da $e \cong \dfrac{z}{2}$ ist, so sind 2 Abbiegungen übereinander erforderlich, deren jede nach $\dfrac{Q}{2\,\sqrt{2}}$ zu bemessen ist.

Mehrfach ist vorgeschlagen worden, zur Berechnung der Aufbiegungen der Eisen die Fachwerkstheorie heranzuziehen und das Eisengerippe innerhalb des Balkens, je nach der engeren oder weiter entfernten Lage der Abbiegungen zueinander, als einen Parallelträger mit über je zwei bzw. über je ein Feld gehenden Diagonalen zu berechnen. Hierbei sind die Füllungsstäbe, die Druck erhalten, durch den zwischen den Eisen liegenden Beton gebildet zu denken. Es ist nicht zu verkennen, daß trotz mancher Vorzüge, welche in der Anwendung der Theorie liegen können, ihre Heranziehung auf massive, ungegliederte Eisenbetonbalken doch etwas Gezwungenes und Widernatürliches an sich hat, auch von Willkürlichkeiten nicht frei ist.

Zudem erscheint, nachdem einmal durch die Zerlegung der wagerechten Schubspannung in der Nullinie in eine schiefe, je unter $45°$ gerichtete Zug- und Druckspannung, die im Innern des Betons wirksamen schiefen Kraftwirkungen festgesetzt sind, außerdem der Beton als hochdruckfester Körper bekannt ist, eine Anwendung der Fachwerkstheorie zur Verfolgung der schiefen Druckkräfte im Beton als zum mindesten entbehrlich. Endlich kommt aber hinzu, daß die bisher übliche Theorie der Bestimmung der Abbiegungen allein aus den schiefen Hauptzugkräften, und namentlich aus dem Diagramm, zu einwandfreien konstruktiven Lösungen in der Praxis geführt hat, und zudem auch in Übereinstimmung steht mit den Versuchsergebnissen des Deutschen Ausschusses. Welche wertvollen Folgerungen aus dessen umfassenden Untersuchungen für die Lage der Abbiegungen im Balken und zueinander gezogen worden sind, wurde bereits auf S. 209 erwähnt. Gerade durch diese Versuche ist die Art der zweckmäßigen gegenseitigen Lage der Aufbiegungen so festgesetzt, daß hierdurch, in Verbindung mit einer gleichmäßigen Einteilung der schiefen Hauptzugfläche, eine einwandfreie Aufnahme der schiefen Hauptzugkräfte durch das übliche Berechnungsverfahren gesichert ist[1]).

Für die vorstehenden Ermittlungen sind stets die Größtwerte der Querkräfte in Rechnung zu stellen, bei einem durchgehenden Träger also z. B. die Querkräfte, unter Umständen nach den Winklerschen Zahlen bzw. bei genauerer Berechnung mit Hilfe von Einflußlinien, bei einfachen Balken und bei verschieblicher Verkehrslast durch das A-Polygon usw. zu bestimmen.

Im übrigen sei auf die Zahlenbeispiele zur Berechnung der Bügel und der schiefen Aufbiegungen in Abschnitt 19 verwiesen.

18. Der einseitige Plattenbalken.

Wenn einseitige Plattenbalken als Konstruktionsteile für sich, d. h. in ⌐-Form und **ohne** starre Verbindung mit Plattenbalken oder anderen gleichwertigen Bauteilen zur Ausführung gelangen, so können sie nicht wie symmetrische Balkenquerschnitte berechnet werden[2]). Bei der Beanspruchung bis zum Bruch schiebt sich alsdann die Platte

---

[1]) Vgl. zu dieser viel umstrittenen Frage u. a.: Schlüter, Schubsicherung der Eisenbetonbalken durch abgebogene Hauptarmierung und Bügel nach Vorschrift der neuen Bestimmungen vom 13. Januar 1916. Berlin 1917. Verlag von H. Meuser, und ebenda Nachlieferung hierzu 1919. Aussprache zwischen Dr. Sonntag und B. Loeser in: Bauingenieur 1920, Nr. 20 u. ff., sowie B. Loeser: Die konstruktive Gestaltung der Eisenbetonbalken. Bauingenieur 1920, Nr. 2 (die vorgenannte, sehr ausführliche Aussprache veranlassend).

[2]) Zu welchen großen Unterschieden und falschen Ergebnissen eine solche Berechnung der einseitigen Rippenbalken führt, weist Hager in seinem Werke: Theorie des Eisenbetons (München 1916) S. 157, nach, indem er zeigt, daß bei Annahme eines symmetrischen Trägers $\sigma_b = 39{,}4$ kg/cm^2, bei richtiger Rechnung aber $= 75$ kg/cm^2, also annähernd doppelt so groß wird.

schräg zur Rippe ab, die Nullinie hat also hier (vgl. Abb. 139 a b bis 141) eine schiefe Lage zum Querschnitte. Nach den neuen Bestimmungen darf die Platte insoweit in Rechnung gestellt werden, als sie (Abb. 139 c) das Maß $b = 4{,}5\, d + b_s + b_1$ bzw. die halbe lichte Rippenentfernung $+\ \dfrac{b_0}{2}$ oder ein Viertel der Balkenstützweite nicht überschreitet. Das kleinste dieser Maße ist zu wählen.

Geht man davon aus, daß in vielen praktischen Fällen die Plattenbreite etwa $3\, b_0$ beträgt, so wird (Abb. 139 a), bei Biegungsbelastung an der äußersten Kante i, die Druckspannung 0 sein und — ein Ebenbleiben der Querschnitte sowie eine konstante Elastizitätszahl vorausgesetzt — an der Rippenecke k ihren Größtwert erlangen. Zwischen den beiden Punkten wird in den einzelnen Querschnittslinien bis zur Nullinie NN die Spannung je nach Art eines Dreieckes sich ausbilden; der ganze Spannungs-

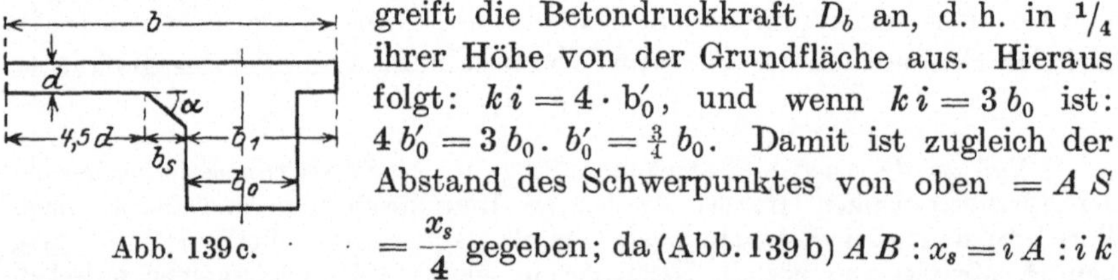

Abb. 139 a.   Abb. 139 b.

verlauf wird also einer dreiseitigen Pyramide ($i\, k\, m\, N$ in Abb. 139 b) folgen, deren Grundfläche in der Außenebene der Rippe bei k, deren Spitze bei i liegt. In dem Schwerpunkte (S) dieser dreiseitigen Pyramide greift die Betondruckkraft D_b an, d. h. in $^1/_4$ ihrer Höhe von der Grundfläche aus. Hieraus folgt: $k\, i = 4 \cdot b'_0$, und wenn $k\, i = 3\, b_0$ ist: $4\, b'_0 = 3\, b_0$. $b'_0 = \tfrac{3}{4}\, b_0$. Damit ist zugleich der Abstand des Schwerpunktes von oben $= A\, S$

Abb. 139 c. $= \dfrac{x_s}{4}$ gegeben; da (Abb. 139 b) $A\, B : x_s = i\, A : i\, k$ $= 3 : 4$, so ist: $A\, B = \tfrac{3}{4}\, x_s$. Da S der Schwerpunkt des Druckdreiecks über $A\, B$ und in der Ebene senkrecht zur Querschnittsfläche ist, ist somit

$$A\, S = \tfrac{1}{3}\, A\, B = \frac{3\, x_s}{4 \cdot 3} = \frac{x_s}{4}\,.$$

Aus dem Umstande, daß nur senkrechte Kräfte den Querschnitt beanspruchen, folgt, daß auch die in Punkt C vereinigt gedachte Eisenbewehrung, also ihr Schwerpunkt, auf der Senkrechten $A\,G$ liegen muß, also auch die Zugkraft im Eisen $= Z_e$ durch C geht.

Nunmehr lassen sich die folgenden Bedingungsgleichungen zur Ermittlung der Lage der Nullinie (durch x_s bzw. r in Abb. 139b) und der Spannungen σ_b bzw. σ_e aufstellen:

1)
$$Z = D = F_e\,\sigma_e = \frac{\sigma_b\,x_s}{2}\,\frac{b}{3}\quad {}^1)$$

2)
$$\sigma_b = \frac{\sigma_e}{n}\,\frac{r}{s} = \frac{\sigma_e}{n}\,\frac{x_s}{BC}\,.$$

$$B\,C = d_0 - a - A\,B = d_0 - a - \tfrac{3}{4}\,x_s\,.$$

3)
$$\sigma_b = \frac{\sigma_e}{n}\,\frac{x_s}{d_0 - a - \tfrac{3}{4}\,x_s}\,.$$

Setzt man diesen Spannungswert in Gleichung (1) ein, so ergibt sich:

4)
$$F_e = \frac{\sigma_b}{\sigma_e}\,\frac{x_s}{2}\,\frac{b}{3} = \frac{\sigma_e}{n\,\sigma_e}\,\frac{x_s\,x_s\,b}{(d_0 - a - \tfrac{3}{4}\,x_s)\,2\cdot 3} = \frac{x_s^2\,b}{6\,n}\,\frac{1}{(d_0 - a - \tfrac{3}{4}\,x_s)}\,.$$

Diese Gleichung, nach der Unbekannten x_s aufgelöst, liefert:

5)
$$x_s = \frac{9}{4}\,\frac{n\,F_e}{b}\left(-1 + \sqrt{1 + \frac{32}{27}\,\frac{b\,(d_0 - a)}{n\,F_e}}\right),\qquad (80)$$

eine Beziehung, die in ihrer Form durchaus an die entsprechende Gleichung bei dem symmetrischen Rechtecksquerschnitt erinnert, wenn auch naturgemäß die Beiwerte verschieden sind.

Ist x_s bekannt, so ergibt sich aus der Gleichheit der Momente der äußeren und inneren Kräfte:

6)
$$F_e\,\sigma_e\left(d_0 - a - \frac{x_s}{4}\right) = M\,.$$

6')
$$\sigma_e = \frac{M}{F_e\left(d_0 - a - \dfrac{x_s}{4}\right)}\qquad\qquad (81)$$

und demgemäß nach Gleichung 3):

$$\sigma_b = \frac{M\cdot x_s}{n\,F_e\left(d_0 - a - \dfrac{x_s}{4}\right)\left(d_0 - a - \dfrac{3\,x_s}{4}\right)}\,.\qquad (82)$$

$^1)$ Hierbei ist also die vorerwähnte Pyramide als Druckdiagramm in Rechnung gestellt.

Aus dem Umstande, daß der Schwerpunkt der Eiseneinlage in C exzentrisch zur Rippenachse liegt, folgt, daß die einzelnen Bewehrungseisen auch nicht gleichmäßig über die Rippenbreite verteilt werden dürfen, daß vielmehr nahe dem der Achse näher gelegenen Rippen

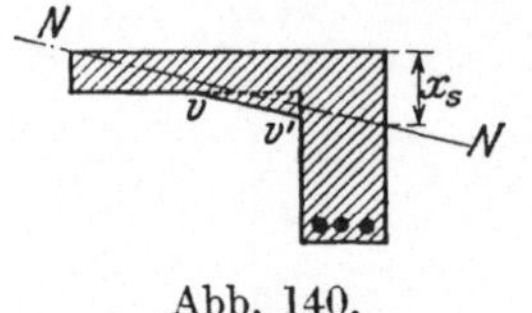

Abb. 140.

rande des Querschnittes mehr Eisen als an dem weiter entfernten anzuordnen ist. Die Verteilung, welche darauf hinausläuft, daß der Schwerpunkt der Eisen angenähert in C liegt, d. h. im Abstande von $\frac{3}{4} b_0$ bzw. $\frac{1}{4} b_0$ von der Rippenkante, wird am besten durch Probieren gelöst, indem entweder die Durchmesser der Eisen bei gleichbleibendem Abstande allmählich (hier von links nach rechts) abnehmen oder bei gleichem Durchmesser die Abstände wachsen. Am zweckmäßigsten wird bei diesem Ausprobieren graphisch vorgegangen, also von der Auffindung der Mittelkraft der Eisenquerschnitte mit Hilfe eines Kraft- und Seilecks Gebrauch gemacht werden. Die Eiseneinlage wird hierbei um so mehr der theoretischen Verteilung entsprechen, je näher ihre Mittelkraft der Achse $A\,G$ liegt[1]).

Schneidet die Nullinie (Abb. 140) den Querschnitt — namentlich bei dünner Platte — in der Art, daß sie zum Teil außerhalb der Platte zu liegen kommt, so empfiehlt sich eine Querschnittsverstärkung durch eine Schräge $v\,v'$.

Sollen die Hauptabmessungen des Querschnittes h und F_e bei gegebener Platte und äußerem Moment M bestimmt werden, kann man nach Hager[2]) davon ausgehen, daß bei den unsymmetrischen, für sich wirkenden ⊓-Balken die auftretenden σ_b-Spannungen angenähert die doppelte Größe wie bei entsprechenden symmetrischen Formen erlangen und

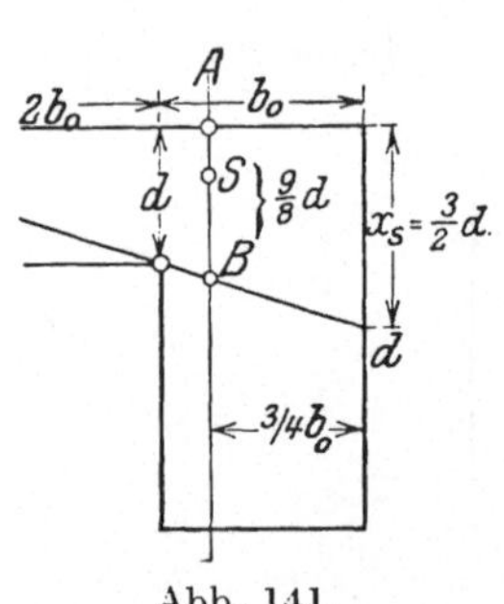

Abb. 141.

demgemäß nur der halbe Wert der sonst üblichen Spannung für σ_b, also etwa 20—25 kg/cm² zuzulassen ist. Unter dieser Voraussetzung kann alsdann angenähert unter Benutzung von Zusammenstellung II auf S. 242 h aus der Gleichung:

$$d_0 - a = h = r \sqrt{\frac{M}{b}}$$

abgeleitet werden. Um den Hebelsarm der inneren Kräfte zu bestimmen, geht man davon aus, daß die Nullinie $N\,N$ angenähert (Abb. 141)

---

[1]) Eine genauere, aber umständliche Art der Verteilung der Eisen auf rechnerischer Grundlage gibt Hager in seinem Werke: Theorie des Eisenbetons (München 1916), S. 155 ff. Vgl. auch dessen Aufsatz in der Deutschen Bauztg. Betonbeilage, 1914, Nr. 15.

[2]) Vgl. Hager: Theorie des Eisenbetons. S. 158.

durch den Anschlußpunkt zwischen Platte und Rippe geht, also hier
im Abstande von d von der Plattenoberkante die Rippenkante schneidet.
Hieraus folgt:

$$x_s = \tfrac{3}{2} d ; \quad A B = \tfrac{9}{8} d ; \quad S A = \tfrac{3}{8} d$$

und somit wird der Hebelarm der inneren Kräfte $= d_0 - a - \dfrac{3}{8} d$ [1]).
Alsdann wird:

$$F_e = \frac{M}{\sigma_e \left(d_0 - a - \dfrac{3\,d}{8} \right)} \text{[2])}. \tag{83}$$

Ein Zahlenbeispiel hierzu wird im nachfolgenden Abschnitt gegeben.

Werden einseitige Rippenbalken in ⌐ - Form, z. B. als
Abschlußträger einer Decke u. dgl., in festem Zusammenhange mit der Decke verwendet, so ist nicht anzunehmen,
daß diese einseitigen Balken eine andersgeartete Durchbiegung erfahren werden als ihre benachbarten symmetrischen T - Träger. Demgemäß wird auch in solchem Falle
die Nullinie parallel zur oberen Plattenbegrenzung verbleiben und der ⌐-Querschnitt nach denselben Regeln
berechnet werden können wie der symmetrische Rippenbalken. Die vorstehende, besondere Berechnungsart bezieht sich also nur, wie auch bereits im Anfange der Betrachtungen herausgehoben wurde, auf Querschnitte, die
vollkommen unabhängig von gleichwertigen Bauteilen ihre
Form ungehindert zu ändern vermögen.

---

[1]) Da nach der vorstehend entwickelten Gleichung (81):

$$F_e = \frac{M}{\sigma_e \left(d_0 - a - \dfrac{x_s}{4} \right)} \text{ ist. so liegt hierin: } \frac{3\,d}{8} = \frac{x_s}{4} ; \quad x_s = 1{,}5\,d ,$$

wie oben vorausgesetzt.

[2]) Hager rechnet damit (vgl. seine Theorie des Eisenbetons S. 158), daß
im allerungünstigsten Falle $x_s = d_0 - a$ werden kann, so daß die Gleichung alsdann lautet:

$$F_e = \frac{M}{\sigma_e \left[d_0 - a - \left(\dfrac{d_0 - a}{4} \right) \right]} = \frac{M}{\sigma_e \dfrac{3}{4} (d_0 - a)} \, .$$

Diese Wahl erscheint zu ungünstig für die Bemessung von Fe, weil hierbei ein
unwahrscheinlich kleiner Hebelarm für die inneren Kräfte, also eine zu starke
Bewehrung, sich ergibt.

19. Zahlenbeispiele zur Berechnung der Plattenbalken.

1. Der Querschnitt eines einfach bewehrten Plattenbalkens hat folgende Abmessungen:

Plattenstärke: $d = 10$ cm,
Gesamthöhe: $d_0 = 60$ cm,
Plattenbreite: $b = 120$ cm, Stegbreite $b_0 = 20$ cm,
Zugbewehrung: $F_e = 6$ Rundeisen, Durchmesser 18 mm $= 15{,}27$ cm², Randabstand a der Eiseneinlagen (bis zu ihrem Schwerpunkt gemessen) 4,0 cm.

Wie groß werden die Spannungen σ_b und σ_e, wenn ein Moment von 800 000 kg · cm auf den Plattenbalken wirkt?

$$x = -\frac{1}{b_0}\{d(b-b_0) + nF_e\}$$

$$+ \sqrt{\frac{1}{b_0^2}\{d(b-b_0) + n\cdot F_e\}^2 + \frac{2}{b_0}\left\{\frac{1}{2}d^2(b-b_0) + n\cdot F_e(d_0-a)\right\}} \quad (55)$$

$$x = -\frac{1}{20}\{10(120-20) + 15\cdot 15{,}27\}$$

$$+ \sqrt{\frac{1}{20^2}(10(120-20) + 15\cdot 15{,}27)^2 + \frac{2}{20}\{\tfrac{1}{2}10^2(120-20) + 15\cdot 15{,}27\cdot(60-4)\}}$$

$$x = -61{,}4 + \sqrt{61{,}4^2 + 500 + 1282} = -61{,}4 + 74{,}5 = \mathbf{13{,}1}\ \text{cm}.$$

Die Nullinie fällt also außerhalb der Platte; es liegt mithin Fall III vor.

$$J_{nn_{III}} = \frac{x^3}{3}\cdot b - \frac{(x-d)^3}{3}(b-b_0) + n\cdot F_e\cdot y^2 \quad (56)$$

$$y = d_0 - a - x = 60 - 4 - 13{,}1 = 42{,}9\ \text{cm}$$

$$J_{nn_{III}} = \frac{13{,}1^3}{3}\cdot 120 - \frac{(13{,}1 - 10{,}0)^3}{3}(120-20) + 15\cdot 15{,}27\cdot(60-4-13{,}1)^2$$

$$J_{nn_{III}} = 90\,000 - 994 + 422\,000 = 511\,000\ \text{cm}^4\,{}^1).$$

Nunmehr berechnet sich:

$$\sigma_b = \frac{Mx}{J} = \frac{800\,000}{511\,000}\cdot 13{,}1 = \mathbf{20{,}5}\ \text{kg/cm}^2.$$

$$\sigma_e = \frac{n\cdot M\cdot y}{J} = \frac{15\cdot 800\,000}{511\,000}\cdot 42{,}9 = \mathbf{1010}\ \text{kg/cm}^2$$

(σ_e ist auch $= n\cdot\sigma_b\cdot\dfrac{y}{x} = 15\cdot 20{,}5\cdot\dfrac{42{,}9}{13{,}1} = 1010$ kg/cm² wie oben.)

${}^1)$ Bemerkenswert ist hierbei die geringe Einwirkung des zweiten Gliedes, aber erklärt durch den geringen Unterschied von x und $d = 3{,}1$ cm.

Es zeigt sich eine hohe Ausnutzung der zulässigen Eisenspannungen und eine geringere Ausnutzung der Betondruckfestigkeit. Es hat das seinen Grund in der verhältnismäßig großen Steghöhe, die einen großen Hebelarm der inneren Kräfte zur Folge hat.

2. Ein Plattenbalken mit Abmessungen gemäß Abb. 142 sei bei 7,5 m Lichtweite und 7,8 m Stützweite durch eine Nutzlast von 500 kg auf 1 m Länge in einem Geschäftshause be-lastet. Die Eiseneinlagen, bestehend aus sechs Rundeisen von 2,5 cm Durchmesser haben einen Gesamtquerschnitt von 29,45 cm². Es sollen die größten im Beton und im Eisen auf-tretenden Spannungen ermittelt werden.

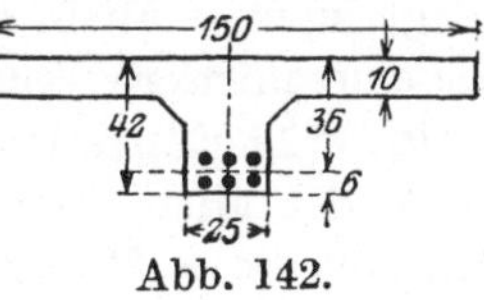
Abb. 142.

Das Eigengewicht und die Nutzlast betragen zusammen 1200 kg für 1 m Balkenlänge.

Daher ist:
$$M = \frac{1200 \cdot 7,8^2 \cdot 100}{8} = 912\,600 \text{ kg} \cdot \text{cm}.$$

Die Nullinienlage folgt angenähert aus:

$$x = \frac{\dfrac{150 \cdot 10^2}{2} + 15 \cdot 29,45 \cdot 36}{150 \cdot 10 + 15 \cdot 29,45} = 12,05 \text{ cm}; \qquad (55\,a)$$

ferner ergibt sich:

$$v = 12,05 - 5 + \frac{10^2}{6\,(2 \cdot 12,05 - 10)} = 8,23 \text{ cm}, \qquad (57)$$

mithin:

$$\sigma_e = \frac{912\,600}{29,45\,(36 - 12,05 + 8,23)} = 963 \text{ kg/cm}^2 \qquad (58)$$

und nach der Hauptgleichung:

$$\sigma_b = 963 \cdot \frac{12,05}{15\,(36 - 12,05)} = 32,3 \text{ kg/cm}^2.$$

Die Querkraft am Auflager ist:

$$Q = \frac{7,5 \cdot 1200}{2} = 4500 \text{ kg},$$

daher die Schubspannung im Beton:

$$\tau_0 = \frac{Q}{b_0\,(h - x + v)} = \frac{4500}{25\,(36 - 12,05 + 8,23)} = 5,6 \text{ kg/cm}^2 = \tau_{0_{max}}. \quad (70)$$

Der zulässige Wert der Schubspannung von 4,0 kg/cm² wird also überschritten. Aus $\tau_{0_{max}}$ folgt für eine Balkenhälfte die größte schiefe Hauptzugkraft zu:

$$Z_\tau = \frac{l}{2}\,\frac{\tau_{0_{max}} \cdot b_0}{2 \cdot \sqrt{2}} = \frac{780}{4} \cdot \frac{5,6 \cdot 25}{1,41} = \text{rd. } 19\,400 \text{ kg}.$$

Hierzu würden notwendig sein an „25er" Eisen: ($f_e = 4{,}91$ cm²), bei $\sigma = 1200$ kg/cm² eine Anzahl $= \dfrac{19\,400}{1200 \cdot 4{,}91} \backsimeq 4$. Ist es möglich, die drei oberen Eisen abzubiegen, so nehmen diese eine schiefe Zugkraft auf von $3 \cdot 4{,}91 \cdot 1200 =$ rd. 17 700 kg. Demgemäß wäre durch Bügel aufzunehmen eine Schubkraft von $(19\,400 - 17\,700)\, \sqrt{2} =$ rd. 2400 kg. Legt man — allein aus konstruktiven Gründen — Bügel von 8 mm $\oslash$ in eine mittlere Entfernung von rd. 15 cm, ordnet man also auf die halbe Trägerlänge von 3,90 m rd. 26 Bügel an (am Auflager mit engeren, nach der Mitte zu mit weiterem Abstande), so übertragen diese eine Schubkraft $= T = 2\,f_b\, 1000 \cdot 13 = 2 \cdot 0{,}5 \cdot 1000 \cdot 26 = 26\,000$ kg, genügen also zur Aufnahme der hier vorliegenden Kraft.

Nach den früheren Bestimmungen brauchten erst Eisen als Schubsicherung eingelegt zu werden von der Grenze von $\tau_0 > 4$ kg/cm² an bis zum Werte $\tau_{0\,max}$, d. h. die Trägerabschnitte, in denen die Schubspannung einen kleineren Wert als 4 kg/cm² erreichte, blieben ohne Schubbewehrung. Alsdann ist der Gang der Rechnung der folgende.

Die Stelle, an der mit dem Aufbiegen zu beginnen ist, findet sich aus der Bedingung, daß an dieser Stelle die Querkraft Q_1 nur sein darf:

$$Q_1 = \frac{4500 \cdot 4{,}0}{5{,}6} = 3200 \text{ kg}.$$

Dies ist erfüllt bei einem Abstande vom Auflagerpunkte

$$\lambda = \frac{Q_{max} - Q_1}{Q_{max}}\, \frac{l}{2} = \frac{4500 - 3200}{4500} \cdot 3{,}90 = 1{,}13 \text{ m}.$$

Die von den aufgebogenen Eisenstäben aufzunehmende Gesamtzugkraft Z ist:

$$Z = \frac{113}{\sqrt{2}} \left(\frac{5{,}6 + 4{,}0}{2} \right) \cdot 25 \backsimeq 9600 \text{ kg}.$$

In zwei aufgebogenen Stäben (Durchmesser $= 25$ mm) ist demgemäß:

$$\sigma_e = \frac{9600}{2 \cdot 4{,}91} = \text{rd. } 975 \text{ kg/cm}^2,$$

während die Haftspannung, wenn man nur die vier unteren Eisen am Auflager in Betracht zieht,

$$\tau_1 = \frac{b_0\,\tau_0}{U} = \frac{25 \cdot 5{,}6}{4 \cdot 2{,}5 \cdot 3{,}14} = 4{,}5 \text{ kg/cm}^2$$

beträgt.

2b. Will man in vorliegendem Falle die auftretende Betonzugspannung ermitteln, so ist zunächst für das Stadium I zu bestimmen:

$$x = \frac{\dfrac{25 \cdot 42^2}{2} + \dfrac{125 \cdot 10^2}{2} + 15 \cdot 29{,}45 \cdot 36}{25 \cdot 42 + 125 \cdot 10 + 15 \cdot 29{,}45} = 16{,}12 \text{ cm} \qquad (65)$$

und nach Gleichung (57) auf S. 331:

$$v = 16{,}12 - 5 + \frac{100}{6\,(32{,}24 - 10)} = 11{,}87 \text{ cm},$$

dann wird nach der in Anm. [1]) entwickelten Gleichung:

$$M = 912\,600$$

$$= \left[\frac{150 \cdot 10 \cdot 11,87}{2}(2 \cdot 16,12 - 10) + \frac{25}{3}(6,12^3 + 25,88^3) + 15 \cdot 29,45 \cdot 19,88^2\right]\frac{\sigma_{b_d}}{16,12}\,,$$

woraus folgt:

$$\sigma_{b_d} = 28,4\,\text{kg/cm}^2,$$

$$\sigma_{b_z} = \frac{25,88}{16,12} \cdot 28,4 = 45,6\,\text{kg/cm}^2,$$

$$\sigma_e = 15 \cdot \frac{19,88}{16,12} \cdot 28,4 = 525\,\text{kg/cm}^2.$$

Die Spannung $\sigma_{b_z} = 45,6\,\text{kg/cm}^2$ ist, falls Haarrisse eine schädliche Wirkung auslösen können, zu groß; **die Stegbreite des Balkens und der Querschnitt der Eiseneinlagen müssen verstärkt werden.**

3[2]). Ein im Freien angebrachter, frei aufliegender Plattenbalken vom Querschnitt nach Abb. 143a überdecke eine Öffnung von 5,80 m Lichtweite, die Rippenentfernung (Feldmitte) ist zu 1,60 m gewählt. Die Nutzlast (vorwiegend ruhende Last) betrage 940 kg/m². Die im Eisen und Beton auftretenden Spannungen sollen ermittelt werden.

Die Betonüberdeckung der Bügel muß mindestens 2 cm betragen,

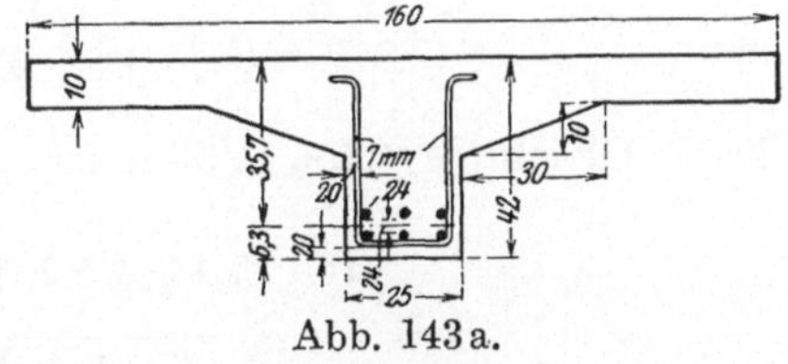

Abb. 143a.

der lichte Abstand der Eiseneinlagen von einander soll wenigstens 2,4 cm groß sein.

Die Gesamtbreite der Druckplatte darf nach den neuen Bestimmungen betragen:

1. $b = 12\,d + b_0 + 2\,b_s = 12 \cdot 10 + 25 + 2 \cdot 30 = 2,05\,\text{m}$
2. $b = $ Abstand der Feldmitten $= 1,60\,\text{m}$
3. $b = $ halbe Balkenstützweite $= 2,90\,\text{m}$

---

[1])

$$M = b\,\frac{\sigma_{b_0} + \sigma_{b_u}}{2} \cdot d \cdot v + b_0\,\frac{\sigma_{b_u}}{2}\,\frac{2}{3}(x - d)^2 + b_0\,\frac{d_0 - x}{2}\,\sigma_{b_z}\,\frac{2}{3}(d_0 - x) + \sigma_e\,F_e(d_0 - a - x),$$

$$M = \left[\frac{b}{2} \cdot d \cdot v(2\,x - d) + \frac{b_0}{3}[(x - d)^3 + (d_0 - x)^3] + n\,F_e(d_0 - a - x)^2\right]\frac{\sigma_{b_0}}{x}$$

(bezogen auf die Nullinie).

Naturgemäß hätte man auch das Trägheitsmoment $J_{nn\text{III}}$ bilden und alsdann $\sigma_{b_d} = \frac{M\,x}{J_{nn\text{III}}}$ usw. berechnen können

[2]) Entnommen den Musterbeispielen zu den früheren Bestimmungen vom 13. Januar 1916. Zentralbl. d. Bauw. 1919, Nr. 48, S. 265ff. (abgeändert).

Von diesen Maßen ist das kleinste, d. h. das unter 2), 160 cm, zu wählen. Hieraus bestimmt sich das Eigengewicht zu:

Rippe mit Schräge: $\left(0{,}32 \cdot 0{,}25 + 2 \cdot \dfrac{0{,}30}{2} \cdot 0{,}10\right) 2400 = 264\ \mathrm{kg/m}.$

Belastung durch 2 angrenzende Deckenfelder von 1,60 m Breite: Eigengewicht und Nutzlast der Platte:

$$2 \cdot \frac{1{,}60}{2} \cdot (240 + 940) \quad \cdots\cdots\cdots = 1890\ _{,,}$$

zusammen 2154 kg/m,

d. h. für 1 m Balkenlänge rd. 2160 kg.

Als Stützweite sei die um 5 vH vergrößerte Lichtweite gewählt, diese wird somit $5{,}80 \cdot 1{,}05 = $ rd. 6,10 m.

$$M = \frac{2160 \cdot 6{,}10^2 \cdot 100}{8} = 1\,004\,700\ \mathrm{kg \cdot cm}$$

Auflagerdruck $A = \dfrac{2160 \cdot 6{,}10}{2} = 6588\ \mathrm{kg} = Q_{\max}$

$$F_e = 6 \cdot \oslash 24\ \mathrm{mm} = 27{,}14\ \mathrm{cm}^2.$$

Nach Gleichung (55a S. 330) ist:

$$x = \frac{15 \cdot 27{,}14 \cdot 35{,}7 + \dfrac{160 \cdot 10^2}{2}}{15 \cdot 27{,}14 + 160 \cdot 10} = 11{,}2\ \mathrm{cm},$$

nach der Gleichung auf S. 330:

$$x - v = \frac{10}{3} \cdot \frac{3 \cdot 11{,}2 - 2 \cdot 10}{2 \cdot 11{,}2 - 10} = 3{,}7\ \mathrm{cm},$$

und somit wird:

$$z = h - x + v = 35{,}7 - 3{,}7 = 32{,}0\ \mathrm{cm}, \quad h - x = 35{,}7 - 11{,}2 = 24{,}5\ \mathrm{cm}.$$

Aus Gleichung (58) und (7a) folgt:

$$\sigma_e = \frac{1\,004\,700}{27{,}14 \cdot 32{,}0} = 1157\ \mathrm{kg/cm}^2$$

$$\sigma_b = \frac{11{,}2}{15 \cdot 24{,}5} \cdot 1157 = 35{,}3\ \mathrm{kg/cm}^2.$$

Nach Gleichung (70) ist:

$$\tau_0 = \tau_{\max} = \frac{6588}{25 \cdot 32{,}0} = 8{,}2\ \mathrm{kg/cm}^2.$$

Dieser Wert ist kleiner als 14 kg/cm², geht aber über das zulässige Maß von 4 kg/cm² hinaus; es müssen also einige Eisen aufgebogen werden. Im vorliegenden Falle sollen Abbiegungen nur auf der Balkenstrecke von dem Auftreten von $\tau_0 = 4\,\mathrm{kg/cm^2}$ an bis zum Auflager Anwendung finden, während die Schubsicherung in Trägermitte von den hier konstruktiv sowieso notwendigen Bügeln übernommen wird.

Nach Gleichung (72a) und (72b) ist:

$$Q_4 = 4 \cdot 25 \cdot 32{,}0 = 3200 \text{ kg}$$

$$\lambda = \frac{6588 - 3200}{2160} = 1{,}57\ \text{m}.$$

Nach Gleichung (77 u. folgd.):

$$Z = 25 \cdot \left(\frac{8{,}2 + 4{,}0}{2}\right)\frac{157}{\sqrt{2}} = 16\,910 \text{ kg}.$$

Zur Aufnahme dieser Kraft müssen 4 Eisen aufgebogen werden ($4 \oslash 24 = 18{,}1$ cm²).

$$\sigma_{e_z} = \frac{16\,910}{18{,}1} = 935 \text{ kg/cm}^2 \text{ mittlere Spannung.}$$

Die Stellen, an denen die abgebogenen Eisen die Nullinie schneiden, können hier gleichmäßig verteilt werden, vgl. Abb. 143b. Die erste Abbiegung liegt, da $\lambda = 1{,}57$ m, um etwa $1{,}57 + 0{,}15 = 1{,}72$ von der Mitte des Auflagers entfernt; die übrigen um $1{,}17 + 0{,}15 = 1{,}32$ m, um $0{,}78 + 0{,}15 = 0{,}93$ m und um $0{,}39 + 0{,}15 = 0{,}54$ m; an diesen Stellen sind die Momente der äußeren Kräfte:

$$M_6 = \left(\frac{2160 \cdot 6{,}10}{2}1{,}72 - \frac{1{,}72^2}{2}2160\right) \cdot 100 = \frac{2160}{2}100 \cdot 1{,}72\,(6{,}10 - 1{,}72)$$

$$= \frac{2160}{2} \cdot 100 \cdot 1{,}72 \cdot 4{,}38 = 813\,629 \text{ kg} \cdot \text{cm}$$

$$M_5 = \frac{2160}{2} \cdot 100 \cdot 1{,}32 \cdot 4{,}78 = 681\,437 \quad ,,$$

$$M_4 = \frac{2160}{2} \cdot 100 \cdot 0{,}93 \cdot 5{,}17 = 519\,275 \quad ,,$$

$$M_3 = \frac{2160}{2} \cdot 100 \cdot 0{,}54 \cdot 5{,}56 = 324\,259 \quad ,,$$

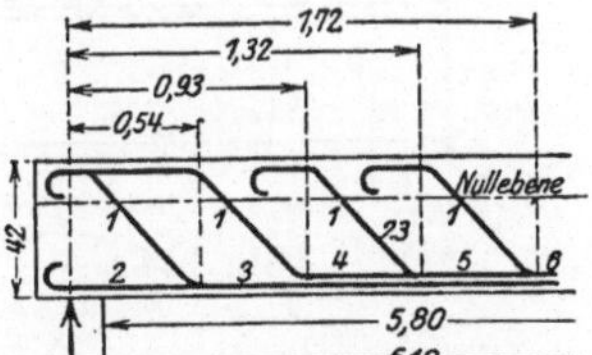

Abb. 143b.

Nach Gleichung (58) ist das zulässige Moment an den in Betracht kommenden Querschnitten $M \cong \sigma_e \cdot F_e \cdot z$;

für $F_e = 5 \cdot \oslash 24$ mm $1200 \cdot 32{,}0 \cdot 22{,}62 \cong 868\,600$ kg $\cdot$ cm

,, $F_e = 4 \cdot \oslash 24$,, $1200 \cdot 32{,}0 \cdot 18{,}10 \cong 695\,000$,,

,, $F_e = 3 \cdot \oslash 24$,, $1200 \cdot 32{,}0 \cdot 13{,}57 \cong 521\,100$,,

,, $F_e = 2 \cdot \oslash 24$,, $1200 \cdot 32{,}0 \cdot\ 9{,}04 \cong 349\,140$,,

25*

Der Umstand, daß die Größe z sich durch das Abbiegen der Eisen ändert, kann im allgemeinen unberücksichtigt bleiben; man rechnet dadurch sogar etwas sicherer.

Die berechneten zulässigen Momente sind in vorliegendem Falle größer als die vorhandenen Angriffsmomente; die Abbiegungen können somit an den angegebenen Stellen unbedenklich vorgenommen werden. Man erkennt aber zugleich, daß auch nicht mehr Eisen, als in Aussicht genommen, abgebogen werden durften.

Bei Berechnung der, bei dem hier gewählten Durchmesser der Eisen zwar nicht verlangten Haftspannungen an den beiden unteren gerade durchgeführten Eisen kommt nach den Bestimmungen vom September 1925 nur die halbe Querkraft in Ansatz; somit ist

$$\tau_h = \frac{\tau_{\max} \cdot b_0}{2 \cdot U} = \frac{8,2 \cdot 25}{2 \cdot 15,08} = 6,8 \ \text{kg/cm}^2 \, .$$

Die Enden der Eisen sind mit runden oder spitzwinkligen Haken zu versehen.

Für die Schubsicherungsberechnung in Trägermitte ergibt sich eine Gesamtschubkraft auf die Länge von $\dfrac{6,10}{2} - 1,57 = 1,48 \ \text{m}$:

$$T = \frac{148}{2} \cdot 4,0 \cdot 25 = 7400 \ \text{kg} \, .$$

Hierdurch wird eine Gesamtbügelfläche bedingt von rd. 7,4 cm² (bei $\tau_e = 1000 \ \text{kg/cm}^2$). Es reichen 7 mm starke Bügel in einer mittleren Entfernung von rd. 15 cm, also 10 Stück aus: $\sum f_e = 2 \cdot f'_e \cdot 10 = 0,77 \cdot 10 = 7,7 \ \text{cm}^2$. Die gleichen Bügel werden auch bis zum Auflager aus konstruktiven Gründen angeordnet, hier etwa in 10 bis 12 cm Abstand.

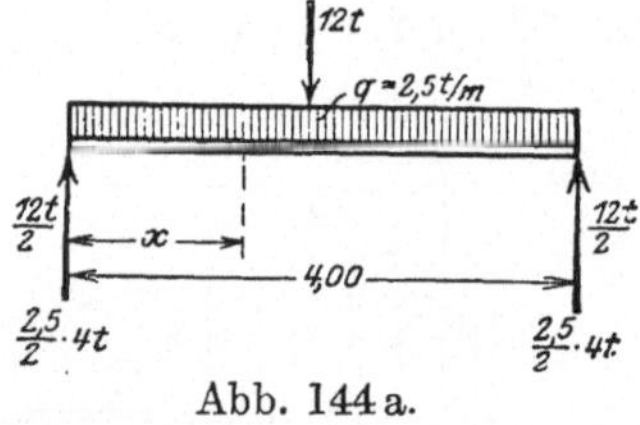

Abb. 144 a.

4[1]). Ein frei aufliegender Plattenbalken (Abb. 144a) mit einer Stützweite von 4,0 m und einer Nutzlast einschließlich Eigengewicht von 2,5 t/m und einer Einzellast von 12 t in der Mitte soll berechnet werden.

Die Druckgurtbreite betrage 1,80 m, die Plattenstärke 20 cm, die Stegbreite 0,25 m.

$$M = \frac{2,5 \cdot 4^2}{8} + \frac{12 \cdot 4}{4} = 17 \ \text{m} \cdot \text{t} = 1\,700\,000 \ \text{kg} \cdot \text{cm} \, .$$

Bei der starken Platte steht zu erwarten, daß die Nullinie noch innerhalb dieser fällt; deshalb sind zunächst die Gleichungen für den

---

[1]) Entnommen den Musterbeispielen, vgl. Anm. [1]) auf S. 385.

einfach bewehrten Rechtecksquerschnitt bei der Rechnung heranzuziehen. Nach ihnen wird gemäß Tabelle II für die zugelassenen Spannungen: $\sigma_b = 30$ kg/cm² und $\sigma_e = 1200$ kg/cm²:

$$h = 0{,}519 \sqrt{\frac{17\,000}{1{,}8}} = 50{,}5 \text{ cm}$$

$$F_e = 0{,}177 \sqrt{17\,000 \cdot 1{,}8} = 31 \text{ cm}^2$$

gewählt werden 7 Eisen von 26 mm $\varnothing$ ($F_e = 37{,}17$ cm²)[1].

$$x = 0{,}273 \cdot 50{,}5 = 13{,}8 \text{ cm}$$

die vorstehende Annahme $x < d$ ist also zutreffend.

$$z = h - \frac{x}{3} = 45{,}9 \text{ cm}$$

$$A = \frac{2{,}5 \cdot 4}{2} + \frac{12}{2} = 11 \text{ t}$$

$$\tau_{0\max} \text{ am Auflager} = \frac{Q}{b_0 z} = \frac{11\,000}{25 \cdot 45{,}9} = 9{,}6 \text{ kg/cm}^2$$

$$\tau_0 \text{ in der Mitte} = \frac{\frac{Q\,l}{2}}{b_0 z} = \frac{A - 2{,}0 \cdot 2500}{25 \cdot 45{,}9} = 5{,}2 \text{ kg/cm}^2.$$

Da die Schubspannung — vgl. Abb. 144b und c — bereits in der Mitte größer als 4 kg ist, so müssen die Schubspannungen über die ganze Balkenlänge durch aufgebogene Eisen bzw. Bügel aufgenommen werden.

Die Schubspannungen sollen hier durch abgebogene Eisen allein aufgenommen werden; außerdem werden konstruktiv noch Bügel angeordnet. Die gesamte von den schrägen

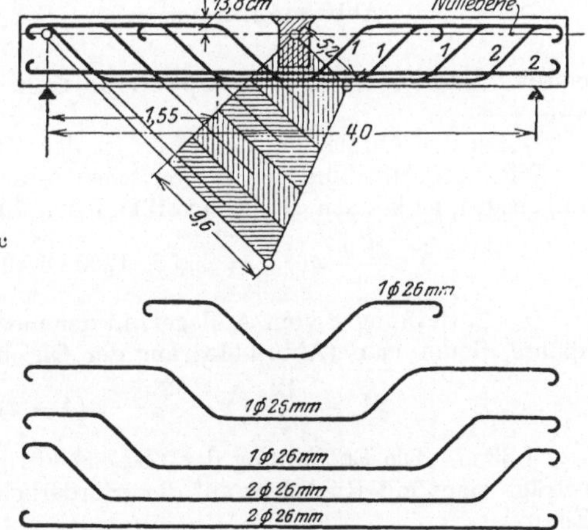

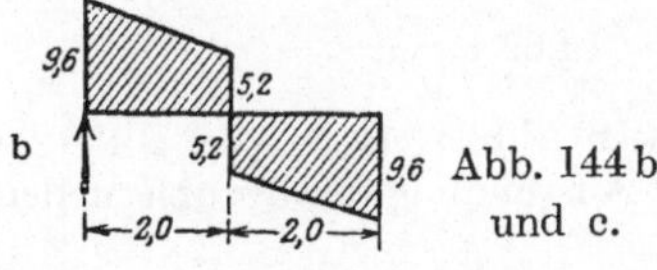

Abb. 144b und c.

Eisen aufzunehmende Zugkraft der einen Balkenhälfte beträgt nach Abb. 144b entsprechend Gleichung (77 u. ff.):

$$Z = \frac{9{,}6 + 5{,}2}{2} \cdot \frac{200}{\sqrt{2}} \cdot 25 = 26\,200 \text{ kg}.$$

---

[1] Notwendig sind zwar nur 6 Eisen. Das siebente ist aber hinzugefügt, um 2 Eisen im Untergurte durchführen zu können.

Notwendig sind hierfür bei $\sigma_e = 1200$ kg/cm² etwa 4 Eisen von $\varnothing 26$ mm, $(f_e = 5,31$ cm²$)$

$$n = \frac{26\,200}{5,31 \cdot 1200} = 4,1 \, ;$$

man kann also noch gerade mit 4 Aufbiegungen auskommen, wie die Flächeneinteilung in Abb. 144c auch voraussetzt; angeordnet werden aber 5 schiefe Eisen, ihre Spannung beträgt alsdann:

$$\sigma_e = \frac{26\,200}{26,55} \cong 1000 \text{ kg/cm}^2.$$

Wie Abb. 144c erkennen läßt, sind die Eisen angenähert gleichmäßig über die Balkenlänge verteilt. Nahe dem Auflager sind 2 Eisen (hier liegt also auch das zugegebene Eisen), sonst immer 1 aufgebogen[1]).

5 [2]). Eine Eisenbeton - Rippendecke mit Abmessungen gemäß Abb. 145 wird bei einer Spannweite von 3,50 m mit einer Nutzlast von 500 kg/m² belastet. Der Abstand der Rippen betrage 60 cm von Mitte zu Mitte;

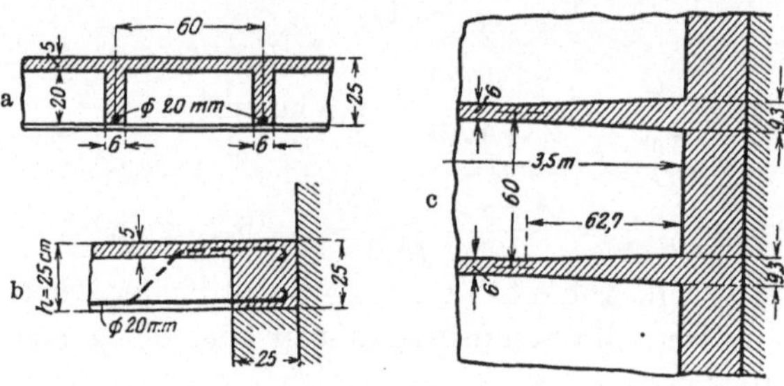

Abb. 145a, b und c.

---

[1]) Bei der Aufbiegung der Eisen ist das Moment zu berücksichtigen.

Wird bei Annahme der theoretischen Anzahl von 6 Eisen zunächst 1 Eisen aufgebogen, so können die noch vorhandenen 5 Eisen ein Moment aufnehmen von:

$$5 \cdot \frac{d' \pi}{4} \, \sigma_e \cdot z = 26,55 \cdot 1200 \cdot 45,9 = 1\,462\,000 \text{ kg} \cdot \text{cm}.$$

Die Entfernung x vom Auflager, in der mit dem Aufbiegen begonnen werden könnte, findet man (Abb. 144a) aus der Gleichung:

$$M_x = \frac{12}{2} \cdot x + \frac{2,5}{2} \cdot x \, (4 - x) = 14,62 \text{ t} \cdot \text{m}.$$

$x = 1,63$ m. Die Entfernung der t h e o r e t i s c h e n Aufbiegestelle vom Auflager beträgt somit mit Rücksicht auf die erforderliche Ausrundung der abzubiegenden Eisen

$$1,63 - 0,08 = 1,55 \text{ m};$$

das ist 0,45 m von der Mitte.

In gleicher Weise könnte auch der theoretische Anfang der anderen Eisen bestimmt werden. Hierbei besteht aber die Gefahr, daß die Eisen am Auflager zu stark aneinander gedrängt werden; deshalb sind die Eisenabbiegungen näher an die Trägermitte verlegt, als es theoretisch erforderlich ist.

[2]) Vgl. Anm. [1]) auf S. 385; das Beispiel ist ebenfalls der dort angegebenen Stelle entnommen.

hierbei ist noch eine Stärke der Betonplatte von 5 cm, also das Mindest-maß, zulässig, da hierdurch auch annähernd die Forderung $\geq \dfrac{l_0}{10}$, also hier $\geq \dfrac{54}{10}$ erfüllt wird.

a) Die Schubspannungen sollen allein durch den Beton aufgenommen werden.

Belastungen:

$$
\begin{aligned}
&\text{Betonplatte 5 cm stark } 0{,}6 \cdot 0{,}05 \cdot 2400 = && 72 \text{ kg/m} \\
&\text{Rippe} \ldots \ldots \ldots 0{,}06 \cdot 0{,}2 \cdot 2400 = && 29 \text{ ,,} \\
&\text{Putz und Estrich} \ldots \ldots 0{,}6 \cdot 64 = && 39 \text{ ,,} \\
&\text{Nutzlast} \ldots \ldots \ldots \ldots 0{,}6 \cdot 500 = 300 && \text{,,} \\
\hline
&&& \text{zusammen } 440 \text{ kg/m}
\end{aligned}
$$

Spannweite $l_0 = 3{,}50$ m.

Stützweite $l_0 + d = 3{,}50 + 0{,}25 = 3{,}75$ m.

$$
M = \frac{440 \cdot 3{,}75^2 \cdot 100}{8} = 77\,400 \text{ kg} \cdot \text{cm} \; ; \; d_0 = 25 \text{ cm} \; ; \; h = 22{,}5 \text{ cm} \; ;
$$

$F_e = 3{,}14 \text{ cm}^2 = 1 \cdot \varnothing 20 \text{ mm}$ in jeder Rippe.

Für die Breite der Druckplatte kommen als Werte in Frage:

$$
b = 12\,d + b_0 + 2\,b_s = 12 \cdot 5 + 6 + 0 = 66 \text{ cm},
$$

oder die Rippenentfernung $= 0{,}60$ m, oder endlich die halbe Stütz-weite $= \dfrac{3{,}75}{2} = 1{,}875$ m. Demgemäß wäre für b das Maß 60 cm zugrunde zu legen. Der Sicherheit halber sei bei der verhältnismäßig dünnen Platte aber nur mit $\frac{4}{5}$ hiervon, also mit 48 cm gerechnet: $b = 48$ cm.

Nach den Bestimmungen vom September 1925 soll die Mindest-nutzhöhe der Rippendecke die gleiche wie bei vollen Eisenbetondecken sein; d. h. es muß h mindestens $^1/_{27}$ der Stützweite, d. h. $\dfrac{375}{27} = 14$ cm sein; diese Bedingung ist erfüllt.

Da die Nullinie außerhalb der Platte fällt, so ist nach Gleichung (55a) zu rechnen:

$$
x = \frac{\dfrac{48 \cdot 5^2}{2} + 15 \cdot 3{,}14 \cdot 22{,}5}{48 \cdot 5 + 15 \cdot 3{,}14} = 5{,}8 \text{ cm}
$$

$$
v = 5{,}8 - \frac{5\,(3 \cdot 5{,}8 - 10)}{3\,(2 \cdot 5{,}8 - 5)} = 3{,}9 \text{ cm} \quad (\text{S. } 330).
$$

$$
h - x = 22{,}5 - 5{,}8 = 16{,}7 \text{ cm}
$$

$$
z = h - x + v = 16{,}7 + 3{,}9 = 20{,}6 \text{ cm}
$$

$$
\sigma_e = \frac{77\,400}{3{,}14 \cdot 20{,}6} = 1\,197 \text{ kg/cm}^2
$$

$$
\sigma_b = \frac{5{,}8}{15 \cdot 16{,}7} \cdot 1197 = 27{,}7 \text{ kg/cm}^2.
$$

Die Schubkraft im Auflager ist: $A = \dfrac{3{,}5 \cdot 440}{2} = 770$ kg. Daher die Schubspannung im Beton am Auflager nach Gleichung (71a):

$$\tau_{max} = \tau_A = \frac{770}{6 \cdot 20{,}6} = 6{,}2 \text{ kg/cm}^2.$$

Der zulässige Wert von $\tau_0 = 4$ kg/cm² wird also überschritten. Da die Schubspannungen hier nur vom Beton aufgenommen werden sollen, muß der Querschnitt der Rippe verbreitert werden.

An der Stelle, an der mit der Verbreiterung zu beginnen ist, beträgt die Querkraft $Q_4 = 4 \cdot b_0 \cdot z = 4{,}0 \cdot 6 \cdot 20{,}6 = 494$ kg.

Die Entfernung λ vom Auflager findet man aus Gleichung (72b):

$$\lambda = \frac{Q_{max} - Q_4}{q} = \frac{770 - 494}{440} = 0{,}627 \text{ m}.$$

Die erforderliche Rippenbreite am Auflager ergibt sich aus der Beziehung:

$$b_0' = \frac{Q_{max}}{\tau_0 \cdot z} = \frac{770}{4{,}0 \cdot 20{,}6} = 9{,}3 \text{ cm}, \text{ vgl. Fig. 144 c.}$$

b) Die 4 kg/cm² übersteigende Schubspannung soll zunächst durch aufgebogene Eisen aufgenommen werden.

Angenommen: Das vorhandene — eine — Rundeisen $\varnothing$ 20 mm wird bis zum Auflager durchgeführt, ist also nicht zur Aufbiegung heranziehbar.

Ein Rundeisen $\varnothing$ 18 mm mit $F_e = 2{,}54$ cm² wird eingelegt und aufgebogen; dafür fällt die unter a) berechnete Verbreiterung der Betonrippe fort. Die von dem Eisen aufzunehmende Zugkraft ist [s. Gleichung (77 u. ff.)]:

$$Z = \frac{6 \cdot (6{,}2 + 4{,}0) \cdot 62{,}7}{2\sqrt{2}} = 1351 \text{ kg}.$$

Die Spannung in der Aufbiegung beträgt somit:

$$\sigma_e = \frac{1351}{2{,}54} = 532 \text{ kg/cm}^2.$$

Zudem sind in den Rippen auch noch bestimmungsgemäß Bügel zu legen, da der Abstand der Rippen hier größer ist als 40 cm. Läßt man die Gesamtschubkraft durch 7 mm starke Bügel aufnehmen $(2 f_e' = 0{,}77$ cm²), so wird:

a) $T = \dfrac{375}{4} \cdot 6{,}2 \cdot 6 = \text{rd. } 3500$ kg,

b) $n\,2 f_e' = n \cdot 0{,}77 = \dfrac{3500}{1000} = 3{,}5$; $n = \text{rd. } 5$. Wählt man $n = 9$, so wäre eine mittlere Entfernung der Bügel von $\dfrac{375}{2 \cdot 9} = \text{rd.}$ 20 cm angemessen. Bei dieser Bügelbewehrung ist naturgemäß das oben berechnete abgebogene Eisen nicht mehr notwendig. Behält man dieses aber bei, so würde es ausreichend sein, Bügel nur im mittleren Rippenteil zu verwenden, d. h. außerhalb der vom Auflager ab gerechneten Strecke von rd. 63 cm, d. h. auf $\dfrac{3{,}75}{2} - 0{,}63$, d. h. auf 1,245 m jederseits von Balkenmitte. Demgemäß wird:

$$T_1 = \frac{4{,}0 \cdot 124{,}5}{2} \cdot 6 = \text{rd. } 1500 \text{ kg}; \quad n\,2f'_e = n \cdot 0{,}77 = \frac{1500}{1200} = 1{,}25 \text{ cm}^2; \quad n = \text{rd. } 2,$$

gewählt $n = 3$. Hier würde also ein Abstand der Bügel von etwa 40 cm bereits ausreichen.

c) Der unbeabsichtigten Einspannung der frei aufliegenden Rippen soll Rechnung getragen werden.

Beim denkbar ungünstigsten Fall (volle Einspannung) ist

$$M = \frac{-p\,l^2}{12} = \frac{-440 \cdot 3{,}75^2 \cdot 100}{12} = -51\,500 \text{ kg} \cdot \text{cm} .$$

Das aufbiegende Moment wird Null in einer Entfernung vom Trägerende:

$$0{,}211\,l \cong 0{,}211 \cdot 3{,}50 = 0{,}74 \text{ m} .$$

Da die unter a) berechnete Stegbreite von 9,3 cm am Auflager zur Aufnahme der Druckspannungen aus dem Einspannungsmomente nicht ausreicht, sollen die Rippen am Auflager auf 20 cm verbreitert werden; dies genügt zur Aufnahme der Schubkräfte vollkommen. Zur Aufnahme der Zugspannungen in der Platte wird anstatt des unter b) berechneten aufgebogenen Eisens ein gerades Eisen von 18 mm $\varnothing$ ($F_e = 2{,}54$ cm²) in die Platte gelegt, das über den Momentennullpunkt hinausreicht. Bei der Berechnung kommt außer diesem Eisen nur der 20 cm breite Betonbalken in Betracht.

Hier liegt ein einfacher Rechtecksquerschnitt ($M = -$) vor: Nach Gleichung (8*ff.) ist:

$$x = \frac{15 \cdot 2{,}54}{20}\left(\sqrt{1 + \frac{2 \cdot 20 \cdot 22{,}5}{15 \cdot 2{,}54}} - 1\right) = 7{,}5 \text{ cm}$$

$$z = h - \frac{x}{3} = 22{,}5 - 2{,}5 = 20{,}0 \text{ cm}$$

$$\sigma_b = \frac{2 \cdot 51\,500}{20 \cdot 7{,}5 \cdot 20{,}0} = 34{,}5 \text{ kg/cm}^2$$

$$\sigma_e = \frac{51\,500}{2{,}54 \cdot 20{,}0} = 1014 \text{ kg/cm}^2 .$$

Bei teilweiser Einspannung wird das Moment auf rd. $-\dfrac{p\,l^2}{15}$ abzumindern sein.

6. In einem Speichergebäude sind Plattenbalken als durchlaufende Träger über drei Feldern von 5 m Stützweite zu verwenden. Ihre gegenseitige Entfernung beträgt 2 m, die auf sie entfallende gleichmäßig verteilte Last ist 500 kg/m. Außerdem ist noch eine Nutzlast von 1500 kg/m² = 3000 kg/m aufzunehmen, welche jede beliebige Strecke belasten kann. Die Stärke der Platte ist 10 cm, die Höhe der Träger einschließlich Platte ist im Felde 56 cm, über den Stützen 79 cm. Die Bewehrung wechselt; sie hat einen Randabstand $a = 4$ cm.

Die Träger sind zu untersuchen.

Die Momentengrenzwerte können mit Hilfe der Winklerschen Zahlen

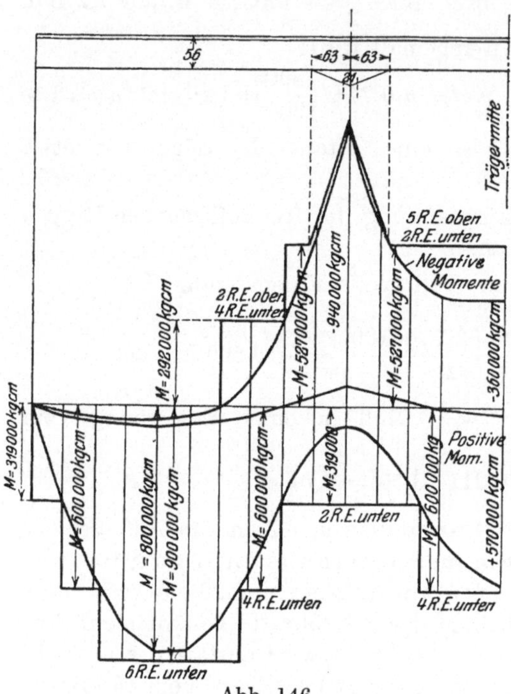

Abb. 146.

bestimmt werden. Diese liefern für eine Reihe von Abständen von den Auflagerpunkten des Trägers die Momente:

a) für gleichmäßig verteilte Vollbelastung;

b) für die ungünstigst stehende Streckenlast, und zwar die Größt- und Kleinstwerte.

Abb. 146 gibt den Verlauf der Größt- und Kleinstmomentenlinien an.

Untersuchung der Querschnitte.

Die in die Rechnung einzustellende Plattenbreite b sei = 160 cm.

a) An der Stelle, an der das größte positive Feldmoment von 8 t · m (800 000 kg · cm) auftritt, ist der Unterzug mit 6 Rundeisen, Durchmesser 18 mm = 15,26 cm² bewehrt.

Es ist zunächst zu untersuchen, ob die Nullinie noch in der Platte liegt oder den Steg schneidet.

$$x = \frac{n \cdot F_e}{b} \left[\sqrt{1 + \frac{2 \cdot b\,(h - a)}{n \cdot F_e}} - 1 \right]$$

$$= \frac{15 \cdot 15{,}26}{160} \cdot \left[\sqrt{1 + \frac{2 \cdot 160 \cdot 52}{15 \cdot 15{,}26}} - 1 \right] = 10{,}8 \text{ cm}.$$

Da nur 8 mm Unterschied zwischen Nullinie und Plattenunterkante sind, kann angenommen werden, daß diese Linien zusammenfallen; es gelten dann die Formeln für den vollen Rechtecksquerschnitt:

$$J_{nn} = \frac{x^3 \cdot b}{3} + n \cdot F_e \cdot (h - x)^2 \,;\quad h - x = 41{,}2 \text{ cm},$$

$$J_{nn} = 68\,000 + 388\,000 = 456\,000 \text{ cm}^4,$$

$$\sigma_b = \frac{M}{J_{nn}}\, x = \frac{800\,000}{456\,000} \cdot 10{,}8 = 19{,}0 \text{ kg/cm}^2,$$

$$\sigma_e = 15 \cdot 19{,}0 \cdot \frac{41{,}2}{10{,}8} = 1090 \text{ kg/cm}^2.$$

Bei der gewählten Bewehrung kann der Querschnitt tatsächlich ein Moment bei $\sigma_e = 1200$ kg/cm² übertragen von:

$$M = \frac{\sigma_e}{n}\, \frac{J_{nn}}{y} = \frac{1200}{15} \cdot \frac{456\,000}{41{,}2} \simeq 900\,000 \text{ kg} \cdot \text{cm}, \text{ vgl. Abb. 146 a.}$$

b) Welches Moment kann der Querschnitt aufnehmen, in dem nur noch 4 Rundeisen, Durchmesser 18 mm ($F_e = 10{,}18$ cm²), vorhanden sind?

Hier fällt die Nullinie noch näher an die Plattenunterkante oder in die Platte selbst hinein. Es ist hier also mit noch mehr Berechtigung mit dem vollen Rechtecksquerschnitt (bei nicht wirksamer Betonzugzone) zu rechnen.

$$x = \frac{15 \cdot 10{,}18}{160} \cdot \left[\sqrt{1 + \frac{2 \cdot 160 \cdot 52}{15 \cdot 10{,}18}} - 1 \right] = 9{,}05 \text{ cm};$$

$$y = h - x = 56 - 4 - 9{,}05 \simeq 43{,}0 \text{ cm}.$$

$$J_{nn} = 39\,600 + 282\,000 = 321\,600 \text{ cm}^4$$

$$\sigma_e = n \cdot \frac{M}{J_{nn}} \cdot y = 1200 = \frac{15 \cdot M \cdot 43}{321\,600}$$

$$M_{\text{zul}} = 600\,000 \text{ kg} \cdot \text{cm}.$$

Im Mittelfelde, in dem (vgl. Abb. 146) ein größtes positives Moment von $+ 570\,000$ kg · cm auftritt, genügen also 4 Rundeisen, Durchmesser 18 mm, ohne weiteres.

c) Es sind nur noch 2 Rundeisen, Durchmesser 18 mm — $F_e = 5{,}09$ cm² — vorhanden; welches Moment kann der im übrigen gleiche Querschnitt, der auch hier wieder als voller Rechtecksquerschnitt wirkt, aufnehmen?

$$x = \frac{15 \cdot 5{,}09}{160} \cdot \left[\sqrt{1 + \frac{2 \cdot 160 \cdot 52}{15 \cdot 5{,}09}} - 1\right] = 8{,}05 \text{ cm};$$

$$J_{nn} = 27\,800 + 147\,500 = 175\,300 \text{ cm}^4;$$

$$h - x = y = 52 - 8 = 44 \text{ cm}; \qquad \sigma_e = 1200 = \frac{15 \cdot M \cdot 44}{175\,300};$$

$$M_{\text{zul}} = 31\,900 \text{ kg} \cdot \text{cm}.$$

d) Für die negativen Momente steht nur ein Rechtecksquerschnitt von 22 cm Breite zur Verfügung, denn die Platte fällt hier ganz in die Zugzone. Die für das größte negative Moment von $- 940\,000$ kg · cm erforderlichen Querschnittsabmessungen werden nach der Zusammenstellung II (S. 242) bestimmt. Für $\sigma_e = 1200$ kg/cm² und $\sigma_b = 50$ kg/cm² [1]) wird die erforderliche Höhe:

$$h = 0{,}345 \cdot \sqrt{\frac{M}{b}} = 0{,}345 \sqrt{\frac{940\,000}{22}} = 72 \text{ cm}.$$

Diese Höhe ist in den Zwischenstützpunkten vorhanden, denn der Träger von 56 cm Gesamthöhe besitzt Verstärkungen von je 63 cm Länge, die unter 1 : 3 geneigt sind, also im Stützpunkte eine Höhe von $56 + 21 = 77$ cm ergeben. Die obere Eiseneinlage über den Stützen besteht aus 5 Rundeisen, Durchmesser 18 mm $= 12{,}72$ cm². Sie müßte nach Zusammenstellung II (S. 242) betragen:

$$F_e = 0{,}00277 \cdot \sqrt{M \cdot b} = 12{,}5 \text{ cm}^2.$$

e) Am Beginn der Verstärkung ist der Querschnitt 56 cm hoch (22 cm breit) und hat eine Zugeiseneinlage (oben) von 5 Rundeisen, Durchmesser 18 mm $= 12{,}72$ cm² und eine Druckeiseneinlage von 2 Rundeisen, Durchmesser 18 mm $= 5{,}09$ cm² (unten). Für das negative Moment kommt wiederum nur ein einfacher Rechtecksquerschnitt

---

[1]) Es ist hier für σ_b der Wert 50 kg/cm² angenommen worden, gemäß den Bestimmungen vom September 1925, da es sich hier um Spalte a der Tabelle (S. 124) der zulässigen Spannungen für Balken über 20 cm Höhe zur Aufnahme von Stützmomenten handelt.

in Frage. Demgemäß berechnet sich hier x nach den Gleichungen für den **doppelt bewehrten** Rechtecksquerschnitt (8):

$$x = -n \cdot \frac{F_e + F_e'}{b} + \sqrt{\frac{n^2}{b^2}(F_e + F_e')^2 + \frac{2 \cdot n}{b}[F_e' \cdot h' + F_e \cdot h + F_e \cdot h]}$$

$$= -15 \cdot \frac{17,81}{22} + \sqrt{\left(15 \cdot \frac{17,81}{22}\right)^2 + \frac{2 \cdot 15}{22}[5,09 \cdot 4,0 + 12,72 \cdot 52]}$$

$$= -12,15 + \sqrt{147 + 28 + 902} \quad = -12,15 + 32,8 = 20,65 \text{ cm}$$

(vom unteren Rande aus gemessen).

$$J_{nn} = \frac{b\,x^3}{3} + n\,[F_e\,(h - x)^2 + F_e' \cdot (x - h')^2] \qquad (9)$$

$$= 64\,800 + 208\,800 = 273\,800 \text{ cm}^4,$$

$$h - x = y = 31,35 \text{ cm}, \qquad \sigma_e = 1200 = \frac{15 \cdot M \cdot 31,35}{273\,800} \,;$$

$$M_{\text{zul}} = 696\,000 \text{ kg} \cdot \text{cm}$$

also ein Wert höher als gefordert; das Eisen wird somit hier nicht voll ausgenutzt.

Für $\sigma_b = 40 \text{ kg/cm}^2$ im Beton ergibt sich:

$$40 = \frac{M \cdot x}{J_{nn}} = \frac{M \cdot 20,05}{273\,800} \,; \qquad M_{\text{zul}} = 527\,000 \text{ kg} \cdot \text{cm} \,;$$

f) Wenn bei negativen Momenten oben nur noch 2 Rundeisen, $F_e = 5,09 \text{ cm}^2$, jedoch 4 Rundeisen, $F_e' = 10,18 \text{ cm}^2$, unten liegen, wird:

$$x = -15 \cdot \frac{15,27}{22} + \sqrt{\left(15 \cdot \frac{15,27}{22}\right)^2 + \frac{2 \cdot 15}{22} \cdot (10,18 \cdot 4,0 + 5,09 \cdot 52,0)}$$

$$= -10,4 + \sqrt{108 + 416} = 12,5 \text{ cm (vom unteren Rande aus gemessen)}.$$

$$y = h - x = 56 - 4 - 12,5 = 39,5 \text{ cm};$$

$$J_{nn} = \frac{12,5^3}{3} \cdot 22 + 15 \cdot 5,09 \cdot 39,5^2 + 15 \cdot 10,18 \cdot 8,5^2$$

$$= 14\,300 + 119\,000 + 11\,000 = 144\,300 \text{ cm}^4.$$

$$M_{\text{zul}} = \frac{40 \cdot 144\,300}{12,5} = 462\,000 \text{ kg} \cdot \text{cm} \qquad (\text{bei } \sigma_b = 40 \text{ kg/cm}^2)$$

$$M_{\text{zul}} = \frac{1200 \cdot 144\,300}{15 \cdot (52 - 12,5)} = 292\,000 \text{ kg} \cdot \text{cm} \qquad (\text{bei } \sigma_e = 1200 \text{ kg/cm}^2).$$

Letzterer Wert ist somit maßgebend.

Diese zulässigen Momente sind in Abb. 146 eingetragen worden. Der Linienzug der zulässigen Momente muß die Linie der Grenzwerte der durch die äußeren Kräfte bedingten Momente umhüllen.

Aus der Abbildung ist ohne weiteres zugleich zu erkennen, wie weit die verschiedenen Eiseneinlagen wenigstens reichen müssen.

g) **Die Schubspannungen.** Die größte Querkraft an einer Außenstütze (z. B. der linken) ist nach den **Winkler**schen Zahlen:

1) Für Vollbelastung $0,4 \cdot g \cdot l = 0,4 \cdot 500 \cdot 5,00 \qquad = 1000\ \mathrm{kg}$

2) Für Teilbelastung $0,45 \cdot p \cdot l = 0,45 \cdot 3000 \cdot 5,00 \qquad \underline{= 6750\ \mathrm{kg}}$

$$7750\ \mathrm{kg}$$

Für die Feldmitte wurde unter Berücksichtigung von Teilbelastungen ein Größtbetrag der Querkraft von 3386 kg ermittelt; hier kann also $Q = \mathrm{rd.}\ 3400$ kg in Rechnung gestellt werden.

Da am Auflager (im ersten Felde) ein einfach bewehrter Plattenbalken vorliegt, mit 2 Rundeisen, Durchmesser 18 mm bewehrt, für den vorstehend unter c) der Wert $x = 8,05$ gefunden war und bei dem die Nullinie noch innerhalb der Platte liegt, ergibt sich mithin der

Hebelarm der inneren Kräfte $z = h - \dfrac{x}{3} = 56 - 4 - \dfrac{8,05}{3} = \mathrm{rd.}\ 49,3\ \mathrm{cm}.$

In Feldmitte liegt ebenfalls, nach 1) der voranstehenden Rechnung, die Nullinie so nahe an der Plattenunterkante, daß, ohne einen erheblichen Fehler zu begehen, ein einfacher Rechtecksquerschnitt angenommen

und mithin auch hier $z = h - \dfrac{x}{3}$ eingeführt werden kann. Da

hier $x = 10,8$ ist, so wird $z = 52 - \dfrac{10,8}{3} = 52 - 3,6 = 48,4\ \mathrm{cm}.$ Hieraus ergeben sich die Schubspannungen in der Rippe zu:

$$\text{am Auflager } \tau_0 = \frac{7750}{22 \cdot 49,3} = 7,2\ \mathrm{kg/cm^2}.$$

$$\text{in Feldmitte } \tau_0 = \frac{3400}{22 \cdot 48,4} = 3,2\ \mathrm{kg/cm^2}.$$

Mithin wird die gesamte Schubkraft, die vom Eisen — auf eine halbe Trägerlänge — aufzunehmen ist:

$$T = \frac{3,2 + 7,2}{2} \cdot 250 \cdot 22 = 28\,600\ \mathrm{kg}$$

und hieraus:

$$Z_\tau = \frac{T}{\sqrt{2}} = \frac{28\,600}{\sqrt{2}} = \frac{28\,600}{1,41} = \mathrm{rd.}\ 20\,000\ \mathrm{kg}.$$

Da in Trägermitte 6 Rundeisen von 18 mm Durchmesser liegen, aber nur zwei bis zum Auflager durchgeführt werden sollen, sind mithin 4 frei für die allmähliche Aufbiegung; da sie einen Querschnitt von 10,2 cm² zusammen besitzen, können sie eine Zugkraft aufnehmen von $Z = 10,2 \cdot 1200 = 12\,240$ kg. Den Rest müssen Bügel aufnehmen $= 20\,000 - 12\,240 = 7760$ kg. Diese Kraft entspricht eine wagerechte Schubkraft von: $7760 \cdot \sqrt{2} = 7760 \cdot 1,41 = \mathrm{rd.}\ 10\,940$ kg. Werden

Bügel von 6 mm $\oslash$ und in U-Form angewendet ($f'_e = 0,28$ cm²), so ist mithin bei $\tau_e = 1000$ kg/cm² eine Anzahl Bügel $= n$ notwendig:

$$n = \frac{10\,940}{1000 \cdot 2 \cdot 0,28} = \text{rd. } 20. \quad \text{Ihre mittlere Entfernung ist alsdann}$$

$\frac{250}{20} = 12,5$ cm.

In durchaus entsprechender Art sind die Aufbiegungen und die weitere Schubsicherung auch an der Mittelstütze nachzurechnen. Hierbei kann nach den neuen Bestimmungen zur Ermittlung der Querkräfte Vollbelastung zugrunde gelegt werden. Demgemäß würde sich an der Mittelstütze $Q_{\max} = -0,600 \cdot (500 + 3000) \cdot 5,00 = -10\,500$ kg ergeben oder genauer nach **Winkler**:

$$Q_{\max} = -(0,600 \cdot 500 \cdot 5,00 + 0,617 \cdot 3000 \cdot 5,00) = -10\,755 \text{ kg.}$$

In Trägermitte wird (ebenfalls nach **Winkler**):

$$Q_{\frac{l}{2}} = -(0,1 \cdot 500 \cdot 5,00 + 0,204 \cdot 3000 \cdot 5,00) = -3310 \text{ kg.}$$

Genau wie voranstehend gezeigt, werden aus diesen Werten die Schubspannungen am mittleren Auflager und in Trägermitte zu finden sein, aus denen dann weiterhin die Größe Z_τ abzuleiten und die Schubsicherung zu bestimmen ist.

7a. (Beispiel zur Berechnung nach **Stock**, S. 332.) Ein Unterzug von 4,5 m Spannweite habe ein Moment von 1 400 000 kg · cm aufzunehmen. Zugelassen sind: $\sigma_b = 40$ kg/cm²; $\sigma_e = 1000$ kg/cm²; d sei $= 13,5$ cm; $n = 15$; $b = 150$ cm.

Es ist:

$$x = k_0 \sqrt{\frac{M}{b}} = 0,146 \sqrt{\frac{1\,400\,000}{150}} = 14,1 \text{ cm} > d\,; \qquad (60\text{a})$$

$$m = 0,917\,; \qquad w = 0,889 \quad \text{(Zusammenstellung XI, 2, S. 334)}$$

$$z = \frac{M}{2\,\sigma_b\,b\,d} + m\,d = \frac{1\,400\,000}{2 \cdot 40 \cdot 150 \cdot 13,5} + 0,917 \cdot 13,5 = 21,0 \text{ cm,}$$

$$h = z + \sqrt{z^2 - w\,d^2} = 21,0 + \sqrt{21^2 - 0,889 \cdot 13,5^2} = 37,7 \text{ cm}[1]). \qquad (59\text{b})$$

Die Eiseneinlage folgt aus der Beziehung:

$$F_e = \frac{\sigma_b}{\sigma_e}\left(1 - \frac{d}{2\,x}\right) \cdot d \cdot b = \frac{40}{1000}\left(1 - \frac{13,5}{2 \cdot 14,1}\right) \cdot 13,5 \cdot 150 = 42,4 \text{ cm}^2. \quad (60\text{b})$$

Rechnet man zur Kontrolle die σ_e-Spannung nach, so ergibt sich angenähert für einen z-Wert $\approx h - 0,4\,d = 37,7 - 0,4 \cdot 13,5 = 32,3$ die Eisenzugspannung zu:

$$\sigma_e = \frac{M}{F_e \cdot z} = \frac{1\,400\,000}{42,4 \cdot 32,3} = 1002 \text{ kg/cm}^2.$$

---

[1]) Verlangt wird nach den Bestimmungen vom September 1925, daß bei frei aufliegenden Balken in Rechtecksform usw. die Stützhöhe h mindestens $\frac{1}{20}$ der Stützweite betragen soll; im vorliegenden Falle wird dieser Grenzwert nicht erreicht, $37,7 > \frac{450}{20} > 22,5$ cm .

Bestimmt man hier die Mindesthöhe nach der Näherungsformel, so erhält man:

$$h = 2\,z = 2 \cdot 21,0 = \mathbf{42,0}\;\text{cm.}$$

7b. In Beispiel 8a betrage die Deckenstärke (ausnahmsweise und dem erlaubten Mindestmaß angepaßt) nur 8,0 cm.

$$M = 1\,400\,000 \;\text{kg} \cdot \text{cm}; \qquad b = 150\;\text{cm}; \qquad d = 8,0\;\text{cm};$$

$$x = 0,146\,\sqrt{\frac{1\,400\,000}{150}} = 14,1\;\text{cm} > d\,; \qquad m = 0,917\,; \qquad w = 0,889$$

$$z = \frac{1\,400\,000}{2 \cdot 40 \cdot 150 \cdot 8} + 0,917 \cdot 8 = 14,6 + 7,3 = 21,9\;\text{cm.}$$

$$h = 21,9 + \sqrt{21,9^2 - 0,889 \cdot 8^2} = 21,9 + 20,6 = \mathbf{42,5}\;\text{cm.}$$

Nach der Annäherungsformel erhält man:

$$h = 2 \cdot 21,9 = \mathbf{43,8}\;\text{cm.}$$

Man sieht mithin, daß mit kleinerer Plattenstärke die Annäherung eine immer bessere wird.

Hier wird:

$$F_e = \frac{40}{1000} \cdot \left(1 - \frac{8}{2 \cdot 14,1}\right) \cdot 8 \cdot 150 = 34,56\;\text{cm}^2.$$

Zur Prüfung dient die Beziehung:

$$z = h - 0,4\,d = 42,5 - 0,4 \cdot 8 = 39,3\;\text{cm};$$

$$\sigma_e = \frac{1\,400\,000}{34,56 \cdot 39,3} = \text{rd. } 1000\;\text{kg/cm}^2.$$

Der Querschnitt liefert die Mindesthöhe für den Balken; die zugelassenen Spannungen $\sigma_b = 40$ und $\sigma_e = 1000$ sind vollkommen ausgenutzt. Kommt .es auf eine Mindestträgerhöhe nicht an, so ist es wirtschaftlicher, die Betondruckspannung weniger hoch zu wählen, dafür den Steg höher zu machen, den Zugeisen somit einen größeren Hebelarm zu verleihen und ihre Querschnittsfläche zu vermindern.

Als roher Anhalt kann (bei normalen Preisverhältnissen) gelten, daß man zweckmäßig den Beton auf Druck nur mit 25—30 kg/cm² beanspruchen soll, während die Eisenspannung voll auszunutzen ist ($\sigma_e = 1200$ kg/cm²). Geht man von $\sigma_b = 30$ kg/cm² aus, so ergibt sich im vorliegenden Beispiele 7b wiederum nach Stock, und zwar:

7c. Für $n = 15$, $\sigma_e = 1000$ und $\sigma_b = 30$ kg/cm²:

$$m = 1{,}056; \quad w = 1{,}074 \quad \text{und} \quad k_0 = 0{,}152,$$

$$x = 0{,}152 \sqrt{\frac{1\,400\,000}{150}} = 14{,}7\,\text{cm} > d$$

$$z = \frac{1\,400\,000}{2 \cdot 30 \cdot 150 \cdot 8} + 1{,}056 \cdot 8 = \text{rd. } 28{,}0\,\text{cm}.$$

$$h = 28 + \sqrt{28{,}0^2 - 1{,}074 \cdot 8^2} = 28{,}0 + 26{,}7 = 54{,}7\,\text{cm}.$$

$$F_e = \frac{\sigma_b\,b}{\sigma_e}\,d\left(1 - \frac{d}{2\,x}\right) = \frac{30}{1000} \cdot 150 \cdot 8 \left(1 - \frac{8}{2 \cdot 14{,}7}\right) = 26{,}2\,\text{cm}^2.$$

Der Eisenquerschnitt verringert sich erheblich von 34,56 auf 26,2, d. i. um rd. 8,4 cm². Der Betonquerschnitt vergrößert sich, bei 20 cm Breite, um $20 \cdot (54{,}7 - 42{,}5) = 246$ cm² [1]).

8a. **Zahlenbeispiele zur angenäherten Querschnittsbemessung einfach bewehrter Plattenbalken nach Birkenstock**[2]) (vgl. S. 336).

a) Es seien gegeben:

$M = 35\,000$ kg · m; $\quad d = 10$ cm; $\quad b = 160$ cm; $\quad \sigma_{\text{zul}} = 35/1000$ kg/cm².
Gesucht werden die Größen h und F_e.

Es ergibt sich:

$$x_0 = 0{,}155 \sqrt{\frac{M}{b}} = 0{,}155 \sqrt{\frac{35000}{1{,}60}} = 0{,}155 \cdot 148 = 23\,\text{cm};$$

hieraus folgt: $\dfrac{x_0}{d} = \dfrac{23}{10} = 2{,}3$ und aus der Tabelle S. 337 $\dfrac{\sigma_{b_0}}{\sigma_b} = 0{,}681$;

$\sigma_{b_0} = 0{,}681 \cdot 35 \backsim 24$ kg/cm². Für $\sigma = {}^{24}/_{1000}$ kg/cm² ist:

$$h = r \sqrt{\frac{M}{b}} = 0{,}588 \cdot 148 = 87\,\text{cm}.$$

$$F_e = \frac{M}{\sigma_e\left(h - \dfrac{d}{2}\right)} = \frac{3\,500\,000}{1000\left(87 - \dfrac{10}{2}\right)} = 42{,}6\,\text{cm}^2.$$

Rechnet man dies Beispiel genau nach, so ergibt sich:

$$x = 28{,}4\,\text{cm}; \quad z = 82{,}3\,\text{cm}; \quad \sigma_e = \frac{M}{F_e \cdot z} = \frac{3\,500\,000}{42{,}6 \cdot 82{,}3} = 998\,\text{kg/cm}^2;$$

$$\sigma_b = \sigma_e \frac{x}{n\,(h - x)} = 998 \cdot \frac{28{,}4}{15\,(87 - 28{,}4)} = 32{,}2\,\text{kg/cm}^2.$$

---

[1]) Hier lautet die Probegleichung auf Richtigkeit der Rechnung: $z = 54{,}7 - 0{,}4 \cdot 8 = 51{,}5$ cm.

$$\sigma_e = \frac{1\,400\,000}{51{,}5 \cdot 26{,}2} = 1003\,\text{kg/cm}^2.$$

[2]) Vgl. Bauing. 1921, H. 8, S. 218 u. folgd. und die Tabellen auf S. 337 und 339.

Foerster, Eisenbetonbau. 3. Aufl.　　　　　　　　　　26

Es wird somit, wie bereits auf S. 337 allgemein betont wurde, die zugelassene Betonspannung von 35 kg/cm² nicht ganz erreicht.

b) Wird ein Spannungsverhältnis von 30/1200 zugelassen, so ist:

$$x_0 = 0{,}144 \sqrt{\frac{M}{b}} = 0{,}144 \cdot 148 = 21{,}3 \text{ cm}.$$

$$\frac{x_0}{d} = \frac{21{,}3}{10} = 2{,}13; \quad \sigma_{b_0} = 0{,}726 \cdot 30 \cong 22 \text{ kg/cm}^2. \quad \text{Für } \sigma = \frac{22}{1200} \text{ ist};$$

$$h = 0{,}674 \sqrt{\frac{M}{b}} = 0{,}674 \cdot 148 = 99 \text{ cm}; F_e = \frac{3\,500\,000}{1200\left(99 - \dfrac{10}{2}\right)} = 31 \text{ kg/cm}^2.$$

Genaue Werte sind: $x = 26{,}4$ cm; $z = 94{,}4$; $\sigma_e = 1196$ kg/cm²; $\sigma_b = 29$ kg/cm².

c) Ferner sei das Verhältnis der zulässigen Spannungen:

$$\frac{\sigma_b}{\sigma_e} = 40/1200; \qquad \frac{x_0}{d} = 2{,}13 \text{ wie vorher.}$$

$$\sigma_{b_0} = 0{,}726 \cdot 40 = 29 \text{ kg/cm}^2. \quad \text{Für } \sigma_{\text{zul}} = \tfrac{29}{1200} \text{ wird:}$$

$$h = 0{,}534 \cdot 148 = 79 \text{ cm}; \qquad F_e = \frac{3\,500\,000}{1200\left(79 - \dfrac{10}{2}\right)} = 39{,}4 \text{ cm}^2.$$

Die genauen Werte ergeben sich zu: $x = 25$ cm; $z = 74{,}4$; $\sigma = 1195$ kg/cm²; $\sigma_b = 37$ kg/cm².

d) Für $\sigma_{\text{zul}} = \tfrac{20}{1200}$ ist:

$$\sigma_{b_0} = 0{,}726 \cdot 20 = 14{,}5.$$

Zu $\sigma = \tfrac{14{,}5}{1200}$ gehört:

$$h = 0{,}976 \cdot \sqrt{\frac{M}{b}} = 0{,}976 \cdot 148 = 144 \text{ cm},$$

$$F_e = \frac{3\,500\,000}{1200\left(144 - \dfrac{10}{2}\right)} = 21 \text{ cm}^2.$$

Die genauen Werte sind: $x = 28$ cm; $z = 139{,}4$; $\sigma_e = 1195$ kg/cm²; $\sigma_b = 19{,}3$ kg/cm².

Aus dem Vergleiche der angenäherten Rechnung mit der genauen Ermittlung zeigt sich einmal die für die Praxis vollkommen ausreichende Übereinstimmung, und zum anderen die Richtigkeit der auf S. 337 erhobenen Behauptung, daß die Näherungswerte von σ_b stets etwas unterhalb der zulässigen Grenze bleiben. Die Übereinstimmung ist hier um so genauer, je tiefer $\sigma_{b_{\text{zul}}}$ liegt.

Beispiel 8b (breite Platte, hoher Steg). Es sei gegeben:

$M = 180\,000 \text{ kg} \cdot \text{m};\quad d = 15 \text{ cm};\quad b = 240 \text{ cm};\quad h = 318 \text{ cm};$

$\sigma_{ezul} = 1200 \text{ kg/cm}^2.$ Gesucht wird σ_b und F_e.

$$\text{Aus}\quad h = r\sqrt{\frac{M}{b}}\quad \text{folgt:}\quad r = \frac{h}{\sqrt{\dfrac{M}{b}}} = \frac{318}{\sqrt{\dfrac{180\,000}{2,40}}} = \frac{318}{274} = 1,16\,.$$

Zu $r = 1,16$ cm und $\sigma_{e_0} = 1200 \text{ kg/cm}^2$ gehört nach der Tabelle S. 339 ein Wert $\sigma_{b_0} = 12 \text{ kg/cm}^2$.

Ferner ist:

$$x_0 = 0,144\sqrt{\frac{M}{b}} = 0,144 \cdot 274 = 39,5 \text{ cm},$$

$$\frac{x_0}{d} = \frac{39,5}{15} = 2,63\,.$$

Hierzu gehört nach Tabelle S. 337:

$$\frac{\sigma_{b_0}}{\sigma_b} = 0,62;\quad \sigma_b = \frac{\sigma_{b_0}}{0,62} = \frac{12}{0,62} = 19,4 \text{ kg/cm}^2,$$

$$F_e = \frac{M}{\sigma_e\left(h - \dfrac{d}{2}\right)} = \frac{18\,000\,000}{1200\left(318 - \dfrac{15}{2}\right)} = 48,4 \text{ cm}^2.$$

Die Nachrechnung liefert die Werte:

$x = 59,6$ cm;\quad $z = 311$ cm;\quad $\sigma_e = 1195 \text{ kg/cm}^2$;\quad $\sigma_b = 18,4 \text{ kg/cm}^2$.

Es zeigt sich also das gleiche wie oben.

Beispiel 8c (schmale, dünne Platte, hoher Steg). Gegeben:

$M = 60\,000 \text{ kg} \cdot \text{m};\quad d = 10 \text{ cm};\quad b = 60 \text{ cm};\quad \sigma_{zul} = \frac{40}{1200} \text{ kg/cm}^2.$

Gesucht wird: h und F_e.

Für $\sigma_e = 1200 \text{ kg/cm}^2$ ist:

$$x_0 = 0,144\sqrt{\frac{M}{b}} = 0,144\sqrt{\frac{60\,000}{0,60}} = 0,144 \cdot 316 = 45,5 \text{ cm};$$

daher wird:

$$\frac{x_0}{d} = \frac{45,5}{10,0} = 4,55\,;$$

$$\frac{\sigma_{b_0}}{\sigma_b} = 0,39 \quad \text{nach der Tabelle S. 337;}$$

$$\sigma_{b_0} = 0,39 \cdot \sigma_b = 0,39 \cdot 40 = 15,6 \text{ kg/cm}^2.$$

Zu $\sigma = \frac{15,6}{1200}$ gehört (S. 339):

$$h = 0{,}91 \sqrt{\frac{M}{b}} = 0{,}91 \cdot 316 = 288 \text{ cm},$$

$$F_e = \frac{6\,000\,000}{1200 \left(288 - \dfrac{10}{2}\right)} = 17{,}7 \text{ cm}^2.$$

Die genauen Werte sind:

$x = 92$ cm; $z = 283$ cm; $\sigma_e = 1198$ kg/cm²; $\sigma_b = 37{,}5$ kg/cm² [1]).

9. Beispiel zur Dimensionierungsart nach Baron (S. 339 u. ff.). Von einem einfachen bewehrten Plattenbalken sei gegeben:

$$d = 8 \text{ cm}; \quad b = 128 \text{ cm}; \quad M = 1\,100\,000 \text{ kg} \cdot \text{cm};$$
$$\sigma_b = 30, \quad \sigma_e = 1200 \text{ kg/cm}^2.$$

Zunächst folgt aus Tabelle A S. 341: $\gamma = 1{,}65$ und hiermit:

$$z \backsim \frac{M}{d\,b\,\sigma_b} + \gamma\,d; \quad z \backsim \frac{1\,100\,000}{8 \cdot 128 \cdot 30} + 1{,}65 \cdot 8 = 35{,}8 + 13{,}2 = 49 \text{ cm};$$

$$F_e = \frac{1\,100\,000}{49 \cdot 1200} = 18{,}7 \text{ cm}^2.$$

Werden 8 R. E. $\varnothing$ 18 mm mit $F_e = 20{,}36$ cm², also $> F_{e_{\text{theor}}}$ gewählt, so wird ein genauerer z-Wert nunmehr:

$$z = \frac{1\,100\,000}{20{,}36 \cdot 1200} = 45{,}0 \text{ cm}.$$

Alsdann wird die Größe

$$\frac{\gamma\,d}{0{,}9\,h} \backsim \frac{\gamma\,d}{0{,}9\left(z + \dfrac{d}{2}\right)} = \frac{1{,}65 \cdot 8}{0{,}9\,(45{,}0 + 4)} = 0{,}299 = 1 - \frac{\sigma_m}{\sigma_b}.$$

Hierzu gehört nach der Tabelle B S. 342 ein α-Wert $= 0{,}43$, und somit wird $\alpha\,d = 0{,}43 \cdot 8 = 3{,}44$ cm und hiermit:

$$h = z + \alpha\,d = 45{,}0 + 3{,}44 = 48{,}44 \text{ cm}.$$

Gewählt wird: $h = $ rd. 49 cm; und somit ist $z = h - \alpha\,d = 49 - 3{,}44 = 45{,}56$ cm.

Eine genaue Nachrechnung liefert die Werte:

$x = 14{,}33$; $\sigma_e = 1187$ kg/cm²; $\sigma_b = 32{,}7$ kg/cm²; $z = 45{,}51$ cm.

Die oben angewandte Annäherungsrechnung ist also praktisch durchaus brauchbar.

---

[1]) Das letzte Beispiel soll nur zeigen, wie selbst bei ganz außerordentlichen Abmessungen die Näherungsrechnung mit der genauen Untersuchung übereinstimmt. Hier liegen aber die Verhältnisse so, daß in der Praxis die Betondruckspannung im Steg nicht vernachlässigt werden darf.

Arbeitet man mit der Beziehung (S. 341)

$$h = \frac{M}{b\, d\, \sigma_b} + \beta\, d\,, \quad \text{so wird} \quad \beta = 2{,}07 \quad \text{und}: \quad h = \frac{1\,100\,000}{128 \cdot 8 \cdot 30} + 2{,}07 \cdot 8$$

$$= 35{,}8 + 16{,}65 = 52{,}36 \text{ cm}.$$

Der genaue theoretische Wert ergibt sich (vgl. S. 342) aus dem Werte $z_1 = 49$, $\alpha = 0{,}43$;

$$\frac{\gamma}{0{,}9} \cdot \frac{z_1}{z_1 + \alpha\, d} = \frac{1{,}65}{0{,}9} \cdot \frac{49}{49 + 0{,}43 \cdot 8}\,;$$

$\gamma_{\text{verbessert}} = 1{,}72$;

$$h = \frac{M}{b \cdot d\, \sigma_b} + (\alpha + \gamma)\, d = 35{,}8 + (0{,}43 + 1{,}72) \cdot 8 = 53{,}0 \text{ cm}.$$

10. **Beispiel zur Spannungsermittlung nach Lamberg** (vgl. S. 342 und Abb. 122). Bei einem Plattenbalken sei gefunden bzw. gegeben:

$$M = 17{,}80 \text{ t} \cdot \text{m}\,; \quad F_e = 5 \text{ R. E. } \varnothing\, 24 = 22{,}62 \text{ cm}^2\,; \quad b = 128 \text{ cm};$$

$$b_0 = 22 \text{ cm}; \quad d = 8 \text{ cm}; \quad d_0 = 73 \text{ cm}; \quad h = 70 \text{ cm}; \quad x = 19{,}43 \text{ cm}.$$

Alsdann wird:

$$k = \frac{b - b_0}{b} = \frac{128 - 22}{128} = 0{,}828$$

und somit (S. 343):

$$\eta = \frac{19{,}43}{3} - \frac{2 \cdot 8}{3\left(\dfrac{19.43^2}{0{,}828 \cdot (19{,}43 - 8{,}0)^2} - 1\right)} = 4{,}334 \text{ cm}.$$

Demgemäß ergibt sich der Hebelsarm der inneren Kräfte $= z$.

$$z = h - \eta = 70 - 4{,}334 = 65{,}666 \text{ cm}$$

und aus ihm

$$\sigma_e = \frac{M}{F_e \cdot z} = \frac{1\,780\,000}{22{,}62 \cdot 65{,}666} = \text{rd. } 1200 \text{ kg/cm}^2.$$

Mit Hilfe der Tabelle auf S. 343 hätte sich ergeben:

$$m = \frac{d}{x} = \frac{8{,}00}{19{,}43} = 0{,}4117\,.$$

$$\mu = \text{rd. } 0{,}225\,; \quad \eta = 0{,}225 \cdot x = 0{,}225 \cdot 19{,}43 = 4{,}371 \text{ cm},$$

also ein Wert, sehr ähnlich dem vorstehend gefundenen.

11. **Zahlenbeispiel zur Anwendung der Tabelle von Hartschen** auf S. 344 zwecks Bemessung der Plattenbalkenquerschnitte unter Berücksichtigung der Druckkraft im Betonsteg.

Gegeben sei:

$d = 10$ cm; $b = 160$ cm; $b_0 = 30$ cm $= 3\,d$; $M = 3\,750\,000$ kg · cm;

$$\frac{\sigma_b}{\sigma_e} = \frac{26}{1200}.$$

Nach Tabelle II S. 242 wird:

$$h_0 = r \sqrt{\frac{M}{b}} = 0{,}5844 \sqrt{\frac{3\,750\,000}{160}} = 89{,}5 \text{ cm}; \quad \frac{h_0}{b} = \frac{89{,}5}{160} = 0{,}56.$$

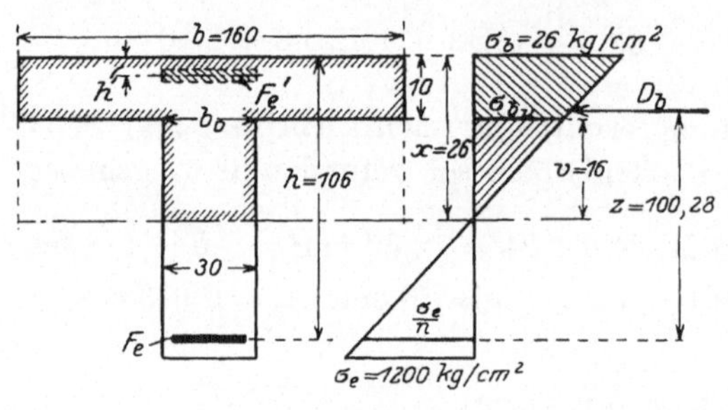

Abb. 147.

Nach der Tabelle von Hartschen folgt:

$$k = 0{,}185$$

und somit:

$$h = 89{,}5\,(1 + 0{,}185)$$
$$= 106 \text{ cm}.$$

Ferner liefert die Tabelle den Wert:

$$z/h = 0{,}946;$$
$$z = 0{,}946\,h = 0{,}946 \cdot 106 = 100{,}28 \text{ cm}.$$

$$F_e = \frac{M}{\sigma_e z} = \frac{3\,750\,000}{1200 \cdot 100{,}28} = 31{,}2 \text{ cm}^2.$$

Prüft man zur Kontrolle das Moment, das der Balken aushalten kann, so ist:

$$x = \frac{n\,\sigma_b}{n\,\sigma_b + \sigma_e} \cdot h = s\,h = 0{,}245 \cdot 106 = 26{,}0 \text{ cm};$$

$$D_b = \sigma_b \frac{x \cdot b}{2} - \sigma_{bn}\,v\,\frac{(b - b_0)}{2} \quad \text{(Abb. 147)}$$

$$= \sigma_b \frac{x \cdot b}{2} - \sigma_b \frac{v^2}{x}\,\frac{(b - b_0)}{2} = \sigma_b \left(\frac{x \cdot b}{2} - \frac{v^2}{2\,x}(b - b_0) \right),$$

$$D_b = 26 \cdot \left(\frac{26 \cdot 160}{2} - \frac{16{,}0^2 \cdot 130}{52} \right) = 26 \cdot 1440.$$

$$M = D_b \cdot z = 26 \cdot 1440 \cdot 100{,}28 = \text{rd. } 3\,750\,000 \text{ kg} \cdot \text{cm}.$$

Würde im vorliegenden Falle ein $M = 4\,200\,000$ kg · cm gegeben sein, so müßte eine obere Druckeiseneinlage und eine untere Zugeiseneinlage, das Moment:

$$M_r = 4\,200\,000 - 3\,750\,000 = 450\,000 \text{ kg} \cdot \text{cm}$$

noch aufnehmen.

Legt man — Abb. 147 — die obere Eiseneinlage 3 cm vom Rande
entfernt, so wird die in dieser Faser auftretende Eisenspannung:

$$\sigma_e' = \frac{n\,\sigma_b\,(x - h')}{x} = \frac{15 \cdot 26 \cdot 23}{26} = 345 \text{ kg/cm}^2\,,$$

$$D_e' = F_e'\,\sigma_e' = \frac{M_r}{h - h'}\,; \quad F_e' = \frac{450\,000}{345 \cdot (106 - 3)} = 12{,}65 \text{ cm}^2\,,$$

$$F_e \cong \frac{D_b \cdot \sigma_b + D_e'}{\sigma_e} = \frac{1440 \cdot 26 + 12{,}65 \cdot 345}{1200} \cong 34{,}85 \text{ cm}^2\,{}^1)\,.$$

12. **Beispiel zur Bemessung von F_e'
und F_e nach dem Verfahren von Wierzbicki** auf S. 326—327.

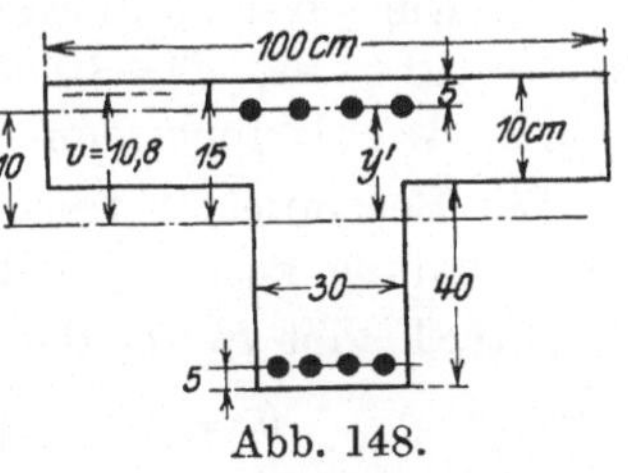

Es sei gegeben (Abb. 148):

$$M = 1\,400\,000 \text{ kg} \cdot \text{cm};$$

$$b = 100 \text{ cm}; \quad b_0 = 30 \text{ cm};$$

$d = 10$ cm; $\quad h = 50$ cm; $\quad a = h' = 5$ cm; $\quad \sigma_e = 1200$ kg/cm²;
$\sigma_b = 40$ kg/cm².

Es ergibt sich zunächst: $x = s \cdot h = 0{,}333 \cdot 45 = 15$ cm.
Es liegt mithin Fall III vor. v errechnet sich zu:

$$v = x - \frac{d}{2} + \frac{d^2}{6\,(2\,x - d)} = 15 - 5 + \frac{100}{6\,(30 - 10)} \cong 10{,}8 \text{ cm.}$$

Es liegt also hier der Fall vor, bei dem die Druckkraft im Beton
oberhalb der Eiseneinlage angreift ($v = 10{,}8$ cm, $y' = x - h' = 15 - 5$
$= 10$ cm; daß dieser Umstand an der Normalberechnung nichts ändert,
wurde auf S. 327 (Anm. 1) bereits erwähnt und begründet. Es wird:

$$F_e' = \frac{M \cdot x - b\,d\sigma_b\left(1 - \dfrac{d}{2\,x}\right) x\,(h - x + v)}{n\,\sigma_b\,(x - h')\,(d_0 - a - h')} \tag{51a}$$

$$= \frac{1\,400\,000 \cdot 15 - 100 \cdot 10 \cdot 40\left(1 - \dfrac{10}{30}\right) \cdot 15\,(45 - 15 + 10{,}8)}{15 \cdot 40\,(15 - 5)\,(50 - 2 \cdot 5)}$$

$$F_e' = \frac{21\,000\,000 - 16\,320\,000}{240\,000} \cong 19{,}4 \text{ cm}^2.$$

${}^1)$ Hierbei ist die Annäherungsannahme gemacht, daß D_b und D_e' in demselben
Punkte angreifen. Naturgemäß kann man auch die Zusatzeisenmenge in der Zug-
zone infolge M_r aus der Beziehung: $F_{e_2}\,\sigma_e = \dfrac{M_r}{h - h'}$ ermitteln, hier also aus:

$$F_{e_2} = \frac{450\,000}{1200 \cdot 103} = 3{,}65 \text{ cm}^2.$$

Da für das Moment $M = 3\,750\,000$ kg $\cdot$ cm oben eine Zugbewehrung von 31,2 cm²
bereits gefunden war, wird $F_e + F_{e_2} = 31{,}2 + 3{,}65 = 34{,}85$ cm², also derselbe
Wert wie oben.

Hieraus ergibt sich:

$$
\left.
\begin{aligned}
F_e &= \frac{\sigma_b}{\sigma_e}\left[n\,F'_e\,\frac{x-h'}{x} + b\,d\left(1-\frac{d}{2\,x}\right)\right]\\
&= \frac{40}{1200}\left[15\cdot 19{,}4\,\frac{10}{15} + 100\cdot 10\left(1-\frac{10}{30}\right)\right]\\
&= \frac{40}{1200}\,(194 + 666) = 28{,}7\,\text{cm}^2.
\end{aligned}
\right\}
\qquad (52\,\text{b})
$$

13. Ein frei aufliegender Plattenbalken auf 2 Stützen mit $M = +20\,\text{t}\cdot\text{m}$, $d = 10$ cm, $b = 160$ cm, soll nach dem Verfahren von E. Barck dimensioniert werden. $\sigma_e = 1200$ kg/cm².

Der Betonpreis betrage 24 M., der Eisenpreis 1800 M. für je 1 m³. Die Schalung koste 2,50 M./m² [1]).

Barck gibt für b_0 die Gleichung:

$$
b_0 = 6 - \tfrac{1}{300}\cdot r\cdot M_{\text{red}} + 0{,}7\,\sqrt{r\cdot M_{\text{red}}}\,. \qquad (62)
$$

Der Beiwert r ist für Balken auf 2 Stützen $= 1{,}0$.

$$
M_{\text{red}} \text{ bedeutet } \frac{\text{Moment}}{\text{Eisenspannung}}
$$

im vorliegenden Falle $\dfrac{2\,000\,000}{1200} = 1670$ cm³

$$
b_0 = 6 - \tfrac{1}{300}\cdot 1{,}0\cdot 1670 + 0{,}7\,\sqrt{1{,}0\cdot 1670}
$$
$$
b_0 = 6 - 5{,}6 + 28{,}6 = 29{,}0 \text{ cm.}
$$

Rechnet man mit der Annäherungsformel von Barck (S. 352), so wird b_0:

$$
b_0 = 10\,\sqrt{r} + 0{,}45\,\sqrt{M_{\text{red}}} = 10 + 18{,}4 = 28{,}4 \text{ cm.} \qquad (62\,\text{a})
$$

Zur Ermittlung der nutzbaren Rippenhöhe, gleichbedeutend etwa mit dem Hebelarm der inneren Kräfte $= z = h - \dfrac{d}{2}$, dient die Gleichung:

$$
z = \sqrt{M_{\text{red}}}\cdot\sqrt{\frac{r\cdot\mathfrak{E}}{b_0\cdot\mathfrak{B} + 2\cdot\mathfrak{S}}}\,. \qquad (61)
$$

In ihr bedeuten (vgl. S. 349):

$\mathfrak{E}$ den Eisenpreis in Mark für je 1 m³,

$\mathfrak{B}$ den Betonpreis in Mark für je 1 m³,

$\mathfrak{S}$ den Schalungspreis in Mark für 1 m².

Da diese Einheiten in m-Einheiten gegeben sind, muß auch M_{red} und b_0 in diesen eingeführt werden.

---

[1]) Da es sich hier um eine theoretische Erörterung handelt, sind die früheren Einheitspreise beibehalten.

Demgemäß wird:

$$z = \sqrt{\frac{1670}{100^3}} \cdot \sqrt{\frac{1,0 \cdot 1800}{0,29 \cdot 24 + 2 \cdot 2,50}} = 0,502 \text{ m} = \text{rd. } \mathbf{50,2 \text{ cm}.}$$

$$F_e = \frac{M}{\sigma_e z} = \frac{M_\text{red}}{z} = \frac{1670}{50,2} = 33,9 \text{ cm}^2$$

$$d_0 = z + a + \frac{d}{2} = 50,2 + 5 + \frac{10}{2} = \mathbf{60,2 \text{ cm}.}$$

14. Bei einem Plattenbalken mit 56 cm Höhe, $a = 5$ cm, einer Stegbreite $= 20$ cm, einer Plattenbreite $= 160$ cm, einer Plattenstärke $= 10$ cm, einer Rippenbreite $= 20$ cm und einer Zugbewehrung von 37,6 cm², sollen die am unteren Rande im Beton auftretenden Zugspannungen berücksichtigt und untersucht werden. $M = 10 \text{ t} \cdot \text{m}$.

Hier ist also der ganze Steg als statisch wirksam einzuführen.

Die Lage der Nullinie, gegeben durch die Schwerpunktslage des ganzen Querschnittes, berechnet sich wie folgt:

$$x = \frac{S_0}{F_i} = \frac{\dfrac{b - b_0}{2} d^2 + \dfrac{b_0 d_0^2}{2} + n F_e h}{(b - b_0) d + b_0 d_0 + n F_e} \tag{65}$$

$$= \frac{\dfrac{160 - 20}{2} \cdot 10^2 + \dfrac{20 \cdot 56^2}{2} + 15 \cdot 37,6 \cdot 51}{140 \cdot 10 + 20 \cdot 56 + 15 \cdot 37,6}$$

$$= \frac{7000 + 31\,400 + 28\,800}{1400 + 1120 + 564} = \frac{67\,200}{3084} = 21,5 \text{ cm}.$$

Das Trägheitsmoment in bezug auf den Schwerpunkt wird:

$$J_{nn_\text{III}} = \frac{b \cdot x^3}{3} - \frac{(b - b_0)(x - d)^3}{3} + \frac{b_0 (d_0 - x)^3}{3} + n \cdot F_e \cdot (h - x)^2$$

$$= \frac{160 \cdot 21,5^3}{3} - \frac{140 \cdot 11,5^3}{3} + \frac{20 \cdot (56 - 21,5)^3}{3} + 15 \cdot 37,6 \cdot (51 - 21,5)^2$$

$$530\,080 - 70\,980 + 273\,720 + 455\,880 = 1\,118\,700 \text{ cm}^4.$$

$$\sigma_{b_z} = \frac{M}{J_{nn_\text{III}}} (h - x) = \frac{1\,000\,000}{1\,118\,700} \cdot 34,5 = \text{rd. } 31 \text{ kg/cm}^2.$$

Da von einer Zugspannung von 24 kg/cm² i. d. R. mit dem Auftreten von Rissen im Beton der Zugzone zu rechnen ist, so würde der Träger, falls ein Auftreten von Haarrissen Gefahren für die Bewehrungseisen im Gefolge hätte, neu zu dimensionieren sein.

15. Beispiel zur Berechnung eines unsymmetrischen, einfach bewehrten, **von anderen Konstruktionsteilen unabhängigen und in seiner Formänderung nicht gehinderten Platten**balkens.

Gegeben sei: $M = 400\,000$ kg $\cdot$ cm; $b = 75$ cm; $d = 20$ cm; $b_0 = 25$ cm; $d_0 = 50$ cm; $a = 5$ cm; $F_e = 5$ Rundeisen von Durchmesser 24 mm $= 22,6$ cm².

Alsdann ergibt sich:

$$x_s = \frac{9}{4}\, n\, \frac{F_e}{b} \left[-1 + \sqrt{1 + \frac{32}{27}\, \frac{b\,(d_0 - a)}{n\,F_e}} \right] \tag{80}$$

$$x_s = \frac{9}{4} \cdot \frac{15 \cdot 22,6}{75} \left[-1 + \sqrt{1 + \frac{32}{27}\, \frac{75\,(50 - 5)}{15 \cdot 22,6}} \right]$$

$$= 10,17\,(-1 + \sqrt{1 + 11,25}) = 10,17 \cdot 2,5 = 25,23 \text{ cm};$$

$$\sigma_e = \frac{M}{F_e\left(d_0 - a - \dfrac{x_s}{4}\right)} = \frac{400\,000}{22,6\left(45 - \dfrac{25,23}{4}\right)} = \frac{400\,000}{873,6} \cong 460 \text{ kg/cm}^2. \tag{81}$$

$$\sigma_b = \frac{M \cdot x_s}{n\,F_b\left(d_0 - a - \dfrac{x_s}{4}\right)\left(d_0 - a - \dfrac{3}{4}\,x_s\right)} = \frac{400\,000 \cdot 25,23}{15 \cdot 22,6 \cdot 38,7 \cdot 26,1} \tag{82}$$

$$= 29,6 \text{ kg/cm}^2.$$

15b. Sind als Abmessung für einen einseitigen Plattenbalken gegeben: $a = 4$ cm; $b_0 = 25$, $b = 60$; $d = 12$ cm, ist ferner $\sigma_b = 20$ (!), $\sigma_e = 1000$ kg/cm² und $M = 360\,000$ kg $\cdot$ cm, so ergibt sich der Wert von $(d_0 - a)$ und F_e aus den Gleichungen (S. 380 und 381):

$$d_0 - a = r\sqrt{\frac{M}{b}} = 0,680\,\sqrt{\frac{360\,000}{60}} = 53 \text{ cm}.$$

$$F_e = \frac{M}{\sigma_e\left(d_0 - a - \dfrac{3}{8}\,d\right)} = \frac{360\,000}{1000 \cdot \left(53 - \dfrac{3}{8}\,12\right)}$$

$$= \frac{360\,000}{1000 \cdot 48,5} = \text{rd. } 7,5 \text{ cm}^2. \tag{83}$$

Gewählt werden entweder vier Eisen vom Durchmesser $16 = 8,04$ cm², die in von Seite der Platte her zunehmendem Abstande angeordnet werden, oder vier Eisen von 19, 17, 15 und 13 mm Durchmesser, mit einem Gesamt-Eisenquerschnitt von: $2,84 + 2,27 + 1,77 + 1,33 = 8,21$ cm², verlegt angenähert in gleichem Abstande, und mit den stärksten Durchmessern an der Plattenseite beginnend.

Das nachfolgende Beispiel dient als Anwendung der für die Rechnungen der Praxis besonders wertvollen Tabelle XIII S. 346.

16. Ein Plattenbalken sei durch ein Moment von 805 t · cm beansprucht. Die Nutzhöhe h ist zu 50 cm, die Plattenstärke d zu 11 cm festgesetzt. Als Spannungen sind $\sigma_b = 35$ kg/cm²; $\sigma_e = 1200$ kg/cm² zugelassen. Gesucht werden die fehlenden Abmessungen.

Nach Tabelle XIII — Reihe IV — ist für $\dfrac{d}{h} = \dfrac{11}{50} = 0{,}22$.

$$b = \frac{k_6\, M}{\beta\, h^2} = \frac{209{,}0 \cdot 805}{0{,}936 \cdot 50^2} = 72 \text{ cm} = \text{rd. } 75 \text{ cm.}$$

$$F_e = \frac{\alpha\, b\, h}{k_4} = \frac{0{,}923 \cdot 75 \cdot 50}{225{,}3} = 14{,}7 \text{ cm}^2.$$

Gewählt werden 6 Rundeisen von 18 mm Durchmesser; $F_e = 15{,}26$ cm². Weiter ist:

$$z = \frac{805}{15{,}26 \cdot 1{,}2} = 43{,}9 \text{ cm.}$$

Als Rippenbreite wird 26 cm gewählt, ferner $d_0 = 50 + 3 = 53$ cm.

17. Ein Plattenbalken habe eine Gesamthöhe $d_0 = 54$ cm, eine nutzbare Höhe $h = 51$ cm, eine Plattenbreite $= 192$ cm, eine Plattenstärke $d = 12$ cm und sei von einem Momente $= 2690$ t · cm auf Biegung belastet; gesucht wird die Bewehrung.

$$\sigma_e = 1{,}2; \qquad \sigma_b = 0{,}04 \text{ t/cm}^2.$$

Um mit Hilfe Tabelle XIII den zu $M = 2960$ t · cm gehörenden Wert F_e zu bestimmen, bildet man zunächst das Verhältnis $\dfrac{d}{d_0} = \dfrac{12}{51} = 0{,}235$. Aus Reihe V der Tabelle folgt alsdann: $k_7 = 0{,}903$ und demgemäß $z = 0{,}903\, h = 0{,}903 \cdot 51 = 46{,}05$, somit

$$F_e = \frac{M}{\sigma_e \cdot z} = \frac{2690}{1{,}2 \cdot 46{,}05} = 48{,}6 \text{ cm}^2,$$

gegenüber dem vorher zu 49,81 gefundenen Werte. Rechnet man mit der Gleichung: $F_e = \dfrac{\alpha \cdot b\, h}{k_4}$, so ergibt sich nach Tabelle XIII unter V $\alpha = 0{,}913$, $k_4 = 180$. Für $b = 192$ wird demgemäß:

$$F_e = 0{,}913 \cdot \frac{192 \cdot 51}{180} = 49{,}5 \text{ cm}^2.$$

Hätte man angenähert, unter Anwendung des Wertes $z = h - 0{,}4\, d = 51 - 0{,}4 \cdot 12 = 46{,}2$ cm das Eisen in der Zugzone bestimmt, so hätte sich der Wert: $F_e = \dfrac{2690}{1{,}2 \cdot 46{,}2} = 48{,}5$ cm², ergeben.

Die auf ganz verschiedenem Wege gefundenen Ergebnisse stimmen also mit ausreichender Annäherung überein.

20. Die Berechnung zentrisch belasteter Stützen.

Wie bereits in Abschnitt 7 hervorgehoben wurde, werden bei Verbundstützen zwei Hauptarten nach der Durchbildung ihrer Bewehrung unterschieden, und zwar einmal vorwiegend längsbewehrte und zum andern umschnürte Säulen.

Bei Berechnung der längsbewehrten Säulen (Abb. 149), deren Eiséneinlage in erster Linie aus Längseisen, daneben aus sie verbindenden, senkrecht zur Säulenachse liegenden Drahtbügeln besteht, wird die allerdings nur angenähert richtige Annahme zugrunde gelegt, daß die Kraft sich gleichmäßig über den Beton und das Eisen verteilt und die in beiden auftretenden Formänderungen gleich groß sind. Hieraus ergibt sich:

$$\lambda_e = \frac{\sigma_e}{E_e} = \lambda_b = \frac{\sigma_b}{E_b},$$

worin λ_e die Formänderung des Eisens, λ_b die des Betons darstellen, σ_e, σ_b, E_e und E_b die bekannten Bedeutungen besitzen. Hieraus folgt:

$$\sigma_e = \frac{E_e}{E_b}\, \sigma_b = n\, \sigma_b = 15\, \sigma_b, \tag{84}$$

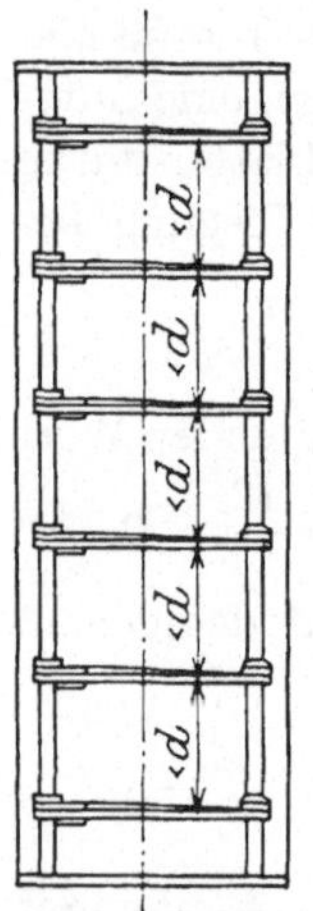

Abb. 149.

d. h. die Ausnutzung des Eisens ist bei längsbewehrten Verbundstützen eine wenig gute und unmittelbar an die im Beton auftretende Druckspannung gebunden. Die Würfelfestigkeit des Betons für Säulen oder Stützen $W_{e_{28}}$ bzw. $W_{b_{28}}$ soll nach 28 Tagen mindestens 200 bzw. 100 kg/cm², bei hochwertigem Zement $\geqq 275$ bzw. 130 kg/cm² betragen[1]), die zulässige Belastung (vgl. S. 122) zwischen 35 und 30 kg/cm² bei hochwertigem Zement in den Grenzen 45 und 40 kg/cm² gewählt werden. Deshalb ist die höchste Einheitsbelastung des Eisens auch im allgemeinen auf die Größe von $15 \cdot 35$ bzw. $15 \cdot 45$ d. h. auf 525 bzw. 675 i. d. R. beschränkt und kann in Ausnahmefällen höchstens das Maß $15 \cdot 60$ (vgl. die Anm. 1) $= 900$ kg/cm² erreichen. Das Hauptbewehrungseisen wird also hier nur mit einem Bruchteil seiner Quetschgrenze beansprucht.

Ist die den Verbundquerschnitt zentral belastende Druckkraft P, der Betonquerschnitt F_b, der der gesamten Längsbewehrung F_e, und werden die in diesen Querschnittsteilen auftretenden Druckspannungen mit σ_b bzw. σ_e bezeichnet, so folgt aus der gleichmäßigen Verteilung von P die Bedingungsgleichung:

$$P = \sigma_b F_b + \sigma_e F_e.$$

---

[1]) Bereits auf S. 122 wurde hervorgehoben, daß in besonderen Fällen, in denen die zulässige Beanspruchung des Betons auf Grund des Festigkeitsnachweises abgestuft wird, für weich oder flüssig angemachten und entsprechend der

Ersetzt man hierin $\sigma_e = n\,\sigma_b$, so wird:

2) $$P = \sigma_b\,(F_e + n\,\sigma_b\,F_e) = \sigma_b\,(F_b + n\,F_e) = \sigma_b \cdot F_i\,, \qquad (85)$$

worin F_i wiederum den ideellen Verbundquerschnitt darstellt, bei dem das Eisen in einen elastisch gleich tragfähigen Betonquerschnitt umgewandelt ist.

In gleicher Weise führt die Ersetzung von σ_b durch $\dfrac{\sigma_e}{n}$ zu der Gleichung:

3) $$P = \sigma_e\left(\frac{F_b}{n} + F_e\right), \qquad (85\,\mathrm{a})$$

worin der Klammerausdruck eine dem Verbundquerschnitt entsprechende Umwertung in Eisen darstellt.

Aus Gleichung (2) folgt:

$$\sigma_b = \frac{P}{F_i} = \frac{P}{F_b + n\,F_e} = \frac{P}{F_b\left(1 + n\,\dfrac{F_e}{F_b}\right)} = \frac{P}{F_e\,(1 + n\,\varphi)} \qquad (86\,\mathrm{a})$$

wenn φ das Verhältnis $\dfrac{F_e}{F_b}$, d. h. das Bewehrungsverhältnis des Querschnittes ist. Ebenso gilt entsprechend:

$$\sigma_e = \frac{P}{F_e + \dfrac{F_b}{n}} = \frac{P}{F_e\left(1 + \dfrac{1}{n}\dfrac{F_b}{F_e}\right)} = \frac{P}{F_e\left(1 + \dfrac{1}{n\,\varphi}\right)}. \qquad (86\,\mathrm{b})$$

Ist das Verhältnis φ bekannt oder wird es angenommen, so ist der Beton- und Eisenquerschnitt aus den vorstehenden Gleichungen zu entnehmen:

$$F_b = \frac{P}{\sigma_b\,(1 + n\,\varphi)}\,; \qquad F_e = \varphi\,F_b\,. \qquad (87\,\mathrm{a\,b})$$

Da — auf Versuchsergebnissen begründet — die vorstehenden Gleichungen nach den neuen Bestimmungen nur alsdann Anwendung finden dürfen, wenn die Größe φ zwischen bestimmten ziemlich eng begrenzten Werten schwankt, ist auch die Größe von F_b im Verhältnis zu P beschränkt. Wie bereits auf S. 160 hervorgehoben, soll die Mindestlängsbewehrung bei einem Säulenschlankheitsverhältnis $\dfrac{h}{s} \gtreqless 10$ 0,8 vH, bei $\dfrac{h}{s} = 5$ 0,5 vH betragen. Hieraus ergibt sich durch Einschaltung die nachfolgende Zusammenstellung:

$$\frac{h}{s} = \quad 5 \qquad 6 \qquad 7 \qquad 8 \qquad 9 \qquad 10$$

$$F_{e\,\mathrm{min}} = 0{,}5,\quad 0{,}56,\quad 0{,}62,\quad 0{,}68,\quad 0{,}74,\quad 0{,}8 \text{ vH von } F_b.$$

Der Größtwert der erlaubten Bewehrung beträgt 3 vH von F_b.

Verarbeitung im Bauwerk behandelten Beton. $W_{b_{28}}/\nu$ zulässig ist, wobei der Beiwert ν den auf S. 122/124 mitgeteilten Tabellen zu entnehmen ist; er beträgt im allgemeinen 3, bei Brückenbauten 4, vorausgesetzt $\sigma_{zul} \leqq 60$ bzw. 50 kg/cm² und $W_{c_{28}} \gtreqless 250$ kg/cm².

Wird die Säule mit einem größeren Betonquerschnitt ausgeführt als statisch erfordert ist, so gilt für F_e nur das statisch notwendige F_b. Näheres vgl. in den nachfolgenden Zahlenbeispielen.

Für die normal zugelassene Spannung von 35 kg/cm² ergeben sich, bei $n = 15$, und einem Prozentgehalt der Längseisenbewehrung im Verhältnisse zum Betonquerschnitte von $\varphi = 0,5$ 0,6, 0,7, 0,8, 1,0, 1,5, 2,0, 2,5 und 3,0, die folgenden Gleichungen für die Querschnittsbestimmung:

$$\varphi = \frac{F_e}{F_b} = 0,5; \quad F_b = \frac{P}{35\left(1 + \frac{15}{200}\right)} = \frac{P}{35\left(1 + \frac{7,5}{100}\right)} = \frac{P}{37,6} = 0,0267\,P$$

$$= 0,6; \quad F_b = \frac{P}{35\left(1 + \frac{15}{166}\right)} = \frac{P}{35\left(1 + \frac{9,0}{100}\right)} = \frac{P}{38,2} = 0,0262\,P$$

$$= 0,7; \quad F_b = \frac{P}{35\left(1 + \frac{15}{143}\right)} = \frac{P}{35\left(1 + \frac{10,5}{100}\right)} = \frac{P}{38,8} = 0,0259\,P$$

$$= 0,8; \quad F_b = \frac{P}{35\left(1 + \frac{15}{125}\right)} = \frac{P}{35\left(1 + \frac{12}{100}\right)} = \frac{P}{39,2} = 0,0255\,P$$

$$= 1,0; \quad F_b = \frac{P}{35\left(1 + \frac{15}{100}\right)} = \frac{P}{35\left(1 + \frac{15}{100}\right)} = \frac{P}{40,0} = 0,0250\,P$$

$$= 1,5; \quad F_b = \frac{P}{35\left(1 + \frac{15}{67}\right)} = \frac{P}{35\left(1 + \frac{23}{100}\right)} = \frac{P}{43,0} = 0,0232\,P$$

$$= 2,0; \quad F_b = \frac{P}{35\left(1 + \frac{15}{50}\right)} = \frac{P}{35\left(1 + \frac{30}{100}\right)} = \frac{P}{45,5} = 0,0220\,P$$

$$= 2,5; \quad F_b = \frac{P}{35\left(1 + \frac{15}{40}\right)} = \frac{P}{35\left(1 + \frac{38}{100}\right)} = \frac{P}{48,3} = 0,0207\,P$$

$$= 3,0; \quad F_b = \frac{P}{35\left(1 + \frac{15}{34}\right)} = \frac{P}{35\left(1 + \frac{45}{100}\right)} = \frac{P}{50,8} = 0,0187\,P\,.$$

Wird hierin P in Kilogramm eingesetzt, so ergibt sich F_b in Quadratzentimetern, da die zulässige Spannung $\sigma_b = 35$ in diesen Einheiten eingeführt ist.

Andererseits ergibt sich aus den Gleichungen die Last P:

$$P = F_b \sigma_b (1 + n \varphi)$$

und nach Einsetzung der Werte aus den voranstehenden Gleichungen, und zwar zunächst allgemein für σ_b, alsdann im besonderen für $\sigma_b = 35$ kg/cm² die folgende Zusammenfassung:

$$\varphi = 0{,}5; \qquad P = 1{,}075\, F_b \cdot \sigma_b \quad | \quad P = 37{,}6\, F_b$$
$$\varphi = 0{,}6; \qquad P = 1{,}09\ \ F_b \cdot \sigma_b \quad | \quad P = 38{,}2\, F_b$$
$$\varphi = 0{,}7; \qquad P = 1{,}105\, F_b \cdot \sigma_b \quad | \quad P = 38{,}8\, F_b$$
$$\varphi = 0{,}8; \qquad P = 1{,}12\ \ F_b \cdot \sigma_b \quad | \quad P = 39{,}2\, F_b$$
$$\varphi = 1{,}0; \qquad P = 1{,}15\ \ F_b \cdot \sigma_b \quad | \quad P = 40{,}0\, F_b$$
$$\varphi = 1{,}5; \qquad P = 1{,}23\ \ F_b \cdot \sigma_b \quad | \quad P = 43{,}0\, F_b$$
$$\varphi = 2{,}0; \qquad P = 1{,}30\ \ F_b \cdot \sigma_b \quad | \quad P = 45{,}5\, F_b$$
$$\varphi = 2{,}5; \qquad P = 1{,}38\ \ F_b \cdot \sigma_b \quad | \quad P = 48{,}3\, F_b$$
$$\varphi = 3{,}0; \qquad P = 1{,}45\ \ F_b \cdot \sigma_b \quad | \quad P = 50{,}8\, F_b$$

Für ein allgemein durch φ bezeichnetes Bewehrungsverhältnis $\varphi = \dfrac{F_e}{F_b}$ entsteht für den quadratischen Querschnitt F_b mit der Seite $= d_b$ die Beziehung:

$$F_i = d_b^2 + 15\,\varphi\, d_b^2 = d_b^2 (1 + 15\,\varphi)\,.$$

Wird P in t und σ ($= 35$ kg/cm²) in t/cm² $= 0{,}035$ t/cm² eingeführt, d_b in cm belassen, so wird:

$$P = d_b^2 (1 + 15\,\varphi) \cdot 0{,}035\,,$$

$$d_b = \sqrt{P} \cdot \frac{1}{\sqrt{0{,}035\,(1 + 15\,\varphi)}} = k_1 \sqrt{P}\,, \qquad (88\,\mathrm{a})$$

worin $k_1 \left(= \dfrac{1}{\sqrt{0{,}035\,(1 + 15\,\varphi)}} \right)$ aus der nachfolgenden Zusammenstellung XV, Spalte 2, zu entnehmen ist.

Ferner ist:

$$F_e = \varphi F_b = \varphi\, d_b^2 = P\,\frac{\varphi}{0{,}035\,(1 + 15\,\varphi)} = k_2\, P\,, \qquad (88\,\mathrm{b})$$

Die Werte $k_2 = \dfrac{\varphi}{0{,}035\,(1 + 15\,\varphi)}$ sind in Spalte 3 Zusammenstellung XV enthalten.

Für den Achtecksquerschnitt wird bei einem Durchmesser des eingeschriebenen Kreises $= d_b$ in gleicher Weise:

$$F_b = 0{,}8284\, d_b^2 \quad \text{und somit für } \varphi = \frac{F_e}{F_b}$$

$$F_i = F_b + 15 \cdot F_e = 0{,}8284\, d_b^2 (1 + 15\,\varphi)\,,$$
$$P = 0{,}8284\, d_b^2 (1 + 15\,\varphi)\, 0{,}035\,;$$

$$d_b = \sqrt{P} \cdot \frac{1}{\sqrt{0{,}8284 \cdot 0{,}035\,(1 + 15\,\varphi)}} = k_3 \sqrt{P}\,, \qquad (89)$$

worin
$$k_3 = \frac{1}{\sqrt{0,8284 \cdot 0,035\,(1 + 15\,\varphi)}}$$

ist, vgl. Spalte 4 in Tabelle XV auf S. 417.

Ferner ist, ebenso wie oben:

$$F_e = \varphi\,F_b = P \cdot \frac{\varphi}{0,035\,(1 + 15\,\varphi)} = k_2\,P\,;$$

s. Spalte 2 der Tabelle XV (eine Gleichung, die bei der Nachprüfung einer, in ihren Abmessungen vollkommen gegebenen Säule von besonderem Vorteile sein kann).

Trennt man bei einer längsbewehrten Säule die Anteile, welche von P auf den Betonquerschnitt (P_b) und auf die Eisenbewehrung (P_e) entfallen, so ergibt sich:

$$P_b = \sigma_b\,F_b\,; \qquad P_e = F_e\,n\,\sigma_b\,.$$

Für den quadratischen Querschnitt (Seite $= d_b$) folgt hieraus für $\sigma = 0,0035$ t/cm²:

$$P_b = 0,035\,d_b^2\,; \qquad P_e = F_e \cdot 15 \cdot 0,035$$

und für den Achtecksquerschnitt:

$$P_b = 0,8284\,d_b^2 \cdot 0,035\,; \qquad P_e = F_e \cdot 15 \cdot 0,035\,.$$

Die Werte P_b sind für $d_b = 25$ bis 100 cm in Zusammenstellung XVI a auf S. 418 in den Spalten 2 und 3 enthalten, während der Belastungsanteil von Eisen vom Durchmesser 1,4 bis 5,0 cm, und zwar für 4, 8, 12 und 16 Stück, und der ihnen entsprechende Wert P_e aus der Tabelle XVI b und den Reihen 4—7 zu entnehmen ist.

Wird hochwertiger Zement verwendet, so tritt an Stelle des zulässigen Spannungswertes von 0,035 der Wert 0,045, d. h. es sind alsdann alle Werte der Tabelle um rd. 28,5 vH zu erhöhen.

Die sehr praktische Anwendung der Tabellen wird durch Beispiele in Abschnitt 22 ausführlich erläutert[1]).

Eine Berechnung der Bügel findet nicht statt. Wie bereits auf S. 165 hervorgehoben wurde, ist ihr Abstand durch die Länge der kleinsten Querschnittsseiten bestimmt und zudem begrenzt durch die Bestimmung, daß er nicht über das Zwölffache des Längseisendurchmessers herausgehen darf. Hiermit ist zugleich die Knicksicherheit der Längsstäbe gewahrt und ein Nachweis nach dieser Richtung überflüssig[2]).

---

[1]) Für umschnürte Säulen ist u. a. auch von Fuchs eine recht zweckmäßige Tabelle aufgestellt worden — vgl. Arm. Bet. 1919, Heft 12, S. 318; vgl. auch die weiteren Ausführungen auf den S. 424 u. ff. über die wirtschaftliche Querschnittsbemessung umschnürter Säulen nach Dr. A. Troche.

[2]) Bezeichnet man die Teilkraft von P, die von dem Eisen allein aufgenommen wird, mit $P_e = F_e\,\sigma_e = F_e\,n\,\sigma_b$, und nimmt man deren gleichmäßige Verteilung auf

Tabelle XV für die Querschnittsbemessung quadratischer und achteckiger Eisenbetonsäulen

bei $\sigma_b = 35\ \text{kg/cm}^2$. P in t, Längen in cm, F_e und F_{es} in cm^2 [1]).

Ohne Umschnürung

$F_e : F_b = \varphi$	$d_b = k_1\cdot\sqrt{P}$	$F_e = k_2\cdot P$	$D_b = k_3\cdot\sqrt{P}$	$F_e = k_2\cdot P$
	k_1	k_2	k_3	k_2
1	2	3	4	5
0,000	5,35	0	5,87	0
0,008	5,05	0,204	5,55	0,204
0,009	5,02	0,227	5,51	0,227
0,010	4,99	0,248	5,48	0,248
0,011	4,95	0,270	5,44	0,270
0,012	4,92	0,291	5,41	0,291
0,013	4,89	0,311	5,37	0,311
0,014	4,86	0,331	5,34	0,331
0,015	4,83	0,350	5,31	0,350
0,016	4,80	0,369	5,27	0,369
0,017	4,77	0,387	5,24	0,387
0,018	4,74	0,405	5,21	0,405
0,019	4,72	0,422	5,18	0,422
0,020	4,69	0,440	5,15	0,440
0,021	4,66	0,456	5,12	0,456
0,022	4,64	0,473	5,09	0,473
0,023	4,61	0,489	5,06	0,489
0,024	4,58	0,504	5,04	0,504
0,025	4,56	0,519	5,01	0,519
0,026	4,53	0,534	4,98	0,534
0,027	4,51	0,549	4,96	0,549
0,028	4,49	0,563	4,93	0,563
0,029	4,46	0,577	4,90	0,577
0,030	4,44	0,591	4,88	0,591

Mit Umschnürung

$F_s : F_e$	$F_e : F_k$	$D_k = k_4\cdot\sqrt{P}$	$F_e = k_5\cdot P$	$F_{es} = k_6\cdot P$
α	φ	k_4	k_5	k_6
6	7	8	9	10
1,0	0,010	4,77	0,179	0,179
	0,012	4,60	0,199	0,199
	0,014	4,45	0,217	0,217
	0,016	4,31	0,233	0,233
	0,018	4,18	0,247	0,247
	0,020	4,07	0,260	0,260
	0,022	3,96	0,271	0,271
	0,024	3,86	0,281	0,281
1,5	0,010	4,46	0,157	0,235
	0,012	4,27	0,172	0,258
	0,014	4,11	0,185	0,278
	0,016	3,96	0,197	0,295
	0,018	3,83	0,207	0,310
2,0	0,010	4,21	0,139	0,278
	0,012	4,01	0,152	0,303
	0,014	3,84	0,162	0,324
2,5	0,010	4,00	0,126	0,314
	0,012	3,79	0,136	0,339
3,0	0,010	3,81	0,114	0,343

w-Eisen an, so erhält ein jedes eine Normal-Knickkraft $= \dfrac{P_e}{w} = \dfrac{F_e\cdot n\,\sigma_b}{w}$.

Betrachtet man den Teil des Längseisens zwischen zwei Bügeln als an den Anschlüssen dieser gelenkartig gelagert, so ergibt sich bei deren Abstand $= e$ angenähert nach der Eulergleichung:

$$\frac{P_e}{w} = \frac{\pi^2}{4}\,\frac{E\cdot J_{\min}}{e^2}$$

bei vierfacher Sicherheit. Hieraus folgt:

$$e^2 = \frac{w}{P_e}\,2{,}5\,E\,J_{\min} = \frac{w}{P_e}\,2{,}5\cdot 2\,100\,000\,\frac{r^4\,\pi}{4},$$

wenn r den Halbmesser des Rundeisens darstellt.

$$e = \sqrt{\frac{w}{P_e}\,2{,}5\cdot 2\,100\,000\cdot\frac{1}{4}\cdot 3{,}14\,r^4} = \text{rd.}\ 2000\,r^2\sqrt{\frac{w}{P_e}},$$

ein Wert, der bei normalen Verhältnissen immer größer als $12\,d$ ausfällt.

[1]) Berechnet ebenso wie Tabelle XVIa und XVIb von B. Loeser, Dresden.

Tabelle XVIa für Nachrechnung quadratischer und achteckiger Eisenbetonsäulen.

Belastungsanteil des Betons P_b in t bei $\sigma_b = 35$ kg/cm².

d_b cm	Nicht umschnürt $P_b =$	$P_b =$	Umschnürt D_k cm	$P_b =$	d_b cm	Nicht umschnürt $P_b =$	$P_b =$	Umschnürt d_k cm	$P_b =$
1	2	3	4	5	1	2	3	4	5
25	21,87	18,12	20	11,00	64	143,4	118,8	58	92,47
26	23,66	19,60	21	12,12	65	147,9	122,5	59	95,69
28	27,44	22,73	23	14,54	66	152,5	126,3	60	98,95
30	31,50	26,10	25	17,18	68	161,8	134,1	62	105,7
32	35,84	29,69	27	20,06	70	171,5	142,1	64	112,6
34	40,46	33,52	29	23,10	72	181,4	150,3	66	119,7
35	42,87	35,52	30	24,75	74	191,7	158,8	68	127,1
36	45,36	37,59	31	26,08	75	196,9	163,1	69	130,5
38	50,54	41,86	33	29,93	76	202,2	167,5	70	134,7
40	56,00	46,37	35	33,67	78	212,9	176,4	72	142,2
42	61,74	51,13	37	37,63	80	224,0	185,6	74	150,5
44	67,76	56,14	39	41,83	82	235,3	194,9	76	158,8
45	70,87	58,73	40	44,00	84	247,0	204,6	78	167,2
46	74,06	61,35	41	46,20	85	252,9	209,5	79	171,6
48	80,64	66,81	43	50,82	86	258,9	214,4	80	175,9
50	87,50	72,48	45	55,65	88	271,0	224,5	82	184,8
52	94,64	78,40	47	60,73	90	283,5	234,8	84	194,0
54	102,1	84,56	49	66,01	92	296,2	245,4	86	203,3
55	105,9	87,71	50	68,74	94	309,3	256,2	88	212,9
56	109,8	90,93	51	71,51	95	315,9	261,7	89	217,7
58	117,7	97,54	53	77,21	96	322,6	267 2	90	222,7
60	126,0	104,4	55	83,16	98	336,1	278,5	92	232,7
62	134,5	111,4	56	86,21	100	350,0	289,9	94	242,9

Das hiernach für die freie Länge der Bewehrungseisen ($\lambda_{max} = 12\,d$), sich ergebende Maß, also der Größtwert für die Bügelabstände, ist in Tabelle XVIb, Spalte 3, für Durchmesser von 1,4—5,0 cm enthalten.

Umschnürte — spiralbewehrte — Säulen, zentrisch belastet (Abb. 150) sind, wie bereits in Abschnitt 7 ausführlich dargelegt wurde, auf Grund von Versuchsergebnissen zu berechnen. Die erste, für derartige Stützen gültige Gleichung wurde von Considère, dem Erfinder der Betonumschnürung aufgestellt:

$$P_B = k_b \cdot \alpha\, F_b + \sigma_1 \left(F_e + 2{,}4\,F_e'\right),$$

worin P_B die Bruchlast der Säule, k_b die Würfelfestigkeit des nicht bewehrten Betons, F_b den von den Spiralen umschlossenen Betonkern, $\alpha\,F_b$ den gesamten Säulenquerschnitt, σ_1 die Quetschgrenze des Eisens, F_e die Längsbewehrung der Säule und F_e' eine weitere gedachte Längsbewehrung darstellt, deren Gewicht auf die Einheitslänge gleich dem

Tabelle XVIb für Nachrechnung quadratischer und achteckiger Eisenbetonsäulen.

Belastungsanteil der Längseisen P_e in t bei $\sigma_b = 35\ \text{kg/cm}^2$.

d	f_e	λ_{max}*) $= 12\ d$	Belastungsanteil der Längseisen bei				Umschnür.-Eisen	
			4 Stück	8 Stück	12 Stück	16 Stück	d	f_{e_s}
1	2	3	4	5	6	7	8	9
1,4	1,539	16,8	3,23	6,47	—	—	0,5	0,196
1,5	1,767	18,0	3,71	7,42	—	—	0,6	0,283
1,6	2,011	19,2	4,22	8,44	—	—	0,7	0,385
1,7	2,270	20,4	4,76	9,53	14,30	—	0,8	0,503
1,8	2,545	21,6	5,34	10,69	16,03	—	0,9	0,636
1,9	2,835	22,8	5,95	11,91	17,86	—	1,0	0,785
2,0	3,142	24,0	6,60	13,19	19,79	26,39	1,1	0,950
2,2	3,801	26,4	7,98	15,96	23,95	31,93	1,2	1,131
2,4	4,524	28,8	9,50	19,00	28,50	38,00	1,3	1,327
2,5	4,908	30,0	10,31	20,62	30,92	41,23	1,4	1,539
2,6	5,309	31,2	11,15	22,30	33,45	44,60	1,5	1,767
2,8	6,158	33,6	12,93	25,86	38,79	51,72	1,6	2,011
3,0	7,069	36,0	14,84	29,69	44,53	59,38	1,7	2,270
3,2	8,042	38,4	16,89	33,78	50,67	67,56	1,8	2,545
3,4	9,079	40,8	19,07	38,13	57,20	76,26	1,9	2,835
3,5	9,621	42,0	20,20	40,41	60,61	80,82	2,0	3,142
3,6	10,18	43,2	21,37	42,75	64,13	85,50		
3,8	11,34	45,6	23,82	47,63	71,45	95,26		
4,0	12,57	48,0	26,39	52,78	79,17	105,5		λ_{max}*) = Ab-
4,2	13,85	50,4	29,09	58,19	87,28	116,4		stand
4,4	15,21	52,8	31,93	63,86	95,79	127,7		der Bügel
4,5	15,90	54,0	33,40	66,80	100,2	133,6		
4,6	16,62	55,2	34,90	69,80	104,7	139,6		
4,8	18,10	57,6	38,00	76,00	110,0	152,0		
5,0	19,63	60,0	41,23	82,47	123,7	164,9		

der Spirale ist. Die Gleichung läßt erkennen, daß die Ausnutzung des Eisens in Form der Spirale eine 2,4fach bessere als die in der Längsbewehrung ist, eine Behauptung, deren Richtigkeit durch ausgedehnte Versuche von Mörsch, vom deutschen Ausschuß für Eisenbeton[1]) und Bach erwiesen wurde. Wie bereits in Abschnitt 7 erwähnt, lassen diese letzteren Versuche erkennen, daß die Elastizität des Betons bei der Umschnürung dieselbe bleibt wie bei einfacher Längsbewehrung des Betons unter Benutzung einzelner Bügel, daß Ganghöhen der Spirale von $\frac{1}{6}$—$\frac{1}{7}$ ihres Durchmessers zweckmäßig sind, größere Ganghöhen keine guten Bruchergebnisse liefern, und daß endlich eine kräftige Spiralbewehrung auch zugleich, wenn die Tragfähigkeit der Säule hoch sein soll, eine starke Längsbewehrung fordert.

---

[1]) Vgl. u. a. Heft 28 d. Veröffentl. d. D. A. f. E. und Umschnürter Beton, seine Theorie und Anwendung im Bauwesen, herausgeg. von Wayß & Freytag A.-G. Verlag Konrad Witwer, Stuttgart 1910.

Durch neuere Versuche von Mörsch ist eine ähnliche Gleichung wie die Considèresche abgeleitet:

$$P_B = F_e\, \sigma_{e_s} + F_k\, \sigma_{b_B} + m\, F_s\, \sigma_{b_B}\,.$$

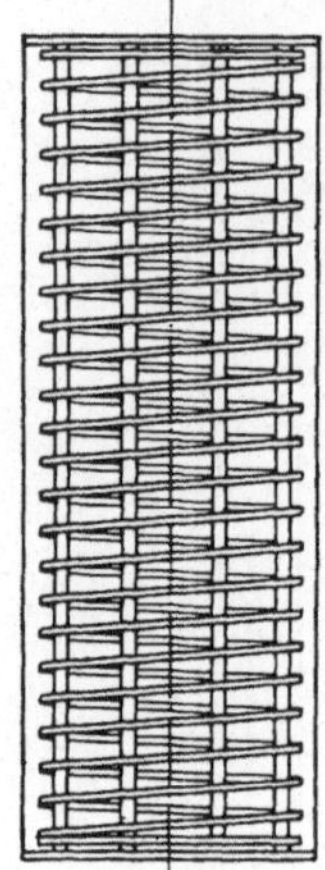

In ihr bedeuten: P_B die Bruchlast, F_e die Längsbewehrung, σ_{e_s} die Quetschgrenze des Eisens, F_k den von der Spirale umschlossenen inneren Betonkern, σ_{b_B} die Betondruckfestigkeit, F_s eine gedachte, der Spirale (mit dem Querschnitt $= f$, der Steigung $= s$ und dem Durchmesser $= D$) inhaltlich gleichwertige Längsbewehrung von der Größe: $F_s = \dfrac{\pi\,D\cdot f}{s}$ und m einen von σ_{b_B} abhängigen Zahlenwert.

Nach Versuchen von Mörsch[1]) sind für verschiedene Werte von σ_{b_B} die Zahl m und die Größe $m\,\sigma_{b_B}$ die folgenden:

$$\sigma_{b_B} = 120 \text{ kg/cm}^1; \quad m = 71; \quad m\,\sigma_{b_B} = 8520$$
$$\sigma_{b_B} = 160 \text{ kg/cm}^2; \quad m = 50; \quad m\,\sigma_{b_B} = 8000$$
$$\sigma_{b_B} = 180 \text{ kg/cm}^2; \quad m = 43; \quad m\,\sigma_{b_B} = 7740$$
$$\sigma_{b_B} = 200 \text{ kg/cm}^2; \quad m = 34; \quad m\,\sigma_{b_B} = 7480\,{}^2).$$

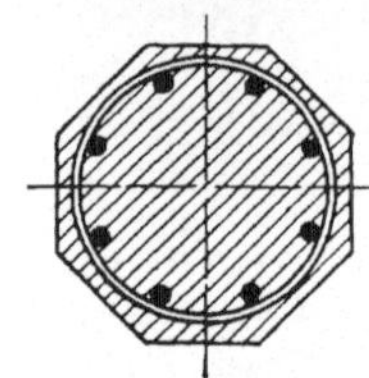

Abb. 150.

Nimmt man (nach Hager)[3]) als Mittelwert für die erste Reihe (für σ_{b_B}) im Hinblicke auf den in der Regel besonders guten Säulenbeton rund 190 kg/cm², für m nahe diesem Werte, 45 an, führt man ferner (nach den Versuchen) $\sigma_{e_s} = 2850$ kg/cm² ein und legt gegenüber der Bruchlast eine 5,5fache Sicherheit für die zulässige Säulenbeanspruchung zugrunde, so ergibt sich:

$$\frac{P_B}{5,5} = P = \frac{2850}{5,5}\,F_e + \frac{190}{5,5}\,F_k + 45\cdot\frac{190}{5,5}\,F_{es} \succ 35\,(F_k + 15\,F_e + 45\,F_{es})$$
$$= 35\,(F_k + n\,F_e + 3\,n\,F_{es}) = \sigma_b\,F_i\,. \tag{90}$$

Dieselbe Gleichung ergibt sich, wenn man $\sigma_{e_s} = 2700$, $\sigma_{b_B} = 180$ und die Sicherheit $= 5$[4]) einführt:

$$\frac{P_B}{5,0} = P = \frac{2700}{5,0}\,F_e + \frac{180}{5,0}\,F_k + 45\,\frac{180}{5,0}\,F_{es}$$
$$\simeq 35\,(F_k + 15\,F_e + 45\,F_{es}) = 35\cdot F_i\,. \tag{90a}$$

---

[1]) Vgl. dessen Werk: Der Eisenbetonbau. 4. Aufl. Stuttgart 1912. S. 135 ff.; 5. Aufl., S. 235 (m im Mittel $= 45$); 6. Aufl., Bd. I, S. 236 f.

[2]) Der Wert m wird also um so kleiner, je größer σ_{b_B} ist.

[3]) Vgl. dessen Lehrbuch: Theorie des Eisenbetons, S. 32.

[4]) Vgl. Mörsch, Der Eisenbetonbau. 4. Aufl. Stuttgart 1912. S. 155; 5. Aufl., S. 214 ff., im besonderen S. 235 ff.

Es wirken also zusammen: die Festigkeit des Kernbetons, die der Längseisen, die der Spiralen; es machen sich also drei an und für sich getrennte Einflüsse geltend.

In den Gleichungen stellt der Klammerausdruck wiederum einen ideellen Verbundquerschnitt dar, in dem das Eisen auf Beton umgerechnet ist, und zwar die Längsbewehrung mit dem $n(=15)$fachen Werte, die die Spirale ersetzenden Längseisen aber mit dem $3\,n$-fachen Betrage $(=45)$ eingeführt sind. Also auch durch diese Versuche gibt sich die Überlegenheit einer Spiralbewehrung — entsprechend den Considèreschen Ermittlungen — gegenüber dem in Form von Längsstäben verwendeten Eisen deutlich zu erkennen. Während bei Considère die Ausnutzung eine 2,4fach so gute ist, ist sie nach den Mörschschen Versuchen eine etwa dreifache. Naturgemäß aber ist die vorstehende Gleichung an die Bedingungen gebunden, unter denen die Versuche stattgefunden haben. Demgemäß schreiben auch die Bestimmungen vom September 1925 vor, daß die vorstehende Gleichung nur alsdann angewendet werden darf, wenn:

1. das Verhältnis der Ganghöhe der Schraubenlinie oder der Abstand der Ringe zum Durchmesser des Kernquerschnittes kleiner als $\frac{1}{5}$ ist $\left(s \leqq \dfrac{D}{5}\right)$;

2. der Abstand der Schraubenwindungen oder der Ringe nicht über 8 cm hinausgeht $(s \leqq 8\ \text{cm})$;

3. die Längsbewehrung F_e mindestens $\frac{1}{3}$ der Querbewehrung ist $\left(F_e \geqq \dfrac{F_{e_s}}{3}\right)$;

4. der ideelle Querschnitt nicht größer als der doppelte gesamte Betonquerschnitt ist: $F_i = (F_k + 15\,F_e + 45\,F_{e_s}) \leqq 2\,F_b$;

5. entsprechend den längsbewehrten Säulen:

$$F_e \text{ zwischen } \frac{0,8}{100}\,F_b \text{ bzw. } \frac{3}{100}\,F_b \text{ liegt.}$$

Quadratischen oder rechteckigen Umschnürungen wird keine Erhöhung der Tragfähigkeit zuerkannt. Nach dieser Art bewehrte Stützen oder Druckglieder sind als vorwiegend längsbewehrte Säulen zu behandeln. Stützen, deren Höhe bzw. Stockwerkshöhe mehr als das 20fache der Querschnittsstärke beträgt oder bei denen $D < 25\ \text{cm}$ ist, sind nur ausnahmsweise (z. B. bei Fenstersäulen) zulässig.

Häufig beträgt, damit die Wirkung der Spirale voll zum Ausdrucke kommt, die Gesamteisenmenge der spiralumschnürten Konstruktion $(F_e + F_s)$ $3\frac{1}{2}$ bis $2\frac{1}{2}$ vH des Gesamtbetonquerschnittes; weiter wählt man gern die Längseisen (F_e) zur Spiraleisenmenge F_s in einem Verhältnisse von 1:1 bis 1:3. Das Verhältnis der Ganghöhe zum Kerndurchmesser bei einer Spiraleisenmenge bis 2 vH des Kernquerschnittes sollte etwa $\frac{1}{7}-\frac{1}{8}$, bei höherer Spiralbewehrung etwa $\frac{1}{8}-\frac{1}{10}$ sein. Ferner ist nach Mörsch eine genügende Sicherheit gegen das Auftreten von Rissen in der Betonumhüllung außerhalb der Spiralbewehrung gegeben, wenn $\dfrac{P}{F_b} \leqq 0.5\,\sigma_B$ ist, d. h. die mittlere Druckspannung des gesamten Betonquerschnittes die halbe Würfelfestigkeit nicht erreicht; endlich ist für das Verhältnis $\dfrac{F_b}{F_k}$, d. h. des vollen zum umschnürten Betonquerschnitt, i. M. der Wert $\frac{4}{3}$ üblich; nur für starke und schwer belastete Stützen sind hier Größen von $\frac{5}{4}$, $\frac{6}{5}$ und höchstens $\frac{7}{6}$ eingeführt. Hierbei ist aber auch darauf zu achten, daß namentlich bei Bauten im Freien der Betonmantel nicht zu dünn wird, da sonst eine Rostgefahr für die Spirale besteht.

Die Größe von F_s folgt — wie vorerwähnt — aus der Gleichung:

$$F_s = \frac{\pi D f}{s}\,, \tag{91}$$

worin πD die abgewickelte Länge eines Umschnürungsringes vom Querschnitte $= f$, s den Abstand von Nachbarring zu Nachbarring, d. h. die Steigung der Spirale, angibt. Es ist also $F_s \cdot s$ das dem Ringstück $\pi D f$ entsprechende, gleich große Volumen gedachter Längseisen; $F_s \cdot s = \pi D \cdot f$.

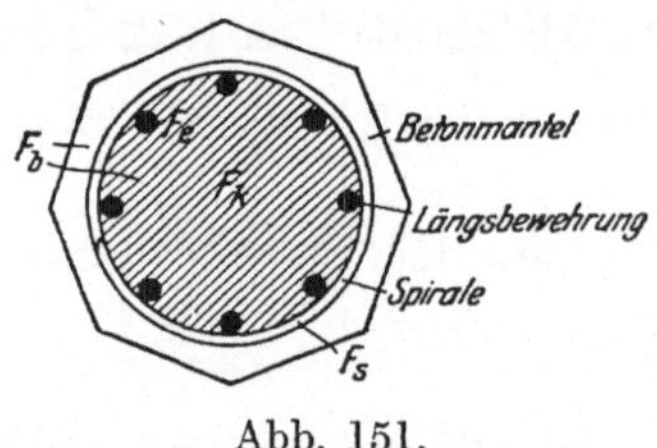

Abb. 151.

Bedeutet Abb. 151 F_k den Kernquerschnitt, D_k seinen Durchmesser, so gilt unter Innehaltung der vorstehenden Bezeichnungen für einen Achtecksquerschnitt der umschnürten Verbundsäule:

1. Gesamtbetonquerschnitt: $F_b = 0.8284\,D_b^2$, worin D_b den in das Achteck eingeschriebenen inneren Durchmesser darstellt.

2. Kernquerschnitt: $F_k = \frac{1}{4} D_k^2 \pi$.

3. Längsbewehrung: $F_e = \varphi F_k$.

4. Umschnürung auf 1 m Säule: $F_s = \alpha F_e = \alpha \varphi F_k$. Unter Einführung der Werte φ und α und der Betonspannung $= \sigma_b$ ergibt sich aus Gleichung (90a):

$$P = \sigma_b (F_k + 15 F_e + 45 F_s) = \sigma_b (F_k + 15\,\varphi\,F_k + 45\,\alpha\,\varphi\,F_k)$$

$$= \sigma_b F_k (1 + 15\,\varphi + 45\,\alpha\,\varphi)$$

bzw. für die mittlere zulässige Druckspannung $\sigma_b = 35$ kg/cm² $= 0{,}035$ t/cm² und den Wert von F_k:

$$P = 0{,}035\,\tfrac{1}{4}\,D_k^2\,\pi\,(1 + 15\,\varphi + 45\,\alpha\,\varphi); \tag{90 b}$$

hieraus folgt:

$$D_k = \sqrt{P} \cdot k_4\,, \tag{92}$$

worin

$$k_4 = \sqrt{\frac{4}{0,035\,\pi\,(1 + 15\,\varphi + 45\,\alpha\,\varphi)}}$$

ist. Für eine Anzahl von Werten von α, innerhalb der erlaubten Grenzen liegend, und zwar für $\alpha = 1$, 1,5, 2,0, 2,5 und 3,0 und Prozentzahlen φ, wie sie praktischen Ausführungsverhältnissen entsprechen, sowie auch hier wieder unter Wahrung der zulässigen Grenzen, sind in Tabelle XV in Spalte 8 die Zahlen k_4 ermittelt.

Für die Längsbewehrung ist:

$$F_e = \varphi\,F_k = \varphi\,\frac{P}{0,035\,(1 + 15\,\varphi + 45\,\alpha\,\varphi)} = P \cdot k_5, \qquad (92\,\text{a})$$

worin also

$$k_5 = \frac{\varphi}{0,035\,(1 + 15\,\varphi + 45\,\alpha\,\varphi)}$$

ist; sein Wert ist für die üblichen α- und φ-Werte in Spalte 9 der Tabelle XV auf S. 417 angegeben.

Für F_s ergibt sich:

$$F_s = \alpha\,F_e = \alpha\,\varphi\,F_k = P \cdot \frac{\alpha\,\varphi}{0,035\,(1 + 15\,\varphi + 45\,\alpha\,\varphi)} = P \cdot k_6 \quad (92\,\text{b})$$

(vgl. Spalte 10 der Tabelle XV).

Genau wie bei den vorwiegend längsbewehrten Säulen kann man auch hier berechnen, welcher Teil der Gesamtlast (P) aufgenommen wird 1. von dem Betonquerschnitte, 2. von den Längseisen und 3. von der Spirale. Während für die ersten beiden Größen (P_b und P_e) die vorstehend entwickelten Beziehungen sinngemäß gelten, ergibt sich für den Kraftanteil, entfallend auf die Umschnürung $= P_s$ die Beziehung:

$$P_s = 45 \cdot F_s\,\sigma_b = 45\,\frac{\pi\,D_k}{s}\,f \cdot \sigma_b = 45 \cdot \frac{3,14}{s}\,D_k\,f\,0,035,$$

worin f den Querschnitt eines Ringeisens bzw. der Spirale darstellt. Hieraus ergibt sich:

$$P_s = 4,948\,f\,\frac{D_k}{s}, \qquad (92\,\text{c})$$

worin P_s in t erscheint. Hieraus folgt weiter:

$$f = \frac{s\,P_s}{4,948\,D_k}, \qquad (92\,\text{d})$$

wenn s angenommen wird, oder

$$s = 4,948\,f\,\frac{D_k}{P_s}, \qquad (92\,\text{e})$$

wenn f gewählt wird.

Läßt man in der vorstehenden Gleichung von Mörsch (90a, S. 420) das letzte, auf die Spirale sich beziehende Glied fort und ersetzt F_k durch den gesamten Betonquerschnitt F_b, so wird: $P_B = 2700\,F_e + 180\,F_b$, und nimmt man hierin wiederum eine fünffache Sicherheit an, so ergibt sich:

$$\frac{P_B}{5} = \frac{2700}{5}\,F_e + \frac{180}{5}\,F_b = 36\,(F_b + 15\,F_e) = \sigma_b\,(F_b + 15\,F_e),$$

d. h. die Gleichung, welche voranstehend für die Bewehrung, vorwiegend durch Längseisen, aufgestellt wurde. Durch Versuchsrechnung überzeugt man sich, daß die Gleichung von Mörsch nur für kräftige Umschnürung größere Werte gegenüber ausschließlich längsbewehrten Säulen liefert. Für eine schwache Umschnürung bietet die Gleichung von Mörsch also keinen Vorteil (vgl. auch die Zahlenbeispiele in Abschnitt 22).

Eine wirtschaftliche Querschnittsbemessung spiralbewehrter Säulen gibt Dr.-Ing. A. Troche[1]) in Beton u. Eisen 1913 und im Bauingenieur 1926. Hierbei entwickelt er aus der Grundgleichung für P und den bekannten 3 Grenzgbedingungen:

$$1. \quad P = \sigma_b\,(F_k + 15\,F_e + 45\,F_s)\,,$$
$$2\,\mathrm{a.} \quad (F_k + 15\,F_e + 45\,F_s) \leqq 2\,F_b\,,$$
$$2\,\mathrm{b.} \quad 0{,}008\,F_b \leqq F_e \leqq 0{,}03\,F_b\,,$$
$$2\,\mathrm{c.} \quad F_s \leqq 3\,F_e\,,$$

für die 3 Unbekannten F_k, F_e und F_s durch Umformung die 3 Beziehungen:

$$\text{(I)} \qquad F_k = \alpha\,\frac{P}{\sigma_b}\,,$$

$$\text{(II)} \qquad F_e = \beta\,\frac{P}{\sigma_b}\,,$$

$$\text{(III)} \qquad F_s = \gamma\,\frac{P}{\sigma_b}\,,$$

worin die Werte α, β, γ einer einfachen Bemessungstabelle als Funktionen von $\dfrac{F_b}{F_k}$ (in der Praxis zwischen 1,25 und 1,45, i. M. 1,33), $F_{\min}$ und des Bewehrungsverhältnisses: $\left(p = \dfrac{F_e + F_s}{F_b}\ \text{in vH}\right)$ zu entnehmen sind. Die Werte α, β und γ sind (vgl. die obengenannte Quelle in Beton u. Eisen 1923, S. 124) so entwickelt, daß sie gleichzeitig jede der 3 Grenzbedingungen (2a, 2b, 2c) erfüllen.

---

[1]) Vgl. Beton u. Eisen 1923, Heft 9, S. 124f., und Bauing. 1926, Heft 1. S. 3.

Zusammenstellung XVII.

Bemessungstabelle für umschnürte Säulen (nach Dr. Troche).

$$F_k = \alpha \cdot P/\sigma_b, \qquad F_b = v \cdot F_k,$$
$$F_e = \beta \cdot P/\sigma_b, \qquad D_k = 1{,}1284\sqrt{F_k},$$
$$F_s = \gamma \cdot P/\sigma_b, \qquad D_b = 1{,}0987\sqrt{F_b}, \text{ Achteck;}$$
$$U \simeq \tfrac{10}{3} D_b = \text{Säulenumfang},$$

$$f \simeq \tfrac{1}{5}\, p\, v \sqrt{P/\sigma_b} \simeq \frac{p^2}{10}\sqrt{P/\sigma_b} = \text{Querschnitt der Spirale},$$

$$w = \frac{\varepsilon}{f}\sqrt{P/\sigma_b} = \text{Anzahl der Wicklungen auf 1 m Säulenlänge},$$

σ_b in kg/cm², P in t.

$v = \dfrac{F_b}{F_k}$	$p^{1)}$	$3\tfrac{1}{3}$vH	3,2vH	3,1vH	3,0vH	2,8vH	2,6vH	2,4vH	2,2vH	2,0vH
$P < 200\ t$ $\tfrac{4}{3}$	α	375	385	394	403	424	446	472	500	532
	β	4,17	4,10	4,20	4,30	4,52	4,76	5,30	5,33	5,67
	γ	12,50	12,31	12,07	11,83	11,30	10,71	10,06	9,33	8,51
	ε	18,21	17,71	17,16	16,62	15,49	14,30	13,07	11,77	10,41
$P = 200$ bis $400\ t$ $\tfrac{5}{4}$	α		400	409	419	440	462	488	516	548
	β		4,00	4,09	4,19	4,40	4,62	4,88	5,16	5,48
	γ		12,00	11,76	11,52	10,99	10,40	9,76	9,03	8,22
	ε		16,93	16,73	15,88	14,79	13,64	12,47	11,21	9,91
$P > 400\ t$ $\tfrac{6}{5}$	α			417	429	450	473	498	526	558
	β			4,00	4,12	4,32	4,54	4,78	5,05	5,36
	γ			11,63	11,32	10,79	10,21	9,56	8,84	8,04
	ε			16,07	15,42	14,35	13,25	12,08	10,87	9,60
$P > 500\ t$ $\tfrac{7}{6}$	α			429	436	457	480	505	533	565
	β			4,00	4,07	4,26	4,48	4,71	498,	5,27
	γ			11,37	11,18	10,65	10,07	9,43	8,71	7,91
	ε			15,49	15,11	14,06	12,97	11,84	10,64	9,39

Mit Hilfe der Tabelle kann somit eine jede umschnürte Säule so bemessen werden, daß von vornherein alle Grenzbedingungen erfüllt sind und man für jede beliebige Materialbeanspruchung, die erreicht oder innegehalten werden soll, die zugehörenden geringsten Materialmengen in der günstigsten Verteilung und Anordnung erhält.

Für das der Tabelle zugrunde liegende Verhältnis $v = \dfrac{F_b}{F_k}$ empfiehlt sich im allgemeinen der Wert (nach Mörsch) von $\tfrac{4}{3}$; nur für sehr stark

---

[1]) Am gebräuchlichsten ist $p > 3^0/_0$; im besonderen häufig sind die Werte links von der starken Linie (p_{max}).

Für $\sigma_b = 35$ kg/cm² erhält man für 1 m Säulenlange (P in t)

bei p_{max}	Material	bei $p \simeq 2$ vH
$P/700$	m³ Beton	$P/640$
$P/2500$	t Eisen	$P/3200$
$0{,}140\sqrt{P}$	m² Schalungsfläche	$0{,}164\sqrt{P}$

belastete Säulen sind Werte von $\frac{5}{4}$, $\frac{6}{5}$, $\frac{7}{6}$[1]) besser am Platze, damit der Betonmantel nicht überstark wird.

Die in der Tabelle links von der starken abgetreppten Linie angegebenen Gruppen sind die häufigst in der Praxis vorkommenden. Sie geben für die zugehörenden v-Abteilungen die schlankste, eben zulässige Säule, also die jeweis am stärksten bewehrte Stütze. Auf nicht voll ausgenutzte Umschnürungen beziehen sich die Angaben rechts der abgetreppten Linie; mit ihrer Hilfe sind beispielsweise Säulen zu bemessen, bei denen der Betonquerschnitt in seinen äußeren Maßen bereits festliegt und man zu den geringsten Eisenmengen für Längsbewehrung und Spirale gelangen will.

Nach Ermittlung der Größen F_k, F_b, F_e und F_s mittels der Tabelle folgt die Auffindung der sich hieraus ergebenden Durchmesser für das Betoneck, den Betonkern, und die Eiseneinlagen. Bezeichnet man mit

D_b den kleinsten Durchmesser des Betonecks (allgemein),

D_8 „　　　„　　　„　　　„　Betonachtecks,

D_6 „　　　„　　　„　　　„　Betonsechsecks,

$D_k = D$ den Durchmesser des Betonkerns,

f die Querschnittsfläche der Spirale,

p das Bewehrungsverhältnis $\dfrac{F_e + F_s}{F_b}$ in vH-Teilen,

s die Ganghöhe,

v den Wert (wie vor) $\dfrac{F_b}{F_k}$

w die Anzahl der Ringe bzw. der Spiralbewehrungen auf 1 m Säulenlänge,

dann ist für jedes beliebige v:

$$\text{(IVa)} \qquad D = 1{,}1284 \sqrt{\alpha \frac{P}{\sigma_b}} = c \sqrt{\alpha \frac{P}{\sigma_b}},$$

$$\text{(IVb)} \qquad D_8 = 1{,}099 \sqrt{v \cdot \frac{\alpha P}{\sigma_b}},$$

$$\text{(IVc)} \qquad D_6 = 1{,}075 \sqrt{v \cdot \frac{\alpha P}{\sigma_b}}.$$

abgeleitet aus den Flächenformeln für Acht- und Sechsecke. Hierin sind P in t, σ_b in kg/cm² als gegebene Werte einzuführen; dann zeigen sich die D-Werte in cm-Einheiten. α und v sind der Tabelle zu entnehmen.

---

[1]) Nach Ausführungen von Dr. Troche (Bauing. 1926) ist der Wert $\frac{7}{6}$ nur bei sehr hohen Lasten und Säulen angängig, bei denen eine Feuersgefahr ausgeschlossen erscheint, und auch nicht für Säulen im Freien — wegen der Rostgefahr für die Spirale — verwendbar.

F_e wird zweckmäßig in 6—10 Längsstäbe geteilt. Für die Spirale gilt:

$$f \cdot \pi D = F_s \cdot s; \quad \frac{f}{s} = \frac{F_s}{\pi D}; \quad s = \frac{100}{w},$$

also:

$$w \cdot f = \frac{100\,F_s}{\pi D} = \frac{100 \cdot \gamma \cdot \dfrac{P}{\sigma_b}}{\pi \cdot c \sqrt{\alpha \dfrac{P}{\sigma_b}}} = \frac{100 \cdot \gamma}{\pi \cdot c \sqrt{\alpha}} \sqrt{\frac{P}{\sigma_b}} = \frac{50 \cdot \gamma}{\sqrt{\alpha \cdot \pi}} \sqrt{\frac{P}{\sigma_b}} = \varepsilon \sqrt{\frac{P}{\sigma_b}},$$

$$(V) \qquad\qquad w = \frac{\varepsilon}{f} \sqrt{\frac{P}{\sigma_b}}.$$

Die Werte ε sind in der Tabelle für die in ihr gegebenen Bewehrungsverhältnisse enthalten.

Ist der Querschnitt f der Spirale bekannt, so liefert Gleichung (V) die für 1 m Säulenlänge erforderlichen Wicklungen oder Ringe. Hierbei ist bei der Wahl von f daran zu denken, daß

$$(1) \qquad s < \frac{D}{5} \quad \text{bzw.} \quad w > \frac{500}{D} \quad \text{bzw.} \quad f < \frac{\gamma}{5\,\pi} \frac{P}{\sigma_b}\,^1).$$

$$(2) \qquad s \leqq 8 \text{ cm} \quad \text{bzw.} \quad w > 12{,}5 \quad \text{bzw.} \quad f \leqq \frac{\varepsilon}{12{,}5} \sqrt{\frac{P}{\sigma_b}}\,^2),$$

und aus baulichen Rücksichten:

$$(3) \qquad s > 3 \text{ cm} \quad \text{bzw.} \quad w < 33{,}3 \quad \text{bzw.} \quad f > \frac{\varepsilon}{33{,}3} \sqrt{\frac{P}{\sigma_b}}$$

sein soll.

---

[1]) Es ist:

$$s = \frac{100}{w}; \quad \frac{100}{w} < \frac{D}{5}; \quad \text{also} \quad w > \frac{500}{D};$$

ferner ist:

$$f = \frac{F_s \cdot s}{\pi D} = \frac{\gamma \dfrac{P}{\sigma_b}\, s}{\pi D} < \frac{\gamma \dfrac{P}{\sigma_b}}{5\,\pi}$$

nach Einführung von: $s < \dfrac{D}{5}$.

[2]) Es ist nach den voranstehenden Ausführungen:

$$w = \frac{\varepsilon}{f} \sqrt{\frac{P}{\sigma_b}}: \quad \text{und} \quad f = \frac{\varepsilon}{w} \sqrt{\frac{P}{\sigma_b}};$$

und nach Einsetzen von $w > 12{,}5$:

$$f < \frac{\varepsilon}{12{,}5} \sqrt{\frac{P}{\sigma_b}}.$$

In gleicher Art erklärt sich auch die Beziehung unter (3).

Für die Praxis schlägt Dr. Troche für die Wahl von f die sehr einfache Formel:

$$f = \frac{1}{5}\, p \cdot v \sqrt{\frac{P}{\sigma_b}} \approx \frac{p^2}{10} \sqrt{\frac{P}{\sigma_b}}$$

vor; mit ihr erhält man auf 1 m Säulenlänge:

$$w = \frac{5\,\varepsilon}{p \cdot v} \approx \frac{10\,\varepsilon}{p^2} \quad \text{Windungen.}$$

Da in der Praxis die spiralbewehrten Säulen meist mit p_{max} ausgeführt werden, so kann man für diesen Fall noch wertvolle Annäherungssteigungen aufstellen:

$$F_k + 15\,F_e + 45\,F_s = \frac{P}{\sigma_b} = 2\,F_b$$

(also bei Einführung des Grenzwertes $F_k + 15\,F_e + 45\,F_s \leqq 2\,F_b$).

Demgemäß ist: $\dfrac{P}{\sigma_b} = 2\,F_b$ bzw. nach Einsetzen der Werte $F_k,\,F_e,\,F_s$ für p_{max} aus der Tabelle:

$$1000\,\frac{F_b}{\sigma_b} = 2\,F_b = 2\,v\,F_k = 2\,v \cdot \alpha\,\frac{P}{\sigma_b}\,;$$

$1000 = 2\,v\,\alpha\,; \quad v \cdot \alpha = 500 = \text{konst.}\,[1]).$

Ferner ist beim regelmäßigen n-Eck:

$$F_b = \frac{n}{4}\,D_b^2\,\mathrm{tg}\,\frac{\pi}{n}$$

und somit:

$$D_b = 2\,\sqrt{\frac{\alpha \cdot v}{n\,\mathrm{tg}\left(\dfrac{\pi}{n}\right)}} \cdot \sqrt{\frac{P}{\sigma_b}} = 2\,\sqrt{\frac{500}{n\,\mathrm{tg}\left(\dfrac{\pi}{n}\right)}} \cdot \sqrt{\frac{P}{\sigma_b}}\,,\,[2])$$

$$D_b = 20\,\sqrt{\frac{5}{n\,\mathrm{tg}\left(\dfrac{\pi}{n}\right)}} \cdot \sqrt{\frac{P}{\sigma_b}}\,,$$

$$F_b = v \cdot \alpha\,F_k = 500 \cdot \frac{P}{\sigma_b}$$

---

[1]) Es ist unter Benutzung der Tabelle für $p_{max} = 3^1/_3$ vH:

$$(F_k + 15\,F_e + 45\,F_s) = (\alpha + 15\,\beta + 45\,\gamma)\,\frac{P}{\sigma_b} = (375 + 15 \cdot 4{,}17 + 45 \cdot 12{,}50)\,\frac{P}{\sigma_b}$$

$$= \text{rd. } 1000\,\frac{P}{\sigma_b} = 2\,F_b = 2\,v\,F_k = 2\,v \cdot \alpha\,\frac{P}{\sigma_b}\,, \quad \text{also:} \quad \mathbf{1000 = 2\,v \cdot \alpha.}$$

[2]) Bei p_{max}.

und
$$D_k = 10\,c\sqrt{5}\ \sqrt{\frac{P}{\sigma_b}}\,,$$

worin $c = 1{,}1284$ der bekannte Koeffizient für Kreisberechnungen ist.

Für das meist verwandte **Achteck** wird:

$$F_b = 500\,\frac{P}{\sigma_b}\,, \qquad D_b = 24{,}57\ \sqrt{\frac{P}{\sigma_b}}\,,$$

$$F_e \cong 4{,}1\,\frac{P}{\sigma_b}\,, \qquad F_s \cong 3\,F_e\,, \qquad f \cong 1{,}0\ \sqrt{\frac{P}{\sigma_b}}\,.$$

Setzt man hierin $\sigma_b = 35\ \text{kg/cm}^2$ ein, so lassen sich die Gleichungen weiter vereinfachen:

$$F_b = 14{,}33\,P\,, \qquad D_b = 4{,}16\,\sqrt{P}\,,$$

$$F_e = 0{,}12\,P\,, \qquad F_s = 0{,}36\,P\,,$$

$$f = 0{,}17\,\sqrt{P}\,.$$

Da nach den Bestimmungen $D_{b\text{min}} = 25\ \text{cm}$ ist, so ergibt sich für $\sigma_b = 35\ \text{kg/cm}^2$ die kleinste zulässige Belastung P_{min} für achteckige Spiralsäulen aus der Beziehung:

$$D_{b_{\text{min}}} = 25 = 4{,}16\,\sqrt{P}\,, \qquad P = 3{,}66\ \text{t}\,.$$

Die sehr einfache Anwendung dieser Bemessungsart lassen die Zahlenbeispiele in Abschnitt 22 erkennen.

Für **umschnürtes Gußeisen** (Abb. 152) rechnet v. Emperger auf Grund seiner Versuche, daß die Bruchlast durch das Zusammenwirken der Festigkeit des umschnürten Betonquerschnittsteiles (F_k), der eingebetteten Längseisen (F_e), ihrer Spiralbewehrung (F_s) und des Gußeisenkernes (F_g) gebildet wird:

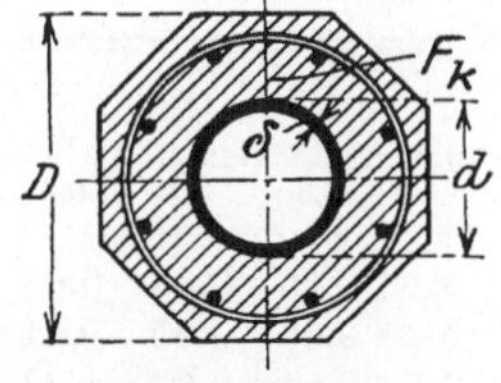

Abb. 152.

$$P_B = F_k\,\sigma_{b_B} + F_e\,\sigma_{e_s} + 2\,F_s\,\sigma_{e_s} + F_g\,\sigma_g\,,$$

worin σ_{b_B} und σ_{e_s} die bekannte Bedeutung besitzen, σ_g die Druckfestigkeit des Gußeisens darstellt[1]). Auch hier wird die Wirkung der an Stelle der Spirale gedachten Längseisen, gegenüber diesen selbst, doppelt bewertet.

---

[1]) Vgl. hierzu die Ausführungen von Domke in Beton u. Eisen 1912, Heft 4, die nachweisen, daß mit einer Addition der Festigkeiten, wie oben vorgenommen, auch tatsächlich gerechnet werden kann, sowie: Eine neue Verwendung des Gußeisens für Säulen (von v. Emperger). Berlin 1911. Verlag von Ernst & Sohn, Berlin-Wien 1913. S. 137. Österreich. Wochenschrift f. d. öffentl. Baudienst. 1914, Heft 30 und 1915, S. 160 (Aufs. von v. Thullie) und Zeitschr. Gießerei 1914, Heft 5 und 6. Versuche über zulässige Lasten bei Säulen aus umschnürtem Gußeisen; sowie Beton u. Eisen 1911 u. folg. Jahrg.

Aus der Gleichung wird die zulässige Belastung (Abb. 114) in der Form:

$$P = \sigma_b F_i + \pi\, d\, \delta \cdot \sigma_g = \sigma_b\, (F_b + 15\, F_e + 30\, F_s) + \pi\, d\, \delta\, \sigma_g \qquad (93)$$

abgeleitet, eine Beziehung, die aber nur so lange Gültigkeit hat, als die Säule weniger als 10 vH Gußeisen besitzt. Ist die Gußeiseneinlage eine höhere als 10 vH des Gesamtquerschnittes, so tritt nach den Versuchen noch eine Knickungszahl (k) dem letzten Gliede zu. Als dann ist zu rechnen nach:

$$P = \sigma_b F_i + k\, \pi\, d\, \delta\, \sigma_g . \qquad (93\,\text{a})$$

In beiden Gleichungen ist σ_b die zulässige Betondruckspannung, d der äußere Durchmesser der Gußeisensäule, δ deren Wandstärke und σ_g die zugesicherte Mindestwürfelfestigkeit des Gußeisens. k ist nach den Versuchen abhängig einmal vom Verhältnisse der freien Säulenlänge zum äußeren Durchmesser $\left(\dfrac{L}{D}\right)$ und zum anderen von dem Verhältnisse $\dfrac{d}{D}$, also dem Quotienten aus dem äußeren Durchmesser der Gußeisenbewehrung zu dem der Gesamtsäule. Für die Größe k gibt v. Emperger die nachfolgende Tabelle:

$\dfrac{L}{D}$	$\dfrac{d}{D}$					$\dfrac{L}{D}$	$\dfrac{d}{D}$				
	0,8	0,7	0,6	0,5	0,4		0,9	0,7	0,6	0,5	0,4
5	0,65	0,65	0,65	0,65	0,65	9	0,60	0,58	0,53	0,56	0,47
6	0,65	0,65	0,64	0,63	0,62	10	0,58	0,55	0,51	0,46	0,37
7	0,64	0,63	0,62	0,61	0,59	11	0,56	0,52	0,46	0,39	0,25
8	0,62	0,61	0,60	0,57	0,55	12	0,54	0,48	0,40	0,30	0,10

Wie v. Thullie[1]) nachweist, kann das vorstehend angegebene Bestimmungsverfahren von P mit genügender Sicherheit benutzt werden.

Der Patentschutz des umschnürten Gußeisens (D. R. P. 291 068) erstreckt sich in Deutschland nur auf die besondere Art der Bewehrung, dadurch gekennzeichnet, daß die Abstände der Querbewehrung des Mantels gleich oder kleiner sind als die Manteldicken.

21. Die Knickfestigkeit der Verbundstützen und deren außermittige Belastung.

Nur wenn die Höhe einer zentrisch belasteten Säule quadratischen oder rechteckigen Querschnittes mehr als das 15 fache, bei umschnürtem Kern mehr als das 13 fache der kleinsten Querschnittsabmessung bzw. kleinsten Stützendicke beträgt, ist die Stütze auf Knicken nachzurechnen (§ 18, 8 der neuen Bestimmungen). Diese Nachrechnung auf Knicken

---

[1]) Vgl. Beton u. Eisen 1917.

ist also u. U. sowohl gefordert für vorwiegend längsbewehrte als auch für spiralbewehrte Säulen, da durch Versuche nachgewiesen ist, daß auch eine Umschnürung die Knickfestigkeit der Verbundstützen nicht vermehrt. Bei Berechnung der Stützen auf Knicken ist durch die Bestimmungen vom September 1925 das ω - Verfahren vorgeschrieben. Nach ihm ist die Größtlast der Stütze P mit einem, von dem Längenverhältnis $\dfrac{h}{s}$ [1]) abhängigen Werte $\omega > 1{,}0$ zu multiplizieren und zu prüfen, ob unter dieser vermehrten Last die für mittig belastete Verbundsäulen zugelassenen Spannungen (vgl. S. 122) nicht überschritten werden:

$$\frac{\omega\,P}{F_i} \leqq \sigma_{b_{zul}}. \tag{94}$$

Hierin stellt F_i den idealen Säulenquerschnitt, d. h. bei Stützen mit gewöhnlicher Bügelbewehrung, den Wert

$$F_i = (F_b + 15\,F_e)\,,$$

bei umschnürten Säulen die Größe:

$$F_i = (F_k + 15\,F_e + 45\,F_s)\;\text{dar.}$$

Als Stützenlänge h ist bei Hochbauten stets die volle Stockwerkshöhe in Rechnung zu stellen. Ist bei rechteckigen Säulen ein Ausknicken nach der Ebene des kleinsten Trägheitsmomentes konstruktiv ausgeschlossen, so ist nur nach dem größeren J-Werte die Sicherheit auf Knicken zu beurteilen.

Die Größe der Zahl ω ist der nachfolgenden Zusammenstellung zu entnehmen. Zwischenwerte sind mit Hilfe der angegebenen Differenzen gradlinig zwischenzuschalten.

$\dfrac{l}{s}$	Knickzahl $\omega = \dfrac{\sigma_{b_{zul}}}{\sigma_{k_{zul}}}$	$\dfrac{\varDelta\,\omega}{\varDelta\,\dfrac{h}{s}}$

1. Für quadratische und rechteckige Stützen mit einfacher Bügelbewehrung:

15	1,00	
		0,05
20	1,25	
		0,10
25	1,75	

2. Für umschnürte Stützen:

13	1,00	
		0,1
20	1,70	
		0,2
25	2,70	

---

[1]) Unter h ist die Systems- (Geschoß-) Höhe der Stütze, unter s ihre kleinste Querschnittsabmessung zu verstehen.

Ist die Stütze außermittig belastet oder liegt die Möglichkeit einer solchen Belastung oder des Angriffes seitlicher
Kräfte vor, so darf die entstehende Druckspannung (Kantenpressung)
aus der Normalkraft und der Biegungsbelastung
die auf S. 122, Tabelle I für σ_{zul} angegebenen Werte
nicht überschreiten:

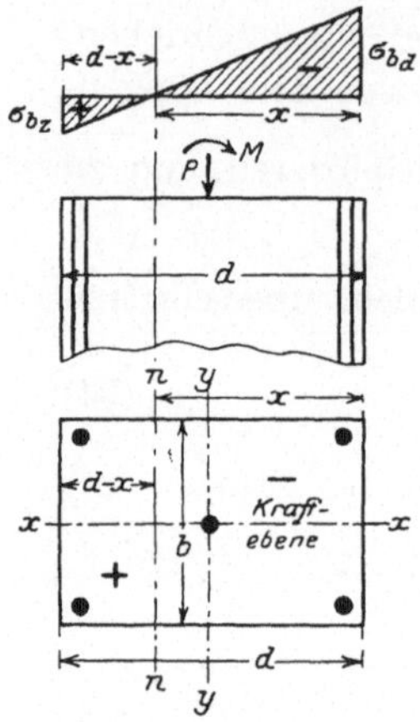

$$\sigma_{d_{max}} = -\frac{P}{F_i} - \frac{M}{W_i} \leqq \sigma_{zul}. \qquad (95)$$

Hierbei ist vorausgesetzt, daß der Wert $\sigma_{d_{min}}$

bzw. $\sigma_{b_z} = -\dfrac{P}{F_i} + \dfrac{M}{W_i}$ — also die Randspannung

auf der dem Kraftangriff ferner liegenden Faser —
keine Zugspannung ergibt, die größer ist als $\frac{1}{5}$ der
zulässigen Druckspannung. Wird für letztere der
Wert $\sigma_{b_d} = 35$ kg/cm² i. M. innegehalten, so darf
somit die Zugrandspannung σ_{b_z} die Größe von
7 kg/cm² nicht überschreiten. Ist letzteres der
Fall, so muß die Zugzone bei der Spannungsermittlung außer Ansatz bleiben, hier also die Eiseneinlage

Abb. 153a, b, c.

statisch allein berücksichtigt werden. Alsdann ist die Spannungsberechnung auf einem der im Abschnitt 23 dargelegten Wege zu bewirken.
In jedem Falle sind aber die Eiseneinlagen so zu berechnen, daß sie
ohne Mitwirkung des Betons alle Zugspannungen aufnehmen können.

Ist somit $\sigma_{b_z} \leqq \dfrac{\sigma_{b_{d_{zul}}}}{5}$, so können die Eiseneinlagen bei einer Quer-

schnittsstärke (senkrecht zur Schnittlinie mit der Kraftebene) $= b$ aus
der Beziehung (Abb. 153) geschätzt werden:

$$Z = F_e \cdot \sigma_e = \frac{\sigma_{b_z} \cdot (d - x)}{2} \cdot b = F_e \cdot 1200,$$

$$F_e = \frac{\sigma_{b_z}(d - x)}{2400} b\,[1]).$$

Die Eiseneinlagen sind in jedem Falle so zu berechnen, daß sie
ohne Mitwirkung des Betons (wie vorstehend gezeigt) alle Zugspannungen
aufnehmen können. Der Wert x ist aus dem Verhältnis $\sigma_{b_d} : \sigma_{b_z}$ abzuleiten oder dem Diagramm der Spannungen durch Abgreifen un-
mittelbar zu entnehmen. Der Wert F_i in den obigen Bezeichnungen
stellt wiederum den ideellen Stützenquerschnitt dar, während W_i dem
Querschnitte $F_b + 15 F_e$ entsprechend zu bilden ist. In Abb. 153c
würde demgemäß:

$$W_i = W_y = \frac{J_y}{\dfrac{d}{2}} = \text{sein.}$$

---

[1]) Vgl. hierzu auch die Ausführungen in Abschnitt 23.

Liegt bei außermittiger Stützenbelastung ein Verhältnis $\frac{h}{s} > 15$ bei vorwiegend längsbewehrten Stützen, > 13 bei kernumschnürten Säulen vor, besteht also auch hier eine Knickgefahr, so ist in der obigen Gleichung (94) der Wert P durch den entsprechenden der Tabelle auf S. 431 gegebenen Wert $\omega \cdot P$ zu ersetzen, sonst aber die Rechnung sinngemäß der vorstehend angegebenen anzuschließen. Über die einfache Art der Rechnungsdurchführung geben die Zahlenbeispiele im nachfolgenden Abschnitte Auskunft.

22. Zahlenbeispiele zur Berechnung der Verbundstützen.

1. Eine Säule mit quadratischem Querschnitte, 30 cm Seitenlänge und vier Eisen an den Ecken von je 2 cm Durchmesser, sei durch eine zentrische Last von 30 000 kg belastet; die auftretenden Spannungen sind zu ermitteln.

Es ist:

$$\sigma_b = \frac{P}{F_b + n F_e} = \frac{30\,000}{900 + 15 \cdot 4 \cdot \dfrac{2{,}0^2\,\pi}{4}} = \frac{30\,000}{900 + 15 \cdot 12{,}57}$$

$$= \frac{30\,000}{1086} = 27{,}5 \,\text{kg/cm}^2 \,.$$

Demgemäß wird $\sigma_e = 15 \cdot 27{,}5 = 413$ kg/cm².

Wollte man hier die Querschnittsschwächung des Betons durch die Eiseneinlagen in Rechnung stellen, so würde sich ergeben:

$$\sigma_b = \frac{30\,000}{900 - 4 \cdot \dfrac{2{,}0^2\,\pi}{4} + 15 \cdot 4 \cdot \dfrac{2{,}0^2\,\pi}{4}} = \frac{30\,000}{900 + 14 \cdot 4 \cdot 3{,}14}$$

$$= \frac{30\,000}{1073} = \text{rd } 28{,}0 \,\text{kg/cm}^2 \,.$$

Man erkennt, daß bei der verhältnismäßig geringen Bewehrung der Verbundsäulen normaler Bauart eine Berücksichtigung der Betonschwächung sich erübrigt. Die Bewehrungsgröße im vorliegenden Falle ist:

$$\varphi = \frac{12{,}57}{900} = 1{,}48 \,\text{vH} \,,$$

hält sich also innerhalb der gestatteten Grenzen.

2. Eine Betonstütze soll mit 2 vH Längseisen verstärkt werden, ein Rechteck als Grundriß von 2 : 3 erhalten und eine Last von 40 t $= 40\,000$ kg zentrisch zu tragen vermögen. Gesucht sind die Abmessungen.

Nach den Gleichungen auf S. 414 ergibt sich:

$$F_b = 0{,}022\ P = 0{,}022 \cdot 40\,000 = 880\ \text{cm}^2.$$

Demgemäß ist: $F_e = \frac{2}{100}\,880 = 17{,}6\ \text{cm}^2$. Gewählt werden vier Rundeisen von 24 mm Durchmesser; $F_e = 18{,}1\ \text{cm}^2$. Für den Betonquerschnitt mit der kleinen Seite a ergibt sich: $F_b = a\,1{,}5\,a = 1{,}5\,a^2 = 880$

$$a = 24{,}33\ \text{cm}.$$

Die Säule erhält zweckmäßig Abmessungen von $25 \cdot 36 = 900\ \text{cm}^2$ Querschnitt.

3. Ein Verbundpfeiler hat aus besonderen architektonischen Gründen Abmessungen von $50 \cdot 80$ cm erhalten; seine Länge beträgt 3,50 m, d. h. $\frac{h}{s} = \frac{3{,}50}{0{,}50} = 7$, also < 15; es liegt mithin keine Knickgefahr vor. Die Größtlast beträgt 96 t; $\sigma_b = 35\ \text{kg/cm}^2$. Einem Verhältnis von $\frac{l}{s} = 7$ entspricht nach der Zusammenstellung auf S. 413 eine Mindestbewehrung von 0,62 vH. Demgemäß wird:

$$F_e = 0{,}0062\,F_b; \quad F_i = F_b + 15\,F_e = F_b + 15 \cdot 0{,}0062\,F_b = 1{,}093\,F_b;$$

da $P = \sigma_b F_i = 35 \cdot 1{,}093\,F_b = 9600$ kg ist, so wäre nur notwendig ein F_b:

$$F_b = \frac{9600}{35 \cdot 1{,}093} \cong 2510\ \text{cm}^2$$

und somit ein $F_e = 0{,}0062 \cdot 2510 = 15{,}6\ \text{cm}^2$. Tatsächlich ist ein $F_b = 4000\ \text{cm}^2$ vorhanden, d. h. ein Querschnitt, der nach den neuen Bestimmungen also nicht maßgebend ist für die Bemessung von F_e; hierfür ist nur der statisch notwendige Betonquerschnitt heranzuziehen[1]).

Gewählt werden 6 Rundeisen je in den Pfeilerecken und je in Mitte der langen Seite von 19 mm Durchmesser. $F_e = 17{,}02\ \text{cm}^2$.

Der Anwendung der Zusammenstellungen XV und XVI dienen die nachfolgenden Beispiele: 4, 6 und 7.

4. Gegeben ist: $P = 180$ t, Säulenhöhe $= 6{,}60$ m. φ sei zu 0,014 gewählt. Nach der Tabelle XV auf S. 417 (Spalte 2) ergibt sich alsdann für den quadratischen Querschnitt:

a) $D_b = 4{,}86\,\sqrt{180} = 65{,}2$ cm; $F_e = 0{,}331 \cdot 180 = 59{,}8\ \text{cm}^2$ (Spalte 3)

und für den Achtecksquerschnitt (Spalte 4):

b) $D_b = 5{,}34\,\sqrt{180} = 71{,}6$ cm; $F_e = 0{,}331 \cdot 180 = 59{,}8\ \text{cm}^2$ (wie vorher!).

---

[1]) Nach den Bestimmungen vom 13. I. 1916 hätte im vorliegenden Falle die Größe F_e nach dem tatsächlichen Betonquerschnitte und unter Innehaltung einer Mindestbewehrungsgröße von 0,8 vH bestimmt werden müssen, d. h. $F_e = 0{,}008 \cdot 4000 = 32\ \text{cm}^2$, d. h. die Eisen hätten fast den doppelten oben berechneten Wert erhalten müssen.

Gewählt werden 8 Eisen vom Durchmesser $= 30$ mm ($F_e = 56{,}55$ cm²). Aus Tabelle XVI b auf S. 419 folgt bei quadratischer Säule: $P_e = 29{,}69$ t (Spalte 5); mithin verbleibt $P_b = 180 - 29{,}69 = 150{,}31$ t. Nach Tabelle XVI a (Spalte 2) gehört zu $P_b = 152{,}5$ t ein $D_b = 66$ cm. Wird mithin eine Säule gewählt von 66 cm Seite und einer Bewehrung von 8 Stück 30 er Eisen, so kann die Säule tragen:

$$152{,}5 + 29{,}69 = 182{,}19 \text{ t} > 180 \text{ t.}$$

Die Tabellen XVIa und b gestatten mithin, nachdem man die Anzahl und Durchmesser der Eiseneinlagen auf Grund der Rechnung bestimmt hat, die zu ihnen gehörende möglichst wirtschaftliche Betonabmessung zu finden.

Für den Achtecksquerschnitt ergibt sich in gleicher Weise $P_e = 29{,}69$ t und aus Tabelle XVI a: für $P_b = 150{,}3$ t, $D_b = 72$ cm.

Somit trägt diese Säule: $150{,}3 + 29{,}69 = $ rd. 180 t.

5. Eine umschnürte Verbundsäule hat einen äußeren Durchmesser von 45 cm ($F_b = $ rd. 1590 cm²), eine Umschnürung von 40 cm ($F_k = 1256$ cm²), also einen 2,5 cm starken Betonmantel. Die Bewehrung setzt sich zusammen aus 6 Längseisen von je 2 cm Durchmesser, $F_e = 6 \cdot 3{,}14 = 18{,}84$ cm², und einer Spirale von einer Steigung $s = 4{,}2$, einem Durchmesser $= 1{,}0$ cm, also einem Querschnitte $f = 0{,}79$ cm². Demgemäß wird:

$$F_s = \frac{3{,}14 \cdot 40}{4{,}2} \cdot 0{,}79 \sim 24 \text{ cm}^2.$$

Die gesuchte Tragfähigkeit der Säule bei $\sigma_b = 35$ kg/cm² wird somit: $P = 35 \, (1256 + 15 \cdot 18{,}84 + 45 \cdot 24) = 35 \cdot F_i = 35 \cdot 2620 = 91\,700$ kg. Die Zulässigkeit der Rechnung wird durch den Nachweis erbracht, daß (vgl. S. 421):

1. $s : D = 4{,}2 : 40 < \frac{1}{5}$.

2. $s = 4{,}2 < 8$ cm.

3. $F_e = 18{,}84 > \frac{1}{3} F_s > \frac{1}{3} \cdot 24$.

4. $F_i < 2 F_b$; $\quad F_i = 2620 < 2 \cdot \dfrac{45^2 \pi}{4} < 2 \cdot 1590 < 3180$ cm².

5. $F_e > 0{,}008 \, F_b < \frac{3}{100} \, F_b$; $\quad F_e = 18{,}84 > 12{,}72$ cm² $< 47{,}7$ cm².

Wollte man die obige umschnürte Säule nach der Gleichung für vorwiegend längsbewehrte Stützen berechnen, so ergäbe sich:

$$P = \sigma_b \, (F_b + 15 \, F_e) = 35 \, (1590 + 15 \cdot 18{,}84) = 35 \cdot 1873 = \text{rd } 65\,560 \text{ kg,}$$

d. h. es ergäbe sich ein erheblich kleinerer Wert als vorstehend gefunden ($P = 91\,700$ kg). Es zeigt sich mithin, daß ausreichend gut umschnürte Säulen auch nur als solche berechnet werden dürfen, eine Ermittlung der Last unter Zugrundelegung einer vorzugsweisen Längsbewehrung, also zu unrichtigen Ergebnissen führt, weil sie die Spirale und ihre Wirkung nicht berücksichtigt.

6a) Eine spiralbewehrte Stütze hat zu tragen: $P = 180$ t. Für diese Last ergibt sich mit Hilfe der Tabelle XV (S. 417) für schwache Umschnürung mit $\alpha = 1$, $\varphi = 0{,}014$:

$$D_k = 4{,}45 \sqrt{180} = 59{,}6 \text{ cm.} \qquad \text{(Spalte 8.)}$$
$$F_e = 0{,}217 \cdot 180 = 39 \text{ cm}^2. \qquad \text{(Spalte 9.)}$$
$$F_s = 0{,}217 \cdot 180 = 39 \text{ cm}^2. \qquad \text{(Spalte 10.)}$$

Wählt man zur Umschnürung eine Spirale von 12 mm Durchmesser mit $f = 1{,}131 \text{cm}^2$ (vgl. Spalte 8 und 9 der Tabelle XVIb, S. 419), so wird: nach Gleichung (91)

$$s = \frac{\pi D_k}{F_s} f = \frac{3{,}14 \cdot 59{,}6}{39} \, 1{,}131 = 5{,}45 \text{ cm} < 8{,}0 \text{ cm}.$$

Ferner wählt man: $D_b = 59{,}6 + 5{,}4 = 65$ cm, gibt also der Spirale eine Betonüberdeckung von je 2,7 cm[1]).

6b) Für starke Bewehrung, $\alpha = 2$, $\varphi = 0{,}014$, wird (Tabelle XV):

$$D_k = 3{,}84 \sqrt{180} = 51{,}5 \text{ cm};$$
$$F_e = 0{,}162 \cdot 180 = 29{,}2 \text{ cm}^2;$$
$$F_s = 0{,}324 \cdot 180 = 58{,}4 \text{ cm}^2.$$

Wählt man für die Spirale einen Durchmesser von 1,6 cm, so wird: $f = 2{,}011$ cm² (Spalte 9, Tabelle XVIb):

$$s = \frac{3{,}14 \cdot 51{,}5}{58{,}4} \cdot 2{,}011 = 5{,}57 \text{ cm};$$

$$D_b = 51{,}5 + 5{,}5 = 57 \text{ cm}.$$

Da die Tabelle XV die Vorschrift $F_k + 15 F_e + 45 F_{e_s} = F_i \lessgtr 2 F_b$ berücksichtigt, ist in dieser Hinsicht eine Kontrolle nicht erforderlich.

7. Ist für die Last $P = 180$ t ein $D_k = 53$ cm gegeben, so folgt aus Tabelle XVIa, S. 418, Spalte 5: $P_b = 77{,}21$ t. Für eine Bewehrung $F_e = 8$ Rundeisen von 22 mm $\varnothing$ wird $P_e = 15 \, \sigma_b F_e = 15 \cdot 0{,}035 \cdot 30{,}41 = 15{,}96$ t[2]). Hieraus folgt: $P_s = 180 - 77{,}21 - 15{,}96 = 86{,}83$ t. Wird

---

[1]) Zur Kontrolle dienen die Beziehungen:

$$s : D = 5{,}45 : 59{,}6 < \tfrac{1}{5}; \quad s = 5{,}45 < 8 \text{ cm};$$
$$F_e = 39 > \tfrac{1}{3} F_s > \tfrac{39}{3};$$
$$F_e = 39 > \tfrac{8}{1000} F_b > \tfrac{8}{1000} \cdot 0{,}8284 \cdot D_b^2 > \tfrac{8}{1000} \cdot 0{,}8284 \cdot 65^2$$
$$> 27{,}6 \text{ cm} < \tfrac{3}{100} \, 0{,}8284 \cdot 65^2 < \sim 104 \text{ cm}^2.$$

Bezüglich der Grenze $F_i < 2 F_b$ vgl. die Textausführungen.

[2]) Vgl. auch Tabelle XVIb, Spalte 5.

zur Umschnürung eine Spirale vom Durchmesser des Eisens $= 1{,}6$ cm, also $f_s = 2{,}011$ cm² verwendet, so wird gemäß Gl. (92e):

$$s = 4{,}948 \cdot 2{,}011 \frac{53}{86{,}83} = \text{rd. } 6{,}10 \text{ cm}.$$

Die Anwendung der Tabelle von Dr. Troche und die wirtschaftliche Querschnittsbemessung umschnürter Stützen nach ihm mögen die beiden nachfolgenden Beispiele 8a und 8b erläutern[1]).

8a. Es sei: $h = 8{,}0$ m; $P = 350$ t; $\sigma_b = 35$ kg/cm², also $\dfrac{P}{\sigma_b} = 10{,}0$. Wählt man $v = \tfrac{5}{4}$ und $p = 3{,}2$ vH[2]), so wird bei der Voraussetzung, daß eine Knickgefahr ausgeschlossen ist:

$$F_k = \alpha \frac{P}{\sigma_b} = 400 \cdot 10 = 4000 \text{ cm}^2,$$

$$F_e = \beta \frac{P}{\sigma_b} = 4{,}0 \cdot 10 = 40 \text{ cm}^2,$$

$$F_s = \gamma \frac{P}{\sigma_b} = 12{,}0 \cdot 10 = 120 \text{ cm}^2,$$

$$F_b = v \cdot F_k = \tfrac{5}{4} F_k = 5000 \text{ cm}^2,$$

$$D_s = D_b = 1{,}099 \sqrt{v \cdot \alpha \cdot \frac{P}{\sigma_b}} = 1{,}099 \sqrt{5000} = 77{,}8 \text{ cm},$$

$$D_k = 1{,}1284 \sqrt{\alpha \frac{P}{\sigma_b}} = 1{,}1284 \sqrt{4000} = 71{,}3 \text{ cm},$$

$$f = \sim 1{,}0 \sqrt{\frac{P}{\sigma_b}} = 1{,}0 \sqrt{10} = 3{,}17 \text{ cm}^2.$$

Gewählt wird: $D_b = 78$ cm; $D_k = 71{,}5$ cm; $f = 1 \varnothing 2{,}0$ cm ($f = 3{,}14$ cm²) Hieraus ergibt sich die Mantelstärke $=$ der Überdeckung der Spirale zu:

$$\delta = \frac{78 - 71{,}5 - 2{,}0}{2} = 2{,}25 \text{ cm}$$

also ausreichend.

Ferner ist: $w = \dfrac{\varepsilon}{f} \sqrt{\dfrac{P}{\sigma_b}} = \dfrac{16{,}73}{3{,}14} \sqrt{10} \sim 17$ Windungen auf 1 m,

und damit $s = 5{,}85$ cm. < 8 cm und > 3 cm (konstruktiv!).

8b. Bei einer spiralbewehrten Stütze, bei der ebenfalls die Knicksicherung nicht in Frage kommt, sei der Durchmesser D_b aus konstruktiven Gründen gegeben. Es ist: $P = 182$ t; $\sigma_b = 35$ kg/cm²; $\dfrac{P}{\sigma_b} = 5{,}2$; $D_b = 60$ cm; $v = 4/3$ (gewählt!).

---

[1]) Der in Anm. 1 auf S. 424 angegebenen Arbeit von Dr. Troche entnommen (Bauingenieur 1926. Heft 1. S. 3).
[2]) Am gebräuchlichsten ist $p = 3\tfrac{1}{2}$ bis $2\tfrac{1}{2}$ vH.

Aus der Beziehung: $D_b = 1,099 \sqrt{v \cdot F_k}$ folgt:

$$F_k = \frac{60^2}{\frac{4}{3} \cdot 1,099^2} = 2230 \text{ cm}^2 .$$

$F_k = \alpha \dfrac{P}{\sigma_b}$ liefert: $\alpha = \dfrac{F_k \sigma_b}{P} = \dfrac{2230}{5,2} = 425$.

Nach der Tabelle gehört zu diesem α-Werte ein $p = 2,8$ vH. Hieraus folgt (Spalte mit „2,8 vH" der Tabelle):

$$F_e = \beta \frac{P}{\sigma_b} = 4,52 \cdot 5,2 = 23,5 \text{ cm}^2 ,$$

$$F_s = \gamma \frac{P}{\sigma_b} = 11,30 \cdot 5,2 = 58,7 \text{ cm}^2 .$$

$$D_k = 1,1284 \sqrt{\alpha \frac{P}{\sigma_b}} = 1,1284 \sqrt{F_k} = 1,1284 \sqrt{2230} = 53,5 \text{ cm} ,$$

$$f = \frac{p^2}{10} \sqrt{\frac{P}{\sigma}} = \frac{2,8^2}{10} \cdot \sqrt{5,2}$$

$$= 1,79 \text{ cm}^2 .$$

Gewählt wird $f = 1 \oslash 15 = 1,77 \text{ cm}^2$. Ferner ist $\varepsilon = 15,49$ und somit

$$\omega = \frac{15,49}{1,77} \cdot \sqrt{5,2} \backsim 20; \qquad s = 5 \text{ cm} .$$

9 a. Eine quadratische Säule $30 \cdot 30 \text{ cm}^2$ hat eine Länge $= 6,00$ m; es ist somit das Verhältnis $\dfrac{h}{s} = 20$, d. h. eine Gefährdung auf Knicken vorhanden. Die Stütze ist mit 4 Rundeisen von 20 mm Durchmesser bewehrt. $F_e = 4 \cdot 3,14 = 12,56 \text{ cm}^2$. Demgemäß sind zunächst die Grenzen 0,8 vH und $\frac{3}{100} F_b$ innegehalten ($> 7,2$ bzw. $< 27 \text{ cm}^2$). Die zulässige Knicklast wird gesucht. Ohne Knicken könnte die Säule tragen:

$$P = (900 + 15 \cdot 12,56 \cdot) 35 \backsim 38\,000 \text{ kg} = \text{rd. } 38 \text{ t} .$$

Dem Verhältnis von $\dfrac{h}{s} = 20$ entspricht ein ω-Wert nach der Tabelle auf S. 431. $\omega = 1,25$.

Mithin ist:

$$\omega P = 38 \text{ t}, \qquad P = \frac{38}{1,25} = \text{rd. } 30 \text{ t} .$$

Als Probe dient die Gleichung:

$$\frac{\omega \cdot P}{F_i} \leqq \sigma_{\text{zul}}; \qquad \frac{1,25 \cdot 30\,000}{(900 + 15 \cdot 12,56)} = \frac{37\,500}{1088} = 34,4 < 35,0 \ \sigma < \sigma_{\text{zul}} .$$

9 b. Wäre die obige Stütze 7,50 m lang, so ist:

$$\frac{h}{s} = \frac{750}{30} = 25 , \qquad \omega = 1,75$$

und somit die erlaubte Knickkraft $= \dfrac{P}{1,75} = \dfrac{38}{1,75} \cong 21,7 \text{ t} .$

Probe:

$$\frac{\omega P}{F_i} = \frac{1,75 \cdot 21\,700}{1088} = \frac{38\,000}{1088} = 34,8 < 35 \text{ kg/cm}^2 < \sigma_{\text{zul}} .$$

9 c. Ist für die vorliegende Stütze und $\dfrac{h}{s} = 20$ auch beim Knickvorgange eine mittige Last $= 38$ t verlangt, so wird zweckmäßig F_i als Unbekannte aus der Beziehung:

$$\frac{\omega P}{F_i} = \sigma_{\text{zul}} = \frac{1,25 \cdot 38\,000}{F_i} = 35$$

berechnet.

$$F_i = \frac{1,25 \cdot 38\,000}{35} = 1340 \text{ cm}^2 .$$

Wählt man für die Eiseneinlagen den geringsten Prozentgehalt $= 0,8$ vH $= 0,008$, so wird bei quadratischem Querschnitt:

$$F_i = F_b + n F_e = F_b + 15 \cdot \tfrac{8}{1000} F_b = 1,12 F_b = 1,12 \cdot a^2 = 1340;$$

hieraus folgt:

$$a = \sqrt{\frac{1340}{1,12}} \cong \sqrt{1200} = \text{rd } 34,7 \text{ cm} , \qquad F_e = 9,6 \text{ cm}^2 ,$$

d. h. 4 Rundeisen von je 18 cm Durchmesser. $(F_e = 10,18 \text{ cm}^2.)$

Probe:

1) $\qquad F_i = F_b + n F_e = 34,7^2 + 15 \cdot 9,6 = 1200 + 144 = 1344 ,$

2) $\qquad \dfrac{\omega P}{F_i} = \dfrac{1,25 \cdot 38\,000}{1344} = 35,2 \text{ kg/cm}^2 \cong \sigma_{\text{zul}} .$

10. Eine quadratische Säule hat einen Querschnitt von 33,3 cm Seite, $F_b = 1000$ cm^2 und eine Bewehrung von 3 vH, d. h. $F_e = 30$ cm^2. Ihre Tragfähigkeit ergibt sich bei einem Längenverhältnisse von $\dfrac{h}{s} = 20$ zu: $\omega P = 1,25 \cdot P$. Demgemäß wird:

$$\frac{1,25 P}{F_i} = \sigma_{\text{zul}} ,$$

$$\frac{1,25 P}{1000 + 15 \cdot 30} = 35 = \frac{1,25 P}{1450} ; \qquad P = \frac{35 \cdot 1450}{1,25} = \text{rd. } 40\,000 \text{ kg} = 40 \text{ t} .$$

(ohne Knicken würde die Stütze 50 t tragen).

11a. Die in Beispiel 5 auf S. 435 berechnete umschnürte Säule mit einem äußeren Durchmesser $D_b = 45$, einem $F_i = 2620$ soll eine Länge von ausnahmsweise 7,20 m erhalten. Demgemäß wird $\dfrac{h}{s} = \dfrac{h}{D_b}$ $= \dfrac{720}{45} = 16$ und somit nach der Tabelle auf S. 431 $\omega = 1,0 + 3 \cdot 0,1$ $= 1,3$. Demgemäß darf nunmehr die Stütze nur mit einer Höchstlast von $\omega \cdot P = 1,3\,P = F_i \sigma_{zul} = 2620 \cdot 35$; $P = \dfrac{2620 \cdot 35}{1,3} =$ rd. 70 500 kg belastet werden.

Dasselbe Ergebnis hätte sich selbstverständlich auch unmittelbar aus der Last, die die Stütze ohne Knickgefahr zu tragen vermag ($= 91700$) ergeben: $P = \dfrac{91\,700}{1,3} =$ rd. 70 500 kg.

11b. Soll die Stütze auch beim Knicken rd. 90 t bei $\dfrac{h}{s} = 16$, also $\omega = 1,3$ tragen, so wäre die Rechnung genau entsprechend Beispiel 9c durchzuführen:

$$\frac{1,3 \cdot 91\,700}{F_i} = 35, \qquad F_i = \frac{1,3 \cdot 91\,700}{35} \simeq 3400 \text{ cm}^2 .$$

Hiernach wäre der wirtschaftliche Querschnitt durch Probieren zu finden. (Vgl. hierzu das folgende Beispiel.)

12. Bei Anwendung der Tabelle von Dr. Troche bleibt die Rechnung die gleiche, auch wenn Knickgefahr vorliegt, da auch hier nur wieder an Stelle des Wertes P der Wert $\omega \cdot P$ tritt. Es sei z. B.: $h = 5,00$ m; $P = 35$ t, auch beim Knicken; $\sigma_b = 35$ kg/cm^2; $\dfrac{P}{\sigma_b} = 1$; Unter Annahme von $v = \dfrac{4}{3}$; $p = 3^1/_3$ vH, folgt zunächst:

$$D_b = 1,099 \sqrt{v \cdot \alpha \frac{P}{\sigma_b}} = 1,099 \sqrt{\frac{4}{3} \cdot 375 \cdot 1} = 24,8 \text{ cm} = D_{\min} \simeq 25 \text{ cm}.$$

Demgemäß wird das Schlankheitsverhältnis $\dfrac{h}{D} = \dfrac{500}{25} = 20$, und somit ist auf Knicken zu rechnen. Nach der Tabelle wird $\omega = 1,7$, und somit ist die Knicklast

$$\omega P = 1,7 \cdot 35 = 59,5 \text{ t} .$$

Es wird jetzt:

$$\frac{P}{\sigma_b} = \frac{59,5}{35} \simeq 1,7 , \qquad D_b = 1,099 \sqrt{\frac{4}{3} 375 \cdot 1,70} = 32 \text{ cm}\,{}^1) .$$

Jetzt ist allerdings $\dfrac{h}{D_b}$ kleiner geworden: $\dfrac{h}{D_b} = \dfrac{500}{32} = 15,6$; hierzu gehört ein ω-Wert $= 1,26$. Demgemäß ist in normaler Weise der Querschnitt

---

${}^1)$ Vgl. Tabelle XVII, S. 425.

wie vorhin zu bemessen unter Zugrundelegung einer Last von $1,26 \cdot 35$
$= 44,10$ t; $\dfrac{P}{\sigma_b} = 1,26 \cdot 1 = 1,26$ usw. (vgl. das Beispiel auf S. 437).

13a. Eine Eisenbetonsäule, vorwiegend mit Längseisen bewehrt, hat
einen Quadratquerschnitt $30 \cdot 30$ und 4 Eckeisen von je 2 cm Durchmesser; $F_e = 4 \cdot 3,14 = 12,56$ cm²; diese Eisen haben einen Abstand
von den Schwerachsen des Querschnittes $= 12,0$ cm (demnach Überdeckung der Längseisen $15 - 12 - 1 = 2$ cm). In 10 cm Entfernung
von der Säulenachse greift eine außermittige Kraft von 10 t an. Die
Länge der Säule beträgt 4,50 m; es liegt somit gerade die Grenze vor
von $\dfrac{h}{s} = 15$, bei der noch keine Knickgefahr zu berücksichtigen ist.

Um die Spannung versuchsweise nach der Beziehung $\sigma = -\dfrac{P}{F_i} \mp \dfrac{M}{W}$
zu ermitteln, seien zunächst bestimmt:

$$F_i = 30 \cdot 30 + 15 \cdot 12,56 = 900 + 188 = 1088 \text{ cm}^2;$$

$$J_x = J_y = \frac{30,0^4}{12} + 15 \cdot 4 f_e \cdot 12^2 = 67\,500 + 60 \cdot 3,14 \cdot 144 = 74\,630,$$

$$W_i = \frac{74\,630}{15} = \text{rd. } 5000 \text{ cm}^3.$$

Demgemäß wird:

$$\sigma_b = -\frac{10\,000}{1088} \mp \frac{10\,000 \cdot 10}{5000} = \text{rd. } (-9,5 \mp 20) = \left.\begin{array}{l} -29,5 \\ +11,5 \end{array}\right\} \text{kg/cm}^2.$$

Damit der Anforderung genügt wird, daß die sich ergebende Randspannung $\frac{1}{5}$ der zulässigen Druckspannung ist, müßte diese mindestens
$5 \cdot 11,5 = 57,5 = $ rd. 60 kg/cm² betragen. Es müßte demgemäß im
vorliegenden Falle ein besonders
hochwertiger Zement Anwendung
finden. Ist letzteres nicht der Fall,
so ist die Berechnung der Spannung
unter Nichtberücksichtigung der
Betonzugzone auf einem der im
nächsten Abschnitte gezeigten
Wege durchzuführen.

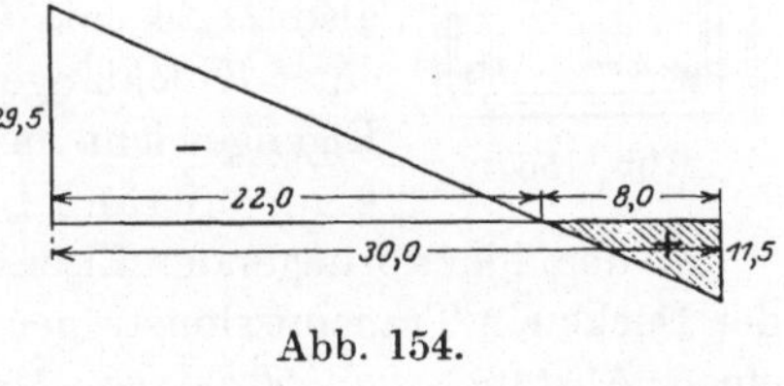

Abb. 154.

Liegt ein Beton mit $\sigma_{d_{zul}} = 60$ kg/cm² vor, so ist trotz dessen die
Eiseneinlage der Zugseite so zu bestimmen, daß sie alle Zugkräfte aufnehmen kann, bzw. ein entsprechender Nachweis zu erbringen. Im
vorliegenden Falle ist die gesamte Zugkraft im Beton, gemäß Abb. 154.

$$Z = \frac{11,5 \cdot 8,0}{2} \cdot 30 = 1380 \text{ kg}.$$

Diese Kraft nehmen die beiden in der Zugzone liegenden Längseisen
der Säule auf:

$$\sigma_{e_z} = -\frac{1380}{2 \cdot 3{,}14} = \text{rd. } 220 \text{ kg/cm}^2.$$

13b. Wird im obigen Beispiel die Exzentrizität des Kraftangriffes nur 5 cm, so wird:

$$\sigma_b = -\frac{10\,000}{1088} \mp \frac{10\,000 \cdot 5}{5000} = -9{,}5 \mp 10,$$

$$\left.\begin{array}{l} \sigma_1 = -19{,}5 \\ \sigma_2 = +\ 0{,}5 \end{array}\right\} \text{kg/cm}^2.$$

13c. Ist endlich im letzteren Falle die Säule 5,00 m lang, also
$\dfrac{h}{s} = \dfrac{600}{30} = \text{rd. } 20$, so daß ein Knicken in Frage kommt, so ändert sich
die vorstehende Rechnung dahin, daß an Stelle von $P = 10$ t der Wert
$\omega \cdot P = 1{,}25 \cdot 10\,000 = 12\,500$ kg tritt. Demgemäß wird jetzt:

$$\sigma_d = -\frac{12\,500}{1088} \mp \frac{12\,000 \cdot 5}{5000} = -11{,}4 \mp 12{,}5 = \left\{\begin{array}{l} -23{,}9 \\ +\ 1{,}1 \end{array}\right\} \text{kg/cm}^2.$$

13d. Ist die Exzentrizität $= 10$ cm, so ergibt sich:

$$\sigma_d = -11{,}4 \mp 25{,}0 = \left\{\begin{array}{l} -36{,}4 \\ +13{,}6 \end{array}\right\} \text{kg/cm}^2.$$

Man erkennt durch Vergleich von 13a und 13d bzw. 13b und 13c,
daß durch die Inrechnungstellung der Knickgefahr keine sehr erhebliche
Vermehrung der Spannungen eintritt[1]).

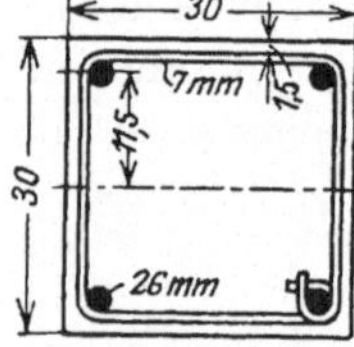
Abb. 155 a.

14. Ein im Erdgeschoß stehender zentrisch belasteter Eisenbetonpfeiler — Abb. 155a — von
30×30 cm Querschnitt mit 4 Rundeisen von 26 mm,
also 21,24 cm² Gesamtquerschnitt der Eisen ist bei
einer Knicklänge von 5 m mit 38 000 kg einschließlich
Eigengewicht mittig belastet, und zu dem durch
eine schräge Last beansprucht, vgl. Abb. 155b.

An dem hier vorliegenden Eisenbetonpfeiler ist in 1 m Entfernung von
der Decke ein Transmissionsträger angebracht. Durch die Welle wird in
einem Abstande von 50 cm von Mitte Pfeiler ein unter 30° nach unten
gerichteter Zug von 500 kg übertragen. Die Spannungen sind unter
der Voraussetzung zu berechnen, daß hochwertiger Zement Verwendung
findet und $\sigma_{zul} = 40$ kg/cm² ist. Eine etwaige Einspannung des Peilers

___

[1])
$$\begin{array}{llll} 13a & \sigma_1 = -29{,}5; & \sigma_2 = +11{,}5 \\ 13d & \sigma_1 = -36{,}4; & \sigma_2 = +13{,}6 \end{array} \Big\} \text{kg/cm}^2$$
$$\begin{array}{llll} 13b & \sigma_1 = -19{,}5; & \sigma_2 = +0{,}5 \\ 13c & \sigma_1 = -23{,}9; & \sigma_2 = +1{,}1 \end{array} \Big\} \text{kg/cm}^2.$$

bleibt unberücksichtigt. Die hier entstehende äußere Belastung und die Momente sind in Abb. 155b dargestellt [1]). Es ist

$$M_{\max} = \frac{P_2 \cdot m \cdot a}{l} + \frac{P_1 \cdot a \cdot b}{l} = \frac{433 \cdot 0,5 \cdot 1,0}{5,0} + \frac{250 \cdot 1,0 \cdot 4,0}{5,0}$$

$$= 43,3 + 200 = 243,3 \; \text{kg} \cdot \text{m}.$$

Zu diesem Angriffsmoment käme das Moment der Normalkraft am Hebelarm der Durchbiegung hinzu. Bei der Starrheit der Stütze kann dieses Moment jedoch, ohne einen erheblichen Fehler zu begehen, vernachlässigt werden. Die größten Kantenpressungen berechnen sich aus der Gleichung:

$$\sigma = -\frac{P}{F} \mp \frac{M}{W} \, .$$

$$J = \frac{30^4}{12} + 15 \cdot 21,24 \cdot 11,5^2$$

$$= \text{rd. } 109\,600 \; \text{cm}^4$$

$$W = \frac{J}{15} = 7300 \; \text{cm}^3;$$

$$F = 30 \cdot 30 + 15 \cdot 21,24$$

$$= 1219 \; \text{cm}^2.$$

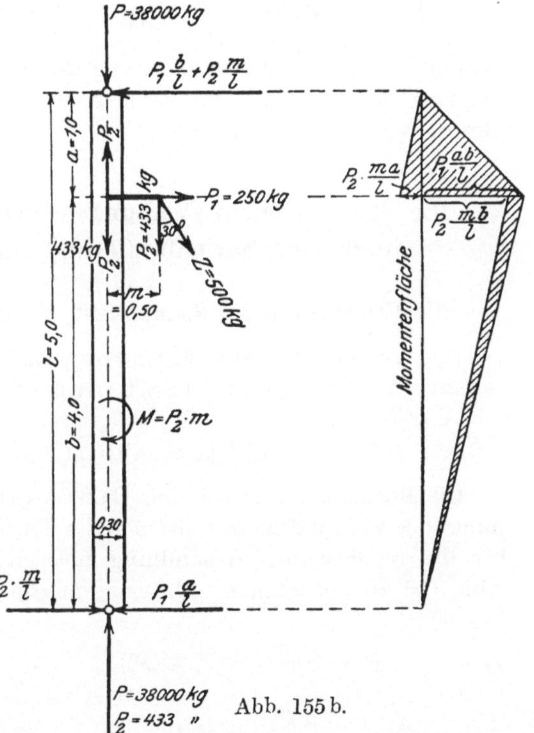

Abb. 155 b.

<hr>

[1]) Der Pfeiler ist so angeschlossen gedacht, daß er in senkrechter Richtung — also für die vorliegende Wirkung von P_1 — als Träger auf 2 Stützen aufgefaßt werden kann und zudem auch an seinen Lagerstellen das durch die Momentenwirkung $m \cdot P_2$ übertragene Moment aufzunehmen vermag. Im ersteren Sinne ergeben sich alsdann Auflagerdrücke $= P_1 \dfrac{b}{l}$ oben und $= P_1 \dfrac{a}{l}$ unten, während dem Kräftepaar $m \cdot P_2$ ein entsprechendes $= X\,l$ das Gleichgewicht halten muß, wobei X an der Stütze oben und unten angreift, oben von rechts nach links, unten umgekehrt gerichtet, um ein der Drehrichtung $P_2\,m$ entgegengesetztes Moment zu erzeugen. Demgemäß werden die hierdurch bedingten Kräfte X aus der Beziehung:

$$X \cdot l = P_2 \cdot m \quad \text{abzuleiten sein,}$$

$$X = \frac{P_2 \cdot m}{l} \, .$$

Fortsetzung S. 444.

Da das Schlankheitsverhältnis $\dfrac{h}{s} = \dfrac{500}{30} = $ rd. 16,7 ist, so ist an Stelle des obigen Wertes P, der hier $= 38\,000 + 433 = 38\,433$ kg ist, der Wert $\omega\,P$ einzusetzen. Hier wird $\omega = $ rd. 1,1 (für $\dfrac{h}{s} = 17\,!$).

$$\sigma_b = 1,1 \cdot \frac{38\,000 + 433}{1219} \pm \frac{24\,330}{7300} \equiv 34,6 \mp 3,3 = \begin{cases} 37,9 \text{ kg/cm}^2 \text{ Druck}. \\ 31,3 \quad\quad ,, \end{cases}$$

Es tritt somit trotz der Verbiegung der Stütze keine Zugrandspánnung ein und es halten sich die Druckspannungen innerhalb der erlaubten Grenze von 40 kg/cm².

23. Die Spannungen in Verbundquerschnitten bei Beanspruchung durch eine Normalkraft und ein Biegungsmoment.

Die Ermittelung der Spannungen bei gegebenem Querschnitte.

1. Der durch ein Moment und eine Normalkraft belastete Querschnitt erhält nur einheitliche Spannungen.

a) Der Rechtecksquerschnitt mit doppelter Bewehrung.

Die Normalkraft P sei eine Druckkraft und greife vom Schwerpunkt des Verbundquerschnittes in der Entfernung $= e$ an. Die weiteren für die rechnerische Behandlung notwendigen Größen sind aus der Abb. 156 zu entnehmen. Unter Benutzung der üblichen Bezeichnungen ist:

1)
$$F_i = b\,d + n\,(F_e + F_e')$$

2)
$$x = \frac{\dfrac{b\,d^2}{2} + n\,F_e\,(d - a) + n\,F_e'\,h'}{b\,d + n\,(F_e + F_e')} \qquad {}^1)$$

3)
$$y_0 = d - x\,.$$

Daraus endlich ergibt sich das Gesamtbiegungsmoment im gefährlichen Querschnitte, in dem P_1 und P_2 angreifen, zu:

$$M = \left(\frac{P_2\,m}{l} + P_1\,\frac{b}{l}\right) \cdot a \quad \text{bzw.} = \left(-\frac{P_2\,m}{l} + \frac{P_1\,a}{l}\right) b\,.$$

Letzteres Moment kommt als kleiner nicht in Frage.

$^1)$ Es sei darauf hingewiesen, daß hier, wie auch bei anderen Erörterungen, mit F_e' die Eiseneinlage bezeichnet wird, welche der Normalkraft am nächsten liegt, also bei Druckbelastung den größten Druck erhält; a und h' sind die Randabstände der Eisen.

4)
$$J_{nn} = \frac{b\,x^3}{3} + \frac{b\,y_0^3}{3} + n\,F_o'\,(x - h')^2 + n\,F_e\,(y_0 - a)^2\,.$$

Da der Querschnitt **nur auf Druck** belastet ist, also alle seine Teile in Wirksamkeit treten, können die Wirkung der Normalkraft P als Druckkraft und die des Momentes $M = P \cdot e$ in ihrer Wirkung addiert werden; hierbei werden die Biegungsspannungen mit dem Index B, die reinen Druckspannungen mit o gekennzeichnet. Es treten auf:

$$\sigma_{1_B} = -\frac{M \cdot x}{J_{nn}}\,; \qquad \sigma_{2_B} = (+)\,\frac{M\,y_0}{J_{nn}}$$

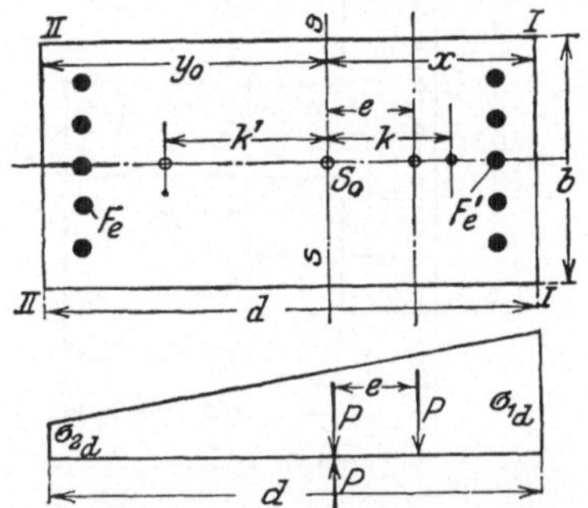

als Biegungsspannungen am Rande I bzw. II, $\sigma_{1_0} = \sigma_{2_0} = -\dfrac{P}{F_i}$ an denselben Stellen als reine, gleichmäßig über den Querschnitt verteilte Druckspannung. Demgemäß werden die Gesamtspannungen:

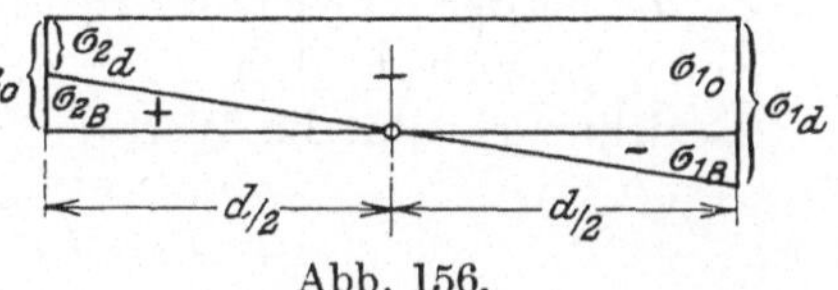

Abb. 156.

5)
$$\sigma_{1_d} = \sigma_{1_0} + \sigma_{1_B} = -\frac{P}{F_i} - \frac{M\,x}{J_{nn}} = -P\left(\frac{1}{F_i} + \frac{e\,x}{J_{nn}}\right)\,. \qquad (96\,\text{a})$$

6)
$$\sigma_{2_d} = \sigma_{2_0} + \sigma_{2_B} = -\frac{P}{F_i} + \frac{M\,y_0}{J_{nn}} = -P\left(\frac{1}{F_i} - \frac{e\,y_0}{J_{nn}}\right)\,. \qquad (96\,\text{b})$$

Da vorausgesetzt ist, daß nur Druckspannungen auftreten sollen, ist auch $\sigma_{2_d} = -$, d. h. der Klammerausdruck, selbst positiv.

Setzt man in den Gleichungen (5) und (6) die beiden Randspannungen $= 0$, so liefern die Gleichungen die Kernweiten des Querschnittes (k' u. k) und geben damit eine Kontrolle, daß die Kraft P tatsächlich innerhalb des Kerns angreift bzw. gestatten diese Entscheidung von vornherein zu fällen.

7)
$$\frac{1}{F_i} = \frac{k' \cdot x}{J_{nn}}\,; \qquad\qquad 8)\quad \frac{1}{F_i} = \frac{k\,y_0}{J_{nn}}$$

oder absolut:

$$k' = \frac{J_{nn}}{F_i\,x}\,; \quad (97\,\text{a}) \qquad\qquad k = \frac{J_{nn}}{F_i\,y_0}\,. \qquad (97\,\text{b})$$

Ist die Bewehrung auf beiden Seiten des Querschnittes gleich stark, also $F_e = F'_e$ und $a = h'$, so fällt der Schwerpunkt des Verbundquerschnittes mit dem des Rechteckes zusammen, und es ergibt sich:

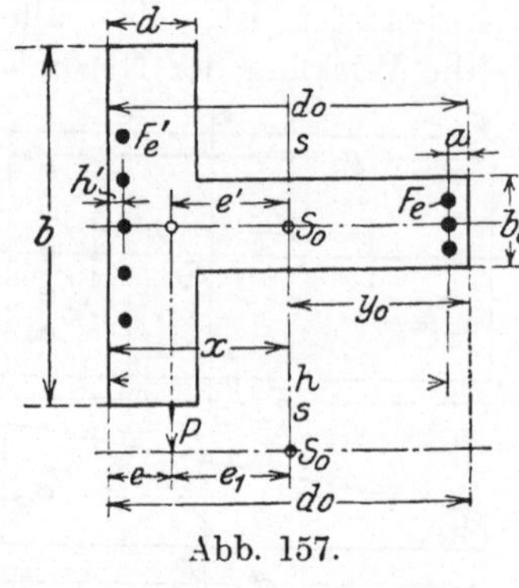

Abb. 157.

$$F_i = b\,d + 2\,n\,F_e\,; \qquad x = y_0 = \frac{d}{2}\,.$$

$$J_{nn} = \frac{b\,d^3}{12} + 2\,n\,F_e\left(\frac{d}{2} - a\right)^2,$$

$$\sigma_{1_d} = -\,P\left(\frac{1}{F_i} + \frac{e\,d}{2\,J_{nn}}\right), \qquad (98\,\mathrm{a})$$

$$\sigma_{2_d} = -\,P\left(\frac{1}{F_i} - \frac{e\,d}{2\,J_{nn}}\right), \qquad (98\,\mathrm{b})$$

$$k' = k = \frac{2\,J_{nn}}{F_i\,d}\,. \qquad (98\,\mathrm{c})$$

b) Ist der Rechtecksquerschnitt nur einseitig (in der Zugzone) bewehrt, d. h. $F'_e = o$, so ändern sich in den voranstehenden Beziehungen nur die Werte:

$$F_i = b\,d + n\,F_e,$$

$$J_{nn} = \frac{b\,d^3}{12} + n\,F_e\left(\frac{d}{2} - a\right)^2.$$

c) Liegt ein doppelt bewehrter Plattenbalkenquerschnitt vor (Abb. 157), so ergibt sich der obigen Entwicklung und früheren Darlegungen entsprechend:

1) $$F_i = b_0\,d_0 + (b - b_0)\cdot d + n\,(F_e + F'_e)\,.$$

2) $$x = \frac{\dfrac{b_0\,d_0^2}{2} + \dfrac{(b - b_0)\,d^2}{2} + n\,F'_e\,h' + n\,F_e\,(d_0 - a)}{b_0\,d_0 + (b - b_0)\,d + n\,(F_e + F'_e)}\,,$$

3) $$J_{nn} = \frac{b_0}{3}\,(x^3 + y_0^3) + \frac{b - b_0}{3}\,[x^3 - (x - d)^3]$$

$$+ n\,F_e\,(d_0 - a - x)^2 + n\,F'_e\,(x - h')^2\,.$$

Sonst bleibt die Entwicklung der Spannungen σ_{1_d} und σ_{2_d} die gleiche wie oben.

d) Im Hinblicke auf eine nicht selten exzentrische Belastung **acht-eckiger Säulen** sei auch auf diesen Querschnitt eingegangen. Vorausgesetzt ist eine vollkommen symmetrische Bewehrung des Querschnittes mit acht Rundeisen, die nahe den Ecken und von den Seiten im Abstande von a entfernt liegen (Abb. 158a u. b). Alsdann ergibt sich bei einer Seitenlänge des regelmäßigen Achteckes

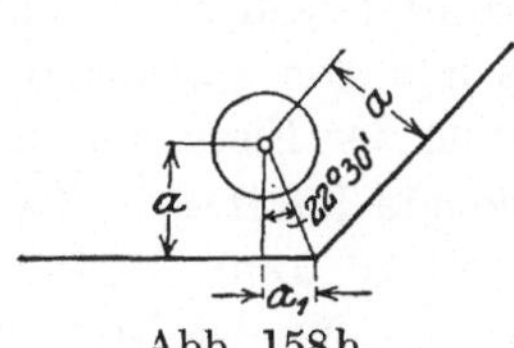

Abb. 158 a.   Abb. 158 b.

$= d$ und dem Zentriwinkel, der einer solchen Seite entspricht, $= 45°$.

$$a' = a\,\mathrm{tg}\,22°\,30' = 0{,}414\,a \quad \text{(Abb. 158 b)}.$$

Ferner ist (Abb. 158 a):

$$h = d + \frac{2\,d}{\sqrt{2}} = d\,(1 + \sqrt{2})\,; \quad d = \frac{h}{1 + \sqrt{2}}\,.$$

$$F_i = 4{,}8284\,d^2 + 8\,n\,f_e\,. \tag{99a}$$

$$J_{nn} = 1{,}8595\,d^4 + 4\,n\,f_e\left[\left(\frac{h}{2} - a\right)^2 + \left(\frac{d}{2} - a'\right)^2\right]. \tag{99b}$$

Endlich sind die Abstände $x = y_0 = \dfrac{h}{2}$.

Unter Einführung dieser Werte in die allgemeine Gleichungsform:

$$\sigma_d = -\frac{P}{F_i} \mp \frac{M \cdot h}{2\,J_{nn}}$$

sind alsdann auch die Randspannungen bekannt.

Führt man als Bestimmungsgröße bei obigem Achtecksquerschnitt $r = \dfrac{h}{2}$, also den Halbmesser des einbeschriebenen Kreises ein, und benennt man den Abstand der Eisen, deren jedes einen Querschnitt $\dfrac{F_e}{8}$ haben möge[1]), vom Achtecksmittelpunkt mit e, so gehen die obigen Gleichungen in die unter Umständen bequemere Form über:

$$F_i = 3{,}3137\,r^2 + n\,F_e,$$

$$J_{nn} = 0{,}8758\,r^4 + \frac{n\,F_e\,e^2}{2},$$

$$W_{nn} = 0{,}8758\,r^3 + \frac{n\,F_e\,e^2}{2\,r}\,.$$

---

[1]) Hier ist also F_e die gesamte Eisenbewehrung.

In allen vorangehenden Entwicklungen sind die in den Eisen auftretenden Spannungen σ_e und σ_e' nicht besonders berechnet worden. Wollte man sie bestimmen, so kann das unmittelbar aus dem Spannungswerte des Betons an der Stelle der Eiseneinlage σ_b' geschehen: $\sigma_e = n\,\sigma_b'$ usw. Eine solche Ermittlung erübrigt sich aber, da bei allseitiger Druckbelastung des Querschnitts und Innehaltung der zulässigen Spannung für den Beton die Ausnutzung der Eisen eine nur geringe ist.

Ist die exzentrisch wirkende Kraft eine Zugkraft und der Querschnitt nur auf Zug belastet, so kann — falls der Beton nicht auf Zug beansprucht werden soll — nur das Eisen wirksam sein, das dann zu beiden Seiten der Kraft P vorhanden sein muß und in letztere sich nach dem Hebelgesetze zu teilen hat. Wird der Beton ausnahmsweise auf Zug mitbelastet, oder soll eine Kontrollrechnung das etwaige Auftreten von Haarrissen im Beton ergründen, so ist der Rechnungsweg genau der entsprechende, wie er voranstehend für Druckbelastung gegangen wurde.

2. Der durch ein Moment und eine Normalkraft belastete zur Kraftebene symmetrische Querschnitt erhält Druck- und Zugspannungen.

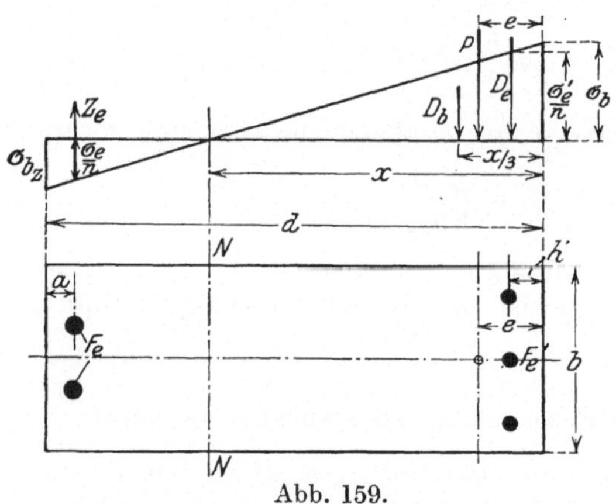

Abb. 159.

a) Der Rechtecksquerschnitt mit doppelter unsymmetrischer Bewehrung.

Bei den Betrachtungen wird davon ausgegangen, daß auch hier der Beton in der Zugzone vernachlässigt wird. Bezieht man alsdann die Momentengleichung der inneren Kräfte auf den Angriffspunkt der exzentrisch wirkenden Kraft P, so muß die Summe der inneren Momente für diesen Punkt (bzw. für eine durch ihn zu NN parallel gelegte Achse) $= 0$ sein. Hieraus folgt (Abb. 159):

$$1)\quad M = 0 = \frac{\sigma_b\,b}{2}\cdot x\left(\frac{x}{3} - e\right) - \sigma_e F_e\,(d - a - e) - \sigma_e' F_e'\,(e - h')\,.$$

Hierbei ist darauf zu achten, daß die Druckkraft im Beton um den Angriffspunkt von P in Abb. 159 in anderem Sinne dreht als die Druckkraft im Eisen $F_e\,\sigma_e'$ bzw. die Zugkraft im Eisen $F_e\,\sigma_e$.

Nach dem allgemeinen Gesetz der Biegung und unter Annahme eines gleich großen E_b-Wertes in der Druck- und Zugzone sowie bei Voraussetzung eines Ebenbleibens der Querschnitte nach der Biegung ist:

2)
$$\sigma_e = \frac{n\,\sigma_b}{x}\,(d - a - x)\,.$$

3)
$$\sigma_e' = \frac{n\,\sigma_b}{x}\,(x - h')\,.$$

Setzt man diese beiden Werte in die Gleichung (1) ein, so ergibt sich nach Kürzung mit σ_b eine Bestimmungsgleichung für x, allerdings vom dritten Grade:

4)
$$x^3 - 3\,e\,x^2 + \frac{6\,n}{b}\,[(F_e\,(d - a - e) - F_e'\,(e - h')]\,x$$

$$- \frac{6\,n}{b}\,[F_e\,(d - a)\,(d - a - e) - F_e'\,h'\,(e - h')] = 0\,. \quad (100)$$

Aus dieser Gleichung ist x entweder durch Probieren oder nach der Cardanischen Gleichung zu entwickeln[1]).

-----

[1]) Setzt man in der kubischen Gleichung: $x^3 + a\,x^2 + b\,x + c = 0$ den Wert: $x = z - \dfrac{a}{3}$, so entsteht die reduzierte kubische Geichung von der Form: $z^3 + p\,z + q = 0$, woraus sich z nach der Cardanischen Gleichung ergibt:

$$z = \sqrt[3]{-\frac{1}{2}\,q + \sqrt{\left(\frac{1}{2}\,q\right)^2 + \left(\frac{1}{3}\,p\right)^3}} + \sqrt[3]{-\frac{1}{2}\,q - \sqrt{\left(\frac{1}{2}\,q\right)^2 + \left(\frac{1}{3}\,p\right)^3}}$$

Nach Auflösung folgt: $x = z - \dfrac{a}{3}$ bzw. bei Verwendung der obigen Gleichung: $x = z + e$. Bei großer Exzentrizität kann der Wert $\left(\dfrac{p}{3}\right)^3$ negativ und $> \left(\dfrac{q}{2}\right)^2$ ausfallen; dann ist die Lösung nach der Cardanischen Formel nicht mehr möglich. Es gibt dann 3 reelle Wurzeln für z, wovon nur die brauchbar ist, die einen positiven Wert von $x < d$ ergibt. Die obige Gleichung (100) (vgl. Hager, Theorie des Eisenbetons, S. 190) ist identisch einer andern Form, bei deren Entwicklung davon ausgegangen wird, daß in der Mitte des Betonquerschnittes eine Normalkraft N angreift und das Moment der äußeren Kraft auf diesen Punkt bezogen wird. Die alsdann auf den nämlichen Punkt bezogene Gleichstellung der Momente der inneren Kräfte und der äußeren Kraft liefert eine Gleichung in der Form (vgl. die nebenstehende Abbildung):

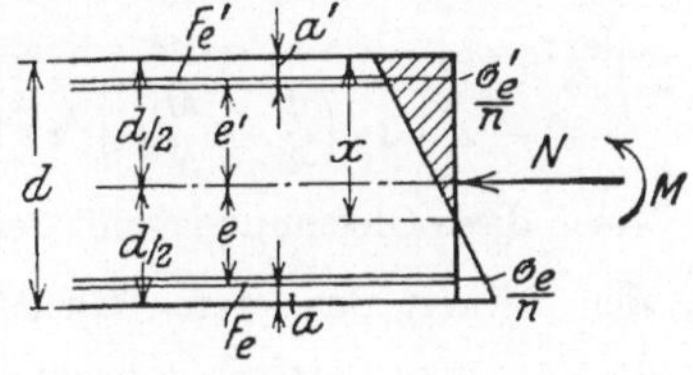

$$x^3 \cdot \frac{N}{6} - x^2 \left(\frac{N \cdot d}{4} - \frac{M}{2}\right) + \frac{x \cdot n}{b}\,[M\,(F_e' + F_e) - N\,(F_e' \cdot e' - F_e \cdot e)]$$

$$+ \frac{M \cdot n}{b}\left[F_e'\left(e' - \frac{d}{2}\right) - F_e \cdot \left(e + \frac{d}{2}\right)\right]$$

$$- \frac{N \cdot n}{b}\left[F_e'\,e'\left(e' - \frac{d}{2}\right) + F_e \cdot e\left(e + \frac{d}{2}\right)\right] = 0\,.$$

Forts. S. 450.

Foerster, Eisenbetonbau. 3. Aufl.   29

Zur Bestimmung der Spannung σ_b dient, nach Auffinden von x, die Beziehung, daß die äußere Kraft $P =$ der Summe der inneren Kräfte sein muß:

$$5)\quad P = \sigma_b \frac{b}{2} x + n F'_e \sigma'_e - n F_e \sigma_e = \sigma_b \frac{b}{2} \cdot x + n F'_e \sigma_b \frac{x - h'}{x} - n F_e \sigma_b \frac{(d - a - x)}{x},$$

$$\sigma_b = \frac{2\,P \cdot x}{b\,x^2 + 2\,n\,F'_e\,(x - h') - 2\,n\,F_e\,(d - a - x)}. \tag{101}$$

Aus σ_b folgen dann in bekannter Weise die σ_e- und σ'_e-Spannungen in den Eiseneinlagen. Liegt der Sonderfall vor, daß die **Eisenbewehrung beiderseits eine gleich starke und zum Schwerpunkte des Rechteckes symmetrisch gelegene ist**, $F_e = F'_e$, $a = h'$, so geht die Gleichung für x in die etwas einfachere Form über:

$$x^3 - 3\,e\,x^2 + \frac{6\,n}{b} F_e\,(d - 2\,e)\,x - \frac{6\,n}{b} F_e[(d - a)^2 - e\,d + a^2] = 0\;{}^1) \tag{102}$$

Aus dieser Gleichungsform läßt sich die obenstehende ableiten, wenn man erstere durch $\frac{N}{6}$ dividiert und für den Wert $\frac{M}{N}$ die Exzentrizität: $\frac{e_1 N}{N} = e_1 = \frac{d}{2} - e$ einführt, worin (Abb. 159) e die Exzentrizität von P (bzw. N) von der stärkst gedrückten Querschnittsaußenkante darstellt. So wird z. B. der Beiwert von x^2 in der obigen, seinerzeit von Mörsch aufgestellten, aber schon in seiner 5. Auflage (I, S. 394) nicht mehr beibehaltenen Gleichungsform:

$$\frac{\dfrac{N\,d}{4} - \dfrac{M}{2}}{\dfrac{N}{6}} = 6\left(\frac{N\,d}{4\,N} - \frac{M}{N \cdot 2}\right) = 6\left(\frac{d}{4} - \frac{e_1}{2}\right) = 3\left(\frac{d}{2} - e_1\right) = 3\,e \;\text{usw.}$$

${}^1)$ Verwendet man die in Anm. 1 S. 459 erwähnte Gleichungsform, so wird, bei Gleichheit der Eiseneinlagen:

$$x^3 \cdot \frac{N}{6} - x^2\left(N \cdot \frac{d}{4} - \frac{M}{2}\right) + x \cdot 2\,M \cdot n \cdot \frac{F_e}{b} - n\frac{F_e}{b}\left(M \cdot d + 2\,N \cdot e^2\right) = 0$$

oder:

$$x^3 - x^2 \cdot 3 \cdot \left(\frac{d}{2} - \frac{M}{N}\right) + x \cdot 12 \cdot \frac{M}{N} \cdot n \cdot \frac{F_e}{b} - 6\frac{n \cdot F_e}{b}\left(\frac{M}{N} \cdot d + 2 \cdot e^2\right) = 0.$$

Auch diese Gleichung ist mit der obigen durchaus identisch. Betrachtet man z. B. den Beiwert der letzten Glieder: $-6\frac{n\,F_e}{b}$ in beiden Gleichungen, so lautet er einmal: $[(d - a)^2 - e\,d + a^2]$ und zum andern: $\left(\frac{M}{N} \cdot d + 2\,e^2\right)$. Letztere Form läßt sich nach Einsetzung von $\frac{M}{N} = e_1$; $e_1 = \frac{d}{2} - e$, $e = \left(\frac{d}{2} - a\right)$ (vgl. wegen dieses Wertes „e" die Abb. in der voranstehenden Anm.) in die Form bringen:

$$e_1\,d + 2\left(\frac{d}{2} - a\right)^2 = \left(\frac{d}{2} - e\right)d + 2\left(\frac{d^2}{4} - \frac{2\,d}{2}a + a^2\right)$$

$$= \frac{d^2}{2} - e\,d + \frac{d^2}{2} - 2\,d\,a + 2\,a^2 = (d - a)^2 - e\,d + a^2.$$

und ebenso die für σ_b:

$$\sigma_b = \frac{2\,P \cdot x}{b\,x^2 + 2\,n\,F_e\,(2\,x - d)}\,. \tag{103}$$

Ergibt die kubische Gleichung einen Wert für $x > d$, so beweist das, daß die Nullinie den Querschnitt nicht schneidet, daß also einheitliche Druckspannungen vorliegen und die Anwendung der vorgenannten Gleichung in dem besonderen Falle nicht angängig ist.

b) Liegt eine nur **einseitige Zugbewehrung** vor, ist also $F_e' = 0$, so braucht man nur dessen Wert in den voranstehenden allgemeinen Ableitungen $= 0$ zu setzen. Es ergibt sich alsdann für Bestimmung von x (100):

$$x^3 - 3\,e\,x^2 + \frac{6\,n}{b}F_e\,(d - a - e)\,x - \frac{6\,n}{b}F_e\,(d - a)\cdot(d - a - e) = 0 \tag{104}$$

und für σ_b:

$$\sigma_b = \frac{2\,P \cdot x}{+\,b\,x^2 - 2\,n\,F_e\,(d - a - x)}\,. \tag{104\,a}$$

c) Für einen **doppelt bewehrten Plattenbalkenquerschnitt** (Abb. 160) kann die Entwicklung ganz entsprechend dem Rechnungsgange bei doppelt bewehrtem Rechtecksquerschnitt durchgeführt werden. Auch hier wird man zweckmäßig, wie bei der reinen Biegung, von der den Rechnungsgang erheblich vereinfachenden Annahme ausgehen können, daß der Druckbeton im Steg des Plattenbalkens unterhalb der Platte keine Berücksichtigung findet. Alsdann ergibt sich die Betondruckkraft D_b:

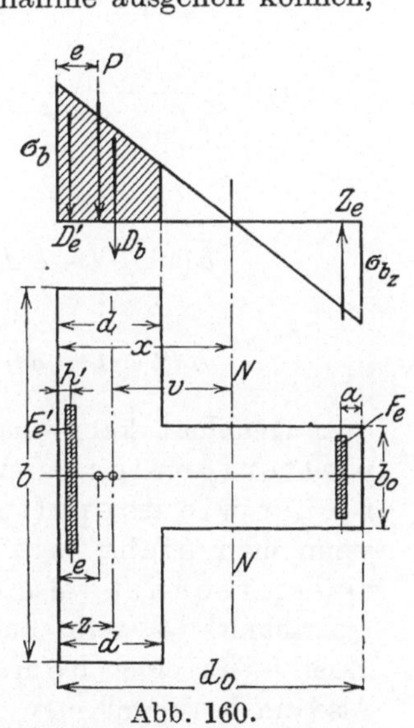

$$D_b = \sigma_b \frac{b}{2}\left(x - \frac{(x - d)^2}{x}\right)$$

und ihr Abstand von der Plattenoberkante (Lage des Schwerpunktes des Drucktrapezes) zu:

$$z = \frac{d}{3}\,\frac{\sigma_b + 2\,\sigma_{bu}}{\sigma_b + \sigma_{bu}}\ ^1)$$

bzw. nach Einsetzung des Wertes

$$\sigma_{bu} = \sigma_b \frac{x - d}{x}\,.$$

$$z = \frac{d}{3}\,\frac{3\,x - 2\,d}{2\,x - d}\,.$$

Abb. 160.

Bezieht man auch hier das Moment der inneren Kräfte auf den Angriffs-

---

$^1)$ σ_{bu} ist, wie stets, die Druckspannung an der Plattenunterkante.

punkt der äußeren Kraft P, so ist zunächst das Moment der Druckkraft:

$$D_b \cdot (z - e) = \frac{\sigma_b\, b}{2}\left(x - \frac{(x-d)^2}{x}\right)\left(\frac{d}{3}\,\frac{3\,x - 2\,d}{2\,x - d} - e\right).$$

Demgemäß lautet die Momentengleichung der inneren Kräfte, bezogen auf den vorgenannten Punkt:

$$M = 0 = \frac{\sigma_b\, b}{2}\left(x - \frac{(x-d)^2}{x}\right)\left(\frac{d}{3}\,\frac{3\,x - 2\,d}{2\,x - d} - e\right)$$
$$- \sigma_e' F_e' \cdot (e - h') - \sigma_e F_e\,(d_0 - a - e).$$

Hierin sind dann, gleich wie vorstehend auf S. 449, die bekannten Werte von

$$\sigma_e = n\,\sigma_b\,\frac{d_0 - a - x}{x}\,; \quad \sigma_e' = n\,\sigma_b\,\frac{x - h'}{x}$$

einzusetzen; die neu entstandene Gleichung ist mit σ_b zu kürzen und alsdann x als Unbekannte herauszulösen. Ist x bestimmt, so gibt — entsprechend der Berechnung auf S. 450 — die Gleichsetzung der äußeren Kraft und der inneren Kräfte eine Beziehung, um σ_b zu bestimmen:

$$P = \frac{\sigma_b\, b}{2}\left(x - \frac{(x-d)^2}{x}\right) + n\,F_e'\,\sigma_b\,\frac{x - h'}{x} - n\,F_e\,\sigma_b\,\frac{d_0 - a - x}{x}.$$

$$\sigma_b = \frac{2\,P}{b\left(x - \dfrac{(x-d)^2}{x}\right) + 2\,n\,F_e'\dfrac{x - h'}{x} - 2\,n\,F_e\dfrac{d_0 - a - x}{x}}$$

$$= \frac{2\,P\,x}{b\,[x^2 - (x-d)^2] + 2\,n\,F_e'\,(x - h') - 2\,n\,F_e\,(d_0 - a - x)}$$

$$= \frac{2\,P\,x}{b\,(2\,x\,d - d^2) + 2\,n\,F_e'\,(x - h') - 2\,n\,F_e\,(d_0 - a - x)}.$$

Angenähert kann man sowohl bei **rechteckigen als auch plattenförmigen** Querschnitten, und zwar solchen **mit einfacher wie doppelter Bewehrung,** die Spannungen bestimmen, wenn man **nicht mit dem Eintreten von Zugspannungsrissen rechnet,** also Stadium I zugrunde legt und demgemäß den Querschnitt — wenn auch unter Einführung der n fachen Menge an Eisen — als einen **homogenen Betonquerschnitt behandelt.** Alsdann bestimmt man am einfachsten die Biegungsspannungen allein aus der Wirkung des Momentes, dann die Normalspannungen aus der Normalkraft, und addiert beide in sinngemäßer Weise. Hierbei wird die Lage der Nullinie entweder durch eine Zusammenfassung der beiden

Spannungsdiagramme zeichnerisch gefunden oder auch aus ihnen durch Rechnung bestimmt. Diese Berechnungsart wird um so wahrscheinlichere Ergebnisse liefern, je näher man tatsächlich dem Stadium I bleibt, also namentlich bei Gewölbequerschnitten dann am Platze sein, wenn man keine hohen Spannungen in der äußersten gezogenen Betonfaser zulassen will, um einem Auftreten von Rissen zu wehren. Die Rechnung hat hierbei den weiteren Vorzug, daß sie auch über diese Frage Klarheit schafft und erkennen läßt, ob eine Gefahr für das Entstehen feiner Haarzugrisse vorhanden ist.

Liegt der in Abb. 161 dargestellte, doppelt, aber in seinen Gurten verschieden stark bewehrte Rechtecksquerschnitt

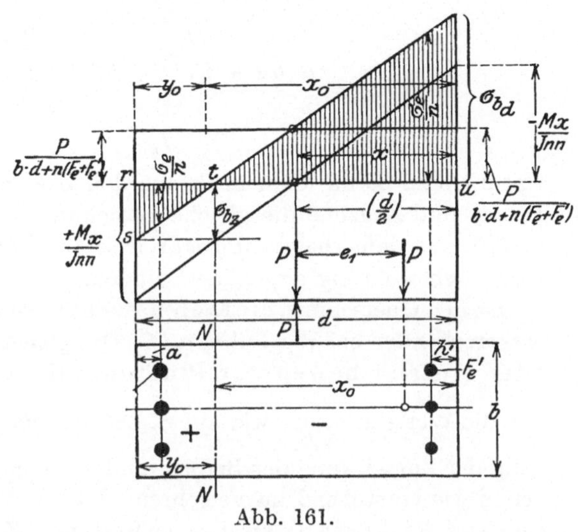

Abb. 161.

vor, bei dem in Entfernung vom Betonschwerpunkt $= e_1$ die exzentrisch wirkende Kraft P angreift, so ist zunächst zur Ermittlung der reinen Biegungsspannungen der Schwerpunkt des Verbundquerschnittes zu bestimmen:

$$x = \frac{S_0}{F_i} = \frac{\dfrac{b\,d^2}{2} + n\,F_e'\,h' + n\,F_e\,(d - a)}{b\,d + n\,(F_e' + F_e)}\,.$$

Ferner ist:

$$J_{nn} = \frac{b\,x^3}{3} + \frac{b\,(h - x)^3}{3} + n\,F_e'\,(x - h')^2 + n\,F_e\,(d - x - a)^2$$

und somit:

$$\sigma_{bd} = -\frac{P}{b\,d + n\,(F_e + F_e')} - \frac{M \cdot x}{J_{nn}}$$

$$\sigma_{bz} = -\frac{P}{b\,d + n\,(F_e + F_e')} + \frac{M \cdot (d - x)}{J_{nn}}$$

$$\sigma_e' = -n\,\frac{P}{b\,d + n\,(F_e + F_e')} - n\,\frac{M \cdot (x - h')}{J_{nn}}$$

$$\sigma_e = -n\,\frac{P}{b\,d + n\,(F_e + F_e')} + n\,\frac{M\,(d - x - a)}{J_{nn}}\,.$$

Will man die Lage der Nullinie (Abb. 161), d. h. den Abstand x_0 aus dem Diagramm bestimmen, so dient hierzu die Beziehung:

$$x_0 : \frac{d}{2} = \left(\frac{P}{b\,h + n\,(F_e + F'_e)} + \frac{M\,x}{J_{nn}} \right) : \frac{M\,x}{J_{nn}}\,.$$

$$x_0 = \frac{d}{2}\, \frac{\dfrac{P}{b\,d + n\,(F_e + F'_e)} + \dfrac{M\,x}{J_{nn}}}{\dfrac{M\,x}{J_{nn}}}\,. \tag{105}$$

Naturgemäß kann man auch aus den beiden Diagrammdreiecken der Druck- und Zugzone die gleiche Beziehung ableiten und weiterhin, vgl. S. 479, aus dem Diagrammzugdreieck auch unmittelbar die Größe der Eisenzugbewehrung angenähert finden.

Ist der Querschnitt einfach bewehrt, so ist der Gang ein durchaus entsprechender bei Wegfall von F'_e. Das gleiche gilt, wenn ein doppelt oder einfach bewehrter Plattenbalken vorliegt. Auch hier sind nur die Werte $x = \dfrac{S_0}{F_i}$, wie auf S. 355 gezeigt, also unter Berücksichtigung der Zugwirkung des Betons, und J_{nn} neu zu bestimmen, sonst aber genau wie vorstehend zu verfahren. Der Wert σ_{b_z} läßt erkennen, ob eine Rißgefahr in der äußersten Zugfaser besteht, ist also besonders bedeutsam für die Beurteilung der Verbundgewölbe.

Die Anwendung der vorstehenden Rechenverfahren mögen einige **Zahlenbeispiele** erläutern.

1. Ein rechteckiger Querschnitt (Abb. 162) von 100 cm Höhe und 40 cm Breite wird durch eine exzentrisch angreifende Druckkraft von 100 000 kg, 10 cm vom Schwerpunkt des Betonquerschnittes entfernt, beansprucht. In 5 cm Abstand von der meistgedrückten Faser ist eine Eiseneinlage von vier Rundeisen von 25 mm Durchmesser vorhanden ($F'_e = 19,5$ cm²). Die auftretenden Spannungen sind nachzurechnen.

Es ergibt sich: $F_i = b\,h + n\,F'_e = 100 \cdot 40 + 15 \cdot 19,5 = 4292$ cm².

$$x = \frac{\dfrac{b\,d^2}{2} + n\,F'_e\,h'}{b\,d + n\,F'_e} = \frac{\dfrac{40 \cdot 100^2}{2} + 15 \cdot 19,5 \cdot 5}{4292} = \frac{201\,460}{4292} = \text{rd. } 47 \text{ cm.}$$

$$y_0 = d - x = 100 - 47 = 53 \text{ cm.}$$

$$J_{nn} = \frac{b\,x^3}{3} + \frac{b\,y_0^3}{3} + n\,F'_e\,(x - h')^2$$

$$= \frac{40 \cdot 47^3}{3} + \frac{40 \cdot 53^3}{3} + 15 \cdot 19,5\,(47 - 5)^2 = \text{rd. } 3\,884\,420 \text{ cm}^4.$$

$$\sigma_{1_B} = - \frac{M \cdot x}{J_{nn}} ; \qquad \sigma_{2_B} = + \frac{M\,y_0}{J_{nn}}$$

M ist $= 100\,000 \cdot 7,0 = 700\,000 \text{ kg} \cdot \text{cm}.$

$$\sigma_{1_B} = - \frac{700\,000 \cdot 47}{3\,884\,420} = - \text{ rd. } 8,5 \text{ kg/cm}^2.$$

$$\sigma_{2_B} = + \frac{700\,000 \cdot 53}{3\,884\,420} = + \text{ rd. } 9,5 \text{ kg/cm}^2.$$

Ferner wird:

$$\frac{P}{F_i} = - \frac{100\,000}{4\,292} = - 23,4 \text{ kg/cm}^2.$$

Demgemäß werden die Randspannungen am rechten Rande (Abb. 162): $\sigma_{1_d} = - 23,4 - 8,5 = - 31,9 \text{ kg/cm}^2$, am linken Rande: $\sigma_{e_d} = - 23,4 + 9,5 = - 13,9 \text{ kg/cm}^2$. Die Eisenspannung ist gering:

$$\sigma'_e = - n\,\sigma_b \frac{x - h'}{x} = - 15 \cdot 31,9 \cdot \frac{42}{47} = - \text{ rd. } 425 \text{ kg/cm}^2.$$

Die Kernhalbmesser berechnen sich im vorliegenden Falle:

$$k' = \frac{J_{nn}}{F_i x} = \frac{3\,884\,420}{4\,292 \cdot 47} = 19,26 \text{ cm. }^{1}) \qquad\qquad (96\,\text{a})$$

$$k = \frac{J_{nn}}{F_i y_0} = \frac{3\,884\,420}{4\,292 \cdot 53} = 17,1 \text{ cm.} \qquad\qquad (96\,\text{b})$$

Da die Exzentrizität nur 10 cm beträgt, liegt mithin, wie der Verlauf der Rechnung durch Auftreten einer einheitlichen (Druck-) Spannung auch bereits ergeben hat, der Angriffspunkt von P im Querschnittskern.

2. Der Querschnitt einer regelmäßigen achteckigen Säule hat eine Seite $d = 10$ cm, und ist mit acht Rundeisen von 20 mm Durchmesser im Randabstande $a = 4$ cm bewehrt.

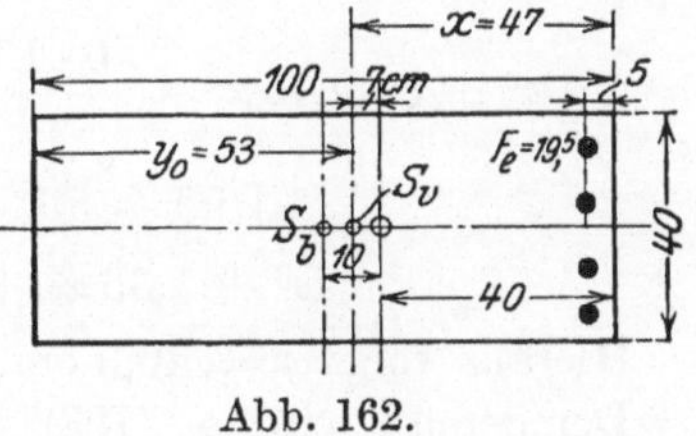

Abb. 162.

In Entfernung von 1,5 cm von der Achse greift eine Last von 16 t an. Die Randspannungen werden gesucht.

Es ist $M = 1,5 \cdot 16\,000 = 24\,000 \text{ kg} \cdot \text{cm}; f_e = 3,14 \text{ cm}^2.$

$$F_i = 4,8284 \cdot 10^2 + 8\,n\,f_e = 482,8 + 15 \cdot 8 \cdot 3,14 = 482,8 + 377,2$$
$$= 860 \text{ cm}^2.$$

---

^{1}) Vgl. Abb. 156 auf S. 445.

Ferner wird (nach S. 447):

$$h = d\,(1 + \sqrt{2}) = 10\,(1 + 1,414) = 24,14 \text{ cm.}$$

$$a' = a \cdot 0,414 = 4 \cdot 0,414 = \text{rd. } 1,66 \text{ cm.}$$

$$J_{nn} = 1,8595 \cdot d^4 + 4 \cdot n\,f_e \left[\left(\frac{h}{2} - a \right)^2 + \left(\frac{d}{2} - a' \right)^2 \right] \qquad (99\,\text{b})$$

$$= 1,8595 \cdot 10\,000 + 60 \cdot 3,14\,[(12,07 - 4)^2 + (5 - 1,66)^2] = \text{rd. } 32\,980 \text{ cm}^4$$

Demgemäß wird:

$$\sigma_{1d} = - \frac{P}{F_i} - \frac{M \cdot \dfrac{h}{2}}{J_{nn}} = - \frac{16\,000}{860} - \frac{24\,000 \cdot 12,07}{32\,980}$$

$$\sigma_{2d} = - \frac{P}{F_i} + \frac{M\,\dfrac{h}{2}}{J_{nn}} = - \frac{16\,000}{860} + \frac{24\,000 \cdot 12,07}{32\,980}$$

$$\sigma_{1d} = - 18,6 - 8,8 = - 27,4 \text{ kg/cm}^2.$$

$$\sigma_{2d} = - 18,6 + 8,8 = - 9,8 \text{ kg/cm}^2.$$

3. Ein doppelt und beiderseits gleich stark bewehrter Rechtecksquerschnitt von der Breite $= 1$ cm, der Höhe $= 90$ cm sei durch ein $M = 30\,000$ kg $\cdot$ cm, und durch eine im Schwerpunkte des Betons angreifende Längskraft $P = 660$ kg belastet. $F_e = F_e' = 0,37$ cm²; $a = h' = 5$ cm. Es ergibt sich mithin eine Exzentrizität des Kraftangriffs:

$$e_1 = \frac{M}{P} = \frac{30\,000}{660} = 45,45 \text{ cm.}$$

Demgemäß ist (vgl. Abb. 159, S. 448) der Abstand der Kraft P von der gedrückten Querschnittskante: $e = - 0,45$ cm.

Nach der kubischen Gleichung (102) S. 450 ergibt sich:

$$x^3 + 3 \cdot 0,45\,x^2 + \frac{6 \cdot 15 \cdot 0,37}{1}\,(90 + 0,9)\,x - \frac{6 \cdot 15}{1} \cdot 0,37$$

$$\cdot [(90 - 5)^2 + 0,45 \cdot 90 + 5^2] = 0.$$

$$x^3 + 1,35\,x^2 + 3027\,x - 242\,774 = 0.$$

Hieraus folgt $x = 46,3$ cm.

Demgemäß wird σ_b (103):

$$\sigma_b = \frac{2\,P \cdot x}{b\,x^2 + 2\,n\,F_e\,(2\,x - d)} = \frac{2 \cdot 660 \cdot 46,3}{1 \cdot 46,3^2 + 2 \cdot 15 \cdot 0,37\,(2 \cdot 46,3 - 90)}$$

$$\sigma_b = - 28,3 \text{ kg/cm}^2.$$

$$\sigma_e = 15 \cdot 28,3\,\frac{90 - 5 - 46,3}{46,3} = + 355 \text{ kg/cm}^2.$$

$$\sigma_e' = 15 \cdot 28,3\,\frac{46,3 - 5}{46,3} = - 378 \text{ kg/cm}^2.$$

Rechnet man dieses Beispiel nach der angenäherten Berechnungsart (S. 453), also unter Einschluß der Betonzugzone, so ergibt sich:

$$\sigma_{bd} = -\frac{P}{b\,d + n\,(F_e + F'_e)} - \frac{M \cdot x}{J_{nn}}$$

Hier ist:

$$\frac{P}{b\,d + n\,2\,F_e} = \frac{660}{1 \cdot 90 + 15 \cdot 2 \cdot 0,37} = 6,5 \; \text{kg/cm}^2$$

und der Wert: $n \cdot 6,5 = 15 \cdot 6,5 = \text{rd. } 100 \; \text{kg/cm}^2$;

$$J_{nn} = \frac{1}{12}\,b\,d^3 + n\,2\,F_e\left(\frac{d}{2} - a\right)^2 = \frac{1 \cdot 90^3}{12} + 2 \cdot 15 \cdot 0,37 \cdot 40^2$$

$$= \text{rd. } 78\,760\;\text{cm}^4.$$

$M = 30\,000 \; \text{kg} \cdot \text{cm}$ wie vor; $x = \dfrac{d}{2} = 45 = y_0$; $y = 45 - 5 = 40$.

Demgemäß ergeben sich die Biegungs-Spannungen zu:

$$\sigma_{bd} = -\,6,5 - \frac{30\,000}{78\,760} \cdot 45 = -\,6,5 - 17,2 = -\,23,7 \; \text{kg/cm}^2;$$

$$\sigma_{b_z} = -\,6,5 + 17,2 = +\,10,7 \; \text{kg/cm}^2;$$

$$\sigma'_e = -\,n\,6,5 - \frac{n\,M\,(x - h')}{J_{nn}}$$

$$= -\,100 - \frac{15 \cdot 30\,000 \cdot 40}{78\,760} = -\,100 - 230 = -\,330 \; \text{kg/cm}^2$$

$$\sigma_e = -\,100 + \frac{15 \cdot 30\,000 \cdot 40}{78\,760} = -\,100 + 230 = +\,130 \; \text{kg/cm}^2.$$

Eine Rißbildung im Beton steht bei dem geringen Werte der Betonzugrandspannung nicht zu befürchten. Bildet man die Summe der inneren Kräfte, so ergibt sich für das Maß $x_0 = 62,0$ cm (vgl. Anm. 1):

$$D_b = \frac{1 \cdot 23,7 \cdot 62}{2} = 735, \quad D_e = 0,37 \cdot 330 = 122 \; \text{kg}, \quad \sum D = 857 \; \text{kg},$$

$$Z_b = \frac{1 \cdot 10,7 \cdot (90 - 62)}{2} = 150, \quad Z_e = 0,37 \cdot 130 = 48 \; \text{kg}, \quad \sum Z = 198 \; \text{kg},$$

also $\sum D - \sum Z = 857 - 198 = 659 \sim 660 = P =$ der äußeren Kraft.

Rechnet man der Sicherheit halber aber trotzdem damit, daß das Eisen in der Zugzone die gesamte dort auch im Beton auftretende Zugkraft aufzunehmen hat, so ergibt sich (105):

$$x_0 = \frac{d}{2}\,\frac{\dfrac{P}{b\,d + 2\,n\,F_e} + \dfrac{M \cdot x}{J_{nn}}}{\dfrac{M \cdot x}{J_{nn}}} = 45 \cdot \frac{6,5 + 17,2}{17,2} = 45 \cdot \frac{23,7}{17,2} = 62 \; \text{cm}^1).$$

---

[1]) Dieser Wert hätte naturgemäß aus dem Spannungsdiagramm abgeleitet werden können:

$$23,7 : x_0 = 10,7 : (90 - x_0); \quad 34,4\,x_0 = 2135; \quad x_0 = 62 \; \text{cm}.$$

Mithin wird $h - x_0 = y_0 = 90 - 62 = 28$ cm, und damit die gesamte Zugkraft: $Z = \dfrac{\sigma_{bz} \cdot y_0}{2} \cdot b = \dfrac{10{,}7 \cdot 28}{2} \cdot 1 = \text{rd.}\ 150$ kg. Demgemäß stellt sich: $\sigma_e = \dfrac{Z}{F_e} = \dfrac{150}{0{,}37} = \text{rd.}\ 400$ kg/cm², und somit würde in diesem äußersten Fall die gezogene Eiseneinlage eine Spannung von etwa $130 + 400 = 530$ kg/cm² aufzunehmen haben.

Zur Kontrolle der Rechnung dient auch hier, daß die Summe der inneren Kräfte gleich der äußeren Kraft P sein muß:

$$\frac{23{,}7 \cdot 62}{2} \cdot 1 + 330 \cdot 0{,}37 - 530 \cdot 0{,}37 = 734 + 122 - 196 = 856 - 196$$

$$= 660 \text{ kg} = P .$$

4. Eine Säule $40 \cdot 40$ cm $= h = b$ hat eine Bewehrung mit vier Längseisen von je 22 mm Durchmesser ($F_e = 4 \cdot 3{,}80 = 15{,}20$ cm²). Ihre Belastung $P = 24\,000$ kg greift im Abstande von $e = 4$ cm von der Außenkante, also im Abstande von 16 cm exzentrisch von der Mitte aus an; $a = 3$ cm. Die Randspannungen sind zu berechnen.

Die kubische Gleichung (102):

$$x^3 - 3\,e\,x^2 + \frac{6\,n}{b} F_e\,(d - 2\,e)\,x - \frac{6\,n}{b} F_e\,[(d - a)^2 - e\,d + a^2] = 0$$

liefert nach Einsetzung der Werte die Beziehung:

$$x^3 - 3 \cdot 4 \cdot x^2 + \frac{90}{40} \cdot 15{,}20\,(40 - 8) \cdot x - \frac{90}{40}\,15{,}20\,[(40 - 3)^2 - 4 \cdot 40 + 3^2] = 0.$$

$$x^3 - 12\,x^2 + 1094{,}4 \cdot x - 41\,656 = 0 .$$

Hieraus folgt: $x = \text{rd.}\ 27{,}4$ cm und somit:

$$\sigma_b = \frac{2 \cdot P \cdot x}{b\,x^2 + 2\,n\,F_e\,(2\,x - d)}$$

$$= \frac{2 \cdot 24\,000 \cdot 27{,}4}{40 \cdot 27{,}4^2 + 2 \cdot 15 \cdot 15{,}2\,(2 \cdot 27{,}4 - 40)} = \text{rd.} - 35{,}8 \text{ kg/cm}^2.$$

Daraus ergibt sich die Eisenspannung in der Zugzone:

$$\sigma_e = +\,\frac{n\,\sigma_b}{x}\,(d - a - x) = \frac{15 \cdot 35{,}8}{27{,}4}\,(40 - 3 - 27{,}4) = +\,\text{rd.}\ 188\,\text{kg/cm}^2$$

und in der Druckzone:

$$\sigma_e' = -\,n\,\sigma_b\,\frac{x - a}{x} = -\,\frac{15 \cdot 35{,}8}{27{,}4} \cdot (27{,}4 - 3) = -\,\text{rd.}\ 480\,\text{kg/cm}^2.$$

Rechnet man den vorliegenden außermittig belasteten Querschnitt nach den **Bestimmungen vom September 1925** nach, um zu sehen, ob die Spannungen u. U. nach der Beziehung:

$$\sigma = -\frac{P}{F_i} \mp \frac{M}{W_i}$$

beurteilt werden können, so ergibt sich:

$$P = 24\,000 \text{ kg}, \qquad M = 24\,000 \cdot 16 \text{ kg} \cdot \text{cm},$$

$$F_i = 40 \cdot 40 + 15 \cdot 15{,}20 = 1826 \text{ cm}^2,$$

$$W_i = \frac{J}{\dfrac{h}{2}} = \frac{\dfrac{40^4}{12} + n\,4 \cdot f_e \cdot (20-3)^2}{20} = 10\,666 + \frac{15 \cdot 15{,}20 \cdot 17{,}0^2}{20}$$

$$= \text{rd. } 14\,000 \text{ cm}^3.$$

Dementsprechend wird:

$$\sigma = -\frac{24\,000}{1826} \mp \frac{24\,000 \cdot 16}{14\,000} = -13{,}1 \mp 27{,}4,$$

$$\sigma_1 = -40{,}5, \qquad \sigma_2 = +14{,}3 \text{ kg/cm}^2.$$

Demgemäß müßte im vorliegenden Falle ein Beton Verwendung finden von $5\,\sigma_z = \sigma_{\text{zul Druck}} = 5 \cdot 14{,}3 = 71{,}5$ kg/cm²; dies ist nicht möglich, da $\sigma_{\text{zul max}}$ mit 60 kg/cm² bestimmungsgemäß begrenzt ist.

Die Querschnittsbemessung.

Die Bemessung der Querschnitte bei Beanspruchung durch eine Normalkraft und ein Biegungsmoment kann in scharfer Form oder auf einem mehr oder weniger angenäherten Wege erfolgen. In letzterem Falle erfolgt die Rechnung in der Regel mit Hilfe von Tabellen[1]), welche die für die Ermittlung notwendigen Beiwerte enthalten und meist einen wirtschaftlichen Vergleich in Wettbewerb stehender Querschnittsausbildungen — namentlich in Hinsicht auf die Stärke der Bewehrung,

---

[1]) An Stelle von Tabellen sind graphische Tafeln zur Ermittlung namentlich der Eisenquerschnitte eingeführt, wie sie beispielsweise Mörsch in seinem Werke „Der Eisenbetonbau" gibt (5. Aufl., I, S. 388ff.; 6. Aufl. S. 404ff.). Hierbei wird die Querschnittshöhe und die Lage der Eisen im voraus angenommen, wobei unter Umständen ein mehrfaches Probieren nicht vermeidbar ist; alsdann werden die Momente der Normalkraft, bezogen je auf die Eiseneinlagen, berechnet M_e und M'_e und ein Leitwert gebildet: $\dfrac{M_e}{b\,d^2}$ und $\dfrac{M'_e}{b\,d^2}$. Bei Annahme des Spannungsverhältnisses $\dfrac{\sigma_b}{\sigma_e}$ liefern alsdann die Diagramme zwei Bewehrungszahlen. Hierbei ist die Möglichkeit gegeben, aus dem Graphikon unmittelbar das Minimum zu erkennen. Vor allem wird es bei dieser Berechnungsart darauf ankommen, von vornherein die Höhe richtig wirtschaftlich abzuschätzen, da naturgemäß von ihr die Bewehrungsgrößen unmittelbar abhängen. In dieser Hinsicht sind die auf S. 490 u. ff. wiedergegebenen Tabellen von Dr. Kunze besonders wertvoll.

die Höhe usw. — zulassen und sich damit besonders für die Aufgabenlösung der Praxis eignen. In den nachfolgenden Betrachtungen sind deshalb neben den schärferen Berechnungsmethoden auch die Ergebnisse der angenäherten Behandlung wiedergegeben und namentlich auch deren für die Praxis wertvolle Hilfsmittel aufgenommen worden.

Bei der Querschnittsbemessung wird, gleich wie bei der Spannungsermittlung, zu unterscheiden sein, ob der Querschnitt einheitlich beansprucht ist, ihn also die Nullinie nicht schneidet, oder ob sowohl Zug als Druckspannungen auftreten. Hierbei ist es in beiden Fällen erforderlich, die Grenzen festzusetzen, innerhalb deren eine einfache bzw. eine doppelte Bewehrung am Platze ist.

Der rechteckige Querschnitt ist außermittig und einheitlich auf Druck belastet[1].

Bestimmung der Eiseneinlagen bei gegebener Höhe und Breite und bekannten Werten M, P, e, a und h' [2]).

Es bedeutet e den Abstand des Angriffspunktes der exzentrisch wirkenden Druckkraft von der am meisten beanspruchten Kante.

Ist $e > \dfrac{d}{3}$, so treten nur Druckspannungen auf. Die Bewehrung kann dann eine einfache oder doppelte sein. Um eine Entscheidung in dieser Hinsicht zu treffen, rechne man zunächst unter Annahme eines homogenen Betonquerschnittes und mit Einführung der inneren Exzentrizität e_1 $\left(= \dfrac{d}{2} - e\right)$ die kleinste σ_b'-Spannung aus:

$$\sigma_b' = \frac{P}{b\,d}\left(1 - \frac{6\,e_1}{d}\right).$$

Ist $\sigma_b' < \sigma_{b_{zul}}$, so wird keine Bewehrung nahe σ_b' erfordert, diese wird also höchstens einseitig notwendig werden. Ergibt die größte Beanspruchung unter Voraussetzung eines homogenen Querschnittes

$$\sigma_b = \frac{P}{b\,d}\left(1 + \frac{6\,e_1}{d}\right)$$

einen Wert $< \sigma_{b_{zul}}$, so ist überhaupt keine Bewehrung notwendig.

---

[1]) Vgl. hierzu auch die Ausführungen von H. Spangenberg in Beton u. Eisen 1922, Heft 16, S. 223: „Die Bestimmung der Nullachse in rechteckigen Eisenbetonquerschnitten bei Kraftangriff außerhalb des Kerns. Hier wird behandelt 1. der exzentrische Druck, 2. der exzentrische Zug. An eine übersichtliche Zusammenfassung der Rechnungsergebnisse schließen sich wertvolle Zahlenbeispiele an.

[2]) Vgl. Stock, Dimensionierung von auf Biegung mit Axialdruck beanspruchten rechteckigen Querschnitten. Arm. Beton 1911, Heft XII, S. 433.

Einfache Bewehrung.

Aus Abb. 163 folgt aus dem Gleichgewichtszustande der äußeren und inneren Kräfte bzw. der Momente:

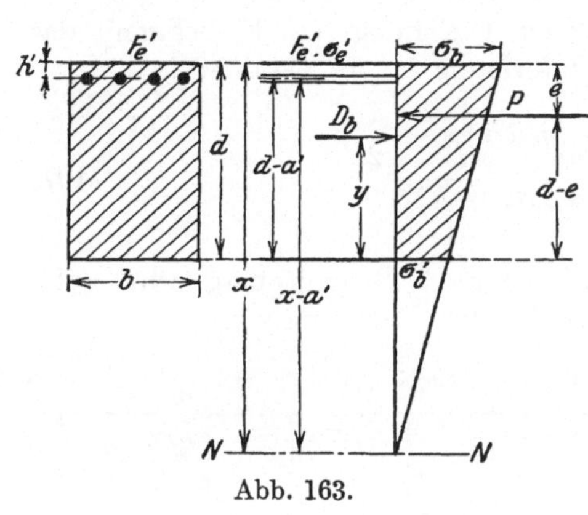

Abb. 163.

I) $P = D_b + F_e'\,\sigma_e'$

II) $P(d-e) = D_b y + F_e'\sigma_e'(d-h')$,

wenn man auf die weniger stark gedrückte Querschnittskante die Momente bezieht. Die Größe y folgt aus dem Drucktrapez:

$$y = \frac{d}{3}\,\frac{2\,\sigma_b + \sigma_b'}{\sigma_b + \sigma_b'} = \frac{d}{3}\,\frac{3\,x - d}{2\,x - d}.$$

Ferner ist:

$$\sigma_e' = n\,\sigma_b\,\frac{x - h'}{x}.$$

Hieraus folgt durch Zusammenfassung:

$$P = \frac{\sigma_b}{2}\,d\,b\,\frac{2\,x - d}{x} + n\,F_e'\,\sigma_b{}^1)\,\frac{x - h'}{x}$$

I a) $$F_e' = \frac{P - \dfrac{\sigma_b\,d\,b}{2}\dfrac{2\,x - d}{x}}{n\,\sigma_b\,\dfrac{x - h'}{x}} \quad \text{und:}$$

II a) $$P(d - e) = \frac{\sigma_b}{2}\,d\,b \cdot \frac{2\,x - d}{x}\,\frac{d}{3}\,\frac{3\,x - d}{2\,x - d} + n\,F_e'\,\sigma_b\,\frac{x - h'}{x}\,(d - h'),$$

II b) $$P(d - e) = \frac{\sigma_b}{6}\,d^2\,b\,\frac{3\,x - d}{x} + n\,F_e'\,\sigma_b\,\frac{x - h'}{x}\,(d - h')$$

II c) $$F_e' = \frac{P(d - e) - \dfrac{\sigma_b}{6}\,b\,d^2\,\dfrac{3\,x - d}{x}}{n\,\sigma_b\,\dfrac{x - h'}{x}\,(d - h')}$$

Setzt man die rechte Seite der Gleichungen I a) und II c) einander gleich, so erhält man eine Bestimmungsgleichung für x:

$$\left[P x - \frac{\sigma_b}{2}\,d\,b\,(2\,x - d)\right](d - h') = P \cdot x\,(d - e) - \frac{\sigma_b}{6}\,d^2\,b\,(3\,x - d),$$

---

[1]) Vgl. Anm. 2 auf S. 462.

woraus folgt:

III)
$$x = \frac{\dfrac{\sigma_b}{2} d^2 b \left(\dfrac{2}{3} d - h' \right)}{\sigma_b b d \left(\dfrac{d}{2} - h' \right) - P(e - h')}. \tag{106}$$

Ist x bestimmt, so ist auch nach Gleichung (Ia) F_e' bekannt, das nach Vornahme einer kleinen Umformung in der Gestalt:

IV)
$$F_e' = \frac{P x - \sigma_b d b \left(x - \dfrac{d}{2} \right)}{n \sigma_b (x - h')}. \tag{107}$$

sich zeigt.

Bei symmetrischer (zweiseitiger) Bewehrung wird (vgl. Abb. 164), entsprechend der vorstehenden Rechnung:

V) $P = D_b + F_e (\sigma_e + \sigma_e')$

VI) $P (d - e) = D_b y + F_e [\sigma_e a + \sigma_e' (d - h')],$

wobei y wiederum den Abstand der Druckkraft im Beton von der unteren Querschnittskante bedeutet. Ferner ist:

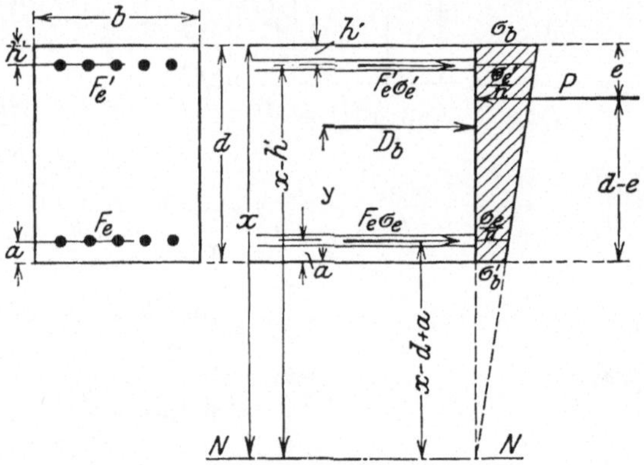

$$\sigma_e = n \sigma_b \frac{x - d + a}{x}$$

$$\sigma_e' = n \sigma_b \frac{x - h'}{x}\ ^1)$$

Abb. 164.

VII) $D_b = \dfrac{\sigma_b}{2} d b \dfrac{2x - d}{x}\ ^2).$ Ferner ist: $y = \dfrac{d}{3} \dfrac{3x - d}{2x - d}.$

Durch Zusammenfassen der Beziehungen ergibt sich hier genau wie vorstehend:

Va)
$$P = \frac{\sigma_b}{2} d b \frac{2x - d}{x} + n \sigma_b F_e \frac{2x - d}{x}$$

VIII)
$$F_e = \frac{P - \dfrac{\sigma_b}{2} d b \cdot \dfrac{2x - d}{x}}{n \sigma_b \dfrac{2x - d}{x}} = \frac{P x}{2 n \sigma_b \left(x - \dfrac{d}{2} \right)} - \frac{d b}{2 n} \tag{108}$$

---

^{1}) In der Regel wird $a = h'$ sein.

^{2}) Es ist: $D_b = \dfrac{\sigma_b + \sigma_b'}{2} \cdot d \cdot b$; ersetzt man hierin σ_b' durch $\sigma_b \cdot \dfrac{x - d}{x}$, so ergibt sich:

$$D_b = \left(\frac{\sigma_b}{2} + \frac{1}{2} \sigma_b \frac{x - d}{x} \right) b d = \frac{\sigma_b}{2} b \cdot d \left(1 + \frac{x - d}{x} \right) = \frac{\sigma_b}{2} b d \frac{2x - d}{x}.$$

$$\text{VI a)}\quad P(d-e) = \frac{\sigma_b}{6}d^2 b\frac{3x-d}{x} + \frac{n\,\sigma_b F_e(x-d+a)\cdot a+(x-a)(d-a)}{x}$$

$$\text{IX)}\qquad F_e = \frac{P(d-e)-\dfrac{\sigma_b}{6}d^2 b\cdot\dfrac{3x-d}{x}}{n\,\sigma_b\dfrac{xd-2(d-a)a}{x}}\,.$$

Aus Gleichung (VIII) und (IX) folgt:

$$\frac{Px-\dfrac{\sigma_b}{2}db(2x-d)}{2x-d} = \frac{P\cdot x(d-e)-\dfrac{\sigma_b}{6}d^2 b(3x-d)}{xd-2a(d-a)}\,.$$

Hieraus folgt — nach Einsetzung von: $e=\dfrac{d}{2}-e_1$ eine quadratische Gleichung für x:

$$\text{X)}\qquad x^2 - x\left[\frac{d}{2}+\frac{1}{e_1}\left(\frac{d}{2}-a\right)^2 - A\right] - \frac{d}{2}A = 0 \qquad\qquad (109)$$

worin A einen Zwischenwert:

$$\text{X a)}\qquad A = \frac{\dfrac{\sigma_b}{2}db}{Pe_1}\left\{\frac{d^2}{3}-2a(d-a)\right\} \qquad\qquad (109\,\text{a})$$

darstellt.

Zahlenbeispiele [1]).

1a. Ein rechteckiger Querschnitt, $d=100$ cm, $b=45$ cm, sei durch eine 10 cm vom Schwerpunkt des Betonquerschnitts entfernt angreifende Druckkraft von 100 000 kg belastet.

Es ist zu prüfen, ob eine Eiseneinlage notwendig ist. Es ist: $P=100\,000$ kg; $e_1=10$ cm; $d=100$ cm; $b=45$ cm. Die größte Pressung bei homogenem, einfachem Betonquerschnitt würde sein:

$$\sigma_b = \frac{100\,000}{45\cdot 100}\left(1+\frac{6\cdot 10}{100}\right) = 35{,}6\ \text{kg/cm}^2,$$

d. h. bei gutem Beton $< \sigma_{b\,\text{zul}} < 40$ kg/cm². Eine Eiseneinlage wäre somit nicht erforderlich.

1b. Beträgt die Breite b nur 25 cm, so würde ohne Eiseneinlage sein:

$$\sigma_b = \frac{100\,000}{25\cdot 100}\left(1+\frac{6\cdot 10}{100}\right) = 64\ \text{kg/cm}^2 > \sigma_{b\,\text{zul}}\,.$$

---

[1]) Vgl. die vorerwähnte Arbeit von Stock. Arm. Beton 1911, Heft XII, S. 438.

Es wird demgemäß eine Eiseneinlage erforderlich, die im Abstande von 5 cm von der am meisten beanspruchten Kante entfernt angeordnet werden soll. Alsdann ist:

$$e = \frac{100}{2} - 10 = 40 \text{ cm.}$$

Aus Gleichung (106) folgt:

$$x = \frac{\dfrac{40}{2} \, 100^2 \, 25 \left(\dfrac{2}{3} \, 100 - 5 \right)}{40 \cdot 100 \cdot 25 \, (50 - 5) - 100\,000 \, (40 - 5)} = 308 \text{ cm} ,$$

und hiermit ergibt sich (nach Gleichung 107):

$$F'_e = \frac{100\,000 \cdot 308 - 40 \cdot 100 \cdot 25 \, (308 - 50)}{15 \cdot 40 \, (308 - 5)} = 27,5 \text{ cm}^2.$$

1 c. Aus konstruktiven Gründen soll in dem vorstehend behandelten Querschnitte eine symmetrische Bewehrung gewählt werden.

$P = 100\,000$ kg; $\quad d = 100$ cm; $\quad b = 25$ cm; $\quad e_1 = 10$ cm; $\quad a = h'$ $= 5$ cm.

Der Hilfswert A für Gleichung (109) wird:

$$A = \frac{\dfrac{40}{2} \cdot 100 \cdot 25}{100\,000 \cdot 10} \left[\frac{100^2}{3} - 2 \cdot 5 \, (100 - 5) \right] = 119,2.$$

Demgemäß lautet die quadratische Gleichung zur Bestimmung von x:

$$x^2 - x \left(50 + \frac{45^2}{10} - 119,2 \right) - 50 \cdot 119,2 = 0 .$$

$$x^2 - 133,3 \, x - 5\,960 = 0.$$

$$x = 168,7 \text{ cm.}$$

Demgemäß wird endlich Fe (nach Gleichung 108):

$$F_e = \frac{100\,000 \cdot 168,7}{2 \cdot 15 \cdot 40 \, (168,7 - 50)} - \frac{100 \cdot 25}{2 \cdot 15} = 118,3 - 83,3 = 35,0 \text{ cm}^2 \, {}^1).$$

---

[1]) Ein Vergleich der Ergebnisse der Beispiele 1 b, 1 c läßt erkennen, daß an dem am stärksten beanspruchten Rande in 1 c eine größere· Einlage erforderlich wird, als wenn man den Querschnitt nur einseitig bewehrt. Es erklärt sich dieses daraus, daß in letzterem Falle der Schwerpunkt des Querschnittes nach der Eiseneinlage zu sich verschiebt und somit die Exzentrizität der letzteren Kraft kleiner, also auch M kleiner wird. Es ist deshalb hier eine einseitige Bewehrung, wenn möglich, vorzuziehen.

Eine **Tabelle zur Bestimmung der Höhe** (d) von Eisenbeton-querschnitten rechteckiger Art bei einseitig, aber innerhalb des Kernes angreifender Längskraft gibt W. J. Wisselink[1]. Diese Ta-bellen sind unter der Annahme aufgestellt, daß der Randabstand $a = 0,075\ d$ beträgt und $F_s = F'_e$ in bestimmten Prozentgehalten des Betonquerschnittes ausgedrückt und angenommen werden, und zwar zwischen 0,5 und 1,2 vH dieses. Bezeichnet — wie stets — M das den Querschnitt beanspruchende Biegungsmoment, P die Normalkraft, so ist die Innenexzentrizität $e_1 = \dfrac{M}{P}$. Ist ferner die Normalkraft auf 1 cm Breite $(= b)\ \dfrac{P}{b} = P_1$, so wird mit relativer Exzentrizität der

Ausdruck: $\mu = \dfrac{e_1}{P_1} = \dfrac{e_1\, b}{P}$ bezeichnet[2].

Für eine Randspannung im Beton $= 40$ kg/cm² wird dann in Ab-hängigkeit von diesem Werte μ, die Beziehung:

$$d = k \cdot P_1$$

entwickelt. Für k ist die nachstehende Tabelle maßgebend. Will man eine andere Randspannung als $\sigma_b = 40$ kg/cm² zugrunde legen, so sind die Tabellen ebenfalls anwendbar, wenn man die tatsächliche Normal-kraft durch eine im richtigen Verhältnis veränderte beim Gebrauche der Tabellen ersetzt. Läßt man z. B. nur 35 kg/cm² für die höchste Druckspannung im Beton zu, so legt man bei der Benutzung der Tabelle eine Normalkraft $P'_1 = P_1 \dfrac{40}{35}$ zugrunde[3].

---

[1] Vgl. die holländ. Zeitschrift Gewapened Beton, Maiheft 1908, und die Veröffentlichung hierüber im Armierten Beton 1919 von Dr.-Ing. W. Kunze, sowie die weitere Veröffentlichung von J. Wisselink über exzentrisch belastete bewehrte ausschließlich gedrückte Rechtecksquerschnitte in De Ingenieur 1923, Nr. 27. Hier werden für symmetrische — also beiderseits bewehrte — und ein-seitig bewehrte Querschnitte graphische Tabellen entwickelt.

[2] Vgl. hierzu auch die später folgende Berechnungsart von Dr. W. Kunze für auf Druck und Zug belastete gebogene Verbundquerschnitte auf S. 489ff.

[3] Bei den so bestimmten Abmessungen des Querschnittes stellt sich dann von selbst die zugrunde gelegte Randspannung σ'_b ein, wenn man die Kraft P_1 in ihrer wirklichen Größe auf den Querschnitt einwirken läßt. Es verhalten sich nämlich die Randspannungen umgekehrt wie die Normalkräfte:

$$\frac{\sigma'_b}{40} = \frac{P_1}{P'_1} = \frac{P_1}{P_1 \dfrac{40}{35}},$$

$$\sigma'_b = 35\ \text{kg/cm}^2.$$

Tabelle der Beiwerte k in: $d = k \cdot P_1$.

$\mu = \dfrac{e_1}{P}$	für $F_e' = F_e$ $= 0,5\%$	für $F_e' = F_e$ $= 0,6\%$	für $F_e' = F_e$ $= 0,7\%$	für $F_e' = F_e$ $= 0,8\%$	für $F_e' = F_e$ $= 0,9\%$	für $F_e = F_e'$ $= 1,0\%$	für $F_e = F_e'$ $= 1,1\%$	für $F_e = F_e'$ $= 1,2\%$
	k	k	k	k	k	k	k	k
0,0000	0,02174	0,02119	0,02066	0,02016	0,01969	0,01924	0,01880	0,01838
0,0005	2409	2349	2291	2237	2185	2137	2089	0,02044
10	2608	2543	2481	2423	2368	2316	2216	2218
15	2784	2715	2650	2588	2529	2475	2421	2371
20	2943	2871	2802	2737	2676	2618	2562	2509
25	3090	3014	2942	2874	2810	2750	2692	2637
30	3227	3147	3072	3002	2936	2873	2813	2755
35	3355	3273	3195	3122	3053	2989	2926	2866
40	3476	3392	3311	3236	3165	3098	3033	2972
45	3592	3505	3422	3344	3270	3202	3135	3072
50	3703	3612	3527	3447	3372	3301	3233	3168
55	3809	3716	3628	3546	3469	3396	3326	3260
60	3911	3816	3726	3642	3562	3488	3416	3348
65	4009	3912	3820	3734	3652	3576	3503	3433
70	4105	4005	3911	3823	3740	3662	3587	3516
75	4197	4095	3999	3909	3824	3745	3688	3595
80	4287	4183	4085	3993	3906	3825	3747	3673
max. Werte	0,04348	0,04238	0,04132	0,04032	0,03937	0,03847	0,03759	0,03676

$$\sigma_b = 40 \text{ kg/cm}^2.$$

Während wegen der Herleitung der Tabelle auf die in Anm. 1, S. 465 angegebene Quelle verwiesen sein möge, sollen ihre Anwendung 2 Beispiele erläutern:

1) Es sei gegeben: $P = 50\,000$ kg; $M = 400\,000$ kg $\cdot$ cm, also:

$$e_1 = \frac{M}{P} = 8 \text{ cm}; \text{ ferner ist } b = 25 \text{ cm}, \quad P_1 = \frac{P}{b} - \frac{50\,000}{25} = 2000\,;$$

$$\mu = \frac{e_1}{P_1} = \frac{8}{2000} = 0,0040. \quad \text{Wird} \quad F_e = F_e' = 1 \text{ vH des Betonquer-}$$

schnittes angenommen und $\sigma_b = 40$ kg/cm² zugrunde gelegt, so wird nach der Tabelle: $d = k \cdot P_1 = 0,03098 \cdot 2000 = 61,96 = \text{rd. } 62$ cm.

2) Es sei $P = 60\,000$ kg; $M = 120\,000$ kg $\cdot$ cm; $e_1 = 2$ cm;

$$b = 40 \text{ cm}; \quad P_1 = \frac{P}{b} = \frac{60\,000}{40} = 1500. \quad \text{Soll } \sigma_b \text{ nur zu } 35 \text{ kg/cm}^2$$

erlaubt sein, so wird $P_1' = P_1 \dfrac{40}{35} = 1500 \cdot \dfrac{40}{35} = 1714$. Demgemäß ergibt sich:

$$\mu = \frac{e_1}{P_1'} = \frac{2}{1714} = 0,00117\,.$$

Wird $F_e = F_e' = 0,8$ vH des Betonquerschnittes angenommen, so wird für

$$d = k \cdot 1714\,,$$

der Wert k nach Zwischenschaltung

$$= 0,02423 + \frac{0,00165 \cdot 1,7}{5,0} = 0,02479\,{}^{1});$$

hieraus folgt: $d = 0,02479 \cdot 1714 = \text{rd. } 42,5 \text{ cm.}$

Demgemäß wird:

$$F_e = F'_e = 0,008\,F_b = 0,008 \cdot 42,5 \cdot 40 = 13,60 \text{ cm}^2.$$

Der exzentrisch belastete rechteckige Querschnitt erhält Druck- und Zugspannungen [2]).

Die Grenzen der einfachen und doppelten Bewehrung.

In manchen Fällen kann es — namentlich bei der ersten Durchrechnung von Rahmenkonstruktionen — zweckmäßig sein, bei gegebenen Werten M, P, e bzw. e_1 und b und beim Rechtecksquerschnitt die

---

[1]) Aus der Tabelle ergibt sich für μ: 0,001 für $F_e = F'_e = 0,8$ vH der Wert $k = 0,02423$, für $\mu = 0,0015 : k = 0,2588$; mithin wächst innerhalb dieses Zwischenraumes von 0,0005 der Wert k um: $0,02588 - 0,02423 = 0,00165$ und bei einer Steigerung um 0,00017 um

$$\frac{0,0165}{5,0}\,1,7 = 0,0056\,.$$

Hieraus folgt der obige Wert $k = 0,02423 + 0,00056 = 0,02479$.

[2]) Vgl. zu diesem Abschnitte neben den weiter unten angegebenen Literaturstellen u. a.: Von Weckowski, R.: Eisenbetonkonstruktionen bei Biegung und bei exzentrisch wirkenden Druck- und Zugkräften. Berlin: Wilhelm Ernst & Sohn 1911. — Spangenberg: Allgemeine Beziehungen für die Bemessung rechteckiger Eisenbetonquerschnitte bei Kraftangriff außerhalb des Kerns. Aus der Festschrift: Otto Mohr, zum 80. Geburtstage. Berlin: Wilhelm Ernst & Sohn 1916. (Auf diese Arbeit wird nachstehend eingegangen.) — Elwitz, E.: Bestimmung einseitig gedrückter oder gezogener Eisenbetonquerschnitte ohne und mit Berücksichtigung der Betonzugfestigkeit. Beton u. Eisen 1918, Heft 9/10 und 14/15. — Stark, A.: Ermittlung von Höhe und Eiseneinlagen bei exzentrisch beanspruchten Eisenbetonquerschnitten. Bauingenieur 1921, Heft 21, S. 581 (mit sehr guten Tabellen!). — Fischer, A.: Die Ermittlung der Bruchlast bei exzentrischer Druckbelastung. Bauingenieur 1921, Heft 10, S. 274. — Decker, F. W.: Berechnung exzentrisch belasteter Konstruktionen aus bewehrtem Beton. De Ingenieur 1924, Nr. 25. — Wisselink, W. J.: Exzentrisch belastete rechteckige bewehrte Betonquerschnitte. De Ingenieur 1922, Nr. 28. — Stein, Otto: Ein Einheitsverfahren. Bauingenieur 1922, Heft 12, S. 368 und Heft 13, S. 405. — Jansen, Rechteckige Eisenbetonquerschnitte, beansprucht durch ein Biegungsmoment und eine Zug- oder Druckkraft. Bauingenieur 1924, Heft 13, S. 411 und Heft 14, S. 435. Hier werden u. a. wertvolle Tabellen gegeben, die ohne weiteres die Größe der Eiseneinlagen bestimmen und auch über deren Kleinstwert auf einfachem Wege wirtschaftlich wertvolle Schlüsse ziehen lassen. — Jahn, Richard: Bemessung rechteckiger Eisenbetonquerschnitte für Biegung und Axialkraft unter Berücksichtigung des Minimum für F_e und F'_e. Bauingenieur 1924, Heft 6, S. 137. — Dr. Kunze: Beitrag zur Dimensionierung exzentrisch gedrückter Eisenbetonquerschnitte. Bauingenieur 1923, Heft 4, S. 100 und Heft 10, S. 302. (Auf diese Arbeit wird weiterhin eingegangen.)

Querschnittshöhe zu bestimmen, bei der die zulässigen Spannungen σ_b und σ_e **ohne eine Druckbewehrung** gerade vollkommen ausgenutzt sind, um dann weiterhin die Frage von vornherein zu beantworten, ob nur eine einfache oder eine doppelte Eiseneinlage erforderlich ist.

Die erstgenannte besondere Höhe sei als „Normalhöhe", der mit ihr konstruierte Querschnitt als „Normalquerschnitt" bezeichnet[1]).

Wird mit $e' = \dfrac{M}{P}$ die Innenexzentrizität bezeichnet, d. h. der Abstand von P vom Querschnittsschwerpunkte S (Abb. 165), so ergibt sich für den Schwerpunkt der Eiseneinlagen als Momentenpunkt die Beziehung:

$$D_b\left(d - a - \frac{x}{3}\right) - P(e' + u - a) = 0 \, ,$$

$D = \tfrac{1}{2}\,b\,x\,\sigma_b$ hierin eingesetzt, ergibt die Gleichung:

$$\tfrac{1}{2}\,\sigma_b\,b\,x\left(d - a - \frac{x}{3}\right) - P(e' + u - a) = 0 \, .$$

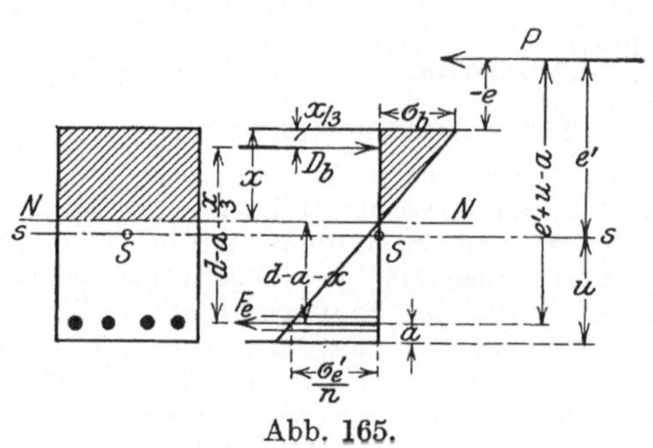

Abb. 165.

Wird hierin der bekannte Wert (S. 238)

I) $\qquad x = s\,(d - a)$

$$= \frac{n\,\sigma_b}{\sigma_e + n\,\sigma_b}\,(d - a)$$

eingeführt, und macht man die vereinfachende Annahme:

$u = \dfrac{d}{2}$, so geht die vorstehende Gleichung in die Form über:

$$\tfrac{1}{2}\,\sigma_b\,b\,s\,(d - a)\left[d - a - \frac{s}{3}\,(d - a)\right] - P\left(e' + \frac{d}{2} - a\right) = 0$$

$$\tfrac{1}{2}\,\sigma_b\,b\,s\left(1 - \frac{s}{3}\right)(d - a)^2 - P\left(e' - \frac{a}{2}\right) - P\,\frac{d - a}{2} = 0 \, .$$

---

[1]) In den meisten Fällen wird aus praktischen Gründen ein anderer als der Normalquerschnitt zur Anwendung gelangen. An den stärkst beanspruchten Stellen wird man in der Regel, um zu plumpe Abmessungen zu vermeiden und das Eigengewicht herabzumindern, einen niedrigeren Querschnitt wählen, der alsdann eine Druckbewehrung erfordert, während an den weniger stark belasteten Stellen sich von selbst ein höherer Querschnitt ergibt, der demgemäß sogar eine vollkommene Ausnutzung der zulässigen Druckspannung σ_b nicht mehr gestattet. Alle diese Verhältnisse kann man aber sofort überblicken, wenn man sich vorher die Normalhöhe ausgerechnet hat. Vgl. hierzu: Stock, Dimensionierung von auf Biegung mit Axialdruck beanspruchten rechteckigen Eisenbetonquerschnitten. Arm. Beton 1911, Heft XI u. XII, S. 388 u. 433.

Wird zur Vereinfachung der Rechnung hierin der nur aus den Werten der zulässigen Spannungen gebildete, also bei einer Querschnittsbestimmung bekannte Wert:

$$\frac{1}{2\,\sigma_b\,s\left(1 - \dfrac{s}{3}\right)} = \alpha\;, \qquad \text{oder} \qquad \sigma_b\,s\left(1 - \frac{s}{3}\right) = \frac{1}{2\,\alpha}$$

gesetzt, so erhält nach geringer Umformung die vorstehende Gleichung die vereinfachte Gestalt:

$$(d - a)^2 - (d - a)\,\frac{2\,P}{b}\cdot\alpha = \frac{P}{b}\left(e' - \frac{a}{2}\right)\cdot 4\,\alpha\;.$$

Setzt man hierin zur weiteren Vereinfachung:

$$\text{II)} \qquad\qquad P_0 = \frac{P}{b}\,\alpha\;,$$

so ergibt sich die Normalhöhe:

$$\text{III)} \qquad d - a = h = P_0 + \sqrt{P_0{}^2 + P_0\,4\left(e' - \frac{a}{2}\right)}\;. \qquad\qquad (110)$$

Für die Zahl α sind Tabellen aufgestellt, die neben anderen noch später zu verwendenden Zahlenwerten auch die Zahl s enthalten (s. S. 474).

Ist die Höhe und Breite des Querschnitts gegeben, so kann man wohl die zulässige höchste Eisenspannung ausnutzen, in der Regel aber nicht zugleich den erlaubten Wert von σ_b innehalten. Zur Beantwortung der Frage, o b   e i n e   D r u c k e i s e n b e w e h r u n g   n o t w e n d i g   ist, oder ob eine Zugbewehrung ausreicht, wird es daher erforderlich sein, b e i   g e g e b e n e n   ä u ß e r e n   Q u e r s c h n i t t s v e r h ä l t n i s s e n   und Ausnutzung des zulässigen σ_e-Wertes die diesen Verhältnissen entsprechende Spannung σ_b zu ermitteln.

Aus Gleichung (III) ergibt sich, wenn man sie nach P_0 auflöst:

$$(d - a)^2 - 2\,P_0\,(d - a) + P_0{}^2 = P_0{}^2 + P_0\,4\left(e' - \frac{a}{2}\right)$$

$$P_0 = \frac{(d - a)^2}{2\,(d - 2\,a + 2\,e')}\;.$$

Führt man statt e' die Außenexzentrizität, d. h. die Entfernung e des Angriffspunktes der Normalkraft von der am meisten gedrückten Kante ein und bezeichnet man sie als positiv, wenn die Normalkraft noch innerhalb des Querschnittes angreift, sonst aber als negativ, so erhält man (vgl. Abb. 165):

$$-e = e' + u - d\;,$$
$$e' = d - u - e\;,$$

bzw., da hier $u = \dfrac{d}{2}$ gesetzt ist:

$$e' = \frac{d}{2} - e\;.$$

Durch Verbindung der Gleichung (II) mit der vorstehend gefundenen Beziehung von P_0 und dem obigen e'-Werte, folgt:

$$\frac{P}{b}\,\alpha = \frac{(d-a)^2}{2\,(2\,d-2\,a-2\,e)} \tag{111}$$

oder:

$$\text{IV)} \qquad \alpha = \frac{b\,(d-a)^2}{4\,P\,(d-a-e)}\,. \tag{112}$$

Die rechte Gleichungsseite enthält nur bekannte Größen. Wenn nicht P und e, sondern P und M gegeben sein sollten, so ist e aus der Beziehung zu finden: $e = d - u - \dfrac{M}{P}$, oder — wenn man annimmt, daß die Achse des Verbundquerschnittes und die Schwerachse des Betonquerschnittes zusammenfallen:

$$e = \frac{d}{2} - \frac{M}{P}\,.$$

Aus Gleichung (IV) kann man α berechnen und aus der Tabelle auf S. 474 den zugehörigen σ_b-Wert entnehmen. **Ist dieser Wert $< \sigma_{b_{zul}}$, so ist eine Druckbewehrung nicht erforderlich, man hat alsdann nur eine Zugeiseneinlage notwendig. Ist aber der Wert $> \sigma_{b_{zul}}$, so ist eine Doppelbewehrung des Querschnittes am Platze.**

Dieselbe Entscheidung läßt sich auch auf dem **folgenden Wege** herbeiführen:

Das Moment der inneren Druckkräfte, bezogen auf den Schwerpunkt der Zugeiseneinlagen — also den Schwerpunkt der inneren Zugkräfte —, muß immer gleich sein dem Moment der äußeren Kräfte, bezogen auf denselben Momentenpunkt, und es ist dabei gleichgültig, ob dieses äußere Moment von einer reinen Biegung oder einer exzentrischen Normalkraft herrührt. Sind aber in beiden Fällen die Momente der inneren Druckkräfte dieselben, dann müssen diese inneren Druckkräfte selbst ebenfalls dieselben sein. Diese einfache Beziehung leistet bei Ableitung von Dimensionierungsformeln für zusammengesetzte Festigkeit gute Dienste, indem sie gestattet, manche für reine Biegung gültige Formeln unmittelbar auf die zusammengesetzte Festigkeit zu übertragen. Demgemäß gilt auch die grundlegende Beziehung (S. 239)

$$d - a = h = r\,\sqrt{\frac{M}{b}}$$

für den hier vorliegenden Fall, wenn man bei exzentrisch angreifender Kraft P deren Moment auf die Schwerachse der Eiseneinlage bezieht. Benennt man dies Moment mit **Ersatzmoment** und bezeichnet es mit M_0, so gilt (Abb. 166):

V)
$$M_0 = M + P\,(u - a)$$

$$d - a = r\,\sqrt{\frac{M_0}{b}}\,{}^1).$$

Hieraus folgt:

VI)
$$r = (d - a)\,\sqrt{\frac{b}{M_0}}\,.$$

Die bekannte rechte Gleichungsseite liefert r, und hieraus ergibt sich mit Hilfe der Zusammenstellung II auf S. 242/243 unmittelbar der zugehörende σ_b-Wert und mit ihm die **Entscheidung, ob nur eine Zug- oder eine Druck- und Zugbewehrung erforderlich ist.**

Bestimmung der Eiseneinlage, falls nur eine Zugbewehrung erforderlich ist.

Aus der Bedingung, daß die Summe der äußeren und inneren Kräfte im Gleichgewichtszustande $= 0$ sein muß, folgt (Abb. 166):

VII) $\quad P - \tfrac{1}{2}\,\sigma_b\,b\,x + F_e\,\sigma_e = 0$

VII a) $\quad F_e = \dfrac{\tfrac{1}{2}\,\sigma_b\,b\,x - P}{\sigma_e}\,.$

Hierin ist σ_b aus der Tabelle S. 474 mit Hilfe der vorstehend entwickelten Gleichung (112):

$$\alpha = \frac{b\,(d - a)^2}{4\,P\,(d - a - e)}$$

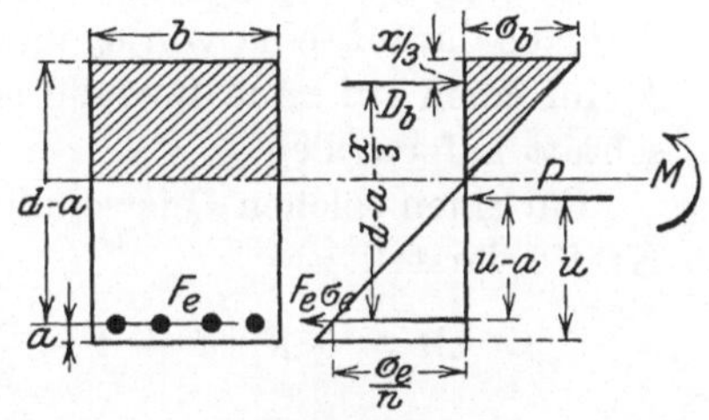

Abb. 166.

(oder auch durch VI) und x aus der Beziehung: $x = s\,(d - a)$ zu entnehmen. Damit ist auch F_e bekannt, wenn für σ_e der zulässige Wert eingeführt wird.

Gleichung (VII a) kann auf eine, für Tabellenberechnung noch bequemere Form gebracht werden.

Setzt man:

$$\beta = \frac{s}{2}\,\frac{\sigma_b}{\sigma_e}$$

und führt diesen Wert in (VII a) ein:

$$F_e = \frac{\tfrac{1}{2}\,\sigma_b\,b\,s\,(d - a) - P}{\sigma_e}$$

so ergibt sich:

VIII) $\qquad\qquad F_e = \beta\,b\,(d - a) - \dfrac{P}{\sigma_e}\,.$ $\hfill$ (113)

$^1)$ Einen genauen rechnerischen Beweis für die Richtigkeit dieser Gleichung erbringt **Stock** in seiner vorgenannten Arbeit in Arm. Beton 1911, Heft XI, S. 391.

Hierin ist β, ein dem gefundenen α oder r nach Gleichung (IV) bzw. (VI) entsprechender Wert, aus der Tabelle auf S. 474 zu entnehmen; die Rechnung wird also außerordentlich einfach.

Will man die Formel von dem wirklich auftretenden σ_b-Werte unabhängig machen, dann kann man sie in folgender Weise umformen:

$$\text{VIII a)} \qquad F_e = \frac{\tfrac{1}{2}\,\sigma_b\,b\,x}{\sigma_e} - \frac{P}{\sigma_e}\,.$$

Bei einem auf reine Biegung beanspruchten Querschnitte gilt:

$$F_e = \frac{\tfrac{1}{2}\,\sigma_b\,b\,x}{\sigma_e}\,.$$

Ein Vergleich beider Ausdrücke läßt erkennen, daß in Gleichung (VIII a) das erste Glied die Eiseneinlage darstellt, die ein reines Biegungsmoment erfordern würde, das bei dem gegebenen Betonquerschnitt dieselbe Betonbeanspruchung erzeugt wie die gegebene exzentrische Normalkraft. Da, wie vorstehend nachgewiesen wurde, dieses Biegungsmoment aber das Ersatzmoment M_0 ist, so beschränkt sich die hier vorliegende Aufgabe darauf, eine von σ_b unabhängige Formel zur Bestimmung von F_e für einen auf reine Biegung beanspruchten, einfach bewehrten Querschnitt aufzustellen.

Für einen solchen Querschnitt ist, wenn M das Moment der äußeren Kräfte darstellt:

$$M = \sigma_e\,F_e\left(d - a - \frac{x}{3}\right)\,; \qquad F_e = \frac{M}{\sigma_e\left(d - a - \dfrac{x}{3}\right)}$$

und nach Einsetzung von $x = s\,(d-a)$:

$$\text{IX)} \qquad F_e = \frac{M}{(d-a)\,\sigma_e\left(1 - \dfrac{s}{3}\right)} = \frac{1}{\sigma_e\left(1 - \dfrac{s}{3}\right)}\,\frac{M}{d-a} = \gamma \cdot \frac{M}{d-a}\,.$$

Wie aus der Tabelle S. 474 ersichtlich, ändert sich γ, das mit s von dem wirklich auftretenden σ_b zwar abhängig ist, für wechselndes σ_b so wenig, daß für die Grenzen der gegebenen zulässigen Spannungen der Wert γ als konstant angesehen werden kann.

Die Gleichung $F_e = \gamma \cdot \dfrac{M}{d-a}$ kann nun ferner im Hinblicke auf die vorstehenden allgemeinen Erörterungen für die zusammengesetzte Biegung und im Hinblicke auf Gleichung (VIII a) in der Form geschrieben werden:

$$\text{X)} \qquad F_e = \gamma\,\frac{M_0}{d-a} - \frac{P}{\sigma_e}\,.$$

Hiermit ist die Eiseneinlage, auch ohne Zwischenrechnung des wirklich auftretenden σ_b-Wertes, bestimmt.

Bestimmung der Eiseneinlage bei Druck und Zugbewehrung.
(Siehe Abb. 167.)

Aus den vorstehend abgeleiteten Beziehungen für das Ersatzmoment ergibt sich, daß bei einem auf zusammengesetzte Festigkeit beanspruchten, doppelt bewehrten Eisenbetonquerschnitte bei gegebener Beton- und Eisenbeanspruchung genau dieselbe Druckbewehrung notwendig ist, wie bei einem auf reine Biegung belasteten Querschnitte, dessen Angriffsmoment gleich dem Ersatzmoment des ersteren Querschnittes ist.

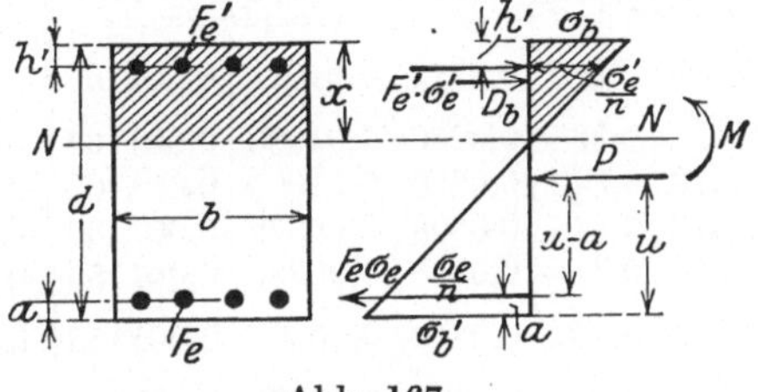

Abb. 167.

Für reine Biegung läßt sich die Druckbewehrung aus den Gleichungen ableiten, bezogen auf den Angriffspunkt der Zugkraft im Zugeisen:

$$M = D_b \left(d - a - \frac{x}{3}\right) + F_e' \sigma_e' (d - a - h') \, ,$$

$$F_e' \sigma_e' = \frac{M - \sigma_b \frac{b}{2} x \left(d - a - \frac{x}{3}\right)}{d - a - h'} \, .$$

Nach obigem kann diese Formel für den hier vorliegenden Fall geschrieben werden:

$$F_e' \sigma_e' = \frac{M_0 - \sigma_b \frac{b}{2} x \left(d - a - \frac{x}{3}\right)}{d - a - h'} \, .$$

XI)
$$F_e' = \frac{1}{\sigma_e'} \frac{M_0 - \sigma_b \frac{b}{2} x \left(d - a - \frac{x}{3}\right)}{d - a - h'} \, .$$

Da M_0 sich ohne weiteres nach der Gleichung (V):

$$M_0 = M + P (u - a),$$

oder wenn an Stelle von M und P nur P und e' gegeben sind, nach: $M_0 = P (e' + u - a)$ [1]) berechnen läßt, so liefert die obige Gleichung XI den Wert von F_e', da auch σ_e' nach:

$$\sigma_e' = n \sigma_b \frac{x - h'}{x}$$

bekannt ist.

---

[1]) Bzw. nach $M_0 = P \left(e' + \frac{d}{2} - a\right)$, wenn $u = \frac{d}{2}$ wird, oder auch nach

$$M_0 = M + P \left(\frac{d}{2} - a\right) .$$

Zahlentabelle (nach Stock) der Werte r, α, β und γ zur Querschnittsberechnung exzentrisch belasteter Rechtecksquerschnitte.

σ_b	s	r	α	β	γ	σ_b	s	r	α	β	γ
			$n = 15$;	$\sigma_e = 1000$ kg/cm²					$n = 15$;	$\sigma_e = 1200$ kg/cm²	
50	0,429	0,330	0,0272	0,01071	0,001167	50	0,385	0,345	0,0298	0,00801	0,000956
49	0,424	0,335	0,0280	0,01038	0,001164	49	0,380	0,351	0,0308	0,00776	0,000954
48	0,419	0,340	0,0289	0,01005	0,001162	48	0,375	0,356	0,0317	0,00750	0,000952
47	0,413	0,345	0,0298	0,00972	0,001160	47	0,370	0,362	0,0328	0,00725	0,000951
46	0,408	0,351	0,0308	0,00939	0,001158	46	0,365	0,368	0,0339	0,00700	0,000949
45	0,403	0,357	0,0319	0,00907	0,001155	45	0,360	0,375	0,0351	0,00675	0,000947
44	0,398	0,363	0,0329	0,00875	0,001153	44	0,355	0,381	0,0363	0,00651	0,000945
43	0,392	0,369	0,0341	0,00843	0,001150	43	0,350	0,388	0,0376	0,00625	0,000943
42	0,387	0,376	0,0354	0,00812	0,001148	42	0,344	0,395	0,0391	0,00602	0,000941
41	0,381	0,383	0,0367	0,00781	0,001145	41	0,339	0,402	0,0406	0,00579	0,000939
40	0,375	0,390	0,0381	0,00750	0,001441	40	0,333	0,411	0,0422	0,00556	0,000938
39	0,369	0,398	0,0397	0,00720	0,001140	39	0,328	0,419	0,0439	0,00533	0,000936
38	0,363	0,406	0,0412	0,00690	0,001338	38	0,322	0,428	0,0458	0,00510	0,000934
37	0,357	0,415	0,0430	0,00660	0,001135	37	0,316	0,437	0,0478	0,00488	0,000932
36	0,351	0,424	0,0449	0,00631	0,001132	36	0,310	0,447	0,0499	0,00466	0,000929
35	0,344	0,433	0,0469	0,00602	0,001130	35	0,304	0,457	0,0522	0,00444	0,000927
34	0,338	0,443	0,0491	0,00574	0,001127	34	0,298	0,468	0,0548	0,00423	0,000925
33	0,331	0,454	0,0514	0,00546	0,001124	33	0,292	0,479	0,0575	0,00402	0,000923
32	0,324	0,465	0,0540	0,00519	0,001121	32	0,286	0,492	0,0604	0,00381	0,000921
31	0,317	0,477	0,0568	0,00492	0,001118	31	0,279	0,505	0,0637	0,00361	0,000919
30	0,310	0,490	0,0599	0,00466	0,001115	30	0,273	0,519	0,0672	0,00341	0,000917
29	0,303	0,503	0,0633	0,00404	0,001112	29	0,266	0,533	0,0711	0,00321	0,000914
28	0,296	0,518	0,0670	0,00414	0,001109	28	0,259	0,549	0,0754	0,00302	0,000912
27	0,288	0,533	0,0711	0,00389	0,001106	27	0,252	0,566	0,0801	0,00284	0,000910
26	0,281	0,550	0,0756	0,00365	0,001103	26	0,245	0,584	0,0854	0,00266	0,000908
25	0,273	0,568	0,0807	0,00341	0,001100	25	0,238	0,604	0,0912	0,00248	0,000905
24	0,265	0,588	0,0863	0,00318	0,001097	24	0,231	0,625	0,0978	0,00231	0,000903
23	0,257	0,609	0,0927	0,00295	0,001094	23	0,223	0,649	0,1052	0,00214	0,000900
22	0,248	0,632	0,0999	0,00273	0,001090	22	0,216	0,674	0,1135	0,00198	0,000898
21	0,240	0,657	0,1080	0,00252	0,001087	21	0,208	0,702	0,1230	0,00182	0,000895
20	0,231	0,685	0,1174	0,00231	0,001083	20	0,200	0,732	0,1339	0,00167	0,000893
19	0,222	0,716	0,1281	0,00211	0,001080	19	0,192	0,765	0,1465	0,00152	0,000890
18	0,213	0,750	0,1406	0,00191	0,001076	18	0,184	0,803	0,1611	0,00138	0,000888
17	0,203	0,788	0,1552	0,00173	0,001073	17	0,175	0,844	0,1782	0,00124	0,000885
16	0,194	0,831	0,1726	0,00155	0,001069	16	0,167	0,891	0,1985	0,00111	0,000885
15	0,184	0,879	0,1933	0,00138	0,001065	15	0,158	0,944	0,2228	0,00099	0,000880

Eine für die Rechnung bequemere Form läßt sich auf die folgende Weise gewinnen:

In Gleichung (XI) stellt das zweite Glied über dem Bruchstriche das Biegungsmoment M' dar, das für einfache Bewehrung und die zulässige Eisenspannung die zulässige Betonbeanspruchung hervorrufen würde, für das also der Querschnitt Normalquerschnitt wäre.

$$\text{XII)} \qquad M' = \frac{\sigma_b}{2}\, b\, x\left(d - a - \frac{x}{3}\right).$$

Ist $M' < M_0$, so muß eine Druckbewehrung angeordnet werden — ein neuer wertvoller Hinweis zur Entscheidung dieser Frage —; ist dagegen $M' > M_0$, so genügt eine Zugbewehrung allein. Aus der bekannten Gleichung (S. 239)

$$d - a = r\sqrt{\frac{M}{b}}$$

folgt:

$$M = \left(\frac{d-a}{r}\right)^2 b.$$

Wählt man hierin r entsprechend dem gegebenen σ_b und σ_e, so stellt M den obigen Wert M' dar:

$$\text{XIII)} \qquad M' = \left(\frac{d-a}{r}\right)^2 \cdot b.$$

Wird dieser Wert von M' [in Verbindung mit Gleichung (XII) in Gleichung (XI)] eingeführt, so wird:

$$\text{XIV)} \qquad F_e' \sigma_e' = \frac{M_0 - M'}{d - a - h'}\;; \qquad F_e' = \frac{1}{\sigma_e'}\frac{M_0 - M'}{d - a - h'}. \qquad (114)$$

Endlich ergibt die Summe der äußeren Kräfte:

$$P + F_e \sigma_e - \sigma_b \frac{b}{2} x - F_e' \sigma_e' = 0.$$

$$\text{XV)} \qquad F_e = \frac{\sigma_b \dfrac{b}{2} x + F_e' \sigma_e' - P}{\sigma_e}. \qquad (115)$$

Zahlenbeispiele [1]).

1. Ein rechteckiger Betonquerschnitt von 110 cm Höhe und 40 cm Breite wird durch eine im Schwerpunkt desselben angreifende axiale Druckkraft von 20 000 kg und ein Biegungsmoment von 4 000 000 kg · cm beansprucht. Wie groß muß die Eiseneinlage sein, damit die zulässigen Beanspruchungen von Beton (40) und Eisen (1000) voll ausgenützt werden? (Abb. 168).

---

[1]) Entnommen der auf S. 468 erwähnten Stockschen Veröffentlichung, vgl. Arm.-Beton 1911, Heft XII, S. 436 ff.

$$M = 4\,000\,000 \text{ kg} \cdot \text{cm} ; \qquad P = 20\,000 \text{ kg} ;$$
$$d = 110 \text{ cm} ; \qquad b = 40 \text{ cm} ; \qquad a = h' = 5 \text{ cm} ;$$

$M_0 = 4\,000\,000 + 20\,000 \cdot (55 - 5) = 5\,000\,000$ kg $\cdot$ cm (V bzw. Gleichung und Anmerkung [1]), S. 473);

$x = 0{,}375 \cdot 105 = 39{,}4$ cm ;

$M' = 20 \cdot 40 \cdot 39{,}4\,(105 - 13{,}1) = 31\,500 \cdot 91{,}9 = 2\,900\,000$ kg $\cdot$ cm (XII) oder (vgl. Tabelle S. 242):

$$M' = \left(\frac{105}{0{,}39}\right)^2 \cdot 40 = 2\,900\,000 \text{ kg} \cdot \text{cm}^{[1]}） \qquad\qquad \text{(XIII)}$$

$M' < M_0$; daher ist eine doppelte Eiseneinlage erforderlich.

$$\sigma'_e = 15 \cdot 40 \cdot \frac{39{,}4 - 5}{39{,}4} = 524 \text{ kg/cm}^2$$

$$F'_e \cdot \sigma'_e = \frac{5\,000\,000 - 2\,900\,000}{105 - 5} = 21\,000 \qquad\qquad \text{(XIV)}$$

$$F'_e = \frac{21\,000}{524} = 40{,}1 \text{ cm}^2$$

$$F_e = \frac{40 \cdot 20 \cdot 39{,}4 + 21\,000 - 20\,000}{1000} = 31{,}5 + 21{,}0 - 20{,}0$$

$$= 32{,}5 \text{ cm}^2. \qquad\qquad \text{(XV)}$$

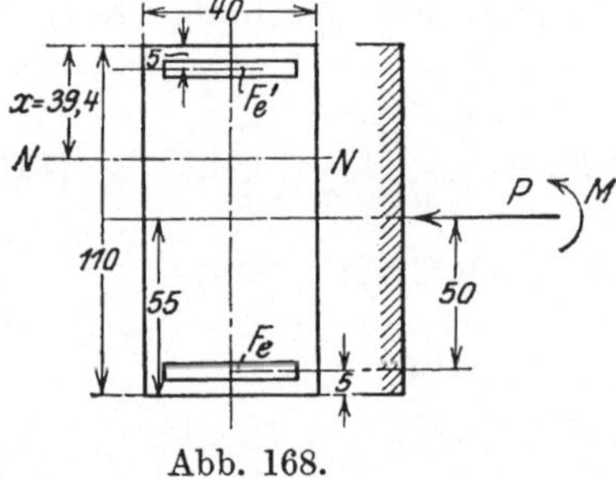

Abb. 168.

Prüft man die Rechnung, unter Einführung der vorstehend gefundenen F_e und F'_e-Werte, nach dem auf S. 449 u. ff. gegebenen allgemeinen Rechnungsverfahren (kubische Gleichung), so wird:

$$x = 39{,}4 \text{ cm},$$
$$\sigma_b = 40 \text{ kg/cm}^2,$$
$$\sigma_e = 1000 \text{ kg/cm}^2,$$
$$\sigma'_e = 524 \text{ kg/cm}^2.$$

Die Werte stimmen also genau.

2. Wie hoch müßte im vorigen Beispiel der Querschnitt sein, damit die zulässigen Beanspruchungen ohne eine Druckbewehrung erreicht werden und welche Eiseneinlage ist alsdann in der Zugzone erforderlich?

$$M = 4\,000\,000 \text{ kg} \cdot \text{cm} ; \qquad P = 20\,000 \text{ kg} ; \qquad b = 40 \text{ cm} ; \qquad a = 5 \text{ cm} ;$$

$$e' = \frac{4\,000\,000}{20\,000} = 200 \text{ cm}.$$

$$P_0 = \frac{P}{b}\,\alpha = \frac{20\,000}{40} \cdot 0{,}0381 = 19{,}05 , \qquad\qquad \text{(II)}$$

[1] $h = r \sqrt{\dfrac{M'}{b}}$; für $\sigma_b = 40$, $\sigma_e = 1000$, ist $r = 0{,}39$. Hieraus folgt die obige Beziehung.

wobei α der Tabelle auf S. 474 für $\sigma_e = 40$ und $\sigma_e = 1000$ kg/cm² entnommen ist.

$$d - a = 19{,}05 + \sqrt{19{,}05^2 + 19{,}05 \cdot 4\,(200 - 2{,}5)} = 143 \text{ cm} \quad \text{(III)}$$
$$d = 143 + 5 = 148 \text{ cm}$$

$$F_e = \beta \cdot 40 \cdot 143 - \frac{20000}{1000} = 0{,}0075 \cdot 40 \cdot 143 - 20 = 22{,}9 \text{ cm}^2 \quad \text{(VIII)}$$

hier ist β wieder aus der vorerwähnten Tabelle für $\sigma_b = 40$ und $\sigma_e = 1000$ entnommen.

Eine Prüfungsrechnung liefert:

$$e = \frac{148}{2} - 200 = -126 \text{ cm},$$

$$x = 53{,}5 \text{ cm};$$
$$\sigma_b = 40 \text{ kg/cm}^2;$$
$$\sigma_e = 1000 \text{ kg/cm}^2,$$

also auch in diesem Falle wiederum ganz genaue Werte.

3. Gegeben sei alles wie in Beispiel 1, jedoch betrage die Querschnittshöhe 160 cm. Welche Eiseneinlage ist erforderlich?

$$M = 4\,000\,000 \text{ kg} \cdot \text{cm}; \quad P = 20\,000 \text{ kg};$$
$$d = 160; \quad a = 5 \text{ cm}; \quad d - a = 155 \text{ cm}; \quad b = 40 \text{ cm};$$
$$M_0 = 4\,000\,000 + 20\,000 \cdot (80 - 5) = 5\,500\,000 \text{ kg} \cdot \text{cm}.$$

Ein Vergleich mit Beispiel 2 ergibt, daß hier ein Querschnitt, der nur Zugbewehrung erfordert, vorliegen muß, und man erhält daher unmittelbar die erforderliche Eiseneinlage aus Gleichung (X).

$$F_e = \gamma\,\frac{M_0}{d - a} - \frac{P}{\sigma_e} = 0{,}00114\,\frac{5\,500\,000}{155} - 20 = 20{,}4 \text{ cm}^2. \quad \text{(X)}$$

Auch hier entspricht γ den Werten $\sigma_b = 40$, $\sigma_e = 1000$ kg/cm² nach S. 474.

Hätte man diesen Vergleichsmaßstab nicht gehabt, so hätte man aus Gleichung (VI) r bestimmt:

$$r = h\,\sqrt{\frac{b}{M_0}} = 155\,\sqrt{\frac{40}{5\,500\,000}} = 0{,}418\,.$$

Diesem r-Werte entspricht, für $\sigma_e = 1000$, aus der Tabelle ein σ_b-Wert $\cong 37$ kg/cm², also $< \sigma_{b_{zul}} < 40$ kg/cm².

Auch hieraus also hätte sich ergeben, daß nur eine Zugbewehrung erforderlich ist. Die gleiche Entscheidung wäre auch durch Ausrechnen des Wertes M' möglich gewesen. Aus der Ermittlung folgt zugleich, daß mit $\sigma_b = 37$ kg/cm² zu rechnen ist, und somit wird nach Gleichung (VIIa) S. 471, für $x = s\,h = 0{,}356\,h$[1]):

$$F_e = \frac{\sigma_b \dfrac{b}{2}\,x - P}{\sigma_e} = \frac{37 \cdot 20 \cdot 0{,}356 \cdot 155 - 20\,000}{1000} = 20{,}9 \text{ cm}^2.$$

x wird $= 0{,}356 \cdot 155 = 55{,}16$ cm.

Die Prüfung der Rechnung liefert die Werte:

$$e = \frac{160}{2} - \frac{4\,000\,000}{20\,000} = -120\,\text{cm}$$

und damit aus der kubischen Gleichung: $x = 55{,}1$, und somit:

$$\sigma_b = 36{,}7 \text{ kg/cm}^2; \quad \sigma_e = 1000 \text{ kg/cm}^2.$$

Also auch hier findet eine vollkommene Übereinstimmung statt.

Eine nur sehr angenäherte, aber schnell zum Ziele führende und namentlich für Versuchsrechnungen geeignete Bestimmungsart der Eiseneinlage bei einseitiger Zugbewehrung geben die nachfolgenden Ausführungen wieder:

Bei einem einfach bewehrten, rechteckigen Querschnitte, dessen Zugbewehrung gesucht wird, der aber sonst in allen seinen Teilen gegeben ist, kann man derart vorgehen, daß man — vgl. S. 453. — den Querschnitt als homogenen Betonquerschnitt betrachtet, für ihn die durch die Normalkraft und Momentenwirkung bedingte Spannungsverteilung bildet und aus der Zugfläche auf die Größe der Zugkraft und durch sie der Eisenbewehrung in der Zugzone schließt. Der Gang der Rechnung ist demgemäß der nachfolgende einfache, liefert aber naturgemäß auch nur sehr angenäherte Ergebnisse:

$$\sigma_{b_d} = -\frac{P}{F} - \frac{M}{W} = -\frac{P}{b \cdot d} - \frac{6\,M}{b\,d^2},$$

$$\sigma_{b_z} = -\frac{P}{b\,d} + \frac{6\,M}{b\,d^2}.$$

Nach Auftragen der Spannungen in einem Diagramm (Abb. 169) wird die Zugkraft aus dem Zugdreieck des Diagramms abgeleitet:

$$Z = \frac{b \cdot \sigma_{b_z}\,(d - x_0)}{2}.$$

---

[1]) Für $\sigma_e = 1000$ und $\sigma_b = 38$ ist nach Tabelle II, S. 242: $s = 0{,}363$ und für $\sigma_b = 36 = 0{,}0351$, also für $\sigma_b = 37 = 0{,}356$. In der Tabelle S. 474 ist s zu 0,357 angegeben.

Ferner gilt:
$$(d - x_0) : \frac{d}{2} = \sigma_{bz} : \frac{6\,M}{b\,d^2} \qquad d - x_0 = \frac{\sigma_{bz}\,d^3\,b}{12\,M}$$

und somit:
$$Z = \frac{b^2\,d^3\,\sigma_{bz}^2}{24\,M} = \frac{b\,J_{nn}\,\sigma_{bz}^2}{2\,M}\,, \quad (116)$$

da $J_{nn} = \dfrac{b\,d^3}{12}$ ist.

Ferner ist: $F_e\,\sigma_e = Z$;
$$F_e = \frac{Z}{1200} = \frac{b^2\,d^3\,\sigma_{bz}^2}{1200 \cdot 24 \cdot M}$$

oder allgemein
$$F_e = \frac{1}{\sigma_e}\,\frac{b^2\,d^3\,\sigma_{bz}^2}{24\,M}\,. \quad (117)$$

Die vorstehende Art der Rechnung kann naturgemäß in gleicher Weise bei einem Plattenbalken durchgeführt werden, in dessen Obergurte, in der Regel also in dessen Plattenteil, eine Druckkraft exzentrisch angreift. Als-

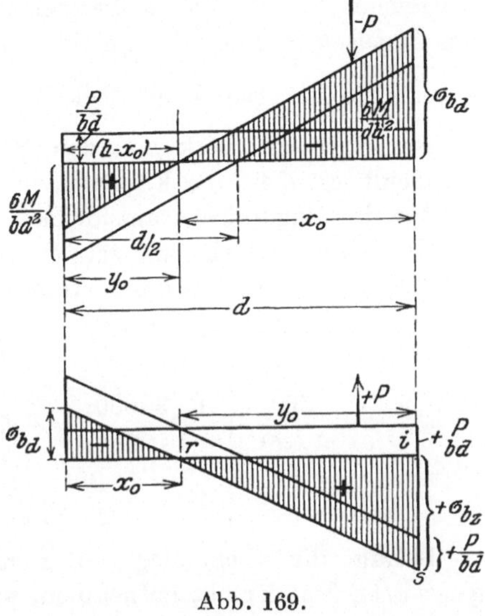

Abb. 169.

dann ist allerdings die allgemeine Gleichung zur Ermittlung der Spannungen und zur Aufzeichnung des Spannungsdiagramms anzuwenden:
$$\sigma = -\frac{P}{F_i} \pm \frac{M \cdot x}{J_{nn}}\,,$$

wobei F_i und J_{nn} die bekannten Bedeutungen haben, naturgemäß hier für den nur aus Beton bestehenden Querschnitt des Plattenbalkens zu bilden sind, demgemäß aber auf sehr einfache Art gefunden werden. Bei der Entwicklung der Gleichung für Z tritt alsdann auch an Stelle der halben Querschnittshöhe $\dfrac{d_o}{2}$ der Abstand des Schwerpunktes $(d - x)$ des Plattenbalkens gegenüber der Unterkante der Rippe (Abb. 170):

$$d_0 - x_0 : d_0 - x = \sigma_{bz} : \frac{M\,(d_0 - x)}{J_{nn}}$$

$$d_0 - x_0 = \frac{\sigma_{bz}\,(d_0 - x)}{M \cdot (d_0 - x)} \cdot J_{nn} = \frac{\sigma_{bz}\,J_{nn}}{M}\,.$$

Hieraus folgt dann:

$$Z = \frac{b\,\sigma_{bz}}{2}\,(d_0 - x_0) = \frac{b\,\sigma_{bz}^2\,J_{nn}}{2\,M}\,, \quad (116\,\mathrm{a})$$

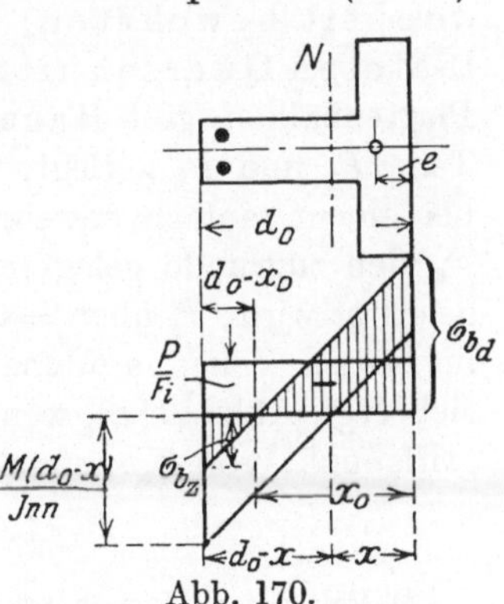

Abb. 170.

d. h. die gleiche Form wie vorstehend.

Ist die Kraft P eine exzentrisch angreifende **Zugkraft,** so bleibt, abgesehen von den alsdann notwendig werdenden Änderungen der Vorzeichen, die Rechnung die gleiche. Das alsdann für die Ermittlung der Zugeisen in Frage kommende Diagramm ist in Abb. 169 — unten — dargestellt. Das Zugdreieck ist hier: $r\,s\,i$ und $Z = \dfrac{\sigma_{bz} \cdot y_0 \, b}{2}$.

Um nicht zu stark von den Rechnungsergebnissen abzuweichen, empfiehlt es sich, die Eiseneinlage nicht allzu entfernt vom Schwerpunkte des Zugdreiecks anzuordnen.

Zahlenbeispiel. Es sei $P = -\,660$ kg; $M = 30\,000$ kg $\cdot$ cm; $d = 90$, $b = 1$ cm. Alsdann ergibt sich:

$$\sigma_{bd} = -\frac{660}{1 \cdot 90} - \frac{6 \cdot 30000}{1 \cdot 90^2} = -\,7{,}4 - 22{,}2 = -\,29{,}6 \ \text{kg/cm}^2,$$

$$\sigma_{bz} = -\frac{660}{1 \cdot 90} + \frac{6 \cdot 30000}{1 \cdot 90^2} = -\,7{,}4 + 22{,}2 = +\,14{,}8 \ \text{kg/cm}^2.$$

$$Z = \frac{1 \cdot 90^3 \cdot 14{,}8^2}{24 \cdot 30000} = 224 \ \text{kg.} \tag{116}$$

Beträgt die Eiseneinlage auf 1 cm Breite 0,37 cm² und soll sie die **gesamte Zugkraft** aufnehmen, so wird:

$$\sigma_e = \frac{224}{0{,}37} = \text{rd.} \ 606 \ \text{kg/cm}^2.$$

Man erkennt, daß im vorliegenden Falle eine bessere Ausnutzung des Eisens, d. h. eine Querschnittsverminderung von F_e möglich ist. Ihre Auffindung wird am besten im Wege des Probierens zu erfolgen haben, da sich Z mit dem Werte σ_{bz} und dieser mit x_0 ändert, die Größe der Eiseneinlage also auch beeinflußt wird von der Höhe der Druckzone, und damit des Querschnittes.

Eine recht zweckmäßige Annäherungsmethode mit großer Genauigkeit für die Bemessung der Eiseneinlagen bei doppelt bewehrten, exzentrisch auf Druck und Zug belasteten Querschnitten, und zwar sowohl bei Rechtecksform wie Plattenbalken, gibt Hager[1]) an, indem er die Normalkraft P in zwei Teile P_1 und P_2 zerlegt, wobei P_1 so groß gewählt werden soll, daß bei einem einfach bewehrten Querschnitte durch eine Zugeiseneinlage F_{e_1} den zugrunde gelegten Spannungen σ_b und σ_e gerade noch Genüge geleistet wird, F'_e aber $= 0$ ist, während P_2 dann weiter nur von Eisen in beiden Zonen aufzunehmen ist. Für die Wirkung von P_1 ergibt sich (vgl. Abb. 171a), wenn man eine Momentengleichung für den Angriffspunkt von Z_{e_1} aufstellt:

$$P_1 \cdot f = D_b \cdot z \,; \qquad P_1 = \frac{D_b \, z}{f} \ .$$

---

[1]) Vgl. dessen Eisenbetonbau S. 192 ff.

Hierbei ist beim Rechtecksquerschnitt:

$$D_b = \frac{b\,x}{2}\,\sigma_b\,; \qquad x = s\,(d-a) = \frac{n\,\sigma_b}{\sigma_e + n\,\sigma_b}\,(d-a)\,; \qquad z = d - a - \frac{x}{3}\,,$$

während für den Plattenbalken die bekannten Werte einzuführen sind, und zwar ohne Berücksichtigung der Druckfläche innerhalb der Rippen:

$$D_b = \frac{\sigma_b\,b}{2}\left[x - \frac{(x-d)^2}{x}\right]$$

$$z = (d_0 - a - x + v) = (h - x + v) \quad \text{(vgl. S. 323).}$$

Bildet man auf den Angriffspunkt von D_b das Moment der inneren und der äußeren Kraft, so wird:

$$Z_{e_1} \cdot z = F_{e_1} \cdot \sigma_e \cdot z = P_1\,(f - z)\,.$$

Hieraus folgt:

$$F_{e_1} = \frac{P_1\,(f - z)}{z\,\sigma_e} = \frac{P_1}{\sigma_e}\left(\frac{f}{z} - 1\right)\,. \tag{118}$$

Hiermit ist der zu P_1 gehörende Teil der Zugbewehrung gefunden; zugleich ist der Beton, da für seine Bestimmung $\sigma_b =$ der zulässigen Druckspannung im Beton zugrunde gelegt war, vollkommen aus-

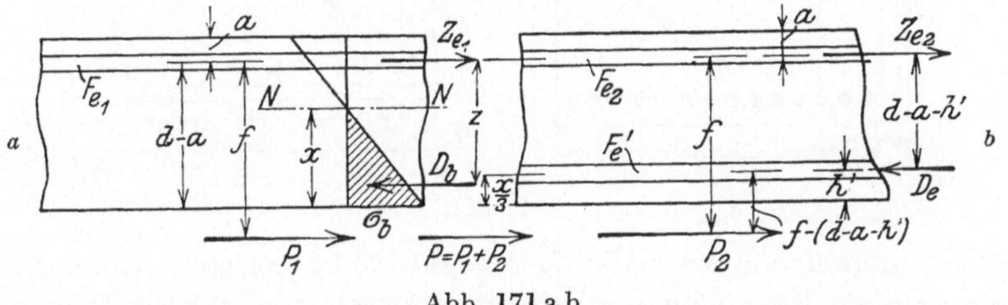

Abb. 171 a b.

genutzt. Demgemäß muß die noch verbleibende Teilkraft der Kraft P, $P_2 = P - P_1$ durch Eiseneinlagen allein aufgenommen werden. An der Stelle, an der F_e' liegen soll, ist ein σ_e' vorhanden:

$$\sigma_e' = n\,\sigma_b\,\frac{x - h'}{x}\,,$$

sein Wert also bekannt.

Aus der Momentenbeziehung der inneren Kräfte und der äußeren Kraft bezogen auf die Achse der Zugeinlage folgt (Abb. 171 b):

$$D_e\,(d - a - h') = F_e'\,\sigma_e'\,(d - a - h') = P_2 \cdot f\,,$$

und hieraus:

$$F_e' = \frac{P_2\,f}{\sigma_e'\,(d - a - h')}\,, \tag{119}$$

sowie ebenso in bezug auf die Achse der Druckeisen:

$$Z_{e_z}(d-a-h') = F_{e_z}\,\sigma_e\,(d-a-h') = P_2\,[f-(d-a-h')]\,.$$

$$F_{e_2} = \frac{P_2\,[f-(d-a-h')]}{\sigma_e\,(d-a-h')}\,. \qquad (120)$$

Endlich ist $F_e = F_{e_1} + F_{e_2}$, und somit sind die geforderten Eiseneinlagen gefunden. Die Berechnungsart schließt sich an die Querschnittsermittlung des doppelt bewehrten, auf einfache Biegung belasteten Rechteckquerschnitts bzw. Plattenbalkens an, die auf S. 258 bzw. 324 gegeben wurde.

Liefert die Gleichung $P_1 = \dfrac{D_b\,z}{f}$ ein Ergebnis $P_1 \gtreqless P$, so ist ersichtlich, daß eine Druckbewehrung in der Nähe der exzentrisch wirkenden Druckkraft nicht erfordert ist.

Zahlenbeispiel. Der in Abb. 172 dargestellte, doppelt zu bewehrende Rechtecksquerschnitt sei 60 cm hoch, 100 cm breit und durch eine 10 cm von der äußersten Druckkante außerhalb des Querschnittes

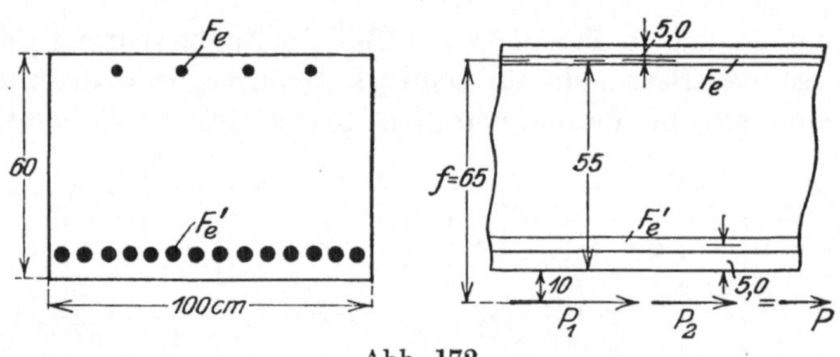

Abb. 172.

entfernt angreifende Normalkraft $P = 60\,800$ kg belastet. Unter Ausnutzung einer Spannung im Beton auf Druck von 40 kg/cm², in der Zugeiseneinlage von 1200 kg/cm² sind die Einlagen F_e und F'_e, die je 5 cm von den Außenkanten entfernt liegen, zu ermitteln.

Es ergibt sich unter Anwendung von Tabelle II (S. 242):

$$x = s\,(d-a) = 0{,}333\,(60-5) = 18{,}4 \text{ cm.}$$

$$z = d - a - \frac{x}{3} = 60 - 5 - 6{,}1 = 48{,}9 \text{ cm,}$$

$$D_b = \frac{b\,x}{2}\,\sigma_b = \frac{100\cdot 18{,}4}{2}\cdot 40 = 36\,800 \text{ kg.}$$

Ferner ist: $f = 60 - 5 + 10 = 65$ cm.

$$P_1 = \frac{D_b}{f}\cdot z = \frac{36\,800}{65}\cdot 48{,}9 \simeq 27\,600 \text{ kg.}$$

$$F_{e_1} = \frac{P_1}{\sigma_e}\left(\frac{f}{z}-1\right) = \frac{27\,600}{1200}\left(\frac{65}{48{,}9}-1\right) = 7{,}6 \text{ cm}^2. \qquad (118)$$

Ferner wird:

$$P_2 = P - P_1 = 60\,800 - 27\,600 = 33\,200 \text{ kg.}$$

$$\sigma'_e = n\,\sigma_b\,\frac{x - h'}{x} = 15 \cdot 40 \cdot \frac{13,4}{18,4} = 437 \text{ kg/cm}^2.$$

$$F'_e = \frac{33\,200 \cdot 65}{437\,(60 - 10)} = \text{rd. } 94 \text{ cm}^2. \tag{119}$$

$$F_{e_2} = \frac{33\,200 \cdot (65 - 60 + 10)}{1200\,(60 - 10)} = 8,3 \text{ cm}^2. \tag{120}$$

Demgemäß ist:

$$F_e = F_{e_1} + F_{e_2} = 7,6 + 8,3 = 15,9 \text{ cm}^2.$$

Zur Bewehrung finden Anwendung in der Druckzone je 7 Rund-
eisen von 29 und 30 mm Durchmesser (abwechselnd $F'_e = 95,71 \text{ cm}^2$) im
gegenseitigen Abstande von rund 7,15 cm, im Zuggurte 4 Rundeisen
von 23 mm Durchmesser ($F_e = 16,6$), gegenseitig um 25 cm entfernt.

Zweckmäßig wäre hier, durch weitere Untersuchungen zu prüfen,
ob bei geringerer Eisenspannung als 1200 kg/cm² — wie wahrscheinlich
ist — sich nicht günstigere Verhältnisse für die Gesamtbewehrungsgröße
finden ließen. In der Regel entspricht der wirtschaftlichste Eisenverbrauch bei nicht allzu großer Exzentrizität einer mittleren Eisenspannung von etwa 800—700 kg/cm², vgl. u. a. auch die vergleichenden
nachfolgenden Rechnungen nach den Tabellen von Ehlers, Kunze usw.

Handelt es sich bei einem doppelt bewehrten Querschnitte um eine
exzentrisch angreifende Zugkraft, so sind die betreffenden Rechnungen
genau den voranstehenden entsprechend durchzuführen, nur mit dem
selbstverständlichen Unterschiede, daß die Richtung der Kraft P, also
auch die der Teilkräfte P_1 und P_2, jetzt die umgekehrte ist wie bei der
exzentrischen Druckbelastung, und jetzt die Zugbewehrung nahe der
exzentrisch wirkenden Kraft zu liegen kommt. Auch hier wird, wie
vorstehend, die Zugbewehrung in zwei Teilen F_{e_1} und F_{e_2}, entsprechend
den Kräften P_1 und P_2 bestimmt. In der Regel wird es in wirtschaftlichem Sinne hier nicht möglich sein, die Größtwerte von σ_b und σ_e
zu gleicher Zeit auszunutzen.

Von Berechnungsarten, die mit Hilfe zum Teil umfangreicher
Tabellen die vorstehend behandelte Querschnittsbemessung in einer
namentlich auch den wirtschaftlichen Verhältnissen Rechnung tragenden Weise lösen, seien nachstehend in ihren Endergebnissen und ihrer
Anwendung drei erwähnt, die Rechnungsmethoden von Ehlers, Kunze

und **Spangenberg**, letztere mit einer von **Thullie** und **Kunze** gegebenen Erweiterung und Anwendung auf Plattenbalken[1]).

I. Die Tabelle von **Ehlers**[2]) fußt auf der Annahme, daß im **doppelt bewehrten** Rechtecksquerschnitte $h' = 0,07 (d - a)$ gesetzt werden kann. Die Momentengleichung für die Zugeiseneinlage als Drehachse lautet:

$$M = F'_e \, \sigma'_e \, (d - a - h') + \sigma_b \, b \, \frac{x}{2} \left(d - a - \frac{x}{3} \right).$$

Nimmt man für σ_b und σ_e feste Werte an, so ist auch x bestimmt; da $h' = 0,07 (d - a)$ angenommen, kann auch σ'_e gefunden werden. Berechnet man dann ferner aus:

$$d - a = h = r \sqrt{\frac{M}{b}}$$

$$M = \frac{b \, (d - a)^2}{r^2}$$

und setzt diesen Wert in die obige Gleichgewichtsbedingung für M ein, so ergibt sich eine Gleichung zwischen F'_e, b, $(d-a)$ und r, und bei Einsetzen beliebiger r-Werte eine Gleichung von der Form $\boldsymbol{F'_e = \gamma \, b \, (d - a)}$, woraus F'_e gefunden wird. Aus der weiteren Gleichgewichtsbedingung

$$F_e \, \sigma_e = F'_e \, \sigma'_e + \frac{b \, x \, \sigma_b}{2}$$

ergibt sich in gleicher Weise:

$$\boldsymbol{F_e = \beta \, b \, (d - a) \mp \frac{P}{\sigma_e}}.$$

In der **Ehlers**schen Tabelle sind nun für $\sigma_b = 40 \ \text{kg/cm}^2$, für die verschiedensten Eisenspannungen von 100—1200 kg/cm² und für r-Werte von 0,410—0,250, also für:

$$d - a = 0,410 \sqrt{\frac{M}{b}} \ \text{bis} \ d - a = 0,250 \sqrt{\frac{M}{b}},$$

die Werte γ und β ermittelt. Dabei ermöglicht es die Art der Tabellenaufstellung, das Anwendungsgebiet der Tabelle erheblich zu erweitern. Denkt man sich σ_b und σ_e im gleichen Verhältnisse gegenüber den der Tabelle zugrunde gelegten Spannungen von 40 kg/cm² und σ_e so geändert,

---

[1]) Wegen weiterer, z. T. empfehlenswerter Tabellen sei auf die Literaturangabe auf S. 467 verwiesen. Es ist selbstverständlich, daß bei den vorliegenden Bearbeitungen nur ein Ausschnitt aus den zahlreichen Veröffentlichungen gebracht werden konnte.

[2]) Vgl. Arm. Beton 1918, Heft 3, S. 51. Biegung mit Axialkraft, eine Tabelle zur direkten Dimensionierung nach dem Verfahren von **Wuczkowski** von Dipl.-Ing. **Georg Ehlers**. Über das Verfahren von **Wuczkowski** vgl.: Die Bemessung der Eisenbetonkonstruktionen. Berlin 1911. Wilh. Ernst & Sohn.

daß die neuen Spannungen $= \varrho\, 40$ bzw. $= \varrho\, \sigma_e$ sind, und bleiben alle Querschnittsabmessungen ungeändert, einschließlich F_e und F'_e, so wird das in diesem Spannungszustande übertragene Moment ebenfalls im gleichen Verhältnis größer (bzw. kleiner) als das bei $\sigma_b = 40$ kg/cm² aufgenommene. Der Querschnitt reicht also bei $\sigma_b = \varrho\, 40$ für ein Moment M aus, wenn er bei $\sigma_b = 40$ kg/cm² für ein Moment $\dfrac{M}{\varrho}$ bestimmt wird, d. h. wenn:

$$d - a = r \sqrt{\frac{M}{\varrho\, b}} = \frac{r}{\sqrt{\varrho}} \sqrt{\frac{M}{b}}$$

wird. Für die Spannung $\sigma_b = \varrho \cdot 40$ und die gleichzeitig geänderten $\varrho\, \sigma_e$ gilt also die gleiche Tabelle der F_e- und F'_e-Beiwerte, wenn die Werte r (für $d - a$) durch $\sqrt{\varrho}$ dividiert werden. In dieser Weise wurden die Wertereihen für $\sigma_b = 60$ bis 45 und 35 kg/cm² bestimmt; sie können in gleicher Weise für etwa benötigte, andere Grenzspannungen ergänzt werden.

In der Tabelle selbst sind in gleichen wagerechten Reihen zu jedem σ_b zugehörige σ_e-Werte aufgeführt. Die senkrechte Spalte eines jeden σ_e enthält die den einzelnen $(d - a)$-Werten für F'_e und F_e entsprechenden γ- und β-Größen. Der obere Tabellenwert gilt für F'_e, der untere für F_e. Aus der Tabelle leiten sich die Eisenquerschnitte ab in der Form:

$$F'_e = \gamma\, b\, (d - a) \tag{121}$$

$$F_e = \beta\, b\, (d - a) \mp \frac{P}{\sigma_e}, \tag{122}$$

worin P die Normalkraft und σ_e die gewählte Eisenspannung darstellt. Das $-$-Zeichen gilt, wenn P eine Druckkraft ist, das $+$-Zeichen, falls diese Normalkraft den Querschnitt auf Zug belastet. Das Moment M ist, der Entwicklung der grundlegenden Gleichgewichtsgleichung entsprechend, auf die **Achse der Eiseneinlage** zu beziehen:

$$M_0 = M + P\left(\frac{d}{2} - a\right). \tag{123}$$

Geschätzt werden muß in den Tabellen allerdings die Querschnittshöhe d und das Maß a; nach ihrer Annahme ergibt sich alsdann der Hauptleitwert der Gleichung $=$ „r“, der dann seinerseits nach Festlegung der zulässigen Beton- und Eisenspannung (σ_b und σ_e) die übrigen Werte und Größen zwanglos liefert.

Im übrigen muß auf die Quelle in Anm. [2]) auf S. 484 verwiesen werden.

Bei der **Anwendung der Tabelle** ist zu beachten, daß angegeben bzw. einzusetzen ist: M in kg · m, $d - a$ in cm, b in m; F_e und F'_e ergeben sich in cm².

Werte r in: $d - a = r\sqrt{\dfrac{M}{b}}$.

Header correspondence (σ_b → σ_e values):

σ_b	σ_e values											
60	1800	1650	1500	1350	1200	1050	900	750	600	450	300	150
55	1650	1512	1375	1237	1100	962	825	687	550	412	275	137
50	1500	1375	1250	1125	1000	875	750	625	500	375	250	125
45	1350	1237	1125	1012	900	787	675	562	450	337	225	112
40	1200	1100	1000	900	800	700	600	500	400	300	200	100
35	1050	962	875	787	700	612	525	437	350	262	175	87

Bei den Beiwerten für $(d - a)$ sind nur die Dezimalen angegeben (vgl. die erste Zeile).

Main table — left six columns give $d - a$ (decimals only); right twelve columns give γ für F'_e (oben) und β für F_e (unten):

60	55	50	45	40	35	(1)	(2)	(3)	(4)	(5)	(6)	(7)	(8)	(9)	(10)	(11)	(12)
0,335	0,350	0,367	0,386	0,410	0,438	0,005 0,558											
331	345	362	382	405	433	0,038 0,572											
327	341	358	377	400	427	0,073 0,585	0,005 0,643										
323	337	353	372	395	422	0,109 0,600	0,041 0,659										
319	333	349	367	390	417	0,147 0,614	0,078 0,676	0,003 0,751									
314	328	344	363	385	411	0,186 0,629	0,121 0,694	0,041 0,770									
310	324	340	358	380	406	0,226 0,645	0,156 0,710	0,080 0,789									
306	320	336	353	375	401	0,269 0,662	0,198 0,728	0,121 0,809	0,039 0,910								
303	316	331	349	370	395	0,312 0,679	0,241 0,747	0,164 0,830	0,081 0,933								
298	311	326	344	365	390	0,358 0,697	0,286 0,767	0,208 0,852	0,125 0,958	0,033 1,093							
294	307	322	339	360	385	0,406 0,716	0,333 0,787	0,254 0,874	0,170 0,983	0,079 1,121							
290	303	317	334	355	379	0,455 0,736	0,382 0,808	0,303 0,898	0,219 1,009	0,126 1,150	0,026 1,338						
286	298	313	330	350	374	0,507 0,756	0,433 0,831	0,353 0,922	0,267 1,036	0,175 1,181	0,074 1,373						
282	294	309	325	345	369	0,561 0,778	0,487 0,854	0,405 0,948	0,319 1,065	0,226 1,212	0,125 1,410	0,014 1,679					
278	290	304	320	340	363	0,617 0,800	0,542 0,878	0,460 0,975	0,373 1,093	0,280 1,246	0,177 1,448	0,066 1,724					
274	286	300	316	335	358	0,676 0,823	0,601 0,904	0,517 1,003	0,430 1,126	0,335 1,281	0,232 1,488	0,120 1,771					
270	281	295	311	330	353	0,738 0,847	0,662 0,931	0,578 1,032	0,488 1,158	0,394 1,319	0,290 1,530	0,177 1,819	0,053 2,237				
265	277	291	306	325	347	0,802 0,872	0,725 0,957	0,640 1,062	0,550 1,192	0,452 1,356	0,350 1,573	0,237 1,870	0,111 2,298				
261	273	286	302	320	342	0,870 0,900	0,782 0,987	0,705 1,094	0,615 1,227	0,518 1,396	0,413 1,619	0,299 1,924	0,173 2,363	0,034 3,045			
257	268	282	297	315	337	0,941 0,928	0,862 1,018	0,775 1,128	0,683 1,264	0,585 1,439	0,478 1,667	0,364 1,980	0,237 2,430	0,097 3,128			
253	264	277	292	310	331	1,015 0,957	0,935 1,059	0,847 1,163	0,754 1,303	0,655 1,483	0,548 1,717	0,432 2,039	0,304 2,501	0,163 3,216	0,007 4,457		
249	260	273	287	305	326	1,092 0,988	1,011 1,083	0,923 1,200	0,829 1,345	0,708 1,515	0,620 1,770	0,504 2,100	0,375 2,575	0,233 3,309	0,076 4,580		
245	256	268	283	300	321	1,175 1,020	1,092 1,119	1,001 1,239	0,908 1,387	0,807 1,578	0,697 1,826	0,579 2,165	0,449 2,652	0,307 3,407	0,148 4,710		
241	252	264	278	295	315	1,261 1,054	1,176 1,156	1,085 1,280	0,990 1,433	0,888 1,629	0,776 1,884	0,658 2,233	0,527 2,734	0,383 3,508	0,224 4,846	0,047 7,629	
237	247	259	273	290	310	1,350 1,090	1,267 1,195	1,173 1,323	1,077 1,482	0,973 1,682	0,862 1,946	0,742 2,304	0,609 2,820	0,464 3,616	0,305 4,990	0,127 7,844	
233	243	255	269	285	305	1,446 1,129	1,360 1,237	1,265 1,368	1,168 1,531	1,063 1,738	0,950 2,010	0,829 2,380	0,696 2,910	0,549 3,728	0,369 5,140	0,210 8,070	0,012 17,214
229	239	250	264	280	299	1,547 1,168	1,459 1,280	1,363 1,416	1,264 1,586	1,159 1,800	1,043 2,078	0,922 2,459	0,787 3,996	0,640 3,848	0,478 5,299	0,297 8,309	0,100 17,691
225	234	246	259	275	294	1,652 1,210	1,564 1,325	1,467 1,466	1,366 1,641	1,260 1,863	1,142 2,151	1,020 2,544	0,883 3,107	0,735 3,975	0,572 5,467	0,390 8,561	0,191 18,196
220	230	241	254	270	289	1,764 1,254	1,675 1,374	1,576 1,520	1,472 1,700	1,364 1,928	1,247 2,226	1,122 2,632	0,985 3,212	0,835 4,107	0,671 5,644	0,487 8,826	0,288 18,726
216	226	237	250	265	283	1,884 1,303	1,792 1,424	1,690 1,577	1,588 1,763	1,475 1,997	1,356 2,305	1,231 2,725	1,092 3,325	0,942 4,247	0,775 5,831	0,590 9,108	0,390 19,288
212	222	232	245	260	278	2,010 1,350	1,916 1,477	1,813 1,636	1,707 1,830	1,594 2,074	1,474 2,391	1,346 2,824	1,205 3,444	1,052 4,396	0,886 6,029	0,700 9,405	0,497 19,883
208	217	228	240	255	273	2,142 1,404	2,048 1,536	1,943 1,718	1,834 1,899	1,721 2,153	1,598 2,482	1,467 2,930	1,326 3,570	1,172 4,554	1,002 6,239	0,816 9,720	0,612 20,513
204	213	224	236	250	267	2,282 1,457	2,186 1,597	2,080 1,765	1,969 1,974	1,854 2,236	1,728 2,576	1,600 3,041	1,453 3,703	1,296 4,720	1,127 6,462	0,938 10,054	0,733 21,181

$d - a$ (unten links) γ für F'_e (oben) und β für F_e (unten)

Die Anwendung der Tabelle möge das nachfolgende Zahlen-beispiel zeigen.

Es sei $M = 18\,000$ kg $\cdot$ m; $P = 20\,000$ kg; $b = 0,40$ m.

Angenommen werde:

$$d = 80 \text{ cm}$$

$$a = 5 \text{ cm}$$

$$\frac{d}{2} - a = 0,40 - 0,05 = 0,35 \text{ m} = 35 \text{ cm}.$$

$$M_0 = 18\,000 + 20\,000 \cdot 0,35 = 18\,000 + 7\,000 = 25\,000 \text{ kg} \cdot \text{m}$$

$$d - a = r\sqrt{\frac{M_0}{b}} = 80 - 5 = r\sqrt{\frac{25\,000}{0,4}} = 75$$

$$r = \frac{75}{\sqrt{\dfrac{25\,000}{0,4}}} = \frac{75}{250} = 0,300 \; ; \qquad \text{(Leitwert } r\text{)}.$$

Nimmt man $\sigma_b = 40$ kg/cm² an, so findet man für dieses r:

a) für $\sigma_e = 1200$ kg/cm²:

$$F'_e = \gamma \cdot (d - a) \cdot b = 1,175 \cdot 75 \cdot 0,4 = \quad \ldots \ldots \quad 35,3 \text{ cm}^2$$

$$F_e = \beta \cdot (d - a) \cdot b - \frac{P}{\sigma_e}$$

$$= 1,020 \cdot 75 \cdot 0,4 - \frac{20\,000}{1200}$$

$$= 30,6 - 16,7 = \quad \ldots \ldots \ldots \ldots \quad 13,9 \text{ cm}^2$$

$$F_e + F'_e = 49,2 \text{ cm}^2$$

b) für $\sigma_e = 1000$ kg/cm²:

$$F'_e = 1,001 \cdot 75 \cdot 0,4 = \quad \ldots \ldots \ldots \ldots \quad 30,2 \text{ cm}^2$$

$$F_e = 1,239 \cdot 75 \cdot 0,4 - \frac{20\,000}{1000}$$

$$= 37,2 - 20,0 = \quad \ldots \ldots \ldots \ldots \quad 17,2 \text{ cm}^2$$

$$F_e + F'_e = 47,4 \text{ cm}^2$$

c) für $\sigma_e = 800$ kg/cm²:

$$F'_e = 0,807 \cdot 75 \cdot 0,4 = \quad \ldots \ldots \ldots \quad 24,2 \text{ cm}^2$$

$$F_e = 1,578 \cdot 75 \cdot 0,4 - \frac{20\,000}{800}$$

$$= 47,3 - 25,0 = \quad \ldots \ldots \ldots \ldots \quad 22,3 \text{ cm}^2$$

$$F_e + F'_e = 46,5 \text{ cm}^2$$

d) für $\sigma_e = 600$ kg/cm²:

$$F'_e = 0{,}579 \cdot 75 \cdot 0{,}4 = \ \ldots \ldots \ldots \ldots \ldots \quad 17{,}4 \text{ cm}^2$$

$$F_e = 2{,}165 \cdot 75 \cdot 0{,}4 - \frac{20000}{600}$$

$$= 65{,}0 - 33{,}3 = \ \ldots \ldots \ldots \ldots \ldots \quad 31{,}7 \text{ cm}^2$$

$$F_e + F'_e = 49{,}1 \text{ cm}^2$$

e) für $\sigma_e = 400$ kg/cm²:

$$F'_e = 0{,}307 \cdot 75 \cdot 0{,}4 = \ \ldots \ldots \ldots \ldots \quad 9{,}2 \text{ cm}^2$$

$$F_e = 3{,}407 \cdot 75 \cdot 0{,}4 - \frac{20000}{400}$$

$$= 102{,}3 - 50{,}0 = \ \ldots \ldots \ldots \ldots \ldots \quad 52{,}3 \text{ cm}^2$$

$$F_e + F'_e = 61{,}5 \text{ cm}^2$$

Es zeigt sich, daß ein Minimum von Eisen bei c) also einer mittleren Eisenspannung von 800 kg/cm² erreicht wird ($F_e + F'_e = 46{,}5$ cm²). Soll $F_e = F'_e$ gemacht werden, so könnte bei c), da dort die beiden Eiseneinlagen nicht weit voneinander abweichen, ohne Bedenken als Eisenwert gewählt werden:

$$F_e = F'_e = \frac{46{,}5}{2} = \text{rd. } 23{,}3 \text{ cm}^2.$$

Zugleich gibt die Vergleichsrechnung zu erkennen, wie einfach die Ausführung der Rechnung ist, und wie ohne irgend erhebliche Mühe ein wertvolles Vergleichsmaterial für die Querschnittsbemessung beschafft wird. Allerdings setzt — wie vorerwähnt — die Tabellenanwendung, wie das aber bei praktischen Fällen tatsächlich in der Regel der Fall ist, voraus, daß die Höhe des Querschnittes h ungefähr geschätzt werden kann oder bekannt ist.

Ergibt sich bei der Rechnung für F_e ein — - Wert, so ist das dafür ein Zeichen, daß die gewählte σ_e-Spannung bei der zugrunde gelegten Querschnittshöhe nicht erreicht werden kann.

Wirkt im Querschnitte eine Zugkraft, gilt eine genau entsprechende Rechnung. Nur ist hier zu rechnen mit:

$$F_e = \beta\,(d - a) \cdot b + \frac{P}{\sigma_e} \tag{122a}$$

$$M_0 = M - P\left(\frac{d}{2} - a\right) \tag{123a}$$

Ist z. B. $M = 34000$ kg · m; $\sigma_b = 40$ kg/cm²; $P = +20000$ kg (Zug!); $d = 80$ cm; $b = 0{,}4$ m; $a = 4$ cm; $P\left(\frac{d}{2} - a\right) = 20000 \cdot (0{,}40 - 0{,}04) = 0{,}36 \cdot 20000 = 7200$ kg · m , so wird: $M_0 = 34\,000 - 7200 = 26\,800$ kg · m , und aus $d - a = r\sqrt{\dfrac{26\,800}{0{,}4}} = 76$ cm folgt

$r = 0,295$ als Leitwert. Demgemäß liefert die Tabelle von **Ehlers** für $\sigma_e = 1200$ kg/cm² und $\sigma_b = 40$ kg/cm² die Beiwerte für F'_e bzw. F_e: $\gamma = 1,261$; $\beta = 1,054$. Demgemäß wird die Eisenbewehrung:

$$F'_e = 1,261 \cdot 76 \cdot 0,4 = \quad \ldots\ldots\ldots\ldots\ldots \quad 38,4 \text{ cm}^2$$

$$F_e = 1,054 \cdot 76 \cdot 0,4 + \frac{20\,000}{1200} = \quad \ldots\ldots\ldots\ldots \quad 48,8 \text{ cm}^2$$

$$F'_e + F_e = 87,2 \text{ cm}^2$$

Die Tabelle liefert genaue Ergebnisse, wie Prüfungsrechnungen zeigen, sofern nur die bei der Herleitung gemachte Annahme

$$h' = 0,07\,(d - a)$$

erfüllt bleibt.

II. Die Berechnungsart von Dr. W. Kunze[1]).

Der Wert, die Besonderheit und praktische Bedeutung der **Kunze**schen Tabellen liegt darin, daß ohne jede Zwischenrechnung für einen Leitwert $\dfrac{e}{N_1}$, d. h. die Exzentrizität der Kraft, geteilt durch die Normalkraft, die Querschnittshöhe d und die Bewehrung F_e, gegebenenfalls auch F'_c in der Form $\dfrac{F'_e}{N_1}$ abgelesen werden kann. Hier wird also zugleich im Gegensatze zu der vorstehenden **Ehlers**schen Tabelle die Höhe nicht von vornherein festgesetzt bzw. geschätzt, sondern als Funktionswert den Tabellen entnommen.

Im Hinblick darauf, daß es unendlich viele Querschnitte gibt, die bei bestimmter Exzentrizität e und gegebener Breite b ein Moment aufnehmen können, weil hier die Querschnittshöhe und der Prozentgehalt des Eisens sich gegenseitig beeinflussen, müssen gewisse Grenzen praktisch festgesetzt werden, die sich je nach der Größe der Exzentrizität auf bestimmte Bewehrungsverhältnisse, wirtschaftlicher

---

[1]) Vgl. Arm. Beton 1916, Tabelle zur Querschnittsfestsetzung bei exzentrisch belasteten Eisenbetonkörpern von Dr.-Ing. W. Kunze. (Anfang der Tabellenentwicklung.) Diese ersten Tabellen beruhen auf der sogenannten Achsenexzentrizität, d. h. auf der Exzentrizität gegenüber dem Schwerpunkte des statisch wirksamen Querschnittes. Nachdem diese Grundlage als nicht haltbar anerkannt war, wurden die Tabellen auf die sog. Mittenexzentrizität umgearbeitet. Sie sind in dieser Form im Arm. Beton 1918, Heft 2, S. 31 erschienen. Eine neuere Bearbeitung erfuhren die Tabellen im Jahre 1923, um den Anwendungsbereich zu erweitern und die Tabellen für den Handgebrauch bequem zu gestalten, indem für alle Spalten der gleiche Leitwert $\dfrac{e}{N}$ horizontal durchgeführt wurde — vgl. Bauingenieur 1923, Heft 4 und 10 und einen Sonderdruck der wertvollen Tabellen 1925 (Berlin: Julius Springer): Neue Tabellen für exzentrisch gedrückte Eisenbetonquerschnitte von Prof. Dr.-Ing. W. Kunze. Diesem Sonderdrucke sind auch die nachfolgenden Tabellen und zugehörenden Rechnungen entnommen.

Tabelle 1.
$F' = 0$. Kleine Exzentrizitäten.

$\sigma_b = 40$ kg/cm² [1])				$F_e = 0,4$ vH der Betonfläche			
Leitwert $\dfrac{e}{N_1}$	$\dfrac{d}{N_1}$	$\dfrac{F_e}{N_1}$	σ_e	Leitwert $\dfrac{e}{N_1}$	$\dfrac{d}{N_1}$	$\dfrac{F_e}{N_1}$	σ_e
0,0130	0,0590	0,0002359	57	0,0370	0,0938	0,0003752	337
135	597	2390	64	380	950	3800	345
140	605	2421	71	390	962	3848	353
145	614	2456	79	400	974	3896	361
150	623	2490	88	420	997	3988	377
155	631	2524	95	440	1020	4080	392
160	639	2557	103	460	1042	4168	404
165	647	2590	110	480	1062	4248	416
170	656	2624	117	500	1083	4332	427
175	664	2657	124	520	1104	4416	439
0,0180	0,0672	0,0002689	131	0,0540	0,1124	0,0004496	451
185	680	2721	138	560	1145	4580	462
190	688	2753	146	580	1166	4664	474
195	697	2787	153	600	1186	4794	486
200	705	2821	160	620	1207	4828	497
205	713	2850	167	640	1224	4896	505
210	720	2880	174	660	1242	4968	513
215	728	2911	180	680	1259	5046	521
220	735	2941	186	700	1277	5108	529
225	743	2971	192	720	1294	5176	537
0,0230	0,0750	0,0003000	198	0,0740	0,1312	0,0005248	545
235	758	3030	204	760	1329	5316	554
240	765	3060	210	780	1347	5388	562
250	779	3116	215	800	1364	5456	570
260	793	3172	226	820	1382	5528	578
270	807	3228	237	840	1399	5596	586
280	820	3280	249	860	1416	5664	594
290	834	3336	260	880	1433	5732	602
300	848	3392	271	900	1447	5788	606
310	862	3448	283	920	1462	5848	610
0,0320	0,0876	0,0003504	294	0,0940	0,1476	0,0005904	614
330	890	3560	305	960	1491	5964	618
340	902	3608	313	980	1505	6020	622
350	914	3656	321	0,1000	0,1520	0,0006080	625
360	926	3704	329				

[1]) Für einen andern Wert von σ_b als 40 kg/cm² ist das Umrechnungsverfahren nach S. 465 anzuwenden. Dies gilt auch für alle die andern Kunzeschen Tabellen 2 bis 6.

Tabelle 2.

$F_e' = 0$. Mittlere Exzentrizitäten.

$\sigma_b = 40$ kg/cm²	Veränderlicher Bewehrungsgrad										
Leitwert	$\sigma_e = 700$		$\sigma_e = 800$		$\sigma_e = 900$		$\sigma_e = 1000$		$\sigma_e = 1100$		$\sigma_e = 1200$ kg/cm²	
$\dfrac{e}{N_1}$	$\dfrac{d}{N_1}$	$1000\dfrac{F_e}{N_1}$	$\dfrac{d}{N_1}$	$1000\dfrac{F_e}{N_1}$	$\dfrac{d}{N_1}$	$1000\dfrac{F_e}{N_1}$	$\dfrac{d}{N_1}$	$1000\dfrac{F_e}{N_1}$	$\dfrac{d}{N_1}$	$1000\dfrac{F_e}{N_1}$	$\dfrac{d}{N_1}$	$1000\dfrac{F_e}{N_1}$
0,100	0,157	0,52	0,163	0,40	0,169	0,30	0,175	0,23	0,180	0,18	—	—
110	162	0,58	168	0,45	175	35	184	29	187	22	—	—
120	168	0,65	174	0,51	180	40	194	37	193	26	—	—
140	178	0,77	184	0,61	190	48	203	43	204	33	—	—
160	187	0,89	194	0,71	200	56	213	50	214	39	—	—
180	196	1,01	203	0,81	210	65	222	56	225	45	—	—
200	206	1,13	213	0,90	220	73	232	63	235	51	—	—
225	215	1,24	223	1,00	230	81	241	70	245	57	—	—
250	224	1,35	233	1,10	240	90	250	76	256	64	—	—
275	232	1,45	242	1,20	250	98	260	83	266	70	—	—
0,300	0,243	1,56	0,252	1,29	0,260	1,06	0,269	0,89	0,277	0,77	0,285	0,65
330	252	1,67	261	1,38	269	1,13	278	0,95	287	0,83	295	0,70
360	260	1,78	270	1,47	278	1,21	287	1,02	297	0,88	305	0,76
390	269	1,89	279	1,56	287	1,28	296	1,08	306	0,94	314	0,81
420	278	2,01	288	1,65	296	1,36	305	1,14	316	0,99	324	0,86
450	287	2,12	297	1,74	305	1,43	314	1,21	325	1,05	334	0,91
480	295	2,23	306	1,83	314	1,51	323	1,27	335	1,11	343	0,96
510	304	2,34	315	1,92	323	1,58	332	1,34	344	1,16	353	1,01
540	313	2,45	324	2,01	332	1,66	341	1,40	354	1,22	363	1,06
570	322	2,57	332	2,10	341	1,73	350	1,46	363	1,28	372	1,10
0,600	0,331	2,68	0,341	2,19	0,350	1,81	0,359	1,53	0,372	1,33	0,382	1,16
630	339	2,79	350	2,28	359	1,89	368	1,59	381	1,39	392	1,21
670	347	2,89	358	2,36	368	1,96	377	1,65	391	1,44	401	1,26
710	355	2,99	366	2,44	377	2,03	386	1,72	400	1,50	410	1,30
750	363	3,08	375	2,53	385	2,10	396	1,78	409	1,55	420	1,35
790	371	3,18	383	2,61	394	2,18	405	1,85	418	1,61	429	1,40
830	379	3,28	391	2,69	403	2,25	414	1,92	427	1,66	439	1,45
870	387	3,38	400	2,78	412	2,32	424	1,98	436	1,72	448	1,50
910	395	3,47	408	2,86	420	2,39	433	2,05	445	1,77	458	1,55
950	403	3,57	416	2,94	429	2,47	442	2,11	454	1,83	467	1,60
0,990	0,411	3,67	0,425	3,03	0,438	2,54	0,452	2,18	0,463	1,89	0,477	1,65
1,030	419	3,77	433	3,11	447	2,01	461	2,24	472	1,94	486	1,70
1,070	427	3,87	441	3,20	456	2,69	470	2,31	481	2,00	496	1,75
1,120	435	3,97	450	3,29	465	2,76	479	2,37	490	2,06	505	1,80
1,170	443	4,07	458	3,38	474	2,84	488	2,44	500	2,11	515	1,85

Die Ermittlung der inneren Spannungen.

Tabelle 3.

$F_e' = 0.$ Große Exzentrizitäten.

| $\sigma_b = 40$ kg/cm² | Veränderlicher Bewehrungsgrad | | | | | | | | | | | |
| Leitwort | $\sigma_e = 700$ | | $\sigma_e = 800$ | | $\sigma_e = 900$ | | $\sigma_e = 1000$ | | $\sigma_e = 1100$ | | $\sigma_e = 1200$ kg/cm² | |
$\dfrac{e}{N_1}$	$\dfrac{d}{N_1}$	$1000\dfrac{F_e}{N_1}$	$\dfrac{d}{N_1}$	$1000\dfrac{F_e}{N_1}$	$\dfrac{d}{N_1}$	$1000\dfrac{F_e}{N_1}$	$\dfrac{d}{N_1}$	$1000\dfrac{F_e}{N_1}$	$\dfrac{d}{N_1}$	$1000\dfrac{F_e}{N_1}$	$\dfrac{d}{N_1}$	$1000\dfrac{F_e}{N_1}$
1,220	0,452	4,18	0,467	3,46	0,483	2,92	0,497	2,50	0,509	2,17	0,525	1,90
1,270	460	4,28	475	3,55	492	2,99	506	2,56	519	2,23	535	1,95
1,320	468	4,38	484	3,64	501	3,07	515	2,62	528	2,28	545	2,00
1,370	477	4,49	492	3,72	510	3,14	524	2,68	538	2,34	554	2,05
1,420	485	4,59	501	3,81	519	3,21	533	2,75	547	2,40	564	2,10
1,470	0,493	4,69	0,510	3,90	0,527	3,29	0,542	2,81	0,557	2,46	0,574	2,16
1,520	502	4,79	518	3,98	535	3,36	551	2,88	567	2,52	583	2,21
1,570	510	4,89	527	4,07	543	3,42	560	2,94	577	2,58	592	2,26
1,630	518	4,99	535	4,16	552	3,49	569	3,00	586	2,64	601	2,31
1,690	526	5,10	544	4,25	561	3,57	578	3,07	595	2,69	611	2,36
1,750	535	5,20	552	4,33	570	3,64	587	3,13	604	2,75	621	2,41
1,810	543	5,31	561	4,42	579	3,72	596	3,19	613	2,80	631	2,46
1,870	551	5,41	569	4,51	588	3,79	605	3,26	622	2,86	641	2,51
1,930	560	5,51	578	4,60	597	3,87	614	3,33	631	2,92	651	2,56
1,990	568	5,61	587	4,68	606	3,94	623	3,39	640	2,97	660	2,61
2,050	0,576	5,72	0,595	4,77	0,615	4,02	0,632	3,45	0,649	3,03	0,669	2,65
2,110	585	5,82	604	4,86	624	4,09	641	3,51	359	3,08	678	2,70
2,170	593	5,92	613	4,95	632	4,17	651	3,58	668	3,14	688	2,75
2,240	—	—	622	5,04	641	4,24	660	3,65	079	3,20	698	2,80
2,310	—	—	631	5,13	650	4,32	670	3,72	689	3,27	708	2,85
2,380	—	—	640	5,22	659	4,39	679	3,77	699	3,33	718	2,90
2,450	—	—	649	5,31	669	4,47	689	3,85	710	3,39	727	2,95
2,600	—	—	667	5,50	687	4,62	709	3,99	729	3,51	748	3,07
2,800	—	—	689	5,71	712	4,84	735	4,17	755	3,66	774	3,26
3,200	—	—	736	6,20	759	5,24	782	4,50	805	3,97	825	3,46
3,600	—	—	0,775	6,60	0,802	5,59	0,821	4,79	0,850	4,25	0,872	3,71
4,000	—	—	814	6,99	844	5,94	870	5,12	894	4,51	916	3,94
4,400	—	—	853	7,39	883	6,26	910	5,40	934	4,75	959	4,16
4,800	—	—	893	7,78	921	6,58	950	5,69	976	5,00	999	4,37
5,200	—	—	926	8,11	956	6,88	986	5,95	1,013	5,23	1,040	4,59
5,600	—	—	959	8,44	992	7,17	1,023	6,22	1,050	5,45	1,077	4,78
6,000	—	—	992	8,77	1,025	7,44	1,066	6,45	1,085	5,67	1,114	4,94
6,400	—	—	1,025	9,10	1,058	7,71	1,089	6,67	1,120	5,88	1,148	5,15
6,800	—	—	1,057	9,43	1,090	7,99	1,122	6,91	1,153	6,09	1,183	5,58

Tabelle 4.

$$F'_e = F_e. \quad \text{Kleine Exzentrizitäten.}$$

$\sigma_b = 40$ kg/cm²				$F'_e = 0{,}4$ vH der Betonfläche			
Leitwert $\dfrac{e}{N_1}$	$\dfrac{d}{N_1}$	$\dfrac{F_e}{N_1}=\dfrac{F'_e}{N_1}$	σ_e	Leitwort $\dfrac{e}{N_1}$	$\dfrac{d}{N_1}$	$\dfrac{F_e}{N_1}=\dfrac{F'_e}{N_1}$	σ_e kg/cm²
0,0130	0,0522	0,0002088	58	0,0370	0,0846	0,0003384	401
135	530	2120	68	380	856	3424	409
140	538	2152	77	390	867	3468	417
145	546	2184	87	400	877	3508	425
150	553	2213	97	420	898	3592	442
155	562	2248	106	440	919	3676	458
160	570	2280	115	460	940	3760	474
165	578	2312	124	480	961	3844	498
170	586	2344	133	500	979	3916	511
175	593	2372	142	520	998	3992	524
0,0180	0,0601	0,0002404	150	0,0540	0,1016	0,0004064	537
185	610	2440	159	560	1035	4140	551
190	617	2468	166	580	1054	4216	564
195	624	2496	175	600	1072	4288	578
200	631	2524	184	620	1091	4364	591
205	638	2552	192	640	1108	4432	605
210	645	2580	200	660	1124	4496	615
215	652	2608	208	680	1140	4560	625
220	659	2636	215	700	1156	4624	635
225	666	2664	222	720	1172	4688	645
0,0230	0,0673	0,0002692	230	0,0740	0,1188	0,0004752	656
235	680	2720	238	760	1204	4816	666
240	686	2744	245	780	1220	4880	676
250	700	2800	258	800	1236	4944	686
260	713	2852	271	820	1252	5008	696
270	726	2904	284	840	1266	5064	703
280	740	2960	298	860	1280	5120	710
290	753	3012	309	880	1294	5176	718
300	764	3056	320	900	1308	5232	725
310	775	3100	332	920	1322	5288	732
0,0320	0,0787	0,0003148	343	0,0940	0,1335	0,0005340	739
330	799	3196	355	960	1349	5396	748
340	811	3244	366	980	1363	5452	755
350	823	3292	378	0,1000	0,1378	0,0005512	762
360	835	3340	389				

Tabelle 5.

$$F_e' = F_e. \quad \text{Für mittlere Extremitäten.}$$

$\sigma_b = 40$ kg/cm²	Veränderlicher Bewehrungsgrad											
Leitwert	$\sigma_e = 700$		$\sigma_e = 800$		$\sigma_e = 900$		$\sigma_e = 1000$		$\sigma_e = 1100$		$\sigma_e = 1200$ kg/cm²	
$\dfrac{e}{N_1}$	$\dfrac{d}{N_1}$	$1000\dfrac{F_e^{(\prime)}}{N_1}$	$\dfrac{d}{N_1}$	$1000\dfrac{F_e^{(\prime)}}{N_1}$	$\dfrac{d}{N_1}$	$1000\dfrac{F_e^{(\prime)}}{N_1}$	$\dfrac{d}{N_1}$	$1000\dfrac{F_e^{(\prime)}}{N_1}$	$\dfrac{d}{N_1}$	$1000\dfrac{F_e^{(\prime)}}{N_1}$	$\dfrac{d}{N_1}$	$1000\dfrac{F_c^{(\prime)}}{N_1}$
0,100	0,130	0,67	0,142	0,48	0,152	0,36	0,162	0,28	—	—	—	—
110	133	79	145	56	156	43	165	34	—	—	—	—
120	135	90	148	65	159	49	169	38	—	—	—	—
140	138	1,10	153	80	167	62	176	49	—	—	—	—
160	143	1,29	158	95	172	73	183	58	—	—	—	—
180	146	1,46	164	1,07	178	84	188	67	0,201	0,55	—	—
200	150	1,64	169	1,19	183	95	195	75	208	63	—	—
225	153	1,86	175	1,36	189	1,06	203	84	215	71	—	—
250	—	—	180	1,51	195	1,17	209	95	223	80	—	—
275	—	—	185	1,66	201	1,28	216	1,04	230	88	—	—
0,300	—	—	0,190	1,78	0,207	1,40	0,222	1,13	0,237	0,95	0,249	0,79
330	—	—	196	1,95	213	1,51	230	1,23	245	1,03	257	87
360	—	—	201	2,10	219	1,62	237	1,33	253	1,11	266	94
390	—	—	206	2,24	224	1,73	244	1,42	260	1,20	273	1,00
420	—	—	—	—	230	1,84	250	1,52	267	1,27	280	1,06
450	—	—	—	—	236	1,95	257	1,60	274	1,34	288	1,13
480	—	—	—	—	241	2,06	263	1,68	281	1,41	295	1,20
510	—	—	—	—	247	2,17	269	1,78	287	1,48	302	1,27
540	—	—	—	—	253	2,28	274	1,86	293	1,55	310	1,33
570	—	—	—	—	258	2,39	279	1,93	299	1,62	316	1,39
0,600	—	—	—	—	0,264	2,50	0,285	2,01	0,305	1,69	0,322	1,44
630	—	—	—	—	269	2,59	291	2,10	311	1,76	329	1,49
670	—	—	—	—	275	2,70	298	2,19	318	1,83	337	1,56
710	—	—	—	—	281	2,80	304	2,29	326	1,91	345	1,63
750	—	—	—	—	287	2,91	310	2,38	333	1,99	352	1,70
790	—	—	—	—	292	3,01	316	2,47	340	2,06	360	1,77
830	—	—	—	—	298	3,12	323	2,56	347	2,14	367	1,83
870	—	—	—	—	303	3,22	330	2,64	353	2,23	374	1,89
910	—	—	—	—	309	3,33	336	2,73	359	2,30	381	1,95
950	—	—	—	—	0,314	3,43	342	2,82	365	2,37	388	2,01
0,990	—	—	—	—	—	—	0,348	2,90	0,372	2,42	0,395	2,07
1,030	—	—	—	—	—	—	354	2,98	379	2,49	402	2,13
1,070	—	—	—	—	—	—	360	3,07	385	2,55	409	2,19
1,120	—	—	—	—	—	—	367	3,15	392	2,63	417	2,26
1,170	—	—	—	—	—	—	373	3,24	402	2,72	424	2,32

Tabelle 6.

$F_e' = F_e$. Für große Exzentrizitäten.

$\sigma_b = 40$ kg/cm$_2$	Veränderlicher Bewehrungsgrad					
Leitwert	$\sigma_e = 1000$		$\sigma_e = 1100$		$\sigma_e = 1200$ kg/cm^2	
$\dfrac{e}{N_1}$	$\dfrac{d}{N_1}$	$1000\dfrac{F_e^{(\prime)}}{N_1}$	$\dfrac{d}{N_1}$	$1000\dfrac{F_e^{(\prime)}}{N_1}$	$\dfrac{d}{N_1}$	$1000\dfrac{F_e^{(\prime)}}{N^1}$
1,220	0,379	3,34	0,407	2,80	0,431	2,39
1,270	386	3,43	414	2,89	439	2,45
1,320	392	3,52	421	2,96	445	2,52
1,370	398	3,60	428	3,03	452	2,57
1,420	405	3,68	434	3,10	458	2,63
1,470	0,410	3,77	0,441	3,17	0,465	2,69
1,520	416	3,85	448	3,24	472	2,75
1,570	422	3,93	454	3,31	479	2,81
1,630	429	4,03	461	3,38	487	2,88
1,690	436	4,13	467	3,45	495	2,95
1,750	442	4,22	474	3,52	503	3,02
1,810	448	4,31	480	3,60	510	3,08
1,870	454	4,39	487	3,67	517	3,14
1,930	461	4,48	493	3,74	524	3,20
1,990	467	4,57	500	3,82	531	3,27
2,050	0,472	4,66	0,506	3,89	0,538	3,33
2,110	479	4,74	513	3,96	545	3,39
2,170	485	4,83	520	4,03	552	3,45
2,240	492	4,93	528	4,11	560	3,52
2,310	500	5,03	535	4,20	567	3,59
2,380	507	5,14	543	4,28	574	3,65
2,450	514	5,24	551	4,36	582	3,71
2,600	530	5,46	564	4,52	597	3,78
2,800	0,551	5,75	581	4,57	618	4,03
3,200	—	—	616	4,66	655	4,36
3,600	—	—	0,651	4,75	0,689	4,66
4,000	—	—	684	5,84	722	4,95
4,400	—	—	712	6,13	755	5,25
4,800	—	—	739	6,63	788	5,55
5,200	—	—	767	6,72	819	5,81
5,600	—	—	793	7,02	849	6,07
6,000	—	—	821	7,31	879	6,33
6,400	—	—	850	7,61	910	6,59
6,800	—	—	0,883	7,91	0,940	6,85

Ausnutzung angepaßt, beschränken. Dementsprechend sind die Kunze-schen Tabellen, aufgestellt für kleine, mittlere und große Exzentrizitäten und die Verhältnisse $F'_e = 0$ bzw. $F_e = F'_e$, auch an besondere Bewehrungsgrößen gebunden. Die bei zentrisch gedrückten Querschnitten übliche Bewehrungsmindestzahl $= 0,8$ vH ist auch hier für kleine Exzentrizitäten, doppelte Bewehrung und $F_e = F'_e$ beibehalten; diese Tabelle ist also unter der Voraussetzung einer Zug- und Druck-bewehrung von je 0,4 vH aufgebaut, zumal von letzterer im Falle kleiner Exzentrizitäten nur unter ganz besonderen Umständen ab-gesehen werden darf. Im allgemeinen reicht auch eine Bewehrungs-zahl von 0,8 vH aus, wenn bei exzentrischem Kraftangriffe innerhalb des Kernes die größte Pressung kleiner als $\sigma_{b_d\,\mathrm{zul}}$ ist. In gleichem Sinne sind auch die Tabellen für $F'_e = 0$ bei kleiner Abweichung der Kraft aus der Mitte für 0,4 vH aufgestellt, während für mittlere und größere Exzentrizitäten die Bewehrungsverhältnisse veränderlich gelassen sind. Diese Tabellen enthalten die gesuchten Querschnittsgrößen für $\sigma_b = 40$, $\sigma_e = 700, 800, 900, 1000, 1100$ und $1200\ \mathrm{kg/cm^2}$ und geben die Möglich-keit, unter den verschieden stark bewehrten Querschnitten den wirt-schaftlichsten herauszuwählen. Hierbei ist zu beachten, daß mit hoher Exzentrizität i. d. R. auch ein höherer σ_e-Wert wirtschaftlich Hand in Hand geht. Die Anwendung der Tabellen lassen die nachfolgenden Zahlenbeispiele erkennen.

Vorausgesetzt ist bei Aufstellung der Tabellen ein Abstand der Eisen vom Rande $a = h' = 0,06\,d$.

Beispiele zur Anwendung der Dr. Kunzeschen Tabellen[1]).

1. Beispiel für kleine Exzentrizität.

Ein Verbundpfeiler sei beansprucht durch: $N = 110$ t; $M = 60,5$ t$\cdot$m. Aus konstruktiven Gründen wird festgesetzt: $b = 60$ cm. Alsdann ist:

$$\frac{N}{b} = N_1 = \frac{110\,000}{60} = 1835\ \mathrm{kg}\,,$$

$$\frac{M}{b} = M_1 = \frac{6\,050\,000}{60} = 101\,000\ \mathrm{kg \cdot cm}\,,$$

$$e = \frac{M}{N} = \frac{M_1}{N_1} = \frac{6\,050\,000}{110\,000} = 55\ \mathrm{cm}\,.$$

Demgemäß wird der Leitwert: $\dfrac{e}{N_1} = \dfrac{55}{1835} = 0,0300.$

---

[1]) Vgl. die Anm. 1 auf S. 489. Der dort zuletzt genannten Veröffentlichung sind die nachfolgenden Beispiele entnommen.

Für diesen Leitwert ergibt sich für zweiseitige Bewehrung, wie sie hier selbstverständlich ist, aus Tabelle 4:

$$\frac{d}{N_1} = 0{,}0764 \,, \qquad d = 0{,}0764 \cdot 1835 = 140 \text{ cm} \,,$$

$$\frac{F_e}{N_1} = 0{,}0003056 \,, \qquad F_e = F'_e = 0{,}0003056 \cdot 1835 = 0{,}562 \text{ cm}$$

d. h. auf 60 cm Breite $= b$.

$$F_e = F'_e = 60 \cdot 0{,}562 = 33{,}72 \text{ cm}^2 \,.$$

Hieraus folgt ein Bewehrungsverhältnis $\dfrac{F_e + F'_e}{F_b} = \dfrac{33{,}72 \cdot 2}{140 \cdot 60} = 0{,}008$,

d. h. 0,8 vH, wie in der Tabelle vorausgesetzt. Daraus folgt endlich die Spannung: $\sigma_e = 320 \text{ kg/cm}^2$.

Prüft man die Rechnung danach, ob der gewählte Querschnitt tatsächlich eine Normalkraft $= 110$ t und ein Moment $= 60,5$ t $\cdot$ m aufnehmen kann, so ist (bei Berücksichtigung des Randabstandes der Eisen von $0,06\, d$):

$$x = \frac{(d - a)\, n\, \sigma_b}{n\, \sigma_b + \sigma_e} = \frac{140 \cdot 0{,}94 \cdot 15 \cdot 40}{15 \cdot 40 + 320} = \frac{79\,000}{920} = 85{,}8 \text{ cm} \,,$$

$$h' = a = 8{,}4 \text{ cm} \,, \qquad d - h' - \frac{x}{3} = z = 131{,}6 - 28{,}6 = 103{,}0 \text{ cm} \,,$$

$$d - a - h' = 123{,}2 \text{ cm} \,,$$

$$\sigma'_e = \sigma_b \cdot n\, \frac{x - h'}{x} = 40 \cdot 15 \cdot \frac{85{,}8 - 8{,}4}{85{,}8} = 542 \text{ kg/cm}^2 \,.$$

Demgemäß kann eine Normalkraft $=$ der Summe der vorhandenen inneren Kräfte aufgenommen werden:

$$\left.\begin{aligned}
D_b = \sigma_b b\, \frac{x}{2} &= 40 \cdot 60\, \frac{85{,}8}{2} = 103\,000 \text{ kg} \\[2mm]
F'_e\, \sigma'_e &= 33{,}72 \cdot 542 = 18\,200 \text{ kg}
\end{aligned}\right\} \text{ Summe der Druckkräfte}$$

$$F_e\, \sigma_e = 33{,}72 \cdot 320 = 10\,780 \text{ kg Zugkraft.}$$

Demgemäß ist also die Summe aller inneren Kräfte $= 110\,440$ kg $\eqsim 111\,000$ kg $= N$.

Der Querschnitt ist also nur um 0,4 vH zu hoch bemessen.

Bezieht man in gleichem Sinne das Moment der inneren Kräfte auf die Zugeisen, so wird:

a) Moment von D_b übernommen:

$$\sigma_b b\, \frac{x}{2}\left(d - h' - \frac{x}{3}\right) = 40 \cdot 60 \cdot \frac{1}{2}\, 85{,}8 \cdot 103{,}0 = 10\,600\,000 \text{ kg} \cdot \text{cm}$$

b) von der Druckeiseneinlage $\sigma_e F_e$:

$$\sigma_e F_e' (d - h' - a) = 542 \cdot 33{,}72 \cdot 123{,}2 = \underline{2\,240\,000 \text{ kg} \cdot \text{cm}}$$
$$\sum = 12\,840\,000 \text{ kg} \cdot \text{cm}\,.$$

Vorhanden ist ein Moment der äußeren Kräfte:

$$M + N\left(\frac{d}{2} - a\right) = 6\,050\,000 + 110\,000 \cdot (70 - 8{,}4) = 12\,830\,000 \text{ kg} \cdot \text{cm}\,.$$

Auch hier zeigt sich eine ausreichende Übereinstimmung.

Beispiel 2 für größere Exzentrizitäten. $F_e = F_e'$.

Gegeben sei: $N = 20\,000$ kg; $e = 800$ cm; $b = 50$ cm. Hieraus folgt:

$$N_1 = \frac{20\,000}{50} = 400 \text{ kg/cm}, \quad \text{Leitwert } \frac{e}{N_1} = \frac{800}{400} = 2{,}00\,,$$

Tabelle 6 liefert: für $\dfrac{e}{N_1} = 2{,}00$ bzw. für $1{,}99$. Die Werte

a) Für $\sigma_e = 1200$ kg/cm^2 $\dfrac{d}{N_1} = 0{,}531$ und $\dfrac{F_e}{N_1} = 0{,}00327$,

b) ,, $\sigma_e = 1100$,, $\dfrac{d}{N_1} = 0{,}500$ $\dfrac{F_e}{N_1} = 0{,}00382$,

c) ,, $\sigma_e = 1000$,, $\dfrac{d}{N_1} = 0{,}467$ $\dfrac{F_e}{N_1} = 0{,}00457$.

Demgemäß wird für:

a) $d = 400 \cdot 0{,}531 = 212{,}4$ cm $F_e = F_e' = 0{,}00327 \cdot 400\, b =$
b) $d = 400 \cdot 0{,}500 = 200$,, $F_e = F_e' = 0{,}00382 \cdot 400\, b =$
c) $d = 400 \cdot 0{,}467 = 187$,, $F_e = F_e' = 0{,}00457 \cdot 400\, b =$

$$= 0{,}00327 \cdot 400 \cdot 50 = 65{,}4 \text{ cm}^2,$$
$$= 0{,}00382 \cdot 400 \cdot 50 = 76{,}4 \text{ ,,}$$
$$= 0{,}00457 \cdot 400 \cdot 50 = 91{,}4 \text{ ,, } .$$

Nach diesen Angaben kann man einen wirtschaftlichen Vergleich aufstellen. Nimmt man beispielsweise bei ihm an, daß der Eisenpreis für 1 cm³ 50 mal so hoch ist als der für 1 cm³ Beton, so ergeben sich für die obigen drei Fälle a), b), c) die folgenden Einheitskosten:

a) für $\sigma_e = 1200$ $213 \cdot 50 \cdot 1 + 64{,}4 \cdot 50 = 13\,920$,
b) ,, $\sigma_e = 1100$ $200 \cdot 50 \cdot 1 + 76{,}4 \cdot 50 = 13\,820$,
c) ,, $\sigma_e = 1000$ $187 \cdot 50 \cdot 1 + 91{,}4 \cdot 50 = 13\,920$.

Man erkennt, daß der Unterschied kein erheblicher ist, aber immerhin die Verhältnisse unter b) bei obiger Annahme die wirtschaftlich günstigste Auswirkung bedingen.

Prüft man auch diesen Querschnitt baupolizeilich, so ergibt sich für Fall b) ($\sigma_e = 1100$ kg/cm²):

$$d - a = 0,94 \cdot 200 = 188 \text{ cm}; \quad b = 50,0 \text{ cm}; \quad d - 2a = 0,88 \cdot 200 = 176 \text{ cm};$$

$$a = h' = 12,0 \text{ cm}.$$

$$x = \frac{(d - a)\, n\, \sigma_b}{n\, \sigma_b + \sigma_e} = \frac{188 \cdot 15 \cdot 40}{15 \cdot 40 + 1100} = 66,3 \text{ cm},$$

$$z = d - a - \frac{x}{3} = 188 - 22,1 = 165,9 \text{ cm},$$

$$\sigma_e = 1100, \quad \sigma'_c = 15 \cdot 40 \cdot \frac{66,3 - 12}{66,3} = 492 \text{ kg/cm}^2.$$

Demgemäß ist die von den inneren Kräften
a) aufgenommene Druckkraft:

$$D_b = \frac{40}{2}\, 50 \cdot 66,3 = 66\,300 \text{ kg},$$

vom Druckeisen: $D'_e = 492 \cdot 76,4 \quad = 37\,500$ kg,

vom Zugeisen: $Z_e = 1100 \cdot 76,4 \quad = 84\,000$,, ,

also $\sum D_b + D'_e - Z_e = 19\,800$ kg $\cong 20\,000 \cong N$.

b) das aufgenommene Moment der inneren Kräfte, bezogen auf die Zugeiseneinlage:

$$M_b = D_b \cdot z = 66\,3000 \cdot 165,9 \qquad\qquad = 11\,070\,000$$
$$M'_e = D'_e \cdot (d - a - h') = 37\,500 \cdot 176,0 = \underline{\quad 6\,610\,000}$$
$$\sum M'_{b+e} = 17\,680\,000.$$

Demgegenüber steht auf dieselbe Wirkungslinie bezogen ein Moment der äußeren Kräfte:

$$M = 20\,000 \left(800 + \frac{176}{2}\right) = 17\,760\,000 \text{ kg} \cdot \text{cm}$$

ausreichend genau $=$ dem vorstehend ermittelten.

III. Die Rechnungsart Spangenberg[1]).

Bei Aufstellung seiner Tabellen geht Spangenberg von den bekannten Spannungen σ_b und σ_e und dem Verhältnis $\mu = F_e : F'_e$ aus, das er ebenfalls als bekannt voraussetzt, und findet dann die nutzbare Höhe des Querschnittes h (aus ihr $d = h + a$) und die Bewehrung in der Zugzone (weiterhin F'_e) mit Hilfe der nachfolgend gegebenen ein-

---

[1]) Vgl. hierzu: Allgemeine Beziehungen für die Bemessung rechteckiger Eisenbetonquerschnitte bei Kraftangriff außerhalb des Kernes. Von Direktor Dipl.-Ing. (jetzt Professor) Spangenberg in: Otto Mohr zum achtzigsten Geburtstag. Berlin 1916. Verlag von Wilhelm Ernst & Sohn. S. 193ff.

fachen Gleichungen, aufgestellt für eine exzentrisch wirkende **Druck-kraft**.

$$h = \alpha \cdot \frac{N}{b}\left[1 + \sqrt{1 + \frac{b}{\beta \cdot N}\left(e - \frac{a}{2}\right)}\right] ; \qquad (124)$$

$$d = h + a ; \qquad F_e = \gamma\left(b \cdot h - \frac{2\,N}{s \cdot \sigma_b}\right) \quad (125); \qquad F'_e = \mu \cdot F_e .$$

Die in diesen Gleichungen vorkommenden Werte α, β, γ und s werden aus den nachstehenden Tabellen gefunden. Für einen **exzentrischen Zug** sind die Gleichungen die folgenden:

$$h = \alpha \cdot \frac{N}{b}\left[-1 + \sqrt{1 + \frac{b}{\beta N}\left(e + \frac{a}{2}\right)}\right] ; \qquad (124\,a)$$

$$d = h + a ; \qquad F_e = \gamma\left(b h + \frac{2\,N}{s\,\sigma_b}\right) \quad (125\,a); \qquad F'_e = \mu F_e .$$

In diesen Gleichungen sind die Bezeichnungen die allgemein eingeführten, e die Innenexzentrizität des Kraftangriffes, d. h. der Abstand der Kraft N vom Querschnittsmittelpunkt.

Die Tabellen sind bedeutungsvoll, weil sie einmal die Querschnittshöhe liefern, zum anderen einen ziemlich großen Spielraum zwischen F_e und F'_e in sich schließen:

$$u = 0,0; \quad = 0,10, \quad = 0,25, \quad = 0,50 \text{ und } = 1,00.$$

Vorausgesetzt ist auch hierin, wie bei den **Kunze**schen Tabellen, ein Randabstand $h' = a = 0,06\,d$[1]).

Tabelle von Spangenberg.

μ	σ_e	σ_b	α	β	γ	s	μ	σ_e	σ_b	α	β	γ	s
0,00	750	30	0,05079	0,01269	0,007500	0,3750	0,10	750	30	0,05296	0,01464	0,007907	0,3750
	900	35	0,04421	0,01105	0,007163	0,3684		900	35	0,04604	0,01269	0,007541	0,3684
	1000	35	0,04688	0,01172	0,006025	0,3443		1000	35	0,04864	0,01326	0,006307	0,3443
		40	0,03810	0,00952	0,007500	0,3750			40	0,03972	0,01098	0,007907	0,3750
		45	0,03185	0,00796	0,009067	0,4030			45	0,03336	0,00934	0,009630	0,4030
		50	0,02722	0,00680	0,010715	0,4286			50	0,02864	0,00813	0,011462	0,4286
		55	0,02346	0,00586	0,012433	0,4521			55	0,02502	0,00720	0,013397	0,4521
		60	0,02089	0,00522	0,014211	0,4737			60	0,02217	0,00646	0,015424	0,4737
	1200	35	0,05225	0,01306	0,004438	0,3043		1200	35	0,05389	0,01447	0,004607	0,3043
		40	0,04220	0,01055	0,005555	0,3333			40	0,04371	0,01187	0,005800	0,3333
		45	0,03507	0,00877	0,006750	0,3600			45	0,03648	0,01001	0,007091	0,3600
		50	0,02982	0,00745	0,008013	0,3846			50	0,03115	0,00864	0,008468	0,3846
		55	0,02582	0,00645	0,009336	0,4074			55	0,02706	0,00760	0,009926	0,4074
		60	0,02269	0,00567	0,010715	0,4286			60	0,02387	0,00677	0,011462	0,4286

---

[1]) Es ist also der Randabstand der Druckeisen von der meist gedrückten Faser (Querschnittsrand) proportional der gesuchten Querschnittshöhe. Nach

$\mu = 0,25$

μ	σ_e	σ_b	α	β	γ	s
	750	30	0,05557	0,01737	0,008500	0,3750
	900	35	0,04824	0,01497	0,008084	0,3684
		35	0,05073	0,01537	0,006704	0,3443
		40	0,04167	0,01303	0,008500	0,3750
	1000	45	0,03520	0,01136	0,010470	0,4030
		50	0,03039	0,01013	0,012610	0,4286
		55	0,02668	0,00918	0,014925	0,4521
		60	0,02376	0,00845	0,017400	0,4737
		35	0,05580	0,01629	0,004834	0,3043
		40	0,04547	0,01360	0,006135	0,3333
	1200	45	0,03817	0,01173	0,007579	0,3600
		50	0,03274	0,01034	0,009137	0,3846
		55	0,02858	0,00927	0,010816	0,4074
		60	0,02533	0,00844	0,012610	0,4286

$\mu = 0,50$

μ	σ_e	σ_b	α	β	γ	s
	750	30	0,06026	0,02378	0,009807	0,3750
	900	35	0,05222	0,02030	0,009277	0,3684
		35	0,05454	0,02014	0,007554	0,3443
		40	0,04520	0,01783	0,009807	0,3750
	1000	45	0,03848	0,01624	0,012390	0,4030
		50	0,03346	0,01514	0,015327	0,4286
		55	0,02958	0,01437	0,018670	0,4521
		60	0,02651	0,01385	0,022440	0,4737
		35	0,05933	0,02030	0,005308	0,3043
		40	0,04877	0,01762	0,006869	0,3333
	1200	45	0,04121	0,01573	0,008640	0,3600
		50	0,03560	0,01436	0,010630	0,3846
		55	0,03129	0,01336	0,012850	0,4074
		60	0,02789	0,01262	0,015327	0,4286

$\mu = 1,00$

μ	σ_e	σ_b	α	β	γ	s
	750	30	0,06940	0,04633	0,014160	0,3750
	900	35	0,05998	0,03860	0,013160	0,3684
		35	0,06201	0,03331	0,010120	0,3443
		40	0,05205	0,03474	0,014160	0,3750
	1000	45	0,04482	0,03556	0,019550	0,4030
		50	0,03935	0,03781	0,026930	0,4286
		55	0,03509	0,04194	0,037450	0,4521
		60	0,03168	0,04895	0,053360	0,4737
		35	0,06631	0,03177	0,006602	0,3043
		40	0,05520	0,02989	0,008997	0,3333
	1200	45	0,04717	0,02903	0,012000	0,3600
		50	0,04116	0,02905	0,015780	0,3846
		55	0,03651	0,02986	0,020620	0,4074
		60	0,03280	0,03153	0,026930	0,4286

Die Anwendung der Tabelle mögen die nachfolgenden Beispiele erläutern.

1. Gegeben sei:

$$M = 18000 \; \mathrm{kg \cdot m},$$
$$N = 20000 \; \mathrm{kg}, \quad h' = 7 \; \mathrm{cm},$$
$$\sigma_b = 40, \quad \sigma_e = 1000 \; \mathrm{kg/cm^2}.$$

Der gesuchte Querschnitt soll nur einseitig bewehrt werden, d. h. $F'_e = 0$, also auch $\mu = 0$, $b = 0,40 \; \mathrm{m}$. Alsdann folgt aus dem ersten Teile der Tabelle:

$$\alpha = 0,03810, \quad \beta = 0,00952,$$
$$\gamma = 0,00750, \quad s = 0,3750$$

dem Vorschlag von Stark und Dankelmann (Deutsche Bauztg., Zement-Mitteil. 1914, S. 182) kann angenommen werden, daß der Prozentsatz, welcher das Verhältnis $h' : d$ darstellt, zweckmäßig anzunehmen ist:

für $h < 45 \; \mathrm{cm}$ . . . . . $= 0,10$

für $h = 45$ bis $90 \; \mathrm{cm}$ . . $= 0,06$

für $h = 90$ bis $200 \; \mathrm{cm}$. $= 0,03$

Da bei der Spangenbergschen Tabelle also ein Verhältnis $= 0,06$ zugrunde gelegt ist, gilt sie mit besonderer Genauigkeit für Querschnittshöhen von 45 bis 90 cm, also die in der Praxis meist vorkommenden Abmessungen, kann aber naturgemäß mit durchaus ausreichender Annäherung auch für nicht allzuweit hiervon abweichende h-Werte angewendet werden; ($h = d - h'$).

$$e = \frac{M}{N} = \frac{18000}{20000} = 0,90 \text{ m} = 90 \text{ cm}$$

$$h = 0,03810 \cdot \frac{20000}{40} \left[1 + \sqrt{1 + \frac{40}{0,00952 \cdot 20000}\left(90 - \frac{7}{2}\right)} \right]$$

$$= 0,03810 \cdot 500 \cdot (1 + \sqrt{19,15}) = 102,3 \text{ cm}, \tag{124}$$

$$d = h + a = 102,3 + 7,0 = 109,3 \text{ cm}$$

$$F_e = 0,00750 \cdot \left(40 \cdot 102,3 - \frac{2 \cdot 20000}{0,3750 \cdot 40}\right) \tag{125}$$

$$\cong 0,00750 \, (4100 - 2670) = 10,7 \text{ cm}^2.$$

Rechnet man das gleiche Beispiel nach den Kunzeschen Tabellen aus, so wird:

$$e = \frac{M}{N} = 0,90 , \qquad N_1 = \frac{N}{b} = \frac{20000}{40} = 500 ,$$

hieraus ergibt sich der „Leitwert" $= \dfrac{e}{N_1} = \dfrac{90}{500} = 0,180$ und aus

Tabelle 2 (S. 491) für mittlere Exzentrizitäten:

$$\frac{d}{N_1} = 0,213 , \qquad d = 0,222 \cdot 500 = 111,0 \text{ cm}$$

für $\sigma_e = 1000$ und

$$\frac{F_{e_1}}{N_1} = 0,00056 , \qquad F'_e = 0,00056 \cdot 500 \cdot 40 = 11,2 \text{ cm}^2.$$

Bemerkenswert ist, daß sich fast genau die gleichen Ergebnisse zeigen, wie sie aus den Kunzeschen Tabellen abgeleitet worden sind. Daraus folgt, daß die Spangenbergschen Tabellen, wenn sie auch bei Ausrechnung der einzelnen Werte eine kleine Mehrarbeit gegenüber den beiden voranstehenden Tabellen bedingen, ihnen doch durchaus gleichwertig sind.

2[1]). Für den Querschnitt eines exzentrisch beanspruchten Rahmenstückes sei gegeben: $N = 10\,000$ kg; $e = 150$ cm; $b = 50$ cm (aus architektonischen Gründen); $a = h' = 4$ cm; $\sigma_b = 40$, $\sigma_e = 1000$ kg/cm²; $\mu = 0,5 = \dfrac{F'_e}{F_e}$, also: $F'_e = 0,5\,F_e$.

Aus Gleichung (124) folgt:

$$d = \frac{\alpha N}{b}\left[1 + \sqrt{1 + \frac{b}{\beta N}\left(e - \frac{a}{2}\right)} \right]$$

für $\alpha = 0,04520 , \quad \beta = 0,01783 ,$

$$h = d - a = 0,04520 \frac{10000}{50}\left[1 + \sqrt{1 + \frac{50}{0,01783 \cdot 10000}(150 - 2)} \right] = 68 \text{ cm},$$

$$d = 68 + 4 = 72 \text{ cm};$$

---

[1]) Vgl. die auf S. 499 in Anm. 1 angeführte Quelle.

ferner ist nach der Tabelle $\gamma = 0,09807$, $s = 0,375$ und somit:

$$F_e = \gamma \left(b\,h - 2\,\frac{N}{s\,\sigma_b} \right) = 0,009807 \left(50 \cdot 68 - \frac{2 \cdot 10\,000}{0,375 \cdot 40} \right) = 20,3 \text{ cm}^2\,.$$

3. Soll im Beispiel 2) $u = 0$ sein, eine Bewehrung des Querschnittes also nur auf der Zugseite eintreten, so wird:

$$\alpha = 0,0381\,, \quad \beta = 0,00952\,, \quad \gamma = 0,00750\,, \quad s = 0,375\,.$$

Dann ergibt sich $h = d - a = 75$ cm; $d = $ rd. 80 cm; $F_e = 18,1$ cm^2; $F_e' = 0$.

4. Ist bei einfacher Bewehrung N eine Zugkraft $= 10\,000$ kg, $e = 150$ cm, und werden sonst die Verhältnisse des Beispiels 2 beibehalten, so wird:

$$h = d - a = \frac{\alpha \cdot N}{b} \left[-1 + \sqrt{1 + \frac{b}{\beta\,N} \left(e + \frac{a}{2} \right)} \right]$$

und für die Werte α, β, γ, und s, welche naturgemäß die gleichen bleiben wie in Beispiel 3:

$$h = \frac{0,0381 \cdot 10\,000}{50} \left[-1 + \sqrt{1 + \frac{50}{0,00952 \cdot 10\,000}\,(150 + 2)} \right] = 61 \text{ cm}\,,$$

$$d = 65 \text{ cm}\,,$$

$$F_e = \gamma \left(b\,h + \frac{2\,N}{\sigma_b \cdot s} \right) = 0,00750 \left(50 \cdot 61 + \frac{2 \cdot 10\,000}{40 \cdot 0,375} \right) = 32,8 \text{ cm}^2.$$

Eine Erweiterung der Spangenbergschen Berechnungsart, und zwar in Ausdehnung auf **Plattenbalken**, gibt v. Thullie[1]). Er entwickelt hierbei die gesuchte nutzbare Querschnittshöhe in der Gleichung:

$$h = \frac{\alpha\,P}{b} \left[1 + \sqrt{1 + \frac{b}{P \cdot \beta} \left(v - \frac{a}{2} \right)} \right] \tag{126}$$

und die Eiseneinlage in der Form:

$$F_e = \frac{s\,\sigma_b\,q}{2\,\sigma_e\,(1 - p)} \left(b\,h\,\varphi - \frac{2\,P}{s\,\sigma_b} \right)$$

$$= \gamma \left(b\,h\,\varphi - \frac{2\,P}{s\,\sigma_b} \right)\,. \tag{127}$$

$$F_e' = \mu\,F_e\,.$$

Bei der Entwicklung dieser Beziehungen ist vorausgesetzt: $a = p\,h$, $= p\,(d_0 - a)$, und zwar sind für p die Werte $0,06$ und $0,10$ herangezogen. Ferner ist (vgl. Abb. 173) $\frac{b_0}{b} = k$ in den Grenzen $0,1$, $0,2$, $0,3$, ebenso $\frac{d}{h} = \delta_1$ in den Grenzen $0,1$, $0,2$, $0,3$ zugrunde gelegt und $\mu = \frac{F_e'}{F_e}$ ein-

---

[1]) Vgl. Zur Dimensionierung exzentrisch gedrückter T-Querschnitte von Dr. M. Ritter von Thullie. Österreich. Wochenschr. f. d. öffentl. Baudienst, 1918, Heft 9.

geführt. In den obigen Gleichungen stellt P die exzentrisch wirkende Normalkraft, v den Abstand derselben von der die Höhe d_0 halbierenden

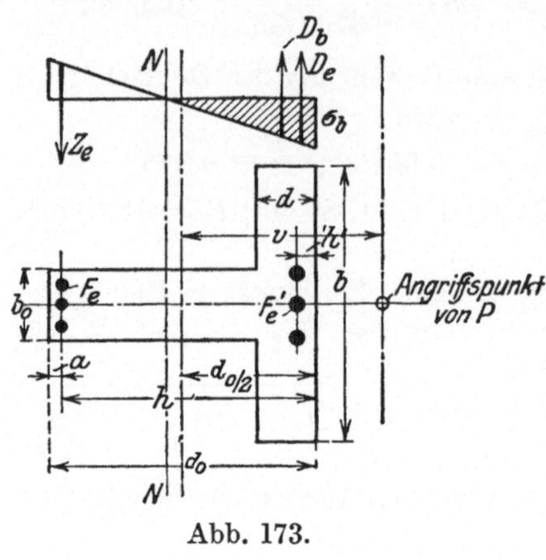

Abb. 173.

Parallelen zu NN dar. α, β, γ und φ sind Beiwerte, für die unter Innehaltung der obigen Grenzen, sowie für die Spannungen $\sigma_b = 40$, $\sigma_e = 1000$ und 1200 kg/cm² , sowie für $\sigma_b = 42$, 37, 32 und $\sigma_e = 1000$ kg/cm² (entsprechend den früheren österreichischen Bestimmungen) Tabellen — und zwar von Kunze bzw. v. Thullie — aufgestellt sind, während s den bekannten Wert $\dfrac{n\,\sigma_b}{n\,\sigma_b + \sigma_e} = \dfrac{15\,\sigma_b}{15\,\sigma_b + \sigma_e}$ darstellt. Es beträgt bei $\sigma_e = 1200$ und $\sigma_b = 40$ kg/cm², $s = 0{,}411$,

während für $\sigma_e = 1000$ kg/cm² und für:

$$\sigma_b = \quad 42 \qquad\qquad 40 \qquad\qquad 37 \qquad\qquad 32 \ \text{kg/cm}^2$$
$$s = 0{,}3865 \qquad\ 0{,}375 \qquad\quad 0{,}3569 \qquad\ 0{,}3243$$

sich ergibt.

Unter Innehaltung der oben mitgeteilten Werte für k, δ_1 und der Werte s sind zunächst Tabellen für die φ-Werte, weiterhin für

$$\gamma = \frac{s\,\sigma_b \cdot q}{\sigma\sigma_b\,(1 - p)}\,, \qquad q = \frac{1 - p}{1 - \mu\,\dfrac{s - p}{1 - s}}\,,$$

($p = 0{,}10$ bzw. $0{,}06$) und endlich für α und β — Funktionen der k- bzw. δ_1-Werte — aufgestellt.

Tabellen zur Berechnung exzentrisch auf Druck belasteter Plattenbalken.

Tabelle Ia (nach Kunze).

Werte $\varphi = 1 - (1 - k)\left(1 - \dfrac{\delta_1}{s}\right)^2$.

$\sigma_b = 40$	$k = 0{,}1$		$k = 0{,}2$		$k = 0{,}3$	
	$\sigma_e = 1000$	$\sigma_e = 1200$	$\sigma_e = 1000$	$\sigma_e = 1200$	$\sigma_e = 1000$	$\sigma_e = 1200$
$\delta_1 = 0{,}1$	$\varphi = 0{,}517$	$\varphi = 0{,}559$	$\varphi = 0{,}570$	$\varphi = 0{,}608$	$\varphi = 0{,}625$	$\varphi = 0{,}657$
$\delta_1 = 0{,}2$	$\varphi = 0{,}805$	$\varphi = 0{,}856$	$\varphi = 0{,}827$	$\varphi = 0{,}872$	$\varphi = 0{,}848$	$\varphi = 0{,}888$
$\delta_1 = 0{,}3$	$\varphi = 0{,}964$	$\varphi = 0{,}991$	$\varphi = 0{,}968$	$\varphi = 0{,}992$	$\varphi = 0{,}972$	$\varphi = 0{,}993$

$$\text{Tabelle Ib (nach v. Thullie).}$$
$$\text{Werte } \varphi = 1 - (1 - k)\left(1 - \frac{\delta_1}{s}\right)^2.$$

		$k = 0{,}1$			$k = 0{,}2$			$k = 0{,}3$		
	σ_b	42	37	32	42	37	32	42	37	32
$\delta_1 = 0{,}1$	$\varphi =$	0,506	0,534	0,569	0,561	0,585	0,617	0,616	0,637	0,665
$\delta_1 = 0{,}2$	$\varphi =$	0,790	0,826	0,868	0,814	0,845	0,883	0,837	0,864	0,897
$\delta_2 = 0{,}3$	$\varphi =$	0,955	0,977	0,995	0,960	0,980	0,995	0,965	0,982	0,996

$$\text{Tabelle IIa (nach Kunze).}$$
$$\text{Werte } \gamma = \frac{s \cdot \sigma_b \cdot q}{2 \cdot \sigma_e (1 - p)} \;;\quad q = \frac{1 - p}{1 - \mu \dfrac{s - p}{1 - s}}.$$

$\sigma_b = 40$		$p = 0{,}10$				$p = 0{,}06$			
$\sigma_e =$		$\mu = 0{,}00$	0,25	0,50	1,00	$\mu = 0{,}00$	0,25	0,50	1,00
1000	$\gamma =$	0,00750	0,00841	0,00962	0,01338	$\gamma = 0{,}00750$	0,00857	0,01000	0,01510
1200	$\gamma =$	0,00556	0,00609	0,00674	0,00855	$\gamma = 0{,}00556$	0,00616	0,00696	0,00938

$$\text{Tabelle IIb (nach v. Thullie).}$$
$$\text{Werte } \gamma = \frac{s \cdot \sigma_b \cdot q}{2\sigma_e (1 - p)} \;;\quad q = \frac{1 - p}{1 - \mu \dfrac{s - p}{1 - s}}.$$

$\sigma_e = 1000$		$p = 0{,}10$				$p = 0{,}06$			
$\sigma_b =$		$\mu = 0{,}00$	0,25	0,50	1,00	0,00	0,25	0,50	1,00
42	$\gamma =$	0,00812	0,00919	0,01059	0,01523	0,00811	0,00937	0,01105	0,01734
37	$\gamma =$	0,00660	0,00733	0,00825	0,01100	0,00660	0,00739	0,00858	0,01227
32	$\gamma =$	0,00519	0,00565	0,00623	0,00777	0,00519	0,00573	0,00645	0,00852

Die Tabellen[1]) sind, wie erwähnt, für $a : (d_0 - a) = p = 0{,}06$ und $0{,}10$ aufgestellt worden. Die erstere Grenze ist anzunehmen, wenn eine größere, die letztere, wenn eine geringere Querschnittshöhe zu erwarten steht. Ferner sind für die Verhältnisse $b_0 : b = k$ und auch $\dfrac{d}{h} = \delta_1$ die Werte 0,1, 0,2 und 0,3 zugrunde gelegt worden, d. h. man kann mit den Tabellen unmittelbar Plattenbalkenquerschnitte berechnen, deren Rippenbreite 1, 2 und 3 Zehntel der Plattenbreite und deren Plattendicke 1, 2 und 3 Zehntel der wirksamen Höhe ist. Zwischenschaltungen sind zwischen den Werten für $k = 0{,}1$, 0,2 und 0,3 erlaubt, zwischen den Werten $\delta_1 = 0{,}1$, 0,2 und 0,3 ergeben sie jedoch zu ungenaue Werte; die Linie der Werte α und β ist als Funktion der k-Werte annähernd eine Gerade, als Funktion der δ_1-Werte hingegen stark gekrümmt. Man ist also, wenn man die Tabelle anwenden will, gezwungen, die Plattenstärke 1, 2 oder 3 Zehntel von der wirksamen Höhe zu wählen, was aber unschwer einzuhalten ist.

---

[1]) Tabellen III—VI siehe Seite 506—509.

Tabelle III (nach Kunze).

$p = 0,06$ Werte für α u. β. $\sigma_e = \left.\begin{matrix} 1000 \\ 1200 \end{matrix}\right\}$ kg/cm².

$\sigma_b = 40$ kg/cm²

μ	δ_1	σ_e	$k = 0,1$		$k = 0,2$		$k = 0,3$	
			α	β	α	β	α	β
0,00	0,1	1000	0,0688	0,0172	0,0632	0,0158	0,0581	0,0145
		1200	0,0712	0,0178	0,0661	0,0165	0,0618	0,0154
	0,2	1000	0,0457	0,0114	0,0447	0,0112	0,0438	0,0109
		1200	0,0480	0,0120	0,0472	0,0118	0,0465	0,0116
	0,3	1000	0,0392	0,0098	0,0391	0,0098	0,0390	0,0098
		1200	0,0424	0,0106	0,0424	0,0106	0,0424	0,0106
0,25	0,1	1000	0,0761	0,0241	0,0700	0,0222	0,0643	0,0204
		1200	0,0774	0,0234	0,0719	0,0217	0,0672	0,0203
	0,2	1000	0,0504	0,0160	0,0492	0,0156	0,0481	0,0152
		1200	0,0520	0,0157	0,0512	0,0155	0,0505	0,0153
	0,3	1000	0,0431	0,0137	0,0430	0,0136	0,0429	0,0136
		1200	0,0459	0,0139	0,0459	0,0139	0,0459	0,0139
0,50	0,1	1000	0,0839	0,0342	0,0768	0,0312	0,0706	0,0287
		1200	0,0840	0,0310	0,0778	0,0288	0,0725	0,0268
	0,2	1000	0,0552	0,0224	0,0539	0,0219	0,0528	0,0215
		1200	0,0563	0,0208	0,0554	0,0205	0,0545	0,0202
	0,3	1000	0,0470	0,0191	0,0470	0,0191	0,0470	0,0191
		1200	0,0495	0,0183	0,0495	0,0183	0,0495	0,0183
1,00	0,1	1000	0,0989	0,0717	0,0903	0,0654	0,0832	0,0603
		1200	0,0970	0,0557	0,0895	0,0515	0,0834	0,0479
	0,2	1000	0,0646	0,0469	0,0631	0,0457	0,0617	0,0447
		1200	0,0646	0,0372	0,0635	0,0366	0,0624	0,0359
	0,3	1000	0,0548	0,0395	0,0546	0,0395	0,0545	0,0395
		1200	0,0565	0,0325	0,0565	0,0325	0,0565	0,0325

Die einfache Benutzung der Tabellen lassen die nachfolgenden Beispiele erkennen (vgl. Abb. 173, S. 504):

1) Es sei: $P = 30\,000$ kg, $v = 40$ cm, $b = 150$ cm, $F'_e : F_e = \mu = 0,25$, die zulässige Betonspannung $\sigma_b = 40$ kg/cm², die Eisenspannung $\sigma_e = 1000$ kg/cm². Weiter wird angenommen:

$b_0 : b = k = 0,2$; $a = 3$ cm ; $a : (d_0 - a) = p = 0,06$; $\delta_1 = 0,2$.

Mit Hilfe der Tabellen I a, II a und III findet man für diese Werte:

$$\varphi = 0,827; \quad \gamma = 0,00857; \quad \alpha = 0,0492; \quad \beta = 0,0156 .$$

Nach Gleichung (126) wird dann

$$h = d_0 - a = \frac{0,0492 \cdot 30\,000}{150} \left[1 + \sqrt{1 + \frac{150}{30\,000 \cdot 0,0156}\,(40 - 1,5)}\right]$$
$$= 45,7 \text{ cm};$$

$d_0 = 45,7 + 3,0 = 48,7$ cm.

$$F_e = 0,00857 \left(150 \cdot 45,7 \cdot 0,827 - \frac{2 \cdot 30\,000}{0,375 \cdot 40}\right) = 14,30 \text{ cm}^2 \qquad (127)$$

$F'_e = 0,25\,F_e = 3,58$ cm² .

Tabelle IV (nach Kunze).

$p = 0{,}10.$ Werte für α u. β. $\sigma_b = 40\ \text{kg/cm}^2$ $\sigma_e = \left.\begin{array}{c}1000\\1200\end{array}\right\}\ \text{kg/cm}^2.$

μ	δ_1	σ_e	$k = 0{,}1$		$k = 0{,}2$		$k = 0{,}3$	
			α	β	α	β	α	β
0,00	0,1	1000	0,0689	0,0172	0,0633	0,0158	0,0583	0,0146
		1200	0,0713	0,0178	0,0664	0,0166	0,0617	0,0154
	0,2	1000	0,0457	0,0114	0,0447	0,0112	0,0438	0,0109
		1200	0,0480	0,0120	0,0472	0,0118	0,0466	0,0116
	0,3	1000	0,0392	0,0098	0,0390	0,0098	0,0390	0,0098
		1200	0,0425	0,0106	0,0425	0,0106	0,0425	0,0106
0,25	0,1	1000	0,0752	0,0229	0,0688	0,0210	0,0634	0,0193
		1200	0,0764	0,0223	0,0714	0,0208	0,0662	0,0193
	0,2	1000	0,0497	0,0151	0,0486	0,0148	0,0476	0,0146
		1200	0,0513	0,0150	0,0506	0,0148	0,0498	0,0145
	0,3	1000	0,0425	0,0130	0,0424	0,0129	0,0423	0,0129
		1200	0,0454	0,0133	0,0453	0,0132	0,0453	0,0132
0,50	0,1	1000	0,0815	0,0306	0,0746	0,0281	0,0686	0,0258
		1200	0,0818	0,0282	0,0761	0,0262	0,0706	0,0244
	0,2	1000	0,0537	0,0202	0,0525	0,0197	0,0513	0,0193
		1200	0,0547	0,0189	0,0539	0,0186	0,0530	0,0183
	0,3	1000	0,0458	0,0172	0,0457	0,0172	0,0555	0,0171
		1200	0,0483	0,0167	0,0482	0,0166	0,0582	0,0166
1,00	0,1	1000	0,0945	0,0569	0,0864	0,0520	0,0793	0,0477
		1200	0,0924	0,0453	0,0860	0,0422	0,0796	0,0391
	0,2	1000	0,0620	0,0374	0,0605	0,0364	0,0591	0,0356
		1200	0,0616	0,0302	0,0606	0,0298	0,0596	0,0293
	0,3	1000	0,0526	0,0317	0,0524	0,0316	0,0522	0,0314
		1200	0,0540	0,0265	0,0540	0,0265	0,0540	0,0265

Die Richtigkeit der Rechnung ergibt die nachfolgende Probe:
a) Summe der inneren Kräfte:

1)
$$D_b = \frac{1}{2}\, x\, b\, \sigma_b - \frac{1}{2}\, (b - b_0)\, (x - d)\, \sigma_u\,^{1)}$$

$x = 0{,}375 \cdot 45{,}7 = 17{,}12$ cm. $d = 0{,}2 \cdot 45{,}7 = 9{,}14$.

$$D_b = \frac{1}{2} \cdot 17{,}12 \cdot 150 \cdot 40 - \frac{1}{2}\, (150 - 150 \cdot 0{,}2)$$

$$(17{,}12 - 9{,}14) \cdot \frac{40\,(17{,}12 - 9{,}14)}{17{,}12} = 51\,400 - 8960 = 42\,440\ \text{kg.}$$

2)
$$D_e = F'_e\, \sigma'_e = 3{,}58 \,\frac{15 \cdot 40 \cdot (17{,}12 - 3{,}0)}{17{,}12} = 1770\ \text{kg.}$$

3)
$$Z_e = F_e\, \sigma_e = 14{,}30 \cdot 1000 = 14\,300\ \text{kg}^{2)}.$$

---

[1] σ_u bedeutet die Spannung an der Plattenunterkante.
[2] Forts. S. 510.

Tabelle V.
Werte für α und β.

$p = 0{,}06.$ (Nach v. Thullie.) $\sigma_e = 1000 \text{ kg/cm}^2.$

μ	δ_1	σ_b	$k = 0{,}1$		$k = 0{,}2$		$k = 0{,}3$	
			α	β	α	β	α	β
		42	0,0650	0,0162	0,0595	0,0149	0,0548	0,0137
	0,1	37	0,0755	0,0189	0,0697	0,0174	0,0647	0,0162
		32	0,0899	0,0225	0,0837	0,0209	0,0783	0,0196
		42	0,0430	0,0107	0,0420	0,0105	0,0410	0,0102
0,00	0,2	37	0,0504	0,0126	0,0495	0,0124	0,0486	0,0121
		32	0,0609	0,0152	0,0600	0,0150	0,0592	0,0148
		42	0,0366	0,0091	0,0365	0,0091	0,0364	0,0091
	0,3	37	0,0437	0,0109	0,0436	0,0109	0,0436	0,0109
		32	0,0543	0,0136	0,0543	0,0136	0,0543	0,0136
		42	0,0726	0,0234	0,0663	0,0213	0,0609	0,0196
	0,1	37	0,0831	0,0258	0,0767	0,0239	0,0710	0,0221
		32	0,0969	0,0290	0,0906	0,0271	0,0847	0,0253
		42	0,0473	0,0152	0,0467	0,0150	0,0455	0,0147
0,25	0,2	37	0,0547	0,0170	0,0542	0,0169	0,0532	0,0165
		32	0,0657	0,0196	0,0648	0,0194	0,0639	0,0191
		42	0,0405	0,0130	0,0404	0,0130	0,0402	0,0129
	0,3	37	0,0478	0,0149	0,0477	0,0145	0,0476	0,0148
		32	0,0584	0,0175	0,0585	0,0165	0,0585	0,0178
		42	0,0802	0,0337	0,0731	0,0307	0,0671	0,0282
	0,1	37	0,0908	0,0355	0,0836	0,0327	0,0792	0,0310
		32	0,1054	0,0384	0,0980	0,0357	0,0915	0,0333
		42	0,0526	0,0221	0,0513	0,0216	0,0500	0,0210
0,50	0,2	37	0,0602	0,0235	0,0590	0,0231	0,0579	0,0226
		32	0,0711	0,0259	0,0699	0,0255	0,0690	0,0252
		42	0,0444	0,0187	0,0442	0,0186	0,0440	0,0185
	0,3	37	0,0519	0,0203	0,0518	0,0203	0,0517	0,0202
		32	0,0629	0,0229	0,0629	0,0229	0,0629	0,0229
		42	0,0953	0,0748	0,0865	0,0679	0,0805	0,0632
	0,1	37	0,1062	0,0693	0,0975	0,0637	0,0900	0,0588
		32	0,1210	0,0668	0,1122	0,0619	0,1046	0,0577
		42	0,0619	0,0486	0,0603	0,0472	0,0588	0,0461
1,00	0,2	37	0,0697	0,0455	0,0684	0,0447	0,0670	0,0438
		32	0,0809	0,0445	0,0796	0,0439	0,0785	0,0433
		42	0,0519	0,0407	0,0517	0,0406	0,0514	0,0403
	0,3	37	0,0598	0,0391	0,0596	0,0389	0,0596	0,0389
		32	0,0711	0,0392	0,0715	0,0395	0,0714	0,0394

Tabelle VI.
Werte für α und β.

$p = 0,10.$ (Nach v. Thullie.) $\sigma_e = 1000$ kg/cm².

μ	δ_1	σ_b	$k = 0,1$		$k = 0,2$		$k = 0,3$	
			α	β	α	β	α	β
	0,1	42	0,0650	0,0163	0,0595	0,0149	0,0548	0,0137
		37	0,0755	0,0189	0,0697	0,0174	0,0647	0,0162
		32	0,0899	0,0225	0,0837	0,0209	0,0784	0,0196
	0,2	42	0,0430	0,0108	0,0419	0,0105	0,0410	0,0103
0,00		37	0,0504	0,0126	0,0495	0,0124	0,0486	0,0122
		32	0,0611	0,0153	0,0600	0,0150	0,0592	0,0148
	0,3	42	0,0372	0,0093	0,0365	0,0091	0,0364	0,0091
		37	0,0439	0,0110	0,0436	0,0109	0,0436	0,0109
		32	0,0542	0,0136	0,0542	0,0136	0,0542	0,0136
	0,1	42	0,0714	0,0221	0,0652	0,0202	0,0600	0,0186
		37	0,0819	0,0246	0,0756	0,0227	0,0700	0,0210
		32	0,0961	0,0279	0,0894	0,0260	0,0836	0,0243
	0,2	42	0,0471	0,0146	0,0459	0,0142	0,0448	0,0139
0,25		37	0,0545	0,0164	0,0547	0,0164	0,0525	0,0158
		32	0,0649	0,0189	0,0640	0,0186	0,0632	0,0184
	0,3	42	0,0400	0,0124	0,0398	0,0123	0,0396	0,0123
		37	0,0472	0,0142	0,0471	0,0141	0,0470	0,0141
		32	0,0578	0,0168	0,0578	0,0168	0,0577	0,0168
	0,1	42	0,0779	0,0301	0,0710	0,0275	0,0652	0,0252
		37	0,0903	0,0327	0,0814	0,0294	0,0754	0,0273
		32	0,1026	0,0349	0,0954	0,0324	0,0891	0,0303
	0,2	42	0,0511	0,0198	0,0499	0,0194	0,0486	0,0188
0,50		37	0,0585	0,0212	0,0575	0,0208	0,0564	0,0204
		32	0,0691	0,0235	0,0681	0,0232	0,0672	0,0228
	0,3	42	0,0432	0,0167	0,0431	0,0167	0,0428	0,0166
		37	0,0506	0,0183	0,0505	0,0183	0,0504	0,0182
		32	0,0628	0,0214	0,0614	0,0209	0,0613	0,0208
	0,1	42	0,0910	0,0586	0,0827	0,0533	0,0758	0,0489
		37	0,1013	0,0557	0,0932	0,0512	0,0860	0,0473
		32	0,1154	0,0546	0,1071	0,0507	0,0999	0,0473
	0,2	42	0,0593	0,0382	0,0578	0,0373	0,0563	0,0363
1,00		37	0,0667	0,0367	0,0655	0,0360	0,0643	0,0353
		32	0,0773	0,0366	0,0762	0,0361	0,0750	0,0355
	0,3	42	0,0498	0,0321	0,0496	0,0320	0,0494	0,0318
		37	0,0574	0,0315	0,0576	0,0317	0,0571	0,0314
		32	0,0684	0,0324	0,0684	0,0324	0,0684	0,0324

Demgemäß wird die Summe der inneren Kräfte:

$$= 42\,440 + 1770 - 14\,300 = 29\,910 \text{ kg};$$

sie soll sein $= 30\,000$ kg. Abweichung 0,3 %.

b) Summe der inneren Momente bezogen auf die Querschnittsmitte:

$$D_{b_1}\left(\frac{d_0}{2} - \frac{x}{3}\right) - D_{b_2}\left(\frac{d_0}{2} - d - \frac{x-d}{3}\right) + D_e\left(\frac{d_0}{2} - h'\right) + Z_e\left(\frac{d_0}{2} - a\right)$$

$$= 51\,400\left(\frac{48,7}{2} - \frac{17,12}{3}\right) - 8960\left(\frac{48,7}{2} - 9,14 - \frac{17,12 - 9,14}{3}\right)$$

$$+ 1770\cdot\left(\frac{48,7}{2} - 3,0\right) + 14\,300\left(\frac{48,7}{2} - 3,0\right)\ ^{1)}$$

$$= 960\,000 - 112\,400 + 37\,800 + 308\,000 = 1\,194\,400 \text{ kg}\cdot\text{cm}.$$

Das Moment ist aber:

$$30\,000 \cdot 40 = 1\,200\,000 \text{ kg}\cdot\text{cm}$$

und somit die Abweichung nur 0,55 vH.

2) Nimmt man in dem voranstehenden Beispiele $\sigma_b = 42$ kg/cm², $a = 2{,}6$ cm an, so ergibt sich aus Tabelle I b: für $k = 0{,}2$ und $\delta_1 = 0{,}2$, $\varphi = 0{,}814$; aus Tabelle II b: für $p = 0{,}06$, $\mu = 0{,}25$, $\sigma_b = 42$, $\gamma = 0{,}00937$; aus Tabelle V: für $\sigma_b = 42$, $\sigma_e = 1000$, $\delta_1 = 0{,}2$, $\mu = 0{,}25$ und $k = 0{,}2$: $\alpha = 0{,}0467$, $\beta = 0{,}0150$. Unter Verwendung dieser Werte folgt:

$$h = \frac{0{,}0467 \cdot 30\,000}{150}\left(1 + \sqrt{1 + \frac{150 \cdot 38{,}7}{0{,}0150 \cdot 30\,000}}\right) = 44{,}2 \text{ cm}.$$

Gewählt wird: $d_0 = 44{,}2 + 2{,}6 = 46{,}8 = $ rd. 47 cm.

$$F_e = 0{,}00937\left(150 \cdot 44{,}2 \cdot 0{,}814 - \frac{2 \cdot 30\,000}{0{,}3865 \cdot 42}\right) = 15{,}9 \text{ cm}^2.$$

$$F'_e = \mu F_e = 0{,}25\,F_e = 0{,}25 \cdot 15{,}9 = \text{rd. } 4{,}0 \text{ cm}^2.$$

24. Die graphische Ermittlung der Nullinie in Verbundquerschnitten bei Beanspruchung durch eine exzentrisch wirkende Normalkraft bei Vernachlässigung der Zugspannungen im Beton.

Gleich wie für einfache Biegung im Abschnitt 11 S. 271 u. ff. gezeigt wurde, kann auch die Nullinie für eine Belastung des Verbundquerschnittes durch eine Normalkraft und ein Moment — also bei exzentrischer Lage ersterer — auf graphischem Wege gefunden werden. Hierbei wird von dem von Mohr angegebenen Verfahren zur Spannungsberechnung bei Ausschluß der Zugfestigkeit des durch Biegung

---

$^{1)}$ Vgl. wegen $D_{b1} = 51\,400$ und $D_{b2} = 8960$ kg die Rechnung unter 1) auf S. 507
$51\,400 - 8960 = 42\,440$ kg.

und Axialdruck belasteten Querschnittes — bedingt durch das Aufzeichnen zweier Seilecke — Gebrauch gemacht[1]).

Vorausgesetzt sei, wie das auch in der Praxis in der Regel der Fall
ist, ein zur Kraftebene symmetrischer Eisenbetonquerschnitt und der
Angriffspunkt der exzentrisch angreifenden Kraft in der Symmetrieachse — Abb. 174—176.

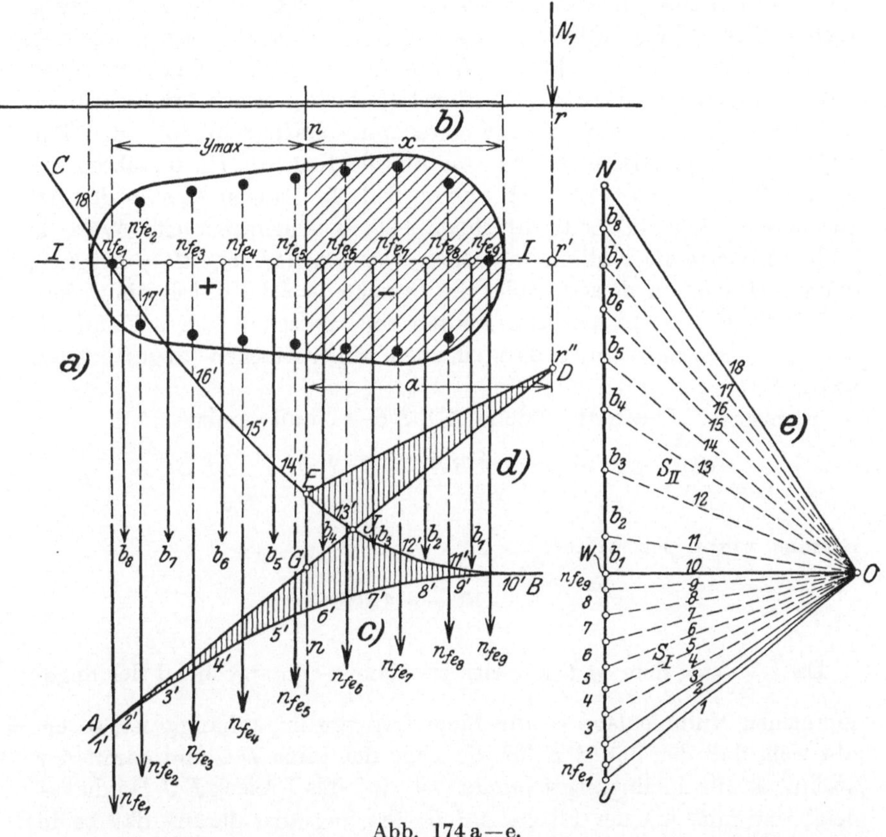

Abb. 174 a—e.

Nach dem Mohrschen Verfahren ist alsdann bekanntlich die Nullinie an
die Bedingung gebunden: $a = \dfrac{J'}{M'}$, d. h. — vgl. Abb. 174 — der Abstand

1) Vgl. hierzu u. a. des Verfassers Repetitorium für den Hochbau, Teil I:
Graphostatik und Festigkeitslehre, S. 128 und 129 (Verlag Jul. Springer, Berlin
1919) und die besondere Anwendung des Mohrschen Verfahrens im vorliegenden
Falle in „Zemento" 1906, Nr. 1, ausführlich u. a. wiedergegeben in Mörsch: Der
Eisenbetonbau, 5. Aufl., S. 450—453. Dort ist auch das Verfahren für eine Querschnittsbeanspruchung durch Biegung und Axialzug dargelegt. Es unterscheidet
sich grundsätzlich nur durch eine andere gegenseitige Lage der unter sich gleichen
Flächen zueinander.

der Nullinie vom Angriffspunkte der exzentrisch wirkenden Normalkraft ist = dem Quotienten aus dem Trägheitsmomente des wirksamen Querschnittes geteilt durch sein statisches Moment in bezug auf die gesuchte Nullinie. Um dieses Gesetz zur graphischen Auffindung der Nulllinie zu benutzen, ist für einen, zwar zur Schnittlinie mit der Kraftebene symmetrischen, sonst aber beliebig geformten Verbundquerschnitt in Abb. 174 ein zusammenhängendes Krafteck $A\,B\,C$ zu den mit n erweiterten Eisenquerschnitten f_e, also für $n \cdot f_e$ ($n\,f_{e_1}$ bis $n\,f_{e_9}$), und den einzelnen durch senkrecht zur Achse II (der Schnittlinie der Kraftebene) eingeteilten Betonabschnitten b (b_1 bis b_8) in der Art gezeichnet, daß — ausgehend von dem wagerechten Kraftstrahl $10 =$ der Polweite H — das untere Seileck nur für die Kräfte $n\,f_e$, das obere nur für die Werte b gezeichnet ist. Beide Seilecke hängen aber in der Art zusammen, daß die Seite 10 ihnen beiden gemeinsam ist. Wäre in Abb. 124a $n\,n$ die Nullinie, so wäre, bezogen auf sie, $M' = H \cdot E\,G$, denn $E\,G$ wäre in diesem Falle die Strecke, welche durch die Achse, auf die das Moment bezogen werden soll, zwischen den alsdann die äußersten Seileckstrahlen darstellenden Linienstrecken abgeschnitten würde[1]).

Ebenso ist $J' = 2\,H \cdot \text{Fläche } A\,B\,E\,G\,A$, und somit:

$$a = \frac{J'}{M'} = \frac{2\,H \cdot \text{Fläche } A\,B\,E\,G\,A}{H \cdot E\,G} = \frac{2\,\text{Fläche } A\,B\,E\,G\,A}{E\,G}.$$

Hieraus ergibt sich weiter:

$$\frac{a \cdot E\,G}{2} = \text{Fläche } A\,B\,E\,G\,A.$$

Da $\dfrac{a \cdot E\,G}{2} =$ dem $\triangle\,D\,E\,G$ ist, bei dem — entsprechend der angenommenen Nullinienlage — die Linie $D\,E$ von ihr abhängig ist, so ergibt sich, daß der Punkt E für die Lage der Linie $D\,E$ und damit der Nullinie an die Bedingung gebunden ist, daß das Dreieck $E\,J\,D$ inhaltsgleich sein muß mit der Fläche $A\,J\,B$. Es folgt dies daraus, daß beide Flächen durch die Fläche $G\,J\,E$ im Sinne der Beziehung $\triangle\,D\,E\,G = \text{Fläche } A\,B\,E\,G\,A$ ergänzt werden. Hierdurch ist der zeichnerische Weg zur Auffindung des Punktes E der Nullinie und damit diese $\perp$ zu II gefunden. Eine, meist nur wenige Male zu wiederholende Proberechnung wird leicht zu einer Übereinstimmung der Inhalte von $D\,E\,J$ und $A\,J\,B$ führen, hiermit die Ausgleichslinie $D\,E$ als richtig erweisen und die Nullinie einwandfrei festsetzen.

---

[1]) Der nutzbare Querschnitt bestünde alsdann aus allen einzelnen Eiseneinlagen und den in der Druckzone liegenden Flächen, die b_1 bis etwa b_4 in sich schließen. Demgemäß sind die äußersten Seilstrahlen: der Strahl bei A, d. i. $1'$ und Strahl $14'$.

Da alsdann die Werte x und $y_{\max}$ sowie zugleich $J_{nn} = J'$ bekannt sind, so kann die Spannungsermittlung mit Hilfe der allgemeinen Beziehungen:

$$\sigma_b = \frac{M\,x}{J_{nn}}\,; \qquad\qquad \sigma_e = n\,\frac{M\,y_{\max}}{J_{nn}}$$

erfolgen.

Die vorstehend allgemein durchgeführte praktische Berechnung vereinfacht sich nicht unerheblich, wenn Plattenbalken oder einfache Rechtecksquerschnitte vorliegen — Abb. 175 und 176. Der G a n g der Rechnung bleibt hier derselbe; auch hier werden die beiden zusammenhängenden Seilecke $A\,B$ und $B\,C$ auf Grund der beiden Kraftecke S_I und S_{II} mit

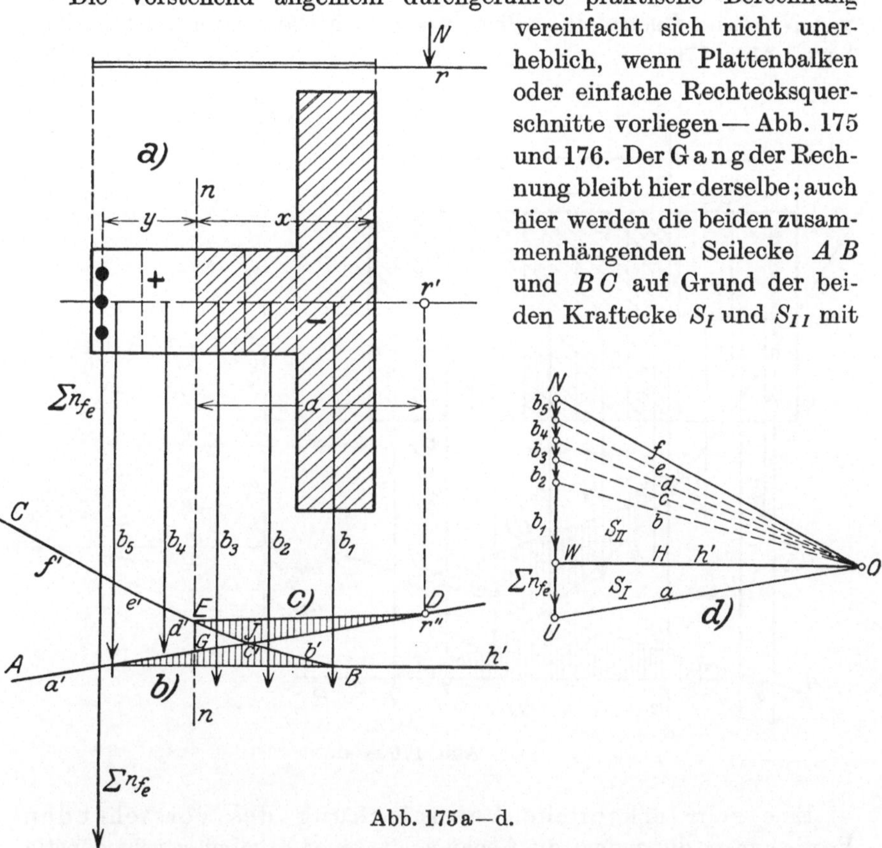

Abb. 175a—d.

wagerecht liegendem Anfangskraftstrahl H gezeichnet, und zwar das eine für die Werte $n\,f_e$, das andere für die Größe der Betonabschnitte b. Liegt — Abb. 175 — bei Plattenbalken nur eine untere Bewehrung vor, so ist für die dann nur auftretende Kraft $\Sigma\,n\,f_e$ das Seileck $A\,B$ durch eine untere wagerechte Linie begrenzt, und die Fläche $A\,J\,B$ erhält fast die Form eines Dreiecks. Hierdurch ist in weiterer Folge die Flächenausgleichung günstig beeinflußt und $D\,E$ ohne längeres Ausprobieren zu finden. Das gleiche gilt im allgemeinen vom Rechtecksquerschnitt. Liegt hier eine Bewehrung vor, wie sie beispielsweise

Abb. 176a zu erkennen gibt, so wird hier der ⊢-Querschnitt der Bewehrung in 2 Rechtecksstreifen (oder mehr!) zerteilt, die genau wie die Eisenquerschnitte in den vorangehenden Fällen behandelt werden; hier unterscheidet sich die Fläche $A\,J\,B$ in nur so geringem Maße von einem Dreiecke, daß in praktischen Fällen diese Form ohne erheblichen Fehler für die weitere Entwicklung angenommen werden kann. Auch bleibt der Gang der Ermittlung genau der gleiche, wenn der Angriffspunkt von $N\,(r')$ im Querschnitt selbst, wenn auch stark exzentrisch zu ihm, liegt. Abb. 176.

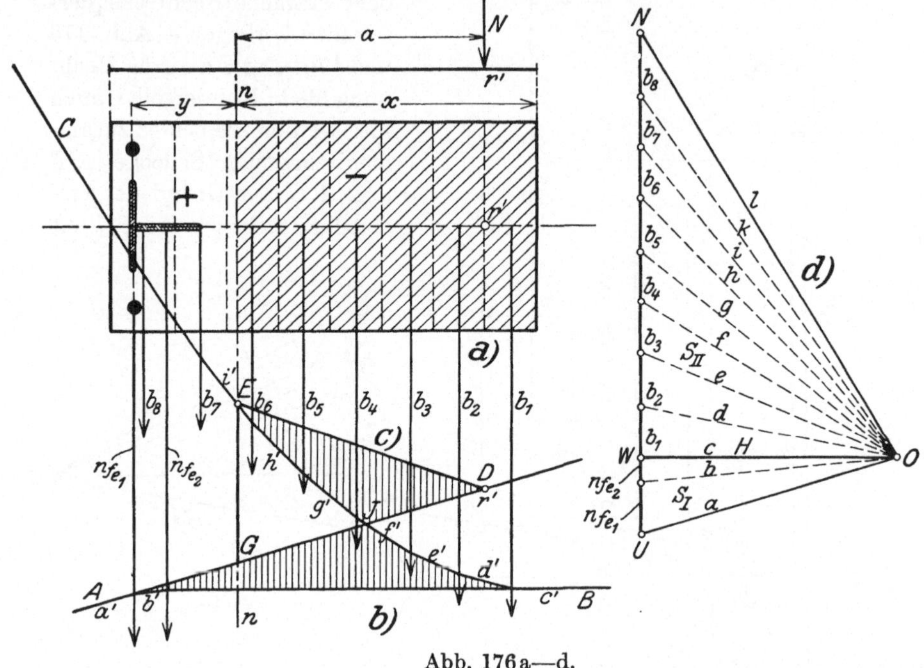

Abb. 176a—d.

Eine sehr erhebliche Vereinfachung des vorstehenden Verfahrens die zudem die Genauigkeit seiner Ergebnisse sehr günstig beeinflußt, gibt Prof. H. Spangenberg[1]), verbunden zugleich mit der Ermittlung der auftretenden Spannungen. Auch hier wird ein zum Schnitte mit der Kraftebene symmetrischer Querschnitt und die Lage des Angriffspunktes der exzentrisch wirkenden Normalkraft in dieser Schnittlinie vorausgesetzt. Betrachtet man unter Annahme eines der-

---

[1]) Vgl. Bauingenieur 1925, Heft 10, S. 366: „Graphische Bestimmung der Normalspannungen in geraden Stäben nach einem einheitlichen Verfahren für homogene Querschnitte, für Querschnitte ohne Zugfestigkeit und für Eisenbetonquerschnitte."

artigen Querschnittsverhältnisses und einer entsprechenden Kraftlage einen beliebigen Flächenstreifen dF, der einen Abstand von der noch

unbekannten Nullinie $(nn) = y$ und $= \eta$ vom Angriffspunkte der Normalkraft haben möge, so kann bei Annahme eines geradlinigen Spannungsverlaufes (Abb. 177) die Spannung im betrachteten Streifenelement zu:

I) $\qquad \sigma = ky$

ausgedrückt werden, unter k einen Festwert verstanden. Das Vorzeichen η des Abstandes des Flächenstreifens von der „Angriffsachse" aa ist positiv oder negativ einzuführen, je nach dem dF auf derselben

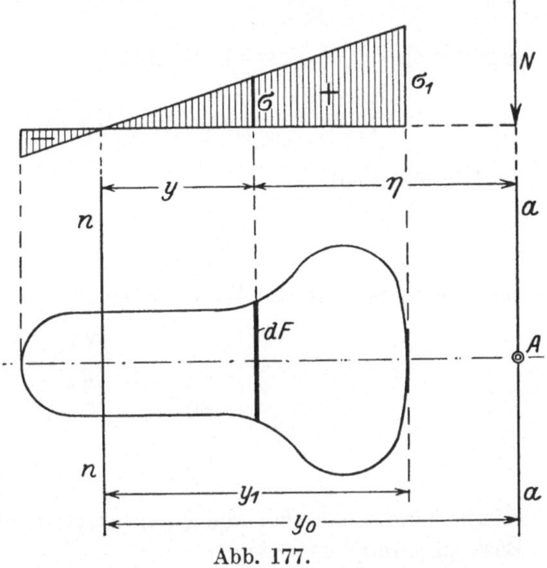

Abb. 177.

Seite oder auf der entgegengesetzten Seite der Angriffslinie liegt, wie die Nullachse. Eine Unterscheidung in diesem Sinne kommt naturgemäß nur in Frage, wenn die Angriffsachse den Querschnitt schneidet, N also in ihm liegt. Die Momentengleichung in bezug auf die Angriffsachse lautet:

$$\int \sigma \eta \, dF = N \cdot 0 \,,$$

woraus folgt:

$$\int k y \eta \, dF = \int y \cdot \eta \, dF = 0 \,,$$

bzw. nach Einführung einer Größe $dw = \eta \, dF$:

II) $\qquad\qquad\qquad \int y \, dw = 0 \,.$ $\qquad\qquad\qquad$ (128)

Der Inhalt dieser Gleichung besagt, daß, wenn man die Größen $\eta \, dF = dw$ als parallele Kräfte auffaßt, die in den Schwerpunkten der dF senkrecht zur Symmmetrieachse wirken, daß alsdann die gesuchte Nullachse mit der Mittellinie dieser Kräfte zusammenfällt. Damit ist die Lage der „nn" bestimmt und ihr Abstand y_0 von der Angriffsachse festgesetzt.

Um die Spannungsverteilung darzustellen, ist die Normalspannung in einem beliebigen Flächenteilchen dF zu berechnen, z. B. die Randspannung σ_1, deren Abstand y_1 von der Nullachse nach Auffindung von y_0 bekannt ist (Abb. 177).

Aus den Beziehungen:

$$\frac{\sigma_1}{y_1} = \frac{\sigma}{y} = k \qquad \text{und} \qquad y = y_0 - \eta\,,$$

ergibt sich die Projektionsgleichung:

III) $\qquad N = \int \sigma\,dF = k \int y\,dF = \frac{\sigma_1}{y_1} \int y\,dF = \frac{\sigma_1}{y_1} \int (y_0 - \eta)\,dF\,.$

Hieraus folgt:

$$\sigma_1 = \frac{N \cdot y_1}{y_0 \int dF - \int \eta\,dF} \tag{129}$$

oder bequemer für die Zahlenberechnung:

IV) $\qquad\qquad\qquad \sigma_1 = \dfrac{\dfrac{N\,y_1}{\int dF}}{y_0 - \dfrac{\int dw}{\int dF}}\,. \tag{129a}$

Hierbei sind die $\int$ über alle Querschnittsstreifen zu erstrecken, die einer Beanspruchung unterliegen.

Zur praktischen Durchführung des Verfahrens bei beliebig begrenztem „symmetrischem‟ Querschnitt zerlegt man letzteren in eine Anzahl von Flächenstreifen „f‟, bestimmt deren Inhalte, Schwerpunkte und Schwerpunktsabstände η von der Angriffslinie $a - a$ und rechnet alsdann die Werte $w = f\,\eta$ aus. Für diese in den Schwerpunkten der Flächenstreifen als Einzelkräfte wirkenden Werte zeichnet man (Abb. 178) mit beliebig gewähltem Pol ein Kraft- und Seileck. Der Schwerpunkt B der äußersten Seiten des Seilecks bestimmt die Mittelkraft der w-Kräfte und damit die Lage der Nullachse $n - n$, zugleich die Werte y_0 und y_1. Unterliegt der gesamte Querschnitt F der Beanspruchung, so geht Gleichung (IV) in die Form über:

IVa) $\qquad\qquad\qquad \sigma_1 = \dfrac{\dfrac{N}{F}\,y_1}{y_0 - \dfrac{\Sigma w}{F}}\,; \tag{130}$

Bei Ausschluß von Zugspannungen sind dagegen die $\int$ nur über die wirksamen Querschnitte zu erstrecken — vgl. das nachfolgende Zahlenbeispiel S. 518.

Schneidet die Angriffslinie den Querschnitt, so ist darauf zu achten, daß alsdann die $dF\,\eta$ zu ihren beiden Seiten verschiedene Vorzeichen haben und demgemäß, wenn die w-Kräfte z. B. auf der linken Seite der Angriffslinie mit ihrer Richtung nach unten eingeführt werden, als-

dann die rechts liegenden Kräfte nach oben gerichtet anzunehmen sind.
Es bedingt dies alsdann naturgemäß eine Streifenteilung des Querschnittes, bei dem die Grenze zwischen zwei Flächenstreifen mit der
Angriffslinie zusammen-
fällt. Demgemäß wird
hier das Krafteck auch
eine Kurve mit einem
der Angriffslinie ent-
sprechenden Wende-
punkte sein.

Wendet man die
vorliegende Entwick-
lung auf zum Schnitte
mit der Kraftebene sym-
metrische Verbundquer-
schnitte an, die exzen-
trisch belastet sind, so
geht man auch hier
(Abb. 179) zunächst von
dem bereits auf den S. 511
besprochenen Mohr-
schen Doppelseileck aus,
zu dessen Aufzeichnung
hier die w - Kräfte
$(dF \cdot \eta)$ benutzt werden.
Hierbei trägt man die
Kräfte wiederum in der
Art auf, daß zunächst
von der Zugzone an
beginnend die Werte
$n\, f_e \cdot \eta = w_e$ ermittelt
und von oben an begin-
nend auf die Kraftlinie
aufgetragen werden; an

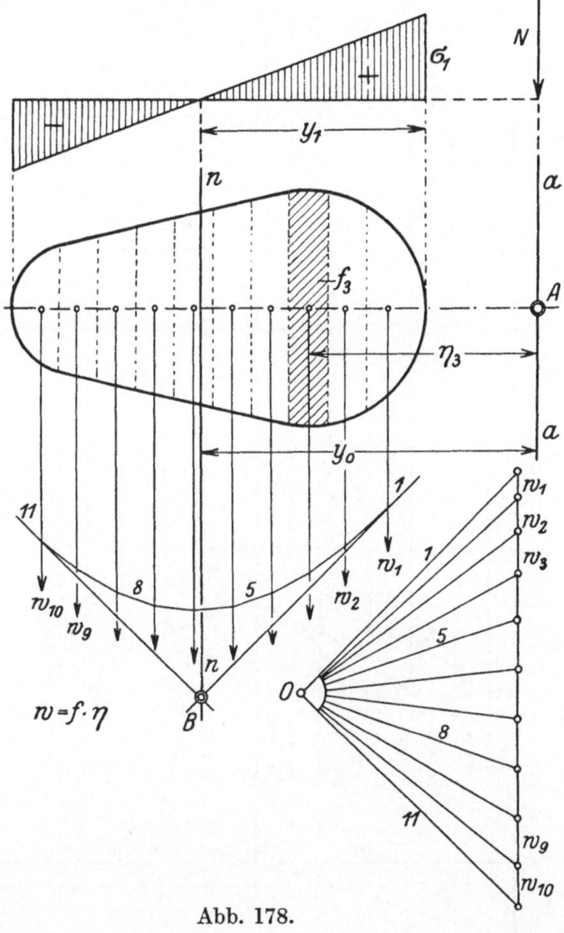

Abb. 178.

sie schließen sich dann die Kräfte $dF\,\eta = w$ von der andern Seite des
Querschnittes anfangend, unmittelbar an. Mit einem gemeinsamen
Polabstand wird alsdann (Abb. 179) das Doppelseileck zu den w_e- und
w-Kräften im Zusammenhange gezeichnet. Einer der Endstrahlen ist
der Anfangsstrahl des w_e-Seilecks. Sollen die Zugspannungen im Beton
keine Berücksichtigung finden, so bestimmt der Schnittpunkt dieses
Strahls mit dem nach oben verlaufenden Teil des w-Seilecks die Lage
der Mittelkraft der w_e- und w-Kräfte und damit im Punkte B der
Abbildung einen Punkt der Nullinie und somit diese selbst — stark

in der Abb. 179 ausgezogen. Soll hingegen die Betonzugzone statisch wirksam sein, so sind die beiden äußeren Strahlen des w_e und w-Seil-

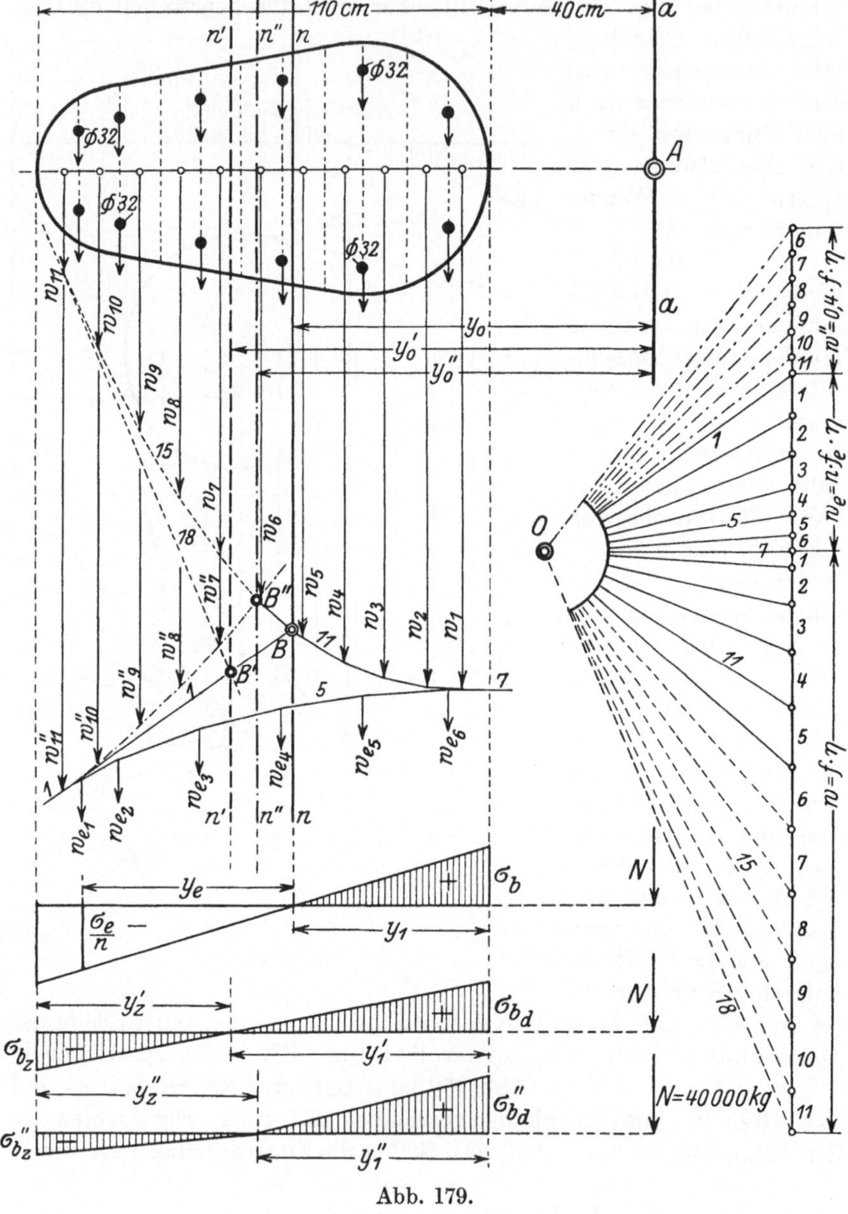

Abb. 179.

ecks zum Schnitte zu bringen. Es entsteht Punkt B' und die zu ihm gehörende, in der Abb. 179 gestrichelte Nullinie. Mit Auffindung der

Nullinie sind naturgemäß auch die für die Spannungsberechnung erforderten y_0 und y_1-Werte bekannt.

Liegt der Sonderfall vor, daß das Querschnittsmaterial auf Zug und Druck belastet, verschiedene Elastizitätszahlen besitzt, so läßt sich auch dieser Eigenart durch die vorliegende graphische Berechnung Rechnung tragen; hierin liegt ein weiterer erheblicher Vorzug der Spangenbergschen Entwicklungen. Soll beispielsweise (selbstverständlich nur bei Mitwirkung der Betonzugspannung) das Elastizitätsmaß E_z zum m-ten Teil von E_d angenommen werden (z. B. $E_z = 0,4\,E_d$), so trägt man noch die dem m-ten Teil der Betonzugflächen entsprechenden w''-Werte, vom Zugrande anfangend, im Kräfteplan oberhalb der w_c-Werte der Reihe nach ab und zeichnet die zugehörende (strichpunktierte) Ergänzung des Seilzuges. Der Schnittpunkt B'' des strichpunktierten Seilzuges der w''-Kräfte mit dem Seilpolygon für die w-Kräfte der Betondruckflächen gibt alsdann den Angriffspunkt der Mittelkraft aller w-Kräfte und damit die Nullinie $n''\,n''$ (strichpunktiert), zugleich auch die Werte y_0'' und y_1''.

Für die Ermittlung der Werte f und w ist es empfehlenswert, eine einfache Rechentabelle aufzustellen, um so mehr, als man in ihr auch die für die Spannungsberechnung notwendigen Summenbildungen alsdann bequem vornehmen kann. Eine solche Tabelle ist nachfolgend für das Beispiel in Abb. 179 aufgestellt.

Tabelle zu Abb. 179.

Fläche f (cm²)	Σf (cm²)	η (cm)	$w = f\,\eta$ (cm³)	Σw
$n\,f_{e_1} = 240$		140	$w_{e_1} = 33\,600$	
$n\,f_{e_2} = 240$		130	$w_{e_2} = 31\,200$	
$n\,f_{e_3} = 240$		110	$w_{e_3} = 26\,400$	
$n\,f_{e_4} = 240$		90	$w_{e_4} = 21\,600$	
$n\,f_{e_5} = 240$	$\displaystyle\sum_1^6 n\,f_e = 1440$	70	$w_{e_5} = 16\,800$	$\displaystyle\sum_1^6 w_e = 141\,600$
$n\,f_{e_6} = 240$		50	$w_{e_6} = 12\,000$	
$f_1 = 280$	$\displaystyle\sum_1^5 f = 2550$	47	$w_1 = 13\,160$	$\displaystyle\sum_1^5 w = 172\,710$
$f_2 = 520$		55	$w_2 = 28\,600$	
$f_3 = 590$		65	$w_3 = 38\,350$	
$f_4 = 600$	$-\Delta f_5 = -110$	75	$w_4 = 45\,000$	$-\Delta w_5 = -14\,800$
$f_5 = 560$		85	$w_5 = 47\,600$	
$f_6 = 525$	$\displaystyle\sum_1^{\Delta 5} f = 2440$	95	$w_6 = 49\,900$	$\displaystyle\sum_1^{\Delta 5} w = 157\,910$
$f_7 = 490$		105	$w_7 = 51\,500$	
$f_8 = 455$		115	$w_8 = 52\,300$	
$f_9 = 420$		125	$w_9 = 52\,500$	
$f_{10} = 380$	$\displaystyle\sum_1^{11} f = 5040$	135	$w_{10} = 51\,300$	$\displaystyle\sum_1^{11} w = 461\,710$
$f_{11} = 220$		143	$w_{11} = 31\,500$	

$$F_i = \sum_1^6 n\,f_e + \sum_1^{\Delta 5} f = 3880\ \text{cm}^2 \qquad\qquad \sum_1^6 w_e + \sum_1^{\Delta 5} w = 299\,510\ \text{cm}^3$$

$$F_i' = \sum_1^6 n\,f_e + \sum_1^{11} f = 6480\ \text{cm}^2 \qquad\qquad \sum_1^6 w_e + \sum_1^{11} w = 603\,310\ \text{cm}^3$$

Fällt die Nullachse nicht mit einer Lamellengrenze zusammen, so sind für die Bildung der Summenwerte Σf und Σw bei der letzten

Lamelle — im vorliegenden Falle in Abb. 179 bei Lamelle 5 — entsprechende Teilbeträge Δf_5 und Δw_5 in Abzug zu bringen. Es ergibt sich alsdann nach Gleichung (IV) die größte Druckspannung im Beton zu:

$$\sigma_b = \frac{\dfrac{N}{F_i} y_1}{y_0 - \dfrac{\sum\limits_1^6 w_e + \sum\limits_1^5 w}{F_i}} = \frac{\dfrac{N}{\sum\limits_1^6 n f_e + \sum\limits_1^5 f} \cdot y_1}{y_0 - \dfrac{\sum\limits_1^6 w_e + \sum\limits_1^5 w}{\sum\limits_1^6 n f_e + \sum\limits_1^5 f}}. \tag{131}$$

Fügt man hierin die Zahlen aus der vorstehenden Tabelle ein, so wird für $N = 40\,000$, $y_0 = 87{,}8$ cm, $y_1 = 47{,}8$ cm (aus der Zeichnung entnommen).

$$\sigma_b = \frac{\dfrac{40\,000}{3880} \cdot 47{,}8}{87{,}8 - \dfrac{299\,510}{3880}} = 46{,}5 \ \text{kg/cm}^2.$$

Damit ist auch — entsprechend der Annahme eines geradlinigen Spannungsverlaufes — das Spannungsdiagramm unter Innehaltung der Nullinie bekannt und somit auch die Spannung σ_e in der äußersten Eiseneinlage gefunden:

$$\sigma_e = \frac{n\,\sigma_b \cdot y_e}{y_1}, \qquad y_e = 52{,}2 \ \text{cm aus der Zeichnung.}$$

$$\sigma_e = \frac{15 \cdot 46{,}5 \cdot 52{,}2}{47{,}8} = +747 \ \text{kg/cm}^2.$$

Wird die Betonzugspannung mit in Rechnung gestellt, so hat sich die Summenbildung über den ganzen Querschnitt zu erstrecken, also auf alle Werte f und w auszudehnen. Für diesen Fall liefert zunächst die graphische Lösung die Werte: $y_1' = 62{,}5$; $y_0' = 102{,}5$. Es ist:

$$\sigma_b' = \frac{\dfrac{N}{\sum\limits_1^6 n f_e + \sum\limits_1^{11} f} \cdot y_1'}{y_0' - \dfrac{\sum\limits_1^6 w_e + \sum\limits_1^{11} w}{\sum\limits_1^6 n f_e + \sum\limits_1^{11} f}} = \frac{\dfrac{40\,000}{6480} \cdot 62{,}5}{102{,}5 - \dfrac{603\,310}{6480}} = -41{,}1 \ \text{kg/cm}^2$$

(vgl. die Tabelle).

Aus dem Spannungsdiagramm folgt weiter: $y_z' = 47{,}5$ und somit die größte Zugrandspannung im Beton:

$$\sigma_{b_z} = \frac{\sigma_{bd}'\, y_e'}{y_1'} = \frac{41{,}1 \cdot 47{,}5}{62{,}5} = +\,31{,}3\ \text{kg/cm}^2$$

eine Größe, bei der Risse auftreten werden.

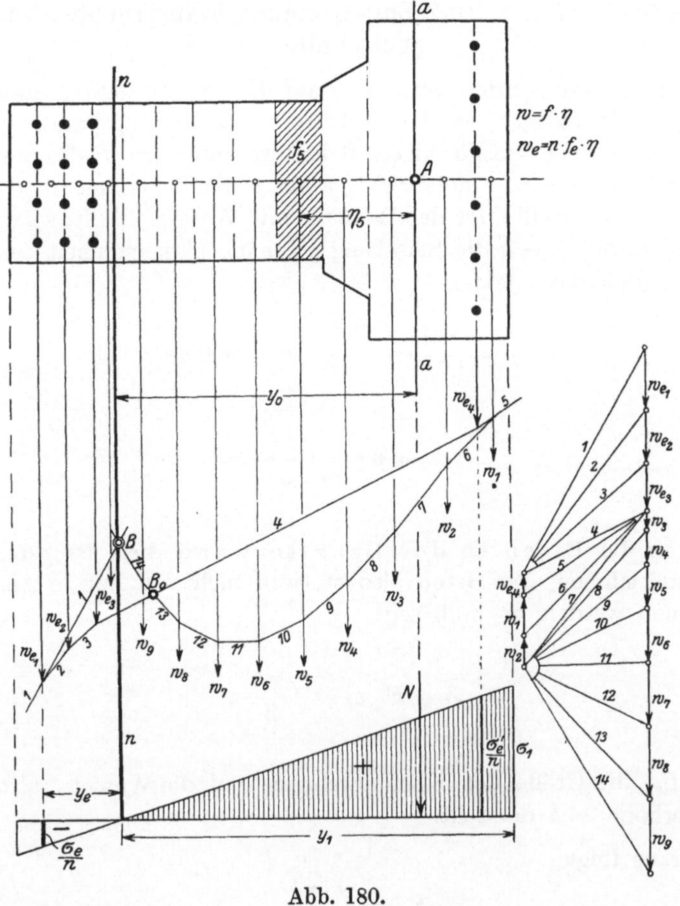

Abb. 180.

Wie man endlich bei einem symmetrischen **doppelt** bewehrten Betonquerschnitt und bei einem Angriffspunkt der Normalkraft innerhalb des Querschnittes bei Ausschluß von Betonzugspannungen die Nullinie findet, möge durch das Beispiel der Abb. 180 erläutert werden. Hierbei ist einmal darauf zu achten, daß alle Seilecke in steter Aufeinanderfolge und mit gleicher Polweite entworfen werden und die w_e- bzw. w-Kräfte auf beiden Seiten der Angriffslinie verschiedene Richtung, beispielsweise links von ihr nach unten, rechts nach oben erhalten. Im übrigen ist das graphische Verfahren genau den vorstehenden Ermittlungen angepaßt[1]).

25. Die angenäherte Ermittlung der Eisenspannungen und der Wandstärke bei auf Ring-Zug-Spannung beanspruchten Verbundquerschnitten.

Bei Behältern werden durch den auf die Innenwandung einwirkenden Flüssigkeitsdruck in der Behälterwand Zugringspannungen erzeugt, denen bei kreisförmigen Behältern mit dem Halbmesser $= r$ eine Zugkraft $Z = p \cdot r$ entspricht, wenn p die Belastung für die Umfangseinheit darstellt. Ist der Behälter mit Wasser gefüllt, so wird bei einer Wasserhöhe $= h$ die Belastung p für die Längeneinheit der zylindrischen Behälterwand:

$$p = \frac{\gamma h^2}{2} = \frac{1000 \cdot h^2}{2} = 500\, h^2$$

und somit:

$$Z = p\,r = \frac{\gamma\, r\, h^2}{2}\,. \tag{132}$$

Sollen die Eisen in der Behälterwand diese Ringspannung allein aufnehmen, der Beton also statisch nicht auf Zug in Anspruch genommen werden, so muß sein:

$$Z = F_{e_h}\, \sigma_e = \frac{\gamma\, r\, h^2}{2}\,,$$

worin F_{e_h} die Größe der Eisenbewehrung auf die Wasser-, also auch Behälterhöhe $= h$ darstellt.

Hieraus folgt:

$$F_{e_h} = \frac{\gamma \cdot r\, h^2}{2\, \sigma_e}\,.$$

---

[1]) Wegen weiterer Einzelheiten und Sonderfälle muß auf die Veröffentlichung von Prof. H. Spangenberg in Bauingenieur 1925, S. 366, verwiesen werden. Hier gibt der Verfasser auch noch eine Vereinfachung des Verfahrens, wenn die Kraft innerhalb des Kerns angreift oder wenn bei Lage außerhalb des Kerns alle Zugspannungen berücksichtigt werden. Hieran schließt sich dann die Auffindung der Nullinie auf dem angegebenen Rechnungswege auch für reine Biegung. Endlich werden erweiterte Anwendungsmöglichkeiten des allgemeinen Verfahrens erörtert.

Wird hierin $\gamma = 1000 \ \text{kg/m}^3$, $\sigma_e = 1000 \ \text{kg/cm}^2$ eingeführt, so ergibt sich:

$$F_{e_h} = \frac{1000 \cdot r \cdot h^2}{2 \cdot 1000} = \frac{r\,h^2}{2} \ \text{cm}^2 \qquad (133)$$

wenn r und h in m eingeführt werden[1]).

Die Gesamtsumme der Eisen kann man auf die Höhe der Behälterwand entweder im Verhältnisse des Ausdruckes $\dfrac{h^2}{2}$, also dem Wasserdruck proportional verteilen, das Wasserdruckdreieck (Abb. 181) also in eine Anzahl gleicher Teile teilen, denen dann eine konstante Bewehrungsgröße in jedem Abschnitte entsprechen würde, oder aber auch die Behälterwand in eine Anzahl gleich hoher Teile zerlegen und für sie die Eisen berechnen.

Während im ersteren Falle ein jeder Abschnitt dieselbe Bewehrungsgröße bei verschiedener, nach oben stetig zunehmendem Abstand erhält, wird im zweiten Fall

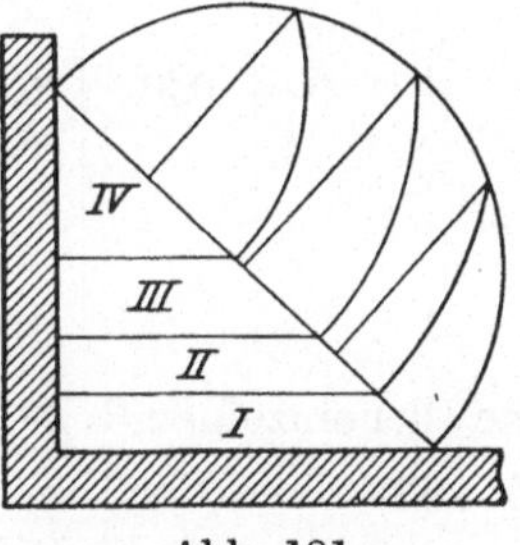

Abb. 181.

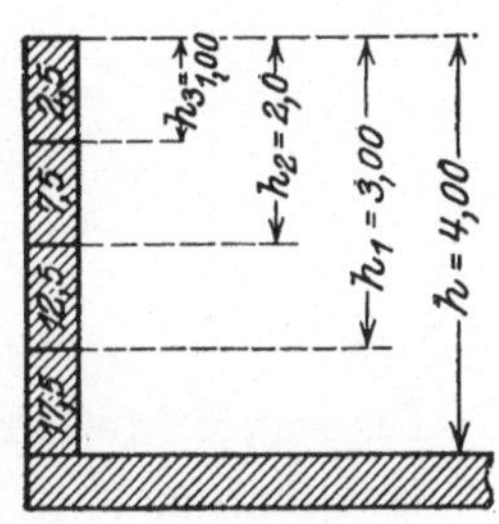

Abb. 182.

der gleich bleibenden Höhenzunahme eine nach oben in den gleich hohen Abschnitten sich vermindernde Eisenmenge entsprechen. Denkt man sich (Abb. 182) im letzteren Falle einen Behälterabschnitt von der Höhe h, und einen oberen Teil dieses von der Höhe h_1, so berechnet man zunächst die Eisenbewehrung für die Höhe h, alsdann die für h_1 und erhält aus dem Unterschiede zwischen beiden die Größe der Bewehrung für den unteren Teil mit einer Höhe $h - h_1$. Es ergibt sich:

$$F_{e_h} = \frac{r\,h^2}{2}, \qquad F_{e_{h_1}} = \frac{r\,h_1^2}{2}$$

und somit im unteren Teile auf die Höhe $h - h_1$:

$$\Delta F_e = F_{e_h} - F_{e_{h_1}} = \frac{r}{2}\,(h^2 - h_1^2)\,. \qquad (134)$$

In dieser Weise geht man von unten aus schrittweise vorwärts und bildet für eine Anzahl Höhenteile die betreffenden Unterschiede, die alsdann die Bewehrung in den einzelnen Ringabschnitten unmittelbar darstellen.

---

[1]) $$F_{e_h} = \frac{\dfrac{1000 \ \text{kg}}{m^3} \cdot r\,(m)\,h^2\,(m^2)}{2 \cdot 1000 \ \text{kg/cm}^2} = \frac{r\,h^2}{2} \ \text{cm}^2.$$

Teilt man die Höhe in n gleiche Teile, so kann man den zu jeder Lamelle gehörenden Bewehrungsanteil an der Gesamtsumme F_{e_h} aus der nachfolgenden Zusammenstellung entnehmen:

Zusammenstellung der Bewehrungsanteile der n gleich hohen Lamellen einer zylindrischen Behälterringwand.

	$n =$								
	2	3	4	5	6	7	8	9	10
f_1	0,25	0,11	0,06	0,04	0,03	0,02	0,02	0,01	0,01
f_2	0,75	0,33	0,19	0,12	0,08	0,06	0,05	0,04	0,03
f_3		0,56	0,31	0,20	0,14	0,10	0,08	0,06	0,05
f_4			0,44	0,28	0,19	0,15	0,11	0,09	0,07
f_5				0,36	0,25	0,18	0,14	0,11	0,09
f_6					0,31	0,22	0,17	0,14	0,11
f_7						0,27	0,20	0,16	0,13
f_8							0,23	0,18	0,15
f_9								0,21	0,17
f_{10}									0,19

Die senkrechte Summe aller einzelnen Reihen beträgt naturgemäß 1,00.

Hat man z. B. (Abb. 182) einen Behälter von $r = 5,00$ m und eine Wasserhöhe von 4,00 m, so teilt man die Behälterwand in vier gleiche Abschnitte von je 1,00 m ein. Alsdann ist $h = 4,00$ m; $h_1 = 3,00$ m; $h_2 = 2,00$ m; $h_3 = 1,00$ m.

$$F_{e_h} = \frac{h^2 r}{2} = \frac{4^2 \cdot 5}{2} = 40 \text{ cm}^2$$

$$\Delta\,\mathrm{I} = 17,5 \text{ cm}^2$$

$$F_{e_{h_1}} = \frac{h_1^2 r}{2} = \frac{3^2 \cdot 5}{2} = 22,5 \text{ cm}^2$$

$$\Delta\,\mathrm{II} = 12,5 \text{ cm}^2$$

$$F_{e_{h_2}} = \frac{h_2^2 r}{2} = \frac{2^2 \cdot 5}{2} = 10,0 \text{ cm}^2$$

$$\Delta\,\mathrm{III} = 7,5 \text{ cm}^2$$

$$F_{e_{h_3}} = \frac{h_2^3 r}{2} = \frac{1^2 \cdot 5}{2} = 2,5 \text{ cm}^2$$

$$\Delta\,\mathrm{IV} = 2,5 - 0 = 2,5 \text{ cm}^2$$
$$\sum = 40,0 \text{ cm}^2$$
$$= F_{e_h}$$

oder unter Heranziehung der umstehenden Zusammenstellung, Reihe 4:

$$F_{e_{h_4}} = 0,06 \cdot 40 = 2,4 \text{ cm}^2$$
$$F_{e_{h_3}} = 0,19 \cdot 40 = 7,6 \text{ ,,}$$
$$F_{e_{h_2}} = 0,31 \cdot 40 = 12,4 \text{ ,,}$$
$$F_{e_{h_1}} = 0,44 \cdot 40 = 17,6 \text{ ,,}$$
$$\sum = 40,0 \text{ cm}^2$$

Die aus den Tabellen entnommenen Ergebnisse stimmen ausreichend genau mit den oben ermittelten überein.

Je nach dem besonderen Falle hat man es alsdann in der Hand, die Eisen mit einem gleichbleibenden Durchmesser in allmählich nach oben zu sich vergrößernden Abständen anzuordnen, oder bei angenähert gleicher Entfernung die Durchmesser der Eisen nach oben zu abnehmen zu lassen. Selbstverständlich ist der Übergang von oben nach unten durchaus gleichmäßig zu vollziehen und jede sprunghafte Veränderung zu vermeiden. Naturgemäß sind auch die Eisen durch senkrechte Stäbe zu halten, die fest in die Sohle zur Erhöhung der Biegefestigkeit zwischen dieser und dem Behälter einzubinden und zudem für eine Dichtheit des hier liegenden Überganges bedeutungsvoll sind.

Die **zugehörende Betonwandstärke** darf nicht willkürlich gewählt werden, da wegen absoluter Dichtheit der Behälter eine vollkommene Sicherheit gegen das Auftreten von Zugrissen geboten sein muß. Hierbei ist zu berücksichtigen, daß auch das Eisen sich dehnen, daß also der Beton dieser Formänderung Rechnung tragen muß. Der ideelle Zugquerschnitt ist nach Abb. 183:

$$F_i = h\,d + \frac{E_e}{E_{b_z}} \cdot F_e = h\,d + n\,F_e.$$

Hierbei ist die Zahl E_{b_z} mit der erlaubten Zugspannung und der zugelassenen Dehnung im Beton in Übereinstimmung zu bringen. Läßt man für erstere den Wert 6—7 kg/cm², d. i. 6,5 kg/cm² im Mittel, für E_{b_z} die Größe $0{,}4 \cdot E_{b_d} = 0{,}4 \cdot 140\,000 = $ rd. 56 000 kg/cm² zu, so ergibt sich eine Dehnung im Beton von:

$$\lambda_b = \frac{6{,}5}{56\,000} = 0{,}000116 = \text{rd. } 0{,}00012.$$

d. i. $\cong \dfrac{1}{10}$ mm auf 1 m, eine Zahl, die noch erlaubt erscheint. Demgemäß ist hier für n der außergewöhnlich hohe Wert einzuführen:

$$n = \frac{E_e}{E_{b_z}} = \frac{2\,100\,000}{56\,000} = \text{rd. } 38\,.$$

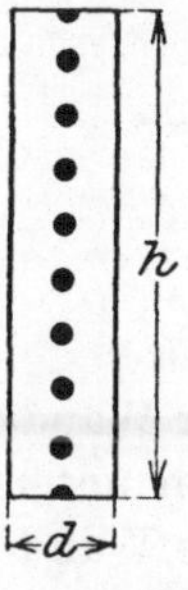

Bezeichnet man das bisher noch nicht bekannte Bewehrungsverhältnis, d. h. den Prozentsatz, mit φ, so ergibt sich (Abb. 183):

$$F_e = \frac{d\,h\,\varphi}{100} \tag{35}$$

und somit wird:

$$F_i = d\,h + \frac{d\,h\,\varphi}{100}\,38 = d\,h\,(1 + 0{,}38\,\varphi)\,.$$

Abb. 183.

Da ferner:

$$Z = \sigma_e F_e = 1000 F_e = \frac{1000\,d\,h\,\varphi}{100} = 10\,d\,h\,\varphi \text{ kg ist,}$$

so wird:

$$\sigma_{bz} = \frac{Z}{F_i} = \frac{10\,\varphi\,d\,h}{(1 + 0{,}38\,\varphi)\,d\,h} = \frac{10\,\varphi}{1 + 0{,}38\,\varphi}.$$

Hieraus ergibt sich der Prozentsatz der Bewehrung:

$$\varphi = \frac{\sigma_{bz}}{10 - 0{,}38\,\sigma_{bz}}. \tag{136}$$

Wird für σ_{bz} der Sicherheit halber bei Normalzement ein Wert von nur 6 kg/cm² bzw. bei hochwertigem Material von 10 kg/cm² zugelassen, so wird:

$$\varphi_{(6)} = \frac{6}{10 - 0{,}38 \cdot 6} = 0{,}78 \text{ vH,}$$

$$\varphi_{(10)} = \frac{10}{10 - 0{,}38 \cdot 10} = 1{,}6 \text{ vH.}$$

Demgemäß wird die zu einer bestimmten Höhe h gehörende Wandstärke d:

$$d \geqq \frac{100\,F_e}{h\,\varphi}. \tag{135}$$

Entspricht z. B. h einer Ringhöhe $= 100$ cm, so wird bei Normalzement:

$$d \geqq \frac{F_e}{\varphi} \geqq \frac{F_e}{0{,}78} \geqq 1{,}28\,F_e$$

bzw. bei hochwertigem Zemente

$$d \geqq \frac{F_e}{1{,}6} \geqq \text{rd. } 0{,}66\,F_e.$$

Bei dem vorstehend behandelten Beispiel würde z. B. entsprechend der dort für die 1,00 m hohen Ringabschnitte ermittelten Eisenmenge und für $\sigma_{bz} = 6$ kg/cm² eine Betonstärke erfordert werden von:

$$Fe = 2{,}5 \text{ cm}^2, \quad d \geqq \frac{F_e}{0{,}78} \geqq 1{,}28\,F_e \geqq \text{rd. } 3{,}2 \text{ cm}$$

$$= 7{,}5 \text{ ,, , ,, } \qquad \geqq 1{,}28 \text{ ,, } \geqq \text{ ,, } 9{,}6 \text{ ,,}$$

$$= 12{,}5 \text{ ,, , ,, } \qquad \geqq 1{,}28 \text{ ,, } \geqq \text{ ,, } 16{,}0 \text{ ,,}$$

$$= 17{,}5 \text{ ,, , ,, } \qquad \geqq 1{,}28 \text{ ,, } \geqq \text{ ,, } 22{,}5 \text{ ,,}$$

Selbstverständlich wird sich auch hier die Verringerung der Wandstärke — wie beim Eisen die Abnahme der Querschnitte — von unten nach oben allmählich vollziehen und sich ferner eine so geringe Wandstärke, wie sie für den obersten Behälterteil theoretisch ermittelt wurde, nicht ausführen lassen; hier sollte der Wert $d_{min} = 6$ cm innegehalten werden. Über die Berechnung mit ihren Sohlen nachgiebig oder fest eingespannter Behälter, bzw. mit oberer Verspannungsdecke versehener, ferner über die Berechnung auf Biegung oder Innen- bzw. Innen- und Außendruck belasteter ringförmiger, bewehrter Querschnitte (für Maste, Rohre, Schornsteine usw.) sei auf die Sonderliteratur verwiesen. Über einige neuere Arbeiten auf diesen Gebieten gibt die Zusammenstellung in Anm. 1 Auskunft.

---

[1]) Löser, B.: im Taschenbuch für Bauingenieure, 4. Aufl., I, S. 1016. — Kammüller, Dr.-Ing.: Die Berechnung von Eisenbetonrohrleitungen. Bauingenieur 1922, Heft 13, S. 396. Hier werden Formeln gegeben für die Rohrbeanspruchung unter Eigengewicht, Innendruck und Erddruck und Querschnitt-Bemessungsgleichungen für nur durch Innendruck belastete Rohre und gedrückte und gezogene Rohre (Düker) nebst Zahlenbeispielen. — Schleicher, Dr.-Ing. Ferdinand: Beitrag zur Berechnung der Ringspannungen bei Eisenbetonringen. Bauingenieur 1925, Heft 14, S. 424. Hier handelt es sich um die Ermittlung der Spannungen unter teilweiser Einrechnung der Zugspannungen bei ungleich erwärmten Verbundringen, also um eine Untersuchung, die für die Spannungsermittlung in Eisenbetonschornsteinen Bedeutung hat. — Döring, Dr.-Ing. Karl: Wind und Wärme bei Berechnung hoher Schornsteine aus Eisenbeton. Berlin: Julius Springer 1925. Hier wird die vorstehend mitgeteilte Frage nach neuzeitlichen Erfahrungen und auf Grund ausgedehnter Messungen behandelt und zum Schlusse ein Zahlenbeispiel einer hierauf aufgebauten Berechnung eines Verbundschornsteines gegeben. — Vieser, Dr. Wilhelm: Die Bemessung von auf Biegung beanspruchten Röhrenquerschnitten aus Eisenbeton. Bauingenieur 1921, Heft 14, S. 385. Hier werden behandelt dünnwandige Rohre, ohne und mit Berücksichtigung der Zugzone, hierbei mit konstantem E bzw. mit $E_{bz} = 0{,}4\,E_{bd}$, ferner dickwandige Rohre. — Über das Zylinder-Behälterproblem vgl. u. a.: Müller-Breslau: Statik der Baukonstruktionen. II., 2. Abt., § 16. — Runge, C.: Über die Formänderung eines zylindrischen Behälters. Zeitschr. f. Mathem. u. Physik 1904, S. 254. — Reißner, H.: Über die Spannungsverteilung in zylindrischen Behälterwänden. Beton u. Eisen 1908, Heft 6. — Federhofer, R.: Graphisches Verfahren für die Ermittlung der Spannungsverteilung in zylindrischen Behältern. Beton u. Eisen 1909, Heft 16. — Pöschl und Terzaghi: Berechnung von Behältern nach neueren analytischen und graphischen Methoden. Berlin 1913. — Mayer: Die lotrechte Bewehrung der zylindrischen Behälterwand. Beton u. Eisen 1907, Heft 7. — Lewe, Dr.-Ing.: Einfache Formeln und Kurventafeln zur Berechnung zylindrischer Behälterwände mit verschiedenem Wandschnitt. Beton u. Eisen 1915, Heft 4—5. — Derselbe: Die zylindrische Behälterwandung bei nachgiebiger Sohleneinspannung. Bauingenieur 1921, Heft 7, S. 177.

Anhang.

I. Bestimmungen.

1. Bestimmungen für Ausführung der Bauten aus Eisenbeton vom September 1925.

Erlassen vom Deutschen Ausschuß für Eisenbeton.

A. Allgemeine Vorschriften.

§ 1. Geltungsbereich.

Die Bestimmungen sind für alle Bauausführungen maßgebend, bei denen Beton in Verbindung mit gewalztem Eisen (Stahl) derart verwendet wird, daß beide Baustoffe gemeinsam zur Übertragung der äußeren Kräfte nötig sind. Sie gelten auch für fabrikmäßig hergestellte Eisenbetonbauteile und für Eisenbetondecken mit Einlagen aus Voll- und Hohlsteinen und anderen Füllkörpern, wenn diese zur Spannungsübertragung nicht herangezogen werden. Im übrigen sind für Decken aus Steinen mit Eiseneinlagen (Steineisendecken) die „Bestimmungen für Ausführung ebener Steindecken" maßgebend.

§ 2. Bauvorlagen.

1. Bei Bauwerken, die ganz oder zum Teil aus Eisenbeton hergestellt werden sollen, müssen aus den zur baupolizeilichen Prüfung vorzulegenden Zeichnungen, statischen Berechnungen und erforderlichenfalls beizubringenden Beschreibungen zu ersehen sein: die Gesamtanordnung, die Belastungsannahmen, die Querschnitte der einzelnen Teile, die genaue Gestalt und Lage der Eiseneinlagen, der Bewegungsfugen u. dgl., ferner Art, Ursprung und Beschaffenheit der Baustoffe, die zum Beton verwendet werden sollen, ihr Mischungsverhältnis (vgl. § 6) und die gewährleisteten Würfelfestigkeiten[1]) des Betons nach 28 tägiger Erhärtung (vgl. § 19, Ziffer 1).

2. Die statischen Berechnungen müssen die Sicherheit des Bauwerks nach diesen Bestimmungen in übersichtlicher und prüfbarer Form nachweisen. Hierzu müssen außer den notwendigen Übersichtsplänen und Skizzen der Belastungsannahmen die Zeichnungen der Querschnitte und Auflagerenden für die wichtigeren Balken, Unterzüge, Rahmen und Stützen mit allen durch Maße festgelegten Eiseneinlagen beigefügt werden. Auf Verlangen der Baupolizeibehörde sind vor Beginn der Ausführung die maßgebenden Bewehrungspläne mit Eisenauszügen zur Prüfung vorzulegen.

3. Bei noch unerprobter Bauweise kann die Baupolizeibehörde die Zulassung vom Ausfall von Probeausführungen und Belastungsversuchen abhängig machen. Diese Belastungsversuche sind bis zum Bruche durchzuführen.

4. Auf Anfordern sind Proben der Baustoffe beizufügen.

---

[1]) Unter Würfelfestigkeit ist hier und im folgenden die Druckfestigkeit von Würfeln zu verstehen, die nach den „Bestimmungen für Druckversuche an Würfeln bei Ausführung von Bauwerken aus Beton und Eisenbeton" angefertigt und geprüft worden sind.

5. Der Bauherr, der Entwurfsverfasser und vor dem Beginn der Arbeiten auch der ausführende Unternehmer haben die Vorlagen zu unterschreiben. Wird die Ausführung einem anderen Unternehmer übertragen, so ist dies der Baupolizeibehörde sofort mitzuteilen.

§ 3. Vorläufiger Festigkeitsnachweis.

Der Unternehmer ist verpflichtet, auf Anfordern der Baupolizeibehörde vor Baubeginn nachzuweisen, daß die für den Bau in Aussicht genommenen Mischungen die gewährleisteten Würfelfestigkeiten[1]) (vgl. § 19, Ziffer 1) ergeben.

§ 4. Bauleitung.

Die Namen des verantwortlichen Bauleiters und seiner für die Baustelle bestimmten örtlichen Vertreter sind der Baupolizeibehörde bei Beginn der Bauarbeiten anzugeben; jeder Wechsel ist sofort mitzuteilen.

Während der Bauausführung muß entweder der verantwortliche Bauleiter oder einer seiner Vertreter auf der Baustelle anwesend sein.

§ 5. Die Baustoffe.

Die Eigenschaften der zu verwendenden Baustoffe sind auf Anfordern der Baupolizeibehörde durch Zeugnisse nachzuweisen. Im Streitfall entscheidet eine amtliche Prüfungsanstalt[2]).

1. Zement. Verwendet werden darf nur langsam bindender Zement, der den jeweils gültigen, vom Reichsverkehrsminister anerkannten deutschen Normen für Lieferung und Prüfung von Zement entspricht.

Die Zeugnisse über die Beschaffenheit müssen Angaben über Raumbeständigkeit, Bindezeit, Mahlfeinheit, Zug- und Druckfestigkeit enthalten.

Da erfahrungsgemäß die Abbindezeit eines Zements wechseln kann, muß der Unternehmer durch wiederholte Abbindeproben auf der Baustelle feststellen, daß kein schnell bindender Zement verwendet wird.

Von hochwertigen Zementen (Normenzementen und Tonerdezementen) werden bei Prüfung nach den Normen[3]) für Portland-, Eisenportland- und Hochofenzement die im folgenden angegebenen Mindestfestigkeiten verlangt:

Bei Prüfung nach

3 Tagen (1 Tag in feuchter Luft, 2 Tage unter Wasser)

　　Druckfestigkeit . . . . 250 kg/cm^2

　　Zugfestigkeit . . . . 25　　,,

28 Tagen (1 Tag in feuchter Luft, 6 Tage unter Wasser, sodann an der Luft)

　　Druckfestigkeit . . . . 450 kg/cm^2

　　Zugfestigkeit . . . . 35　　,,

Die Zemente sind in der Ursprungspackung (Fabrikpackung) auf der Verwendungsstelle anzuliefern. Der hochwertige Zement muß durch seine Packung deutlich als solcher gekennzeichnet sein.

---

[1]) Vgl. Anm. 1 S. 528.

[2]) Es empfiehlt sich, bei wichtigen Bauwerken Proben der Baustoffe in Gegenwart der Baupolizei zu entnehmen und unter Verschluß für den Fall späterer Nachprüfung bis etwa ein Jahr nach Abnahme des Bauwerkes aufzubewahren.

[3]) Für diese Zemente kann der Wasserzusatz zum Normenmörtel nicht nach den Normen bestimmt werden. Bis zur Herausgabe der Normen für hochwertige Zemente wird empfohlen, 8% der Gewichtsteile des trockenen Gemenges anzunehmen.

2. Sand, Kies und andere Zuschläge.

a) Im Sinne dieser Bestimmungen ist zu verstehen:

unter Sand: Gruben-, Fluß-, See-, Brech- oder Quetschsand, Schlackensand[1]) (gekörnte Hochofenschlacke geeigneter Zusammensetzung), Bimssand[1]) u. dgl. bis zu höchstens 5 mm Korngröße;

unter Kies: natürliche Kiesgraupen, Kiessteine, Kiesel, Bimskies[1]) von 5 mm Korngröße aufwärts;

unter Kiessand: das natürliche Gemenge von Sand und Kies;

unter Steingrus oder -splitt: zerkleinertes Gestein zwischen etwa 5 und etwa 25 mm Korngröße.

b) Sand, Kies, Steingrus oder -splitt und zerkleinerte Hochofenstückschlacke[2]) sollen möglichst gemischtkörnig zusammengesetzt sein; sie dürfen keine schädlichen Beimengungen enthalten. In Zweifelsfällen ist der Einfluß von Beimengungen durch Versuche festzustellen[3]).

c) Für Bauteile, die laut polizeilicher Vorschrift feuerbeständig sein müssen, dürfen nur solche Zuschlagsstoffe verwandt werden, die im Beton dem Feuer wiederstehen.

d) Zweckmäßig wird das Korn der Zuschläge so gehalten, daß die Hohlräume des Gemisches möglichst gering werden. Die gröbsten Körner der Zuschläge müssen sich noch zwischen die Eiseneinlagen sowie zwischen Schalung und Eiseneinlagen einbringen lassen, ohne die Eisen zu verschieben.

e) Die als Zuschlag verwendeten Baustoffe sollen in der Regel mindestens die gleiche Festigkeit besitzen, wie der erhärtete Mörtel des Betons. Die Steine sollen wetterbeständig sein.

3. Wasser. Das Wasser darf keine Bestandteile enthalten, die die Erhärtung des Betons beeinträchtigen. Im Zweifelsfall ist seine Brauchbarkeit vorher durch Versuche festzustellen.

4. Eisen (Stahl). Das Eisen muß den Mindestforderungen genügen, die in den Normalbedingungen für die Lieferung von Eisenbauwerken, Normblatt 1000 des Normenausschusses der Deutschen Industrie enthalten sind. Das Eisen darf zum Zwecke der Prüfung weder abgedreht noch ausgeschmiedet oder ausgewalzt werden; es ist also stets in der Dicke zu prüfen, wie es angeliefert wird.

Anzahl und Durchführung der Versuche richten sich ebenfalls nach den genannten Vorschriften.

Der Kaltbiegeversuch soll in der Regel auf jeder Baustelle durchgeführt werden; dabei muß der lichte Durchmesser der Schleife an der Biegestelle gleich dem doppelten Durchmesser des zu prüfenden Rundeisens sein (bei Flacheisen gleich der doppelten Dicke). Auf der Zugseite dürfen dabei keine Risse entstehen.

---

[1]) Bimssand und Bimskies eignen sich nur zur Herstellung leichter, poriger, geringbeanspruchter Bauteile. Das gleiche gilt für Schlackensand, der schaumig gefallen ist.

[2]) Zerkleinerte Hochofenstückschlacke muß den „Richtlinien für die Herstellung und Lieferung von Hochofenschlacke als Zuschlagstoff für Beton und Eisenbeton" entsprechen. (Vgl. Zentralbl. d. Bauverw. 1924, S. 168.)

[3]) Es läßt sich nicht allgemein und erschöpfend bestimmen, wie die Baustoffe beschaffen sein müssen, aus denen der Beton hergestellt wird. Lehm, Ton und ähnliche Beimischungen wirken schädlich auf seine Festigkeit, wenn sie am Sand und Kies festhaften. Sind sie in geringen Mengen im Sand fein verteilt, ohne an den Körnern zu haften, so schaden sie in der Regel nicht.

Braunkohlenteile, die in verschiedenen Flußkiessanden vorkommen, können schädlich wirken, wenn sie in größeren Mengen vorhanden sind.

Für Bauteile, die besonders ungünstigen, rechnerisch nicht faßbaren Beanspruchungen ausgesetzt sind, kann die Baupolizeibehörde ausnahmsweise die Prüfung auf Zug verlangen.

a) Eisen (Handelseisen)[1]. Für die Zugfestigkeit muß der in den obengenannten Vorschriften angegebene Mindestwert, 3700 kg/cm², eingehalten werden.

b) Stahl St 48. Mit St 48 ist ein hochwertiger Kohlenstoffstahl bezeichnet, dessen Zugfestigkeit nachweislich zwischen den Grenzen 4800 und 5800 kg/cm² liegt und der eine Bruchdehnung von mindestens 18% hat.

Der Stahl muß durch eine eingewalzte durchlaufende Marke vor der Verwechslung mit gewöhnlichen Eisen (Handelseisen) geschützt sein.

§ 6. Zubereitung der Betonmasse.

1. Betongemenge. Sand, Kies, Steingrus und -splitt werden nach Raumteilen, Zement nach Gewicht bemessen, alles aber in Raumteilen zugesetzt.

Zur Umrechnung von Gewichtsteilen auf Raumteile ist der Zement lose in ein Hektolitergefäß einzufüllen und zu wägen.

2. Das Betongemenge soll so viel Zement, Sand, Kies oder Kiessand, Steingrus oder -splitt enthalten, daß ein dichter Beton entsteht, der rostsichere Umhüllung der Eiseneinlagen gewährleistet. Es muß mindestens 300 kg Zement in 1 m³ fertig verarbeiteten Betons im Bauwerk enthalten. Bei Brücken und anderen Bauwerken, die wegen besonders ungünstiger Verhältnisse einen erhöhten Rostschutz verlangen, kann eine größere Mindestmenge Zement gefordert, bei Eisenbetonkörpern größerer Abmessungen, deren Beanspruchung wesentlich hinter den zulässigen Werten zurückbleibt, eine entsprechend geringere Menge zugelassen werden, wenn für den Rostschutz der Eiseneinlagen Sorge getragen wird.

Weiter darf bei Hochbauten, die dem Einfluß von Feuchtigkeit nicht ausgesetzt sind, die Mindestmenge an Zement auf 270 kg in 1 m³ fertig verarbeiteten Betons herabgesetzt werden, wenn die Zusammensetzung der Zuschlagsstoffe derart ist, daß ein genügend dichter Beton gewährleistet wird.

Die Baupolizei kann den Nachweis des Einganges beim Mischen und Betonieren verlangen.

3. Die in § 19 geforderten Würfelfestigkeiten des Betons $W_{e\,28}$ und $W_{b\,28}$ sind nachzuweisen.

Es bedeuten:

$W_{e\,28}$ = Würfelfestigkeit erdfeuchten Betons nach 28 Tagen,

$W_{b\,28}$ = Würfelfestigkeit von Beton in der gleichen Beschaffenheit, wie er im Bauwerk verarbeitet wird, nach 28 Tagen.

4. Mischweise. Die Betonmasse kann von Hand, muß aber bei größeren Bauausführungen durch geeignete Maschinen gemischt werden. Das Mischungsverhältnis muß an der Mischstelle mit deutlich lesbarer Schrift angeschlagen sein und sich beim Arbeitsvorgang leicht feststellen lassen.

a) Bei Handmischung ist die Betonmasse auf einer gut gelagerten, kräftigen, dichtschließenden Pritsche oder sonst auf ebener, schlecht absaugender und fester Unterlage herzustellen. Zunächst sind Sand, Kiessand oder Grus mit dem Zement trocken mindestens dreimal zu mischen, bis sie ein gleichfarbiges Gemenge ergeben; dann ist das Wasser allmählich zuzusetzen. Das Ganze ist noch so lange zu mischen, bis es eine gleichmäßige Betonmasse bildet. Werden ausnahmsweise Zuschläge von mehr als 25 mm Korngröße verwendet, so sind sie vorher zu nässen und, wenn nötig, zu reinigen.

---

[1] Im allgemeinen hat das Handelseisen die nach den deutschen Normen für St 37 verlangten Eigenschaften.

b) Bei **Maschinenmischung** wird das gesamte Gemenge zunächst trocken und hierauf unter allmählichem Wasserzusatz so lange noch weiter gemischt, bis es eine innig gemischte, gleichmäßige Betonmasse bildet.

Die Mischdauer kann als ausreichend angesehen werden, wenn die Steine allseitig von innig gemischtem, gleichfarbigem Mörtel umgeben sind.

§ 7. Verarbeitung der Betonmasse.

1. Die Betonmasse soll alsbald nach dem Mischen und ohne Unterbrechung verarbeitet werden. Nur in Ausnahmefällen darf sie einige Zeit unverarbeitet liegenbleiben — bei trockener und warmer Witterung nicht über eine Stunde, bei nasser und kühler nicht über zwei Stunden —, muß aber gegen Witterungseinflüsse, wie Sonne, Wind, starken Regen usw., geschützt und unmittelbar vor Verwendung umgeschaufelt werden. In allen Fällen muß sie vor Beginn des Abbindens verarbeitet sein.

2. Bei dem Einbringen der Betonmasse ist darauf zu achten, daß die Mischung gleichmäßig bleibt. Gröbere Zuschlagssteile, die sich abgesondert haben, sind mit dem Mörtel wieder zu vermengen.

Die Anwendung gespritzten Betons für Eisenbetontragteile hängt von besonderer baupolizeilicher Erlaubnis ab.

3. Die Massen sind nacheinander so zeitig (frisch auf frisch) einzubringen, daß sie untereinander ausreichend fest binden. Bei Plattenbalken sind Steg und Platte in **einem** Arbeitsvorgang zu betonieren, soweit es die Abmessungen der Bauteile zulassen. Die Betonierungsabschnitte sind an die wenigst beanspruchten Stellen zu legen.

4. Die Betonmasse ist in einem dem Wasserzusatz entsprechenden Maße mit passend geformten Geräten zu verdichten und so durchzuarbeiten, daß Luftblasen entweichen und der Beton die für ihn bestimmten Räume vollständig ausfüllt. Der Beton muß so weich verarbeitet werden, daß der Mörtel die Eiseneinlagen vollständig und dicht umschließt.

Wird für einzelne Bauteile mit geringer Eisenbewehrung ausnahmsweise erdfeuchter Beton verwendet, so ist in Schichten von höchstens 15 cm Stärke zu stampfen.

5. Die Oberfläche abgebundener Schichten ist vor dem Fortsetzen des Betonierens aufzurauhen, von losen Bestandteilen zu reinigen und anzunässen. Sodann ist ein dem Mörtel der Betonmasse entsprechender Zementmörtelbrei aufzubringen, wobei streng darauf zu achten ist, daß dieser Mörtelbrei nicht schon abgetrocknet ist oder abgebunden hat, bevor die neue Betonschicht hergestellt wird.

§ 8. Betonieren bei Frost.

Wenn bei Temperaturen unter 0° betoniert werden muß, sind Vorsichtsmaßnahmen zu treffen, um den Beton während des Abbindens vor Kälte zu schützen.

Bei **leichtem Frost** bis etwa — 3° ist darauf zu achten, daß keine gefrorenen Baustoffe verwendet werden. Erforderlichenfalls ist das Wasser anzuwärmen. Der fertige Beton ist bis zur genügenden Erhärtung frostsicher abzudecken.

Bei **stärkerem Frost** als — 3° darf nur ausnahmsweise betoniert werden. Hierbei ist in geeigneter Weise durch Anwärmen des Wassers und der Zuschlagsstoffe sowie durch Umschließen und Heizen der Arbeitsstelle dafür zu sorgen, daß der Beton ungestört abbinden und erhärten kann. Dabei darf aber dem Beton das zum Abbinden und Erhärten erforderliche Wasser nicht durch zu große Hitze entzogen werden.

An gefrorene Bauteile darf nicht anbetoniert werden. Durch Frost beschädigte Betonteile sind zu beseitigen.

§ 9. Einbringen des Eisens.

1. Das Eisen ist vor Verwendung von Schmutz, Fett und losem Rost zu befreien.

2. Besondere Sorgfalt ist zu verwenden auf die vorgeschriebene Form und die richtige Lage der Eisen sowie auf eine gute Verknüpfung der durchlaufenden Zug- oder Druckeisen mit Verteilungseisen und Bügeln.

3. Während des Betonierens sind die Eisen in der richtigen Lage festzuhalten und mit der Betonmasse dicht zu umkleiden.

4. Die Eisen dürfen mit Zementbrei nur unmittelbar vor dem Einbetonieren eingeschlämmt werden, da ein angetrockneter Zementanstrich den Verbund zwischen Eisen und Beton stört.

§ 10. Herstellung der Schalungen.

1. Alle Rüstungen und Einschalungen sind tragfähig herzustellen; sie müssen ausreichend widerstandsfähig gegen die auf sie einwirkenden Kräfte sein und leicht und gefahrlos wieder entfernt werden können (vgl. Ziffer 7). Bei Gußbeton ist auf ausreichende Standfestigkeit der Schalung besonderer Wert zu legen, bei ihrer Herstellung ist auf das Quellen des Holzes Rücksicht zu nehmen. Die Stützen oder Lehrbogen sind auf Keile, Sandkästen, Schrauben oder andere Ausrüstungsvorrichtungen zu stellen, durch deren allmähliches Lüften das Lehrgerüst langsam ohne Stöße und Erschütterungen gesenkt werden kann.

2. Lehrgerüsteisen als alleinige Unterstützung von Deckenschalungen sind nur bis zu einer Spannweite von 2,5 m zulässig. Es ist verboten, Baustoffe auf solche Einschalungen abzustürzen oder aufzustapeln. Bei größerer Spannweite sind End- und Zwischenstützen anzuwenden, wenn nicht ihre Entbehrlichkeit statisch nachgewiesen ist.

3. Bei allen unterstützten Lehrgerüsten dürfen gestoßene, d. h. aufeinandergesetzte Unterstützungshölzer nur bis zu zwei Dritteln der gesamten Stützen verwendet werden. Die ungestoßenen Stützen müssen, wenn Balken vorhanden sind, unter diesen angeordnet, im übrigen möglichst gleichmäßig auf die ganze Fläche verteilt werden. Die Schnittflächen gestoßener lotrechter Stützen müssen wagerecht sein und dicht aufeinander passen. An der Stoßstelle sind sie durch aufgenagelte, mindestens 0,70 m lange, hölzerne Laschen gegen Ausbiegen und Knicken zu sichern. Bei Stützen aus Rundholz sind drei, bei solchen aus Vierkantholz vier Laschen für jeden Stoß zu verwenden. Mehr als einmal gestoßene Stützen sind unzulässig. Wegen der Knickgefahr ist der Stoß nicht ins mittlere Drittel der Stützen zu legen. Stützen unter 7 cm Zopfstärke sind unzulässig.

4. Stützen mit Ausziehvorrichtung oder eiserner Verlängerung gelten als nicht gestoßen, wenn die Verbindung haltbar und wirksam ist.

5. Besondere Aufmerksamkeit verdient die sachgemäße Verteilung der Stützenlasten auf den Erdboden. Die Stützen müssen eine unverrückbare Unterlage aus Holz (starken Brettern, Bohlen, Kanthölzern) erhalten und sind im Stockwerksbau so anzuordnen, daß die Last der oberen Stützen unmittelbar auf die darunterstehenden übertragen wird. Bei nicht tragfähigem oder gefrorenem Untergrunde sind besondere Sicherungen anzuwenden.

6. Bei Schalungsgerüsten für Ingenieurbauten sowie für mehrgeschossige Hochbauten mit Stockwerkshöhen über 5 m kann ein rechnerischer Festigkeitsnachweis verlangt werden. Hierbei sind die amtlichen Vorschriften sinngemäß anzuwenden, die in den einzelnen Ländern für die bei Hochbauten anzunehmenden Belastungen und die zulässigen Beanspruchungen der Baustoffe jeweils gelten (vgl. § 15, Ziffer 1).

Stützen von 5 m Länge und darüber sind nach der Längen- und Tiefenrichtung untereinander abzuschwerten und knicksicher auszubilden.

Wo bei Herstellung von Decken und Gewölben, die mehr als 8 m vom Fußboden entfernt sind, oder bei schwer lastenden Bauteilen nicht abgebundene Lehrgerüste verwendet werden, sind die Stützen aus besonders starken oder gekuppelten Hölzern zu fertigen, wagerecht miteinander zu verbinden und durch doppelte Kreuzstreben besonders zu sichern.

7. Bei Herstellung der Schalungen für Hochbauten ist darauf Rücksicht zu nehmen, daß bei der Ausschalung einige Stützen (sogen. Notstützen) weiter stehenbleiben können, ohne daß daran und an den darüberliegenden Schalbrettern gerührt zu werden braucht. In mehrgeschossigen Gebäuden sind die Notstützen derart übereinander anzuordnen, daß alle Stützkräfte in gerader Fortsetzung weitergeführt werden. Bei den üblichen Spannweiten genügt eine Notstütze unter der Mitte jedes Balkens und der Mitte von Deckenfeldern, die mehr als 3 m Spannweite haben. Bei Unterzügen und langen Balken können noch weitere Notstützen verlangt werden.

8. Vorm Einbringen des Betons sind die Schalungen zu reinigen und gegebenenfalls anzunässen; Fremdkörper im Innern der Schalungen sind zu beseitigen. Schalungen von Säulen müssen am Fuß und am Ansatz der Auskragungen, Schalungen tiefer Träger an der Unterseite Reinigungsöffnungen haben.

9. Während des Betonierens sind die Einschalungen und ihre Unterlagen genau nachzuprüfen. Insbesondere sind während des Betonierens einer Decke im Geschoß darunter die Keile, wenn erforderlich, nachzutreiben.

§ 11. Schalungsfristen und Ausschalen.

1. Kein Bauteil darf ausgeschalt, d. h. keine Schalung oder Stützung eher beseitigt werden, als bis der Beton ausreichend erhärtet ist, Schalung und Stützung entlastet sind und der verantwortliche Bauleiter sich durch Untersuchung des Bauteils davon überzeugt und die Ausschalung angeordnet hat. Wegen der Notstützen vgl. § 10, Ziffer 7 und § 11, Ziffer 4.

2. Bis zur genügenden Erhärtung des Betons sind die Bauteile gegen die Einwirkung des Frostes und gegen vorzeitiges Austrocknen zu schützen.

3. Die Fristen zwischen der Beendigung des Betonierens und der Ausschalung sind abhängig von der Witterung, der Stützweite, dem Eigengewicht der Bauteile und der Art des verwendeten Zements.

Besondere Vorsicht ist bei Bauteilen (z. B. Dächern und Dachdecken) geboten, die beim Ausschalen nahezu schon die volle rechnungsmäßige Last haben.

Bei günstiger Witterung (niedrigste Tagestemperatur über 5°) gelten im allgemeinen folgende Ausschalungsfristen:

Tabelle I.

	Für die seitliche Schalung der Balken und die Einschalung der Stützen oder Pfeiler	Für die Schalung der Deckenplatten	Für die Stützung der Balken und weitgespannten Deckenplatten
Bei Verwendung von **Handelszement** mindestens	3 Tage	8 Tage	3 Wochen
Bei Verwendung von **hochwertigem Zement** (vgl. § 5, Ziffer 1) mindestens	2 Tage	4 Tage	8 Tage

Bei großen Stützweiten und Abmessungen sind die Ausschalungsfristen unter Umstände auf das Doppelte der vorgenannten Zahlen zu verlängern.

Bei kühler Witterung (niedrigste Tagestemperatur zwischen + 5° und 0°) muß der verantwortliche Bauleiter mit Rücksicht auf das langsamere Erhärten des Zements bei kühler Witterung durch Untersuchung des Bauteils besonders sorgfältig prüfen, ob der Beton ausreichend erhärtet ist und ob nicht die oben angegebenen Schalungsfristen entsprechend verlängert werden müssen.

Tritt während der Erhärtung Frost ein, so sind die Ausschalungsfristen mindestens um die Dauer der Frostzeit zu verlängern. Bei Wiederaufnahme der Arbeiten nach dem Frost und vor jeder weiteren Ausschalung ist der Beton darauf zu untersuchen, ob er abgebunden hat und genügend erhärtet, nicht nur hart gefroren ist.

Bei kühler Witterung und bei Frostwetter kann die Baupolizeibehörde in besonderen Fällen die Entscheidung über die Ausschalungsfristen von dem Ausfall von Festigkeitsversuchen mit Probebalken abhängig machen.

4. Die Notstützen (vgl. § 10, Ziffer 7) sollen nach der Ausschalung noch wenigstens 14 Tage, bei Verwendung hochwertigen Zements wenigstens noch 8 Tage erhalten bleiben. Bei Frost sind diese Fristen um die Dauer der Frostzeit zu verlängern. In besonderen Fällen kann die Baupolizeibehörde Ausnahmen zulassen.

5. Beim Ausschalen sind die Stützen und Lehrbögen zunächst abzusenken; es ist verboten, sie ruckweise wegzuschlagen und abzuzwängen. Auch sonst ist jede Erschütterung dabei zu vermeiden.

6. Über den Gang der Arbeiten ist ein Tagebuch zu führen, woraus die Zeitabschnitte für die Ausführung der einzelnen Arbeiten stets nachgewiesen werden können. Frosttage sind darin unter Angabe der Grade und der Stunde ihrer Messung besonders zu vermerken.

Das Tagebuch ist den Aufsichtsbeamten auf Verlangen vorzuzeigen.

7. Läßt sich eine Benutzung der Decken in den ersten Tagen nach der Herstellung nicht vermeiden, so ist besondere Vorsicht geboten.

Es ist verboten, Lasten (Steine, Balken, Bretter, Träger usw.) auf frisch hergestellte Decken abzuwerfen oder abzukippen oder Baustoffe, die nicht sofort verwendet werden, auf noch nicht ausgeschalte Decken aufzustapeln.

§ 12. Prüfung während der Ausführung. Probebelastungen.

1. Die Baupolizeibehörde kann während der Bauausführung Anfertigung und Prüfung von Probekörpern verlangen. Die Probekörper hat der Unternehmer auf der Baustelle herzustellen, auf Verlangen der Baupolizeibehörde in Gegenwart des Baupolizeibeamten. Sie sind anzufertigen und zu prüfen nach den „Bestimmungen für Druckversuche an Würfeln bei Ausführung von Bauwerken aus Beton und Eisenbeton".

2. Die Festigkeitsprüfung kann auf der Baustelle oder an anderer Prüfungsstelle mit einer Druckpresse, deren Zuverlässigkeit von einer staatlichen Versuchsanstalt bescheinigt ist, oder in einer staatlichen Prüfungsanstalt vorgenommen werden.

3. Wegen der Schwierigkeit einer nachträglichen Prüfung muß vor dem Betonieren der verantwortliche Bauleiter die plangemäße Anordnung und die Querschnitte der Eisen prüfen. Nachträgliches Aufstemmen des Betons ist möglichst zu vermeiden.

4. Probebelastungen sollen auf den unbedingt notwendigen Umfang beschränkt werden. Sie sind bei Hochbauten nicht vor 45 tägiger Erhärtung des Betons vorzunehmen und nur in ganz besonderen Fällen bis zum Bruch durchzuführen, wenn es ohne Schädigung des Gesamtbauwerks möglich ist.

Wird hochwertiger Zement (vgl. § 5, Ziffer 1) verwendet, so können die Probebelastungen, je nach der Spannweite bereits nach 21 bis 28 Tagen vorgenommen
werden.

5. Bei Deckenplatten und Balken ist die Probebelastung folgendermaßen vorzunehmen:

Die Belastung ist so anzubringen, daß sie in sich beweglich ist und der Durchbiegung der Decke folgen kann.

Bei Belastung eines Deckenfeldes soll, wenn mit p die gleichmäßig verteilte
Verkehrslast bezeichnet wird, die Probelast den Wert von 1,5 p nicht übersteigen.

Bei Nutzlasten über 1000 kg/m² kann die Probelast bis zur einfachen Nutzlast
ermäßigt werden.

6. Bei Probebelastungen von Brückenbauten und anderen Bauwerken, bei
denen sichtbare Zugrisse im Beton vermieden werden sollen, sind höchstens die
wirklichen, der Berechnung zugrunde gelegten Verkehrslasten aufzubringen, z. B.
Menschengedränge (oder eine diesem gleichwertige Belastung), Eisenbahnzug, auch
in Bewegung, Dampfwalze usw. Auf keinen Fall darf aber die volle rechnungsmäßige Last bald nach dem Ausrüsten aufgebracht werden.

7. Die Probelast muß mindestens 6 Stunden liegenbleiben; danach erst ist
die größte Durchbiegung zu messen. Die bleibende Durchbiegung ist frühestens
12 Stunden nach Beseitigung der Probelast festzustellen.

Abgesehen vom Einfluß etwaiger Auflagersenkungen darf bei Balken auf zwei
Stützen die bleibende Durchbiegung höchstens ¹/₄ der gemessenen Gesamtdurch-
biegung betragen.

§ 13. Anzeigen an die Baupolizeibehörde.

Der Baupolizeibehörde ist bei genehmigungspflichtigen Anlagen schriftlich
anzuzeigen:

   1. der beabsichtigte Beginn der Betonarbeiten, bei Hochbauten in jedem
      einzelnen Geschoß;
   2. die beabsichtigte Entfernung der Schalungen und Stützen;
   3. der Wiederbeginn der Betonarbeiten nach längeren Frostzeiten.

Die Anzeigen müssen, wenn die Baupolizeibehörde nicht ausdrücklich anders
bestimmt, spätestens 48 Stunden vor dem Beginn der Arbeiten oder vor der beabsichtigten Entfernung der Schalungen und Stützen der Baupolizeibehörde vorliegen.

B. Konstruktionsgrundsätze und Leitsätze für die statische Berechnung.

§ 14. Konstruktionsgrundsätze.

Allgemeine Vorschriften.

1. **Haken der Eiseneinlagen.** Die Zugeisen sind an ihren Enden mit
halbkreisförmigen oder spitzwinkligen Haken zu versehen, deren lichter Durchmesser mindestens gleich dem 2,5fachen des Eisendurchmessers ist.

2. **Der lichte Krümmungshalbmesser von abgebogenen Eisen muß**
das 10- bis 15fache des Eisendurchmessers betragen.

3. **Stoßverbindungen der Zugeiseneinlagen.** Zugeiseneinlagen sind
möglichst nicht zu stoßen. In einem Querschnitt von Balken und Zuggliedern
soll nur ein Stoß liegen.

Die Stöße können einwandfrei durch Spannschlösser ausgebildet werden, die
aus Muffen mit Gegengewinden bestehen.

Geschweißte Stöße müssen einwandfrei und nach einem bewährten Verfahren ausgeführt werden, das einen vollen Ersatz des gestoßenen Querschnitts gewährleistet, wobei durch allseitig eingebettete und mit Endhaken versehene Zulageeisen für eine erhöhte Sicherheit zu sorgen ist.

Sollen die Eiseneinlagen durch Überdeckung gestoßen werden, so sind die Enden nebeneinander zu legen und mit Rundhaken zu versehen; die Überdeckungslänge muß mindestens das 40fache des Eisendurchmessers betragen.

Die Ausbildung der Stöße durch Überdeckung ist bei den Trageisen in Zuggliedern und bei den über 20 mm starken Zugeisen in Balken nicht zulässig.

4. Geknickte und gebogene Zugeisen, durch deren Beanspruchung ein Absprengen der Betonumhüllung eintreten kann, sollen vermieden werden; sie sind durch sich kreuzende gerade Eisen zu ersetzen.

5. Die Betondeckung der Eiseneinlagen an der Unterseite von Platten soll mindestens 1 cm, bei Bauten im Freien 1,5 cm stark sein; die Überdeckung der Bügel an den Rippen und bei Säulen muß überall mindestens 1,5 cm, bei Bauten im Freien 2 cm betragen. Bei sehr großen Abmessungen (Schleusen-, Brückenbauten u. dgl.) und besonders schwierigen Verhältnissen empfiehlt es sich, mit der Überdeckung der Eiseneinlagen über 2 cm hinauszugehen. Bei Eisenbetonbauten außergewöhnlicher Art, namentlich bei Verwendung von Formeisen, sind besondere Maßnahmen zu treffen.

Bauwerke und Bauteile, die der Einwirkung von zementschädlichen Wässern, Säuren, Säuredämpfen, schädigenden Salzlösungen, Ölen, schwefeligen Rauchgasen (z. B. bei Brücken über Eisenbahngleisen) u. dgl. oder hohen Hitzegraden (z. B. bei Fabrikschornsteinen) ausgesetzt sind, erfordern auch im Eisenbeton besondere Schutzmaßnahmen[1]). Wenn nicht besondere Verkleidungen[2]) angeordnet werden, wird außer der Verwendung eines dichten Betons, eines sorgfältig ausgeführten Zementputzes, geeigneter Schutzanstriche usw. eine Vergrößerung der Betondeckschicht bis auf 4 cm (ohne Putz) in Betracht zu ziehen sein.

In Räumen mit gewerblichen Betrieben und mit starkem Verkehr muß die Oberseite der Decken gegen Abnutzung gesichert werden, und zwar entweder, indem die Decken mindestens 1 cm stärker hergestellt werden als statisch nötig, unter Verwendung eines besonders widerstandsfähigen Betons an der Oberseite, oder durch Anordnung eines dauerhaften Belags oder Estrichs.

6. Fabrikmäßig hergestellte Eisenbetonplatten und -balken müssen beim Transport vor dem Zerbrechen geschützt werden, gegebenenfalls durch eine hinreichend starke Eisenbewehrung in der besonders zu kennzeichnenden Druckzone.

Sondervorschriften für bestimmte Bauteile.

7. Platten. Die Nutzhöhe h der Platten mit Hauptbewehrung nach einer Richtung soll mindestens betragen bei beiderseits freier Auflagerung $1/27$ der Stützweite (vgl. § 17, Ziffer 2), bei durchlaufenden oder eingespannten Platten $1/27$ der größten Entfernung der Momentennullpunkte. Falls diese Nullpunktsentfernung nicht nachgewiesen wird, kann sie bis zu $4/5$ der Stützweite angenommen werden. Die Nutzhöhe h kreuzweise bewehrter Platten muß mindestens betragen bei beiderseits freier Auflagerung $1/30$ der kürzeren Stützweite (vgl. § 17,

---

[1]) Schädigende Einwirkungen können eintreten, wenn gleichzeitig Feuchtigkeit vorhanden ist oder hinzutreten kann. Trockene Säuren, Salze u. dgl. wirken im allgemeinen nicht schädlich.

[2]) Fabrikschornsteine müssen ein Futter von mindestens 12 cm Stärke und hinreichender Höhe erhalten, das wenigstens alle vier Jahre auf seinen Zustand hin zu untersuchen ist.

Ziffer 8), bei durchlaufenden oder eingespannten Platten $^1/_{30}$ der größten Entfernung der Momentennullpunkte, mindestens aber $^1/_{40}$ der Stützweite.

Die Mindeststärke d der Platten ist 8 cm. Ausgenommen hiervon sind Dachplatten, Rippendecken (vgl. Ziffer 8) oder untergehängte Decken, die nur zum Abschluß dienen oder nur zwecks Reinigung u. dgl. begangen werden, sowie fabrikmäßig hergestellte (vgl. Ziffer 6) fertig verlegte Eisenbetonplatten.

Die Trageisen in Decken-, Dach- und Fahrbahnplatten dürfen in der Gegend der größten Momente im Felde höchstens 15 cm voneinander entfernt sein.

An Verteilungseisen sind auf 1 m Tiefe mindestens 3 Rundeisen von 7 mm Stärke oder eine größere Anzahl dünnerer Eisen mit gleichem Gesamtquerschnitt vorzusehen.

Die aufgebogenen Eisen durchlaufender Platten sollen, soweit sie als Zugeisen für die negativen Momente wirken, genügend weit ins Nachbarfeld, bei annähernd gleicher Feldweite durchschnittlich bis auf $^1/_5$ der Stützweite eingreifen, sofern die Aufnahme der Momente nicht genau nachgewiesen wird.

8. Eisenbetonrippendecken[1]). Unter Eisenbetonrippendecken werden (aufgelöste) Decken mit höchstens 70 cm lichtem Rippenabstand verstanden, die zur Erzielung der ebenen Unteransicht statisch unwirksame Hohlstein- oder andere Füllkörper-Einlagen enthalten können.

Die Stärke der Druckplatte muß mindestens $^1/_{10}$ des lichten Rippenabstandes und darf nicht kleiner als 5 cm sein.

In der Druckplatte quer zu den Rippen sind auf 1 m Tiefe mindestens 3 Rundeisen von 7 mm Stärke anzuordnen. In den Rippen müssen Bügel liegen, wenn der lichte Rippenabstand größer wird als 40 cm.

Die Decken müssen zur Lastverteilung Querrippen von der Stärke und Bewehrung der Tragrippen erhalten, und zwar bei Deckenstützweiten von 4 bis 6 m eine Querrippe, bei Stützweiten über 6 m mindestens zwei. Bestehen die Füllkörper aus gebrannten Hohlsteinen oder gleich festen anderen Baustoffen, so sind Bügel und lastverteilende Querrippen entbehrlich.

Die Mindestnutzhöhe der Rippendecken ist die gleiche wie bei vollen Eisenbetonplatten (vgl. § 17, Ziffer 6).

9. Pilzdecken. Als Pilzdecken sind kreuzweise bewehrte Eisenbetonplatten zu bezeichnen, die ohne Vermittlung von Balken unmittelbar auf Eisenbetonsäulen ruhen und mit diesen biegungsfest verbunden sind.

Um die biegungsfeste Verbindung von Platte und Säule zu ermöglichen, soll die Achsenlänge des Säulenquerschnittes nicht kleiner sein als $^1/_{20}$ der in gleicher Richtung gemessenen Stützweite l, mindestens aber 30 cm, wobei l von Säulenmitte zu Säulenmitte gemessen wird, und auch nicht kleiner als $^1/_{15}$ der Stockwerkshöhe. (Über die Berechnung der Säulen vgl. § 17, Ziffer 15 und 16 und § 18, Ziffer 6 bis 10). Bei Decken ohne Verstärkung muß die Achsenlänge des Säulenkopfes, an der Unterkante der Deckenplatte gemessen, mindestens $^2/_9 l$ betragen. Für Decken mit Verstärkung gelten die Maße der Abb. 51b und c auf S. 189.

Die Plattendicke darf nicht kleiner als 15 cm sein und auch nicht kleiner als $^1/_{32}$ der größeren der beiden Sützweiten für Decken bzw. $^1/_{40}$ für Dächer.

Die Eiseneinlagen müssen wie beim durchlaufenden Träger dem Verlauf der Biegungsmomente und Querkräfte angepaßt werden.

---

[1]) Für die Steineisendecken, d. h. mit Eisen bewehrte Steindecken mit oder ohne Betondruckschicht, bei denen die Steine zur Aufnahme von Druckspannungen herangezogen werden und die Betonschicht 5 cm Stärke nicht erreicht, gelten die „Bestimmungen für Ausführung ebener Steindecken".

10. Balken und Plattenbalken. Die Nutzhöhe h muß mindestens $^1/_{20}$ der Stützweite (vgl. § 17, Ziffer 10) betragen.

Liegen die Deckeneisen gleichlaufend mit den Hauptbalken, so sind rechtwinklig zu ihnen **besondere Eisen** oben anzuordnen, die die Mitwirkung der anschließenden Platte auf die berechnete Breite sichern, und zwar wenigstens 8 Rundeisen von 7 mm Stärke auf 1 m Balkenlänge.

In den Rippen soll der geringste lichte **Eisenabstand** nach jeder Richtung in der Regel mindestens gleich dem Eisendurchmesser und nicht kleiner als 2 cm sein. Wenn sich geringere Abstände nicht vermeiden lassen, so muß durch einen feinen und fetten Mörtel für eine dichte Umhüllung der einzelnen Eisen besonders gesorgt werden.

Im allgemeinen sollen nicht mehr als 2 **Reihen Eisen** übereinander angeordnet werden. Bei besonderen Verhältnissen sind Ausnahmen gestattet.

Mit Rücksicht auf die Querkräfte sind — auch bei freier Auflagerung der Balken — einige **abgebogene Eisen** bis über das Auflager hinwegzuführen.

In Balken und Plattenbalken sind stets **Bügel** anzuordnen, um den Zusammenhang zwischen Zug- und Druckgurt zu gewährleisten.

11. Säulen. In Säulen mit **Längseisen** und mit gewöhnlicher **Bügelbewehrung** darf bei voller Ausnutzung der zulässigen Beanspruchung σ_b der Querschnitt der Längsbewehrung F_e höchstens 3% des Betonquerschnitts ausmachen. Die **Mindestlängsbewehrung** soll sein bei einem Verhältnis von Säulenhöhe zur kleinsten Dicke der Säule $\dfrac{h}{s} \geqq 10 \ 0{,}8\%$, bei einem Verhältnis $\dfrac{h}{s} = 5 \ 0{,}5\%$ des Betonquerschnitts. Zwischenwerte sind entsprechend einzuschalten. Als Säulenhöhe ist bei Hochbauten stets die volle Stockwerkshöhe in Rechnung zu stellen. Wird die Säule mit einem größeren Betonquerschnitte ausgeführt, als statisch erforderlich ist, so braucht das Bewehrungsverhältnis nur auf den statisch erforderlichen Betonquerschnitt bezogen zu werden. Die Längseisen sind durch Bügel zu verbinden, deren Abstand, von Mitte gemessen, nicht größer als die kleinste Säulendicke sein und nicht über die zwölffache Stärke der Längsstäbe hinausgehen darf.

Als **umschnürte Säulen** sind solche mit Querbewehrung nach der Schraubenlinie (Spiralbewehrung) und gleichwertigen Wicklungen[1]) oder mit Ringbewehrung versehene Säulen mit kreisförmigem Kernquerschnitt anzusehen, bei denen das Verhältnis der Ganghöhe der Schraubenlinie oder des Abstandes der Ringe zum Durchmesser des Kernquerschnitts kleiner als $^1/_5$ ist. Der Abstand der Schraubenwindungen oder der Ringe soll nicht über 8 cm hinausgehen.

Die Längsbewehrung F_c muß mindestens $^1/_3$ der Querbewehrung F_s (vgl. § 18, Ziffer 7) sein und darf außerdem nicht weniger als 0,8% und nicht mehr als 3% des Flächeninhalts F_b ausmachen.

Stützen, deren Höhe (Stockwerkshöhe) mehr als das 20fache der kleinsten Querschnittsdicke oder deren Querschnitt weniger als 25/25 cm beträgt, sind nur ausnahmsweise (z. B. bei Fenstersäulen) zulässig.

Sondervorschriften für Eisenbahnbrücken.

12. Bei Platten, Balken und Plattenbalken unter Eisenbahngleisen dürfen nicht mehr als zwei **Reihen Eisen** übereinander angeordnet werden. Der Durchmesser der Eisen darf 40 mm nicht überschreiten. Der lichte Abstand der Eisen muß stets mindestens gleich ihrem Durchmesser und darf nicht kleiner als 2 cm sein.

---

[1]) Die Gleichwertigkeit ist nachzuweisen.

Die zur Aufnahme der Schubspannungen dienenden Eisen sind nach dem doppelten oder mehrfachen Strebensystem symmetrisch zur senkrechten Querschnittsachse des Trägers aufzubiegen. Aussparungen im Balken (Nischen und Durchbrechungen) zur Gewichtsersparnis sind nicht zulässig.

13. Die Bettung, gerechnet von der Oberkante der Dichtungsschutzschicht bis zur Schwellenoberkante, muß mindestens 40 cm betragen.

§ 15. Belastungsannahmen.

1. Bei Hochbauten sind die in den einzelnen Ländern jeweils gültigen amtlichen Vorschriften zu beachten.

2. Für Ingenieurbauten ist die Belastung durch Eigengewicht ebenfalls nach den in Ziffer 1 genannten amtlichen Vorschriften zu berechnen. Die Verkehrslasten sind nach den in den einzelnen Ländern von den zuständigen Stellen erlassenen Vorschriften zu bemessen.

§ 16. Einfluß der Temperaturschwankungen und des Schwindens.

Bei gewöhnlichen Hochbauten können die Temperaturschwankungen und das Schwinden in den statischen Berechnungen unberücksichtigt bleiben.

1. Dem Einfluß der Temperaturschwankungen und des Schwindens ist durch Anordnung von Trennungsfugen Rechnung zu tragen.

Mit Rücksicht auf das Schwinden sind die Bauteile nach dem Einbringen des Betons möglichst lange feucht zu halten und vor Einwirkung der Sonnenstrahlen zu schützen.

2. Bei Tragwerken, bei denen die Temperaturänderung beträchtliche Spannungen hervorruft, insbesondere bei Fabrikschornsteinen, muß ihr Einfluß berücksichtigt werden. Als Grenzen der durch Änderung der Lufttemperatur bedingten Temperaturschwankung in den Bauteilen sind je nach den klimatischen Verhältnissen in Deutschland $-5°$ bis $-10°$ und $+25°$ bis $+30°$ anzunehmen. In dem Festigkeitsnachweis ist in der Regel mit einer mittleren Temperatur bei der Ausführung von $+10°$ und demnach mit einem Temperaturunterschied von 15 bis 20° zu rechnen.

Bei statisch unbestimmten Tragwerken ist dem Einfluß des Schwindens auf die statisch unbestimmten Größen durch die Annahme eines Temperaturabfalls von 15° Rechnung zu tragen.

Als Wärmeausdehnungszahl für Beton ist $1 : 10^5$ anzunehmen.

3. Bei Bauteilen, deren geringste Abmessung 70 cm und mehr beträgt oder die durch Überschüttung oder andere Vorkehrungen Temperaturänderungen weniger ausgesetzt sind, können die oben angegebenen Temperaturunterschiede um 5° ermäßigt werden.

§ 17. Ermittlung der äußeren Kräfte.

1. Bei der Berechnung der unbekannten Größen statisch unbestimmter Tragwerke und der elastischen Formänderungen aller Tragwerke ist mit einem für Druck und Zug im Beton gleich großen Elastizitätsmaß $E_b = 210\,000$ kg/cm² zu rechnen.

Das Trägheitsmoment ist aus dem vollen Betonquerschnitt mit oder ohne Einschluß des zehnfachen Eisenquerschnitts zu ermitteln, wobei hier im allgemeinen die wirksame Breite eines Plattenbalkens mit dem Mittelwert $6\,d + b_0 + 2\,b_1$ (vgl. Abb. 61a S. 200) in Rechnung zu stellen ist.

Für die Spannungsermittlung und Querschnittsbemessung gilt E_b = 140 000 kg/cm².

In den Gleichungen bedeuten

g gleichmäßig verteilte ständige Last ⎱ je Längeneinheit des untersuchten
p gleichmäßig verteilte Verkehrslast ⎰ Plattenstreifens oder Balkens;
ferner ist

$$q = g + p.$$

Platten mit Hauptbewehrung nach einer Richtung.

2. Die Stützweite ist

a) bei beiderseits frei aufgelagerten oder eingespannten Platten gleich der Lichtweite zuzüglich der Plattenstärke in Feldmitte,

b) bei durchlaufenden Platten gleich der Entfernung der Auflagermitten oder der Achsen der stützenden Unterzüge.

Ist die Länge eines Auflagers geringer als die Plattenstärke in Feldmitte, so ist seine Sicherheit besonders nachzuweisen.

3. Die Momente durchlaufender Platten sind im allgemeinen für die ungünstigste Laststellung nach den Regeln für frei drehbar gelagerte durchlaufende Träger zu bestimmen.

a) Negative Feldmomente. Bei durchlaufenden Platten zwischen Eisenbetonträgern brauchen wegen des Verdrehungswiderstandes der Träger die negativen Feldmomente aus veränderlicher Belastung nur mit der Hälfte ihres Wertes berücksichtigt zu werden.

b) Mindestwert für positive Feldmomente. Ergibt sich auf Grund der für durchlaufende Tragwerke geltenden Beziehungen für das größte positive Feldmoment ein kleinerer Wert, als bei voller beiderseitiger Einspannung eintreten würde, so ist der Querschnittsberechnung der für beiderseitige volle Einspannung geltende Wert des Feldmomentes zugrunde zu legen.

c) Berücksichtigung der Einspannung. Bei Berechnung des Moments in den Feldmitten darf eine Einspannung an Endauflagern nur so weit berücksichtigt werden, als sie durch bauliche Maßnahmen gesichert und rechnerisch nachweisbar ist.

Wenn freie Auflagerung im Mauerwerk angenommen wird, muß gleichwohl durch obere Eiseneinlagen und einen ausreichenden Betonquerschnitt an der Unterseite einer doch vorhandenen, unbeabsichtigten Einspannung Rechnung getragen werden; dies ist namentlich bei Rippendecken mit oder ohne Ausfüllung der Zwischenräume zu beachten.

d) In dem Sonderfall gleicher Stützweiten oder auch ungleicher Stützweiten, bei denen die kleinste noch mindestens 0,8 der größten ist, dürfen in Hochbauten bei gleichmäßig verteilter Belastung q die Momente durchlaufender Platten wie folgt berechnet werden:

Positive Feldmomente.

Bei Decken mit Auflagerverstärkungen, deren Breite mindestens $^1/_{10}\,l$ und deren Höhe mindestens $^1/_{30}\,l$[1]) beträgt,

in den Endfeldern

(1) $$\max M = \frac{1}{12} \cdot q \cdot l^2$$

in den Innenfeldern

(2) $$\max M = \frac{1}{18} \cdot q \cdot l^2.$$

---

[1]) Anm. vgl. Abb. 60 S. 200.

Sind keine oder kleinere Auflagerverstärkungen vorhanden, so sind die entsprechenden Momente zu erhöhen auf $\dfrac{1}{11} \cdot q \cdot l^2$ bzw. $\dfrac{1}{15} \cdot q \cdot l^2$.

Stützenmomente.

Bei Platten über nur zwei Feldern

$$(3) \qquad M_s = -\frac{1}{8} \cdot q \cdot l^2$$

bei Platten mit drei oder mehr Feldern an der Innenstütze des Randfeldes

$$(4) \qquad M_s = -\frac{1}{9} \cdot q \cdot l^2$$

an den übrigen Innenstützen

$$(5) \qquad M_s = -\frac{1}{10} \cdot q \cdot l^2.$$

Negative Feldmomente.

$$(6) \qquad \min M = \frac{l^2}{24} \cdot \left(g - \frac{p}{2}\right).$$

4. **Einzellasten oder Streckenlasten**[1]). Platten von der Stützweite l mit oder ohne verteilende Deckschicht von der Stärke s, die Einzellasten oder Streckenlasten (z. B. Raddrücke oder Maschinenfüße) aufzunehmen haben, sind bei Laststellung in Plattenmitte zu berechnen wie plattenförmige Balken von der Breite $b_1 = \dfrac{2}{3} \cdot l$ oder $b_1 = t_2 + 2\,s$. Bei Laststellung am Auflager beträgt die zulässige Breite $b_2 = \dfrac{1}{3} \cdot l$ oder $t_2 + 2\,s$. In beiden Fällen ist das größere der beiden Maße zu wählen. Zwischenwerte für b bei anderen Laststellungen sind angemessen einzuschalten.

In der Richtung der Zugeisen ist eine Lastverteilung auf die Länge $c = t_1 + 2\,s$ zulässig.

Es wird angenommen, daß sich die Einzellast oder Streckenlast gleichmäßig auf die Fläche $b_1 \cdot c$ bzw. $b_2 \cdot c$ verteilt.

5. **Stützkräfte durchlaufender Deckenplatten.** Bei Ermittlung der Lasten, die von durchlaufenden Platten auf die sie stützenden Balken oder Mauern übertragen werden, dürfen die Kontinuitätswirkungen vernachlässigt werden. Das Belastungsfeld eines Deckenbalkens kann mithin bei gleichmäßig verteilter Belastung beiderseits bis zur Mitte der anstoßenden Deckenfelder gerechnet werden.

6. **Eisenbetonrippendecken.** Werden in Eisenbetondecken Hohlsteine oder Füllkörper eingelegt (vgl. § 14, Ziffer 8), so dürfen sie zur Spannungsübertragung nicht mit herangezogen werden. Die Tragfähigkeit der Eisenbetonplatte zwischen den Rippen ist auf Anfordern nachzuweisen. Durchlaufende Hohlsteindecken müssen im Bereiche der negativen Momente, die von den Rippen nicht mehr aufzunehmen sind, aus vollem Beton hergestellt werden.

7. **Decken aus fertig verlegten Eisenbetonbauteilen.** Die vorstehenden Bestimmungen gelten auch für Decken aus nebeneinandergereihten balkenartigen Einzelgliedern, die in den Fugen in voller Höhe wirksam verbunden sind. Bezüglich der Nutzhöhe gelten die Bestimmungen über Balken und Platten.

Kreuzweise bewehrte Platten und Pilzdecken.

8. **Rechteckige kreuzweise bewehrte Platten,** die ringsum frei aufliegen oder eingespannt sind oder sich über mehrere Felder erstrecken, sind, wenn nicht eine genaue Untersuchung auf Grund der Plattentheorie (z. B. mittels Reihenentwicklung oder Anwendung der Gewebetheorie) durchgeführt wird, durch zwei

---

[1]) Vgl. Abb. 49 a—f S. 187.

Scharen von Längs- und Querstreifen zu ersetzen, die je nach den vorliegenden Auflagerbedingungen als einfache oder eingespannte oder durchlaufende Träger zu berechnen sind. Für die Stützweite gilt die Angabe unter Ziffer 2.

a) Unter der Voraussetzung, daß die Ecken der Platten gegen Abheben gesichert sind, können, wenn die Platten nicht mehr als doppelt so lang wie breit sind, für den Spannungsnachweis die von Marcus[1]) angegebenen Gleichungen benutzt werden.

Bei gleichförmig verteilter Belastung dürfen insbesondere die folgenden Gleichungen der Querschnittsbemessung zugrunde gelegt werden, wobei die Platte durch einen Rost von Längs- und Querbalken (Streifen) ersetzt gedacht ist.

Bezeichnungen:

$l_x =$ Stützweite der Streifen in der x-Richtung,

$q_x =$ Lastanteil der Streifen in der x-Richtung,

$M_x =$ Biegungsmomente der Streifen in der x-Richtung,

$l_y =$ Stützweite der Streifen in der y-Richtung,

$q_y =$ Lastanteil der Streifen in der y-Richtung,

$M_y =$ Biegungsmomente der Streifen in der y-Richtung.

$\alpha)$ Grenzfall der ringsum frei aufliegenden Platten[2]).

Lastanteile:

$$(7) \quad \begin{cases} q_x = q \cdot \dfrac{l_y^4}{l_x^4 + l_y^4} \\[2mm] q_y = q \cdot \dfrac{l_x^4}{l_x^4 + l_y^4} \end{cases}$$

Feldmomente:

$$(8) \quad \begin{cases} M_x = q_x \cdot \dfrac{l_x^2}{8} \cdot \nu_a \\[2mm] M_y = q_y \cdot \dfrac{l_y^2}{8} \cdot \nu_a \end{cases}$$

Hierbei ist

$$\nu_a = 1 - \frac{5}{6} \cdot \frac{l_x^2 \cdot l_y^2}{l_x^4 + l_y^4} \, {}^3).$$

$\beta)$ Grenzfall der ringsum eingespannten Platten.

Lastanteile:

$$(9) \quad \begin{cases} q_x = q \cdot \dfrac{l_y^4}{l_x^4 + l_y^4} \\[2mm] q_y = q \cdot \dfrac{l_x^4}{l_x^4 + l_y^4} \end{cases}$$

Feldmomente:

$$(10) \quad \begin{cases} M_x = + q_x \cdot \dfrac{l_x^2}{24} \cdot \nu_b \\[2mm] M_y = + q_y \cdot \dfrac{l_y^2}{24} \cdot \nu_b. \end{cases}$$

---

[1]) Vgl. Dr.-Ing. Marcus, Die vereinfachte Berechnung biegsamer Platten. (Verlag Julius Springer, Berlin 1925.)

[2]) Vgl. Abb. 47 S. 183.

[3]) ν berücksichtigt die Drillungsmomente und darf nur alsdann eingeführt werden, wenn für deren Aufnahme durch Eisen gesorgt ist; sonst ist $\nu = 1$ zu zu setzen (Nachtrag).

Hierbei ist
$$v_b = 1 - \frac{5}{18} \cdot \frac{l_x^2 \cdot l_y^2}{l_x^4 + l_y^4}.$$

Einspannungsmomente:

$$(11) \quad \left\{ \begin{aligned} M_x &= -q \cdot \frac{l_x^2}{12} \cdot \frac{l_y^4}{l_x^4 + l_y^4} \\[2mm] M_y &= -q \cdot \frac{l_y^2}{12} \cdot \frac{l_y^4}{l_x^4 + l_y^4}. \end{aligned} \right.$$

b) Wenn die Ecken der Platten gegen Abheben nicht gesichert sind, so ist in den Gleichungen für die Feldmomente $v = 1$ zu setzen.

9. Die Werte für die Biegungsmomente und Querkräfte von Pilzdecken (vgl. § 14, Ziffer 9) sind sowohl für die Decke als für die Säulen nach den Regeln der Plattentheorie (z. B. mittels Reihenentwicklung oder Anwendung der Gewebetheorie) zu berechnen, wobei die Drillungsmomente zu berücksichtigen sind.

Die Teile des Säulenkopfes, die unterhalb einer Neigung von 45° gegen die Wagerechte liegen (s. Abb. 51b und c), dürfen zur Spannungsübertragung nicht herangezogen werden und gelten beim Spannungsnachweis als nicht vorhanden. Die Mindestabmessungen der Säulenköpfe müssen im übrigen den Maßen der vorgenannten Abbildungen entsprechen.

Für den wirksamen Querschnitt eines Eisenstabes mit dem Querschnitt F_e, dessen Achse mit der Normalen einer beliebigen Schnittebene den Winkel α einschließt, darf der Wert $F_e \cdot \cos \alpha$ eingeführt werden.

Wenn keine genaue Untersuchung nach der Plattentheorie durchgeführt wird, so können die trägerlosen Decken durch zwei sich kreuzende Scharen von Längs- und Querbalken ersetzt werden, die als durchlaufende Balken mit elastisch eingespannten Stützen oder als Stockwerkrahmen ebenso zu behandeln sind, als ob sie in der querlaufenden Stützenflucht auf einer stetigen Unterlage aufruhten, und die im Gegensatz zu den ringsum auflagernden Platten in jeder Richtung für die volle und ungünstigste Belastung berechnet werden müssen.

Die stellvertretenden Rahmen dürfen so berechnet werden, daß für die Momentenermittlung nur der Biegungswiderstand der Stützen des unmittelbar anschließenden oberen und unteren Stockwerkes berücksichtigt wird.

Die Riegel der stellvertretenden Rahmen haben die Stützweite l_x und l_y, die Querschnittsbreite l_y bzw. l_x und als Querschnittshöhe die Deckenstärke d.

Um die Spannungen zu bestimmen, die durch die zugehörigen Biegungsmomente M_x und M_y in der Platte hervorgerufen werden, wird jedes Deckenfeld in einen inneren Teil $ABDC$ von der Breite $\frac{l}{2}$ und zwei äußere Teile $ABFE$ und $CDHG$ jeweils von der Breite $\frac{l}{4}$ zerlegt[1]). Der innere Teil wird als Feldstreifen, die äußeren Teile werden als Gurtstreifen bezeichnet.

Von den für einen Riegel des stellvertretenden Rahmens ermittelten positiven (oder negativen) Feldmomenten haben der Feldstreifen 45% und die beiden Gurtstreifen zusammen 55% aufzunehmen, während von den negativen Biegungsmomenten in den Säulenfluchten 25% dem Feldstreifen und 75% den beiden Gurtstreifen zuzuweisen sind.

Wird von einer genauen Berechnung nach der Plattentheorie oder von der angeführten Näherungsberechnung mit stellvertretenden Rahmen abgesehen, so können, wenn die Stützenabstände in allen Feldern einer Reihe gleich oder nur so weit ungleich sind, daß der kleinste noch mindestens 0,8 des größten ist, zur

---

[1]) Vgl. Abb. 52 S. 191.

Errechnung der Momente M_F der Feldstreifen und M_G der Gurtstreifen die nachstehenden Gleichungen unmittelbar benutzt werden, die für die Querschnittsbreite 1 gelten. Wenn die in Abb. 51b c S. 189 gezeichnete Verstärkung der Deckenplatte um $\dfrac{d}{2}$ über dem Stützenkopf nicht ausgeführt wird, so sind die nach den Gleichungen (12) und (13) errechneten Werte der positiven Momente um 25% zu erhöhen.

In den Gleichungen (12) bis (16) ist zur Bestimmung von M_x und M_y (vgl. Ziffer 8) für l jeweils l_x bzw. l_y zu setzen.

a) **Außenfeld.**

$$(12) \qquad \begin{cases} M_F = l^2 \cdot \left(\dfrac{g}{16} + \dfrac{p}{13} \right) \\[2mm] M_G = l^2 \cdot \left(\dfrac{g}{13} + \dfrac{p}{11} \right). \end{cases}$$

Die vorstehenden Formeln gelten für Decken, die auf den Außenwänden frei aufruhen oder bei denen die Außenstützen als Pendelsäulen ausgebildet sind. Werden die letzteren biegungsfest an die Decken angeschlossen und durchgehende Stürze in Verbindung mit den Decken angeordnet, so dürfen die nach den Formeln (12) errechneten Werte der Biegungsmomente um 20% ermäßigt werden.

b) **Innenfeld.**

$$(13) \qquad \begin{cases} M_F = l^2 \cdot \left(\dfrac{g}{32} + \dfrac{p}{16} \right) \\[2mm] M_G = l^2 \cdot \left(\dfrac{g}{26} + \dfrac{p}{13} \right). \end{cases}$$

c) **Stützenmomente längs der ersten inneren Stützenreihe.**

$$(14) \qquad \begin{cases} M_F = -\dfrac{l^2}{24} \cdot (g + p) \\[2mm] M_G = -\dfrac{l^2}{8} \cdot (g + p). \end{cases}$$

d) **Stützenmomente in den übrigen Stützenreihen.**

$$(15) \qquad \begin{cases} M_F = -\dfrac{l^2}{30} \cdot (g + p) \\[2mm] M_G = -\dfrac{l^2}{10} \cdot (g + p). \end{cases}$$

e) Die am oberen Ende der unteren und am unteren Ende der oberen Säulen aufzunehmenden Biegungsmomente (vgl. auch § 17 Ziffer 15) sind nach den Formeln

$$(16) \qquad \begin{cases} M_u = \mp P \cdot \dfrac{l}{12} \cdot \dfrac{c_u}{c_o + 1 + c_u} \\[2mm] M_o = \pm P \cdot \dfrac{l}{12} \cdot \dfrac{c_o}{c_o + 1 + c_u} \end{cases}$$

zu ermitteln. Hierbei ist P die gesamte Verkehrslast eines Feldes mit den Seitenlängen l_x und l_y,

$$c_o = \frac{l}{h_o} \cdot \frac{J_o}{J_d},$$

$$c_u = \frac{l}{h_u} \cdot \frac{J_u}{J_d},$$

J_d: das Trägheitsmoment der Decke, bezogen auf die Feldbreite,
J_u: das Trägheitsmoment der unteren Säule, ⎫
J_o: das Trägheitsmoment der oberen Säule, ⎬ Abb. 54 S. 193.
h_o: die Höhe der oberen Säule (Stockwerkshöhe), ⎭
h_u: die Höhe der unteren Säule (Stockwerkshöhe).

Die vorstehenden Formeln gelten auch für Außensäulen, die mit der Decke biegungsfest verbunden sind, wenn P durch $(G + P)$ ersetzt wird, wobei G die gesamte ständige Last eines Feldes mit den Seitenlängen l_x und l_y ist.

f) In den Randfeldern darf für den zur Auflagerlinie parallel laufenden Feldstreifen der Wert $\frac{3}{4}\,M_F$ und für den unmittelbar am Rand angrenzenden Gurtstreifen der Wert $\frac{1}{2}\,M_G$ der Querschnittsbemessung zugrunde gelegt werden, wobei M_F bzw. M_G die für normale Innenfelder gültigen Biegungsmomente der Feld- bzw. Gurtstreifen bedeuten.

Balken und Plattenbalken.

10. Die Stützweite ist

a) bei beiderseits frei aufliegenden Balken die Entfernung der Auflagermitten,

b) bei außergewöhnlich großen Auflagerlängen die um 5% vergrößerte Lichtweite,

c) bei durchlaufenden Balken die Entfernung zwischen den Mitten der Stützen bzw. Unterzüge.

Ist die Länge eines Auflagers ausnahmsweise geringer als 5% der Lichtweite, so ist die Sicherheit des Auflagers nachzuweisen.

11. Momente durchlaufender Balken sind im allgemeinen für ungünstigste Laststellung nach den Regeln für frei drehbar gelagerte durchlaufende Träger zu ermitteln.

a) Negative Feldmomente. Bei durchlaufenden Plattenbalken im Hochbau, die mit Unterzügen oder Säulen fest verbunden sind, brauchen wegen des Verdrehungswiderstandes der Unterzüge und des Biegungswiderstandes der Säulen die negativen Feldmomente aus veränderlicher Belastung nur mit $\frac{2}{3}$ ihres Wertes berücksichtigt zu werden.

Im Sonderfall gleicher oder um höchstens 20% ungleicher Stützweiten l dürfen bei Plattenbalken die negativen Feldmomente eines entlasteten Feldes angenommen werden zu

$$\text{(17)} \qquad \min M = \tfrac{1}{24} \cdot l^2 \cdot (g - \tfrac{2}{3} \cdot p).$$

b) Mindestwert für positive Feldmomente. Ergibt sich auf Grund der für durchlaufende Tragwerke geltenden Beziehungen für das größte positive Feldmoment ein kleinerer Wert als bei voller beiderseitiger Einspannung eintreten würde, so ist der Querschnittsberechnung der für beiderseitige volle Einspannung geltende Wert des Feldmomentes zugrunde zu legen.

c) Berücksichtigung der Einspannung. Ist bei Hochbauten die Stützenbreite gleich oder größer als der fünfte Teil der Stockwerkshöhe, so sind durchgehend ausgebildete Balken nicht mehr als durchgehend, sondern als an der Stütze voll eingespannt zu berechnen. Hierbei ist vorausgesetzt, daß die Balken mit der Stütze biegungsfest verbunden sind oder daß eine entsprechende Auflast an den Stützen vorhanden ist. Als Stützweite ist dabei die um 5% vergrößerte Lichtweite zu rechnen.

12. Querkräfte. Die zur Ermittlung der Schub- und Haftspannungen maßgebenden Querkräfte durchlaufender Balken dürfen bei Hochbauten mit überwiegend ruhenden Lasten für Vollbelastung aller Felder bestimmt werden.

Ebenso genügt Annahme der Vollbelastung zur Bestimmung der Querkräfte für Balken mit beiderseits freier Auflagerung.

Dagegen sind rollende Lasten in jeweils ungünstigster Stellung vorzusehen. Bei Durchfahrten, Hofunterkellerungen, Brücken und ähnlichen Bauwerken sind Verkehrslasten streckenweise anzunehmen, wenn sich dadurch Größtwerte der Querkräfte ergeben.

13. **Stützkräfte durchlaufender Balken oder Plattenbalken.** Bei Ermittlung der Last, die von Balken auf Mauern, Hauptunterzüge oder Säulen übertragen wird, dürfen die Kontinuitätswirkungen vernachlässigt werden. Die Stützkräfte können also unter der Annahme frei aufliegender, über allen Innenstützen gestoßener Balken ermittelt werden.

14. **Plattendicke und Plattenbreite.** Die **Druckplatte** eines Plattenbalkens muß mindestens 8 cm stark sein (wegen Druckplattenstärke von Eisenbetonrippendecken vgl. § 14, Ziffer 8). Die zulässige Breite b der Druckplatte ist[1])

a) bei beiderseitigen Plattenbalken

$$b = 12\,d + b_0 + 2\,b_1$$

und nicht größer als der Abstand der Feldmitten und als die halbe Balkenstützweite,

b) bei einseitigen Plattenbalken nach

$$b = 4{,}5\,d + b_1 + b_0 + e$$

und nicht größer als die halbe lichte Rippenentfernung $+\dfrac{b_0}{2}$ und als ein Viertel der Balkenstützweite.

Die Deckenverstärkung darf mit keiner flacheren Neigung als 1:3 und ihre Breite b_1 mit höchstens $3\,d$ in Rechnung gestellt werden. Sind Deckenverstärkungen nicht vorhanden, so ist b_1 gleich Null zu setzen.

Säulen und Rahmen.

15. Eisenbetonsäulen in fester Verbindung mit Balken sind ausnahmsweise auf Verlangen der Baupolizeibehörde auf Biegung zu untersuchen, insbesondere bei Brücken und anderen Ingenieurbauten.

Bei den üblichen Hochbauten brauchen die Innensäulen, die mit Eisenbetonbalken biegungsfest verbunden sind, im allgemeinen nur auf mittigen Druck, nicht auf Rahmenwirkung berechnet zu werden. Bei Randsäulen solcher Tragwerke jedoch sind, wenn keine genaue Berechnung der Rahmenwirkung angestellt wird, die Biegungsmomente am Kopfe und am Fuße[2]) mit Hilfe der Gleichungen

$$(18)\qquad \left\{ \begin{aligned} M_u &= -q \cdot \frac{l^2}{12} \cdot \frac{c_u}{c_0 + 1 + c_u} \\[2mm] M_0 &= +q \cdot \frac{l^2}{12} \cdot \frac{c_0}{c_0 + 1 + c_u} \end{aligned} \right.$$

zu bestimmen. Hierbei ist

$$c_0 = \frac{l}{h_0} \cdot \frac{J_0}{J_b},$$

$$c_u = \frac{l}{h_u} \cdot \frac{J_u}{J_b},$$

J_b: das Trägheitsmoment des Balkens oder Plattenbalkens (vgl. § 17, Ziffer 1, 2. Abs.). Wegen der übrigen Bezeichnungen vgl. die Gleichungen (16).

---

[1]) Vgl. Abb. 61a und b S. 200.　　[2]) Vgl. Abb. 54 S. 193.

Werden die Balken entsprechend § 17, Ziffer 11 als frei drehbar gelagerte durchlaufende Träger berechnet, die Momente in den Randsäulen jedoch nach den Gleichungen (18) bestimmt, so dürfen die positiven Momente der Endfelder um den Wert

$$\frac{1}{2}(M_o - M_u) = q \cdot \frac{l^2}{24} \cdot \frac{c_o + c_u}{c_o + 1 + c_u}$$

vermindert werden.

16. In Hochbauten dürfen die Stützkräfte zur Bemessung der Säulenquerschnitte und der Fundamente ermittelt werden unter Annahme allerseits frei aufliegender statisch bestimmt gelagerter Platten und Balken, so daß Zuschläge für Kontinuität und wechselweise Feldbelastung nicht in Rechnung gestellt zu werden brauchen (vgl. § 17, Ziffer 13).

Brücken unter Eisenbahngleisen.

17. Bei der statischen Berechnung von Brücken unter Eisenbahngleisen ist mit Einzellasten zu rechnen, wobei aber in der Richtung rechtwinklig zur Stützweite eine Verteilung der Einzellasten unter 45° bis zur Oberkante der tragenden Teile angenommen werden kann.

§ 18. Ermittlung der inneren Kräfte.

1. Rechnungsannahmen. Die Spannungen im Querschnitt des auf Biegung oder des auf Biegung mit Achskraft beanspruchten Körpers sind unter der Annahme zu berechnen, daß sich die Dehnungen wie die Abstände von der Nullinie verhalten. Die zulässige Beanspruchung des Betons auf Druck und des Eisens auf Zug sowie die zulässigen Schub- und Haftspannungen haben zur Voraussetzung, daß das Eisen alle Zugspannungen im Querschnitt aufnimmt, daß also von einer Mitwirkung des Betons auf Zug ganz abgesehen wird.

2. Für die Bemessung der Bauteile ist das Verhältnis der Elastizitätsmaße von Eisen und Beton zu $n = 15$ anzunehmen.

3. Bei der Berechnung der Biegungsspannungen dürfen einbetonierte Schienen zur Befestigung von Transmissionen bis zu 50% ihres Gesamtquerschnitts in Rechnung gestellt werden.

4. Schubspannungen. In Balken sind die Schubspannungen τ_0 nachzuweisen.

Geht der ohne Rücksicht auf abgebogene Eisen oder Bügel errechnete Wert der Schubspannung über 14 kg/cm² hinaus, so sind die Abmessungen der Rippe zu vergrößern, bis dieser Wert erreicht oder unterschritten wird.

In Balken oder Balkenfeldern, in denen die größte Schubspannung τ_0 bei Handelszement nicht über 4 kg/cm², bei hochwertigem Zement nicht über 5,5 kg/cm² hinausgeht, wird kein rechnerischer Nachweis der Schubsicherung gefordert. Ist die größte Schubspannung über 4 bzw. 5,5 kg/cm², so sind alle Schubspannungen auf der betreffenden Feldseite ganz durch abgebogene Eisen oder Bügel oder beides zusammen aufzunehmen (Schubsicherung).

Die Schubspannung τ_0 ist zu berechnen aus der Gleichung

$$(19) \qquad \tau_0 = \frac{Q}{b_o \cdot z},$$

worin b_o bei Plattenbalken die Stegbreite und z den Abstand des Schwerpunktes der Eisen vom Druckmittelpunkt und Q die Querkraft bedeuten.

Die Grundlinie des Schubdiagramms soll in die halbe Höhe zwischen Unterkante und Oberkannte des Balkens gelegt werden.

5. **Haftspannungen.** Die Haftspannungen τ_1 brauchen nicht berechnet zu werden, wenn die Enden der Eisen mit runden oder spitzwinkligen Haken versehen und dabei die Eisen nicht stärker als 25 mm sind.

Wenn nur gerade Eisen mit oder ohne Bügel vorhanden sind, ist die Haftspannung aus der Gleichung

$$(20) \qquad \tau_1 = \frac{Q}{u \cdot z}$$

zu berechnen. ($u = $ Umfang der Eisen.)

Sind dagegen so viele Eisen abgebogen, daß sie zusammen mit den Bügeln imstande sind, die gesamten schrägen Zugspannungen allein aufzunehmen, so ist für die Berechnung der Haftspannungen an den unteren gerade geführten Eisen nur die halbe Querkraft in Ansatz zu bringen.

6. **Stützen mit gewöhnlicher Bügelbewehrung. Mittiger Druck.** Bei Stützen ohne Knickgefahr und mit gewöhnlicher Bügelbewehrung (vgl. § 14, Ziffer 11, Abs. 1) berechnet sich die zulässige mittige Belastung aus der Formel

$$(21) \qquad P = \sigma_b \cdot (F_b + 15\,F_e) = \sigma_b \cdot F_i \,,$$

worin σ_b die zulässige Druckspannung des Betons für Stützen, F_b die Querschnittsfläche des Betons und F_e diejenige der Längseisen bedeuten.

7. **Umschnürte Säulen. Mittiger Druck.** Bei umschnürten Säulen (vgl. § 14, Ziffer 11, Abs. 2) und anderen umschnürten Druckgliedern mit **kreisförmigem Kernquerschnitt** soll die zulässige mittige Last aus der Formel

$$(22) \qquad P = \sigma_b \cdot (F_k + 15\,F_e + 45\,F_s) = \sigma_b \cdot F_i$$

berechnet werden. Hierbei bedeuten F_k den Querschnitt des umschnürten Kerns (durch die Mitte der Querbewehrungseisen begrenzt), $F_s = \dfrac{\pi \cdot D \cdot f}{s}$, wenn D den mittleren Krümmungsdurchmesser der Querbewehrungseisen, f den Querschnitt der letzteren und s ihren Abstand in Richtung der Säulenachse (von Mitte zu Mitte) bezeichnen.

Dabei muß sein

$$(23) \qquad F_i = (F_k + 15\,F_e + 45\,F_s) \leqq 2\,F_b \,.$$

Quadratischen oder rechteckigen Umschnürungen wird keine Erhöhung der Tragfähigkeit zuerkannt. Nach dieser Art bewehrte Säulen und Druckglieder sind nach Ziffer 6 zu berechnen.

8. **Knickberechnung mittig belasteter Stützen.** Mittig belastete Stützen, deren Höhe bei quadratischem und rechteckigem Querschnitt mehr als das 15fache, bei umschnürtem Kernquerschnitt mehr als das 13fache der kleinsten Stützendicke beträgt, sind auf Knicksicherheit zu untersuchen. Hierzu ist statt der Gleichungen (21) und (22) die folgende zu verwenden:

$$(24) \qquad \omega \cdot P = \sigma_{b\mathrm{zul}} \cdot F_i$$

worin ω die Knickzahl, d. i. das Verhältnis der zulässigen Druckbeanspruchung $\sigma_{b\mathrm{zul}}$ zur zulässigen Knickbeanspruchung $\sigma_{k\mathrm{zul}}$ darstellt und aus der Tabelle in § 19, Ziffer 3 zu entnehmen ist.

Als Höhe der Stützen ist bei Hochbauten stets die volle Stockwerkshöhe in Rechnung zu stellen.

Ist bei rechteckigen Stützen das Ausknicken nach der Ebene des kleinsten Trägheitsmomentes durch Aussteifung od. dgl. mit voller Sicherheit ausgeschlossen, so ist unter s die größere Querschnittsseite zu verstehen.

9. **Außermittiger Druck.** Ist eine Stütze außermittig belastet oder ist die Möglichkeit vorhanden, daß sie seitliche Kräfte erhält, so darf die aus der Gleichung

$$(25) \qquad \sigma = \frac{P}{F_i} \pm \frac{M}{W_i}$$

errechnete Kantenpressung den im § 19, Ziffer 2 angegebenen Wert nicht überschreiten. Die Gleichung (25) darf auch dann noch angewendet werden, wenn sich daraus auf der einen Seite eine Zugspannung ergibt, die nicht größer ist als $^1/_5$ der zulässigen Betondruckspannung. Geht die Zugspannung über dieses Maß hinaus, so muß die Zugzone bei der Spannungsberechnung außer Ansatz bleiben.

In die Gleichung (25) ist für F_i der jeweils zutreffende Klammerwert aus den Gleichungen (21) und (22) einzusetzen und W_i dem Querschnitt $F_b + 15\,F_e$ entsprechend zu bilden.

Die Eiseneinlagen sind in jedem Falle so zu berechnen, daß sie ohne Mitwirkung des Betons alle Zugspannungen aufnehmen können.

10. **Knickberechnung außermittig belasteter Stützen.** Geht das Verhältnis der Stützenhöhe zur kleinsten Stützendicke über die im 1. Absatz der Ziffer 8 angegebenen Grenzen hinaus, so ist in der Gleichung (25) P durch $\omega \cdot P$ zu ersetzen. Die Knickzahl ω ist der im § 19, Ziffer 3 enthaltenen Tafel zu entnehmen.

Die beiden letzten Absätze der Ziffer 8 gelten auch hier.

§ 19. Zulässige Beanspruchungen.

1. Die zulässigen Beanspruchungen des Betons sind sowohl von der Würfelfestigkeit $W_{e\,28}$ als auch von $W_{b\,28}$ abhängig. Dabei bedeuten:

$W_{e\,28}$ = Würfelfestigkeit erdfeuchten Betons nach 28 Tagen,
$W_{b\,28}$ = Würfelfestigkeit von Beton in der gleichen Beschaffenheit, wie er im Bauwerk verarbeitet wird, nach 28 Tagen.

Die Würfelfestigkeiten sind festzustellen nach den „Bestimmungen für Druckversuche an Würfeln bei Ausführung von Bauwerken aus Beton und Eisenbeton" und müssen **mindestens** betragen:

1. bei Verwendung von Handelszement . . . . $W_{e\,28} \geqq 200$ kg/cm^2
und außerdem . . . . $W_{b\,28} \geqq 100$ „ ,

2. bei Verwendung von hochwertigem Zement . . . $W_{e\,28} \geqq 275$ kg/cm^2
und außerdem . . . . $W_{b\,28} \geqq 130$ „ ,

3. in besonderen Fällen, in denen die zulässige Beanspruchung des Betons auf Grund des Festigkeitsnachweises abgestuft wird, für weich oder flüssig angemachten und entsprechend der Verarbeitung im Bauwerk behandelten Beton:

$W_{b\,28} \geqq \nu \cdot \sigma_{\text{zul}}$, wobei der Beiwert ν den Tafeln unter Ziffer 2 und 4 zu entnehmen ist, und außerdem

$W_{e\,28} \geqq 250$ kg/cm^2.

2. **Mittiger Druck** (vgl. Tabelle II).

Teilbelastung:

Wenn bei Auflagerquadern, Gelenksteinen usw. die eine Fläche F nur in einem mittig gelegenen Teile F_1 auf Druck beansprucht wird und dabei $h \geqq d$ ist, so gilt für die zulässige Beanspruchung in der Teilfläche F_1 die Formel

$$(26) \qquad \sigma_1 = \sigma \cdot \sqrt[3]{\frac{F}{F_1}},$$

wobei σ die in der Tabelle angegebene zulässige Beanspruchung ist.

Tabelle II.

		Zulässige Beanspruchungen in kg/cm² bei Stützen ohne Knickgefahr	
		im allgemeinen	in Brücken
1	Handelszement; $W_{e\,28} \geqq 200$ kg/cm² und außerdem $W_{b\,28} \geqq 100$ kg/cm²	35 kg/cm²	30 kg/cm²
2	Hochwertiger Zement: $W_{e\,28} \geqq 275$ kg/cm² und außerdem $W_{b\,28} \geqq 130$ kg/cm²	45	40
3	In besonderen Fällen bei Nachweis der Würfelfestigkeit: $W_{b\,28} \geqq \nu \cdot \sigma_{\mathrm{zul}}$ und außerdem $W_{e\,28} \geqq 250$ kg/cm²	$\sigma_{\mathrm{zul}} = \dfrac{W_{b\,28}}{3}$ jedoch nicht mehr als 60 kg/cm²	$\sigma_{\mathrm{zul}} = \dfrac{W_{b\,28}}{4}$ jedoch nicht mehr als 50 kg/cm²

3. **Stützen mit Knickgefahr** sind mit vorstehenden Beanspruchungen für die ω-fache Stützenbelastung zu bemessen, wobei die Knickzahl ω abhängig ist vom Schlankheitsgrad (Höhe der Stütze h — vgl. § 18, Ziffer 8 — geteilt durch die kleinste Stützendicke s) gemäß nachstehender Tabelle.

Tabelle III.

$\dfrac{l}{s}$	Knickzahl $\omega = \dfrac{\sigma_{b\,\mathrm{zul}}}{\sigma_{k\,\mathrm{zul}}}$	$\dfrac{\varDelta\,\omega}{\varDelta\,\dfrac{h}{s}}$
1. für quadratische und rechteckige Stützen mit einfacher Bügelbewehrung		
15	1,00	
20	1,25	0,05
25	1,75	0,10
2. für umschnürte Stützen		
13	1,0	
20	1,7	0,1
25	2,7	0,2

Zwischenwerte sind geradlinig einzuschalten.

4. Reine Biegung und Biegung mit Längskraft. Die zulässigen Beanspruchungen der folgenden Tafel gelten in:

Spalte a:

für mindestens 20 cm hohe volle Rechteckquerschnitte,

für Balken und Plattenbalken zur Aufnahme von Stützmomenten,

für Pilzdecken (vgl. § 14, Ziffer 9 und § 17, Ziffer 9),

für Rahmen, Bogen und Stützen als Teile rahmenartiger Tragwerke, wenn diese ausführlich nach der Rahmentheorie berechnet werden, und zwar bei gewöhnlichen Hochbauten unter Annahme ungünstigster Laststellung, bei anderen Bauten außerdem unter Berücksichtigung der Wärmewirkung, des Schwindens sowie der Reibungs- und Bremskräfte;

Spalte b:

für Platten von mindestens 10 cm Stärke in Hochbauten einschließlich Fabriken ohne wesentliche Erschütterungen,

für Balken, Plattenbalken, außermittig belastete Stützen und andere Tragwerke, soweit sie nicht unter a fallen,

für Stützenquerschnitte von Balken und Plattenbalken der Spalte c;

Spalte c:

für Platten von weniger als 10 cm Stärke,

für die unmittelbar starken Erschütterungen ausgesetzten Bauteile in Hochbauten,

Tabelle IV.

		Zulässige Beanspruchungen in kg/cm²			
		a	b	c	d
1	Handelszement: $W_{e\,28} \geqq 200$ kg/cm² und außerdem $W_{b\,28} \geqq 100$ kg/cm²	\multicolumn{4}{c}{Beton auf Druck}		
		50	40	35	—
2	Hochwertiger Zement: $W_{e\,28} \geqq 275$ kg/cm² und außerdem $W_{b\,28} \geqq 130$ kg/cm²	60	50	40	—
3	In besonderen Fällen bei Nachweis der Würfelfestigkeit	$\sigma_{zul} = \dfrac{W_{b\,28}}{2}$	$\sigma_{zul} = \dfrac{W_{b\,28}}{2,5}$	$\sigma_{zul} = \dfrac{W_{b\,28}}{3,5}$	$\sigma_{zul} = \dfrac{W_{b\,28}}{5}$
	$W_{b\,28} \geqq \nu \cdot \sigma_{zul}$ und außerdem $W_{e\,28} \geqq 250$ kg/cm²	\multicolumn{4}{c}{jedoch nicht mehr als}		
		70	60	45	40
		\multicolumn{4}{c}{Eisen (Stahl) auf Zug}		
4	Eisen (Handelseisen)	1200	1200	1000	800
5	Stahl St 48 nur in Verbindung mit Beton nach 2 oder 3[1])	1500	1500	1250	1000

---

[1]) Da die eingeleiteten Versuche mit hochwertigem Zement in Verbindung mit Stahl noch nicht abgeschlossen sind, bleibt die Anwendung der in Ziffer 5 genannten Spannungen in Hochbauten zunächst nur auf Platten beschränkt.

für Platten und Träger der Fahrbahntafel in Straßenbrücken und Durchfahrten bei weniger als 50 cm Überschüttungshöhe;

Spalte d:

für Balkenbrücken unter Eisenbahngleisen. Werden die Brems- und Anfahrkräfte und der Einfluß der Temperaturschwankungen und des Schwindens
berücksichtigt, so dürfen die in Spalte d genannten zulässigen Spannungen
um 30% erhöht werden. Dabei dürfen aber die ohne diese Kräfte errechneten Spannungen die dort genannten Werte nicht überschreiten.

In den Spalten c und d ist ein Stoßzuschlag bis 50% berücksichtigt. Ist ein
höherer Stoßzuschlag geboten, so sind die stoßenden Lasten entsprechend zu
erhöhen.

5. Die **Schubspannung** τ_0 des Betons darf bei Handelszement 4 kg/cm²,
bei hochwertigem Zement 5,5 kg/cm² nicht überschreiten (vgl. § 18, Ziffer 4).

6. Die zulässige **Drehungsspannung** des Betons ist für rechteckige Querschnitte gleich der Schubspannung $\tau_0 = 4$ kg/cm².

7. Die zulässige **Haftspannuug** τ_1 (Gleitwiderstand) beträgt 5 kg/cm² (vgl.
§ 18, Ziffer 5).

2. Auszug aus den Deutschen Normen für einheitliche Lieferung und Prüfung von Portlandzement. Dezember 1909.

Begriffserklärung von Portlandzement.

Portlandzement ist ein hydraulisches Bindemittel mit nicht weniger als 1,7
Gewichtsteilen Kalk (CaO) auf 1 Gewichtsteil lösliche Kieselsäure (SiO_2) + Tonerde (Al_2O_3) + Eisenoxyd (Fe_2O_3), hergestellt durch feine Zerkleinerung und
innige Mischung der Rohstoffe, Brennen bis mindestens zur Sinterung und Fein-
mahlen. Dem Portlandzement dürfen nicht mehr als 3 vH Zusätze zu besonderen
Zwecken zugegeben sein.

Der Magnesiagehalt darf höchstens 5 vH, der Gehalt an Schwefelsäureanhydrid nicht mehr als $2\frac{1}{2}$ vH im geglühten Portlandzement betragen.

Begründung und Erläuterung.

Portlandzement unterscheidet sich von allen anderen hydraulischen Bindemitteln durch seinen hohen Kalkgehalt, welcher eine innige Mischung der Rohstoffe in ganz bestimmtem Verhältnisse bedingt, wie sie (sehr wenige natürliche
Vorkommen ausgenommen) mit Sicherheit nur auf künstliche Weise durch feinstes
Mahlen oder Schlämmen und innige Mischung unter chemischer Kontrolle zu
erreichen ist.

Es muß im Interesse der Abnehmer verlangt werden, daß ähnliche, aus natürlichen Steinen durch einfaches Brennen hergestellte Erzeugnisse als „Naturzemente"
bezeichnet werden.

Durch das Brennen bis zur Sinterung (beginnende Schmelzung) erhält das
Erzeugnis eine sehr große Dichte (Raumgewicht), welche eine wesentliche Eigenschaft des Portlandzements ist.

Ein Magnesiagehalt bis zu 5 vH, wie er bei Verwendung dolomithaltigen
Kalksteins im Portlandzement vorkommen kann, hat sich als unschädlich erwiesen,
wenn bei Bemessung des Kalkgehalts der Magnesiagehalt berücksichtigt wurde.

Um den Portlandzement langsam bindend zu machen, ist es üblich, ihm
beim Mahlen rohen Gips (wasserhaltigen schwefelsauren Kalk) zuzusetzen, außerdem enthalten fast alle Portlandzemente schwefelsaure Verbindungen aus den
Rohstoffen und Brennstoffen.

Zusätze zu besonderen Zwecken, namentlich zur Regelung der Bindezeit, sind nicht zu entbehren, jedoch in Höhe von 3 vH begrenzt, um die Möglichkeit von Zusätzen lediglich zur Gewichtsvermehrung auszuschließen.

Ein Gehalt bis zu $2^1/_2$ vH Schwefelsäureanhydrid hat sich als unschädlich erwiesen.

Abbinden.

Der Erhärtungsbeginn von normal bindendem Portlandzement soll nicht früher als eine Stunde nach dem Anmachen eintreten. Für besondere Zwecke kann rascher bindender Portlandzement verlangt werden, welcher als solcher gekennzeichnet sein muß.

Raumbeständigkeit.

Portlandzement soll raumbeständig sein. Als entscheidende Probe soll gelten, daß ein auf einer Glasplatte hergestellter und vor Austrocknung geschützter Kuchen aus reinem Portlandzement, nach 24 Stunden unter Wasser gelegt, auch nach längerer Beobachtungszeit durchaus keine Verkrümmungen oder Kantenrisse zeigen darf.

Feinheit der Mahlung.

Portlandzement soll so fein gemahlen sein, daß er auf dem Siebe von 900 Maschen auf ein Quadratzentimeter höchstens 5 vH Rückstand hinterläßt. Die Maschenweite des Siebes soll 0,222 mm betragen.

Festigkeitsproben.

Der Portlandzement soll auf Druckfestigkeit in einer Mischung von Portlandzement und Sand nach einheitlichem Verfahren geprüft werden, und zwar an Würfeln von 50 cm² Fläche.

Begründung.

Da man erfahrungsgemäß aus den mit Portlandzement ohne Sandzusatz gewonnenen Festigkeitsergebnissen nicht einheitlich auf die Bindefähigkeit zu Sand schließen kann, namentlich wenn es sich um Vergleichung von Portlandzementen aus verschiedenen Fabriken handelt, so ist es geboten, die Prüfung von Portlandzement auf Bindekraft mittels Sandzusatz vorzunehmen.

Weil bei der Verwendung die Mörtel in erster Linie auf Druck in Anspruch genommen werden und die Druckfestigkeit sich am zuverlässigsten ermitteln läßt, ist nur die Prüfung auf Druckfestigkeit entscheidend.

Um die erforderliche Einheitlichkeit bei den Prüfungen zu wahren, wird empfohlen, derartige Apparate und Geräte zu benutzen, wie sie beim Materialprüfungsamt Groß-Lichterfelde-Dahlem in Gebrauch sind.

Festigkeit.

Langsam bindender Portlandzement soll mit 3 Gewichtsteilen Normensand auf 1 Gewichtsteil Portlandzement nach 7 Tagen Erhärtung — 1 Tag in feuchter Luft und 6 Tage unter Wasser — mindestens 120 kg/cm² erreichen (Vorprobe); nach weiterer Erhärtung von 21 Tagen in Luft von Zimmertemperatur (15 bis 20° C) soll die Druckfestigkeit mindestens 250 kg/cm² betragen. Im Streitfalle entscheidet nur die Prüfung nach 28 Tagen.

Portlandzement, der für Wasserbauten bestimmt ist, soll nach 28 Tagen Erhärtung — 1 Tag in feuchter Luft, 27 Tage unter Wasser — mindestens 200 kg/cm² Druckfestigkeit zeigen.

Zur Erleichterung der Kontrolle auf der Baustelle kann eine Prüfung auf Zugfestigkeit dienen. Der Zement soll in einer Mischung von 1 Teil Zement zu

3 Teilen Normensand nach 7 Tagen Erhärtung (1 Tag in der Luft, 6 Tage unter Wasser) mindestens 12 kg/cm² Zugfestigkeit aufweisen.

Bei schnell bindenden Portlandzementen ist die Festigkeit nach 28 Tagen im allgemeinen geringer als die oben angegebene. Es soll deshalb bei Nennung von Festigkeitszahlen stets auch die Bindezeit aufgeführt werden.

Begründung und Erläuterung.

Da verschiedene Portlandzemente hinsichtlich ihrer Bindekraft zu Sand, worauf es bei ihrer Verwendung vorzugsweise ankommt, sich sehr verschieden verhalten können, so ist insbesondere beim Vergleich mehrerer Portlandzemente die Prüfung mit hohem Sandzusatz unbedingt erforderlich. Als normales Verhältnis wird angenommen: 3 Gewichtsteile Sand auf 1 Gewichtsteil Portlandzement, da mit 3 Teilen Sand der Grad der Bindefähigkeit bei verschiedenen Portlandzementen in hinreichendem Maße zum Ausdruck gelangt.

Wenn aber die Ausnutzungsfähigkeit eines Portlandzements voll dargestellt werden soll, empfiehlt es sich, auch noch Versuchsreihen mit höheren Sandzusätzen auszuführen.

Portlandzement, welcher eine höhere Festigkeit zeigt, gestattet in vielen Fällen einen größeren Sandzusatz und hat, aus diesem Gesichtspunkte betrachtet, sowie auch schon wegen seiner größeren Festigkeit bei gleichem Sandzusatz, Anrecht auf einen entsprechend höheren Preis.

Da die weitaus größte Menge des Portlandzements Verwendung im Hochbau findet und in kürzerer Zeit die Bindekraft sich nicht genügend erkennen läßt, so wird als maßgebende Prüfung die auf Druckfestigkeit nach 28 Tagen Erhärtung — 1 Tag in feuchter Luft, 6 Tage unter Wasser und dann 21 Tage in Luft von Zimmertemperatur (15—20° C) — bestimmt und damit den Verhältnissen der Praxis angepaßt.

Für den zu Wasserbauten bestimmten Portlandzement wird, der praktischen Verwendung entsprechend, die Prüfung nach 27 Tagen Wassererhärtung beibehalten.

Da aus der Zugfestigkeit des Zements nicht in allen Fällen auf eine entsprechende Druckfestigkeit geschlossen werden kann, empfiehlt es sich bei sehr hohen Zugfestigkeitszahlen, nach 7tägiger Erhärtung die Druckfestigkeit des Zements besonders zu prüfen.

Um zu übereinstimmenden Ergebnissen zu gelangen, muß überall Sand von gleicher Korngröße und gleicher Beschaffenheit (Normensand) benutzt werden.

Der deutsche Normensand wird aus einem tertiären Quarzlager der Braunkohlenformation in der Nähe von Freienwalde a. d. Oder gewonnen. Der fast weiße Rohsand wird in einer Waschmaschine gewaschen und künstlich getrocknet. Die Absiebung des trockenen Sandes geschieht auf Schwingsieben, die pendelnd aufgehängt sind. Auf dem einen Siebe wird erst das Grobe abgesiebt und dann auf dem anderen das Feine. Von jeder Tagesfertigung wird eine Probe auf Korngröße und Reinheit im Materialprüfungsamt Groß-Lichterfelde-Dahlem kontrolliert.

Zur Kontrolle der Korngröße dienen Siebe aus 0,25 mm dickem Messingblech mit kreisrunden Löchern von 1,350 und 0,775 mm Durchmesser.

Der nach wiederholten Kontrollproben für gut befundene Normensand wird gesackt und jeder Sack mit der Plombe des Materialprüfungsamtes verschlossen [1]).

---

[1]) Den Verkauf dieses plombierten „Deutschen Normensandes" hat das Laboratorium des Vereins Deutscher Portlandzementfabrikanten, Karlshorst, übernommen.

3. Auszug aus den deutschen Normen für einheitliche Lieferung und Prüfung von Eisenportlandzement. Dezember 1909.

Begriffserklärung von Eisenportlandzement.

Eisenportlandzement ist ein hydraulisches Bindemittel, das aus mindestens 70 vH Portlandzement und höchstens 30 vH gekörnter Hochofenschlacke besteht. Der Portlandzement wird gemäß der Begriffserklärung der Normen des Vereins Deutscher Portlandzementfabrikanten hergestellt. Die Hochofenschlacken sind Kalk-Tonerde-Silikate, die beim Eisen-Hochofenbetrieb gewonnen werden. Sie sollen auf 1 Gewichtsteil lösliche Kieselsäure (SiO_2) + Tonerde (Al_2O_3) mindestens 1 Gewichtsteil Kalk und Magnesia enthalten. Der Portlandzement und die Hochofenschlacke müssen fein vermahlen, im Fabrikbetriebe regelrecht und innig miteinander vermischt werden. Zusätze zu besonderen Zwecken, namentlich zur Regelung der Bindezeit, sind nicht zu entbehren, jedoch in Höhe von 3 vH der Gesamtmasse begrenzt, um die Möglichkeit von Zusätzen lediglich zur Gewichtsvermehrung auszuschließen.

Begründung und Erläuterung.

Durch langjährige, staatlich ausgeführte Versuche ist festgestellt worden, daß, wenn geeignete, gekörnte Hochofenschlacke bis zu 30 vH mit Portlandzementklinkern fabrikmäßig innig gemischt wird, der so erhaltene „Eisenportlandzement" dem Portlandzement als gleichwertig zu erachten ist und nach dessen Normen beurteilt werden kann.

Der Eisenportlandzement steht unter der regelmäßigen Kontrolle des Vereins Deutscher Eisenportlandzementwerke, dessen Mitglieder sich gegenseitig verpflichtet haben, den Eisenportlandzement genau nach der vorstehenden Begriffserklärung herzustellen.

4. Auszug aus den deutschen Normen für einheitliche Lieferung und Prüfung von Hochofenzement. November 1917.

Begriffserklärung von Hochofenzement.

Hochofenzement ist ein hydraulisches Bindemittel, das bei einem Mindestgehalt von 15 vH Gewichtsteilen Portlandzement vorwiegend aus basischer Hochofenschlacke besteht, die durch schnelle Abkühlung der feuerflüssigen Masse gekörnt ist. Hochofenschlacke und Portlandzement werden miteinander fein gemahlen und innig gemischt.

Zur Herstellung von Hochofenzement dürfen nur beim Eisen-Hochofenbetriebe gewonnene Schlacken von folgender Zusammensetzung verwendet werden:

$$\frac{CaO + MgO + \tfrac{1}{3} Al_2O_3}{SiO_2 + \tfrac{2}{3} Al_2O_3} > 1.$$

Die Hochofenschlacke darf nicht mehr als 5 vH MnO enthalten.

Der beigemischte Portlandzement wird gemäß der Begriffserklärung der Normen des Vereins deutscher Portlandzementfabrikanten hergestellt.

Zusätze zu besonderen Zwecken, namentlich zur Regelung der Abbindezeit, sind in Höhe von 3 vH des Gesamtgewichts begrenzt, um die Möglichkeit von Zusätzen lediglich zur Gewichtsvermehrung auszuschließen.

Begründung und Erläuterung.

Beim Hochofenzement ist der Hauptträger der Erhärtung die Hochofenschlacke; der zugesetzte Portlandzement, der als Hilfsmittel unentbehrlich ist, übernimmt eine Nebenrolle.

Der Hochofenzement der Vereinswerke steht unter der regelmäßigen Kontrolle des Vereins deutscher Hochofenzementwerke, dessen Mitglieder sich gegenseitig verpflichtet haben, den Hochofenzement genau nach der vorstehenden Begriffserklärung und den folgenden Bedingungen herzustellen.

Verpackung und Gewicht.

Hochofenzement wird in der Regel in Säcke oder Fässer verpackt. Die Verpackung soll außer dem Rohgewicht und der Bezeichnung „Hochofenzement" die Firma oder Marke des Werkes, und, sofern das Werk dem Verein deutscher Hochofenzementwerke angehört, das in die Zeichenrolle des Patentamts eingetragene Warenzeichen des Vereins in deutlicher Ausführung tragen.

Begründung und Erläuterung.

Da bei Verpackung sowohl in Säcken wie in Fässern verschiedene Gewichte im Gebrauch sind, so ist die Aufschrift des Rohgewichts unbedingt nötig. Durch die Bezeichnung „Hochofenzement" soll dem Käufer Gewißheit gegeben werden, daß die Ware der diesen Normen vorgedruckten Begriffserklärung entspricht.

Abbinden.

Der Erhärtungsbeginn von normal bindendem Hochofenzement soll nicht früher als eine Stunde nach dem Anmachen eintreten. Für besondere Zwecke kann rascher bindender Hochofenzement verlangt werden, welcher als solcher gekennzeichnet sein muß. Hochofenzement muß trocken und zugfrei gelagert und möglichst frisch verarbeitet werden[1]).

---

[1]) Der Schlußsatz: „Hochofenzement muß trocken und zugfrei gelagert und möglichst frisch verarbeitet werden" ist in den Portland- und Eisenportlandzementnormen nicht enthalten. Die Versuche haben nämlich gezeigt, daß es zweckmäßig ist, Hochofenzement vor dem Gebrauch nicht lange lagern zu lassen. Deshalb empfiehlt sich die Verwendung von „wenig abgelagertem" Hochofenzement. Will man in dieser Hinsicht sicher gehen, so kann man den Tag der Einfüllung auf der Verpackung vermerken lassen, oder man kann — da durch den Aufdruck des Datums eine wiederholte Benutzung der Fässer und Säcke erschwert wird — bei der Einfüllung kleine Täfelchen mit dem Datum des Fülltages einlegen lassen.

II. Tabellen.

1. Tabellen zur Berechnung durchgehender Träger[1].

A.

Winklers Tabelle für die Momente durchlaufender Träger
mit gleichen Feldweiten.

Zwei Öffnungen

$\frac{x}{l}$	Ständige Last $\mathfrak{M}_0 = {}^0p\,l^2 \cdot$	Veränderliche Last $\mathfrak{M}_{max} = + {}'p\,l^2 \cdot$	$\mathfrak{M}_{min} = - {}'p\,l^2 \cdot$
		+	−
0	0	0	0
0,1	+ 0,0325	0,0388	0,0063
0,2	+ 0,0550	0,0675	0,0125
0,3	+ 0,0675	0,0863	0,0188
0,4	+ 0,0700	0,0950	0,0250
0,5	+ 0,0625	0,0937	0,0313
0,6	+ 0,0450	0,0825	0,0375
0,7	+ 0,0175	0,0613	0,0438
0,75	0	0,0469	0,0469
0,8	− 0,0200	0,0300	0,0500
0,9	− 0,0675	0,0061	0,0736
1,0	− 0,1250	0	0,1250

Drei Öffnungen

$\frac{x}{l}$	Ständige Last $\mathfrak{M}_0 = {}^0p\,l^2 \cdot$	Veränderliche Last $\mathfrak{M}_{max} = + {}'p\,l^2 \cdot$	$\mathfrak{M}_{min} = - {}'p\,l^2 \cdot$
	Erste Öffnung	+	−
0	0	0	0
0,1	+ 0,0350	0,0400	0,0050
0,2	+ 0,0600	0,0700	0,0100
0,3	+ 0,0750	0,0900	0,0150
0,4	+ 0,0800	0,1000	0,0200
0,5	+ 0,0750	0,1000	0,0250
0,6	+ 0,0600	0,0900	0,0300
0,7	+ 0,0350	0,0700	0,0350
0,8	0	0,0402	0,0402
0,9	− 0,0450	0,0204	0,0654
1,0	− 0,1000	0,0167	0,1167
	Zweite Öffnung		
0	− 0,1000	0,0167	0,1167
0,1	− 0,0550	0,0151	0,0701
0,2	− 0,0200	0,0300	0,0500
0,276	0	0,0500	0,0500
0,3	+ 0,0050	0,0550	0,0500
0,4	+ 0,0200	0,0700	0,0500
0,5	+ 0,0250	0,0750	0,0500

Vier Öffnungen

$\frac{x}{l}$	Ständige Last $\mathfrak{M}_0 = {}^0p\,l^2 \cdot$	Veränderliche Last $\mathfrak{M}_{max} = + {}'p\,l^2 \cdot$	$\mathfrak{M}_{min} = - {}'p\,l^2 \cdot$
	Erste Öffnung	+	−
0	0	0	0
0,1	+ 0,0343	0,0396	0,0054
0,2	+ 0,0586	0,0693	0,0107
0,3	+ 0,0729	0,0889	0,0161
0,4	+ 0,0771	0,0986	0,0214
0,5	+ 0,0714	0,0982	0,0268
0,6	+ 0,0557	0,0879	0,0321
0,7	+ 0,0300	0,0675	0,0375
0,786	0	0,0421	0,0421
0,8	− 0,0571	0,0374	0,0431
0,9	− 0,0514	0,0163	0,0677
1,0	− 0,1071	0,0134	0,1205
	Zweite Öffnung		
0	− 0,1071	0,0134	0,1205
0,1	− 0,0586	0,0145	0,0721
0,2	− 0,0200	0,0300	0,0500
0,266	0	0,0488	0,0483
0,3	+ 0,0086	0,0568	0,0482
0,4	+ 0,0271	0,0736	0,0464
0,5	+ 0,0357	0,0804	0,0446
0,6	+ 0,0343	0,0772	0,0429
0,7	+ 0,0229	0,0639	0,0411
0,8	+ 0,0014	0,0417	0,0403
0,805	0	0,0409	0,0409
0,9	− 0,0300	0,0311	0,0611
1,0	− 0,0714	0,0357	0,1071

Die größten Stützdrucke durchlaufender Träger gleicher Feldweiten für ${}^0p$ kg/m ständige und ${}'p$ kg/m veränderliche Belastung sind:

Zwei Öffnungen.
Randstütze: $A_{1\,max}$
$= 0{,}3750 \cdot {}^0p \cdot l + 0{,}4375\,{}'p \cdot l$
Mittelstütze: $A_{2\,max}$
$= 1{,}25 \cdot l\,({}^0p + {}'p)$

Drei Öffnungen.
Randstütze: $A_{1\,max}$
$= 0{,}400\,{}^0p \cdot l + 0{,}450 \cdot {}'p \cdot l$
Mittelstütze: $A_{2\,max}$
$= 1{,}100 \cdot {}^0p \cdot l + 1{,}200 \cdot {}'p \cdot l$

Vier Öffnungen.
Randstütze: $A_{1\,max}$
$= 0{,}3929 \cdot {}^0p + 0{,}4464 \cdot {}'p\,l$
Zweite Stütze: $A_{2\,max}$
$= 1{,}1428 \cdot {}^0p\,l + 1{,}2232 \cdot {}'p\,l$
Dritte Stütze: $A_{3\,max}$
$= 0{,}9286 \cdot {}^0p\,l + 1{,}1428 \cdot {}'p\,l$

[1] Vgl. hierzu auch die besonders für Eisenbetonbauten umgerechneten Tabellen für durchgehende Träger im Taschenbuch für Bauingenieure, III. und IV. Aufl., in dem Abschnitte von B. Loeser: Anwendungen des Eisenbetons im Hochbau. In diesen Tabellen sind nahe den Stützen — im Hinblick auf das gerade hier stattfindende, schnelle Anwachsen der Momente — besonders viele Querschnitte behandelt.

B.
Winklers Tabelle für die Querkräfte durchlaufender Träger mit gleichen Feldweiten.

Zwei Öffnungen

$\frac{x}{l}$	Ständige Last $^0V = {^0pl}\cdot$	Veränderliche Last $V_{max} = +\,'pl\cdot$	Veränderliche Last $V_{min} = -\,'pl\cdot$
0,0	$+0,375$	0,4375	0,0625
0,1	$+0,275$	0,3437	0,0687
0,2	$+0,175$	0,2624	0,0874
0,3	$+0,075$	0,1932	0,1182
0,375	0	0,1491	0,1491
0,4	$-0,025$	0,1359	0,1609
0,5	$-0,125$	0,0898	0,2148
0,6	$-0,225$	0,0544	0,2794
0,7	$-0,325$	0,0287	0,3537
0,75	$-0,375$	0,0193	0,3943
0,8	$-0,425$	0,0119	0,4369
0,85	$-0,475$	0,0064	0,4814
0,9	$-0,525$	0,0027	0,5277
0,95	$-0,575$	0,0007	0,5757
1,0.	$-0,625$	0	0,6250

Drei Öffnungen

$\frac{x}{l}$	Ständige Last $^0V = {^0pl}\cdot$	Veränderliche Last $^0V_{max} = +\,'pl\cdot$	Veränderliche Last $'V_{min} = -\,'pl\cdot$
	Erste Öffnung		
0,0	$+0,400$	0,4500	0,0500
0,1	$+0,300$	0,3563	0,0560
0,2	0,200	0,2752	0,0752
0,3	0,100	0,2065	0,1065
0,4	0	0,1496	0,1496
0,5	$-0,100$	0,1042	0,2042
0,6	$-0,200$	0,0694	0,2694
0,7	$-0,300$	0,0443	0,3443
0,8	$-0,400$	0,0280	0,4280
0,9	$-0,500$	0,0193	0,5191
1,0	$-0,600$	0,0167	0,6167
	Zweite Öffnung		
0,0	$+0,500$	0,5833	0,0833
0,1	$+0,400$	0,4870	0,0870
0,2	$+0,300$	0,3991	0,0991
0,3	$+0,200$	0,3210	0,1210
0,4	0,100	0,2537	0,1537
0,5	0	0,1979	0,1979

Vier Öffnungen

$\frac{x}{l}$	Ständige Last $^0V = {^0pl}\cdot$	Veränderliche Last $'V_{max} = +\,'pl\cdot$	Veränderliche Last $'V_{min} = -\,'pl\cdot$
	Erste Öffnung		
0,0	$+0,393$	0,4464	0,0535
0,1	$+0,293$	0,3528	0,0599
0,2	$+0,193$	0,2717	0,0788
0,3	$+0,093$	0,2029	0,1101
0,393	0,0	0,1498	0,1498
0,4	$-0,007$	0,1461	0,1533
0,5	$-0,107$	0,1007	0,2079
0,6	$-0,207$	0,0660	0,2731
0,7	$-0,307$	0,0410	0,3481
0,8	$-0,407$	0,0247	0,4319
0,9	$-0,507$	0,0160	0,5231
1,0	$-0,607$	0,0134	0,6205
	Zweite Öffnung		
0,0	$+0,536$	0,6027	0,0670
0,1	$+0,436$	0,5064	0,0707
0,2	$+0,336$	0,4187	0,0830
0,3	$+0,236$	0,3410	0,1153
0,4	$+0,136$	0,2742	0,1385
0,5	$+0,036$	0,2190	0,1833
0,536	0,0	0,2028	0,2028
0,6	$-0,064$	0,1755	0,2398
0,7	$-0,164$	0,1435	0,3078
0,8	$-0,264$	0,1222	0,3865
0,9	$-0,364$	0,1106	0,4749
1,0	$-0,464$	0,1071	0,5714

C.

Winklersche Zahlen für Auflagerkräfte, Momente bei mehr als 4 Feldern und
Vollbelastung des ganzen Trägers[1].

Werte	Anzahl der Stützen				Einheiten
	6	7	8	9	
A_0	0,3947	0,3942	0,3944	0,3943	ql
A_1	1,1317	1,1346	1,1337	1,1340	,,
A_2	0,9736	0,9616	0,9649	0,9640	,,
A_3	—	1,0192	1,0070	1,0103	,,
A_4	—	—	—	0,9948	,,
A_5	—	—	—	—	,,
A_6	—	—	—	—	,,
M_1	0,1053	0,1058	0,1056	0,1057	ql^2
M_2	0,0789	0,0769	0,0775	0,0773	,,
M_3	—	0,0865	0,0845	0,0850	,,
M_4	—	—	—	0,0825	,,
M_5	—	—	—	—	,,
$M_{1\,max}$	0,0779	0,0777	0,0778	0,0777	,,
$M_{2\,max}$	0,0332	0,0340	0,0338	0,0339	,,
$M_{3\,max}$	0,0461	0,0433	0,0440	0,0438	,,
$M_{4\,max}$	—	—	0,0405	0,0412	,,
x_1	0,3947	0,3942	0,3944	0,3943	l
x_2	0,5264	0,5327	0,5281	0,5283	,,
x_3	0,5000	0,4904	0,4930	0,4923	,,
x_4	—	—	0,5000	0,5026	,,
ζ_1	0,7894	0,7884	0,7887	0,7887	,,
ζ_2	0,2680	0,2675	0,2680	0,2680	,,
	0,7830	0,7899	0,7884	0,7890	,,
ζ_3	0,1964	0,1960	0,1962	0,1960	,,
	0,8036	0,7850	0,7897	0,7880	,,
ζ_4	—	—	0,2153	0,2150	,,
	—	—	0,7847	0,7900	,,

Hierbei bezeichnen:

A_0, A_1	die Stützendrücke,
M_1, M_2	die (negativen) Momente über den Stützen,
$M_{1\,max}$, $M_{2\,max}$	die größten Momente in den einzelnen Feldern,
ζ_1, ζ_2	die Entfernungen der Momente $M_{1\,max}$ ... von den zunächst nach links liegenden Stützen,
x_1, x_2	die Entfernungen der Wendepunkte der elastischen Linien von diesen Stützen,
l	die Länge jedes Feldes,
q	die Belastung für die Längeneinheit jedes Feldes.

Da alles in bezug auf die Mitte des Trägers symmetrisch ist, sind die Angaben
nur bis zur Mitte durchgeführt.

---

[1] Die Tabelle gilt nur für Vollbelastung der Gesamtlänge des durchgehenden
Trägers. Bei Teilbelastungen des Trägers können die Angaben für den Träger
über vier Öffnungen sinngemäß Anwendung finden.

D. Zusammenstellung der Stützenmomente und Auflagerkräfte bei kontinuierlichen Trägern ungleicher Feldweite und im Verhältnisse von $\dfrac{l}{l_0} = \lambda$ [1]).

1. Träger auf **drei** Stützen, vollkommen mit ^0p lfd. m belastet:

$$M_1 = - \frac{1 + \lambda^3}{8\,(1 + \lambda)} \cdot {}^0p \cdot l_1{}^2 \,; \qquad A_1 = \frac{3 + 4\lambda^2 - \lambda^3}{8 \cdot (\lambda + 1)} \cdot {}^0p \cdot l_1 \,;$$

$$A_2 = \frac{\lambda^3 + 4\lambda^2 + 4\lambda + 1}{8\,\lambda} \cdot {}^0p \cdot l_1 \,; \qquad A_3 = \frac{3\,\lambda^3 + 4\,\lambda^2 - 1}{8\,\lambda\,(\lambda + 1)} \cdot {}^0pl_1 \,.$$

2. Träger auf **drei** Stützen, nur eine Öffnung vollkommen mit $'p$ belastet, die andere Öffnung lastfrei:

$$M_1 = - \frac{1}{8\,(1 + \lambda)} \cdot 'p \cdot l_1{}^2 \,; \qquad A_1 = \frac{3 + 4 \cdot \lambda}{8\,(1 + \lambda)} \cdot 'pl_1 \,;$$

$$A_2 = \frac{1 + 4\lambda}{8 \cdot \lambda} \cdot 'p \cdot l_1 \,; \qquad A_3 = - \frac{1}{8\,\lambda\,(\lambda + 1)} \cdot 'p \cdot l_1 \,.$$

Bei 2 und 3 hat die linke Öffnung eine Stützweite $= l_1$, die rechte von l.

$$\frac{l}{l_1} = \lambda \,.$$

3. Träger über **vier** Stützen, vollkommen mit ^0p lfd. m belastet:

$$M_1 = M_2 = - \frac{1 + \lambda^3}{4\,(2 + 3 \cdot \lambda)} \cdot {}^0p \cdot l_1{}^2 \,;$$

$$A_1 = A_4 = \frac{3 + 6\lambda - \lambda^3}{4\,(2 + 3\lambda)} \cdot {}^0pl_1 \,; \qquad A_2 = A_3 = \frac{5 + 10\lambda + 6\lambda^2 + \lambda^3}{4\,(2 + 3\lambda)} \cdot {}^0p \cdot l \,.$$

4. Träger über **vier** Stützen, nur eine Seitenöffnung vollkommen mit p belastet, die anderen lastfrei.

$$M_2 = - \frac{1 + \lambda}{2\,(4 + 8 \cdot \lambda + 3\,\lambda^2)} \cdot 'pl_1{}^2 \,; \qquad M_3 = + \frac{\lambda}{4\,(4 + 8\lambda + 3\,\lambda^2)} \cdot 'p \cdot l_1{}^2 \,;$$

$$A_1 = \frac{3 + 7 \cdot \lambda + 3 \cdot \lambda^2}{2\,(4 + 8 \cdot \lambda + 3 \cdot \lambda^2)} \cdot 'pl_1{}^2 \,; \qquad A_2 = - \frac{6\,\lambda^3 + 18\,\lambda^2 + 13\,\lambda + 2}{4\,\lambda\,(4 + 8\lambda + 3\,\lambda^2)} \cdot 'pl_1 \,;$$

$$A_3 = - \frac{2 + 3\,\lambda + \lambda^2}{4\,\lambda\,(4 + 8 \cdot \lambda + 3\,\lambda^2)} \cdot 'pl_1 \,; \qquad A_4 = \frac{\lambda}{4\,(4 + 8\,\lambda + 3\,\lambda^2)} \cdot 'p \cdot l_1 \,.$$

5. Träger über **vier** Stützen, nur die Mittelöffnung mit p lfd. m belastet, die Seitenöffnungen lastfrei:

$$M_2 = M_3 = \frac{\lambda^3}{4\,(2 + 3\,\lambda)} \cdot pl_1{}^2 \,,$$

$$A_1 = A_4 = - \frac{\lambda^3}{4\,(2 + 3\,\lambda)} \cdot pl_1 \,,$$

$$A_2 = A_3 = + \frac{\lambda^3 + 6\,\lambda^2 + 4\,\lambda}{3\,(2 + 3\,\lambda)} \cdot pl_1 \,.$$

Bei 3, 4 und 5 haben die beiden äußeren Öffnungen eine Stützweite von l_1, die mittleren von l ; $\dfrac{l}{l_1} = \lambda$.

---

[1]) Die Bezeichnungsweise ist von links nach rechts fortschreitend gewählt. Also bei Trägern über vier Stützen die linke erste Stütze mit 1, die rechte, letzte mit 4 und ebenso die zugehörenden Funktionen benannt.

E. Momententabelle für gleichmäßig verteilte Streckenlasten durchlaufender Träger gleicher Feldweite nach Dr. Lewe[1].

I. Träger mit zwei gleichen Öffnungen.

$\dfrac{x}{l}$	Feld 1 auf eine Strecke x von A aus belastet		
	$'M_B = 'pl^2 \cdot$	$'M_1 = 'pl^2 \cdot$	$'M_2 = 'pl^2 \cdot$
0,0	—0,0000	—0,0000	—0,0000
0,1	—0,0012	—0,0018	—0,0006
0,2	—0,0049	—0,0075	—0,0024
0,3	—0,0107	—0,0171	—0,0054
0,4	—0,0184	—0,0308	—0,0092
0,5	—0,0273	—0,0488	—0,0137
0,6	—0,0369	—0,0665	—0,0184
0,7	—0,0462	—0,0794	—0,0231
0,8	—0,0544	—0,0878	—0,0272
0,9	—0,0624	—0,0924	—0,0301
1,0	—0,0625	—0,0937	—0,0312

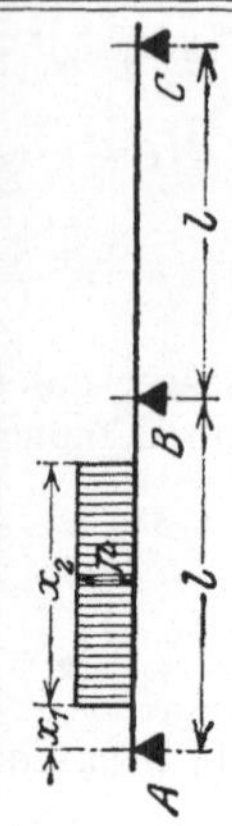

II. Träger mit drei gleichen Öffnungen.

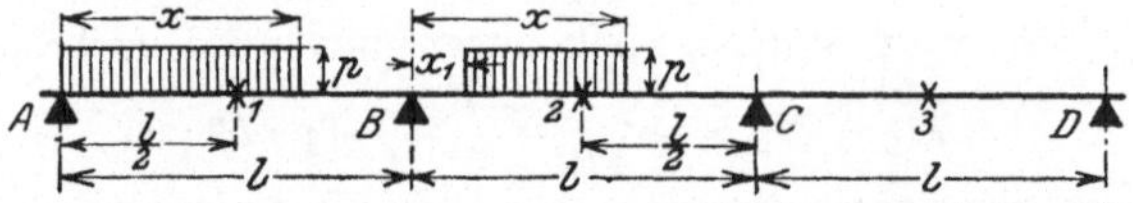

$\dfrac{x}{l}$	Feld 1 auf eine Strecke x von A aus belastet				
	$'M_B = 'pl^2 \cdot$	$'M_C = 'pl^2 \cdot$	$'M_1 = 'pl^2 \cdot$	$'M_2 = 'pl^2 \cdot$	$'M_3 = 'pl^2 \cdot$
0,0	—0,0000	0,0000	0,0000	—0,0000	0,0000
0,1	—0,0013	0,0003	0,0018	—0,0004	0,0001
0,2	—0,0052	0,0013	0,0074	—0,0019	0,0006
0,3	—0,0114	0,0028	0,0167	—0,0042	0,0014
0,4	—0,0196	0,0049	0,0301	—0,0073	0,0024
0,5	—0,0291	0,0073	0,0479	—0,0107	0,0036
0,6	—0,0393	0,0098	0,0653	—0,0147	0,0049
0,7	—0,0493	0,0123	0,0778	—0,0185	0,0061
0,8	—0,0580	0,0145	0,0859	—0,0217	0,0072
0,9	—0,0642	0,0160	0,0903	—0,0241	0,0080
1,0	—0,0666	0,0166	0,0916	—0,0250	0,0083
	Feld 2 auf eine Strecke x von B aus belastet				
0,0	—0,0000	—0,0000	—0,0000	0,0000	—0,0000
0,1	—0,0020	—0,0007	—0,0010	0,0011	—0,0003
0,2	—0,0073	—0,0030	—0,0036	0,0048	—0,0015
0,3	—0,0144	—0,0071	—0,0072	0,0116	—0,0035
0,4	—0,0224	—0,0126	—0,0112	0,0225	—0,0063
0,5	—0,0302	—0,0198	—0,0151	0,0375	—0,0099
0,6	—0,0372	—0,0276	—0,0186	0,0528	—0,0136
0,7	—0,0428	—0,0355	—0,0214	0,0633	—0,0177
0,8	—0,0469	—0,0426	—0,0234	0,0702	—0,0213
0,9	—0,0492	—0,0479	—0,0246	0,0738	—0,0239
1,0	—0,0500	—0,0500	—0,0250	0,0750	—0,0250

[1] Vgl. Dr. Lewe: Winklersche Zahlen für Streckenlasten. Deutsche Bauzeitung, Zementbeilage, 1912, Nr. 20.

Für eine nicht an den Stützen beginnende Streckenlast erhält man das Biegungsmoment, indem man die Tabellenwerte für den Anfang und das Ende der Laststrecke voneinander abzieht. Hat man z. B. bei einem kontinuierlichen Träger von zwei Öffnungen eine Streckenbelastung im ersten Felde mit p zwischen $0{,}1\,l$ und $0{,}8\,l$, so ergibt sich nach Tabelle I ein Moment bei Stütze B:

$$M_B = -\,(0{,}0544 - 0{,}0012)\,p\,l^2 = 0{,}0532\,pl^2.$$

Wird ferner bei einem Träger über drei Öffnungen in der Mittelöffnung eine Strecke zwischen $0{,}3\,l$ und $0{,}9\,l$ belastet, so ergibt sich ein M_2 innerhalb dieser Mittelöffnung:

$$M_2 = +\,(0{,}0738 - 0{,}0116)\,pl^2 = 0{,}0622\,pl^2.$$

F. **Träger auf 3 bis 6 Stützen bei gleichen Feldweiten l, belastet durch gleich große, gleichmäßig verteilte Lasten (g, p) oder gleich große Einzellasten G, P in gleichen Abständen[1].**

2 Felder.

Belastungsfall	Feldmomente		Stützenmoment	
	M_1	M_2	M_B	
1	0,070	0,070	**− 0,125**	$g\,l^2$
2	**0,096**	—	− 0,063	$p\,l^2$
1	0,156	0,156	**− 0,188**	$G\,l$
2	**0,203**	− 0,047	− 0,094	$P\,l$
1	0,222	0,222	**− 0,333**	$G\,l$
2	**0,278**	− 0,056	− 0,167	$P\,l$
1	0,266	0,266	**− 0,469**	$G\,l$
2	**0,383**	− 0,117	− 0,234	$P\,l$
1	0,360	0,360	**− 0,600**	$G\,l$
2	**0,480**	− 0,120	− 0,300	$P\,l$

○ Momentenpunkte

---

[1] Vgl. hierzu u. a.: Die Berechnung der kontinuierlichen usw. Träger mit konstantem Trägheitsmoment von H. Pederssen. Arm.-Beton 1918, Heft 11, S. 224 u. folg.

36*

3 Felder.

Belastungsfall	Feldmomente		Stützen-moment	
	M_1	M_2	M_B	
1	0,080	0,025	— 0,100	$g\,l^2$
2	**0,101**	— 0,05)	— 0,050	
3	—	**0,075**	— 0,050	$p\,l^2$
4	—	—	**— 0,117**	
1	0,175	0,100	— 0,150	$G\,l$
2	**0,213**	— 0,075	— 0,075	
3	— 0,038	**0,175**	— 0,075	$P\,l$
4	—	—	**— 0,175**	
1	0,244	0,067	— 0,267	$G\,l$
2	**0,289**	— 0,133	— 0,133	
3	— 0,044	**0,200**	— 0,133	$P\,l$
4	—	—	**— 0,311**	
1	0,313	0,125	— 0,375	$G\,l$
2	**0,406**	— 0,188	— 0,188	
3	— 0,094	**0,313**	— 0,188	$P\,l$
4	—	—	**— 0,438**	
1	0,408	0,120	— 0,480	$G\,l$
2	**0,504**	— 0,240	— 0,240	
3	— 0,096	**0,360**	— 0,240	$P\,l$
4	—	—	**— 0,560**	

○ Momentenpunkte

4 Felder.

Belastungsfall	Feldmomente				Stützenmomente			
	M_1	M_2	M_3	M_4	M_B	M_C	M_D	
1	0,077	0,036	0,036	0,077	−0,107	−0,071	−0,107	$g\,l^2$
2	0,100	—	0,081	—	−0,054	−0,036	−0,054	
3	—	—	—	—	−0,121	−0,018	−0,058	$p\,l^2$
4	—	—	—	—	−0,036	−0,107	−0,036	
1	0,169	0,116	0,116	0,169	−0,161	−0,107	−0,161	$G\,l$
2	0,210	−0,067	0,183	−0,040	−0,080	−0,054	−0,080	
3	—	—	—	—	−0,181	−0,027	−0,087	$P\,l$
4	—	—	—	—	−0,054	−0,161	−0,054	
1	0,238	0,111	0,111	0,238	−0,286	−0,191	−0,286	$G\,l$
2	0,286	−0,111	0,222	−0,048	−0,143	−0,095	−0,143	
3	—	—	—	—	−0,321	−0,048	−0,155	$P\,l$
4	—	—	—	—	−0,095	−0,286	−0,095	
1	0,299	0,165	0,165	0,299	−0,402	−0,268	−0,402	$G\,l$
2	0,400	−0,167	0,333	−0,101	−0,201	−0,134	−0,201	
3	—	—	—	—	−0,452	−0,067	−0,218	$P\,l$
4	—	—	—	—	−0,134	−0,402	−0,134	
1	0,394	0,189	0,189	0,394	−0,514	−0,343	−0,514	$G\,l$
2	0,497	−0,206	0,394	−0,103	−0,257	−0,172	−0,267	
3	—	—	—	—	−0,579	−0,086	0,207	$P\,l$
4	—	—	—	—	−0,172	−0,514	−0,172	

○ Momentenpunkte.

5 Felder.

	Belastungsfall	Feldmomente M_1	Feldmomente M_2	Feldmomente M_3	Stützenmomente M_B	Stützenmomente M_C	Stützenmomente M_D	Stützenmomente M_E	
1	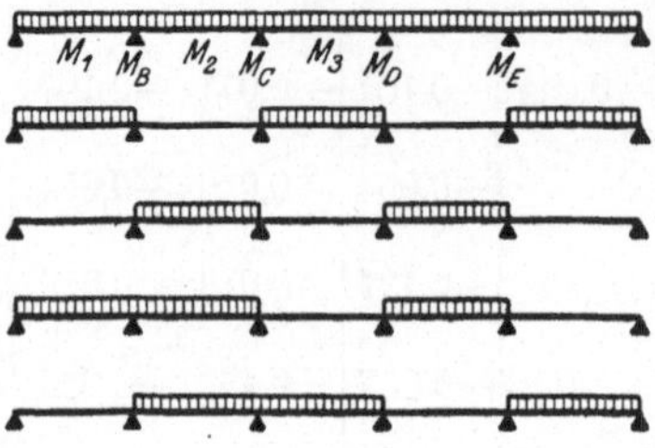	0,087	0,033	0,046	−0,105	−0,079	−0,079	−0,105	$g\,l^2$
2		**0,100**	—	**0,086**	−0,053	−0,040	−0,040	−0,053	$p\,l^2$
3		—	**0,079**	—	−0,053	−0,040	−0,040	−0,053	$p\,l^2$
4		—	—	—	−**0,120**	−0,022	−0,044	−0,051	$p\,l^2$
5		—	—	—	−0,035	−**0,111**	−0,020	−0,057	$p\,l^2$
1	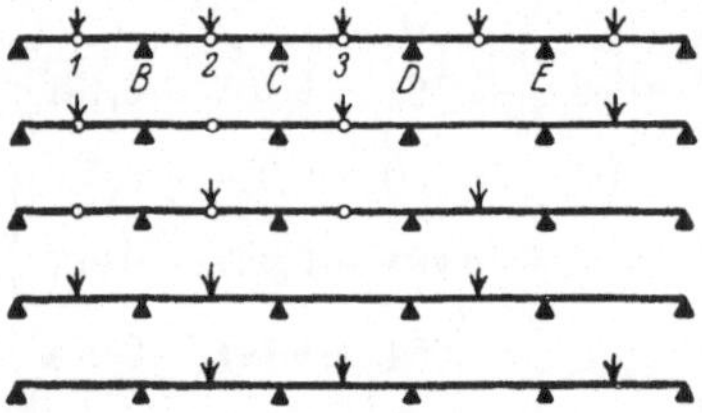	0,171	0,112	0,132	−0,158	−0,118	−0,118	−0,158	$G\,l$
2		**0,211**	−0,069	**0,191**	−0,079	−0,059	−0,059	−0,079	$P\,l$
3		−0,039	**0,181**	−0,059	−0,079	−0,059	−0,059	−0,079	$P\,l$
4		—	—	—	−**0,179**	−0,032	−0,066	−0,077	$P\,l$
5		—	—	—	−0,052	−**0,167**	−0,031	−0,086	$P\,l$
1	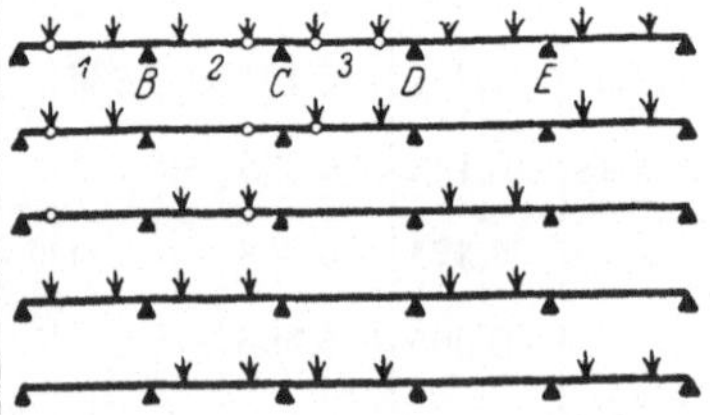	0,240	0,100	0,122	−0,281	−0,211	−0,211	−0,281	$G\,l$
2		**0,287**	−0,117	**0,228**	−0,140	−0,105	−0,105	−0,140	$P\,l$
3		−0,046	**0,216**	−0,105	−0,140	−0,105	−0,105	−0,140	$P\,l$
4		—	—	—	−**0,319**	−0,057	−0,118	−0,137	$P\,l$
5		—	—	—	−0,093	−**0,297**	−0,054	−0,153	$P\,l$
1	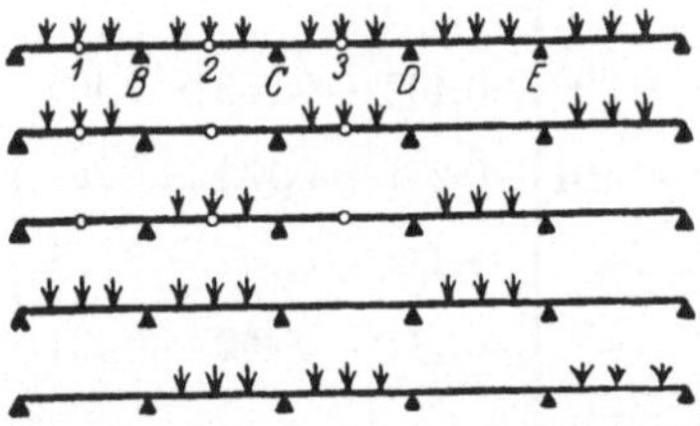	0,302	0,155	0,204	−0,395	−0,296	−0,296	−0,395	$G\,l$
2		**0,401**	−0,173	**0,352**	−0,198	−0,148	−0,148	−0,198	$P\,l$
3		−0,099	**0,327**	−0,148	−0,198	−0,148	−0,148	−0,198	$P\,l$
4		—	—	—	−**0,449**	−0,081	−0,166	−0,193	$P\,l$
5		—	—	—	−0,130	−**0,417**	−0,076	−0,215	$P\,l$
1	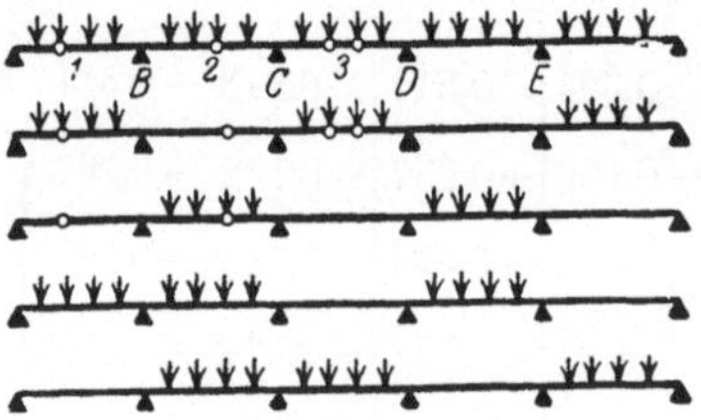	0,398	0,171	0,221	−0,505	−0,379	−0,379	−0,505	$G\,l$
2		**0,499**	−0,215	**0,411**	−0,253	−0,189	−0,189	−0,253	$P\,l$
3		−0,101	**0,385**	−0,190	−0,253	−0,189	−0,189	−0,253	$P\,l$
4		—	—	—	−**0,574**	−0,103	−0,212	−0,247	$P\,l$
5		—	—	—	−0,167	−**0,534**	−0,098	−0,276	$P\,l$

° Momentenpunkte.

III. Zusammenstellung der Veröffentlichungen des Deutschen Ausschusses für Eisenbeton [1]).

Heft 1 bis 3. Bericht über die von der Materialprüfungsanstalt an der Königlichen Technischen Hochschule Stuttgart im Jahre 1908 durchgeführten Versuche mit Eisenbetonbalken namentlich zur Bestimmung des Gleitwiderstandes. Erstattet von C. Bach und O. Graf. (Veröffentlicht in Heft 72 bis 74 der Mitteilungen über Forschungsarbeiten, herausgegeben vom Verein Deutscher Ingenieure.) 1909.

Heft 4. Fortsetzung von Heft 1 bis 3. (Veröffentlicht in Heft 95 der Mitteilungen über Forschungsarbeiten, herausgegeben vom Verein Deutscher Ingenieure.) 1910.

Heft 5. Versuche mit Eisenbetonsäulen Reihe I und II. Ausgeführt in Groß-Lichterfelde-West. Von M. Rudeloff. 1910.

Heft 6. Versuche über den elektrischen Widerstand von unbewehrtem Beton. Ausgeführt in Darmstadt. Von O. Berndt, Dr. Wirtz, unter Mitwirkung von Dr.-Ing. W. Müller. 1911.

Heft 7. Versuche mit Eisenbetonbalken zur Bestimmung des Gleitwiderstandes. Ausgeführt in Dresden. Von H. Scheit, unter Mitwirkung von O. Wawrziniok. 1911.

Heft 8. Versuche über das Verhalten von Kupfer, Zink und Blei gegenüber Zement, Beton und den damit in Berührung stehenden Flüssigkeiten. Ausgeführt in Groß-Lichterfelde-West. Von E. Heyn. 1911.

Heft 9. Versuche mit Eisenbetonbalken zur Bestimmung des Einflusses der Hakenform der Eiseneinlagen. Ausgeführt in Stuttgart. Von C. Bach und O. Graf. 1911.

Heft 10. Versuche mit Eisenbetonbalken zur Ermittlung der Widerstandsfähigkeit verschiedener Bewehrung gegen Schubkräfte. Erster Teil. Ausgeführt in Stuttgart. Von C. Bach und O. Graf. 1911.

Heft 11. Brandproben an Eisenbetonbauten. Ausgeführt in Groß-Lichterfelde-West. Von M. Gary. 1911.

Heft 12. Versuche mit Eisenbetonbalken zur Ermittlung der Widerstandsfähigkeit verschiedener Bewehrung gegen Schubkräfte. Zweiter Teil. Ausgeführt in Stuttgart. Von C. Bach und O. Graf. 1911.

Heft 13. Versuche über den Einfluß von Kälte und Wärme auf die Erhärtungsfähigkeit von Beton. Ausgeführt in Groß-Lichterfelde-West. Von M. Gary. 1912.

Heft 14. Versuche mit Eisenbetonbalken zur Ermittlung der Widerstandsfähigkeit von Stoßverbindungen der Eiseneinlagen. Ausgeführt in Dresden. Von H. Scheit und O. Wawrziniok. 1912.

Heft 15. Versuche über den Einfluß der Elektrizität auf Eisenbeton. Ausgeführt in Darmstadt. Von O. Berndt und K. Wirtz, unter Mitwirkung von E. Preuß. 1912.

Heft 16. Versuche über die Widerstandsfähigkeit von Beton und Eisenbeton gegen Verdrehung. Ausgeführt in Stuttgart. Von C. Bach und O. Graf. 1912.

Heft 17. Versuche mit Stampfbeton. Ausgeführt in Groß-Lichterfelde-West. Von M. Rudeloff und M. Gary. 1912.

Heft 18. Die Beziehung zwischen Formänderung und Biegungsmoment bei Eisenbetonbalken (abgeleitet aus den bis Ende 1911 durchgeführten Versuchen). Von E. Mörsch. 1912.

---

[1]) Verlag von Heft 5 an: Wilhelm Ernst & Sohn, Berlin.

Heft 19. Prüfung von Balken zu Kontrollversuchen. Ausgeführt in Stuttgart. Von C. Bach und O. Graf. 1912.

Heft 20. Versuche mit Eisenbetonbalken zur Ermittlung der Widerstandsfähigkeit verschiedener Bewehrung gegen Schubkräfte. Dritter Teil. Ausgeführt in Stuttgart. Von C. Bach und O. Graf. 1912.

Heft 21. Untersuchungen über den Einfluß der Köpfe auf die Formänderungen und Festigkeit von Eisenbetonsäulen. Ausgeführt in Berlin-Lichterfelde-West. Von M. Rudeloff. 1912.

Heft 22. Versuche über das Rosten von Eisen in Mörtel und Mauerwerk. Ausgeführt in Berlin-Lichterfelde-West. Von M. Gary. 1913.

Heft 23. Untersuchungen über die Längenänderungen von Betonprismen beim Erhärten und infolge von Temperaturwechsel. Ausgeführt in Berlin-Lichterfelde-West. Von M. Rudeloff, unter Mitwirkung von H. Sieglerschmidt. 1913.

Heft 24. Spannung σ_{bz} des Betons in der Zugzone von Eisenbetonbalken unmittelbar vor der Rißbildung. Von C. Bach und O. Graf. 1913.

Heft 25. Wahl des Größenwertes der Elastizitätsverhältniszahl n für die Berechnung von Eisenbetonträgern. Von M. Möller und M. Brunkhorst in Braunschweig. 1913.

Heft 26. Belastung und Abbruch von zwei Eisenbetonbauten im Königlichen Materialprüfungsamt Berlin-Lichterfelde-West. Nachtrag zu der Veröffentlichung über Brandproben an Eisenbetonbauten (Heft 11). Ausgeführt in Berlin-Lichterfelde-West. Von M. Gary. 1913.

Heft 27. Gesamte und bleibende Einsenkungen von Eisenbetonbalken. Verhältnis der bleibenden zu den gesamten Einsenkungen. Von C. Bach und O. Graf. 1911.

Heft 28. Untersuchung von Eisenbetonsäulen mit verschiedenartiger Querbewehrung. Dritter Teil. (Fortsetzung zu Heft 5 und 21.) Ausgeführt in Berlin-Lichterfelde-West. Von M. Rudeloff. 1914.

Heft 29. Die vorschriftsmäßige Zusammensetzung des Betongemenges nach den Bestimmungen für Ausführung von Bauwerken aus Eisenbeton. Bericht über Versuche im Königlichen Materialprüfungsamt Berlin-Lichterfelde-West. Erstattet von M. Gary. 1915.

Heft 30. Versuche mit allseitig aufliegenden, quadratischen und rechteckigen Eisenbetonplatten. Ausgeführt in Stuttgart. Von C. Bach und O. Graf. 1915.

Heft 31. Versuche zur Ermittlung des Rostschutzes der Eiseneinlagen im Beton unter besonderer Berücksichtigung des Schlackenbetons. Ausgeführt in Dresden. Bericht, erstattet von H. Scheit und O. Wawrziniok, unter Mitwirkung von H. Amos. 1915.

Heft 32. Probebelastung von Decken. Berichte nach Versuchen des Königlichen Materialprüfungsamtes in Berlin-Lichterfelde-West und der Akt.-Ges. für Beton- und Monierbau in Berlin. Teil I. Von M. Gary. — Teil II. Von M. Rudeloff. 1915.

Heft 33. Brandproben an Eisenbetonbauten. Ausgeführt im Königlichen Materialprüfungsamt zu Berlin-Lichterfelde-West in den Jahren 1914 und 1915. II. Bericht, erstattet von M. Gary. 1916.

Heft 34. Erfahrungen bei der Herstellung von Eisenbetonsäulen. Längenänderungen der Eiseneinlagen im erhärtenden Beton. Vierter Teil. (Fortsetzung zu Heft 5, 21 und 28.) Bericht über Versuche im Königlichen Materialprüfungsamt Berlin-Lichterfelde-West. Erstattet von M. Rudeloff. 1915.

Heft 35. Schwellung und Schwindung von Zement und Zementmörteln in Wasser und Luft. Bericht über Versuche im Königlichen Materialprüfungsamt Berlin-Lichterfelde-West. Erstattet von M. Gary. 1915.

Heft 36. Versuche zum Vergleich der Würfelfestigkeit des Betons zu der im Bauwerk erzielten Festigkeit. Ausgeführt in Darmstadt in den Jahren 1909 bis 1913. Bericht erstattet von O. Berndt und E. Preuß †. 1915.

Heft 37. Versuche mit Eisenbetonbalken zur Ermittlung der Widerstandsfähigkeit von Stoßverbindungen der Eiseneinlagen (Ergänzungsversuche). Ausgeführt in Dresden im Jahre 1915. Bericht, erstattet von H. Scheit und O. Wawrziniok, unter Mitwirkung von H. Amos. 1917.

Heft 38. Versuche mit Eisenbetonbalken zur Ermittlung der Beziehungen zwischen Formänderungswinkel und Biegungsmoment. Erster Teil. Ausgeführt in Stuttgart in den Jahren 1912 bis 1914. Bericht, erstattet von C. Bach und O. Graf. 1918.

Heft 39. Flüssige Betongemische für Eisenbeton. Bericht über Versuche, ausgeführt in Berlin-Lichterfelde-West von M. Gary. 1917.

Heft 40. Versuche mit Eisenbetonbalken zur Ermittlung des Einflusses von Erschütterungen. Ausgeführt in Dresden. Bericht erstattet von H. Scheit †, O. Wawrziniok und O. Amos. 1918.

Heft 41. Brandproben an Eisenbetonbauten. Ausgeführt in Berlin-Lichterfelde-West. III. Teil von M. Gary. 1918.

Heft 42. Schwindung von Zementmörtel an der Luft. II. Bericht über Versuche, ausgeführt in Berlin-Lichterfelde-West von M. Gary. 1918.

Heft 43. Versuche zur Ermittelung der Widerstandsfähigkeit von Betonkörpern mit und ohne Traß, ausgeführt in Stuttgart von O. Graf 1920.

Heft 44. Versuche mit zweiseitig aufliegenden Eisenbetonplatten bei konzentrierter Belastung, ausgeführt in Stuttgart von C. Bach und O. Graf. 1920.

Heft 45. Versuche mit eingespannten Eisenbetonbalken, ausgeführt in Stuttgart von C. Bach und O. Graf. 1920.

Heft 46. Belastung und Feuerbeanspruchung eines Lagerhauses aus Eisenbeton in Wetzlar. Versuche durchgeführt in Berlin-Dahlem. Bericht von M. Gary.

Heft 47. Eisen in Beton mit schlackenhaltigem Bindemittel, ausgeführt in Berlin-Dahlem von M. Gary, und: Versuche über den Gleitwiderstand verzinkten Eisens in Beton, ausgeführt in München von F. Schmeer.

Heft 48. Versuche mit Eisenbetonbalken zur Ermittlung der Widerstandsfähigkeit verschiedener Bewehrung gegen Schubkräfte. Vierter Teil. Von Dr.-Ing. C. Bach und O. Graf.

Heft 49. Versuche über das Verhalten von Mörtel und Beton im Moor. Nebst einem Vorwort nach Schriftquellen: Der schädliche Einfluß der Moore auf Betonbauten und einem Anhang: Zerstörungen an Trockendocks. Von Dr.-Ing. h. c. M. Gary.

Heft 50. Prüfung von Balken und Würfeln zu Kontrollversuchen. Von Dr.-Ing. W. Petry.

Heft 51. Festigkeit von Beton. Von Dr.-Ing. h. c. M. Gary.

Heft 52. Versuche mit zweistielig aufliegenden Eisenbetonplatten bei konzentrierter Belastung. Zweiter Teil (Hauptversuche). Von Dr.-Ing. C. Bach und O. Graf.

Heft 53. Versuche mit Plattenbalken zur Ermittlung der Einflüsse von wiederholter Belastung, Witterung und Rauchgasen, und zwar auf lange Dauer und bei häufiger Wiederholung. Erster Teil. Dresden. Von Amos.

Heft 54. Versuche mit Plattenbalken zur Ermittlung der Einflüsse von wiederholter Belastung, Witterung und Rauchgasen, und zwar auf lange Dauer und bei häufiger Wiederholung. Zweiter Teil. Dresden. Von Amos.

Vorlesungen über Eisenbeton. Von Professor Dr. Ing. **E. Probst,** Karlsruhe.
Erster Band: **Allgemeine Grundlagen. — Theorie und Versuchsforschung. —
Grundlagen für die statische Berechnung. — Statisch unbestimmte
Träger im Lichte der Versuche.** Zweite, umgearbeitete Auflage. Mit
70 Textabbildungen. (631 S.) 1923. Gebunden RM 24.—
Zweiter Band: **Anwendung der Theorie auf Beispiele im Hochbau,
Brückenbau und Wasserbau. — Grundlagen für die Berechnung und
das Entwerfen von Eisenbetonbauten. — Allgemeines über Vorbereitung
und Verarbeitung von Eisenbeton. — Richtlinien für Kostenermittlungen. — Architektur im Eisenbeton. — Amtliche Vorschriften.** Mit
71 Textfiguren. (650 S.) 1922. Gebunden RM 20.—

Ausgeführte Eisenbetonkonstruktionen. Neunundzwanzig Beispiele aus
der Praxis. Von Dipl.-Ingenieur **O. Hausen,** Hanau. Mit 125 Textfiguren.
(127 S.) 1919. RM 3.20; gebunden RM 5.—

Der Beton. Herstellung, Gefüge und Widerstandsfähigkeit gegen physikalische
und chemische Einwirkungen. Von Dr. **Richard Grün,** Direktor am Forschungsinstitut der Hüttenzementindustrie in Düsseldorf. Mit 54 Textabbildungen
und 35 Tabellen. (196 S.) 1926. RM 13.50; gebunden RM 15.—

**Untersuchungen über den Einfluß wiederholter Druckbeanspruch-
ungen auf Druckelastizität und Druckfestigkeit von Beton.** Von
Dr.-Ing. **Alfred Mehmel.** Mit 30 Textabbildungen. Erscheint im April 1926

**Wind und Wärme bei der Berechnung hoher Schornsteine aus Eisen-
beton.** Von Dr.-Ing. **Karl Döring,** Ludwigshafen a. Rh. Mit einem Geleit-
wort von Obering. Dipl.-Ing. **Hermann Goebel,** Ludwigshafen a. Rh. Mit
69 Abbildungen im Text und 3 Tafeln. (70 S.) 1925. RM 7.50

**Die Theorie elastischer Gewebe und ihre Anwendung auf die Be-
rechnung biegsamer Platten** unter besonderer Berücksichtigung
der trägerlosen Pilzdecken. Von Dr.-Ing. **H. Marcus,** Direktor der
HUTA, Hoch- und Tiefbau-Aktiengesellschaft, Breslau. Mit 123 Textabbildungen.
(376 S.) 1924. RM 21.—; gebunden RM 21.80

Die elastischen Platten. Die Grundlagen und Verfahren zur Berechnung
ihrer Formänderungen und Spannungen, sowie die Anwendungen der Theorie
der ebenen zweidimensionalen elastischen Systeme auf praktische Aufgaben.
Von Privatdozent Dr.-Ing. **A. Nádai,** Göttingen. Mit 187 Abbildungen im
Text und 8 Zahlentafeln. (334 S.) 1925. Gebunden RM 24.—

Die Eisenkonstruktionen. Ein Lehrbuch für Schule und Zeichentisch nebst
einem Anhang für Zahlentafeln zum Gebrauch beim Berechnen und Entwerfen
eiserner Bauwerke. Von Professor Dipl.-Ingenieur **L. Geusen,** Dortmund.
Vierte, vermehrte und verbesserte Auflage. Mit 529 Abbildungen im Text
und auf 2 farbigen Tafeln. (317 S.) 1925. Gebunden RM 21.—

Die Statik des ebenen Tragwerkes. Von Professor **Martin Grüning,**
Hannover. Mit 434 Textabbildungen. (714 S.) 1925. Gebunden RM 45.—

Elastizität und Festigkeit. Die für die Technik wichtigsten Sätze und deren
erfahrungsmäßige Grundlage. Von **C. Bach** und **R. Baumann.** Neunte,
vermehrte Auflage. Mit in den Text gedruckten Abbildungen, 2 Buchdruck-
tafeln und 25 Tafeln in Lichtdruck. (715 S.) 1924. Gebunden RM 24.—